① 전기기사 필기
핵심 블랙박스

② CBT 시험
복원 기출문제
최다 수록(15회)

전기기사 필기
CBT 시험대비 블랙박스

③ CBT 이전 기출문제
15회 수록

④ 전강좌 100% 무료 동영상강의

BLACK BOX

NAVER 한솔아카데미 전기기사

한솔아카데미 H/A/N/S/O/L/A/C/A/D/E/M/Y

신간 이벤트 **CBT 전기기사 필기**

본 도서 구입시 드리는 100% 무료수강!

핵 심 블랙박스 [무료수강]

❶ 전기기사 필기 전과목 핵심 블랙박스

- 1강 : 전기자기학
- 2강 : 전력공학
- 3강 : 전기기기
- 4강 : 회로이론
- 5강 : 제어공학
- 6강 : 전기설비기술기준

수강대상 • CBT 전기기사 필기 교재구매 회원

무료수강 • 핵심 블랙박스(수강기간 : 2024.12.31까지)

CBT 복원 기출문제 [무료수강]

❷ 전기기사 필기 CBT 복원 기출문제 15회

- CBT 총 4회 시험을 통해 100% 19회 복원
- 19회 복원문제를 재구성한 15회 복원 기출문제

수강대상 • CBT 전기기사 필기 교재구매 회원

무료수강 • CBT 복원 기출문제 15회
(수강기간 : 2024.12.31까지)

CBT 이전 기출문제 [무료수강]

❸ 전기기사 필기 CBT 이전 기출문제 15회

- 2022년~2017년 기출문제
- CBT 실전 감각을 키울 수 있도록 구성

수강대상 • CBT 전기기사 필기 교재구매 회원

무료수강 • CBT 이전 기출문제 15회
(수강기간 : 2024.12.31까지)

CBT대비 실전테스트 [무료수강]

❹ 전기기사 필기 온라인 실전테스트

- CBT 전기기사 제1회(2023년 제1회 과년도) 시행
- CBT 전기기사 제2회(2023년 제2회 과년도) 시행
- CBT 전기기사 제3회(2023년 제3회 과년도) 시행
- CBT 전기기사 제4회(실전모의고사) 시행
- CBT 전기기사 제5회(실전모의고사) 시행
- CBT 전기기사 제6회(실전모의고사) 시행

수강대상 • CBT 전기기사 필기 교재구매 회원

무료수강 • CBT 온라인 실전테스트(수강기간 : 2024.12.31까지)

교재 인증번호 등록을 통한 학습관리 시스템

전기기사 필기 전과목 전강좌 100% 무료수강

01
사이트
접속

인터넷 주소창에 **https://www.inup.co.kr** 을 입력하여 한솔아카데미 홈페이지에 접속합니다.

홈페이지 우측 상단에 있는 **회원가입** 또는 아이디로 **로그인**을 한 후, **전기기사** 사이트로 접속을 합니다.

03
나의
강의실

나의강의실로 접속하여 왼쪽 메뉴에 있는 **[쿠폰/포인트관리]-[쿠폰등록/내역]**을 클릭합니다.

04
쿠폰
등록

도서에 기입된 **인증번호 12자리** 입력(-표시 제외)이 완료되면 **[나의강의실]**에서 학습가이드 관련 응시가 가능합니다.

■ 모바일 동영상 수강방법 안내

❶ QR코드 이미지를 모바일로 촬영합니다.
❷ 회원가입 및 로그인 후, 쿠폰 인증번호를 입력합니다.
❸ 인증번호 입력이 완료되면 [나의강의실]에서 강의 수강이 가능합니다.

※ 인증번호는 표지 뒷면에서 확인하시길 바랍니다.
※ QR코드를 찍을 수 있는 앱을 다운받으신 후 진행하시길 바랍니다.

2024
CBT 전기기사

필기 CBT 복원 기출문제

BLACK BOX

전기기사
복원 기출문제

15회 CBT 복원 기출문제

CBT 시험 19회를 100% 복원하여 재구성한

학습노트

CBT시행을 2022년 3회부터 2023년 3회까지 총 4회 시험을 치루는 동안 총 19회를 100% 복원을 하여 15회 복원 기출문제로 재구성하였습니다. 충분한 양의 CBT 복원 기출문제 1500문항을 통해 완벽하게 이해함으로써 합격을 위한 길을 열어드리겠습니다.

CBT 시험대비

CBT 시험 19회를 100% 복원하여 재구성한

제1회 복원 기출문제

학습기간 월 일 ~ 월 일

1과목 : 전기자기학

무료 동영상 강의 ▲

01 □□□

정전계에서 도체에 정(+)의 전하를 주었을 때의 설명으로 틀린 것은?

① 도체 표면의 곡률 반지름이 작은 곳에 전하가 많이 분포한다.
② 도체 외측의 표면에만 전하가 분포한다.
③ 도체 표면에서 수직으로 전기력선이 출입한다.
④ 도체 내에 있는 공동면에도 전하가 골고루 분포한다.

대전도체 내부에는 전하가 존재하지 않고 도체표면에만 분포한다.

02 □□□

한 변의 길이가 a[m]인 정삼각형 회로에 I[A]가 흐르고 있을 때 그 정삼각형 중심의 자계의 세기는 몇 [A/m]인가?

① $\dfrac{9I}{2\pi a}$ ② $\dfrac{2\sqrt{2}I}{\pi a}$
③ $\dfrac{\sqrt{3}I}{\pi a}$ ④ $\dfrac{\sqrt{2}I}{2\pi a}$

각 도형에 전류 흐를시 중심점의 자계

(1) 정삼각형 $H=\dfrac{9I}{2\pi a}[\mathrm{AT/m}]$

(2) 정사각형(정방형) $H=\dfrac{2\sqrt{2}I}{\pi a}[\mathrm{AT/m}]$

(3) 정육각형 $H=\dfrac{\sqrt{3}I}{\pi a}[\mathrm{AT/m}]$

단, $a\,[\mathrm{m}]$은 한 변의 길이

03 □□□

무한장 직선전하로부터 $9[cm]$ 떨어진 점에서의 전계의 세기가 $1[\mathrm{kV/m}]$일 때의 선전하밀도는 몇$[\mu\mathrm{C/m}]$인가?

① 5×10^{3} ② 5×10^{-3}
③ 2×10^{-3} ④ 2×10^{3}

선전하에 의한 전계의 세기는

$E=\dfrac{\rho_l}{2\pi\varepsilon_o r}=18\times10^{9}\dfrac{\rho_l}{r}[\mathrm{V/m}]$ 이므로

선전하밀도

$\rho_l=\dfrac{E\cdot r}{18\times10^{9}}=\dfrac{(1\times10^{3})(9\times10^{-2})}{18\times10^{9}}\times10^{6}$

$=5\times10^{-3}[\mu\mathrm{C/m}]$

04 □□□

면적이 S[m²] 인 금속판 2매를 간격이 d[m] 되게 공기 중에 나란하게 놓았을 때 두 도체 사이의 정전용량 [F]은?

① $\dfrac{\mathrm{S}}{\mathrm{d}}\epsilon_0$ ② $\dfrac{\mathrm{d}}{\mathrm{S}}\epsilon_0$
③ $\dfrac{\mathrm{d}}{\mathrm{S}^2}\epsilon_0$ ④ $\dfrac{\mathrm{S}^2}{\mathrm{d}}\epsilon_0$

평행판 사이의 정전용량 $C=\dfrac{\epsilon_o S}{d}[\mathrm{F}]$ 이므로

면적 S에 비례하고 판간격 d에 반비례한다.

정답 01 ④ 02 ① 03 ② 04 ①

05 □□□

두 개의 콘덴서를 직렬 접속하고 직류 전압을 인가 시 설명으로 옳지 않은 것은?

① 정전 용량이 작은 콘덴서에 전압이 많이 걸린다.
② 합성 정전 용량은 각 콘덴서의 정전 용량의 합과 같다.
③ 합성 정전 용량은 각 콘덴서의 정전 용량보다 작아진다.
④ 각 콘덴서의 두 전극에 정전 유도에 의하여 정·부의 동일한 전하가 나타나고 전하량은 일정하다.

직렬연결시 합성 정전용량은

$$C = \frac{1}{\frac{1}{C_1} + \frac{1}{C_2}} = \frac{C_1 \cdot C_2}{C_1 + C_2} \text{[F]}$$

병렬연결시 합성 정전용량은

$C = C_1 + C_2$ [F]

06 □□□

자극의 세기 8×10^{-6}[Wb], 길이 3[cm]인 막대자석을 120[AT/m]의 평등 자계 내에 자계와 30° 의 각도로 놓았다면 자석이 받는 회전력은 몇 [N · m]인가?

① 1.44×10^{-5}
② 2.49×10^{-5}
③ 1.44×10^{-4}
④ 2.49×10^{-4}

막대자석에 의한 회전력은

$$T = mHl\sin\theta$$
$$= 8 \times 10^{-6} \times 120 \times 3 \times 10^{-2} \times \sin 30°$$
$$= 1.44 \times 10^{-5} \text{[N} \cdot \text{m]}$$

07 □□□

두 종류의 유전체가 접하고 있는 경계면상에 면전하 밀도 σ[C/m^2]의 전하가 고르게 분포되어 있을 때 전속밀도의 법선성분(D_{n1}, D_{n2})의 관계를 나타낸 것으로 옳은 것은?

① $D_{n2} + D_{n1} = \sigma$
② $D_{n2} \times D_{n1} = \sigma$
③ $D_{n2} - D_{n1} = \sigma$
④ $D_{n2} = D_{n1}$

서로 다른 유전체의 경계면에서 면전하 밀도 σ[C/m^2]의 전하가 고르게 분포전속밀도의 법선 성분은 $D_{n2} - D_{n1} = \sigma$ 이고 서로 다른 유전체의 경계면에서 면전하 밀도 $\sigma = 0$ 인 경우
전속밀도의 법선 성분은 $D_{n2} = D_{n1}$이다.

08 □□□

유전율이 ϵ_1, ϵ_2인 유전체 경계면에 수직으로 전계가 작용할 때 단위 면적당 수직으로 작용하는 힘[N/m^2]은? (단, E는 전계[V/m], D는 전속밀도[C/m^2]이다.)

① $2(\frac{1}{\epsilon_2} - \frac{1}{\epsilon_1})E^2$
② $2(\frac{1}{\epsilon_2} - \frac{1}{\epsilon_1})D^2$
③ $\frac{1}{2}(\frac{1}{\epsilon_2} - \frac{1}{\epsilon_1})E^2$
④ $\frac{1}{2}(\frac{1}{\epsilon_2} - \frac{1}{\epsilon_1})D^2$

전계가 경계면에 수직인 경우 전속밀도가 같으므로 경계면에 작용하는 힘은

$\epsilon_1 > \epsilon_2$ 인 경우 $f = \frac{D^2}{2}\left(\frac{1}{\epsilon_2} - \frac{1}{\epsilon_1}\right)$ [N/m^2] 가 되고 작용하는 힘은 유전율이 큰 쪽에서 작은 쪽으로 작용한다.

정답 05 ② 06 ① 07 ③ 08 ④

09 □□□

내구의 반지름이 2cm, 외구의 반지름이 3cm인 동심 구도체간에 고유저항이 $1.884\times10^2[\Omega\cdot\mathrm{m}]$인 저항물질로 채워져 있는 경우, 내외구간의 합성저항은 약 몇 Ω이 되는가?

① 2.5　② 5
③ 250　④ 500

동심 구도체의 정전용량은 $C=\dfrac{4\pi\epsilon}{\dfrac{1}{a}-\dfrac{1}{b}}$ [F] 이므로

동심 구도체간 저항은

$$R=\frac{\rho\epsilon}{C}=\frac{\rho\epsilon}{\dfrac{4\pi\epsilon}{\dfrac{1}{a}-\dfrac{1}{b}}}=\frac{\rho}{4\pi}\left(\frac{1}{a}-\frac{1}{b}\right)$$

$$=\frac{1.884\times10^2}{4\pi}\left(\frac{1}{0.02}-\frac{1}{0.03}\right)=250[\Omega]$$

10 □□□

반지름 a인 접지된 구형도체와 점전하가 유전율 ϵ인 공간에서 각각 원점과 $(d,\ 0,\ 0)$인 점에 있다. 구형도체를 제외한 공간의 전계를 구할 수 있도록 구형도체를 영상전하로 대치할 때의 영상점전하의 위치는?

① $\left(-\dfrac{a^2}{d},0,0\right)$　② $\left(\dfrac{a^2}{d},0,0\right)$
③ $\left(0,+\dfrac{a^2}{d},0\right)$　④ $\left(\dfrac{d^2}{4a},0,0\right)$

접지구도체와 점전하에서

영상전하 $Q'=-\dfrac{a}{d}Q\,[\mathrm{C}]$,

영상전하위치 $x=-\dfrac{a^2}{d}\,[\mathrm{m}]$ 이므로

$\left(-\dfrac{a^2}{d},0,0\right)$가 된다.

단, a : 도체구의 반지름,
　d : 도체구의 중심과 점전하의 거리

11 □□□

정전 용량 및 내압이 $3[\mu F]/100[V]$, $5[\mu F]/500[V]$, $12[\mu F]/250[V]$인 3개의 콘덴서를 직렬로 연결하고 양단에 가한 전압을 서서히 증가시킬 경우 가장 먼저 파괴되는 콘덴서는?

① $3[\mu F]$　② $5[\mu F]$
③ $12[\mu F]$　④ 3개 동시에 파괴

각 콘덴서의 최대 축적 전하량은

$Q_1=C_1V_1=(3\times10^{-6})(100)=3\times10^{-4}[\mathrm{C}]$

$Q_2=C_2V_2=(5\times10^{-6})(500)=25\times10^{-4}[\mathrm{C}]$

$Q_3=C_3V_3=(12\times10^{-6})(250)=30\times10^{-4}[\mathrm{C}]$

이므로

콘덴서 직렬연결시 전압을 증가시키면 최대 축적 전하량이 가장 작은 것부터 파괴되므로 $3[\mu\mathrm{F}]$이 가장 먼저 파괴된다.

12 □□□

무한장 솔레노이드에 전류가 흐를 때 발생되는 자장에 관한 설명 중 옳은 것은?

① 내부 자장은 평등 자장이다.
② 외부와 내부 자장의 세기는 같다.
③ 외부 자장은 평등 자장이다.
④ 내부 자장의 세기는 0이다.

무한장 솔레노이드

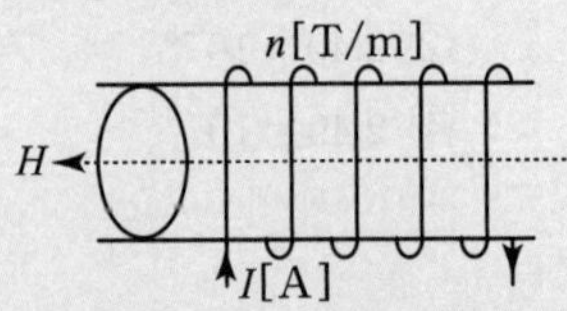

(1) 내부의 자계의 세기 $H=nI[\mathrm{AT/m}]$
　$n\,[\mathrm{T/m}]$: 단위길이당 권선수
(2) 내부 자장은 평등 자장이며 균등 자장이다.
(3) 외부의 자계의 세기
　$H'=0\,[\mathrm{AT/m}]$
(4) 외부의 자계의 세기는 존재하지 않는다.

정답 09 ③ 10 ① 11 ① 12 ①

13 □□□

플레밍(Fleming)의 왼손 법칙으로 결정되는 $F-B-I$ 의 방향 관계에서 F 가 의미하는 것은?

① 발전기 고정자 도체의 운동 방향
② 발전기 회전자 도체의 운동 방향
③ 전동기 고정자 도체의 운동 방향
④ 전동기 회전자 도체의 운동 방향

플레밍의 왼손법칙은 전동기의 원리가 되며 자계내 도체를 놓고 전류를 흘렸을 때 도체가 힘을 받아 회전 하게 되므로 전동기 회전자 도체의 운동 방향이 된다. 이때 작용하는 힘은

$$F = IBl\sin\theta = (\vec{I}\times\vec{B})\,l = \oint_c (\vec{I}\times\vec{B})\,dl\ [\mathrm{N}]$$

이 된다.
단, I : 전류, B : 자속밀도, l : 도체의 길이,
θ : 자계와 이루는 각

14 □□□

전하 e(C), 질량 m(㎏)인 전자가 전계 E(V/m) 내에 놓여 있을 때 최초에 정지하고 있었다면 t초 후에 전자의 속도(m/s)는?

① $\frac{\mathrm{meE}}{\mathrm{t}}$　② $\frac{\mathrm{me}}{\mathrm{E}}\mathrm{t}$
③ $\frac{\mathrm{mE}}{\mathrm{e}}\mathrm{t}$　④ $\frac{\mathrm{Ee}}{\mathrm{m}}\mathrm{t}$

$Q=e[\mathrm{C}]$, (+) ──F←⊖── → (−), E

전계내 전하를 놓았을 때 작용하는 힘은
$F = QE = ma[\mathrm{N}] \Rightarrow eE = ma$ 이므로
먼저 가속도를 구하면 $a = \frac{eE}{m}\,[\mathrm{m/sec^2}]$ 이 된다.
전자의 이동속도 $v = \int \frac{eE}{m}dt = \frac{eE}{m}t\,[\mathrm{m/sec}]$ 가 된다.

15 □□□

인접 영구자기 쌍극자의 크기는 같고, 방향은 서로 반대로 배열되는 자성체는 무엇인가?

① 강자성체　② 상자성체
③ 반자성체　④ 반강자성체

자성체의 스핀(자기쌍극자)배열
- 반자성체 : 인접자기 쌍극자가 없는 재질
- 상자성체 : 인접 영구자기 쌍극자의 방향이 불규칙적인 재질
- 강자성체 : 인접 영구자기 쌍극자의 크기가 같고 방향이 동일한 재질
- 반강자성체 : 인접 영구자기 쌍극자의 크기가 같고 방향이 반대인 재질

16 □□□

자속 ϕ[Wb]가 주파수 f[Hz]로 정현파 모양의 변화를 할 때, 즉, $\phi = \phi_m \sin 2\pi f t$[Wb]일 때, 이 자속과 쇄교하는 회로에 발생하는 기전력은 몇 [V]인가? (단, N은 코일의 권회수이다.)

① $-\pi f N\phi_m \cos 2\pi f t$
② $-2\pi f N\phi_m \cos 2\pi f t$
③ $-\pi f N\phi_m \sin 2\pi f t$
④ $-2\pi f N\phi \sin 2\pi f t$

자속$\phi = \phi_m \sin 2\pi f t\,[\mathrm{Wb}]$ 일 때 코일에 유기되는 기전력은 전자유도현상에 의한 패러데이법칙을 이용하면

$$e = -N\frac{d\phi}{dt} = -N\frac{d}{dt}\phi_m \sin 2\pi f t$$
$$= -N\phi_m \frac{d}{dt}\sin 2\pi f t$$
$$= -N\phi_m(\cos 2\pi f t)\cdot 2\pi f$$
$$= -2\pi f N\phi_m \cos 2\pi f t\,[\mathrm{V}]$$ 가 된다.

정답 13 ④ 14 ④ 15 ④ 16 ②

17 □□□

일반적인 전자계에서 성립되는 맥스웰의 기본방정식이 아닌 것은? (단, i_c는 전류밀도, ρ는 공간전하밀도이다.)

① $\nabla \times H = i_c + \dfrac{\partial D}{\partial t}$ ② $\nabla \times E = -\dfrac{\partial B}{\partial t}$

③ $\nabla \cdot D = \rho$ ④ $i_c = \nabla \cdot E$

맥스웰 방정식

(1) 패러데이-노이만의 전자유도법칙에서 유도된 전자방정식

$$\text{rot } E = \nabla \times E = -\frac{\partial B}{\partial t} = -\mu \frac{\partial H}{\partial t}$$

(2) 암페어의 주회적분법칙에서 유도된 전자방정식

$$\text{rot } H = \nabla \times H = i_c + i_d = i_c + \frac{\partial D}{\partial t} = i_c + \epsilon \frac{\partial E}{\partial t}$$

(3) 가우스의 발산정리에 의해서 유도된 전자방정식

$$\text{div } D = \nabla \cdot D = \rho_v,\ \text{div } B = \nabla \cdot B = 0$$

18 □□□

단면의 지름이 20[mm]인 원 모양의 환상철심이 있다. 이 환상철심의 비투자율이 3000. 평균반지름이 100[mm]이고, 가운데 5[mm] 길이의 공극이 있다. 이 환상 철심에 감긴 코일을 통해 전류 9.5[mA]를 흘렸을 철심에서의 자속이 5×10^{-6}[Wb]가 되려면 코일을 약 몇 회 감아야 하는가 ?

① 2000 ② 10000

③ 5000 ④ 7000

환상철심에서 미소공극 존재시 전체 자기저항은

$$R_m = \frac{l}{\mu S} + \frac{l_g}{\mu_0 S} = \frac{l + \mu_s l_g}{\mu_0 \mu_s S} \text{ [AT/Wb]}$$ 이므로

기자력 $F = NI = R_m \phi$[AT] 이므로 권선수

$$N = \frac{R_m \phi}{I} = \frac{\dfrac{l + \mu_s l_g}{\mu_0 \mu_s S} \cdot \phi}{I} = \frac{(l + \mu_s l_g)\phi}{\mu_0 \mu_s S I} \text{ [회]}$$

이므로

자로의 길이 $l = 2\pi r = 2\pi \times 100 \times 10^{-3} = 0.2\pi$[m]

철심의 단면적

$S = \pi r^2 = \pi \times (10 \times 10^{-3})^2 = \pi \times 10^{-4}$[m] 를

대입하면

$$N = \frac{(0.2\pi + 3000 \times 5 \times 10^{-3}) \times 5 \times 10^{-6}}{4\pi \times 10^{-7} \times 3000 \times \pi \times 10^{-4} \times 9.5 \times 10^{-3}} = 7000 \text{ [회]}$$

19 □□□

특성 임피던스가 각각 η_1, η_2인 두 매질의 경계면에 전자파가 수직으로 입사할 때 전계가 무반사로 되기 위한 가장 알맞은 조건은?

① $\eta_2 = 0$ ② $\eta_1 \cdot \eta_2 = 1$

③ $\eta_1 = 0$ ④ $\eta_1 = \eta_2$

전자파의 반사계수 $\rho = \dfrac{\eta_2 - \eta_1}{\eta_1 + \eta_2}$ 에서

무반사가 되기 위한 조건은 $\rho = 0$ 일 때이므로

$\therefore \eta_1 = \eta_2$

20 □□□

자기인덕턴스 L_1, L_2와 상호인덕턴스 M 사이의 결합계수는? (단, 단위는 [H]다.)

① $\dfrac{L_1 L_2}{M}$

② $\dfrac{M}{L_1 L_2}$

③ $\dfrac{\sqrt{L_1 L_2}}{M}$

④ $\dfrac{M}{\sqrt{L_1 L_2}}$

결합계수는 두 코일간의 자기적인 결합정도로서

$$k = \frac{M}{\sqrt{L_1 L_2}}$$

정답 17 ④ 18 ④ 19 ④ 20 ④

2과목 : 전력공학

무료 동영상 강의 ▲

21 □□□

부하전류의 차단에 사용되지 않는 것은?

① DS ② OCB
③ ACB ④ VCB

차단기(CB)와 단로기(DS)의 기능
(1) 차단기 : 고장 전류를 차단하고 부하전류는 개폐한다.
(2) 단로기(Disconnecting Switch)
무부하시에만 개·폐 가능하며 무부하 충전전류와 변압기 여자전류만을 개·폐할 수 있다.

22 □□□

설비용량 800[kW], 부등률 1.2, 수용률 60[%]일 때의 합성 최대전력[kW]은?

① 666 ② 960
③ 480 ④ 400

합성최대전력 계산

• $\text{수용률} = \dfrac{\text{최대전력}}{\text{설비용량}} \times 100$

수용률 계산식으로부터 최대전력을 계산한다.

• $\text{부등률} = \dfrac{\text{각각의 최대전력합}}{\text{합성최대전력}}$

부등률 계산식으로부터 합성최대 전력을 계산할 수 있다.

$\because \text{합성최대전력} = \dfrac{\text{최대수용전력}}{\text{부등률}} = \dfrac{800 \times 0.6}{1.2} = 400\,[\text{kW}]$

23 □□□

송전선로의 중성점을 접지시키는 목적은?

① 동량의 절감
② 이상전압의 방지
③ 송전용량의 증가
④ 전압강하의 감소

중성점 접지의 목적
(1) 1선 지락고장시 건전상의 전위상승 억제 및 이상전압 발생을 방지
(2) 보호 계전기의 동작을 확실.
(3) 소호리액터 접지 이용시 병렬공진에 의해 지락아크 소멸시켜 안정도를 증진.
(4) 전선로 및 기기의 절연을 경감.

24 □□□

보일러에서 흡수 열량이 가장 큰 곳은?

① 수냉벽 ② 과열기
③ 공기예열기 ④ 절탄기

수냉벽
수냉벽은 노벽을 보호하기 위해 설치하는 것으로서 보일러 드럼 또는 수관과 연락하는 수관을 가진 노벽이다.

구분	수냉벽	보일러 수관	과열기	절탄기
흡수열량[%]	40~50	10~15	15~20	10~15

정답 21 ① 22 ④ 23 ② 24 ①

25

그림과 같이 전력선과 통신선 사이에 차폐선을 설치하였다. 이 경우에 통신선의 차폐 계수(K)를 구하는 관계식은? (단, 차폐선을 통신선에 근접하여 설치한다.)

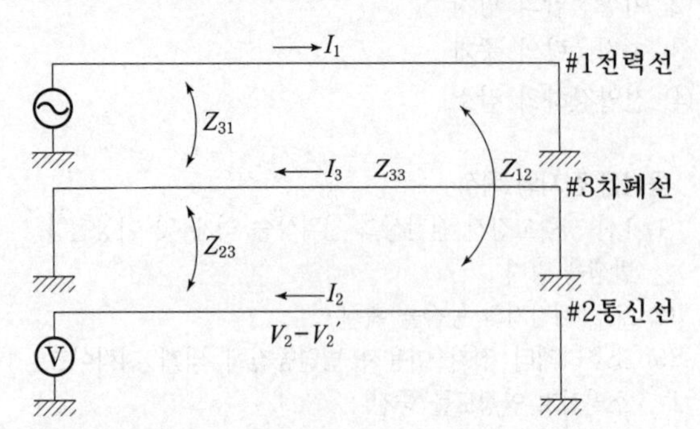

① $K=1+\dfrac{Z_{31}}{Z_{12}}$　② $K=1+\dfrac{Z_{23}}{Z_{33}}$

③ $K=1-\dfrac{Z_{31}}{Z_{33}}$　④ $K=1-\dfrac{Z_{23}}{Z_{33}}$

차폐선의 차폐계수(저감계수 : λ)

전력선의 영상전류 I_1 임피던스 Z_1, 차폐선의 유도전류 I_3 임피던스 Z_3 , 통신선 임피던스 Z_2 라 하고 전력선과 차폐선에 걸리는 임피던스 Z_{31}, 차폐선과 통신선 걸리는 임피던스 Z_{23} 전력선과 통신선에 걸리는 임피던스 Z_{12}라 하면 $I_3=\dfrac{Z_{31}I_1}{Z_{33}}$ [A]이므로 통신선에 유도되는 전압 V_2를 구하면

$$V_2=-Z_{12}I_1+Z_{23}I_3=-Z_{12}I_1+Z_{23}\frac{Z_{31}I_1}{Z_{33}}$$

분자 , 분모에 Z_{12}를 곱해주면

$$=-Z_{12}I_1\left(1-\frac{Z_{23}Z_{31}}{Z_{33}Z_{12}}\right)$$

∴ 차폐 저감계수 $\lambda=1-\dfrac{Z_{23}Z_{31}}{Z_{33}Z_{12}}$

① 차폐선을 통신선에 근접 기키면 $Z_{31}=Z_{12}$가 같다고 볼 수 있으므로

∴ 차폐계수 $\lambda=1-\dfrac{Z_{23}}{Z_{33}}$

26

송전선의 안정도를 증진시키는 방법으로 옳은 것은?

① 발전기의 단락비를 작게 한다.
② 전압변동을 작게 한다.
③ 선로의 회선수를 감소시킨다.
④ 리액턴스가 큰 변압기를 사용한다.

안정도 향상 대책

안정도 향상 대책	방 법
(1) 리액턴스를 줄인다	· 승압공사 · 병렬회선수(복도체사용) 증가 · 단락비를 증가 · 발전기 및 변압기 리액턴스 감소 · 직렬콘덴서 설치
(2) 전압 변동률을 줄인다	· 중간 조상 방식 · 속응 여자방식 · 계통 연계
(3) 계통에 주는 충격을 경감한다	· 고속도 차단 · 고속도 재폐로 방식채용
(4) 고장전류의 크기를 줄인다	· 소호리액터 접지방식 · 고저항 접지
(5) 입·출력의 불평형을 작게 한다	· 조속기 동작을 빠르게 한다

27

송전선의 특성임피던스는 저항과 누설컨덕턴스를 무시하면 어떻게 표현되는가? (단, L은 선로의 인덕턴스, C는 선로의 정전용량이다.)

① $\dfrac{L}{C}$　② $\dfrac{C}{L}$

③ $\sqrt{\dfrac{L}{C}}$　④ $\sqrt{\dfrac{C}{L}}$

특성임피던스

$$Z_0=\sqrt{\frac{Z}{Y}}=\sqrt{\frac{R+j\omega L}{G+j\omega C}}=\sqrt{\frac{L}{C}}\ [\Omega]$$에서

저항과 컨덕턴스를 무시하면 $Z_0=\sqrt{\dfrac{L}{C}}$ 가 된다.

정답 25 ④ 26 ② 27 ③

28 □□□

3상 3선식 송전선로에서 코로나 임계전압 E_0[kV]는? (단, $d=2r=$ 전선의 지름[cm], D= 전선의 평균 선간거리 [cm])

① $E_0=24.3d\log_{10}\dfrac{r}{D}$　　② $E_0=24.3d\log_{10}\dfrac{D}{r}$

③ $E_0=\dfrac{24.3}{d\log_{10}\dfrac{D}{r}}$　　④ $E_0=\dfrac{24.3}{d\log_{10}\dfrac{r}{D}}$

코로나 임계전압

$E_0=24.3m_0m_1\delta d\log_{10}\dfrac{D}{r}$[kV]

여기서, m_0 : 전선의 표면계수, m_1 : 날씨계수,
δ : 상대공기밀도, d : 전선의 지름,
D : 선간거리, r : 도체의 반지름.

∴ 코로나 임계전압이 높아지는 경우는 새 전선을 사용하는 경우나 맑은 날씨인 경우, 상대공기밀도가 높은 경우, 전선의 지름이 큰 경우, 선간거리가 큰 경우가 이에 속한다.

29 □□□

부하에 따라 전압변동이 심한 급전선을 가진 배전변전소에서 가장 많이 사용되는 전압조정장치는?

① 전력용 콘덴서
② 유도전압 조정기
③ 계기용 변압기
④ 직렬 리액터

배전선의 전압조정

(1) 유도전압조정기에 의한 방법
(2) 직렬콘덴서에 의한 방법
(3) 승압기에 의한 방법
(4) 주상변압기의 탭 절환에 의한 방법

∴ 부하에 따라 전압변동이 심한 급전선을 가진 배전변전소의 전압조정은 유도전압조정기를 이용한다.

30 □□□

그림과 같은 2기 계통에 있어서 발전기에서 전동기로 전달되는 전력 P는? (단, $X=X_G+X_L+X_M$ 이고, E_G, E_M은 각각 발전기 및 전동기와 유기기전력, δ는 E_G와 E_M간의 상차각이다)

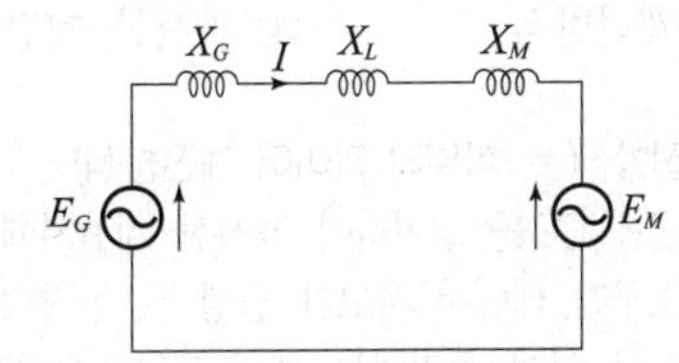

① $F=\dfrac{E_G}{XE_M}\sin\delta$　　② $F=\dfrac{E_G\,E_M}{X}\sin\delta$

③ $F=XE_GE_M\cos\delta$　　④ $F=\dfrac{E_G\,E_M}{X}\cos\delta$

전달전력 (= 송전전력)

전달전력 $P_s=\dfrac{E_GE_M}{X}\sin\delta$[MW]

E_G : 발전기기전력[kV], E_M : 전동기기전력[kV]
X : 발전기, 전동기, 선로의 리액턴스 합[Ω]
δ : 발전기와 전동기가 이루는 상차각

31 □□□

Arc 지락 시 재점호의 발생률은 전압과 비교하여 Arc 전류의 위상이 어떠한 경우에 크게 되는가?

① 90° 에 가까울수록
② 관계없다.
③ 45° 에 가까울수록
④ 0° 에 가까울수록

재점호

콘덴서에 의한 진상전류 때문에 발생하는 현상으로 충전전류를 전류가 "0" 점에서 차단할 때 1/2 사이클 후 높은 재기전압에 의하여 절연을 파괴하고 극간에 전자가 이동하는 현상으로 90° 에 가까울수록 크다.

정답 28 ② 29 ② 30 ② 31 ①

32 □□□

송전선 보호범위 내의 모든 사고에 대하여 고장점의 위치에 관계없이 선로 양단을 쉽고 확실하게 동시에 고속으로 차단하기 위한 계전방식은?

① 회로선택 계전방식 ② 방향거리계전방식
③ 표시선 계전방식 ④ 과전류 계전방식

표시선 계전방식(= 파일러 와이어 계전방식)
송전선 양단에 CT를 설치하여 표시선 계전기에 전류를 흘리면 보호구간 내에서 사고가 발생 시 동작코일에 전류를 흐르도록 하여 동작하는 계전기로서 송전선로에서 단락 및 계통 탈조 보호용으로 사용된다.
∴ 특징 및 종류
(1) 신호선으로 연피 케이블을 사용한다.
(2) 고장점의 위치에 관계없이 양단을 동시에 고속도 차단한다.
(3) 종류 : 방향비교방식, 전압방향방식, 전류순환방식.
(4) 송전선에 평행되도록 표시선을 설치하여 양단을 연락케 한다.
(5) 단거리 송전선로에 사용된다.

33 □□□

전력 조류계산을 하는 목적으로 거리가 먼 것은?

① 계통의 확충 계획 입안
② 계통의 운용 계획 수립
③ 계통의 신뢰도 평가
④ 계통의 사고 예방 제어

전력 조류계산
발전기에서 발전된 유효전력, 무효전력 등이 어떠한 상태로 전력계통 내를 흐르게 되고, 또 이때 전력계통 내의 각 모선이나 선로에서 전압과 전류는 어떻게 분포하는가를 조사하기 위한 계산을 의미한다
∴ 조류 계산의 목적
(1) 계통의 사고 예방제어
(2) 계통의 운용 계획입안
(3) 계통의 확충 계획입안

34 □□□

그림과 같은 회로의 합성 4단자정수에서 B_0의 값은? (단, Z_{tr}은 수전단에 접속된 변압기의 임피던스이다.)

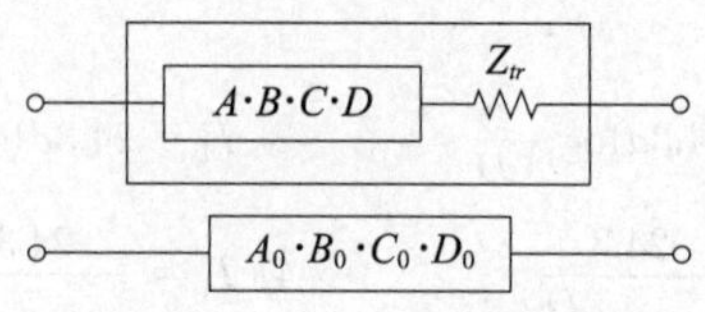

① $B+Z_{tr}$ ② $C+D \cdot Z_{tr}$
③ $B+A \cdot Z_{tr}$ ④ $A+B \cdot Z_{tr}$

합성 4단자 정수
위 그림으로부터 행렬식을 아래와 같이 세운 다음 합성 4단자 정수를 구한다.

합성 4단자 $\begin{bmatrix} A_0 & B_0 \\ C_0 & D_0 \end{bmatrix} = \begin{bmatrix} A & B \\ C & D \end{bmatrix}\begin{bmatrix} 1 & Z_{tr} \\ 0 & 1 \end{bmatrix}$

$= \begin{bmatrix} A & AZ_{tr}+B \\ C & CZ_{tr}+D \end{bmatrix}$

∴ $B_0 = A\,Z_{tr} + B$

35 □□□

3상 송전선로의 고장에서 1선 지락사고 등 3상 불평형 고장 시 사용되는 계산법은?

① 단위[PU]법에 의한 계산
② [%]법에 의한 계산
③ 옴[Ω]법에 의한 계산
④ 대칭 좌표법

대칭 좌표법
대칭 좌표법이란 3상 불평형 고장시 (1선 지락사고, 단락고장) 전압과 전류의 크기를 나누어서 계산 후, 각 성분의 계산 결과를 중첩시켜서 실제의 불평형인 값을 구하는 방법이다.

정답 32 ③ 33 ③ 34 ③ 35 ④

36 □□□

총낙차 80.9[m], 사용수량 30[m^3/s]인 발전소가 있다. 수로의 길이가 3800[m], 수로의 경사가 $\frac{1}{2000}$, 수압철관의 손실낙차를 1[m]라고 하면 이 발전소의 출력[kW]은 약 얼마인가? (단, 수차 및 발전기의 종합효율은 83[%]라 한다.)

① 19033 ② 15520
③ 24520 ④ 28520

발전기 출력(P_G)
발전기 출력 $P_G = 9.8QH\eta$ [kW] 식에서
유량 $Q = 30$ [m^3 /s], 종합효율 $\eta = 83$ [%]이므로
- 손실수두 $H_l = 3800 \times \frac{1}{2000} = 1.9$ [m] 가 되고,
  손실낙차가 1 이므로 실제 손실낙차는 2.9[m]이다.
- 유효낙차 $H = 80.9 - (1 + 1.9) = 78$ [m]

$\therefore P_G = 9.8 \times 30 \times 78 \times 0.83 = 19033$[kW]

37 □□□

선간 거리가 D[m]이고 전선의 반지름이 r[m]인 선로의 인덕턴스 L [mH/km]은?

① $L = 0.5 + 0.4605 \log_{10} \frac{D}{r}$
② $L = 0.5 + 0.4605 \log_{10} \frac{r}{D}$
③ $L = 0.05 + 0.4605 \log_{10} \frac{r}{D}$
④ $L = 0.05 + 0.4605 \log_{10} \frac{D}{r}$

단도체 작용 인덕턴스(L)
$L = 0.05 + 0.4605 \log_{10} \frac{D}{r}$ [mH/km]
r[m] : 도체의 반지름 , D[m] : 선간거리

38 □□□

유효접지계통에서 피뢰기의 정격전압을 결정하는데 가장 중요한 요소는?

① 1선 지락고장시 건전상의 대지전위
② 선로 애자련의 충격섬락전압
③ 내부 이상전압 중 과도이상전압의 크기
④ 유도뢰의 전압의 크기

피뢰기 정격전압
$V = \alpha \beta V_m$ [KV]이다.
여기서, α : 접지계수, β : 유도계수
V_m : 계통최고전압
접지계수

$$\alpha = \frac{\text{1선 지락사고시 건전상 전위상승분}}{\text{고장제거후 최대 선간전압}}$$

식으로 계산된다.
그러므로 피뢰기 정격전압은 1선지락 사고시 건전상 전위 상승분이 결정하는 중요요소 중 하나이다.

39 □□□

통신선과 병행인 60[Hz]의 3상 1회선 송전선에서 1선 지락으로 110[A]의 영상 전류가 흐르고 있을 때 통신선에 유기되는 전자 유도전압은 약 몇[V]인가? (단, 영상전류는 송전선 전체에 걸쳐 같은 크기이고, 통신선과 송전선의 상호 인덕턴스는 0.05[mH/km], 양 선로의 평행 길이는 55[km]이다.)

① 252 ② 342
③ 293 ④ 365

전자유도전압 (E_m)
$E_m = j\omega Ml \times 3I_0$ [V] 식에서
여기서, M : 상호인덕턴스, l : 선로의 길이
I_0 : 영상분전류
조건식 $f = 60$ [Hz], $I_0 = 110$ [A],
$M = 0.05$ [mH/km], $l = 55$ [km]이므로

$$E_m = 2\pi \times 60 \times 0.05 \times 10^{-3} \times 55 \times 3 \times 110 = 342.12 \text{ [V]}$$

정답 36 ① 37 ④ 38 ① 39 ②

40 □□□

화력발전소에서 열 사이클의 효율 향상을 위한 방법이 아닌 것은?

① 절탄기, 공기예열기의 설치
② 고압, 고온증가의 채용과 과열기의 설치
③ 재생, 재열사이클의 채용
④ 조속기의 설치

열사이클 효율향상 방법
(1) 과열기 설치한다.
(2) 진공도를 높인다.
(3) 고온·고압증기의 채용한다.
(4) 절탄기, 공기예열기 설치한다.
(5) 재생·재열사이클의 채용한다.

참고 조속기는 출력의 증감에 관계없이 수차의 회전수를 일정하게 유지 시키기 위해서 출력의 변화에 따라 수차의 유량을 자동적으로 조절하는 장치.

3과목 : 전기기기

무료 동영상 강의 ▲

41 □□□

직류기에서 전기자 반작용을 방지하기 위한 보상권선의 전류 방향은?

① 계자 전류 방향과 같다.
② 계자 전류 방향과 반대이다.
③ 전기자 전류 방향과 같다.
④ 전기자 전류 방향과 반대이다.

직류기의 전기자반작용 방지대책
(1) 가장 효과적인 방법으로 계자극 표면에 보상권선을 설치하여 전기자전류와 반대방향으로 전류를 흘리면 교차기자력을 상쇄시켜 전기자반작용을 억제한다.
(2) 보극을 설치한다.
(3) 브러시를 새로운 중성축으로 이동시켜 직류발전기는 회전 방향으로 이동시키고 직류전동기는 회전 반대방향으로 이동시킨다.

42 □□□

부하전류가 크지 않을 때 직류 직권전동기 발생 토크는? (단, 자기회로가 불포화인 경우이다.)

① 전류에 비례한다.
② 전류에 반비례한다.
③ 전류의 제곱에 비례한다.
④ 전류의 제곱에 반비례한다.

직류 직권전동기의 토크 특성
$\tau = K\phi I_a \fallingdotseq KI_a^2 \propto I_a^2$ 식에서

$N \propto \frac{1}{I}$ 이므로 $\tau \propto I_a^2 \propto \frac{1}{N^2}$ 이다.

∴ 직류 직권전동기의 토크는 전류의 제곱에 비례한다.

43 □□□

12[kW], 3상 220[V] 유도전동기의 전부하전류는 약 몇 [A]인가? (단, 전동기의 효율은 90[%], 역률은 85[%]이다.)

① 28.5 ② 31.2
③ 38.5 ④ 41.2

3상 유도전동기의 출력(P)
$P = \sqrt{3}\,VI\cos\theta\,\eta\,[\mathrm{W}]$ 식에서
$P = 12\,[\mathrm{kW}]$, $V = 220\,[\mathrm{V}]$, $\cos\theta = 0.85$,
$\eta = 0.9$ 이므로 전부하전류 I는

$$\therefore I = \frac{P}{\sqrt{3}\,V\cos\theta\,\eta} = \frac{12\times10^3}{\sqrt{3}\times220\times0.85\times0.9} = 41.2\,[\mathrm{A}]$$

정답 40 ④ 41 ④ 42 ③ 43 ④

44 □□□

5[kVA], 3,000/200[V]의 변압기의 단락시험에서 임피던스 전압 120[V], 임피던스 와트 150[W]라 하면 %저항 강하는 약 몇 [%]인가?

① 2 ② 3
③ 4 ④ 5

%저항 강하(p)

$$p=\frac{I_2 r_2}{V_2}\times 100=\frac{I_1 r_{12}}{V_1}\times 100=\frac{I_1^{\,2} r_{12}}{V_1 I_1}\times 100$$

$$=\frac{P_s}{P_n}\times 100\,[\%]$$

여기서, P_s는 임피던스와트(동손), P_n은 정격용량이다.

$P_n=5\,[\text{kVA}]$, $a=\dfrac{3{,}000}{200}$, $V_s=120\,[\text{V}]$,

$P_s=150\,[\text{W}]$이므로

$$\therefore\ p=\frac{P_s}{P_n}\times 100=\frac{150}{5\times 10^3}\times 100=3\,[\%]$$

45 □□□

변압기 결선방식 중 3상에서 6상으로 변환할 수 없는 것은?

① 2중 성형 ② 환상 결선
③ 대각 결선 ④ 스코트 결선

상수변환

3상 전원을 6상 전원으로 변환하는 결선은 다음과 같다.

(1) 포크결선 : 6상측 부하를 수은정류기 사용
(2) 환상결선
(3) 대각결선
(4) 2차 2중 Y결선 및 Δ결선

∴ 스코트 결선은 3상 전원을 2상 전원으로 변환하는 방법이다.

46 □□□

부하 급변 시 부하각과 부하 속도가 진동하는 난조 현상을 일으키는 원인이 아닌 것은?

① 전기자 회로의 저항이 너무 작은 경우
② 원동기의 토크에 고조파가 포함된 경우
③ 원동기의 조속기 감도가 너무 예민한 경우
④ 관성모멘트가 작은 경우

난조의 원인

(1) 부하의 급격한 변화
(2) 관성모멘트가 작은 경우
(3) 조속기 성능이 너무 예민한 경우
(4) 계자회로에 고조파가 유입된 경우
(5) 전기자 회로의 저항이 너무 큰 경우

47 □□□

직류기의 온도상승 시험 방법 중 반환부하법의 종류가 아닌 것은?

① 카프법 ② 홉킨슨법
③ 스코트법 ④ 블론델법

직류기의 온도상승 시험법

구분	내용
실부하법	발전기와 전동기에 직접 부하를 걸어서 온도를 측정하는 방법으로 소용량의 경우에 사용된다.
반환부하법	(1) 동일 정격의 발전기와 전동기를 기계적으로 연결하여 주고 받는 전력에 의해 발생되는 손실분만을 측정하는 경제적이며 가장 많이 사용되고 있는 온도 측정법이다. (2) 카프법, 홉킨슨법, 블론델법이 있다.

정답 44 ② 45 ④ 46 ① 47 ③

48 □□□

우리나라의 동기발전기는 대부분 회전계자형의 것을 사용하고 있다. 이 때 회전계자형을 사용하는 경우에 대한 이유로 틀린 것은?

① 기전력의 파형을 개선한다.
② 전기자가 고정자이므로 고압 대전류용에 좋고, 절연하기 쉽다.
③ 계자가 회전자지만 저압 소용량의 직류이므로 구조가 간단하다.
④ 전기자보다 계자극을 회전자로 하는 것이 기계적으로 튼튼하다.

회전계자형을 채용하는 이유
(1) 계자는 전기자보다 철의 분포가 크기 때문에 기계적으로 튼튼하다.
(2) 계자는 전기자보다 결선이 쉽고 구조가 간단하다.
(3) 고압이 걸리는 전기자보다 저압인 계자가 조작하는게 더 안전하다.
(4) 고압이 걸리는 전기자를 절연하는 데는 고정자로 두어야 용이해진다.

49 □□□

다음 중 서보모터가 갖추어야 할 조건이 아닌 것은?

① 기동토크가 클 것
② 토크 – 속도곡선이 수하특성을 가질 것
③ 회전자를 굵고 짧게 할 것
④ 전압이 0이 되었을 때 신속하게 정지할 것

서보모터의 특징
서보모터는 입력으로 위치, 방향, 각도, 거리 등을 지정하면 입력된 값에 정확하게 제어되는 전동기를 말한다. 서보모터가 갖추어야 할 성질과 특징은 다음과 같다.
(1) 빈번한 시동, 정지, 역전 등의 가혹한 상태에 견디도록 견고하고 큰 돌입전류에 견딜 것.
(2) 시동토크가 크고, 회전부의 관성모멘트는 작아야 하며 전기적 시정수는 짧을 것.
(3) 발생토크는 입력신호에 비례하고, 그 비가 클 것.
(4) 토크–속도 곡선이 수하특성을 가질 것.
(5) 회전자는 가늘고 길게 할 것.
(6) 전압이 0이 되었을 때 신속하게 정지할 것.
(7) 교류 서보모터에 비해 직류 서보모터의 시동토크가 매우 클 것.

50 □□□

정류자형 주파수변환기의 회전자에 주파수 f_1의 교류를 가할 때 시계방향으로 회전자계가 발생하였다. 정류자 위의 브러시 사이에 나타나는 주파수 f_c를 설명한 것 중 틀린 것은? (단, n: 회전자의 속도, n_s: 회전자계의 속도, s: 슬립이다.)

① 회전자를 정지시키면 $f_c = f_1$인 주파수가 된다.
② 회전자를 반시계방향으로 $n = n_s$의 속도로 회전시키면, $f_c = 0\,[\text{Hz}]$가 된다.
③ 회전자를 반시계방향으로 $n < n_s$의 속도로 회전시키면, $f_c = sf_1\,[\text{Hz}]$가 된다.
④ 회전자를 시계방향으로 $n < n_s$의 속도로 회전시키면, $f_c < f_1$인 주파수가 된다.

정류자형 주파수변환기
회전자에 공급된 주파수 f_1, 브러시 사이의 2차 주파수 f_c라 하면 $f_c = sf_1$ 식에서 슬립 $s = \dfrac{n_s - n}{n_s}$ 이므로
(1) 회전자를 정지시키면 $n = 0$일 때 $s = 1$이므로 $f_c = f_1$이다.
(2) 회전자를 반시계 방향으로 $n = n_s$의 속도로 회전시키면 $s = 0$이 되어 $f_c = 0$이 된다.
(3) 회전자를 반시계 방향으로 $n < n_s$의 속도로 회전시키면 $1 > s > 0$이 되어 $f_c = sf_1$이 된다.
(4) 회전자를 시계 방향으로 $n < n_s$의 속도로 회전시키면 $2 > s > 1$이 되어 $f_c > f_1$이 된다.

정답 48 ① 49 ③ 50 ④

51 □□□

송전계통에 접속한 무부하의 동기전동기를 동기조상기라 한다. 이때 동기조상기의 계자를 과여자로 해서 운전할 경우 옳지 않은 것은?

① 콘덴서로 작용한다.
② 위상이 뒤진 전류가 흐른다.
③ 송전선의 역률을 좋게 한다.
④ 송전선의 전압강하를 감소시킨다.

동기전동기의 위상특선곡선(V곡선)
(1) 계자전류 증가시(중부하시) : 계자전류가 증가하면 동기전동기가 과여자 상태로 운전되는 경우로서 역률이 진역률이 되어 콘덴서 작용으로 진상전류가 흐르게 된다. 또한 전기자전류는 증가한다.
(2) 계자전류 감소시(경부하시) : 계자전류가 감소되면 동기전동기가 부족여자 상태로 운전되는 경우로서 역률이 지역률이 되어 리액터 작용으로 지상전류가 흐르게 된다. 또한 전기자전류는 증가한다.

52 □□□

반작용전동기(reaction motor)에 관한 설명 중 틀린 것은?

① 여자를 약하게 하면 뒤진 전류가 흐르고 전기자 반작용은 계자를 강화시키는 작용을 한다.
② 뒤진 전류가 흐를 때는 직류여자가 없어도 계자가 여자되므로 계자권선이 없다.
③ 3상 교류를 가하면 전기자 전류의 무효분은 계자자속을 만들어 전류의 유효분 사이의 토크가 발생한다.
④ 직류여자를 필요로 하고, 철극성 때문에 동기속도 이하로 회전한다.

반작용전동기
돌극형 동기전동기로서 고정자의 회전자계로부터 돌극부분에 유도되는 회전력을 이용하여 동기속도로 회전하는 전동기를 말하며 특징은 다음과 같다.
(1) 여자를 약하게 하면 전기자에 뒤진 전류가 흐르고 전기자반작용은 계자를 강화시키는 작용(증자작용)을 한다.
(2) 뒤진 전류가 흐를 때에는 직류여자가 없어도 계자가 여자 되므로 계자권선이 필요 없다.
(3) 3상 교류를 인가하면 전기자전류의 무효분은 계자자속을 만들어 전류의 유효분 사이의 토크를 발생한다.

53 □□□

3상 유도전동기의 기동법으로 사용되지 않는 것은?

① Y-△기동법
② 기동보상기법
③ 2차저항에 의한 기동법
④ 극수변환 기동법

3상 유도전동기의 기동법
(1) 농형 유도전동기
㉠ 전전압 기동법 : 5.5[kW] 이하에 적용
㉡ Y-Δ 기동법 : 5.5[kW]~15[kW] 범위에 적용
㉢ 리액터 기동법 : 15[kW] 넘는 경우에 적용
㉣ 기동보상기법 : 단권변압기를 이용하는 방법으로 15[kW] 넘는 경우에 적용
(2) 권선형 유도전동기
㉠ 2차 저항 기동법(기동저항기법) : 비례추이원리 적용
㉡ 게르게스법
∴ 극수변환법은 속도제어법이다.

54 □□□

동기 전동기에 관한 설명 중 옳지 않은 것은?

① 기동 토크가 작다.
② 역률을 조정할 수 없다.
③ 난조가 일어나기 쉽다.
④ 여자기가 필요하다.

동기전동기의 장·단점

장점	단점
(1) 속도가 일정하다.	(1) 기동토크가 작다.
(2) 역률 조정이 가능하다.	(2) 속도 조정이 곤란하다.
(3) 효율이 좋다.	(3) 직류여자기가 필요하다.
(4) 공극이 크고 튼튼하다.	(4) 난조 발생이 빈번하다.

정답 51 ② 52 ④ 53 ④ 54 ②

55 □□□

동기 각속도 ω_0, 회전자 각속도 ω인 유도전동기의 2차 효율은?

① $\frac{\omega_0}{\omega}$ ② $\frac{\omega}{\omega_0}$

③ $\frac{\omega_0-\omega}{\omega_0}$ ④ $\frac{\omega_0-\omega}{\omega}$

유도전동기의 2차 효율(η_2)
기계적 출력 P_0, 2차 입력 P_2, 슬립 s,
회전자 속도 N, 동기속도(고정자 속도) N_s라 할 때
$N=\omega,\ N_s=\omega_0$이므로

$\therefore\ \eta_2=\frac{P_0}{P_2}=1-s=\frac{N}{N_s}=\frac{\omega}{\omega_0}$

56 □□□

두 대 이상의 동기발전기를 병렬운전 하려고 할 때 동기발전기의 병렬운전에 필요한 조건이 아닌 것은?

① 기전력의 크기가 같을 것
② 기전력의 위상이 같을 것
③ 기전력의 주파수가 같을 것
④ 기전력의 용량이 같을 것

동기발전기의 병렬운전조건
(1) 기전력의 크기가 같을 것
(2) 기전력의 위상이 같을 것
(3) 기전력의 주파수가 같을 것
(4) 기전력의 파형이 같을 것
(5) 상회전이 일치할 것

57 □□□

변압기 여자회로의 어드미턴스 Y_0[℧]를 구하면? (단, I_0는 여자전류, I_i는 철손전류, I_ϕ는 자화전류, g_0는 콘덕턴스, V_1는 인가전압이다.)

① $\frac{I_0}{V_1}$ ② $\frac{I_i}{V_1}$

③ $\frac{I_\phi}{V_1}$ ④ $\frac{g_0}{V_1}$

여자어드미턴스(Y_0)
$I_i=g_0V_1$ [A], $I_\phi=b_0V_1$ [A],
$I_0=I_i-jI_\phi=g_0V_1-jb_0V_1$
$=(g_0-jb_0)V_1=Y_0V_1$ [A] 이므로

$\therefore\ Y_0=g_0-jb_0=\frac{I_0}{V_1}$ [℧]

58 □□□

직류발전기를 3상 유도전동기에서 구동하고 있다. 이 발전기의 출력이 P[kW]일 때 전동기의 입력은 약 몇 [kW]인가? (단 발전기의 효율은 η_g[%], 전동기의 효율은 η_m[%]로 한다.)

① $\eta_g\eta_mP$ ② $\frac{\eta_gP}{\eta_m}$

③ $\frac{P}{\eta_g\eta_m}$ ④ $\frac{\eta_mP}{\eta_g}$

전동기의 입력
$\eta=\eta_g\eta_m=\frac{P}{P_{in}}$ 식에서
전동기의 입력 P_{in}은

$\therefore\ P_{in}=\frac{P}{\eta_g\eta_m}$ [kW]

정답 55 ② 56 ④ 57 ① 58 ③

59 □□□

직류발전기의 회전수는 246[rpm], 극당 자속수는 0.02[Wb], 슬롯수는 192, 각 슬롯내의 도체수는 6, 극수는 6이다. 유기기전력은 몇 [V]인가? (단, 전기자 권선은 파권이다.)

① 193 ② 253
③ 283 ④ 333

직류발전기의 유기기전력(E)과 자속수(ϕ)

$E = \frac{pZ\phi N}{60a}$ [V] 식에서

$N = 246$ [rpm], $\phi = 0.02$ [Wb], 슬롯수$= 192$, 슬롯내부 도체 수$= 6$, 자극수 $p = 6$극, 파권($a = 2$) 이므로

총 도체수 Z=슬롯수×슬롯내부 도체수
$= 192 \times 6 = 1{,}152$일 때

$\therefore E = \frac{pZ\phi N}{60a} = \frac{6 \times 1{,}152 \times 0.02 \times 246}{60 \times 2} = 283$ [V]

60 □□□

변압기에서 컨서베이터의 용도는?

① 통풍장치
② 변압기유의 열화방지
③ 강제순환
④ 코로나 방지

변압기 절연유의 열화방지 대책

(1) 콘서베이터방식 : 변압기 본체로부터 유관을 통하여 콘서베이터를 설치함으로서 변압기 절연유와 공기가 접촉하는 것을 방지해 준다.
(2) 질소봉입방식
(3) 브리더방식

4과목 : 회로이론 및 제어공학

무료 동영상 강의 ▲

61 □□□

전원과 부하가 △결선된 3상 평형회로가 있다. 전원전압이 200[V], 부하 1상의 임피던스가 $6 + j8$[Ω]일 때 선전류[A]는?

① 20 ② $20\sqrt{3}$
③ $\frac{20}{\sqrt{3}}$ ④ $\frac{\sqrt{3}}{20}$

△결선의 선전류(I_Δ)

$I_\Delta = \frac{\sqrt{3}\,V_P}{Z} = \frac{\sqrt{3}\,V_L}{Z}$ [A] 식에서

$V_L = 200$ [V], $Z = 6 + j8$ [Ω] 이므로

$\therefore I_\Delta = \frac{\sqrt{3}\,V_L}{Z} = \frac{\sqrt{3} \times 200}{\sqrt{6^2 + 8^2}} = 20\sqrt{3}$ [A]

62 □□□

어떤 회로 내에 공급되는 전압과 흐르는 전류가 각각 $100\sqrt{2}\cos\left(314t - \frac{\pi}{6}\right)$[V], $3\sqrt{2}\cos\left(314t + \frac{\pi}{6}\right)$[A] 일 때 소비되는 전력[W]은?

① 100 ② 150
③ 250 ④ 300

유효전력(= 소비전력 : P)

전압과 전류의 파형 및 주파수가 모두 일치하므로

$V_m = 100\sqrt{2}\angle -30°$ [V],

$I_m = 3\sqrt{2}\angle 30°$ [A]일 때

$V = \frac{100\sqrt{2}}{\sqrt{2}} = 100$ [V], $I = \frac{3\sqrt{2}}{\sqrt{2}} = 3$ [A],

$\theta = 30° - (-30°) = 60°$이므로

$\therefore P = VI\cos\theta = 100 \times 3 \times \cos 60° = 150$ [W]

참고 $-\frac{\pi}{6}$ [rad] $= -30°$이고 $\frac{\pi}{6}$ [rad] $= 30°$이다.

정답 59 ③ 60 ② 61 ② 62 ②

63 □□□

전류의 대칭분을 I_0, I_1, I_2 유기기전력을 E_a, E_b, E_c 단자전압의 대칭분을 V_0, V_1, V_2라 할 때 3상 교류발전기의 기본식 중 정상분 V_1값은?
(단, Z_0, Z_1, Z_2는 영상, 정상, 역상 임피던스이다.)

① $-Z_0I_0$　② $-Z_2I_2$
③ $E_a-Z_1I_1$　④ $E_b-Z_2I_2$

발전기 기본식
$V_0=-Z_0I_0$ [V]
$V_1=E_a-Z_1I_1$ [V]
$V_2=-Z_2I_2$ [V]

64 □□□

다음은 비정현파 전압과 전류의 순시치를 표현한 것이다.
$v=100\sqrt{2}\sin\omega t+50\sqrt{2}\sin\left(3\omega t+\frac{\pi}{6}\right)$[V],
$i=40\sqrt{2}\sin\left(3\omega t-\frac{\pi}{6}\right)+100\sqrt{2}\sin 5\omega t$[A]일 때 소비 전력[kW]은?

① 2　② 1
③ 4.9　④ 5.2

전압의 주파수 성분은 기본파와 제3고조파로 구성되어 있으며 전류의 주파수 성분은 제3고조파와 제5고조파로 구성되어 있으므로 주파수 성분이 일치하는 제3고조파에 해당되는 소비전력만 계산된다.
$V_{m1}=100\sqrt{2}\angle 0°$ [V], $V_{m3}=50\sqrt{2}\angle 30°$ [V],
$I_{m3}=40\sqrt{2}\angle -30°$ [A], $I_{m5}=100\sqrt{2}\angle 0°$ [A]
$\theta_3=30°-(-30°)=60°$이므로

$$\therefore P=\frac{1}{2}V_{m3}I_{m3}\cos\theta_3$$
$$=\frac{1}{2}\times 50\sqrt{2}\times 40\sqrt{2}\times\cos 60°\times 10^{-3}$$
$$=1\text{ [kW]}$$

65 □□□

$F(s)=\frac{2s+15}{s^3+s^2+3s}$일 때 $f(t)$의 최종값은?

① 2　② 3
③ 5　④ 15

최종값 정리
$$f(\infty)=\lim_{t\to\infty}f(t)=\lim_{s\to 0}sF(s)$$
$$=\lim_{s\to 0}\frac{s(2s+15)}{s^3+s^2+3s}=\lim_{s\to 0}\frac{2s+15}{s^2+s+3}$$
$$=\frac{15}{3}=5$$

66 □□□

선로의 단위 길이 당 인덕턴스, 저항, 정전용량, 누설 컨덕턴스를 각각 L, R, C, G라 하면 전파정수는?

① $\frac{\sqrt{(R+j\omega L)}}{(G+j\omega C)}$
② $\sqrt{(R+j\omega L)(G+j\omega C)}$
③ $\sqrt{\frac{(R+j\omega C)}{(G+j\omega L)}}$
④ $\sqrt{\frac{(G+j\omega C)}{(R+j\omega L)}}$

분포정수회로
(1) 특성임피던스(Z_0)
$$Z_0=\sqrt{\frac{Z}{Y}}=\sqrt{\frac{R+j\omega L}{G+j\omega C}}=\sqrt{\frac{L}{C}}\ [\Omega]$$
(2) 전파정수(γ)
$$\gamma=\sqrt{ZY}=\sqrt{(R+j\omega L)(G+j\omega C)}=\alpha+j\beta$$

정답 63 ③ 64 ② 65 ③ 66 ②

67 □□□

비정현파 전압이 $V=\sqrt{2}\,100\sin\omega t+\sqrt{2}\,50\sin 2\omega t+\sqrt{2}\,30\sin 3\omega t$[V]일 때 실효치는 약 몇 [V]인가?

① 13.4 ② 38.6
③ 115.7 ④ 180.3

비정현파의 실효값

$v=\sqrt{2}\,100\sin\omega t+\sqrt{2}\,50\sin 2\omega t+\sqrt{2}\,30\sin 3\omega t$ [V]에서

$V_1=100$ [V], $V_2=50$ [V], $V_3=30$ [V]이므로

$\therefore V=\sqrt{V_1^2+V_2^2+V_3^2}=\sqrt{100^2+50^2+30^2}=115.7$ [V]

68 □□□

권수가 2,000회이고 저항이 12[Ω]인 솔레노이드에 전류 10[A]를 흘릴 때, 자속이 6×10^{-2}[Wb]가 발생하였다. 이 회로의 시정수[sec]는?

① 1 ② 0.1
③ 0.01 ④ 0.001

R-L 과도현상의 시정수(τ)

$\tau=\dfrac{L}{R}=\dfrac{N\phi}{RI}$ [sec] 식에서

$N=2{,}000$, $R=12\,[\Omega]$, $I=10$ [A], $\phi=6\times10^{-2}$ [Wb]일 때

$\therefore \tau=\dfrac{N\phi}{RI}=\dfrac{2{,}000\times6\times10^{-2}}{12\times10}=1$ [sec]

69 □□□

전류 $\sqrt{2}\,I\sin(\omega t+\theta)$[A]와 기전력 $\sqrt{2}\,V\cos(\omega t-\phi)$[V] 사이의 위상차는?

① $\dfrac{\pi}{2}-(\phi-\theta)$ ② $\dfrac{\pi}{2}-(\phi+\theta)$

③ $\dfrac{\pi}{2}+(\phi+\theta)$ ④ $\dfrac{\pi}{2}+(\phi-\theta)$

위상차

전류, 전압의 순시값을 $i(t)$, $v(t)$라 하여 파형을 일치시키면

$i(t)=\sqrt{2}\,I\sin(\omega t+\theta)$ [A]

$v(t)=\sqrt{2}\,V\cos(\omega t-\phi)=\sqrt{2}\,V\sin\left(\omega t-\phi+\dfrac{\pi}{2}\right)$ [V]이므로

전류의 위상 θ와 전압의 위상 $-\phi+\dfrac{\pi}{2}$의 위상차는

$\therefore$ 위상차$=-\phi+\dfrac{\pi}{2}-\theta=\dfrac{\pi}{2}-(\phi+\theta)$

참고 $\cos\omega t=\sin\left(\omega t+\dfrac{\pi}{2}\right)$이므로 $\cos(\omega t-\phi)=\sin\left(\omega t-\phi+\dfrac{\pi}{2}\right)$이다.

70 □□□

$R=5\,[\Omega]$, $L=1$ [H]의 직렬회로에 직류 10[V]를 가할 때 순간의 전류식은?

① $5(1-e^{-5t})$ ② $2e^{-5t}$
③ $5e^{-5t}$ ④ $2(1-e^{-5t})$

R-L 과도현상

스위치를 닫을 때 회로에 흐르는 전류 $i(t)$는

$\therefore i(t)=\dfrac{E}{R}\left(1-e^{-\frac{R}{L}t}\right)=\dfrac{10}{5}\left(1-e^{-\frac{5}{1}t}\right)=2(1-e^{-5t})$ [A]

정답 67 ③ 68 ① 69 ② 70 ④

71

다음의 상태방정식으로 표현되는 시스템의 상태천이행렬은?

$$\begin{bmatrix} \frac{d}{dt}x_1 \\ \frac{d}{dt}x_2 \end{bmatrix} = \begin{bmatrix} 0 & 1 \\ -3 & -4 \end{bmatrix}\begin{bmatrix} x_1 \\ x_2 \end{bmatrix}$$

① $\begin{bmatrix} 1.5e^{-t}-0.5e^{-3t} & -1.5e^{-t}+1.5e^{-3t} \\ 0.5e^{-t}-0.5e^{-3t} & -0.5e^{-t}+1.5e^{-3t} \end{bmatrix}$

② $\begin{bmatrix} 1.5e^{-t}-0.5e^{-3t} & 0.5e^{-t}-0.5e^{-3t} \\ -1.5e^{-t}+1.5e^{-3t} & -0.5e^{-t}+1.5e^{-3t} \end{bmatrix}$

③ $\begin{bmatrix} 1.5e^{-t}-0.5e^{-4t} & 0.5e^{-t}-0.5e^{-4t} \\ -1.5e^{-t}+1.5e^{-4t} & -0.5e^{-t}+1.5e^{-4t} \end{bmatrix}$

④ $\begin{bmatrix} 1.5e^{-t}-0.5e^{-4t} & -1.5e^{-t}+1.5e^{-4t} \\ 0.5e^{-t}-0.5e^{-4t} & -0.5e^{-t}+1.5e^{-4t} \end{bmatrix}$

상태방정식의 천이행렬 : $\phi(t)$

$\phi(t) = \mathcal{L}^{-1}[\phi(s)] = \mathcal{L}^{-1}[sI-A]^{-1}$ 이므로

$$(sI-A) = s\begin{bmatrix} 1 & 0 \\ 0 & 1 \end{bmatrix} - \begin{bmatrix} 0 & 1 \\ -3 & -4 \end{bmatrix} = \begin{bmatrix} s & -1 \\ 3 & s+4 \end{bmatrix}$$

$$\phi(s) = (sI-A)^{-1} = \begin{bmatrix} s & -1 \\ 3 & s+4 \end{bmatrix}^{-1} = \frac{1}{s(s+4)+3}\begin{bmatrix} s+4 & 1 \\ -3 & s \end{bmatrix} = \begin{bmatrix} \frac{s+4}{s^2+4s+3} & \frac{1}{s^2+4s+3} \\ \frac{-3}{s^2+4s+3} & \frac{s}{s^2+4s+3} \end{bmatrix}$$

$$\therefore \phi(t) = \mathcal{L}^{-1}[\phi(s)] = \begin{bmatrix} 1.5e^{-t}-0.5e^{-3t} & 0.5e^{-t}-0.5e^{-3t} \\ -1.5e^{-t}+1.5e^{-3t} & -0.5e^{-t}+1.5e^{-3t} \end{bmatrix}$$

72

제어시스템의 특성방정식이 $s^4+s^3-3s^2-s+2=0$와 같을 때, 이 특성방정식에서 s 평면의 오른쪽에 위치하는 근은 몇 개인가?

① 0　② 1
③ 2　④ 3

안정도판별법(루스판별법)

S^4	1	-3	2
S^3	1	-1	0
S^2	$\frac{-3+1}{1}=-2$	2	0
S^1	$\frac{2-2}{-2}=0$	0	0

루스 수열 제1열의 S^1항에서 영(0)이 되었으므로 영(0) 대신 영(0)에 가까운 양(+)의 임의의 수 ε값을 취하여 계산에 적용한다.

S^4	1	-3	2
S^3	1	-1	0
S^2	$\frac{-3+1}{1}=-2$	2	0
S^1	ϵ	0	0
S^0	$\frac{2\epsilon-0}{\epsilon}=2$	0	0

∴ 루스 수열의 제1열 S^2항에서 (−)값이 나오므로 제1열의 부호 변화는 2번 생기게 되어 불안정 근의 수는 2개이며 S평면의 우반면에 불안정 근이 2개 존재하게 된다.

정답 71 ② 72 ③

73 □□□

개루프 전달함수가 $G(s)H(s)=\dfrac{K}{s(s+3)(s+2)}$ 일 때 근궤적이 허수축과 교차하는 경우 교차점은?

① $\omega_d=2.45$ ② $\omega_d=2.83$

③ $\omega_d=3.46$ ④ $\omega_d=3.87$

허수축과 교차하는 점

제어계의 개루프 전달함수 $G(s)H(s)$가 주어지는 경우 특성방정식 $F(s)=1+G(s)H(s)=0$을 만족하는 방정식을 세워야 한다.

$G(s)H(s)=\dfrac{B(s)}{A(s)}$ 인 경우 특성방정식 $F(s)$는 $F(s)=A(s)+B(s)=0$ 으로 할 수 있다.

문제의 특성방정식은

$F(s)=s(s+3)(s+2)+K$

$=s^3+5s^2+6s+K=0$ 이므로

s^3	1	6
s^2	5	K
s^1	$\dfrac{5\times6-K}{5}=0$	0
s^0	K	

루스 수열의 제1열 S^1행에서 영(0)이 되는 K의 값을 구하여 보조방정식을 세운다.

$5\times6-K=0$ 이기 위해서는 $K=30$이다.

보조방정식 $5s^2+30=0$ 식에서

$s^2=-6$ 이므로 $s=j\omega=\pm j\sqrt{6}$ 일 때

$\therefore\ \omega=\sqrt{6}=2.45$

74 □□□

다음 중 논리식 $L=\overline{A}\,\overline{B}+\overline{A}B+AB$ 을 간단히 하면?

① $A+B$ ② $\overline{A}+B$

③ $A+\overline{B}$ ④ $\overline{A}+\overline{B}$

불대수를 이용한 논리식의 간소화

$\overline{A}B+\overline{A}B=\overline{A}B,\ \overline{A}+A=1,\ \overline{B}+B=1,$

$1\cdot\overline{A}=\overline{A},\ 1\cdot B=B$ 식을 이용하여 정리하면

$\overline{A}\,\overline{B}+\overline{A}B+AB=\overline{A}\,\overline{B}+\overline{A}B+\overline{A}B+AB$

$=\overline{A}(\overline{B}+B)+B(\overline{A}+A)$

$=\overline{A}+B$

75 □□□

그림의 신호흐름선도에서 y_2/y_1의 값은?

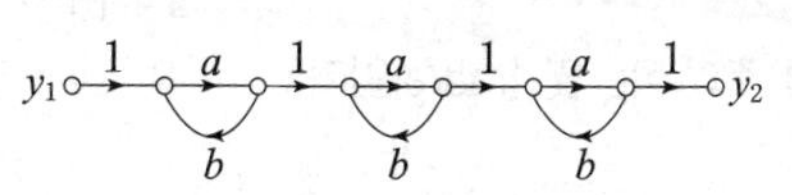

① $\dfrac{a^3}{(1-ab)^3}$ ② $\dfrac{a^3}{(1-3ab+a^2b^2)}$

③ $\dfrac{a^3}{1-3ab}$ ④ $\dfrac{a^3}{1-3ab+2a^2b^2}$

신호흐름선도의 전달함수(메이슨 정리)

$L_{11}=ab,\ L_{12}=ab,\ L_{13}=ab$

$L_{21}=L_{11}\cdot L_{12}=(ab)^2,$

$L_{22}=L_{11}\cdot L_{13}=(ab)^2$

$L_{23}=L_{12}\cdot L_{13}=(ab)^2$

$L_{31}=L_{11}\cdot L_{12}\cdot L_{13}=(ab)^3$

$\Delta=1-(L_{11}+L_{12}+L_{13})$

$+(L_{21}+L_{22}+L_{23})-L_{31}$

$=1-3ab+3(ab)^2-(ab)^3=(1-ab)^3$

$M_1=a^3,\ \Delta_1=1$

$\therefore\ G(s)=\dfrac{M_1\Delta_1}{\Delta}=\dfrac{a^3}{(1-ab)^3}$

76 □□□

블록선도의 전달함수$\left(\dfrac{C(s)}{R(s)}\right)$는?

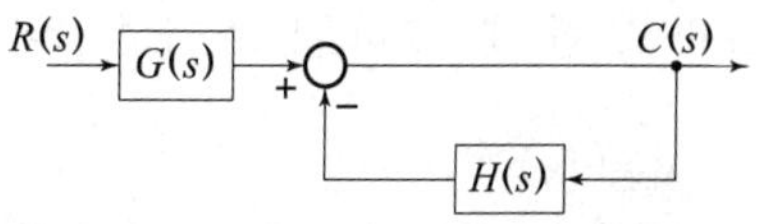

① $\dfrac{G(s)}{1+H(s)}$ ② $\dfrac{G(s)}{1+G(s)H(s)}$

③ $\dfrac{1}{1+H(s)}$ ④ $\dfrac{1}{1+G(s)H(s)}$

블록선도의 전달함수

$C(s)=G(s)R(s)-H(s)C(s)$

$\{1+H(s)\}C(s)=G(s)R(s)$

$\therefore\ \dfrac{C(s)}{R(s)}=\dfrac{G(s)}{1+H(s)}$

정답 73 ① 74 ② 75 ① 76 ①

77 □□□

1차 지연요소의 전달함수가 $G(s)=\frac{k}{s+10}$인 제어계의 절점 주파수는 몇 [rad/s]인가?

① 1　② 10
③ 0.1　④ 0.01

절점주파수와 절점주파수의 이득
절점주파수는 $G(j\omega)$의 실수부와 허수부가 서로 같게 되는 조건을 만족할 때의 주파수 ω값으로 정의된다.
$G(j\omega)=\frac{k}{j\omega+10}$ 일 때
$\therefore\ \omega=10$ [rad/s]

78 □□□

과도 응답이 소멸되는 정도를 나타내는 감쇠비 (decay ratio)는?

① 최대오버슈트를 제2 오버슈트로 나눈 값이다.
② 제3 오버슈트를 제2 오버슈트로 나눈 값이다.
③ 제2 오버슈트를 최대오버슈트로 나눈 값이다.
④ 제2 오버슈트를 제3 오버슈트로 나눈 값이다.

감쇠비 = 제동비(ζ)
감쇠비란 제어계의 응답이 목표값을 초과하여 진동을 오래하지 못하도록 제동을 걸어주는 값으로서 제동비라고도 한다.
$\zeta=\frac{\text{제2오버슈트}}{\text{최대오버슈트}}$ 식으로 표현하며 $\zeta=1$을 기준으로 하여 다음과 같이 구분한다.
(1) $\zeta>1$: 과제동 → 비진동 곡선을 나타낸다.
(2) $\zeta=1$: 임계제동 → 임계진동곡선을 나타낸다.
(3) $\zeta<1$: 부족제동 → 감쇠진동곡선을 나타낸다.
(4) $\zeta=0$: 무제동 → 무제동진동곡선을 나타낸다.

79 □□□

$F(z)=\frac{(1-e^{-aT})z}{(z-1)(z-e^{-aT})}$의 역 z변환은?

① $1-e^{-at}$　② $1+e^{-at}$
③ $t\cdot e^{-at}$　④ $t\cdot e^{at}$

시간함수 $f(t)$, 라플라스함수 $F(s)$, z변환함수 $F(z)$

$f(t)$	$F(s)$	$F(z)$
$\delta(t)$	1	1
$u(t)$	$\frac{1}{s}$	$\frac{z}{z-1}$
e^{-at}	$\frac{1}{s+a}$	$\frac{z}{z-e^{-aT}}$
t	$\frac{1}{s^2}$	$\frac{Tz}{(z-1)^2}$
te^{-at}	$\frac{1}{(s+a)^2}$	$\frac{Tze^{-aT}}{(z-e^{-aT})^2}$
$1-e^{-aT}$	$\frac{a}{s(s+a)}$	$\frac{(1-e^{-aT})z}{(z-1)(z-e^{-aT})}$
$\sin\omega t$	$\frac{\omega}{s^2+\omega^2}$	$\frac{z\sin\omega T}{z^2-2z\cos\omega T+1}$
$\cos\omega t$	$\frac{s}{s^2+\omega^2}$	$\frac{z(z-\cos\omega T)}{z^2-2z\cos\omega T+1}$

80 □□□

그림과 같은 블록선도에서 전달함수 $\frac{C(s)}{R(s)}$를 구하면?

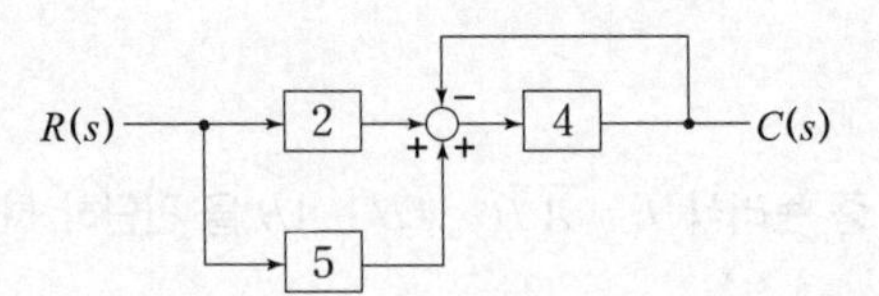

① $\frac{1}{8}$　② $\frac{5}{28}$
③ $\frac{28}{5}$　④ 8

블록선도의 전달함수 $G(s)$
$C=\{R(2+5)-C\}\times 4=28R-4C$
$5C=28R$
$\therefore\ G(s)=\frac{C}{R}=\frac{28}{5}$

정답 77 ② 78 ③ 79 ① 80 ③

5과목 : 전기설비기술기준 및 판단기준

무료 동영상 강의 ▲

81 □□□

고압 가공전선로의 지지물로는 A종 철근콘크리트주를 사용하고, 전선으로는 단면적 22[mm^2]의 경동연선을 사용한다면 경간은 최대 몇 [m] 이하이어야 하는가? (단, A종 철근 콘크리트주에는 전 가섭선마다 각 가섭선의 상정 최대장력의 3분의 1에 상당하는 불평균 장력에 의한 수평력에 견디는 지선을 그 전선로의 방향으로 양쪽에 시설한 경우이다.)

① 250 ② 500
③ 300 ④ 150

고압 가공전선로 경간의 제한

지지물의 종류	22[mm^2] 이상 또는 인장강도 8.71[kN] 이상
목주 A종 철주 또는 A종 철근 콘크리트주	300[m]
B종 철주 또는 B종 철근 콘크리트 주	500[m]
철탑	–

82 □□□

직류 전기철도에 주로 사용되는 급전용 변압기의 종류로 옳은 것은?

① 3상 우드브리지결선 변압기
② 3상 메이어 결선 변압기
③ 3상 스코트결선 변압기
④ 3상 정류기용 변압기

전기철도의 변전방식
∴ 급전용 변압기
• 직류 전기철도 : 3상 정류기용 변압기
• 교류 전기철도 : 3상 스코트결선 변압기

83 □□□

특고압 전선로에 접속하는 배전용 변압기의 특고압측에 시설해야 하는 것은? (단, 변압기는 1대 이며, 발전소·변전소·개폐소 또는 이에 준하는 곳에 시설하는 것과 25[kV] 이하 특고압 가공전선로에 시설은 제외한다.)

① 계기용 변압기
② 방전기
③ 계기용 변류기
④ 개폐기 및 과전류차단기

특고압 배전용 변압기의 시설
(1) 사용 전선은 특고압 절연전선 또는 케이블을 사용.
(2) 변압기의 1차 전압은 35[kV] 이하,
2차 전압은 저압 또는 고압일 것.
(3) 특고압측에 개폐기 및 과전류차단기를 시설 할 것.
(4) 2차 전압이 고압인 경우는 고압측에 개폐기를 시설.

84 □□□

옥내에 시설하는 전동기가 손상되는 것을 방지하기 위한 과부하 보호장치를 하지 않아도 되는 경우는?

① 정격 출력이 0.2[kW]이하인 경우
② 정격 출력이 4[kW]이며 취급자가 감시할 수 없는 경우
③ 전동기가 손상할 수 있는 과전류가 생길 우려가 있는 경우
④ 정격 출력이 10[kW]이상인 경우

저압전로 중의 전동기 보호용 과전류 보호장치의 시설 생략 조건
(1) 전동기 정격출력이 0.2[kW] 이하 경우
(2) 상시 취급자가 감시할 수 있는 위치에 시설하는 경우
(3) 과전류가 생길 우려가 없는 경우
(4) 단상전동기로써 과전류 차단기의 정격전류가 16[A] (배선차단기는 20[A]) 이하인 경우

정답 81 ③ 82 ④ 83 ④ 84 ①

85 □□□

저압 가공전선 또는 고압 가공전선이 도로를 횡단할 때 지표상의 높이는 몇 [m] 이상으로 하여야 하는가? (단, 농로 기타 교통이 번잡하지 않은 도로 및 횡단보도교는 제외한다.)

① 4　　② 6
③ 5　　④ 7

저·고압 가공전선의 높이

설치장소		가공전선의 높이
도로횡단		지표상 6[m] 이상
철도 또는 궤도횡단		레일면상 6.5[m] 이상
횡단보도교위	저압	노면상 3.5[m] 이상 (단, 절연전선의 경우 3[m] 이상)
	고압	노면상 3.5[m] 이상

86 □□□

단면적 50[mm^2]인 경동연선을 사용하는 특고압 가공전선로의 지지물로 장력에 견디는 형태의 B종 철근 콘크리트주를 사용하는 경우, 허용 최대 경간은 몇 [m]인가?

① 300　　② 150
③ 500　　④ 250

가공전선로의 경간 제한

지지물 종류	표준경간	고 압 : 22[mm^2] 이상 특고압 : 50[mm^2] 이상
목주·A종주	150	300[m] 이하
B종주	250	500 [m] 이하
철 탑	600	–

87 □□□

셀룰러덕트공사에 대한 시설기준에 적합하지 않은 것은?

① 전선을 분기하는 경우, 그 접속점을 쉽게 점검할 수 있을 때에는 셀룰러덕트 안에서 전선에 접속점을 만들 수 있다.
② 덕트 끝과 안쪽 면은 전선의 피복이 손상하지 아니하도록 매끈한 것 이어야 한다.
③ 전선은 절연전선(옥외용 비닐절연전선을 제외)을 사용한다.
④ 덕트의 최대 폭이 150[mm] 이하인 경우 덕트의 판 두께는 1[mm] 이상이어야 한다.

셀룰러덕트 공사

(1) 전선은 절연전선(OW 제외)은 연선일 것.
(2) 덕트 안에는 전선에 접속점을 만들지 아니할 것. (단, 전선을 분기하는 경우 그 접속점을 쉽게 점검할 수 있는 경우 제외.)
(3) 끝과 안쪽 면은 전선의 피복이 손상하지 아니하도록 매끈한 것일 것.
(4) 판 두께는 표에서 정한 값 이상일 것.

덕트의 최대 폭	덕트의 판 두께
150[mm] 이하	1.2[mm]
150[mm] 초과 200[mm] 이하	1.4[mm] (KSD 3602 (강제 갑판) 중 SDP2, SDP3 또는 SDP2G에 적합한 것은 1.2[mm])
200[mm] 초과하는 것	1.6[mm]

정답 85 ② 86 ③ 87 ④

88 □□□

전선의 접속 시 전선의 전기저항을 증가시키지 아니하도록 접속하고, 두 개 이상의 전선을 병렬로 사용하는 경우에 대한 시설기준으로 틀린 것은?

① 병렬로 사용하는 전선에는 각각에 퓨즈를 설치할 것
② 같은 극의 각 전선은 동일한 터미널러그에 완전히 접속할 것
③ 같은 극인 각 전선의 터미널러그는 동일한 도체에 2개 이상의 리벳 또는 2개 이상의 나사로 접속할 것
④ 교류회로에서 병렬로 사용하는 전선은 금속관 안에 전지적 불평형이 생기지 않도록 시설할 것

전선의 접속
∴ 두 개 이상의 전선을 병렬로 사용하는 경우.
(1) 전선의 굵기는 동선 50[mm^2] 이상 또는 알루미늄 70[mm^2] 이상으로 하고, 전선은 같은 도체, 같은 재료, 같은 길이 및 같은 굵기의 것을 사용할 것.
(2) 같은극의 전선은 동일한 터미널러그에 완전히 접속.
(3) 같은 극인 각 전선의 터미널러그는 동일한 도체에 2개 이상의 리벳 또는 2개 이상의 나사로 접속할 것.
(4) 병렬로 사용 전선에는 각각에 퓨즈를 설치하지말 것.
(5) 금속관 안에 전자적 불평형이 생기지 않도록 시설.

89 □□□

철탑의 강도계산에 사용하는 이상 시 상정하중의 종류가 아닌 것은?

① 수직하중 ② 수평 종하중
③ 수평 횡하중 ④ 좌굴하중

이상 시 상정하중
철탑의 강도계산에 사용하는 이상 시 상정하중은 수직하중, 수평 횡하중, 수평 종하중이 있다.

90 □□□

다음 중 점멸기의 시설에 관한 내용으로 틀린 것은?

① 매입형 점멸기는 합성수지제 또는 난연성 절연물의 박스에 넣어 시설할 것
② 일반주택 및 아파트 각 호실의 현관등은 3분 이내에 소등되는 센서등(타임스위치 포함) 으로 시설할 것
③ 노출형의 점멸기는 기둥 등의 내구성이 있는 조영재에 견고하게 설치할 것
④ 국부 조명설비는 그 조명대상에 따라 점멸할 수 있도록 시설할 것

점멸기의 시설
(1) 노출형의 점멸기는 기둥 등의 내구성이 있는 조영재에 견고하게 설치할 것.
(2) 매입형 점멸기는 금속제 또는 난연성 절연물의 박스에 넣어 시설할 것.
(3) 관광숙박업 또는 숙박업에 이용되는 객실의 입구등은 1분 이내에 소등되는 것.
(4) 일반주택 및 아파트 각 호실의 현관등은 3분 이내에 소등되는 것.
(5) 국부 조명설비는 그 조명대상에 따라 점멸할 수 있도록 시설할 것.

91 □□□

지락고장 중에 접지부분 또는 기기나 장치의 외함과 기기나 장치의 다른 부분 사이에 나타나는 전압을 말하는 것은?

① 특별저압 ② 정격전압
③ 스트레스전압 ④ 임펄스내전압

용어 정의
"스트레스전압(Stress Voltage)"이란 지락고장 중에 접지부분 또는 기니나 장치의 외함과 기기나 장치의 다른 부분 사이에 나타나는 전압을 말한다.

정답 88 ① 89 ④ 90 ① 91 ③

92 □□□

전선의 식별을 위한 상(문자)과 색상의 연결로 틀린 것은?

① L3 - 회색　② L2 - 흑색
③ L1 - 갈색　④ N - 녹색

[kec 121.2] 전선의 식별

상(문자)	색상
L1	갈색
L2	흑색
L3	회색
N	청색
보호도체	녹색-노란색

93 □□□

철도 · 궤도 또는 자동차도 전용터널 안의 전선로로 사용되는 저압 전선은 인장강도 몇 [kN] 이상의 절연전선이어야 하는가?

① 2.30　② 1.38
③ 2.78　④ 5.26

터널 안 전선로의 시설

전압	전선의 굵기	시공방법	애자공사 시공높이
저압	2.6[mm] =2.30[kN] 이상	· 합성수지관공사 · 금속관공사 · 금속제가요진선관공사 · 케이블공사 · 애자공사	2.5[m] 이상
고압	4[mm] =5.26[kN] 이상	· 케이블공사 · 애자공사	3[m] 이상
특고압		· 케이블공사	

94 □□□

시가지에 시설한 사용전압이 154[kV]인 특고압 가공전선에 지락 또는 단락이 생겼을 때에는 몇 초 이내에 자동적으로 이를 전로로부터 차단하는 장치를 시설하여야 하는가?

① 8　② 5
③ 2　④ 1

특고압 시가지에서 지락·단락 사고 발생 시 자동차단 장치시설
25[kV]이하 : 지락 또는 단락시 2초 이내 자동차단
(단, 보안공사 : 3초 이내 자동차단)
100[kV]초과 : 지락 또는 단락 1초 이내 자동차단
(단, 보안공사 : 2초 이내 자동차단)

95 □□□

케이블공사의 시설방법에 대한 설명으로 틀린 것은?

① 콘크리트 직매용 포설의 경우 콘크리트 안에는 전선에 접속점을 만들지 아니한다.
② 전선은 케이블 및 캡타이어케이블로 한다.
③ 콘크리트 직매용 포설의 경우 전선을 박스 또는 풀박스 안에 인입할 때 물이 박스 또는 풀박스 안으로 침입하지 아니하도록 적당한 구조의 부상 또는 이와 유사한 것을 사용한다.
④ 전선을 조영재의 아랫면 또는 옆면에 따라 붙이는 경우에는 전선의 지지점 간의 거리를 케이블은 3[m] 이하로 한다.

케이블공사 시설기준
(1) 전선은 케이블 및 캡타이어케이블일 것.
(2) 조영재의 면에 따라 붙이는 경우 지지점 간의 거리 : 2[m] (단, 수직으로 붙이는 경우 : 6[m]) 이하, 캡타이어케이블은 1[m] 이하.)
(3) 전선을 박스 또는 플박스 안에 인입하는 경우는 물이 박스 또는 플박스 안으로 침입하지 아니하도록 적당한 구조의 부상 또는 이와 유사한 것을 사용할 것.
(4) 콘크리트 안에는 전선에 접속점을 만들지 아니할 것.

정답 92 ④ 93 ① 94 ④ 95 ④

96 □□□

수소냉각식의 발전기 내부 또는 조상기 내부의 수소의 순도가 몇 [%] 이하로 저하한 경우에 이를 경보하는 장치를 시설하여야 하는가?

① 85　　② 75
③ 80　　④ 70

수소냉각식 발전기 등의 시설
발전기 내부 또는 조상기 내부의 수소의 순도가 85[%] 이하로 저하한 경우에 이를 경보하는 장치를 시설할 것.

97 □□□

태양광발전이나 풍력발전 등이 현재 조건에서 가능한 최대의 전력을 생산할 수 있도록 인버터 제어를 이용하여 해당 발전원의 전압이나 회전속도를 조정하는 최대출력 추종 기능을 말하는 것은?

① Bleed Off　　② Meter In
③ PCS　　④ MPPT

용어의 정의
"MPPT"란 태양광발전이나 풍력발전 등이 현재 조건에서 가능한 최대의 전력을 생산할 수 있도록 인버터 제어를 이용하여 해당 발전원의 전압이나 회전속도를 조정하는 최대출력추종(MPPT, Maximum Power Point Tracking) 기능을 말한다.

98 □□□

소세력 회로란 전자 개폐기의 조작회로 또는 초인벨·경보벨 등에 접속하는 전로로서 최대 사용전압이 몇 [v]이하인 것을 말하는가? (단, 최대사용전류가, 최대 사용전압이 15[V] 이하인 것은 5[A] 이하, 최대 사용전압이 15[V]를 초과하고 30[V] 이하인 것은 3[A] 이하, 최대 사용전압이 30[V]를 초과하는 것은 1.5[A] 이하인 것에 한한다.)

① 150　　② 400
③ 60　　④ 300

소세력 회로
전자 개폐기의 조작회로 또는 초인벨·경보벨 등에 접속하는 전로로서 최대사용전압이 60[V] 이하 인 것

• 절연변압기의 2차 단락전류 및 과전류차단기의 정격전류

최대 사용전압의 구분	2차단락 전류	과전류차단기의 정격전류
15[V] 이하	8[A]	5[A]
30[V] 이하	5[A]	3[A]
60[V] 이하	3[A]	1.5[A]

99 □□□

배전 전주에 전력보안통신설비를 운영하기 위한 전원공급기는 지상에서 몇 [m] 이상 유지하여야 하는가?

① 4　　② 5
③ 3　　④ 2

전원공급기의 시설
(1) 지상에서 4[m] 이상 유지 할 것.
(2) 누전차단기를 내장할 것.
(3) 시설방향은 인도측으로 시설하며 외함은 접지할 것.
(4) 기기주, 변대주 및 분기주 등 설비 복잡개소에는 전원공급기를 시설할 수 없다.
(5) 통신사업자는 기기 전면에 명판을 부착 할 것.

정답 96 ① 97 ④ 98 ③ 99 ①

100 □□□

전기철도의 설비보호를 위한 보호협조에 대한 설명으로 틀린 것은?

① 전차선로용 애자를 섬락사고로부터 보호하고 접지전위 상승을 억제하기 위하여 적정한 보호설비를 구비하여야 한다.
② 보호계전방식은 신뢰성, 선택성, 협조성, 적절한 동작, 양호한 감도, 취급 및 보수 점검이 용이하도록 구성하여야 한다.
③ 급전선로는 안정도 향상, 자동복구, 정전시간 감소를 위하여 보호계전방식에 수동재폐로 기능을 구비하여야 한다.
④ 가공 선로측에서 발생한 지락 및 사고전류의 파급을 방지하기 위하여 피뢰기를 설치하여야 한다.

전기철도의 설비를 위한 보호
∴ 보호협조
(1) 사고 또는 고장의 파급을 방지하기 위하여 계통 내에서 발생한 사고전류를 검출하고 차단 장치에 의해서 신속하고 순차적으로 차단할 수 있는 보호시스템을 구성하며 설비계통 전반의 보호협조가 되도록 하여야 한다.
(2) 보호계전방식은 신뢰성, 선택성, 협조성, 적절한 동작, 양호한 감도, 취급 및 보수 점검이 용이하도록 구성하여야 한다.
(3) 급전선로는 안정도 향상, 자동복구, 정전시간 감소를 위하여 보호계전방식에 자동재폐로 기능을 구비하여야 한다.
(4) 전차선로용 애자를 섬락사고로부터 보호하고 접지전위 상승을 억제하기 위하여 적정한 보호설비를 구비하여야 한다.
(5) 가공 선로측에서 발생한 지락 및 사고전류의 파급을 방지하기 위하여 피뢰기를 설치하여야 한다.

정답 100 ③

CBT 시험대비

CBT 시험 19회를 100% 복원하여 재구성한

제2회 복원 기출문제

학습기간 월 일 ~ 월 일

1과목 : 전기자기학

무료 동영상 강의 ▲

01 □□□

진공 중에 놓인 Q[C]의 전하에서 발산되는 전기력선의 수는?

① Q　② ϵ_0

③ $\dfrac{Q}{\epsilon_0}$　④ $\dfrac{\epsilon_0}{Q}$

진공시 전기력선의 수(N)는 폐곡면 전하량 Q의 $\dfrac{1}{\epsilon_0}$ 배

이므로 $N=\dfrac{Q}{\epsilon_0}$가 된다.

02 □□□

진공 중 4[m] 간격으로 두 개의 평행한 무한 평판 도체에 각각 +4[C/m²], -4[C/m²]의 전하를 주었을 때, 두 도체 간의 전위차는 약 몇 [V]인가?

① 1.8×10^{12}　② 1.8×10^{11}

③ 1.36×10^{12}　④ 1.36×10^{11}

무한 평행판 사이의 전계 $E=\dfrac{\sigma}{\epsilon_o}$ [V/m]

무한 평행판 사이의 전위차 $V=E\cdot d=\dfrac{\sigma}{\epsilon_o}d$ [V]

이므로 주어진 수치를 대입하면

$V=\dfrac{\sigma}{\epsilon_o}d=\dfrac{4}{8.855\times10^{-12}}\times4=1.8\times10^{12}$[V]

03 □□□

평등 전계 내에 수직으로 비율전율 $\epsilon_r=3$ 인 유전체 판을 놓았을 경우 판 내의 전속밀도 $D=4\times10^{-6}[\mathrm{C/m^2}]$ 이었다. 이 유전체의 비분극률은?

① 2　② 3

③ 1×10^{-6}　④ 2×10^{-6}

유전체의 비분극률

$\chi_e=\dfrac{\chi}{\varepsilon_0}=\varepsilon_s-1=3-1=2$

04 □□□

공극의 겉넓이가 $S=4.26\times10^{-2}[\mathrm{m^2}]$이고 길이가 $l=5.6[\mathrm{mm}]$인 직류기에 있어서 공극의 자기 저항은 약 몇[AT/Wb]인가 ?

① 1.05×10^5　② 1.05×10^{-5}

③ 10.5×10^2　④ 10.5×10^{-2}

공극의 자기저항

$R_m=\dfrac{l}{\mu_o S}=\dfrac{5.6\times10^{-3}}{4\pi\times10^{-7}\times4.26\times10^{-2}}$

$=1.05\times10^5$ [AT/Wb]

정답 01 ③ 02 ① 03 ① 04 ①

05 □□□

평행판 콘덴서에 100[V]의 전압이 걸려 있다. 이 전원을 제거한 후 평행판 간격을 처음의 2배로 증가시키면?

① 정전용량은 1/2 배로, 저장되는 에너지는 2배로 된다.
② 정전용량은 2배로, 저장되는 에너지는 1/2배로 된다.
③ 정전용량은 1/4 배로, 저장되는 에너지는 4배로 된다.
④ 정전용량은 4배로, 저장되는 에너지는 1/4배로 된다.

평행판 콘덴서의 전원을 제거시 전하량 Q가 일정하므로, 평행판 간격 d를 2배하면 평행판사이의 정전용량

$C = \dfrac{\epsilon_o S}{d}$ [F] 이므로 정전용량은 $\dfrac{1}{2}$ 배로 감소된다.

콘덴서에 저장되는 에너지 $W = \dfrac{Q^2}{2C}$ [J] 이므로 2배로 증가한다.

06 □□□

반지름이 30[cm]인 원판 전극의 평행판 콘덴서가 있다. 전극의 간격이 0.1[cm]이며, 전극 사이 유전체의 비유전율이 4.0이라 한다. 이 콘덴서의 정전용량은 약 몇 $[\mu F]$ 인가?

① 0.01　　② 0.02
③ 0.03　　④ 0.04

원판 반지름 $a = 30$ [cm],
극판 간격 $d = 0.1$ [cm],
비유전율$\epsilon_s = 4$일 때
평행판사이의 정전용량은

$C = \dfrac{\epsilon_0 \epsilon_s S}{d} = \dfrac{\epsilon_0 \epsilon_s \pi a^2}{d}$ 이므로 주어진 수치를 대입하면

$= \dfrac{8.885 \times 10^{-12} \times 4 \times \pi \times (30 \times 10^{-2})^2}{0.1 \times 10^{-2}} \times 10^6$

$= 0.01 [\mu F]$

07 □□□

$\epsilon_1 > \epsilon_2$인 두 유전체의 경계면에 전계가 수직으로 입사할 때 경계면에 작용하는 힘은?

① $F = \dfrac{1}{2}\left(\dfrac{1}{\epsilon_1} - \dfrac{1}{\epsilon_2}\right)E^2$ 의 힘이 ϵ_1에서 ϵ_2로 작용한다.
② $F = \dfrac{1}{2}\left(\dfrac{1}{\epsilon_2} - \dfrac{1}{\epsilon_1}\right)D^2$ 의 힘이 ϵ_2에서 ϵ_1로 작용한다.
③ $F = \dfrac{1}{2}\left(\dfrac{1}{\epsilon_2} - \dfrac{1}{\epsilon_1}\right)D^2$ 의 힘이 ϵ_1에서 ϵ_2로 작용한다.
④ $F = \dfrac{1}{2}\left(\dfrac{1}{\epsilon_1} - \dfrac{1}{\epsilon_2}\right)D^2$ 의 힘이 ϵ_2에서 ϵ_1로 작용한다.

전계가 수직입사시 전속밀도가 같으므로 경계면에 작용하는 힘은

$\epsilon_1 > \epsilon_2$ 인 경우 $f = \dfrac{D^2}{2}\left(\dfrac{1}{\epsilon_2} - \dfrac{1}{\epsilon_1}\right)$ [N/m²] 가 되고,

작용하는 힘은 유전율이 큰 쪽에서 작은 쪽으로 작용하므로 ϵ_1 에서 ϵ_2로 작용한다.

08 □□□

무한 평면 도체표면에 수직거리 d[m] 떨어진 곳에 정전하 +Q[C]이 있을 때, 영상전하와 평면도체 간에 작용하는 힘 F[N]은 어느 것인가?

① $\dfrac{Q^2}{8\pi\epsilon_0 d^2}$, 반발력　　② $\dfrac{Q^2}{4\pi\epsilon_0 d^2}$, 흡인력
③ $\dfrac{Q^2}{16\pi\epsilon_0 d^2}$, 흡인력　　④ $\dfrac{Q^2}{4\pi\epsilon_0 d^2}$, 반발력

전기 영상법에 의한 접지무한평면과 점전하에서

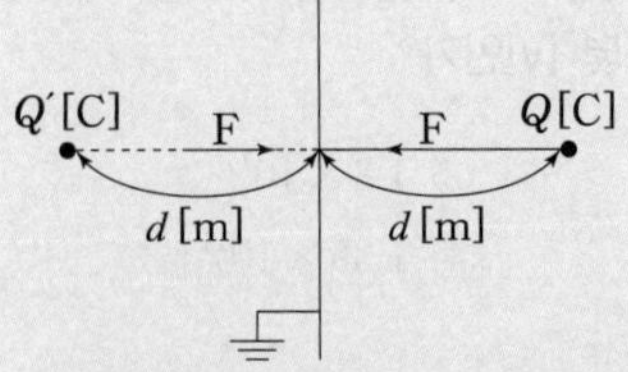

① 영상전하 : 크기는 같고 부호가 반대
$Q' = -Q$[C]
② 접지무한평면과 점전하 사이에 작용하는 힘
$F = \dfrac{Q_1 Q_2}{4\pi\epsilon_o r^2} = \dfrac{Q \times (-Q)}{4\pi\epsilon_0 (2d)^2} = -\dfrac{Q^2}{16\pi\epsilon_0 d^2}$[N]
③ 크기는 같고 부호가 반대이므로 항상 흡인력 작용

정답 05 ① 06 ① 07 ③ 08 ③

09 □□□

진공내의 점(3, 0, 0) (m)에 $4\times10^{-9}\mathrm{C}$ 의 전하가 있다. 이 때 점(6, 4, 0) (m)의 전계의 크기는 약 몇 V/m 이며, 전계의 방향을 표시하는 단위벡터는 어떻게 표시되는가? (단, a_x, a_y는 단위벡터이다.)

① 전계의 크기 : $\frac{36}{25}$, 단위벡터 : $\frac{1}{5}(3a_x+4a_y)$

② 전계의 크기 : $\frac{36}{125}$, 단위벡터 : $3a_x+4a_y$

③ 전계의 크기 : $\frac{36}{25}$, 단위벡터 : a_x+a_y

④ 전계의 크기 : $\frac{36}{125}$, 단위벡터 : $\frac{1}{5}(a_x+a_y)$

점(3, 0, 0)에서 점(6, 4, 0)에 대한 거리벡터

$\vec{r}=(6-3)a_x+(4-0)a_y=3a_x+4a_y$

거리벡터의 크기 $|\vec{r}|=\sqrt{3^2+4^2}=5[\mathrm{m}]$

전계 방향의 단위벡터

$$\vec{n}=\frac{\vec{r}}{|\vec{r}|}=\frac{3a_x+4a_y}{5}=\frac{1}{5}(3a_x+4a_y)$$

점전하 $Q=4\times10^{-9}[\mathrm{C}]$ 에 의한 전계의 세기

$$E=9\times10^9\times\frac{Q}{r^2}=9\times10^9\times\frac{4\times10^{-9}}{5^2}$$

$$=\frac{36}{25}[\mathrm{V/m}]$$

10 □□□

기계적인 변형력을 가할 때, 결정체의 표면에 전위차가 발생되는 현상은?

① 볼타 효과 ② 전계 효과

③ 압전 효과 ④ 파이로 효과

유전체 결정에 기계적 변형을 가하면, 결정 표면에 양, 음의 전하가 나타나서 대전 한다. 또 반대로 이들 결정을 전장 안에 놓으면 결정 속에서 기계적 변형이 생긴다. 이와 같은 현상을 압전 효과라 하며 결정에 가한 기계적 응력과 전기분극이 같은 방향(수평)으로 발생하는 경우를 종효과, 결정에 가한 기계적 응력과 전기분극이 수직으로 발생하는 경우를 횡효과라 한다.

11 □□□

반지름 a, b인 두 개의 구 형상 도체 전극이 도전율 k인 매질 속에 중심거리 r만큼 떨어져 있다. 양 전극 간의 저항은?

① $4\pi k\left(\frac{1}{a}+\frac{1}{b}\right)$ ② $4\pi k\left(\frac{1}{a}-\frac{1}{b}\right)$

③ $\frac{1}{4\pi k}\left(\frac{1}{a}+\frac{1}{b}\right)$ ④ $\frac{1}{4\pi k}\left(\frac{1}{a}-\frac{1}{b}\right)$

두 구도체 전극간의 저항은

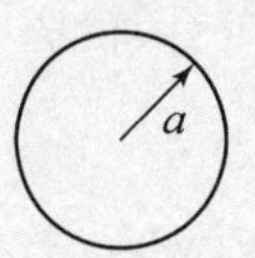

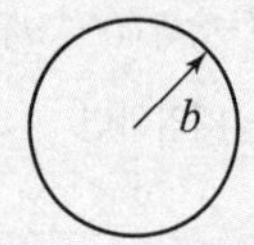

$C_1=4\pi\epsilon a[\mathrm{F}]$　　$C_2=4\pi\epsilon b[\mathrm{F}]$

$R_1=\frac{\rho\varepsilon}{C_1}=\frac{\rho\epsilon}{4\pi\epsilon a}$　　$R_2=\frac{\rho\epsilon}{C_2}=\frac{\rho\epsilon}{4\pi\epsilon b}$

$=\frac{\rho}{4\pi a}=\frac{1}{4\pi ka}[\Omega]$　　$=\frac{\rho}{4\pi b}=\frac{1}{4\pi kb}[\Omega]$

전체저항은

$$R=R_1+R_2=\frac{1}{4\pi ka}+\frac{1}{4\pi kb}=\frac{1}{4\pi k}\left(\frac{1}{a}+\frac{1}{b}\right)[\Omega]$$

12 □□□

4π[A]의 전류가 흐르고 있는 무한직선도체로부터 일정거리 떨어진 자유 공간 내 P점의 자계의 세기가 4 [AT/m]이다. 떨어진 거리[m]는?

① 2 ② 4

③ 0.5 ④ 1

무한직선도체에 의한 자계의 세기

$H=\frac{I}{2\pi r}[\mathrm{AT/m}]$ 이므로 떨어진 거리

$$r=\frac{I}{2\pi H}=\frac{4\pi}{2\pi\times4}=0.5[\mathrm{m}]$$

정답 09 ① 10 ③ 11 ③ 12 ③

13 □□□

한 변의 길이가 4m인 정사각형의 루프에 1A의 전류가 흐를 때, 중심점에서의 자속밀도 B는 약 몇 Wb/m²인가?

① 2.83×10^{-7} ② 5.65×10^{-7}
③ 11.31×10^{-7} ④ 14.14×10^{-7}

한 변의 길이가 l인 정사각형 코일에 의한 중심점에 작용하는 자계는 $H=\dfrac{2\sqrt{2}I}{\pi l}$[AT/m] 이므로

자속밀도는 $B=\mu_0 H=\mu_0\dfrac{2\sqrt{2}I}{\pi l}$[wb/m²] 가 되므로

주어진 수치를 대입하면

$$B=4\pi\times10^{-7}\times\frac{2\sqrt{2}\times1}{\pi\times4}=2.83\times10^{-7}[\text{wb/m}^2]$$

14 □□□

영구 자석의 재료로 사용하기에 적합한 특성은?

① 잔류 자기 및 보자력이 모두 큰 것이 적합하다.
② 잔류 자기는 작고 보자력이 큰 것이 적합하다.
③ 잔류 자기가 크고 보자력이 작은 것이 적합하다.
④ 잔류 자기 및 보자력이 작은 것이 적합하다.

자석의 재료

	영구자석	전자석
잔류자기	크다	크다
보자력	크다	작다
히스테리시스 루프 면적	크다	작다

15 □□□

어느 철심에 도선을 25회 감고 여기에 1[A]의 전류를 흘릴 때 0.01[Wb]의 자속이 발생하였다. 자기 인덕턴스를 1[H]로 하려면 도선의 권수는 얼마로 해야 하는가?

① 25 ② 50
③ 75 ④ 100

$L_1=\dfrac{N_1\phi}{I}=\dfrac{25\times0.01}{1}=0.25$[H]이므로

$L_2=1$[H]일 때의 권선수N_2는

철심에서의 자기인덕턴스 $L=\dfrac{\mu SN^2}{l}$[H]식에 의해

$L\propto N^2$이므로

$L_1 : L_2 = {N_1}^2 : {N_2}^2$가 되어

$$N_2=\sqrt{\frac{L_2}{L_1}}\times N_1=\sqrt{\frac{1}{0.25}}\times25=50[\text{T}]$$

16 □□□

주파수가 100[MHz]일 때 구리의 표피두께 (skin depth)는 약 몇 [mm]인가? (단, 구리의 도전율은 5.9×10^7 [℧/m]이고, 비투자율은 0.99이다.)

① 3.3×10^{-2} ② 6.6×10^{-2}
③ 3.3×10^{-3} ④ 6.6×10^{-3}

$\sigma=5.9\times10^7$[℧/m], $\mu_s-0.99$, $f=100$[MIIz] 이므로 표피두께

$$\delta=\sqrt{\frac{1}{\pi f\mu\sigma}}=\sqrt{\frac{1}{\pi f\mu_o\mu_s\sigma}}$$

$$=\sqrt{\frac{1}{\pi(100\times10^6)(4\pi\times10^{-7})(0.99)(5.9\times10^7)}}$$

$$=6.6\times10^{-6}[\text{m}]=6.6\times10^{-3}[\text{mm}]$$

정답 13 ① 14 ① 15 ② 16 ④

17 □□□

강자성체의 히스테리시스 루프의 면적은?

① 강자성체의 단위 체적당의 필요한 에너지이다.
② 강자성체의 단위 면적당의 필요한 에너지이다.
③ 강자성체의 단위 길이당의 필요한 에너지이다.
④ 강자성체의 전체 체적의 필요한 에너지이다.

강자성체의 히스테리시스 곡선의 면적은 단위 체적당의 필요한 에너지로서 단위 체적당 에너지손실 즉, 히스테리시스 손실에 대응하므로 면적이 적은 것이 좋다.

18 □□□

임의의 단면을 가진 2개의 원주상의 무한히 긴 평행 도체가 있다. 지금 도체의 도전율을 무한대라고 하면 C, L, ε 및 μ 사이의 관계는? (단, C는 두 도체간의 단위 길이당 정전용량, L은 두 도체를 한 개의 왕복회로로 한 경우의 단위 길이당 자기 인덕턴스, ε은 두 도체 사이에 있는 매질의 유전율, μ는 두 도체 사이에 있는 매질의 투자율이다.)

① $C\varepsilon = L\mu$　　② $\dfrac{C}{\varepsilon} = \dfrac{L}{\mu}$

③ $\dfrac{1}{LC} = \varepsilon\mu$　　④ $LC = \varepsilon\mu$

평행도체 사이의 자기인덕턴스와 정전용량의 곱은

$$LC = \frac{\mu}{\pi}\ln\frac{d}{a} \times \frac{\pi\varepsilon}{\ln\frac{d}{a}} = \mu\varepsilon$$

19 □□□

비유전율 $\epsilon_r = 4$, 비투자율 $\mu_r = 1$인 매질 내에서 주파수가 1[GHz]인 전자기파의 파장은 몇 [m] 인가?

① 0.1[m]　　② 0.15[m]
③ 0.25[m]　　④ 0.4[m]

전자파의 전파속도

$$v = \frac{1}{\sqrt{\epsilon\mu}} = \frac{3\times10^8}{\sqrt{\epsilon_s\mu_s}} = \frac{\omega}{\beta} = \frac{2\pi f}{\beta}$$

$= \dfrac{1}{\sqrt{LC}} = \lambda f\,[\mathrm{m/s}]$에서 파장은

$$\lambda = \frac{v}{f} = \frac{3\times10^8}{f\sqrt{\epsilon_s\mu_s}}$$

$$= \frac{3\times10^8}{1\times10^9\times\sqrt{4\times1}} = \frac{3}{20} = 0.15\,[\mathrm{m}]$$

20 □□□

맥스웰의 전자방식에 대한 의미를 설명한 것으로 틀린 것은?

① 자계의 회전은 전류밀도와 같다.
② 자계는 발산하며, 자극은 단독으로 존재한다.
③ 전계의 회전은 자속밀도의 시간적 감소율과 같다.
④ 단위체적 당 발산 전속 수는 단위체적 당 공간전하 밀도와 같다.

맥스웰의 전자방정식 $divB = \nabla\cdot B = 0$ 의 의미는 자극은 단독으로 존재할 수 없고 항상 N,S극이 공존하여야 한다.

정답 17 ① 18 ④ 19 ② 20 ②

2과목 : 전력공학

무료 동영상 강의 ▲

21 □□□

동일한 조건하에서 3상 4선식 배전선로의 총 소요 전선량은 3상 3선식의 것에 비해 몇 배 정도로 되는가? (단, 중성선의 굵기는 전력선의 굵기와 같다고 한다.)

① $\frac{1}{3}$　② $\frac{3}{8}$
③ $\frac{3}{4}$　④ $\frac{4}{9}$

전선 소요량 [중량] 비교

전기방식	전력(P)	1선당전력	1선당공급 전력의 비	중량 비교
단상2선식	$VI\cos\theta$	$0.5\,VI\cos\theta$	1	1
단상3선식	$2\,VI\cos\theta$	$0.67\,VI\cos\theta$	1.33	$\frac{3}{8}$
3상 3선식	$\sqrt{3}\,VI\cos$	$0.57\,VI\cos\theta$	1.15	$\frac{3}{4}$
3상 4선식	$3\,VI\cos\theta$	$0.75\,VI\cos\theta$	1.5	$\frac{1}{3}$

$$\therefore \frac{3\text{상}4\text{선식의 중량}}{3\text{상}3\text{선식의 중량}} = \frac{\frac{1}{3}}{\frac{3}{4}} = \frac{4}{9}$$

22 □□□

배선을 설계하기 위해 전등 및 소형 전기기계 기구의 부하용량을 산정하여야 한다. 다음 중 부하용량 산정 시 필요한 건축들의 종류에 다른 표준부하 중 주택 및 아파트에 적용하는 표준 부하[VA/m^2]는?

① 10　② 40
③ 30　④ 20

표준부하 [VA/m^2]

건축물	표준부하
공장, 공회당, 사원, 교회, 극장, 영화관, 연회장	10[VA/m^2]
기숙사, 여관, 호텔, 병원, 학교, 음식점, 다방, 대중목욕탕	20[VA/m^2]
사무실, 은행, 상점, 이발소, 미장원	30[VA/m^2]
주택, 아파트	40[VA/m^2]

23 □□□

송전계통의 안정도를 향상시키기 위한 방법이 아닌 것은?

① 계통의 직렬리액턴스를 감소시킨다.
② 여러 개의 계통으로 계통을 분리시킨다.
③ 중간 조상 방식을 채택한다.
④ 속응 여자 방식을 채용한다.

안정도 향상 대책

안정도 향상 대책	방 법
(1) 리액턴스를 줄인다	· 승압공사 · 병렬회선수(복도체사용) 증가 · 단락비를 증가 · 발전기 및 변압기 리액턴스 감소 · 직렬콘덴서 설치
(2) 전압 변동률을 줄인다	· 중간 조상 방식 · 속응 여자방식 · 계통 연계
(3) 계통에 주는 충격을 경감한다	· 고속도 차단 · 고속도 재폐로 방식채용
(4) 고장전류의 크기를 줄인다	· 소호리액터 접지방식 · 고저항 접지
(5) 입·출력의 불평형을 작게 한다	· 조속기 동작을 빠르게 한다

24 □□□

과전류차단기로 시설하는 퓨즈 중 고압전로에 사용하는 비포장 퓨즈는 정격전류의 1.25배의 전류에 견디고 또한 2배의 전류로 몇 분안에 용단되는 것이어야 하는가?

① 4분　② 1분
③ 2분　④ 3분

고압용 퓨즈

퓨즈종류	정격전류	용단시간
포장퓨즈	1.3배 견딜것	2배선류 : 120분이내 용단
비포장퓨즈	1.25배 견딜것	2배의전류 : 2분이내 용단

정답 21 ④ 22 ② 23 ② 24 ③

25 □□□

컴퓨터에 의한 전력조류 계산에서 슬랙(slack)모선의 지정값은? (단, 슬랙모선을 기준모선으로 한다.)

① 모선 전압의 크기와 유효전력
② 유효전력과 무효전력
③ 모선 전압의 크기와 무효전력
④ 모선 전압의 크기와 모선 전압의 위상각

슬랙모선

전력계통의 조류계산에서 송전손실을 알 수 없기 때문에 유효전력을 지정값으로 하기에는 정확한 계산을 유도해 내기 어렵다. 따라서 전력계통 중 최대 발전용량을 갖는 발전소를 병렬로 접속하여 계통의 송전 손실분을 흡수 조정할 수 있는 모선으로서의 기능을 갖도록 swing 모선을 설정하게 되는데 이 swing 모선을 슬랙 모선이라 한다.

모선의 종류	기준값(지정값)	미지값
발전기 모선	유효전력 모선전압의 크기	무효전력 모선전압의 위상각
부하(변전소) 모선	유효전력 무효전력	모선전압의 크기 모선전압의 위상각
슬랙모선	모선전압의 크기 모선전압의 위상각	유효전력, 무효전력 송전손실

26 □□□

수력발전설비에서 흡출관을 사용하는 목적으로 옳은 것은?

① 물의 유선을 일정하게 하기 위하여
② 속도변동률을 적게 하기 위하여
③ 유효낙차를 늘리기 위하여
④ 압력을 줄이기 위하여

흡출관

흡출관이란 러너 출구로부터 방수면까지의 사이를 관으로 연결하고 여기에 물을 충만시켜서 흘려줌으로써 유효낙차를 늘려주는 효과가 있다. 주로 저낙차의 반동 수차에 사용된다.

27 □□□

다음 중 전자유도 장해를 줄이기 위한 전력선과 통신선 사이에 설치하는 차폐선의 차폐계수는? (단, Z_{12}: 전력선과 통신선간의 상호 임피던스, Z_{1s}: 전력선과 차폐선간의 상호 임피던스, Z_{2s}: 통신선과 차폐선간의 상호 임피던스, Z_s: 차폐선의 자기 임피던스이다.)

① $\left|1-\dfrac{Z_sZ_{12}}{Z_{1s}Z_{2s}}\right|$　② $\left|1-\dfrac{Z_{1s}Z_{2s}}{Z_sZ_{12}}\right|$

③ $\left|1-\dfrac{Z_sZ_{2s}}{Z_{12}Z_{1s}}\right|$　④ $\left|1-\dfrac{Z_{1s}Z_{12}}{Z_sZ_{2s}}\right|$

차폐선의 차폐계수(저감계수 : λ)

전력선의 영상전류 I_0, 임피던스 Z_1, 차폐선의 유도전류 I_S, 임피던스 Z_S, 통신선 임피던스 Z_2 라하고 전력선과 차폐선에 걸리는 임피던스 Z_{1S}, 차폐선과 통신선 걸리는 임피던스 Z_{2S} 전력선과 통신선에 걸리는 임피던스 Z_{12}라 하면 $I_0=\dfrac{Z_{1S}I_0}{Z_S}$ [A]이므로

통신선에 유도되는 전압 V_2를 구하면

$$V_2=-Z_{12}I_0+Z_{2S}I_0=-Z_{12}I_0+Z_{2S}\frac{Z_{1S}I_0}{Z_S}$$

분자, 분모에 Z_{12}를 곱해주면 $=-Z_{12}I_0\left(1-\dfrac{Z_{2S}Z_{1S}}{Z_SZ_{12}}\right)$

∴ 차폐 저감계수 $\lambda=1-\dfrac{Z_{2S}Z_{1S}}{Z_SZ_{12}}$

28 □□□

화력발전소의 랭킨 사이클에서 단열팽창과정이 행하여지는 기기의 명칭 (ⓐ)과, 이때의 급수 또는 증기의 변화 상태 (ⓑ)로 옳은 것은?

① ⓐ : 터빈　ⓑ : 과열증기 → 습증기
② ⓐ : 보일러　ⓑ : 압축액 → 포화증기
③ ⓐ : 복수기　ⓑ : 습증기 → 포화액
④ ⓐ : 급수펌프　ⓑ : 포화액 → 압축액(과냉액)

랭킨사이클

단열(열의 공급차단)과 팽창(일을한다.)하는 기기는 터빈이고 이때 일를 함으로써 과열증기는 내부에너지(압력과 온도가 떨어진다)가 감소되어 습증기가 된다. 이 습증기를 냉각시키는 복수기를 거치는 과정이 끝나면 사이클이 완료된다.

정답 25 ④ 26 ③ 27 ② 28 ①

29 □□□

고유 부하법의 경우 복도체를 사용하면 송전용량이 증가하는 가장 주된 이유는?

① 코로나가 발생하지 않는다.
② 전압강하가 적다.
③ 무효전력이 적어진다.
④ 선로의 작용 인덕턴스는 감소하고 작용 정전용량은 증가한다.

복도체 특징
㉠ 등가반지름이 증가되어 L이 감소하고 C가 증가한다.
　- 송전용량이 증가하고 안정도가 향상된다.
㉡ 전선 표면의 전위 경도가 감소하고 코로나 임계전압이 증가하여 코로나 손실이 감소한 다. - 송전 효율이 증가한다.
㉢ 통신선의 유도장해가 억제된다.
㉣ 전선의 표면적 증가로 전선의 허용전류(안전전류)가 증가한다.

30 □□□

배전선로의 고장 전류를 차단할 수 있는 것으로 가장 알맞은 전력 개폐장치는?

① 선로 개폐기　② 차단기
③ 단로기　④ 구분개폐기

차단기(CB)와 단로기(DS)의 기능
(1) 차단기
　고장 전류를 차단하고 부하전류는 개·폐한다.
(2) 단로기
　무부하 충전전류와 변압기 여자전류를 개·폐한다.

31 □□□

원자로에서 핵분열로 발생한 고속 중성자를 열중성자로 바꾸는 작용을 하는 것은?

① 냉각재　② 제어재
③ 반사체　④ 감속재

감속재
핵분열로 발생한 고속 중성자 (2[MeV])를 열중성자 (0.025[eV])로 감속하는 역할.

∴ 감속재 구비조건
(1) 원자량이 작은 원소일 것
(2) 감속효과 클 것
(3) 중성자 흡수 단면적이 적을 것
(4) 충돌 후에 갖는 에너지의 평균차가 클 것
(5) 감속재로 경수, 중수, 흑연 등을 사용한다.

32 □□□

변압기 등 전략설비 내부고장 시 변류기에 유입하는 전류와 유출하는 전류의 차로 동작하는 보호계전기는?

① 역상 전류계전기　② 지락계전기
③ 과전류계전기　④ 차동계전기

비율차동계전기
변압기 내부고장을 검출하기 위하여 설치하는 계전기로서 보호 구간내로 유입하는 전류와 유출하는 전류의 차로 동작하는 계전기이다. 이때 변압기 결선을 Y-Δ로 하게 되면 변압기 결선간에 30° 위상차에 의해서 기전력이 발생함으로 변류기의 결선을 변압기 결선과 반대로 결선함으로서 30° 위상차를 보정 한다.

정답 29 ④ 30 ② 31 ④ 32 ④

33 □□□

선택 지락계전기의 용도를 옳게 설명한 것은?

① 병행 2회선에서 지락고장의 지속시간 선택 차단
② 단일 회선에서 지락 전류의 방향 선택 차단
③ 단일 회선에서 지락고장 회선의 선택 차단
④ 병행 2회선에서 지락고장 회선의 선택 차단

선택 지락계전기(=선택 접지계전기)
다회선(병행 2회선) 방식에서 지락 고장회선만을 선택하여 차단할 수 있도록 하는 계전기.

34 □□□

단상 2선식 110[V] 저압 배전선로를 단상 3선식(110/220[V] 으로 변경하였을 때 전선로의 전압 강하율은 변경 전에 비하여 어떻게 되는가? (단, 부하용량은 변경 전후에 같고 역률은 1.0 이며 평형부하이다.)

① $\frac{1}{2}$ 배로 된다.
② $\frac{1}{3}$ 배로 된다.
③ 변하지 않는다.
④ $\frac{1}{4}$ 배로 된다.

전압에 따른 특성 값의 변화
전력손실률(k)이 일정할 경우 전압강하률 $\delta \propto \frac{1}{V^2}$ 이다.
이때, 전압이 110[V]에서 220[V]로 2배 승압되었으므로
∴ 전압 강하률 $\delta \propto \frac{1}{V^2} = \frac{1}{2^2} = \frac{1}{4}$ 배 가 된다.

35 □□□

다음 중 고압 배전계통의 구성 순서로 알맞은 것은?

① 배전변전소 → 간선 → 급전선 → 분기선
② 배전변전소 → 간선 → 분기선 → 급전선
③ 배전변전소 → 급전선 → 간선 → 분기선
④ 배전변전소 → 급전선 → 분기선 → 간선

고압 배전계통의 구성
배전용 변전소로부터 간선에 이르는 전선을 급전선이라 하고, 급전선과 분기선을 연결하는 선으로 부하가 접속되어있지 않은 전선을 간선이라 하며 간선으로 부터 분기하여 부하에 이르는 전선을 분기선이라 한다.
∴ 배전용 변전소 → 급전선 → 간선 → 분기선

36 □□□

3상 3선식 송전선로가 소도체 2개의 복도체 방식으로 되어 있을 때 소도체의 지름 8[cm], 소도체 간격 36[cm], 등가 선간거리 120[cm]인 경우에 복도체 1[km]의 인덕턴스는 약 몇 [mH]인가?

① 0.4855
② 0.5255
③ 0.6975
④ 0.9265

복도체의 작용인덕턴스(L_e)

$$L_e = \frac{0.05}{n(\text{도체수})} + 0.4605\log_{10}\frac{D}{\sqrt{rl}(\text{등가반지름})}$$

$$L_e = \frac{0.05}{2} + 0.4605\log_{10}\frac{D}{\sqrt{rl}}\ [\text{mH/km}].$$

조건 소도체 반지름 $r = 4$ [cm],
소도체간 거리 $l = 36$ [cm],
등가선간거리 $D = 120$ [cm]

$$\therefore L_e = 0.025 + 0.4605 \times \log_{10}\frac{120}{\sqrt{4 \times 36}} = 0.4855\ [\text{mH/km}]$$

정답 33 ④ 34 ④ 35 ③ 36 ①

37 □□□

그림과 같이 송수전단의 변압기를 $\triangle - Y$ 및 $Y - \triangle$로 접속하고 선간전압 20[kV]를 인가한 3상 송전선이 있다. 중성점에 각각 100[Ω] 및 200[Ω]의 저항접지를 하였을 때 1선이 지락한 경우의 지락전류[A]는 약 얼마인가? (단, 변압기 및 선로의 임피던스는 무시한다.)

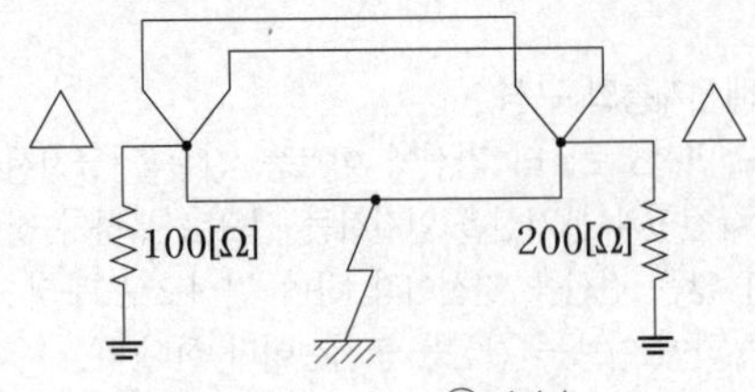

① 96　　② 144
③ 173　　④ 200

100[Ω]에 흐르는 지락전류(I_1)를 계산하고 200[Ω]에 흐르는 지락전류(I_2)를 계산한 다음 더 해주면 된다.

$$I_1 = \frac{\frac{V}{\sqrt{3}}}{R_1} = \frac{\frac{20 \times 10^3}{\sqrt{3}}}{100} = 115.47[\mathrm{A}]$$

$$I_2 = \frac{\frac{V}{\sqrt{3}}}{R_2} = \frac{\frac{20 \times 10^3}{\sqrt{3}}}{200} = 57.74[\mathrm{A}]$$

$$I_g = 115.47 + 57.74 = 173.21[\mathrm{A}]$$

38 □□□

345[kV] 2회선 선로의 선로길이가 220[km]이다. 송전용량 계수법에 의하면 송전용량은 약 몇 [MW]인가? (단, 345[kV]의 송전용량계수는 1200이다.)

① 525　　② 650
③ 1050　　④ 1300

용량계수법

$P = k\frac{{V_R}^2}{l}$ [kW] 식에서 용량계수 $k = 1200$,

조건 $V = 345$ [kV], $l = 220$ [km], 2회선이므로

$$\therefore\ P = 1200 \times \frac{345^2}{220} \times 2 \times 10^{-3} = 1298.45[\mathrm{MW}]$$

문제의 맥

송전용량계수법은 기본단위가 [kW]인 점에 주목할 것.

39 □□□

공칭단면적 200[mm²], 전선무게 1.838[kg/m], 전선의 바깥지름 18.5[mm]인 경동연선을 경간 200[m]로 가설하는 경우의 이도 D[m]는 약 얼마인가? (단, 경동연선의 인장하중은7910[kg], 빙설하중은 0.416[kg/m], 수평풍압 하중은 1.525[kg/m], 안전율은 2.2이다.)

① 2.69[m]　　② 1.72[m]
③ 1.23[m]　　④ 3.78[m]

이도(D)

$D = \frac{WS^2}{8T}$ [m] 식에서

전선의 합성하중

$$W = \sqrt{(\text{전선자중} + \text{빙설하중})^2 + \text{풍압하중}^2}$$
$$= \sqrt{(1.838 + 0.416)^2 + 1.525^2} = 2.72\ [\mathrm{kg/m}]$$

$$\text{수평장력}\ T = \frac{\text{인장하중}}{\text{안전율}} = \frac{7910}{2.2} = 3595.45\ [\mathrm{kg}]$$

조건 $S = 200$ [m] $W = 2.72$ [kg/m], $T = 3595$[kg]

$$\therefore\ D = \frac{WS^2}{8T} = \frac{2.72 \times 200^2}{8 \times 3595.45} = 3.78\ [\mathrm{m}]$$

40 □□□

154[kV], 60[Hz], 선로의 길이 200[km]의 병행 2회선 송전선에 설치하는 소호 리액터의 공진탭 용량[kVA]은 약 얼마인가? (단, 1선의 대지 정전용량을 0.0043[μF/km]라 한다.)

① 15378　　② 23074
③ 7689　　④ 30765

소호 리액터 용량(Q_L)

$$Q_L = \omega C V^2 \times 10^{-3}$$
$$= 2\pi f C V^2 \times 10^{-3}\ [\mathrm{kVA}]\ \text{식에서}$$

$V = 154$ [kV], $l = 200$ [km], $C = 0.0043$ [μF/km]

$$\therefore\ Q_L = 2\pi \times 60 \times 0.0043 \times 10^{-6} \times (154 \times 10^3)^2 \times 200 \times 10^{-3} = 7689[\mathrm{KVA}]$$

정답 37 ③ 38 ④ 39 ④ 40 ①

3과목 : 전기기기

무료 동영상 강의 ▲

41 □□□

스텝 모터에 대한 설명으로 틀린 것은?

① 정·역 및 변속이 용이하다.
② 가속과 감속이 용이하다.
③ 브러시 등 부품수가 많아 유지보수 필요성이 크다.
④ 위치제어 시 각도오차가 적다.

스텝 모터의 특징

(1) 회전각과 회전속도는 입력 펄스에 따라 결정되며 회전각은 펄스 수에 비례하고 회전속도는 펄스 주파수에 비례한다.
(2) 총 회전각도는 스텝각과 스텝수의 곱이다.
(3) 분해능은 스텝각에 반비례한다.
(4) 기동·정지 특성이 좋을 뿐만 아니라 가속·감속이 용이하고 정·역전 및 변속이 쉽다.
(5) 위치제어를 할 때 각도오차가 적고 누적되지 않는다.
(6) 고속 응답이 좋고 고출력의 운전이 가능하다.
(7) 브러시 등 부품수가 적어 유지보수 필요성이 작다.
(8) 피드백 루프가 필요 없이 오픈 루프로 손쉽게 속도 및 위치제어를 할 수 있다.
(9) 디지털 신호를 직접 제어할 수 있으므로 컴퓨터 등 다른 디지털 기기와 인터페이스가 쉽다.

42 □□□

동기기의 안정도를 향상시키는 방법으로 틀린 것은?

① 속응여자방식으로 한다.
② 동기임피던스를 크게 한다.
③ 단락비를 크게 한다.
④ 관성모멘트를 크게 한다.

동기기의 안정도 개선책

(1) 단락비를 크게 한다.
(2) 관성 모멘트를 크게 한다.
(3) 조속기 성능을 개선한다.
(4) 속응여자방식을 채용한다.
(5) 동기 리액턴스를 작게 한다.

43 □□□

50[kW]를 소비하는 동기전동기가 역률 0.8의 부하 200[kW]와 병렬로 접속되고 있을 때 합성부하에 0.9의 역률을 가지게 하려면 동기전동기의 진상 무효전력은 약 몇 [kvar]인가?

① 36　　② 18
③ 45　　④ 29

역률개선

$P_1 = 50\,[\text{kW}],\ \cos\theta_1 = 1,\ P_2 = 200\,[\text{kW}]$,

$\cos\theta_2 = 0.8$일 때

$P = P_1 + P_2 = 50 + 200 = 250\,[\text{kW}]$,

$Q_2 = P_2 \tan\theta_2 = 200 \times \dfrac{\sqrt{1-0.8^2}}{0.8} = 150\,[\text{kvar}]$이다.

부하의 종합 역률 $\cos\theta$는

$\cos\theta = \dfrac{250}{\sqrt{250^2+150^2}} = 0.857$ 이므로

역률을 0.9로 상향 조정하기 위한 동기전동기의 진상 무효전력 Q_c는

$$\therefore\ Q_c = P(\tan\theta - \tan\theta')$$
$$= 250 \times \left(\frac{\sqrt{1-0.857^2}}{0.857} - \frac{\sqrt{1-0.9^2}}{0.9}\right)$$
$$= 29\,[\text{kVar}]$$

참고 $\tan\theta = \dfrac{\sin\theta}{\cos\theta} = \dfrac{\sqrt{1-\cos^2\theta}}{\cos\theta}$

44 □□□

정격부하운전 시 100[%] 역률에 있어서의 전압변동률이 1.47[%]인 변압기가 있다. 이 변압기에 지상역률 80[%], 전부하운전 시 전압변동률은 약 몇 [%]인가? (단, %리액턴스 강하는 %저항 강하의 10배이다.)

① 10　　② 7
③ 13　　④ 5

변압기의 전압변동률(ϵ)

$\epsilon = p\cos\theta + q\sin\theta\,[\%]$ 식에서

$\cos\theta = 1$일 때 $\epsilon = 1.47\,[\%]$ 이므로

$\epsilon = p = 1.47\,[\%]$이다.

$\cos\theta' = 0.8,\ q = 10p = 10 \times 1.47 = 14.7\,[\%]$일 때

전압변동률 ϵ'은

$$\therefore\ \epsilon' = p\cos\theta' + q\sin\theta'$$
$$= 1.47 \times 0.8 + 14.7 \times 0.6 = 10\,[\%]$$

정답 41 ③ 42 ② 43 ④ 44 ①

45 □□□

정격이 11000/2300[V], 60[Hz], 100[kVA]인 변압기 2대가 V-V결선 되어 있다. 여기에 △결선된 120[kVA], 2300[V], 역률 0.866(지상)인 3상 평형부하가 접속된다면 부하선로(2차측)에 흐르는 전류는 약 몇 [A]인가?

① 34.8 ② 21.5
③ 30.1 ④ 17.4

3상 부하전류

$S=\sqrt{3}\,V_2 I_2$ [VA] 식에서

$S=120$ [VA], $V_2=2300$ [V] 이므로

$$\therefore\ I_2=\frac{S}{\sqrt{3}\,V_2}=\frac{120\times 10^3}{\sqrt{3}\times 2300}=30.1\ [\text{A}]$$

주의 전력에 의한 전류 계산은 전력 단위에 주의하여야 한다.

$$I=\frac{P[\text{W}]}{\sqrt{3}\,V\cos\theta}=\frac{S[\text{VA}]}{\sqrt{3}\,V}\ [\text{A}]$$

46 □□□

두 대의 동기발전기가 병렬운전하고 있을 때 동기화전류가 흐르는 경우는?

① 기전력의 위상에 차가 있을 때
② 기전력의 파형에 차가 있을 때
③ 부하 분담에 차가 있을 때
④ 기전력의 크기에 차가 있을 때

동기발전기의 병렬운전조건

(1) 기전력의 크기가 같을 것 : 기전력의 크기가 같지 않으면 무효순환전류가 흐른다.
(2) 기전력의 위상이 같을 것 : 기전력의 위상이 같지 않으면 유효순환전류(= 동기화전류)가 흐른다.
(3) 기전력의 주파수가 같을 것 : 주파수가 같지 않으면 난조가 발생한다.
(4) 기전력의 파형이 같을 것 : 파형이 같지 않으면 고조파 무효순환전류가가 흐른다.
(5) 상회전이 일치할 것

47 □□□

극수가 각각 P_1, P_2인 2개의 3상 유도전동기를 종속접속하였을 때 이 전동기들의 동기속도[rpm]은? (단, 전원 주파수는 f_1이고, 직렬종속이다.)

① $\dfrac{120f_1}{P_2}$ ② $\dfrac{120f_1}{P_1\times P_2}$
③ $\dfrac{120f_1}{P_1+P_2}$ ④ $\dfrac{120f_1}{P_1}$

유도전동기의 종속접속에 의한 속도제어

(1) 직렬종속법 : $N=\dfrac{120f}{p_1+p_2}$ [rpm]
(2) 차동종속법 : $N=\dfrac{120f}{p_1-p_2}$ [rpm]

48 □□□

직류발전기 전기자 권선이 단중 중권일 때 자극 수 4, 각 극의 자속이 0.02[Wb], 전기자 총 도체수 500, 회전수 1800[rpm]일 때 유도기전력은 몇 [V]인가?

① 300 ② 400
③ 100 ④ 200

직류기의 유기기전력(E)

$E=\dfrac{pZ\phi N}{60a}$ [V] 식에서

$a=p=4$ (중권), $p=4$, $\phi=0.02$ [Wb], $Z=500$, $N=1800$ [rpm] 이므로

$$\therefore\ E=\frac{pZ\phi N}{60a}=\frac{4\times 500\times 0.02\times 1800}{60\times 4}=300\ [\text{V}]$$

정답 45 ③ 46 ① 47 ③ 48 ①

49 □□□

3000[V]의 저압을 3300[V]의 고압으로 승압하는 단권변압기의 자기용량은 약 몇 [kVA]인가? (단, 여기서 부하용량은 100[kVA]이다.)

① 7.4 ② 9.1
③ 2.1 ④ 5.3

단권변압기의 자기용량

$$자기용량 = \frac{V_h - V_L}{V_h} \times 부하용량 \text{ 식에서}$$

$V_L = 3000\,[\text{V}]$, $V_h = 3300\,[\text{V}]$,

$P = 100\,[\text{kVA}]$ 이므로

$$\therefore 자기용량 = \frac{V_h - V_L}{V_h} \times P = \frac{3300 - 3000}{3300} \times 100 = 9.1\,[\text{kVA}]$$

50 □□□

단상 유도전동기의 기동방법 중 기동토크가 가장 큰 것은?

① 분상 기동형 ② 커패시터 분상 기동형
③ 반발 기동형 ④ 셰이딩 코일형

단상유도전동기의 기동법(기동토크 순서)

반발 기동형 > 반발 유도형 > 콘덴서 기동형 > 분상 기동형 > 셰이딩 코일형

51 □□□

정격운전 중인 직류전동기의 토크가 감소하는 경우로 옳은 것은?

① 전기자 전류의 증가
② 극수 증가
③ 병렬회로수의 감소
④ 회전수의 증가

직류전동기의 토크(τ)

$$\tau = \frac{pZ\phi I_a}{2\pi a}\,[\text{N}\cdot\text{m}],$$

$$\tau = 0.975\frac{P_o}{N} = 0.975\frac{EI_a}{N}\,[\text{kg}\cdot\text{m}] \text{ 식에서}$$

직류전동기의 토크와의 관계는

구분	특성값
비례	극수, 총 도체수, 자속수, 전기자 전류, 출력, 유기기전력
반비례	병렬회로수, 회전수

∴ 직류전동기의 토크가 감소하는 경우는 회전수가 증가하는 경우이다.

52 □□□

권선형 유도전동기에서 2차 저항이 작아지면 최대토크가 발생하는 슬립s는?

① s는 작아진다. ② s는 커진다.
③ s는 변함이 없다. ④ s는 일정하지 않다.

비례추이의 원리

권선형 유도전동기의 2차 저항을 증가시키면 최대 토크는 변하지 않고 최대 토크가 발생하는 슬립이 증가하여 결국 기동토크가 증가하게 된다. 이것을 토크의 비례추이라 한다.

∴ 최대토크가 발생하는 슬립은 2차 저항에 비례하므로 2차 저항이 작아지면 최대토크가 발생하는 슬립도 작아진다.

정답 49 ② 50 ③ 51 ④ 52 ①

53 □□□

저항 부하의 단상 전파정류회로에서 리플률은 약 얼마인가?

① 1.41　　② 1.11
③ 0.48　　④ 1.21

정류회로의 맥동률(v)

$$v = \frac{\text{출력(전압)전류에 포함된 교류성분의 실효값}}{\text{출력(전압)전류의 직류성분}}$$

$$= \sqrt{\left(\frac{I_a}{I_d}\right)^2 - 1}$$ 식에서

단상 전파정류회로의 $\frac{I_a}{I_d} = 1.11$ 이므로

$$\therefore\ v = \sqrt{\left(\frac{I_a}{I_d}\right)^2 - 1} = \sqrt{1.11^2 - 1} = 0.48$$

참고 정류회로의 리플률

구분	리플률
단상 반파	121[%]
단상 전파	48[%]
3상 반파	17[%]
3상 전파	4[%]

54 □□□

60[Hz]의 전원에 접속된 4극 3상 유도전동기에서 슬립이 4[%]일 때와 5[%]일 때의 회전속도의 차이는 몇 [rpm]인가?

① 17　　② 19
③ 16　　④ 18

유도전동기의 회전자 속도

$N_s = \frac{120f}{p}$ [rpm], $N = (1-s)N_s$ [rpm] 식에서

$f = 60$ [Hz], $p = 4$, $s_1 = 4$ [%], $s_2 = 5$ [%] 이므로

$N_s = \frac{120f}{p} = \frac{120 \times 60}{4} = 1800$ [rpm]일 때

$N_1 = (1-0.04) \times 1800 = 1728$ [rpm],

$N_2 = (1-0.05) \times 1800 = 1710$ [rpm]

$\therefore\ N_1 - N_2 = 1728 - 1710 = 18$ [rpm]

55 □□□

변압기의 등가회로 구성에 필요한 시험이 아닌 것은?

① 무부하시험　　② 권선저항 측정
③ 단락시험　　④ 부하시험

변압기의 시험

(1) 정수측정시험(등가회로 작성)
- ㉠ 권선저항측정시험
- ㉡ 무부하시험
- ㉢ 단락시험

(2) 온도상승시험
- ㉠ 실부하법
- ㉡ 반환부하법

56 □□□

직류발전기의 외부특성곡선의 횡축과 종축은 각각 무엇을 나타내는가?

① 계자전류와 유기기전력
② 계자전류와 단자전압
③ 부하전류와 단자전압
④ 부하전류와 유기기전력

직류발전기의 특성곡선

(1) 무부하 포화곡선 : 횡축에 계자전류, 종축에 유기기전력을 취해서 그리는 특성곡선
(2) 부하 포화곡선 : 횡축에 계자전류, 종축에 단자전압을 취해서 그리는 특성곡선
(3) 외부특성곡선 : 횡축에 부하전류, 종축에 단자전압을 취해서 그리는 특성곡선
(4) 계자조정곡선 : 횡축에 부하전류, 종축에 계자전류를 취해서 그리는 특성곡선

정답 53 ③ 54 ④ 55 ④ 56 ③

57 □□□

정격출력 10000[kVA], 정격전압 6600[V], 역률 0.6인 3상 동기발전기가 있다. 동기리액턴스가 0.6[p.u]인 경우의 전압변동률은 약 몇 [%]인가?

① 31 ② 40
③ 52 ④ 21

동기기의 단위법을 이용한 전압변동률

$E=\sqrt{\cos^2\theta+(\sin\theta+\%x_s[\text{p.u}])^2}$ [V],

$\epsilon=(E-1)\times 100$ [%] 식에서

$P=10,000$ [kVA], $V=6,600$ [V], $\cos\theta=0.6$,

$x_s[\text{p.u}]=0.6[\text{p.u}]$ 이므로

$\sin\theta=\sqrt{1-\cos^2\theta}=\sqrt{1-0.6^2}=0.8$일 때

$E=\sqrt{\cos^2\theta+(\sin\theta+\%x_s[\text{p.u}])^2}$

$=\sqrt{0.6^2+(0.8+0.6)^2}=1.52$ [V]이다.

$\therefore\ \epsilon=(E-1)\times 100=(1.52-1)\times 100$

$=52$ [%]

58 □□□

다이오드를 사용하는 정류회로에서 과대한 부하전류로 인하여 다이오드가 소손될 우려가 있을 때 가장 적절한 조치는 어느 것인가?

① 다이오드를 병렬로 추가한다.
② 다이오드 양단에 적당한 값의 커패시터를 추가한다.
③ 다이오드를 직렬로 추가한다.
④ 다이오드 양단에 적당한 값의 저항을 추가한다.

다이오드의 직 · 병렬 접속

구 분	내 용
다이오드를 직렬로 접속시킬 경우	(1) 과전압으로부터의 보호 (2) 입력전압 증가
다이오드를 병렬로 접속시킬 경우	(1) 과전류로부터의 보호 (2) 입력전류 증가

59 □□□

단상 직권 정류자전동기의 종류가 아닌 것은?

① 유도보상직권형 ② 보상직권형
③ 아트킨손형 ④ 직권형

단상 직권 정류자 전동기와 단상 반발 정류자 전동기의 종류

(1) 단상 직권 정류자 전동기
㉠ 단순직권형
㉡ 보상직권형
㉢ 유도보상직권형

(2) 단상 반발 정류자 전동기
㉠ 애트킨슨 반발전동기
㉡ 톰슨 반발전동기
㉢ 데리 반발전동기
㉣ 보상 반발전동기

60 □□□

직류발전기의 정류작용에서 보극에 의해 유도되는 전압이 리액턴스 전압보다 클 때에 대한 설명으로 옳은 것은?

① 정현파 정류 상태로 된다.
② 브러시의 후반부에서 불꽃이 발생한다.
③ 이상적인 양호한 정류 상태로 된다.
④ 브러시의 앞쪽에서 불꽃이 발생한다.

정류작용

(1) 직선정류 : 가장 이상적인 정류곡선으로 불꽃 없는 양호한 정류곡선이다.
(2) 정현파정류 : 보극을 설치하여 평균 리액턴스 전압을 감소시키고 불꽃 없는 양호한 정류를 얻는다.
(3) 부족정류 : 정류 주기 말기에서 부하의 급변으로 전류 변화가 급격해지고 평균 리액턴스 전압의 증가로 정류가 불량해 진다. 이 경우 불꽃이 브러시의 후반부에서 발생하게 된다.
(4) 과정류 : 보극을 지나치게 설치하면 정류 주기의 초기에서 전류 변화가 급격해지고 정류가 불량해 진다. 이 경우 불꽃이 브러시의 전반부에서 발생하게 된다.

정답 57 ③ 58 ① 59 ③ 60 ④

4과목 : 회로이론 및 제어공학

무료 동영상 강의 ▲

61 □□□

$R=4[\Omega]$, $\omega L=3[\Omega]$의 직렬회로에 전압 $v(t)=100\sqrt{2}\sin\omega t+50\sqrt{2}\sin 3\omega t$ [V]를 인가했을 때 이 회로에서 소비하는 평균전력은 약 몇 [W]인가?

① 2498 ② 6812
③ 1703 ④ 3406

비정현파의 소비전력

$P=\frac{V_1^2 R}{R^2+(\omega L)^2}+\frac{V_3^2 R}{R^2+(3\omega L)^2}$ [W] 식에서

$V_1=100$ [V], $V_3=50$ [V] 이므로

$\therefore P=\frac{V_1^2 R}{R^2+(\omega L)^2}+\frac{V_3^2 R}{R^2+(3\omega L)^2}$ [W]

$=\frac{100^2\times 4}{4^2+3^2}+\frac{50^2\times 4}{4^2+(3\times 3)^2}$

$=1703$ [W]

62 □□□

1[km]당 인덕턴스 25[mH], 정전용량 0.005[μF]의 선로가 있다. 무손실 선로라고 가정한 경우 진행파의 위상(전파) 속도는 약 몇 [m/s]인가?

① 89.4×10^4 ② 8.94×10^4
③ 8.94×10^3 ④ 89.4×10^5

무손실 선로의 전파속도(v)

$v=\frac{1}{\sqrt{LC}}$ [m/sec] 식에서

$L=25$ [mH/km], $C=0.005$ [μF/km] 이므로

$\therefore v=\frac{1}{\sqrt{LC}}$

$=\frac{1}{\sqrt{25\times 10^{-3}\times 0.005\times 10^{-6}}}$

$=8.94\times 10^4$ [m/sec]

63 □□□

그림과 같이 △회로를 Y회로로 등가 변환하였을 때 임피던스 $Z_a[\Omega]$는?

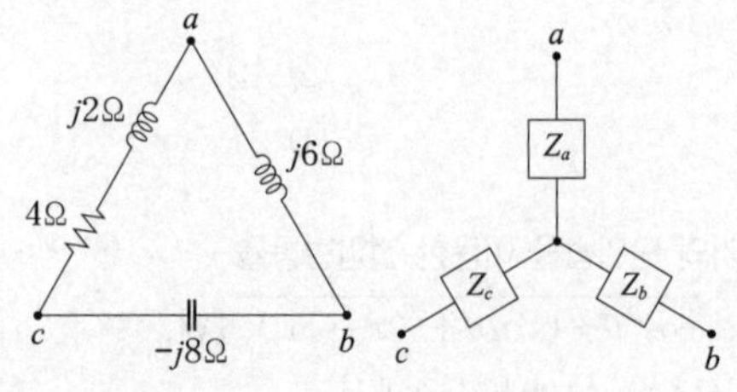

① 12 ② $-3+j6$
③ $4-j8$ ④ $6+j8$

△결선과 Y결선의 등가 변환

△결선의 각 상 임피던스를 Z_{ab}, Z_{bc}, Z_{ca}라 하면

$Z_{ab}=j6[\Omega]$, $Z_{bc}=-j8[\Omega]$,

$Z_{ca}=4+j2[\Omega]$ 이므로 이를 Y결선으로 등가 변환할 때 각 상의 임피던스 Z_a, Z_b, Z_c는

$Z_a=\frac{Z_{ab}\cdot Z_{ca}}{Z_{ab}+Z_{bc}+Z_{ca}}[\Omega]$, $Z_b=\frac{Z_{ab}\cdot Z_{bc}}{Z_{ab}+Z_{bc}+Z_{ca}}[\Omega]$,

$Z_c=\frac{Z_{bc}\cdot Z_{ca}}{Z_{ab}+Z_{bc}+Z_{ca}}[\Omega]$ 식에서

$\therefore Z_a=\frac{Z_{ab}\cdot Z_{ca}}{Z_{ab}+Z_{bc}+Z_{ca}}=\frac{j6(4+j2)}{j6-j8+4+j2}$

$=-3+j6[\Omega]$

64 □□□

임피던스 함수가 $Z(s)=\frac{s+10}{s^2+RLs+1}[\Omega]$ 으로 주어지는 2단자 회로망에 직류 전류 30[A]를 흘렸을 때, 이 회로망의 정상상태 단자 전압[V]은?

① 30 ② 300
③ 400 ④ 10

2단자망의 구동점 임피던스

직류전류원 30[A]를 인가하였으므로 $s=0$을 대입하여 구동점 임피던스를 구하면

$Z(0)=\frac{0+10}{0+0+1}=10[\Omega]$이 된다.

$Z(0)=R[\Omega]$ 이므로

$\therefore V=IR=30\times 10=300$ [V]

정답 61 ③ 62 ② 63 ② 64 ②

65 □□□

회로에서 4[Ω]에 흐르는 전류[A]는?

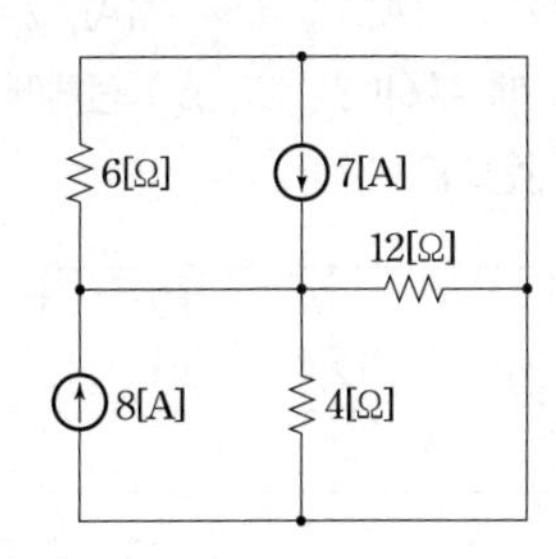

① 5
② 10
③ 2.5
④ 7.5

중첩의 원리

먼저 저항 12[Ω]과 6[Ω]은 병렬 접속되어 있으므로 합성하면 $R' = \dfrac{12\times6}{12+6} = 4\,[\Omega]$ 이므로

(1) 전류원 7[A]를 개방

전류원 8[A]에 의해 4[Ω]에 흐르는 전류 I'는

$I' = \dfrac{1}{2}\times 8 = 4\,[A]$

(2) 전류원 8[A]를 개방

전류원 7[A]에 의해 6[Ω]에 흐르는 전류 I''는

$I'' = \dfrac{1}{2}\times 7 = 3.5\,[A]$

I'와 I''의 전류 방향은 같으므로 6[Ω]에 흐르는 전체 전류 I는

$\therefore\ I = I' + I'' = 4 + 3.5 = 7.5\,[A]$

66 □□□

그림과 같은 부하에 상전압이 $V_{an} = 100\angle 0°$ [V]인 평형 3상 전압을 가했을 때 선전류 I_a[A]는?

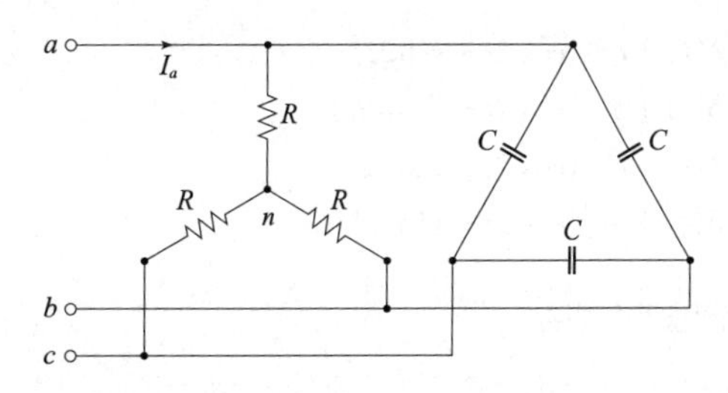

① $100\left(\dfrac{1}{R} + j\omega C\right)$

② $100\left(\dfrac{1}{R} + j3\omega C\right)$

③ $\dfrac{100}{\sqrt{3}}\left(\dfrac{1}{R} + j3\omega C\right)$

④ $\dfrac{100}{\sqrt{3}}\left(\dfrac{1}{R} + j\omega C\right)$

선전류 계산

Y결선된 저항 R에 의한 선전류 I_Y, Δ결선된 정전용량 C에 의해 선전류 I_Δ라 하면

$I_Y = \dfrac{V_P}{Z} = \dfrac{100}{R}$ [A],

$I_\Delta = \dfrac{3V_P}{Z} = \dfrac{3V_P}{\dfrac{1}{\omega C}} = 300\,\omega C$[A]이다.

저항에 흐르는 전류는 유효분이며, 정전용량에 흐르는 전류는 90° 앞선 진상전류 이므로

$\therefore\ I_L = I_Y + jI_\Delta = \dfrac{100}{R} + j300\,\omega C$

$= 100\left(\dfrac{1}{R} + j3\,\omega C\right)$ [A]

정답 65 ④ 66 ②

67 □□□

$f(t) = \mathcal{L}^{-1}\left[\frac{s^2+3s+8}{s^2+2s+5}\right]$ 는?

① $\delta(t)+e^{-t}(\cos 2t+\sin 2t)$
② $\delta(t)+e^{-t}(\cos 2t-2\sin 2t)$
③ $\delta(t)+e^{-t}(\cos 2t+2\sin 2t)$
④ $\delta(t)+e^{-t}(\cos 2t-\sin 2t)$

역라플라스 변환

$$F(s)=\frac{s^2+3s+8}{s^2+2s+5}=\frac{s^2+2s+5+s+3}{s^2+2s+5}$$
$$=1+\frac{s+1+2}{(s+1)^2+2^2}$$
$$=1+\frac{s+1}{(s+1)^2+2^2}+\frac{2}{(s+1)^2+2^2}$$
$$\therefore f(t)=\mathcal{L}^{-1}[F(s)]=\delta(t)+e^{-t}(\cos 2t+\sin 2t)$$

참고 복소추이정리

$f(t)$	$F(s)$
$e^{-at}\sin\omega t$	$\frac{\omega}{(s+a)^2+\omega^2}$
$e^{-at}\cos\omega t$	$\frac{s+a}{(s+a)^2+\omega^2}$

68 □□□

상의 순서가 $a-b-c$ 인 불평형 3상 교류회로에서 각 상의 전류가 $I_a=7.28\angle 15.95°$ [A], $I_b=12.81\angle -128.66°$ [A], $I_c=7.21\angle 123.69°$ [A]일 때 역상분 전류는 약 몇 [A]인가?

① $8.95\angle 1.14°$
② $2.51\angle 96.55°$
③ $2.51\angle -96.55°$
④ $8.95\angle -1.14°$

역상분 전류(I_2)

$I_2=\frac{1}{3}(I_a+\angle -120° I_b+\angle 120° I_c)$ [A] 식에서

$$\therefore I_2=\frac{1}{3}\{7.28\angle 15.95° + 1\angle -120°\times 12.81\angle -128.66° + 1\angle 120°\times 7.21\angle 123.69°\}$$
$$=2.51\angle 96.55° \text{ [A]}$$

69 □□□

회로에서 $I_1=2e^{-j\frac{\pi}{3}}$ [A], $I_2=5e^{j\frac{\pi}{3}}$ [A], $I_3=1$ [A], $Z_3=10$ [Ω]일 때 부하(Z_1, Z_2, Z_3) 전체에 대한 복소전력은 약 몇 [VA]인가?

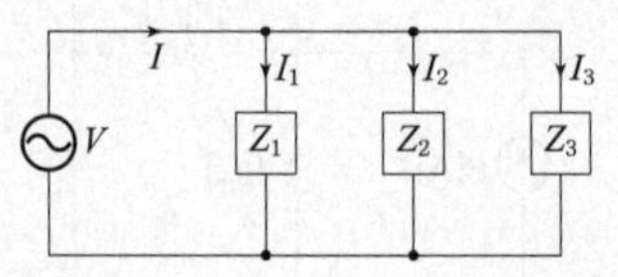

① $55.3-j7.5$ ② $45+j26$
③ $45-j26$ ④ $55.3+j7.5$

복소전력

병렬회로에서는 전압이 일정하므로 전원전압 V는 $V=Z_3I_3=10\times 1=10$ [V]이다.

$$I=I_1+I_2+I_3=2\angle -60°+5\angle 60°+1$$
$$=4.5+j2.6 \text{ [A] 이므로}$$
$$\therefore S=V\overline{I}=10\times(4.5-j2.6)=45-j26 \text{ [VA]}$$

참고 공액복소수 또는 켤레복소수
공액복소수란 복소수의 허수부의 부호를 반대로 표현하는 복소수를 의미하므로
전류 $I=4.5+j2.6$ [A]의 공액복소수는
$\therefore \overline{I}=4.5-j2.6$ [A]이다.

70 □□□

RL 직렬회로에서 $t=0$ [s]에 직류 전압 V[V]를 인가한 후, $t=0.01$ [s]일 때 이 회로에 흐르는 전류는 약 몇 [A]인가? (단, $V=100$[V], $R=100$[Ω], $L=1$[H]이다.)

① 3.62 ② 6.32
③ 0.632 ④ 0.362

t초 후의 전류(과도전류)

$i(t)=\frac{V}{R}(1-e^{-\frac{R}{L}t})$ [A] 식에서

$t=0.01$ [sec]일 때

$$\therefore i(t)=\frac{V}{R}(1-e^{-\frac{R}{L}t})=\frac{100}{100}\times(1-e^{-\frac{100}{1}\times 0.01})$$
$$=1\times(1-e^{-1})=0.632 \text{ [A]}$$

별해 시정수는 $\tau=\frac{L}{R}=\frac{1}{100}=0.01$ [sec]이며 문제에서 주어진 시간이 시정수를 의미하므로

$$\therefore i(t)=0.632\frac{V}{R}=0.632\times\frac{100}{100}=0.632 \text{ [A]}$$

정답 67 ① 68 ② 69 ③ 70 ③

71 □□□

적분시간 4[sec], 비례감도가 4인 비례적분 동작을 하는 제어요소에 동작신호 $x(t)=2t$를 주었을 때 이 제어요소의 조작량은? (단, 조작량의 초기값은 0이다.)

① t^2+8t ② t^2-8t
③ t^2+2t ④ t^2-2t

제어요소

비례적분 요소의 전달함수 $G(s)=K\left(1+\frac{1}{Ts}\right)$

식에서 적분시간 $T=4$[sec], 비례감도 $K=4$ 이므로

$G(s)=4\left(1+\frac{1}{4s}\right)=4+\frac{1}{s}$ 이다.

동작신호 → [제어요소] → 조작량
$X(s)$ $G(s)$ $Y(s)$

$x(t)=2t$일 때

$X(s)=\mathcal{L}[x(t)]=\mathcal{L}[2t]=\frac{2}{s^2}$ 이므로

$Y(s)=X(s)\,G(s)=\frac{2}{s^2}\left(4+\frac{1}{s}\right)=\frac{8}{s^2}+\frac{2}{s^3}$

$\therefore y(t)=\mathcal{L}^{-1}[Y(s)]=t^2+8t$

72 □□□

2차 제어시스템의 특성방정식이 $s^2+2\zeta\omega_n s+\omega_n^2=0$ 와 같을 때 감쇠비(ζ)가 $0<\zeta<1$인 경우 이 제어시스템의 과도응답 상태는?

① 완전진동 ② 임계진동
③ 비진동 ④ 감쇠진동

제동비(또는 감쇠비)

구분	응답특성
$\zeta<1$	부족제동으로 감쇠진동 한다.
$\zeta=1$	임계제동으로 임계진동 한다.
$\zeta>1$	과제동으로 비진동 한다.
$\zeta=0$	무제동으로 진동 한다.
$\zeta<0$	발산하여 목표값에서 점점 멀어진다.

73 □□□

다음의 특성방정식 중 안정한 제어시스템은?

① $s^4-2s^3-3s^2+4s+5=0$
② $s^3+3s^2+4s+5=0$
③ $s^4+3s^3-s^2+s+10=0$
④ $s^5+s^3+2s^2+4s+3=0$

제어계 특성방정식의 안정 필요조건과 안정도 판별법

(1) 안정도 필요조건
㉠ 특성방정식의 차수가 모두 존재할 것.
㉡ 특성방정식의 모두 항의 부호가 동일할 것.

(2) 루스 판별법의 특별 해
$as^3+bs^2+cs+d=0$이라 하면
㉠ $bc>ad$: 안정
㉡ $bc=ad$: 임계안정
㉢ $bc<ad$: 불안정 이므로

보기 ① : $-2s^3-3s^2$항 때문에 불안정
보기 ③ : $-s^2$항 때문에 불안정
보기 ④ : s^4항의 누락 때문에 불안정
보기 ②항에서 $a=1,\ b=3,\ c=4,\ d=5$일 때
$bc=3\times4=12,\ ad=1\times5=5$ 이므로
$\therefore bc>ad$ 식을 만족하여 안정이다.

74 □□□

논리식 $Y=\overline{A}\,\overline{B}+\overline{A}B+AB$ 을 간단히 한 것은?

① $A+B$ ② $\overline{A}+B$
③ $A+\overline{B}$ ④ $\overline{A}+\overline{B}$

불대수를 이용한 논리식의 간소화

$\overline{A}B+\overline{A}B=\overline{A}B,\ \overline{A}+A=1,\ \overline{B}+B=1,$

$1\cdot\overline{A}=\overline{A},\ 1\cdot B=B$ 식을 이용하여 정리하면

$\therefore \overline{A}\,\overline{B}+\overline{A}B+AB=\overline{A}\,\overline{B}+\overline{A}B+\overline{A}B+AB$

$=\overline{A}(\overline{B}+B)+B(\overline{A}+A)$

$=\overline{A}+B$

정답 71 ① 72 ④ 73 ② 74 ②

75 □□□

다음 신호흐름선도에서 특성방정식의 근은 얼마인가?

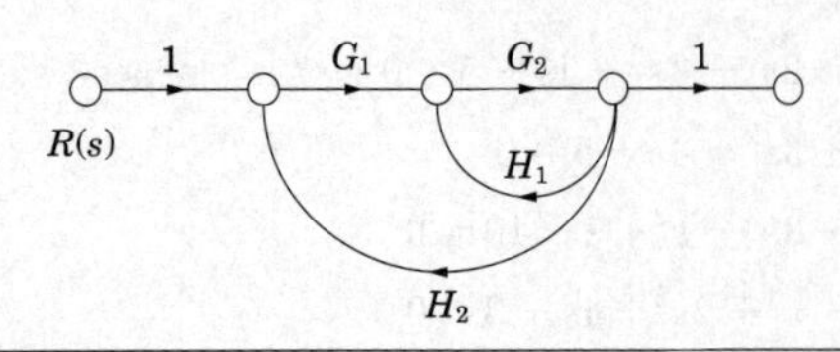

$G_1=(s+2),\ H_1=-(s+1)$
$G_2=1,\ H_2=-(s+1)$

① −2, −2 ② −1, −2
③ −1, 2 ④ 1, 2

신호흐름선도의 전달함수

$G(s)=\dfrac{\text{전향경로이득}}{1-\text{루프경로이득}}$ 식에서

전향경로이득$=1\times G_1\times G_2\times 1=G_1G_2$

루프경로이득$=H_1G_2+H_2G_1G_2$

$$G(s)=\frac{\text{전향경로이득}}{1-\text{루프경로이득}}=\frac{G_1G_2}{1-H_1G_2-H_2G_1G_2}=\frac{s+2}{1+(s+1)+(s+1)(s+2)}=\frac{s+2}{s^2+4s+4}$$

특성방정식은 전달함수의 분모를 0으로 하는 방정식을 의미하므로

특성방정식$=s^2+4s+4=(s+2)^2=0$이다.

∴ 특성방정식의 근은 $s=-2,\ s=-2$

76 □□□

개루프 전달함수가 다음과 같은 제어시스템의 근궤적이 $j\omega$(허수)축과 교차할 때 K는 얼마인가?

$$G(s)H(s)=\frac{K}{s(s+3)(s+4)}$$

① 84 ② 48
③ 180 ④ 30

허수축과 교차하는 점

개루프 전달함수

$G(s)H(s)=\dfrac{K}{s(s+3)(s+4)}=\dfrac{B(s)}{A(s)}$ 이므로

특성방정식 $F(s)$ 는

$F(s)=A(s)+B(s)=s(s+3)(s+4)+K$
$=s^3+7s^2+12s+K=0$ 이다.

근궤적이 허수축과 교차하는 경우에는 임계안정 조건을 만족하는 경우 이므로

s^3	1	12
s^2	7	K
s^1	$\dfrac{7\times12-K}{7}=0$	0
s^0	K	

루스 수열의 제1열 s^1행에서 영(0)이 되는 K의 값을 구하면 $7\times12-K=0$ 이다.

이 조건을 만족하는 K 값에서 근궤적이 허수축과 교차한다.

∴ $K=7\times12=84$

정답 75 ① 76 ①

77 □□□

그림과 같은 보드선도의 이득선도를 갖는 제어시스템의 전달함수는?

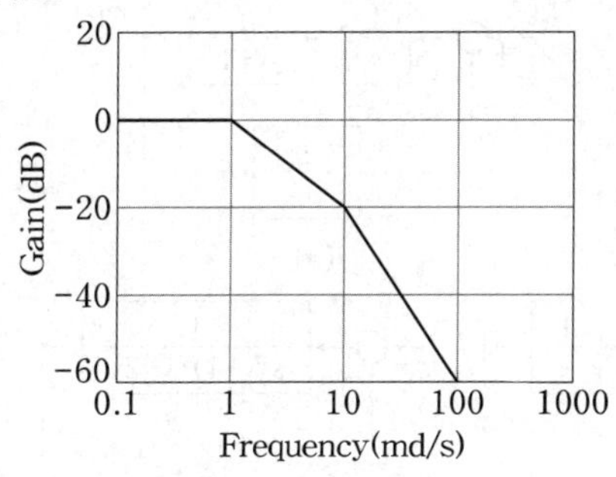

① $G(s) = \dfrac{100}{(s+1)(s+10)}$

② $G(s) = \dfrac{10}{(s+1)(s+10)}$

③ $G(s) = \dfrac{10}{(s+1)(10s+1)}$

④ $G(s) = \dfrac{1}{(s+1)(10s+1)}$

보드선도의 이득곡선

절점주파수는 $\omega = 1$, $\omega = 10$ 이므로

$G(s) = \dfrac{K}{(s+1)(s+10)}$ 임을 알 수 있다.

이득곡선의 구간을 세 구간으로 구분할 수 있다.

$\omega < 1$인 구간, $1 < \omega < 10$인 구간, $\omega > 10$인 구간일 때 각각의 이득과 기울기는

㉠ $\omega < 1$인 구간

$g = 20\log|G(j\omega)| = 0\ [\text{dB}]$ 이므로

$G(j\omega) = 1$ 이며

$G(j\omega) = \left|\dfrac{K}{(1+j\omega)(10+j\omega)}\right|_{\omega<1} = \dfrac{K}{10}$ 에서

$K = 10$임을 알 수 있다.

㉡ $1 < \omega < 10$인 구간

$g = 20\log|G(j\omega)| = -20\ [\text{dB/dec}]$ 이므로

$G(j\omega) = \dfrac{1}{\omega}$ 이며

$$G(j\omega) = \left|\dfrac{10}{(1+j\omega)(10+j\omega)}\right|_{1<\omega<10} = \dfrac{10}{10\omega} = \dfrac{1}{\omega}$$

㉢ $\omega > 10$인 구간

$g = 20\log|G(j\omega)| = -40\ [\text{dB/dec}]$ 이므로

$G(j\omega) = \dfrac{1}{\omega^2}$ 이며

$$G(j\omega) = \left|\dfrac{10}{(1+j\omega)(1+j10\omega)}\right|_{10<\omega} = \dfrac{10}{10\omega^2} = \dfrac{1}{\omega^2}$$

$$\therefore\ G(s) = \dfrac{10}{(s+1)(s+10)}$$

78 □□□

$f(t)$의 z변환이 $F(z)$일 때, $f(t)$의 최종 값은?

$$F(z) = \dfrac{9z}{(z-1)(z+0.5)}$$

① −6 ② ∞

③ 0 ④ 6

최종값 정리

$\lim_{k\to\infty} f(kT) = f(\infty) = \lim_{z\to 1}(1-z^{-1})F(z)$ 식에서

$$\therefore \lim_{z\to 1}(1-z^{-1})F(z) = \lim_{z\to 1}\left(\dfrac{z-1}{z}\right)\left\{\dfrac{9z}{(z-1)(z+0.5)}\right\} = \lim_{z\to 1}\left\{\dfrac{9}{(z+0.5)}\right\} = \dfrac{9}{1.5} = 6$$

정답 77 ② 78 ④

79

시스템행렬 A가 다음과 같을 때 상태천이행렬을 구하면?

$$A=\begin{bmatrix}0 & 1\\ -2 & -3\end{bmatrix}$$

① $\begin{bmatrix}2e^{t}-e^{2t} & -e^{t}+e^{2t}\\ 2e^{t}-2e^{2t} & -e^{t}-2e^{2t}\end{bmatrix}$

② $\begin{bmatrix}2e^{-t}-e^{-2t} & e^{-t}-e^{-2t}\\ -2e^{-t}+2e^{-2t} & -e^{-t}-2e^{2t}\end{bmatrix}$

③ $\begin{bmatrix}2e^{-t}-e^{-2t} & -e^{-t}+e^{-2t}\\ 2e^{-t}-2e^{-2t} & -e^{-t}-2e^{2t}\end{bmatrix}$

④ $\begin{bmatrix}2e^{-t}-e^{-2t} & e^{-t}-e^{-2t}\\ -2e^{-t}+2e^{-2t} & -e^{-t}+2e^{-2t}\end{bmatrix}$

상태천이행렬

$\phi(t)=\mathcal{L}^{-1}[\phi(s)]=\mathcal{L}^{-1}[sI-A]^{-1}$ 식에서

$$(sI-A)=s\begin{bmatrix}1 & 0\\ 0 & 1\end{bmatrix}-\begin{bmatrix}0 & 1\\ -2 & -3\end{bmatrix}$$

$$=\begin{bmatrix}s & -1\\ 2 & s+3\end{bmatrix} \text{ 일 때}$$

$$\phi(s)=(sI-A)^{-1}=\begin{bmatrix}s & -1\\ 2 & s+3\end{bmatrix}^{-1}$$

$$=\frac{1}{s(s+3)+2}\begin{bmatrix}s+3 & 1\\ -2 & s\end{bmatrix}$$

$$=\begin{bmatrix}\dfrac{s+3}{s^2+3s+2} & \dfrac{1}{s^2+3s+2}\\ \dfrac{-2}{s^2+3s+2} & \dfrac{s}{s^2+3s+2}\end{bmatrix} \text{ 이므로}$$

$\therefore \phi(t)=\mathcal{L}^{-1}[\phi(s)]$

$$=\begin{bmatrix}2e^{-t}-e^{-2t} & e^{-t}-e^{-2t}\\ -2e^{-t}+2e^{-2t} & -e^{-t}+2e^{-2t}\end{bmatrix}$$

80

블록선도 (a)와 (b)가 등가이기 위한 k는?

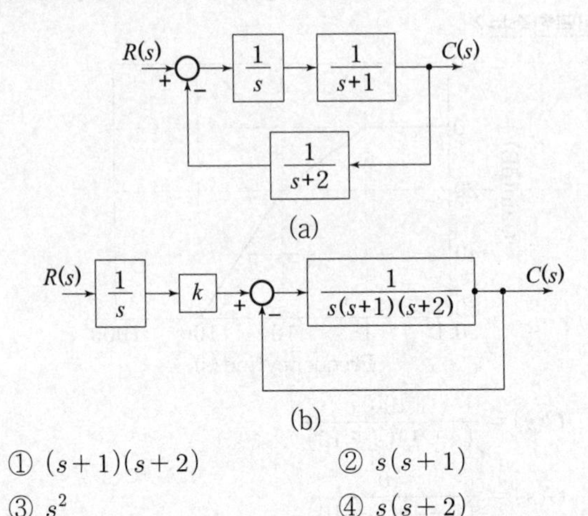

① $(s+1)(s+2)$　② $s(s+1)$

③ s^2　④ $s(s+2)$

블록선도

(a), (b)에 대한 전달함수를 각각 $G_a(s)$, $G_b(s)$라 하면

$$G_a(s)=\frac{\frac{1}{s}\times\frac{1}{s+1}}{1+\frac{1}{s}\times\frac{1}{s+1}\times\frac{1}{s+2}}$$

$$=\frac{s+2}{s(s+1)(s+2)+1}=\frac{s+2}{s^3+3s^2+2s+1}$$

$$G_b(s)=\frac{\frac{1}{s}\times k\times\frac{1}{s(s+1)(s+2)}}{1+\frac{1}{s(s+1)(s+2)}}$$

$$=\frac{k}{s^2(s+1)(s+2)+s}$$

$$=\frac{k}{s(s^3+3s^2+2s+1)}$$

$G_a(s)=G_b(s)$이기 위한 k 값은

$$\frac{s+2}{s^3+3s^2+2s+1}=\frac{k}{s(s^3+3s^2+2s+1)} \text{ 식에서}$$

$\therefore k=s(s+2)$

정답 79 ④ 80 ④

5과목 : 전기설비기술기준 및 판단기준

무료 동영상 강의 ▲

81 □□□

저압 옥상전선로를 전개된 장소에 시설하는 경우 전선은 인장강도 2.30[kN] 이상의 것 또는 지름이 몇 [mm] 이상의 경동선이어야 하는가?

① 1.6
② 2.6
③ 3.2
④ 2.0

옥상 전선로

(1) 전선굵기 : 2.6[mm] = 2.30[kN] 이상 경동선 사용
(2) 절연전선(OW전선 포함) 이상의 절연성능이 있는 것
(3) 전선은 지지점 간의 거리는 15[m] 이하
(4) 전선과 조영재와의 이격거리는 2[m] 이상
(단, 고압 절연, 특고압 절연, 케이블 : 1[m] 이상)

82 □□□

맨홀 또는 관로에서의 통신선 시설에 대한 설명으로 틀린 것은?

① 배전케이블이 시설되어 있는 관로에 통신선을 시설하지 말 것
② 맨홀 내에서는 통신선을 전력선 위에 얹어 놓도록 처리할 것
③ 맨홀 내에서는 통신선이 시설된 매 행거마다 통신케이블을 고정할 것
④ 맨홀 내 통신선은 보호장치를 활용하여 맨홀 측벽으로 처리할 것

맨홀 또는 관로에서 통신선의 시설

(1) 맨홀 내 통신선은 보호장치를 활용하여 맨홀 측벽으로 정리할 것
(2) 맨홀 내에서는 통신선이 시설된 매 행거마다 통신케이블을 고정할 것
(3) 맨홀 내에서는 통신선을 전력선위에 얹어 놓는 경우가 없도록 처리할 것
(4) 배전케이블이 시설되어 있는 관로에 통신선을 시설하지 말 것
(5) 맨홀 내 통신선을 시설하는 관로구와 내관은 누수가 되지 않도록 방수처리할 것

83 □□□

고압 가공전선이 다른 고압 가공전선과 접근 상태로 시설되거나 교차하여 시설되는 경우에 고압 가공전선 상호 간의 이격거리는 몇 [m] 이상이어야 하는가? (단, 한 쪽의 전선이 케이블인 경우이다.)

① 0.6
② 0.3
③ 0.8
④ 0.4

고압 가공전선 상호 간의 접근 또는 교차

구 분	절연전선	케이블
고압 가공전선 상호	0.8[m]	0.4[m]
고압가공전선과 다른 고압가공전선로 지지물	0.6[m]	0.3[m]

84 □□□

한국전기설비규정에 따라 저압 절연전선으로 사용이 가능한 전선이 아닌 것은? (단, 소세력 회로에 적용되는 것이 아니다.)

① 450/750[V] 저독성 캡타이어절연전선
② 450/750[V] 저독성 난연 폴리올레핀 절연전선
③ 450/750[V] 비닐절연전선
④ 450/750[V] 저독성 난연 가교폴리올레핀 절연전선

절연전선

저압 절연전선의 종류
· 450/750[V] 비닐절연전선 · 450/750[V] 저독성 난연 폴리올레핀절연전선 · 450/750[V] 저독성 난연 가교 폴리올레핀 절연전선 · 450/750[V] 고무절연전선

정답 81 ② 82 ② 83 ④ 84 ①

85 □□□

2차측 개방전압이 7[kV] 이하인 절연변압기를 사용하고 보호격자에 사람이 접촉될 경우 절연변압기의 1차측 전로를 자동적으로 차단하는 보호장치를 시설한 경우, 전격 살충기는 전격격자는 지표 또는 바닥에서 몇 [m] 이상의 높이에 설치하여야 하는가?

① 1.8 ② 1.5
③ 2.5 ④ 3.5

전격 살충기
(1) 전기용품 및 생활용품 안전관리법의 적용을 받는 것.
(2) 전격격자는 지표 또는 바닥에서 3.5[m] 이상의 높은 곳에 시설. 다만, 2차측 개방 전압이 7[kV] 이하의 절연변압기를 사용하고 1차측 전로를 자동적으로 차단하는 보호장치를 시설한 것은 1.8[m]높이 시설.
(3) 전격격자와 다른 시설물 또는 식물과의 이격 거리는 0.3[m] 이상일 것.

86 □□□

수력발전소, 풍력발전소, 내연력발전소, 연료전지발전소, 및 태양전지발전소로서 그 발전소를 원격감시 제어하는 제어소에 기술원이 상주하여 감시하는 경우, 그 발전소를 원격감시 제어하는 제어소에 시설하지 않아도 되는 장치는?

① 원동기 및 발전기, 연료전지의 부하를 조정하는 장치
② 운전 및 정지를 조작하는 장치 및 감시하는 장치
③ 운전 조작에 상시 필요한 차단기를 조작하는 장치 및 개폐상태를 감시하는 장치
④ 자동재폐로 장치를 한 고압의 배전선로용 차단기를 조작하는 장치

수력발전소, 풍력발전소, 내연력발전소, 연료전지발전소, 및 태양전지발전소로서 그 발전소를 원격감시 제어하는 제어소에 기술원이 상주하여 감시하는 경우 발전소에 대하여는 발전 제어소에 다음의 장치를 시설할 것
(1) 원동기 및 발전기, 연료전지의 부하를 조정하는 장치
(2) 운전 및 정지를 조작하는 장치 및 감시하는 장치
(3) 운전 조작에 상시 필요한 차단기를 조작하는 장치 및 개폐상태를 감시하는 장치
(4) 고압 또는 특고압의 배전선로용 차단기를 조작하는 장치 및 개폐를 감시하는 장치

87 □□□

발전소 · 변전소 또는 이에 준하는 곳의 특고압전로에 대한 접속상태를 모의모선의 사용 또는 기타의 방법으로 표시하여야 하는데, 그 표시의 의무가 없는 것은?

① 전로에 접속하는 특고압 전선로의 회선수가 2회선 이하로서 단일모선
② 전로에 접속하는 특고압 전선로의 회선수가 3회선 이하로서 복모선
③ 전로에 접속하는 특고압 전선로의 회선수가 3회선 이하로서 단일모선
④ 전로에 접속하는 특고압 전선로의 회선수가 2회선 이하로서 복모선

특고압전로의 상 및 접속 상태의 표시
(1) 발전소·변전소 등의 특고압전로에는 보기 쉬운 곳에 상별(相別) 표시
(2) 발전소·변전소 등의 특고압전로에 대하여는 접속상태를 모의모선의 사용 표시
(3) 특고압전선로의 회선수가 2 이하이고 또한 특고압의 모선이 단일모선인 경우 생략가능

88 □□□

공칭전압이 25000[V]인 단상 교류시스템의 전차선과 차량 간의 동적 최소 절연기격거리는 몇 [mm] 이상을 확보하여야 하는가?

① 150 ② 170
③ 270 ④ 100

전차선과 차량 간의 최소 절연이격거리

시스템 종류	공칭전압[V]	동적[mm]	정적[mm]
직류	750	25	25
	1,500	100	150
단상교류	25,000	170	270

정답 85 ① 86 ④ 87 ① 88 ②

89 □□□

특고압 가공전선이 저고압 가공전선 등과 제2차 접근상태로 시설되는 경우에 특고압 가공전선로는 어떤 보안공사에 의하여야 하는가? (단, 특고압 가공전선과 저고압 가공전선 등 사이에 보호망을 시설하는 경우가 아니다.)

① 제2종 특고압 보안공사
② 제1종 특고압 보안공사
③ 제3종 특고압 보안공사
④ 고압 보안공사

특고압 가공전선과 저고압 가공전선 등의 접근, 교차

(1) 특고압 가공전선이 저고압 가공전선 등과 제2차 접근상태로 시설되는 경우, 특고압 가공전선로는 제2종 특고압 보안공사에 의할 것.
(2) 사용전압이 35[kV] 이하 보호망을 시설하는 경우에는 제2종 특고압 보안공사 생략.

90 □□□

주택용 배선차단기의 B형은 순시트립범위가 차단기 정격전류(I_n)의 몇 배인가?

① $3I_n$초과 ~ $5I_n$ 이하
② $5I_n$초과 ~ $10I_n$ 이하
③ $10I_n$초과 ~ $20I_n$ 이하
④ $1I_n$초과 ~ $3I_n$ 이하

순시트립에 따른 구분 (주택용 배선용 차단기)

형 (순시트립에 따른 차단기 분류)	순시 트립 범위
B	$3I_n$ 초과 – $5I_n$ 이하
C	$5I_n$ 초과 – $10I_n$ 이하
D	$10I_n$ 초과 – $20I_n$ 이하

91 □□□

내부피뢰시스템에 대한 설명이다 다음 ( )에 들어갈 내용으로 옳은 것은?

> "지중 저압수전의 경우, 내부에 설치하는 전기전자기기의 과전압범주별 임펄스내전압이 규정 값에 충족하는 경우는 ( )을(를) 생략할 수 있다."

① 접지극　② 낙뢰차폐선
③ 서지보호장치　④ 수뢰부시스템

내부 피뢰시스템

지중 저압 수전의 경우, 내부에 설치하는 전기전자기기의 과전압범주별 임펄스내전압이 규정 값에 충족하는 경우는 서지보호장치를 생략할 수 있다.

92 □□□

전로의 중성점 접지의 목적에 해당하지 않는 것은?

① 손실전력의 감소
② 이상전압의 억제
③ 대지전압의 저하
④ 보호장치의 확실한 동작의 확보

전로의 중성점 접지공사의 목적

(1) 보호 장치의 확실한 동작의 확보
(2) 이상 전압의 억제
(3) 대지전압의 저하

정답 89 ① 90 ① 91 ③ 92 ①

93 □□□

특고압 가공전선로에서 지지물 양측의 경간의 차가 큰 곳에 사용되는 철탑의 종류는?

① 직선형 ② 보강형
③ 인류형 ④ 내장형

특고압 가공전선로의 철주·철근 콘크리트주 또는 철탑의 종류

직선형	전선로의 직선부분(3도 이하)에 사용
각도형	전선로중 3도를 초과하는 수평각도를 이루는 곳에 사용
인류형	전가섭선을 인류하는 곳에 사용
내장형	전선로의 지지물 양쪽의 경간의 차가 큰 곳에 사용
보강형	전선로의 직선부분에 그 보강을 위하여 사용

94 □□□

저압전로의 보호도체 및 중성선의 접속 방식에 따른 접지계통 중 전원측의 한 점을 직접접지하고 설비의 노출도전부를 보호도체로 접속시키는 방식으로, 그 계통 전체에 대해 중성선과 보호도체의 기능을 동일도체로 겸용한 PEN 도체를 사용하는 계통은?

① TN-S ② IT
③ TT ④ TN-C

TN-C계통
전원측의 한 점을 직접접지하고 설비의 노출도전부를 보호도체로 접속시키는 방식으로 그 계통 전체에 대해 중성선과 보호도체의 기능을 동일도체로 겸용한 PEN 도체를 사용한다.

95 □□□

보호도체와 계통도체 겸용에 대한 설명으로 틀린 것은?

① 폭발성 분위기 장소는 보호도체를 전용으로 하여야 한다.
② 겸용도체는 고정된 전기설비에서만 수용할 수 있다.
③ 단면적은 구리 10[mm^2] 또는 알루미늄 16[mm^2] 이상이어야 한다.
④ 중성선과 보호도체의 겸용도체는 전기설비의 전원 측으로 시설하여서는 안 된다.

보호도체와 계통도체 겸용(PEN)
(1) 겸용도체는 고정된 전기설비에서만 사용 한다.
(2) 구리 10[mm^2] 또는 알루미늄 16[mm^2]이상사용.
(3) 중성선과 보호도체의 겸용도체는 전기설비의 부하 측으로 시설하여서는 안 된다.
(4) 폭발성 분위기 장소는 보호도체를 전용으로 한다.
(5) 공칭전압과 같거나 높은 절연성능을 가져야 한다.

96 □□□

백열전등 또는 방전등 및 이에 부속하는 전선을 사람이 접촉할 우려가 없도록 시설한 경우 백열전등 또는 방전등에 전기를 공급하는 옥내전로의 대지전압은 몇 [V] 이하여야 하는가? (단, 주택의 옥내전로는 제외한다.)

① 600 ② 750
③ 400 ④ 300

옥내전로의 대지 전압의 제한
백열전등 또는 방전등에 전기를 공급하는 옥내의 전로의 대지전압은 300[V]이하 이고, 사용전압은 400[V] 이하여야 한다.

정답 93 ④ 94 ④ 95 ④ 96 ④

97 □□□

아파트 세대 욕실에 "비데용 콘센트"를 시설하고자 한다. 다음의 시설 방법 중 적합하지 않은 것은?

① 콘센트는 접지극이 없는 것을 사용한다.
② 콘센트는 방적용 콘센트를 사용한다.
③ 절연변압기(정격용량 3[kVA] 이하인 것에 한한다)로 보호된 전로에 접속한다.
④ 인체감전보호용 누전차단기(정격감도전류 15[mA] 이하, 동작시간 0.03초 이하의 전류동작형의 것에 한한다)로 보호된 전로에 접속한다.

콘센트의 시설
욕실 등 인체가 물에 젖어있는 상태에서 전기를 사용하는 장소에 콘센트를 시설하는 경우
(1) 인체감전보호용 누전차단기(정격감도전류 15[mA] 이하, 동작시간 0.03초 이하의 전류동작형의 것) 또는 절연변압기(정격용량 3[kVA] 이하인 것)로 보호된 전로에 접속하거나, 인체감전보호용 누전차단기가 부착된 콘센트를 시설하여야 한다.
(2) 콘센트는 접지극이 있는 방적형 콘센트를 사용하여 접지하여야 한다.

98 □□□

교류 전차선 등 충전부와 식물 사이의 이격거리는 몇 [m] 이상이어야 하는가? (단, 현장여건을 고려한 방호벽 등의 안전조치를 하지 않은 경우이다.)

① 5 ② 3
③ 10 ④ 1

전차선 등과 식물사이의 이격거리
교류 전차선 등 충전부와 식물 사이의 이격거리는 5[m] 이상 (다만, 5[m] 이상 확보하기 곤란한 경우 : 방호벽 등 안전조치를 할 것.)

99 □□□

케이블 트렌치의 구조에 대한 설명으로 틀린 것은?

① 케이블트렌치의 뚜껑, 받침대 등 금속재는 내식성의 재료이거나 방식처리를 할 것
② 케이블트렌치의 바닥 및 측면에는 방수처리하고 물이 고이지 않도록 할 것
③ 케이블트렌치는 외부에서 고형물이 들어가지 않도록 IP2X 이상으로 시설할 것
④ 케이블트렌치 굴곡부 안쪽의 반경은 통과하는 전선의 허용곡률반경이하로 시설할 것

케이블트렌치공사
(1) 뚜껑, 받침대 등 금속재는 내식성의 재료이거나 방식처리를 할 것
(2) 굴곡부 안쪽의 반경은 통과하는 전선의 허용곡률반경 이상 이어야 하고 배선의 절연피복을 손상시킬 수 있는 돌기가 없는 구조일 것
(3) 바닥 및 측면에는 방수처리하고 물이 고이지 않도록 할 것
(4) 외부에서 고형물이 들어가지 않도록 IP2X 이상으로 시설할 것

100 □□□

전기저장장치를 시설하는 곳에 계측하는 장치를 시설하여 측정하는 대상이 아닌 것은?

① 축전지 출력 단자의 주파수
② 축전지 출력 단자의 전압
③ 주요변압기의 전력
④ 주요변압기의 전압

전기저장장치에 시설하는 계측장치
(1) 축전지 출력 단자의 전압, 전류, 전력 및 충방전 상태
(2) 주요변압기의 전압, 전류 및 전력

정답 97 ① 98 ① 99 ④ 100 ①

CBT 시험대비

CBT 시험 19회를 100% 복원하여 재구성한

제3회 복원 기출문제

학습기간 월 일 ~ 월 일

1과목 : 전기자기학

무료 동영상 강의 ▲

01 □□□

강자성체의 세 가지 특성이 아닌 것은?

① 히스테리시스 특성 ② 와전류 특성
③ 고투자율 특성 ④ 자기포화 특성

강자성체의 특징
(1) 고투자율을 갖는다.
(2) 자기포화특성을 갖는다.
(3) 히스테리시스특성을 갖는다.
(4) 자구의 미소영역이 있다.

02 □□□

공기 중에 두 개의 무한장 직선 도체를 그림과 같이 간격 d[m]로 평행하게 놓고, 각 직선 도체에 전류 I_1[A], I_2[A]를 같은 방향으로 흘릴 때 주 직선 도체 사이에 작용하는 힘[N/m]은?

① $2\times10^{-6}\dfrac{I_1 I_2}{d}$, 반발력

② $2\times10^{-7}\dfrac{I_1 I_2}{d}$, 반발력

③ $2\times10^{-6}\dfrac{I_1 I_2}{d}$, 흡인력

④ $2\times10^{-7}\dfrac{I_1 I_2}{d}$, 흡인력

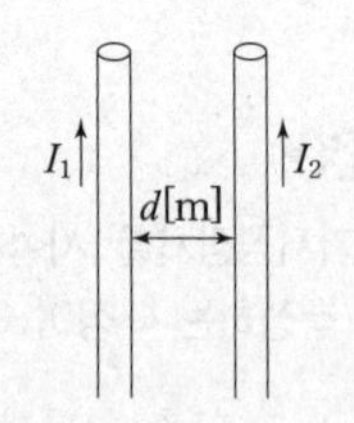

평행도선 사이에 단위 길이당 작용하는 힘은

$F=\dfrac{\mu_o I_1 I_2}{2\pi d}=\dfrac{2I_1 I_2}{d}\times10^{-7}$ [N/m] 이고

힘의 방향은 전류방향 반대(왕복전류)이면 반발력, 전류방향 동일하면 흡인력이 작용한다.

03 □□□

반지름이 5[mm]인 구리선에 10[A][의 전류가 흐르고 있을 때 단위시간당 구리선의 단면을 통과하는 전자의 개수는? (단, 전자의 전하량 $e=1.602\times10^{-19}C$ 이다)

① 6.24×10^{17} ② 6.24×10^{19}
③ 1.28×10^{21} ④ 1.28×10^{23}

$I=10[A]$, $t=1$[sec] 일 때 전류는

$I=\dfrac{Q}{t}=\dfrac{ne}{t}$ [C/sec $=A$] 이므로

구리선의 단면을 통과하는 이동 전자의 개수는

$n=\dfrac{I\cdot t}{e}=\dfrac{10\times1}{1.602\times10^{-19}}=6.24\times10^{19}$[개]

04 □□□

평균길이 1[m], 권수 1000회의 솔레노이드 코일에 비투자율 1000의 철심을 넣고 자속밀도 1[Wb/m²]을 얻기 위해 코일에 흘려야 할 전류는 몇 [A]인가?

① $\dfrac{10}{4\pi}$ ② $\dfrac{100}{8\pi}$

③ $\dfrac{6\pi}{100}$ ④ $\dfrac{4\pi}{10}$

솔레노이드의 자계 $H=\dfrac{NI}{\ell}$[AT/m] 이므로

자속밀도 $B=\mu_o\mu_s H=\dfrac{\mu_o\mu_s NI}{\ell}$[Wb/m²]에서

전류

$I=\dfrac{B\ell}{\mu_o\mu_s N}=\dfrac{1\times1}{4\pi\times10^{-7}\times1000\times1000}=\dfrac{10}{4\pi}$[A]가

된다.

정답 01 ② 02 ④ 03 ② 04 ①

05

진공 내에서 전위함수 $V = x^2 + y^2$ [V] 로 표현될 때, 전하밀도는 몇 [C/m^3]인가?

① $-4\epsilon_0$ ② $-\dfrac{4}{\epsilon_0}$

③ $-\dfrac{2}{\epsilon_0}$ ④ $2\epsilon_0$

포아송의 방정식을 이용하면

$\nabla^2 V = -\dfrac{\rho}{\varepsilon_0}$ 이므로

$$\nabla^2 V = \left(\frac{\partial^2}{\partial^2 x} + \frac{\partial^2}{\partial^2 y} + \frac{\partial^2}{\partial^2 z}\right) V$$

$$= \left(\frac{\partial^2 V}{\partial^2 x} + \frac{\partial^2 V}{\partial^2 y} + \frac{\partial^2 V}{\partial^2 z}\right)$$

$= 2 + 2 = 4 = -\dfrac{\rho}{\varepsilon_o}$ 에서

공간전하밀도 ρ [C/m^3]를 구하면

$\rho = -4\varepsilon_o$ [C/m^3] 가 된다.

06

인덕턴스[H]의 단위를 나타낸 것으로 틀린 것은?

① [Ω · s] ② [Wb/A]

③ [J/A^2] ④ [N/(A · m)]

인덕턴스 L [$\Omega \cdot sec = H = Wb/A = J/A^2$]

07

한 변의 길이가 10 [cm]인 정사각형 회로에 직류 전류 10 [A]가 흐를 때, 정사각형의 중심에서의 자계 세기는 몇 [A/m]인가?

① $\dfrac{100\sqrt{2}}{\pi}$ ② $\dfrac{200\sqrt{2}}{\pi}$

③ $\dfrac{300\sqrt{2}}{\pi}$ ④ $\dfrac{400\sqrt{2}}{\pi}$

한 변의 길이가 $l = 10$ [cm], 직류전류 $I = 10$ [A]인 정사각형 코일 중심점 자계의 세기는

$H = \dfrac{2\sqrt{2}\,I}{\pi l}$ [AT/m] 이므로 주어진 수치를 대입하면

$$H = \frac{2\sqrt{2} \times 10}{\pi \times 10 \times 10^{-2}} = \frac{200\sqrt{2}}{\pi} \text{ [AT/m]}$$

08

시간적으로 변화하지 않는 보존적인 계를 나타낸 식은? (단, V는 전위, E는 전계의 세기이다.)

① $\nabla V = 0$ ② $\nabla \times (-\nabla V) = 0$

③ $\nabla \cdot E = 0$ ④ $\nabla^2 E = 0$

시간적으로 변화하지 않는 보존적인 전하가 비회전성은

$rot\, E = \nabla \times E = 0$ 이므로

전계의 세기 $E = -grad\, V = -\nabla V$ [V/m]를

대입하면 $rot\, E = \nabla \times E = \nabla \times (-\nabla V) = 0$

정답 05 ① 06 ④ 07 ② 08 ②

09 □□□

두 종류의 유전율$[\epsilon_1,\ \epsilon_2]$ 을 가진 유전체 경계면에 진전하가 존재하지 않을 때 성립하는 경계조건을 옳게 나타낸 것은? (단, θ_1, θ_2는 각각 유전체 경계면의 법선벡터와 E_1, E_2가 이루는 각이다.)

① $E_1\sin\theta_1 = E_2\sin\theta_2$,
$D_1\sin\theta_1 = D_2\sin\theta_2$, $\dfrac{\tan\theta_1}{\tan\theta_2} = \dfrac{\epsilon_2}{\epsilon_1}$

② $E_1\cos\theta_1 = E_2\cos\theta_2$,
$D_1\sin\theta_1 = D_2\sin\theta_2$, $\dfrac{\tan\theta_1}{\tan\theta_2} = \dfrac{\epsilon_2}{\epsilon_1}$

③ $E_1\sin\theta_1 = E_2\sin\theta_2$,
$D_1\cos\theta_1 = D_2\cos\theta_2$, $\dfrac{\tan\theta_1}{\tan\theta_2} = \dfrac{\epsilon_1}{\epsilon_2}$

④ $E_1\cos\theta_1 = E_2\cos\theta_2$,
$D_1\cos\theta_1 = D_2\cos\theta_2$, $\dfrac{\tan\theta_1}{\tan\theta_2} = \dfrac{\epsilon_1}{\epsilon_2}$

유전체의 경계면 조건
(1) 경계면의 접선(수평)성분은 양측에서 전계가 같다.
① $E_{t1} = E_{t2}$: 연속적이다.
$D_{t1} \neq D_{t2}$: 불연속적이다.
(2) 경계면의 법선(수직)성분의 전속밀도는 양측에서 같다.
① $D_{n1} = D_{n2}$: 연속적이다.
$E_{n1} \neq E_{n2}$: 불연속적이다.
(3) $E_1\sin\theta_1 = E_2\sin\theta_2$
(4) $D_1\cos\theta_1 = D_2\cos\theta_2$
(5) $\dfrac{\tan\theta_1}{\tan\theta_2} = \dfrac{\varepsilon_1}{\varepsilon_2}$
(6) 비례 관계
① $\varepsilon_2 > \varepsilon_1,\ \theta_2 > \theta_1,\ D_2 > D_1$: 비례 관계에 있다.
② $E_1 > E_2$: 반비례 관계에 있다.
여기서, t는 접선(수평)성분,
n는 법선(수직)성분,
θ_1 입사각, θ_2 굴절각

10 □□□

전자파의 기본성질이 아닌 것은?

① 완전도체 표면에서는 전부 흡수한다.
② 반사, 굴절현상이 나타난다.
③ 횡파이다.
④ 전계의 방향과 자계의 방향은 수직이다.

전자파는 완전도체 표면에서는 전부 반사한다.

11 □□□

진공 중의 도체계에서 유도계수와 용량계수의 성질 중 옳지 않은 것은?

① 용량계수는 항상 0보다 크다.
② $q_{11} \geq -(q_{21} + q_{31} + \cdots + q_{n1})$
③ $q_{rs} = q_{sr}$ 이다.
④ 유도계수와 용량계수는 항상 0보다 크다.

용량 계수 및 유도 계수의 성질
• 용량계수 $q_{rr} > 0$
• 유도계수 $q_{rs} = q_{sr} \leqq 0$
• $q_{rr} \geq -q_{rs}$
• $q_{rr} = -q_{rs}$ (s 도체는 r 도체를 포함한다.)
유도계수는 0보다 작거나 같다.

12 □□□

평행 극판 사이 간격이 d[m]이고 정전용량이 0.3[μF]인 공기 커패시터가 있다. 그림과 같이 두 극판 사이에 비유전율이 5인 유전체를 절반두께 만큼 넣었을 때 이 커패시터의 정전용량은 몇 [μF]이 되는가?

① 0.01
② 0.05
③ 0.1
④ 0.5

$\frac{1}{2}d$, $\epsilon_s=5$, $\frac{1}{2}d$

공기콘덴서 정전용량 $C_o = 0.3[\mu F]$, 비유전율 $\epsilon_s = 5$ 일 때 공기콘덴서 판간격 절반 두께에 유전체를 평행판에 수평으로 채운경우의 정전용량은

$$C = \frac{2\epsilon_s}{1+\epsilon_s}C_o = \frac{2\times5}{1+5}\times0.3 = 0.5[\mu F]$$

정답 09 ③ 10 ① 11 ④ 12 ④

13 □□□

정육각형의 꼭짓점에 동량, 동질의 점전하 Q가 각각 놓여 있을 때 정육각형 한 변의 길이가 a 라 하면 정육각형 중심의 전계의 세기는? (단, 자유 공간이다.)

① $\dfrac{Q}{4\pi\varepsilon_o a^2}$　② $\dfrac{3Q}{2\pi\varepsilon_o a^2}$

③ $6Q$　④ 0

① 정육각형 중심점 전계 : $E=0$

② 정육각형 중심점 전위 : $V=\dfrac{3Q}{2\pi\epsilon_o a}$ [V]

14 □□□

진공 중 점자극 m [Wb]으로부터 r [m] 떨어진 점의 자계의 세기[AT/m]는?

① $\dfrac{m}{4\pi\mu_0 r^2}$　② $\dfrac{m}{4\pi\epsilon_0 r}$

③ $\dfrac{m}{4\pi\mu_0 r}$　④ $\dfrac{m}{4\pi\epsilon_0 r^2}$

점자극에 의한 자계의 세기

$$H=\frac{m}{4\pi\mu_o r^2}=6.33\times10^4\frac{m}{r^2}\ [\mathrm{AT/m}]$$

15 □□□

직교하는 무한 평판도체와 점전하에 의한 영상전하는 몇 개 존재하는가?

① 2　② 3

③ 4　④ 5

직교하는 무한 평판도체와 점전하에 의한 영상전하는

$$n=\frac{360^0}{\theta}-1==\frac{360^0}{90^0}-1=3\text{개}$$

16 □□□

간격이 d[m] 고 면적이 $S[\mathrm{m}^2]$인 평행판커페시터의 전극 사이에 유전율이 ϵ인 유전체를 넣고 전극 간에 V[V]의 전압을 가했을 때, 이 커패시터의 전극판을 떼어내는데 필요한 힘의 크기[N]는?

① $\dfrac{1}{2\epsilon}\dfrac{V^2}{d^2S}$　② $\dfrac{1}{2\epsilon}\dfrac{dV^2}{S}$

③ $\dfrac{1}{2}\epsilon\dfrac{V}{d}S$　④ $\dfrac{1}{2}\epsilon\dfrac{V^2}{d^2}S$

전극간 흡인력은 $F=fS$[N] 이므로 정리하면

$$F=\frac{1}{2}\epsilon E^2S=\frac{1}{2}\epsilon\left(\frac{V}{d}\right)^2S=\frac{1}{2}\frac{\epsilon V^2}{d^2}S\ [\mathrm{N}]$$

정답 13 ④ 14 ① 15 ② 16 ④

17 □□□

정전계 내 도체 표면에서 전계의 세기가

$E=\dfrac{a_x-2a_y+2a_x}{\epsilon_0}$ [V/m]일 때 도체 표면상의 전하 밀도 ρ_s $[C/m^2]$를 구하면? (단, 자유공간이다.)

① 1　　② 2
③ 3　　④ 5

전계의 크기

$E=\dfrac{a_x-2a_y+2a_x}{\epsilon_0}=\dfrac{1}{\epsilon_o}\sqrt{1^2+(-2^2)+2^2}$

$=\dfrac{3}{\epsilon_o}[V/m]$이므로

면전하밀도 $\rho_s=\epsilon_o E=\epsilon_o\times\dfrac{3}{\epsilon_o}=3\,[C/m^2]$

18 □□□

비투자율이 1000인 자성체 내에서의 평균 자계의 세기가 100[AT/m]일 때 자화의 세기는 약 몇 $[Wb/m^2]$인가?

① 0.18　　② 0.13
③ 0.15　　④ 0.16

$\mu_s=1000$, $H=100\,[AT/m]$ 이므로

$J=\mu_o(\mu_s-1)H=4\pi\times10^{-7}\times(1000-1)\times100$

$=0.13\,[Wb/m^2]$

19 □□□

$x>0$인 영역에 $\epsilon_1=3$인 유전체, $x<0$인 영역에 $\epsilon_2=5$인 유전체가 있다. 유전율 ϵ_2인 영역에서 전계가 $E_2=20\hat{x}+30\hat{y}-40\hat{z}[V/m]$일 때, 유전율 ϵ_1인 영역에서의 전계$E_1[V/m]$은? (단, $\hat{x}$, $\hat{y}$, $\hat{z}$는 단위벡터이다.)

① $\dfrac{100}{3}\hat{x}+30\hat{y}-40\hat{z}$　　② $100\hat{x}+10\hat{y}-40\hat{z}$
③ $20\hat{x}+90\hat{y}-40\hat{z}$　　④ $60\hat{x}+30\hat{y}-40\hat{z}$

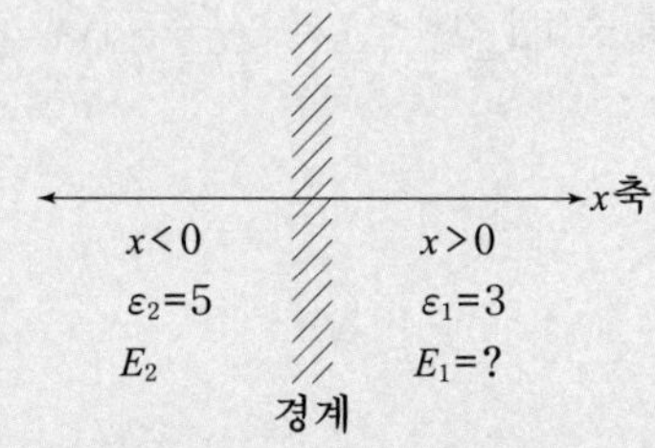

경계면에 수직성분이 x축이므로 전속밀도 서로 같으므로

$D_{x1}=D_{x2}$, $\epsilon_1 E_{x1}=\epsilon_2 E_{x2}$

$E_{x1}=\dfrac{\epsilon_2}{\epsilon_1}E_{x2}=\dfrac{5}{3}\times20\hat{x}=\dfrac{100}{3}\hat{x}$

경계면에 수평성분이 y축, z축이므로 전계가 서로 같으므로

$E_{y1}=E_{y2}=30\hat{y}$

$E_{z1}=E_{z2}=-40\hat{z}$

$E_1=E_{x1}+E_{y1}+E_{z1}=\dfrac{100}{3}\hat{x}+30\hat{y}-40\hat{z}\,[V/m]$

20 □□□

전기력선의 성질에 대한 설명으로 옳은 것은?

① 전기력선은 등전위면과 평행하다.
② 전기력선은 도체 표면과 직교한다.
③ 전기력선은 도체 내부에 존재할 수 있다.
④ 전기력선은 전위가 낮은 점에서 높은 점으로 향한다.

전기력선의 성질
① 전기력선은 등전위면과 직교(수직)한다.
② 전기력선은 도체 표면과 직교한다.
③ 전기력선은 도체 내부에 존재할 수 없다.
④ 전기력선은 전위가 높은 점에서 낮은 점으로 향한다.

정답 17 ③ 18 ② 19 ① 20 ②

2과목 : 전력공학

무료 동영상 강의 ▲

21 □□□

최소 동작전류 이상의 전류가 흐르면 한도를 넘은 양과는 상관없이 즉시 동작하는 계전기는?

① 순한시 계전기
② 반한시 계전기
③ 반한시정한시 계전기
④ 정한시 계전기

계전기의 한시특성
(1) 순한시 계전기 : 즉시 동작하는 계전기
(2) 정한시 계전기 : 정해진 시간에 동작하는 계전기
(3) 반한시 계전기 : 정정된 값 이상의 전류가 흐르면 동작하는 시간과 전류값이 반비례하여 동작하는 계전기
(4) 정한시-반한시 계전기 : 어느 전류값 까지는 반한시 계전기의 성질을 띠지만 그 이상의 전류가 흐르는 경우 정한시 계전기의 성질을 띠는 계전기

22 □□□

피뢰기의 직렬 갭(gap)의 작용으로 가장 옳은 것은?

① 이상전압의 진행파를 증가시킨다.
② 상용주파수의 전류를 방전시킨다.
③ 뇌전류 방전 시의 전위상승을 억제하여 절연파괴를 방지한다.
④ 이상전압이 내습하면 뇌전류를 방전하고, 상용주파수의 속류를 차단하는 역할을 한다.

피뢰기
피뢰기란 이상전압이 내습했을 때 뇌전류를 방전하고, 속류를 차단하며, 특성요소와 직렬갭으로 구성되어 있다. 이때 직렬갭은 뇌전류를 방전하고 속류를 차단하며 특성요소는 속류를 차단한다.

23 □□□

각 수용가의 수용률 및 수용가 사이의 부등률이 변화할 때 수용가 군 총합의 부하율에 대한 설명으로 옳은 것은?

① 부등률과 수용률에 모두 비례한다.
② 부등률과 수용률에 모두 반비례한다.
③ 부등률에 비례하고 수용률에 반비례한다.
④ 수용률에 비례하고 부등률에 반비례한다.

부하율, 수용률, 부등률 관계식

(1) $수용률 = \frac{최대전력}{설비용량}$

⇒ 여기서 최대전력 = 수용률 × 설비용량

(2) $부등률 = \frac{각각의 최대전력 합}{합성최대전력}$

⇒ $합성최대전력 = \frac{최대전력 합}{부등률}$

(3) $부하율 = \frac{평균전력}{최대전력} = \frac{평균전력}{\frac{최대전력합}{부등률}}$

$= \frac{평균전력}{\frac{설비용량 \times 수용률}{부등률}}$

$= \frac{평균전력 \times 부등률}{설비용량 \times 수용률} \propto \frac{부등률}{수용률}$

24 □□□

진공차단기의 특징에 적합하지 않은 것은?

① 차단시간이 짧고 차단성능이 회로 주파수의 영향을 받지 않는다.
② 화재위험이 거의 없다.
③ 동작 시 소음이 크지만 소호실의 보수가 거의 필요하지 않다.
④ 소형 경량이고 조작 기구가 간단하다.

진공차단기의 특징
㉠ 소형 경량이고 구조가 간단하다.
㉡ 불연성, 저소음(밀폐구조) 으로 수명이 길다.
㉢ 고속도 개폐가 가능하고 보수가 용이하다.
㉣ 차단성능이 우수하지만 동작시 높은 서지전압을 발생한다.
㉤ 화재위험이 거의 없다.

정답 21 ① 22 ④ 23 ③ 24 ③

25 □□□

송전선로의 각 상전압이 평형되어 있을 때 3상 1회선 송전선의 작용 정전용량 $[\mu F/km]$은? (단, r은 도체의 반지름[m], D는 도체의 등가 선간거리[m]이다)

① $\dfrac{0.2413}{\log_{10}\dfrac{D^2}{r}}$ ② $\dfrac{0.2413}{\log_{10}\dfrac{D}{r}}$

③ $\dfrac{0.02413}{\log_{10}\dfrac{D}{r}}$ ④ $\dfrac{0.02413}{\log_{10}\dfrac{D^2}{r}}$

작용 정전용량

$$C=\frac{0.02413}{\log_{10}\dfrac{D}{r}}[\mu F/km]$$

(여기서, D : 등가선간거리, r : 도체반지름)

26 □□□

그림과 같은 전력계통에서 A점에 설치된 차단기의 단락용량은 몇 [MVA]인가? (단, 각 기기의 리액턴스는 발전기 $G_1 = G_2 = 15[\%]$ (정격용량 15[MVA] 기준), 변압기 8[%](정격용량 20[MVA] 기준), 송전선 11[%](정격용량 10[MVA] 기준) 이며, 기타 다른 정수는 무시한다.)

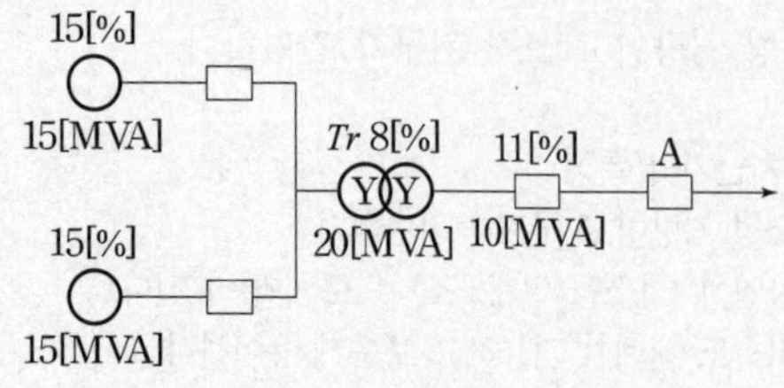

① 30 ② 20
③ 40 ④ 50

기준용량 $P_n = 20[MVA]$ 로 선정하고 $\%Z$를 기준용량으로 환산하면

① $\%Z_{g1} = \dfrac{20}{15} \times 15 = 20[\%]$

$\%Z_{g2} = \dfrac{20}{15} \times 15 = 20[\%]$

② $\%Z_t = 8[\%]$

③ $\%Z_l = \dfrac{20}{10} \times 11 = 22[\%]$

발전소 $\%Z_{g1}$ 과 $\%Z_{g2}$ 가 병렬연결이므로

합성 $\%Z = \dfrac{20}{2} = 10$

따라서, 선로, 변압기, 발전기의 고장점 까지의 합성 $\%Z = 10 + 8 + 22 = 40$ 에서

차단기 용량 $P_s = \dfrac{100}{40} \times 20 = 50[MVA]$

27 □□□

화력발전소의 위치를 선정할 때 고려하지 않아도 되는 것은?

① 바람이 불지 않도록 산으로 둘러싸여 있을 것
② 연료의 운반과 저장이 편리하며 지반이 견고할 것
③ 전력 수요지에 가까울 것
④ 값이 싸고 풍부한 용수와 냉각수를 얻을 수 있을 것

화력 발전소의 위치 선정 고려사항

(1) 값이 싸고 풍부한 용수와 냉각수를 얻을 수 있을 것
(2) 연료 반입, 반출이 용이할 것
(3) 지진, 지반 침하 우려 없는 곳
(4) 전력 수요지에 가까울 것
(5) 증설계획 여유 있는 곳

정답 25 ③ 26 ④ 27 ①

28 □□□

송전선로의 저항은 R, 리액턴스를 X라 할 때 성립되는 관계로 옳은 것은?

① R이 X보다 크다.
② R은 X와 같다.
③ R은 X의 1.6승에 비례한다.
④ R이 X보다 작다.

송전선로의 저항과 리액턴스 관계
일반적으로 선로의 리액턴스는 저항의 약 6배가 되므로 R < X의 관계가 성립된다.

29 □□□

154/22.9[kV], 40[MVA] 3상 변압기의 %리액턴스가 15%라면 고압축으로 환산한 리액턴스[Ω]는 약 얼마인가?

① 0.058　　② 8.9
③ 0.58　　④ 89

퍼센트 리액턴스

$\%X = \dfrac{XP}{10V^2}$ 가 되고, 식을 X에 관해서 정리하면

$X = \dfrac{\%X \times 10 \times V^2}{P}$ [Ω]

(여기서, V : 정격전압[kV], P : 정격용량[kVA])

$\therefore X = \dfrac{15 \times 10 \times 154^2}{40000} = 89$[Ω]

30 □□□

4단자 정수 A=D=0.8, B=j1.0인 3상 송전선로에 송전단전압 160[kV]를 인가할 때 무부하시 수전단 전압은 몇 [kV]인가?

① 154　　② 164
③ 184　　④ 200

무부하시 수전단 전압(E_R)
중거리 송전선로의 특성을 4단자 정수로 표현하면

$\begin{bmatrix} E_S \\ I_S \end{bmatrix} = \begin{bmatrix} A & B \\ C & D \end{bmatrix} \begin{bmatrix} E_R \\ I_R \end{bmatrix}$ 식에서

$E_S = AE_R + BI_R$, $I_S = CE_R + DI_R$이다.

이 때 $A = 0.8$, $E_S = 160$[kV],

무부하시 $I_R = 0$이므로

$\therefore E_R = \dfrac{1}{A} E_S = \dfrac{1}{0.8} \times 160 = 200$[kV]

31 □□□

1회선의 4단자 정수가 $\dot{A}$, $\dot{B}$, $\dot{C}$, $\dot{D}$인 3상 4회선 송전선의 합성 4단자 정수 A_o, B_o, C_o, D_o는?

① $\dot{A}_o = \dot{A}, \dot{B}_o = 4\dot{B}, \dot{C}_o = \dot{C}, \dot{D}_o = \dot{D}$

② $\dot{A}_o = \dot{A}, \dot{B}_o = \dfrac{1}{4}, \dot{C}_o = 4\dot{C}, \dot{D}_o = \dot{D}$

③ $\dot{A}_o = 4\dot{A}, \dot{B}_o = \dfrac{1}{4}\dot{B}, \dot{C}_o = 4\dot{C}, \dot{D}_o = 4\dot{D}$

④ $\dot{A}_o = 4\dot{A}, \dot{B}_o = 4\dot{B}, \dot{C}_o = \dfrac{1}{4}\dot{C}, \dot{D}_o = \dot{D}$

선로의 병렬접속
회선 수가 4회선이 되면 병렬 회로수가 4개 이므로 임피던스 성분인 B는 $\dfrac{1}{4}$배 가 되고, 어드미턴스 성분인 C는 4배가 된다. 전압비(A)와 전류비(D)는 변화가 없다.

정답 28 ④　29 ④　30 ④　31 ②

32 □□□

단상 2선식과 3상 3선식을 비교할 때, 전선 1가닥의 굵기의 비$\left(\frac{3상3선식}{단상2선식}\right)$는? (단, 송전전력, 송전거리, 전력손실 및 선간전압이 같다.)

① 2　　② $\sqrt{2}$
③ $\frac{1}{2}$　　④ $\frac{1}{\sqrt{2}}$

단상 2선식과 3상 3선식의 전선 1가닥의 굵기 비교
(1) 1상 2선식의 전력손실

$$P_{l1} = 2\times I^2R = 2\times\left(\frac{P}{V}\right)^2R_1 = \frac{2P^2}{V^2}R_1$$

(2) 3상 3선식의 전력손실

$$P_{l3} = 3\times I^2R = 3\times\left(\frac{P}{\sqrt{3}V}\right)^2R_3 = \frac{P^2}{V^2}R_3$$

전력손실이 같다고 하면 $\frac{2P^2\times R_1}{V^2} = \frac{P^2R_3}{V^2}$

$R=\frac{1}{A}$ 이므로 $\frac{A_3}{A_1}=\frac{1}{2}$가 된다.

33 □□□

송전선로에 가공지선을 설치하는 목적은?

① 뇌에 대한 차폐　　② 코로나 방지
③ 미관상 필요　　④ 선로정수의 평형

가공지선
가공지선은 직격뢰 및 유도뢰 차폐를 목적으로 시설되며, 정전차폐 및 전자차폐 효과도 있어서 통신선의 유도장해를 경감시킨다.

34 □□□

파이럿 와이어(Pilot wire) 계전방식에 대한 설명으로 틀린 것은?

① 보통 산간벽지에 부설되는 장거리 송전선로 구간에만 사용된다.
② 표시선을 송전선에 평행 되도록 설치한다.
③ 고장점 위치에 관계없이 양단을 동시에 고속차단 한다.
④ 차동 계전방식과 같은 원리이다.

표시선 계전방식(= 파일러 와이어 계전방식)
송전선 양단에 CT를 설치하여 표시선 계전기에 전류를 흘리면 보호구간 내에서 사고가 발생시 동작코일에 전류를 흐르도록 하여 동작하는 계전기로서 송전선로에서 단락 및 계통 탈조 보호용으로 사용된다.
∴ 특징 및 종류
(1) 신호선으로 연피 케이블을 사용
(2) 고장점의 위치에 관계없이 양단을 동시에 고속도 차단한다.
(3) 종류 : 방향비교방식, 전압반향방식, 전류순환방식
(4) 송전선에 평행되도록 표시선을 설치하여 양단을 연락케 한다.
(5) 단거리 송전선로에 사용

35 □□□

한류리액터의 사용 목적은?

① 누설전류의 제한
② 단락전류의 제한
③ 접지전류의 제한
④ 이상전압 발생의 방지

리액터 종류

리액터종류	역할
한류리액터	단락전류 제한
분로리액터	페란티현상 방지
직렬리액터	제 5고조파 제거
소호리액터	지락아크 소멸

정답 32 ③ 33 ① 34 ① 35 ②

36 □□□

송전선로에서 고조파 제거방법이 아닌 것은?

① 무효전력 보상장치를 설치한다.
② 유도전압 조정장치를 설치한다.
③ 능동형 필터를 설치한다.
④ 변압기를 △결선한다.

고조파의 경감대책
(1) 변압기의 △결선 : 제3 고조파 제거
(2) 직렬리액터 : 제5 고조파 제거
(3) 능동형 필터설치
(4) 무효전력 보상장치 : 콘덴서, 직렬리액터 용량 변경

38 □□□

다음 중 코로나 임계전압에 직접 관계가 없는 것은?

① 선간 거리　② 기상조건
③ 전선의 굵기　④ 애자의 강도

코로나임계전압

$$E_0 = 24.3 m_0 m_1 \delta d \log_{10}\frac{D}{r}[\text{kV}]$$

여기서, E_0 : 코로나 임계전압[kV]
m_0 : 전선의 표면 계수
m_1 : 날씨 계수
δ : 상대공기밀도 $\delta = \frac{0.386 \times b(\text{기압})}{273 + t(\text{온도})}$
d : 전선의 지름 [cm]
r : 전선의 반지름 [cm]
D : 선간 거리 [cm]
b : 기압 [mmHg], t : 기온 [℃]

37 □□□

계통 연계의 이점이 아닌 것은?

① 고장 시 단락용량이 줄어든다.
② 공급 예비력이 절감된다.
③ 부하율이 향상된다.
④ 공급 신뢰도가 증대된다.

계통연계
전력계통 상호간에 전력의 융통성을 행하기 위하여 송전선로, 변압기 등의 전력설비에 의한 상호 연결되는 것을 말한다.
∴ 연계 특징
(1) 배후 전력이 커져서 단락용량이 증가한다.
(2) 유도장해 발생률이 높다.
(3) 경제적인 전력 배분이 가능하며, 공급 예비전력이 절감된다.
(4) 안정된 주파수 유지가 가능하고 공급 신뢰도가 향상된다.
(5) 전력의 융통성이 향상되어 설비용량이 저감된다.
(6) 첨두부하가 시간대마다 다르므로 부하율이 향상된다.
(7) 사고시 파급효과가 크다.

39 □□□

그림과 같은 열 사이클로 가장 알맞은 것은?

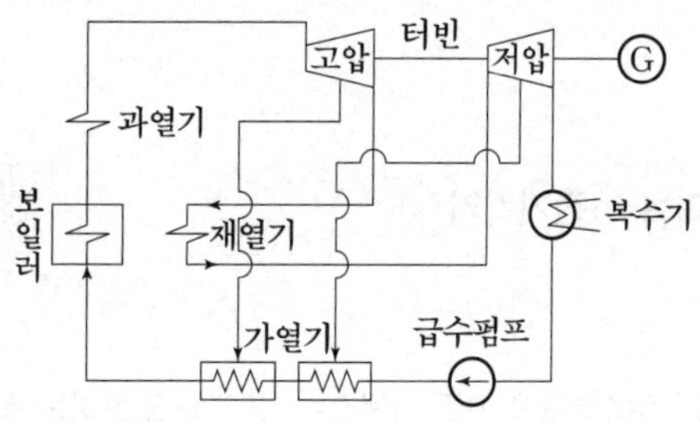

① 재열 사이클
② 재생 사이클
③ 기본 사이클
④ 재열 재생 사이클

열 사이클
㉠ 재생 사이클 : 증기터빈에서 팽창 도중에 있는 증기를 일부 추기하여 급수가열에 이용하여 열효율을 증가시키는 열사이클
㉡ 재열 사이클 : 고압터빈에서 나온 증기를 모두 추기하여 보일러의 재열기로 보내어 다시 열을 가해 저압터빈으로 보내는 방식이다.
㉢ 재생·재열사이클 : 재생사이클과 재열사이클을 복합시킨 열효율이 가장 높은 열사이클

정답 36 ② 37 ① 38 ④ 39 ④

40 □□□

6.6[kV] 고압 배전선로(비접지 선로)에서 지락보호를 위하여 특별히 필요하지 않는 것은?

① 영상 변류기(ZCT)
② 과전류 계전기(OCR)
③ 선택 접지 계전기(SGR)
④ 접지 변압기(GPT)

지락보호 계전기
선로의 지락 사고시 GPT(접지형 계기용변압기)를 시설하고 2차측에 OVGR을 부착하여 영상 전압을 검출하고, ZCT(영상변류기) 2차측에 DGR이나 SGR을 접속하여 영상 전류를 검출한다.

3과목 : 전기기기

무료 동영상 강의 ▲

41 □□□

변압기 여자회로의 어드미턴스 Y_0[℧]를 표현하는 식은? (단, I_0는 여자전류, I_i는 철손전류, I_ϕ는 자화전류, g_0는 여자 콘덕턴스, V_1는 인가전압이다.)

① $Y_0 = \dfrac{g_0}{V_1}$　　② $Y_0 = \dfrac{I_0}{V_1}$
③ $Y_0 = \dfrac{I_1}{V_1}$　　④ $Y_0 = \dfrac{I_2}{V_1}$

여자전류
$I_0 = Y_0 V_1 = \sqrt{I_i^2 + I_\phi^2} = \sqrt{(g_0 V_1)^2 + I_\phi^2}$ [A] 식에서
$\therefore\ Y_0 = \dfrac{I_0}{V_1}$ [℧]

42 □□□

60[Hz], 6극의 3상 권선형 유도전동기가 있다. 이 전동기의 정격 부하시 회전수는 1140[rpm]이다. 이 전동기를 같은 공급전압에서 전부하 토크로 기동하기 위해 한 상당 몇 [Ω]의 외부저항이 필요한가? (단, 회전자 권선은 Y결선이며 슬립링 간의 저항은 0.1[Ω] 이다.)

① 0.5　　② 0.7
③ 0.85　　④ 0.95

유도전동기의 외부저항(R)
$N_s = \dfrac{120f}{p}$ [rpm], $s = \dfrac{N_s - N}{N_s}$,
$R = \left(\dfrac{1}{s} - 1\right) r_2$ [Ω] 식에서
$f = 60$ [Hz], $p = 6$, $n = 1140$ [rpm],
$r_2 = \dfrac{0.1}{2} = 0.05$ [Ω] 이므로
$N_s = \dfrac{120f}{p} = \dfrac{120 \times 60}{6} = 1200$ [rpm],
$s = \dfrac{N_s - N}{N_s} = \dfrac{1200 - 1140}{1200} = 0.05$,
$\therefore\ R = \left(\dfrac{1}{s} - 1\right) r_2 = \left(\dfrac{1}{0.05} - 1\right) \times 0.05 = 0.95$ [Ω]

43 □□□

2대의 동기발전기를 병렬운전 중 한 쪽 동기발전기의 계자전류를 증가시켜 유도기전력을 크게 하면 어떤 현상이 나타나는가?

① 두 발전기의 역률이 모두 낮아진다.
② 주파수가 변화되어 위상각이 달라진다.
③ 속도조정률이 변한다.
④ 무효순환전류가 흐른다.

동기발전기의 병렬운전 중 기전력의 크기가 다른 경우

구분	내용
원인	각 발전기의 여자전류가 다르기 때문이다.
현상	(1) 무효순환전류(무효횡류)가 흐른다. (2) 저항손이 증가되어 전기자 권선을 과열시킨다. (3) 여자전류가 큰 쪽의 발전기는 지상전류가 흐르고 역률이 저하한다. (4) 여자전류가 작은 쪽의 발전기는 진상전류가 흐르고 역률이 좋아진다.

정답 40 ② 41 ② 42 ④ 43 ④

44 □□□

동기기의 안정도를 향상시키는 방법으로 틀린 것은?

① 관성모멘트를 크게 한다.
② 동기임피던스를 크게 한다.
③ 단락비를 크게 한다.
④ 속응여자방식으로 한다.

동기기의 안정도 개선책
(1) 단락비를 크게 한다.
(2) 관성 모멘트를 크게 한다.
(3) 조속기 성능을 개선한다.
(4) 속응여자방식을 채용한다.
(5) 동기 리액턴스를 작게 한다.

45 □□□

단상 단권변압기 3대를 Y결선으로 해서 3상 전압 3000[V]를 300[V] 승압하여 3300[V]로 하고, 150[kVA]를 송전하려고 한다. 이 경우에 단상 단권변압기 1대의 저압측 전압, 승압전압 및 Y결선의 3상 자기용량은 얼마인가?

① 3,000[V], 300[V], 13.62[kVA]
② 3,000[V], 300[V], 4.54[kVA]
③ 1,732[V], 173.2[V], 13.62[kVA]
④ 1,732[V], 173.2[V], 4.54[kVA]

Y결선 단권변압기의 특징
$V_L = 3,000\,[\mathrm{V}]$, $e = 300\,[\mathrm{V}]$, $V_H = 3,300\,[\mathrm{V}]$,
$P = 150\,[\mathrm{kVA}]$일 때
단상 단권변압기의 저전압측 전압 E_L, 승압전압 e', 자기용량은

$$E_L = \frac{V_L}{\sqrt{3}} = \frac{3,000}{\sqrt{3}} = 1,732\,[\mathrm{V}],$$

$$e' = \frac{e}{\sqrt{3}} = \frac{300}{\sqrt{3}} = 173.2\,[\mathrm{V}],$$

$$\text{자기용량} = \frac{V_H - V_L}{V_H} \times \text{부하용량}$$

$$= \frac{3,300 - 3,000}{3,300} \times 150 = 13.62\,[\mathrm{kVA}]$$

46 □□□

다음 그림 기호가 나타내는 반도체 소자의 명칭은?

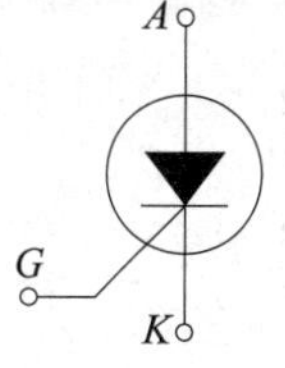

① SSS
② PUT
③ SCR
④ DIAC

SCR(silicon controlled rectifier)
SCR은 반도체 사이리스터의 종류 중 하나로서 양극 애노드(A), 음극 캐소드(K), 그리고 턴온 단자 게이트(G)의 3단자로 이루어진 역방향 저지 단일방향성 소자이다. SCR은 정류작용 및 스위칭작용 외에 교류, 직류 전압 제어 및 대전력 제어에 사용되는 전력용 반도체 소자로 많이 사용되고 있다.

참고 SSS와 DIAC
SSS와 DIAC은 2단자로 구성된 양방향성 사이리스터의 종류이다.

47 □□□

다음은 3상 반파 정류회로와 3상 전파 정류회로를 비교 설명한 것이다. 틀린 것은?

① 3상 반파 정류회로는 3상 전파 정류회로에 비해 출력전압 평균값을 높게 할 수 있다.
② 3상 반파 정류회로의 회로구조는 3상 전파 정류회로와 비교하여 간단하다.
③ 3상 반파 정류회로는 변압기 철심의 포화를 일으키기 쉽다.
④ 3상 전파 정류회로는 3상 반파 정류회로에 비해 출력전압 파형의 리플성분을 감소시킨다.

3상 반파 정류회로와 3상 전파 정류회로의 비교

구분	공식	리플율
3상 반파 정류회로	$E_{d\alpha} = 1.17E\cos\alpha\,[\mathrm{V}]$	17[%]
3상 전파 정류회로	$E_{d\alpha} = 2.34E\cos\alpha\,[\mathrm{V}]$	4[%]

정답 44 ② 45 ③ 46 ③ 47 ①

48 □□□

직류기에서 기계각의 극수가 P인 경우 기계각을 올바르게 나타낸 것은?

① 전기각 $\times \dfrac{2}{P}$　　② 전기각 $\times 2P$

③ 전기각 $\times \dfrac{3}{P}$　　④ 전기각 $\times 3P$

전기각과 기계각
유도전동기의 회전자 권선이 기계적으로 이동한 실제각을 기계각이라 하며 계자극의 수를 p라 할 때 기계각을 전기각으로 환산하면 기계각의 $\dfrac{p}{2}$배로 된다.

전기각$=\dfrac{p}{2}\times$기계각 식에서

$\therefore$ 기계각$=$전기각$\times\dfrac{2}{p}$

49 □□□

직류 복권발전기의 병렬운전에 필요한 것은?

① 보상권선　　② 편조선
③ 균압선　　④ 브러시의 이동

직류발전기의 병렬운전 조건
(1) 극성이 일치할 것.
(2) 단자전압(또는 정격전압)이 일치할 것.
(3) 외부특성이 수하특성을 가질 것.
(4) 직권발전기와 과복권발전기에는 균압모선을 설치하여 운전을 안정하게 한다.

50 □□□

직류발전기의 외부특성곡선의 횡축과 종축은 각각 무엇을 나타내는가?

① 계자전류와 유기기전력
② 계자전류와 단자전압
③ 부하전류와 단자전압
④ 부하전류와 유기기전력

직류발전기의 특성곡선
(1) 무부하 포화곡선 : 횡축에 계자전류, 종축에 유기기전력을 취해서 그리는 특성곡선
(2) 부하 포화곡선 : 횡축에 계자전류, 종축에 단자전압을 취해서 그리는 특성곡선
(3) 외부특성곡선 : 횡축에 부하전류, 종축에 단자전압을 취해서 그리는 특성곡선
(4) 계자조정곡선 : 횡축에 부하전류, 종축에 계자전류를 취해서 그리는 특성곡선

51 □□□

단상변압기를 병렬운전하는 경우 부하전류의 분담은 무엇에 관계되는가?

① 누설 임피던스에 비례한다.
② 누설 임피던스에 반비례한다.
③ 누설 리액턴스의 제곱에 반비례한다.
④ 누설 리액턴스에 비례한다.

변압기의 부하 분담 조건
(1) 분담 전류는 용량에 비례할 것
(2) 분담 전류는 누설 임피던스 또는 %누설 임피던스에 반비례할 것
(3) 분담 전류는 누설 리액턴스 또는 %누설 리액턴스에 반비례할 것
(4) 분담 전류는 각 변압기를 과여자 시키지 아니할 것

정답 48 ① 49 ③ 50 ③ 51 ②

52 □□□

원통형 회전자를 가진 동기발전기는 부하각 δ가 몇 도일 때 최대출력을 낼 수 있는가?

① 90°　② 0°
③ 60°　④ 30°

동기기의 최대출력 부하각

구분	최대출력 부하각
비돌극형 (원통형 회전자)	$P_1 = \frac{VE}{x_s}\sin\delta$[W] 식에서 $\sin\delta = 1$이기 위한 90°일 때 최대출력을 갖는다.
돌극형	기본파와 자기저항 출력에 의한 제2고조파의 합성에 의해 60° 부근에서 최대출력을 갖는다.

53 □□□

정격용량 10000[kVA], 정격전압 6000[V], 극수 12, 주파수 60[Hz], 1상의 동기 임피던스가 2[Ω]인 3상 동기발전기가 있다. 이 발전기의 단락비는 얼마인가?

① 1.0　② 1.2
③ 1.4　④ 1.8

단락비(K_s)

$\%Z_s = \frac{100}{K_s} = \frac{P[\text{kVA}]\cdot Z_s[\Omega]}{10\{V[\text{kV}]\}^2}$ [%] 식에서

$P = 10000$ [kVA], $V = 6$ [kV], $f = 60$ [Hz], $p = 12$, $Z_s = 2$ [Ω] 이므로

$\therefore K_s = \frac{1{,}000\{V[\text{kV}]\}^2}{P[\text{kVA}]\cdot Z_s[\Omega]} = \frac{1000\times 6^2}{10000\times 2} = 1.8$

54 □□□

변압기 권선의 상간 단락보호에 가장 적합한 계전기는?

① 온도계전기　② 충격유압계전기
③ 비율차동계전기　④ 지락계전기

변압기의 보호계전기의 종류 및 특징

종류	특징
온도계전기	절연유의 열화 등에 의해 변압기 내부온도가 정정치 이상으로 상승하는 경우 동작하는 계전기이다.
충격압력계전기	변압기 내부의 가스압력과 계전기실 내의 가스압력 차에 의해서 동작하는 계전기이다.
비율차동계전기	변압기 내부 상간 단락에 의한 입력전류와 출력전류간의 차전류를 검출하여 동작하는 계전기이다.

참고 지락계전기는 변압기 내부고장 보호계전기로 사용되지 않는다.

55 □□□

75[W] 이하의 소출력 단상 직권정류자 전동기의 용도로 적합하지 않은 것은?

① 믹서　② 소형공구
③ 공작기계　④ 치과의료용

단상 직권정류자 전동기의 특징

구조는 직류 직권전동기와 같이 전기자와 계자가 직렬로 접속된 교류 정류자 전동기로서 75[W] 이하의 가정용 재봉틀, 소형공구, 치과의료용, 믹서 등에 사용하고 있으며 교류와 직류 양용 전동기, 또는 만능 전동기라고도 한다.

정답 52 ① 53 ④ 54 ③ 55 ③

56 □□□

2전동기이론(two motor theory)에 의하여 단상 유도전동기의 가상적 2개의 회전자 중 정방향에 회전하는 회전자 슬립이 s이면 역방향에 회전하는 가상적 회전자의 슬립은 어떻게 표시되는가?

① $2-s$　② $1+s$
③ $1-s$　④ $3-s$

단상 유도전동기의 2전동기설
(1) 1차 권선(고정자 권선)에 교번자계가 발생한다.
(2) 2차 권선(회전자 권선)에 1차 권선의 자계와 반대방향의 교번자계가 발생한다.
(3) 회전자계는 시계방향과 반시계방향의 두 개의 회전자계가 있고 이로 인해 기동토크가 0이다.
(4) 정방향 회전자계의 슬립을 s라 할 때 역방향 회전자계의 슬립은 $2-s$이다.
(5) 2차 권선 중에는 sf_1과 $(2-s)f_1$ 주파수가 존재한다.

57 □□□

4극, 중권, 총 도체수 500, 1극의 자속수가 0.01 [Wb]인 직류발전기가 100[V]의 기전력을 발생시키는데 필요한 회전수는 몇 [rpm]인가?

① 1,000　② 1,200
③ 1,600　④ 2,000

직류발전기의 유기기전력

$E=\dfrac{pZ\phi N}{60a}$ [V] 식에서

$p=4$, $a=p=4$(중권), $Z=500$, $\phi=0.01$ [Wb], $E=100$ [V] 이므로

$\therefore N=\dfrac{60aE}{pZ\phi}=\dfrac{60\times4\times100}{4\times500\times0.01}=1{,}200$ [rpm]

58 □□□

단상 유도전동기 중 기동 토크가 가장 큰 것은?

① 반발 기동형　② 커패시터 기동형
③ 셰이딩 코일형　④ 분상 기동형

단상유도전동기의 기동법(기동토크 순서)
반발 기동형 > 반발 유도형 > 콘덴서 기동형 > 분상 기동형 > 셰이딩 코일형

59 □□□

회전자 동기각속도 ω_0, 회전자 각속도 ω인 유도 전동기의 2차 효율은?

① $\dfrac{\omega_0-\omega}{\omega}$　② $\dfrac{\omega_0}{\omega}$
③ $\dfrac{\omega}{\omega_0}$　④ $\dfrac{\omega-\omega_0}{\omega_0}$

유도전동기의 2차 효율

$\therefore \eta_2=\dfrac{P}{P_2}=1-s=\dfrac{N}{N_s}=\dfrac{\omega}{\omega_0}$

60 □□□

10[kVA], 2000/100[V] 변압기에서 1차측으로 환산한 등가 임피던스는 $6.2+j7$ [Ω]이다. 이 변압기의 %리액턴스 강하는?

① 0.35　② 1.75
③ 0.175　④ 3.5

%리액턴스 강하

$q=\dfrac{I_2x_2}{V_2}\times100=\dfrac{I_1x_{12}}{V_1}\times100$ [%] 식에서

$Z_{12}=r_{12}+jx_{12}=6.2+j7$ [Ω]일 때

$P_n=10$ [kVA], $a=\dfrac{V_1}{V_2}=\dfrac{2{,}000}{100}$, $r_{12}=6.2$ [Ω],

$x_{12}=7$ [Ω] 이므로

$I_1=\dfrac{P_n}{V_1}=\dfrac{10\times10^3}{2{,}000}=5$ [A]를 대입하여 풀면

$\therefore q=\dfrac{I_1x_{12}}{V_1}\times100=\dfrac{5\times7}{2{,}000}\times100=1.75$ [%]

정답 56 ① 57 ② 58 ① 59 ③ 60 ②

4과목 : 회로이론 및 제어공학

무료 동영상 강의 ▲

61 □□□

분포정수회로에 있어서 선로의 단위 길이당 저항이 100 [Ω/m], 인덕턴스가 200[mH/m], 누설컨덕턴스가 0.5 [℧/m]일 때 일그러짐이 없는 조건(무왜형 조건)을 만족하기 위한 단위 길이당 커패시턴스는 몇 [μF/m]인가?

① 0.001 ② 0.1
③ 10 ④ 1,000

무왜형 선로조건

$LG = RC$ 식에서

$R = 100\,[\Omega/\text{m}]$, $L = 200\,[\text{mH/m}]$,

$G = 0.5\,[℧/\text{m}]$일 때

$$\therefore\ C = \frac{LG}{R} = \frac{200\times10^{-3}\times0.5}{100} = 10^{-3}\,[\text{F/m}] = 1{,}000\,[\mu\text{F/m}]$$

62 □□□

상의 순서가 $a-b-c$인 불평형 3상 전압이 $V_a = 9+j6$ [V], $V_b = -13-j15$ [V], $V_c = -3+j4$ [V]일 때 영상분 전압(V_0)는 약 몇 [V]인가?

① $0.18+j6.72$
② $-2.33-j1.67$
③ $-7+j5$
④ $11.15+j0.95$

영상분 전압(V_0)

$$\therefore\ V_0 = \frac{1}{3}(V_a+V_b+V_c) = \frac{1}{3}(9+j6-13-j15-3+j4) = -2.33-j1.67\,[\text{A}]$$

63 □□□

다음의 회로에서 저항 20[Ω]에 흐르는 전류는?

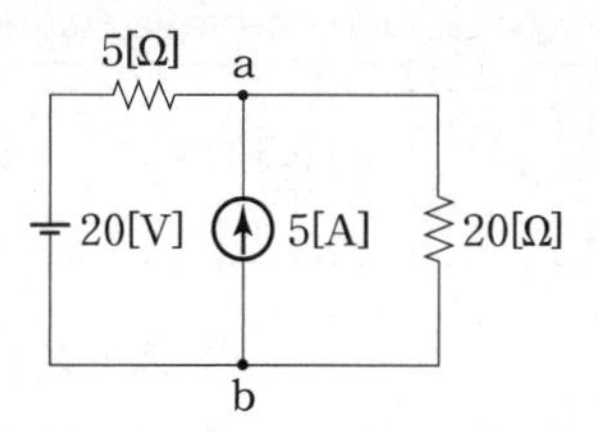

① 0.4[A] ② 1.8[A]
③ 3.9[A] ④ 5.4[A]

중첩의 원리

(1) 전압원을 단락한 경우

$$I_1 = \frac{5}{5+20}\times5 = 1\,[\text{A}]$$

(2) 전류원을 개방한 경우

$$I_2 = \frac{20}{5+20} = 0.8\,[\text{A}]$$

전류 I_1과 I_2의 방향이 같으므로

$$\therefore\ I = I_1 + I_2 = 1+0.8 = 1.8\,[\text{A}]$$

별해 밀만의 정리를 이용할 경우 20[Ω] 저항의 단자 전압 V_{ab}는

$$V_{ab} = \frac{\frac{20}{5}+5}{\frac{1}{5}+\frac{1}{20}} = 36\,[\text{V}]$$ 이므로

$$\therefore\ I = \frac{V_{ab}}{20} = \frac{36}{20} = 1.8\,[\text{A}]$$

정답 61 ④ 62 ② 63 ②

64 □□□

그림과 같은 T형 4단자 회로의 임피던스 파라미터 Z_{22}는?

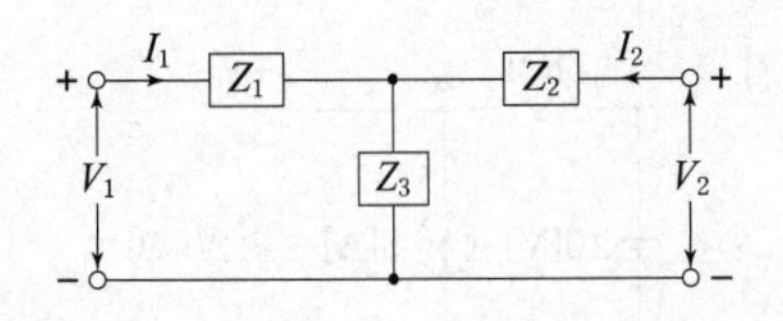

① Z_1+Z_3 ② Z_2+Z_3
③ Z_3 ④ Z_1+Z_2

T형과 L형 회로망의 임피던스 파라미터

회로망 / Z 행렬	T형 (Z_1, Z_2, Z_3)	L형 (Z_1, Z_2)	L형 (Z_1, Z_2)
Z_{11}	Z_1+Z_3	Z_1+Z_2	Z_1
$Z_{12}=Z_{21}$	Z_3	Z_2	Z_1
Z_{22}	Z_2+Z_3	Z_2	Z_1+Z_2

65 □□□

3상 평형회로에 Y결선의 부하가 연결되어 있고, 부하에서의 선간전압이 $V_{ab}=100\sqrt{3}\angle 0°$ [V] 일 때 선전류가 $I_a=20\angle -90°$ [A]이었다. 이 부하의 한 상의 임피던스 $[\Omega]$는? (단, 3상 전압의 상순은 $a-b-c$ 이다.)

① $5\sqrt{3}\angle 30°$ ② $5\angle 60°$
③ $5\angle 30°$ ④ $5\sqrt{3}\angle 60°$

Y결선의 특징

3상 Y결선에서 선간전압(V_L)과 상전압(V_P)과의 관계는 $V_L=\sqrt{3}\,V_P\angle +30°$ [V] 이므로

$V_a=\dfrac{V_{ab}}{\sqrt{3}}\angle -30°$ [V]일 때

$V_a=\dfrac{100\sqrt{3}}{\sqrt{3}}\angle -30°=100\angle -30°$ [V]이다.

$Z_a=\dfrac{V_a}{I_a}$ $[\Omega]$ 식에서

$\therefore Z_a=\dfrac{V_a}{I_a}=\dfrac{100\angle -30°}{20\angle -90°}=5\angle 60°\ [\Omega]$

66 □□□

$R=8[\Omega]$, $\omega L=6[\Omega]$인 직렬회로에 비정현파 전압 $v(t)=200\sqrt{2}\sin\omega t+100\sqrt{2}\sin 3\omega t$ [V]를 가했을 때 이 회로에서 소비되는 평균전력은 약 몇 [W]인가?

① 3406 ② 2498
③ 1703 ④ 6812

비정현파의 소비전력

$P=\dfrac{V_1^2 R}{R^2+(\omega L)^2}+\dfrac{V_3^2 R}{R^2+(3\omega L)^2}$ [W] 식에서

$V_1=200$ [V], $V_3=100$ [V] 이므로

$$\therefore P=\frac{V_1^2 R}{R^2+(\omega L)^2}+\frac{V_3^2 R}{R^2+(3\omega L)^2}\ [\text{W}]$$
$$=\frac{200^2\times 8}{8^2+6^2}+\frac{100^2\times 8}{8^2+(3\times 6)^2}$$
$$=3406\ [\text{W}]$$

67 □□□

회로에서 $I_1=2e^{-j\frac{\pi}{6}}$ [A], $I_2=5e^{j\frac{\pi}{6}}$ [A], $I_3=5$ [A], $Z_3=1[\Omega]$일 때 부하(Z_1, Z_2, Z_3) 전체에 대한 복소전력은 약 몇 [VA]인가?

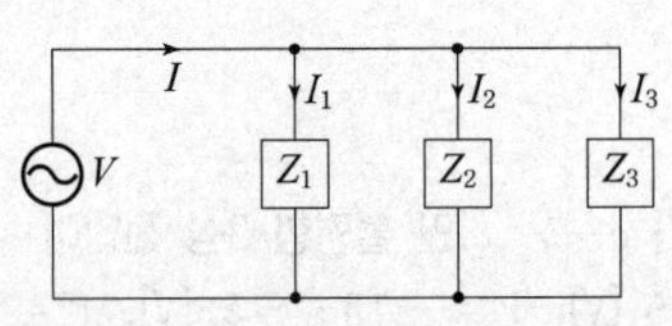

① $45+j26$ ② $45-j26$
③ $55.3+j7.5$ ④ $55.3-j7.5$

복소전력

병렬회로에서는 전압이 일정하므로 전원전압 V는

$V=Z_3 I_3=1\times 5=5$ [V]이다.

$I=I_1+I_2+I_3=2\angle -30°+5\angle 30°+5$

$=11.06+j1.5$ [A] 이므로

$\therefore S=V\overline{I}=5\times(11.06-j1.5)=55.3-j7.5$ [VA]

참고 공액복소수 또는 켤레복소수

공액복소수란 복소수의 허수부의 부호를 반대로 표현하는 복소수를 의미하므로

전류 $I=11.06+j1.5$ [A]의 공액복소수는

$\therefore \overline{I}=11.06-j1.5$ [A]이다.

정답 64 ② 65 ② 66 ① 67 ④

68 □□□

$f(t) = \sin(\omega t + \theta)$ 의 라플라스 변환은?

① $\dfrac{\omega\cos\theta}{s^2+\omega^2}$　　② $\dfrac{s\cos\theta + \omega\sin\theta}{s^2+\omega^2}$

③ $\dfrac{\omega\sin\theta}{s^2+\omega^2}$　　④ $\dfrac{\omega\cos\theta + s\sin\theta}{s^2+\omega^2}$

삼각함수의 라플라스 변환

$\sin(\omega t+\theta) = \sin\omega t\cos\theta + \cos\omega t\sin\theta$ 이므로

$$\therefore \mathcal{L}[\sin(\omega t+\theta)] = \frac{\omega\cos\theta}{s^2+\omega^2} + \frac{s\sin\theta}{s^2+\omega^2} = \frac{\omega\cos\theta + s\sin\theta}{s^2+\omega^2}$$

참고 삼각함수와 관련된 라플라스 변환

$f(t)$	$F(s)$
$\sin t\cos t$	$\dfrac{1}{s^2+4}$
$\sin t + 2\cos t$	$\dfrac{2s+1}{s^2+1}$
$t\sin\omega t$	$\dfrac{2\omega s}{(s^2+\omega^2)^2}$
$\sin(\omega t+\theta)$	$\dfrac{\omega\cos\theta + s\sin\theta}{s^2+\omega^2}$

69 □□□

RL 직렬회로에서 시정수가 0.03[s], 저항이 14.7[Ω]일 때 이 회로의 인덕턴스[mH]는?

① 441　　② 362
③ 2.53　　④ 17.6

R-L 과도현상의 시정수

$\tau = \dfrac{L}{R}$ [sec] 식에서

$\tau = 0.03$ [sec], $R = 14.7$ [Ω] 이므로

$\therefore L = \tau R = 0.03 \times 14.7 = 0.441$ [H] $= 441$ [mH]

70 □□□

6[Ω]과 2[Ω]의 저항 3개를 그림과 같이 연결하였을 때 a,b 사이의 합성저항은 몇 [Ω]인가?

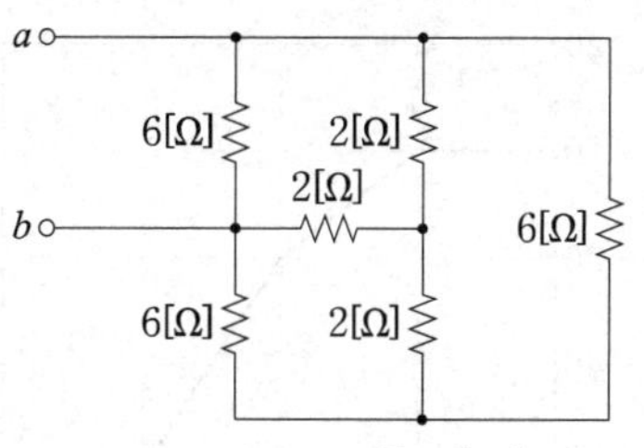

① 1[Ω]　　② 2[Ω]
③ 3[Ω]　　④ 4[Ω]

Y-Δ 결선의 상호 변환 관계

저항 6[Ω]의 Δ결선을 Y결선으로 변환하면 $\dfrac{1}{3}$ 배로 감소되어 2[Ω]으로 바뀌게 되고 등가회로는 다음과 같다.

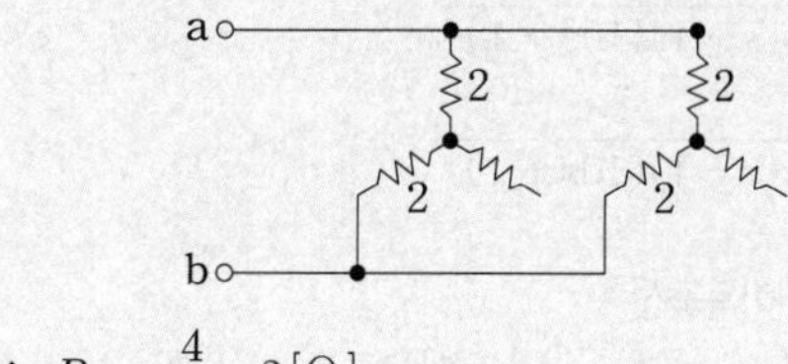

$\therefore R_{ab} = \dfrac{4}{2} = 2$ [Ω]

71 □□□

$Y = \overline{A}\,\overline{B}\,\overline{C} + \overline{A}\,\overline{B}C + \overline{A}BC + \overline{A}B\overline{C}$ 의 논리식을 간략화하면?

① A　　② $\overline{B}$
③ $\overline{A}$　　④ B

불대수를 이용한 논리식의 간소화

$$Y = \overline{A}\,\overline{B}\,\overline{C} + \overline{A}\,\overline{B}C + \overline{A}BC + \overline{A}B\overline{C}$$
$$= \overline{A}\,\overline{B}(\overline{C}+C) + \overline{A}B(C+\overline{C}) = \overline{A}\,\overline{B} + \overline{A}B$$
$$= \overline{A}(B+\overline{B}) = \overline{A}$$

참고 불대수

$B+\overline{B}=1$, $C+\overline{C}=1$

정답 68 ④ 69 ① 70 ② 71 ③

72 □□□

그림과 같은 보드선도의 이득선도를 갖는 제어시스템의 전달함수는?

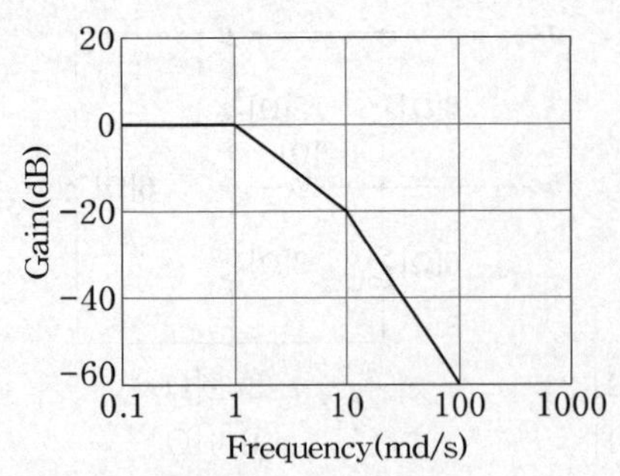

① $G(s)=\dfrac{100}{(s+1)(s+10)}$

② $G(s)=\dfrac{10}{(s+1)(s+10)}$

③ $G(s)=\dfrac{10}{(s+1)(10s+1)}$

④ $G(s)=\dfrac{1}{(s+1)(10s+1)}$

보드선도의 이득곡선

절점주파수는 $\omega=1,\ \omega=10$ 이므로

$G(s)=\dfrac{K}{(s+1)(s+10)}$ 임을 알 수 있다.

이득곡선의 구간을 세 구간으로 구분할 수 있다.

$\omega<1$인 구간, $1<\omega<10$인 구간, $\omega>10$인 구간일 때 각각의 이득과 기울기는

㉠ $\omega<1$인 구간

$g=20\log|G(j\omega)|=0$ [dB] 이므로

$G(j\omega)=1$ 이며

$G(j\omega)=\left|\dfrac{K}{(1+j\omega)(10+j\omega)}\right|_{\omega<1}=\dfrac{K}{10}$ 에서

$K=10$임을 알 수 있다.

㉡ $1<\omega<10$인 구간

$g=20\log|G(j\omega)|=-20$ [dB/dec] 이므로

$G(j\omega)=\dfrac{1}{\omega}$ 이며

$G(j\omega)=\left|\dfrac{10}{(1+j\omega)(10+j\omega)}\right|_{1<\omega<10}$

$=\dfrac{10}{10\omega}=\dfrac{1}{\omega}$

㉢ $\omega>10$인 구간

$g=20\log|G(j\omega)|=-40$ [dB/dec] 이므로

$G(j\omega)=\dfrac{1}{\omega^2}$ 이며

$G(j\omega)=\left|\dfrac{10}{(1+j\omega)(1+j10\omega)}\right|_{10<\omega}$

$=\dfrac{10}{10\omega^2}=\dfrac{1}{\omega^2}$

$\therefore\ G(s)=\dfrac{10}{(s+1)(s+10)}$

73 □□□

다음의 상태방정식으로 표현되는 시스템의 상태천이 행렬은?

$$\begin{bmatrix}\dfrac{d}{dt}x_1\\ \dfrac{d}{dt}x_2\end{bmatrix}=\begin{bmatrix}0 & 1\\ -3 & -4\end{bmatrix}\begin{bmatrix}x_1\\ x_2\end{bmatrix}$$

① $\begin{bmatrix}1.5e^{-t}-0.5e^{-3t} & -1.5e^{-t}+1.5e^{-3t}\\ 0.5e^{-t}-0.5e^{-3t} & -0.5e^{-t}+1.5e^{-3t}\end{bmatrix}$

② $\begin{bmatrix}1.5e^{-t}-0.5e^{-3t} & 0.5e^{-t}-0.5e^{-3t}\\ -1.5e^{-t}+1.5e^{-3t} & -0.5e^{-t}+1.5e^{-3t}\end{bmatrix}$

③ $\begin{bmatrix}1.5e^{-t}-0.5e^{-4t} & 0.5e^{-t}-0.5e^{-4t}\\ -1.5e^{-t}+1.5e^{-4t} & -0.5e^{-t}+1.5e^{-4t}\end{bmatrix}$

④ $\begin{bmatrix}1.5e^{-t}-0.5e^{-4t} & -1.5e^{-t}+1.5e^{-4t}\\ 0.5e^{-t}-0.5e^{-4t} & -0.5e^{-t}+1.5e^{-4t}\end{bmatrix}$

상태방정식의 천이행렬 : $\phi(t)$

$\phi(t)=\mathcal{L}^{-1}[\phi(s)]=\mathcal{L}^{-1}[sI-A]^{-1}$ 이므로

$(sI-A)=s\begin{bmatrix}1 & 0\\ 0 & 1\end{bmatrix}-\begin{bmatrix}0 & 1\\ -3 & -4\end{bmatrix}$

$=\begin{bmatrix}s & -1\\ 3 & s+4\end{bmatrix}$

$\phi(s)=(sI-A)^{-1}=\begin{bmatrix}s & -1\\ 3 & s+4\end{bmatrix}^{-1}$

$=\dfrac{1}{s(s+4)+3}\begin{bmatrix}s+4 & 1\\ -3 & s\end{bmatrix}$

$=\begin{bmatrix}\dfrac{s+4}{s^2+4s+3} & \dfrac{1}{s^2+4s+3}\\ \dfrac{-3}{s^2+4s+3} & \dfrac{s}{s^2+4s+3}\end{bmatrix}$

$\therefore\ \phi(t)=\mathcal{L}^{-1}[\phi(s)]$

$=\begin{bmatrix}1.5e^{-t}-0.5e^{-3t} & 0.5e^{-t}-0.5e^{-3t}\\ -1.5e^{-t}+1.5e^{-3t} & -0.5e^{-t}+1.5e^{-3t}\end{bmatrix}$

정답 72 ② 73 ②

74 □□□

3차인 이산치 시스템의 특성방정식의 근이 - 0.3, - 0.2, + 0.5로 주어져 있다. 이 시스템의 안정도는?

① 이 시스템은 안정한 시스템이다.
② 이 시스템은 불안정한 시스템이다.
③ 이 시스템은 임계 안정한 시스템이다.
④ 위 정보로서는 이 시스템의 안정도를 알 수 없다.

Z 평면에서의 안정도 판별

구분	s 평면	Z 평면
안정 영역	좌반면	단위원 내부
불안정 영역	우반면	단위원 외부
임계안정 영역	허수축	단위 원주상

∴ 특성방정식의 근이 $-0.3,\ -0.2,\ +0.5$ 이므로 Z 평면의 단위원(= 반지름이 1인 원) 내부에 모두 포함되어 있다. 따라서 제어계는 안전이다.

75 □□□

적분 시간 2[sec], 비례 감도가 2인 비례적분 동작을 하는 제어 요소에 동작신호 $x(t)=2t$ 를 주었을 때 이 제어 요소의 조작량은? (단, 조작량의 초기 값은 0이다.)

① t^2+4t　② t^2+2t
③ t^2+8t　④ t^2+6t

제어요소

비례적분 요소의 전달함수 $G(s)=K\left(1+\dfrac{1}{Ts}\right)$

식에서 적분시간 $T=2\,[\text{sec}]$, 비례감도 $K=2$ 이므로

$G(s)=2\left(1+\dfrac{1}{2s}\right)=2+\dfrac{1}{s}$ 이다.

동작신호 → [제어요소] → 조작량
$X(s)$　$G(s)$　$Y(s)$

$x(t)=2t$일 때

$X(s)=\mathcal{L}[x(t)]=\mathcal{L}[2t]=\dfrac{2}{s^2}$ 이므로

$Y(s)=X(s)\,G(s)=\dfrac{2}{s^2}\left(2+\dfrac{1}{s}\right)=\dfrac{4}{s^2}+\dfrac{2}{s^3}$

$\therefore\ y(t)=\mathcal{L}^{-1}[Y(s)]=t^2+4t$

76 □□□

그림의 제어시스템이 안정하기 위한 K의 범위는?

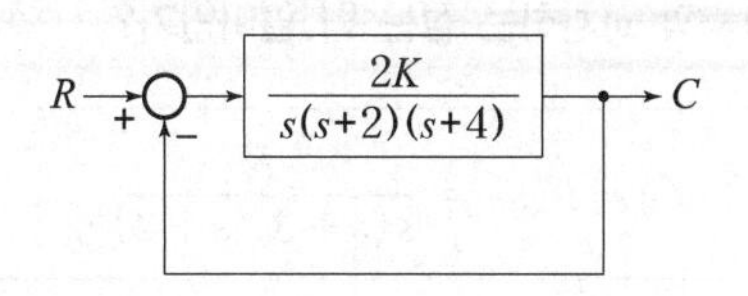

① $0<K<48$
② $0<K<4$
③ $0<K<8$
④ $0<K<24$

안정도 판별법(루스판정법)

제어계의 개루프 전달함수 $G(s)H(s)$ 가 주어지는 경우 특성방정식 $F(s)=1+G(s)H(s)=0$ 을 만족하는 방정식을 세워야 한다.

$G(s)H(s)=\dfrac{B(s)}{A(s)}$ 인 경우 특성방정식 $F(s)$는

$F(s)=A(s)+B(s)=0$ 으로 할 수 있다.

문제의 특성방정식은

$$F(s)=s(s+2)(s+4)+2K$$
$$=s^3+6s^2+8s+2K=0 \text{ 이므로}$$

s^3	1	8
s^2	6	$2K$
s^1	$\dfrac{6\times 8-2K}{6}$	0
s^0	$2K$	

제1열의 원소에 부호변화가 없어야 제어계가 안정하므로 $6\times 8-2K>0,\ 2K>0$이다.

$\therefore\ 0<K<24$

정답 74 ① 75 ① 76 ④

77 □□□

개루프 전달함수가 다음과 같은 제어시스템의 근궤적이 $j\omega$(허수)축과 교차하는 점은 약 얼마인가?

$$G(s)H(s) = \frac{K}{s(s+3)(s+2)}$$

① $\omega_d = 2.45$ ② $\omega_d = 2.65$
③ $\omega_d = 3.87$ ④ $\omega_d = 3.46$

허수축과 교차하는 점

제어계의 개루프 전달함수 $G(s)H(s)$가 주어지는 경우 특성방정식 $F(s) = 1 + G(s)H(s) = 0$을 만족하는 방정식을 세워야 한다.

$G(s)H(s) = \dfrac{B(s)}{A(s)}$ 인 경우 특성방정식 $F(s)$는

$F(s) = A(s) + B(s) = 0$ 으로 할 수 있다.

문제의 특성방정식은

$$F(s) = s(s+3)(s+2) + K$$
$$= s^3 + 5s^2 + 6s + K = 0 \text{ 이므로}$$

s^3	1	6
s^2	5	K
s^1	$\dfrac{5\times6-K}{5}=0$	0
s^0	K	

루스 수열의 제1열 S^1행에서 영(0)이 되는 K의 값을 구하여 보조방정식을 세운다.

$5\times6-K=0$ 이기 위해서는 $K=30$이다.

보조방정식 $5s^2+30=0$ 식에서

$s^2=-6$ 이므로 $s=j\omega=\pm j\sqrt{6}$ 일 때

$\therefore\ \omega=\sqrt{6}=2.45$

78 □□□

블록선도의 전달함수가 $\dfrac{C(s)}{R(s)} = 10$과 같이 되기 위한 조건은?

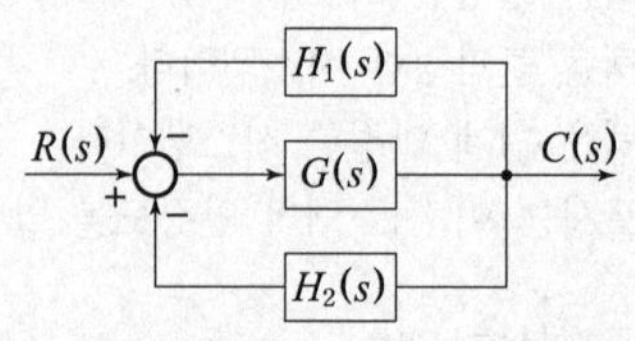

① $G(s) = \dfrac{1}{1-H_1(s)-H_2(s)}$

② $G(s) = \dfrac{10}{1-H_1(s)-H_2(s)}$

③ $G(s) = \dfrac{1}{1-10H_1(s)-10H_2(s)}$

④ $G(s) = \dfrac{10}{1-10H_1(s)-10H_2(s)}$

블록선도의 전달함수

전향경로 이득 $= G(s)$

루프경로 이득 $= -H_1(s)G(s) - H_2(s)G(s)$ 이므로

$$\frac{C(s)}{R(s)} = \frac{G(s)}{1-\{-H_1(s)G(s)-H_2(s)G(s)\}}$$
$$= \frac{G(s)}{1+H_1(s)G(s)+H_2(s)G(s)} \text{ 식에서}$$

$\dfrac{C(s)}{R(s)} = \dfrac{G(s)}{1+H_1(s)G(s)+H_2(s)G(s)} = 10$과 같이 되기 위한 조건은

$G(s) = 10 + 10H_1(s)G(s) + 10H_2(s)G(s)$ 이므로

$\therefore\ G(s) = \dfrac{10}{1-10H_1(s)-10H_2(s)}$

정답 77 ① 78 ④

79 □□□

그림과 같은 신호흐름선도에서 전달함수 $\frac{C}{R}$는?

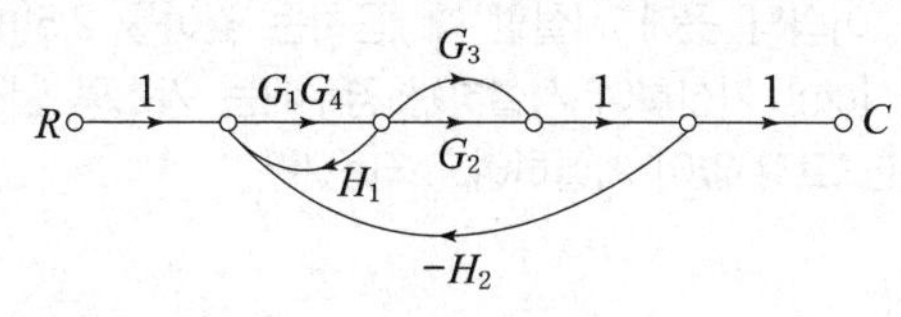

① $\dfrac{G_1 G_4(G_2+G_3)}{1+G_1 G_4 H_1+G_1 G_4(G_2+G_3)H_2}$

② $\dfrac{G_1 G_4(G_2+G_3)}{1-G_1 G_4 H_1+G_1 G_4(G_2+G_3)H_2}$

③ $\dfrac{G_1 G_2+G_3 G_4}{1+G_1 G_3 G_4 H_2+G_1 G_2 H_1}$

④ $\dfrac{G_1 G_2-G_3 G_4}{1-G_1 G_2 H_1+G_1 G_3 G_4 H_2}$

신호흐름선도의 전달함수

$L_{11}=G_1 G_4 H_1$, $L_{12}=-G_1 G_4 G_3 H_2$,

$L_{13}=-G_1 G_4 G_2 H_2$ 일 때

$\Delta=1-(L_{11}+L_{12}+L_{13})$

$=1-G_1 G_4 H_1+G_1 G_4(G_2+G_3)H_2$

$M_1=G_1 G_4 G_2$, $\Delta_1=1$,

$M_2=G_1 G_4 G_3$, $\Delta_2=1$

$\therefore\ G(s)=\dfrac{M_1\Delta_1+M_2\Delta_2}{\Delta}$

$=\dfrac{G_1 G_4(G_2+G_3)}{1-G_1 G_4 H_1+G_1 G_4(G_2+G_3)H_2}$

80 □□□

다음 회로망에서 입력전압을 $V_1(t)$, 출력전압을 $V_2(t)$라 할 때, $\dfrac{V_2(s)}{V_1(s)}$에 대한 고유주파수 ω_n과 제동비 ζ의 값은? (단, $R=100[\Omega]$, $L=2$[H], $C=200[\mu$F]이고, 모든 초기전하는 0이다.)

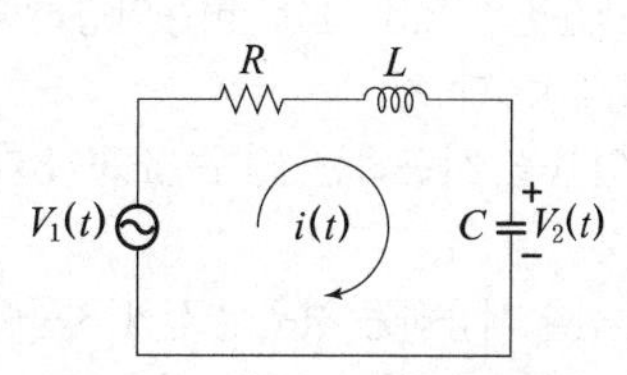

① $\omega_n=50$, $\zeta=0.5$
② $\omega_n=50$, $\zeta=0.7$
③ $\omega_n=250$, $\zeta=0.5$
④ $\omega_n=250$, $\zeta=0.7$

2차계의 전달함수

그림의 회로망의 전달함수를 구하면

$$G(s)=\frac{V_2(s)}{V_1(s)}=\frac{\frac{1}{Cs}}{R+Ls+\frac{1}{Cs}}$$

$$=\frac{1}{LCs^2+RCs+1}\text{이다.}$$

문제에서 제시된 조건을 대입하여 전개하면

$$LC=2\times 200\times 10^{-6}=\frac{1}{2500}=\left(\frac{1}{50}\right)^2$$

$$RC=100\times 200\times 10^{-6}=\frac{1}{50}\text{ 일 때}$$

$$G(s)=\frac{1}{\left(\frac{1}{50}\right)^2 s^2+\frac{1}{50}s+1}=\frac{50^2}{s^2+50s+50^2}\text{이다.}$$

$$G(s)=\frac{\omega_n^2}{s^2+2\zeta\omega_n+\omega_n^2}\text{ 식에서}$$

$2\zeta\omega_n=50$, $\omega_n^2=50^2$ 이므로 $\omega_n=50$이다.

그리고 $\zeta=\dfrac{50}{2\omega_n}=\dfrac{50}{2\times 50}=0.5$이다.

$\therefore\ \omega_n=50$, $\zeta=0.5$

정답 79 ② 80 ①

5과목 : 전기설비기술기준 및 판단기준

무료 동영상 강의 ▲

81 □□□

가공전선로의 지지물에 사용하는 지선의 시설과 관련하여 다음 중 옳지 않은 것은?

① 지선의 안전율은 2.5 이상, 허용인장하중의 최저는 3.31[kN]으로 할 것
② 지선에 연선을 사용하는 경우 소손 3가닥 이상의 연선일 것
③ 지선에 연선을 사용하는 경우 소선의 지름이 2.6[mm] 이상의 금속선을 사용한 것일 것
④ 가공전선로의 지지물로 사용하는 철탑은 지선을 사용하여 그 강도를 분담시키지 않을 것

지선의 시설
(1) 지름 2.6[mm] 이상 금속선을 3조 이상 꼬아 만든다.
(2) 인장하중은 4.31[kN] 이상
(3) 철탑에는 지선을 사용해서는 안된다.
(4) 안전율은 2.5 이상일 것

82 □□□

다음 설명의 (　) 안에 알맞은 내용은?

> 고압가공전선이 다른 고압가공전선과 접근상태로 시설되거나 교차하여 시설되는 경우에 고압가공전선 상호간의 이격거리는 (　) 이상, 하나의 고압가공전선과 다른 고압가공전선로의 지지물 사이의 이격거리는 (　) 이상일 것

① 80[cm], 50[cm]　　② 80[cm], 60[cm]
③ 60[cm], 30[cm]　　④ 40[cm], 30[cm]

고압가공전선 상호간의 접근 또는 교차

<table>
<tr><th>전압</th><th>대상물</th><th>이격거리</th></tr>
<tr><td rowspan="3">고압</td><td>다른
고압가공전선로
지지물</td><td>0.6[m]이상
케이블 : 0.3[m]이상</td></tr>
<tr><td>식물</td><td>닿지 않도록 시설</td></tr>
<tr><td>안테나, 약전선,
전력선, 삭도</td><td>0.8[m]이상
케이블 : 0.4[m]이상</td></tr>
</table>

83 □□□

전체의 길이가 16[m]이고 설계 하중이 6.8[kN] 초과 9.8[kN] 이하인 철근콘크리트주를 논, 기타 지반이 연약한 곳 이외의 곳에 시설할 때, 묻히는 깊이를 2.5[m]보다 몇 [cm] 가산하여 시설하는 경우에는 기초의 안전율에 대한 고려 없이 시설하여도 되는가?

① 10　　② 20
③ 30　　④ 40

지지물의 매설 깊이

<table>
<tr><th>설계하중
전장</th><th>6.8[kN]
이하</th><th>6.8[kN] 초과
9.8[kN] 이하</th><th colspan="2">9.8[kN] 초과
14.72[kN] 이하</th></tr>
<tr><td rowspan="3">14[m]
초과
20[m]
이하</td><td rowspan="3">–</td><td rowspan="3">기본
+30[cm]</td><td>15[m]이하</td><td>기본 +
50[cm]</td></tr>
<tr><td>15[m]초과
18[m]이하</td><td>3[m]이상</td></tr>
<tr><td>18[m]초과</td><td>3.2[m]이상</td></tr>
</table>

(1) 기본 전장 : 15[m] 이하$\times\frac{1}{6}$[m]
　전장 15[m] 초과 = 최소 2.5[m] 이상

84 □□□

고압 교류전압 E[V]의 범위는?

① $7000 \geq E > 1000$
② $7000 \geq E > 1500$
③ $7000 \geq E > 600$
④ $3500 \geq E > 750$

전압의 종별

구분	전압의 범위
저압	직류 1500[V] 이하 교류 1000[V] 이하
고압	직류 1500[V]를 초과하고 7000[V] 이하 교류 1000[V]를 초과하고 7000[V] 이하
특고압	7000[V] 초과

정답 81 ① 82 ② 83 ③ 84 ①

85 □□□

중성점 접지에 22.9[kV] 가공전선과 직류 1,500[V] 전차선을 동일 지지물에 병가할 때 상호간의 이격거리는 일반적인 경우 몇 [m] 이상인가?

① 1.0　② 1.2
③ 1.5　④ 2.0

병행설치(병가)
35[kV] 이하인 경우 이격거리

	고압과 저압	특별고압과 저·고압	22.9[kV]와 저·고압
이격거리	50[cm] 케이블 30[cm]	1.2[m], 케이블50[cm]	1[m], 케이블50[cm]

86 □□□

중성점 접지용 접지도체는 공칭단면적 몇[mm^2] 이상의 연동선 또는 동등 이상의 단면적 및 세기를 가져야 하는가?

① 6[mm^2]　② 10[mm^2]
③ 16[mm^2]　④ 25[mm^2]

접지도체 굵기
고장시 흐르는 전류를 안전하게 통할 수 있을 것.

전 압		접지도체의 굵기
	기 본	16 mm^2 이상
중성점 접지용	·7[kV]이하 전로 ·25[kV]이하 다중접지 (2초 이내 자동차단)	6 mm^2 이상 연동선

87 □□□

고압가공인입선은 그 아래에 위험 표시를 하였을 경우에는 지표상 높이는 몇 [m] 이상이어야 하는가?

① 3.5[m]　② 4.5[m]
③ 5.5[m]　④ 6.5[m]

가공인입선의 시설기준

설치장소	저압	고압	특고압	
도로횡단	5[m]	6[m]	6[m]	
철도궤도	6.5[m]	6.5[m]	6.5[m]	
횡단보도 위험표시	3[m]	3.5[m]	35[kV] 이하	35[kV] 이하
			4[m]	5[m]

88 □□□

고압 가공전선로와 기설 가공약전류전선로가 병행하는 경우 유도작용에 의해서 통신상의 장해가 발생하지 않도록 하기 위하여 전선과 기설 약전류 전선간의 이격거리는 몇 [m] 이상이어야 하는가?

① 2[m]　② 3[m]
③ 4[m]　④ 5[m]

유도장해 방지대책
저·고압 가공전선과 약전류전선 간 이격거리 : 2[m] 이상

정답 85 ① 86 ③ 87 ① 88 ①

89 □□□

발전기의 용량에 관계없이 자동적으로 이를 전로로부터 차단하는 장치를 시설하여야 하는 경우는?

① 베어링 과열 ② 과전류 인입
③ 유압의 과팽창 ④ 발전기의 내부고장

발전기 보호장치

용 량	자동차단 장치를 시설하는 경우
모든 발전기	과전류, 과전압이 생긴 경우
100[KVA] 이상	풍차의유압, 공기압 전원전압이 현저히 저하
500[KVA] 이상	수차의압유장치의 유압이 현저히 저하
2000[KVA] 이상	스러스트 베어링의 온도가 현저히 상승
1만[KVA] 이상	내부고장

90 □□□

주택등 저압 수용장소에서 고정 전기설비에 TN-C-S 접지방식으로 접지공사시 중성선 겸용 보호도체(PEN)를 알루미늄으로 사용할 경우 단면적은 몇 mm^2 이상인가?

① 2.5 ② 6
③ 10 ④ 16

중성선 겸용 보호도체(PEN) 굵기

재질	보호도체 굵 기
구리	6[mm^2]
알루미늄	16[mm^2]

91 □□□

전기설비기술기준에서 정한 용어의 정의가 옳은 것은?

① 조상설비는 유효전력을 조정하는 전기기계기구를 말한다.
② 가공인입선은 가공전선로의 지지물로부터 다른 지지물을 거치지 아니하고 수용장소 의 붙임점에 이르는 가공전선을 말한다.
③ 지중 전선로 란 지중 약전류 전선로와 지중 매설지선 등을 말한다.
④ 개폐소란 전력계통의 운용에 관한 지시를 하는 곳을 말한다.

용어의 정의

(1) 개폐소 : 전압을 개·폐하는 장소
(2) 조상설비 : 무효전력을 조정하는 설비.
(3) 관등회로 : 방전등용 안정기로부터 방전관까지의 전로
(4) 지중관로 : 지중 전선로, 지중 약전류 전선로, 지중광섬유케이블선로, 지중에 시설하는 가스관 및 가스관과 이와 유사한 것 및 이들에 부속하는 지중함 등
(5) 급전소 : 전력계통의 운용에 관한 지시를 하는 곳.

92 □□□

중성점 접지용 접지도체의 경우 25[kV]이하 다중접지 방식인 경우 공칭단면적 몇 [mm^2] 이상의 연동선 또는 동등 이상의 단면적 및 세기를 가져야 하는가?

① 6[mm^2] ② 10[mm^2]
③ 16[mm^2] ④ 25[mm^2]

접지도체 굵기

고장시 흐르는 전류를 안전하게 통할 수 있을 것.

전 압		접지도체의 굵기
중성점 접지용	기 본	16[mm^2] 이상
	· 7[kV]이하 전로 · 25[kV]이하 다중접지 (2초이내 자동차단)	6[mm^2] 이상 연동선

정답 89 ② 90 ④ 91 ② 92 ①

93 □□□

고압 옥내배선을 애자사용공사에 의하여 시설하는 경우 전선 상호의 간격은 몇 [cm] 이상인가?

① 2[cm] ② 1.5[cm]
③ 6[cm] ④ 8[cm]

고압애자사용공사의 설비기준

전선의 굵기	6[mm^2] 이상
전선 지지점간 거리	6[m] 이하 (단, 조영재면 시설 : 2[m])
전선 상호 이격거리	0.08[m] 이상
전선과 조영재	0.05[m] 이상

94 □□□

특별고압 가공전선로의 지지물에 시설하는 통신선 또는 이에 직접 접속하는 가공통신선의 높이는 철도 또는 궤도를 횡단하는 경우에는 레일면상 몇 [m] 이상으로 하여야 하는가?

① 5 ② 5.5
③ 6 ④ 6.5

통신선 시설 높이

	가공통신선	지지물에시설하는 통신선	
		저·고압	특고압
철도 궤도	6.5[m] 이상	6.5[m] 이상	6.5[m]이상

95 □□□

다도체의 을종풍압 하중은 전선주위에 두께 6[mm], 비중 0.9의 빙설이 부착한 상태에서 수직투영면적 1[m^2]당 몇 [Pa]을 기초로 하여 계산한 것인가?

① 333 ② 373
③ 588 ④ 1039

갑종 풍압하중 (고온계 적용)

풍압을 받는 구분		수직투영면적 1[m^2]에 대한 풍압
전선 기타 가섭선	다도체	666[Pa]
	기타의 것(단도체)	745[Pa]

다도체 을종 풍압하중은 $666 \times \frac{1}{2} = 333$[pa] 이다.

96 □□□

66,000[V] 특고압 가공전선로를 시가지에 설치할 때, 전선의 단면적은 [mm^2] 몇 이상의 경동연선 또는 이와 동등 이상의 세기 및 굵기의 연선을 사용해야 하는가?

① 22[mm^2] ② 38[mm^2]
③ 55[mm^2] ④ 100[mm^2]

특고압 가공전선의 시가지시설 굵기(경동선 기준)

전압구분	전선의 굵기 및 인장강도
100[kV] 미만	55[mm^2] = 21.67[kN] 이상
100[kV] 이상	150[mm^2] = 58.84[kN] 이상

정답 93 ④ 94 ④ 95 ① 96 ③

97 □□□

발전소에서 계측장치를 설치하여 계측하는 사항에 포함되지 않는 것은?

① 발전기의 전압 및 전류
② 주요 변압기의 역률
③ 발전기의 고정자 온도
④ 특고압용 변압기의 온도

발전소, 변전소의 계측장치시설
(1) 발전기, 주변압기, 동기조상기, 연료전지, 태양전지 모듈의 전압 및 전류 또는 전력
(2) 발전기, 동기조상기의 베어링 및 고정자 온도
(3) 발전소·변전소의 특별고압용 변압기의 온도
(4) 동기조상기의 동기검정장치
(단, 용량이 현저히 작을 경우 생략 가능)

98 □□□

특별고압 가공전선로에 사용하는 가공 공동지선에는 지름 몇 [mm]의 나경동선 또는 이와 동등 이상의 세기 및 굵기의 나선을 사용하여야 하는가?

① 2.0 ② 2.6
③ 4.0 ④ 10

가공 공동지선 굵기

전압구분	가공공동지선의 굵기
고압·특고압	4.0[mm]=5.26[kN] 이상

99 □□□

주택용 배선차단기의 순시트립범위가 $10I_n$초과 ~ $20I_n$ 이하인 경우 다음중 어디 속하는가?

① A ② B
③ C ④ D

보호장치의 특성
순시트립에 따른 구분 (주택용 배선용 차단기)

형 (순시 트립에 따른 차단기 분류)	순시 트립 범위
B	$3I_n$ 초과 - $5I_n$ 이하
C	$5I_n$ 초과 - $10I_n$ 이하
D	$10I_n$ 초과 - $20I_n$ 이하

100 □□□

철탑의 강도계산에 사용하는 이상시 상정하중에 대한 철탑의 기초에 대한 안전율은 얼마 이상이어야 하는가?

① 1.33 ② 1.83
③ 2.25 ④ 2.75

지지물의 안전율

종 류	안전율	
지지물	기 초	2.0 이상
	이상시 철탑	1.33 이상

정답 97 ② 98 ③ 99 ④ 100 ①

CBT 시험대비

CBT 시험 19회를 100% 복원하여 재구성한

제4회 복원 기출문제

학습기간 월 일 ~ 월 일

1과목 : 전기자기학

무료 동영상 강의 ▲

01 □□□

진공 중에서 점 (0, 1) [m]의 위치에 $-2\times 10^{-9}[\mathrm{C}]$의 전하가 있을 때, 점 (2, 0) [m]에 있는 1[C]의 점전하에 작용하는 힘은 몇 [N]인가? (단, $\hat{x}$, $\hat{y}$는 단위벡터이다.)

① $\frac{18}{3\sqrt{5}}\hat{x}+\frac{36}{3\sqrt{5}}\hat{y}$

② $-\frac{36}{5\sqrt{5}}\hat{x}+\frac{18}{5\sqrt{5}}\hat{y}$

③ $-\frac{36}{3\sqrt{5}}\hat{x}+\frac{18}{3\sqrt{5}}\hat{y}$

④ $\frac{36}{5\sqrt{5}}\hat{x}+\frac{18}{5\sqrt{5}}\hat{y}$

점(0, 1)에서 점(2, 0)에 대한 거리벡터

$\vec{r}=(2-0)\hat{x}+(0-1)\hat{y}=2\hat{x}-1\hat{y}$

거리벡터의 크기 $|\vec{r}|=\sqrt{2^2+(-1)^2}=\sqrt{5}\,[\mathrm{m}]$

방향의 단위벡터

$\vec{n}=\frac{\vec{r}}{|\vec{r}|}=\frac{2\hat{x}-1\hat{y}}{\sqrt{5}}$

두 점전하 $Q_1=-2\times 10^{-9}[\mathrm{C}], Q_2=1[\mathrm{C}]$ 사이에 작용하는 힘은

$F=9\times 10^9\times\frac{Q_1Q_2}{r^2}\vec{n}$

$=9\times 10^9\times\frac{-2\times 10^{-9}\times 1}{(\sqrt{5})^2}\times\frac{2\hat{x}-1\hat{y}}{\sqrt{5}}$

$=-\frac{36}{5\sqrt{5}}\hat{x}+\frac{18}{5\sqrt{5}}\hat{y}$

02 □□□

쌍극자 모멘트가 $M[\mathrm{Wb}\cdot\mathrm{m}]$인 전기쌍극자에 의한 임의의 점 P에서의 전계의 크기는 전기 쌍극자의 중심에서 축방향과 점 P를 잇는 선분 사이의 각이 얼마일 때 최대가 되는가?

① 0 ② $\frac{\pi}{2}$

③ $\frac{\pi}{3}$ ④ $\frac{\pi}{4}$

전기 쌍극자의 전계의 세기는

$E=\frac{M}{4\pi\epsilon_o r^3}\sqrt{1+3\cos^2\theta}\,[\mathrm{V/m}]$ 이므로

최대 전계 발생시 각도는 $\cos^2\theta=1$일 때 이므로

$\theta=0°$

최소 전계 발생시 각도는 $\cos^2\theta=0$일 때 이므로

$\theta=90°=\frac{\pi}{2}$

03 □□□

공기 중의 두 점전하 사이에 작용하는 힘이 $5[\mathrm{N}]$이었다. 두 전하간에 유전체를 넣었더니 힘이 $2[\mathrm{N}]$으로 되었다면 유전체의 비유전율은 얼마인가?

① 1 ② 2.5

③ 5 ④ 7.5

두전한에 공기중 작용하는 힘 $F_o=5\,[\mathrm{N}]$

유전체 내 작용하는 힘 $F=2\,[\mathrm{N}]$ 일 때

$F=\frac{Q_1\cdot Q_2}{4\pi\epsilon_o\epsilon_s r^2}=\frac{F_o}{\epsilon_s}\,[\mathrm{N}]$이므로 비유전율은

$\epsilon_s=\frac{F_o}{F}=\frac{5}{2}=2.5$

정답 01 ② 02 ① 03 ②

04 □□□

라디오방송의 평면파 주파수를 710[kHz]라 할 때 이 평면파가 콘크리트 벽 $\epsilon_s = 5$, $\mu_s = 1$ 속을 지날 때, 전파속도는 몇 [m/s] 인가?

① 2.54×10^8　　② 4.38×10^8
③ 1.34×10^8　　④ 4.86×10^8

전자파의 전파속도

$$v = \frac{1}{\sqrt{\epsilon\mu}} = \frac{3\times 10^8}{\sqrt{\epsilon_s \mu_s}} = \frac{\omega}{\beta} = \frac{2\pi f}{\beta}$$

$$= \frac{1}{\sqrt{LC}} = \lambda f [\mathrm{m/s}]$$

단, 진공의 빛의 속도 $v_o = \dfrac{1}{\sqrt{\epsilon_o \mu_o}} = 3\times 10^8 [\mathrm{m/s}]$

위상 정수 $\beta = \omega\sqrt{LC}$, 파장 $\lambda[\mathrm{m}]$

$$v = \frac{3\times 10^8}{\sqrt{\epsilon_s \mu_s}} = \frac{3\times 10^8}{\sqrt{5\times 1}} = 1.34\times 10^8 [\mathrm{m/s}]$$

05 □□□

단면적 4[cm²] 의 철심에 6×10^{-4}[Wb]의 자속을 통하게 하려면 2800[AT/m]의 자계가 필요하다. 이 철심의 비투자율은 약 얼마인가?

① 346　　② 375
③ 407　　④ 426

철심에서의 자속

$\phi = BS = \mu HS = \mu_0 \mu_s HS$ 이므로

비투자율

$$\mu_s = \frac{\phi}{\mu_0 HS} = \frac{6\times 10^{-4}}{4\pi\times 10^{-7}\times 2800\times 4\times 10^4} = 426$$

06 □□□

두 종류의 유전율(ϵ_1, ϵ_2)을 가진 두 유전체 경계면에 진전하가 존재하지 않을 때, 다음 중 E_2는?

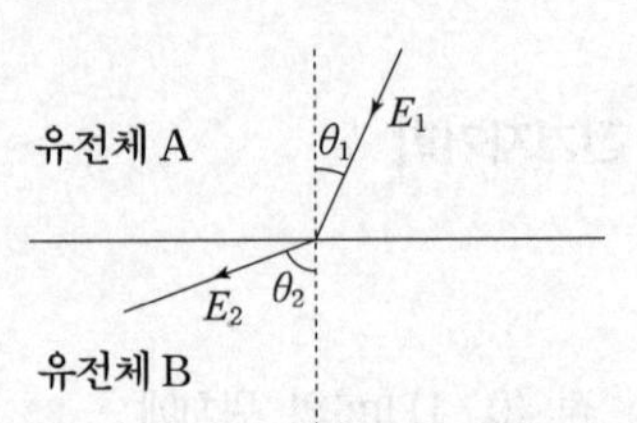

① $\dfrac{\sin\theta_2}{\sin\theta_1}E_1$　　② $\dfrac{\sin\theta_1}{\sin\theta_2}E_1$

③ $\dfrac{\cos\theta_1}{\cos\theta_2}E_1$　　④ $\dfrac{\cos\theta_2}{\cos\theta_1}E_1$

유전체의 경계면 조건에서

$E_1 \sin\theta_1 = E_2 \sin\theta_2$ 이므로

$$E_2 = \frac{\sin\theta_1}{\sin\theta_2}E_1$$

단, θ_1 입사각, θ_2 굴절각

07 □□□

공기 중에서 반지름 1[mm]인 두 개의 도선이 40[cm] 간격으로 평행하게 놓여 있을 때 단위 길이 당 정전용량 [pF/m]은?

① 2.32　　② 3.14
③ 4.64　　④ 5.17

평행도선 사이의 정전용량은

$$C = \frac{\pi\epsilon_0}{\ln\frac{d}{a}} [\mathrm{F/m}]$$ 이므로

도선의 반지름 $a = 1[\mathrm{mm}]$, 선간 거리 $d = 40[\mathrm{cm}]$ 를 대입하면

$$C = \frac{\pi\epsilon_0}{\ln\frac{d}{a}} = \frac{\pi\times 8.855\times 10^{-12}}{\ln\frac{40\times 10^{-2}}{1\times 10^{-3}}} \times 10^{12}$$

$$= 4.64[\mathrm{pF/m}]$$

정답 04 ③ 05 ④ 06 ② 07 ③

08 □□□

어떤 막대철심이 있다. 단면적이 8.26×10^{-4}[m²], 길이가 5.28[mm], 비투자율이 600이다. 이 철심의 자기저항은 약 몇 [AT/m]인가?

① 2.48×10^3　② 4.48×10^3
③ 6.48×10^3　④ 8.48×10^3

자기회로 내의 옴의 법칙
자기회로의 투자율을 μ, 단면적을 S, 길이를 l이라 하면 자기저항 R_m은

$$R_m=\frac{l}{\mu S}=\frac{l}{\mu_0\mu_s S}\,[\text{AT/Wb}]$$ 이므로

$S=8.26\times10^{-4}\,[\text{m2}]$, $l=5.28\times10^{-3}\,[\text{m}]$,
$\mu_s=600$일 때

$$\therefore\ R_m=\frac{l}{\mu_0\mu_s S}=\frac{5.28\times10^{-3}}{4\pi\times10^{-7}\times600\times8.26\times10^{-4}}$$
$$=8.48\times10^3\,[\text{AT/Wb}]$$

09 □□□

유전율이 ϵ인 유전체 내에 있는 점전하 Q에서 발산되는 전기력선의 수는 총 몇 개인가?

① Q　② $\frac{Q}{\epsilon_o\epsilon_s}$
③ $\frac{Q}{\epsilon_s}$　④ $\frac{Q}{\epsilon_o}$

진공 전기력선의 개수

$$N=\frac{Q}{\epsilon_0}$$

유전체 전기력선의 개수

$$N=\frac{Q}{\epsilon_0\epsilon_s}=\frac{Q}{\epsilon}$$

10 □□□

한 공간 내의 전계의 세기가 $E=E_o\cos\omega t$ 일 때 이 공간 내의 변위전류밀도의 크기는?

① ωE_o에 비례한다.　② ωE_o^2에 비례한다.
③ $\omega^2 E_o$에 비례한다.　④ $\omega^2 E_o^2$에 비례한다.

전계 $E=E_o\cos\omega t\,[\text{V/m}]$ 일 때 전속밀도는
$D=\epsilon E_o\cos\omega t\,[\text{C/m}^2]$ 이므로
변위전류밀도는

$$i_d=\frac{\partial D}{\partial t}=\frac{\partial}{\partial t}(\epsilon E_o\cos\omega t)$$
$$=-\omega\epsilon E_o\sin\omega t\,[\text{A/m}^2]$$

그러므로 $i_d\propto\omega E_o$인 관계를 갖는다.

11 □□□

정전용량이 20[μF]인 공기의 평행판 커패시터에 0.1[C]의 전하량을 충전하였다. 두 평행판 사이에 비유전율이 10인 유전체를 채웠을 때 유전체 표면에 나타나는 분극 전하량[C]은?

① 0.009　② 0.01
③ 0.09　④ 0.1

분극 전하량

$$Q_p=Q\left(1-\frac{1}{\epsilon_s}\right)=0.1\left(1-\frac{1}{10}\right)=0.09\,[\text{C}]$$

정답 08 ④　09 ②　10 ①　11 ③

12 □□□

전계 $E[\text{V/m}]$, 전속밀도 $D[\text{C/m}^2]$, 유전율 $\epsilon = \epsilon_0\epsilon_s[\text{F/m}]$, 분극의 세기 $P[\text{C/m}^2]$의 관계는?

① $P = D + \epsilon_0 E$　② $P = D - \epsilon_0 E$

③ $P = \dfrac{D+E}{\epsilon_0}$　④ $P = \dfrac{D-E}{\epsilon_0}$

> 분극의 세기는
> $P = \epsilon_0(\epsilon_s - 1)E = \epsilon_o\epsilon_s E - \epsilon_o E$
> $= \epsilon E - \epsilon_o E = D - \epsilon_o E[\text{C/m}^2]$

13 □□□

무한 평면에 일정한 전류가 표면에 한 방향으로 흐르고 있다. 평면으로부터 r만큼 떨어진 점과 2r만큼 떨어진 점과의 자계의 비는 얼마인가?

① 1　② $\sqrt{2}$

③ 2　④ 4

> 전류밀도가 $i\ [\text{A/m}^2]$일 때 무한평면에 일정한 전류가 흐를시 자계의 세기는
> $H = \dfrac{i}{2}[\text{AT/m}]$ 이므로 거리와 관계없으므로 자계의 비는 1 이 된다.

14 □□□

와전류손에 대한 설명으로 옳은 것은 ?

① 최대 자속밀도의 1.6승에 비례한다.

② 규소강판 성층철심에서 히스테리시스손보다 크다.

③ 주파수 제곱에 비례한다.

④ 철심의 고유저항이 작을수록 작다.

> 와류손는 $P_e = \sigma(tfB_m)^2\ [\text{W/m}^3]$ 이므로
> 단, 도전율 σ, 두께 t, 주파수 f, 최대자속밀도 B_m
> ① 최대 자속밀도의 2승에 비례한다.
> ② 규소강판 성층철심에서 히스테리시스손보다 작다.
> ③ 주파수 제곱에 비례한다.
> ④ 철심의 고유저항이 작을수록 크다.

15 □□□

점전하와 접지된 유한한 도체 구가 존재할 때 점전하에 의한 접지 구 도체의 영상전하에 관한 설명 중 틀린 것은?

① 영상전하는 구 도체 내부에 존재한다.

② 영상전하는 점전하와 크기는 같고 부호는 반대이다.

③ 영상전하는 점전하아 도체 중심축을 이은 직선상에 존재한다.

④ 영상전하가 놓인 위치는 도체 중심과 점전하와의 거리와 도체 반지름에 의해 결정된다.

> 접지구도체와 점전하에서
> 영상전하$Q' = -\dfrac{a}{d}Q$ 이므로 부호는 반대지만 크기는 같지 않다.
> 단, a : 도체구의 반지름,
> d : 도체구의 중심과 점전하의 거리

정답 12 ② 13 ① 14 ③ 15 ②

16 □□□

전기 쌍극자로부터 거리 r[m]만큼 떨어진 점에서의 전계의 세기는 거리 r[m]과 어떤 관계인가?

① r^2에 반비례한다.
② r에 반비례한다.
③ r^3에 반비례한다.
④ r^4에 반비례한다.

전기 쌍극자의 전계의 세기는

$$E = \frac{M}{4\pi\epsilon_o r^3}\sqrt{1+3\cos^2\theta}\ [\text{V/m}]$$ 이므로

거리 r^3에 반비례한다.

17 □□□

다음 중 초전도체의 성질 중 틀린 것을 고르시오.

① 임계온도 이하에서 저항이 없다.
② 전류를 흘려도 열이 발생하지 않는다.
③ 내부에 자기장이 형성된다.
④ 자석위에 놓으면 뜨는 성질이 있다.

초전도체 내부에 자기장이 0인 완전 반자성체이다.

18 □□□

투자율 μ_0, 반지름 a인 원주형 도체의 단위길이당 내부 인덕턴스를 구하라.

① $\frac{\mu_0}{10\pi}$　② $\frac{\mu_0}{8\pi}$
③ $\frac{\mu_0}{4\pi}$　④ $\frac{\mu_0}{6\pi}$

원주(원통) 도체의 내부 인덕턴스

$$L_i = \frac{\mu_0 l}{8\pi}\ [\text{H}]$$

원주(원통) 도체의 단위 길이당 내부 인덕턴스

$$L_i' = \frac{\mu_0}{8\pi}\ [\text{H/m}]$$

19 □□□

전계 E[V/m], 자계 H[AT/m]의 전자계가 평면파를 이루고, 자유공간으로 단위 시간에 전파될 때 단위 면적당 전력밀도 [W/m^2] 의 크기는?

① EH^2　② EH
③ $\frac{1}{2}EH^2$　④ $\frac{1}{2}EH$

전자파의 포인팅 벡터는 단위시간에 단위 면적을 지나는 에너지로서

$$P' = \frac{P}{S} = \vec{E}\times\vec{H} = EH\ [\text{W/m}^2]$$

정답 16 ③ 17 ③ 18 ② 19 ②

20 □□□

그림과 같은 직사각형의 평면 코일이 $B=\frac{0.05}{\sqrt{2}}(a_x+a_y)$ [Wb/m²]인 자계에 위치하고 있다. 이 코일에 흐르는 전류가 5[A]일 때 z축에 있는 코일에서의 토크는 약 몇 [N·m]인가?

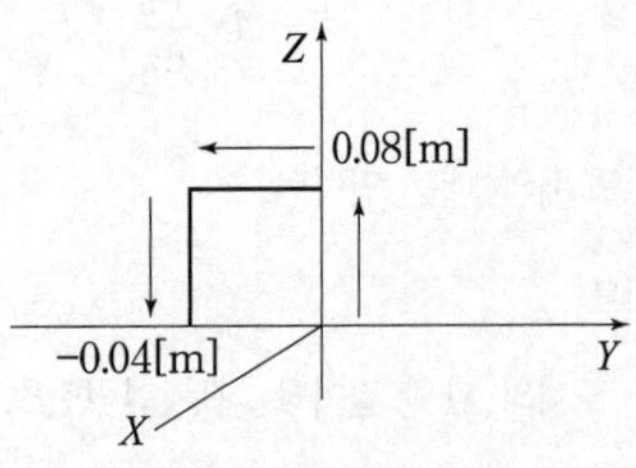

① $2.66\times10^{-4}a_x$ ② $5.66\times10^{-4}a_x$
③ $2.66\times10^{-4}a_z$ ④ $5.66\times10^{-4}a_z$

자계 B내의 전류 루우프에 작용하는 회전력은

$$T=I\vec{S}\times\vec{B}=5(0.04\times0.08a_x)\times0.05\frac{a_x+a_y}{\sqrt{2}}$$
$$=5.66\times10^{-4}[a_x\times(a_x+a_y)]$$
$$=5.66\times10^{-4}a_z\,[\mathrm{N\cdot m}]$$

참고 외적(×)의 성질

$a_x\times a_x=a_y\times a_y=a_z\times a_z=0$
$a_x\times a_y=a_z=-a_y\times a_x$
$a_y\times a_z=a_x=-a_z\times a_y$
$a_z\times a_x=a_y=-a_x\times a_z$

2과목 : 전력공학

무료 동영상 강의 ▲

21 □□□

배전선로에 3상 3선식 비접지방식을 채용할 경우 장점이 아닌 것은?

① 과도 안정도가 크다.
② 1선 지락고장 시 고장전류가 적다.
③ 1선 지락고장 시 건전상의 대지전위 상승이 작다.
④ 1선 지락고장 시 인접 통신선의 유도장해가 작다.

비접지방식
이 방식은 Δ결선 방식으로 저전압, 단거리 선로에 적용하며, 1선 지락시 지락전류는 대지정전용량에 기인한다. 또한 변압기 결선을 △-△으로 사용시 1대가 고장나면 V-V결선으로 송전 가능하다.

• 중성점 접지방식의 각 항목에 대한 비교표

항목 \ 종류 및 특징	비 접지방식
건전상의 전위 상승	$\sqrt{3}$ 배 크다
절연 레벨	최고
지락전류	적다
유도장해	작다
안정도	크다

22 □□□

그림과 같은 회로의 일반 회로정수가 아닌 것은?

① $B=Z+1$
② $A=1$
③ $C=0$
④ $D=1$

E_s Z E_r

임피던스만의 회로의 4단자 정수(A, B, C, D)

$$\begin{bmatrix}A & B\\ C & D\end{bmatrix}=\begin{bmatrix}1 & Z\\ 0 & 1\end{bmatrix}$$

$\therefore A=1,\ B=Z,\ C=0,\ D=1$

정답 20 ④ 21 ③ 22 ①

23 □□□

전력계통은 안정성을 증가시키고 경제적으로 그 기능을 다 하는 것이 최종목표이다. 이를 위해 전력계통 운용과 설비 확충계획을 나누어 고려할 때 계통 운용의 고려사항에 해당되지 않는 것은?

① 전력계통의 신뢰도 제어
② 발전 설비의 확충
③ 전력계통의 주파수 및 유효전력 제어
④ 전력계통의 전압 및 무효전력 제어

전력계통의 운용계획	전력설비의 설비확충 계획
고품질 유지 (규정 주파수 및 전압 유지)	전원개발
무정전	수요증가(신 · 증설계획)
저렴한 가격으로 수용가에 전력공급	계통증강(관련계통 확충)

24 □□□

가공지선을 설치하는 목적이 아닌 것은?

① 뇌해 방지
② 정전 차폐 효과
③ 전자 차폐 효과
④ 코로나의 발생 방지

가공지선
송전선을 뇌의 직격으로부터 보호하기 위해서 철탑의 최상부에 가공지선을 설치하고 있다.
(1) 직격뢰 및 유도뢰에 대해 정전차폐 및 전자차폐 효과
(2) 통신선의 유도장해를 경감
※ 코로나 방지를 위해서는 복도체 사용한다.

25 □□□

전력 원선도에서 구할 수 없는 것은?

① 송 · 수전할 수 있는 최대 전력
② 필요한 전력을 보내기 위한 송 · 수전단 전압 간의 상차각
③ 선로 손실과 송전 효율
④ 과도 극한전력

전력 원선도

원선도 작성에 필요 사항	원선도로 알 수 있는 사항
㉠ 일반 회로정수 (4단자 정수 = B) ㉡ 송·수전단 전압 ㉢ 송·수전단 전압간 상차각	㉠ 송·수전단 전압간의 상차각 ㉡ 송·수전할 수 있는 최대전력 ㉢ 송전손실 및 송전효율 ㉣ 수전단의 역률 ㉤ 조상설비 용량

26 □□□

파동임피던스가 300[Ω]인 가공송전선 1[km]당의 인덕턴스는 몇 [mH/km]인가? (단, 저항과 누설 콘덕턴스는 무시한다.)

① 0.5 ② 1
③ 1.5 ④ 2

특성임피던스(파동임피던스 Z_0)

특성임피던스 $Z_0 = \sqrt{\dfrac{L}{C}}\,[\Omega]$,

$Z_0 = 138\log_{10}\dfrac{D}{r}$ 이다.

$Z_0 = 300\,[\Omega]$이므로

$Z_0 = 138\log_{10}\dfrac{D}{r} = 300$ 되고 $\log_{10}\dfrac{D}{r} = \dfrac{300}{138}$ 된다.

∴ 인덕턴스 $L = 0.4605 \times \dfrac{300}{138} = 1\,[\text{mH/km}]$

정답 23 ② 24 ④ 25 ④ 26 ②

27 □□□

유효낙차 100[m], 최대 사용수량 20[m^3/s], 수차효율 70%인 수력 발전소의 연간 발전전력량은 약 몇 [kWh]인가? (단, 발전기의 효율은 85[%]라고 한다.)

① 2.5×10^7　② 5×10^7
③ 10×10^7　④ 20×10^7

수력발전소 출력
$P_g = 9.8\,QH\eta_0 = 9.8QH\eta_t\eta_g$ 식에서
H : 유효낙차[m],
Q = 유량[m^3 /sec],
η_t = 수차효율[%],
η_g = 발전기효율[%]
$H = 100\,[\text{m}]$, $Q = 20\,[\text{m}^3\ /\text{sec}]$, $\eta_t = 70\,[\%]$,
$\eta_g = 85\,[\%]$일 이므로
$P_g = 9.8\times20\times100\times0.7\times0.85 = 11662\,[\text{kW}]$,
$T = 365\times24 = 8760\,[\text{H}]$이다
연간 발전량은 $W = P\times T\,[\text{KWh}]$ 이므로
$\therefore\ w = 11662\times8760 = 10\times10^7\,[\text{kWh}]$

28 □□□

수력발전소에서 사용되고, 횡축에 1년 365일을 종축에 유량을 표시한 유황곡선이란?

① 유량이 적은 것부터 순차적으로 배열하여 이들 점을 연결한 것이다.
② 유량이 큰 것부터 순차적으로 배열하여 이들 점을 연결한 것이다.
③ 유량의 월별 평균값을 구하여 선으로 연결한 것이다.
④ 각 월에 가장 큰 유량만을 선으로 연결한 것이다.

유황곡선
유황곡선이란 유량도를 이용하여 횡축에 일수(365일)를, 종축에 유량을 취하여 매일의 유량 중 큰 것부터 작은 순으로 배열하여 그린 곡선이다. 이 곡선으로부터 하천의 유량 변동상태와 연간 총 유출량 및 풍수량, 평수량, 갈수량 등을 알 수 있게 된다. 따라서, 유황곡선이 수평이면 유량의 변동이 비교적 적다.

29 □□□

수력발전소의 분류 중 낙차를 얻는 방법에 의한 분류 방법이 아닌 것은?

① 댐식 발전소　② 수로식 발전소
③ 양수식 발전소　④ 유역 변경식 발전소

수력발전소의 종류

낙차를 얻는 방법	유량을 얻는 방법
수로식, 댐식, 댐·수로식, 유역 변경식	유입식, 저수지식, 양수식, 조정지식, 조력식

30 □□□

길이 20[km], 전압 20[kV], 주파수 60[Hz]인 1회선의 3상 지중송전선 정전용량이 0.5[μF/km]일 때, 이 송전선의 무부하 충전용량은 약 몇 [kVA]인가?

① 1412　② 1508
③ 1725　④ 1904

충전용량 (Q_c)
$Q_C = 3\omega CE^2\times10^{-3}\,[\text{KVA}]$
여기서, E : 상전압
$Q_c = 3\times2\pi\times60\times0.5\times10^{-6}$
$\times(\frac{20000}{\sqrt{3}})^2\times20\times10^{-3} = 1507.964\,[\text{KVA}]$

정답 27 ③ 28 ② 29 ③ 30 ②

31 □□□

154[kVA] 송전계통의 뇌에 대한 보호에서 절연강도의 순서가 가장 경제적이고 합리적인 것은?

① 피뢰기 → 변압기코일 → 기기부싱 → 결합콘덴서 → 선로애자
② 변압기코일 → 결합콘덴서 → 피뢰기 → 선로애자 → 기기부싱
③ 결합콘덴서 → 기기부싱 → 선로애자 → 변압기코일 → 피뢰기
④ 기기부싱 → 결합콘덴서 → 변압기코일 → 피뢰기 → 선로애자

절연협조
계통내의 각 기기 ,기구 및 애자 등의 상호 간에 적정한 절연 강도를 지니게 함으로써 계통 설계를 합리적 경제적으로 할 수 있게 한 것으로 피뢰기 제한전압을 절연협조의 기본으로 두고 있다.
※ 절연협조 순서
∴ 피뢰기 → 변압기코일 → 기기부싱 → 결합콘덴서 → 선로애자

32 □□□

송전단전압을 V_s, 수전단전압을 V_r, 선로의 리액턴스를 X라 할 때 정상 시의 최대 송전전력의 개략적인 값은?

① $\dfrac{V_s - V_r}{X}$　② $\dfrac{V_s^2 - V_r^2}{X}$
③ $\dfrac{V_s(V_s - V_r)}{X}$　④ $\dfrac{V_s \cdot V_r}{X}$

최대송전 전력
송전전력 $P_S = \dfrac{V_s V_r}{X} \sin\delta$[MW] 에서 최대 송전전력은 부하각 $\delta = 90°$ 에서 발생하므로, $\sin 90^0 = 1$이다
최대 송전전력 $P_S = \dfrac{V_s V_r}{X}$ 로 된다.

33 □□□

전력계통의 전압조정설비에 대한 특징으로 틀린 것은?

① 병렬콘덴서는 진상 능력만을 가지며 병렬리액터는 진상 능력이 없다.
② 동기조상기는 조정의 단계가 불연속적이나 직렬 콘덴서 및 병렬 리액터는 연속적이다.
③ 동기조상기는 무효전력의 공급과 흡수가 모두 가능하여 진상 및 지상 용량을 갖는다.
④ 병렬리액터는 경부하시에 계통전압이 상승하는 것을 억제하기 위하여 초고압 송전선 등에 설치된다.

조상설비 비교표

비교 대상	동기 조상기	전력용(병렬) 콘덴서	분로(병렬) 리액터
위상 관계	진상, 지상	진상	지상
조정의단계	연속적	불연속 (계단적)	불연속 (계단적)
시 (송)충전	가능	불가	불가
가 격	비싸다	싸다	싸다
안정도관계	증진	무관	무관

34 □□□

송전계통의 안정도 향상 대책이 아닌 것은?

① 계통의 직렬 리액턴스를 증가시킨다.
② 전압 변동을 적게 한다.
③ 고장시간, 고장전류를 적게 한다.
④ 고속도 재폐로 방식을 채용한다.

안정도 향상대책	방 법
(1) 리액턴스를 줄인다	· 승압공사 · 병렬회선수(복도체사용) 증가 · 단락비를 증가 · 발전기 및 변압기 리액턴스 감소 · 직렬콘덴서 설치
(2) 전압 변동률을 줄인다	· 중간 조상 방식 · 속응 여자방식 · 계통 연계
(3) 계통에 주는 충격을 경감한다	· 고속도 차단 · 고속도 재폐로 방식채용
(4) 고장전류의 크기를 줄인다	· 소호리액터 접지방식 · 고저항 접지

정답 31 ① 32 ④ 33 ② 34 ①

35 □□□

1선 지락 시에 지락전류가 가장 작은 송전계통은?

① 비접지식 ② 직접접지식
③ 저항접지식 ④ 소호리액터접지식

중성점 접지 방식의 지락전류 크기 비교

중성점 접지방식	지락전류의 크기
비접지	작다
직접접지	최대
저항접지	중간 정도
소호리액터접지	최소

36 □□□

154[kV] 송전선로의 철탑에 45[kA]의 직격 전류가 흘렀을 때 역섬락을 일으키지 않는 탑각 접지저항의 최고치는 약 몇 $[\Omega]$인가? (단, 154[kV]의 송전선에서 1련의 애자수를 9개 사용하였고, 이때 애자련의 섬락전압은 860[kV] 이다.)

① 35 ② 8
③ 19 ④ 28

역섬락을 일으키지 않는 탑각 접지 저항

$$R = \frac{\text{애자련의 섬락전압}}{\text{철탑의 직격전류(뇌전류)}} = [\Omega]$$

$$R = \frac{860}{45} = 19.11[\Omega]$$

37 □□□

3상용 차단기의 정격전압은 170[kV]이고 정격차단전류가 50[kA]일 때 차단기의 정격차단용량은 약 몇 [MVA]인가?

① 5000 ② 10000
③ 15000 ④ 20000

차단기 용량

차단용량 $P_s = \sqrt{3}$ ×차단기정격전압×차단기정격차단전류 =[VA] (단상용량은 $\sqrt{3}$ 이 없음)

이때 정격전압은 공칭전압 $\times \frac{1.2}{1.1}$ 로 계산된 값으로 이미 결정되어 있고, 정격차단전류는 단락전류를 기준으로 한다.

$\therefore P_s = \sqrt{3} \times 170 \times 50 = 14722 \fallingdotseq 15000$ [MVA]

38 □□□

3상 동기 발전기 단자에서의 고장 전류 계산 시 영상전류 i_0 정상전류 i_1 및 역상전류 i_2가 같은 경우는?

① 1선 지락 고장 ② 2선 지락 고장
③ 산간 단락 고장 ④ 3상 단락 고장

고장별 대칭분 해석에 필요한 성분 및 전류의 크기

고장의 종류	필요대칭분	전류의 크기
3상 단락	정상분	$I_1 \neq 0, I_2 = I_0 = 0$
선간 단락	정상분, 역상분	$I_1 = -I_2 \neq 0, I_0 = 0$
1선 지락	정상분, 역상분, 영상분	$I_0 = I_1 = I_2 \neq 0$

정답 35 ④ 36 ③ 37 ③ 38 ①

39 □□□

다음 중 영상변류기를 사용하는 계전기는?

① 과전류계전기 ② 저전압계전기
③ 지락과전류계전기 ④ 과전압계전기

지락계전기(= 접지계전기 : GR)
지락계전기(GR)는 영상변류기(ZCT) 2차측에 설치되는 계전기로서 영상전류가 검출되면 ZCT로부터 받은 신호에 의해 동작하는 계전기이다. 방향성이나 고장회선 선택차단 능력을 갖지 못하여 거의 사용하지 않으며 현재는 방향성이 있는 DGR(방향지락계전기)나 고장회선 선택차단능력이 있는 SGR(선택지락계전기)를 사용하고 있다.

40 □□□

송전선로의 정상임피던스를 Z_1, 역상임피던스를 Z_2, 영상임피던스를 Z_0이라 할 때 옳은 것은?

① $Z_1 = Z_2 = Z_0$ ② $Z_1 = Z_2 < Z_0$
③ $Z_1 > Z_2 = Z_0$ ④ $Z_1 < Z_2 = Z_0$

송전선로의 임피던스
송전 선로는 정지기이므로 정상 임피던스와 역상 임피던스는 같고($Z_1 = Z_2$) 영상분 보다는 (1회선의 경우 약 4배, 2회선의 경우 약 7배정도) 적다.
$\therefore Z_1 = Z_2 < Z_0$

3과목 : 전기기기

무료 동영상 강의 ▲

41 □□□

단상 유도전동기의 기동에 브러시를 필요로 하는 것은?

① 분상 기동형
② 반발 기동형
③ 콘덴서 분상 기동형
④ 세이딩 코일 기도형

단상 유도전동기의 반발기동형
회전자는 직류전동기의 전기자와 거의 같은 모양이며 기동 시에는 브러시를 통해 외부에서 단락된 반발전동기로 기동하므로 큰 기동토크를 얻을 수 있게 된다. 또한 기동 후 동기속도의 2/3 정도의 속도에 이르면 원심력에 의해 단락편이 이동하여 농형 단상 유도전동기로 운전하게 된다. 이 전동기는 기동, 역전 및 속도제어를 브러시의 이동만으로 할 수 있는 특징을 지니고 있다.

42 □□□

직류 복권발전기를 병렬운전할 때, 반드시 필요한 것은?

① 과부하계전기
② 균압선
③ 용량이 같을 것
④ 외부특성곡선이 일치할 것

균압선 접속
직류발전기를 병렬운전하려면 단자전압이 같아야 하는데 직권계자권선을 가지고 있는 직권발전기나 과복권발전기는 직권계자권선에서의 전압강하 불균일로 단자전압이 서로 다른 경우가 발생한다. 이 때문에 직권계자권선 말단을 굵은 도선으로 연결해 놓으면 단자전압을 균일하게 유지할 수 있다. 이 도선을 균압선이라 하며 직류발전기 병렬운전을 안정하게 하기 위함이 그 목적이다.

제4회 복원문제

정답 39 ③ 40 ② 41 ② 42 ②

43 □□□

전원전압 220[V]인 3상 반파정류회로에 SCR을 사용하여 위상제어를 할 때 제어각이 10° 이면 직류출력전압은 약 몇 [V]인가?

① 117　② 146
③ 216　④ 234

3상 반파 정류회로
3상 반파 정류회로의 직류전압은

$E_d = 1.17 E_a \cos\alpha$ [V], $E_a = \dfrac{V_a}{\sqrt{3}}$ [V] 식에서

$V_a = 220$ [V], $\alpha = 10°$ 이므로

$\therefore E_d = 1.17 \times \dfrac{V_a}{\sqrt{3}} \cos\alpha$

$= 1.17 \times \dfrac{220}{\sqrt{3}} \cos 10° = 146$ [V]

44 □□□

동기전동기에 관한 설명 중 옳은 것은?

① 기동 토크가 크다.
② 역률을 조정할 수 있다.
③ 난조가 일어나지 않는다.
④ 여자기가 필요 없다.

동기전동기의 장·단점

장점	단점
(1) 속도가 일정하다.	(1) 기동토크가 작다.
(2) 역률 조정이 가능하다.	(2) 속도 조정이 곤란하다.
(3) 효율이 좋다.	(3) 직류여자기가 필요하다.
(4) 공극이 크고 튼튼하다.	(4) 난조 발생이 빈번하다.

45 □□□

임피던스 전압강하가 5[%]인 변압기가 운전 중 단락되었을 때 단락전류는 정격전류의 몇 배가 되는가?

① 2　② 5
③ 10　④ 20

단락전류(I_s)
단락비 k_s, 단락전류 I_s, 정격전류 I_n, %임피던스 $\%Z$ 관계는

$k_s = \dfrac{100}{\%Z} = \dfrac{I_s}{I_n}$ 식에서

$\%Z = 5$ [%] 이므로

$\therefore I_s = \dfrac{100}{\%Z} I_n = \dfrac{100}{5} I_n = 20 I_n$

46 □□□

권선형 유도전동기의 전부하 운전 시 슬립이 4[%]이고 2차 정격전압이 150[V]이면 2차 유도기전력은 몇 [V]인가?

① 9　② 8
③ 7　④ 6

유도전동기의 운전시 유기기전력(E_{2s})과 주파수(f_{2s})
$E_{2s} = sE_2$ [V], $f_{2s} = sf_1$ [Hz] 식에서
$s = 4$ [%], $E_2 = 150$ [V] 이므로
$\therefore E_{2s} = sE_2 = 0.04 \times 150 = 6$ [V]

정답 43 ② 44 ② 45 ④ 46 ④

47 □□□

정격용량 10,000[kVA], 정격전압 6,000[V], 극수 12, 주파수 60[Hz], 1상의 동기 임피던스가 2[Ω]인 3상 동기발전기가 있다. 이 발전기의 단락비는 얼마인가?

① 1.0 ② 1.2
③ 1.4 ④ 1.8

단락비(K_s), %동기임피던스(%Z_s) 관계

$K_s = \dfrac{100}{\%Z_s} = \dfrac{1}{\%Z_s\,[\text{p.u}]}$,

$\%Z_s = \dfrac{100}{K_s} = \dfrac{P[\text{kVA}]Z_s[\Omega]}{10\{V[\text{kV}]\}^2}\,[\%]$ 식에서

$P = 10{,}000\,[\text{kVA}]$, $V = 6\,[\text{kV}]$, $Z_s = 2\,[\Omega]$ 이므로

$\therefore\ K_s = \dfrac{1{,}000\,V^2}{PZ_s} = \dfrac{1{,}000 \times 6^2}{10{,}000 \times 2} = 1.8$

48 □□□

200[V], 60[Hz], 6극 10[kW]의 3상 유도전동기가 있다. 회전자 기전력의 주파수가 3[Hz]일 때 전부하시의 회전수는 몇[rpm]인가?

① 960 ② 1,000
③ 1,140 ④ 1,200

유도전동기의 회전자 주파수(f_{2s})

$N_s = \dfrac{120f}{p}\,[\text{rpm}]$, $f_{2s} = sf_1\,[\text{Hz}]$,

$N = (1-s)N_s\,[\text{rpm}]$ 식에서

$V = 200\,[\text{V}]$, $f_1 = 60\,[\text{Hz}]$, $p = 6$, $P_0 = 10\,[\text{kW}]$,

$f_{2s} = 3\,[\text{Hz}]$일 때

$N_s = \dfrac{120f}{p} = \dfrac{120 \times 60}{6} = 1{,}200\,[\text{rpm}]$,

$s = \dfrac{f_{2s}}{f_1} = \dfrac{3}{60} = 0.05$ 이므로

$\therefore\ N = (1-s)N_s = (1-0.05) \times 1{,}200 = 1{,}140\,[\text{rpm}]$

49 □□□

단상 반파 정류회로의 정류효율은?

① $\dfrac{4}{\pi^2} \times 100\,[\%]$ ② $\dfrac{\pi^2}{4} \times 100\,[\%]$
③ $\dfrac{8}{\pi^2} \times 100\,[\%]$ ④ $\dfrac{\pi^2}{8} \times 100\,[\%]$

단상 반파 정류회로의 정류효율(η)

교류의 입력전력 P_a, 직류의 출력전력 P_d라 하면

$\eta = \dfrac{P_d}{P_a} \times 100\,[\%]$ 식에서

$P_a = I^2R = \left(\dfrac{I_m}{2}\right)^2 R = \dfrac{I_m^2}{4}R$

$P_d = I_d^2R = \left(\dfrac{I_m}{\pi}\right)^2 R = \dfrac{I_m^2}{\pi^2}R$ 이므로

$\therefore\ \eta = \dfrac{P_d}{P_a} \times 100 = \dfrac{\dfrac{I_m^2}{\pi^2}R}{\dfrac{I_m^2}{4}R} \times 100 = \dfrac{4}{\pi^2} \times 100\,[\%]$

50 □□□

변류비 100/5[A]의 변류기(CT)와 변류기 2차측에 접속된 전류계를 사용해서 부하전류를 측정한 경우 전류계의 지시가 4[A]이었다. 이때 부하전류는 몇 [A]인가?

① 20[A] ② 40[A]
③ 60[A] ④ 80[A]

변류기(CT)

변류기의 변류비는 CT비$= \dfrac{I_1}{I_2}$ 이므로 CT 2차측 전류계에 흐르는 전류를 알면 CT 1차측 부하전류를 알 수 있다.

CT비$= 100/5$, $I_2 = 4\,[\text{A}]$ 이므로

$\therefore\ I_1 = \text{CT비} \times I_2 = \dfrac{100}{5} \times 4 = 80\ [\text{A}]$

정답 47 ④ 48 ③ 49 ① 50 ④

51 □□□

단상 직권 정류자전동기에서 주자속의 최대치를 ϕ_m, 자극수를 P, 전기자 병렬회로수를 a, 전기자 총도체수를 Z, 전기자의 속도를 N[rpm]이라 하면 속도기전력의 실효값 E_r[V]은? (단, 주자속은 정현파이다.)

① $E_r = \sqrt{2}\dfrac{P}{a}Z\dfrac{N}{60}\phi_m$

② $E_r = \dfrac{1}{\sqrt{2}}\dfrac{P}{a}ZN\phi_m$

③ $E_r = \dfrac{P}{a}Z\dfrac{N}{60}\phi_m$

④ $E_r = \dfrac{1}{\sqrt{2}}\dfrac{P}{a}Z\dfrac{N}{60}\phi_m$

속도기전력(E)

$E = \dfrac{PZ\phi N}{60a} = \dfrac{1}{\sqrt{2}} \cdot \dfrac{PZ\phi_m N}{60a}$ [V]

52 □□□

5[kVA], 3,000/200[V]의 변압기의 단락시험에서 임피던스 전압 120[V], 임피던스 와트 150[W]라 하면 %저항강하는 약 몇 [%]인가?

① 2 ② 3
③ 4 ④ 5

%저항강하(p)

임피던스 와트(P_s)란 임피던스 전압을 인가한 상태에서 발생하는 변압기 내부 동손(저항손)을 의미하며

$P_s = I_1^{\,2} r_{12}$ [W]이다.

또한 임피던스 와트는 %저항강하(p)를 계산하는데 필요한 값으로서 정격용량(P_n)과의 비로서 정의된다.

$p = \dfrac{I_2 r_2}{V_2} \times 100 = \dfrac{I_1 r_{12}}{V_1} \times 100 = \dfrac{I_1^{\,2} r_{12}}{V_1 I_1} \times 100$

$= \dfrac{P_s}{P_n} \times 100$ [%] 식에서

권수비 $a = \dfrac{V_1}{V_2} = \dfrac{3,300}{210}$, 용량 $P_n = 5$ [kVA],

$V_s = 120$ [V], $P_s = P_c = 150$ [W] 이므로

$\therefore\ p = \dfrac{P_s}{P_n} \times 100 = \dfrac{150}{5 \times 10^3} \times 100 = 3$ [%]

53 □□□

유도전동기를 60[Hz], 600[rpm]인 동기전동기에 직결하여 동기전동기를 기동하는 경우 유도전동기의 적당한 극수는?

① 4극 ② 8극
③ 10극 ④ 12극

유도전동기의 극수

같은 극수로 기동할 경우 유도기는 동기속도보다 sN_s만큼 늦기 때문에 유도전동기의 극수를 동기전동기의 극수보다 2극 적은 것을 사용하여야 한다. 따라서 동기전동기의 극수를 구해 보면

$N_s = \dfrac{120f}{p}$ [rpm] 식에서

$f = 60$ [Hz], $N = 600$ [rpm]일 때

$p = \dfrac{120f}{N_s} = \dfrac{120 \times 60}{600} = 12$극 이므로

∴ 유도전동기의 극수는 10극이다.

54 □□□

60[Hz] 6극 10[kW]인 유도전동기가 슬립 5[%]로 운전할 때 2차의 동손이 500[W]이다. 이 전동기의 전부하시의 토크[N·m]는?

① 약 4.3 ② 약 8.5
③ 약 41.8 ④ 약 83.7

유도전동기의 토크(τ)

기계적 출력 P_0, 회전자 속도 N, 2차 입력 P_2, 동기속도 N_s라 하면

$\tau = 9.55\dfrac{P_0}{N}$ [N·m] $= 0.975\dfrac{P_0}{N}$ [kg·m]

$= 9.55\dfrac{P_2}{N_s}$ [N·m] $= 0.975\dfrac{P_2}{N_s}$ [kg·m] 식에서

$f = 60$ [Hz], 극수 $p = 6$, $P_0 = 10$ [kW], $s = 5$ [%], $P_{c2} = 500$ [W]일 때

$N = (1-s)N_s = (1-s)\dfrac{120f}{p}$

$= (1-0.05) \times \dfrac{120 \times 60}{6} = 1,140$ [rpm] 이므로

$\therefore\ \tau = 9.55\dfrac{P_0}{N} = 9.55 \times \dfrac{10 \times 10^3}{1,140} = 83.7$ [N·m]

정답 51 ④ 52 ② 53 ③ 54 ④

55 □□□

포화하고 있지 않은 직류발전기의 회전수가 4배 증가되었을 때 기전력을 전과 같은 값으로 하려면 여자를 속도 변화 전에 비해 얼마로 하여야 하는가?

① $\frac{1}{2}$ ② $\frac{1}{3}$

③ $\frac{1}{4}$ ④ $\frac{1}{8}$

직류발전기의 유기기전력(E)

$E = K\phi N$ [V]이므로 기전력이 일정한 경우 ϕ(자속 : 여자)와 N(회전수)은 반비례 관계가 성립된다.

$\therefore \phi \propto \frac{1}{N}$이면 ϕ는 $\frac{1}{4}$배 감소한다.

56 □□□

동기발전기의 안정도를 증진시키기 위한 대책이 아닌 것은?

① 속응 여자 방식을 사용한다.
② 정상 임피던스를 작게 한다.
③ 역상 · 영상 임피던스를 작게 한다.
④ 회전자의 플라이 휠 효과를 크게 한다.

동기기의 안정도 개선책

(1) 단락비를 크게 한다.
(2) 관성 모멘트 및 플라이 휠 효과를 크게 한다.
(3) 조속기 성능을 개선한다.
(4) 속응여자방식을 채용한다.
(5) 동기 임피던스(또는 정상 임피던스)를 작게 한다.
(6) 역상, 영상 임피던스를 크게 한다.

57 □□□

변압기 여자회로의 어드미턴스 Y_0[℧]를 구하면? (단, I_0는 여자전류, I_i는 철손전류, I_ϕ는 자화전류, g_0는 콘덕턴스, V_1는 인가전압이다.)

① $\frac{I_0}{V_1}$ ② $\frac{I_i}{V_1}$

③ $\frac{I_\phi}{V_1}$ ④ $\frac{g_0}{V_1}$

여자어드미턴스(Y_0)

$I_i = g_0 V_1$ [A], $I_\phi = b_0 V_1$ [A],

$I_0 = I_i - jI_\phi = g_0 V_1 - j b_0 V_1$

$= (g_0 - j b_0) V_1 = Y_0 V_1$ [A] 식에서

$\therefore Y_0 = g_0 - j b_0 = \frac{I_0}{V_1}$ [℧]

58 □□□

부하전류가 크지 않을 때 직류 직권전동기 발생토크는? (단, 자기회로가 불포화인 경우이다.)

① 전류의 제곱에 반비례한다.
② 전류에 반비례한다.
③ 전류에 비례한다.
④ 전류의 제곱에 비례한다.

직권전동기의 토크 특성(단자전압이 일정한 경우)

직권전동기는 전기자와 계자회로가 직렬접속되어 있어 $I = I_a = I_f \propto \phi$ 이므로

$\tau = k\phi I_a \propto {I_a}^2$임을 알 수 있다.

∴ 직권전동기의 토크(τ)는 전기자전류(I_a)의 제곱에 비례한다.

정답 55 ③ 56 ③ 57 ① 58 ④

59 □□□

2대의 3상 동기발전기가 무부하 병렬운전하고 있을 때 대응하는 기전력 사이에 60°의 위상차가 있다면 한 쪽 발전기에서 다른 쪽 발전기에 공급되는 전력은 약 몇 [kW]인가? (단, 각 발전기의 기전력(선간)은 3,300[V], 동기 리액턴스는 5[Ω]이고, 전기자 저항은 무시한다.)

① 181　② 314
③ 363　④ 720

수수전력(P)
$\delta = 60°$, $V = 3,300$ [V], $x_s = 5$ [Ω]이므로

$$\therefore P_s = \frac{E_A^{\,2}}{2x_s}\sin\delta = \frac{\left(\frac{V}{\sqrt{3}}\right)^2}{2x_s}\sin\delta$$

$$= \frac{\left(\frac{3,300}{\sqrt{3}}\right)^2}{2\times 5}\times \sin 60° \times 10^{-3}$$

$$= 314 \text{ [kW]}$$

60 □□□

직류발전기의 정류 초기에 전류변화가 크며 이때 발생되는 불꽃정류로 옳은 것은?

① 과정류　② 직선정류
③ 부족정류　④ 정현파정류

정류특성의 종류
(1) 직선정류 : 가장 이상적인 정류특성으로 불꽃없는 양호한 정류곡선이다.
(2) 정현파 정류 : 보극을 적당히 설치하면 전압정류로 유도되어 정현파 정류가 되며 평균리액턴스전압을 감소시키고 불꽃없는 양호한 정류를 얻을 수 있다.
(3) 부족정류 : 정류주기의 말기에서 전류변화가 급격해지고 평균리액턴스전압이 증가하며 정류가 불량해진다. 이 경우 불꽃이 브러시의 후반부에서 발생한다.
(4) 과정류 : 정류주기의 초기에서 전류변화가 급격해지고 불꽃이 브러시의 전반부에서 발생한다.

4과목 : 회로이론 및 제어공학

무료 동영상 강의 ▲

61 □□□

2단자 임피던스 함수 $Z(s)$가 $Z(s) = \frac{(s+3)}{(s+4)(s+5)}$ 일 때의 영점은?

① 4, 5　② −4, −5
③ 3　④ −3

극점과 영점
영점이란 $Z(s) = 0$ [Ω]을 만족해야 하므로 $s+3=0$이 되어야 한다.
$\therefore s = -3$

62 □□□

대칭 n상에서 선전류와 상전류 사이의 위상차는 어떻게 되는가?

① $\frac{n}{2}\left(1-\frac{\pi}{2}\right)$ [rad]　② $\frac{\pi}{2}\left(1-\frac{\pi}{2}\right)$ [rad]
③ $1\left(1-\frac{2}{n}\right)$ [rad]　④ $\frac{\pi}{2}\left(1-\frac{2}{n}\right)$ [rad]

다상교류의 위상관계
대칭 n상에서 선전류와 상전류 사이의 위상관계는 $\frac{\pi}{2}\left(1-\frac{2}{n}\right)$만큼의 위상차가 발생한다.

정답 59 ② 60 ① 61 ④ 62 ④

63 □□□

그림과 같은 RLC회로에서 입력전압 $e_i(t)$, 출력전류가 $i(t)$인 경우 이 회로의 전달함수 $\frac{I(s)}{E_i(s)}$는?

① $\frac{Cs}{RCs^2+LCs+1}$

② $\frac{1}{RCs^2+LCs+1}$

③ $\frac{Cs}{LCs^2+RCs+1}$

④ $\frac{1}{LCs^2+RCs+1}$

R L $e_i(t)$ $i(t)$ C

전달함수 $G(s)$

$$E_i(s)=\left(R+Ls+\frac{1}{Cs}\right)I(s)$$

$$\therefore\ G(s)=\frac{I(s)}{E_i(s)}=\frac{1}{R+Ls+\frac{1}{Cs}}$$

$$=\frac{Cs}{LCs^2+RCs+1}$$

64 □□□

전압 $v(t)=14.14\sin\omega t+7.07\sin\left(3\omega t+\frac{\pi}{6}\right)$[V]의 실효값은 약 몇 [V]인가?

① 3.87　② 11.2
③ 15.8　④ 21.2

비정현파의 실효값

$v=14.14\sin\omega t+7.07\sin\left(3\omega t+\frac{\pi}{6}\right)$ [V]일 때

$V_{m1}=14.14$ [V], $V_{m3}=7.07$ [V] 이므로

실효값 V는

$$\therefore\ V=\sqrt{\left(\frac{V_{m1}}{\sqrt{2}}\right)^2+\left(\frac{V_{m3}}{\sqrt{2}}\right)^2}$$

$$=\sqrt{\left(\frac{14.14}{\sqrt{2}}\right)^2+\left(\frac{7.07}{\sqrt{2}}\right)^2}=11.2\ [\text{V}]$$

65 □□□

2전력계법을 이용한 평형 3상 회로의 전력이 각각 500[W] 및 300[W]로 측정되었을 때, 부하의 역률은 약 몇 [%]인가?

① 70.7　② 87.7
③ 89.2　④ 91.8

2전력계법에서 역률

$$\cos\theta=\frac{W_1+W_2}{2\sqrt{W_1^{\,2}+W_2^{\,2}-W_1W_2}}\times 100$$

$$=\frac{500+300}{2\sqrt{500^2+300^2-500\times 300}}\times 100$$

$$=91.8\ [\%]$$

66 □□□

선로의 직렬 임피던스 $Z=R+j\omega L[\Omega]$, 병렬 어드미턴스가 $Y=G+j\omega C$[℧]일 때 선로의 저항 R과 콘덕턴스 G가 동시에 0이 되었을 때 전파정수는?

① $j\omega\sqrt{LC}$　② $j\omega\sqrt{\frac{C}{L}}$

③ $j\omega\sqrt{L^2C}$　④ $j\omega\sqrt{\frac{L}{C^2}}$

무손실선로의 전파정수

$R=0$, $G=0$인 조건은 무손실 선로를 의미하므로 전파정수에 대입하면

$$\therefore\ \gamma=\sqrt{ZY}=\sqrt{(R+j\omega L)(G+j\omega C)}$$

$$=j\omega\sqrt{LC}$$

정답 63 ③ 64 ② 65 ④ 66 ①

67 □□□

대칭좌표법에서 불평형률을 나타내는 것은?

① $\frac{영상분}{정상분}\times 100$　　② $\frac{정상분}{역상분}\times 100$

③ $\frac{정상분}{영상분}\times 100$　　④ $\frac{역상분}{정상분}\times 100$

불평형률

대칭좌표법에서 불평형률이란 정상분에 대하여 역상분의 크기에 의해 결정되는 계수이며 고장이나 사고의 정도 또는 3상의 밸런스를 표현하는 척도라 할 수 있다.

$\therefore$ 불평형률 $= \frac{역상분}{정상분}\times 100[\%]$

68 □□□

회로에서 6[Ω]에 흐르는 전류[A]는?

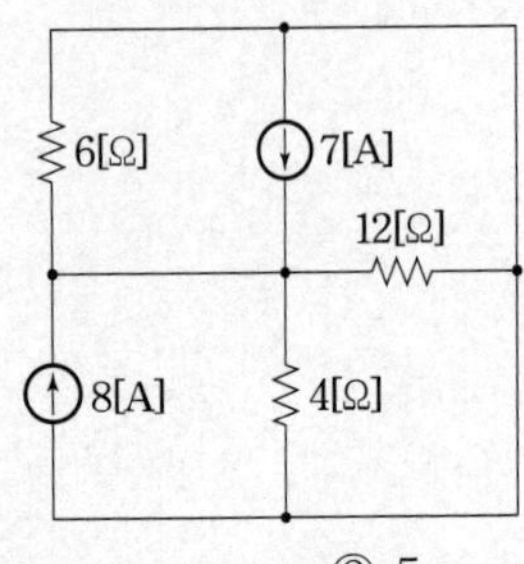

① 2.5　　② 5

③ 7.5　　④ 10

중첩의 원리

먼저 저항 12[Ω]과 4[Ω]은 병렬 접속되어 있으므로 합성하면 $R' = \frac{12\times 4}{12+4} = 3[\Omega]$ 이므로

(1) 전류원 7[A]를 개방

전류원 8[A]에 의해 6[Ω]에 흐르는 전류 I'는

$I' = \frac{3}{6+3}\times 8 = \frac{8}{3}$ [A]

(2) 전류원 8[A]를 개방

전류원 7[A]에 의해 6[Ω]에 흐르는 전류 I''는

$I'' = \frac{3}{6+3}\times 7 = \frac{7}{3}$ [A]

I'와 I''의 전류 방향은 같으므로 6[Ω]에 흐르는 전체 전류 I는

$\therefore I = I' + I'' = \frac{8}{3} + \frac{7}{3} = 5$ [A]

69 □□□

그림과 같은 회로의 역률은 얼마인가?

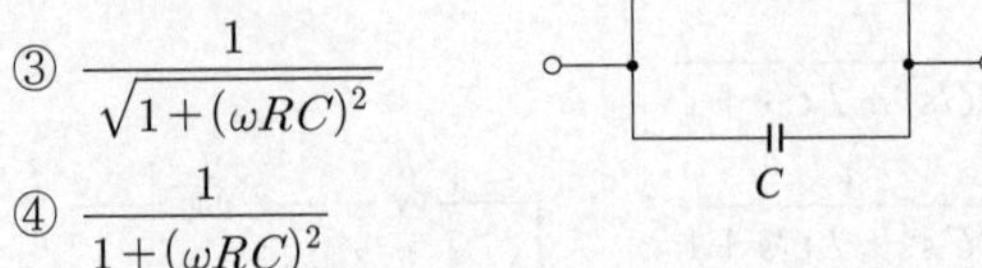

① $1+(\omega RC)^2$

② $\sqrt{1+(\omega RC)^2}$

③ $\frac{1}{\sqrt{1+(\omega RC)^2}}$

④ $\frac{1}{1+(\omega RC)^2}$

R-C 병렬회로의 역률($\cos\theta$)

$$\cos\theta = \frac{X_C}{\sqrt{R^2+X_C{}^2}} = \frac{\frac{1}{\omega C}}{\sqrt{R^2+\left(\frac{1}{\omega C}\right)^2}} = \frac{1}{\sqrt{1+(\omega RC)^2}}$$

70 □□□

RL 직렬회로에 직류전압 5[V]를 $t=0$에서 인가하였더니 $i(t) = 50(1-e^{-20\times 10^{-3}t})$ [mA]$(t \geq 0)$이었다. 이 회로의 저항을 처음 값의 2배로 하면 시정수는 얼마가 되겠는가?

① 10[msec]　　② 40[msec]

③ 5[sec]　　④ 25[sec]

R-L 과도현상

R-L 과도현상의 전류를 $i(t)$라 하면

$$i(t) = \frac{E}{R}(1-e^{-\frac{R}{L}t})$$

$$= 50\left(1-e^{-20\times 10^{-3}t}\right) \text{ [A] 식에서}$$

시정수는 $\tau = \frac{L}{R}$ [sec] 이므로

$\tau = \frac{1}{20\times 10^{-3}} = 50$ [sec]임을 알 수 있다.

또한 시정수는 저항에 반비례 하므로 저항을 2배로 증가시키면 시정수는 처음의 절반으로 감소하게 된다.

$\therefore \tau' = \frac{\tau}{2} = \frac{50}{2} = 25$ [sec]

정답 67 ④ 68 ② 69 ③ 70 ④

71 □□□

자동제어의 추치제어에 속하지 않는 것은?

① 프로세스제어　　② 추종제어
③ 비율제어　　④ 프로그램제어

자동제어계의 목표값에 의한 분류
(1) 정치제어 : 목표값이 시간에 관계없이 항상 일정한 제어
예) 연속식 압연기
(2) 추치제어 : 목표값의 크기나 위치가 시간에 따라 변하는 것을 제어
㉠ 추종제어 : 제어량에 의한 분류 중 서보 기구에 해당하는 값을 제어한다.
예) 비행기 추적레이더, 유도미사일
㉡ 프로그램제어 : 미리 정해진 시간적 변화에 따라 정해진 순서대로 제어한다.
예) 무인 엘리베이터, 무인 자판기, 무인 열차
㉢ 비율제어

72 □□□

다음은 주어진 함수에 대한 라플라스 변환의 결과를 제시한 것이다. 이 중에서 틀린 것은?

① $\mathcal{L}[e^{-at}]=\dfrac{1}{s+a}$　　② $\mathcal{L}[\delta(t-T)]=e^{-Ts}$
③ $\mathcal{L}[u(t-T)]=\dfrac{1}{s}e^{-Ts}$　　④ $\mathcal{L}[t^n]=\dfrac{n!}{s}$

라플라스 변환
$\therefore\ \mathcal{L}[t^n]=\dfrac{n!}{s^{n+1}}$

73 □□□

어떤 제어계의 전달함수가 $G(s)=\dfrac{2s+1}{s^2+s+1}$ 로 표시될 때, 이 계에 입력 $x(t)$를 가했을 경우 출력 $y(t)$를 구하는 미분방정식으로 알맞은 것은?

① $\dfrac{d^2y}{dt^2}+\dfrac{dy}{dt}+y=2\dfrac{dy}{dx}+x$

② $\dfrac{d^2y}{dt^2}+\dfrac{dy}{dt}+y=2\dfrac{dx}{dt}+x$

③ $\dfrac{d^2x}{dt}+\dfrac{dy}{dt}+y=2\dfrac{dx}{dt}+x$

④ $\dfrac{d^2y}{dt}+\dfrac{dy}{dx}+y=2\dfrac{dx}{dt}+x$

미분방정식
$\dfrac{Y(s)}{X(s)}=\dfrac{2s+1}{s^2+s+1}$
$s^2Y(s)+sY(s)+Y(s)=2sX(s)+X(s)$
위 식을 양 변 모두 라플라스 역변환하면
$\therefore\ \dfrac{d^2y}{dt^2}+\dfrac{dy}{dt}+y=2\dfrac{dx}{dt}+x$

74 □□□

전달함수 $G(s)=\dfrac{10}{s^2+3s+2}$ 으로 표시되는 제어 계통에서 직류 이득은 얼마인가?

① 1　　② 2
③ 3　　④ 5

직류이득(g)
$G(j\omega)=\dfrac{10}{(j\omega)^2+3(j\omega)+2}$ 일 때
직류에서는 $\omega=0$이므로 직류이득(g)은
$\therefore\ g=|G(j\omega)|_{\omega=0}=\left|\dfrac{10}{(j\omega)^2+3(j\omega)+2}\right|_{\omega=0}$
$=5$

정답 71 ① 72 ④ 73 ② 74 ④

75 □□□

전달함수 $\frac{C(s)}{R(s)} = \frac{1}{4s^2+3s+1}$ 인 제어계는 다음 중 어느 경우인가?

① 과제동 ② 부족제동
③ 임계제동 ④ 무제동

2차계의 전달함수

$$G(s) = \frac{1}{4s^2+3s+1} = \frac{\frac{1}{4}}{s^2+\frac{3}{4}s+\frac{1}{4}}$$ 이므로

$$G(s) = \frac{\omega_n^2}{s^2+2\zeta\omega_n s+\omega_n^2}$$ 식에서

$2\zeta\omega_n = \frac{3}{4}$, $\omega_n^2 = \frac{1}{4}$ 일 때

$\omega_n = \frac{1}{2}$, $\zeta = \frac{3}{4} = 0.75$ 이다.

$\therefore \zeta < 1$ 이므로 부족제동되었다.

77 □□□

다음의 신호 흐름 선도에서 $\frac{C}{R}$ 는?

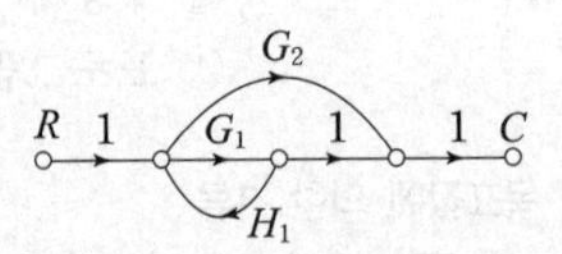

① $\frac{G_1+G_2}{1-G_1H_1}$ ② $\frac{G_1G_2}{1-G_1H_1}$
③ $\frac{G_1+G_2}{1+G_1H_1}$ ④ $\frac{G_1G_2}{1+G_1H_1}$

신호흐름선도의 전달함수(메이슨 정리)

$L_{11} = G_1H_1$, $\Delta = 1-L_{11} = 1-G_1H_1$

$M_1 = G_1$, $M_2 = G_2$, $\Delta_1 = 1$, $\Delta_2 = 1$

$$\therefore G(s) = \frac{M_1\Delta_1 + M_2\Delta_2}{\Delta} = \frac{G_1+G_2}{1-G_1H_1}$$

참고 메이슨 정리

L_{11} : 각각의 루프이득

Δ : 1−(각각의 루프이득의 합)+(두 개의 비접촉 루프이득의 곱의 합)−(세 개의 비접촉 루프이득의 곱의 합)+⋯

M_1 : 전향이득

Δ_1 : 전향이득과 비접촉 루프이득의 Δ

$$G(s) = \frac{M_1\Delta_1}{\Delta}$$

76 □□□

$G(s)H(s) = \frac{K}{s^2(s+1)^2}$ 에서 근궤적의 수는?

① 4 ② 2
③ 1 ④ 0

근궤적의 수

근궤적의 가지수(지로수)는 다항식의 차수와 같거나 특성방정식의 차수와 같다. 또는 특성방정식의 근의 수와 같다. 또한 개루프 전달함수 $G(s)H(s)$ 의 극점과 영점 중 큰 개수와 같다.

극점 : $s=0$, $s=0$, $s=-1$, $s=-1 \rightarrow n=4$

영점 : $m=0$

∴ 근궤적의 수 = 4개

78 □□□

다음과 같은 $I(s)$ 의 초기값 $i(0^+)$ 가 바르게 구해진 것은?

$$I(s) = \frac{12}{s(s+6)}$$

① 2 ② 12
③ 0 ④ 6

초기값 정리

$$i(0) = \lim_{t\to 0} i(t) = \lim_{s\to\infty} sI(s) = \lim_{s\to\infty}\frac{12s}{2s(s+6)}$$

$$= \lim_{s\to\infty}\frac{12}{2(s+6)} = \frac{12}{\infty} = 0$$

정답 75 ② 76 ① 77 ① 78 ③

79 □□□

그림과 같은 회로는 어떤 논리회로인가?

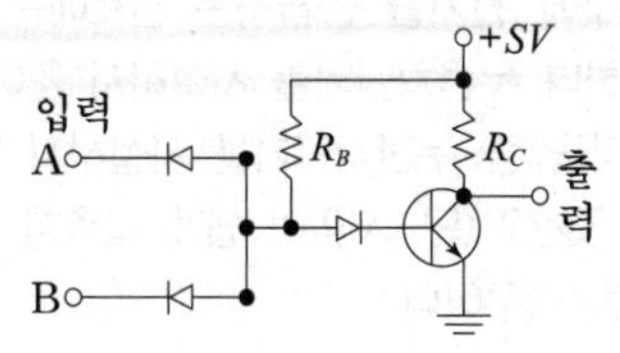

① AND 회로　② NAND 회로
③ OR 회로　④ NOR 회로

논리회로

트랜지스터는 베이스(B) 입력단자에 "H"가 가해지면 컬렉터(K) + 단자와 이미터(E) − 단자가 도통되어 출력의 레벨은 "L"이 된다. 따라서 출력레벨이 "H"가 되기 위해서는 B는 "L"이 되어야 하므로 입력 A, B는 둘 중 어느 하나라도 "L" 상태를 유지하고 있어야 한다.

A	B	AND	NAND
0	0	0	1
0	1	0	1
1	0	0	1
1	1	1	0

∴ 위 조건을 만족하는 논리회로는 NAND회로이다.

80 □□□

단위 피드백 제어계의 개루프 전달함수가 $G(s)H(s)$일 때 제어계의 특성방정식을 알맞게 표현된 것은?

① $G(s)H(s)=1$　② $G(s)H(s)=-1$
③ $G(s)+H(s)=0$　④ $G(s)-H(s)=0$

제어계의 특성방정식

단위 피드백 제어계의 개루프 전달함수가 $G(s)H(s)$인 경우 종합 전달함수 $G_0(s)$는

$G_0(s)=\dfrac{G(s)H(s)}{1+G(s)H(s)}$ 식에서

제어계의 특성방정식은 종합 전달함수의 분모항이 0이 되는 방정식을 의미하므로

특성방정식은 $1+G(s)H(s)=0$이 된다.

∴ $G(s)H(s)=-1$

5과목 : 전기설비기술기준 및 판단기준

무료 동영상 강의 ▲

81 □□□

수중 조명등에 시설하는 누전차단기에 대한 설명이다. 다음 (　)에 들어갈 내용으로 옳은 것은?

> 수중조명등의 절연변압기의 2차측 전로의 사용전압이 (㉠)[V]를 초과하는 경우에는 그 전로에 대해 지락이 생겼을 대에 자동적으로 전로를 차단하는 정격감도전류 (㉡)[mA]이하의 누전차단기를 시설하여야 한다.

① ㉠ 30 ㉡ 30　② ㉠ 30 ㉡ 15
③ ㉠ 60 ㉡ 150　④ ㉠ 60 ㉡ 300

수중 조명에 시설하는 누전차단기

수중조명등의 절연변압기의 2차측 전로의 사용전압이 30[V]를 초과하는 경우에는 그 전로에 지락이 생겼을 때에 자동적으로 전로를 차단하는 정격감도전류 30[mA] 이하의 누전차단기를 시설하여야 한다

82 □□□

연료전지 및 태양전지 모듈은 최대사용전압의 몇 배의 직류전압을 충전부분과 대지 사이에 연속하여 10분간 가하여 절연내력을 시험하였을 때에 이에 견디는 것이어야 하는가?

① 0.92　② 1.25
③ 1　④ 1.5

연료전지 및 태양전지 모듈의 절연내력

종 류	시험 전압	최저 시험전압	시험방법
연료전지 및 태양전지 모듈	교류 1배의 전압	500[V]	충전부분과 대지
	직류 1.5배의전압		

정답 79 ② 80 ② 81 ① 82 ④

83 □□□

가공전선로의 지지물에 시설하는 통신선 또는 이에 직접 접속하는 가공 통신선이 철도 또는 궤도를 횡단하는 경우 그 높이는 레일면상 몇 [m] 이상으로 하여야 하는가?

① 5　② 6.5
③ 3.5　④ 6

전력보안통신선의 시설 높이와 이격거리

가공통신선	가공전선로 지지물에 시설하는 경우	
	저·고압	특고압
도로 횡단	5[m] 단, 교통에 지장 없다 : 4.5[m]	6[m] 단, 교통에 지장 없다 : 5[m]	6[m]
철도 횡단	6.5[m]	6.5[m]	6.5[m]
횡단 보도	3[m]	3.5[m] 단, 절·케 : 3[m]	5[m] 단, 절·케 : 4[m]

84 □□□

뱅크용량이 20000[kVA]인 전력용 커패시터에 자동적으로 전로로부터 차단하는 보호장치를 시설하려고 할 때 시설하여야 할 보호장치가 아닌 것은?

① 과전류가 생긴 경우에 동작하는 장치
② 과전압이 생긴 경우에 동작하는 장치
③ 내부에 고장이 생긴 경우에 동작하는 장치
④ 절연유의 압력이 변화할 때 동작하는 장치

조상설비의 보호장치

기 기	용 량	사고의 종류	보호장치
전력용 콘덴서 · 분로리액터	500[KVA]넘고 1만5천[KVA] 미만	내부고장, 과전류	자동차난
	1만5천[KVA] 이상	내부고장, 과전류, 과전압	자동차단
조상기	1만5천[KVA] 이상	내부고장	자동차단

85 □□□

금속제 외함을 가지는 사용전압이 50[V]를 초과하는 저압의 기계기구에 전기를 공급하는 전로에는 누전차단기를 시설해야하나 누전차단기를 시설하지 않아도 되는 경우가 있다. 다음 중 누전차단기를 시설하지 않아도 되는 경우가 아닌 것은? (단, 사람이 쉽게 접촉할 우려가 있는 곳에 시설하는 경우이다.)

① 그 전로의 전원측에 절연변압기(2차 전압이 300[V] 이하인 경우에 한한다)를 시설하고 또한 그 절연 변압기의 부하측의 전로에 접지하지 아니하는 경우
② 대지전압이 180[V] 이하인 기계기구를 물기가 있는 곳 이외의 곳에 시설하는 경우
③ 기계기구가 유도전동기의 2차측 전로에 접속되는 것일 경우
④ 기계기구를 건조한 곳에 시설하는 경우

누전차단기의 시설

가. 금속제 외함을 가지는 사용전압이 50[V]를 초과하는 저압의 기계기구로서 사람이 쉽게 접촉할 우려가 있는 곳에 시설하는 것에 전기를 공급하는 전로

나. 누전차단기 시설 생략
(1) 기계기구를 발전소·변전소·개폐소 또는 이에 준하는 곳에 시설하는 경우
(2) 기계기구를 건조한 곳에 시설하는 경우
(3) 대지전압이 150[V] 이하인 기계기구를 건조한 장소에 시설하는 경우
(4) 이중절연구조의 기계기구를 시설하는 경우
(5) 전원 측에 절연변압기를 시설하고 또한 그 절연변압기의 부하측의 전로에 비접하는 경우
(6) 기계기구가 고무, 합성수지 기타 절연물로 피복된 경우
(7) 기계기구가 유도전동기의 2차측 전로에 접속되는 것일 경우

정답 83 ② 84 ④ 85 ②

86 □□□

지중전선로를 직접매설식에 의하여 시설하는 경우에는 매설깊이를 차량, 기타 중량물의 압력을 받을 우려가 있는 장소에서는 몇 [m] 이상으로 하면 되는가?

① 1.2　② 1.0
③ 0.6　④ 1.5

지중전선로의 시설
(1) 사용전선 : 케이블
(2) 종류 : 직접매설식, 관로식, 암거식
(3) 직접매설의 경우 케이블의 매설깊이
- 중량물의 압력을 받을 우려가 있는 곳 : 1.0[m] 이상
- 중량물의 압력을 받을 우려가 없는 곳 : 0.6[m] 이상

(4) 관로식의 경우 케이블의 매설깊이
- 관속에 넣어 시공하는 경우 : 1.0[m] 이상
- 기타의 장소 : 0.6[m] 이상

87 □□□

발전소·변전소·개폐소 또는 이에 준하는 곳에서 개폐기 또는 차단기에 사용하는 압축공기장치의 공기압축기는 최고 사용압력의 1.5배의 수압을 연속하여 몇 분간 가하여 시험을 하였을 때에 이에 견디고 또한 새지 아니하여야 하는가?

① 20　② 10
③ 5　④ 15

압축공기 계통
(1) 공기압축기는 최고 사용압력의 1.5배의 수압을 10분간 견딜 것.
(2) 사용압력에서 공기의 보급이 없는 상태로 개폐기 또는 차단기의 투입 및 차단을 계속하여 1회 이상 할 수 있는 용량을 가지는 것일 것
(3) 주 공기탱크는 사용압력의 1.5배 이상 3배 이하의 최고 눈금이 있는 압력계를 시설할 것

88 □□□

특고압 전로의 다중접지 지중 배전계통에 사용하는 동심중성선 전력케이블의 최대 사용전압은 몇 [kV] 이하이어야 하는가?

① 170　② 25.8
③ 72　④ 362

고압 및 특고압 케이블
특고압 전로의 다중접지 지중 배전계통에 사용하는 동심중성선 전력케이블의 최대사용전압은 25.8[kV] 이하일 것.

89 □□□

전기 울타리의 시설에 관한 내용 중 틀린 것은?

① 전선과 이를 저지하는 기둥 사이의 이격거리는 25[mm] 이상일 것
② 전기울타리는 사람이 쉽게 출입하지 아니하는 곳에 시설할 것
③ 전선은 인장강도 1.38[kN] 이상의 것 또는 지름 2.5[mm] 이상의 경동선일 것.
④ 전선과 다른 시설물(가공 전선을 제외) 또는 수목과의 이격거리는 0.3[m] 이상일 것

전기울타리
(1) 사람이 쉽게 출입하지 아니하는 곳에 시설할 것.
(2) 전선 : 2.0[mm] = 1.38[kN] 이상.
(3) 전선과 기둥 사이의 이격거리 : 25[mm] 이상.
(4) 전선과 수목과의 이격거리 : 0.3[m] 이상.

정답 86 ② 87 ② 88 ② 89 ③

90 □□□

사용전압이 400[V] 이하인 저압 가공전선은 케이블이나 절연전선인 경우를 제외하고 인장강도가 3.43[kN] 이상인 것 또는 지름이 몇 [mm] 이상이어야 하는가?

① 2.0　② 1.2
③ 3.2　④ 4.0

저압 가공전선의 굵기 및 종류

사용전압	전선의 굵기 및 종류
400[V] 이하	• 경동선 3.2[mm] = 3.43[kN] 이상 • 절연전선 2.6[mm] = 2.3[kN] 이상
사용전선	• 다심형 전선 • 절연전선 • 케이블 • 나전선(중성선)
400[V] 초과 고압 까지	• 시내 : 5.0[mm] = 8.01[kN] 이상 • 시외 : 4[mm] = 5.26[kN] 이상
사용전선	• 절연전선 [인입용 비닐절연전선(DV) 불가] • 케이블 사용

91 □□□

사용전압이 22.9[kV]인 전선로를 제 1종 특고압 보안공사로 시설할 경우 전선으로 경동연선을 사용한다면 그 단면적은 몇 [mm^2] 이상의 것을 사용하여야 하는가?

① 100　② 80
③ 38　④ 55

특고압 보안공사

제1종 특고압 보안공사 시 전선의 단면적

사용전압	전 선
100[KV] 미만	55[mm^2] = 21.67[kN] 이상
100[KV] 이상 300[KV] 미만	150[mm^2] = 58.84[kN] 이상
300[KV] 이상	200[mm^2] = 77.47[kN] 이상

92 □□□

IT 계통에서 사용가능한 감시장치와 보호장치 중 음향 및 시각신호를 갖추어야 하는 것은?

① 배선차단기　② 과전류보호장치
③ 절연감시장치　④ 누전차단기

IT계통

IT 계통은 감시 장치와 보호장치(① 절연 감시 장치 ② 누설전류 감시 장치 ③ 절연 고장점 검출장치 ④ 과전류 보호 장치 ⑤ 누전차단기) 를 사용할 수 있으며, 1차 고장이 지속되는 동안 작동되고, 절연 감시 장치는 음향 및 시각신호를 갖추어야 한다.

93 □□□

수도관로를 접지극으로 사용하기 위해 접지도체와 지중에 매설되어 있는 금속제 수도관로의 접속은 안지름 75[mm] 이상인 부분 또는 여기에서 분기한 안지름 75[mm] 미만인 분기점으로부터 5[m] 이내의 부분에 하며, 이때 수도관로와 대지 사이의 전기저항 값은 몇 [Ω] 이하의 값을 유지하고 있어야 하는가?

① 5　② 4
③ 3　④ 2

수도관 등을 접지극으로 사용하는 경우

(1) 대지와의 전기저항 값이 3[Ω] 이하인 경우
• 수도관로의 안지름이 75[mm] 이상인 부분에 접지.

(2) 분기한 수도관 안지름 75[mm] 미만인 경우
• 분기점으로부터 5[m] 이내의 부분에 접지한다.
(단, 저항값이 2[Ω] 이하인 경우 : 5[m]을 넘을 수 있다.)

정답 90 ③ 91 ④ 92 ③ 93 ③

94 □□□

154[kV]의 특고압 가공전선을 시가지에 시설하는 경우, 전선의 지표상의 높이는 최소 몇 [m] 이상으로 하여야 하는가?

① 13.44　　② 12
③ 15　　④ 11.44

시가지 등에서 특고압 가공전선로의 시설

사용 전압의 구분	지표상의 높이
35[KV] 이하	10[m] (단, 특별고압 절연전선 : 8[m])
35[KV] 초과	$\frac{10}{8}$) +(사용전압−3.5) ×0.12[m] = ? 10000[V]마다 12[cm]씩 가산한다. 사용전압과 기준전압을 10000[V]로 나눈다. (　)의 값을 먼저 계산 후 소수점이하는 절상한 다음 전체 계산한다.

• 지표상의 높이 = 10 + (15.4 − 3.5) × 0.12[m]
= 11.44[m]

95 □□□

고압 가공전선이 교류 전차선과 교차하는 경우, 고압 가공전선으로 케이블을 사용하는 경우 이외에는 단면적 몇 [mm^2] 이상의 경동연선(교류 전차선등과 교차하는 부분을 포함하는 경간에 접속점이 없는 것에 한한다.)을 사용하여야 하는가?

① 38　　② 30
③ 22　　④ 14

가공전선과 교류전차선 등의 접근 또는 교차
(1) 저압 가공전선을 케이블 사용
　: 35mm^2(19.61[kN]) 이상. 아연도강연선 사용
(2) 고압 가공전선은 케이블 이외
　: 38mm^2(14.51[kN])이상. 경동연선사용
(3) 고압 가공전선이 케이블 사용
　: 38mm^2(19.61[kN])이상. 아연도강연선 사용

96 □□□

주택의 전로 인입구에 <전기용품 및 생활용품 안전관리법>의 적용을 받는 감전보호용 누전차단기를 시설하는 경우 주택의 옥내전로(전기기계기구내의 전로를 제외한다)의 대지전압은 몇 [V] 이하로 하여야 하는가?
(단, 대지전압 150[V]를 초과하는 전로이다.)

① 400　　② 750
③ 300　　④ 600

옥내전로의 대지 전압의 제한
주택의 옥내전로(전기기계기구내의 전로를 제외한다)의 대지전압은 300[V] 이하이어야 한다. 또한 사용전압은 400[V] 이하여야 한다

97 □□□

배전설비 공사방법의 분류에 따른 케이블 트렁킹시스템에 속하지 않는 것은?

① 금속몰드공사　　② 금속트렁킹공사
③ 금속덕트공사　　④ 합성수지몰드공사

배전설비 공사의 종류

종류	공사방법
전선관 시스템	금속관 공사, 합성수지관 공사, 가요 전선관공사
케이블 트렁킹 시스템	금속몰드 공사, 합성수지몰드 공사, 금속트렁킹 공사
케이블 덕팅 시스템	금속 덕트공사, 셀룰러 덕트공사, 플로워 덕트공사

정답 94 ④ 95 ① 96 ③ 97 ③

98 □□□

전기철도 변전소의 용량에 대한 설명이다. 다음 ( )에 들어갈 내용으로 옳은 것은?

> 변전소의 용량은 급전구간별 정상적인 열차부하조건에서 ( )시간 최대출력 또는 순시 최대출력을 기준으로 결정하고, 연장급전 등 부하의 증가를 고려하여야 한다.

① 12　　② 5
③ 3　　④ 1

변전소의 용량
변전소의 용량은 급전 구간별 정상적인 열차부하 조건에서 1시간 최대출력 또는 순시 최대출력을 기준으로 결정하고, 연장급전 등 부하의 증가를 고려하여야 한다.

99 □□□

계통 연계용 보호장치의 시설에 대한 내용이다. 다음 ( )에 들어갈 내용으로 옳은 것은?

> 신·재생에너지를 이용하여 동일 전기사용장소에서 전기를 생산하는 합계 용량이 ( )[kW] 이하의 소규모 분산형전원 (단, 해당 구내계통 내의 전기사용 부하의 수전계약전력이 분산형 전원 용량을 초과하는 경우에 한한다)으로서 단독운전 방지기능을 가진 것을 단순 병렬로 연계하는 경우에는 역전력 계전기 설치를 생략할 수 있다.

① 50　　② 500
③ 100　　④ 25

계통 연계용 보호장치의 시설
단순 병렬운전 분산형 전원설비의 경우에는 역전력 계전기를 설치한다. 단, 「신에너지 및 재생에너지 개발·이용·보급촉진법」의 규정에 의한 신·재생에너지를 이용하여 동일 전기사용장소에서 전기를 생산하는 합계 용량이 50[kW] 이하의 소규모 분산형전원으로서 단독운전 방지기능을 가진 것을 단순 병렬로 연계하는 경우에는 역전력계전기 설치를 생략할 수 있다.

100 □□□

태양전지 발전소에 시설하는 태양전지 모듈, 전선 및 개폐기 기타 기구의 시설 기준에 대한 내용으로 틀린 것은?

① 배전설비 공사는 옥내에 시설하는 경우 합성수지관공사, 금속관공사, 금속제, 가요전선관공사 또는 케이블공사로 할 것
② 태양전지 모듈에 전선을 접속하는 경우에는 접속점에 장력이 가해지도록 할 것
③ 태양전지 모듈의 프레임은 지지물과 전기적으로 완전하게 접속하여야 한다.
④ 충전부분은 노출되지 아니하도록 시설할 것

태양전지 모듈, 전선 및 개폐기 기타 기구의 시설 기준
(1) 충전부분은 노출되지 아니하도록 시설할 것
(2) 전선은 공칭단면적 2.5[mm^2] 이상의 연동선
(3) 공사방법 : 합성수지관공사, 금속관공사, 금속제 가요전선관공사, 케이블공사
(4) 출력배선은 극성별로 확인 가능토록 표시할 것
(5) 태양전지 모듈의 프레임은 지지물과 전기적으로 완전하게 접속하고 접속점에 장력이 가해지지 않도록 할 것
(6) 태양전지 모듈을 병렬로 접속하는 전로에는 그 전로에 단락이 생긴 경우에 전로를 보호하는 과전류차단기 기타의 기구를 시설할 것

정답 98 ④ 99 ① 100 ②

CBT 시험대비

CBT 시험 19회를 100% 복원하여 재구성한

제5회 복원 기출문제

학습기간 월 일 ~ 월 일

1과목 : 전기자기학

무료 동영상 강의 ▲

01 □□□

자속밀도가 0.3[Wb/m²]인 평등자계 내에 5[A]의 전류가 흐르고 있는 길이 2[m]인 직선도체를 자계의 방향에 대하여 60°의 각도로 놓았을 때 이 도체가 받는 힘은 약 몇 [N]인가?

① 1.3 ② 2.6
③ 4.7 ④ 5.2

자계(장)내 도체에 전류 흐를시 도체에 힘이 작용하며 이를 플레밍의 왼손법칙이라하며 작용하는 힘은 $F = IBl\sin\theta = I\mu_o Hl\sin\theta = (\vec{I}\times\vec{B})l$ [N] 식에서
$B = 0.3$ [Wb/m²], $I = 5$ [A], $l = 2$ [m], $\theta = 60°$ 를 대입하면
$\therefore F = IBl\sin\theta = 5\times0.3\times2\times\sin60° = 2.6$ [N]

02 □□□

그림은 커패시터의 유전체 내에 흐르는 변위전류를 보여준다. 커패시터의 전극 면적을 $S(\mathrm{m}^2)$, 전극에 축적된 전하를 $q(\mathrm{C})$, 전극의 표면전하밀도를 $\sigma(\mathrm{C/m}^2)$, 전극 사이의 전속밀도를 $D(\mathrm{C/m}^2)$라 하면 변위 전류밀도 $i_d(\mathrm{A/m}^2)$는?

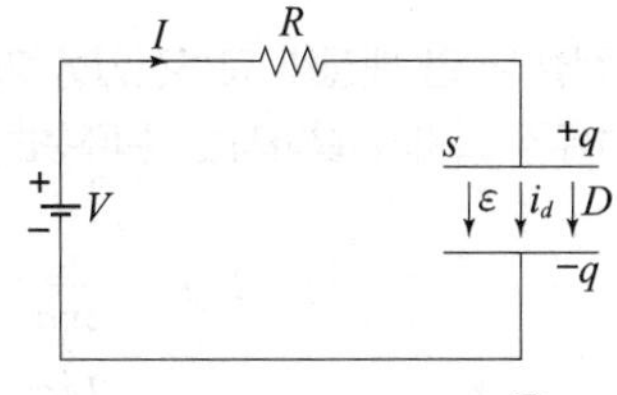

① $\dfrac{\partial D}{\partial t}$ ② $S\dfrac{\partial D}{\partial t}$
③ $\dfrac{1}{S}\dfrac{\partial D}{\partial t}$ ④ $\dfrac{\partial q}{\partial t}$

전속 밀도의 시간적 변화에 의해 유전체를 통해 흐르는 변위전류밀도 $i_d = \dfrac{\partial D}{\partial t}$ [A/m]

03 □□□

전류 분포가 도체의 표면 부근에 집중해서 전류가 흐르는 현상을 표피효과라 하는데 표피효과에 대한 설명으로 잘못된 것은?

① 도체에 교류가 흐르면 표면에서부터 중심으로 들어갈수록 전류밀도가 작아진다.
② 표피효과는 고주파일수록 심하다.
③ 표피효과는 도체의 전도도가 클수록 심하다.
④ 표피효과는 도체의 투자율이 작을수록 심하다.

표피효과의 특징
(1) 주파수가 높을수록 표피효과는 커진다.
(2) 투자율이 클수록 표피효과는 커진다.
(3) 도전율이 클수록 표피효과는 커진다.
(4) 도체의 단면적(전선의 굵기)이 클수록 표피효과는 커진다.
(5) 고유저항이 클수록 표피효과는 작아진다.

04 □□□

액체 유전체를 포함한 콘덴서 용량이 C[F]인 것에 V[V]의 전압을 가했을 경우에 흐르는 누설전류[A]는? (단, 유전체의 유전율은 ϵ[F/m], 고유저항은 ρ[Ω·m]이다.)

① $\dfrac{\rho\epsilon}{CV}$ ② $\dfrac{C}{\rho\epsilon V}$
③ $\dfrac{CV}{\rho\epsilon}$ ④ $\dfrac{\rho\epsilon V}{C}$

전기저항(R)과 정전용량(C)의 관계
$RC = \rho\epsilon = \dfrac{\epsilon}{k}$ 또는 $\dfrac{C}{G} = \rho\epsilon = \dfrac{\epsilon}{k}$ 이므로
누설전류 I는 $I = \dfrac{V}{R} = \dfrac{CV}{\rho\epsilon}$ [A]이다.

정답 01 ② 02 ① 03 ④ 04 ③

05 □□□

서로 같은 2개의 구도체에 동일 양의 전하를 대전시킨 후 20[cm] 떨어뜨린 결과 구도체에 서로 8.6×10^{-4}[N]의 반발력이 작용한다. 구도체에 주어진 전하는?

① 약 5.2×10^{-8}[C]
② 약 6.2×10^{-8}[C]
③ 약 7.2×10^{-8}[C]
④ 약 8.2×10^{-8}[C]

쿨롱의 법칙

$F=\dfrac{Q_1 Q_2}{4\pi\epsilon_0 r^2}=\dfrac{Q^2}{4\pi\epsilon_0 r^2}=9\times10^9\times\dfrac{Q^2}{r^2}$ [N] 식에서

$F=8.6\times10^{-4}$ [N], $r=20$ [cm],

$Q_1=Q_2=Q$[C]일 때

$$\therefore\ Q=\sqrt{\frac{Fr^2}{9\times10^9}}=\sqrt{\frac{8.6\times10^{-4}\times0.2^2}{9\times10^9}}$$

$=6.2\times10^{-8}$ [C]

06 □□□

질량(m)이 10^{-10}[kg]이고, 전하량(Q)이 10^{-8}[C]인 전하가 전기장에 의해 가속되어 운동하고 있다. 가속도가 $a=10^2 i+10^2 j$[m/s²]일 때 전기장의 세기 E[V/m]는?

① $E=10^4 i+10^5 j$　　② $E=i+10j$
③ $E=i+j$　　④ $E=10^{-6}i+10^{-4}j$

전계내에 전하를 놓았을 때 작용하는 힘은

$F=QE=ma$[N] 이므로

전계의 세기

$$E=\frac{ma}{Q}=\frac{10^{-10}\times(10^2 i+10^2 j)}{10^{-8}}=i+j\ [\text{V/m}]$$

07 □□□

유전체에서 변위 전류에 대한 설명으로 옳은 것은?

① 유전체의 굴절률이 2배가 되면 변위 전류의 크기도 2배가 된다.
② 변위 전류의 크기는 투자율의 값에 비례한다.
③ 변위 전류는 자계를 발생시킨다.
④ 전속밀도의 공간적 변화가 변위 전류를 발생시킨다.

변위전류는 전속밀도의 시간적변화로 유전체를 통해 흐르는 전류로서 자계를 발생한다.

08 □□□

1[kV]로 충전된 어떤 콘덴서의 정전에너지가 1[J]일 때, 이 콘덴서의 정전용량은 몇 [μF]인가?

① 2　　② 4
③ 6　　④ 8

콘덴서의 축적 에너지

$W=\dfrac{Q^2}{2C}=\dfrac{1}{2}CV^2=\dfrac{1}{2}QV$ [J] 에서

정전용량 $C=\dfrac{2W}{V^2}=\dfrac{2\times1}{(1\times10^3)^2}\times10^6=2$ [μF]

09 □□□

도전율 σ, 유전율 ϵ 인 매질에 교류전압을 가할 때 전도전류와 변위전류의 크기가 같아지는 주파수는?

① $f=\dfrac{\sigma}{2\pi\epsilon}$　　② $f=\dfrac{\epsilon}{2\pi\sigma}$
③ $f=\dfrac{2\pi\epsilon}{\sigma}$　　④ $f=\dfrac{2\pi\sigma}{\epsilon}$

전도전류 i_c 와 변위전류 i_d의 크기가 같을 때의 주파수 f 는

$i_d=i_c \Rightarrow \omega\epsilon E=kE \Rightarrow 2\pi f\varepsilon=k$

$\therefore\ f=\dfrac{k}{2\pi\epsilon}=\dfrac{\sigma}{2\pi\epsilon}$ [Hz]

정답 05 ② 06 ③ 07 ③ 08 ① 09 ①

10 □□□

자장내에 전하가 받는 힘에 대한 설명으로 틀린 것은?

① 자장에 놓여진 도선에 전류가 흐르면 도선이 힘을 받는다.
② 전계와 자계가 공존하는 공간에서 전하가 받는 힘을 로렌츠(Lorentz)힘으로 표현된다.
③ 자장내 전하가 받는 힘은 렌츠(Lentz)의 법칙에 따른다.
④ 자장에서는 전하의 이동속도에 따른 힘이 존재한다.

렌츠의 법칙은 전자유도에 의한 자속의 변화로 유기되는 유기기전력의 방향을 결정하는 법칙이므로 전하가 받는 힘과는 관계가 없다.

11 □□□

진공 중 반지름이 a[m]인 무한길이의 원통도체 2개가 간격 d[m]로 평행하게 배치되어 있다. 두 도체 사이의 정전용량[C]을 나타낸 것으로 옳은 것은?

① $\pi\epsilon_0 \ln\frac{d-a}{a}$
② $\frac{\pi\epsilon_0}{\ln\frac{d-a}{a}}$
③ $\pi\epsilon_0 \ln\frac{a}{d-a}$
④ $\frac{\pi\epsilon_0}{\ln\frac{a}{d-a}}$

평행도선 사이의 정전용량은

$$C = \frac{\pi\epsilon_0}{\ln\frac{d-a}{a}}\ [\mathrm{F/m}]$$

단, $a\,[\mathrm{m}]$: 도선의 반지름, $d\,[\mathrm{m}]$: 선간 거리

12 □□□

유전체 내의 전속밀도에 관한 설명 중 옳은 것은?

① 진전하만이다.
② 분극 전하만이다.
③ 겉보기 전하만이다.
④ 진저하와 분극 전하이다.

전속밀도 = 진전하밀도 $(D=\sigma)$
분극의 세기(분극도) = 분극전하밀도$(P=\sigma_P)$
따라서 전속밀도 D는 진전하 밀도 σ를 의미하고, 도체 전극에 공급된 진전하 원천이 된다.

13 □□□

비투자율 $\mu_s = 800$, 원형 단면적 $S = 10\,[\mathrm{cm}^2]$, 평균자로의 길이 $l = 8\pi\times 10^{-2}[\mathrm{m}]$ 인 환상철심에 600회의 코일을 감고 이것에 1[A]의 전류를 흘리면 철심 내부의 자속은 몇 [Wb]인가?

① 1.2×10^{-3}
② 1.2×10^{-5}
③ 2.4×10^{-3}
④ 2.4×10^{-5}

철심내 자속은 자기회로의 오옴의 법칙에 의해서

$$\phi = \frac{F}{R_m} = \frac{NI}{\frac{l}{\mu S}} = \frac{\mu_0\mu_s SNI}{l}$$

$$= \frac{(4\pi\times 10^{-7})\times 800\times(10\times 10^{-4})\times 600\times 1}{8\pi\times 10^{-2}}$$

$$= 2.4\times 10^{-3}[\mathrm{Wb}]$$

정답 10 ③ 11 ② 12 ① 13 ③

14 □□□

진공 중에 반지름이 $\frac{1}{50}$[m]인 도체구 A와 내외 반지름이 $\frac{1}{25}$[m] 및 $\frac{1}{20}$[m]인 도체구 B를 동심(동심)으로 놓고 도체구 A에 $Q_A = 4\times10^{-10}$[C]의 전하를 대전시키고 도체구 B의 전하를 0으로 했을 때 도체구 A의 전위는 약 몇 [V]인가?

① 112　② 132
③ 162　④ 182

$a=\frac{1}{50}$ [m], $b=\frac{1}{25}$ [m], $c=\frac{1}{20}$ [m],
$Q_A = 4\times10^{-10}$ [C] 이므로
A도체에만 $+Q$[C]으로 대전된 경우 A도체 전위는
$V_A = \frac{Q_A}{4\pi\epsilon_0}\left(\frac{1}{a}-\frac{1}{b}+\frac{1}{c}\right)$ [V] 식에서

$$\therefore\ V_A = \frac{Q}{4\pi\epsilon_0}\left(\frac{1}{a}-\frac{1}{b}+\frac{1}{c}\right)$$
$$=9\times10^9\times4\times10^{-10}\times(50-25+20)$$
$$=162\,[\text{V}]$$

15 □□□

무한 평판 전하에 의한 전계의 세기는?

① 거리와는 무관하다.
② 거리에 반비례한다.
③ 거리에 비례한다.
④ 거리의 제곱에 비례한다.

무한평면에서 전계의 세기는
$E=\frac{\rho_s}{2\epsilon_0}$ [V/m] 이므로
무한평면에서의 전계의 세기는 거리와 무관하다.

16 □□□

정전용량이 C[F]인 평행판 공기 콘덴서에 전극간격의 $1/2$인 유리판을 전극에 평행하게 넣으면 이때의 정전용량은 몇[F]인가? (단, 유리의 비유전율은 ϵ_s라 한다.)

① $\frac{2\epsilon_s C}{1+\epsilon_s}$　② $\frac{\epsilon_s C}{1+\epsilon_s}$
③ $\frac{(1+\epsilon_s)C}{2\epsilon_s}$　④ $\frac{3C_o}{1+\frac{1}{\epsilon_s}}$

공기 콘덴서에 판간격 반만 평행하게 채운 경우의 정전용량은

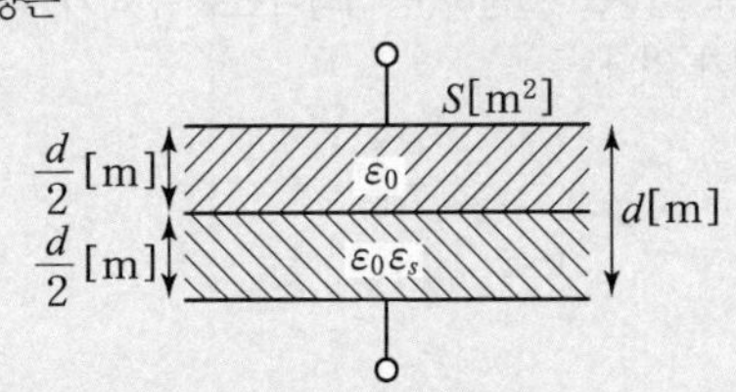

위의 그림에서의 각각의 정전용량은

$$C_1 = \frac{\epsilon_0 S}{\frac{d}{2}} = \frac{2\epsilon_0 S}{d} = 2C$$

$$C_2 = \frac{\epsilon_0\epsilon_s S}{\frac{d}{2}} = \frac{2\epsilon_0\epsilon_s S}{d} = 2\epsilon_s C \text{ 이며}$$

합성 정전 용량은 직렬연결이므로

$$C = \frac{C_1\cdot C_2}{C_1+C_2} = \frac{2C\times2\epsilon_s C}{2C+2\epsilon_s C} = \frac{2\epsilon_s C}{1+\epsilon_s}\ [\text{F}]$$

17 □□□

공기 중 무한 평면도체의 표면으로부터 2[m] 떨어진 곳에 4[C]의 점전하가 있다. 이 점전하가 받는 힘은 몇 [N]인가?

① $\frac{1}{\pi\epsilon_0}$　② $\frac{1}{4\pi\epsilon_0}$
③ $\frac{1}{8\pi\epsilon_0}$　④ $\frac{1}{10\pi\epsilon_0}$

접지무한평면과 점전하 사이에 작용하는 힘은

$$F = -\frac{Q^2}{16\pi\epsilon_o a^2} = -2.25\times10^9\frac{Q^2}{a^2}\ [\text{N}] \text{ 이므로}$$

수치 $Q=4$ [C], $a=2$ [m] 를 대입하면

$$F = \frac{Q^2}{16\pi\epsilon_o a^2} = \frac{4^2}{16\pi\epsilon_o\times2^2} = \frac{1}{4\pi\epsilon_o}\ [\text{N}]$$

정답 14 ③ 15 ① 16 ① 17 ②

18 □□□

단면적 $S[m^2]$, 단위 길이당 권수가 n_0[회/m]인 무한히 긴 솔레노이드의 자기인덕턴스[H/m]를 구하면?

① $\mu S n_0$　② $\mu S n_0^2$
③ $\mu S^2 n_0$　④ $\mu S^2 n_0^2$

무한장 솔레노이드의 단위길이당 자기인덕턴스는
$L = \mu S n_0^2 = \mu \pi a^2 n_0^2$ [H/m]

19 □□□

자계가 보존적인 경우를 나타내는 것은? (단, j는 공간상의 0이 아닌 전류밀도를 의미한다.)

① $\nabla \cdot B = 0$　② $\nabla \cdot B = j$
③ $\nabla \times H = 0$　④ $\nabla \times H = j$

앙페르의 주회적분법칙의 미분형
비보존장 $\nabla \times H = \mathrm{rot}H = j(\mathrm{A/m^2})$
보존장 $\nabla \times H = \mathrm{rot}H = 0$

20 □□□

비유전율 $\varepsilon_r = 1.6$ 인 유전체에 전위 $V = -5000x$[V]를 인가했을 때 분극의 세기 $P[\mathrm{C/m^2}]$를 구하여라.

① 1.33×10^{-7}　② 1.33×10^{-8}
③ 2.66×10^{-7}　④ 2.66×10^{-8}

전위의 기울기

$$E = -\,grad\,V = -\left(\frac{\partial V}{\partial x}i + \frac{\partial V}{\partial y}j + \frac{\partial V}{\partial z}k\right)$$
$$= -(-5000i + 0j + 0k) = 5000i\,[\mathrm{V/m}]$$

분극의 세기는
$P = \epsilon_0(\epsilon_s - 1)E$
$E = 8.85 \times 10^{-12} \times (1.6 - 1) \times 5000$
$= 2.655 \times 10^{-8} [\mathrm{C/m^2}]$

2과목 : 전력공학

무료 동영상 강의 ▲

21 □□□

저압 뱅킹 배전방식으로 운전 중 변압기 또는 선로사고에 의하여 뱅킹 내의 건전한 변압기의 일부 또는 전부가 연쇄적으로 회로로부터 차단되는 현상은?

① 아킹(Arcing)
② 댐핑(Dam ping)
③ 캐스케이딩(Cascading)
④ 플리커(Filcker)

캐스케이딩 현상
저압뱅킹방식을 사용하는 경우 변압기 또는 선로의 사고에 의해서 뱅킹 내의 건전한 변압기의 일부 또는 전부가 연쇄적으로 차단되는 현상을 말하며, 이를 보호하기 위해서 인접 변압기를 연락하는 저압선의 중간에 구분개폐기(구분퓨즈)를 설치하고 있다.

22 □□□

변전소의 설비 중 부하에 급전과 정전을 할 때, 차단기 CB와 단로기 DS를 개폐시키는 동작으로 옳은 것은?

① 급전할 때는 DS, CB 순이고, 정전 시는 CB, DS 순이다.
② 급전 및 정전할 때는 CB, DS 순으로 한다.
③ 급전 및 정전할 때는 항상 DS, CB 순으로 한다.
④ 급전할 때는 CB, DS 순이고, 정전 시는 DS. CB 순이다.

인터록
차단기(CB)는 소호 능력을 가지고 있어 모든 전류를 차단할 수 있지만, 단로기(DS)는 소호 능력이 없으므로, 무부하충전전류 및 변압기 여자전류만 차단할 수 있다. 따라서 단로기는 무부하 상태에서만 조작이 가능하게 된다.
- 정전순서 : 차단기에서 단로기 순서로 차단한다.
- 급전순서 : 단로기에서 차단기 순서로 투입한다.

정답 18 ② 19 ③ 20 ④ 21 ③ 22 ①

23 □□□

비 접지계통의 지락사고 시 계전기에 영상전류를 공급하기 위하여 설치하는 기기는?

① PT ② CT
③ ZCT ④ GPT

(1) PT : 고전압을 저전압으로 변성
(2차정격 전압110[V])
(2) CT : 대전류를 소전류로 변성(2차정격 전류 5[A])
(3) ZCT : 영상전류를 검출
(4) GPT : 영상전압을 검출

24 □□□

3상3선식 송전선의 각 상에 3상 불평형 전압이 V_a, V_b, V_c라고 할 때 정상전압 V에 해당되는 것은?

① $V=\frac{1}{3}(V_a+a^2V_b+aV_c)$

② $V=\frac{1}{3}(V_a+aV_b+a^2V_c)$

③ $V=V_a+a^2V_b+aV_c$

④ $V=V_a+aV_b+a^2V_c$

대칭분 전압

영상분전압	$V_0=\frac{1}{3}(V_a+V_b+V_c)$
정상분전압	$V_1=\frac{1}{3}(V_a+aV_b+a^2V_c)$
역상분전압	$V_2=\frac{1}{3}(V_a+a^2V_b+aV_c)$

25 □□□

증기터빈 내에서 팽창 도중에 있는 증기를 일부 추기하여 그것이 갖는 열을 급수가열에 이용하는 열사이클은?

① 랭킨사이클 ② 카르노사이클
③ 재생사이클 ④ 재열사이클

재생사이클
터빈 내에서 팽창한 증기를 일부만 추기하여 급수가열기에 보내어 급수가열에 이용하는 방식이다.

26 □□□

전력용 콘덴서에 의하여 얻을 수 있는 전류는?

① 지상전류 ② 진상전류
③ 동상전류 ④ 영상전류

전력용 콘덴서 와 분로 리액터 비교표

전력용 콘덴서(=병렬콘덴서)	분로 리액터(=병렬리액터)
진상 전류만을 공급한다.	지상 전류만을 공급한다.
계단적이다, 연속조정이 불가능하다.	계단적이다, 연속조정이 불가능하다.
시송전이 불가능하다.	시송전이 불가능하다.
안정도와는 무관하다.	안정도와는 무관하다.

정답 23 ③ 24 ② 25 ③ 26 ②

27 □□□

정격전압 66[kV], 1선의 유도리액턴스가 15[Ω]인 3상 3선식 송전선의 10000[kVA] 기준으로 한 %리액턴스는?

① 4.89 ② 2.54
③ 5.23 ④ 3.44

퍼센트 리액턴스

$$\%x = \frac{P[\text{kVA}]\ x[\Omega]}{10\ V^2[\text{KV}]}$$

여기서, V: 정격전압[kV] P: 정격용량[kVA]

$$\%X = \frac{10000 \times 15}{10 \times 60^2} = 3.44[\%]$$

28 □□□

수차 발전기에 제동 권선을 설치하는 주된 목적은?

① 정지시간 단축
② 회전력이 증가
③ 과부하 내량의 증대
④ 발전기 안정도의 증진

수차 발전기의 제동권선
부하의 급격한 저하가 속도상승을 가져오며 이때 주파수가 따라서 상승하게 되고, 순간적인 전압상승이 나타나게 되는데 이 경우 발전기의 출력을 줄여서 속도를 안정시켜주어야 한다. 이 역할을 하는 장치를 제동권선이라 하며 제동권선은 발전기 안정도 증진을 목적으로 사용한다.

참고 발전기의 안정도 증진 대책
㉠ 정상 리액턴스를 작게 한다.
㉡ 난조방지(제동권선 설치)
㉢ 단락비를 크게 한다.

29 □□□

다음 중 송전선로의 특성임피던스와 전파정수를 구하기 위한 시험으로 가장 적절한 것은?

① 부하시험과 충전시험
② 부하시험과 단락시험
③ 무부하시험과 단락시험
④ 충전시험과 단락시험

특성임피던스(Z_0)와 전파정수(γ)
무부하 시험에서 Y(어드미턴스)를 구하고, 단락시험에서는 Z(임피던스)를 구하여 특성 임피던스와 전파 정수를 구할 수 있다.

30 □□□

송전 계통의 안정도를 증진 시키는 방법이 아닌 것은?

① 고장전류를 줄이고, 고장구간을 신속히 차단한다.
② 직렬리액턴스를 증가시킨다.
③ 전압변동을 작게 한다.
④ 중간 조상방식을 채용한다.

안정도 향상 대책

안정도 향상 대책	방 법
(1) 리액턴스를 줄인다	· 승압공사 · 병렬회선수(복도체사용) 증가 · 단락비를 증가 · 발전기 및 변압기 리액턴스 감소 · 직렬콘덴서 설치
(2) 전압 변동률을 줄인다	· 중간 조상 방식 · 속응 여자방식 · 계통 연계
(3) 계통에 주는 충격을 경감한다	· 고속도 차단 · 고속도 재폐로 방식채용
(4) 고장전류의 크기를 줄인다	· 소호리액터 접지방식 · 고저항 접지
(5) 입·출력의 불평형을 작게 한다	· 조속기 동작을 빠르게 한다

제5회 복원문제

정답 27 ④ 28 ④ 29 ③ 30 ②

31 □□□

3상 송전선로의 선간전압이 154[kV], 기준용량이 30[MVA]일 때, 1선당의 선로 임피던스 95[Ω]을 %임피던스로 환산하면 약 몇 [%]인가?

① 11 ② 12
③ 13 ④ 10

% 임피던스

$$\% Z = \frac{Z\,I_n}{E} \times 100 = \frac{Z\,I_n}{\frac{V}{\sqrt{3}}} \times 100\,[\%]$$ 또는

$$\% x = \frac{P[\text{kVA}]\,Z[\Omega]}{10\,V^2[\text{KV}]}\,[\%]$$ 식에서

$V = 154\,[\text{kV}]$, $Z = 95\,[\Omega]$, $P = 30\,[\text{MVA}]$일 때
(※ 선간 전압유의)

$$\therefore\ \% Z = \frac{30 \times 10^3 \times 95}{10 \times 154^2} = 12.02\,[\%]$$

32 □□□

3상 송전선로와 통신선이 병행되어있는 경우에 통신유도장해로서 통신선에 유도되는 정전유도 된 전압은?

① 통신선의 길이와 전력선의 대지전압에 반비례한다.
② 통신선의 길이와는 무관하며, 전력선의 대지전압에 반비례한다.
③ 통신선의 길이와 전력선의 대지전압에 비례한다.
④ 통신선의 길이와는 무관하며, 전력선의 대지전압에 비례한다.

단상인 경우 정전유도전압

영상분 전압에 의해 전력선과 통신선 상호간 상호정전용량(C)가 만드는 장해이다.

대지전압 : E, 선간정전용량 : C_m, 대지정전용량 : C_s 라 하면

정전유도된 전압 $E_s = \dfrac{C_m}{C_m + C_s} E\,[\text{V}]$ 가 됨으로

정전유도는 선로의 길이와는 무관 하고 대지전압에 비례한다.

33 □□□

다음 중 송전계통의 절연 협조에 있어서 절연레벨이 가장 낮은 기기는?

① 피뢰기 ② 단로기
③ 변압기 ④ 차단기

절연협조

계통내의 각 기기, 기구 및 애자 등의 상호 간에 적정한 절연 강도를 지니게 함으로써 계통설계를 합리적 경제적으로 할 수 있게 한 것으로 피뢰기 제한전압을 절연 협조의 기본으로 두고 있다.

∴ 절연협조 순서

피뢰기 → 변압기코일 → 기기부싱 → 결합콘덴서 → 선로애자

34 □□□

초고압 송전 계통에 단권 변압기가 사용되는데 그 이유로 볼 수 없는 것은?

① 단락 전류가 적다
② 효율이 높다
③ 전압 변동률이 적다
④ 자로가 단속되어 재료를 절약할 수 있다.

단권 변압기의 장단점

(1) 장점
㉠ 소형, 경량화가 가능하다.
㉡ 동손이 적어 효율 높다.
㉢ 부하용량 (선로용량)의 증대
㉣ 누설자속이 적어 전압 변동률이 작다.

(2) 단점
㉠ 누설임피던스가 작기 때문에 단락전류가 크다.
㉡ 저압측도 고압측과 동등한 절연을 해야 한다.
㉢ 고압측에 이상전압이 발생하면 저압측도 고전압이 발생한다.

정답 31 ② 32 ④ 33 ① 34 ①

35 □□□

길이가 100[km]인 교류 단심 해저케이블이 있다. 도체와 시스 간의 상호인덕턴스는 0.1 [mH/km] 이고 500[A]의 전류가 흐를 때, 시스에 유도되는 전압 $E_s[\mathrm{V}]$는 약 얼마인가? (단, 전원주파수는 60[Hz]이다.)

① 3990　② 1885
③ 1637　④ 945

케이블 시스 유도전압(E_m)

$E_m = X_m \times I \ [V/Km]$

X_m : 도체와 차폐층 사이의 상호인덕턴스

I : 송전전류

$f = 60\,[\mathrm{Hz}]$, $I = 500\,[\mathrm{A}]$, $M = 0.1\,[\mathrm{mH/km}]$, $l = 100\,[\mathrm{km}]$이므로

$\therefore \ E_m = \omega Ml \times I = 2\pi f Ml \times I$

$= 2\pi \times 60 \times 0.1 \times 10^{-3} \times 500 \times 100$

$= 1884.95[\mathrm{V}]$

36 □□□

송전단 전압 161[kV], 수전단 전압 155[kV], 상자각 40°, 리액턴스 49.8[Ω]일 때 선로 손실을 무시하면 전송전력은 약 몇 [MW]인가?

① 322[MW]　② 387[MW]
③ 373[MW]　④ 289[MW]

송전전력 계산

송전 전력 $P = \dfrac{E_s E_R}{X} \sin\delta\,[\mathrm{MW}]$이므로

$E_s = 161\,[\mathrm{kV}]$, $E_R = 155\,[\mathrm{kV}]$, $\delta = 40°$, $X = 49.8\,[\Omega]$일 때

$\therefore \ P_S = \dfrac{161 \times 155}{49.8} \times \sin 40° = 322.1[MW]$

37 □□□

3상 3선식 송전선로에서 각 선의 대지 정전용량이 0.5096[μF]이고 선간 정전 용량이 0.1295[μF]일 때, 1선의 작용 정전용량은 약 몇 [μF]인가?

① 0.8981　② 0.7686
③ 0.6391　④ 1.5288

작용 정전용량(C_w)

전위차 존재시 그 전위차에 대해 정전유도 되는 크기를 정수화시킨 값으로, 정상 운전시 충전전류를 계산하는데 사용된다.

① 3상 1회선 작용정전용량 $C = C_s + 3C_m$

② 단상 1회선 작용정전용량 $C = C_s + 2C_m$

여기서, C_s: 대지 정전용량 C_m: 선간 정전용량

조건 $C_s = 0.5096\,[\mu\mathrm{F}]$, $C_w = 0.1295\,[\mu\mathrm{F}]$

$\therefore \ C_w = C_s(\text{대지}) + 3C_m(\text{선간})$

$= 0.5096 + 3 \times 0.1295$

$= 0.8981\,[\mu\mathrm{F}]$

38 □□□

전력계통의 전압조정과 무관한 것은?

① 전력용 콘덴서
② 자동 전압조정기
③ 발전기의 조속기
④ 부하 시 탭 조정장치

전력계통의 전압조정

전력계통의 전압조정 방식은 승압기, 주상 변압기 탭을 조정 하는 방식, 유도전압조정기 방식 등과 같이 직접 조정하는 방식과 전력계통의 무효전력을 조정하여 전압을 조정하는 동기조상기, 전력용 콘덴서, 분로리액터 등을 사용하여 조정할 수 있다. 발전기의 조속기는 회전속도를 조정하는 장치이다.

39 □□□

3상용 차단기의 정격용량 선정은 차단기의 정격전압과 정격차단전류와의 곱을 몇 배 한 것을 참고치로 하는가?

① 3　　② $\sqrt{3}$

③ 1　　④ $\frac{1}{\sqrt{3}}$

3상용 차단기의 차단용량

차단용량 $P_s = \sqrt{3}$ ×차단기 정격전압×차단기 정격차단전류로 나타낸다. (단상용량은 $\sqrt{3}$ 이 없음)

이때 정격전압은 공칭전압 $\times \frac{1.2}{1.1}$ 로 계산된 값으로 이미 결정되어 있고, 정격차단전류는 단락전류를 기준으로 한다.

40 □□□

3상 3선식 장거리 송전선로를 연가하는 목적과 거리가 먼 것은?

① 통신선의 유도장해를 경감시키기 위하여

② 페란티 효과를 방지하기 위하여

③ 수선난 선압을 대칭으로 하기 위하여

④ 선로정수를 평형시키기 위하여

- 연가 : 선로 전체 길이를 3등 분하고 각상의 위치를 교환하는 대책을 연가라 한다.
- 연가의 목적 : 선로 정수 평형
- 연가 효과 : ① 소호리액터 접지시 직렬공진 방지
  ② 유도장해 경감

3과목 : 전기기기

무료 동영상 강의 ▲

41 □□□

직류전동기의 속도 제어법에 속하지 않는 것은?

① 부하전류 제어법　　② 계자 제어법

③ 전기자저항 제어법　　④ 전압 제어법

직류전동기의 속도제어법

(1) 전압 제어법(정토크 제어)
토크를 일정하게 유지하면서 단자전압(V)을 가감함으로서 속도를 제어하는 방식으로 속도 조정범위가 광범위하다.

(2) 계자 제어법(정출력 제어)
출력을 일정하게 유지하면서 계자회로의 계자저항과 계자전류를 조정하여 자속(ϕ)을 가감함으로서 속도를 제어하는 방식이다.

(3) 저항 제어법
전기자 권선에 직렬로 저항을 접속하여 저항의 크기를 가감함으로서 속도를 제어하는 방식이다.

42 □□□

스테핑모터의 스텝각이 2° 인 경우 회전자를 20.6회 회전시키기 위해 필요한 스텝수는?

① 3714　　② 3708

③ 3112　　④ 3710

스텝 모터의 축속도(n)

$n = \frac{\beta f_p}{360°}$ [rps] 식에서

$\beta = 2°$, $n = 20.6$ [rps] 이므로

$\therefore f_p = \frac{360n}{\beta} = \frac{360 \times 20.6}{2} = 3708$ [pps]

정답 39 ② 40 ② 41 ① 42 ②

43 □□□

비돌극형 동기발전기 한 상의 단자전압을 V[V], 유기기전력을 E[V], 동기리액턴스를 $X_s[\Omega]$, 부하각이 δ이고 전기자 저항을 무시할 때 한 상의 최대출력[W]은?

① $\dfrac{EV}{X_s}$ ② $\dfrac{EV^2}{X_s}$

③ $\dfrac{3EV}{X_s}$ ④ $\dfrac{E^2V}{X_s}$

비돌극형 동기기의 1상당 출력

$P_1 = \dfrac{VE}{X_s}\sin\delta$[W] 식에서 최대출력이기 위한 조건은

$\sin\delta = \sin 90° = 1$ 이므로

$\therefore P_1 = \dfrac{VE}{X_s}$[W]

44 □□□

3상 전파 정류회로에서 3상 전원의 선간전압은 380[V], 60[Hz], 부하저항이 10[Ω]이고, 지연각이 30° 일 경우 출력전압 평균값은 약 몇 [V]인가?

① 319 ② 222

③ 159 ④ 444

3상 전파 정류회로의 직류전압

구분	공식
상전압이 주어질 때	$E_{d\alpha} = \dfrac{3\sqrt{6}}{\pi}E\cos\alpha = 2.34E\cos\alpha$ [V]
선간전압이 주어질 때	$E_{d\alpha} = 2.34\dfrac{V}{\sqrt{3}}\cos\alpha = 1.35V\cos\alpha$ [V]

$V = 380$[V], $f = 60$[Hz], $R = 10[\Omega]$,

$\alpha = 30°$ 이므로

$\therefore E_{d\alpha} = 1.35V\cos\alpha = 1.35 \times 380 \times \cos 30°$

$= 444$[V]

45 □□□

직류기의 전기자 반작용 중 교차자화작용을 근본적으로 없애는 실제적인 방법은?

① 브러시의 이동 ② 보극 설치

③ 보상권선 설치 ④ 계자전류 조정

직류기의 보상권선

직류기의 전기자 반작용 방지대책 중 가장 효과적인 방법으로 계자극 표면에 보상권선을 설치하여 전기자전류와 반대방향으로 전류를 흘리면 교차기자력을 상쇄시켜 전기자반작용을 억제한다.

46 □□□

동기전동기가 무부하운전 중에 부하가 걸리면 동기전동기의 속도는?

① 정지한다.

② 동기속도 이하로 떨어진다.

③ 동기속도와 같다.

④ 동기속도보다 빨라진다.

동기전동기의 특징

구분	특징
장점	(1) 속도가 일정하다.(동기속도) (2) 역률 조정이 가능하고 역률을 1로 운전할 수 있어 전동기의 종류 중 역률이 가장 좋다. (3) 효율이 좋다. (4) 공극이 크고 튼튼하다.

정답 43 ① 44 ④ 45 ③ 46 ③

47 □□□

변압기의 1차 인가전압이 일정할 때 변압기의 주파수만 높이면 증가하는 것은?

① %임피던스 ② 와전류손
③ 온도 ④ 철손

변압기의 전기적 특성
변압기의 공급 전압은 일정하고 전원 주파수만 높아지면 다음과 같은 특성 값을 갖는다.
(1) %임피던스 : $Z = R + j\omega L = R + j2\pi fL[\Omega]$ 식에서 주파수가 노파지면 임피던스가 증가하기 때문에 %임피던스도 증가한다.
보기 (2), (3), (4)는 전압 $V = 4.44 fB_m SNk_w$[V] 식에서 전압이 일정하면 (fB_m)도 일정하므로
(2) 와전류손 : $P_e = k_e t^2 f^2 B_m^{\ 2}$[W]일 때 주파수와 관계가 없다
(3) 온도 : 철손 감소로 온도가 낮아진다.
(4) 철손 : $P_i = k_h f B_m^{\ 1.6} = k_h \dfrac{f^2 B_m^{\ 2}}{f}$ [W] 식에서 주파수가 높아지면 철손은 감소한다.
∴ 전압이 일정할 경우 주파수에 비례관계에 있는 것은 %임피던스이다.

48 □□□

전기자의 총 도체수 600, 10극 단중 파권으로 매극의 자속수가 0.02[Wb]인 직류발전기가 800[rpm]의 속도로 회전할 때 유도기전력은 몇 [V]인가?

① 1250 ② 600
③ 800 ④ 1000

직류발전기의 유기기선력
$E = \dfrac{pZ\phi N}{60a}$ [V] 식에서
$Z = 600,\ p = 10,$ 파권$(a = 2),\ \phi = 0.02$ [Wb],
$N = 800$ [rpm] 이므로
$\therefore E = \dfrac{pZ\phi N}{60a} = \dfrac{10 \times 600 \times 0.02 \times 800}{60 \times 2}$
$= 800$ [V]

49 □□□

1000[kVA]로 정격이 같은 2대의 단상변압기 %임피던스 강하가 각각 8[%]와 9[%]이다. 이것을 병렬로 하면 몇 [kVA]의 부하를 걸 수 있는가?

① 2100 ② 2125
③ 2200 ④ 1889

각 변압기의 분담 용량과 최대 부하용량

구분	용량
각 변압기의 분담 용량	$P_a = P_A$ [kVA], $P_b = P_B \times \dfrac{\%Z_A}{\%Z_B}$ [kVA]
최대 부하용량	$P_a + P_b = P_A + P_B \times \dfrac{\%Z_A}{\%Z_B}$ [kVA]

$\%Z_A < \%Z_B$인 경우 최대 부하용량은
$P_a + P_b = P_A + P_B \times \dfrac{\%Z_A}{\%Z_B}$ [kVA] 식에서
$P_A = 1{,}000$ [kVA], $P_B = 1{,}000$ [kVA],
$\%Z_A = 8$ [%],
$\%Z_B = 9$ [%] 이므로
$\therefore 1{,}000 + 1{,}000 \times \dfrac{8}{9} = 1{,}889$ [kVA]

50 □□□

전부하로 운전 중인 3상 Y결선 유도전동기의 전원 한선이 단선되었을 때 현상으로 틀린 것은?

① 단상 유도전동기로 운전된다.
② 운전속도는 증가한다.
③ 장시간 운전시 과열된다.
④ 최대 토크가 감소한다.

게르게스 현상
권선형 유도전동기가 경부하로 운전 중 회전자 한상이 결상되어 2상으로 운전되는 경우 슬립이 정격속도의 50[%] 지점에서 안정되어 회전자 속도가 정격속도의 50[%] 정도에서 회전을 지속하는 현상이다. 결국 전동기에 과전류가 유입된 상태로 운전이 지속되어 권선이 과열되고 소손되는 결과를 초래하게 된다.

정답 47 ① 48 ③ 49 ④ 50 ②

51 □□□

극수 p가 4인 직류기의 권선을 단중 파권으로 한 경우 병렬회로수 a는?

① $a=2$ ② $a=3$
③ $a=1$ ④ $a=4$

중권과 파권의 비교

비교항목	중권(병렬권)	파권(직렬권)
병렬회로 수(a)	$a=p$ (극수)	$a=2$
브러시 수(b)	$b=p$ (극수)	$b=2$
용도	저전압, 대전류용	고전압, 소전류용
균압접속	필요하다.	불필요하다.
다중도(m)	$a=mp$	$a=2m$
유기기전력	단중 파권일 때 단중 중권의 $\frac{P}{2}$배	

52 □□□

변압기에서 생기는 철손 중 와류손은 철심의 규소강판 두께와 어떤 관계에 잇는가?

① 두께의 2승에 비례 ② 두께의 1/2승에 비례
③ 두께의 3승에 비례 ④ 두께에 비례

와류손

$P_e = k_e t^2 f^2 B_m{}^2$ [W] 식에서 (여기서, 두께는 t이다.)
(1) 철심두께의 제곱에 비례한다.
(2) 전압의 제곱에 비례하며 주파수와는 무관하다.

53 □□□

유도전동기의 슬립이 커지면 증가하는 것은?

① 회전수 ② 권수비
③ 2차 주파수 ④ 2차 효율

유도전동기의 특징
(1) $N=(1-s)N_s$ [rpm] 식에서 슬립이 커지면 회전수는 감소한다.
(2) $\alpha_s = \frac{E_1}{E_{2s}} = \frac{E_1}{sE_2} = \frac{\alpha}{s}$ 식에서 슬립이 커지면 권수비는 감소한다.
(3) $f_{2s} = sf_1$ [Hz] 식에서 슬립이 커지면 2차 주파수는 증가한다.
(4) $\eta_2 = (1-s) \times 100$ [%] 식에서 슬립이 커지면 2차 효율을 감소한다

54 □□□

유도전동기의 슬립을 측정하려고 한다. 다음 중 슬립의 측정법이 아닌 것은?

① 스트로보 스코프법
② 프로니 브레이크법
③ 수화기법
④ 직류 밀리볼트계법

유도전동기의 시험법

구분	종류
토크 측정법	(1)와전류 제동기 (2) 프로니 브레이크법
슬립 측정법	(1) DC 밀리볼트계 (2) 수화기법 (3) 스트로보 스코프법

정답 51 ① 52 ① 53 ③ 54 ②

55 □□□

3상 유도전동기의 원선도를 그리는데 필요하지 않는 시험은?

① 정격부하 시의 전동기 회전속도 측정
② 구속시험
③ 무부하시험
④ 권선저항측정

유도전동기의 원선도
(1) 원선도 작성에 필요한 시험
무부하시험, 구속시험, 권선저항측정시험
(2) 원선도로 표현하는 항목
1차 전전류, 1차 부하 전류, 1차 입력, 2차 출력, 2차 동손, 1차 동손, 무부하손(철손), 2차 입력(동기와트)

56 □□□

변압기의 1, 2차측 권수가 6600 : 220, 철심의 단면적 0.02[m²], 최대자속밀도 1.2[Wb/m²]일 때 1차 유도기전력은 약 몇 [V]인가? (단, 주파수는 60[Hz]이다.)

① 42198　② 1407
③ 49814　④ 3521

유기기전력과 권수비

$E_1 = 4.44 f \phi_m N_1 = 4.44 f B_m S N_1$ [V],

$a = \dfrac{N_1}{N_2}$ 식에서

$N_1 = 6{,}600$ [V], $N_2 = 220$ [V], $S = 0.02$ [m²],

$B_m = 1.2$ [Wb/m²], $f = 60$ [Hz] 이므로

$\therefore E_1 = 4.44 f B_m S N_1$
$= 4.44 \times 60 \times 1.2 \times 0.02 \times 6{,}600$
$= 42{,}198$ [V]

57 □□□

정류회로에서 평활회로를 사용하는 이유는?

① 정류전압을 2배로 하기 위해
② 출력전압의 맥류분을 감소하기 위해
③ 정류전압의 직류분을 감소하기 위해
④ 출력전압의 크기를 증가시키기 위해

평활회로
평활회로란 정류과정을 통하여 직류전압이 얻어질 때 직류전압에 포함된 교류분에 의해서 맥동이 발생하게 된다. 이 때 맥동을 줄이기 위해 사용되는 회로로서 필터 역할을 하게 된다.

58 □□□

3상 20000[kVA]인 동기발전기가 있다. 이 발전기는 60[Hz]일 때는 200[rpm], 50[Hz]일 때는 약 167[rpm]으로 회전한다. 이 동기발전기의 극수는?

① 54극　② 72극
③ 36극　④ 18극

동기속도

$f = 50$ [c/s], $N_s = 165$ [rpm], $f' = 60$ [c/s],
$N_s' = 200$ [rpm] 이므로

$N_s = \dfrac{120f}{p}$ [rpm], $N_s' - \dfrac{120f'}{p'}$ [rpm] 식에서

$p = \dfrac{120f}{N_s} = \dfrac{120 \times 50}{165} = 36.36$극

$p' = \dfrac{120f'}{N_s'} = \dfrac{120 \times 60}{200} = 36$극

∴ 극수는 짝수이며 정수이므로 36극이 적당하다.

정답 55 ① 56 ① 57 ② 58 ③

59 □□□

동기전동기의 특징에 대한 설명으로 틀린 것은?

① 난조를 일으킬 염려가 없다.
② 직류전원이 필요하다.
③ 회전속도가 일정하다.
④ 일반적으로 제동권선이 필요하다.

동기전동기의 특징

동기전동기는 동기발전기와 같이 회전계자형을 주로 사용하며 무효전력을 조정할 수 있어서 동기조상기로도 이용된다. 또한 제동권선을 이용한 자기기동법을 일반적으로 사용하고 있다. 다음은 동기전동기의 장점과 단점에 대한 설명이다.

구분	특징
장점	(1) 속도가 일정하다.(동기속도) (2) 역률 조정이 가능하고 역률을 1로 운전할 수 있어 전동기의 종류 중 역률이 가장 좋다. (3) 효율이 좋다. (4) 공극이 크고 튼튼하다.
단점	(1) 기동토크가 작다. (2) 속도 조정이 곤란하다. (3) 직류 여자기가 필요하다. (4) 난조 발생이 빈번하다.

60 □□□

정류자형 주파수변환기의 특성이 아닌 것은?

① 회전자는 3상 회전변류기의 전기자와 거의 같은 구조이다.
② 회전자는 정류자와 3개의 슬립링으로 구성되어 있다.
③ 유도전동기의 2차 여자용 교류여자기로 사용된다.
④ 정류자 위에는 한 개의 자극마다 전기각 $\pi/3$간격으로 3조의 브러시로 구성되어 있다.

직류발전기의 유기기전력

(1) 구조적인 특징
㉠ 정류자 위에는 한 개의 자극마다 전기각 $\frac{2\pi}{3}$ 간격으로 3조의 브러시가 있다.
㉡ 회전자는 정류자와 3개의 슬립링으로 구성되어 있으며 3상 회전변류기의 전기자와 거의 같은 구조이다.
㉢ 소용량의 것으로 가장 간단한 것은 회전자만 있고 고정자는 없는 것도 있다.
㉣ 용량이 큰 것은 정류작용을 좋게 하기 위해 고정자에 보상권선과 보극권선을 설치한 것도 있다.

(2) 정류자형 주파수 변환기를 동일한 전원에 연결된 권선형 유도전동기의 축과 직결해서 사용하는 경우의 특징
㉠ 권선형 유도전동기의 2차 여자용 교류 여자기로 사용되어 2차 여자를 할 수 있다.
㉡ 권선형 유도전동기의 속도제어 및 역률개선을 할 수 있다.
㉢ 유도전동기의 속도제어 범위가 동기속도 상하 10~15[%] 정도이다.
㉣ 유도전동기가 동기속도 이하에서는 2차 전력이 변압기를 통해 전원으로 반환된다.

4과목 : 회로이론 및 제어공학

무료 동영상 강의 ▲

61 □□□

상전압이 120[V]인 평형 3상 Y결선의 전원에 Y결선 부하를 도선으로 연결하였다. 도선의 임피던스는 $1+j\,[\Omega]$이고 부하의 임피던스는 $20+j10\,[\Omega]$이다. 이때 부하에 걸리는 전압은 약 몇 [V]인가?

① $67.18\angle -25.4°$　② $101.62\angle 0°$
③ $113.14\angle -1.1°$　④ $118.41\angle -30°$

3상 Y결선

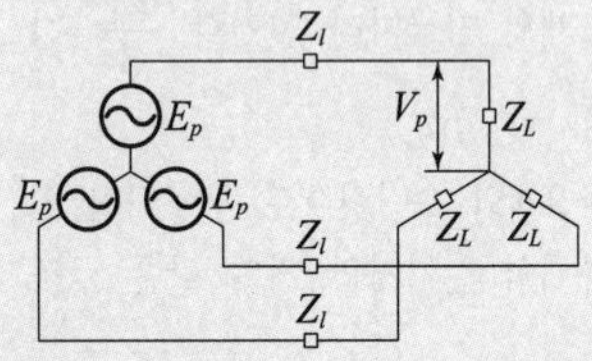

$E_p=120[\text{V}]$, $Z_\ell=1+j[\Omega]$,
$Z_L=20+j10[\Omega]$일 때
Z_ℓ, Z_L은 직렬접속 되어 있으므로
전압분배법칙을 이용하여 풀면

$$\therefore\ V_p=\frac{Z_L}{Z_\ell+Z_L}\times E_p=\frac{20+j10}{1+j+20+j10}\times 120$$
$$=\frac{22.36\angle 26.5°}{23.7\angle 27.6°}\times 120$$
$$=\frac{22.36}{23.7}\times 120\angle 26.5°-27.6°$$
$$=113.14\angle -1.1°\,[\text{V}]$$

62 □□□

권수가 2,000회이고 저항이 12[Ω]인 솔레노이드에 전류 10[A]를 흘릴 때 자속이 6×10^{-2}[Wb]가 발생하였다. 이 회로의 시정수는 몇 [sec]인가?

① 0.001　② 0.01
③ 0.1　④ 1

R-L 과도현상의 시정수

$\tau=\dfrac{L}{R}=\dfrac{N\phi}{RI}$ [sec] 식에서
$N=2{,}000$, $R=12\,[\Omega]$, $I=10\,[\text{A}]$,
$\phi=6\times 10^{-2}\,[\text{Wb}]$일 때

$$\therefore\ \tau=\frac{L}{R}=\frac{N\phi}{RI}=\frac{2{,}000\times 6\times 10^{-2}}{12\times 10}=1\,[\text{sec}]$$

63 □□□

다음 왜형파 전압과 전류에 의한 전력은 몇 [W]인가? (단, 전압의 단위는 [V], 전류의 단위는 [A]이다.)

$$v=100\sin(\omega t+30°)-50\sin(3\omega t+60°)+25\sin 5\omega t$$
$$i=20\sin(\omega t-30°)+15\sin(3\omega t+30°)+10\cos(5\omega t-60°)$$

① 933.0
② 566.9
③ 420.0
④ 283.5

비정현파의 소비전력

전압의 주파수 성분은 기본파, 제3고조파, 제5고조파로 구성되어 있으며 전류의 주파수 성분도 기본파, 제3고조파, 제5고조파로 이루어져 있으므로 전류의 cos 파형만 sin 파형으로 일치시키면 각 주파수 성분에 대한 소비전력을 각각 계산할 수 있다.

$V_{m1}=100\angle 30°\,[\text{V}]$, $V_{m3}=-50\angle 60°\,[\text{V}]$,
$V_{m5}=25\angle 0°\,[\text{V}]$,
$I_{m1}=20\angle -30°\,[\text{A}]$, $I_{m3}=15\angle 30°\,[\text{A}]$,
$I_{m5}=10\angle -60°+90°=10\angle 30°\,[\text{A}]$
$\theta_1=30°-(-30°)=60°$, $\theta_3=60°-30°=30°$,
$\theta_5=30°-0°=30°$ 일 때

$$\therefore\ P=\frac{1}{2}(V_{m1}I_{m1}\cos\theta+V_{m3}I_{m3}\cos\theta_3+V_{m5}I_{m5}\cos\theta_5)$$
$$=\frac{1}{2}(100\times 20\times\cos 60°-50\times 15\times\cos 30°+25\times 10\times\cos 30°)$$
$$=283.5\,[\text{W}]$$

정답 61 ③ 62 ④ 63 ④

64 □□□

상의 순서가 $a-b-c$인 불평형 3상 교류회로에서 각 상의 전류가 $I_a = 7.28\angle 15.95°$ [A], $I_b = 12.81\angle -128.66°$ [A], $I_c = 7.21\angle 123.69°$ [A]일 때 역상분 전류는 약 몇 [A]인가?

① $8.95\angle 1.14°$　② $2.51\angle 96.55°$
③ $2.51\angle -96.55°$　④ $8.95\angle -1.14°$

역상분 전류(I_2)

$I_2 = \frac{1}{3}(I_a + \angle -120° I_b + \angle 120° I_c)$ [A] 식에서

$\therefore\ I_2 = \frac{1}{3}\{7.28\angle 15.95°$
$+1\angle -120° \times 12.81\angle -128.66°$
$+1\angle 120° \times 7.21\angle 123.69°\}$
$= 2.51\angle 96.55°$ [A]

65 □□□

전류 $i = \sqrt{2}I\sin(\omega t + \theta)$ [A]와
기전력 $e = \sqrt{2}V\cos(\omega t - \phi)$ [V] 사이의 위상차는?

① $\frac{\pi}{2} - (\phi - \theta)$　② $\frac{\pi}{2} - (\phi + \theta)$
③ $\frac{\pi}{2} + (\phi + \theta)$　④ $\frac{\pi}{2} + (\phi - \theta)$

위상차

전류, 전압의 순시값을 $i(t)$, $v(t)$라 하여 파형을 일치시키면

$i(t) = \sqrt{2}I\sin(\omega t + \theta)$ [A]
$v(t) = \sqrt{2}V\cos(\omega t - \phi)$
$= \sqrt{2}V\sin\left(\omega t - \phi + \frac{\pi}{2}\right)$ [V]일 때

전류의 위상 θ와 전압의 위상 $-\phi + \frac{\pi}{2}$의 위상차는

$\therefore$ 위상차$= -\phi + \frac{\pi}{2} - \theta = \frac{\pi}{2} - (\phi + \theta)$

참고 $\cos\omega t = \sin\left(\omega t + \frac{\pi}{2}\right)$이다.

66 □□□

무손실 선로의 정상상태에 대한 설명으로 틀린 것은?

① 전파정수 γ은 $j\omega\sqrt{LC}$이다.
② 특성 임피던스 $Z_0 = \sqrt{\frac{C}{L}}$ 이다.
③ 진행파의 전파속도 $v = \frac{1}{\sqrt{LC}}$ 이다.
④ 감쇠정수 $\alpha = 0$, 위상정수 $\beta = \omega\sqrt{LC}$이다.

무손실선로의 특성

(1) 조건 : $R = 0,\ G = 0$
(2) 특성임피던스 : $Z_0 = \sqrt{\frac{L}{C}}$ [Ω]
(3) 전파정수 : $\gamma = j\omega\sqrt{LC} = j\beta$
$\alpha = 0,\ \beta = \omega\sqrt{LC}$
(4) 전파속도 : $v = \frac{1}{\sqrt{LC}} = \lambda f$ [m/sec]

67 □□□

그림과 같은 회로의 구동점 임피던스 Z_{ab}는?

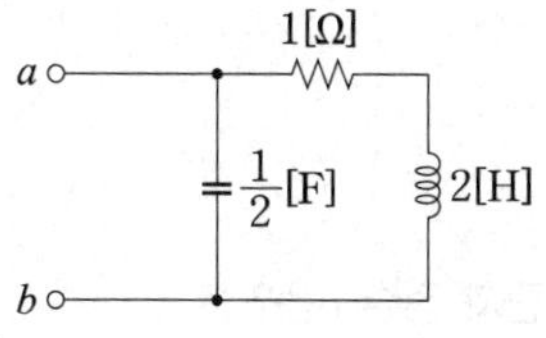

① $\frac{2(2s+1)}{2s^2+s+2}$　② $\frac{2s+1}{2s^2+s+2}$
③ $\frac{2(2s-1)}{2s^2+s+2}$　④ $\frac{2s^2+s+2}{2(2s+1)}$

구동점 임피던스

$R = 1$ [Ω], $L = 2$ [H], $C = \frac{1}{2}$ [F]일 때

구동점 어드미턴스 $Y(s)$는

$Y(s) = Cs + \frac{1}{R + Ls} = \frac{1}{2}s + \frac{1}{1+2s}$
$= \frac{s(1+2s)+2}{2(1+2s)} = \frac{2s^2+s+2}{2(2s+1)}$ [S]이다.

$\therefore\ Z(s) = \frac{1}{Y(s)} = \frac{2(2s+1)}{2s^2+s+2}$ [Ω]

정답 64 ② 65 ② 66 ② 67 ①

68 □□□

10[mH]의 두 자기 인덕턴스가 있다. 결합계수를 0.1로부터 0.9까지 변화시킬 수 있다면 이것을 접속시켜 얻을 수 있는 합성 인덕턴스의 최대값과 최소값의 비는 얼마인가?

① 9 : 1　　② 13 : 1
③ 16 : 1　　④ 19 : 1

합성 인덕턴스
$M = k\sqrt{L_1 L_2}$ [H] 식에서
$L_1 = L_2 = 10$ [mH], $K = 0.1 \sim 0.9$일 때
$k = 0.9$를 대입하여 풀면
$M = 0.9 \times \sqrt{10 \times 10} = 9$ [mH]이다.
$L_{\min} = L_1 + L_2 - 2M = 10 + 10 - 2 \times 9 = 2$ [mH]
$L_{\max} = L_1 + L_2 + 2M = 10 + 10 + 2 \times 9 = 38$ [mH]
최대값 $L_{\max}$, 최소값 $L_{\min}$라 하면
$\therefore L_{\max} : L_{\min} = 38 : 2 = 19 : 1$

69 □□□

다음 회로의 4단자 정수 A는?

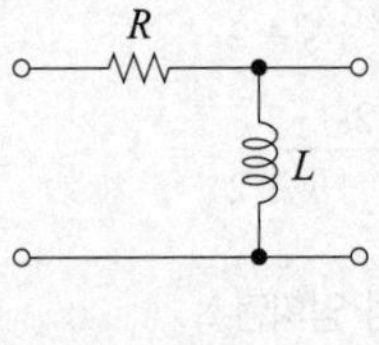

① $1 + \dfrac{R}{j\omega L}$
② R
③ $\dfrac{1}{j\omega L}$
④ 1

4단자 정수의 회로망 특성

$$\therefore \begin{bmatrix} A & B \\ C & D \end{bmatrix} = \begin{bmatrix} 1 & R \\ 0 & 1 \end{bmatrix} \begin{bmatrix} 1 & 0 \\ \dfrac{1}{j\omega L} & 1 \end{bmatrix} = \begin{bmatrix} 1 + \dfrac{R}{j\omega L} & R \\ \dfrac{1}{j\omega L} & 1 \end{bmatrix}$$

70 □□□

$F(s) = \dfrac{2s+4}{s^2+2s+5}$ 의 라플라스 역변환은?

① $e^{-t}(2\cos 2t - \sin 2t)$
② $2e^{-t}(\cos 2t - \sin 2t)$
③ $e^{-t}(2\cos 2t + \sin 2t)$
④ $2e^{-t}(\cos 2t + \sin 2t)$

역라플라스 변환

$$F(s) = \frac{2s+4}{s^2+2s+5} = \frac{2(s+1)+2}{(s+1)^2+2^2} = \frac{2(s+1)}{(s+1)^2+2^2} + \frac{2}{(s+1)^2+2^2}$$

$$\therefore f(t) = \mathcal{L}^{-1}[F(s)] = 2e^{-t}\cos 2t + e^{-t}\sin 2t = e^{-t}(2\cos 2t + \sin 2t)$$

참고 복소추이정리

$f(t)$	$F(s)$
$e^{-at}\sin\omega t$	$\dfrac{\omega}{(s+a)^2+\omega^2}$
$e^{-at}\cos\omega t$	$\dfrac{s+a}{(s+a)^2+\omega^2}$

71 □□□

다음 논리회로의 출력 X는?

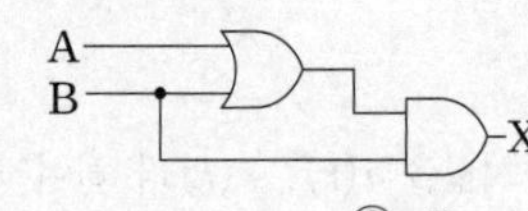

① A　　② B
③ $A+B$　　④ $A \cdot B$

불대수를 이용한 논리식의 간소화
$\therefore X = (A+B) \cdot B = (A+1) \cdot B = B$

참고 불대수
$B \cdot B = B,\ A+1 = 1,\ 1 \cdot B = B$

정답 68 ④ 69 ① 70 ③ 71 ②

72 □□□

그림과 같은 블록선도의 제어시스템에 단위계단 함수가 입력되었을 때 정상상태 오차가 0.01이 되는 a의 값은?

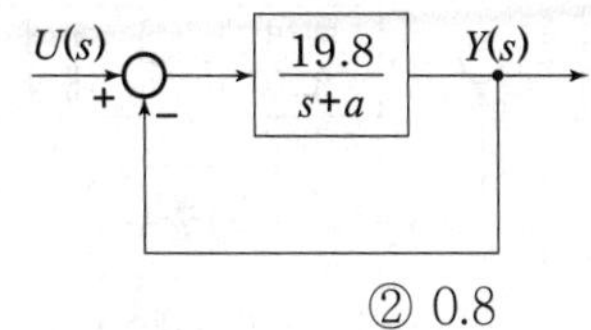

① 0.6　　② 0.8
③ 0.2　　④ 1.0

위치정상편차

개루프 전달함수는 $G(s)=\dfrac{19.8}{s+a}$이다.

위치편차상수를 k_p, 위치정상편차를 e_p라 하면

$k_p=\lim\limits_{s\to 0}G(s)=\lim\limits_{s\to 0}\dfrac{19.8}{s+a}=\dfrac{19.8}{a}$ 일 때

$e_p=\dfrac{1}{1+\dfrac{19.8}{a}}=0.01$ 식을 만족하여야 한다.

$1+\dfrac{19.8}{a}=100$ 이므로

$\therefore\ a=\dfrac{19.8}{100-1}=0.2$

73 □□□

그림의 신호흐름선도에서 전달함수 $\dfrac{C(s)}{R(s)}$는?

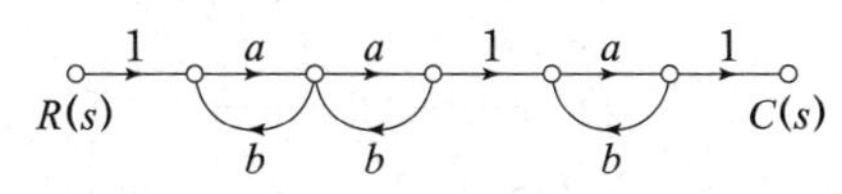

① $\dfrac{a^3}{(1-ab)^3}$　　② $\dfrac{a^3}{1-3ab+a^2b^2}$

③ $\dfrac{a^3}{1-3ab}$　　④ $\dfrac{a^3}{1-3ab+2a^2b^2}$

신호흐름선도의 전달함수(메이슨 정리)

$L_{11}=ab,\ L_{12}=ab,\ L_{13}=ab$

$L_{21}=L_{11}\cdot L_{13}=(ab)^2,\ L_{22}=L_{12}\cdot L_{13}=(ab)^2$

$\Delta=1-(L_{11}+L_{12}+L_{13})+(L_{21}+L_{22})$

$\quad=1-3ab+2(ab)^2$

$M_1=a^3,\ \Delta_1=1$

$\therefore\ G(s)=\dfrac{M_1\Delta_1}{\Delta}=\dfrac{a^3}{1-3ab+2a^2b^2}$

74 □□□

개루프 전달함수가 다음과 같은 제어시스템의 근궤적이 $j\omega$(허수)축과 교차하는 점은 약 얼마인가?

$$G(s)H(s)=\frac{K}{s(s+3)(s+2)}$$

① $\omega_d=2.45$　　② $\omega_d=2.65$
③ $\omega_d=3.87$　　④ $\omega_d=3.46$

허수축과 교차하는 점

제어계의 개루프 전달함수 $G(s)H(s)$가 주어지는 경우 특성방정식 $F(s)=1+G(s)H(s)=0$을 만족하는 방정식을 세워야 한다.

$G(s)H(s)=\dfrac{B(s)}{A(s)}$인 경우 특성방정식 $F(s)$는 $F(s)=A(s)+B(s)=0$으로 할 수 있다.

문제의 특성방정식은

$F(s)=s(s+3)(s+2)+K$

$\quad=s^3+5s^2+6s+K=0$ 이므로

s^3	1	6
s^2	5	K
s^1	$\dfrac{5\times 6-K}{5}=0$	0
s^0	K	

루스 수열의 제1열 S^1행에서 영(0)이 되는 K의 값을 구하여 보조방정식을 세운다.

$5\times 6-K=0$ 이기 위해서는 $K=30$이다.

보조방정식 $5s^2+30=0$ 식에서

$s^2=-6$ 이므로 $s=j\omega=\pm j\sqrt{6}$일 때

$\therefore\ \omega=\sqrt{6}=2.45$

정답 72 ③ 73 ④ 74 ①

75

이산시스템(discrete data system)에서의 안정도 해석에 대한 설명 중 옳은 것은?

① 특성방정식의 모든 근이 z평면의 음의 반평면에 있으면 안정하다.
② 특성방정식의 모든 근이 z평면의 양의 반평면에 있으면 안정하다.
③ 특성방정식의 모든 근이 z평면의 단위원 외부에 있으면 안정하다.
④ 특성방정식의 모든 근이 z평면의 단위원 내부에 있으면 안정하다.

S 평면과 Z 평면에서의 안정도 판별

구분	s 평면	Z 평면
안정 영역	좌반면	단위원 내부
불안정 영역	우반면	단위원 외부
임계안정 영역	허수축	단위 원주상

∴ Z 평면에서는 반지름이 1인 단위 원주를 기준으로 하여 내부와 외부로 구분하고 내부를 안정 영역, 외부를 불안정 영역, 단위 원주상을 임계안정 영역으로 정의한다.

76

$\dfrac{d}{dx}x(t) = Ax(t) + Bu(t)$에서 $A = \begin{bmatrix} 0 & 1 \\ -3 & 4 \end{bmatrix}$, $B = \begin{bmatrix} 1 \\ 1 \end{bmatrix}$인 상태방정식에 대한 특성방정식을 구하면?

① $s^2-4s-3=0$ ② $s^2-4s+3=0$
③ $s^2+4s+3=0$ ④ $s^2+4s-3=0$

상태방정식의 특성방정식

특성방정식은 $|sI-A|=0$ 이므로

$$(sI-A) = s\begin{bmatrix} 1 & 0 \\ 0 & 1 \end{bmatrix} - \begin{bmatrix} 0 & 1 \\ -3 & 4 \end{bmatrix} = \begin{bmatrix} s & -1 \\ 3 & s-4 \end{bmatrix}$$

$$|sI-A| = \begin{vmatrix} s & -1 \\ 3 & s-4 \end{vmatrix} = s(s-4)+3 = 0$$

∴ $s^2-4s+3=0$

77

블록선도에서 ⓐ에 해당하는 신호는?

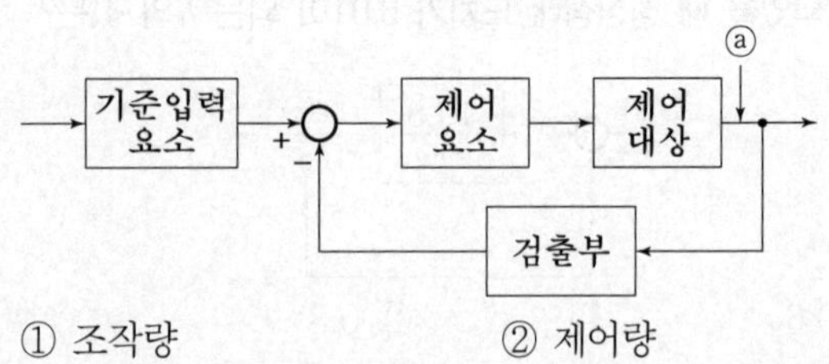

① 조작량 ② 제어량
③ 기준입력 ④ 동작신호

피드백 제어계의 구성

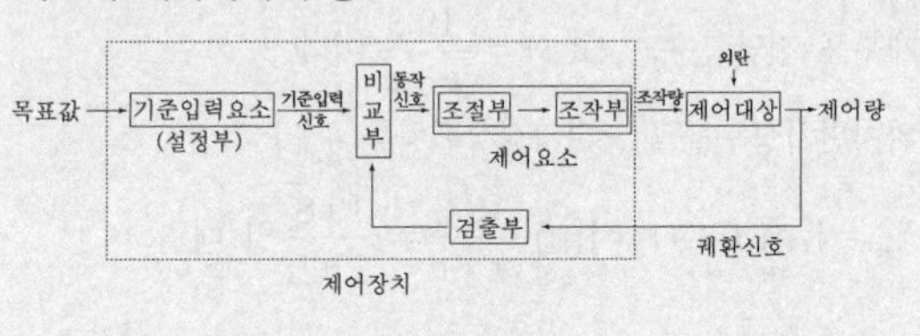

∴ 제어량 : 제어계의 출력신호이다.

78

그림과 같은 블록선도의 전달함수$\left(\dfrac{C(s)}{R(s)}\right)$는?

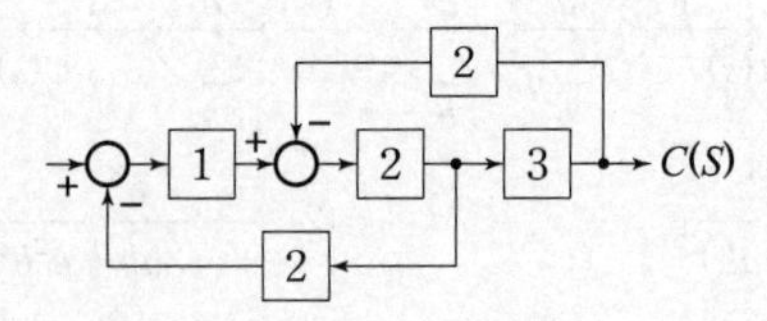

① $\dfrac{6}{11}$ ② $\dfrac{5}{17}$
③ $\dfrac{6}{17}$ ④ $\dfrac{5}{11}$

블록선도의 전달함수

$G_0(s) = \dfrac{C(s)}{R(s)} = \dfrac{\text{전향경로 이득}}{1-\text{루프경로 이득}}$ 식에서

전향경로 이득$=1\times2\times3=6$

루프경로 이득$=-2\times2\times3-2\times1\times2=-16$ 이므로

∴ $G(s) = \dfrac{6}{1-(-16)} = \dfrac{6}{17}$

정답 75 ④ 76 ② 77 ② 78 ③

79 □□□

그림과 같은 보드선도의 이득선도를 갖는 제어시스템의 전달함수는?

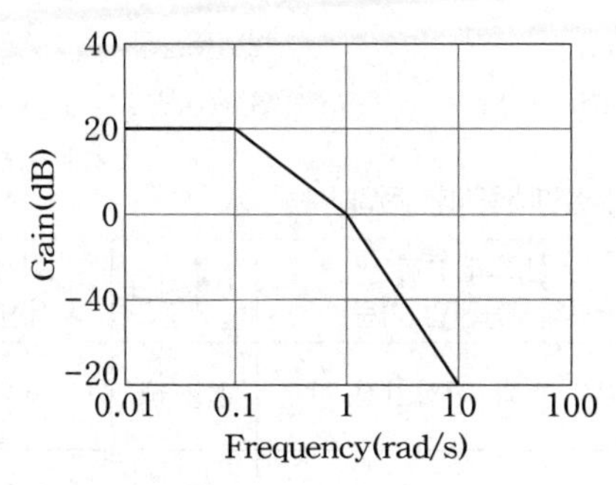

① $G(s)=\dfrac{10}{(s+1)(s+10)}$

② $G(s)=\dfrac{10}{(s+1)(10s+1)}$

③ $G(s)=\dfrac{20}{(s+1)(s+10)}$

④ $G(s)=\dfrac{20}{(s+1)(10s+1)}$

보드선도의 이득곡선

절점주파수는 $\omega=0.1$, $\omega=1$ 이므로

$G(s)=\dfrac{K}{(s+1)(10s+1)}$ 임을 알 수 있다.

이득곡선의 구간을 세 구간으로 구분할 수 있다.
$\omega<0.1$인 구간, $0.1<\omega<1$인 구간, $\omega>1$인 구간일 때 각각의 이득과 기울기는

㉠ $\omega<0.1$인 구간

$g=20\log|G(j\omega)|=20$ [dB] 이므로

$G(j\omega)=10$ 이며

$G(j\omega)=\left|\dfrac{K}{(1+j\omega)(1+j10\omega)}\right|_{\omega<0.1}=K$ 에서

$K=10$임을 알 수 있다.

㉡ $0.1<\omega<10$인 구간

$g=20\log|G(j\omega)|=-20$ [dB/dec] 이므로

$G(j\omega)=\dfrac{1}{\omega}$ 이며

$G(j\omega)=\left|\dfrac{10}{(1+j\omega)(1+j10\omega)}\right|_{0.1<\omega<1}$

$=\dfrac{10}{10\omega}=\dfrac{1}{\omega}$

㉢ $\omega>1$인 구간

$g=20\log|G(j\omega)|=-40$ [dB/dec] 이므로

$G(j\omega)=\dfrac{1}{\omega^2}$ 이며

$G(j\omega)=\left|\dfrac{10}{(1+j\omega)(1+j10\omega)}\right|_{1<\omega}$

$=\dfrac{10}{10\omega^2}=\dfrac{1}{\omega^2}$

$\therefore G(s)=\dfrac{10}{(s+1)(10s+1)}$

80 □□□

$G(j\omega)=\dfrac{K}{j\omega(j\omega+1)}$ 의 나이퀴스트 선도는? (단, $K>0$ 이다.)

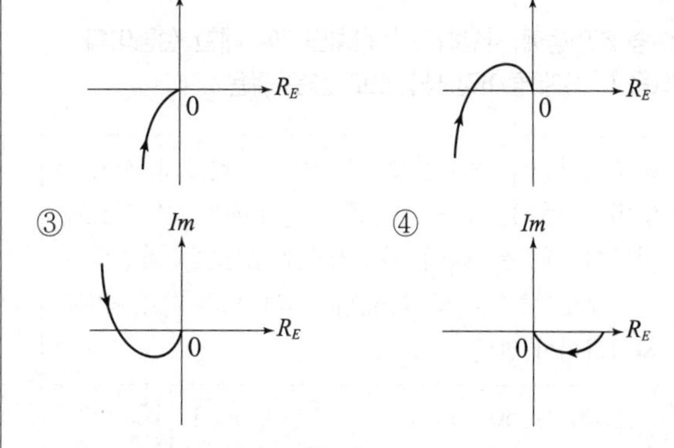

나이퀴스트 선도(벡터궤적)

(1) $\omega=0$일 때 $|G(j0)|=\infty$, $\phi=-90°$

(2) $\omega=\infty$일 때 $|G(j\infty)|=0$, $\phi=-180°$

∴ 3상한 $-90°$ ∞에서 출발하여, $-180°$ 원점으로 향하는 벡터궤적이다.

정답 79 ② 80 ①

5과목 : 전기설비기술기준 및 판단기준

무료 동영상 강의 ▲

81 □□□

발전기나 이를 구동시키는 원동기에 사고가 발생하였을 때 발전기를 전로로부터 자동적으로 차단하는 장치를 시설하여야 하는 경우로 옳은 것은?

① 용량이 1000[kVA]인 수차발전기의 스러스트 베어링의 온도가 현저히 상승한 경우
② 용량이 300[kVA]인 발전기를 구동하는 수차의 압유장치의 유압이 현저히 저하한 경우
③ 용량이 5000[kVA]인 발전기의 내부에 고장이 생긴 경우
④ 발전기에 과전류나 과전압이 생긴 경우

발전기 등의 보호장치

용량	사고의 종류	보호장치
모든 발전기	과전류, 과전압	자동차단
100[KVA] 이상	풍차의유압의 공기압 전원전압이 현저히 저하	
500[KVA] 이상	수차의 압유장치의 유압이 현저히 저하	
2000[KVA] 이상	스러스트 베어링의 온도가 현저히 상승한 경우	
1만[KVA] 이상	내부고장	

82 □□□

수중 조명등에 시설하는 누전차단기에 대한 설명이다. 다음 (   )에 들어갈 내용으로 옳은 것은?

> 수중조명등의 절연변압기의 2차측 전로의 사용전압이 (㉠)[V]를 초과하는 경우에는 그 전로에 지락이 생겼을 대에 자동적으로 전로를 차단하는 정격감도전류 (㉡)[mA] 이하의 누전차단기를 시설하여야 한다.

① ㉠ 30 ㉡ 30　　② ㉠ 30 ㉡ 15
③ ㉠ 60 ㉡ 150　　④ ㉠ 60 ㉡ 300

수중 조명에 시설하는 누전차단기
수중조명등의 절연변압기의 2차측 전로의 사용전압이 30[V]를 초과하는 경우에는 그 전로에 지락이 생겼을 때에 자동적으로 전로를 차단하는 정격감도전류 30[mA] 이하의 누전차단기를 시설하여야 한다.

83 □□□

최대사용전압이 69[kV]인 중성점 비접지식 전로의 절연내력 시험전압은 몇 [kV] 인가?

① 103.5　　② 86.25
③ 63.48　　④ 75.9

전로의 절연내력시험 전압

전로의 종류 (최대사용전압 기준)	시험전압	최저 시험전압
60[KV] 초과 비접지식 전로	1.25배	×
60[KV] 초과 접지식전로	1.1배	75,000[V]
60[KV] 초과 직접 접지식 [170[KV]초과 중성점에 피뢰기 시설]	0.72배	×

풀이 $E = 69 \times 1.25 = 86.25$ [KV]

84 □□□

저압 옥내배선 합성수지관 공사시 연선이 아닌 경우 사용할 수 있는 전선의 최대 단면적은 몇 [mm^2]인가?

① 4　　② 6
③ 10　　④ 16

합성수지관 공사
(1) 전선은 절연전선(OW 제외)일 것
(2) 전선은 연선일 것
(단, 단면적 10[mm^2](알루미늄선은 단면적 16[mm^2]) 이하의 것은 단선사용)
(3) 전선은 합성수지관 안에서 접속점이 없도록 할 것
(4) 관의 지지점 간의 거리는 1.5[m] 이하로
(5) 삽입 접속 : 관 외경의 1.2배
(단, 접착제 사용= 관 외경의 0.8배)

정답 81 ④ 82 ① 83 ② 84 ③

85 □□□

직류 전차선과 급전선의 정적 최소 높이는 몇 [m] 이상으로 하여야 하는가?

① 4.8　② 4
③ 4.4　④ 3.6

전차선 및 급전선의 높이

시스템 종류	공칭전압[V])	동적[mm]	정적[mm]
직류	750	4,800	4,400
	1,500	4,800	4,400
단상교류	25,000	4,800	4,570

※ 전차선의 편위는 차량의 집전장치를 벗어나지 말 것 : 200[mm]

86 □□□

일반주택 및 아파트 각 호실의 현관등은 몇 분 이내에 소등되는 타임스위치를 시설하여야 하는가?

① 1분　② 3분
③ 5분　④ 10분

타임스위치 시설

설치장소	소등시간
주택 및 아파트의 현관 등	3분
호텔, 여관 객실 입구 등	1분

87 □□□

건축물·구조물과 분리되지 않은 피뢰시스템인 경우 병렬 인하도선의 최대 간격은 피뢰시스템 등급에 따라 Ⅰ, Ⅱ 등급은 몇 [m]인가?

① 10　② 15
③ 20　④ 30

인하 도선 시스템
※ 피뢰시스템 등급 및 인하도선 간격

피뢰등급	건물 높이[m]	메시 치수	인하도선 간격
Ⅳ	60	20 × 20	20m
Ⅲ	45	15 × 15	15m
Ⅱ	30	10 × 10	10m
Ⅰ	20	5 × 5	10m

88 □□□

사용전압 7[kV] 이하인 특고압 가공전선로의 중성점 접지용 접지도체의 공칭단면적은 몇 [mm²] 이상의 연동선이어야 하는가?

① 4　② 6
③ 2.6　④ 16

접지도체 굵기

전 압		접지도체의 굵기
고압 및 특고압 전기설비		6[mm²] 이상
중성점 접지용	기 본	16[mm²] 이상
	· 7[kV]이하 전로 · 25[kV]이하 다중접지 (2초이내 자동차단)	6[mm²] 이상

정답 85 ③ 86 ② 87 ① 88 ②

89 □□□

저압 가공전선의 사용가능 한 전선에 대한 사항으로 알맞지 않은 것은?

① 케이블
② 400[V] 초과인 저압 가공전선으로 시가지의 경우 지름 5[mm] 이상의 경동선
③ 400[V] 초과인 저압 가공전선으로 인입용 비닐 절연전선 사용
④ 나전선(중성선 또는 다중접지된 접지축 전선으로 사용하는 전선에 한한다)

저압 가공전선의 굵기 및 종류

사용전압	전선의 굵기 및 종류
400[V] 이하	• 경동선 3.2[mm] = 3.43[kN] 이상 • 절연전선 2.6[mm] = 2.3[kN] 이상
사용전선	• 다심형 전선 • 절연전선 • 케이블 • 나전선(중성선)
400[V] 초과 고압 까지	• 시내 : 5.0[mm] = 8.01[kN] 이상 • 시외 : 4[mm] = 5.26[kN] 이상
사용전선	• 절연전선 [인입용 비닐절연전선(DV) 불가] • 케이블 사용

90 □□□

통신선에 직접 접속하는 옥내통신 설비를 시설하는 곳에 반드시 하여야 하는 것은? (단, 통신선은 광섬유 케이블을 제외하며, 뇌 또는 전선과의 혼촉에 의하여 사람에게 위험의 우려는 있다고 한다.)

① 유도조절장치
② 전력절감장치
③ 보안장치
④ 전류 제한장치

전력보안통신설비의 보안장치

통신선(광섬유 케이블을 제외)에 직접 접속하는 옥내통신 설비를 시설하는 곳에는 통신선의 구별에 따라 표준에 적합한 보안장치 또는 이에 준하는 보안장치를 시설하여야 한다.

91 □□□

통신설비의 식별표시에 대한 사항으로 알맞지 않은 것은?

① 모든 통신기기에는 식별이 용이하도록 인식용 표찰을 부착하여야 한다.
② 배전주에 시설하는 통신설비의 설비표시명판의 경우 분기주, 인류주는 매 전주에 시설.
③ 통신사업자의 설비표시명판은 플라스틱 및 금속판 등 견고하고 가벼운 재질로 하고 글씨는 각인하거나 지워지지 않도록 제작된 것을 사용하여야 한다.
④ 배전주에 시설하는 통신설비의 설비표시명판의 경우 직선주는 전주 10경간마다 시설할 것.

통신설비의 식별표시

(1) 모든 통신기기에는 식별이 용이 하도록 인식용 표찰을 부착한다.
(2) 통신사업자의 설비 표시명판은 플라스틱 및 금속판 등 견고하고 가벼운 재질로 하고 글씨는 각인하거나 지워지지 않도록 제작된 것을 사용한다.
(3) 배전주에 시설하는 통신설비의 설비표시 명판은 직선주는 전주 5경간마다 시설하고 분기주, 인류주는 매 전주에 시설할 것.
(4) 지중설비에 시설하는 통신설비의 설비표시명판은 관로는 맨홀마다 시설할 것.
전력구내 행거는 50[m] 간격으로 시설할 것.

92 □□□

사용전압이 저압인 수상전선로의 전선을 가공전선로의 전선과 접속하는 경우 접속점이 도로상 이외의 곳에 있을 때에는 지표상 몇 [m]까지로 감할 수 있는가?

① 3　② 4
③ 5　④ 2

수상 전선로의 시설

수상 전선과 기공 전선의 접속점 높이	
접속점이 육상에 있을 때	5[m]이상 (단 저압의 경우로 도로 이외시설 : 4[m])
접속점이 수상에 있을 때	• 저압 : 4[m] 이상 • 고압 : 5[m] 이상

정답 89 ③ 90 ③ 91 ④ 92 ②

93 □□□

"전로"에 대한 정의로 옳은 것은?

① 통상의 사용 상태에서 전기가 통하고 있지 않은 곳
② 통상의 사용 상태에서 전기를 절연한 곳
③ 통상의 사용 상태에서 전기가 통하고 있는 곳
④ 통상의 사용 상태에서 전기를 접지한 곳

용어의 정의
"전로"란 통상의 사용 상태에서 전기가 통하고 있는 곳을 말한다.

94 □□□

전기저장장치의 이차전지에 자동으로 전로로부터 차단하는 장치를 시설하여야 하는 경우로 틀린 것은?

① 제어장치에 이상이 발생한 경우
② 이차전지 모듈의 내부 온도가 급격히 상승할 경우
③ 과 저항이 발생한 경우
④ 과전압이 발생한 경우

전기저장장치의 이차전지의 제어 및 보호장치
(1) 전기저장장치의 이차전지는 다음에 따라 자동으로 전로로부터 차단하는 장치를 시설
- 과전압 또는 과전류가 발생한 경우
- 제어장치에 이상이 발생한 경우
- 이차전지 모듈의 내부 온도가 급격히 상승할 경우

95 □□□

폭연성 분진 또는 화약류의 분말에 전기설비가 발화원이 되어 폭발할 우려가 있는 곳에 시설하는 저압 옥내배선의 공사방법으로 옳은 것은?

① 합성 수지관공사 ② 캡타이어 케이블공사
③ 애자사용공사 ④ 금속관공사

폭연성 분진 위험장소
폭연선 분진(마그네슘·알루미늄·티탄·지르코늄 등) 또는 화약류의 분말이 전기설비가 발화원이 되어 폭발할 우려가 있는 곳에 시설하는 저압 옥내전기설비는 금속관공사 또는 케이블공사(캡타이어 케이블은 제외)에 의할 것

96 □□□

태양광발전이나 풍력발전 등이 현재 조건에서 가능한 최대의 전력을 생산할 수 있도록 인버터 제어를 이용하여 해당 발전원의 전압이나 회전속도를 조정하는 최대출력 추종 기능을 말하는 것은?

① Bleed Off ② Meter In
③ PCS ④ MPPT

용어의 정의
"MPPT"란 태양광발전이나 풍력발전 등이 현재 조건에서 가능한 최대의 전력을 생산할 수 있도록 인버터 제어를 이용하여 해당 발전원의 전압이나 회전속도를 조정하는 최대출력추종(MPPT, Maximum Power Point Tracking) 기능을 말한다.

정답 93 ③ 94 ③ 95 ④ 96 ④

97 □□□

변압기 1차측 3300[V], 2차측 220[V]의 변압기 전로의 절연내력시험 전압은 각각 몇 [V]에서 10분간 견디어야 하는가?

① 1차측 4950[V], 2차측 330[V]
② 1차측 4950[V], 2차측 500[V]
③ 1차측 4125[V], 2차측 500[V]
④ 1차측 3300[V], 2차측 400[V]

변압기 전로의 절연내력시험

전로의 종류 (최대사용전압 기준)	시험전압	최저시험전압
7[kV] 이하인 전로	1.5배	500[V]
25[kV] 이하 중성점 다중접지	0.92배	×
7[kKV] 초과 60[kV] 이하인 전로	1.25배	10,500[V]

즉, ① 1차 : $E = 3300 \times 1.5 = 4950$[V]
② 2차 : $E = 200 \times 1.5 = 300$[V]
∴ 최저 500[V]이다.
※ 2차측은 시험전압이 500[V] 이하이므로 최저시험 전압은 500[V]가 되어야 한다.

98 □□□

저압전로 중의 전동기 보호용으로 단락보호전용 퓨즈(aM)를 시설할 때 정격전류의 19배 고장전류에서 퓨즈의 용단시간으로 적합한 것은?

① 0.1초 이내 ② 0.5초 이내
③ 1초 이내 ④ 60초 이내

저압전로 중의 전동기 보호용 과전류보호장치의 시설
단락보호전용 퓨즈(aM)의 용단특성

정격전류의 배수	불용단시간	용단시간
4배	60초 이내	-
6.3배	-	60초 이내
8배	0.5초 이내	-
10배	0.2초 이내	-
12.5배	-	0.5초 이내
19배	-	0.1초 이내

99 □□□

IT 계통에서 사용 가능한 감시장치와 보호장치 중 음향 및 시각신호를 갖추어야 하는 것은?

① 배선차단기 ② 과전류보호장치
③ 절연감시장치 ④ 누전차단기

IT계통
IT 계통은 감시 장치와 보호장치 (① 절연 감시 장치 ② 누설전류 감시 장치 ③ 절연 고장점 검출장치 ④ 과전류 보호 장치 ⑤ 누전차단기)를 사용할 수 있으며, 1차 고장이 지속되는 동안 작동될 것. 절연 감시 장치는 음향 및 시각신호를 갖추어야 한다.

100 □□□

라이팅 덕트공사에 의한 저압 옥내배선에서 덕트의 지지점간의 거리는 몇 [m] 이하인가?

① 2.5 ② 2.0
③ 1.5 ④ 3.0

라이팅 덕트공사
(1) 덕트 상호 간 및 전선 상호 간은 견고하게 또한 전기적으로 완전히 접속할 것.
(2) 덕트는 조영재에 견고하게 붙일 것.
(3) 덕트의 지지점 간의 거리는 2[m] 이하로 할 것.
(4) 덕트의 끝부분은 막을 것.
(5) 덕트의 개구부(開口部)는 아래로 향하여 시설할 것.

정답 97 ② 98 ① 99 ③ 100 ②

CBT 시험대비

CBT 시험 19회를 100% 복원하여 재구성한

제6회 복원 기출문제

학습기간 월 일 ~ 월 일

1과목 : 전기자기학

무료 동영상 강의 ▲

01 □□□

동심구형 콘덴서의 내외 반지름을 각각 3배로 증가시키면 정전 용량은 몇 배로 증가하는가?

① 9 ② $\sqrt{3}$
③ $2\sqrt{3}$ ④ 3

동심구의 정전 용량은 $C=\dfrac{4\pi\epsilon_o ab}{b-a}$[F] 이므로
내외 반지름을 각각 3배로하면 $b'=3b$, $a'=3a$ 이므로

$$C' =\frac{4\pi\epsilon_o a'b'}{b'-a'}=\frac{4\pi\epsilon_o \cdot 3a \cdot 3b}{3b-3a}$$

$$=\frac{9\times(4\pi\epsilon_o ab)}{3(b-a)}=3C$$ 가 되므로 3배가 된다.

02 □□□

균일한 자장 내에 놓여 있는 직선도선에 전류 및 길이를 각각 2배로 하면 이 도선에 작용하는 힘은 몇 배가 되는가?

① 1 ② 2
③ 4 ④ 8

자장내 직선도체를 놓고 전류를 흘려주었을 때 도체가 받는 힘은 플레밍의 왼손법칙에 의한 힘
$F=IBl\sin\theta$ [N]이므로 전류(I) 및 길이(l)를 각각 2배로하면 힘은 4배가 된다.

03 □□□

다음 중에서 옳지 않은 것은?

① 유전체의 전속밀도는 도체에 준 진전하 밀도와 같다.
② 유전체의 전속밀도는 유전체의 분극전하 밀도와 같다.
③ 유전체의 분극선의 방향은 − 분극전하에서 + 분극전하로 향하는 방향이다.
④ 유전체의 분극도는 분극전하 밀도와 같다.

유전체의 전속밀도는 $D=\epsilon_0 E+P$[C/m²]
단, D : 전속밀도(진전하밀도)
P : 분극의 세기(분극전하밀도)
E : 유전체 내부전계
유전체의 전속밀도는 유전체의 분극전하 밀도와 같지 않다.

04 □□□

서로 같은 2개의 구 도체에 동일양의 전하로 대전시킨 후 20[cm] 떨어뜨린 결과 구 도체에 서로 $6\times10^{-4}N$의 반발력이 작용하였다. 구 도체에 주어진 전하는 약 몇 C 인가?

① 5.2×10^{-8} ② 6.2×10^{-8}
③ 7.2×10^{-8} ④ 8.2×10^{-8}

주어진 수치 $Q_1=Q_2$[C], $r=20$[cm],
$F=6\times10^{-4}$[N] 일 때
두 전하 사이에 작용하는 힘

$$F=\frac{Q_1\cdot Q_2}{4\pi\varepsilon_o r^2}=9\times10^9\frac{Q_1^{\ 2}}{r^2}\text{[N]}$$ 이므로

주어진 수치를 대입하여 구하면

$$Q_1=Q_2=\sqrt{\frac{Fr^2}{9\times10^9}}=\sqrt{\frac{6\times10^{-4}\times0.2^2}{9\times10^9}}$$
$$=5.2\times10^{-8}\text{[C]}$$

정답 01 ④ 02 ③ 03 ② 04 ①

05 □□□

패러데이 법칙에서 유도기전력 e[V]를 옳게 표현한 것은?

① $e = -\frac{1}{N}\frac{d\varnothing}{dt}$　② $e = -\frac{1}{N^2}\frac{d\varnothing}{dt}$

③ $e = -N\frac{d\varnothing}{dt}$　④ $e = -N^2\frac{d\varnothing}{dt}$

코일에 쇄교자속수의 시간에 대한 감쇄율(변화율)에 비례하여 전압이 발생하는 법칙을 패러데이 법칙이라 하며

유도기전력 $e = -N\frac{d\phi}{dt}$ [V] 이다.

단, $d\phi$는 자속의 변화량(변화율)이다.

06 □□□

어떤 막대꼴 철심이 있다. 단면적이 0.5[m²], 길이가 0.8[m], 비투자율이 10이다. 이 철심의 자기 저항[AT/Wb]은?

① 3.18×10^4　② 6.37×10^4

③ 1.92×10^4　④ 12.73×10^4

철심의 자기저항

$$R_m = \frac{l}{\mu S} = \frac{l}{\mu_o \mu_s S} = \frac{0.8}{4\pi \times 10^{-7} \times 10 \times 0.5}$$

$$= 12.73 \times 10^4 \text{ [AT/Wb]}$$

07 □□□

구 좌표계에서 $\nabla^2 r$의 값은 얼마인가? (단, $r = \sqrt{x^2 + y^2 + z^2}$)

① $\frac{1}{r}$　② $\frac{2}{r}$

③ r　④ $2r$

구 좌표계에서

$$\nabla^2 r = \frac{1}{r^2}\frac{\partial}{\partial r}\left(r^2 \frac{\partial r}{\partial r}\right) + \frac{1}{r^2 \sin\theta}\frac{\partial}{\partial \theta}\left(\sin\theta \frac{\partial r}{\partial \theta}\right) + \frac{1}{r^2 \sin^2\theta}\frac{\partial^2 r}{\partial^2 \phi}$$

$$= \frac{1}{r^2}\frac{\partial}{\partial r}r^2 = \frac{1}{r^2} \times 2r = \frac{2}{r}$$

08 □□□

전계 E[V/m]가 두 유전체의 경계면에 평행으로 작용하는 경우 경계면의 단위면적당 작용하는 힘은 몇 [N/m²]인가? (단, ϵ_1, ϵ_2는 두 유전체의 유전율이다.)

① $f = \frac{1}{2}E^2(\epsilon_1 - \epsilon_2)$　② $f = E^2(\epsilon_1 - \epsilon_2)$

③ $f = \frac{1}{2E^2}(\epsilon_1 - \epsilon_2)$　④ $f = \frac{1}{E^2}(\epsilon_1 - \epsilon_2)$

전계가 경계면에 수평(평행)인 경우 전계의세기가 같으므로 경계면에 작용하는 힘은

$\epsilon_1 > \epsilon_2$ 인 경우 $f = \frac{1}{2}(\epsilon_1 - \epsilon_2)E^2$ [N/m²]

작용하는 힘은 유전율이 큰 쪽에서 작은 쪽으로 작용한다.

정답 05 ③ 06 ④ 07 ② 08 ①

09 □□□

자기회로와 전기회로의 대응으로 틀린 것은?

① 자속 ↔ 전류
② 기자력 ↔ 기전력
③ 투자율 ↔ 유전율
④ 자계의 세기 ↔ 전계의 세기

전기회로와 자기회로 대응관계

전기회로		자기회로	
전기 저항	$R=\rho\dfrac{l}{S}=\dfrac{l}{kS}[\Omega]$	자기 저항	$R_m=\dfrac{l}{\mu S}[\mathrm{AT/Wb}]$
도전율	$k[\mho/\mathrm{m}]$	투자율	$\mu[\mathrm{H/m}]$
기전력	$E[\mathrm{V}]$	기자력	$F=NI[\mathrm{AT}]$
전 류	$I=\dfrac{E}{R}[\mathrm{A}]$	자속	$\phi=\dfrac{F}{R_m}=\dfrac{\mu SNI}{l}[\mathrm{Wb}]$
전류 밀도	$i=\dfrac{I}{S}[\mathrm{A/m^2}]$	자속 밀도	$B=\dfrac{\phi}{S}[\mathrm{Wb/m^2}]$
전계의 세기	$E[\mathrm{V/m}]$	자계의 세기	$H[\mathrm{AT/m}]$
컨덕턴스	$G=\dfrac{1}{R}[\mho]$	퍼미언스	$P=\dfrac{1}{R_m}[\mathrm{Wb/AT}]$

10 □□□

그림과 같이 공기 중 2개의 동심 구도체에서 내구(A)에만 전하 Q를 주고 외구(B)를 접지하였을 때 내구(A)의 전위는?

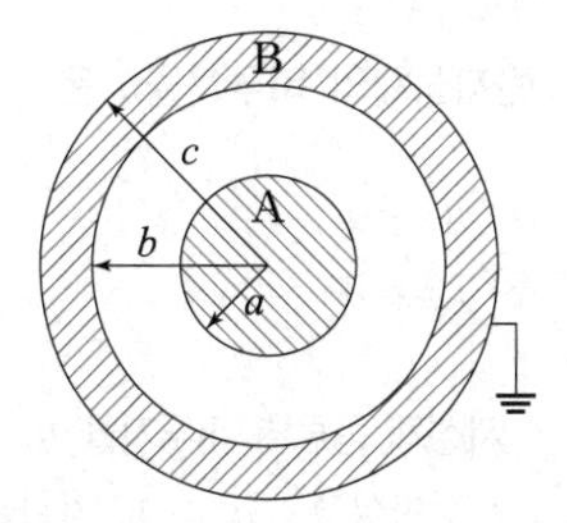

① $\dfrac{Q}{4\pi\epsilon_0}\left(\dfrac{1}{a}-\dfrac{1}{b}+\dfrac{1}{c}\right)$
② $\dfrac{Q}{4\pi\epsilon_0}\left(\dfrac{1}{a}-\dfrac{1}{b}\right)$
③ 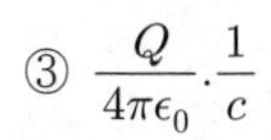
④ 0

내구 A에 전하 Q를 주면 외구 B는 접지되어 있으므로 $-Q$가 분포하므로 내구 A의 전위는

$V_a=\dfrac{Q}{4\pi\epsilon_0}\left(\dfrac{1}{a}-\dfrac{1}{b}\right)[\mathrm{V}]$이 된다.

11 □□□

단면적이 균일한 환상철심에 권수 100회인 A코일과 권수 300회인 B 코일이 있을 때 A 코일의 자기 인덕턴스가 4[H]라면 두 코일의 상호 인덕턴스가 몇 [H]인가? (단, 누설자속은 0이다.)

① 4
② 8
③ 12
④ 16

결합계수 $k=\dfrac{M}{\sqrt{L_1\cdot L_2}}$ 에서

상호 인덕턴스는 $M=k\sqrt{L_1\cdot L_2}$ 가 된다.

환상 솔레노이드의 자기인덕턴스 $L\propto N^2$이므로

$L_1:N_1^2=L_2:N_2^2$ 에서 $L_2=\left(\dfrac{N_2}{N_1}\right)^2\cdot L_1$ 이 된다.

또한 누설자속이 없는 경우는 결합계수가 $k=1$이므로

$$M=k\sqrt{L_1\cdot L_2}=1\times\sqrt{L_1\cdot\left(\frac{N_2}{N_1}\right)^2\cdot L_1}=\frac{N_2}{N_1}\cdot L_1$$

이므로 주어진 수치

$N_1=100$회, $N_2=300$회, $L_1=4[\mathrm{H}]$를 대입하면

$$M=\frac{N_2}{N_1}\cdot L_1=\frac{300}{100}\cdot 4=12[\mathrm{H}]$$

12 □□□

자기모멘트 $9.8\times10^{-5}[\mathrm{Wb\cdot m}]$의 막대자석을 지구자계의 수평 성분 10.5[AT/m]의 곳에서 지자기 자오면으로부터 90° 회전시키는 데 필요한 일은 약 몇 [J]인가?

① 1.03×10^{-3}
② 1.03×10^{-5}
③ 9.03×10^{-3}
④ 9.03×10^{-5}

지구 자계가 자석에 작용하는 회전력은 $T=MH\sin\theta$이고, 각 θ만큼 회전시키는 데 필요한 일은

$$W=\int_0^\theta T\cdot d\theta=MH\int_0^\theta\sin\theta\cdot d\theta=MH(1-\cos\theta)[\mathrm{J}]$$ 이므로

$M=9.8\times10^{-5}[\mathrm{Wb\cdot m}]$, $H=10.5[\mathrm{AT/m}]$ 를 대입하면

$$W=9.8\times10^{-5}\times10.5(1-\cos 90^\circ)=1.03\times10^{-3}[\mathrm{J}]$$

정답 09 ③ 10 ② 11 ③ 12 ①

13 □□□

그림과 같이 직류전원에서 부하에 공급하는 전류는 50[A]이고 전원전압은 480[V]이다. 도선이 10[cm] 간격으로 평행하게 배선되어 있다면 1[m] 당 두 도선 사이에 작용하는 힘은 몇 [N]이며, 어떻게 작용하는가?

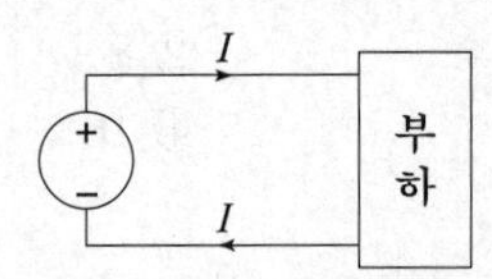

① 5×10^{-3}, 반발력 ② 5×10^{-2}, 흡인력
③ 5×10^{-3}, 흡인력 ④ 5×10^{-2}, 반발력

평행도선 사이의 단위길이당 작용하는 힘은

$F=\dfrac{\mu_0 I_1 I_2}{2\pi r}=\dfrac{2I_1 I_2}{r}\times10^{-7}[\mathrm{N/m}]$이므로

$I_1=I_2=50[\mathrm{A}]$, $r=10[\mathrm{cm}]$일 때

$F=\dfrac{2I^2}{r}\times10^{-7}=\dfrac{2\times50^2}{10\times10^{-2}}\times10^{-7}$

$=5\times10^{-3}[\mathrm{N/m}]$

힘의 방향은 전류방향 반대(왕복전류)이면 반발력, 전류방향 동일하면 흡인력이 작용하므로

두 도선의 전류방향이 반대이므로

$\therefore F=5\times10^{-3}[\mathrm{N/m}]$, 반발력이다.

14 □□□

진공 중에 선전하 밀도가 $\lambda[\mathrm{C/m}]$로 균일하게 대전된 무한히 긴 직선도체가 있다. 이 직선도체에서 수직거리 $r[\mathrm{m}]$ 점의 전계의 세기는 몇 [V/m]인가?

① $E=\dfrac{\lambda}{2\pi\epsilon_0 r}$ ② $E=\dfrac{\lambda}{4\pi\epsilon_0 r}$

③ $E=\dfrac{\lambda}{\pi\epsilon_0}\log\dfrac{1}{r}$ ④ $E=\dfrac{\lambda}{4\pi\epsilon_0 r^2}$

무한직선도체에 의한 전계의 세기

$E=\dfrac{\lambda}{2\pi\epsilon_0 r}[\mathrm{V/m}]$이므로 선전하에 의한 전계는 거리 r에 반비례한다.

15 □□□

그림과 같이 자성체에 자계(H_0)을 주어 자화할 때 자기 감자력의 방향?

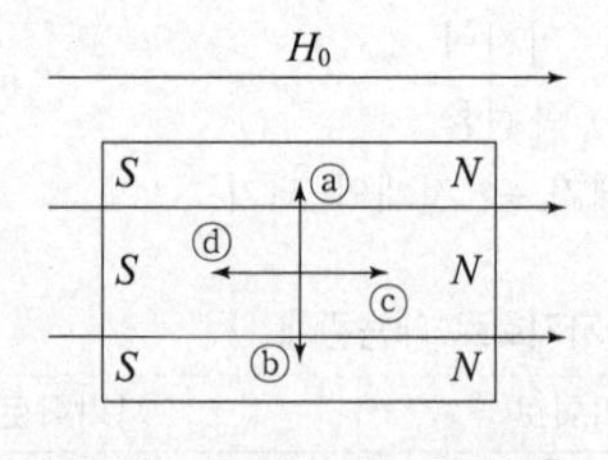

① ⓒ의 방향 ② ⓓ의 방향
③ ⓑ의 방향 ④ ⓐ의 방향

외부자계 H_o중에 어떤 상자성체를 두면, 자성체는 자화되어 외부자극 N극에 가까운 곳에 S극이 유도되므로, 자성체내 내부자계 H는 H'만큼 감소된다. 이 H'를 자기 감자력이라 하며 자화의 세기에 비례한다.

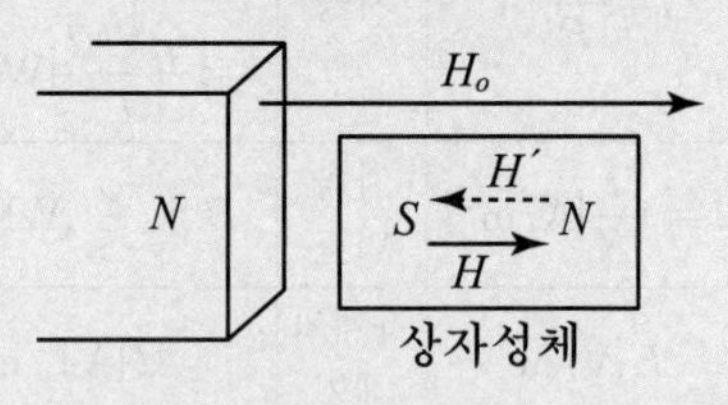

감자력은 말 그대로 외부의 자계를 감소시키는 방향으로 작용하므로 d방향으로 작용한다.

16 □□□

반자성체의 비투자율 μ_r은?

① $\mu_r>1$ ② $\mu_r<1$
③ $\mu_r=0$ ④ $\mu_r=1$

자성체 종류별 비투자율 μ_r

- 상자성체 : $\mu_r>1$, 자화율 : $\chi=\mu_0(\mu_r-1)>0$
- 반자성체 : $\mu_r<1$, 자화율 : $\chi=\mu_0(\mu_r-1)<0$
- 강자성체 : $\mu_r\gg1$

정답 13 ① 14 ① 15 ② 16 ②

17 □□□

자계의 벡터 포텐셜(Vector potential)을 A[Wb/m^2]라 할 때 도체 주위에서 자계 B[Wb/m^2]가 시간적으로 변화하면 도체에 발생하는 전계의 세기E[V/m]는?

① $E=-\frac{\partial A}{\partial t}$ ② $rotE=-\frac{\partial A}{\partial t}$

③ $rotE=\frac{\partial B}{\partial t}$ ④ $E=rotB$

자속밀도 $B=rot\,A$ 를

$rot\,E=-\frac{\partial B}{\partial t}$ 에 대입하면

$rot\,E=-\frac{\partial\, rot\,A}{\partial t}$

전계는 $E=-\frac{\partial A}{\partial t}$ 가 된다.

18 □□□

저항 10[Ω]의 코일을 지나는 자속이 $5\sin 10t$[Wb]일 때 코일에 흐르는 전류의 최대치는?

① 5 ② 15

③ 10 ④ 12

자속이 $5\sin 10t$일 때 유기전압은

$e=-\frac{d\phi}{dt}=-\frac{d}{dt}5\sin 10t$

$=-5(\sin\cos 10t)\times 10=-50\cos 10t\,[\text{V}]$

이므로

최대전류는 $I_{max}=\frac{e_{max}}{R}=\frac{50}{10}=5\,[\text{A}]$가 된다.

19 □□□

다음 정전계에 대한 설명 중 틀린 것은?

① 도체에 주어진 전하는 도체 표면에만 존재한다.

② 중공 도체에 준 전하는 외부 표면에만 분포하고 내면에는 존재하지 않는다.

③ 단위 전하에서 나오는 전기력선의 수는 $\frac{1}{\epsilon_0}$개다.

④ 전기력선은 전하가 없는 곳에서 서로 교차한다.

전기력선은 서로 반발하여 서로 교차할 수 없다.

20 □□□

공기 중에서 x방향으로 진행하는 전자파가 있다. $E=6\,[\text{V/m}]$일 때 포인팅 벡터의 크기 $[\text{W/m}^2]$는?

① 6.88×10^{-2} ② 9.55×10^{-2}

③ 6.88×10^{-3} ④ 9.55×10^{-3}

전자파의 포인팅 벡터는 단위시간에 단위 면적을 지나는 에너지로서

$P'=\frac{P}{S}=\vec{E}\times\vec{H}=EH\,[\text{W/m}^2]$이며

진공(공기)시인 경우는

$E=\sqrt{\frac{\mu_o}{\epsilon_o}}H=377H$, $H=\sqrt{\frac{\epsilon_o}{\mu_o}}E=\frac{1}{377}E$

이므로

$P'=\frac{P}{S}=377H^2=\frac{1}{377}E^2\,[\text{W/m}^2]$이 된다.

주어진 수치를 대입하면

$P'=\frac{1}{377}E^2=\frac{1}{377}\times 6^2=9.55\times 10^{-2}\,[\text{W/m}^2]$

정답 17 ① 18 ① 19 ④ 20 ②

2과목 : 전력공학

무료 동영상 강의 ▲

21 □□□

3상 1회선 전선로의 작용정전용량은 C 이고, 선간 정전 용량C_m이고 선로의 대지정전용량이 C_s일 때 작용 정전 용량 C 는 어떻게 구성되는가?

① $C = C_s + 3C_m$
② $C = C_s + C_m$
③ $C = C_s + 2C_m$
④ $C = \dfrac{3}{C_s} + C_m$

작용 정전용량(C_w)
전위차 존재시 그 전위차에 대해 정전유도 되는 크기를 정수화시킨 값으로, 정상 운전시 충전전류를 계산하는데 사용된다.
① 3상 1회선 작용 정전용량 $C = C_s + 3C_m$
② 단상 1회선 작용 정전용량 $C = C_s + 2C_m$
여기서, C_s : 대지 정전용량, C_m : 선간 정전용량

22 □□□

다음의 표는 어느 공장의 수용 설비에 관한 표이다. 합성 최대 전력이 279[kW]이라고 할 때, 부등률은 얼마인가?

구분	설비용량	수용률
설비 A	150[kW]	60[%]
설비 B	350[kW]	70[%]

① 1.4　　② 1.1
③ 1.3　　④ 1.2

부등률
어느 기간 동안 전기설비가 동시에 사용되는 정도.
(1) 수용률 $= \dfrac{\text{최대전력}}{\text{설비용량}} \times 100$ 식에서
최대전력=설비용량×수용률을 계산한다.
(2) 부등률 $= \dfrac{\text{각각의 최대전력합}}{\text{합성최대전력}}$ 식으로부터 계산한다.

부등률 $= \dfrac{(150 \times 0.6) + (350 \times 07)}{279} = 1.2$

23 □□□

66000[V] 평형 대칭 3상 송전선의 정상 운전시 건전상의 대지 전압은?

① 66000　　② $66000\sqrt{3}$
③ $\dfrac{66000}{\sqrt{3}}$　　④ $\dfrac{66000}{\sqrt{2}}$

선간전압 과 대지전압
3상 송전선로의 66000[V]는 공칭전압임으로 선간전압이다. 그러므로 3상에서 상전압 × $\sqrt{3}$ = 선간전압이 됨으로 대지(상)전압은 $\dfrac{66000}{\sqrt{3}}$ 이다.

24 □□□

3상 송전선로의 선간전압이 66[kV], 기준용량이 4800[kVA]일 때, 1선당의 선로 임피던스 100[Ω]을 %임피던스로 환산하면 약 몇 [%]인가?

① 11　　② 13
③ 7　　④ 12

% 임피던스

$$\%Z = \frac{Z\,I_n}{E} \times 100 = \frac{Z\,I_n}{\frac{V}{\sqrt{3}}} \times 100\,[\%]$$

※ 여기서, E : 상전압, V : 선간 전압

$\%Z = \dfrac{P[\text{kVA}]\ Z[\Omega]}{10\,V^2[KV]}$ [%] 식에서

$V = 66\,[\text{kV}]$, $Z = 15\,[\Omega]$, $P = 4800\,[\text{KVA}]$일 때

$\therefore \%Z = \dfrac{4800 \times 100}{10 \times 66^2} = 11.02\ [\%]$

정답 21 ① 22 ④ 23 ③ 24 ①

25 □□□

같은 선로와 같은 부하에서 교류 단상 3선식은 단상 2선식에 비하여 전압강하와 배전 효율은 어떻게 되는가?

① 전압강하는 적고, 배전 효율은 높다.
② 전압강하는 크고, 배전 효율은 낮다.
③ 전압강하는 적고, 배전 효율은 낮다.
④ 전압강하는 크고, 배전 효율은 높다.

배전방식의 전기적 특징
전압강하 e, 전력손실 P_l, 공급전압 V라 할 때 단상 3선식은 단상 2선식에 비해 공급전압을 2배 크게 할 수 있으므로 $e \propto \frac{1}{V}$, $P_l \propto \frac{1}{V^2}$ 식에서 전압강하는 감소하고 전력손실도 감소한다.
∴ 전압강하 감소, 전력손실 감소, 배전 효율 증가

26 □□□

수차에 있어서 비 속도가 높다는 의미는?

① 속도변동률이 높다는 것이다.
② 유수의 유속이 빠르다는 것이다.
③ 수차의 실제의 회전수가 높다는 것이다.
④ 유수에 대한 수차 러너의 상대속도가 빠르다는 것이다.

특유속도
단위 낙차 1[m]에서 단위 출력 1[kW]를 발생하는데 필요한 회전수[m·kW]를 나타내며 특유속도가 높다는 것은 수차의 런너와 유수와의 상대속도가 빠르다는 것을 의미한다.

27 □□□

피뢰기의 공칭전압이라고 할 수 있는 것은?

① 피뢰기 동작 중 단자전압의 파고값
② 피뢰기의 상용주파 허용 단자전압
③ 피뢰기에서 속류를 차단할 수 있는 교류 최대전압
④ 피뢰기에 충격전압 인가 시 방전을 개시하는 전압

피뢰기의 용어해설
(1) 제한전압 – 피뢰기 동작 중 단자 전압의 파고치
(2) 충격파 방전개시전압 – 충격파 방전을 개시할 때 피뢰기 단자의 최대전압
(3) 상용주파 방전개시전압 – 정상운전 중 상용주파수에서 방전이 개시되는 전압
(4) 정격전압(상용주파 허용단자 전압) – 속류가 차단되는 최고의 교류전압

28 □□□

다음 중 단로기에 대한 설명으로 바르지 못한 것은?

① 선로로부터 기기를 분리 구분 및 변경할 때 사용되는 개폐 기구로 소호기능이 없다.
② 충전 전류의 개폐는 가능하나 부하전류 및 단락전류의 개폐 능력을 가지고 있지 않다.
③ 부하측의 기기 또는 케이블 등을 점검할 때에 선로를 개방하고 시스템을 절환하기 위해 사용된다.
④ 차단기와 직렬로 연결되어 전원과 분리를 확실하게 하는 것으로 차단기 개방 후 단로기를 열고 차단기를 닫은 후 단로기를 닫아야 한다.

단로기
단로기는 무부하시 전원측과 확실하게 분리 및 모선 전환용으로 사용되는 것으로 소호 기능이 없다. 무부하 충전전류 및 변압기 여자전류 개폐는 할 수 있지만, 부하전류 및 단락전류 개폐 능력은 없다. 조작순서는 차단시 차단기에서 단로기 순으로 조작하고, 투입시는 단로기부터 닫고 차단기를 닫는다.

정답 25 ① 26 ④ 27 ③ 28 ③

29 □□□

변전소에서의 가스차단기에 대해 옳지 않은 것은?

① 특고압 계통의 차단기로 많이 사용된다.
② 불연성이므로 화재의 위험성이 적다.
③ 근거리 차단에 유리하지 않다.
④ 밀폐구조이므로 소음이 없다.

SF_6 가스차단기의 특징
(1) 밀폐구조로 되어있어 소음이 적다.
(2) 근거리 고장 등 가혹한 재기전압에 대해서도 우수하다.
(3) SF6 가스는 무색, 무취, 무독성, 불연성가스 이다.
(4) 절연내력은 공기보다 2배 크다.
(5) 소호능력은 공기보다 100배 크다.

30 □□□

첨두부하 발전용으로 적합한 것은?

① 조력 발전 ② 양수 발전
③ 태양광 발전 ④ 풍력 발전

양수식 발전
심야에 잉여 전력을 사용해서 펌프용 전동기를 돌려 하부저수지에 있는 물을 상부 저수지로 저장했다가 첨두부하시 발전하는 방식.

31 □□□

연가의 주된 목적으로 옳지 않은 것은?

① 선로 정수 평형 ② 직렬공진 방지
③ 유도장해 감소 ④ 작용 정전용량 감소

연가
송전선의 전선배치는 일반적으로 비대칭이므로 불평형이 발생하여 중성점에 잔류전압이 발생한다. 그러므로 선로 전체 길이를 3등분하고 각상의 위치를 교환하는 대책을 세우는데 이를 연가라 한다.
(1) 연가의 목적 : 선로 정수 평형 ($L=C$)
(2) 연가 효과
- 소호 리액터 접지시 직렬공진에 의한 이상전압 억제
- 유도장해 경감

32 □□□

전력케이블의 연피 손의 원인으로 옳은 것은?

① 히스테리시스 현상 ② 표피작용
③ 맴돌이 전류 ④ 유전체손

전력케이블의 손실
전력케이블은 도체에 흐르는 전류에 의해서 도체에 저항 손실이 생기며 유전체 내에서 유전체 손실이 발생한다. 또한 도체에 흐르는 전류로 전자유도작용이 생겨 연피에 전압이 나타나게 되고 와류가 흘러 연피손(시스손)이 발생하게 된다.

33 □□□

기력발전소 내의 보조기 중 예비기를 가장 필요로 하는 것은?

① 미분탄 송입기 ② 급수펌프
③ 강제통풍기 ④ 급탄기

급수펌프
기력발전소에 사용하는 급수펌프는 급수를 보일러에 공급하기 위한 펌프를 말하며 보일러에서는 급수장치의 고장이 중대한 사고를 초래하므로 확실하고 신뢰성이 높은 급수펌프를 필요로 하게 된다. 따라서 혹시라도 발생할 수 있는 급수펌프의 고장시 대체할 수 있는 예비펌프를 필요로 하고 있다.

34 □□□

단상 2선식 배전선로의 선로임피던스가 $2+j5\,[\Omega]$이고, 무유도성 부하전류 10[A]일 때, 송전단의 전압[V]은? (단, 수전단 전압의 크기는 100[V]이다.)

① 120 ② 140
③ 130 ④ 110

전압강하(e)
$V_s = V_R + e = 100 + I(R\cos\theta + X\sin\theta)$ [V]식에서
무유도성 임으로 $\cos\theta = 1$ 이다.
$\cos\theta = 1,\ R = 2\,[\Omega],\ X = j5\,[\Omega]$이므로
$V_s = 100 + 2\times 10\,(2\times 1) = 140$ [V]

정답 29 ③ 30 ② 31 ④ 32 ③ 33 ② 34 ②

35 □□□

송전선로의 수전단을 단락할 경우, 송전단 전류 I_s 는 어떤 식으로 표현되는가? (단, V_s는 송전단 전압, Y 는 어드미턴스, Z 는 임피던스이다.)

① $\sqrt{\frac{Y}{Z}}\coth\sqrt{ZY}\times V_s$

② $\sqrt{\frac{Z}{Y}}\coth\sqrt{ZY}\times V_s$

③ $\sqrt{\frac{Y}{Z}}\tanh\sqrt{ZY}\times V_s$

④ $\sqrt{\frac{Z}{Y}}\tanh\sqrt{ZY}\times V_s$

장거리 송전 선로의 전파 방정식

$V_S = V_R\cosh rl + Z_0 I_R \sinh rl$

$I_S = YV_R \sinh rl + I_R\cosh rl$ 수전단이 단락시

$V_R = 0$ 이므로

$V_S = Z_0 I_R \sinh rl \quad I_R = \frac{V_S}{Z_0\sinh rl}$

$$I_S = \frac{V_S}{Z_0\sinh rl}\cosh rl = \frac{1}{Z_0}\frac{\cos}{\sin}hrl\ V_S$$

$$= \frac{1}{Z_0}\coth rl\ V_S$$

$Z_0 = \sqrt{\frac{Z}{Y}}$, $\gamma = \sqrt{ZY}$ 대입하면

$I_S = \sqrt{\frac{Y}{Z}}\coth\sqrt{ZY}\times V_s$

36 □□□

제 5고조파 전류의 억제를 위해 전력용 콘덴서에 직렬로 삽입하는 유도 리액턴스의 값으로 적당한 것은?

① 전력용 콘덴서 용량의 약 6[%]정도
② 전력용 콘덴서 용량의 약 12[%]정도
③ 전력용 콘덴서 용량의 약 18[%]정도
④ 전력용 콘덴서 용량의 약 24[%]정도

직렬리액터

제 3고조파는 변압기 저압측의 델타 결선으로 제거되고 5고조파가 확대된다. 따라서 제 5고조파에서 콘덴서와 직렬 공진하는 직렬리액터를 삽입한다. 직렬리액터의 용량은 이론상 4[%], 주파수 변동을 고려해서 실제는 콘덴서 용량의 5~6[%]적용한다.

37 □□□

재폐로 차단기에 대한 설명으로 옳은 것은?

① 배전선로용은 고장구간을 고속차단하여 제거한 후 다시 수동조작에 의해 배전이 되도록 설계된 것이다.
② 재폐로 계전기와 함께 설치하여 계전기가 고장을 검출하여 이를 차단기에 통보, 차단하도록 된 것이다.
③ 3상 재폐로 차단기는 1상의 차단이 가능하고 무전압 시간을 약 20~30초로 정하여 재폐로 하도록 되어 있다.
④ 송전선로의 고장구간을 고속차단하고 재송전하는 조작을 자동적으로 시행하는 재폐로 차단장치를 장비한 자동차단기이다.

재폐로 차단기(리클로저= Recolser)

선로에 고장이 발생하였을 때 고장 전류를 검출하여 지정된 시간 내에 고속차단하고 자동재폐로 동작을 수행하여 고장구간을 분리하거나 재송전하는 장치이다.

38 □□□

다음 중 보호 계전 방식이 그 역할을 다하기 위하여 요구되는 구비조건과 거리가 먼 것은?

① 고장 회선내지 고장 구간의 차단을 신속 정확하게 할 수 있을 것
② 과도 안정도를 유지하는데 필요한 한도 내의 작동 시한을 가질 것
③ 적절한 후비 보호 능력이 있을 것
④ 고장 파급범위를 최대로 하기 위한 재폐로를 실시할 것

보호계전방식의 구비조건

(1) 신뢰성·협조성
(2) 동작이 예민하고 오동작이 없을 것
(3) 고장 개소를 정확하게 선택할 수 있을 것
(4) 고장 상태를 식별하여 정도를 파악할 수 있을 것
(5) 적절한 후비보호 능력이 있을 것
(6) 과도 안정도를 유지하는데 필요한 한도내의 동작 시한을 갖을 것

정답 35 ① 36 ① 37 ④ 38 ④

39 □□□

어떤 회로망의 4단자 정수 중에서 $A=8$, $B=j2$, $D=3+j2$ 이면 이 회로망의 C 는?

① $24+j14$　② $3-j4$
③ $8-j11.5$　④ $4+j6$

4단자 정수의 성질
$AD-BC=1$ 을 만족하므로
$\therefore\ C=\dfrac{AD-1}{B}=\dfrac{8\times(3+j2)-1}{j2}=8-j11.5$

40 □□□

그림과 같은 3상 송전계통에서 송전단 전압은 3300[V]이다. 점 P에서 3상 단락사고가 발생했다면 발전기에 흐르는 단락 전류는 약 몇 [A]인가?

2[Ω]　1.25[Ω]　0.32[Ω]　1.75[Ω]　P
발전기

① 320　② 330
③ 380　④ 410

단락전류(I_s)
위 그림에서 단락된 P점을 기준으로 전원측 임피던스 (Z)을 계산하면
$Z=0.32+j1.75+j1.25+j2\,[\Omega]$이므로,
$Z=0.32+j5$
합성 임피던스 $Z=\sqrt{0.32^2+5^2}=5.01\,[\Omega]$,
$V=3300\,[\text{V}]$일 때
$\therefore$ 단락전류 $I_S=\dfrac{\frac{V}{\sqrt{3}}}{Z}=\dfrac{\frac{3300}{\sqrt{3}}}{5.01}\fallingdotseq 380\,[\text{A}]$

3과목 : 전기기기

무료 동영상 강의 ▲

41 □□□

3상 유도전동기에서 2차측 저항을 2배로 하면 그 최대 토크는 어떻게 변하는가?

① 2배로 커진다.　② 3배로 커진다.
③ 변하지 않는다.　④ $\sqrt{2}$ 배로 커진다.

비례추이의 원리의 특징
(1) 2차 저항을 증가시키면 최대토크는 변하지 않으나 최대토크를 발생하는 슬립이 증가한다.
(2) 2차 저항을 증가시키면 기동토크가 증가하고 기동전류는 감소한다.
(3) 2차 저항을 증가시키면 속도는 감소한다.
(4) 기동역률이 좋아진다.
(5) 전부하 효율이 저하한다.

42 □□□

직류발전기의 정류 초기에 전류변화가 크며 이때 발생되는 불꽃정류로 옳은 것은?

① 과정류　② 직선정류
③ 부족정류　④ 정현파정류

정류곡선
(1) 직선정류 : 가장 이상적인 정류곡선으로 불꽃 없는 양호한 정류곡선이다.
(2) 정현파정류 : 보극을 설치하여 평균 리액턴스 전압을 감소시키고 불꽃 없는 양호한 정류를 얻는다.
(3) 부족정류 : 정류 주기 말기에서 부하의 급변으로 전류 변화가 급격해지고 평균 리액턴스 전압의 증가로 정류가 불량해 진다. 이 경우 불꽃이 브러시의 후반부에서 발생하게 된다.
(4) 과정류 : 보극을 지나치게 설치하면 정류 주기의 초기에서 전류 변화가 급격해지고 정류가 불량해 진다. 이 경우 불꽃이 브러시의 전반부에서 발생하게 된다.

정답 39 ③　40 ③　41 ③　42 ①

43 □□□

병렬운전 중의 A, B 두 동기발전기 중 A 발전기의 여자를 B 발전기보다 강하게 하면 A 발전기는?

① 90° 진상전류가 흐른다.
② 90° 지상전류가 흐른다.
③ 동기화전류가 흐른다.
④ 부하전류가 증가한다.

동기발전기의 병렬운전 중 기전력의 크기가 다른 경우

구분	내용
원인	각 발전기의 여자전류가 다르기 때문이다.
현상	(1) 무효순환전류(무효횡류)가 흐른다. (2) 저항손이 증가되어 전기자 권선을 과열시킨다. (3) 여자전류가 큰 쪽의 발전기는 지상전류가 흐르고 역률이 저하한다. (4) 여자전류가 작은 쪽의 발전기는 진상전류가 흐르고 역률이 좋아진다.

44 □□□

저항 부하인 사이리스터 단상 반파 정류기로 위상 제어를 할 경우 점호각 $0°$에서 $60°$로 하면 다른 조건이 동일한 경우 출력 평균 전압은 몇 배가 되는가?

① $\frac{3}{4}$　② $\frac{4}{3}$
③ $\frac{3}{2}$　④ $\frac{2}{3}$

단상 반파 정류회로

$E_{d\alpha} = \frac{\sqrt{2}E}{\pi}\left(\frac{1+\cos\alpha}{2}\right)$ [V] 식에서

$\alpha = 60°$ 이므로

$$\therefore E_{da} = E_{do}\left(\frac{1+\cos\alpha}{2}\right) = E_{do}\left(\frac{1+\cos 60°}{2}\right) = \frac{3}{4}E_{do}\,[\text{V}]$$

45 □□□

3300[V], 60[Hz]용 변압기의 와류손이 360[W]이다. 이 변압기를 2750[V], 50[Hz]에서 사용할 때 이 변압기의 와류손은 몇 [W]인가?

① 250　② 330
③ 418　④ 518

와류손

$P_e = k_e t^2 f^2 B_m^2$ [W] 식에서 와류손은 전압의 제곱에 비례하므로

$P_e = 360$ [W], $E_1 = 3{,}300$ [V],

$E_1' = 2{,}750$ [V]일 때

$$P_e' = \left(\frac{E_1'}{E_1}\right)^2 P_e = \left(\frac{2{,}750}{3{,}300}\right)^2 \times 360 = 250\,[\text{W}]$$

46 □□□

정현파형의 회전자계 중에 정류자가 있는 회전자를 놓으면, 각 정류자편 사이에 연결되어 있는 회전자 권선에는 크기가 같고 위상이 다른 전압이 유기된다. 정류자 편수를 k라 하면 정류자편 사이의 위상차는?

① π/k　② $2\pi/k$
③ k/π　④ $k/2\pi$

정류자

구분	공식
정류자편수	$k_s = \frac{U}{2}N_s$
정류자 편간 위상차	$\theta_s = \frac{2\pi}{k_s}$
정류자 편간 평균전압	$e_s = \frac{aE}{k_s}$

정답 43 ② 44 ① 45 ① 46 ②

47 □□□

정격 출력이 7.5[kW]의 3상 유도전동기 전부하 운전에서 2차 저항손이 300[W]이다. 슬립은 약 몇 [%]인가?

① 3.85 ② 4.61
③ 7.51 ④ 9.42

전력변환 종합표

구분	$\times P_2$	$\times P_{c2}$	$\times P$
$P_2 =$	1	$\frac{1}{s}$	$\frac{1}{1-s}$
$P_{c2} =$	s	1	$\frac{s}{1-s}$
$P=$	$1-s$	$\frac{1-s}{s}$	1

$P_{c2} = \frac{s}{1-s} P$ [W] 식에서

$P = 7.5$ [kW], $P_{c2} = 300$ [W] 이므로

$300 = \frac{s}{1-s} \times 7.5 \times 10^3$일 때

$\therefore s = \frac{300}{7.5 \times 10^3 + 300} = 0.0385$ [p.u] $= 3.85$ [%]

48 □□□

단상 전파 정류회로에서 저항부하일 때의 맥동률[%]은 약 얼마인가?

① 0.45 ② 0.17
③ 17 ④ 48

맥동률(리플률)과 맥동주파수

정류상수	맥동률[p.u]	맥동주파수
단상 반파 정류회로	1.21	f
단상 전파 정류회로	0.48	$2f$
3상 반파 정류회로	0.17	$3f$
3상 전파 정류회로	0.04	$6f$

49 □□□

20극, 11.4[kW], 60[Hz], 3상 유도전동기의 슬립이 5[%]일 때 2차 동손이 0.6[kW]이다. 전부하 토크[N · m]는?

① 523 ② 318
③ 276 ④ 189

유도전동기의 토크

$\tau = 9.55 \frac{P_2}{N_s}$ [N · m] $= 0.975 \frac{P_2}{N_s}$ [kg · m],

$N_s = \frac{120f}{p}$ [rpm],

$P_2 = P + P_{c2}$ [W] 식에서

$p = 20$, $P = 11.4$ [kW], $f = 60$ [Hz], $s = 5$ [%],

$P_{c2} = 0.6$ [kW] 이므로

$N_s = \frac{120f}{p} = \frac{120 \times 60}{20} = 360$ [rpm],

$P_2 = P + P_{c2} = 11.4 + 0.6 = 12$ [kW]일 때

$\therefore \tau = 9.55 \frac{P_2}{N_s} = 9.55 \times \frac{12 \times 10^3}{360} = 318$ [N · m]

별해 2차 출력과 회전자 속도에 의한 방법

$\tau = 9.55 \frac{P}{N}$ [N · m] $= 0.975 \frac{P}{N}$ [kg · m],

$N = (1-s) N_s$ [rpm] 식에서

$N = (1-s) N_s = (1-0.05) \times 360 = 342$ [rpm]이므로

$\therefore \tau = 9.55 \frac{P}{N} = 9.55 \times \frac{11.4 \times 10^3}{342} = 318$ [N · m]

50 □□□

단상 유도 전동기중 기동 토크가 가장 큰 것은?

① 콘덴서 기동형 ② 셰이딩 코일형
③ 콘덴서 전동기 ④ 반발 기동형

단상유도전동기의 기동법(기동토크 순서)

반발 기동형 > 반발 유도형 > 콘덴서 기동형 > 분상 기동형 > 셰이딩 코일형

정답 47 ① 48 ④ 49 ② 50 ④

51 □□□

정격출력 50[kW], 4극 220[V], 60[Hz]인 3상 유도전동기가 전부하 슬립 0.04, 효율 90[%]로 운전되고 있을 때 다음 중 틀린 것은?

① 2차 효율 = 92[%]
② 1차 입력 = 55.56[kW]
③ 회전자 동손 = 2.08[kW]
④ 회전자 입력 = 52.08[kW]

유도전동기의 전력변환

$P=50\,[\mathrm{kW}]$, $p=4$, $V=220\,[\mathrm{V}]$, $f=60\,[\mathrm{Hz}]$, $s=0.04$, $\eta=90\,[\%]$ 이므로

① 2차 효율

$$\eta_2=(1-s)\times 100=(1-0.04)\times 100=96\,[\%]$$

② 1차 입력

$$P_1=\frac{P}{\eta}=\frac{50}{0.9}=55.56\,[\mathrm{kW}]$$

③ 회전자 동손

$$P_{c2}=\frac{s}{1-s}P=\frac{0.04}{1-0.04}\times 50=2.08\,[\mathrm{kW}]$$

④ 회전자 입력

$$P_2=\frac{1}{1-s}P=\frac{1}{1-0.04}\times 50=52.08\,[\mathrm{kW}]$$

52 □□□

3상 20,000[kVA]인 동기발전기가 있다. 이 발전기는 60[Hz]일 때는 200[rpm], 50[Hz]일 때는 약 167[rpm]으로 회전한다. 이 동기발전기의 극수는?

① 18극 ② 36극
③ 54극 ④ 72극

동기속도

$f=50\,[\mathrm{c/s}]$, $N_s=165\,[\mathrm{rpm}]$, $f'=60\,[\mathrm{c/s}]$, $N_s'=200\,[\mathrm{rpm}]$ 이므로

$N_s=\dfrac{120f}{p}\,[\mathrm{rpm}]$, $N_s'=\dfrac{120f'}{p'}\,[\mathrm{rpm}]$ 식에서

$$p=\frac{120f}{N_s}=\frac{120\times 50}{165}=36.36\text{극}$$

$$p'=\frac{120f'}{N_s'}=\frac{120\times 60}{200}=36\text{극}$$

∴ 극수는 짝수이며 정수이므로 36극이 적당하다.

53 □□□

다음 중 DC 서보모터의 제어 기능에 속하지 않는 것은?

① 역률제어 기능 ② 전류제어 기능
③ 속도제어 기능 ④ 위치제어 기능

DC 서보모터의 특징

(1) 전압을 가변 할 수 있어야 한다. – 전압제어, 전류제어
(2) 최대토크에서 견디는 능력이 커야 한다.
(3) 응답속도가 빨라야 한다. – 위치제어, 속도제어
(4) 안정성이 커야 한다.

54 □□□

동기기의 전기자저항을 r, 전기자반작용 리액턴스를 x_a, 누설 리액턴스를 x_l이라 하면 동기 임피던스를 표시하는 식은?

① $\sqrt{r^2+\left(\dfrac{x_a}{x_l}\right)^2}$ ② $\sqrt{r^2+{x_l}^2}$
③ $\sqrt{r^2+{x_a}^2}$ ④ $\sqrt{r^2+(x_a+x_l)^2}$

동기 임피던스

$Z_s=r+jx_s=r+j(x_a+x_l)\,[\Omega]$ 이므로

$$\therefore Z_s=\sqrt{r^2+x_s^2}=\sqrt{r^2+(x_a+x_l)^2}\,[\Omega]$$

참고 동기기의 전기자저항은 값이 작으므로 무시하는 경우가 많다. 따라서 동기 임피던스는 동기 리액턴스와 같은 값으로 취급한다.

$\therefore Z_s \fallingdotseq x_s\,[\Omega]$

정답 51 ① 52 ② 53 ① 54 ④

55 □□□

3상 변압기 2차측의 E_W상만을 반대로 하고 $Y-Y$결선을 한 경우, 2차 상전압이 $E_U=70$[V], $E_V=70$[V], $E_W=70$[V]라면 2차 선간전압은 약 몇 [V]인가?

① $V_{U-V}=121.2$[V], $V_{V-W}=70$[V], $V_{W-U}=70$[V]
② $V_{U-V}=121.2$[V], $V_{V-W}=210$[V], $V_{W-U}=70$[V]
③ $V_{U-V}=121.2$[V], $V_{V-W}=121.2$[V], $V_{W-U}=70$[V]
④ $V_{U-V}=121.2$[V], $V_{V-W}=121.2$[V], $V_{W-U}=121.2$[V]

변압기 오접속에 대한 해석
변압기 2차측 U, V 상은 그대로 두고 W 상의 접속을 반대로 할 경우 2차측 선간전압은
$V_{U-V}=E\sqrt{3}$ [V], $V_{V-W}=E$[V], $V_{W-U}=E$[V]
이므로
$E=70$[V]일 때
$V_{U-V}=E\sqrt{3}=70\times\sqrt{3}=121.2$[V],
$V_{V-W}=E=70$ [V], $V_{W-U}=E=70$ [V]이다.
$\therefore$ $V_{U-V}=121.2$[V], $V_{U-V}=70$[V],
$V_{W-U}=70$[V]

56 □□□

스텝각이 2°, 스테핑 주파수(pulse rate)가 1,800[pps]인 스테핑 모터의 축속도[rps]는?

① 8　　② 10
③ 12　　④ 14

스텝 모터의 축속도
$n=\dfrac{\beta f_p}{360°}$ [rps] 식에서
$\beta=2°$, $f_p=1,800$[pps] 이므로
$\therefore\ n=\dfrac{\beta\times f_p}{360}=\dfrac{2\times 1,800}{360}=10$[rps]

57 □□□

직류기에서 전기자 반작용 중 감자기자력 AT_d[AT/pole]는 어떻게 표시되는가? (단, α : 브러시의 이동각, Z : 전기자 도체수, p : 극수, I_a : 전기자전류, a : 전기자 병렬회로수이다.)

① $AT_d=\dfrac{180}{\alpha}\cdot\dfrac{Z}{p}\cdot\dfrac{I_a}{a}$
② $AT_d=\dfrac{\alpha}{180}\cdot\dfrac{Z}{p}\cdot\dfrac{I_a}{a}$
③ $AT_d=\dfrac{180}{90-\alpha}\cdot\dfrac{Z}{p}\cdot\dfrac{I_a}{a}$
④ $AT_d=\dfrac{90-\alpha}{180}\cdot\dfrac{Z}{p}\cdot\dfrac{I_a}{a}$

직류기의 전기자 반작용
(1) 감자기자력
$$\mathrm{AT_d}=\frac{ZI_a}{2ap}\cdot\frac{2\alpha}{\pi}=\frac{ZI_a}{ap}\cdot\frac{\alpha}{\pi}=k\cdot\frac{2\alpha}{\pi}$$
(2) 교차기자력
$$\mathrm{AT_c}=\frac{ZI_a}{2ap}\cdot\frac{\beta}{\pi}=\frac{ZI_a}{2ap}\cdot\frac{\pi-2\alpha}{\pi}=k\cdot\frac{\beta}{\pi}$$
$$\therefore\ \mathrm{AT_d}=\frac{ZI_a}{ap}\cdot\frac{\alpha}{\pi}=\frac{\alpha}{180}\cdot\frac{Z}{p}\cdot\frac{I_a}{a}$$

58 □□□

반발기동형 단상 유도전동기의 회전방향을 변경하려면?

① 전원의 2선을 바꾼다.
② 주권선의 2선을 바꾼다.
③ 브러시의 접속선을 바꾼다.
④ 브러시의 위치를 조정한다.

반발 기동형의 특징
(1) 직류전동기와 같이 정류자와 브러시를 이용하여 기동한다.
(2) 기동토크가 가장 크고 브러시의 위치를 이동시켜 회전방향을 바꿀 수 있다.

정답 55 ① 56 ② 57 ② 58 ④

59 □□□

직류발전기의 부하특성곡선은 어느 관계를 표시한 것인가?

① 단자전압과 부하전류 ② 출력과 부하전력
③ 단자전압과 계자전류 ④ 부하전류와 계자전류

직류발전기의 특성곡선
(1) 무부하 포화곡선 : 횡축에 계자전류, 종축에 유기기전력을 취해서 그리는 특성곡선
(2) 부하 포화곡선 : 횡축에 계자전류, 종축에 단자전압을 취해서 그리는 특성곡선
(3) 외부특성곡선 : 횡축에 부하전류, 종축에 단자전압을 취해서 그리는 특성곡선
(4) 계자조정곡선 : 횡축에 부하전류, 종축에 계자전류를 취해서 그리는 특성곡선

60 □□□

변압기 결선에서 제3고조파 전압이 발생하는 결선은?

① Y－Y ② △－△
③ △－Y ④ Y－△

비례추이의 원리의 특징변압기 Y-Y 결선의 특징
(1) 1차 선간전압과 2차 선간전압 간에 위상차가 없다.
(2) 1차 선전류와 2차 선전류 간에 위상차가 없다.
(3) 상전압이 선간전압의 $\frac{1}{\sqrt{3}}$ 배 이므로 절연이 용이하고 고전압 송전에 용이하다.
(4) 중성점을 접지할 수 있으므로 이상전압으로부터 변압기를 보호할 수 있다.
(5) 제3고조파 전류가 순환할 수 있는 통로가 없으므로 제3고조파의 영향을 받아 인접 통신선에 유도장해를 일으킨다.

4과목 : 회로이론 및 제어공학

무료 동영상 강의 ▲

61 □□□

DC 12[V] 전압을 측정하기 위하여 10[V]용 전압계 두 개를 직렬로 연결하였을 때 전압계 V_1의 지시값은 몇 [V]인가? (단, 전압계 V_1의 내부저항은 8[kΩ], V_2의 내부저항은 4[kΩ]이다)

① 4 ② 6
③ 8 ④ 10

전압계의 지시값

$V_1 = \frac{r_1}{r_1+r_2}V$ [V], $V_2 = \frac{r_2}{r_1+r_2}V$ [V] 식에서

$V=12$ [V], $r_1 = 8$ [kΩ], $r_2 = 4$ [kΩ] 이므로

$\therefore V_1 = \frac{r_1}{r_1+r_2}V = \frac{8}{8+4} \times 12 = 8$ [V]

62 □□□

$8+j6$ [Ω]인 임피던스에 $13+j20$ [V]의 전압을 인가할 때 복소전력은 약 몇 [VA]인가?

① $12.7+j34.1$ ② $12.7+j55.5$
③ $45.5+j34.1$ ④ $45.5+j55.5$

복소전력

$Z=8+j6$ [Ω], $E=13+j20$ [V]일 때 전류 I는

$I=\frac{V}{Z}=\frac{13+j20}{8+j6}=2.24+j0.82$ [A]이다.

$S=E\overline{I}=P\pm jQ$ [VA] 식에서

I의 공액복소수는 $\overline{I}$는

$\overline{I}=2.24-j0.82$ [A]일 때

$\therefore S=E\overline{I}=(13+j20)\times(2.24-j0.82)$
$=45.5+j34.1$ [VA]

정답 59 ③ 60 ① 61 ③ 62 ③

63 □□□

그림과 같은 4단자 회로망에서 하이브리드 파라미터 H_{11} 은?

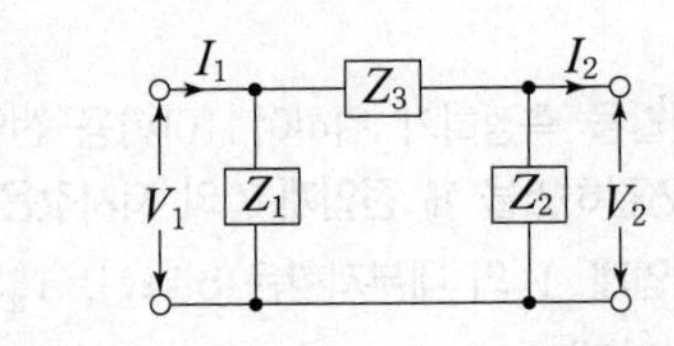

① $\dfrac{Z_1}{Z_1+Z_3}$　② $\dfrac{Z_1}{Z_1+Z_2}$

③ $\dfrac{Z_1 Z_3}{Z_1+Z_3}$　④ $\dfrac{Z_1 Z_2}{Z_1+Z_2}$

하이브리드 파라미터(H_{11}, H_{12}, H_{21}, H_{22})

임피던스 파라미터의 행렬 표현식에서 2차측 전압과 2차측 전류의 위치를 바꾼 상태의 파라미터를 하이브리드 파라미터라 한다.

$\begin{bmatrix} V_1 \\ I_2 \end{bmatrix} = \begin{bmatrix} H_{11} & H_{12} \\ H_{21} & H_{22} \end{bmatrix} \begin{bmatrix} I_1 \\ V_2 \end{bmatrix}$ 식에서

$V_1 = H_{11} I_1 + H_{12} V_2$[V],

$I_2 = H_{21} I_1 + H_{22} V_2$[V] 이므로

$$\therefore H_{11} = \left. \frac{V_1}{I_1} \right|_{V_2=0} = \frac{\frac{Z_1 Z_3}{Z_1+Z_3} I_1}{I_1} = \frac{Z_1 Z_3}{Z_1+Z_3}$$

64 □□□

전원과 부하가 다같이 △결선된 3상 평형회로에서 전원 전압이 400[V], 부하 임피던스 $4+j3\,[\Omega]$인 경우 선전류는?

① 80[A]　② $\dfrac{80}{3}$ [A]

③ $\dfrac{80}{\sqrt{3}}$ [A]　④ $80\sqrt{3}$ [A]

△결선의 선전류

$I_\Delta = \dfrac{\sqrt{3}\, V_P}{Z} = \dfrac{\sqrt{3}\, V_L}{Z}$ [A] 식에서

$V_L = 220$ [V], $Z = 4+j3\,[\Omega]$ 이므로

$$\therefore I_\Delta = \frac{\sqrt{3}\, V_L}{Z} = \frac{\sqrt{3}\times 400}{\sqrt{4^2+3^2}} = 80\sqrt{3}\ [\text{A}]$$

65 □□□

비정현파 전압과 전류가 다음과 같을 때 이 정현파의 전력은 몇 [W]인가?

$$e = 10\sin 100\pi t + 2\sin\left(300\pi t - \frac{\pi}{2}\right) [\text{V}]$$

$$i = 2\sin\left(100\pi t - \frac{\pi}{3}\right) + \sin\left(300\pi t - \frac{\pi}{4}\right) [\text{A}]$$

① 5.71　② 6.41

③ 8.59　④ 12.83

비정현파의 소비전력

전압의 주파수 성분은 기본파, 제3고조파로 구성되어 있으며 전류의 주파수 성분도 기본파, 제3고조파로 이루어져 있으므로 각 주파수 성분에 대한 소비전력을 각각 계산할 수 있다.

$V_{m1} = 10\angle 0°$ [V], $V_{m3} = 2\angle -90°$ [V],

$I_{m1} = 2\angle -60°$ [A], $I_{m3} = 1\angle -45°$ [A],

$\theta_1 = 0° - (-60°) = 60°$, $\theta_3 = -45°(-90°) = 45°$

이므로

$$\therefore P = \frac{1}{2}(V_{m1} I_{m1} \cos\theta + V_{m3} I_{m3} \cos\theta_3)$$
$$= \frac{1}{2}(10\times 2\times \cos 60° + 2\times 1\times \cos 45°)$$
$$= 5.71\ [\text{W}]$$

66 □□□

불평형 3상 전압 $V_a = 9+j6$ [V], $V_b = -13-j15$ [V], $V_c = -3+j4$ [V]일 때 정상전압 V_1은?

① $0.18+j6.72$　② $-7+j5$

③ $-2.32-j1.67$　④ $11.15+j0.95$

정상분 전압(V_1)

$$\therefore V_1 = \frac{1}{3}(V_a + \angle 120°\, V_b + \angle -120°\, V_c)$$
$$= \frac{1}{3}\{(9+j6) + 1\angle 120° \times (-13-j15) + 1\angle -120° \times (-3+j4)\}$$
$$= 11.15 + j0.95\ [\text{V}]$$

정답 63 ③ 64 ④ 65 ① 66 ④

67 □□□

어떤 코일의 임피던스를 측정하고자 직류전압 100[V]를 가했더니 500[W]가 소비되고, 교류전압 150[V]를 가했더니 720[W]가 소비되었다. 코일의 저항 [Ω]과 리액턴스[Ω]는 각각 얼마인가?

① $R=20,\ X_L=15$　② $R=15,\ X_L=20$
③ $R=25,\ X_L=20$　④ $R=30,\ X_L=25$

교류전력
직류전압 $V_d=100$ [V], 소비전력 $P_d=500$ [W]일 때

$P_d=\dfrac{V_d^{\,2}}{R}$ [W] 식에서 저항 R을 구하면

$R=\dfrac{V_d^{\,2}}{P_d}=\dfrac{100^2}{500}=20$ [Ω]이다.

교류전압 $V_a=150$ [V], 소비전력 $P_a=720$ [W]일 때

$P_a=\dfrac{V_a^{\,2}R}{R^2+X^2}$ [W] 식에서 리액턴스 X를 구하면

$X=\sqrt{\dfrac{V_a^{\,2}R}{P_a}-R^2}=\sqrt{\dfrac{150^2\times 20}{720}-20^2}=15$ [Ω]

$\therefore\ R=20$ [Ω], $X=15$ [Ω]

68 □□□

R[Ω]의 저항 3개를 Y로 접속하고 이것을 200[V]의 평형 3상 교류전원에 연결할 때 선전류가 20[A]가 흘렀다. 이 3개의 저항을 △로 접속하고 동일 전원에 연결하였을 때의 선전류[A]는?

① 30　② 40
③ 50　④ 60

Y결선과 △결선의 선전류 비교
한 상의 임피던스가 같고 선간전압이 같을 때 Δ결선의 선전류는 Y결선의 선전류보다 3배 크다.

$I_\Delta=3I_Y$ 식에서

$I_Y=20$ [A] 이므로

$\therefore\ I_\Delta=3I_Y=3\times 20=60$ [A]

69 □□□

그림의 R, L, C 직 · 병렬회로를 등가 병렬회로로 바꿀 경우, 저항과 리액턴스는 각각 몇 [Ω]인가?

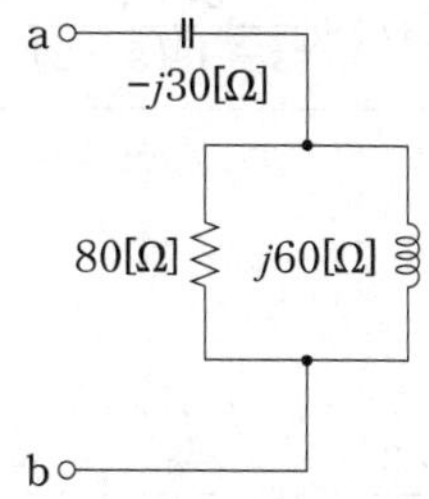

① 46.23, $j87.67$　② 46.23, $j107.15$
③ 31.25, $j87.67$　④ 31.25, $j107.15$

R, L, C 직 · 병렬접속

$Z_1=-j30$[Ω], $Z_2=\dfrac{80\times(j60)}{80+j60}$[Ω] 이므로

직 · 병렬회로의 합성 임피던스 Z는

$Z=Z_1+Z_2=-j30+\dfrac{80\times(j60)}{80+j60}$

$=-j30+\dfrac{(j80\times 60)\times(80-j60)}{80^2+60^2}$

$=28.8+j8.4$[Ω]이다.

이 회로를 등가 병렬회로로 바꿀 경우 합성 어드미턴스 Y를 유도하면

$Y=\dfrac{1}{Z}=\dfrac{1}{28.8+j8.4}=\dfrac{28.8-j8.4}{28.8^2+8.4^2}$

$=\dfrac{4}{125}-j\dfrac{7}{750}$ [S]이다.

$Y=\dfrac{1}{R}-j\dfrac{1}{X}$ [S] 식에서

저항(R)과 리액턴스(X)를 각각 구하면

$\therefore\ R=\dfrac{125}{4}=31.25$[Ω]

$\therefore\ jX=j\dfrac{750}{7}=j107.15$[Ω]

정답 67 ① 68 ④ 69 ④

70 □□□

다음 함수의 역라플라스 변환은?

$$I(s)=\frac{2s+3}{(s+1)(s+2)}$$

① $e^{-t}+e^{-2t}$ ② $e^{-t}+e^{-2t}$
③ $e^{-t}-2e^{-2t}$ ④ $e^{-t}+2e^{-2t}$

라플라스 역변환

$I(s)=\frac{2s+3}{(s+1)(s+2)}=\frac{k_1}{s+1}+\frac{k_2}{s+2}$ 일 때

$$A=(s+1)F(s)|_{s=-1}=\left.\frac{2s+3}{s+2}\right|_{s=-1}=\frac{-2+3}{-1+2}=1$$

$$B=(s+2)F(s)|_{s=-2}=\left.\frac{2s+3}{s+2}\right|_{s=-2}=\frac{-4+3}{-2+1}=1$$

$I(s)=\frac{1}{s+1}+\frac{1}{s+2}$ 임을 알 수 있다.

$\therefore \mathcal{L}^{-1}[I(s)]=e^{-t}+e^{-2t}$

71 □□□

폐루프 전달함수 $G(s)$가 $\frac{8}{(s+2)^3}$일 때 근궤적의 허수축과의 교점이 64이면 이득여유는 약 몇 [dB]인가?

① 6 ② 12
③ 18 ④ 24

근궤적 상에서 이득여유

$GM=\frac{\text{허수축과 만나는 점의 } K\text{정수}}{\text{이득상수 } K}$ 식에서

$G(s)=\frac{K}{(s+2)^3}=\frac{8}{(s+2)^3}$ 일 때

허수축과 만나는 점의 K 정수 $=64$

이득상수 $K=8$ 이므로

$GM=\frac{64}{8}=8$ 이다.

이 값을 [dB] 값으로 환산하면

$\therefore GM=20\log_{10}(8)=18\,[\text{dB}]$

72 □□□

그림과 같은 회로의 전달함수는?

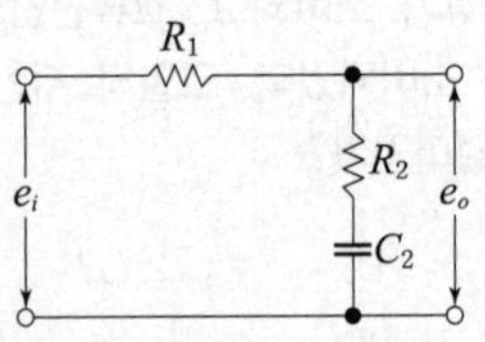

① $\frac{R_2s+1}{(R_1+C_2)s+1}$

② $\frac{R_2C_2s+1}{(R_1+R_2)C_2s+1}$

③ $\frac{R_1R_2s+1}{(R_1+R_2)C_2s+1}$

④ $\frac{R_2C_2s+1}{(R_1+C_2)s+1}$

전압비의 전달함수

$$E_i(s)=R_1I(s)+R_2I(s)+\frac{1}{C_2s}I(s)=\left(R_1+R_2+\frac{1}{C_2s}\right)I(s)$$

$$E_0(s)=R_2I(s)+\frac{1}{C_2s}I(s)=\left(R_2+\frac{1}{C_2s}\right)I(s)$$

일 때

$$\therefore G(s)=\frac{E_o(s)}{E_i(s)}=\frac{\left(R_2+\frac{1}{C_2s}\right)I(s)}{\left(R_1+R_2+\frac{1}{C_2s}\right)I(s)}=\frac{R_2C_2s+1}{(R_1+R_2)C_2s+1}$$

정답 70 ① 71 ③ 72 ②

73 □□□

그림의 신호흐름선도를 미분방정식으로 표현한 것으로 옳은 것은? (단, 모든 초기 값은 0이다.)

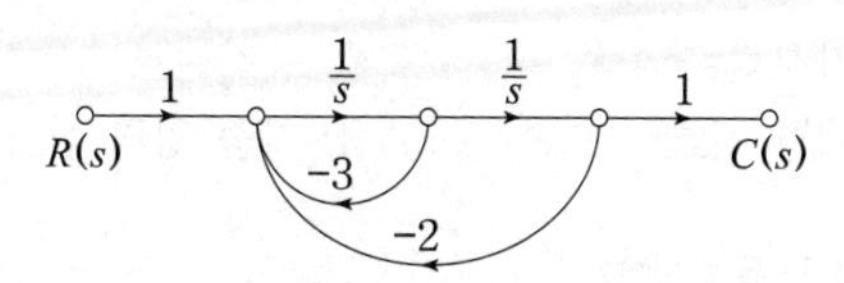

① $\frac{d^2c(t)}{dt^2}+3\frac{dc(t)}{dt}+2c(t)=r(t)$

② $\frac{d^2c(t)}{dt^2}+2\frac{dc(t)}{dt}+3c(t)=r(t)$

③ $\frac{d^2c(t)}{dt^2}-3\frac{dc(t)}{dt}-2c(t)=r(t)$

④ $\frac{d^2c(t)}{dt^2}-2\frac{dc(t)}{dt}-3c(t)=r(t)$

신호흐름선도와 미분방정식

먼저 신호흐름선도의 전달함수를 구하면

$G(s)=\frac{\text{전향경로이득}}{1-\text{루프경로이득}}$ 식에서

전향경로이득$=1\times\frac{1}{s}\times\frac{1}{s}\times 1=\frac{1}{s^2}$

루프경로이득$=-3\times\frac{1}{s}-2\times\frac{1}{s}\times\frac{1}{s}$

$=-\frac{3}{s}-\frac{2}{s^2}$ 일 때

$$\frac{C(s)}{R(s)}=\frac{\text{전향경로이득}}{1-\text{루프경로이득}}=\frac{\frac{1}{s^2}}{1-\left(-\frac{3}{s}-\frac{2}{s^2}\right)}$$

$$=\frac{\frac{1}{s^2}}{1+\frac{3}{s}+\frac{2}{s^2}}=\frac{1}{s^2+3s+2}\text{ 이다.}$$

$(s^2+3s+2)C(s)=R(s)$

위의 식을 미분방정식으로 표현하면 아래와 같다.

$\therefore \frac{d^2c(t)}{dt^2}+3\frac{dc(t)}{dt}+2c(t)=r(t)$

74 □□□

다음의 블록선도와 같은 것은?

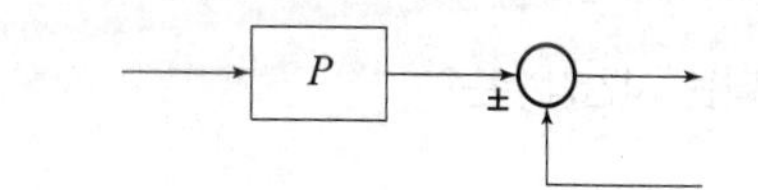

①

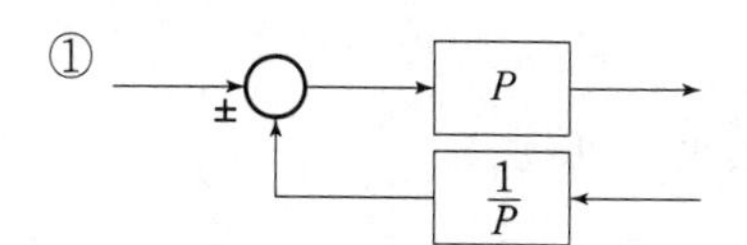

②

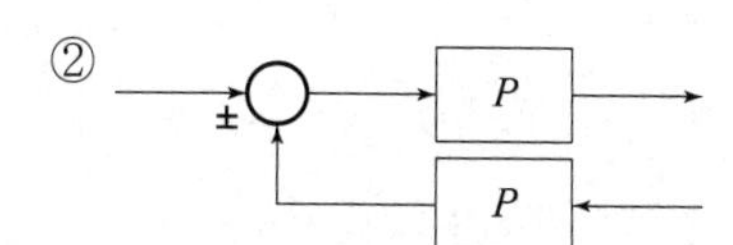

③

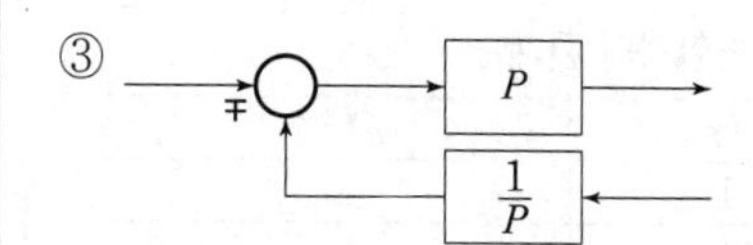

④

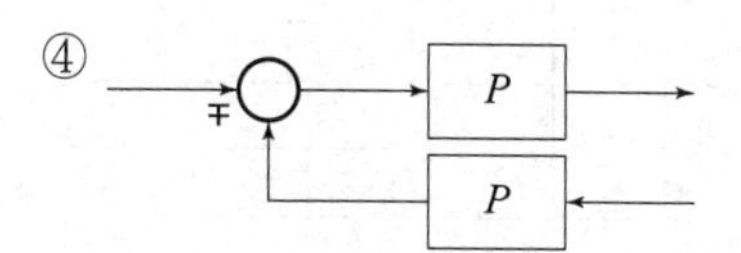

블록선도의 전달함수

문제에 제시된 블록선도의 전향경로 이득과 루프경로 이득은 전향경로 이득 $=P$

루프경로 이득 $=\pm 1$ 이므로

각 보기의 전향경로 이득과 루프경로 이득을 구해보면

① $P,\ \pm 1$

② $P,\ \pm P^2$

③ $P,\ \mp 1$

④ $P,\ \mp P^2$ 이다.

∴ 문제의 블록선도의 전달함수와 같은 보기는 ①번이다.

정답 73 ① 74 ①

75 □□□

z변환 함수 $\frac{z}{(z-e^{-at})}$에 대응되는 라플라스 변환과 이에 대응되는 시간함수는?

① $\frac{1}{(s+a)^2}$, te^{-at}

② $\frac{1}{(1-e^{-ts})}$, $\sum_{n=0}^{\infty}\delta(t-nT)$

③ $\frac{a}{s(s+a)}$, $1-e^{-at}$

④ $\frac{1}{(s+a)}$, e^{-at}

라플라스 변환과 Z 변환과의 관계

$f(t)$	$F(s)$	$F(z)$
$\delta(t)$	1	1
$u(t)$	$\frac{1}{s}$	$\frac{z}{z-1}$
e^{-at}	$\frac{1}{s+a}$	$\frac{z}{z-e^{-aT}}$

76 □□□

논리식 중 다른 값을 나타내는 논리식은?

① $XY+X\overline{Y}$
② $(X+Y)(X+\overline{Y})$
③ $X(X+Y)$
④ $X(\overline{X}+Y)$

불대수를 이용한 논리식의 간소화

① $XY+X\overline{Y}=X(Y+\overline{Y})=X$

② $(X+Y)(X+\overline{Y})=XX+X\overline{Y}+XY+Y\overline{Y}$
$=X(1+\overline{Y}+Y)=X$

③ $X(X+Y)=X(1+Y)=X$

④ $X(\overline{X}+Y)=XY$

77 □□□

기준 입력과 주 궤환량의 차로서, 제어계의 동작을 일으키는 원인이 되는 신호는?

① 조작신호
② 동작신호
③ 주궤환 신호
④ 기준 입력 신호

제어편차(동작신호)
기준 입력과 주 궤환량의 차로서 제어계의 동작을 일으키는 원인이 되는 신호이다. 또한 제어요소의 입력 신호이기도 하다.

78 □□□

계의 특성상 감쇠계수가 크면 위상여유가 크고, 감쇠성이 강하여 (A)는(은) 좋으나 (B)는(은) 나쁘다. A, B를 바르게 묶은 것은?

① 안정도, 응답성
② 응답성, 이득여유
③ 오프셋, 안정도
④ 이득여유, 안정도

감쇠계수와 위상여유의 관계
제어계의 감쇠계수는 위상여유와 비례한다. 따라서 감쇠계수가 크면 위상여유가 증가하여 안정도는 좋으나 감쇠성이 강하여 정상특성이 좋지 않아 응답성이 나빠진다.

정답 75 ④ 76 ④ 77 ② 78 ①

79 □□□

그림과 같은 제어계가 안정하기 위한 K의 범위는?

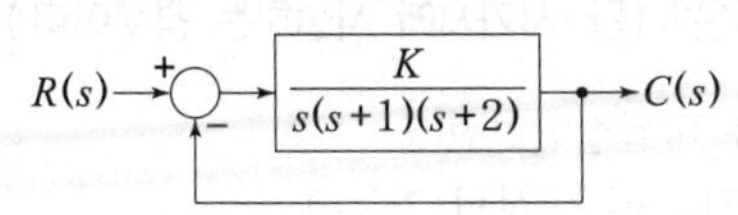

① $K< -2$　　② $K> 6$
③ $0< K< 6$　　④ $K> 6$, $K< 0$

루스 판별법의 특별 해
개루프 전달함수 $G(s)H(s)$가
$$G(s)H(s) = \frac{K}{s(s+1)(s+2)} = \frac{B(s)}{A(s)}$$ 이므로
특성방정식 $F(s)$는
$$F(s) = A(s) + B(s) = s(s+1)(s+2) + K$$
$$= s^3 + 3s^2 + 2s + K = 0$$ 이다.
$as^3 + bs^2 + cs + d = 0$ 이라 하면
$a=1,\ b=3,\ c=2,\ d=K$일 때
$bc = 3\times 2 = 6,\ ad = 1\times K = K$ 이다.
제어계가 안정하기 위해서는 $K> 0$ 과 $bc> ad$ 인 조건을 만족해야 한다. 따라서 $6> K$ 이므로
$\therefore\ 0< K< 6$

80 □□□

전달함수가 $\frac{C(s)}{R(s)} = \frac{25}{s^2+6s+25}$ 인 2차 제어시스템의 감쇠진동 주파수(ω_d)는 몇 [rad/sec]인가?

① 3　　② 4
③ 5　　④ 5

공진 각주파수와 감쇠진동 각주파수

구분	공식
공진 각주파수	$\omega_m = \omega_n\sqrt{1-2\alpha^2}$
감쇠진동 각주파수	$\omega_d = \omega_n\sqrt{1-\alpha^2}$

$$G(s) = \frac{\omega_n^2}{s^2 + 2\zeta\omega_n s + \omega_n^2}$$ 식에서
$$\frac{C(s)}{R(s)} = \frac{25}{s^2+6s+25}$$ 일 때
$\omega_n^2 = 25,\ 2\zeta\omega_n = 6,\ \omega_n = 5,$
$$\zeta = \frac{6}{2\omega_n} = \frac{6}{10} = 0.6$$ 이므로
$$\therefore\ \omega_d = \omega_n\sqrt{1-\zeta^2} = 5\sqrt{1-0.6} = 4\ \text{[rad/sec]}$$

5과목 : 전기설비기술기준 및 판단기준

무료 동영상 강의 ▲

81 □□□

도로 또는 옥외 주차장에 표피전류 가열장치를 시설하는 경우, 발연선에 전기를 공급하는 전로의 대지전압은 교류 몇 [V] 이하이어야 하는가? (단, 주파수가 60[Hz]의 것에 한한다.)

① 400　　② 600
③ 300　　④ 150

표피전류 가열장치의 시설
(1) 대지전압은 300[V]이하일 것.
(2) 발열선은 120[℃]를 넘지 않도록 시설 할 것.

82 □□□

제1종 특고압 보안공사로 시설하는 전선로의 지지물로 사용할 수 있는 것은?

① 철탑　　② A종 철주
③ A종 철근 콘크리트주　　④ 목주

특고압 보안공사
(1) 제1종 특별고압 보안공사
: 35[kV] 초과 건조물과 제2차 접근상태로 시설.
• 지지물 : B종 철주, B종 철근콘크리트 주, 철탑
(단, 목주, A종 철주, A종 철근 콘크리트주는 불가)

정답 79 ③ 80 ② 81 ③ 82 ①

83 □□□

전기저장장치의 시설기준에 대한 설명으로 틀린 것은?

① 외부터미널과 접속하기 위해 필요한 접점의 압력이 사용기간 동안 유지되어야 한다.
② 단자를 체결 또는 잠글 때 너트나 나사는 풀림방지 기능이 있는 것을 사용하여야 한다.
③ 전선은 공칭단면적 2.5[mm^2]이상의 연동선 또는 이와 동등 이상의 세기 및 굵기 일 것.
④ 전기배선을 옥측 또는 옥외에 시설할 경우 금속관공사, 합성수지관공사, 애자공사의 규정에 준하여 시설할 것

전기저장장치의 시설

(1) 전선은 공칭단면적 2.5[mm^2] 이상의 연동선 사용.
(2) 단자를 체결 또는 잠글 때 너트나 나사는 풀림방지 기능이 있는 것을 사용 한다.
(3) 외부터미널과 접속하기 위해 필요한 접점의 압력이 사용기간 동안 유지되어야 한다.
(4) 단자는 도체에 손상을 주지 않고 금속표면과 안전하게 체결되어야 한다.
(5) 전선을 옥측 또는 옥외에 시설할 경우 합성수지관공사, 금속관공사, 가요전선관공사 또는 케이블공사로 시설하여야 한다.

84 □□□

가공전선로의 지지물로 사용하는 철주 또는 철근 콘크리트주는 지선을 사용하지 않는 상태에서 얼마 이상의 풍압하중에 견디는 강도를 가지는 경우 이외에는 지선을 사용하여 그 강도를 분담시켜서는 안되는가?

① $\frac{1}{2}$　② $\frac{1}{3}$
③ $\frac{1}{5}$　④ $\frac{1}{10}$

지선의 시설

가공전선로의 지지물로 사용하는 철주 또는 철근 콘크리트주는 지선을 사용하지 않는 상태에서 2분의 1 이상의 풍압하중에 견디는 강도를 가지는 경우 이외에는 지선을 사용하여 그 강도를 분담시켜서는 안 된다.

85 □□□

사용전압이 400[V] 초과인 저압 가공전선에 사용할 수 없는 전선은? (단, 시가지에 시설하는 경우이다.)

① 인입용 비닐절연전선
② 지름 5[mm] 이상의 경동선
③ 케이블
④ 나전선(중성선 또는 다중접지된 접지측 전선으로 사용하는 전선에 한한다.)

저압 가공전선의 굵기 및 종류

사용전압	전선의 굵기 및 종류
400[V] 이하	• 경동선 3.2[mm] = 3.43[kN] 이상 • 절연전선 2.6[mm] = 2.3[kN] 이상
사용전선	• 다심형 전선 • 절연전선 • 케이블 • 나전선(중성선)
400[V] 초과 고압 까지	• 시내 : 5.0[mm] = 8.01[kN] 이상 • 시외 : 4[mm] = 5.26[kN] 이상
사용전선	• 절연전선 [인입용 비닐절연전선(DV) 불가] • 케이블 사용

86 □□□

건축물·구조물과 분리되지 않은 피뢰시스템인 경우, 피뢰시스템 등급이 Ⅰ, Ⅱ 등급이라면 병렬 인하도선의 최대 간격은 몇 [m]로 하는가?

① 30　② 10
③ 20　④ 15

인하도선 시스템
※ 피뢰시스템 등급 및 인하도선 간격

피뢰등급	건물 높이[m]	메시 치수	인하도선 간격
Ⅳ	60	20 x 20	20[m]
Ⅲ	45	15 x 15	15[m]
Ⅱ	30	10 x 10	10[m]
Ⅰ	20	5 x 5	10[m]

정답 83 ④ 84 ① 85 ① 86 ②

87 □□□

특고압 변압기의 이상발생 시 보호하는 장치로 자동차단 장치만 시설해야하는 경우는?

① 냉각방식이 수냉식이고, 냉각용수가 단수된 경우
② 뱅크용량이 10000[kVA] 이상이고, 변압기 내부고장이 발생한 경우
③ 뱅크용량이 5000[kVA] 이상 10000[kVA] 미만이고, 변압기 내부고장이 발생한 경우
④ 냉각방식이 송유풍냉식이고, 기름펌프 또는 송풍기가 정지된 경우

특고압용 변압기의 보호장치

기 기	용 량	사고의 종류	보호장치
특고용 변압기	5천[KVA] 이상 1만[KVA] 미만	변압기 내부고장	자동차단 또는 경보
	1만[KVA] 이상	변압기 내부고장	자동차단

※ 냉각장치 : 타냉식, 송유 풍냉식, 송유 자냉식, 송유 수냉식 변압기 냉각 장치에 고장 발생으로 온도상승하면 경보하는 장치 시설

88 □□□

사용전압 25[kV] 이하인 특고압 가공전선로의 중성점 접지용 접지도체의 공칭단면적은 몇 [mm²] 이상의 연동선이어야 하는가? (단, 중성선 다중접지 방식으로 전로에 지락이 생겼을 때 2초 이내에 자동적으로 이를 전로로부터 차단하는 장치가 되어 있다.)

① 16　　② 2.5
③ 6　　④ 4

접지도체 굵기

전 압		접지도체의 굵기
고압 및 특고압 전기설비		6[mm²] 이상
중성점 접지용	기 본	16[mm²] 이상
	·7[kV] 이하 전로 ·25[kV] 이하 다중접지 (2초 이내 자동차단)	6[mm²] 이상

89 □□□

저압 가공전선로(전기철도용 급전선로는 제외한다.)와 기설 가공약전류전선로가 병행할 때 유도작용에 의한 통신상의 장해가 생기지 않도록 전신과 기설 약전류 전신간의 이격거리는 몇 [m] 이상이어야 하는가? (단, 저압 또는 고압의 가공전선이 케이블인 경우 또는 가공약전류전선로 관리자의 승낙을 받은 경우가 아니다.)

① 3　　② 6
③ 2　　④ 4

가공약전류 전선로의 유도장해 방지
저압 가공전선로 또는 고압 가공전선로와 기설 가공약전류전선로가 병행하는 경우에는 유도작용에 의하여 통신상의 장해가 생기지 않도록 전선과 기설 약전류전선간의 이격거리는 2[m] 이상 이어야 한다.

90 □□□

일반주택 및 아파트 각 호실의 현관등으로 센서등(타임스위치 포함)을 설치할 때에는 몇 분 이내에 소등되는 것이어야 하는가?

① 5　　② 10
③ 3　　④ 7

타임스위치

설치장소	소등시간
주택 및 아파트의 현관 등	3분
호텔, 여관 객실 입구 등	1분

정답 87 ② 88 ③ 89 ③ 90 ③

91 □□□

저압 옥측전선로에서 목조의 조영물에 시설할 수 있는 공사 방법은?

① 금속관공사
② 합성수지관공사
③ 버스덕트공사
④ 케이블공사(무기물절연(MI) 케이블을 사용하는 경우)

옥측 전선로 공사방법

(1) 애자공사(전개된 장소에 한한다.)
(2) 합성수지관공사
(3) 금속관공사(목조 이외의 조영물에 시설)
(4) 버스덕트공사(목조 이외의 조영물에 시설)
(5) 케이블공사(연피 케이블, 알루미늄피 케이블 또는 무기물절연(MI) 케이블을 사용하는 경우 에는 목조 이외의 조영물에 시설)

92 □□□

1차측 3300[V], 2차측 220[V]인 변압기 전로의 절연내력 시험전압은 각각 몇[V]에서 10분간 견디어야 하는가?

① 1차측 4125[V], 2차측 500[V]
② 1차측 4500[V], 2차측 400[V]
③ 1차측 4950[V], 2차측 500[V]
④ 1차측 3300[V], 2차측 400[V]

변압기 전로의 절연내력시험

전로의 종류 (최대사용전압 기준)	시험전압	최저 시험전압
7[kV] 이하인 전로	1.5배	500[V]
25[kV] 이하 중성점 다중접지	0.92배	×
7[kV] 초과 60[kV] 이하인 전로	1.25배	10,500[V]

- 1차측 시험전압 = $3300 \times 1.5 = 4950$[V]
- 2차측 시험전압 = $220 \times 1.5 = 330$[V]

※ 2차측 시험전압은 500[V]이하 이므로 최저시험전압 규정에 따라 500[V]가 된다.

93 □□□

다음은 지중전선 상호 간의 접근 또는 교차에 관한 내용이다. 빈칸에 알맞은 내용은? (단, 압입공법을 적용한 경우가 아니고 관로식으로서 관로 사이를 콘크리트 등 견고한 견벽 또는 채움제로 보강한 경우가 아니다.)

> 사용전압이 25[kV] 이하인 다중접지방식 지중전선로를 관로식 또는 직접매설식으로 시설하는 경우, 그 이격거리가 (   )[m] 이상이 되도록 시설하여야 한다.

① 1.0　　② 1.2
③ 0.6　　④ 0.1

지중전선 상호 간의 접근 또는 교차

시설조건	이격거리
저압 지중전선과 고압 지중전선	15[cm] 이상
저압 · 고압 지중전선과 특고압 지중전선	30[cm] 이상

단, 사용전압이 25[kV] 이하인 다중접지방식 지중전선로를 관로식 또는 직접매설식으로 시설하는 경우 : 1[m]

94 □□□

고압 가공전선이 가공 약전류전선 등과 접근하는 경우 고압 가공전선과 가공약전류전선 등 사이의 이격거리는 몇 [cm] 이상이어야 하는가? (단, 전선이 케이블인 경우가 아니다.)

① 80　　② 20
③ 40　　④ 60

저압·고압 가공전선이 가공 약전류전선 등과 접근 이격거리

시설조건	이격거리
저압가공 전선과 가공 약전류 전선	0.6[m] 단, 케이블 사용시 : 0.3[m]
고압가공 전선과 가공 약전류 전선	0.8[m] 단, 케이블 사용시 : 0.4[m]

정답 91 ② 92 ③ 93 ④ 94 ①

95 □□□

통신설비의 식별표시에 대한 설명으로 틀린 것은?

① 모든 통신기기에는 식별이 용이하도록 인식용 표찰을 부착하여야 한다.
② 통신사업자의 설비표시명판은 플라스틱 및 금속판 등 견고하고 가벼운 재질로 하고 글씨는 각인하거나 지워지지 않도록 제작된 것을 사용하여야 한다.
③ 배전주에 시설하는 통신설비의 설비표시명판의 경우 분기주, 인류주는 매 전주에 시설.
④ 배전주에 시설하는 통신설비의 설비표시명판의 경우 직선주는 10 경간마다 시설할 것.

통신설비의 식별표시
(1) 통신기기는 식별이 용이하도록 인식용 표찰을 부착.
(2) 통신사업자의 설비표시명판은 플라스틱 및 금속판 등 견고하고 가벼운 재질로 하고 글씨는 각인하거나 지워지지 않도록 제작된 것을 사용한다.
(3) 설비표시 명판은 직선주는 전주 5경간마다 시설하고 분기주, 인류주는 매 전주에 시설.
(4) 설비표시 명판은 관로는 맨홀마다 시설하고, 전력구내 행거는 50[m] 간격으로 시설.

96 □□□

전기저장장치를 시설하는 곳에 계측하는 장치를 시설하여 측정하는 대상이 아닌 것은?

① 주요변압기의 전압
② 축전지 출력 단자의 주파수
③ 축전지 출력 단자의 전압
④ 주요변압기의 전력

전기저장장치를 시설하는 계측장치
(1) 축전지 출력 단자의 전압, 전류, 전력 및 충방전 상태
(2) 주요변압기의 전압, 전류 및 전력

97 □□□

저압 옥내배선을 합성수지관공사에 의하여 실시하는 경우 단선을 사용할 수 있는 구리 전선의 단면적은 최대 몇 [mm^2]인가?

① 6　　② 2.5
③ 4　　④ 10

합성 수지관 공사
(1) 전선은 절연 전선(OW 제외)일 것.
(2) 삽입 접속 : 관 외경의 1.2배
(단 접착제 사용 = 관 외경의 0.8배)
(3) 전선은 연선일 것.
(단 단면적 10[mm^2](알루미늄선은 단면적 16[mm^2]) 이하의 것은 단선사용)
(4) 관의 두께 : 2.0[mm] 이상.
(5) 관의 지지점간의 거리 : 1.5[m] 이하.

98 □□□

전기 철도차량에 전력을 공급하는 전차선의 가선방식에 포함되지 않는 것은?

① 가공방식　　② 강체방식
③ 지중조가선방식　　④ 제3레일방식

전기철도의 용어 정의
• 가선방식 : 전기철도차량에 전력을 공급하는 전차선의 가선방식으로 가공방식, 강체방식, 제3레일방식으로 분류한다.

정답 95 ④ 96 ② 97 ④ 98 ③

99 □□□

특고압을 직접 저압으로 변성하는 변압기를 시설하여서는 안 되는 것은?

① 발전소·변전소·개폐소 또는 이에 준하는 곳의 소내용 변압기
② 전기로 등 전류가 큰 전기를 소비하기 위한 변압기
③ 사용전압이 35[kV] 이하인 변압기로서 그 특고압측 권선과 저압측 권선이 혼촉한 경우에 자동적으로 변압기를 전로로부터 차단하기 위한 장치를 설치한 것
④ 직류식 전기철도용 신호회로에 전기를 공급하기 위한 변압기

특고압을 직접 저압으로 변성하는 변압기의 시설

(1) 전기로 등 전류가 큰 전기를 소비하기 위한 변압기
(2) 발전소·변전소·개폐소 또는 이에 준하는 곳의 소내용 변압기
(3) 특고압 전선로에 접속하는 변압기
(4) 사용전압이 35[kV] 이하인 변압기로서 그 특고압측 권선과 저압측 권선이 혼촉한 경우에 자동적으로 변압기를 전로로부터 차단하기 위한 장치를 설치한 것
(5) 사용전압이 100[kV] 이하인 변압기로서 그 특고압측 권선과 저압측 권선 사이에 접지공사 를 한 금속제의 혼촉방지판이 있는 것
(6) 교류식 전기철도용 신호회로에 전기를 공급하기 위한 변압기

100 □□□

옥내에 시설하는 관등회로의 사용전압이 1000[V] 이하인 방전등 공사에 대한 설명으로 틀린 것은?

① 관등회로의 사용전압이 400[V] 초과이고, 1[kV] 이하인 배선을 애자공사에 의하여 시설할 경우 전선 상호간의 거리는 50[mm] 이상이어야 한다.
② 관등회로의 사용전압이 대지전압 150[V] 이하의 것을 건조한 장소에서 시공할 경우 접지공사를 생략할 수 있다.
③ 관등회로의 사용전압이 400[V] 초과인 경우에는 방전등용 변압기를 사용하여야 한다.
④ 방전등용 안정기를 물기 등이 유입될 수 있는 곳에 시설할 경우는 방수형이나 이와 동등한 성능이 있는 것을 사용하여야 한다.

방전등용 안정기

(1) 관등회로의 사용전압이 400[V] 초과이고, 1[kV] 이하인 배선은 그 시설 장소에 따라 합성수지관공사·금속관공사·가요전선관공사나 케이블공사 한다.
※ 애자공사의 시설

전선상호간의 거리	전선과조영재와의 거리	전선 지지점간의 거리	
		400[V] 초과 600[V] 이하	600[V] 초과 1[kV] 이하
60[mm]	25[mm] (습기가 많다 45[mm] 이상)	2[m] 이하	1[m] 이하

(2) 방전등용 안정기를 물기 등이 유입될 수 있는 곳에 시설할 경우는 방수형을 사용하여야 한다.
(3) 관등회로의 사용전압이 400[V] 초과인 경우는 방전등용 변압기를 사용할 것
(4) 관등회로 사용전압이 대지전압 150[V]이하인 것을 사용하면 접지공사 생략

정답 99 ④ 100 ①

CBT 시험대비

CBT 시험 19회를 100% 복원하여 재구성한

제7회 복원 기출문제

학습기간 월 일 ~ 월 일

1과목 : 전기자기학

무료 동영상 강의 ▲

01 □□□

도전율이 각각 다른 경계면의 조건 중에서 전류가 흐를 때에 대한 설명으로 옳은 것은?

① 전류 유선이 경계면을 통과 할 때에 굴절하지 않고 발산한다.
② 전류가 유입하여 양질도체의 경계면과 거의 직각으로 불량도체를 향하여 누설전류로 유출되지 않는다.
③ 두 매질 내의 도전율이 다르기 때문에 전계의 법선 성분은 경계면에서 연속이다.
④ 유전체 내에서 전속선의 굴절현상과 유사하게 흐른다.

유전체의 경계조건과 전류계의 경계조건은 같은 현상을 나타나므로
① 전류 유선이 경계면을 통과 할 때에 굴절한다.
② 전류가 유입하여 양질도체의 경계면과 거의 직각으로 불량도체를 향하여 누설전류로 유출된다.
③ 두 매질 내의 도전율이 다르기 때문에 전계의 법선 성분은 경계면에서 불연속이다.

02 □□□

내부 원통 도체의 반지름이 a[m], 외부 원통도체의 반지름이 b[m]인 동축 원통 도체에서 내외 도체 간 물질의 도전율이 σ[℧/m]일 때 내외 도체 간의 단위 길이당 컨덕턴스 σ[℧/m]는?

① $\dfrac{2\pi\sigma}{\ln\dfrac{b}{a}}$　② $\dfrac{2\pi\sigma}{\ln\dfrac{a}{b}}$

③ $\dfrac{4\pi\sigma}{\ln\dfrac{b}{a}}$　④ $\dfrac{4\pi\sigma}{\ln\dfrac{a}{b}}$

동축 원통 도체 사이의 단위길이당 정전용량은

$C=\dfrac{2\pi\epsilon}{\ln\dfrac{b}{a}}$ [F/m]이므로

$RC=\rho\epsilon=\dfrac{\epsilon}{\sigma}$ 에서 단위길이당 저항은

$R=\dfrac{\epsilon}{\sigma C}=\dfrac{\epsilon}{\sigma\dfrac{2\pi\epsilon}{\ln\dfrac{b}{a}}}=\dfrac{1}{2\pi\sigma}\ln\dfrac{b}{a}$ [Ω/m] 이므로

단위길이당 컨덕턴스는

$G=\dfrac{1}{R}=\dfrac{2\pi\sigma}{\ln\dfrac{b}{a}}$ [℧/m]

03 □□□

내부 장치 또는 공간을 물질로 포위시켜 외부자계의 영향을 차폐시키는 방식을 자기차폐라 한다. 자기차폐에 가장 적합한 것은?

① 비투자율이 1 보다 작은 역자성체
② 강자성체 중에서 비투자율이 큰 물질
③ 강자성체 중에서 비투자율이 작은 물질
④ 비투자율에 관계없이 물질의 두께에만 관계되므로 되도록 두꺼운 물질

강자성체로 둘러싸인 구역 안에 있는 물체나 장치에 외부자기장의 영향이 미치지 않는 현상 또는 그렇게 하는 조작이다. 자기력선속이 차폐하는 물질에 흡수되는 방식으로 차폐하며, 비투자율이 큰 자성체일수록 자기차폐가 더욱 효과적으로 일어난다.

정답 01 ④ 02 ① 03 ②

04 □□□

비유전율 $\varepsilon_r = 10$ 인 유전체를 5[V/m]인 전계 내에 놓으면 유전체의 표면전하밀도는 몇 [C/m²]인가? 단, 유전체의 표면과 전계는 수직이다.

① $30\,\epsilon_0$　② $45\,\epsilon_0$
③ $60\,\epsilon_0$　④ $100\,\epsilon_0$

전계 내에 놓인 유전체의 표면전하밀도는 분극전하밀도(분극의 세기)와 같으므로
$P = \epsilon_0(\epsilon_r - 1)E = \epsilon_0 \times (10-1) \times 5$
$= 45\,\epsilon_0 [\mathrm{C/m^2}]$

05 □□□

유전율 ϵ, 투자율 μ인 매질 중을 주파수 f[Hz]의 전자파가 전파되어 나갈 때의 파장은 몇 [m] 인가?

① $f\sqrt{\epsilon\mu}$　② $\dfrac{1}{f\sqrt{\epsilon\mu}}$
③ $\dfrac{f}{\sqrt{\epsilon\mu}}$　④ $\dfrac{\sqrt{\epsilon\mu}}{f}$

전자파의 전파속도

$$v = \frac{1}{\sqrt{\epsilon\mu}} = \frac{3\times10^8}{\sqrt{\epsilon_s\mu_s}} = \frac{\omega}{\beta} = \frac{2\pi f}{\beta}$$

$= \dfrac{1}{\sqrt{LC}} = \lambda f[\mathrm{m/s}]$이므로

파장은 $\lambda = \dfrac{1}{f\sqrt{\epsilon\mu}}[\mathrm{m}]$

06 □□□

자속밀도가 10[Wb/m²]인 자계 중에 10[cm] 도체를 자계와 60° 의 각도로 30[m/s]로 움직일 때, 이 도체에 유기되는 기전력은 몇 [V]인가?

① 15　② $15\sqrt{3}$
③ 1500　④ $1500\sqrt{3}$

$B = 10\,[\mathrm{Wb/m^2}]$, $l = 10\,[\mathrm{cm}]$, $v = 30\,[\mathrm{m/sec}]$, $\theta = 60°$ 이므로 자계내 도체 이동시 전압이 유기되는 플레밍의 오른손 법칙에 의하여 유기전압은
$e = Blv\sin\theta = 10\times10\times10^{-2}\times30\times\sin60°$
$= 15\sqrt{3}$ [V]

07 □□□

유전율 ϵ, 전계의 세기 E인 유전체의 단위 체적당 축적되는 정전에너지는 ?

① $\dfrac{E}{2\epsilon}$　② $\dfrac{\epsilon E}{2}$
③ $\dfrac{\epsilon E^2}{2}$　④ $\dfrac{\epsilon^2 E^2}{2}$

단위 체적당 축적된 에너지

$$W = \frac{\rho_s^2}{2\epsilon} = \frac{D^2}{2\epsilon} = \frac{1}{2}\epsilon E^2 = \frac{1}{2}ED\,[\mathrm{J/m^3}]$$

단, 면전하 밀도 $\rho_s = D = \epsilon E[\mathrm{C/m^2}]$

정답 04 ② 05 ② 06 ② 07 ③

08 □□□

전속밀도 $D=x^2i+y^2j+z^2k$ (C/m^2)를 발생시키는 점 (1, 2, 3)에서의 체적 전하밀도는 몇 [C/m^3]인가?

① 12　② 13
③ 14　④ 15

가우스의 미분형 $div\,D=\rho\,[\mathrm{V/m^3}]$ 이므로

$$div\,D=\nabla\cdot D=\left(\frac{\partial}{\partial x}i+\frac{\partial}{\partial y}j+\frac{\partial}{\partial z}k\right)\cdot D$$

$$=\frac{\partial}{\partial x}(x^2)+\frac{\partial}{\partial y}(y^2)+\frac{\partial}{\partial z}(z^2)$$

$=2x+2y+2z\,[\mathrm{C/m^3}]$이므로

주어진 수치를 대입하면

$$\rho=2x+2y+2z|_{x=1,y==2,z=3}=12\,[\mathrm{C/m^3}]$$

09 □□□

판자석의 세기가 0.01[Wb/m], 반지름이 5[cm]인 원형 자석판이 있다. 자석의 중심에서 축상 10[cm]인 점에서의 세기는 몇 [AT]인가?

① 100　② 175
③ 370　④ 420

자기이중층(판자석)에 의한 자위는

$$U=\frac{M_\delta}{4\pi\mu_0}\omega=\frac{M_\delta}{4\pi\mu_0}\times 2\pi(1-\cos\theta)$$

$=\frac{M_\delta}{2\mu_0}\left(1-\frac{x}{\sqrt{a^2+x^2}}\right)$[A]이므로

주어진 수치 $M_\delta=0.01\,[\mathrm{Wb/m}]$,

$a=5\,[\mathrm{cm}]$, $x=10\,[\mathrm{cm}]$를 대입하면

$$\therefore\ U=\frac{M_\delta}{2\mu_0}\left(1-\frac{x}{\sqrt{a^2+x^2}}\right)$$

$$=\frac{0.01}{2\times 4\pi\times 10^{-7}}\left(1-\frac{10}{\sqrt{5^2+10^2}}\right)$$

$$=420\,[\mathrm{AT}]$$

10 □□□

유전체에 대한 경계조건에 설명이 옳지 않은 것은?

① 경계면에 외부전하가 있으면, 유전체의 내부와 외부의 전하는 평형되지 않는다.
② 완전 유전체 내에서는 자유전하는 존재하지 않는다.
③ 표면전하 밀도란 구속전하의 표면밀도를 말하는 것이다.
④ 특수한 경우를 제외하고 경계면에서 표면전하 밀도는 영($zero$)이다.

표면전하밀도는 분극전하의 표면밀도를 말한다.

11 □□□

두 개의 길고 직선인 도체가 평행으로 그림과 같이 위치하고 있다. 각 도체에는 10[A]의 전류가 같은 방향으로 흐르고 있으며, 이격거리는 0.2[m]일 때 오른쪽 도체의 단위길이당 힘은? (단, a_x, a_z는 단위 벡터이다.)

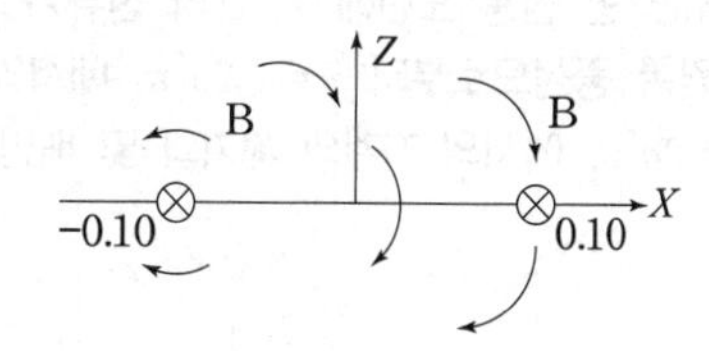

① $10^{-2}(-a_x)$ [N/m]
② $10^{-4}(-a_x)$[N/m]
③ $10^{-2}(-a_z)$ [N/m]
④ $10^{-4}(-a_z)$[N/m]

평행도선 사이의 작용력은

$F=\frac{\mu_0 I_1 I_2}{2\pi r}=\frac{2I_1I_2}{r}\times 10^{-7}$[N/m]이므로

$I_1=I_2=10\,[\mathrm{A}]$, $r=0.2\,[\mathrm{m}]$일 때

$$F=\frac{2I^2}{r}\times 10^{-7}=\frac{2\times 10^2}{0.2}\times 10^{-7}=10^{-4}\,[\mathrm{N/m}]$$

이며 오른쪽 도체에 작용하는 힘은 전류의 방향이 같으므로 흡인력이 작용하여 $-x$방향이 되므로

$$F=10^{-4}(-a_x)\,[\mathrm{N/m}]$$

정답 08 ① 09 ④ 10 ③ 11 ②

12 □□□

단면적 $S[\mathrm{m}^2]$의 철심에 $\phi[\mathrm{Wb}]$의 자속을 통과하게 하려면 $H[\mathrm{AT/m}]$의 자계가 필요하다. 이 철심의 비투자율은?

① $\dfrac{10^7\phi}{8\pi SH}$　② $\dfrac{10^7\phi}{4\pi SH}$

③ $\dfrac{10^7\phi}{\pi SH}$　④ $\dfrac{10^7\phi}{2\pi SH}$

철심에서의 자속

$\phi = BS = \mu HS = \mu_0\mu_s HS$ 이므로

비투자율 $\mu_s = \dfrac{\phi}{\mu_0 HS} = \dfrac{\phi}{4\pi\times 10^{-7}HS} = \dfrac{10^7\phi}{4\pi SH}$

가 된다.

13 □□□

반지름이 $a[\mathrm{m}]$인 원통 도선에 $I[\mathrm{A}]$의 전류가 균일하게 흐를 때, 원통 중심으로부터 $r=0.2a[\mathrm{m}]$에서의 자계의 세기는 $r=2a[\mathrm{m}]$에서의 자계의 세기의 몇 배인가?

① 0.4　② 0.2

③ 2　④ 4

원통 도선에서 전류가 균일하게 흐를시

$r=0.2a < a$ 이므로 내부 자계는

$H_i = \dfrac{rI}{2\pi a^2}[\mathrm{AT/m}]$에서

$H_i = \dfrac{0.2a\times I}{2\pi a^2} = \dfrac{I}{10\pi a}[\mathrm{AT/m}]$

$r-2a > a$ 이므로

외부 자계는 $H = \dfrac{I}{2\pi r}[\mathrm{AT/m}]$에서

$H = \dfrac{I}{2\pi\times 2a} = \dfrac{I}{4\pi a}[\mathrm{AT/m}]$이므로

$$\frac{H_i}{H} = \frac{\dfrac{I}{10\pi a}}{\dfrac{I}{4\pi a}} = 0.4$$

14 □□□

비투자율 $\mu_r = 800$, 원형 단면적이 $S = 10[\mathrm{cm}^2]$, 평균 자로 길이 $l = 16\pi\times 10^{-2}[\mathrm{m}]$ 의 환상 철심에 600회의 코일을 감고 이 코일에 1[A]의 전류를 흘리면 환상 철심 내부의 자속은 몇 [Wb]인가?

① 1.2×10^{-3}　② 1.2×10^{-5}

③ 2.4×10^{-3}　④ 2.4×10^{-5}

철심내 자속은 자기회로의 오옴의 법칙에 의해서

$$\phi = \frac{F}{R_m} = \frac{NI}{\dfrac{l}{\mu S}} = \frac{\mu_0\mu_r SNI}{l}$$

$$= \frac{(4\pi\times 10^{-7})\times 800\times(10\times 10^{-4})\times 600\times 1}{16\pi\times 10^{-2}}$$

$= 1.2\times 10^{-3}[\mathrm{Wb}]$

15 □□□

그림과 같이 직렬로 접속된 두 개의 코일이 있을 때 $L_1 = 5[\mathrm{mH}]$, $L_2 = 80[\mathrm{mH}]$, 결합계수 $k=0.5$이다. 여기에 0.5[A]의 전류를 흘릴 때 이 합성코일에 저축되는 에너지는 약 몇 [J]인가?

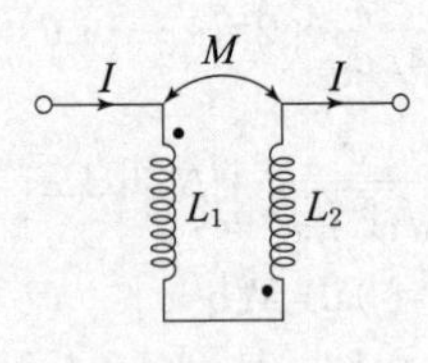

① 8.13×10^{-3}　② 26.26×10^{-3}

③ 13.13×10^{-3}　④ 16.26×10^{-3}

직렬연결시 가동결합의 합성인덕턴스는

$L_o = L_1 + L_2 + 2k\sqrt{L_1L_2}$

$= 5 + 80 + 2\times 0.5\sqrt{5\times 80} = 105[\mathrm{mH}]$ 이므로

코일에 축적되는 에너지

$W = \dfrac{1}{2}L_oI^2 = \dfrac{1}{2}\times 105\times 10^{-3}\times 0.5^2$

$= 13.13\times 10^{-3}[\mathrm{J}]$ 이 된다.

정답 12 ② 13 ① 14 ① 15 ③

16 □□□

간격 d[m], 면적 S[m^2]의 평행판 전극 사이에 유전율이 ϵ인 유전체가 있다. 전극 간에 $v(t)=V_m \sin\omega t$의 전압을 가했을 때, 유전체속의 변위전류밀도[A/m^2]는?

① $\dfrac{\epsilon\omega V_m}{d}\cos\omega t$　② $\dfrac{\epsilon\omega V_m}{d}\sin\omega t$

③ $\dfrac{\epsilon V_m}{\omega d}\cos\omega t$　④ $\dfrac{\epsilon V_m}{\omega d}\sin\omega t$

전압 $v(t)=V_m \sin\omega t$ [V] 일 때 전속밀도는

$D=\epsilon E=\epsilon\dfrac{v(t)}{d}=\epsilon\dfrac{V_m}{d}\sin\omega t$ [C/m^2]이므로

변위전류밀도는

$$i_d=\frac{\partial D}{\partial t}=\frac{\partial}{\partial t}\left(\epsilon\frac{V_m}{d}\sin\omega t\right)$$

$$=\omega\frac{\epsilon V_m}{d}\cos\omega t\,[\mathrm{A/m^2}]$$

17 □□□

반자성체의 투자율과 공기중의 투자율의 크기를 비교한 것 중 옳은 것은?

① 반자성체 투자율 ≫ 공기중의 투자율
② 반자성체 투자율 ≪ 공기중의 투자율
③ 반자성체 투자율 > 공기중의 투자율
④ 반자성체 투자율 < 공기중의 투자율

반(역)자성체의 비투자율 $\mu_r<1$ 이므로
투자율 $\mu=\mu_0\mu_r<\mu_0$ 이다.

18 □□□

무한 평면도체로부터 거리 a[m]인 곳에 점전하 Q[C]가 있을 때 도체 표면에 유도되는 최대전하밀도는 몇 [C/m^2]인가?

① $\dfrac{Q}{2\pi\varepsilon_0 a^2}$　② $\dfrac{Q}{4\pi a^2}$

③ $-\dfrac{Q}{2\pi a^2}$　④ $\dfrac{Q}{4\pi\varepsilon_0 a^2}$

무한평면에 의한 전기 영상법에 의해 최대 전하밀도는

도체 표면 전계 $\boldsymbol{E}=-\dfrac{aQ}{2\pi\epsilon_0(a^2+y^2)^{\frac{3}{2}}}$[V/m]

전하 밀도는 전속밀도와 같으므로 $\rho=D=\epsilon_o E$[C/m^2]

최대전하밀도는 $y=0$인 점이므로

$$\rho_{\max}=\epsilon_o E=-\frac{aQ}{2\pi(a^2+0)^{\frac{3}{2}}}=-\frac{Q}{2\pi a^2}[\mathrm{C/m^2}]$$

19 □□□

폐곡면을 통하는 전속과 폐곡면의 내부의 전하와의 상관관계를 나타내는 법칙은?

① 가우스의 법칙　② 쿨롱의 법칙
③ 푸아송의 법칙　④ 라플라스의 법칙

가우스의 법칙
어떤 폐곡면을 통하는 전속은 폐곡면 내에 존재하는 전전하량과 같다.

$$\Psi=\int D ds=Q$$

정답 16 ① 17 ④ 18 ③ 19 ①

제7회 복원문제

20 □□□

진공 커패시터의 정전력에 대한 설명으로 옳은 것은 ?

① 면적 $S[\mathrm{m}^2]$, 간격 $d[\mathrm{m}]$인 평행판 커패시터에 $Q[\mathrm{C}]$의 전하를 충전시킬 때 정전력은 $-\dfrac{Q^2}{4\epsilon_0 S}[\mathrm{N}]$이다.

② 반지름 $r[\mathrm{m}]$, 전선 중심 간 거리 $d[\mathrm{m}]$인 두 개의 평행한 전선간의 전위차가 $V[\mathrm{V}]$일 때 이 두 전선 사이의 단위길이당 작용 정전용량은 $\dfrac{\pi\epsilon_o V^2}{d\left(\ln\dfrac{d}{r}\right)^2}[\mathrm{F/m}]$이다. (단, $r << d$)

③ 반지름 $r[\mathrm{m}]$인 비누방울에 전하 $Q[\mathrm{C}]$를 충전시켜 전위차가 $V[\mathrm{V}]$이었다면 이 비누방울에 작용하는 정전력은 $2\pi\epsilon_o V^2[\mathrm{N}]$이다.

④ 일정한 전압 $V[\mathrm{V}]$로 충전된 간격 $d[\mathrm{m}]$인 평행판 커패시터의 극판간의 단위 면적당 정전력은 $\dfrac{\epsilon_o V^2}{2d}[\mathrm{N/m^2}]$이다.

① 정전력은

$$F = f \cdot S = \frac{\rho_s^2}{2\varepsilon_o} S = \frac{\left(\dfrac{Q}{S}\right)^2}{2\varepsilon_o} S = \frac{Q^2}{2\varepsilon_o S}\,[\mathrm{N}]$$

이다.

② 평행한 전선간의 단위길이당 작용 정전용량은

$\dfrac{\pi\epsilon_o}{\ln\dfrac{d}{r}}[\mathrm{F/m}]$이다.

③ 비누방울에 작용하는 정전력은

$$F = \frac{W}{r} = \frac{\frac{1}{2}CV^2}{r} = \frac{\frac{1}{2}\cdot 4\pi\epsilon_0 r \cdot V^2}{r}$$

$= 2\pi\epsilon_o V^2\,[\mathrm{N}]$이다.

④ 평행판 커패시터의 극판간 의 단위 면적당 정전력은

$f = \dfrac{1}{2}\epsilon_o E^2 = \dfrac{1}{2}\epsilon_o\left(\dfrac{V}{d}\right)^2[\mathrm{N/m^2}]$ 이다.

2과목 : 전력공학

무료 동영상 강의 ▲

21 □□□

가공 왕복선 배치에서 지름이 $d[\mathrm{m}]$이고 선간거리가 $D[\mathrm{m}]$인 선로 한 가닥의 작용 인덕턴스는 몇 [mH/km]인가? (단, 선로의 투자율은 1이라 한다.)

① $0.05 + 0.04605\log_{10}\dfrac{D}{d}$

② $0.05 + 0.4605\log_{10}\dfrac{D}{d}$

③ $0.5 + 0.4605\log_{10}\dfrac{2D}{d}$

④ $0.05 + 0.4605\log_{10}\dfrac{2D}{d}$

작용 인덕턴스(L_e)

$\therefore\ L_e = 0.05 + 0.4605\log_{10}\dfrac{D}{r}$

여기서, 반지름 : $r[\mathrm{mm}]$, 선간거리 $D[\mathrm{mm}]$. 지름 $d[\mathrm{m}]$가 주어져 있으므로 반지름 $r = \dfrac{d}{2}$ 가 된다.

$$L_e = 0.05 + 0.4605\log_{10}\frac{D}{\frac{d}{2}}$$

$$= 0.05 + 0.4605\log_{10}\frac{2D}{d}\ [\mathrm{mH/km}]$$

22 □□□

선로 정수에 영향을 가장 많이 주는 것은?

① 전선의 배치　② 송전전압
③ 송전전류　④ 역률

선로정수
송전선로는 저항(R), 인덕턴스(L), 정전용량(C), 누설콘덕턴스(G)가 연속된 전기회로이다. 이 4가지 정수를 선로정수라 하고, 전압강하, 송전손실, 안정도 등을 계산하는데 사용되며 선로정수는 전선의 종류, 굵기, 배치(가장 중요한 요소)에 따라서 결정된다. 전압, 전류, 역률, 기온 등에는 영향을 받지 않는다.

정답 20 ③ 21 ④ 22 ①

23 □□□

전력계통에서 내부 이상전압의 크기가 가장 큰 경우는?

① 유도성 소전류 차단 시
② 수차발전기의 부하 차단 시
③ 무부하 선로 충전전류 차단 시
④ 송전선로의 부하 차단기 투입 시

개폐서지에 의한 이상전압
개폐서지는 계통 내부의 원인에 의해서 발생하는 이상전압으로 내부 이상전압 또는 내뢰라 한다. 개폐서지는 정전용량 (C)에 의해 나타나는 현상으로 이상전압이 가장 크게 발생하는 경우는 무부하 충전전류를 차단(개방)하는 경우로 상규 대지전압의 약 3.5배에서 최대 4배 정도로 나타난다.

24 □□□

역률 80[%]의 3상 평형부하에 공급하고 있는 선로길이 2[km]의 3상 3선식 배전선로가 있다. 부하의 단자전압을 6000[V]로 유지하였을 경우, 선로의 전압강하율 10[%]를 넘지 않게 하기 위해서는 부하전력을 약 몇 [kW]까지 허용할 수 있는가? (단, 전선 1선당의 저항은 0.82[Ω/km], 리액턴스는 0.38[Ω/km]라 하고, 그 밖의 정수는 무시한다.)

① 1303 ② 1629
③ 2257 ④ 2821

전압 강하률을 이용한 전력(P)계산
전압 강하율 δ이라 하면

$\delta=\dfrac{P}{V^2}(R+Xtan\theta)\times 100\,[\%]$ 이므로 주어진 조건

$R=0.82[\Omega/\mathrm{km}]$ $X=0.38[\Omega/\mathrm{km}]$

$V_R=6000[V][\mathrm{kV}]$, $\cos\theta=0.8$, $\delta=10[\%]$

$L=2[\mathrm{km}]$일 때

$\therefore\ 0.1=\dfrac{P}{(6000)^2}(0.82\times2+0.38\times2\times\dfrac{0.6}{0.8})$

∴ 수전단전력

$$P=\frac{0.1\times(6000)^2}{(0.82\times2+0.38\times2\times\frac{0.6}{0.8})}\times10^{-3}$$

$$=1628.96\,[\mathrm{kW}]$$

25 □□□

송전단전압 161[kV], 수전단전압 154[kV], 상차각 40도, 리액턴스 45[Ω]일 때 선로손실을 무시하면 전송전력은 약 몇 [MW]인가?

① 323 ② 443
③ 354 ④ 623

송전전력계산

송전 전력 $P=\dfrac{E_sE_R}{X}\sin\delta\,[\mathrm{MW}]$이므로

$E_s=161\,[\mathrm{kV}]$, $E_R=154\,[\mathrm{kV}]$, $\delta=40°$,

$X=45\,[\Omega]$일 때

$\therefore\ P_S=\dfrac{161\times154}{45}\times\sin40°=354.16[\mathrm{MW}]$

26 □□□

단락 보호방식에 관한 설명으로 틀린 것은?

① 방사상 선로의 단락 보호방식에서 전원이 양단에 있을 경우 방향 단락 계전기와 과전류 계전기를 조합시켜서 사용한다.
② 전원이 1단에만 있는 방사상 송전선로에서의 고장 전류는 모두 발전소로부터 방사상으로 흘러나간다.
③ 환상선로의 단락 보호방식에서 전원이 두 군데 이상 있는 경우에는 방향 거리 계전기를 사용한다.
④ 환상선로의 단락 보호방식에서 전원이 1단에만 있을경우 선택 단락 계전기를 사용한다.

단락 보호방식
방사상 선로의 단락 보호방식에서 전원이 양단에 있을경우 방향 단락 계전기와 과전류 계전기를 조합해서 사용하고, 전원이 1단에만 있는 방사상 송전선로에서의 고장전류는 모두 발전소로부터 방사상으로 흘러나가기 때문에 과전류계전기를 사용한다.
환상선로의 단락 보호방식에서 전원이 두 군데 이상 있는 경우에는 방향 거리 계전기를 사용하고, 전원이 1단에만 있을 경우는 방향 단락 계전기를 사용한다.

정답 23 ③ 24 ② 25 ③ 26 ④

27 □□□

증기의 엔탈피란?

① 증기 1[kg] 의 잠열
② 증기 1[kg] 의 보유열량
③ 증기 1[kg] 의 현열
④ 증기 1[kg] 의 증발열을 그 온도로 나눈 것

엔탈피와 엔트로피
(1) 엔탈피 : 단위무게 1[kg]의 물 또는 증기가 보유하고 있는 보유열량
(2) 엔트로피 : 증기 1[kg]의 증발열을 온도로 나눈 계수

28 □□□

다음 중 특유속도가 가장 작은 수차는?

① 프로펠러수차　② 프란시스수차
③ 펠턴수차　④ 카플란수차

수차의 특유속도

종류		특유속도의 한계치	
펠턴 수차		$12 \le N_s \le 23$	
프란시스 수차	저속도형	65~150	$N_s \le \frac{20,000}{H+20}+30$
	중속도형	150~250	
	고속도형	250~350	
사류 수차		150~250	$N_s \le \frac{20,000}{H+20}+40$
카플란 수차 프로펠러 수차		350~800	$N_s \le \frac{20,000}{H+20}+50$

※ 큰 순서
프로펠러(카플란) 〉 사류 〉 프란시스 〉 펠턴

29 □□□

전력계통의 주파수 변동은 주로 무엇의 변화에 기인하는가?

① 유효전력　② 무효전력
③ 계통 전압　④ 계통 임피던스

전력계통의 주파수 변동 (P-F컨트롤 : 반비례)
발전기와 부하는 유기적으로 접속되어 있으므로 부하의 급격한 저하가 발전기 속도상승을 가져오며 이때 주파수가 따라서 상승하게 되고 순간적인 전압상승이 나타나게 된다. 이 경우 발전기의 출력을 줄여주지 않으면 발전기 과여자가 초래되며 계통의 정전을 유발하게 된다.

30 □□□

케이블 단선사고에 의한 고장점까지의 거리를 정전용량 측정법으로 구하는 경우, 건전상의 정전용량이 C, 고장점까지의 정전용량이 C_x, 케이블의 길이가 l일 때 고장점까지의 거리를 나타내는 식으로 알맞은 것은?

① $\frac{C}{C_x}l$　② $\frac{2C_x}{C}l$
③ $\frac{C_x}{C}l$　④ $\frac{C_x}{2C}l$

정전용량 측정법
케이블 단선 사고시 고장점 까지의 거리를 정전용량 측정법으로 구하는 법
여기서, 건전상의 정전용량 : C , 선선상의 길이 : l
고장점까지의 정전용량 : C_x
고장점까지 케이블 길이 : l_x
비례식으로 구하면
$C : l = C_x : l_x \;\rightarrow\; l \times C_x = C \times l_x$
고장점까지 거리 ※ $l_x = \frac{C_x}{C} \times l$

정답 27 ② 28 ③ 29 ① 30 ③

31 □□□

통신선과 평행인 주파수 60[Hz]의 3상 1회선 송전선이 있다. 1선 지락 때문에 영상전류가 100[A] 흐르고 있다면 통신선에 유도되는 전자유도전압은 약 몇 [V]인가? (단, 영상전류는 전 전선에 걸쳐서 같으며, 송전선과 통신선과의 상호인덕턴스는 0.06[mH/km], 그 평행 길이는 40[km]이다.)

① 156.6　　② 162.8
③ 230.2　　④ 271.4

전자유도전압(E_m)
영상분 전류에 의해 전력선과 통신선 상호간 상호인덕턴스(M)가 만드는 장해.
$E_m = j\omega M\ell(I_a + I_b + I_c) = j\omega M\ell \times 3I_0$[A] 식에서
$f = 60$[Hz], $I_0 = 100$[A], $M = 0.06$[mH/km],
$\ell = 40$[km]이므로
$\therefore E_m = j\omega M\ell \times 3I_0 = j2\pi f M\ell \times 3I_0$
$= j2\pi \times 60 \times 0.06 \times 10^{-3} \times 40 \times 3 \times 100$
$= j271.4$[V]

32 □□□

수용가를 2군으로 나누어서 각 군에 변압기 1대씩을 설치하고 각 군 수용가의 총 설비부하용량을 각각 30[kW] 및 20[kW]라 하자. 각 수용가의 수용률을 0.5 수용가 상호간의 부등률을 1.2 변압기 상호간의 부등률을 1.3이라 하면 고압 간선에 대한 최대부하는 몇 [kW]인가? (단, 부하역률은 모두 0.58이라고 한다.)

① 13　　② 16
③ 20　　④ 25

합성최대수용전력(P_m)
각 변압기군의 최대수용전력을 P_{TA}, P_{TB}라 하면
최대수용전력$= \dfrac{\text{부하설비용량} \times \text{수용률}}{\text{부등률}}$ [kW]이므로

$$P_{TA} = \frac{30 \times 0.5}{1.2} = 12.5\,[\text{kW}]$$

$$P_{TB} = \frac{20 \times 0.5}{1.2} = 8.333\,[\text{kW}]$$

$$P_m = \frac{P_{TA} + P_{TB}}{\text{변압기간 부등률}}\,[\text{kW}]$$

$$\therefore P_m = \frac{12.5 + 8.33}{1.3} = 16[\text{kW}]$$

33 □□□

그림과 같은 주상변압기 2차측 접지공사의 목적은?

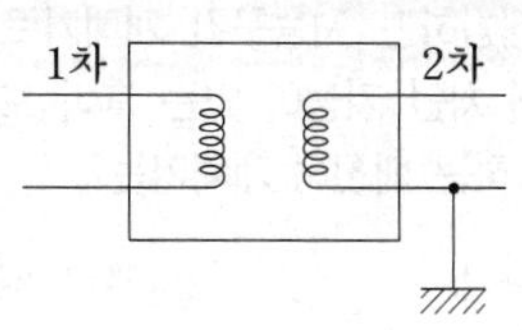

① 1차측 과전류 억제
② 2차측 과전류 억제
③ 1차측 전압 상승 억제
④ 2차측 전압 상승 억제

변압기 중성점 접지 공사
변압기 2차측 저압 한 단자를 접지하는 것과 3상4선식 다중접지 방식에서 고압측 중성선과 저압측 중성선을 전기적으로 연결하는 것은 고,저압 혼촉에 의한 전위 상승 억제을 목적으로 한다.

34 □□□

1[m]의 하중이 0.37[kg]인 전선을 지지점이 수평인 경간 80[m]에 가설하여 이도를 0.8[m]로 하면 전선의 수평 장력은 몇 [kg]인가?

① 350　　② 360
③ 370　　④ 380

이도(D)
$D = \dfrac{WS^2}{8T} =$ [m]이다.

따라서 수평장력 $T = \dfrac{WS^2}{8D}$[kg]이 된다.

여기서, 전선의 단위길이당 중량 : W,
경간 : S
전선의 장력 : T

$$\therefore T = \frac{0.37 \times 80^2}{8 \times 0.8} = 370\,[\text{kg}]$$

정답 31 ④ 32 ② 33 ④ 34 ③

35

선로 고장 발생시 타 보호기기와의 협조에 의해 고장구간을 신속히 개방하는 자동구간 개폐기로서 고장전류를 차단할 수 없어 차단 기능이 있는 후비 보호장치와 직렬로 설치되어야 하는 배전용 개폐기는?

① 배전용 차단기 ② 부하 개폐기
③ 컷아웃 스위치 ④ 섹셔널라이저

배전선로의 보호협조
리클로져 (R/C)는 가공 배전선로 사고시 고장 구간을 신속하게 차단하고 arc를 소멸시킨 후 즉시 재투입하는 기능이 있고, 섹션라이져(S/E)는 선로 사고시 리클로져와 협조에의해 고장구간을 신속히 개방하는 자동구간 개폐기로 리클로저와 직렬로 설치된다.
∴ 보호협조 순서
리클로저 – 섹쇼너라이저 – 라인퓨즈 순으로 시설한다.

36

정격전압 7.2[kV]인 3상용 차단기의 차단용량이 100[MVA]라면 정격 차단전류는 약 몇 [kA]인가?

① 2 ② 4
③ 8 ④ 12

정격 차단전류(I_s) = 단락전류)
차단용량 $P_s = \sqrt{3}\ V_s\ I_s$[MVA] 식에서
차단기정격전압 $V_s = 7.2$ [kV],
차단기용량 $P_s = 100$ [MVA],

$$\therefore I_s = \frac{P_s}{\sqrt{3}\ V_s} = \frac{100}{\sqrt{3} \times 7.2} = 8\ [\text{kA}]$$

37

수차의 유효낙차와 안개날개, 그리고 노즐의 열린 정도를 일정하게 하여 놓은 상태에서 조속기가 동작하지 않게 하고, 전 부하 정격속도로 운전 중에 무부하로 하였을 경우에 도달하는 최고 속도를 무엇이라 하는가?

① 특유 속도(specific speed)
② 동기 속도(synchronous speed)
③ 무구속 속도(runnaway speed)
④ 임펄스 속도(impulse speed)

무구속 속도
수차가 전 부하에서 갑자기 무 부하로 되었을 때 수차가 도달하는 최고속도를 말한다. 수차 발전기는 무구속 속도에서 1분간 견딜 수 있도록 설계한다.

38

송전계통의 안정도 향상대책으로 적당하지 않은 것은?

① 계통의 리액턴스를 직렬콘덴서로 감소시킨다.
② 기기의 리액턴스를 감소한다.
③ 발전기의 단락비를 작게 한다.
④ 계통을 연계한다.

안정도 향상 대책

안정도 향상 대책	방 법
(1) 리액턴스를 줄인다	· 승압공사 · 병렬회선수(복도체사용) 증가 · 단락비를 증가 · 발전기 및 변압기 리액턴스 감소 · 직렬콘덴서 설치
(2) 전압 변동률을 줄인다	· 중간 조상 방식 · 속응 여자방식 · 계통 연계
(3) 계통에 주는 충격을 경감한다	· 고속도 차단 · 고속도 재폐로 방식채용
(4) 고장전류의 크기를 줄인다	· 소호리액터 접지방식 · 고저항 접지
(5) 입·출력의 불평형을 작게 한다.	· 조속기를 설치한다.

정답 35 ④ 36 ③ 37 ③ 38 ③

39 □□□

조상설비가 아닌 것은?

① 정지형 무효전력 보상장치
② 자동고장 구분개폐기
③ 전력용 콘덴서
④ 분로리액터

조상설비(무효전력 보상장치)
조상설비는 무효전력을 조정하여 송·수전단 전압이 일정하게 유지되도록 하는 조정 역할과 역률개선에 의한 송전손실의 경감, 전력시스템의 안정도 향상을 목적으로 하는 설비이다. 동기조상기(RC), 전력용(병렬) 콘덴서(SC), 분로(병렬)리액터(SHR), 정지형 무효전력 보상장치(SVC)가 이에 속한다.

40 □□□

전력계통에서 무효전력을 조정하는 조상설비 중 전력용 콘덴서를 동기 조상기와 비교할 때 옳은 것은?

① 전력손실이 크다.
② 지상 무효전력분을 공급할 수 있다.
③ 전압조정을 계단적으로 밖에 못한다.
④ 송전선로를 시송전할 때 선로를 충천할 수 있다.

조상설비 비교표

비교 대상	동기 조상기	전력용 콘덴서	분로리액터
위상 관계	지·진양용	진상	지상
조정의 단계	연속적	불연속 (계단적)	불연속 (계단적)
시 (송)충전	가능	불가	불가
안정도 관계	증진	무관	무관

3과목 : 전기기기

무료 동영상 강의 ▲

41 □□□

직류발전기에서 양호한 정류를 얻기 위한 방법이 아닌 것은?

① 브러시의 접촉 저항을 크게 한다.
② 보극을 설치한다.
③ 보상 권선을 설치한다.
④ 리액턴스 전압을 크게 한다.

양호한 정류를 얻는 조건
(1) 보극을 설치하여 평균 리액턴스 전압을 줄인다.(전압정류)
(2) 보극이 없는 직류기에서는 직류발전기일 때 회전방향으로, 직류전동기일 때 회전 반대 방향으로 브러시를 이동시킨다.
(3) 탄소브러시를 사용하여 브러시 접촉면 전압강하를 크게 한다.(저항정류)
(4) 보상권선을 설치한다.(전기자 반작용 억제)
∴ 리액턴스 전압은 정류 불량의 원인으로서 리액턴스 전압이 크면 정류는 더욱 나빠진다.

42 □□□

교류발전기에서 고조파와 크기도 줄일 수 있고, 권선의 길이도 작게 할 수 있는 권선방식은?

① 단절권 ② 집중권
③ 분포권 ④ 전철권

단절권의 특징
(1) 코일 간격이 극 간격보다 작아 코일 단이 짧게 되므로 전절권에 비해 재료가 절약된다.
(2) 고조파를 제거해서 기전력의 파형이 좋아진다.
(3) 전절권에 비해 유기기전력의 크기가 감소한다.
(4) 발전기의 출력이 감소한다.

제7회 복원문제

정답 39 ② 40 ③ 41 ④ 42 ①

43 □□□

1차 전압 6600[V], 2차 전압 220[V], 주파수 60[Hz], 1차 권수 2000회인 경우 변압기의 최대자속은 약 몇 [Wb]인가?

① 0.021 ② 0.012
③ 0.63 ④ 0.36

유기기전력

$E_1 = 4.44 f \phi_m N_1 = 4.44 f B_m S N_1$ [V] 식에서

$E_1 = 6{,}600$ [V], $E_2 = 220$ [V], $f = 60$ [Hz],

$N_1 = 2{,}000$ 이므로

$$\therefore \phi_m = \frac{E_1}{4.44 f N_1} = \frac{6{,}600}{4.44 \times 60 \times 2{,}000} = 0.012 \text{ [Wb]}$$

44 □□□

단상 정류자전동기의 일종인 단상 반발전동기에 해당되는 것은?

① 시라게 전동기
② 단상 직권 정류자 전동기
③ 아트킨손현 전동기
④ 이중여자 유도전동기

단상 반발정류자 전동기의 특징

(1) 단상 유도전동기의 반발기동형과 같이 기동토크가 매우 크다.
(2) 브러시의 위치를 이동시킴으로써 기동, 역전 및 속도 제어를 할 수 있다.
(3) 단상 반발정류자 전동기의 종류로는 애트킨슨형, 톰슨형, 데리형, 보상형이 있다.

45 □□□

변압기에서 누설리액턴스(L)와 권수(N)의 관계를 나타낸 것으로 옳은 것은?

① $L \propto \frac{1}{N}$ ② $L \propto \frac{1}{N^2}$
③ $L \propto N$ ④ $L \propto N^2$

권수와 누설 리액턴스의 관계

$a^2 = \left(\frac{N_1}{N_2}\right)^2 = \frac{X_1}{X_2} = \frac{L_1}{L_2}$ 식으로부터

$\therefore L \propto N^2$

46 □□□

직류기에서 극수가 P인 경우, 기계각을 올바르게 나타낸 것은?

① 전기각$\times 3P$ ② 전기각$\times 2P$
③ 전기각$\times \frac{2}{P}$ ④ 전기각$\times \frac{3}{P}$

전기각과 기계각

유도선동기의 회전자 권선이 기계적으로 이동한 실제각을 기계각이라 하며 계자극의 수를 p라 할 때 기계각을 전기각으로 환산하면 기계각의 $\frac{p}{2}$배로 된다.

전기각$= \frac{p}{2} \times$기계각 식에서

$\therefore$ 기계각$=$전기각$\times \frac{2}{p}$

정답 43 ② 44 ③ 45 ④ 46 ③

47 □□□

스텝 모터에 대한 설명으로 틀린 것은?

① 가속과 감속이 용이하다.
② 정·역 및 변속이 용이하다.
③ 위치제어 시 각도 오차가 작다.
④ 브러시 등 부품수가 많아 유지보수 필요성이 크다.

스텝 모터의 특징
(1) 회전각과 회전속도는 입력 펄스에 따라 결정되며 회전각은 펄스 수에 비례하고 회전속도는 펄스 주파수에 비례한다.
(2) 총 회전각도는 스텝각과 스텝수의 곱이다.
(3) 분해능은 스텝각에 반비례한다.
(4) 기동·정지 특성이 좋을 뿐만 아니라 가속·감속이 용이하고 정·역전 및 변속이 쉽다.
(5) 위치제어를 할 때 각도 오차가 적고 누적되지 않는다.
(6) 고속 응답이 좋고 고출력의 운전이 가능하다.
(7) 브러시 등 부품수가 적어 유지보수 필요성이 작다.
(8) 피드백 루프가 필요 없이 오픈 루프로 손쉽게 속도 및 위치제어를 할 수 있다.
(9) 디지털 신호를 직접 제어할 수 있으므로 컴퓨터 등 다른 디지털 기기와 인터페이스가 쉽다.

48 □□□

50[Hz]의 변압기에 60[Hz]의 전압을 가했을 때의 자속밀도는 50[Hz] 일 때와 비교하였을 때 어떻게 되는가? (단, 전압의 크기는 같다.)

① $\left(\frac{5}{6}\right)^{1.6}$ 배로 감소　② $\frac{5}{6}$ 배로 감소
③ $\frac{6}{5}$ 배로 증가　④ $\left(\frac{6}{5}\right)^{2}$ 배로 증가

유기기전력
$E = 4.44 f \phi_m N = 4.44 f B_m S N$[V] 식에서
자속밀도와 주파수의 관계는 $B_m \propto \frac{1}{f}$ 이므로
50[Hz]일 때 B_m, 60[Hz]일 때 B_m'라 하면
$B_m' = \frac{f}{f'} B_m = \frac{50}{60} B_m = \frac{5}{6} B_m$이다.
∴ $\frac{5}{6}$ 배로 감소

49 □□□

동기발전기에서 자기여자현상의 발생 원인으로 틀린 것은?

① 앞선 역률 발생
② 충전전류 증가
③ 단락비 증가
④ 전기자반작용의 증자작용

동기발전기의 자기여자현상
동기발전기의 자기여자현상이란 무부하 단자전압이 유기기전력보다 크게 나타남으로서 여자를 확립하지 않아도 발전기 스스로 전압을 일으키는 현상으로 원인과 방지대책은 다음과 같다.

구분	내용
원인	정전용량(C)에 의한 충전전류에 의해서 나타난다.
방지대책	(1) 전기자반작용이 적고 단락비가 큰 발전기를 사용한다. (2) 발전기 여러 대를 병렬로 운전한다. (3) 송전선 말단에 리액터나 변압기를 설치한다. (4) 송전선 말단에 동기조상기를 설치하여 부족여자로 운전한다.

∴ 단락비 증가는 자기여자현상의 방지대책이다.

50 □□□

3상 권선형 유도전동기에서 2차 저항을 증가하면 기동토크는?

① 증가한다.　② 변하지 않는다.
③ 제곱에 반비례한다.　④ 감소한다.

비례추이의 원리의 특징
(1) 2차 저항을 증가시키면 최대토크는 변하지 않으나 최대토크를 발생하는 슬립이 증가한다.
(2) 2차 저항을 증가시키면 기동토크가 증가하고 기동전류는 감소한다.
(3) 2차 저항을 증가시키면 속도는 감소한다.
(4) 기동역률이 좋아진다.
(5) 전부하 효율이 저하한다.

정답 47 ④ 48 ② 49 ③ 50 ①

51 □□□

6극, 성형 접속인 3상 교류발전기가 있다. 1극의 자속이 0.16[Wb], 회전수 1,000[rpm], 1상의 권수 186, 권선계수 0.96이면 주파수[Hz]와 단자 전압[V]은?

① 50[Hz], 6,340[V]　② 60[Hz], 6,340[V]
③ 50[Hz], 11,000[V]　④ 60[Hz], 11,000[V]

유기기전력(E)

극수 $p=6$, $\phi=0.16$ [Wb], $N_s=1{,}000$ [rpm], $N=186$, $k_w=0.96$이므로

$N_s=\frac{120f}{p}$ [rpm] 식에서 주파수 f는

$$f=\frac{N_s p}{120}=\frac{1{,}000\times 6}{120}=50\text{ [Hz]}$$

$E=4.44f\phi Nk_w$ [V]는 유기기전력으로 상전압을 의미하므로 성형결선의 단자전압은 선간전압(V)을 의미한다.

$$V=\sqrt{3}E=\sqrt{3}\times 4.44f\phi Nk_w$$
$$=\sqrt{3}\times 4.44\times 50\times 0.16\times 186\times 0.96$$
$$=11{,}000\text{ [V]}$$

$\therefore f=50$ [Hz], $V=11{,}000$ [V]

52 □□□

두 대의 단상 변압기를 사용하여 3상에서 2상으로 변환시킬 수 있는 결선방법이 아닌 것은?

① 트라이 결선　② 메이어 결선
③ 스코트 결선　④ 우드 브리지 결선

변압기의 상수 변환

구분	종류
3상 전원을 2상 전원으로 변환	(1) 스코트 결선(T 결선) (2) 메이어 결선 (3) 우드브리지 결선
3상 전원을 6상 전원으로 변환	(1) 포크결선 (2) 환상결선 (3) 대각결선 (4) 2중 성형(Y)결선 (5) 2중 3각(△)결선

53 □□□

출력 7.5[kW]의 3상 유도전동기가 전부하 운전에서 2차 저항손이 200[W] 일 때, 슬립은 약 몇 [%]인가? (단, 철손, 기계손은 무시한다.)

① 2.2　② 3.8
③ 8.8　④ 2.6

전력변환 종합표

구분	$\times P_2$	$\times P_{c2}$	$\times P$
$P_2=$	1	$\frac{1}{s}$	$\frac{1}{1-s}$
$P_{c2}=$	s	1	$\frac{s}{1-s}$
$P=$	$1-s$	$\frac{1-s}{s}$	1

$P_{c2}=\frac{s}{1-s}P$ [W] 식에서

$P=7.5$ [kW], $P_{c2}=200$ [W] 이므로

$200=\frac{s}{1-s}\times 7.5\times 10^3$일 때

$$\therefore s=\frac{200}{7.5\times 10^3+200}=0.0259\text{ [p.u]}=2.6\text{ [\%]}$$

54 □□□

3상 유도전동기에서 동기와트로 표시되는 것은?

① 2차 출력　② 1차 입력
③ 토크　④ 각속도

동기와트

$P_2=\frac{1}{0.975}N_s\tau=1.026N_s\tau$ [W] 식에서

동기와트는 유도전동기의 2차 입력을 의미한다. 따라서 동기속도가 일정할 때 토크는 동기와트로 표시된다.

정답 51 ③ 52 ① 53 ④ 54 ③

55 □□□

60[kW], 4극, 전기자 총 도체의 수 300개, 중권으로 결선된 직류전동기가 있다. 매극당 자속은 0.05[Wb]이고 회전속도는 1200[rpm]이다. 이 직류전동기가 과부하에 동력을 공급할 때 직렬로 연결된 전기자 도체에 흐르는 전류는 몇 [A]인가?

① 50 ② 32
③ 57 ④ 42

직류발전기의 특징

$E=\dfrac{pZ\phi N}{60a}$ [V] 식에서

$P_0=60$ [kW], $p=4$, $Z=300$, $a=4$,

$\phi=0.05$ [Wb], $N=1{,}200$ [rpm] 이므로

$E=\dfrac{pZ\phi N}{60a}=\dfrac{4\times300\times0.05\times1{,}200}{60\times4}$

$=300$ [V]이다.

$P_0=EI_a$ [W] 식을 이용해서 풀면

$I_a=\dfrac{P_0}{E}=\dfrac{600\times10^3}{300}=200$ [A] 이므로

직렬로 연결된 전기자 도체에 흐르는 전류 $I_a{}'$는

$\therefore I_a{}'=\dfrac{I_a}{p}=\dfrac{200}{4}=50$ [A]

56 □□□

직류전동기에서 가장 속도변동률이 작은 전동기는?

① 가동복권전동기 ② 타여자전동기
③ 차동복권전동기 ④ 직권전동기

직류전동기의 속도변동

직류전동기의 속도변동이 가장 심한 전동기는 직권전동기이고, 이하 차례대로 다음의 순서에 따른다.

∴ 직권전동기 → 가동 복권전동기 → 분권전동기 → 차동 복권전동기 → 타여자 전동기

57 □□□

다음은 IGBT에 관한 설명이다. 잘못된 것은?

① Insulated Gate Bipolar Thyristor의 약자이다.
② 트랜지스터와 MOSFET를 조합한 것이다.
③ 고속스위칭이 가능하다.
④ 전력용 반도체 소자이다.

IGBT(절연 게이트 양극성 트랜지스터)의 특징

(1) Integrated Gate Bipolar Transistor의 약자로서 트랜지스터와 MOSFET을 결합한 전력용 반도체 소자이다.
(2) MOSFET와 같이 전압제어소자이다.
(3) 고속스위칭이 가능하다.
(4) GTO 사이리스터와 같이 자기소호능력이 있으며 역방향 전압저지 특성을 갖는다.
(5) 게이트 구동전력이 작으며 게이트와 에미터 사이의 입력 임피던스가 매우 높아 BJT보다 구동하기 쉽다.
(6) BJT처럼 온(on) 드롭(drop)이 전류에 관계없이 낮고 거의 일정하며, MOSFET보다 훨씬 큰 전류를 흘릴 수 있다.

58 □□□

3상 유도전동기의 3선 중 2선의 접속을 바꾸어 제동하는 방법은?

① 역상제동 ② 회생제동
③ 단상제동 ④ 직류제동

유도전동기의 제동법

구분	내용
역상제동 (플러깅 제동)	3상 유도전동기의 3선 중 2선의 접속을 바꾸어 유도전동기에 역회전 토크를 발생시켜 전동기를 급제동하는 방식
발전제동	유도전동기를 유도발전기로 사용하여 회전자의 운동에너지를 전기에너지로 변환시키고 전기에너지를 외부저항에서 열에너지를 소비하여 제동하는 방식
회생제동	발전제동과 비슷하나 전기에너지를 전원에 반환시켜 제동하는 방식

정답 55 ① 56 ② 57 ① 58 ①

59 □□□

단락비가 큰 동기발전기에 대한 설명으로 틀린 것은?

① 전압변동률이 크다.
② 전기자반작용이 작다.
③ 동기 임피던스가 작다.
④ 과부하 내량이 크다.

단락비가 큰 동기발전기의 특징
(1) 동기 임피던스가 적고 전압변동율이 적다.
(2) 계자 기자력이 크고 전기자반작용이 적다.
(3) 과부하 내량이 크기 때문에 기기의 안정도가 높다.
(4) 기기의 형태, 중량이 커지고 철손 및 기계손이 증가하여 가격이 비싸고 효율은 떨어진다.
(5) 극수가 많고 공극이 크며 저속기로서 속도변동률이 적다.
(6) 선로의 충전용량이 크다.

60 □□□

상전압 200[V]의 3상 반파정류회로의 각 상에 SCR를 사용하여 위상제어 할 때 자연각이 30° 이면 직류전압은 약 몇 [V]인가? (단, 부하는 저항부하를 가정한다.)

① 314　　② 628
③ 203　　④ 168

3상 반파 정류회로와 3상 전파 정류회로의 직류전압

구 분	
3상 반파 정류회로	$E_{d\alpha}=\dfrac{3\sqrt{6}}{2\pi}E\cos\alpha$ $=1.17E\cos\alpha$ [V]
3상 전파 정류회로	$E_{d\alpha}=\dfrac{3\sqrt{6}}{\pi}E\cos\alpha$ $=2.34E\cos\alpha$ [V]

$E=200$ [V], $\alpha=30°$ 이므로

$\therefore E_{d\alpha}=1.17E\cos\alpha=1.17\times200\times\cos30°$
$=203$ [V]

참고 3상 성류회로에서 선간전압이 주어진 경우의 직류전압
(1) 3상 반파 정류회로
$\therefore E_{d\alpha}=1.17\dfrac{V}{\sqrt{3}}\cos\alpha=0.675V\cos\alpha$ [V]
(2) 3상 전파 정류회로
$\therefore E_{d\alpha}=2.34\dfrac{V}{\sqrt{3}}\cos\alpha=1.35V\cos\alpha$ [V]

4과목 : 회로이론 및 제어공학

무료 동영상 강의 ▲

61 □□□

어떤 선형 회로망의 4단자 정수가 $A=8$, $B=j2$, $D=1.625+j$ 일 때, 이 회로망의 4단자 정수 C는?

① $4-j6$　　② $3-j4$
③ $24-j14$　　④ $8-j11.5$

4단자 정수의 특성
4단자 정수는 $AD-BC=1$을 만족하여야 하므로
$$\therefore C=\frac{AD-1}{B}=\frac{8\times(1.625+j)-1}{j2}=4-j6$$

62 □□□

그림과 같은 3상 평형회로에서 전원 전압이 $V_{ab}=200$ [V]이고 부하 한 상의 임피던스가 $Z=5.0-j2.4$ [Ω]인 경우 전원과 부하 사이 선전류 I_a는 약 몇 [A]인가? (단, 3상 전압의 상순은 $a-b-c$이다.)

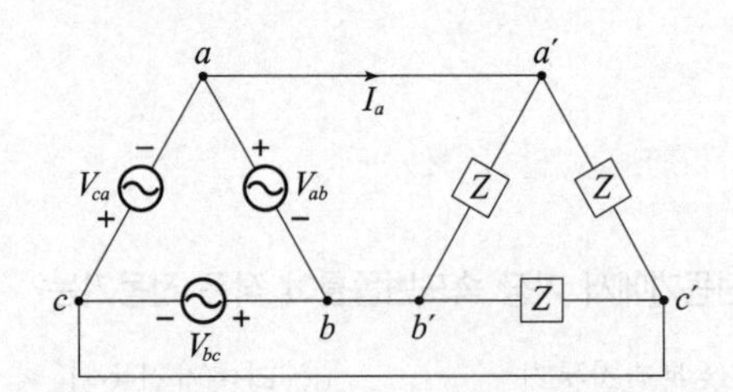

① 62.46∠−55.64°　　② 62.46∠55.64°
③ 62.46∠4.36°　　④ 62.46∠−4.36°

Δ결선의 선전류
$I_a=\dfrac{\sqrt{3}\,V_{ab}}{Z}\angle-30°$ [A] 식에서

$Z=5-j2.4=\sqrt{5^2+2.4^2}\angle-25.64°$ [Ω] 이므로

$$\therefore I_a=\frac{\sqrt{3}\,V_{ab}}{Z}\angle-30°$$
$$=\frac{\sqrt{3}\times200}{\sqrt{5^2+2.4^2}\angle-25.64°}\angle-30°$$
$$=\frac{\sqrt{3}\times200}{\sqrt{5^2+2.4^2}}\angle-30°+25.64°$$
$$=62.46\angle-4.36°\text{ [A]}$$

정답 59 ① 60 ③ 61 ① 62 ④

63 □□□

그림과 같은 파형의 파고율은?

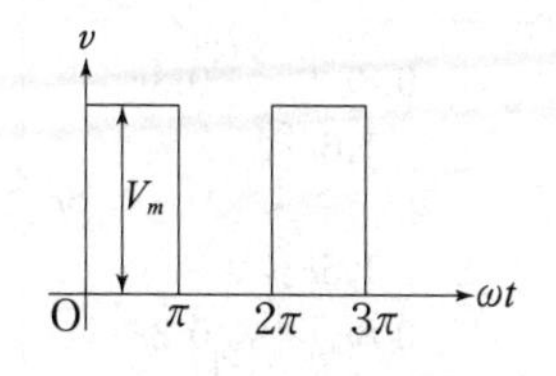

① $\sqrt{2}$ ② $2\sqrt{2}$
③ $\frac{1}{\sqrt{2}}$ ④ $\sqrt{3}$

파형의 파고율

파형	정현파	반파 정류파	구형파	반파 구형파	톱니파	삼각파
파고율	$\sqrt{2}$	2	1	$\sqrt{2}$	$\sqrt{3}$	$\sqrt{3}$

∴ 파형은 반파구형파이므로 파고율= $\sqrt{2}$ 이다.

64 □□□

어떤 회로에 전압 $v(t)$를 가했을 때 전류 $i(t)$가 흘렀다. 이 회로에서 소비되는 평균 전력[W]은?
(단, $v(t) = 100 + 50\sin 377t$ [V],
$i(t) = 10 + 3.54\sin(377t - 45°)$ [A]이다.)

① 1385.5 ② 562.5
③ 1062.6 ④ 1250.5

비정현파의 소비전력
전압의 성분은 직류분, 기본파로 구성되어 있으며 전류의 성분도 직류분, 기본파로 이루어져 있으므로 각 성분에 대한 소비전력을 각각 계산할 수 있다.
$V_0 = 100$ [V], $V_{m1} = 50\angle 0°$ [V],
$I_0 = 10$ [A], $I_{m1} = 3.54\angle -45°$ [A]
$\theta_1 = 0° - (-45°) = 45°$ 이므로

$$\therefore P = V_0 I_0 + \frac{1}{2} V_{m1} I_{m1} \cos\theta_1$$
$$= 100 \times 10 + \frac{1}{2} \times 50 \times 3.54 \times \cos 45°$$
$$= 1062.5 \text{ [W]}$$

65 □□□

그림의 회로에서 $t = 0$ [sec]에 스위치 S를 닫은 후 $t = 3$ [sec]일 때 이 회로에 흐르는 전류는 약 몇 [A]인가? (단, $V = 10$ [V], $R = 1$ [Ω], $L = 3$ [H]이다.)

① 2.8
② 7.4
③ 4.9
④ 6.3

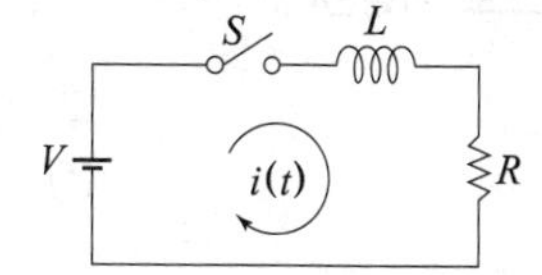

t초 후의 전류(과도전류)
$i(t) = \frac{V}{R}(1 - e^{-\frac{R}{L}t})$ [A] 식에서
$t = 3$ [sec]일 때

$$\therefore i(t) = \frac{V}{R}(1 - e^{-\frac{R}{L}t}) = \frac{10}{1} \times (1 - e^{-\frac{1}{3}\times 3})$$
$$= 10 \times (1 - e^{-1}) = 6.3 \text{ [A]}$$

별해 시정수는 $\tau = \frac{L}{R} = \frac{3}{1} = 3$ [sec]이며 문제에서 주어진 시간이 시정수를 의미하므로

$$\therefore i(t) = 0.632\frac{V}{R} = 0.632 \times \frac{10}{1} = 6.32 \text{ [A]}$$

66 □□□

△결선된 평형 3상 부하로 흐르는 선전류가 I_a[A], I_b[A], I_c[A]일 때, 이 부하로 흐르는 영상분 전류 I_0[A]는?

① $\frac{1}{3}I_a$ ② $3I_a$
③ I_a ④ 0

대칭좌표법의 성질
(1) 대칭좌표법은 대칭 및 비대칭 다상교류 회로의 해석에 이용된다.
(2) 대칭 3상 전압은 정상분만 존재하며 영상분과 역상분은 항상 0이다.
(3) 불평형 비대칭 3상 회로가 비접지식 계통인 경우에는 영상분이 존재할 수 없으며 접지식 계통인 경우에 영상분이 존재한다.
∴ 3상 △부하는 비접지식 계통이므로 영상분은 0이다.

정답 63 ① 64 ③ 65 ④ 66 ④

67 □□□

특성 임피던스가 400[Ω]인 회로 말단에 1200[Ω]의 부하가 연결되어 있다. 전원측에 20[kV]의 전압을 인가할 때 반사파의 크기[kV]는? (단, 선로에서의 전압 감쇠는 없는 것으로 가정한다.)

① 10　② 5
③ 50　④ 1

반사파 전압

$\rho = \dfrac{Z_L - Z_0}{Z_L + Z_0}$, $E_\rho = \rho E_{in}$ [V] 식에서

$Z_0 = 400[\Omega]$, $Z_L = 1{,}200[\Omega]$, $E_{in} = 20$ [kV]일 때

$\rho = \dfrac{Z_L - Z_0}{Z_L + Z_0} = \dfrac{1{,}200 - 400}{1{,}200 + 400} = 0.5$ 이므로

$\therefore E_\rho = \rho E_{in} = 0.5 \times 20 = 10$ [V]

68 □□□

그림의 회로에서 단자 $a-b$ 간의 합성저항[Ω]은? (단, $r = 15$ [Ω]이다.)

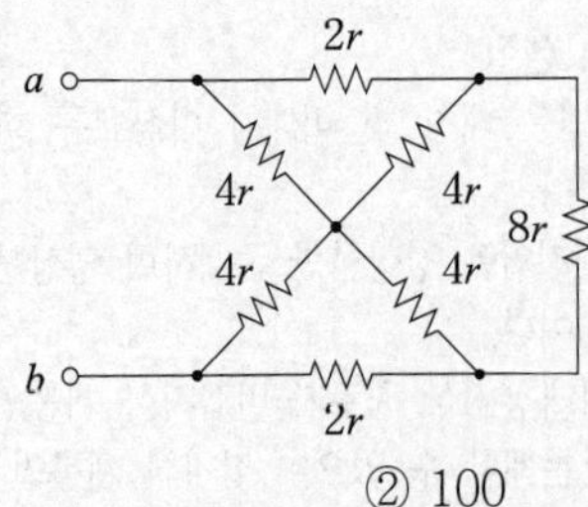

① 40　② 100
③ 60　④ 150

합성저항

△결선된 회로를 Y결선으로 환산하면 다음과 같다.

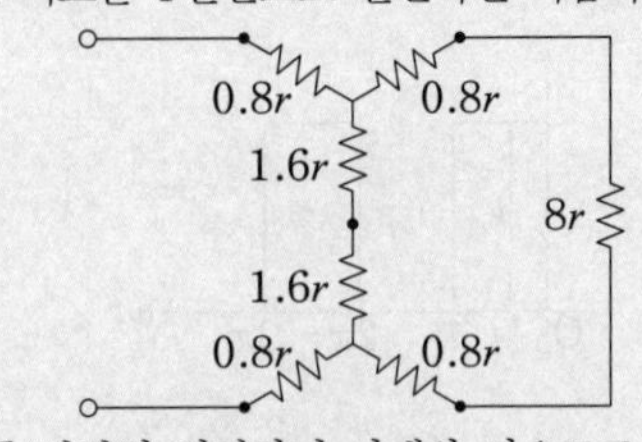

이 회로를 간단히 정리하면 아래와 같으므로

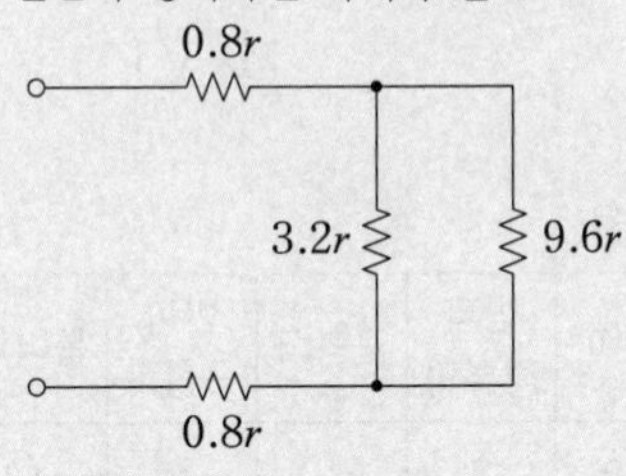

$R_{ab} = 0.8r + \dfrac{3.2r \times 9.6r}{3.2r + 9.6r} + 0.8r = 4r$ [Ω] 이므로

$\therefore R_{ab} = 4r = 4 \times 16 = 60$ [Ω]

69 □□□

대칭 6상 성형(star)결선에서 선간전압 크기와 상전압 크기의 관계로 옳은 것은?
(단, V_l : 선간전압 크기, V_p : 상전압 크기)

① $V_l = \dfrac{2}{\sqrt{3}} V_p$　② $V_l = \sqrt{3} V_p$
③ $V_l = V_p$　④ $V_l = \dfrac{1}{\sqrt{3}} V_p$

대칭 6상 성형결선의 선간전압과 상전압의 관계

$V_l = 2\sin\dfrac{\pi}{n} V_p$ [V] 식에서

$n = 6$일 때

$\therefore V_l = 2\sin\dfrac{\pi}{n} V_p = 2\sin\dfrac{\pi}{6} V_p = 2 \times \sin 30° V_p$
$= V_p$ [V]

정답 67 ① 68 ③ 69 ③

70 □□□

$F(s)=\dfrac{2s+4}{s^2+2s+5}$ 의 라플라스 역변환은?

① $e^{-t}(2\cos 2t-\sin 2t)$
② $2e^{-t}(\cos 2t-\sin 2t)$
③ $e^{-t}(2\cos 2t+\sin 2t)$
④ $2e^{-t}(\cos 2t+\sin 2t)$

역라플라스 변환

$$F(s)=\frac{2s+4}{s^2+2s+5}=\frac{2(s+1)+2}{(s+1)^2+2^2}$$
$$=\frac{2(s+1)}{(s+1)^2+2^2}+\frac{2}{(s+1)^2+2^2}$$
$$\therefore f(t)=\mathcal{L}^{-1}[F(s)]$$
$$=2e^{-t}\cos 2t+e^{-t}\sin 2t$$
$$=e^{-t}(2\cos 2t+\sin 2t)$$

참고 복소추이정리

$f(t)$	$F(s)$
$e^{-at}\sin\omega t$	$\dfrac{\omega}{(s+a)^2+\omega^2}$
$e^{-at}\cos\omega t$	$\dfrac{s+a}{(s+a)^2+\omega^2}$

71 □□□

$\overline{A}BC+\overline{A}B\overline{C}+A\overline{B}\,\overline{C}+AB\overline{C}+\overline{A}\,\overline{B}C+\overline{A}\,\overline{B}\,\overline{C}$ 의 논리식을 간략화하면?

① $A+AC$
② $A+C$
③ $\overline{A}+A\overline{B}$
④ $\overline{A}+A\overline{C}$

불대수를 이용한 논리식의 간소화

$\overline{A}BC+\overline{A}B\overline{C}+A\overline{B}\,\overline{C}+AB\overline{C}+\overline{A}\,\overline{B}C+\overline{A}\,\overline{B}\,\overline{C}$
$=\overline{A}B(C+\overline{C})+A\overline{C}(\overline{B}+B)+\overline{A}\,\overline{B}(C+\overline{C})$
$=\overline{A}(B+\overline{B})+A\overline{C}$
$\therefore\ \overline{A}+A\overline{C}$

72 □□□

그림의 제어시스템이 안정하기 위한 K의 범위는?

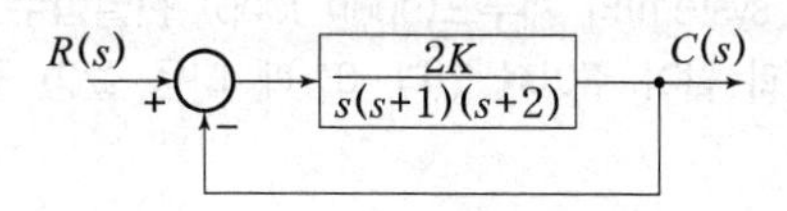

① $0<K<3$
② $0<K<4$
③ $0<K<5$
④ $0<K<6$

루스 판별법의 특별 해
개루프 전달함수 $G(s)H(s)$가

$G(s)H(s)=\dfrac{2K}{s(s+1)(s+2)}=\dfrac{B(s)}{A(s)}$ 이므로

특성방정식 $F(s)$는
$F(s)=A(s)+B(s)=s(s+1)(s+2)+2K$
$=s^3+3s^2+2s+2K=0$ 이다.
$as^3+bs^2+cs+d=0$ 이라 하면
$a=1,\ b=3,\ c=2,\ d=2K$일 때
$bc=3\times2=6,\ ad=1\times2K=2K$ 이다.
제어계가 안정하기 위해서는 $K>0$ 과 $bc>ad$ 인 조건을 모두 만족해야 한다. 따라서 $6>2K$ 일 때 $K>0$ 과 $3>K$ 이므로
$\therefore\ 0<K<3$

73 □□□

그림의 블록선도와 같이 표현되는 제어시스템에서 $A=1,\ B=1$일 때, 블록선도의 출력 C는 약 얼마인가?

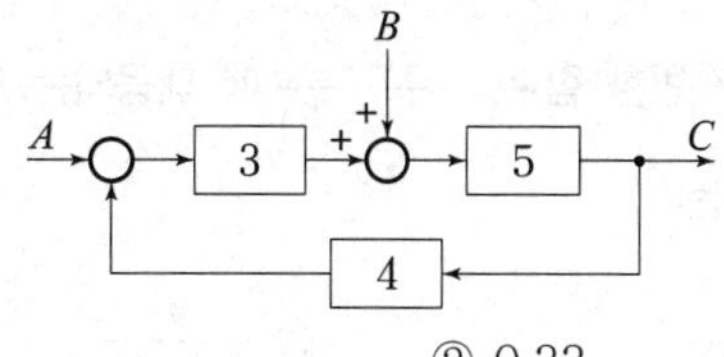

① 0.22
② 0.33
③ 1.22
④ 3.1

블록선도의 전달함수
입력이 2개인 경우 출력식을 구하기 위한 전향경로 이득은
전향경로 이득 $=3\times5\times A+5\times B=15A+5B$
이므로
루프경로 이득 $=-3\times5\times4=-60$ 일 때 출력 C는

$C=\dfrac{15A+5B}{1-(-60)}=\dfrac{15A+5B}{1+60}$ 이다.

$A=1,\ B=1$을 각각 대입하면

$\therefore\ C=\dfrac{15A+5B}{61}=\dfrac{15\times1+5\times1}{61}=0.33$

정답 70 ③ 71 ④ 72 ① 73 ②

74 □□□

단위 부궤환 제어시스템(unit negative feedback control system)의 개루프(open loop) 전달함수 $G(s)$가 다음과 같이 주어져 있다. 이 때 다음 설명 중 틀린 것은?

$$G(s) = \frac{{\omega_n}^2}{s(s+2\zeta\omega_n)}$$

① 이 시스템은 $\zeta=1.2$일 때 과제동 된 상태에 있게 된다.
② 이 폐루프 시스템의 특성방정식은 $s^2+2\zeta\omega_n s+{\omega_n}^2=0$이다.
③ ζ 값이 작게 될수록 제동이 많이 걸리게 된다.
④ ζ 값이 음의 값이면 불안정하게 된다.

제동비(또는 감쇠비)

구분	응답특성
$\zeta<1$	부족제동으로 감쇠진동 한다.
$\zeta=1$	임계제동으로 임계진동 한다.
$\zeta>1$	과제동으로 비진동 한다.
$\zeta=0$	무제동으로 진동 한다.
$\zeta<0$	발산하여 목표값에서 점점 멀어진다.

∴ $\zeta<1$일 때 제동비가 작다는 것을 의미하며 부족제동으로 감쇠진동을 하게 된다.

75 □□□

다음 중 Z 변환 함수 $\frac{3z}{(z-e^{-3t})}$에 대응되는 라플라스 변환 함수는?

① $\frac{1}{(s+3)}$　② $\frac{3}{(s-3)}$
③ $\frac{1}{(s-3)}$　④ $\frac{3}{(s+3)}$

라플라스 변환과 Z 변환과의 관계

$f(t)$	$F(s)$	$F(z)$
e^{-at}	$\frac{1}{s+a}$	$\frac{z}{z-e^{-aT}}$

$Z^{-1}\left[\frac{3z}{z-e^{-3T}}\right]=3e^{-3t}$ 이므로

∴ $\mathcal{L}[3e^{-3t}]=\frac{3}{s+3}$

76 □□□

다음 회로망에서 입력전압을 $V_1(t)$, 출력전압을 $V_2(t)$라 할 때, $\frac{V_2(s)}{V_1(s)}$에 대한 고유주파수 ω_n과 제동비 ζ의 값은? (단, $R=100[\Omega]$, $L=2$[H], $C=200[\mu$F]이고, 모든 초기전하는 0이다.)

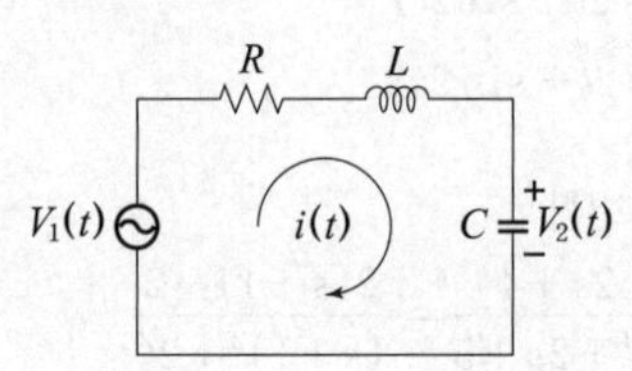

① $\omega_n=50,\ \zeta=0.5$　② $\omega_n=50,\ \zeta=0.7$
③ $\omega_n=250,\ \zeta=0.5$　④ $\omega_n=250,\ \zeta=0.7$

2차계의 전달함수

그림의 회로망의 전달함수를 구하면

$$G(s)=\frac{V_2(s)}{V_1(s)}=\frac{\frac{1}{Cs}}{R+Ls+\frac{1}{Cs}}$$

$$=\frac{1}{LCs^2+RCs+1}\text{이다.}$$

문제에서 제시된 조건을 대입하여 전개하면

$$LC=2\times200\times10^{-6}=\frac{1}{2500}=\left(\frac{1}{50}\right)^2$$

$$RC=100\times200\times10^{-6}=\frac{1}{50}\text{일 때}$$

$$G(s)=\frac{1}{\left(\frac{1}{50}\right)^2s^2+\frac{1}{50}s+1}=\frac{50^2}{s^2+50s+50^2}\text{이다.}$$

$$G(s)=\frac{\omega_n^2}{s^2+2\zeta\omega_n+\omega_n^2}\text{ 식에서}$$

$2\zeta\omega_n=50,\ \omega_n^2=50^2$ 이므로 $\omega_n=50$이다.

그리고 $\zeta=\frac{50}{2\omega_n}=\frac{50}{2\times50}=0.5$이다.

∴ $\omega_n=50,\ \zeta=0.5$

정답 74 ③ 75 ④ 76 ①

77 □□□

그림의 신호흐름선도에서 전달함수 $\dfrac{C(s)}{R(s)}$ 는?

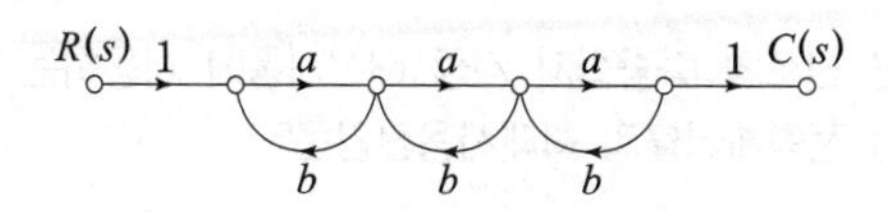

① $\dfrac{a^3}{(1-ab)^3}$ ② $\dfrac{a^3}{(1-3ab+a^2b^2)}$

③ $\dfrac{a^3}{1-3ab}$ ④ $\dfrac{a^3}{1-3ab+2a^2b^2}$

신호흐름선도의 전달함수

$G_0(s) = \dfrac{C(s)}{R(s)} = \sum_{k=1}^{N} \dfrac{M_k \Delta_k}{\Delta}$ 식에서

$L_{11} = ab,\ L_{12} = ab,\ L_{13} = ab,$

$L_{21} = (ab) \times (ab) = a^2b^2$일 때

$\Delta = 1 - (L_{11} + L_{12} + L_{13}) + (L_{21})$

$= 1 - (ab + ab + ab) + (a^2b^2)$

$= 1 - 3ab + a^2b^2$

$M_1 = a \times a \times a = a^3,\ \Delta_1 = 1$ 이므로

$\therefore\ G(s) = \dfrac{M_1 \Delta_1}{\Delta} = \dfrac{a^3 \times 1}{1 - 3ab + a^2b^2}$

$= \dfrac{a^3}{1 - 3ab + a^2b^2}$

78 □□□

$\dfrac{d}{dx}x(t) = Ax(t) + Bu(t)$에서 $A = \begin{bmatrix} 0 & 1 \\ -3 & 4 \end{bmatrix}$, $B = \begin{bmatrix} 1 \\ 1 \end{bmatrix}$인 상태방정식에 대한 특성방정식을 구하면?

① $s^2 - 4s - 3 = 0$ ② $s^2 - 4s + 3 = 0$

③ $s^2 + 4s + 3 = 0$ ④ $s^2 + 4s - 3 = 0$

상태방정식의 특성방정식

특성방정식은 $|sI - A| = 0$ 이므로

$(sI - A) = s\begin{bmatrix} 1 & 0 \\ 0 & 1 \end{bmatrix} - \begin{bmatrix} 0 & 1 \\ -3 & 4 \end{bmatrix} = \begin{bmatrix} s & -1 \\ 3 & s-4 \end{bmatrix}$

$|sI - A| = \begin{vmatrix} s & -1 \\ 3 & s-4 \end{vmatrix} = s(s-4) + 3 = 0$

$\therefore\ s^2 - 4s + 3 = 0$

79 □□□

블록선도의 제어시스템은 단위램프입력에 대한 정상상태 오차(정상편차)가 0.01이다. 이 제어시스템의 제어요소인 $G_{C1}(s)$의 k는?

$G_{C1}(s) = k,\ \ G_{C2}(s) = \dfrac{1 + 0.1s}{1 + 0.2s}$

$G_P(s) = \dfrac{20}{s(s+1)(s+2)}$

R(s) + − $G_{C1}(s)$ $G_{C2}(s)$ $G_P(s)$ C(s)

① 0.1 ② 1

③ 10 ④ 100

속도정상편차

개루프 전달함수는

$G(s) = \dfrac{20k(1+0.1s)}{s(s+1)(s+2)(1+0.2s)}$ 이다.

속도편차상수를 k_p, 속도정상편차를 e_v라 하면

$k_v = \lim_{s \to 0} sG(s) = \lim_{s \to 0} \dfrac{20k(1+0.1s)}{(s+1)(s+2)(1+0.2s)}$

$= \dfrac{20k}{2} = 10k$ 이므로

$e_v = \dfrac{1}{k_v} = \dfrac{1}{10k} = 0.01$일 때

$\therefore\ k = \dfrac{1}{10 \times 0.01} = 10$

정답 77 ② 78 ② 79 ③

80 □□□

개루프 전달함수가 다음과 같은 제어시스템의 근궤적이 $j\omega$(허수)축과 교차할 때 K는 얼마인가?

$$G(s)H(s) = \frac{K}{s(s+3)(s+4)}$$

① 30　② 48
③ 84　④ 180

허수축과 교차하는 점
개루프 전달함수
$G(s)H(s) = \frac{K}{s(s+3)(s+4)} = \frac{B(s)}{A(s)}$ 이므로
특성방정식 $F(s)$ 는
$F(s) = A(s) + B(s) = s(s+3)(s+4) + K$
$= s^3 + 7s^2 + 12s + K = 0$ 이다.
근궤적이 허수축과 교차하는 경우에는 임계안정 조건을 만족하는 경우 이므로

s^3	1	12
s^2	7	K
s^1	$\frac{7\times 12 - K}{7} = 0$	0
s^0	K	

루스 수열의 제1열 s^1행에서 영(0)이 되는 K의 값을 구하면 $7\times 12 - K = 0$ 이다.
이 조건을 만족하는 K 값에서 근궤적이 허수축과 교차한다.
$\therefore K = 7\times 12 = 84$

5과목 : 전기설비기술기준 및 판단기준

무료 동영상 강의 ▲

81 □□□

특고압 전로의 다중접지 지중 배전계통에 사용하는 동심 중성선 전력케이블의 최대사용전압은?

① 25.8[kV]　② 154[kV]
③ 170[kV]　④ 362[kV]

특고압 전로의 다중접지방식의 동심 중성선 전력케이블
특고압 전로의 다중접지 지중 배전계통에 사용하는 동심 중성선 전력케이블은 최대사용전압이 25.8[kV] 이하일 것.

82 □□□

IT 계통은 1차 고장이 지속되는 동안 작동되어야 하며 감시장치와 보호장치를 사용할 수 있다. 다음 중 음향 및 시각신호를 갖추어야 하는 것은?

① 절연고장점검출장치　② 누설전류감시장치
③ 절연감시장치　④ 과전류보호장치

IT 계통
IT 계통은 감시 장치와 보호장치(① 절연 감시 장치 ② 누설전류 감시 장치 ③ 절연 고장점 검출장치 ④ 과전류 보호 장치 ⑤ 누전차단기) 를 사용할 수 있으며,
1차 고장이 지속되는 동안 작동될 것. 절연 감시 장치는 음향 및 시각신호를 갖추어야 한다.

정답 80 ③　81 ①　82 ③

83 □□□

다음 ( )에 들어갈 적당한 것은?

"변전소의 용량은 급전 구간별 정상적인 열차 부하 조건에서 ( )시간 최대출력 또는 순시 최대출력을 기준으로 결정하고, 연장급전 등 부하의 증가를 고려하여야 한다."

① 1　② 2
③ 3　④ 4

변전소의 용량
변전소의 용량은 급전구간별 정상적인 열차부하조건에서 1시간 최대출력 또는 순시 최대출력을 기준으로 결정하고, 연장급전 등 부하의 증가를 고려하여야 한다.

84 □□□

다음 ( )에 들어갈 적당한 것은?

"신·재생에너지를 이용하여 동일 전기사용장소에서 전기를 생산하는 합계 용량이 50[kW] 이하의 소규모 분산형전원으로서 단독운전 방지기능을 가진 것을 단순 병렬로 연계하는 경우에는 ( ) 설치를 생략할 수 있다."

① 과전류계전기　② 역률계
③ 서지흡수기　④ 역전력계전기

계통 연계용 보호장치의 시설
신·재생에너지를 이용하여 동일전기사용장소에서 전기를 생산하는 합계 용량이 50[kW] 이하의 소규모 분산형전원 으로서 단독운전 방지기능을 가진 것을 단순 병렬로 연계하는 경우에는 역전력계전기 설치를 생략할 수 있다.

85 □□□

고압 가공전선이 교류 전차선과 교차하는 경우, 고압 가공전선으로 케이블을 사용하는 경우 단면적 몇 [mm^2] 이상의 경동연선(교류 전차선 등과 교차하는 부분을 포함하는 경간에 접속점이 없는 것에 한한다.)을 사용하여야 하는가?

① 14　② 22
③ 30　④ 38

가공전선과 교류전차선 등의 접근 또는 교차
(1) 저압 가공전선을 케이블 사용
 : 35[mm^2](19.61[kN]) 이상. 아연도강연선 사용.
(2) 고압 가공전선은 케이블 이외
 : 38[mm^2](14.51[kN])이상. 경동연선사용
(3) 고압 가공전선이 케이블 사용
 : 38[mm^2](19.61[kN])이상. 아연도강연선 사용

86 □□□

다음 중 케이블 트렁킹 시스템의 공사방법이 아닌 것은?

① 금속덕트공사
② 금속몰드공사
③ 금속트렁킹공사
④ 합성수지몰드공사

배선 공사설비의 종류

종류	공사방법
전선관 시스템	• 금속관 공사 • 합성수지관 공사 • 가요 전선관공사
케이블 트렁킹 시스템	• 금속몰드 공사 • 합성수지몰드 공사 • 금속트렁킹 공사
케이블 덕팅 시스템	• 금속 덕트공사 • 셀룰러 덕트공사 • 플로워 덕트공사

정답 83 ① 84 ④ 85 ④ 86 ①

87 □□□

지중 전선로를 직접 매설식에 의하여 시설하는 경우에 차량 및 기타 중량물의 압력을 받을 우려가 없는 장소에서는 몇 [m] 이상으로 시설하여야 하는가?

① 0.6　　② 1.0
③ 2.4　　④ 4.0

지중 전선로의 매설 깊이

시설장소	매설깊이
· 관로식 · 충격이나 압력을 받는다	1[m] 이상
· 충격이나 압력을 받지 않는다	0.6[m] 이상

88 □□□

사용전압이 400[V] 이하인 저압 가공전선은 케이블인 경우를 제외하고는 지름이 몇 [mm] 이상이어야 하는가? 단, 절연전선은 제외한다.

① 3.2　　② 3.6
③ 4.0　　④ 5.0

저압 가공전선의 굵기

사용전압	전선의 종류	보안공사
400[V] 이하	경동선 3.2[mm] = 3.43[kN] 이상, 절연전선 2.6[mm] = 2.3[kN] 이상	경동선 4.0[mm] = 5.26[kN] 이상

89 □□□

154[kV] 특고압 가공전선로의 전선을 시가지에 시설할 경우, 전선의 지표상의 높이는 최소 몇 [m] 이상인가?

① 11.44　　② 12
③ 8　　④ 10

특고압 가공 전선의 시가지 시설

사용 전압의 구분	지표상의 높이
35[KV] 이하	10[m] (특별고압 절연전선 : 8[m])
35[KV] 초과	$\left.\begin{matrix}10\\8\end{matrix}\right)$ + (사용전압−3.5) × 0.12[m] 10000[V]마다 12[cm]씩 가산한다. 사용전압과 기준전압을 10000[V]로 나눈다. (　)안부터 계산 후 소수점 이하는 절상한 다음 전체를 계산한다.

풀이 시공높이 계산 $10 + (15.4 - 3.5) \times 0.12$
$= 11.44[m]$

90 □□□

22.9[kV] 전선로를 제1종 특고압 보안공사로 시설할 경우 전선으로 경동연선을 사용한다면 그 단면적은 몇 [mm^2] 이상의 것을 사용하여야 하는가?

① 38　　② 55
③ 80　　④ 10

제1종 특별고압 보안공사

• 전선의 단면적

사용전압	전선의 굵기
100[KV] 미만	55[mm^2] = 21.67[kN] 이상
100[KV] 이상 300[KV] 미만	150[mm^2] = 58.84[kN] 이상
300[KV] 이상	200[mm^2] = 77.47[kN] 이상

정답 87 ① 88 ① 89 ① 90 ②

91 □□□

전력보안 가공 통신선이 도로 횡단를 횡단하는 경우에는 레일면상 몇 [m] 이상에 시설하여야 하는가?

① 5.0 ② 5.5
③ 6.0 ④ 6.5

통신선 시설 높이

	가공통신선	가공전전선로 지지물에 시설하는 경우	
		저·고압	특고압
도로 횡단	5[m] 단, 교통에 지장 없다 : 4.5[m]	6[m] 단, 교통에 지장 없다 : 5[m]	6[m]
철도 횡단	6.5[m]	6.5[m]	6.5[m]
횡단 보도교	3[m]	3.5[m] 단, 절연전선, 케이블 : 3[m]	5[m] 단, 절연전선 케이블 : 4[m]

92 □□□

연료전지 및 태양전지 모듈의 절연내력은 최대 사용 전압의 (①)배의 직류전압 또는 1배의 교류전압을 충전부분과 대지 사이에 연속하여 (②)분간 가하여 절연내력을 시험 하였을 때에 이에 견디는 것이어야 한다. (①), (②) 안에 알맞은 것은?

① ① 1.2, ② 5 ② ① 1.2, ② 10
③ ① 1.5, ② 5 ④ ① 1.5, ② 10

연료전지 및 태양전지 모듈의 절연내력 (시험시간 10분간)

종 류	시험 전압	최저시험 전압	시험 방법
연료전지 및 태양전지 모듈	직류 : 1.5배 교류 : 1배	500[V]	충전부분과 대지

93 □□□

전기울타리의 시설에 대한 설명으로 알맞은 것은?

① 전기울타리는 사람이 쉽게 출입할 수 있는 곳에 시설할 것
② 전기울타리용 전원장치에 전기를 공급하는 전로의 사용전압은 600[V] 미만일 것
③ 전선과 이를 지지하는 기둥 사이의 이격거리는 25[mm] 이상일 것
④ 전선과 수목사이의 이격거리는 0.4[m] 이상일 것

전기 울타리시설
① 사용전압 : 250[V] 이하
② 전선 : 2.0[mm] 이상의 경동선 또는 1.38[KN]
③ 전선과 수목과의 이격거리 : 0.3[m] 이상
④ 전선과 지지하는 기둥과의 이격 : 25[mm] 이상
⑤ 사람 출입이 적은 장소에 시설, 전용 개폐기를 시설

94 □□□

지락고장 중에 접지부분 또는 기기나 장치의 외함과 기기나 장치의 다른 부분 사이에 나타나는 전압을 말하는 것은?

① 특별저압 ② 정격전압
③ 스트레스전압 ④ 임펄스내전압

스트레스 전압(Stress Voltage)
지락고장 중에 접지부분 또는 기기나 장치의 외함과 기기나 장치의 다른 부분 사이에 나타나는 전압.

정답 91 ① 92 ④ 93 ③ 94 ③

95 □□□

태양광발전이나 풍력발전 등이 현재 조건에서 가능한 최대의 전력을 생산할 수 있도록 인버터 제어를 이용하여 해당 발전원의 전압이나 회전속도를 조정하는 최대출력 추종 기능을 말하는 것은?

① Meter In ② PCS
③ Bleed Off ④ MPPT

"MPPT"란
태양광발전이나 풍력발전 등이 현재 조건에서 가능한 최대의 전력을 생산할 수 있도록 인버터 제어를 이용하여 해당 발전원의 전압이나 회전속도를 조정하는 최대출력 추종(MPPT, Maximum Power Point Tracking) 기능을 말한다.

96 □□□

도로, 주차장 또는 조영물의 조영재에 고정하여 시설하는 전열장치의 발열선에 공급하는 전로의 대지전압은 몇[V] 이하인가?

① 100 ② 200
③ 300 ④ 600

도로 등의 전열장치
① 대지전압은 300[V] 이하일 것.
② 발열선은 그 온도가 80[℃] (옥외 : 120[℃])를 넘지 않도록 시설 할 것.
③ 발열선의 지지점 간의 거리는 1[m] 이하
④ 발열선 : M I 케이블

97 □□□

저압 옥측전선로를 시설하는 경우 옳지 않은 공사는? 단, 전개된 장소로서 목조 이외의 조영물에 시설하는 경우

① 애자공사 ② 합성수지관공사
③ 케이블공사 ④ 금속몰드공사

옥측전선로 공사방법
(1) 애자공사(전개된 장소.)
(2) 합성 수지관공사
(3) 금속관공사(목조 이외의 조영물)
(4) 버스덕트공사(목조 이외의 조영물)
(5) 케이블공사(연피 케이블, 알루미늄피 케이블, 또는 무기물절연(MI) 케이블을 사용하는 경우에는 목조 이외의 조영물에 시설하는 경우)

98 □□□

일반주택 및 아파트 각 호실의 현관등은 몇 분 이내에 소등되도록 센서등(타임스위치 포함)을 시설해야 하는가?

① 3 ② 4
③ 5 ④ 6

타임스위치 시설

설치장소	소등시간
주택 및 아파트의 현관 등	3분
호텔, 여관 객실 입구 등	1분

정답 95 ④ 96 ③ 97 ② 98 ①

99 □□□

특고압용 변압기로서 변압기 내부고장이 발생할 경우 경보장치를 시설하여야 할 뱅크용량의 범위는?

① 1000[kVA 이상 5000[kVA] 미만
② 5000[kVA 이상 10000[kVA] 미만
③ 10000[kVA 이상 15000[kVA] 미만
④ 15000[kVA 이상 20000[kVA] 미만

발전기, 변압기등의 보호장치

기 기	용 량	사고의 종류	보호장치
특고용 변압기	5천[KVA] 이상 1만[KVA] 미만	내부 고장	자동차단 또는 경보
	1만[KVA] 이상	내부 고장	자동차단

100 □□□

제1종 특고압 보안공사에 의해서 시설하는 전선로의 지지물로 사용할 수 없는 것은?

① 철탑
② B종 철주
③ B종 철근 콘크리트주
④ A종 철근 콘크리트주

제1종 특별고압 보안공사

- 사용 지지물 : B종 철주, B종 철근콘크리트 주, 철탑 (단, 목주, A종 철주, A종 철근 콘크리트주는 시설할 수 없다.)

정답 99 ② 100 ④

CBT 시험대비

CBT 시험 19회를 100% 복원하여 재구성한

제8회 복원 기출문제

학습기간 월 일 ~ 월 일

1과목 : 전기자기학

무료 동영상 강의 ▲

01 □□□

폐회로에 유도되는 유도 기전력에 관한 설명으로 옳은 것은?

① 유도 기전력은 권선수의 제곱에 비례한다.
② 렌츠의 법칙은 유도 기전력의 크기를 결정하는 법칙이다.
③ 자계가 일정한 공간 내에서 폐회로가 운동하여도 유도 기전력이 유도된다.
④ 전계가 일정한 공간 내에서 폐회로가 운동하여도 유도 기전력이 유도된다.

① 유도 기전력 $e=-N\frac{d\phi}{dt}$ [V] 이므로 권선수에 비례한다.
② 렌쯔의 법칙은 유도기전력의 방향을 결정하는 법칙
④ 유도기전력은 전계가 아닌 자계의 변화, 도체회로의 운동, 폐회로의 운동이다.

02 □□□

점 전하에 의한 전계의 세기[V/m]를 나타내는 식은? (단, r은 거리, Q는 전하량, λ는 선 전하 밀도, σ는 표면 전하 밀도이다.)

① $\frac{1}{4\pi\epsilon_0}\frac{Q}{r^2}$ ② $\frac{1}{4\pi\epsilon_0}\frac{\upsilon}{r^2}$
③ $\frac{1}{2\pi\epsilon_0}\frac{Q}{r^2}$ ④ $\frac{1}{2\pi\epsilon_0}\frac{\sigma}{r^2}$

점전하에 의한 전계 $\frac{1}{4\pi\epsilon_0}\frac{Q}{r^2}$ [V/m]

03 □□□

자기 회로에서 자기 저항의 관계로 옳은 것은?

① 자기 회로의 길이에 비례
② 자기 회로의 단면적에 비례
③ 자성체의 비투자율에 비례
④ 자성체의 비투자율의 제곱에 비례

자기저항은 $R_m=\frac{l}{\mu S}=\frac{l}{\mu_o\mu_s S}$ [AT/Wb]이므로 길이(l)에 비례하고 비투자율(μ_s) 및 단면적(S)에 반비례한다.

04 □□□

평등 자계 내 수직으로 돌입한 전자의 궤적은?

① 원운동을 하는데 반지름은 자계의 세기에 비례한다.
② 구면위에서 회전하고 반지름은 자계의 세기에 비례한다.
③ 원운동을 하고 빈지름은 전지의 치음 속도에 반비례한다.
④ 원운동을 하고 반지름은 자계의 세기에 반비례한다.

평등자계내 전자 수직 입사시 전자는 원운동하며 이때 반지름은 $r=\frac{mv}{Be}=\frac{mv}{\mu_o He}$ [m] 이므로 처음 속도v에 비례하고 자계의 세기 H에 반비례한다.

정답 01 ③ 02 ① 03 ① 04 ④

05 □□□

공기 중에서 무한 평면 도체 표면 아래의 1[m] 떨어진 곳에 4[C]의 전하가 있다. 전하가 받는 힘의 크기[N]는?

① 3.6×10^{10} ② 4.6×10^{10}
④ 5.6×10^{10} ④ 6.6×10^{10}

접지무한평면과 점전하 사이에 작용하는 힘은

$$F=-\frac{Q^2}{16\pi\epsilon_o a^2}=-2.25\times10^9\frac{Q^2}{a^2}\,[\text{N}]$$ 이므로

수치 $Q=4\,[\text{C}]$, $a=1\,[\text{m}]$ 를 대입하면

$$F=\frac{Q^2}{16\pi\epsilon_o a^2}=\frac{4^2}{16\pi\epsilon_o\times1^2}=\frac{1}{\pi\epsilon_o}=3.6\times10^{10}\,[\text{N}]$$

06 □□□

그림과 같은 유전속의 분포에서 ϵ_1과 ϵ_2의 관계는?

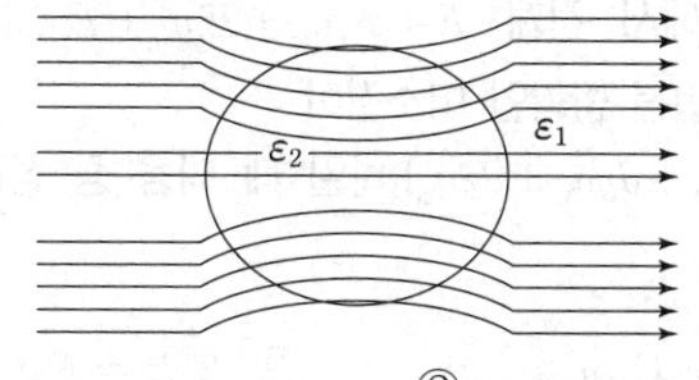

① $\epsilon_1>\epsilon_2$ ② $\epsilon_2>\epsilon_1$
③ $\epsilon_1=\epsilon_2$ ④ $\epsilon_1>0,\ \epsilon_2>0$

전속선은 유전율이 큰 쪽으로 집속 되려는 성질을 가지므로 $\epsilon_2>\epsilon_1$가 되어야 한다.

07 □□□

정전용량이 1[μF], 2[μF]인 콘덴서에 각각 2×10^{-4}[C] 및 3×10^{-4}[C]의 전하를 주고 극성을 같게 하여 병렬로 접속할 때 콘덴서에 축적된 에너지는 약 몇 [J]인가?

① 0.042 ② 0.063
③ 0.083 ④ 0.126

콘덴서의 축적 에너지

$$W=\frac{Q^2}{2C}=\frac{1}{2}CV^2=\frac{1}{2}QV\,[\text{J}]$$ 에서

병렬연결시 합성정전용량

$$C=C_1+C_2=1+2=3\,[\mu\text{F}]$$

병렬연결시 합성전하량

$$Q=Q_1+Q_2=2\times10^{-4}+3\times10^{-4}=5\times10^{-4}\,[\text{C}]$$

이므로

축적되는 에너지

$$W=\frac{Q^2}{2C}==\frac{(5\times10^{-4})^2}{2\times3\times10^{-6}}=0.042\,[\text{J}]$$

08 □□□

다음 중 플레밍의 왼손법칙의 원리가 사용된 기기는?

① 직류 전동기 ② 직류 발전기
③ 동기 전동기 ④ 교류 발전기

자계(장)내 도체에 전류 흐를시 도체에 힘이 작용하며 이를 플레밍의 왼손법칙이라하며 이 힘을 전자력이라 한다.

(1) 직류 전동기의 원리

(2) 작용하는 힘(전자력)

$$F=IBl\sin\theta=I\mu_o Hl\sin\theta=(\vec{I}\times\vec{B})l\,[\text{N}]$$

단, I : 전류, B : 자속밀도, l : 도체의 길이
H : 자계의 세기, θ : 자계와 이루는 각

(3) 왼손 손가락 방향

1) 힘의 방향 : 엄지
2) 자속밀도의 방향 : 검지
3) 전류의 방향 : 중지

제8회 복원문제

정답 05 ① 06 ② 07 ① 08 ①

09 □□□

균일하게 원형단면을 흐르는 전류 I[A]에 의해 투자율 μ인 원통 도체 내부에 저장되는 에너지[J/m]는?

① $\frac{\mu}{4\pi}I^2$　② $\frac{\mu}{8\pi}I^2$

③ $\frac{\mu}{16\pi}I^2$　④ $\frac{\mu}{32\pi}I^2$

원통(원주)도체에 전류 균일하게 흐를 시

원통도체 내부의 자기인덕턴스 $L_i = \frac{\mu l}{8\pi}$ [H] 이므로

내부에 축적되는 에너지 $W_i = \frac{1}{2}L_i I^2 = \frac{\mu l I^2}{16\pi}$ [J]

이며 단위길이당 내부에 축적되는 에너지

$\frac{W_i}{l} = \frac{\mu I^2}{16\pi}$ [J/m] 가 된다.

10 □□□

자유공간에 놓인 평행 도체 평면판 사이 저장되는 에너지가 10^{-7}[J/m^3]일 때, 전속밀도 [C/m^2]를 구하여라.

① 1.33×10^{-7}　② 2.66×10^{-7}

③ 1.33×10^{-9}　④ 2.66×10^{-9}

자유공가내 단위 체적당 축적된 에너지

$W = \frac{\rho_s^2}{2\epsilon_0} = \frac{D^2}{2\epsilon_0} = \frac{1}{2}\epsilon_0 E^2 = \frac{1}{2}ED$ [J/m^3] 이므로

단, 면전하 밀도 $\rho_s = D = \epsilon E$ [C/m^2]

전속밀도는

$D = \sqrt{2\epsilon_0 W} = \sqrt{2\times8.855\times10^{-12}\times10^{-7}}$

$= 1.33\times10^{-9}$ [C/m^2]

11 □□□

반지름이 a[m]이고, 단위 길이에 대한 권수가 n인 무한장 솔레노이드의 단위 길이당 자기인덕턴스는 몇 [H/m]인가?

① $\mu\pi a^2 n^2$　② $\mu\pi an$

③ $\frac{an}{2\mu\pi}$　④ $4\mu\pi a^2 n^2$

무한장 솔레노이드의 단위길이당 자기인덕턴스는

$L = \mu S n^2 = \mu\pi a^2 n^2$ [H/m] 이므로 a^2와 n^2의 곱에 비례한다.

참고 원의단면적 $S = \pi a^2$ [m^2]

12 □□□

도체 표면에서 전계 $E = E_x a_x + E_y a_y + E_z a_z$[V/m]이고 도체면과 법선 방향인 미소길이 $dL = dx a_x + dy a_y + dz a_z$[m]일 때 다음 중 성립되는 식은?

① $E_x dx = E_y dy$　② $E_y dz = E_z dy$

③ $E_x dy = E_y dz$　④ $E_y dy = E_z dz$

같은 성분의 전계에 대한 미소길이의 기울기가 같으므로

$\frac{dx}{E_x} = \frac{dy}{E_y} = \frac{dz}{E_z}$ 이므로 $E_y dz = E_z dy$ 가 성립한다.

정답 09 ③ 10 ③ 11 ① 12 ②

13 □□□

어떤 공간의 비유전율은 2이고, 전위 $V(x, y) = \frac{1}{x} + 2xy^2$이라고 할 때 점 $\left(\frac{1}{2}, 2\right)$에서의 전하밀도 ρ는 약 몇 [pC/m³]인가?

① −20　② −40
③ −160　④ −320

포아손의 방정식을 이용하면 $\nabla^2 V = -\frac{\rho}{\epsilon_0 \epsilon_s}$ 이므로

$$\nabla^2 V = \left(\frac{\partial^2}{\partial^2 x} + \frac{\partial^2}{\partial^2 y} + \frac{\partial^2}{\partial^2 z}\right) V$$

$$= \frac{\partial^2}{\partial^2 x}\left(\frac{1}{x} + 2xy^2\right) + \frac{\partial^2}{\partial^2 y}\left(\frac{1}{x} + 2xy^2\right) + \frac{\partial^2}{\partial^2 z}\left(\frac{1}{x} + 2xy^2\right)$$

$$= \frac{\partial}{\partial x}\left(\frac{-1}{x^2} + 2y^2\right) + \frac{\partial}{\partial y}(4xy)$$

$$= \frac{2}{x^3} + 4x \quad \text{이므로}$$

좌표 $\left(\frac{1}{2}, 2\right)$를 대입하면

$$\nabla^2 V = \frac{2}{x^3} + 4x \Big|_{x=\frac{1}{2}, y=2} = \frac{2}{(\frac{1}{2})^3} + 4 \times \frac{1}{2} = 18$$ 가 되므로

공간전하밀도

$$\rho = -\nabla^2 V \cdot \epsilon_0 \epsilon_s = -18 \times 8.855 \times 10^{-12} \times 2 \times 10^{12}$$
$$= -320\ [\text{pC/m}^3]$$이 된다.

14 □□□

그림과 같이 유전체 경계면에서 $\epsilon_1 < \epsilon_2$이었을 때 E_1과 E_2의 관계식 중 옳은 것은?

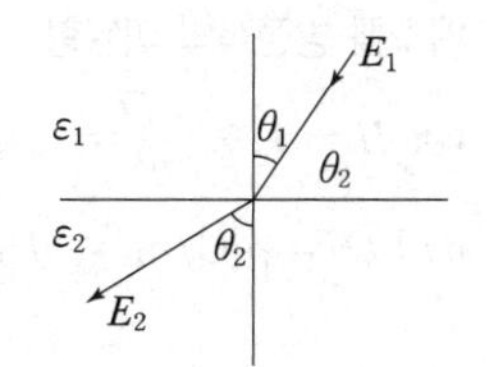

① $E_1 > E_2$
② $E_1 < E_2$
③ $E_1 = E_2$
④ $E_1 \cos\theta_1 = E_2 \cos\theta_2$

유전체의 경계면 조건
$\epsilon_1 < \epsilon_2$, $\theta_1 < \theta_2$, $D_1 < D_2$: 비례관계
$E_1 > E_2$: 반비례관계

15 □□□

유전율이 $\epsilon = 2\epsilon_0$이고 투자율이 μ_0인 비도전성 유전체에서 전자파의 전계의 세기가 $E = (z, t) = 120\pi \cos(10^9 t - \beta z)\hat{y}$[V/m]일 때, 자계의 세기 $H[A/m]$는? (단, $\hat{x}, \hat{y}$는 단위벡터이다.)

① $-\sqrt{2}\cos(10^9 t - \beta z)\hat{x}$　② $\sqrt{2}\cos(10^9 t - \beta z)\hat{x}$
③ $-2\cos(10^9 t - \beta z)\hat{x}$　④ $2\cos(10^9 t - \beta z)\hat{x}$

전자파의 자계의 세기는

$$H = \sqrt{\frac{\epsilon}{\mu}} E = \sqrt{\frac{2\epsilon_0}{\mu_0}} E$$
$$= \sqrt{2}\sqrt{\frac{8.855 \times 10^{-12}}{4\pi \times 10^{-7}}} \times 120\pi$$
$$= \sqrt{2}\ [\text{AT/m}]$$이며

전자파의 진행방향은 $E \times H$인 외적의 방향벡터이므로

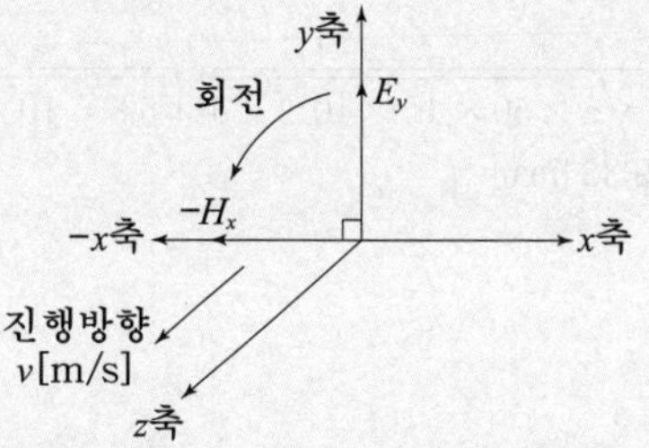

위의 직각좌표계에서 전계가 y축의 값이므로 자계가 $-x$축의 값을 가져야 진행방향이 z축이 되므로
$H = -\sqrt{2}\cos(10^9 t - \beta z)\hat{x}$[AT/m] 가 된다.

16 □□□

자화율(magnetic susceptibility) χ는 상자성체에서 일반적으로 어떤 값을 갖는가?

① $\chi = 0$　② $\chi = 1$
③ $\chi < 0$　④ $\chi > 0$

자성체 종류별 비투자율 μ_r과 자화율 χ
- 상자성체 : $\mu_r > 1$, 자화율: $\chi = \mu_0(\mu_r - 1) > 0$
- 역(반)자성체 : $\mu_r < 1$, 자화율: $\chi = \mu_0(\mu_r - 1) < 0$

정답 13 ④ 14 ① 15 ① 16 ④

17 □□□

도전율이 5.8×10^7[℧/m], 비투자율이 1인 구리에 50[Hz]의 주파수를 갖는 전류가 흐를 때, 표피두께는 몇 [mm]인가?

① 8.47[mm] ② 9.35[mm]
③ 10.47[mm] ④ 11.47[mm]

표피두께(침투깊이)

$$\delta=\sqrt{\frac{1}{\pi f\sigma\mu}}=\sqrt{\frac{\rho}{\pi f\mu}}\ [\text{m}]$$

여기서, f는 주파수, μ는 투자율, ρ는 고유저항, σ는 도전율, ω는 각주파수이다.

$\sigma=5.8\times10^7$ [℧/m], $\mu_s=0.99$, $f=50$ [Hz] 일 때

$$\therefore\ \delta=\sqrt{\frac{1}{\pi f\mu\sigma}}=\sqrt{\frac{1}{\pi f\mu_0\mu_s\sigma}}$$

$$=\frac{1}{\sqrt{\pi\times50\times4\pi\times10^{-7}\times1\times5.8\times10^7}}\times10^3$$

$=9.35$ [mm]

18 □□□

서로 다른 두 종류의 금속 도체로 하나의 폐회로를 만들고 여기에 전류를 흘리면 두 금속의 양 접속점에서 어느 한 쪽은 온도가 올라가고, 다른 한 쪽은 온도가 내려가서 열의 발생 또는 흡수가 생기는 현상을 표현하는 효과로 알맞은 것은?

① 핀치(Pinch) 효과 ② 펠티에(Peltier) 효과
③ 톰슨(Thomson) 효과 ④ 제벡(Seebeck) 효과

전기효과

(1) 핀치(Pinch) 효과 : 유동적인 도체에 대전류가 흐르면 이 전류에 의한 자계와 전류와의 사이에 작용하는 힘이 중심을 향해 발생하여 도전체가 수축하고 저항이 증가되어 결국 전류가 흐르지 못하게 되는 현상
(2) 펠티에(Peltier) 효과 : 두 종류의 도체로 접합된 폐회로에 전류를 흘리면 접합점에서 열의 흡수 또는 발생이 일어나는 현상. 전자냉동의 원리
(3) 톰슨(Thomson) 효과 : 같은 도선에 온도차가 있을 때 전류를 흘리면 열의 흡수 또는 발생이 일어나는 현상
(4) 제벡(Seebeck) 효과 : 두 종류의 도체로 접합된 폐회로에 온도차를 주면 접합점에서 기전력차가 생겨 전류가 흐르게 되는 현상. 열전온도계나 태양열발전 등이 이에 속한다.

19 □□□

반지름이 r[m]인 반원형 전류 I[A]에 의한 반원의 중심(O)에서 자계의 세기[AT/m]는?

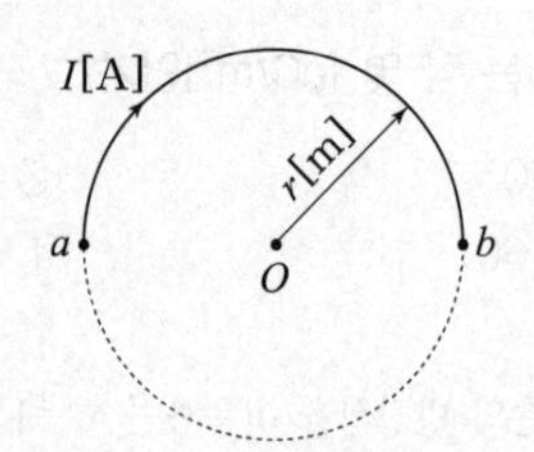

① $\frac{2I}{r}$
② $\frac{I}{r}$
③ $\frac{I}{2r}$
④ $\frac{I}{4r}$

원형코일 중심의 자계의 세기는 $H_0=\frac{I}{2r}$ [AT/m]이며 반원형 코일 중심의 자계의 세기를 H_θ라 하면

$$\therefore\ H_\theta=\frac{1}{2}H=\frac{1}{2}\times\frac{I}{2r}=\frac{I}{4r}\ [\text{AT/m}]$$

20 □□□

다음 중 미분 방정식 형태로 나타낸 맥스웰의 전자계 기초 방정식은?

① $rotE=-\frac{\partial B}{\partial t}$, $rotH=i+\frac{\partial D}{\partial t}$, $divD=0$, $divB=0$
② $rotE=-\frac{\partial B}{\partial t}$, $rotH=i+\frac{\partial D}{\partial t}$, $divD=\rho$, $divB=H$
③ $rotE=-\frac{\partial B}{\partial t}$, $rotH=i+\frac{\partial D}{\partial t}$, $divD=\rho$, $divB=0$
④ $rotE=-\frac{\partial B}{\partial t}$, $rotH=i$, $divD=0$, $divB=0$

맥스웰 방정식의 미분형

$rot\ H=i_c+\frac{\partial D}{\partial t}=i\,[\text{A/m}^2]$, $rot\ E=-\frac{\partial B}{\partial t}$,

$div\ D=\rho[\text{C/m}^3]$, $div\ B=0$

정답 17 ② 18 ② 19 ④ 20 ③

2과목 : 전력공학

무료 동영상 강의 ▲

21 □□□

그림과 같이 3상 송전선로에서 반지름 r[mm]인 도체 A, B, C가 일직선으로 배치되어있고 선간거리가 D[m]일 때, 완전 연가된 경우 각 선의 인덕턴스[mH/km]는 얼마인가?

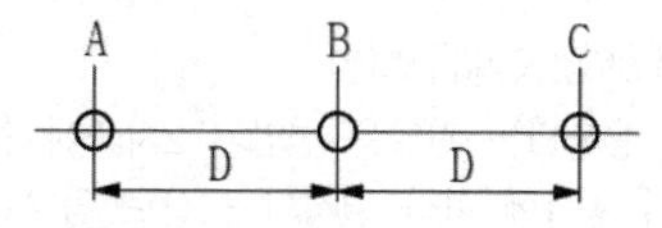

① $0.05+0.4605\log_{10}\dfrac{\sqrt[3]{2}\,D}{r}$

② $0.05+0.4605\log_{10}\dfrac{2D}{r}$

③ $0.05+0.4605\log_{10}\dfrac{D}{r}$

④ $0.05+0.4605\log_{10}\dfrac{\sqrt{2}\,D}{r}$

1선당 작용인덕턴스

수평 (일직선) 배치인 경우는 한변의 길이를 D 라고 하면, 등가 선간거리

$D_e = \sqrt[n]{\text{모든 선간의 곱}}$ [n : 선간거리 수]

$\therefore\ D_e = \sqrt[3]{D \cdot D \cdot 2D} = \sqrt[3]{2}\,D$[m]

$\therefore\ L = 0.05+0.4605\log_{10}\dfrac{\sqrt[3]{2}\,D}{r}$ [mH/km]

22 □□□

케이블의 연피손의 원인은?

① 유전체 손　　② 표피효과
③ 히스테리시스현상　　④ 전자유도작용

전력케이블의 손실

전력케이블의 도체에 흐르는 전류에 의해서 도체에 저항 손실이 발생하고, 유전체 내에서 유전체 손실이 발생한다. 연피손은 연피 등의 도전성 외피를 갖는 케이블에서 발생하는 손실이며, 전자유도작용으로 도체 주변에 자속이 발생하고 자속이 쇄교함에 따라 도전성 외피에 전압이 유기되면서, 와전류에 의해 발생하는 손실을 말한다.

23 □□□

다음 중 전력계통의 안정도 향상대책과 거리가 먼 것은?

① 송전계통의 직렬 리액턴스를 크게 한다.
② 속응여자방식을 채용한다.
③ 전원측 원동기용 조속기의 동작을 빠르게 한다.
④ 고속도 차단기를 채용한다.

안정도 향상 대책

안정도 향상 대책	방 법
(1) 리액턴스를 줄인다	· 승압공사 · 병렬회선수(복도체사용) 증가 · 단락비를 증가 · 발전기 및 변압기 리액턴스 감소 · 직렬콘덴서 설치
(2) 전압 변동률을 줄인다	· 중간 조상 방식 · 속응 여자방식 · 계통 연계
(3) 계통에 주는 충격을 경감한다	· 고속도 차단 · 고속도 재폐로 방식채용
(4) 고장전류의 크기를 줄인다	· 소호리액터 접지방식 · 고저항 접지
(5) 입·출력의 불평형을 작게 한다	· 조속기 동작을 빠르게 한다

24 □□□

보호계전기와 그 사용 목적이 잘못된 것은?

① 비율 차동계전기 : 발전기 내부 단락 검출용
② 전압 평형 계전기 : 발전기 출력측 PT 퓨즈 단선에 의한 오작동 방지
③ 역상 과전류계전기 : 발전기 부하 불평형 회전자 과열소손
④ 과전압 계전기 : 과부하 단락사고

보호계전기

과전압계전기(OVR)는 일정값 이상의 전압이 걸렸을 때 동작하는 계전기이며, 과부하 및 단락사고시에 동작하는 계전기는 과전류계전기(OCR)이다.

정답 21 ① 22 ④ 23 ① 24 ④

25 □□□

1선 지락 사고 시 지락전류가 제일 작은 중성점 접지방식은?

① 비접지　　② 직접 접지
③ 소호 리액터 접지　　④ 저항접지

소호리액터 접지방식
중성점에 리액터를 접속하여 L-C 병렬공진을 시켜 지락 전류를 최소로 줄일 수 있는 것이 특징이다.
(1) 장점
㉠ 고장 발생 중에도 전력 공급 가능
㉡ 통신선에 유도장해가 적고, 과도안정도가 좋다.
(2) 단점
㉠ 보호계전기의 동작이 불확실하다.
㉡ 단선 사고 시 직렬공진에 의한 이상전압이 최대로 발생

26 □□□

직접 접지방식이 초고압 송전선에 채용되는 이유 중 가장 적당한 것은?

① 지락고장시 병행 통신선에 유기되는 유도전압이 적기 때문에
② 지락 고장시의 지락전류가 적으므로
③ 계통의 절연을 낮게 할 수 있으므로
④ 송전선의 안정도가 높으므로

직접 접지방식
1선 지락고장시 건전상의 대지전압 상승이 거의 없고, 정상 운전시 중성점의 전위 ($E_n = 0$) 영전위임으로 저감 절연 및 단절연할 수 있다. 그러므로 초고압 송전 계통에서는 직접접지 방식을 채용한다.

27 □□□

변전소 전압의 조정방법 중 선로 전압강하 보상기(LDC)의 역할은?

① 승압기로 저하된 전압을 보상
② 분로리액터로 전압상승을 억제
③ 직렬콘덴서로 선로의 리액턴스를 보상
④ 선로의 전압강하를 고려하여 기준 전압을 조정

선로 전압강하 보상기(LDC)
변압기에서 송출되는 전압은 변압기 2차측에 연결된 선로의 길이와 종류에 따라 결정되는 선로 임피던스에 의해 선로의 각 지점(전압 송출점과 선로의 중간점, 선로의 말단)에서 그 크기가 달라진다. 이러한 선로의 전압강하를 보상하기 위해 사용되는 것이 선로 전압 강하보상기이다.

28 □□□

단상 2선식과 3상 3선식에서 선간전압, 송전거리, 수전전력, 역률을 같게 하고 선로손실을 동일하게 하는 경우, 3상에 필요한 전선 무게는 단상의 얼마인가? (단, 전선은 동일한 전선을 사용한다.)

① $\frac{1}{4}$　　② $\frac{1}{2}$
③ $\frac{3}{4}$　　④ $\frac{2}{3}$

배전방식의 전기적 특성 비교

전기방식	전력(P) $\cos\theta = 1$	1선당전력 $\cos\theta = 1$	1선당 공급전력의 비	중량 비교
단상2선식	VI	0.5 VI	1	1
3상 3선식	$\sqrt{3}\ VI$	0.57 VI	1.15	$\frac{3}{4}$

정답 25 ③ 26 ③ 27 ④ 28 ③

29 □□□

다음 중 가스절연 개폐기(GIS)의 장점이 아닌 것은?

① 밀폐되어있고 크기가 커진다.
② 소음이 적다.
③ 대기 중 오염물의 영향을 받지 않는다.
④ 설치 공사 기간이 단축된다.

가스절연 개폐 장치 특성
(1) 소형화 할 수 있다.
(2) 환경과 조화를 이룰 수 있다.
(3) SF_6 가스를 충전시킴으로 소음이 적고 신뢰도가 높다.
(4) 점검주기가 길어지고, 공사기간이 단축된다.
(5) 충전부가 완전히 밀폐되어 안정성이 높다.

30 □□□

Δ-Δ결선된 3상 변압기를 사용한 비접지 방식의 선로가 있다. 이때 1선 지락고장이 발생하면 다른 건전한 2선의 대지전압은 지락 전의 몇 배까지 상승하는가?

① $\frac{\sqrt{3}}{2}$　　② $\sqrt{3}$
③ $\sqrt{2}$　　④ 1

비접지방식
$\Delta-\Delta$결선 방식으로 단거리, 저전압 선로에만 적용하며, 1선 지락시 지락전류는 대지 충전전류로 대지 정전용량에 기인한다. 또한 1선지락시 건전상의 전위상승이 $\sqrt{3}$ 배 상승하기 때문에 기기나 선로의 절연 레벨이 매우 높다.

31 □□□

주변압기 등에서 발생하는 제5고조파를 줄이는 방법으로 옳은 것은?

① 전력용 콘덴서에 직렬리액터를 연결한다.
② 변압기 2차측에 분로리액터를 연결한다.
③ 모선에 방전코일을 연결한다.
④ 모선에 공진 리액터를 연결한다.

직렬리액터
3고조파는 변압기 저압측의 델타 결선으로 제거 되고 제5고조파를 제거하기 위해서는 콘덴서와 직렬로 직렬리액터를 삽입 한다. 직렬리액터의 용량은 이론상 4[%], 주파수 변동을 고려해서 실제는 콘덴서용량의 5~6[%]이다.

32 □□□

3상 3선식 1회선 배전선로의 말단에 역률 0.8(늦음)의 3상 평형부하가 접속되어있다. 변전소의 인출구(송전단)전압이 6600[V], 부하의 단자전압이 6000[V]일 때 부하전력은 약 몇 [kW]인가? 단, 저항은 4[Ω], 리액턴스는 3[Ω]이며 기타선로정수는 무시한다.

① 576　　② 1188
③ 864　　④ 2304

전압 강하식을 이용한 수전전력(P)
전압강하 $e = V_s - V_R = I(R\cos\theta + X\sin\theta)$

$$= \frac{P}{V}(R + X\tan\theta)\ [\text{V}]$$

전압강하 식에서

$$6600 - 6000 = \frac{P}{6000}\left(4 + 3 \times \frac{0.6}{0.8}\right)$$

$$\therefore P = \frac{600 \times 6000}{\left(4 + 3 \times \frac{0.6}{0.8}\right)} \times 10^{-3} = 576\ [\text{kW}]$$

정답 29 ① 30 ② 31 ① 32 ①

33 □□□

초고압 송전선로에서 코로나 발생의 방지대책으로 잘못된 것은?

① 복도체, 다도체 채용
② 가선금구 개량
③ 매설지선 설치
④ 굵은 전선 사용

코로나 현상 방지대책
(1) 복도체 방식을 채용한다.
-(전선의 지름이 증가 한다) L감소, C 증가
(2) 굵은 전선을 사용한다. (코로나 임계전압을 높인다.)
(3) 가선 금구를 개량한다.
※ 매설지선은 뇌해 방지 및 역섬락으로부터 보호하기 위함이다.

34 □□□

진상용 콘덴서의 설치 위치로 가장 효과적인 것은?

① 부하와 중앙에 분산 배치하여 설치하는 방법
② 수전 모선단에 중앙 집중으로 설치하는 방법
③ 수전 모선단에 대용량 1개를 설치하는 방법
④ 부하 말단에 분산하여 설치하는 방법

진상용 콘덴서의 설치 위치
(1) 개개의 전동기에 콘덴서를 부착하는 방법
(2) 변압기 2차측 모선에 집중하여 설치하는 방식
∴ 가장 이상적인 진상용 콘덴서의 설치는 각 부하마다 분산하여 설치하는 방법이다. 그러나 비용이 많이 들고, 설비가 복잡해지는 단점이 있다.

35 □□□

10000[kVA] 기준으로 등가 임피던스가 0.4[%]인 발전소에 설치될 차단기의 차단용량은 몇 [MVA]인가?

① 1000 ② 1500
③ 2000 ④ 2500

차단기 용량계산
차단기 용량은 단락용량보다 크거나 같아야 한다.
[차단용량 ≥ 단락용량]

단락용량 $P_s = \dfrac{100}{\%Z} P_n$ [kVA] 식에서 기준용량

$P_n = 10000$ [kVA], $\%Z = 0.4$ [%]이므로

$\therefore P_s = \dfrac{100}{0.4} \times 10000 \times 10^{-3} = 2500$ [MVA]

36 □□□

22.9kV 3상 4선식 Y결선 중성점 접지방식의 특징으로 옳지 않은 것은?

① 1선 지락 시 보호계전기 동작이 확실하다.
② 선로의 애자 개수가 증가하고, 절연레벨이 높아진다.
③ 1선 지락시 건전상의 대지전압이 거의 상승하지 않는다.
④ 1선 지락 시 지락전류가 매우 크다.

3상 4선식 다중접지 방식의 특징
(1) 1선지락사고시 건전상의 전위 상승이 1.25배로 최소.
(2) 지락전류는 최대가 됨으로 계전기 동작이 확실하다.
(3) 고장전류 가 크므로 유도장해가 크다.
(4) 단절연 또는 저감 절연이 가능함으로 절연 비용 절감.
(5) 과도 안정도가 낮다.

정답 33 ③ 34 ④ 35 ④ 36 ②

37 □□□

일정한 전력을 수전할 경우, 역률이 나빠질 때 발생하는 현상으로 옳지 않은 것은?

① 전기요금이 증가한다.
② 전압강하가 증가한다.
③ 유효전력이 증가한다.
④ 전력손실이 증가한다.

역률 개선전 과 후 비교

개선전 역률 (역률 저하)에 따른 현상	개선후 역률 (역률 개선)에 따른 현상
(1) 전력손실 증가 (2) 전력요금 증가 (3) 설비용량의 여유 감소 (4) 전압강하 증가	(1) 전력손실 감소 (2) 전력요금 감소 (3) 설비용량의 여유 증가 (4) 전압강하 감소

38 □□□

평균발열량이 6000[kcal/kg]인 연료를 사용하고 전체 발전 효율이 36[%]일 때 연간발전전력량이 18억[kWh]라면, 총 연료량은 약 몇 [ton]정도 되는가?

① 520,000 ② 720,000
③ 840,000 ④ 910,000

발전소의 열효율(η)

$\eta = \dfrac{860\,W}{mH} \times 100\,[\%]$ 식에서 발열량 : H [kcal/kg],

효율 : η [%], 전력량 : W억[kWh]

$H = 6000$ [kcal/kg], $\eta = 36$ [%],

$W = 18$억[kWh]이므로

$$\therefore m = \frac{860\,W}{\eta H} = \frac{860 \times 18 \times 10^8}{0.36 \times 6000} \times 10^{-3} = 716666.67[\text{t}]$$

39 □□□

인터록(interlock)의 기능에 대한 설명으로 옳은 것은?

① 조작자의 의중에 따라 개폐되어야 한다.
② 차단기가 열려 있어야 단로기를 닫을 수 있다.
③ 차단기가 닫혀 있어야 단로기를 닫을 수 있다.
④ 차단기와 단로기를 별도로 닫고, 열 수 있어야 한다.

인터록

차단기(CB)는 소호능력을 가지고 있는 반면, 단로기(DS)는 소호 능력이 없으므로, 차단기는 모든 전류를 차단할 수 있지만, 단로기는 무부하 충전전류 및 변압기 여자전류만 차단할 수 있다.

- 차단순서 : 차단기에서 단로기 순서로 차단한다.
- 투입순서 : 단로기에서 차단기 순서로 투입한다.

이와 같이 조작 되도록 회로를 갖추어 놓았는데 이런 회로를 인터록 회로라 한다.

40 □□□

보호계전기의 반한시 · 정한시 특성은?

① 동작전류가 커질수록 동작시간이 짧게 되는 특성
② 최소 동작전류 이상의 전류가 흐르면 즉시 동작하는 특성
③ 동작전류의 크기에 관계없이 일정한 시간에 동작하는 특성
④ 동작전류가 커질수록 동작시간이 짧아지며, 어떤 전류 이상이 되면 동작전류의 크기에 관계없이 일정한 시간에서 동작하는 특성

계전기의 한시특성

(1) 순한시계전기 : 즉시 동작하는 계전기
(2) 정한시계전기 : 정해진 시간에 동작하는 계전기
(3) 반한시계전기 : 동작하는 시간과 전류값이 서로 반비례하여 동작하는 계전기
(4) 정한시-반한시 계전기 : 어느 전류값 까지는 반한시 계전기의 성질을 띠지만 그 이상의 전류가 흐르는 경우 정한시계전기의 성질을 띠는 계전기

정답 37 ③ 38 ② 39 ② 40 ④

3과목 : 전기기기

무료 동영상 강의 ▲

41 □□□

3,000[V], 60[Hz], 8극 100[kW]의 3상 유도전동기가 있다. 전부하에서 2차 동손이 3[kW], 기계손이 2[kW]라면 전부하 회전수는 약 몇 [rpm]인가?

① 498　　② 593
③ 874　　④ 984

$V=3{,}000\,[\text{V}]$, $f=60\,[\text{Hz}]$, 극수 $p=8$,
$P_0=100\,[\text{kW}]$, $P_{c2}=3\,[\text{kW}]$, 기계손 $P_l=2\,[\text{kW}]$
일 때 기계손은 기계적 출력에 포함시켜야 하므로

$P_{c2}=\dfrac{s}{1-s}(P_0+P_l)$ 식에 대입하여 풀면

$3=\dfrac{s}{1-s}(100+2)$ 식에서 $s=0.028$이다.

$$\therefore\ N=(1-s)N_s=(1-s)\frac{120f}{p}$$
$$=(1-0.028)\times\frac{120\times 60}{8}=874\,[\text{rpm}]$$

42 □□□

단락비가 1.2인 발전기의 퍼센트 동기임피던스[%]는 약 얼마인가?

① 120　　② 83
③ 1.2　　④ 0.83

난락비(K_s)
퍼센트 동기임피던스 $\%Z_s\,[\%]$, 퍼센트 동기임피던스 p.u $\%Z_s\,[\text{p.u}]$일 때

$K_s=\dfrac{100}{\%Z_s}=\dfrac{1}{\%Z_s\,[\text{p.u}]}$ 이므로 $K_s=1.2$인 경우

$$\therefore\ \%Z_s=\frac{100}{K_s}=\frac{100}{1.2}=83\,[\%]$$

43 □□□

그림은 단상 직권 정류자 전동기의 개념도이다. C를 무엇이라고 하는가?

① 제어권선
② 보상권선
③ 보극권선
④ 단층권선

단상직권정류자 전동기의 개념도
단상직권정류자 전동기는 역률을 좋게 하기 위해서 계자권선의 권수를 적게 하고, 극히 소출력 이외는 보상권선을 설치하여 전기자 기자력을 소거하고, 리액턴스를 감소하는 것과 동시에 고저항의 도선을 써서 정류를 좋게 한다. 그림의 개념도에서 A는 전기자, F는 계자권선, C는 보상권선이다.

44 □□□

어떤 단상 변압기의 2차 무부하 전압이 240[V]이고, 정격 부하시의 2차 단자 전압이 230[V]이다. 전압 변동률은 약 얼마인가?

① 4.35[%]　　② 5.15[%]
③ 6.65[%]　　④ 7.35[%]

변압기의 선압변동률(ϵ)

$\epsilon=\dfrac{V_{20}-V_2}{V_2}\times 100\,[\%]$ 식에서

$V_{20}=240\,[\text{V}]$, $V_2=230\,[\text{V}]$일 때

$$\therefore\ \epsilon=\frac{V_{20}-V_2}{V_2}\times 100=\frac{240-230}{230}\times 100$$
$$=4.35\,[\%]$$

정답 41 ③ 42 ② 43 ② 44 ①

45

변압기 1차측 사용 탭이 22900[V]인 경우 2차측 전압이 360[V]였다면 2차측 전압을 380[V]로 하기 위해서는 1차측의 탭을 몇 [V]로 선택해야 하는가?

① 21900　② 20500
③ 24100　④ 22900

변압기 탭전압 선정

변압기의 탭전압을 선정하는 경우 지렛대의 원리에 의해서 변압기 2차측 탭전압이 높아지는 경우 변압기 1차측 탭전압은 낮아지므로

$V_{1t} = 22900\,[\text{V}]$, $V_{2t} = 360\,[\text{V}]$,

$V_{2t}{}' = 380\,[\text{V}]$인 경우

$$V_{1t}{}' = \frac{V_{2t}}{V_{2t}{}'} V_{1t} = \frac{360}{380} \times 22900 = 21694\,[\text{V}]$$ 이다.

∴ 탭전압은 21900[V]를 선택한다.

참고 변압기 1차측 탭전압
23900[V], 22900[V], 21900[V], 20900[V], 19900[V],

46

유도전동기의 2차 효율은? (단, s는 슬립이다.)

① $\frac{1}{s}$　② s
③ $1-s$　④ s^2

유도전동기의 2차 효율(η_2)

기계적 출력 P_0, 2차 입력 P_2, 슬립 s, 회전자 속도 N, 동기속도(고정자 속도) N_s라 할 때

$$\therefore \eta_2 = \frac{P_0}{P_2} = 1 - s = \frac{N}{N_s}$$

47

그림은 일반적인 반파정류회로이다. 변압기 2차 전압의 실효값을 E[V]라 할 때, 직류전류 평균값[A]은? (단, 정류기의 전압강하는 무시한다.)

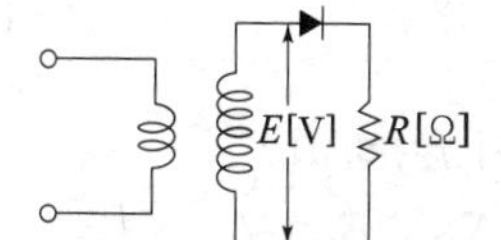

① $\frac{E}{R}$
② $\frac{E}{2R}$
③ $\frac{2\sqrt{2}E}{\pi R}$
④ $\frac{\sqrt{2}E}{\pi R}$

단상 반파정류회로

위상제어가 되지 않는 경우의 직류전압은

$E_d = \frac{\sqrt{2}E}{\pi}$ [V]이므로 직류전류 I_d는

$$\therefore I_d = \frac{E_d}{R} = \frac{\sqrt{2}E}{\pi R}\,[\text{A}]$$

48

동기리액턴스 $x_s = 10[\Omega]$, 전기자 저항 $r_a = 0.1[\Omega]$인 Y결선 3상 동기발전기가 있다. 1상의 단자전압은 $V = 4{,}000$[V]이고 유기기전력 $E = 6{,}400$[V]이다. 부하각 $\delta = 30°$라고 하면 발전기의 3상 출력[kW]은 약 얼마인가?

① 1,250　② 2,830
③ 3,840　④ 4,650

동기발전기의 출력(P)

동기발전기의 1상의 값으로 3상 출력을 구하는 경우 3배 크게 해주면 되므로

$$\therefore P = 3\frac{VE}{x_s}\sin\delta = 3 \times \frac{4{,}000 \times 6{,}400}{10} \times \sin 30°$$
$$= 3{,}840\,[\text{V}]$$

정답 45 ① 46 ③ 47 ④ 48 ③

49 □□□

1차측 권수가 1,500인 변압기의 2차측에 16[Ω]의 저항을 접속하니 1차측에서는 8[kΩ]으로 환산되었다. 2차측 권수는?

① 약 67 ② 약 87
③ 약 107 ④ 약 207

변압기 권수비(a)

$$a=\frac{N_1}{N_2}=\frac{E_1}{E_2}=\frac{I_2}{I_1}=\sqrt{\frac{Z_1}{Z_2}}$$

$$=\sqrt{\frac{r_1}{r_2}}=\sqrt{\frac{x_1}{x_2}}=\sqrt{\frac{L_1}{L_2}}$$ 이므로

$N_1=1{,}500,\ r_2=16\,[\Omega],\ r_1=8\,[\text{k}\Omega]$일 때

$$\therefore N_2=\sqrt{\frac{r_2}{r_1}}\cdot N_1=\sqrt{\frac{16}{8\times 10^3}}\times 1{,}500=67$$

50 □□□

그림과 같은 단상브리지 정류회로(혼합브리지)에서 직류 평균전압[V]은?

① $\frac{2\sqrt{2}E}{\pi}\left(\frac{1+\cos\alpha}{2}\right)$
② $\frac{\sqrt{2}E}{\pi}\left(\frac{1+\cos\alpha}{2}\right)$
③ $\frac{2\sqrt{2}E}{\pi}\left(\frac{1-\cos\alpha}{2}\right)$
④ $\frac{\sqrt{2}E}{\pi}\left(\frac{1-\cos\alpha}{2}\right)$

S S D D 부하

단상브리지 전파정류회로

(1) 위상제어가 되는 경우 직류전압(E_d)

$$E_d=\frac{2\sqrt{2}E}{\pi}\left(\frac{1+\cos\alpha}{2}\right)[\text{V}]$$

(2) 위상제어가 되지 않는 경우 직류전압(E_d)

$$E_d=\frac{2\sqrt{2}E}{\pi}[\text{V}]$$

(3) 최대역전압(PIV)

$$PIV=2\sqrt{2}E=\pi E_d[\text{V}]$$

51 □□□

직류발전기의 단자전압을 조정하려면 어느 것을 조정하여야 하는가?

① 기동저항 ② 계자저항
③ 방전저항 ④ 전기자저항

직류발전기의 계자전류를 조정하여 유기기전력에 의해 흐르는 전기자 전류가 전압강하를 발생시켜 결국 단자전압이 변하게 된다. 계자전류는 계자저항의 크기에 따라 변하므로 단자전압은 계자저항에 의해 조정되는 것이다.

52 □□□

50[Hz]로 설계된 3상 유도전동기를 60[Hz]에 사용하는 경우 단자전압을 110[%]로 높일 때 최대토크는 어떠한가?

① 1.2배로 증가한다. ② 0.8배로 감소한다.
③ 2배 증가한다. ④ 거의 변하지 않는다.

유도전동기의 최대토크

$$\tau_m=k\frac{{V_1}^2}{2x_2}=k\frac{{V_1}^2}{2(2\pi fL_2)}\ [\text{N}\cdot\text{m}]$$ 식에서

최대토크는 전압의 제곱에 비례하고 주파수에 반비례하므로

$$\tau_m{}'=\frac{1.1^2}{\left(\frac{60}{50}\right)}\tau_m=\tau_m\,[\text{N}\cdot\text{m}]$$임을 알 수 있다.

∴ 거의 변하지 않는다.

정답 49 ① 50 ① 51 ② 52 ④

53 □□□

전기철도에 가장 적합한 직류전동기는?

① 분권전동기　　② 직권전동기
③ 복권전동기　　④ 자여자분권전동기

직권전동기의 토크－속도 특성
직권전동기는 부하에 따라 속도변동이 심하여 가변속도 전동기라 하며 또한 토크 변동도 심하여 기동횟수가 빈번하고 큰 기동토크를 필요로 하는 부하에 적당하다. 전차용 전동기, 권상기, 기중기, 크레인 등에 사용된다.

54 □□□

이상적인 변압기의 무부하에서 위상관계로 옳은 것은?

① 자속과 여자전류는 동위상이다.
② 자속은 인가전압 보다 90° 앞선다.
③ 인가전압은 1차 유기기전력 보다 90° 앞선다.
④ 1차 유기기전력과 2차 유기기전력의 위상은 반대이다.

이상적인 변압기의 무부하 특성
$\phi = \phi_m \sin \omega t$ [Wb]일 때

$e_1 = -N_1 \dfrac{d\phi}{dt} = \omega N_1 \phi_m \sin(\omega t - 90^\circ)$ [V] 이므로

(1) 자속은 여자전류와 동상이며 유기기전력보다 90° 앞선다.
(2) 인가전압은 1차 유기기전력과 방향이 반대이므로 180° 앞선다. 따라서 자속은 인가전압보다 90° 뒤진다.
(3) 1차 유기기전력과 2차 유기기전력의 위상은 같다.

55 □□□

전부하 회전수가 1732[rpm]인 직류 직권전동기에서 토크가 전부하 토크의 $\frac{3}{4}$으로 기동할 때 회전수는 약 몇 [rpm]으로 회전하는가?

① 2000　　② 1865
③ 1732　　④ 1675

직류 직권전동기의 토크－속도 특성

직류 직권전동기의 토크는 $\tau \propto \dfrac{1}{N^2}$의 관계에 있으므로

$N = 1732$ [rpm], $\tau' = \dfrac{3}{4}\tau$ [N·m]일 때 N'는

$N' = \sqrt{\dfrac{\tau}{\tau'}}\, N$ [rpm] 식에서

$\therefore N' = \sqrt{\dfrac{\tau}{\tau'}}\, N = \sqrt{\tau \times \dfrac{4}{3}\tau} \times 1732$

$= 2000$ [rpm]

56 □□□

1차 전압 6,600[V], 2차 전압 220[V], 주파수 60[Hz], 1차 권수 1,000회의 변압기가 있다. 최대자속은 약 몇 [Wb]인가?

① 0.020　　② 0.025
③ 0.030　　④ 0.032

변압기의 유기기전력(E)
$E_1 = 4.44 f \phi_m N_1$ [V] 식에서
$E_1 = 6{,}600$ [V], $E_2 = 220$ [V], $f = 60$ [Hz], $N_1 = 1{,}000$ 이므로

$\therefore \phi_m = \dfrac{E_1}{4.44 f N_1} = \dfrac{6{,}600}{4.44 \times 60 \times 1{,}000}$

$= 0.025$ [Wb]

정답 53 ② 54 ① 55 ① 56 ②

57 □□□

3상 농형 유도전동기의 기동방법으로 틀린 것은?

① Y-Δ 기동
② 전전압 기동
③ 리액터 기동
④ 2차 저항에 의한 기동

유도전동기의 기동법
(1) 농형 유도전동기
㉠ 전전압 기동법 : 5.5[kW] 이하에 적용
㉡ Y-Δ 기동법 : 5.5[kW]~15[kW] 범위에 적용
㉢ 리액터 기동법 : 15[kW] 넘는 경우에 적용
㉣ 기동보상기법 : 단권변압기를 이용하는 방법으로 15[kW] 넘는 경우에 적용
(2) 권선형 유도전동기
㉠ 2차 저항 기동법(기동저항기법) : 비례추이원리 적용
㉡ 게르게스법

58 □□□

4극, 60[Hz]인 3상 유도전동기의 동기와트가 1[kW]일 때 토크[N·m]는?

① 5.31[N·m] ② 4.31[N·m]
③ 3.31[N·m] ④ 2.31[N·m]

유도전동기의 토크(τ)

$N_s = \dfrac{120f}{p}$[rpm],

$\tau = 9.55\dfrac{P_2}{N_s}$[N · m] $= 0.975\dfrac{P_2}{N_s}$[kg · m] 식에서

$p=4$, $f=60$[Hz], $P_2 = 1$[kW] 이므로

$N_s = \dfrac{120f}{p} = \dfrac{120\times 60}{4} = 1800$[rpm] 일 때

$\therefore \tau = 9.55\dfrac{P_2}{N_s} = 9.55\times\dfrac{1\times 10^3}{1800}$

$= 5.31$[N · m]

59 □□□

3상 동기 발전기에서 권선 피치와 자극 피치의 비를 $\dfrac{13}{15}$의 단절권으로 하였을 때의 단절권 계수는?

① $\sin\dfrac{13}{15}\pi$ ② $\sin\dfrac{13}{30}\pi$
③ $\sin\dfrac{15}{26}\pi$ ④ $\sin\dfrac{15}{13}\pi$

단절권 계수(k_p)

$k_p = \sin\dfrac{\beta\pi}{2}$ 식에서

$\beta = \dfrac{13}{15}$ 이므로

$\therefore k_p = \sin\dfrac{\beta\pi}{2} = \sin\dfrac{\frac{13}{15}\pi}{2} = \sin\dfrac{13}{30}\pi$

60 □□□

단락비가 큰 동기기의 특징이 아닌 것은?

① 안정도가 높다.
② 전압변동률이 크다.
③ 효율이 떨어진다.
④ 전기자 반작용이 작다.

"단락비가 크다"는 의미
(1) 돌극형의 철기계이다. - 수차 발전기
(2) 극수가 많고 공극이 크다.
(3) 계자 기자력이 크고 전기자 반작용이 작다.
(4) 동기 임피던스가 작고 전압 변동률이 작다.
(5) 안정도가 좋다.
(6) 선로의 충전용량이 크다.
(7) 철손이 커지고 효율이 떨어진다.
(8) 중량이 무겁고 가격이 비싸다.

정답 57 ④ 58 ① 59 ② 60 ②

4과목 : 회로이론 및 제어공학

무료 동영상 강의 ▲

61 □□□

4단자 정수 A, B, C, D로 출력측을 개방시켰을 때 입력측에서 본 구동점 임피던스 $Z_{11} = \left. \dfrac{V_1}{I_1} \right|_{I_2=0}$ 를 표시한 것 중 옳은 것은?

① $Z_{11} = \dfrac{A}{C}$　　② $Z_{11} = \dfrac{B}{D}$

③ $Z_{11} = \dfrac{A}{B}$　　④ $Z_{11} = \dfrac{B}{C}$

4단자 정수와 Z 파라미터의 관계
임피던스 파라미터 Z_{11}, Z_{12}, Z_{21}, Z_{22}와 4단자 정수 A, B, C, D와의 관계는

$\therefore Z_{11} = \dfrac{A}{C},\ Z_{12} = Z_{21} = \dfrac{1}{C},\ Z_{22} = \dfrac{D}{C}$

62 □□□

한 상의 임피던스가 $6+j8[\Omega]$인 Δ부하에 대칭 선간전압 200[V]를 인가할 때 3상 전력은 몇 [W]인가?

① 2,400　　② 3,600

③ 7,200　　④ 10,800

Δ결선의 소비전력(P_Δ)

$P_\Delta = \dfrac{3V_L^2 R}{R^2 + X_L^2}$ [W] 식에서

$Z = R + jX_L = 6 + j8\,[\Omega]$일 때

$R = 6\,[\Omega]$, $X_L = 8\,[\Omega]$, $V_L = 200\,[\mathrm{V}]$ 이므로

$\therefore P_\Delta = \dfrac{3V_L^2 R}{R^2 + X_L^2} = \dfrac{3 \times 200^2 \times 6}{6^2 + 8^2} = 7{,}200\,[\mathrm{W}]$

63 □□□

그림과 같은 R-C 병렬회로에서 전원전압이 $e(t) = 3e^{-5t}$인 경우 이 회로의 임피던스는?

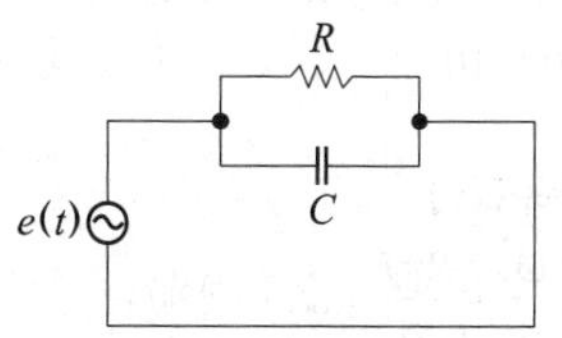

① $\dfrac{j\omega RC}{1+j\omega RC}$

② $\dfrac{R}{1-5RC}$

③ $\dfrac{R}{1+RCs}$

④ $\dfrac{1+j\omega RC}{R}$

R-C 병렬의 임피던스
$e(t) = 3e^{-5t} = 3e^{j\omega t}$ [V] 이므로
$j\omega = -5$임을 알 수 있다.

$\therefore Z = \dfrac{1}{\dfrac{1}{R} + j\omega C} = \dfrac{R}{1+j\omega CR} = \dfrac{R}{1-5RC}\,[\Omega]$

64 □□□

회로에서 전압 V_{ab}[V]는?

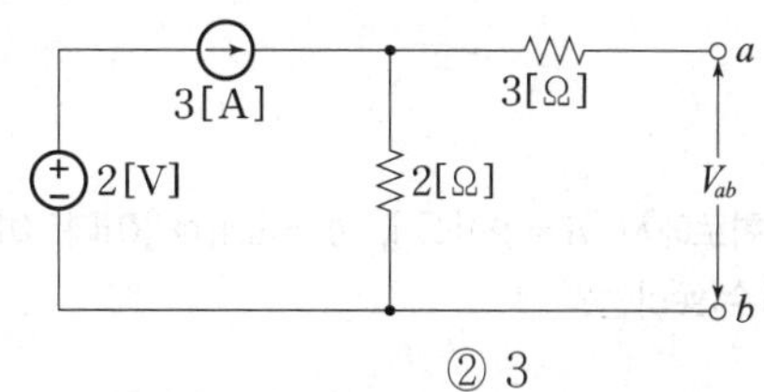

① 2　　② 3

③ 6　　④ 9

중첩의 원리
중첩의 원리를 이용하여 풀면 a, b 단자전압 V_{ab}는 저항 2[Ω]에 나타나는 전압이므로
3[A] 전류원을 개방하였을 때 $V_{ab}' = 0$ [V]
2[V] 전압원을 단락하였을 때
$V_{ab}'' = 2 \times 3 = 6$ [V]이다.
$\therefore V_{ab} = V_{ab}' + V_{ab}'' = 0 + 6 = 6$ [V]

제8회 복원문제

정답 61 ① 62 ③ 63 ② 64 ③

65 □□□

위상정수가 $\frac{\pi}{8}$[rad/m]인 선로의 1[MHz]에 대한 전파속도는 몇 [m/s]인가?

① 1.6×10^7 ② 3.2×10^7
③ 5.0×10^7 ④ 8.0×10^7

전파속도(v)

$v=\frac{\omega}{\beta}=\frac{2\pi f}{\beta}$ [m/s] 식에서

$\beta=\frac{\pi}{8}$ [rad/m], $f=1$ [MHz] 이므로

$\therefore\ v=\frac{2\pi f}{\beta}=\frac{2\pi\times10^6}{\pi/8}=1.6\times10^7$ [m/s]

66 □□□

RL직렬회로에서 $R=20[\Omega]$, $L=40$[mH]이다. 이 회로의 시정수[sec]는?

① 2 ② 2×10^{-3}
③ $\frac{1}{2}$ ④ $\frac{1}{2}\times10^{-3}$

R-L과도현상의 시정수(τ)

R-L직렬연결에서 시정수 τ는 $\tau=\frac{L}{R}$[sec]이므로

$\therefore\ \tau=\frac{L}{R}=\frac{40\times10^{-3}}{20}=2\times10^{-3}$[sec]

67 □□□

선간 전압이 V_{ab}[V]인 3상 평형 전원에 대칭부하 $R[\Omega]$이 그림과 같이 접속되어 있을 때, a, b 두 상 간에 접속된 전력계의 지시 값이 W[W]라면 C상 전류의 크기[A]는?

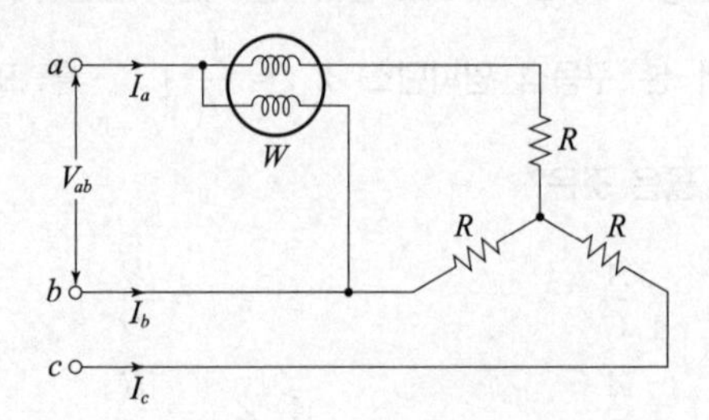

① $\frac{W}{3V_{ab}}$ ② $\frac{2W}{3V_{ab}}$
③ $\frac{2W}{\sqrt{3}V_{ab}}$ ④ $\frac{\sqrt{3}W}{V_{ab}}$

1전력계법

(1) 전전력 : $P=2W=\sqrt{3}VI$[W]

(2) 선전류 : $I=\frac{2W}{\sqrt{3}V}$[A]

68 □□□

상의 순서가 $a-b-c$인 불평형 3상 전류가 $I_a=15+j2$[A], $I_b=-20-j14$[A], $I_C=-3+j10$[A]일 때 영상분 전류 I_0는 약 몇 [A]인가?

① $2.67+j0.38$ ② $2.02+j6.98$
③ $15.5-j3.56$ ④ $-2.67-j0.67$

영상분 전류(I_0)

$I_0=\frac{1}{3}(I_a+I_b+I_c)$

$=\frac{1}{3}(15+j2-20-j14-3+j10)$

$=-2.67-j0.67$[A]

정답 65 ① 66 ② 67 ③ 68 ④

69 □□□

두 코일 A, B의 저항과 리액턴스가 A코일은 3[Ω], 5[Ω]이고, B코일은 5[Ω], 1[Ω]일 때 두 코일을 직렬로 접속하여 100[V]의 전압을 인가시 회로에 흐르는 전류 I는 몇 [A]인가?

① $10\angle-37°$ ② $10\angle37°$
③ $10\angle-53°$ ④ $10\angle53°$

R, X 직렬회로의 전류

$I=\dfrac{V}{Z}$ [A] 식에서

$Z_A=3+j5\,[\Omega]$, $Z_B=5+j\,[\Omega]$,

$V=100\,[\text{V}]$ 이므로

$Z=Z_A+Z_B=3+j5+5+j=8+j6$

$=\sqrt{8^2+6^2}\angle\tan^{-1}\left(\dfrac{6}{8}\right)=10\angle37°\,[\Omega]$일 때

$\therefore\ I=\dfrac{V}{Z}=\dfrac{100}{10\angle37°}=10\angle-37°\,[\text{A}]$

70 □□□

그림의 대칭 T회로의 일반 4단자 정수가 다음과 같다. A= D= 1.2, B= 44[Ω], C= 0.01[℧]일 때, 임피던스 Z[Ω]의 값은?

① 1.2
② 12
③ 20
④ 44

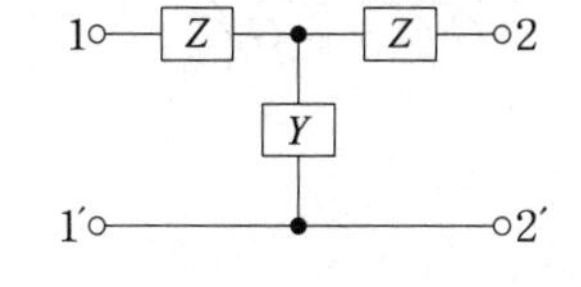

4단자 정수(A, B, C, D)

$$\begin{bmatrix} A & B \\ C & D \end{bmatrix}=\begin{bmatrix} 1+ZY & Z(1+ZY) \\ Y & 1+ZY \end{bmatrix}$$

$C=Y=0.01\,[\mho]$, $A=D=1+ZY=1.2$ 이므로

$\therefore\ Z=\dfrac{1.2-1}{Y}=\dfrac{1.2-1}{0.01}=20\,[\Omega]$

71 □□□

상태방정식 $\dot{X}=AX+BU$ 에서 $A=\begin{bmatrix} 0 & 1 \\ -2 & -3 \end{bmatrix}$, $B=\begin{bmatrix} 0 \\ 1 \end{bmatrix}$일 때 고유값은?

① −1, −2 ② 1, 2
③ −2, −3 ④ 2, 3

상태방정식에서의 특성방정식

특성방정식은 $|sI-A|=0$ 이므로

$(sI-A)=s\begin{bmatrix} 1 & 0 \\ 0 & 1 \end{bmatrix}-\begin{bmatrix} 0 & 1 \\ -2 & -3 \end{bmatrix}$

$=\begin{bmatrix} s & -1 \\ 2 & s+3 \end{bmatrix}$

$|sI-A|=\begin{vmatrix} s & -1 \\ 2 & s+3 \end{vmatrix}=s(s+3)+2$

$=s^2+3s+2=0$

$s^2+3s+2=(s+1)(s+2)=0$ 이므로

특성방정식의 근(고유값)은

$\therefore\ s=-1,\ s=-2$

72 □□□

일정 입력에 대해 잔류편차가 있는 제어계는?

① 비례제어계
② 적분제어계
③ 비례적분제어계
④ 비례적분미분제어계

연속동작에 의한 분류

(1) 비례동작(P제어) : off-set(오프셋, 잔류편차, 정상편차, 정상오차)가 발생, 속응성(응답속도)이 나쁘다.
(2) 미분제어(D제어) : 진동을 억제하여 속응성(응답속도)을 개선한다. [진상보상]
(3) 적분제어(I제어) : 정상응답특성을 개선하여 off-set(오프셋, 잔류편차, 정상편차, 정상오차)를 제거한다. [지상보상]
(4) 비례미분적분제어(PID제어) : 최상의 최적제어로서 off-set를 제거하며 속응성 또한 개선하여 안정한 제어가 되도록 한다. [진·지상보상]

정답 69 ① 70 ③ 71 ① 72 ①

73 □□□

Routh 안정도 판별법에 의한 방법 중 불안정한 제어계의 특성방정식은?

① $s^3+2s^2+3s+4=0$
② $s^3+s^2+5s+4=0$
③ $s^3+4s^2+5s+2=0$
④ $s^3+3s^2+2s+8=0$

안정도 판별법(루스 판정법)
안정도 필요조건을 만족하는 3차 특성방정식의 안정도 판별법은 특별해를 이용하여 풀면 간단히 구할 수 있다.
3차 특성방정식의 안정도 판별법 특별해
$as^3+bs^2+cs+d=0$일 때
(1) $bc>ad$: 안정
(2) $bc=ad$: 임계안정
(3) $bc<ad$: 불안정
따라서
① 2×3 > 1×4 : 안정
② 1×5 > 1×4 : 안정
③ 4×5 > 1×2 : 안정
④ 3×2 < 1×8 : 불안정

74 □□□

제어계의 과도응답에서 감쇠비란?

① 제2오버슈트를 최대오버슈트로 나눈 값이다.
② 최대오버슈트를 제2오버슈트로 나눈 값이다.
③ 제2오버슈트와 최대오버슈트를 곱한 값이다.
④ 제2오버슈트와 최대오버슈트를 더한 값이다.

감쇠비 = 제동비(ζ)
감쇠비란 제어계의 응답이 목표값을 초과하여 진동을 오래 하지 못하도록 제동을 걸어주는 값으로서 제동비라고도 한다.
$\zeta=\dfrac{\text{제2오버슈트}}{\text{최대오버슈트}}$ 식으로 표현하며 $\zeta=1$을 기준으로 하여 다음과 같이 구분한다.
(1) $\zeta>1$: 과제동 → 비진동 곡선을 나타낸다.
(2) $\zeta=1$: 임계제동 → 임계진동곡선을 나타낸다.
(3) $\zeta<1$: 부족제동 → 감쇠진동곡선을 나타낸다.
(4) $\zeta=0$: 무제동 → 무제동진동곡선을 나타낸다.

75 □□□

그림과 같은 블록선도에 대한 등가 종합 전달함수(C/R)는?

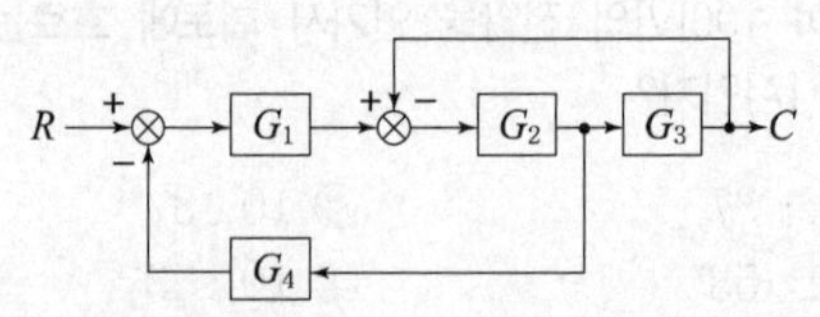

① $\dfrac{G_1G_2G_3}{1+G_1G_2+G_1G_2G_3}$

② $\dfrac{G_1G_2G_3}{1+G_2G_2+G_1G_2G_3}$

③ $\dfrac{G_1G_2G_4}{1+G_1G_2+G_1G_2G_4}$

④ $\dfrac{G_1G_2G_3}{1+G_2G_3+G_1G_2G_4}$

블록선도의 전달함수 : $G(s)$

$$C(s)=\left\{\left(R-\frac{C}{G_3}G_4\right)G_1-C\right\}G_2G_3$$
$$=G_1G_2G_3R-G_1G_2G_4C-G_2G_3C$$
$$(1+G_2G_3+G_1G_2C_4)C=G_1G_2G_3R$$
$$\therefore\ G(s)=\frac{C}{R}=\frac{G_1G_2G_3}{1+G_2G_3+G_1G_2G_4}$$

별해 블록선도의 전달함수

$$G(s)=\frac{\text{전향 경로 이득}}{1-\text{루프 경로 이득}}$$

전향 경로 이득= $G_1G_2G_3$,
루프 경로 이득= $-G_2G_3-G_1G_2G_4$ 이므로

$$G(s)=\frac{G_1G_2G_3}{1-(-G_2G_3-G_1G_2G_4)}$$
$$=\frac{G_1G_2G_3}{1+G_2G_3+G_1G_2G_4}$$

정답 73 ④ 74 ① 75 ④

76 □□□

2차계 전달함수 $G(s)=\frac{\omega_n^2}{s^2+2\zeta\omega_n s+\omega_n^2}$ 인 제어계의 단위 임펄스응답은? (단, $\zeta=1$, $\omega_n=1$인 조건이다.)

① e^{-t} ② $1-e^{-t}$

③ te^{-t} ④ $\frac{1}{2}t^2$

임필스 응답
입력 $r(t)$, 출력 $c(t)$라 하면 $r(t)=\delta(t)$ 이므로
$R(s)=\mathcal{L}[r(t)]=\mathcal{L}[\delta(t)]=1$이다.
$C(s)=G(s)R(s)=G(s)=\frac{1}{(s+1)^2}$ 이므로
임필스 응답 $c(t)$는
$\therefore c(t)=\mathcal{L}^{-1}[C(s)]=te^{-at}$

77 □□□

(a)와 (b)의 블록선도가 서로 등가일 때, 블록 A의 전달함수는?

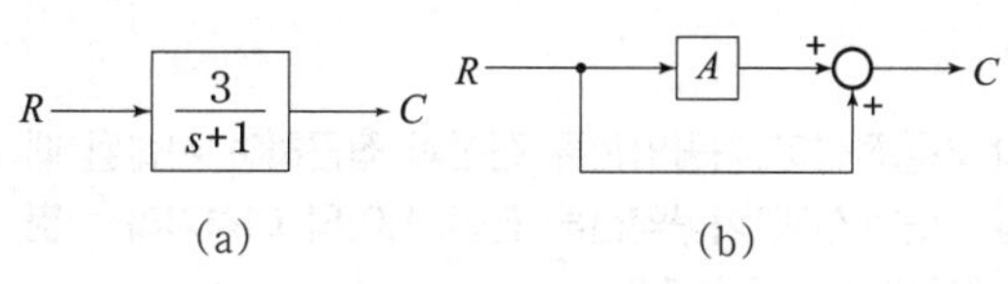

① $\frac{1}{s+1}$ ② $\frac{-1}{s+1}$

③ $\frac{s-2}{s+1}$ ④ $\frac{2-s}{s+1}$

블록선도의 전달함수 : $G(s)$
$G_a(s)=\frac{3}{s+1}$, $G_b(s)=A+1$일 때
$G_a(s)=G_b(s)$ 이므로
$\frac{3}{s+1}=A+1$ 식에서
$\therefore A=\frac{3}{s+1}-1=\frac{3-s-1}{s+1}=\frac{2-s}{s+1}$

78 □□□

다음 시퀀스 회로는 어떤 회로의 동작을 하는가?

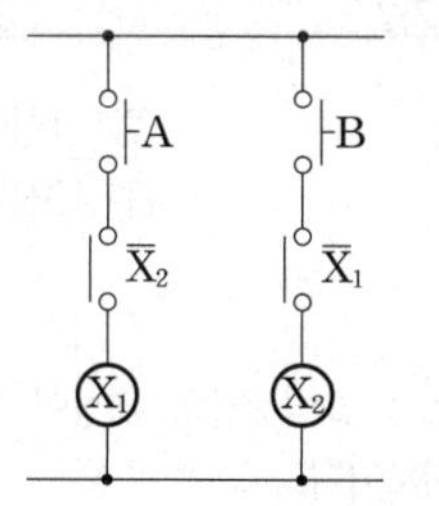

① 자기유지회로 ② 인터록회로
③ 순차제어회로 ④ 단안정회로

인터록회로
A 입력을 먼저 ON 조작하면 X_1 출력이 여자되어 X_1 b접점이 개방되므로 B 입력을 ON 조작하여도 X_2 출력은 여자 될 수 없다. 반대로 B 입력을 먼저 ON 조작하면 X_2 출력이 여자되어 X_2 b접점이 개방되므로 A 입력을 ON 조작하여도 X_1 출력은 여자 될 수 없다. 이와 같이 출력 중 어느 하나의 출력이 먼저 동작할 때 다른 출력은 동작될 수 없도록 금지하는 회로를 인터록 회로라 한다.

79 □□□

다음 이산치 제어계의 블록선도의 전달함수는?

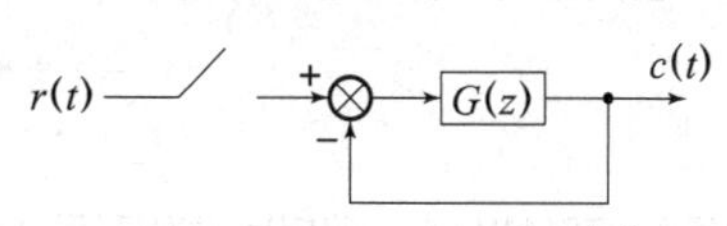

① $G(z)$ ② $\frac{G(z)}{1+G(z)}$

③ $G(z)+1$ ④ $\frac{G(z)}{1-G(z)}$

이산치 제어계의 블록선도 전달함수
$\frac{C(z)}{R(z)}=\frac{\text{전향경로이득}}{1-\text{루프경로이득}}$ 식에서
전향경로이득$=G(z)$,
루프경로이득$=-G(z)$ 이므로
$\therefore \frac{C(z)}{R(z)}=\frac{G(z)}{1-\{-G(z)\}}=\frac{G(z)}{1+G(z)}$

제8회 복원문제

정답 76 ③ 77 ④ 78 ② 79 ②

80 □□□

자동제어계가 미분동작을 하는 경우 보상회로는 어떤 보상회로에 속하는가?

① 진 · 지상보상　② 진상보상
③ 지상보상　④ 동상보상

보상회로

(1) 진상보상회로 : 출력전압의 위상이 입력전압의 위상보다 앞선 회로이다.

$G(s)=\frac{s+b}{s+a} \fallingdotseq s$: 미분회로

(2) 지상보상회로 : 출력전압의 위상이 입력전압의 위상보다 뒤진 회로이다.

$G(s)=\frac{s+b}{s+a} \fallingdotseq \frac{1}{Ts}$: 적분회로

∴ 미분동작을 하는 제어계는 진상보상회로이다.

5과목 : 전기설비기술기준 및 판단기준

무료 동영상 강의 ▲

81 □□□

사무실 건물의 조명설비에 사용되는 백열전등 또는 방전등에 전기를 공급하는 옥내전로의 대치전압은 몇 [V] 이하인가?

① 250　② 300
③ 350　④ 450

옥내전로의 대지 전압의 제한

백열전등 또는 방전등에 전기를 공급하는 옥내의 전로의 대지전압은 300[V] 이하 일 것.

∴ 시설시주의 사항

(1) 사람이 접촉할 우려가 없도록 시설
(2) 백열전등 또는 방전등용 안정기는 저압의 옥내배선과 직접 접속하여 시설 한다.
(3) 전구소켓은 키나 그 밖의 점멸기구가 없는 것을사용.

82 □□□

주택의 전기저장장치의 축전지에 접속하는 부하 측 옥내배선을 사람이 접촉할 우려가 없도록 케이블배선에 의하여 시설하고 전선에 적당한 방호장치를 시설한 경우 주택의 옥내전로의 대지전압은 직류 몇 [V] 까지 적용할 수 있는가? (단, 전로에 지락이 생겼을 때 자동적으로 전로를 차단하는 장치를 시설한 경우이다.)

① 150　② 300
③ 400　④ 600

전기 저장 장치 옥내전로의 대지전압 제한

주택의 전기저장장치의 축전지에 접속하는 부하 측 옥내배선을 다음에 따라 시설하는 경우에 주택의 옥내전로의 대지전압은 직류 600[V] 까지 적용할 수 있다.

83 □□□

고압 가공전선이 가공약전류 전선과 접근하여 시설될 때 고압 가공전선과 가공약전류 전선 사이의 이격거리는 몇 [m] 이상이어야 하는가?

① 0.4　② 0.5
③ 0.6　④ 0.8

가공전선과 가공전선, 약전류 전선, 안테나 등의 접근 또는 교차 이격거리

전압구분	이격거리	케이블사용 이격거리
저압과약전선	0.6[m]	0.3[m]
고압과약전선	0.8[m]	0.4[m]

정답 80 ② 81 ② 82 ④ 83 ④

84 □□□

시가지에 설치시 사용전압 170[kV] 초과일 경우 전선의 굵기는 얼마 이상이어야 하는가?

① 100 ② 150
③ 180 ④ 240

특고압 가공전선의 시가지에서의 굵기

전압구분	전선의 굵기 및 인장강도
100[kV] 미만	55[mm^2] = 21.67[kN] 이상
100[kV] 이상	150[mm^2] = 58.84[kN] 이상
170[kv]초과 강심알루미늄 연선사용시 : 240[mm^2]	

85 □□□

사용전압이 400[V] 이하 저압 보안공사에 사용되는 경동선은 그 지름이 최소 몇 [mm] 이상의 것을 사용하여야 하는가?

① 2.0 ② 2.6
③ 4.0 ④ 5.0

저압, 고압 가공전선의 굵기.

사용전압	전선의 종류	보안공사
400[V] 이하	경동선 3.2[mm] = 3.43 [kN] 이상, 절연전선 2.6[mm] = 2.3[kN] 이상	4.0[mm] = 5.26[kN]이상
400[V] 초과 고압 까지	시내 : 5.0[mm] = 8.01[kN] 이상 시외 : 4[mm] = 5.26[kN] 이상	5.0[mm] = 8.01[kN]이상

86 □□□

전차선과 차량 간의 최소 절연이격거리는 단상교류 25[kV] 일 때 정적 이격거리는 몇 [mm]인가?

① 100 ② 150
③ 170 ④ 270

전차선과 차량간의 최소절연 이격 거리

시스템 종류	공칭전압[V]	동적[mm]	정적[mm]
직류	750	25	25
	1,500	100	150
단상교류	25,000	170	270

87 □□□

태양전지 발전소에 시설하는 태양전지 모듈, 전선 및 개폐기 기타 기구의 시설기준에 대한 내용으로 틀린 것은?

① 충전부분은 노출되지 아니하도록 시설한다.
② 옥내에 시설하는 경우에는 금속관, 합성수지관, 애자사용공사 및 케이블공사로 시설할 수 있다.
③ 태양전지 모듈의 프레임은 지지물과 전기적으로 완전하게 접속한다.
④ 태양전지 모듈을 병렬로 접속하는 전로에는 과전류차단기를 시설한다.

태양전지 모듈 등의 시설
(1) 충전부분은 노출되지 아니하도록 시설할 것.
(2) 태양전지 모듈에 접속하는 부하측의 전로에는 개폐기를 시설할 것.
(3) 태양전지 모듈을 병렬로 접속하는 전로에는 과전류차단기 를 시설할 것.
(4) 전선은 공칭단면적 2.5[mm^2] 이상의 연동선
(5) 모듈의 출력배선은 극성별로 확인할 수 있도록 표시할 것
(6) 옥내, 옥측, 옥외에 시설공사 방법
합성수지관공사, 금속관공사, 가요전선관공사. 케이블공사.

제8회 복원문제

정답 84 ④ 85 ③ 86 ④ 87 ②

88 □□□

아파트 세대 욕실에 "비데용 콘센트"를 시설하고자 한다. 다음의 시설방법 중 적합하지 않은 것은?

① 콘센트는 접지극이 없는 것을 사용한다.
② 습기가 많은 장소에 시설하는 콘센트는 방습장치를 하여야 한다.
③ 콘센트를 시설하는 경우에는 절연변압기(정격용량 3[kVA] 이하인 것에 한한다.)로 보호된 전로에 접속하여야 한다.
④ 콘센트를 시설하는 경우에는 인체감전보호용 누전차단기(정격감도전류 15[mA] 이하, 동작시간 0.03초 이하의 전류동작형의 것에 한한다.)로 보호된 전로에 접속하여야 한다.

콘센트의 시설
인체가 물에 젖어있는 상태에서 전기를 사용하는 장소에 콘센트를 시설하는 경우
(1) 습기가 많은 장소 또는 수분이 있는 장소에 시설하는 콘센트 및 기계기구용 콘센트는 접지용 단자가 있는 것을 사용하여 접지하고 방습 장치를 하여야 한다.
(2) 인체 감전보호용 누전차단기 : 정격감도전류 15[mA] 이하, 동작시간 0.03초 절연변압기(정격용량 3[kVA] 이하)로 보호된 전로에 접속하거나, 인체감전보호용 누전차단기가 부착된 콘센트를 시설
(3) 콘센트는 접지극이 있는 방적형 콘센트를 사용.

89 □□□

지중 전선로를 직접 매설식에 의하여 시설하는 경우에 차량 및 기타 중량물의 압력을 받을 우려가 있는 장소의 매설 깊이는 몇 [m] 이상인가?

① 1.0　　② 1.2
③ 1.5　　④ 1.8

지중전선로의 시설
(1) 종류 : 직접매설식, 관로인입식, 암거식(전력구식)
(2) 지중전선로에 사용하는 전선은 케이블일 것
(3) 매설깊이

시설장소	매설깊이
• 관로식 • 충격이나 압력을 받는다	1[m] 이상
• 충격이나 압력을 받지 않는다	0.6[m] 이상

(4) 지중에서의 금속제 부분은 접지 공사한다.

90 □□□

통신설비의 식별표시에 대한 사항으로 알맞지 않은 것은?

① 모든 통신기기에는 식별이 용이하도록 인식용 표찰을 부착하지 않는다.
② 통신사업자의 설비표시명판은 플라스틱 및 금속판 등 견고하고 가벼운 재질로 하고 글씨는 각인하거나 지워지지 않도록 제작된 것을 사용하여야 한다.
③ 배전주에 시설하는 통신설비의 설비표시명판의 경우 직선주는 전주 5경간마다 시설할 것
④ 배전주에 시설하는 통신설비의 설비표시명판의 경우 분기주, 인류주는 매 전주에 시설할 것

통신설비의 식별표시
(1) 통신기기에는 식별이 용이하도록 인식용 표찰을 부착.
(2) 설비표시명판은 플라스틱 및 금속판 등 견고하고 가벼운 재질로 하고 글씨는 각인하거나 지워지지 않도록 제작된 것을 사용하여야 한다.
(3) 배전주에 시설하는 통신설비의 설비표시 명판은 직선주는 전주 5경간마다 시설하고 분기주, 인류주는 매 전주에 시설할 것.
(4) 지중설비에 시설하는 통신설비의 설비표시명판은 관로는 맨홀마다 시설할 것.
(전력구내 행거는 50[m] 간격으로 시설할 것.)

91 □□□

저압 절연전선으로 알맞지 않은 것은?

① 450/750[V] 비닐절연전선
② 450/750[V] 저독성 난연 폴리올레핀절연전선
③ 450/750[V] 저독성 난연 가교폴리올레핀절연전선
④ 450/750[V] 캡타이어절연전선

저압 절연전선 종류
• 450/750[V] 비닐절연전선
• 450/750[V] 저독성 난연 폴리올레핀절연전선
• 450/750[V] 저독성 난연 가교폴리올레핀절연전선
• 450/750[V] 고무절연전선

정답 88 ① 89 ① 90 ① 91 ④

92 □□□

철도 궤도 또는 자동차도의 전용터널 안의 저압 전선로의 시설 시 전선의 굵기로 알맞은 것은?

① 4　　② 2.0
③ 2.6　　④ 6

터널 안 전선로의 시설

(1) 저압

전선 굵기	경동 절연전선 2.6[mm] = 2.30[kN] 이상
시공높이	애자 사용배선에 의하여 시설 높이 : 노면상 2.5[m] 이상.
이격거리	수관, 가스관과 접근교차 : 0.1[m] (단 나전선 : 0.3[m])

(2) 고압

전선 굵기	경동선 절연전선 4[mm] = 5.26[kN] 이상
시공높이	애자 사용배선에 의하여 시설 높이 : 노면상 3[m] 이상.

93 □□□

22.9[kV] 특고압 가공전선로가 도로를 횡단시에 높이로 알맞은 것은?

① 4　　② 5
③ 5.5　　④ 6

특고압 가공전선의 높이

사용전압 구분	지표상 높이[m]	
35[KV] 이하	도로횡단	6[m]
	철도 궤도횡단	6.5[m]
	횡단보도교 (특절, 케이블)	4[m]
	기타	5[m]
35[KV] 초과 160[KV] 이하	평지	6[m]
	산지	5[m]
	철도 궤도횡단	6.5[m]
160[KV] 초과	10000[V] 마다 12[cm]씩 가산한다. $\left(\begin{matrix}6\\5\end{matrix}\right)$+(사용전압−16)×0.12=? 사용전압과 기준전압을 10000[V]로 나눈다. (　) 안부터 계산 후 소수점 이하는 절상한 다음 전체 계산을 한다.	

94 □□□

관등회로의 사용전압이 1[kV] 이하인 방전등을 옥내에 시설할 경우에 대한 사항으로 잘못된 것은?

① 관등회로의 사용전압이 400[V] 초과인 경우는 방전등용 변압기를 사용할 것
② 관등회로의 사용전압이 400[V] 이하인 배선은 공칭단면적 2.5[mm^2] 이상의 연동선을 사용한다.
③ 애자사용 공사의 시설시 전선 상호간의 거리는 50[mm]이상으로 한다.
④ 관등회로의 사용전압이 400[V] 초과이고, 1[kV] 이하인 배선은 그 시설장소에 따라 합성수지관공사·금속관공사·가요전선관공사나 케이블공사를 사용한다.

관등회로의 사용전압이 1[kV] 이하인 방전등을 옥내에 시설.

(1) 전로의 대지전압은 300[V] 이하
(2) 사용전압이 400[V] 초과인 경우는 방전등용 변압기를 사용할 것.
(3) 사용전압이 400[V] 이하인 경우 2.5[mm^2] 이상의 연동선
(4) 관등회로의 사용전압이 400[V] 초과이고, 1[kV] 이하인 배선은 그 시설장소에 따라 합성수지관 공사·금속관공사·가요전선관공사나 케이블공사에 의한다.
(5) 애자공사의 시설

공사방법	전선 상호 간의 거리	전선과 조영재의 거리	전선 지지점간의 거리	
			400[V] 초과 600[V] 이하	600[V] 초과 1[kV] 이하
애자공사	60[mm] 이상	25[mm] 이상 (습기가 많은 장소는 45[mm] 이상)	2[m] 이하	1[m] 이하

정답 92 ③　93 ④　94 ③

95 □□□

저압 옥측전선로에서 목조의 조영물에 시설할 수 있는 공사 방법은?

① 금속관공사
② 버스덕트공사
③ 합성수지관공사
④ 연피 또는 알루미늄 케이블공사

저압 옥측 전선로 공사방법
(1) 애자공사(전개된 장소)
(2) 합성 수지관공사
(3) 금속관공사(목조 이외의 조영물)
(4) 버스덕트공사(목조 이외의 조영물)
(5) 케이블공사(연피 케이블, 알루미늄피 케이블 또는 무기물절연(MI) 케이블을 사용하는 경우에는 목조 이외의 조영물에 시설하는 경우)

96 □□□

전기부식방지 시설을 시설할 때 전기부식방지용 전원 장치로부터 양극 및 피방식제까지의 전로의 사용전압은 직류 몇 [V] 이하이어야 하는가?

① 20 ② 40
③ 60 ④ 80

전기부식방지 회로의 전압 등
(1) 전기부식방지용 전원장치로부터 양극 및 피방식체까지의 전로의 사용전압은 60[V] 이하.
(2) 양극(陽極)은 지중에 매설하거나 수중에서 쉽게 접촉할 우려가 없는 곳에 시설할 것.
(3) 지중에 매설하는 양극의 매설깊이는 0.75[m] 이상일 것.
(4) 수중에 시설하는 양극과 그 주위 1[m] 이내의 거리에 있는 임의점과의 사이의 전위차는 10[V]를 넘지 아니할 것.
(5) 지표 또는 수중에서 1[m] 간격의 임의의 2점간의 전위차가 5[V]를 넘지 아니할 것.

97 □□□

수소냉각식 발전기의 시설 중 발전기, 조상기안의 수소 순도가 몇 [%] 이하로 저하한 경우 경보장치를 시설하는가?

① 75 ② 80
③ 85 ④ 90

수소냉각식 발전기 등의 시설
(1) 발전기 또는 조상기는 기밀구조(氣密構造)의 것이고 또한 수소가 대기압에서 폭발하는 경우에 생기는 압력에 견디는 강도를 가지는 것일 것.
(2) 발전기 축의 밀봉부로부터 누설된 수소가스를 안전하게 외부에 방출할 수 있는 장치.
(3) 발전기 내부 또는 조상기 내부의 수소의 순도가 85[%] 이하로 저하한 경우에 경보.
(4) 발전기 내부 또는 조상기 내부의 압력이 현저히 변동한 경우에 이를 경보하는 장치.
(5) 발전기 내부 또는 조상기 내부의 수소의 온도를 계측하는 장치를 시설할 것.
(6) 유리제의 점검 창 등은 쉽게 파손되지 아니하는 구조로 되어 있을 것.

98 □□□

두 개 이상의 전선을 병렬로 사용하는 경우 각 전선의 굵기는 동선 몇 [mm^2] 이상으로 하고, 전선은 같은 도체, 같은 재료, 같은 길이 및 같은 굵기의 것을 사용하여야 하는가?

① 35 ② 50
③ 60 ④ 70

두 개 이상의 전선을 병렬로 사용하는 경우 시설.
(1) 전선의 굵기는 동선 50[mm^2]이상 또는 알루미늄 70[mm^2] 이상으로 하고, 전선은 같은 도체, 같은 재료, 같은 길이 및 같은 굵기의 것을 사용할 것.
(2) 각 전선은 동일한 터미널러그에 완전히 접속할 것.
(3) 같은 극인 각 전선의 터미널러그는 동일한 도체에 2개 이상의 리벳 또는 2개 이상의 나사로 접속할 것.
(4) 병렬로 사용하는 전선에는 각각에 퓨즈를 설치하지 말 것.
(5) 교류회로에서 병렬로 사용하는 전선은 금속관 안에 전자적 불평형이 생기지 않도록 시설할 것.

정답 95 ③ 96 ③ 97 ③ 98 ②

99 □□□

345[kV]의 전압을 변전하는 변전소가 있다. 이 변전소에 울타리를 시설하고자 하는 경우 울타리의 높이가 2.5[m]인 경우 울타리로부터 충전부분까지의 거리는 몇 [m] 이상으로 하여야 하는가?

① 5　　② 5.78
③ 6　　④ 6.78

울타리·담 등의 높이와 충전부분까지 거리의 합계

사용 전압 구분	울타리·담등의 높이와 울타리·담 등으로부터 충전 부분까지의 거리의 합계
35[KV]이하	$x+y=5$[m]
35[KV] 초과 160[KV] 이하	$x+y=6$[m]
160[KV]초과	6+(사용전압−16)×0.12 = ? [m] 10000[V]마다 12[cm] 가산한다. 사용전압과 기준전압을 10000[V]으로 나눈다. ( ) 안부터 계산 후 소수점 이하는 절상한 다음 전체 계산을 한다.

풀이 거리합계 = 6+(34.5−16)×0.12=8.28[m]
울타리 높이가 2.5[m]이므로 충전부 까지 거리는 8.28 - 2.5 = 5.78[m]

100 □□□

특고압 전로와 다중접지 지중 배전계통에 사용하는 동심 중성선 전력케이블은 다음에 적합하지 않은 것은?

① 최대사용전압은 25.8[kV] 이하일 것.
② 도체는 연동선 또는 알루미늄선을 소선으로 구성한 원형 압축연선으로 할 것.
③ 절연체는 동심원상으로 동시압출(3중 동시압출)한 내부 반도전층, 절연층 및 외부 반도전층으로 구성하여야 하며, 습식 방식으로 가교할 것.
④ 중성선은 반도전성 부풀음 테이프 위에 형성하여야 하며, 꼬임방향은 Z 또는 S−Z꼬임으로 할 것.

특고압 전로의 다중접지 지중 배전계통에 사용하는 동심 중성선 전력케이블 시설.

(1) 최대사용전압은 25.8[kV] 이하일 것.
(2) 도체는 연동선 또는 알루미늄선을 소선으로 구성한 원형 압축연선으로 할 것.
(3) 절연체는 동심원상으로 동시압출(3중 동시압출)한 내부 반도전층, 절연층 및 외부 반도전층으로 구성하여야 하며, 건식 방식으로 가교할 것.
(4) 중성선 수밀층은 물이 침투하면 자기부풀음성을 갖는 부풀음 테이프를 사용.
(5) 중성선은 반도전성 부풀음 테이프 위에 형성하여야 하며, 꼬임방향은 Z 또는 S−Z꼬 임으로 할 것. 충실 외피를 적용한 충실 케이블의 S−Z 꼬임의 경우 중성선위에 적당 한 바인더 실을 감을 수 있다. 피치는 중성선 층 외경의 6~10배로 꼬임할 것.

정답 99 ② 100 ③

CBT 시험대비

CBT 시험 19회를 100% 복원하여 재구성한

제9회 복원 기출문제

학습기간 월 일 ~ 월 일

1과목 : 전기자기학

무료 동영상 강의 ▲

01

정전계 자유공간 내 도체 표면에서 전계의 세기가 $E=3\hat{x}+4\hat{y}\,[\mathrm{V/m}]$ 일 때, 도체의 표면전하밀도[C/m²]를 구하여라.

① 4.43×10^{-11} ② 2.22×10^{-11}
③ 4.43×10^{-10} ④ 2.22×10^{-10}

도체 표면전하밀도

$\rho_s=D=\epsilon_0 E=8.85\times10^{-12}\times\sqrt{3^2+4^2}$

$=4.43\times10^{-11}[\mathrm{C/m^2}]$

02

자기회로에서 철심의 투자율을 μ라 하고 회로의 길이를 l이라 할 때 그 회로의 일부에 미소공극 l_g를 만들면 회로의 자기저항은 처음의 몇 배인가? (단, $l_g \ll l$, 즉, $l-l_g \fallingdotseq l$ 이다.)

① $1+\frac{\mu l_g}{\mu_0 l}$ ② $1+\frac{\mu l}{\mu_0 l_g}$
③ $1+\frac{\mu_0 l_s}{\mu l}$ ④ $1+\frac{\mu_0 l}{\mu l_g}$

미소공극시 자기저항은 처음의 자기저항의 배수

$$\frac{R}{R_m}=\frac{R_m+R_g}{R_m}=\frac{\frac{l}{\mu S}+\frac{l_g}{\mu_0 S}}{\frac{l}{\mu S}}=1+\frac{\mu_s l_g}{l}$$

$$=1+\frac{\mu_o\mu_s l_g}{\mu_o l}=1+\frac{\mu l_g}{\mu_o l}$$

03

전기 쌍극지에서 전계의 세기(E)와 거리(r)와의 관계는?

① E는 r^2에 반비례 ② E는 r^3에 반비례
③ E는 $r^{\frac{3}{2}}$에 반비례 ④ E는 $r^{\frac{5}{2}}$에 반비례

전기 쌍극자의 전계의 세기는

$E=\frac{M}{4\pi\epsilon_o r^3}\sqrt{1+3\cos^2\theta}\ [\mathrm{V/m}]$ 이므로

거리 r^3에 반비례한다.

04

여러 가지 도체의 전하 분포에 있어서 각 도체의 전하를 n배할 경우 중첩의 원리가 성립하기 위해서는 그 전위는 어떻게 되는가?

① $\frac{1}{2}n$배가 된다. ② n배가 된다.
③ $2n$배가 된다. ③ n^2배가 된다.

전위는 전하에 비례하므로 전하가 n배이면 전위도 n배가 된다.

정답 01 ① 02 ① 03 ② 04 ②

05 □□□

반지름 2[mm]의 두 개의 무한히 긴 원통 도체가 중심 간격 2[m] 간격으로 진공 중에 평행하게 놓여 있을 때 1[km]당 정전용량은 약 몇 [μF]인가?

① 3×10^{-3}　② 6×10^{-3}
③ 5×10^{-3}　④ 4×10^{-3}

평행도선 사이의 정전용량은

$C=\dfrac{\pi\epsilon_0}{\ln\dfrac{d}{a}}$ [F/m] 이므로

도선의 반지름 $a=2$ [mm], 선간 거리 $d=2$ [m] 를 대입하면

$$C=\frac{\pi\epsilon_0}{\ln\dfrac{d}{a}}=\frac{\pi\times8.855\times10^{-12}}{\ln\dfrac{2}{2\times10^{-3}}}\times10^9$$

$$=4\times10^{-3}[\mu\text{F/km}]$$

06 □□□

점전하 Q[C]에 의한 무한 평면 도체의 영상 전하는?

① $-Q$[C]보다 작다.　② $-Q$[C]과 같다.
③ Q[C]보다 크다.　④ Q[C]과 같다.

전기 영상법에 의한 접지무한평면과 점전하에서

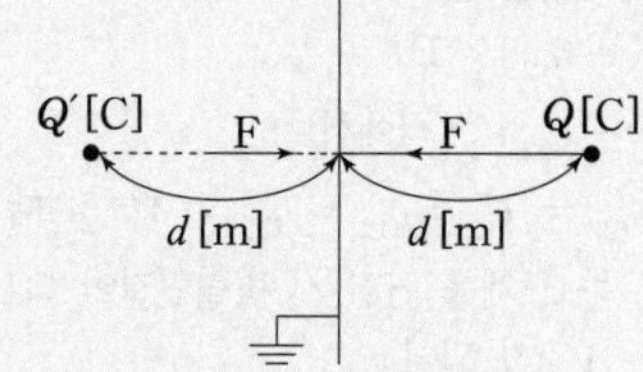

① 영상전하 : 크기는 같고 부호가 반대
$Q'=-Q$[C]
② 접지무한평면과 점전하 사이에 작용하는 힘

$$F=\frac{Q_1Q_2}{4\pi\epsilon_o r^2}=\frac{Q\times(-Q)}{4\pi\epsilon_0(2d)^2}=-\frac{Q^2}{16\pi\epsilon_0 d^2}[\text{N}]$$

③ 크기는 같고 부호가 반대이므로 항상 흡인력 작용

07 □□□

$x>0$인 영역에 비유전율 $\epsilon_{r1}=3$인 유전체, $x<0$인 영역에 비유전율 $\epsilon_{r2}=5$인 유전체가 있다. $x<0$인 영역에서 전계 $E_2=20a_x+30a_y-40a_z$[V/m] 일 때 $x>0$인 영역에서의 전속밀도는 몇 [C/m^2]인가?

① $10(10a_x+9a_y-12a_z)\epsilon_0$
② $20(5a_x-10a_y+6a_z)\epsilon_0$
③ $50(5a_x-10a_y+6a_z)\epsilon_0$
④ $50(2a_x-3a_y+4a_z)\epsilon_0$

유전체의 경계면 조건

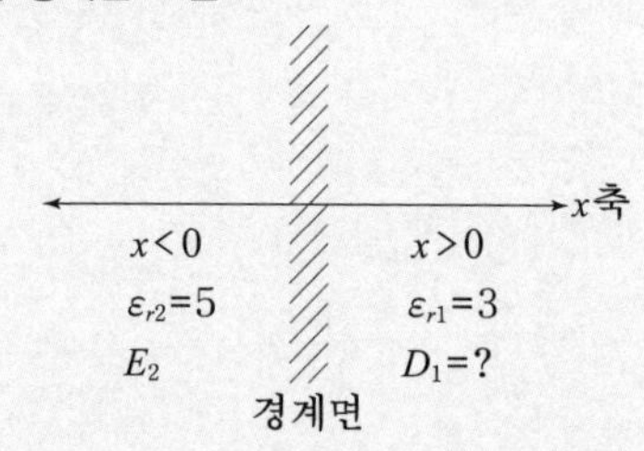

경계면 수직성분이 x축이므로 전속밀도가 서로 같으므로
$D_{x1}=D_{x2}$
경계면 수평성분이 y축, z축이므로 전계가 서로 같으므로
$E_{y1}=E_{y2}$, $E_{z1}=E_{z2}$ 가 되고

$D_{x1}=D_{x2}=\epsilon_2E_{x2}=\epsilon_0\epsilon_{r2}E_{x2}$
$=\epsilon_0\times5\times20a_x=100\epsilon_0a_x$
$D_{y1}=\epsilon_1E_{y1}=\epsilon_0\epsilon_{r1}E_{y2}=\epsilon_0\times3\times30a_y=90\epsilon_0a_y$
$D_{z1}=\epsilon_1E_{z1}=\epsilon_0\epsilon_{r1}E_{z2}=\epsilon_0\times3\times(-40a_z)$
$=-120\epsilon_0a_z$ 가 되므로
$D_1=D_{x1}+D_{y1}+D_{z1}=100\epsilon_0a_x+90\epsilon_0a_y-120\epsilon_0a_z$
$=10(10a_x+9a_y-12a_z)\epsilon_0[\text{C/m}^2]$

제9회 복원문제

정답 05 ④ 06 ② 07 ①

08 □□□

자성체 내의 자계의 세기가 H[AT/m]이고, 자속밀도가 B[Wb/m^2]일 때, 자계 에너지밀도 [J/m^3]는?

① $\frac{1}{2}HB$　② $\frac{1}{2\mu}H^2$
③ $\frac{\mu}{2}B^2$　④ $\frac{1}{2\mu}B$

자계내 단위체적당 축적에너지

$W=\frac{1}{2}\mu H^2=\frac{1}{2}BH=\frac{1}{2}\frac{B^2}{\mu}$ [J/m^3]

09 □□□

$\nabla\cdot J=-\frac{\partial\rho}{\partial t}$에 대한 설명으로 옳지 않은 것은?

① "−" 부호는 전류가 폐곡면에서 유출되고 있음을 뜻한다.
② 단위 체적당 전하 밀도의 시간당 증가 비율이다.
③ 전류가 정상 전류가 흐르면 폐곡면에 통과하는 전류는 영(ZERO)이다.
④ 폐곡면에서 수직으로 유출되는 전류 밀도는 미소체적인 한 점에서 유출되는 단위 체적당 전류가 된다.

$\nabla\cdot J=-\frac{\partial\rho}{\partial t}$는 전류밀도의 발산으로서 전류의 불연속성을 의미하며 단위 체적당 전하 밀도의 시간적인 감소 비율을 뜻한다.

10 □□□

비유전율 $\epsilon_s=6$인 유전체 중에서 전계의 세기가 10^4[V/m]일 때 분극의 세기는 약 몇 [C/m^2]인가?

① $\frac{1}{36\pi}\times10^{-5}$　② $\frac{5}{36\pi}\times10^{-5}$
③ $\frac{1}{36\pi}\times10^{-4}$　④ $\frac{5}{36\pi}\times10^{-4}$

전계 내에 놓인 유전체의 분극의 세기는

$P=\epsilon_0(\epsilon_s-1)E=\frac{10^{-9}}{36\pi}\times(6-1)\times10^4$

$=\frac{5}{36\pi}\times10^{-5}$[C/m^2]

단, 진공시 유전율 $\epsilon_0=\frac{10^{-9}}{36\pi}=8.855\times10^{-12}$[F/m]

11 □□□

정전 용량이 각각 C_1. C_2 그 사이의 상호 유도 계수가 M인 절연된 두 도체가 있다. 두 도체를 가는 선으로 연결할 경우 그 정전 용량은?

① C_1+C_2-M　② C_1+C_2+M
③ C_1+C_2+2M　④ $2C_1+2C_2+M$

두 도체에 축적되는 전하
$Q_1=q_{11}V_1+q_{12}V_2$[F]
$Q_2=q_{21}V_1+q_{22}V_2$ 식에서
$q_{11}=C_1$, $q_{22}=C_2$　$q_{12}=q_{21}=M$ 일 때
가는 선으로 두 도체를 연결 시 병렬연결이 되므로
$V_1=V_2=V$ 가 되어
$Q_1=(q_{11}+q_{12})V=(C_1+M)V$[C]
$Q_2=(q_{21}+q_{22})V=(M+C_2)V$[C] 가 되므로
합성정전용량은

$C=\frac{Q_1+Q_2}{V}=\frac{(C_1+M)V+(M+C_2)V}{V}$

$=C_1+C_2+2M$[F]

정답 08 ① 09 ② 10 ② 11 ③

12 □□□

다음의 식 중에서 틀린 것은?

① 가우스의 정리 : $divD=\rho$

② 푸아송의 방정식 $\nabla^2 V=\frac{\rho}{\epsilon}$

③ 라플라스 방정식 : $\nabla^2 V=0$

④ 발산 정리 : $\oint_s AdS=\int_v divAdv$

푸아송의 방정식 $\nabla^2 V=-\frac{\rho}{\epsilon}$

13 □□□

시간에 따라 변화하는 자속에 의해 유도기전력이 발생하여 유도전류가 형성되는 원리를 발견한 사람은?

① 가우스(Gauss) ② 노이만(Neumann)
③ 패러데이(Faraday) ④ 플레밍(Fleming)

전자유도법칙

(1) 노이만 공식 : 서로 근접해 있는 두 개의 폐쇄된 코일 중 어느 한쪽 코일에 전류가 흐르면 다른 코일에 전압이 유기되는 전압을 상호유도라 하며 이 때 기전력에 비례하는 상호유도계수 또는 상호인덕턴스 M의 공식을 노이만 공식이라 한다.
(2) 가우스 법칙 : 어떤 폐곡면을 통과하는 전속은 그 곡면 내에 있는 총 전하량과 같다.
(3) 패러데이 법칙 : 자계의 시간적 변화에 의해 유도기전력이 발생하여 코일에 유도전류가 흐른다.
(4) 렌쯔의 법칙 : 코일에 유기되는 기전력의 방향은 자속의 증가를 방해하는 방향과 같다.

14 □□□

반사계수가 $\gamma=0.8$ 일 때 정재파비 S를 데시벨[dB]로 표시하면?

① $10\log\frac{1}{9}$ ② $10\log 9$

③ $20\log\frac{1}{9}$ ④ $20\log 9$

정재파비 $s=\frac{1+\gamma}{1-\gamma}=\frac{1+0.8}{1-0.8}=9$ 이므로
데시벨 $g=20\log s=20\log 9\,[\text{dB}]$

15 □□□

면적 S[m²], 간격 d[m] 평행판 콘덴서에 비유전율이 ϵ_r인 유전체를 채워 넣었을 때 콘덴서의 정전용량 [F]은?

① $\frac{\epsilon_0\epsilon_r S}{d}$ ② $\frac{\epsilon_r S}{d}$

③ $\frac{S}{\epsilon_0\epsilon_r d}$ ④ $\frac{S}{\epsilon_r d}$

유전체내 평행판 콘덴서의 정전용량

$C=\frac{\epsilon_0\epsilon_r S}{d}$ [F]

정답 12 ② 13 ③ 14 ④ 15 ①

16 □□□

자기이력곡선(Hysteresis loop)에 대한 설명 중 틀린 것은?

① Y축은 자속밀도이다.
② 자화력이 0일 때 남아있는 자기가 잔류자기이다.
③ 자화의 경력이 있을 때나 없을 때나 곡선은 항상 같다.
④ 잔류자기를 상쇄시키려면 역방향의 자화력을 가해야 한다.

자기이력곡선(Hysteresis loop)는 자화의 경력이 있을 때와 없을 때 곡선은 다르다.

17 □□□

정상 전류계에서 J는 전류밀도, σ는 도전율, ρ는 고유저항, E는 전계의 세기일 때, 옴의 법칙의 미분형은?

① $J=\sigma E$　　② $J=\dfrac{E}{\sigma}$
③ $J=\rho E$　　④ $J=\rho\sigma E$

도체의 옴의 법칙
전계의 세기 E, 도전율 σ, 고유저항 ρ라 할 때
전류밀도 J는

$\therefore J=\dfrac{I}{S}=\sigma E=\dfrac{E}{\rho}$ [A/m^2]

18 □□□

자속밀도 10[Wb/m^2] 자계 중에서 10[cm] 도체를 자계와 30°의 각도로 30[m/s]로 움직일 때, 도체에 유기되는 기전력은 몇 [V]인가?

① 15　　② $15\sqrt{3}$
③ 1,500　　④ $1,500\sqrt{3}$

$B=10$ [Wb/m^2], $l=10$ [cm],
$v=30$ [m/sec], $\theta=30°$이므로 자계내 도체 이동시 전압이 유기되는 플레밍의 오른손 법칙에 의하여
유기전압은

$$e=Blv\sin\theta=10\times10\times10^{-2}\times30\times\sin30° =15\text{ [V]}$$

19 □□□

자기 인덕턴스 L[H]인 코일에 전류 I[A]를 흘렸을 때, 자계의 세기가 H[A/m]이다. 이 코일에 전류 $\dfrac{I}{2}$[A]를 흘리면 저장되는 자기 에너지밀도[J/m³]는?

① $\dfrac{1}{2}LI^2$　　② $\dfrac{1}{8}LI^2$
③ $\dfrac{1}{2}\mu_0H^2$　　④ $\dfrac{1}{8}\mu_0H^2$

자기 에너지 밀도는

$W=\dfrac{1}{2}\mu_0H^2=\dfrac{1}{2}HB=\dfrac{B^2}{2\mu_0}$ [J/m^3]이므로

자계의 세기 $H=\dfrac{I}{l}$ [A/m]에서 $H\propto I$가 되어 전류를 $\dfrac{I}{2}$ [A]로 흘리면 자계의 세기 $H'=\dfrac{1}{2}H$가 되므로

$$W'=\frac{1}{2}\mu_0H'^2=\frac{1}{2}\mu_0\left(\frac{1}{2}H\right)^2=\frac{1}{8}\mu_0H^2\text{ [J/m}^3\text{]}$$

정답 16 ③ 17 ① 18 ① 19 ④

20 □□□

유전체에서의 변위전류에 대한 설명으로 옳은 것은?

① 유전체의 굴절률이 2배가 되면 변위전류의 크기도 2배가 된다.
② 변위전류의 크기는 투자율의 값에 비례한다.
③ 변위전류는 자계를 발생시킨다.
④ 전속밀도의 공간적 변화가 변위전류를 발생시킨다.

맥스웰 방정식
암페어의 주회적분법칙에서 유도된 전자방정식은
$\mathrm{rot}\, H = \nabla \times H = i + i_d = i + \dfrac{\partial D}{\partial t} = i + \epsilon \dfrac{\partial E}{\partial t}$ 이며
여기서 i_d를 변위전류밀도라 하여 전속밀도의 시간적 변화량으로 정의한다. 이때 유전체 내를 흐르는 전류를 변위전류라 하며 이 또한 주위에 자계를 발생시키는 것을 알 수 있다.

2과목 : 전력공학

무료 동영상 강의 ▲

21 □□□

비접지식 송전 선로에 있어서 1선 지락 고장이 생겼을 경우 지락점에 흐르는 전류는?

① 직류 전류
② 고장상의 영상 전압과 동상의 전류
③ 고장상의 영상 전압보다 90° 빠른 전류
④ 고장상의 영상 전압보다 90° 늦은 전류

비접지방식
지락전류 $I_g = j3\omega C_s E = j\sqrt{3}\,\omega C_s V$[A]
여기서 C_s는 대지정전용량, E는 대지전압, V는 선간전압을 나타내며 지락전류는 대지정전용량 C_s를 통해서 흐르게 됨으로 위상이 90° 앞선 전류 즉 진상 전류가 흐른다.

22 □□□

피뢰기의 구비조건이 아닌 것은?

① 상용주파 방전 개시전압이 낮을 것
② 충격 방전 개시전압이 낮을 것
③ 속류 차단능력이 클 것
④ 제한전압이 낮을 것

피뢰기의 구비조건
(1) 충격파 방전개시전압이 낮을 것
(2) 상용주파 방전개시전압이 높을 것
(3) 방전내량이 크고 제한전압은 낮아야 한다
(4) 속류 차단능력이 클 것

23 □□□

가공 전선로에 사용하는 전선의 굵기를 결정할 때 고려할 사항이 아닌 것은?

① 절연 저항
② 전압 강하
③ 허용 전류
④ 기계적 강도

전선의 굵기 결정 3요소
(1) 허용전류(우선적으로 고려해야 할 사항)
(2) 전압강하
(3) 기계적 강도

정답 20 ③ 21 ③ 22 ① 23 ①

24 □□□

전력 계통의 안정도 향상 방법이 아닌 것은?

① 선로 및 기기의 리액턴스를 낮게 한다.
② 고속도 재폐로 차단기를 채용한다.
③ 중성점 직접 접지방식을 채용한다.
④ 고속도 AVR을 채용한다.

안정도 향상 대책

안정도 향상 대책	방 법
(1) 리액턴스를 줄인다	· 승압공사 · 병렬회선수(복도체사용) 증가 · 단락비를 증가 · 발전기 및 변압기 리액턴스 감소 · 직렬콘덴서 설치
(2) 전압 변동률을 줄인다	· 중간 조상 방식 · 속응 여자방식 · 계통 연계
(3) 계통에 주는 충격을 경감한다	· 고속도 차단 · 고속도 재폐로 방식채용
(4) 고장전류의 크기를 줄인다	· 소호리액터 접지방식 · 고저항 접지
(5) 입·출력의 불평형을 작게 한다	· 조속기 동작을 빠르게 한다

25 □□□

조상설비가 아닌 것은?

① 정지형 무효전력 보상장치
② 자동고장 구분 개폐기
③ 전력용 콘덴서
④ 분로리액터

조상설비 (무효전력 보상장치)

조상설비는 무효전력을 조정하는 설비로 동기조상기(RC), 전력용(병렬) 콘덴서(SC), 분로리액터(SHR), 정지형 무효전력 보상장치(SVC)가 이에 속한다.

- 자동고장 구분개폐기(ASS)는 특고압 수배전설비 인입구 개폐창치로서 선로측과 부하측 사고를 자동으로 차단하는 장치이다.

26 □□□

송전용량이 증가함에 따라 송전선의 단락 및 지락전류도 증가하여 계통에 여러 가지 장해 요인이 되고 있다. 이들의 경감 대책으로 적합하지 않은 것은?

① 계통의 전압을 높인다.
② 고장 시 모선 분리 방식을 채용한다.
③ 발전기와 변압기의 임피던스를 작게 한다.
④ 송전선 또는 모선 간에 한류리액터를 삽입한다.

송전용량(P)과 단락 및 지락전류의 관계

송전용량 $P_s = \dfrac{E_s E_R}{X} \sin\delta$ [MW/ccT] 식에서 리액턴스 (X)는 송전용량과 반비례한다.
송전용량이 증가함에 따라 리액턴스가 감소함을 알 수 있으며 리액턴스의 감소로 고장전류 (단락전류와 지락전류)가 증가하여 계통에 장해를 발생하게 된다.

※ 경감 대책

(1) $I_s = \dfrac{100}{\%Z} I_n = \dfrac{100}{\%Z} \times \dfrac{P_n}{\sqrt{3}\, V_n}$ [A] → 계통의 전압(V_n)을 높이면 단락전류를 줄일 수 있다.

(2) $I_s = \dfrac{V_n}{\sqrt{3}\, X}$ [A] → 발전기와 변압기의 리액턴스를 크게 하면 단락전류를 줄일 수 있다.

(3) 한류리액터를 설치하여 단락전류를 줄인다.

(4) 고장 시 고장 모선을 분리하여 고장전류를 제거한다.

27 □□□

어떤 공장의 소모 전력이 100[kW]이며, 이 부하의 역률이 0.6일 때, 역률을 0.9로 개선하기 위한 전력용 콘덴서의 용량은 약 몇 [kVA]인가?

① 75　② 80
③ 85　④ 90

전력용 콘덴서 용량(Q_c)

유효전력 $P = 100$ [kW], 개선전 역률 $\cos\theta_1 = 0.6$, 개선후 역률 $\cos\theta_2 = 0.9$이므로

$$\therefore\ Q_c = P\left(\frac{\sqrt{1-\cos^2\theta_1}}{\cos\theta_1} - \frac{\sqrt{1-\cos^2\theta_2}}{\cos\theta_2}\right)$$

$$= 100 \times \left(\frac{\sqrt{1-0.6^2}}{0.6} - \frac{\sqrt{1-0.9^2}}{0.9}\right)$$

$$= 85\ [\text{kVA}]$$

정답 24 ③ 25 ② 26 ③ 27 ③

28 □□□

수력발전소에서 사용되는 수차 중 15[m] 이하의 저낙차에 적합하여 조력 발전용으로 알맞은 수차는?

① 카플란 수차　　② 펠턴 수차
③ 프란시스 수차　　④ 튜블러 수차

수차의 종류 및 낙차 범위

물의 작용 형태에 의한 분류	수차의 종류	낙차범위[m]
충동형	펠톤수차	200~1,800
반동형	프란시스수차 프로펠러수차	50~530
	카플란수차	3~90
	튜블러수차	3~20
	사류수차	40~200

29 □□□

송전 계통의 한 부분이 그림과 같이 3상 변압기로 1차 측은 Δ로, 2차 측은 Y로 중성점이 접지되어 있을 경우, 1차 측에 흐르는 영상 전류는?

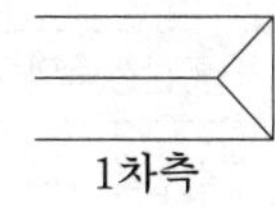

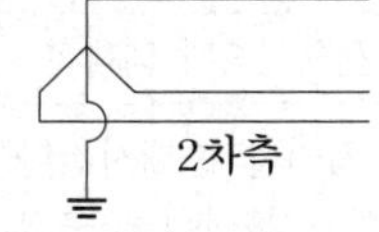

① 1차 측 선로에서 ∞이다.
② 1차 측 선로에서 반드시 0이다.
③ 1차 측 변압기 내부에서는 반드시 0이다.
④ 1차 측 변압기 내부와 1차 측 선로에서 반드시 0이다.

영상 전류
계통에서 지락사고 발생시 영상분 전류가 흐르게 되는데, 변압기 1차측 결선이Δ 결선인 경우는 Δ결선 내부에서 영상분 전류가 순환함으로 선로측에는 나타나지 않는다. 변압기 2차측은 Y결선은 중성점이 접지되어 있으므로 접지선에 영상분 전류가 흐르게 된다.

30 □□□

차단기와 아크 소호 원리가 바르지 않은 것은?

① OCB : 절연유에 분해 가스 흡부력 이용
② VCB : 공기 중 냉각에 의한 아크 소호
③ ABB : 압축 공기를 아크에 불어 넣어서 차단
④ MBB : 전자력을 이용하여 아크를 소호실 내로 유도하여 냉각

차단기

차단기종류	약호	소호원리
유입차단기	OCB	절연유
자기차단기	MBB	전자력
공기차단기	ABB	압축공기(소음이 크다)
가스차단기	GCB	SF_6
진공차단기	VCB	고진공

31 □□□

부하 역률이 현저히 낮은 경우 발생하는 현상이 아닌 것은?

① 전기 요금의 증가
② 유효 전력의 증가
③ 전력 손실의 증가
④ 선로의 전압강하 증가

개선전 역률과 개선후 역률 비교

개선전 역률 (역률 저하)에 따른 현상	개선후 역률 (역률 개선)에 따른 현상
(1) 전력손실 증가 (2) 전력요금 증가 (3) 설비용량의 여유 감소 (4) 전압강하 증가	(1) 전력손실 감소 (2) 전력요금 감소 (3) 설비용량의 여유 증가 (4) 전압강하 감소

정답 28 ④ 29 ② 30 ② 31 ②

32 □□□

22[kV], 60[Hz] 1회선의 3상 송전선에서 무부하 충전전류는 약 몇 [A]인가?(단, 송전선의 길이는 20[km]이고, 1선 1[km]당 정전 용량은 0.5[μF]이다.)

① 12　② 24
③ 36　④ 48

충전 전류(I_c)

$$I_c = j\omega C_\omega l\, E = j\omega\, C_\omega\, l \frac{V}{\sqrt{3}}\ [\mathrm{A}]$$

여기서 E는 선과 대지간 전압, V는 선간전압이다.
조건 $V = 22\,[\mathrm{kV}]$, $f = 60\,[\mathrm{Hz}]$, $l = 20\,[\mathrm{km}]$,
$C_\omega = 0.5\,[\mu\mathrm{F/km}]$이므로

$$\therefore\ I_c = 2\times 3.14\times 60\times 0.5\times 10^{-6}\times 20\times \frac{22\times 10^3}{\sqrt{3}} = 47.88\,[\mathrm{A}]$$

33 □□□

정전용량 0.01[μF/km], 길이 173.2[km], 선간전압 60[kV], 주파수 60[Hz]인 3상 송전선로의 충전전류는 약 몇 [A]인가?

① 6.3　② 12.5
③ 22.6　④ 37.2

충전전류(I_c)

$$I_c = jw\, C_w\, lE = j2\pi f\, C_w\, l \frac{V}{\sqrt{3}}\ [\mathrm{A}]$$

E는 대지(상)전압, V는 선간전압이다.
조건 $C_w = 0.01\,[\mu\mathrm{F/km}]$, $l = 173.2\,[\mathrm{km}]$,
$V = 60\,[\mathrm{kV}]$, $f = 60\,[\mathrm{Hz}]$

$$I_c = 2\times 3.14\times 60\times 0.01\times 10^{-6}\times 173.2 \times \frac{60\times 10^3}{\sqrt{3}} = 22.6\,[\mathrm{A}]$$

34 □□□

4단자 정수 $A = D = 0.8$, $B = j1.0$인 3상 송전선로에 송전단 전압 160[kV]를 인가할 때 무부하 시 수전단 전압은 몇 [kV]인가?

① 154　② 164
③ 180　④ 200

중거리 송전선로의 4단자 방정식
$V_S = A\,V_R + B\,I_R$,
$I_S = C\,V_R + D\,I_R$이다.
이 때 $A = 0.8$, $V_S = 160\,[\mathrm{kV}]$,
무부하시 $I_R = 0$이므로
∴ 무부하시 수전단 전압

$$V_R = \frac{1}{A}\,V_S = \frac{1}{0.8}\times 160 = 200\,[\mathrm{kV}]$$

35 □□□

유도 장해를 방지하기 위한 전력선 측의 대책으로 틀린 것은?

① 차폐선을 설치한다.
② 고속도 차단기를 사용한다.
③ 중성점 전압을 가능한 높게 한다.
④ 중성점 접지에 고저항을 넣어서 지락전류를 줄인다.

유도장해 경감대책

(1) 전력선측의 대책	(2) 통신선측의 대책
㉠ 이격 거리를 증대시킨다. ㉡ 전력선과 통신선을 수직 교차시킨다. ㉢ 소호리액터 접지를 채용하거나 고저항 접지를 채용하여 지락전류를 줄인다. ㉣ 전력선은 케이블화한다. ㉤ 차폐선을 설치한다.(효과는 30~50[%] 정도) ㉥ 고속도차단기를 설치하여 고장전류를 신속히 제거한다. ㉦ 연가를 충분히 하여 중성점의 잔류전압을 줄인다.	㉠ 통신선을 연피 케이블 사용. ㉡ 통신기기의 절연을 향상시키고 배류코일 설치한다. ㉢ 통신선을 전력선과 수직 교차시킨다. ㉣ 특성이 양호한 피뢰기를 설치한다. ㉤ 중계코일(절연변압기)을 사용한다.

정답 32 ④ 33 ③ 34 ④ 35 ③

36 □□□

보호계전기에서 요구되는 특성이 아닌 것은?

① 동작이 예민하고 오동작이 없을 것
② 고장 개소를 정확히 선택할 수 있을 것
③ 고장 상태를 식별하여 정도를 파악할 수 있을 것
④ 동작을 느리게 하여 다른 건전부의 송전을 막을 것

계전기 구비조건
(1) 신뢰성·협조성
(2) 동작이 예민하고 오동작이 없을 것.
(3) 고장 개소를 정확하게 선택할 수 있을 것.
(4) 고장 상태를 식별하여 정도를 파악할 수 있을 것.
(5) 적절한 후비보호 능력이 있을 것.
(6) 과도 안정도를 유지하는데 필요한 한도내의 동작 시한을 갖을 것.

37 □□□

송전 전력, 부하 역률, 송전 거리, 전력손실, 선간전압이 동일할 때 3상 3선식에 의한 소요 전선량은 단상 2선식의 몇 [%]인가?

① 50　　② 67
③ 75　　④ 87

배전방식의 전기적 특성 비교

전기방식	전력(P)	1선당전력	1선당공급 전력의 비	중량 비교
단상2선식	$VI\cos\theta$	$0.5\ VI\cos\theta$	1	1
단상3선식	$2\ VI\cos\theta$	$0.67\ VI\cos\theta$	1.33	$\frac{3}{8}$
3상 3선식	$\sqrt{3}\ VI\cos$	$0.57\ VI\cos\theta$	1.15	$\frac{3}{4}$
3상 4선식	$3\ VI\cos\theta$	$0.75\ VI\cos\theta$	1.5	$\frac{1}{3}$

38 □□□

GIS(Gas Insulated Switchgear)의 특징이 아닌 것은?

① 내부 점검, 부품 교환이 번거롭다.
② 신뢰성이 향상되고 안전성이 높다.
③ 장비는 저렴 하지만 시설 공사 방법은 복잡하다.
④ 대기 절연을 이용한 것에 비하면 현저하게 소형화 할 수 있다.

가스절연 개폐설비 (GIS)

장점	단점
① 절연 거리축소로 설치 면적이 적어진다.	① 내부를 직접 눈으로 볼 수 없다.
② 신뢰성이 및 안정성이 높고, 화재의 위험이 적다.	② 한랭지 산악지방에서는 액화 방지대책이 필요하다.
③ 주위 환경과 조화를 이룰 수 있다.	③ 기밀구조 유지 및 수분 관리가 필요하다.
④ 부분공장조립이 가능하여 설치 공기가 단축된다.	④ 고장 발생 시 고장파급 범위가 넓고 복구에 장시간 소요된다.
⑤ SF6 가스 내에 설치되어 보수, 점검 주기가 길어진다.	⑤ 내부 점검 및 부품 교환이 번거롭고 가격이 비싸다.

39 □□□

수용 설비 각각의 최대 수용 전력의 합[kW]을 합성 최대 수용 전력[kW]로 나눈 값은?

① 부하율　　② 수용률
③ 부등률　　④ 역률

부등률
어느 기간 동안 전기설비가 동시에 사용되는 정도.

$$\text{부등률} = \frac{\text{각각의 최대전력합}}{\text{합성최대전력}} \geq 1$$

∴ 개개의 최대수용전력의 합을 합성 최대수용전력으로 나눈 값이다.

정답 36 ④ 37 ③ 38 ③ 39 ③

40 □□□

가공 송전선로에서 총 단면적이 같은 경우 단도체와 비교하여 복도체의 장점이 아닌 것은?

① 안정도를 증대시킬 수 있다.
② 공사비가 저렴하고 시공이 간편하다.
③ 전선 표면 전위 경도를 감소시켜 코로나 임계 전압이 높아진다.
④ 선로의 인덕턴스가 감소되고 정전 용량이 증가해서 송전 용량이 증대된다.

복도체 장단점

장 점	단 점
L감소, C증가 (20-30%) · 송전용량 증가 · 안정도 향상 · 코로나 손실감소 · 코로나임계전압높아진다.	· 패란티 현상 발생 · 전선의 진동 발생 · 도체간 충돌 현상 · 공사비증가 · 시공이 어렵다.

3과목 : 전기기기

무료 동영상 강의 ▲

41 □□□

직류발전기의 외부특성곡선의 횡축과 종축은 각각 무엇을 나타내는가?

① 계자전류와 유기기전력
② 계자전류와 단자전압
③ 부하전류와 단자전압
④ 부하전류와 유기기전력

직류발전기의 특성곡선

(1) 무부하 포화곡선 : 횡축에 계자전류, 종축에 유기기전력을 취해서 그리는 특성곡선
(2) 부하 포화곡선 : 횡축에 계자전류, 종축에 단자전압을 취해서 그리는 특성곡선
(3) 외부특성곡선 : 횡축에 부하전류, 종축에 단자전압을 취해서 그리는 특성곡선
(4) 계자조정곡선 : 횡축에 부하전류, 종축에 계자전류를 취해서 그리는 특성곡선

42 □□□

두 대의 동기발전기가 병렬운전하고 있을 때 동기화전류가 흐르는 경우는?

① 기전력의 위상에 차가 있을 때
② 기전력의 파형에 차가 있을 때
③ 부하 분담에 차가 있을 때
④ 기전력의 크기에 차가 있을 때

동기발전기의 병렬운전조건

(1) 기전력의 크기가 같을 것 : 기전력의 크기가 같지 않으면 무효순환전류가 흐른다.
(2) 기전력의 위상이 같을 것 : 기전력의 위상이 같지 않으면 유효순환전류(= 동기화전류)가 흐른다.
(3) 기전력의 주파수가 같을 것 : 주파수가 같지 않으면 유효순환전류(= 동기화전류)가 흐른다.
(4) 기전력의 파형이 같을 것 : 파형이 같지 않으면 고조파 무효순환전류가가 흐른다.
(5) 상회전이 일치할 것

43 □□□

변압기의 등가회로 구성에 필요한 시험이 아닌 것은?

① 단락시험 ② 부하시험
③ 무부하시험 ④ 권선저항 측정

변압기 등기회로 구성에 필요한 시험

변압기의 등가회로 구성에 필요한 시험을 정수측정시험이라고도 하며 여기에는 권선저항측정시험과 무부하시험 및 단락시험 3가지가 있다. 각 시험으로부터 구할 수 있는 값들을 아래 표에 정리하였다.

구분	시험으로부터 알 수 있는 값
권선저항측정시험	변압기 1차, 2차 권선의 저항 값
무부하시험	여자 전류(무부하 전류), 여자 어드미턴스, 여자 콘덕턴스, 철손 등
단락시험	임피던스 전압, 임피던스 와트(동손), 누설 리액턴스, %임피던스(%저항과 %리액턴스), 전압변동률 등

정답 40 ② 41 ③ 42 ① 43 ②

44 □□□

정격출력 10000[kVA], 정격전압 6600[V], 역률 0.6인 3상 동기발전기가 있다. 동기리액턴스가 0.6[p.u]인 경우의 전압변동률은 약 몇 [%]인가?

① 31　② 40
③ 52　④ 21

동기기의 단위법을 이용한 전압변동률

$E = \sqrt{\cos^2\theta + (\sin\theta + \%x_s[\mathrm{p.u}])^2}$ [V],

$\epsilon = (E-1) \times 100$ [%] 식에서

$P = 10{,}000$ [kVA], $V = 6{,}600$ [V], $\cos\theta = 0.6$,

$x_s[\mathrm{p.u}] = 0.6[\mathrm{p.u}]$ 이므로

$\sin\theta = \sqrt{1-\cos^2\theta} = \sqrt{1-0.6^2} = 0.8$일 때

$E = \sqrt{\cos^2\theta + (\sin\theta + \%x_s[\mathrm{p.u}])^2}$

$= \sqrt{0.6^2 + (0.8+0.6)^2} = 1.52$ [V]이다.

$\therefore \epsilon = (E-1) \times 100 = (1.52-1) \times 100 = 52$ [%]

45 □□□

반발기동형 단상 유도전동기의 회전방향을 변경하려면?

① 전원의 2선을 바꾼다.
② 주권선의 2선을 바꾼다.
③ 브러시의 접속선을 바꾼다.
④ 브러시의 위치를 조정한다.

반발 기동형의 특징

(1) 직류전동기와 같이 정류자와 브러시를 이용하여 기동한다.
(2) 기동토크가 가장 크고 브러시의 위치를 이동시켜 회전방향을 바꿀 수 있다.

46 □□□

권선형 유도전동기에서 2차 저항을 2배로 하면 최대토크 값은 어떻게 되는가?

① 3배로 커진다.　② 2배로 커진다.
③ $\frac{1}{2}$배로 작아진다.　④ 변하지 않는다.

비례추이의 원리의 특징

(1) 2차 저항을 증가시키면 최대토크는 변하지 않으나 최대토크를 발생하는 슬립이 증가한다.
(2) 2차 저항을 증가시키면 기동토크가 증가하고 기동전류는 감소한다.
(3) 2차 저항을 증가시키면 속도는 감소한다.
(4) 기동역률이 좋아진다.
(5) 전부하 효율이 저하한다.

47 □□□

60[Hz]의 전원에 접속된 4극 3상 유도전동기에서 슬립이 4[%]일 때와 5[%]일 때의 회전속도의 차이는 몇 [rpm]인가?

① 17　② 19
③ 16　④ 18

유도전동기의 회전자 속도

$N_s = \frac{120f}{p}$ [rpm], $N = (1-s)N_s$ [rpm] 식에서

$f = 60$ [Hz], $p = 4$, $s_1 = 4$ [%], $s_2 = 5$ [%] 이므로

$N_s = \frac{120f}{p} = \frac{120 \times 60}{4} = 1800$ [rpm]일 때

$N_1 = (1-0.04) \times 1800 = 1728$ [rpm],

$N_2 = (1-0.05) \times 1800 = 1710$ [rpm]

$\therefore N_1 - N_2 = 1728 - 1710 = 18$ [rpm]

제9회 복원문제

정답 44 ③ 45 ④ 46 ④ 47 ④

48 □□□

직류발전기 전기자 권선이 단중 중권일 때 자극 수 4, 각 극의 자속이 0.02[Wb], 전기자 총 도체수 500, 회전수 1800[rpm]일 때 유도기전력은 몇 [V]인가?

① 300 ② 400
③ 100 ④ 200

직류기의 유기기전력(E)

$E=\frac{pZ\phi N}{60a}$ [V] 식에서

$a=p=4$ (중권), $p=4$, $\phi=0.02$ [Wb], $Z=500$, $N=1800$ [rpm] 이므로

$\therefore E=\frac{pZ\phi N}{60a}=\frac{4\times500\times0.02\times1800}{60\times4}=300$ [V]

49 □□□

정격이 11000/2300[V], 60[Hz], 100[kVA]인 변압기 2대가 V-V결선 되어 있다. 여기에 △결선된 120[kVA], 2300[V], 역률 0.866(지상)인 3상 평형부하가 접속된다면 부하선로(2차측)에 흐르는 전류는 약 몇 [A]인가?

① 34.8 ② 21.5
③ 30.1 ④ 17.4

3상 부하전류

$S=\sqrt{3}\,V_2I_2$ [VA] 식에서

$S=120$ [VA], $V_2=2300$ [V] 이므로

$\therefore I_2=\frac{S}{\sqrt{3}\,V_2}=\frac{120\times10^3}{\sqrt{3}\times2300}=30.1$ [A]

주의 전력에 의한 전류 계산은 전력 단위에 주의하여야 한다.

$I=\frac{P[\mathrm{W}]}{\sqrt{3}\,V\cos\theta}=\frac{S[\mathrm{VA}]}{\sqrt{3}\,V}$ [A]

50 □□□

동기기의 안정도를 향상시키는 방법으로 틀린 것은?

① 속응여자방식으로 한다.
② 동기임피던스를 크게 한다.
③ 단락비를 크게 한다.
④ 관성모멘트를 크게 한다.

동기기의 안정도 개선책

(1) 단락비를 크게 한다.
(2) 관성 모멘트를 크게 한다.
(3) 조속기 성능을 개선한다.
(4) 속응여자방식을 채용한다.
(5) 동기 리액턴스를 작게 한다.

51 □□□

직류 직권전동기의 회전수를 반으로 줄이면 토크는 몇 배가 되는가?

① $\frac{1}{4}$ ② $\frac{1}{2}$
③ 4 ④ 2

직류 직권전동기의 토크

$\tau\propto\frac{1}{N^2}$ [N·m] 식에서

∴ 직권전동기의 토크는 속도의 제곱에 반비례하므로 회전수를 $\frac{1}{2}$ 배로 줄이면 토크는 4배 증가한다.

정답 48 ① 49 ③ 50 ② 51 ③

52 □□□

스텝 모터에 대한 설명으로 틀린 것은?

① 정·역 및 변속이 용이하다.
② 가속과 감속이 용이하다.
③ 브러시 등 부품수가 많아 유지보수 필요성이 크다.
④ 위치제어 시 각도오차가 적다.

스텝 모터의 특징

(1) 회전각과 회전속도는 입력 펄스에 따라 결정되며 회전각은 펄스 수에 비례하고 회전속도는 펄스 주파수에 비례한다.
(2) 총 회전각도는 스텝각과 스텝수의 곱이다.
(3) 분해능은 스텝각에 반비례한다.
(4) 기동·정지 특성이 좋을 뿐만 아니라 가속·감속이 용이하고 정·역전 및 변속이 쉽다.
(5) 위치제어를 할 때 각도오차가 적고 누적되지 않는다.
(6) 고속 응답이 좋고 고출력의 운전이 가능하다.
(7) 브러시 등 부품수가 적어 유지보수 필요성이 작다.
(8) 피드백 루프가 필요 없이 오픈 루프로 손쉽게 속도 및 위치제어를 할 수 있다.
(9) 디지털 신호를 직접 제어할 수 있으므로 컴퓨터 등 다른 디지털 기기와 인터페이스가 쉽다.

53 □□□

단상 유도전동기의 기동방법 중 기동토크가 가장 큰 것은?

① 커패시터 분상 기동형　② 분상 기동형
③ 반발 기동형　④ 세이딩 코일형

단상유도전동기의 기동법(기동토크 순서)

반발 기동형 > 반발 유도형 > 콘덴서 기동형 > 분상 기동형 > 셰이딩 코일형

54 □□□

단상 직권 정류자전동기의 종류가 아닌 것은?

① 유도보상직권형　② 보상직권형
③ 아트킨손형　④ 직권형

단상 직권 정류자 전동기와 단상 반발 정류자 전동기의 종류

(1) 단상 직권 정류자 전동기
㉠ 단순직권형
㉡ 보상직권형
㉢ 유도보상직권형
(2) 단상 반발 정류자 전동기
㉠ 애트킨슨 반발전동기
㉡ 톰슨 반발전동기
㉢ 데리 반발전동기
㉣ 보상 반발전동기

55 □□□

3000[V]의 저압을 3300[V]의 고압으로 승압하는 단권변압기의 자기용량은 약 몇 [kVA]인가? (단, 여기서 부하용량은 100[kVA]이다.)

① 7.4　② 9.1
③ 2.1　④ 5.3

단권변압기의 자기용량

자기용량$=\dfrac{V_h-V_L}{V_h}\times$부하용량 식에서

$V_L=3000\,[\text{V}]$, $V_h=3300\,[\text{V}]$,
$P=100\,[\text{kVA}]$ 이므로

$$\therefore \text{자기용량}=\frac{V_h-V_L}{V_h}\times P=\frac{3300-3000}{3300}\times 100=9.1\,[\text{kVA}]$$

정답 52 ③ 53 ③ 54 ③ 55 ②

56 □□□

저항 부하의 단상 전파정류회로에서 리플률은 약 얼마인가?

① 1.41　　② 1.11
③ 0.48　　④ 1.21

정류회로의 맥동률(v)

$$v = \frac{\text{출력(전압)전류에 포함된 교류성분의 실효값}}{\text{출력(전압)전류의 직류성분}}$$

$$= \sqrt{\left(\frac{I_a}{I_d}\right)^2 - 1} \text{ 식에서}$$

단상 전파정류회로의 $\frac{I_a}{I_d} = 1.11$ 이므로

$$\therefore v = \sqrt{\left(\frac{I_a}{I_d}\right)^2 - 1} = \sqrt{1.11^2 - 1} = 0.48$$

참고 정류회로의 리플률

구분	리플률
단상 반파	121[%]
단상 전파	48[%]
3상 반파	17[%]
3상 전파	4[%]

57 □□□

극수가 각각 P_1, P_2인 2개의 3상 유도전동기를 종속접속 하였을 때 이 전동기들의 동기속도[rpm]은?
(단, 전원 주파수는 f_1이고, 직렬종속이다.)

① $\frac{120f_1}{P_2}$　　② $\frac{120f_1}{P_1 \times P_2}$
③ $\frac{120f_1}{P_1 + P_2}$　　④ $\frac{120f_1}{P_1}$

유도전동기의 종속접속에 의한 속도제어

(1) 직렬종속법 : $N = \frac{120f}{p_1 + p_2}$ [rpm]

(2) 차동종속법 : $N = \frac{120f}{p_1 - p_2}$ [rpm]

58 □□□

정격부하운전 시 100[%] 역률에 있어서의 전압변동률이 1.47[%]인 변압기가 있다. 이 변압기에 지상역률 80[%], 전부하운전 시 전압변동률은 약 몇 [%]인가?
(단, %리액턴스 강하는 %저항 강하의 10배이다.)

① 10　　② 7
③ 13　　④ 5

변압기의 전압변동률(ϵ)

$\epsilon = p\cos\theta + q\sin\theta$ [%] 식에서

$\cos\theta = 1$일 때 $\epsilon = 1.47$ [%] 이므로

$\epsilon = p = 1.47$ [%]이다.

$\cos\theta' = 0.8$, $q = 10p = 10 \times 1.47 = 14.7$ [%]일 때

전압변동률 ϵ'은

$\therefore \epsilon' = p\cos\theta' + q\sin\theta'$

$= 1.47 \times 0.8 + 14.7 \times 0.6 = 10$ [%]

59 □□□

다이오드를 사용하는 정류회로에서 과대한 부하전류로 인하여 다이오드가 소손될 우려가 있을 때 가장 적절한 조치는 어느 것인가?

① 다이오드를 병렬로 추가한다.
② 다이오드 양단에 적당한 값의 커패시터를 추가한다.
③ 다이오드를 직렬로 추가한다.
④ 다이오드 양단에 적당한 값의 저항을 추가한다.

다이오드의 직 · 병렬 접속

구 분	내 용
다이오드를 직렬로 접속시킬 경우	(1) 과전압으로부터의 보호 (2) 입력전압 증가
다이오드를 병렬로 접속시킬 경우	(1) 과전류로부터의 보호 (2) 입력전류 증가

정답 56 ③ 57 ③ 58 ① 59 ①

60 □□□

60[Hz], 12극인 동기전동기 회전자의 주변 속도[m/s]는? (단, 회전 계자의 극간격은 1[m]이다.)

① 120　② 102
③ 98　④ 72

동기발전기의 주변속도(v)

$f=60$ [Hz], 극수 $p=12$, 극간격이 1[m]이므로 회전자 둘레(πD)는 12[m]이다.

$v=\pi D\dfrac{N_s}{60}=\pi D\dfrac{120f}{60p}$ [m/sec]식에 대입하여 풀면

$\therefore\ v=\pi D\dfrac{120f}{60p}=12\times\dfrac{120\times 60}{60\times 12}=120$ [m/s]

4과목 : 회로이론 및 제어공학

무료 동영상 강의 ▲

61 □□□

다음의 회로에서 저항 20[Ω]에 흐르는 전류는?

① 1.0[A]
② 2.0[A]
③ 3.0[A]
④ 5.0[A]

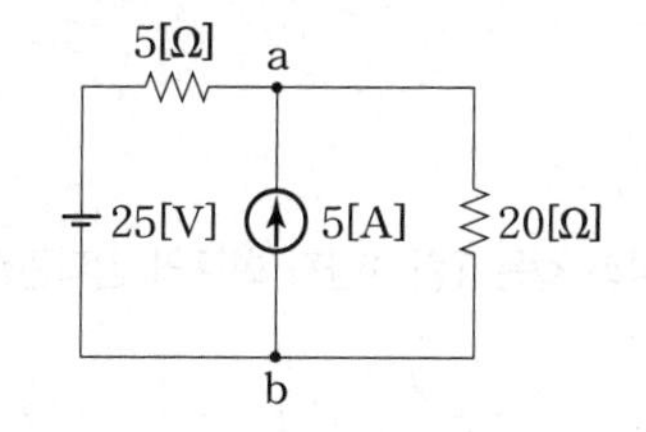

중첩의 원리

(1) 전압원을 단락한 경우

$I_1=\dfrac{5}{5+20}\times 5=1$ [A]

(2) 전류원을 개방한 경우

$I_2=\dfrac{25}{5+20}=1$ [A]

전류 I_1과 I_2의 방향이 같으므로

$\therefore\ I=I_1+I_2=1+1=2$ [A]

별해 $V_{ab}=\dfrac{\dfrac{25}{5}+5}{\dfrac{1}{5}+\dfrac{1}{20}}=40$ [V] 이므로

$\therefore\ I=\dfrac{V_{ab}}{20}=\dfrac{40}{20}=2$ [A]

62 □□□

R, L 직렬회로에서 시정수가 0.03[sec], 저항이 14.7[Ω]일 때 코일의 인덕턴스[mH]는?

① 441[mH]　② 362[mH]
③ 17.6[mH]　④ 2.53[mH]

R-L 과도현상의 시정수

$\tau=\dfrac{L}{R}$ [sec] 식에서

$\tau=0.03$ [sec], $R=14.7$ [Ω]

$\therefore\ L=\tau R=0.03\times 14.7=0.441$ [H] $=441$ [mH]

63 □□□

6[Ω]과 2[Ω]의 저항 3개를 그림과 같이 연결하였을 때 a,b 사이의 합성저항은 몇 [Ω]인가?

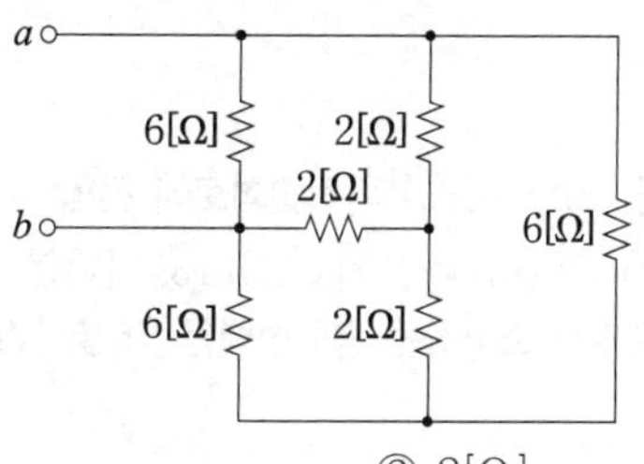

① 1[Ω]　② 2[Ω]
③ 3[Ω]　④ 4[Ω]

Y-Δ 결선의 상호 변환 관계

저항 6[Ω]의 Δ결선을 Y결선으로 변환하면 $\dfrac{1}{3}$배로 감소되어 2[Ω]으로 바뀌게 되고 등가회로는 다음과 같다.

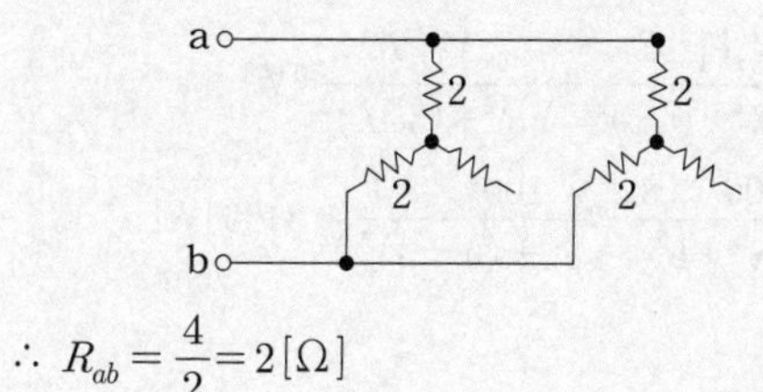

$\therefore\ R_{ab}=\dfrac{4}{2}=2$ [Ω]

정답 60 ① 61 ② 62 ① 63 ②

64 □□□

$f(t)=\sin(\omega t+\theta)$ 의 라플라스 변환은?

① $\dfrac{\omega\cos\theta}{s^2+\omega^2}$　　② $\dfrac{s\cos\theta+\omega\sin\theta}{s^2+\omega^2}$

③ $\dfrac{\omega\sin\theta}{s^2+\omega^2}$　　④ $\dfrac{\omega\cos\theta+s\sin\theta}{s^2+\omega^2}$

삼각함수의 라플라스 변환

$\sin(\omega t+\theta)=\sin\omega t\cos\theta+\cos\omega t\sin\theta$ 이므로

$$\therefore\ \mathcal{L}[\sin(\omega t+\theta)]=\frac{\omega\cos\theta}{s^2+\omega^2}+\frac{s\sin\theta}{s^2+\omega^2}=\frac{\omega\cos\theta+s\sin\theta}{s^2+\omega^2}$$

참고 삼각함수와 관련된 라플라스 변환

$f(t)$	$F(s)$
$\sin t\cos t$	$\dfrac{1}{s^2+4}$
$\sin t+2\cos t$	$\dfrac{2s+1}{s^2+1}$
$t\sin\omega t$	$\dfrac{2\omega s}{(s^2+\omega^2)^2}$
$\sin(\omega t+\theta)$	$\dfrac{\omega\cos\theta+s\sin\theta}{s^2+\omega^2}$

65 □□□

$R=8[\Omega]$, $\omega L=6[\Omega]$의 직렬회로에 전압 $v(t)=200\sqrt{2}\sin\omega t+100\sqrt{2}\sin 3\omega t$ [V]를 인가했을 때 이 회로에서 소비하는 평균전력은 약 몇 [W]인가?

① 3350　　② 3406

③ 3250　　④ 3750

비정현파의 소비전력

$P=\dfrac{V_1^{\,2}R}{R^2+(\omega L)^2}+\dfrac{V_3^{\,2}R}{R^2+(3\omega L)^2}$ [W] 식에서

$V_1=200$ [V], $V_3=100$ [V] 이므로

$$\therefore\ P=\frac{V_1^{\,2}R}{R^2+(\omega L)^2}+\frac{V_3^{\,2}R}{R^2+(3\omega L)^2}\ [\text{W}]=\frac{200^2\times 8}{8^2+6^2}+\frac{100^2\times 8}{8^2+(6\times 3)^2}=3406\ [\text{W}]$$

66 □□□

회로에서 $I_1=2e^{-j\frac{\pi}{6}}$ [A], $I_2=5e^{j\frac{\pi}{6}}$ [A], $I_3=5$ [A], $Z_3=1[\Omega]$ 일 때 부하(Z_1, Z_2, Z_3) 전체에 대한 복소전력은 약 몇 [VA]인가?

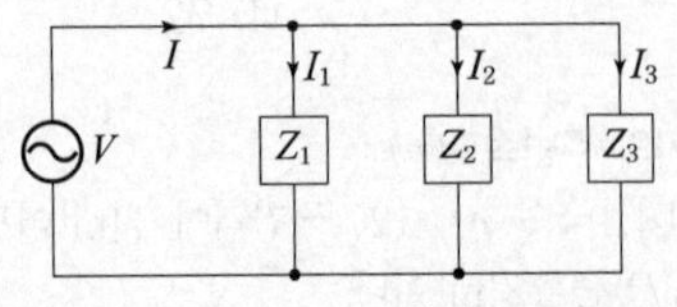

① $45+j26$　　② $45-j26$

③ $55.3+j7.5$　　④ $55.3-j7.5$

복소전력

병렬회로에서는 전압이 일정하므로 전원전압 V는

$V=Z_3I_3=1\times 5=5$ [V]이다.

$I=I_1+I_2+I_3=2\angle-30°+5\angle 30°+5$

$=11.06+j1.5$ [A] 이므로

$\therefore\ S=V\overline{I}=5\times(11.06-j1.5)=55.3-j7.5$ [VA]

참고 공액복소수 또는 켤레복소수

공액복소수란 복소수의 허수부의 부호를 반대로 표현하는 복소수를 의미하므로

전류 $I=11.06+j1.5$ [A]의 공액복소수는

$\therefore\ \overline{I}=11.06-j1.5$ [A]이다.

67 □□□

그림과 같은 T형 4단자 회로의 임피던스 파라미터 Z_{22}는?

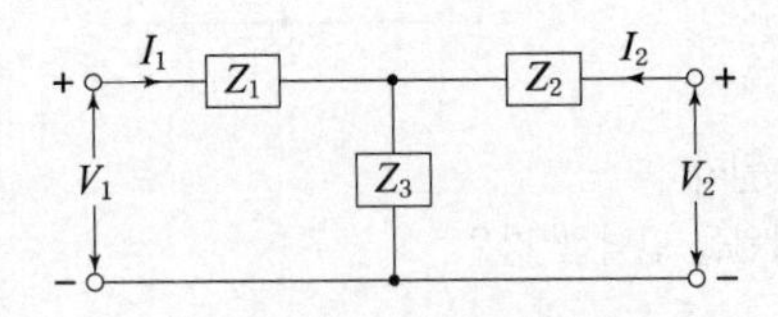

① Z_1+Z_3　　② Z_2+Z_3

③ Z_3　　④ Z_1+Z_2

T형과 L형 회로망의 임피던스 파라미터

회로망 / Z 행렬	(Z_1, Z_2, Z_3)	(Z_1, Z_2)	(Z_1, Z_2)
Z_{11}	Z_1+Z_3	Z_1+Z_2	Z_1
$Z_{12}=Z_{21}$	Z_3	Z_2	Z_1
Z_{22}	Z_2+Z_3	Z_2	Z_1+Z_2

정답 64 ④　65 ②　66 ④　67 ②

68 □□□

3상 평형회로에 Y결선의 부하가 연결되어 있고, 부하에서의 선간전압이 $V_{ab}=100\sqrt{3}\angle 0°$ [V] 일 때 선전류가 $I_a=20\angle -120°$ [A]이었다. 이 부하의 한 상의 임피던스 $[\Omega]$는? (단, 3상 전압의 상순은 $a-b-c$ 이다.)

① $5\angle 60°$ ② $5\angle 90°$
③ $5\sqrt{3}\angle 60°$ ④ $5\sqrt{3}\angle 90°$

Y결선의 특징
3상 Y결선에서 선간전압(V_L)과 상전압(V_P)과의 관계는 $V_L=\sqrt{3}\,V_P\angle +30°$ [V] 이므로

$V_a=\dfrac{V_{ab}}{\sqrt{3}}\angle -30°$ [V]일 때

$V_a=\dfrac{100\sqrt{3}}{\sqrt{3}}\angle -30°=100\angle -30°$ [V]이다.

$Z_a=\dfrac{V_a}{I_a}\,[\Omega]$ 식에서

$\therefore Z_a=\dfrac{V_a}{I_a}=\dfrac{100\angle -30°}{20\angle -120°}=5\angle 90°\,[\Omega]$

69 □□□

상의 순서가 $a-b-c$인 불평형 3상 전압이 $V_a=60$[V], $V_b=0$[V], $V_c=-10+j120$[V]일 때 영상분 전압 V_0는 약 몇 [V]인가?

① $-13-j24$ ② $16+j40$
③ $56-j17$ ④ $60+j0$

영상분 전압(V_0)

$$\therefore V_0=\frac{1}{3}(V_a+V_b+V_c)$$
$$=\frac{1}{3}(60+0-10+j120)$$
$$=16+j40\,[A]$$

70 □□□

다음과 같은 $R-L$ 직렬회로에서 직류전압을 급히 가했을 때 스위치를 닫은 후 $t=3$초일 때의 $i(t)$ 값은? (단, $E=10$ [V], $R=1\,[\Omega]$, $L=3$ [H]이다.)

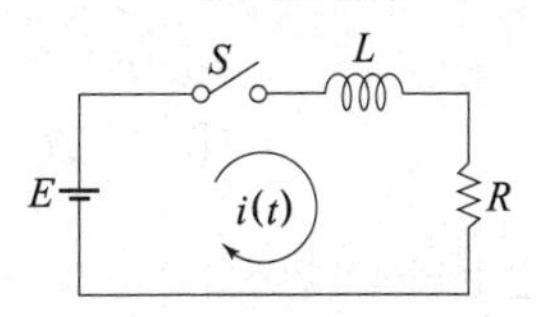

① 6.32 ② 7.58
③ 9.13 ④ 10.48

t초 후의 전류(과도전류)

$i(t)=\dfrac{E}{R}(1-e^{-\frac{R}{L}t})$ [A] 식에서 $t=3$ [sec]일 때

$$\therefore i(t)=\frac{E}{R}(1-e^{-\frac{R}{L}t})=\frac{10}{1}\times(1-e^{-\frac{1}{3}\times 3})$$
$$=10\times(1-e^{-1})=6.32\ [A]$$

별해 시정수는 $\tau=\dfrac{L}{R}=\dfrac{3}{1}=3$ [sec]이며 문제에서 주어진 시간이 시정수를 의미하므로

$$\therefore i(t)=0.632\frac{E}{R}=0.632\times\frac{10}{1}=6.32\,[A]$$

71 □□□

그림과 같은 블록선도에서 전달함수 $\dfrac{C(s)}{R(s)}$를 구하면?

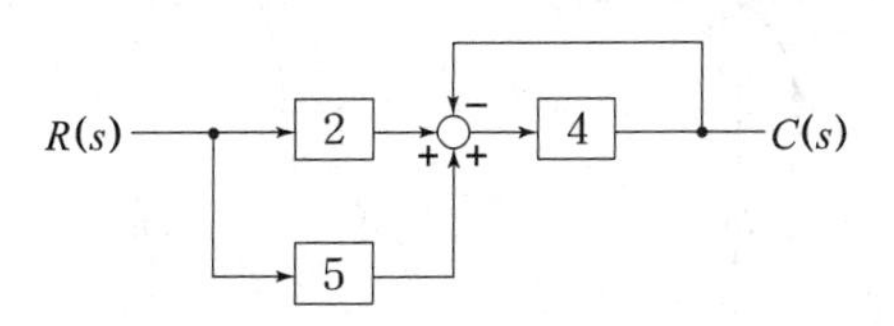

① $\dfrac{1}{8}$ ② $\dfrac{5}{28}$
③ $\dfrac{28}{5}$ ④ 8

블록선도의 전달함수
전향경로 이득 $=2\times 4+5\times 4=28$
루프경로 이득 $=-4$ 이므로

$$\therefore G(s)=\frac{28}{1-(-4)}=\frac{28}{5}$$

정답 68 ② 69 ② 70 ① 71 ③

72 □□□

다음 논리회로의 출력 X는?

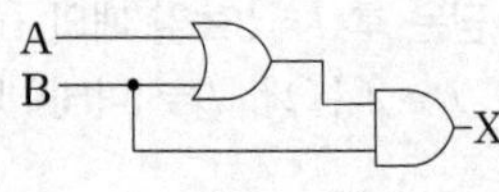

① A ② B
③ $A+B$ ④ $A\cdot B$

불대수를 이용한 논리식의 간소화

$\therefore X=(A+B)\cdot B=(A+1)\cdot B=B$

참고 불대수

$B\cdot B=B,\ A+1=1,\ 1\cdot B=B$

73 □□□

$G(j\omega)=\dfrac{K}{j\omega(j\omega+1)}$ 의 나이퀴스트 선도는?
(단, $K>0$ 이다.)

①
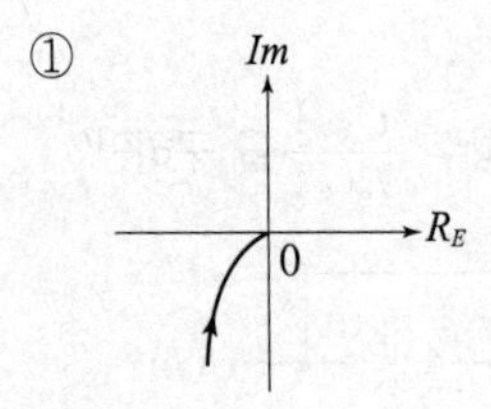

②
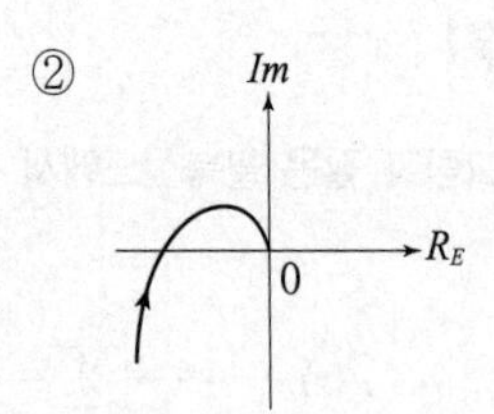

③
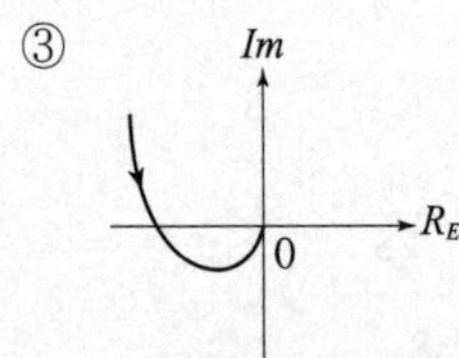

④
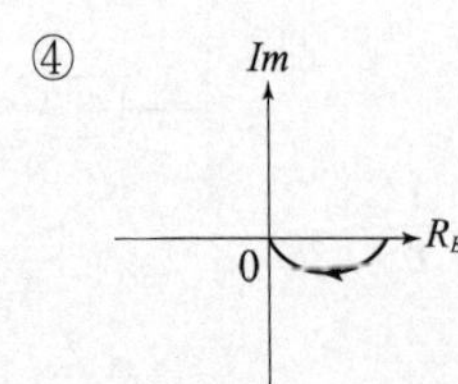

나이퀴스트 선도(벡터궤적)

(1) $\omega=0$일 때 $|G(j0)|=\infty,\ \phi=-90^\circ$

(2) $\omega=\infty$일 때 $|G(j\infty)|=0,\ \phi=-180^\circ$

∴ 3상한 -90° ∞에서 출발하여, -180° 원점으로 향하는 벡터궤적이다.

74 □□□

$\dfrac{d}{dx}x(t)=Ax(t)+Bu(t)$에서 $A=\begin{bmatrix}0 & 1\\ -3 & 4\end{bmatrix}$,
$B=\begin{bmatrix}1\\1\end{bmatrix}$인 상태방정식에 대한 특성방정식을 구하면?

① $s^2-4s-3=0$ ② $s^2-4s+3=0$
③ $s^2+4s+3=0$ ④ $s^2+4s-3=0$

상태방정식의 특성방정식

특성방정식은 $|sI-A|=0$ 이므로

$(sI-A)=s\begin{bmatrix}1 & 0\\ 0 & 1\end{bmatrix}-\begin{bmatrix}0 & 1\\ -3 & 4\end{bmatrix}=\begin{bmatrix}s & -1\\ 3 & s-4\end{bmatrix}$

$|sI-A|=\begin{vmatrix}s & -1\\ 3 & s-4\end{vmatrix}=s(s-4)+3=0$

$\therefore s^2-4s+3=0$

75 □□□

그림과 같은 블록선도의 제어시스템에 단위계단 함수가 입력되었을 때 정상상태오차가 0.01이 되는 a의 값은?

① 0.2
② 0.6
③ 0.8
④ 1.0

제어계의 정상편차(정상상태오차 : e_p)

단위계단입력은 0형 입력이고 주어진 개루프 전달함수 $G(s)$ 도 0형 제어계이므로 정상편차는 유한값을 갖는다. 0형 제어계의 위치편차상수(k_p)와 위치정상편차(e_p)는

$k_p=\lim_{s\to0}G(s)=\lim_{s\to0}\dfrac{19.8}{s+a}=\dfrac{19.8}{a}$ 일 때

$e_p=\dfrac{1}{1+k_p}=\dfrac{1}{1+\dfrac{19.8}{a}}=0.01$ 이므로

$1+\dfrac{19.8}{a}=\dfrac{1}{0.01}=100$이다.

$\therefore a=\dfrac{19.8}{100-1}=0.2$

정답 72 ② 73 ① 74 ② 75 ①

76 □□□

개루프 전달함수가 다음과 같은 제어시스템의 근궤적이 $j\omega$(허수)축과 교차하는 점은 약 얼마인가?

$$G(s)H(s) = \frac{K}{s(s+4)(s+5)}$$

① $\omega = 4.48$
② $\omega = -4.48$
③ $\omega = 4.48$, $\omega = -4.48$
④ $\omega = 2.48$

허수축과 교차하는 점

제어계의 개루프 전달함수 $G(s)H(s)$ 가 주어지는 경우 특성방정식 $F(s) = 1 + G(s)H(s) = 0$ 을 만족하는 방정식을 세워야 한다.

$G(s)H(s) = \dfrac{B(s)}{A(s)}$ 인 경우 특성방정식 $F(s)$ 는 $F(s) = A(s) + B(s) = 0$ 으로 할 수 있다.

문제의 특성방정식은

$$F(s) = s(s+4)(s+5) + K$$
$$= s^3 + 9s^2 + 20s + K = 0$$ 이므로

s^3	1	20
s^2	9	K
s^1	$\dfrac{9\times 20 - K}{9} = 0$	0
s^0	K	

루스 수열의 제1열 S^1행에서 영(0)이 되는 K의 값을 구하여 보조방정식을 세운다.

$9\times 20 - K = 0$ 이기 위해서는 $K = 180$이다.

보조방정식 $9s^2 + 180 = 0$ 식에서

$s^2 = -20$ 이므로 $s = j\omega = \pm j\sqrt{20}$ 일 때

$\omega = \pm\sqrt{20} = \pm 4.48$ 이므로

$\therefore \omega = +4.48,\ \omega = -4.48$

77 □□□

블록선도에서 ⓐ에 해당하는 신호는?

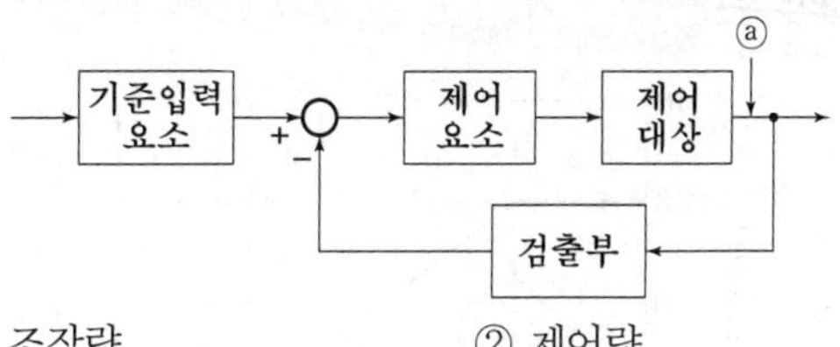

① 조작량
② 제어량
③ 기준입력
④ 동작신호

피드백 제어계의 구성

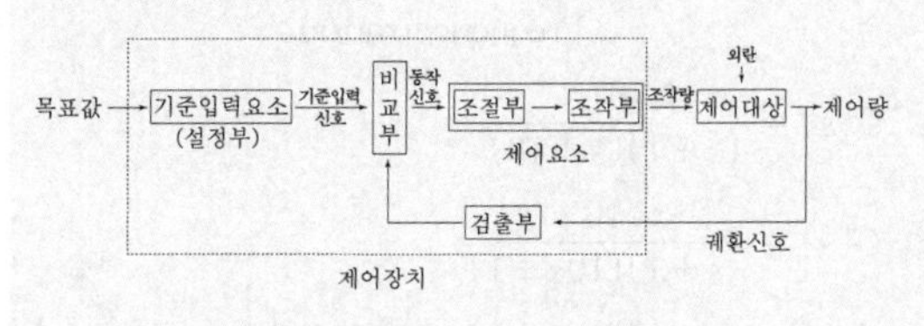

∴ 제어량 : 제어계의 출력신호이다.

78 □□□

$F(s) = \dfrac{s+4}{s^2+4s+5}$ 의 라플라스 역변환은?

① $e^{-2t}(\cos t + 2\sin t)$
② $e^{-2t}(2\cos t + 2\sin t)$
③ $e^{-2t}(\cos t + \sin t)$
④ $e^{-2t}(\cos t + \sin 2t)$

역라플라스 변환

$$F(s) = \frac{s+4}{s^2+4s+5} = \frac{s+2+2}{(s+2)^2+1^2}$$
$$= \frac{s+2}{(s+2)^2+1^2} + 2\times\frac{1}{(s+2)^2+1^2}$$

$$\therefore f(t) = \mathcal{L}^{-1}[F(s)]$$
$$= e^{-2t}\cos t + 2e^{-2t}\sin t$$
$$= e^{-2t}(\cos t + 2\sin t)$$

참고 복소추이정리

$f(t)$	$F(s)$
$e^{-at}\sin\omega t$	$\dfrac{\omega}{(s+a)^2+\omega^2}$
$e^{-at}\cos\omega t$	$\dfrac{s+a}{(s+a)^2+\omega^2}$

정답 76 ③ 77 ② 78 ①

79 □□□

그림과 같은 보드선도의 이득선도를 갖는 제어시스템의 전달함수는?

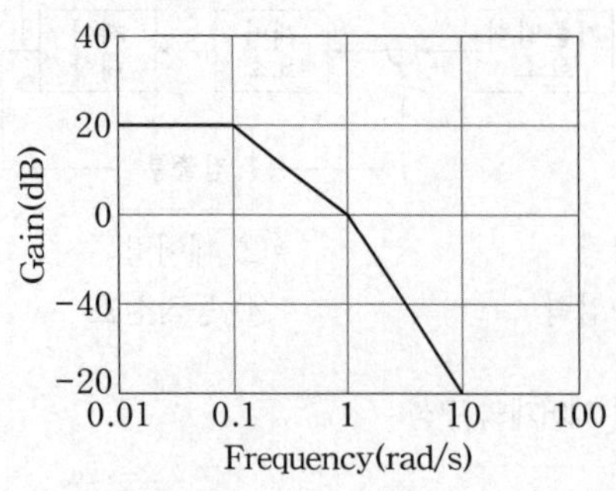

① $G(s)=\dfrac{10}{(s+1)(s+10)}$

② $G(s)=\dfrac{10}{(s+1)(10s+1)}$

③ $G(s)=\dfrac{20}{(s+1)(s+10)}$

④ $G(s)=\dfrac{20}{(s+1)(10s+1)}$

보드선도의 이득곡선

절점주파수는 $\omega=0.1,\ \omega=1$ 이므로

$G(s)=\dfrac{K}{(s+1)(10s+1)}$ 임을 알 수 있다.

이득곡선의 구간을 세 구간으로 구분할 수 있다.

$\omega<0.1$인 구간, $0.1<\omega<1$인 구간, $\omega>1$인 구간일 때 각각의 이득과 기울기는

㉠ $\omega<0.1$인 구간

$g=20\log|G(j\omega)|=20\,[\text{dB}]$ 이므로

$G(j\omega)=10$ 이며

$G(j\omega)=\left|\dfrac{K}{(1+j\omega)(1+j10\omega)}\right|_{\omega<0.1}=K$에서

$K=10$임을 알 수 있다.

㉡ $0.1<\omega<10$인 구간

$g=20\log|G(j\omega)|=-20\,[\text{dB/dec}]$ 이므로

$G(j\omega)=\dfrac{1}{\omega}$ 이며

$G(j\omega)=\left|\dfrac{10}{(1+j\omega)(1+j10\omega)}\right|_{0.1<\omega<1}$

$=\dfrac{10}{10\omega}=\dfrac{1}{\omega}$

㉢ $\omega>1$인 구간

$g=20\log|G(j\omega)|=-40\,[\text{dB/dec}]$ 이므로

$G(j\omega)=\dfrac{1}{\omega^2}$ 이며

$G(j\omega)=\left|\dfrac{10}{(1+j\omega)(1+j10\omega)}\right|_{1<\omega}$

$=\dfrac{10}{10\omega^2}=\dfrac{1}{\omega^2}$

$\therefore\ G(s)=\dfrac{10}{(s+1)(10s+1)}$

80 □□□

이산 시스템(Discrete data system)에서의 안정도 해석에 대한 설명 중 옳은 것은?

① 특성방정식의 모든 근이 z평면의 음의 반평면에 있으면 안정하다.

② 특성방정식의 모든 근이 z평면의 양의 반평면에 있으면 안정하다.

③ 특성방정식의 모든 근이 z평면의 단위원 내부에 있으면 안정하다.

④ 특성방정식의 모든 근이 z평면의 단위원 외부에 있으면 안정하다.

Z 평면과 S평면에서의 안정도 판별

구분	s 평면	z 평면
안정 영역	좌반면	단위원 내부
불안정 영역	우반면	단위원 외부
임계안정 영역	허수축	단위 원주상

정답 79 ② 80 ③

5과목 : 전기설비기술기준 및 판단기준

무료 동영상 강의 ▲

81 □□□

직류 전기철도 시스템이 매설 배관 또는 케이블과 인접할 경우 누설전류를 피하기 위해 최대한 이격시켜야 하며, 주행레일과 최소 몇 [m] 이상의 거리를 유지하여야 하는가?

① 0.5　　② 1
③ 2　　④ 3

누설전류 간섭에 대한 방지
직류 전기철도 시스템이 매설 배관 또는 케이블과 인접할 경우 누설전류를 피하기 위해 최대한 이격시켜야 하며, 주행레일과 최소 1[m] 이상의 거리를 유지하여야 한다.

82 □□□

배전선로의 전력보안통신설비의 시설 장소가 아닌 곳은?

① 22.9[kV] 계통 배전선로 구간(가공, 지중, 해저)
② 154[kV] 계통에 연결되는 분산전원형 발전소
③ 폐회로 배전 등 신 배전방식 도입 개소
④ 배전자동화, 원격검침, 부하감시 등 지능형전력망 구현을 위해 필요한 구간

배전선로의 전력보안 통신설비의 시설
(1) 22.9[kV] 계통 배전선로 구간(가공, 지중, 해저)
(2) 22.9[kV] 계통에 연결되는 분산전원형 발전소
(3) 폐회로 배전 등 신 배전방식 도입 개소
(4) 배전자동화, 원격검침, 부하감시 등 지능형전력망 구현을 위해 필요한 구간

83 □□□

저압 옥내전로의 인입구에 가까운 곳으로서 쉽게 개폐할 수 있는 곳에 개폐기를 시설하여야 한다. 그러나 사용전압이 400[V] 이하인 옥내전로로서 다른 옥내전로에 접속하는 길이가 몇 [m] 이하인 경우는 개폐기를 생략할 수 있는가? (단, 정격전류가 16[A] 이하인 과전류 차단기 또는 정격전류가 16[A]를 초과하고 20[A] 이하인 배선차단기로 보호되고 있는 것에 한한다.)

① 15　　② 20
③ 25　　④ 30

저압 옥내전로 인입구에서의 개폐기의 시설
(1) 저압 옥내전로에는 인입구에 가까운 곳으로서 쉽게 개폐할 수 있는 곳에 개폐기를 각 극에 시설 한다.
(2) 사용전압이 400[V] 이하인 옥내 전로로서 다른 옥내전로(정격전류가 16[A] 이하인 과전류 차단기 또는 정격전류가 16[A]를 초과하고 20[A] 이하인 배선차단기로 보호되고 있는 것에 한한다)에 접속하는 길이 15[m] 이하의 전로에서 전기의 공급을 받는 것은 생략 할 수 있다.

84 □□□

사용전압이 22.9[kV] 특고압 가공전선이 도로를 횡단하는 경우 지표상 높이는 몇 [m] 이상이 되어야 하는가?

① 4　　② 5
③ 6　　④ 6.5

특고압 가공전선의 높이

사용전압 구분	시설장소	시공 높이[m]
35[KV]이하	도로 횡단	6[m]
	철도 궤도횡단	6.5[m]
	횡단 보도교	4[m]
	기타	5[m]

정답 81 ② 82 ② 83 ① 84 ③

85 □□□

저압 가공전선이 상부 조영재 위쪽에서 접근하는 경우 전선과 상부 조영재 간의 이격거리[m]는 얼마 이상이어야 하는가? (단, 특고압 절연전선 또는 케이블인 경우이다.)

① 0.8　　② 1.0
③ 1.2　　④ 2.0

저.고압 가공전선과 건조물과의 이격거리

전압	조영재의 상방 (위쪽)접근	• 조영재의 옆 (아래)접근
저압 고압	2[m] (단 케이블 : 1[m])	• 사람이 닿는다 : 1.2[m] • 사람이 닿지 않는다 : 0.8[m] • 케이블 : 0.4[m]

86 □□□

사용전압이 22.9[kV]인 특고압 가공전선이 건조물 등과 접근상태로 시설되는 경우 지지물로 A종 철근 콘크리트 주를 사용하면 그 경간은 몇 [m] 이하이어야 하는가? (단, 중성선 다중접지 방식의 것으로서 전로에 지락이 생겼을 때에 2초 이내에 자동적으로 이를 전로로부터 차단하는 장치가 되어 있는 것에 한한다.)

① 100　　② 150
③ 250　　④ 400

특고압 가공전선로의 경간 제한 시설

지지물 종류	표준경간	25[kV]이하 다중접지
목주·A종주	150[m]	100[m]
B종 주	250[m]	150[m]
철 탑	600[m]	400[m]

87 □□□

저압 옥측전선로 공사방법으로 틀린 것은?

① 금속관 공사　　② 버스덕트공사
③ 가요전선관공사　　④ 케이블공사

옥측 전선로 공사방법
(1) 애자공사(전개된 장소에 한한다.)
(2) 합성수지관공사
(3) 금속관공사(목조 이외의 조영물에 시설)
(4) 버스덕트공사(목조 이외의 조영물에 시설)
(5) 케이블공사(연피 케이블, 알루미늄피 케이블 또는 무기물절연(MI) 케이블을 사용하는 경우 에는 목조 이외의 조영물에 시설)

88 □□□

주택의 전기저장장치의 축전지에 접속하는 부하 측 옥내배선을 사람이 접촉할 우려가 없도록 케이블배선에 의하여 시설하고 전선에 적당한 방호장치를 시설한 경우 주택의 옥내전로의 대지전압은 직류 몇 [V] 까지 적용할 수 있는가? (단, 전로에 지락이 생겼을 때 자동적으로 전로를 차단하는 장치를 시설한 경우이다.)

① 150　　② 300
③ 400　　④ 600

옥내전로의 대지전압 제한
주택의 전기저장장치의 축전지에 접속하는 부하 측 옥내배선을 다음에 따라 시설하는 경우에 주택의 옥내전로의 대지전압은 직류 600[V]까지 적용할 수 있다.

정답 85 ② 86 ① 87 ③ 88 ④

89 □□□

금속덕트공사에 의한 저압 옥내배선 공사 시설기준에 적합하지 않는 것은?

① 금속덕트에 넣은 전선의 단면적(절연피복의 단면적을 포함한다)의 합계는 덕트의 내부 단면적의 5 [%](전광표시장치 기타 이와 유사한 장치 또는 제어회로 등의 배선만을 넣는 경우에는 15[%]) 이하일 것.
② 덕트 상호 및 덕트와 금속관과는 전기적으로 완전하게 접속하였다.
③ 덕트를 조영재에 붙이는 경우 덕트의 지지점 간의 거리를 3[m] 이하로 견고하게 붙였다.
④ 덕트에는 접지공사를 한다.

금속덕트 공사
(1) 전선은 절연전선(옥외용 비닐절연전선을 제외)일 것.
(2) 금속덕트에 넣은 전선의 단면적의 합계는 덕트의 내부 단면적의 20[%] (전광표시장치 또는 제어회로 등의 배선만을 넣는 경우에는 50[%]) 이하일 것.
(3) 금속덕트 안에는 전선에 접속점이 없도록 할 것.
다만, 전선을 분기하는 경우에는 그 접속 점을 쉽게 점검할 수 있는 때에는 접속할 수 있다.
(4) 두께가 1.2[mm] 이상인 철판 사용.
(5) 덕트 상호 간은 견고하고 또한 전기적으로 완전하게 접속할 것.
(6) 덕트의 끝부분은 막을 것.
(7) 덕트의 지지점 간의 거리를 3[m] 이하.
(수직으로 붙이는 경우 6m 이하로 할 것).
(8) 덕트는 규정에 준하여 접지공사를 할 것.

90 □□□

「관광 진흥법」과 「공중위생관리법」에 의한 관광숙박업 또는 숙박업(여인숙업을 제외한다)에 이용되는 객실의 입구등은 몇 분 이내에 소등되도록 센서등(타임스위치 포함)을 시설해야 하는가?

① 1　　② 3
③ 5　　④ 6

타임스위치 시설

설치장소	소등시간
주택 및 아파트의 현관 등	3분
호텔, 여관 객실 입구 등	1분

91 □□□

터널 안의 전선로의 저압전선이 그 터널 안의 다른 저압전선 (관등회로의 배선은 제외한다.)·약전류전선 등 또는 수관·가스관이나 이와 유사한 것과 접근하거나 교차하는 경우, 저압전선을 애자공사에 의하여 시설하는 때에는 이격거리가 몇 [cm] 이상이어야 하는가? (단, 전선이 나전선이 아닌 경우이다.)

① 10　　② 15
③ 30　　④ 25

터널 안 전선로의 시설
(1) 저압

전선 굵기	경동 절연전선 2.6[mm] = 2.30[kN] 이상
시공 높이	애자 사용배선에 의하여 시설 높이 : 노면상 2.5[m] 이상
이격 거리	수관, 가스관과 접근교차 : 0.1[m] 이상 (단, 나전선 : 0.3[m] 이상)

(2) 고압

전선 굵기	경동선 절연전선 4[mm] = 5.26[kN] 이상
시공 높이	애자 사용배선에 의하여 시설 높이 : 노면상 3[m] 이상.

92 □□□

전기 울타리의 시설에 관한 내용 중 틀린 것은?

① 수목과의 이격거리는 0.4[m] 이상일 것.
② 전선은 지름이 2[mm] 이상의 경동선일 것.
③ 전선과 이를 지지하는 기둥 사이의 이격거리는 25[mm] 이상일 것.
④ 전기 울타리용 전원장치에 전기를 공급하는 전로의 사용전압은 250[V] 이하일 것.

전기울타리 시설
전로의 사용전압은 250[V] 이하이어야 한다.
(1) 사람이 쉽게 출입하지 아니하는 곳에 시설할 것.
(2) 전선 : 2.0[mm] = 1.38[kN] 이상.
(3) 전선과 기둥 사이의 이격거리 : 25[mm] 이상.
(4) 전선과 수목과의 이격거리 : 0.3[m] 이상.

정답 89 ① 90 ① 91 ① 92 ①

93 □□□

전선의 식별에 따른 중성선(N)의 색깔은?

① 갈색 ② 흑색
③ 녹색-노란색 ④ 청색

전선의 식별(색상)

상 (문자)	색 상	참 고
L1	갈색	나도체 등은 전선 종단부에 도색, 밴드, 색 테이프 등의 방법으로 표시
L2	흑색	
L3	회색	
N(중성선)	청색	
보호도체	녹색-노란색	

94 □□□

중성점 직접접지식으로서 최대사용전압이 66[kV]인 변압기 권선의 절연내력 시험은 최대 사용 전압 몇 배의 전압에서 10분간 견디어야 하는가?

① 0.92 ② 1.25
③ 1.5 ④ 0.72

변압기 전로의 절연내력시험

전로의 종류 (최대사용전압 기준)	시험전압	최저시헌전압
7[kV] 이하	1.5	500[V]
60[kV] 이하	1.25	10,500[V]
25[kV] 이하 중성점 다중접지	0.92	-
60[kV] 초과 170[kV] 이하	비접지식 1.25 접지식 1.1 직접접지식 0.72배	-

95 □□□

이동하여 사용하는 전기기계기구의 금속제 외함 등의 접지시스템의 경우는 저압 전기설비용 접지도체는 다심 코드 또는 다심 캡타이어케이블의 1개 도체의 단면적이 몇 [mm^2] 이상인 것을 사용하여야 하는가?

① 1.0 ② 2.5
③ 0.75 ④ 1.5

접지도체 굵기

전 압	접지도체의 굵기
이동하여 사용하는 기계기구 금속제 외함 접지	
· 저압전기설비용 접지도체	· 다심캡타이어 케이블 또는 코오드, 단심 최소 : 0.75[mm^2] · 연동 연선 : 1.5[mm^2]
· 고압, 특 고압전기 설비용 접지 도체 · 중성점 접지용 접지도체	· 캡타이어 케이블(3. 4종) : 10[mm^2] 이상

96 □□□

조상기의 보호장치로서 내부 고장 시에 자동적으로 전로로부터 차단하는 장치를 하여야 하는 조상기의 용량은 몇 [kVA] 이상인가?

① 5000 ② 7500
③ 10,000 ④ 15,000

조상설비의 보호장치

기 기	뱅크 용량	사고종류	보호장치
전력용 커패시터 및 분로리액터	500[kVA] 초과 15,000[kVA] 미만	내부고장 과전류	자동 차단
	15,000[kVA] 이상	내부고장 과전류 과전압	자동 차단
조상기 (調相機)	15,000[kVA] 이상	내부고장	자동 차단

정답 93 ④ 94 ④ 95 ③ 96 ④

97

급전용 변압기는 교류 전기철도의 경우 어떤 것을 적용하는가?

① 단상 정류기용 변압기
② 3상 정류기용 변압기
③ 단상 스코트 결선 변압기
④ 3상 스코트 결선 변압기

전기철도의 변전방식
∴ 급전용 변압기
- 직류 전기철도 : 3상 정류기용 변압기
- 교류 전기철도 : 3상 스코트결선 변압기

98

가공전선로의 지지물에 하중이 가해지는 경우에 그 하중을 받는 지지물의 기초 안전율은 몇 이상이어야 하는가?

① 0.5　② 1
③ 1.5　④ 2

안전율 정리

적용대상		안전율
지지물	기본	2.0 이상
	이상시 철탑	1.33 이상
전선	기본	2.5 이상
	경동선, 내열동합금선	2.2 이상
지선		2.5 이상
통신용 지지물		1.5 이상
케이블 트레이		1.5 이상
특고압 애자장치		2.5 이상

99

지중 전선로를 관로식에 의하여 시설하는 경우에는 매설 깊이를 몇 [m] 이상으로 하여야 하는가?

① 0.4　② 0.6
③ 0.8　④ 1

지중전선로의 시설
(1) 사용전선 : 케이블.
(2) 종류 : 직접매설식, 관로식, 암거식
(3) 직접매설의 경우 케이블의 매설깊이
- 중량물의 압력을 받을 우려가 있는 곳 : 1.0[m] 이상
- 중량물의 압력을 받을 우려가 없는 곳 : 0.6[m] 이상

(4) 관로식의 경우 케이블의 매설깊이
- 관속에 넣어 시공하는 경우 : 1.0[m] 이상
- 기타의 장소 : 0.6[m] 이상

100

765[kV] 변전소의 충전 부분에서 울타리의 높이가 2.5[m]일 때, 울타리로부터 충전부분까지의 거리[m]는?

① 10.82　② 8.28
③ 13.26　④ 6

울타리·담 등의 높이와 충전부분까지 거리의 합계

사용 전압 구분	울타리·담등의 높이와 울타리·담 등으로부터 충전 부분까지의 거리의 합계
35[KV]이하	$x+y=5$[m]
35[KV] 초과 160[KV] 이하	$x+y=6$[m]
160[KV]초과	6+(사용전압−16)×0.12 = ?[m] 10000[V]마다 12[cm]로 가산한다. (　) 안부터 계산한 다음 소수점 이하는 절상하고 전체를 다시 계산한다.

풀이 거리합계 = 6 + (76.5 − 16) × 0.12 = 13.32 [m]
울타리 높이가 2.5[m]이므로 충전부까지 거리는 13.32 - 2.5 = 10.82[m]

정답 97 ④　98 ④　99 ②　100 ①

CBT 시험대비

CBT 시험 19회를 100% 복원하여 재구성한

제10회 복원 기출문제

학습기간 월 일 ~ 월 일

1과목 : 전기자기학

무료 동영상 강의 ▲

01 □□□

전위함수가 $V=3xy+2z^2+4$ 일 때 전계의 세기는?

① $-3yi-3xj-4zk$ ② $3yi+3xj+4zk$
③ $-3yi+3xj-4zk$ ④ $3yi-3xj+4zk$

전계의 세기

$E=-\text{grad}\ V=-\nabla V$

$=-\dfrac{\partial V}{\partial x}i-\dfrac{\partial V}{\partial y}j-\dfrac{\partial V}{\partial z}k$ [V/m] 이므로

$\therefore E=-\dfrac{\partial}{\partial x}(3xy+2z^2+4)i$

$-\dfrac{\partial}{\partial y}(3xy+2z^2+4)j-\dfrac{\partial}{\partial z}(3xy+2z^2+4)k$

$=-3yi-3xj-4zk[\text{V/m}]$

02 □□□

전하 q [C]이 공기 중의 자계 H[AT/m]에 수직방향으로 v[m/s] 속도로 돌입하였을 때 받는 힘은 몇 [N]인가?

① $\dfrac{qH}{\mu_0 v}$ ② $\dfrac{1}{\mu_0}qvH$
③ qvH ④ $\mu_0 qvH$

자계내에 전하 입사시 로렌쯔의 힘은

$F=Bqv\sin\theta=\mu_0 Hqv\sin\theta=q(v\times B)$[N] 이므로

수직 방향이므로 $\theta=90°$일 때

$\therefore\ F=\mu_0 Hqv\sin\theta=\mu_0 Hqv\sin 90°$

$=\mu_0 Hqv$[N]

03 □□□

자기회로에 대한 설명으로 틀린 것은?

① 전기회로의 정전용량에 대항되는 것은 없다.
② 자기저항에는 전기저항의 줄손실에 해당되는 손실이 있다.
③ 기자력과 자속은 변화가 비직선성을 갖고 있다.
④ 누설자속은 전기회로의 누설전류에 비하여 대체로 많다.

전기회로에 전류가 흐르면 줄의 법칙으로 알려진 줄손실이 발생하지만, 자기회로에 자속이 통과하면 에너지 손실이 발생하지는 않는다.

04 □□□

두께가 0.5[cm]의 평탄애자($\epsilon_r=4$)양면에 3[kV]의 전압을 기했을 때 애자 속에 존재하는 기포내의 전계의 세기는 몇 [V/m]인가?

① 2×10^4 ② 10^5
③ 8×10^5 ④ 10^4

애자의 전계의 세기

$E=\dfrac{V}{d}=\dfrac{3\times10^3}{0.5\times10^{-2}}=6\times10^5[\text{V/m}]$

애자 속 기포내의 전계의 세기는

$E_0=\dfrac{3\epsilon_r}{2\epsilon_r+1}E=\dfrac{3\times4}{2\times4+1}\times6\times10^5=8\times10^5[\text{V/m}]$

정답 01 ① 02 ④ 03 ② 04 ③

05 □□□

반지름 a[m] 인 원통 도선에 I[A]의 전류가 균일하게 흐를 때 $r_1 = 0.2a$[m]에서의 자계의 세기는 $r_2 = 5a$[m]에서의 자계의 세기의 몇 배인가?

① 4
② 1
③ 2
④ 1.5

원통 도선에서 전류가 균일하게 흐를시

$r_1 = 0.2a < a$ 이므로 내부 자계는

$H_i = \frac{r_1 I}{2\pi a^2}$[AT/m]에서

$H_i = \frac{0.2a \times I}{2\pi a^2} = \frac{I}{10\pi a}$ [AT/m]

$r_2 = 5a > a$ 이므로 외부 자계는

$H = \frac{I}{2\pi r_2}$[AT/m] 에서

$H = \frac{I}{2\pi \times 5a} = \frac{I}{10\pi a}$[AT/m]이므로

$\frac{H_i}{H} = 1$

06 □□□

커패시터를 제조하는 데 4가지(A, B, C, D)의 유전재료가 있다. 커패시터 내의 전계를 일정하게 하였을 때, 단위체적당 가장 큰 에너지 밀도를 나타내는 재료부터 순서대로 나열한 것은? (단, 유전재료 A, B, C, D의 비유전율은 각각 $\epsilon_{rA} = 8, \epsilon_{rB} = 10, \epsilon_{rC} = 2, \epsilon_{rD} = 4$이다.)

① C>D>A>B
② B>A>D>C
③ D>A>C>B
④ A>B>D>C

전계일정시 단위체적당 에너지는

$W = \frac{1}{2}\epsilon E^2 = \frac{1}{2}\epsilon_0 \epsilon_r E^2$[J/m^3] 이므로

비유전율 ϵ_r에 비례하므로

비유전율이 큰순서 B>A>D>C가 된다.

07 □□□

유전율이 ϵ_1과 ϵ_2인 두 유전체가 경계를 이루어 평행하게 접하고 있는 경우 유전율이 ϵ_1인 영역에 전하 Q가 존재할 때 이 전하와 ϵ_2인 유전체 사이에 작용하는 힘에 대한 설명으로 옳은 것은?

① $\epsilon_1 > \epsilon_2$인 경우 반발력이 작용한다.
② $\epsilon_1 > \epsilon_2$인 경우 흡인력이 작용한다.
③ ϵ_1과 ϵ_2에 상관없이 반발력이 작용한다.
④ ϵ_1과 ϵ_2에 상관없이 흡인력이 작용한다.

경계면에 작용하는 힘은 유전율이 큰 쪽에서 작은 쪽으로 작용하므로 ϵ_1의 유전체에서 ϵ_2의 방향으로 작용하고 ϵ_1인 영역에 전하 Q는 반발력이 작용한다.

08 □□□

공기 중에 비유전율 ϵ_r인 유전체를 놓고 유전체와 수직으로 전계 E_0를 가했을 때, 유전체 내부 전계 E는?

① E_0
② $\frac{E_0}{\epsilon_r}$
③ $\epsilon_r E_0$
④ $\epsilon_0 E_0$

유전체 경계면에 수직으로 입사시 전속밀도가 같으므로

$D_o = D$, $\epsilon_o E_o = \epsilon_o \epsilon_r E$ 에서 $E = \frac{E_o}{\epsilon_r}$ [V/m]

정답 05 ② 06 ② 07 ① 08 ②

09 □□□

$Q=0.15[\mathrm{C}]$ 으로 대전되어 있는 큰 구에 반지름이 그 절반인 작은 구를 접촉하였을 때 큰 구에 남아있는 전하량은 몇 [C]인가?

① 0.08　② 0.05
③ 0.15　④ 0.1

$a=R[\mathrm{m}]$, $b=\dfrac{R}{2}[\mathrm{m}]$, $Q_1=0.15[\mathrm{C}]$, $Q_2=0[\mathrm{C}]$

일 때
두 구를 접촉시는 병렬연결로 간주하므로
큰 구도체의 정전용량 $C_1=4\pi\epsilon_o R[\mathrm{F}]$

작은 구도체의 정전용량 $C_2=4\pi\epsilon_o\dfrac{R}{2}=\dfrac{C_1}{2}[\mathrm{F}]$

전하량 분배 법칙에 의하여 큰 구도체 C_1에
남아있는 전하량은

$$Q_1'=\frac{C_1}{C_1+C_2}Q=\frac{C_1}{C_1+C_2}(Q_1+Q_2)$$

$$=\frac{C_1}{C_1+\frac{C_1}{2}}(0.15+0)=\frac{2}{3}\times 0.15=0.1[\mathrm{C}]$$

이 된다.

10 □□□

자기모멘트 $M[\mathrm{Wb\cdot m}]$인 막대자석이 평등자계 $H[\mathrm{A/m}]$ 내에 자계의 방향과 θ의 각도로 놓여 있을 때 이것에 작용하는 회전력 $T[\mathrm{N\cdot m}]$는?

① $MH\cos\theta$　② $MH\sin\theta$
③ $MH\tan\theta$　④ $MH\cot\theta$

막대자석에 의한 회전력(토오크)
$T=mHl\sin\theta=MH\sin\theta=M\times H[\mathrm{N\cdot m}]$
단, 자극의 세기 $m[\mathrm{Wb}]$, 막대자석의 길이 $l[\mathrm{m}]$,
자계와 이루는각 θ

11 □□□

그림과 같이 단면적 S[m²]가 균일한 환상철심에 권수 N_1인 A코일과 권수 N_2인 B 코일이 있을 때, A코일의 자기 인덕턴스가 L_1[H]이라면 두 코일의 상호 인덕턴스 M[H]는? (단, 누설자속은 0이다.)

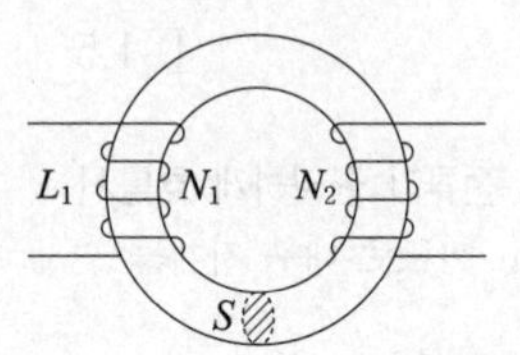

① $\dfrac{L_1N_2}{N_1}$　② $\dfrac{N_2}{L_1N_1}$
③ $\dfrac{L_1N_1}{N_2}$　④ $\dfrac{N_1}{L_1N_2}$

결합계수 $k=\dfrac{M}{\sqrt{L_1\cdot L_2}}$ 에서 상호 인덕턴스는
$M=k\sqrt{L_1\cdot L_2}$ 가 된다.
환상 솔레노이드의 자기인덕턴스 $L\propto N^2$이므로

$L_1:N_1^2=L_2:N_2^2$ 에서 $L_2=\left(\dfrac{N_2}{N_1}\right)^2\cdot L_1$ 이 된다.

또한 누설자속이 없는 경우는 결합계수가 $k=1$이므로

$$M=k\sqrt{L_1\cdot L_2}=1\times\sqrt{L_1\cdot\left(\frac{N_2}{N_1}\right)^2\cdot L_1}$$

$$=\frac{N_2}{N_1}\cdot L_1$$

12 □□□

간격이 3[cm]이고 면적이 30[cm²]인 평행판의 공기 콘덴서에 220[V]의 전압을 가하면 두 판 사이에 작용하는 힘은 약 몇 [N]인가?

① 6.3×10^{-6}　② 7.14×10^{-7}
③ 8×10^{-5}　④ 5.75×10^{-4}

극간 흡인력은 $F=f\,S[\mathrm{N}]$ 이므로 정리하면

$$F=\frac{1}{2}\epsilon_o E^2 S=\frac{1}{2}\epsilon_o\left(\frac{V}{d}\right)^2 S$$

$$=\frac{1}{2}\times 8.855\times10^{-12}\times\left(\frac{220}{3\times10^{-2}}\right)^2\times 30\times10^{-4}$$

$$=7.14\times10^{-7}[\mathrm{N}]$$

정답 09 ④ 10 ② 11 ① 12 ②

13 □□□

무한 평면도체에서 r[m] 떨어진 곳에 ρ[C/m]의 전하분포를 갖는 직선도체를 놓았을 때 직선 도체가 받는 힘의 크기[N/m]는? (단, 공간의 유전율은 ϵ_0이다.)

① $\dfrac{\rho^2}{\epsilon_0 r}$　② $\dfrac{\rho^2}{\pi\epsilon_0 r}$

③ $\dfrac{\rho^2}{2\pi\epsilon_0 r}$　④ $\dfrac{\rho^2}{4\pi\epsilon_0 r}$

접지무한평판과 선전하 사이에 작용하는 힘은

$$F=\rho E=\rho\frac{\rho}{2\pi\epsilon_0 d}=\frac{\rho^2}{2\pi\epsilon_0(2r)}=\frac{\rho^2}{4\pi\epsilon_0 r}\,[\mathrm{N/m}]$$

이므로 r에 반비례한다.

14 □□□

강자성체의 자속밀도 B의 크기와 자화의 세기 J의 크기 사이에는 어떤 관계가 있는가?

① J는 B와 같다.
② J는 B보다 약간 작다.
③ J는 B보다 약간 크다.
④ J는 B보다 대단히 크다.

강자성체는 $\mu_s \gg 1$ 이므로 $J=B\left(1-\dfrac{1}{\mu_s}\right)$ 에서

$1-\dfrac{1}{\mu_s}$ 는 1보다 약간 적어지므로

J는 B보다 약간 적어진다.

15 □□□

반지름 50[cm]의 서로 나란한 두 원형코일(헤름홀쯔 코일)을 1[mm] 간격으로 동축상에 평행 배치한 후 각 코일에 100[A]의 전류가 같은 방향으로 흐를 때 코일 상호간 작용하는 인력은 몇 [N] 정도 되는가?

① 3.14　② 6.28
③ 31.4　④ 62.8

평행도선 사이의 작용력은

$F=\dfrac{\mu_0 I_1 I_2}{2\pi r}\times l=\dfrac{2I_1I_2}{r}\times10^{-7}\times l\,[\mathrm{N}]$이므로

$I_1=I_2=100\,[\mathrm{A}]$, $r=1\,[\mathrm{mm}]$,

원형코일 원의 둘레

$l=2\pi a=2\pi\times50\times10^{-2}=\pi[\mathrm{m}]$ 를 대입하면

$$F=\frac{\mu_0 I_1 I_2}{2\pi r}\times l=\frac{4\pi\times10^{-7}\times100\times100}{2\pi\times1\times10^{-3}}\times\pi$$
$$=6.28\,[\mathrm{N}]$$

16 □□□

공간 내의 한 점에 있어서 자속이 시간적으로 변화하는 경우에 성립하는 식은?

① $\nabla\times E=\dfrac{\partial H}{\partial t}$　② $\nabla\times E=-\dfrac{\partial H}{\partial t}$

③ $\nabla\times E=\dfrac{\partial B}{\partial t}$　④ $\nabla\times E=-\dfrac{\partial B}{\partial t}$

맥스웰의 제2의 기본 방정식

$$rot\,E=curl\,E=\nabla\times E=-\frac{\partial B}{\partial t}=-\mu\frac{\partial H}{\partial t}$$

(1) 자속 밀도의 시간적 변화는 전계를 회전시키고 유기기전력을 형성한다.
(2) 전자유도에 의한 패러데이의 법칙에서 유도한 전계에 관한 식

정답 13 ④ 14 ② 15 ② 16 ④

17 □□□

유전체 내의 전계의 세기가 E, 분극의 세기가 P, 유전율이 $\epsilon = \epsilon_0 \epsilon_s$ 인 유전체 내의 변위 전류 밀도는?

① $\epsilon \dfrac{\partial E}{\partial t} + \dfrac{\partial P}{\partial t}$　② $\epsilon_0 \dfrac{\partial E}{\partial t} + \dfrac{\partial P}{\partial t}$

③ $\epsilon_0 \left(\dfrac{\partial E}{\partial t} + \dfrac{\partial P}{\partial t} \right)$　④ $\epsilon \left(\dfrac{\partial E}{\partial t} + \dfrac{\partial P}{\partial t} \right)$

분극의 세기

$P = \epsilon_0(\epsilon_s - 1)E = \epsilon_0\epsilon_s E - \epsilon_0 E = D - \epsilon_0 E [\mathrm{C/m^2}]$

분극시 유전체 내의 전속밀도 $D = P + \epsilon_0 E [\mathrm{C/m^2}]$

변위 전류 밀도 $i_d = \dfrac{\partial D}{\partial t} = \epsilon_0 \dfrac{\partial E}{\partial t} + \dfrac{\partial P}{\partial t} [\mathrm{A/m^2}]$

18 □□□

내부도체 반지름이 a, 외부도체 내반지름이 b인 동축케이블에서 내부 도체 표면에 전류가 흐르고 얇은 외부도체에는 크기는 같고 반대방향인 전류가 흐를 때 단위 길이당 외부 인덕턴스는 약 몇 [H/m]인가?

① $2 \times 10^{-7} \ln \dfrac{b}{a}$　② $4 \times 10^{-7} \ln \dfrac{b}{a}$

③ $\dfrac{1}{2 \times 10^{-7}} \ln \dfrac{b}{a}$　④ $\dfrac{1}{4 \times 10^{-7}} \ln \dfrac{b}{a}$

동축 케이블(원통)사이의 자기인덕턴스

$L = \dfrac{\mu_o}{2\pi} \ln \dfrac{b}{a} = \dfrac{4\pi \times 10^{-7}}{2\pi} \ln \dfrac{b}{a}$

$= 2 \times 10^{-7} \ln \dfrac{b}{a} [\mathrm{H/m}]$

19 □□□

진공 중에서 한 변이 a[m]인 정사각형 단일 코일이 있다. 코일에 I[A]의 전류를 흘릴 때 정사각형 중심에서 자계의 세기는 몇 [AT/m]인가?

① $\dfrac{2\sqrt{2}\,I}{\pi a}$　② $\dfrac{I}{\sqrt{2}\,a}$

③ $\dfrac{I}{2a}$　④ $\dfrac{4I}{a}$

각 도형에 전류 흐를시 중심점의 자계

(1) 정삼각형 $H = \dfrac{9I}{2\pi a} [\mathrm{AT/m}]$

(2) 정사각형(정방형) $H = \dfrac{2\sqrt{2}\,I}{\pi a} [\mathrm{AT/m}]$

(3) 정육각형 $H = \dfrac{\sqrt{3}\,I}{\pi a} [\mathrm{AT/m}]$

단, $a\,[\mathrm{m}]$은 한 변의 길이

20 □□□

유전율이 각각 다른 두 유전체가 서로 경계를 이루며 접해 있다. 다음 중 옳은 것은? (단, 이 경계면에는 진전하 분포가 없다고 한다.)

① 경계면에서 전계의 법선성분은 연속이다.
② 경계면에서 전속밀도의 접선성분은 연속이다.
③ 경계면에서 전계와 전속밀도는 굴절한다.
④ 경계면에서 전계와 전속밀도는 불변이다.

유전체 내에서의 경계면의 조건

유전율이 서로 다른 두 유전체가 접해 있을 때 경계면에서 전계와 전속밀도는 굴절하게 되는데 이를 경계면의 법칙이라 한다. 이 때 경계면의 조건은 다음과 같다.

(1) 전계의 세기는 경계면의 접선성분이 서로 같다.

$E_1 \sin\theta_1 = E_2 \sin\theta_2$

(2) 전속밀도는 경계면의 법선성분이 서로 같다.

$D_1 \cos\theta_1 = D_2 \cos\theta_2$ 또는

$\epsilon_1 E_1 \cos\theta_1 = \epsilon_2 E_2 \cos\theta_2$

(3) 굴절각 조건

$\dfrac{\tan\theta_1}{\tan\theta_2} = \dfrac{\epsilon_1}{\epsilon_2}$ 또는 $\epsilon_1 \tan\theta_2 = \epsilon_2 \tan\theta_1$

정답 17 ② 18 ① 19 ① 20 ③

2과목 : 전력공학

무료 동영상 강의 ▲

21

전력퓨즈(Power fuse)는 고압, 특고압기기의 주로 어떤 전류의 차단을 목적으로 설치하는가?

① 충전전류　　② 부하전류
③ 단락전류　　④ 영상전류

전력 퓨즈[PF]
전력퓨즈는 단락사고시 단락전류를 차단하며, 부하전류를 안전하게 통전시킨다.

22

154[kV]3상 3선식 전선로에서 각 선의 정전용량이 각각 $C_a = 0.031[\mu F]$, $C_b = 0.030[\mu F]$, $C_c = 0.032[\mu F]$ 일 때 변압기의 중성점 잔류전압은 계통 상전압의 약 몇 [%]정도 되는가?

① 1.9[%]　　② 2.8[%]
③ 3.7[%]　　④ 5.5[%]

중성점 잔류전압

$$= \frac{\sqrt{C_a(C_a - C_b) + C_b(C_b - C_c) + C_c(C_c - C_a)}}{C_a + C_b + C_c} \times \frac{V}{\sqrt{3}} \text{ 에서}$$

$$E_n = \frac{\sqrt{0.031(0.031-0.03)+0.03(0.03-0.032)+0.032(0.032-0.031)}}{0.031+0.03+0.032} \times \frac{154\times10^3}{\sqrt{3}} = 1655.91[V]$$

중성점 잔류전압 과 상전압과의 비 이므로

$$\frac{\text{중성점잔류전압}}{\text{상전압}} = \frac{1655.91}{\frac{154\times10^3}{\sqrt{3}}} \times 100 = 1.86[\%]$$

23

출력 185000[kW]의 화력발전소에서 매시간 140[t]의 석탄을 사용한다고 한다. 이 발전소의 열효율은 약 몇 [%]인가? (단, 사용하는 석탄의 발열량은 4000[kcal/kg]이다.)

① 28.4　　② 30.7
③ 32.6　　④ 34.5

발전소의 열효율(η)

$\eta = \frac{860W}{mH} \times 100[\%]$ 식에서

조건 $W = 185000[kWh]$,
$m = 140[ton] = 140 \times 10^3[kg]$,
$H = 4000[kcal/kg]$이므로

$$\therefore \eta = \frac{860 \times 185000}{140\times10^3\times4000} \times 100 = 28.41[\%]$$

24

부하전력 및 역률이 같을 때 전압을 n배 승압하면 전압강하율과 전력 손실은 어떻게 되는가?

① 전압강하율 : $\frac{1}{n}$, 전력손실 : $\frac{1}{n^2}$

② 전압강하율 : $\frac{1}{n}$, 전력손실 : $\frac{1}{n^2}$

③ 전압강하율 : $\frac{1}{n}$, 전력손실 : $\frac{1}{n}$

④ 전압강하율 : $\frac{1}{n^2}$, 전력손실 : $\frac{1}{n^2}$

전압에 따른 특성 값의 변화

전압강하	$e \propto \frac{1}{V}$
송전전력	$P \propto V^2$
전력손실	$P_l = \frac{1}{V^2}$
전압 강하률	$\delta \propto \frac{1}{V^2}$
전선의 단면적	$A \propto \frac{1}{V^2}$
전선의 중량	$W \propto \frac{1}{V^2}$

∴ 전압강하률는 $\frac{1}{n^2}$, 전력손실은 $\frac{1}{n^2}$이다.

정답 21 ③ 22 ① 23 ① 24 ④

25 □□□

전력선 a의 충전 전압을 E, 통신선 b의 대지 정전용량을 C_b, ab 사이의 상호정전용량을 C_{ab}라고 하면 통신선 b의 정전유도전압 E_s는?

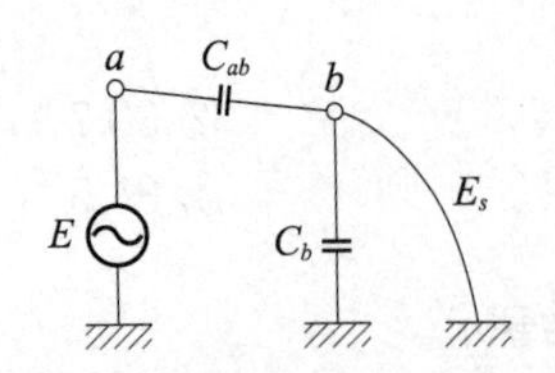

① $\dfrac{C_{ab}+C_b}{C_{ab}}E$　② $\dfrac{C_{ab}+C_b}{C_b}E$

③ $\dfrac{C_b}{C_{ab}+C_b}E$　④ $\dfrac{C_{ab}}{C_{ab}+C_b}E$

단상인 경우 정전유도 전압

영상분 전압에 의해 전력선과 통신선 상호간 상호정전용량 (C)가 만드는 장해.

여기서 선간 정전용량 : C_{ab}, 대지 정전용량 : C_b이므로

∴ 통신선에 정전유도된 전압 $E_s = \dfrac{C_{ab}}{C_{ab}+C_b}E$ [V]이다.

그러므로 정전유도는 선로의 길이와는 무관하다.

26 □□□

전력용 콘덴서와 비교할 때 동기조상기의 특징에 해당되는 것은?

① 전력손실이 적다.
② 진상전류 이외에 지상전류도 취할 수 있다.
③ 단락고장이 발생하여도 고장전류를 공급하지 않는다.
④ 필요에 따라 용량을 계단적으로 변경할 수 있다.

조상설비 비교표

비교	조상기	콘덴서	리액터
위상	지, 진양용	진상	지상
조정의 단계	연속적	불연속 (계단적)	불연속 (계단적)
시 충전	가능	불가	불가
안정도	증진	무관	무관
손 실	크다	적다	적다

27 □□□

전력선측의 유도장해 방지대책이 아닌 것은?

① 전력선과 통신선의 이격거리를 증대한다.
② 전력선의 연가를 충분히 한다.
③ 배류코일을 사용한다.
④ 차폐선을 설치한다.

유도장해 경감대책

(1) 전력선측의 대책	(2) 통신선측의 대책
㉠ 이격 거리를 증대시킨다. ㉡ 전력선과 통신선을 수직 교차시킨다. ㉢ 소호리액터 접지를 채용하거나 고저항 접지를 채용하여 지락전류를 줄인다. ㉣ 전력선을 케이블화한다. ㉤ 차폐선을 설치한다.(효과는 30~50[%] 정도) ㉥ 고속도차단기를 설치하여 고장전류를 신속히 제거한다. ㉦ 연가를 충분히 하여 중성점의 잔류전압을 줄인다.	㉠ 통신선을 연피 케이블 사용. ㉡ 통신기기의 절연을 향상시키고 배류코일 설치한다. ㉢ 통신선을 전력선과 수직 교차시킨다. ㉣ 특성이 양호한 피뢰기를 설치한다. ㉤ 중계코일(절연변압기)을 사용한다.

28 □□□

피뢰기에서 속류를 끊을 수 있는 최고의 교류전압은?

① 정격전압　② 제한전압
③ 차단전압　④ 방전개시전압

피뢰기의 용어해설

(1) 제한전압 – 피뢰기 동작 중 단자 전압의 파고치
(2) 충격파 방전개시전압 – 충격파 방전을 개시할 때 피뢰기 단자의 최대전압
(3) 상용주파 방전개시전압 – 정상운전 중 상용주파수에서 방전이 개시되는 전압
(4) 정격전압 (상용주파 허용단자 전압) – 속류가 차단되는 최고의 교류전압

정답 25 ④ 26 ② 27 ③ 28 ①

29 □□□

화력 발전소에서 재열기의 목적은?

① 급수예열　② 석탄건조
③ 공기예열　④ 증기가열

재열기
고압터빈(High Pressure Turbine)에서 일을 한 온도가 떨어진 증기를 추기하여 보일러에서 재가열함으로써 과열도를 높이는 장치이다. 재열기는 발전소의 열효율을 향상시키고, 저압터빈(Low Pressure Turbine) 날개(Blade)의 침식을 경감시킨다.

30 □□□

송전단 전압 161[kV], 수전단 전압 155[kV], 전력상차각 30°, 리액턴스 50[Ω]일 때 송전전력은 약 몇 [MW]인가?

① 210　② 250
③ 370　④ 430

송전전력 계산

$P_s = \frac{E_s E_R}{X} \sin\delta$[MW]이므로

여기서, 송전단 전압 : E_s[kV], 수전단 전압 : E_R[kV], 상차각 : δ, 리액턴스 : $X[\Omega]$

조건 $E_s = 161$[kV], $E_R = 155$[kV], $\delta = 30°$, $X = 50[\Omega]$일 때

$\therefore P_s = \frac{161 \times 155}{30} \times \sin 50° = 249.55[MW]$

31 □□□

어떤 수력발전소의 안내 날개의 열림 등 기타조건은 불변으로 하여 유효낙차가 30[%] 저하되면 수차의 효율이 10[%] 저하된다면, 이런 경우에는 원래 출력의 약 [%]가 되는가?

① 53　② 58
③ 63　④ 68

발전소 출력 $P = 9.8\ Q\ H\eta$[kW]

Q : 유량[m^3/s], H : 유효낙차[m]　η : 효율

낙차의 변화에 따른 출력 특성변화 $\frac{P_2}{P_1} = \left(\frac{H_2}{H_1}\right)^{\frac{3}{2}}$ 비례함으로

$P = 0.7^{\frac{3}{2}} \times 0.9 \times 100 = 52.7[\%]$

32 □□□

그림과 같은 전력계통의 154[kV] 송전선로에서 고장 지락 임피던스를 통해서 1선 지락고장이 발생되었을 때 고장점에서 본 영상 [%]임피던스는? (단, 그림에 표시한 임피던스는 모두 동일용량, 100[MVA] 기준으로 환산한 %임피던스임)

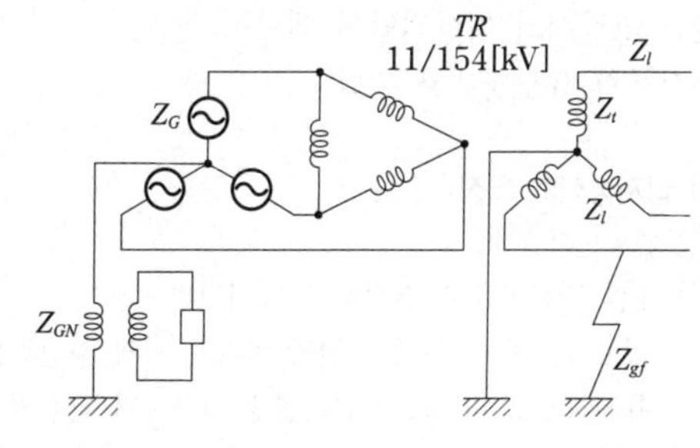

① $Z_0 = Z_\ell + Z_t + Z$
② $Z_0 = Z_\ell + Z_t + Z_{gf}$
③ $Z_0 = Z_\ell + Z_t + 3Z_{gf}$
④ $Z_0 = Z_\ell + Z_t + Z_{gf} + G_G + Z_{GN}$

영상분이 존재하려면 지락점을 통해서 회로가 구성되어야 하고 지락이 발생하면 중성점이 지락 점으로 이동함으로 지락점에서 영상임피던스는 $3Z_n$ 과 Z_l 그리고 Z_t 가 직렬로 접속된 것과 같다. 3상 회로를 1상 기준으로 하여 등가 영상 임피던스를 구하면 $Z_0 = Z_t + Z_l + 3Z_{gf}[\Omega]$가 된다.

정답 29 ④ 30 ② 31 ① 32 ③

33 □□□

3상 3선식에서 전선 한 가닥에 흐르는 전류는 단상 2선식인 경우의 몇 배가 되는가? (단, 송전전력, 부하역률, 송전거리, 전력손실 및 선간전압이 같다.)

① $\frac{1}{\sqrt{3}}$ ② $\frac{2}{3}$

③ $\frac{3}{4}$ ④ $\frac{4}{9}$

전류비 계산

전류비를 계산하는 경우는 전력이 같다. 라는 조건하에서 계산되어 진다.

전압과 역률은 동일 하다고 전제하면

$VI_1\cos\theta = \sqrt{3}\,VI_3\cos\theta$ [W]

전류비 $\frac{I_3}{I_1} = \frac{1}{\sqrt{3}}$

34 □□□

직접 접지방식의 특성이 아닌 것은?

① 변압기 절연이 낮아진다.
② 지락전류가 커진다.
③ 단선 고장시의 이상전압이 대단히 높다.
④ 통신선의 유도장해가 크다.

직접 접지방식의 특징

(1) 장점

㉠ 1선 지락고장시 건전상의 대지전위 상승이 거의 없고(1.3배 이하) 중성점의 전위가 거의 영전위를 유지하므로 기기의 절연레벨을 저감시켜 단절연할 수 있다.

㉡ 아크지락이나 개폐서지에 의한 이상전압이 낮아 피뢰기의 책무 경감시킨다.

㉢ 1선 지락고장시 지락전류($3I_0$)가 매우 크기 때문에 지락계전기의 동작을 용이하게 해 고장의 선택 차단이 신속하며 확실하다.

(2) 단점

㉠ 근접 통신선에 유도장해가 발생하며 계통의 안정도가 낮다.

㉡ 차단기의 동작이 빈번하며 대용량 차단기를 필요로 한다.

35 □□□

송전선로의 고장 전류의 계산에 영상 임피던스가 필요한 경우는?

① 3상 단락 ② 3선 단선
③ 1선 지락 ④ 선간 단락

고장 해석

사고종류 \ 특성	정상분	역상분	영상분
1선 지락	○	○	○
선간 단락	○	○	×
3상 단락	○	×	×

36 □□□

과도 안정도 향상대책이 아닌 것은?

① 속응 여자 시스템 사용
② 빠른 고장 제거
③ 큰 임피던스의 변압기 사용
④ 송전선로에 직렬 커패시터 사용

안정도 향상 대책

안정도 향상 대책	방 법
(1) 리액턴스를 줄인다	· 승압공사 · 병렬회선수(복도체사용) 증가 · 단락비를 증가 · 발전기 및 변압기 리액턴스 감소 · 직렬콘덴서 설치
(2) 전압 변동률을 줄인다	· 중간 조상 방식 · 속응 여자방식 · 계통 연계
(3) 계통에 주는 충격을 경감한다	· 고속도 차단 · 고속도 재폐로 방식채용
(4) 고장전류의 크기를 줄인다	· 소호리액터 접지방식 · 고저항 접지
(5) 입·출력의 불평형을 작게 한다	· 조속기 동작을 빠르게 한다

정답 33 ① 34 ③ 35 ③ 36 ③

37 □□□

단권 변압기를 초고압 계통의 연계용으로 이용할 때 장점이 아닌 것은?

① 2차측의 절연 강도를 낮출 수 있다.
② 동량이 경감된다.
③ 부하 용량은 변압기 고유 용량보다 크다.
④ 분로 권선에는 누설자속이 없어 전압 변동률이 작다.

단권 변압기의 장단점

(1) 장점
㉠ 동량의 절감(중량이 가볍다.)
㉡ 동손의 감소에 따른 효율 증대
㉢ 부하용량(선로용량)의 증대
㉣ 전압변동률이 매우 작다.(누설자속이 없다.)

(2) 단점
㉠ 누설임피던스가 작기 때문에 단락전류가 크다.
㉡ 저압측도 고압측과 동등한 절연을 해야 한다.
㉢ 고압측에 이상전압이 발생하면 저압측도 고전압이 발생한다.

38 □□□

전선의 장력이 1500[kgf]일 때, 지선에 걸리는 장력은 몇[kgf]인가?

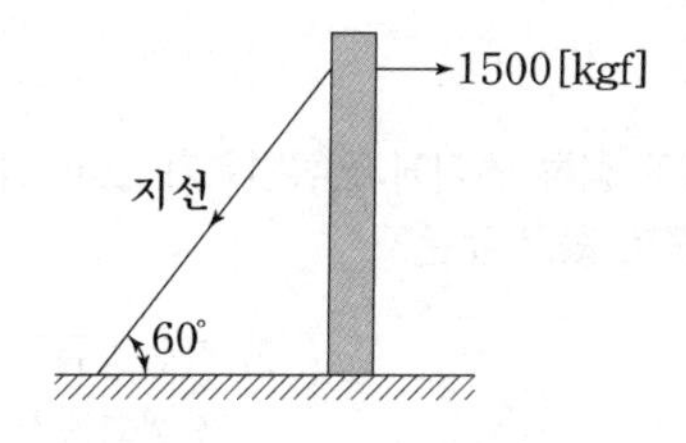

① 750　　② $750\sqrt{3}$
③ 3000　　④ $\frac{3000}{\sqrt{3}}$

지선에 걸리는 장력 계산

$\cos\theta = \frac{T}{T_o}$ 이므로 지선에 걸리는 장력

$T_o = \frac{T}{\cos\theta}$ 이다. (T : 수평장력)

$$T_o = \frac{1500}{\cos 30°} = \frac{1500}{\frac{\sqrt{3}}{2}} = \frac{3000}{\sqrt{3}}$$

39 □□□

수용가의 수용률을 나타낸 식은?

① $\frac{\text{합성최대수용전력[kW]}}{\text{평균전력[kW]}} \times 100\%$

② $\frac{\text{평균전력[kW]}}{\text{합성최대수용전력[kW]}} \times 100\%$

③ $\frac{\text{부하설비합계[kW]}}{\text{최대수용전력[kW]}} \times 100\%$

④ $\frac{\text{최대수용전력[kW]}}{\text{부하설비합계[kW]}} \times 100\%$

부하율, 수용률, 부등률

(1) 수용률 $= \frac{\text{최대수용전력}}{\text{수용설비용량}} \times 100[\%] \leq 1$

(2) 부하율 $= \frac{\text{평균전력}}{\text{최대전력}} \times 100[\%] \leq 1$

(3) 부등률 $= \frac{\text{개개의 최대수용전력의 합}}{\text{합성최대수용전력}} \geq 1$

40 □□□

송전선에 복도체를 사용할 경우, 같은 단면적의 단도체를 사용하였을 경우와 비교할 때 옳지 않은 것은?

① 전선의 인덕턴스는 감소되고 정전용량은 증가된다.
② 고유 송전용량이 증대되고 정태 안정도가 증대된다.
③ 전선 표면의 전위 경도가 증가한다.
④ 전선의 코로나 개시전압이 높아진다.

복도체

1상의 도체를 2본으로 분할한 것으로 2도체 (복도체) 또는 다도체라 부르며 지름이 증가하는 효과가 있어 코로나 현상을 방지하는데 특히 효과가 좋다.

(1) 장점
㉠ 등가반지름이 증가되어 L이 감소하고 C가 증가한다.
- 송전용량이 증가하고 안정도가 향상된다.
㉡ 전선 표면의 전위경도가 감소하고 코로나 임계전압이 증가하여 코로나 손실이 감소한다.
- 송전 효율이 증가한다.
㉢ 통신선의 유도장해가 억제된다.
㉣ 전선의 표면적 증가로 전선의 허용전류(안전전류)가 증가한다.

정답 37 ① 38 ④ 39 ④ 40 ③

3과목 : 전기기기

무료 동영상 강의 ▲

41 □□□

1상의 유도기전력이 6,000[V]인 동기발전기에서 1분간 회전수를 900[rpm]에서 1,800[rpm]으로 하면 유도기전력은 약 몇 [V]인가?

① 6,000　② 12,000
③ 24,000　④ 36,000

동기발전기의 유기기전력
$N_s = \frac{120f}{p}$ [rpm],
$E = 4.44 f \phi w k_w$ [V] 식에서
동기속도와 주파수가 비례하고 주파수는 유기기전력에 비례하므로 결국 동기속도와 유기기전력은 비례함을 알 수 있다.
따라서 동기속도를 2배로 하면 유기기전력도 2배로 된다.
$\therefore E' = 2 \times 6,000 = 12,000$ [V]

42 □□□

3상 동기발전기의 매극, 매상의 슬롯수가 3이라 하면 분포계수는?

① $\sin\frac{2}{3}\pi$　② $\sin\frac{3}{2}\pi$
③ $\frac{1}{6\sin\frac{\pi}{18}}$　④ $6\sin\frac{\pi}{18}$

분포권 계수
$k_d = \frac{\sin\frac{\pi}{2m}}{q\sin\frac{\pi}{2mq}}$ 식에서
$m = 3,\ q = 3$일 때
$\therefore k_d = \frac{\sin\frac{\pi}{2\times3}}{3\sin\frac{\pi}{2\times3\times3}} = \frac{\frac{1}{2}}{3\sin\frac{\pi}{18}} = \frac{1}{6\sin\frac{\pi}{18}}$

43 □□□

직류기에서 전기자 반작용 중 감자기자력 AT_d[AT/pole]는 어떻게 표시되는가?
(단, α : 브러시의 이동각, Z : 전기자 도체수, p : 극수, I_a : 전기자전류, a : 전기자 병렬회로수이다.)

① $AT_d = \frac{180}{\alpha}\cdot\frac{Z}{p}\cdot\frac{I_a}{a}$
② $AT_d = \frac{\alpha}{180}\cdot\frac{Z}{p}\cdot\frac{I_a}{a}$
③ $AT_d = \frac{180}{90-\alpha}\cdot\frac{Z}{p}\cdot\frac{I_a}{a}$
④ $AT_d = \frac{90-\alpha}{180}\cdot\frac{Z}{p}\cdot\frac{I_a}{a}$

직류기의 전기자 반작용
(1) 감자기자력
$\mathrm{AT_d} = \frac{ZI_a}{2ap}\cdot\frac{2\alpha}{\pi} = \frac{ZI_a}{ap}\cdot\frac{\alpha}{\pi} = k\cdot\frac{2\alpha}{\pi}$
(2) 교차기자력
$\mathrm{AT_c} = \frac{ZI_a}{2ap}\cdot\frac{\beta}{\pi} = \frac{ZI_a}{2ap}\cdot\frac{\pi-2\alpha}{\pi} = k\cdot\frac{\beta}{\pi}$
$\therefore \mathrm{AT_d} = \frac{ZI_a}{ap}\cdot\frac{\alpha}{\pi} = \frac{\alpha}{180}\cdot\frac{Z}{p}\cdot\frac{I_a}{a}$

44 □□□

직류발전기의 정류 초기에 전류변화가 크며 이때 발생되는 불꽃정류로 옳은 것은?

① 과정류　② 직선정류
③ 부족정류　④ 정현파정류

정류곡선
(1) 직선정류 : 가장 이상적인 정류곡선으로 불꽃 없는 양호한 정류곡선이다.
(2) 정현파정류 : 보극을 설치하여 평균 리액턴스 전압을 감소시키고 불꽃 없는 양호한 정류를 얻는다.
(3) 부족정류 : 정류 주기 말기에서 부하의 급변으로 전류 변화가 급격해지고 평균 리액턴스 전압의 증가로 정류가 불량해 진다. 이 경우 불꽃이 브러시의 후반부에서 발생하게 된다.
(4) 과정류 : 보극을 지나치게 설치하면 정류 주기의 초기에서 전류 변화가 급격해지고 정류가 불량해 진다. 이 경우 불꽃이 브러시의 전반부에서 발생하게 된다.

정답 41 ② 42 ③ 43 ② 44 ①

45 □□□

단자전압이 120[V], 전기자 전류가 100[A], 전기자저항이 0.2[Ω]일 때 직류전동기의 출력[kW]은?

① 10 ② 20
③ 30 ④ 40

직류전동기의 출력(P)
$P=EI_a$[W], $E=V-R_aI_a$[V] 식에서
$V=120$[V], $I=100$[A], $R_a=0.2$[Ω] 이므로
$E=V-R_aI_a=120-0.2\times100=100$[V]
$\therefore P=EI_a=100\times100=10000$[W]
$=10$[kW]

46 □□□

그림과 같은 브리지 정류회로는 어느 점에 교류입력을 연결하여야 하는가?

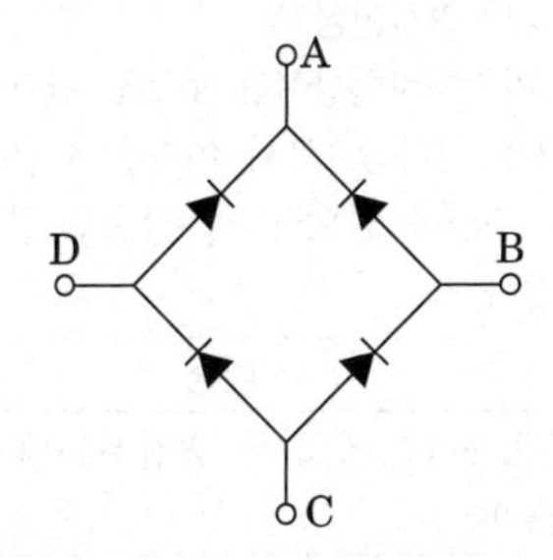

① A-B점 ② B-C점
③ C-D점 ④ D-B점

브리지 전파정류회로
브리지 전파정류회로를 연결하는 방법은 전원측(입력측) 단자와 접속된 다이오드의 극성은 서로 반대가 되도록 하여야 하며, 부하측(출력측) 단자와 접속된 다이오드의 극성은 서로 같아야 한다.
∴ D-B 점이다.

47 □□□

3상 유도전동기에서 동기와트로 표시되는 것은?

① 2차 출력 ② 1차 입력
③ 토크 ④ 각속도

동기와트
$P_2=\frac{1}{0.975}N_s\tau=1.026N_s\tau$ [W] 식에서
동기와트는 유도전동기의 2차 입력을 의미한다. 따라서 동기속도가 일정할 때 토크는 동기와트로 표시된다.

48 □□□

3상 직권정류자 전동기에 중간변압기를 사용하는 이유로 적당하지 않은 것은?

① 중간변압기를 이용하여 속도 상승을 억제한다.
② 중간변압기를 사용하여 누설 리액턴스를 감소할 수 있다.
③ 회전자 전압을 정류전압에 맞는 값으로 선정할 수 있다.
④ 중간변압기의 권수비를 바꾸어 전동기 특성을 조정할 수 있다.

3상 직권정류자 전동기의 특징
중간변압기(직렬변압기)의 사용 목적은 다음과 같다.
(1) 전원전압의 크기에 관계없이 회전자 전압을 정류작용에 알맞은 값으로 선정할 수 있다.(정류자 전압 조정)
(2) 중간변압기의 권수비를 바꾸어 전동기의 특성을 조정한다.(실효 권수비 선정 조정)
(3) 중간변압기의 철심을 포화하면 경부하시 속도상승을 억제할 수 있다.(속도 이상 상승 방지)

정답 45 ① 46 ④ 47 ③ 48 ②

49 □□□

누설변압기의 특징으로 알맞은 것은?

① 고저항 특성　② 정전류 특성
③ 정전압 특성　④ 고역률 특성

누설변압기
자기누설 변압기의 철심 구조는 누설 리액턴스를 매우 크게 하여 누설자속을 증가시킴으로서 부하 증가와 관계없이 전류를 일정하게 유지할 수 있는 변압기를 말한다. 이것은 단자전압의 수하특성 때문에 나타나는 현상이며 자기누설 변압기를 정전류 변압기라고도 한다.

50 □□□

분권 직류전동기에서 부하의 변동이 심할 때 광범위하고 안정되게 속도를 제어하는 가장 적당한 방식은?

① 계자제어 방식　② 저항제어 방식
③ 워드 레오나드 방식　④ 일그너 방식

직류전동기의 속도제어법
(1) 전압 제어법(정토크 제어)
토크를 일정하게 유지하면서 단자전압(V)을 가감함으로서 속도를 제어하는 방식으로 속도 조정범위가 광범위하다.
㉠ 워드 레오너드 방식(MGM 방식) : 타여자 발전기를 이용하여 전압을 조정하는 방식으로 조정범위가 광범위하다.
㉡ 일그너 방식 : 워드 레오너드 방식에 플라이 휠을 장착하여 부하 변동이 심한 경우에 적용한다.
㉢ 직 · 병렬 제어법 : 정격이 같은 전동기를 직렬 또는 병렬로 접속하여 인가되는 전압을 조정하여 속도를 제어하는 방법으로 직권전동기에 적용된다.
(2) 계자 제어법(정출력 제어)
출력을 일정하게 유지하면서 계자회로의 계자저항과 계자전류를 조정하여 자속(ϕ)을 가감함으로서 속도를 제어하는 방식이다.
(3) 저항 제어법
전기자 권선에 직렬로 저항을 접속하여 저항의 크기를 가감함으로서 속도를 제어하는 방식이다.

51 □□□

3상 배전선에 접속된 V결선의 변압기에서 전부하시의 출력을 100[kVA]라 하며 같은 용량의 변압기 한 대를 증설하여 Δ결선하였을 때의 정격출력은 몇 [kVA]인가?

① 50　② $50\sqrt{3}$
③ 100　④ $100\sqrt{3}$

V결선의 출력비
$\dfrac{P_V}{P_\triangle}=\dfrac{\sqrt{3}\,P_1}{3P_1}=\dfrac{1}{\sqrt{3}}$ 식에서
V결선이던 변압기를 1대 증설하여 △결선으로 운전하면 변압기 출력은 $\sqrt{3}$ 배 증가한다.
$\therefore\ P_\triangle=\sqrt{3}\,P_V=\sqrt{3}\times 100=100\sqrt{3}$ [kVA]

52 □□□

동기발전기의 자기여자방지법을 방지하는 방법이 아닌 것은?

① 수전단에 콘덴서를 병렬로 접속한다.
② 발전기 여러 대를 모선에 병렬로 접속한다.
③ 수전단에 동기조상기를 접속한다.
④ 수전단에 리액터를 병렬로 접속한다.

동기발전기의 자기여자현상
동기발전기의 자기여자현상이란 무부하 단자전압이 유기기전력보다 크게 나타남으로서 여자를 확립하지 않아도 발전기 스스로 전압을 일으키는 현상으로 원인과 방지대책은 다음과 같다.

구분	내용
원인	정전용량(C)에 의한 충전전류에 의해서 나타난다.
방지 대책	(1) 전기자반작용이 적고 단락비가 큰 발전기를 사용한다. (2) 발전기 여러 대를 병렬로 운전한다. (3) 송전선 말단에 리액터나 변압기를 설치한다. (4) 송전선 말단에 동기조상기를 설치하여 부족여자로 운전한다.

∴ 콘덴서를 접속하면 자기여자현상을 증가시킨다.

정답 49 ② 50 ④ 51 ④ 52 ①

53 □□□

보통 농형에 비하여 2중 농형전동기의 특징인 것은?

① 최대 토크가 크다. ② 손실이 적다.
③ 기동 토크가 크다. ④ 슬립이 크다.

2중 농형 유도전동기
농형 유도전동기는 기동토크가 작기 때문에 기동특성을 개선하기 위하여 회전자의 슬롯에 두 종류의 도체를 상하로 배치하여 2중 농형 구조로 만든 유도전동기이다. 2중 농형 유도전동기는 보통 농형에 비하여 기동토크를 크게 하고 기동전류는 작게 하여 기동특성을 개선한 유도전동기이다.

54 □□□

15[kW] 3상 유도전동기의 기계손이 350[W], 전부하시의 슬립이 3[%]이다. 전부하시의 2차 동손[W]은?

① 275 ② 395
③ 426 ④ 475

전력변환 종합표

구분	$\times P_2$	$\times P_{c2}$	$\times P$
$P_2 =$	1	$\frac{1}{s}$	$\frac{1}{1-s}$
$P_{c2} =$	s	1	$\frac{s}{1-s}$
$P=$	$1-s$	$\frac{1-s}{s}$	1

$P = P_0 + P_l$[W],

$P_{c2} = s \times P_2 = \frac{s}{1-s} \times P$ [W] 식에서

$P_0 = 15$ [kW], $P_l = 350$ [W], $s = 3$ [%] 이므로

$P = P_0 + P_l = 15 \times 10^3 + 350 = 15{,}350$ [W]일 때

$\therefore P_{c2} = \frac{s}{1-s} \times P = \frac{0.03}{1-0.03} \times 15{,}350 = 475$ [W]

55 □□□

200[V], 7.5[kW], 6극, 3상 유도전동기가 있다. 정격 전압으로 기동할 때 기동 전류는 정격 전류의 615[%], 기동 토크는 전부하 토크의 225[%]이다. 지금 기동 토크를 전부하 토크의 1.5배로 하려면 기동 전압[V]은 얼마로 하면 되는가?

① 약 163 ② 약 182
③ 약 193 ④ 약 202

토크(τ)와 공급전압(V)과의 관계
$\tau = 225$ [%], $V = 200$ [V], $\tau' = 1.5$ 배이므로

$\therefore V' = \sqrt{\frac{\tau'}{\tau}} = V = \sqrt{\frac{1.5}{2.25}} \times 200 = 163$ [V]

56 □□□

게이트 조작에 의해 부하전류 이상으로 유지전류를 높일 수 있어 게이트 턴온, 턴오프가 가능한 사이리스터는?

① SCR ② GTO
③ LASCR ④ TRIAC

GTO(gate turn-off thyristor)의 특징
(1) 3단자 역저지 단방향성 스위칭 소자로서 각 단자의 명칭은 SCR 사이리스터와 같다.
(2) 온(on) 드롭(drop)은 약 2~4[V]가 되어 SCR 사이리스터보다 약간 크다. - SCR의 온(on) 드롭(drop)은 약 1[V] 정도이다.
(3) SCR 사이리스터처럼 온(on) 상태에서는 단방향 전류 특성을 가지며 오프(off) 상태에서는 양방향 전압저지 능력을 갖고 있다.
(4) 자기소호능력을 지니고 있어 게이트 전류로 턴온(Turn on)과 턴오프(Turn off)가 가능하다.
(5) 전력용 반도체 중에서 가장 전압용으로 사용되도 있다. - 1,200[V], 200[A]급, 1,000[V], 300[A]급, 2,500[V], 1,200[A]급

정답 53 ③ 54 ④ 55 ① 56 ②

57 □□□

3상 유도전동기의 원선도를 그리는데 필요하지 않는 시험은?

① 저항 측정 ② 무부하 시험
③ 규속 시험 ④ 슬립 측정

유도전동기의 원선도
(1) 원선도 작성에 필요한 시험
무부하시험, 구속시험, 권선저항측정시험
(2) 원선도로 표현하는 항목
1차 전전류, 1차 부하 전류, 1차 입력, 2차 출력, 2차 동손, 1차 동손, 무부하손(철손), 2차 입력(동기와트)

58 □□□

다음 중 DC 서보모터의 제어 기능에 속하지 않는 것은?

① 역률제어 기능 ② 전류제어 기능
③ 속도제어 기능 ④ 위치제어 기능

DC 서보모터의 특징
(1) 전압을 가변 할 수 있어야 한다.
 − 전압제어, 전류제어
(2) 최대토크에서 견디는 능력이 커야 한다.
(3) 응답속도가 빨라야 한다. − 위치제어, 속도제어
(4) 안정성이 커야 한다.

59 □□□

어떤 변압기에 있어서 그 전압변동률은 부하 역률 100[%]에 있어서 2[%], 부하 역률 80[%]에서 3[%]라고 한다. 이 변압기의 최대 전압변동률[%]은?

① 3.1 ② 4.2
③ 5.1 ④ 6.2

변압기의 최대 전압변동률
$\epsilon_{\max} = \sqrt{p^2+q^2}$ [%], $\epsilon = p\cos\theta + q\sin\theta$ [%] 식에서
역률($\cos\theta_1$)이 100[%]일 때 전압변동률 ϵ_1은 2[%]이므로 $\epsilon_1 = p\cos\theta_1 + q\sin\theta_1 = p\times 1 + q\times 0 = p$에서 $p = 2$ [%]이다.
역률($\cos\theta_2$)이 80[%]일 때 전압변동률 ϵ_2은 3[%] 이므로 $\epsilon_2 = p\cos\theta_2 + q\sin\theta_2$식에 대입하면
$3 = 2\times 0.8 + q\times 0.6$이다.
여기서 $q = 2.33$ [%]임을 구할 수 있다.
$\therefore \epsilon_{\max} = \sqrt{p^2+q^2} = \sqrt{2^2+2.33^2} = 3.1$ [%]

60 □□□

10[kW], 3상 380[V] 유도전동기의 전부하 전류는 약 몇 [A]인가? (단, 전동기의 효율은 85[%], 역률은 85[%]이다.)

① 15 ② 21
③ 26 ④ 36

3상 유도전동기의 입출력 관계

$P_{in} = \sqrt{3}\,VI_{in}\cos\theta = \dfrac{P}{\eta_m} = \dfrac{P_0}{\eta_m\eta_g}$ [W] 식에서

$P = 10$ [kW], $V = 380$ [V], $\cos\theta = 0.85$,
$\eta_m = 0.85$ 이므로
전동기의 전부하 전류 또는 입력전류 I_{in}은

$$\therefore I_{in} = \frac{P}{\sqrt{3}\,V\cos\theta\,\eta_m} = \frac{10\times 10^3}{\sqrt{3}\times 380\times 0.85\times 0.85} = 21\ [A]$$

정답 57 ④ 58 ① 59 ① 60 ②

4과목 : 회로이론 및 제어공학

무료 동영상 강의 ▲

61 □□□

그림의 교류 브리지 회로가 평형이 되는 조건은?

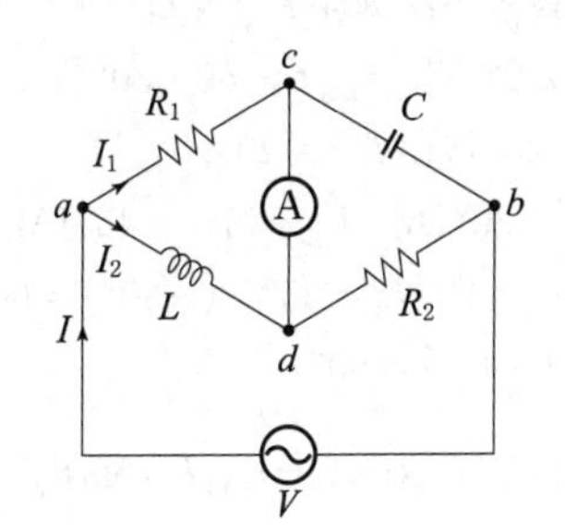

① $L=\frac{R_1R_2}{C}$　② $L=\frac{C}{R_1R_2}$

③ $L=R_1R_2C$　④ $L=\frac{R_2}{R_1}C$

휘스톤 브리지 평형조건
휘스톤 브리지 회로가 평형이 되기 위한 조건식은

$R_1R_2=j\omega L\times\frac{1}{j\omega C}=\frac{L}{C}$을 만족하여야 한다.

$\therefore L=R_1R_2C$

62 □□□

전류의 대칭분을 I_0, I_1, I_2 유기기전력 및 단자전압의 대칭분을 E_a, E_b, E_c 및 V_0, V_1, V_2라 할 때 3상 교류발전기의 기본식 중 정상분 V_1값은? (단, Z_0, Z_1, Z_2는 영상, 정상, 역상 임피던스이다.)

① $-Z_0I_0$　② $-Z_2I_2$

③ $E_a-Z_1I_1$　④ $E_b-Z_2I_2$

발전기 기본식
(1) 영상분 : $V_0=-Z_0I_0$ [V]
(2) 정상분 : $V_1=E_a-Z_1I_1$ [V]
(3) 역상분 : $V_2=-Z_2I_2$ [V]

63 □□□

다음 함수의 역라플라스 변환은?

$$I(s)=\frac{2s+3}{(s+1)(s+2)}$$

① $e^{-t}+e^{-2t}$　② $e^{-t}-e^{-2t}$

③ $e^{-t}-2e^{-2t}$　④ $e^{-t}+2e^{-2t}$

라플라스 역변환

$I(s)=\frac{2s+3}{(s+1)(s+2)}=\frac{k_1}{s+1}+\frac{k_2}{s+2}$ 일 때

$A=(s+1)F(s)|_{s=-1}=\frac{2s+3}{s+2}\Big|_{s=-1}=\frac{-2+3}{-1+2}=1$

$B=(s+2)F(s)|_{s=-2}=\frac{2s+3}{s+2}\Big|_{s=-2}=\frac{-4+3}{-2+1}=1$

$I(s)=\frac{1}{s+1}+\frac{1}{s+2}$ 임을 알 수 있다.

$\therefore \mathcal{L}^{-1}[I(s)]=e^{-t}+e^{-2t}$

64 □□□

$t=0$에서 스위치(S)를 닫았을 때 $t=0^+$에서의 $i(t)$는 몇 [A]인가? (단, 커패시터에 초기 전하는 없다.)

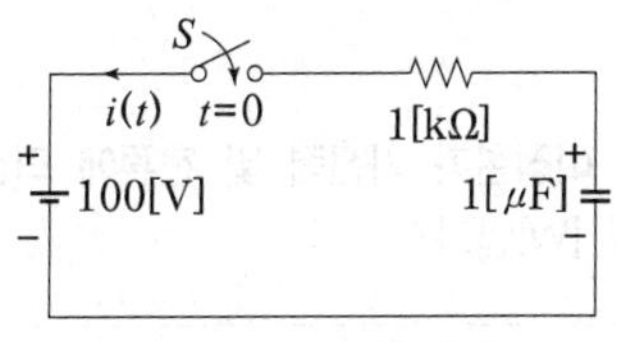

① 0.1　② 0.2

③ 0.4　④ 1.0

R-C 과도현상

$i(t)=\frac{E}{R}e^{-\frac{1}{RC}t}$ [A] 식에서

$E=100$ [V], $R=1$ [kΩ], $C=1$ [μF], $t=0$ [sec] 일 때

$\therefore i(t)=\frac{100}{10^3}e^{-\frac{1}{10^3\times10^{-6}}\times0}=\frac{100}{10^3}=0.1$ [A]

정답 61 ③ 62 ③ 63 ① 64 ①

65 □□□

그림과 같은 3상 평형회로에서 전원 전압이 $V_{ab}=200$ [V]이고 부하 한 상의 임피던스가 $Z=5.0-j2.4$ [Ω]인 경우 전원과 부하 사이 선전류 I_a는 약 몇 [A]인가? (단, 3상 전압의 상순은 $a-b-c$이다.)

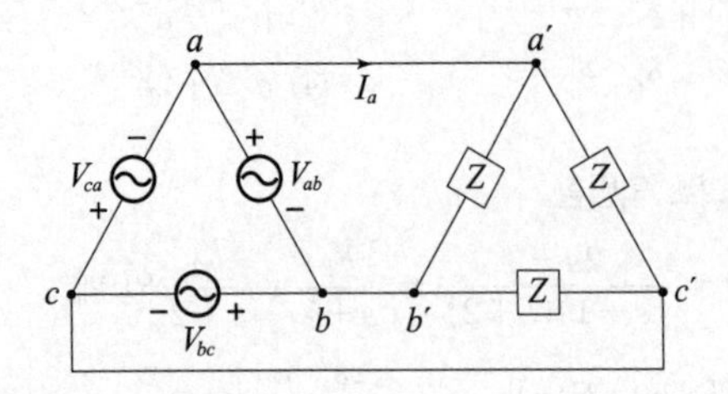

① $62.46\angle-55.64°$　② $62.46\angle55.64°$
③ $62.46\angle4.36°$　④ $62.46\angle-4.36°$

Δ 결선의 선전류

$I_a=\dfrac{\sqrt{3}\,V_{ab}}{Z}\angle-30°$ [A] 식에서

$Z=5-j2.4=\sqrt{5^2+2.4^2}\angle-25.64°$ [Ω] 이므로

$$\therefore I_a=\frac{\sqrt{3}\,V_{ab}}{Z}\angle-30°$$
$$=\frac{\sqrt{3}\times200}{\sqrt{5^2+2.4^2}\angle-25.64°}\angle-30°$$
$$=\frac{\sqrt{3}\times200}{\sqrt{5^2+2.4^2}}\angle-30°+25.64°$$
$$=62.46\angle-4.36°\text{ [A]}$$

66 □□□

다음과 같은 비정현파 기전력 및 전류에 의한 평균전력을 구하면 몇 [W]인가?

$$e=100\sin\omega t-50\sin(3\omega t+30°)+20\sin(5\omega t+45°)\text{ [V]}$$
$$i=20\sin\omega t+10\sin(3\omega t-30°)+5\sin(5\omega t-45°)\text{ [A]}$$

① 825　② 875
③ 925　④ 1,175

비정현파의 소비전력

전압의 주파수 성분은 기본파, 제3고조파, 제5고조파로 구성되어 있으며 전류의 주파수 성분도 기본파, 제3고조파, 제5고조파로 이루어져 있으므로 각 주파수 성분에 대한 소비전력을 각각 계산할 수 있다.

$V_{m1}=100\angle0°$ [V], $V_{m3}=-50\angle30°$ [V],
$V_{m5}=20\angle45°$ [V], $I_{m1}=20\angle0°$ [A],
$I_{m3}=10\angle-30°$ [A], $I_{m5}=5\angle-45°$ [A]
$\theta_1=0°-0°=0°$, $\theta_3=30°-(-30°)=60°$,
$\theta_5=45°-(-45°)=90°$

$$\therefore P=\frac{1}{2}(V_{m1}I_{m1}\cos\theta+V_{m3}I_{m3}\cos\theta_3+V_{m5}I_{m5}\cos\theta_5)$$
$$=\frac{1}{2}(100\times20\times\cos0°-50\times10\times\cos60°+20\times5\times\cos90°)$$
$$=875\text{ [W]}$$

67 □□□

그림과 같은 H형의 4단자 회로망에서 4단자 정수(전송파라미터) A는? (단, V_1은 입력전압이고, V_2는 출력전압이고, A는 출력 개방 시 회로망의 전압이득$\left(\dfrac{V_1}{V_2}\right)$이다.)

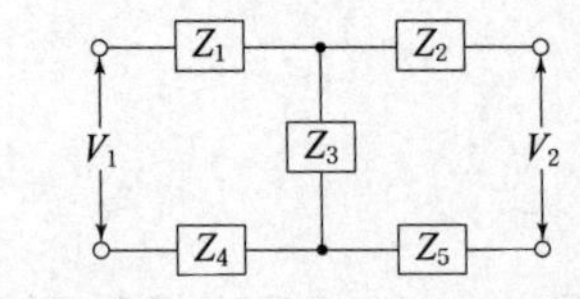

① $\dfrac{Z_1+Z_2+Z_3}{Z_3}$　② $\dfrac{Z_1+Z_3+Z_4}{Z_3}$
③ $\dfrac{Z_2+Z_3+Z_5}{Z_3}$　④ $\dfrac{Z_3+Z_4+Z_5}{Z_3}$

4단자 정수의 회로망 특성

$$\begin{bmatrix}A & B\\ C & D\end{bmatrix}=\begin{bmatrix}1 & Z_1+Z_4\\ 0 & 1\end{bmatrix}\begin{bmatrix}1 & 0\\ \frac{1}{Z_3} & 1\end{bmatrix}\begin{bmatrix}1 & Z_2+Z_5\\ 0 & 1\end{bmatrix}$$
$$=\begin{bmatrix}1+\frac{Z_1+Z_4}{Z_3} & Z_1+Z_4+Z_2+Z_5+\frac{(Z_1+Z_4)(Z_2+Z_5)}{Z_3}\\ \frac{1}{Z_3} & 1+\frac{Z_2+Z_5}{Z_3}\end{bmatrix}$$
$$\therefore A=1+\frac{Z_1+Z_4}{Z_3}=\frac{Z_1+Z_3+Z_4}{Z_3}$$

정답 65 ④ 66 ② 67 ②

68 □□□

분포정수회로에서 직렬 임피던스를 Z, 병렬 어드미턴스를 Y라 할 때, 선로의 특성 임피던스 Z_0는?

① ZY ② $\sqrt{ZY}$
③ $\sqrt{\dfrac{Y}{Z}}$ ④ $\sqrt{\dfrac{Z}{Y}}$

특성 임피던스(Z_0)

$\therefore\ Z_0=\sqrt{\dfrac{Z}{Y}}=\sqrt{\dfrac{R+j\omega L}{G+j\omega C}}\ [\Omega]$

69 □□□

분포정수회로가 무왜선로로 되는 조건은? (단, 선로의 단위 길이당 저항을 R, 인덕턴스를 L, 정전 용량을 C, 누설 컨덕턴스를 G라 한다.)

① $RC=LG$ ② $RL=CG$
③ $R=\sqrt{\dfrac{L}{C}}$ ④ $R=\sqrt{LC}$

무왜형 선로의 조건

교류 송전선로에서는 주파수 특성 변화에 따라 계통의 파형이 일그러지는 특성을 갖게 되는데 이러한 파형의 왜형이 없는 선로를 무왜형 선로라 한다. 무왜형 선로는 감쇠량을 최소로 하여 전압과 전류의 파형을 일치시키는 것이 중요하다. 이것은 특성 임피던스의 위상을 0°로 유지할 때 가능해 진다.

$\tan^{-1}\left(\dfrac{\omega L}{R}\right)=\tan^{-1}\left(\dfrac{\omega C}{G}\right)$ 식에서

$\therefore\ \dfrac{L}{R}=\dfrac{C}{G}$ 또는 $LG=RC$

70 □□□

R, L, C 직렬회로에 $e=170\cos\left(120t+\dfrac{\pi}{6}\right)$[V]를 인 전압을 가할 때 $i=8.5\cos\left(120t-\dfrac{\pi}{6}\right)$[A]의 전류가 흐르는 경우 소비되는 전력은 약 몇 [W]인가?

① 361 ② 623
③ 720 ④ 1,445

유효전력

$P=\dfrac{1}{2}E_mI_m\cos\theta$ [W] 식에서

$E_m=170$ [V], $\theta_e=\dfrac{\pi}{6}=30°$, $I_m=8.5$ [V],

$\theta_e=-\dfrac{\pi}{6}=-30°$일 때

$\theta=\theta_e-\theta_i=30°-(-30°)=60°$ 이므로

$\therefore\ P=\dfrac{1}{2}E_mI_m\cos\theta=\dfrac{1}{2}\times170\times8.5\times\cos60°$
$=361$ [W]

71 □□□

전달함수가 $\dfrac{C(s)}{R(s)}=\dfrac{25}{s^2+6s+25}$인 2차 제어시스템의 감쇠진동 주파수($\omega_d$)는 몇 [rad/sec]인가?

① 3 ② 4
③ 5 ④ 5

공진 각주파수와 감쇠진동 각주파수

구분	공식
공진 각주파수	$\omega_m=\omega_n\sqrt{1-2\alpha^2}$
감쇠진동 각주파수	$\omega_d=\omega_n\sqrt{1-\alpha^2}$

$G(s)=\dfrac{{\omega_n}^2}{s^2+2\zeta\omega_n s+{\omega_n}^2}$ 식에서

$\dfrac{C(s)}{R(s)}=\dfrac{25}{s^2+6s+25}$ 일 때

${\omega_n}^2=25$, $2\zeta\omega_n=6$, $\omega_n=5$,

$\zeta=\dfrac{6}{2\omega_n}=\dfrac{6}{10}=0.6$ 이므로

$\therefore\ \omega_d=\omega_n\sqrt{1-\zeta^2}=5\sqrt{1-0.6}=4$ [rad/sec]

정답 68 ④ 69 ① 70 ① 71 ②

72 □□□

다음 회로는 무엇을 나타낸 것인가?

① AND
② NOR
③ NAND
④ EX-OR

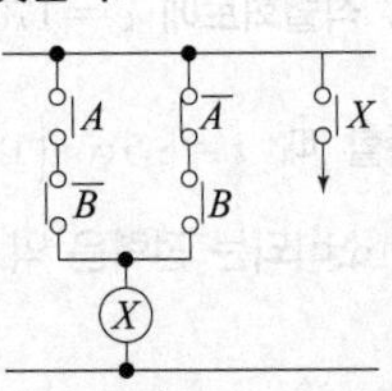

Exclusive OR회로(배타적 논리합회로)

(1) 의미 : 입력 중 어느 하나만 "H"일 때 출력이 "H" 되는 회로

(2) 논리식과 논리회로 : $X = A \cdot \overline{B} + \overline{A} \cdot B$

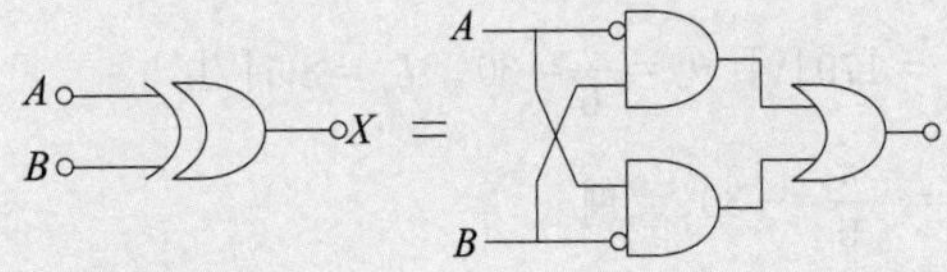

(3) 유접점과 진리표

A	B	X
0	0	0
0	1	1
1	0	1
1	1	0

73 □□□

그림과 같은 제어시스템의 폐루프 전달함수 $T(s) = \dfrac{C(s)}{R(s)}$에 대한 감도 S_K^T는?

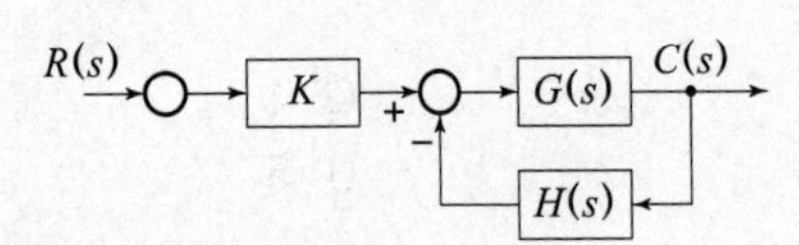

① 0.5
② 1
③ $\dfrac{G}{1+GH}$
④ $\dfrac{-GH}{1+GH}$

감도

전달함수는 $T - \dfrac{C}{R} = \dfrac{KG(s)}{1+G(s)H(s)}$ 이므로

감도 S_K^T는

$$\therefore S_K^T = \frac{K}{T} \cdot \frac{dT}{dK}$$

$$= \frac{K\{1+G(s)H(s)\}}{KG(s)} \cdot \frac{d}{dK}\left\{\frac{KG(s)}{1+G(s)H(s)}\right\}$$

$$= \frac{1+G(s)H(s)}{G(s)} \cdot \frac{G(s)}{1+G(s)H(s)} = 1$$

74 □□□

그림의 신호흐름선도를 미분방정식으로 표현한 것으로 옳은 것은? (단, 모든 초기 값은 0이다.)

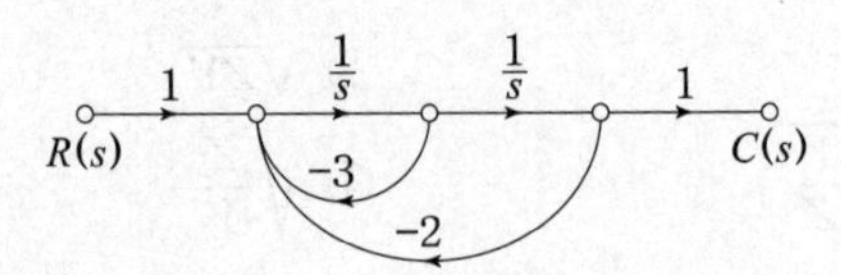

① $\dfrac{d^2c(t)}{dt^2} + 3\dfrac{dc(t)}{dt} + 2c(t) = r(t)$

② $\dfrac{d^2c(t)}{dt^2} + 2\dfrac{dc(t)}{dt} + 3c(t) = r(t)$

③ $\dfrac{d^2c(t)}{dt^2} - 3\dfrac{dc(t)}{dt} - 2c(t) = r(t)$

④ $\dfrac{d^2c(t)}{dt^2} - 2\dfrac{dc(t)}{dt} - 3c(t) = r(t)$

신호흐름선도와 미분방정식

먼저 신호흐름선도의 전달함수를 구하면

$G(s) = \dfrac{\text{전향경로이득}}{1-\text{루프경로이득}}$ 식에서

전향경로이득 $= 1 \times \dfrac{1}{s} \times \dfrac{1}{s} \times 1 = \dfrac{1}{s^2}$

루프경로이득 $= -3 \times \dfrac{1}{s} - 2 \times \dfrac{1}{s} \times \dfrac{1}{s}$

$= -\dfrac{3}{s} - \dfrac{2}{s^2}$ 일 때

$$\frac{C(s)}{R(s)} = \frac{\text{전향경로이득}}{1-\text{루프경로이득}} = \frac{\frac{1}{s^2}}{1-\left(-\frac{3}{s}-\frac{2}{s^2}\right)}$$

$$= \frac{\frac{1}{s^2}}{1+\frac{3}{s}+\frac{2}{s^2}} = \frac{1}{s^2+3s+2} \text{이다.}$$

$(s^2+3s+2)C(s) = R(s)$

위의 식을 미분방정식으로 표현하면 아래와 같다.

$$\therefore \frac{d^2c(t)}{dt^2} + 3\frac{dc(t)}{dt} + 2c(t) = r(t)$$

정답 72 ④ 73 ② 74 ①

75 □□□

$G(s)H(s)$ 가 다음과 같이 주어지는 계에서 근궤적 점근선의 실수축과의 교차점은?

$$G(s)H(s) = \frac{K(s-1)}{s(s+1)(s-4)}$$

① 0　② 1　③ 3　④ -4

점근선의 교차점

$\sigma = \dfrac{\sum G(s)H(s)\text{의 유한 극점} - \sum G(s)H(s)\text{의 유한 영점}}{p-z}$

식에서

(1) $K=0$일 때의 극점 : $s=0,\ s=-1,\ s=4 \rightarrow p=3$

(2) $K=\infty$일 때의 영점 : $s=1 \rightarrow z=1$

(3) $\sum G(s)H(s)$ 의 유한극점$=0-1+4=3$

(4) $\sum G(s)H(s)$ 의 유한영점$=1$

$\therefore \sigma = \dfrac{3-1}{3-1} = 1$

76 □□□

다음과 같은 상태방정식으로 표현되는 제어시스템의 특성방정식의 근(s_1, s_2)은?

$$\begin{bmatrix}\dot{x}_1\\ \dot{x}_2\end{bmatrix} = \begin{bmatrix}0 & 1\\ -2 & -3\end{bmatrix}\begin{bmatrix}x_1\\ x_2\end{bmatrix} + \begin{bmatrix}1\\ 0\end{bmatrix}u$$

① 1, -3　② -1, -2　③ -2, -3　④ -1, -3

상태방정식에서의 특성방정식

특성방정식은 $|sI-A|=0$이므로

$$(sI-A) = s\begin{bmatrix}1 & 0\\ 0 & 1\end{bmatrix} - \begin{bmatrix}0 & 1\\ -2 & -3\end{bmatrix} = \begin{bmatrix}s & -1\\ 2 & s+3\end{bmatrix}$$

$$|sI-A| = \begin{vmatrix}s & -1\\ 2 & s+3\end{vmatrix} = s(s+3)+2 = s^2+3s+2=0$$

$s^2+3s+2=(s+1)(s+2)=0$이므로

특성방정식의 근은

$\therefore s=-1,\ s=-2$

77 □□□

이산 시스템(Discrete data system)에서의 안정도 해석에 대한 설명 중 옳은 것은?

① 특성방정식의 모든 근이 z평면의 음의 반평면에 있으면 안정하다.

② 특성방정식의 모든 근이 z평면의 양의 반평면에 있으면 안정하다.

③ 특성방정식의 모든 근이 z평면의 단위원 내부에 있으면 안정하다.

④ 특성방정식의 모든 근이 z평면의 단위원 외부에 있으면 안정하다.

Z 평면과 S평면에서의 안정도 판별

구분	s 평면	Z 평면
안정 영역	좌반면	단위원 내부
불안정 영역	우반면	단위원 외부
임계안정 영역	허수축	단위 원주상

78 □□□

$G(j\omega) = \dfrac{K}{(1+2j\omega)(1+j\omega)}$ 의 이득여유가 20[dB]일 때 K의 값은?

① 0　② 1　③ 10　④ $\dfrac{1}{10}$

이득여유(GM)

$$GH(j\omega) = \frac{K}{(1+2j\omega)(1+j\omega)} = \frac{K}{(1-2\omega^2)+j3\omega}$$

$j3\omega=0$일 때 $\omega=0$ 이므로

$|GH(j\omega)|_{\omega=0} = K$ 이다.

$GM = 20\log_{10}\dfrac{1}{K} = 20$ [dB]이 되기 위해서는

$\dfrac{1}{K} = 10$ 이어야 한다.

$\therefore K = \dfrac{1}{10}$

정답 75 ② 76 ② 77 ③ 78 ④

79 □□□

적분 시간 2[sec], 비례 감도가 2인 비례적분 동작을 하는 제어 요소에 동작신호 $x(t)=2t$ 를 주었을 때 이 제어 요소의 조작량은? (단, 조작량의 초기 값은 0이다.)

① t^2+4t　② t^2+2t
③ t^2+8t　④ t^2+6t

제어요소

비례적분 요소의 전달함수 $G(s)=K\left(1+\frac{1}{Ts}\right)$

식에서 적분시간 $T=2$ [sec], 비례감도 $K=2$ 이므로

$G(s)=2\left(1+\frac{1}{2s}\right)=2+\frac{1}{s}$ 이다.

동작신호 → [제어요소] → 조작량
$X(s)$　$G(s)$　$Y(s)$

$x(t)=2t$일 때

$X(s)=\mathcal{L}[x(t)]=\mathcal{L}[2t]=\frac{2}{s^2}$ 이므로

$Y(s)=X(s)\,G(s)=\frac{2}{s^2}\left(2+\frac{1}{s}\right)=\frac{4}{s^2}+\frac{2}{s^3}$

$\therefore\ y(t)=\mathcal{L}^{-1}[Y(s)]=t^2+4t$

80 □□□

블록선도 변환이 틀린 것은?

① 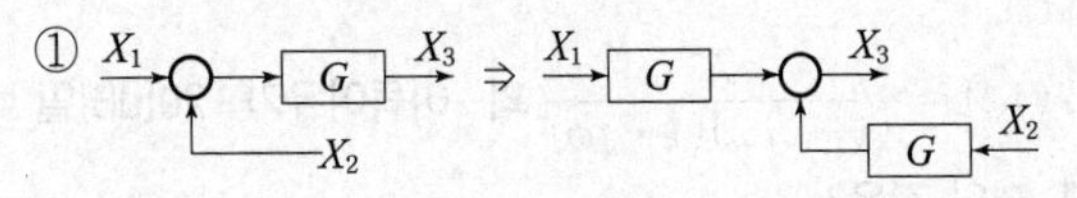

②

③

④

블록선도의 전달함수

보기	좌항	우항
①	$X_3=(X_1+X_2)G$	$X_3=X_1G+X_2G$
②	$X_2=X_1G$	$X_2=X_1G$
③	$X_1=X_1,\ X_2=X_1G$	$X_1=X_1,\ X_2=X_1G$
④	$X_3=X_1G+X_2$	$X_3=(X_1+X_2G)G$

∴ 보기 ④는 좌항과 우항의 출력이 서로 다르다.

5과목 : 전기설비기술기준 및 판단기준

무료 동영상 강의 ▲

81 □□□

전압의 종별에서 교류 1[kV]는 무엇으로 분류하는가?

① 저압　② 고압
③ 특고압　④ 초고압

전압의 구분

전압구분	직류	교류
저압	1.5[kV] 이하	1[kV] 이하
고압	1.5[kV]를 초과하고 7[kV] 이하인 것	1[kV]를 초과하고 7[kV] 이하인 것
특고압	7[kV]를 초과	7[kV]를 초과

82 □□□

저압 전로에서 정전이 어려운 경우 등 절연저항 측정이 곤란한 경우, 저항 성분의 누설전류가 몇 [mA] 이하이면 그 전로의 절연성능은 적합한 것으로 보는가?

① 1　③ 2
③ 3　④ 41

전로의 절연저항

전로의 사용전압	DC 시험전압[V]	절연저항 [MΩ]
SELV 및 PELV	250[V]	0.5
FELV 500[V]이하	500[V]	1.0
500[V]초과	1000[V]	1.0

다만, 저압 전로에서 정전이 어려운 경우 등 절연저항 측정이 곤란한 경우 누설전류가 1[mA] 이하이면 그 전로의 절연성능은 적합한 것으로 본다.

정답 79 ① 80 ④ 81 ① 82 ①

83 □□□

최대 사용전압이 23,000[V]인 중성점 비접지식 전로의 절연내력 시험전압은 몇 V인가?

① 16,560 ② 21,160
③ 25,300 ④ 28,750

전로의 절연내력시험
고압 및 특고압의 전로는 아래 표에서 정한 시험전압을 전로와 대지 사이에 연속하여 10분간 가하여 견딜 것. (단 케이블에 인가하는 경우는 교류 시험전압의 2배의 직류전압 을 전로와 대지간에 연속하여 10분간 시험)

전로의 종류 (최대사용전압 기준)	시험전압	최저 시험전압
7[KV] 이하인 전로	1.5배의 전압	500[V]
25[KV] 이하 중성점 다중접지	0.92배의 전압	×

풀이 $23000 \times 1.25 = 28750$[V]

84 □□□

과부하 보호장치를 하지 않아도 되는 것은?

① 7.5kW~ ② 0.2kW~
③ 2.5kW~ ④ 4kW~

저압전로 중의 전동기 보호용 과전류 보호장치의 시설
∴ 생략조건
(1) 전동기 정격 출력이 0.2[kW] 이하인 것.
(2) 운전 중 상시 취급자가 감시할 수 있는 위치에 시설.
(3) 손상될 수 있는 과전류가 생길 우려가 없는 경우
(4) 단상전동기로써 그 전원측 전로에 시설하는 과전류차단기의 정격전류가 16[A]이하, 배선차단기는 20[A] 이하인 경우

85 □□□

피뢰기 설치기준으로 틀린 것은?

① 가공전선로와 특고압 전선로가 접속되는 곳
② 고압 및 특고압 가공전선로로부터 공급받는 수용장소의 인입구
③ 발전소 · 변전소 또는 이에 준하는 장소의 가공전선의 인입구 및 인출구
④ 가공전선로에 접속한 1차 측 전압이 35[kV] 이하인 배전용 변압기의 고압 측 및 특고압 측

피뢰기의 시설
(1) 발전소변전소 또는 이에 준하는 장소의 가공전선 인입구 및 인출구
(2) 특고압 가공전선로에 접속하는 배전용 변압기의 고압측 및 특고압측
(3) 고압 및 특고압 가공전선로로부터 공급을 받는 수용장소의 인입구
(4) 가공전선로와 지중 전선로가 접속되는 곳
※ 피뢰기 생략조건
(1) 직접 접속하는 전선이 짧은 경우
(2) 피보호기기가 보호범위 내에 위치하는 경우

86 □□□

고압 가공전선으로 ACSR(강심알루미늄연선)을 사용할 때의 안전율은 얼마 이상이 되는 이도(弛度)로 시설하여야 하는가?

① 1.38 ② 2.2
③ 2.5 ④ 4.01

안전율 정리

적용대상		안전율
지지물	기본	2.0 이상
	이상시 철탑	1.33 이상
전선	기본	2.5 이상
	경동선·내열동합금선	2.2 이상
지선		2.5 이상
통신용 지지물		1.5 이상
케이블 트레이		1.5 이상
특고압 애자장치		2.5 이상

정답 83 ④ 84 ② 85 ① 86 ③

87 □□□

사용전압이 22.9[kV]인 가공전선로를 시가지에 시설하는 경우 전선의 지표상 높이는 몇 [m] 이상인가? (단, 전선은 특고압 절연전선을 사용한다.)

① 6 ② 7
③ 8 ④ 10

시가지 등에서 특고압 가공전선로의 시설높이

전압구분	지표상의 높이
35[KV] 이하	10[m] (단, 특별고압 절연전선 : 8[m])
35[KV] 초과	10000[V]마다 12[cm]씩 가산한다. $\frac{10}{8}$) +(사용전압−3.5)×0.12[m] 사용전압과 기준전압을 10000[V]로 나눈다. ( )안의 값을 먼저 계산 후 소수점 이하는 절상하고 전체를 계산한다.

88 □□□

옥외용 비닐절연전선을 사용한 저압 가공전선이 횡단보도교 위에 시설되는 경우에 그 전선의 노면상 높이는 몇 [m] 이상으로 하여야 하는가?

① 2.5 ② 3.0
③ 3.5 ④ 4.0

저압. 고압 가공전선의 높이

구 분	시공 높이
도로를 횡단	지표상 6[m]
철도를 횡단	레일면상 6.5[m]
횡단 보도교	3.5[m]이상 단, 저압에서 절연전선, 다심형전선, 케이블사용 : 3[m]이상
기타	지표상 5[m] 이상 단, 절연, 케이블사용 및 교통에 지장 없다 : 4[m]

89 □□□

고압 가공전선로의 지지물로 철탑을 사용한 경우 최대 경간은 몇 [m] 이하이어야 하는가?

① 300 ② 400
③ 500 ④ 600

고압 가공전선로 경간의 제한

지지물의 종류	표준 경간	장경간 굵기 : 22[mm^2] = 8.71[kn]
목주 A종주	150[m]	300[m]
B 종주	250[m]	500[m]
철 탑	600[m]	−

90 □□□

특고압 가공전선이 건조물과 제1차 접근 상태로 시설되는 경우에 특고압 가공전선로는 어떤 보안공사를 하여야 하는가?

① 고압 보안공사
② 제1종 특고압 보안공사
③ 제2종 특고압 보안공사
④ 제3종 특고압 보안공사

특고압 보안공사

부안공사 종류	시공 장소
제1종 특별고압 보안공사	35[kV] 초과 건조물과 제2차 접근 상태로 시공.
제2종 특별고압 보안공사	35[kV] 이하 건조물과 제2차 접근 상태로 시공.
제3종 특별고압 보안공사	특고압을 건조물과 제1차 접근 상태로 시공.

정답 87 ③ 88 ② 89 ④ 90 ④

91 □□□

고압 가공인입선이 케이블 이외의 것으로서 그 전선의 아래쪽에 위험표시를 하였다면 전선의 지표상 높이는 몇 [m] 까지로 감할 수 있는가?

① 2.5 ② 3.5
③ 4.5 ④ 5.5

저압. 고압. 특고압 가공 인입선 높이

시설 장소	저 압	고 압	특고압
도로횡단	5[m] 교통 지장없다 : 3m	6[m]	6[m]
철도횡단	6.5[m]	6.5[m]	6.5[m]
위험표시 (횡단보도교)	3[m]	3.5[m]	35[kV]이하 : 4[m]이상 35[kV]초과 : 5[m]이상

92 □□□

변전소에 울타리 · 담 등을 시설할 때, 사용전압이 345[kV]이면 울타리 · 담 등의 높이와 울타리 · 담 등으로부터 충전부분까지의 거리의 합계는 몇 [m] 이상으로 하여야 하는가?

① 8.16 ② 8.28
③ 8.40 ④ 9.72

울타리·담 등의 높이와 충전부분까지 거리의 합계

사용 전압 구분	울타리·담등의 높이와 울타리·담 등으로부터 충전 부분까지의 거리의 합계
35[KV]이하	$x+y=5$[m]
35[KV] 초과 160[KV] 이하	$x+y=6$[m]
160[KV]초과	6+(사용전압−16)×0.12 = ?[m] 10000[V]마다 12[cm]로 가산한다. ( ) 안부터 계산한 다음 소수점 이하는 절상하고 전체를 다시 계산한다.

풀이 거리합계 = $6+(34.5-16)\times 0.12 = 8.28$ [m]

93 □□□

발전기를 전로로부터 자동적으로 차단하는 장치를 시설하여야 하는 경우에 해당되지 않는 것은?

① 발전기에 과전류가 생긴 경우
② 용량이 5,000[kVA] 이상인 발전기의 내부에 고장이 생긴 경우
③ 용량이 500[kVA] 이상의 발전기를 구동하는 수차의 압유장치의 유압이 현저히 저하한 경우
④ 용량이 100[kVA] 이상의 발전기를 구동하는 풍차의 압유장치의 유압, 압축공기장치의 공기압이 현저히 저하한 경우

발전기 등의 보호장치

용량	사고의 종류	보호장치
모든 발전기	과전류, 과전압이 생긴 경우	자동차단
100[KVA] 이상	풍차의 유압, 공기압 전원 전압이 현저히 저하	
500[KVA] 이상	수차의 압유장치의 유압이 현저히 저하한 경우	
2000[KVA] 이상	스러스트 베어링의 온도가 현저히 상승한 경우	
1만[KVA] 이상	내부고장이 발생한 경우	

94 □□□

전력보안통신용 전화설비를 시설하여야 하는 곳은?

① 2개 이상의 발전소 상호 간
② 원격감시제어가 되는 변전소
③ 원격감시제어가 되는 급전소
④ 원격감시제어가 되지 않는 발전소

발전소, 변전소 및 변환소 전력보안통신설비의 시설

(1) 원격감시제어가 되지 아니하는 발전소 변전소·개폐소·전선로 및 이를 운용하는 급전소 및 급전분소 간
(2) 2개 이상의 급전소 상호 간과 이들을 통합 운용하는 급전소 간
(3) 동일 수계에 속하고 안전상 긴급연락의 필요가 있는 수력발전소 상호 간
(4) 동일 전력계통에 속하고 또한 안전상 긴급연락의 필요가 있는 발전소변전소 및 개폐소 상호 간

제10회 복원문제

정답 91 ② 92 ② 93 ② 94 ④

95 □□□

저압 옥내배선의 사용전선으로 틀린 것은?

① 단면적 2.5[mm^2] 이상의 연동선
② 사용전압이 400[V] 이하의 전광표시장치 배선 시 단면적 0.75[mm^2] 이상의 다심 캡타이어 케이블
③ 사용전압이 400[V] 이하의 전광표시장치 배선 시 단면적 1.5[mm^2] 이상의 연동선
④ 사용전압이 400[V] 이하의 전광표시장치 배선 시 단면적 0.5[mm^2] 이상의 다심 케이블

저압 옥내배선의 최소 굵기 (사용 전압 400[V] 이하)
(1) 지름 2.5[mm^2]의 연동선
(2) 미네럴 인슈레이션 케이블 : 1[mm^2] 이상 연동선
(3) 전광표시장치·제어회로등 : 1.5[mm^2] 이상의 연동선
(4) 다심 케이블, 다심 캡타이어 케이블 : 0,75[mm^2]

96 □□□

케이블트레이공사에 사용하는 케이블트레이의 시설기준으로 틀린 것은?

① 케이블트레이 안전율은 1.3 이상이어야 한다.
② 비금속제 케이블트레이는 난연성 재료의 것이어야 한다.
③ 전선의 피복 등을 손상시킬 돌기 등이 없이 매끈해야한다.
④ 금속제 트레이는 접지공사를 하여야 한다.

케이블 트레이의 시설기준
(1) 수용된 모든 전선을 지지할 수 있는 적합한 강도
(2) 케이블 트레이의 안전율은 1.5 이상.
(3) 지지대는 트레이 자체 하중과 포설된 케이블 하중을 충분히 견딜 수 있는 강도.
(4) 전선의 피복 등을 손상시킬 돌기 등이 없이 매끈할 것.
(5) 금속재의 것은 방식처리를 한 것이거나 내식성 재료 사용.
(6) 비금속제 케이블 트레이는 난연성 재료의 것이어야 한다.
(7) 금속제 케이블 트레이는 접지공사를 한다.

97 □□□

전기욕기에 전기를 공급하기 위한 전원장치에 내장되어 있는 것을 전원변압기의 2차 측 전로의 사용전압은 몇 [V] 이하인 것을 사용하여야 하는가?

① 5　② 10
③ 20　④ 30

전기 욕기 시설
(1) 대지전압 : 300[V] 이하
(2) 전기욕기의 욕극간의 거리 : 1[m] 이상
(3) 욕극간의 사용전압 : 10[V]
(4) 욕기안의 전극까지의 배선 : 2.5 mm^2 이상
(단 캡타이어 케이블 사용 : 1.5 mm^2 이상)

98 □□□

고무절연 클로르플렌 캡타이어 케이블 단면적 [mm^2]?

① 1.25　② 1.0
③ 0.75　④ 0.5

고무절연 클로르플렌 캡타이어 케이블 단면적
옥내에서 조명용 전원코드 또는 이동전선을 습기가 많은 장소 또는 수분이 있는 장소에 시설할 경우에는 0.6/1[kV] EP 고무 절연 클로로프렌 캡타이어 케이블로서 단면적이 0.75[mm^2] 이상.

정답 95 ④ 96 ① 97 ② 98 ③

99 □□□

다음 ( )의 ㉠, ㉡에 들어갈 내용으로 옳은 것은?

> 전기철도용 급전선이란 전기철도용 (㉠)(으)로부터 다른 전기철도용 (㉠)또는 (㉡)에 이르는 전선을 말한다.

① ㉠ : 급전소 ㉡ : 개폐소
② ㉠ : 궤전선 ㉡ : 변전소
③ ㉠ : 변전소 ㉡ : 전차선
④ ㉠ : 전차선 ㉡ : 급전소

"전기철도용 급전선"이란
전기철도용 변전소로부터 다른 전기철도용 변전소 또는 전차선에 이르는 전선을 말한다.

100 □□□

태양전지 모듈의 시설에 대한 설명으로 옳은 것은?

① 충전 부분은 노출하여 시설할 것
② 출력 배선은 극성별로 확인 가능토록 표시할 것
③ 전선은 공칭단면적 1.5[mm^2] 이상의 연동선을 사용할 것
④ 전선을 옥내에 시설할 경우에는 애자사용공사에 준하여 시설할 것

태양전지 모듈 등의 시설
(1) 충전부분은 노출되지 아니하도록 시설할 것.
(2) 태양전지 모듈에 접속하는 부하측의 전로에는 개폐기를 시설할 것.
(3) 태양전지 모듈을 병렬로 접속하는 전로에는 과전류차단기를 시설할 것.
(4) 전선은 공칭단면적 2.5[mm^2] 이상의 연동선
(5) 모듈의 출력배선은 극성별로 확인할 수 있도록 표시할 것
(6) 옥내, 옥측, 옥외에 시설공사 방법
: 합성수지관공사, 금속관공사, 가요전선관공사, 케이블공사

정답 99 ③ 100 ②

CBT 시험대비

CBT 시험 19회를 100% 복원하여 재구성한

제11회 복원 기출문제

학습기간 월 일 ~ 월 일

1과목 : 전기자기학

무료 동영상 강의 ▲

01 □□□

전위경도 V와 전계 E의 관계식은?

① $E=\text{grad}\,V$ ② $E=\text{div}\,V$
③ $E=-\text{grad}\,V$ ④ $E=-\text{div}\,V$

전위경도 $grad\,V=\nabla V[\text{V/m}]$이고
전계는 전위경도와 크기는 같고 방향이 반대이므로
$\therefore E=-\text{grad}\,V=-\nabla V$ [V/m]

02 □□□

다음 정전계에 관한 식 중에서 틀린 것은?
(단, D는 전속밀도, V는 전위, ρ는 공간(체적)전하밀도, ϵ은 유전율이다.)

① 가우스의 정리 : $\text{div}D=\rho$
② 포아송의 방정식 : $\nabla^2 V=\dfrac{\rho}{\epsilon}$
③ 라플라스의 방정식 : $\nabla^2 V=0$
④ 발산의 정리 : $\oint_s D\cdot ds=\int_v \text{div}D dv$

포아송 방정식
$\nabla^2 V=-\dfrac{\rho}{\epsilon_0}$

03 □□□

다음 중 정전계와 정자계의 대응관계가 성립되는 것은?

① $\text{div}\,D=\rho_v \Rightarrow \text{div}\,B=\rho_m$
② $\nabla^2 V=\dfrac{\rho_v}{\epsilon_0} \Rightarrow \nabla^2 A=\dfrac{i}{\mu_0}$
③ $W=\dfrac{1}{2}CV^2 \Rightarrow W=\dfrac{1}{2}LI^2$
④ $F=9\times10^9\dfrac{Q_1Q_2}{R^2}a_R \Rightarrow$
$F=6.33\times10^{-4}\dfrac{m_1m_2}{R^2}a_R$

정전계와 정자계의 대응관계
(1) $\text{div}\,D=\rho_v \rightarrow \text{div}\,B=0$
(2) $\nabla^2 V=-\dfrac{\rho_v}{\epsilon_0} \rightarrow \nabla^2 A=-\mu_0 i$
(3) $W=\dfrac{1}{2}CV^2 \rightarrow W=\dfrac{1}{2}LI^2$
(4) $F=9\times10^9\dfrac{Q_1Q_2}{R^2}a_R \rightarrow$
$F=6.33\times10^{4}\dfrac{m_1m_2}{R^2}a_R$

04 □□□

자기인덕턴스 L[H]인 코일에 전류 I[A]를 흘렸을 때, 자계의 세기가 H[AT/m]였다. 이 코일을 진공 중에서 자화시키는데 필요한 에너지밀도[J/m³]는?

① $\dfrac{1}{2}LI^2$ ② LI^2
③ $\dfrac{1}{2}\mu_0H^2$ ④ μ_0H^2

자계내 단위체적당 축적에너지
$W=\dfrac{B^2}{2\mu_0}=\dfrac{1}{2}\mu_0H^2=\dfrac{1}{2}HB$ [J/m³]

정답 01 ③ 02 ② 03 ③ 04 ③

05 □□□

자극의 세기 4×10^{-6}[Wb], 길이 10[cm]인 막대자석을 150[AT/m]의 평등 자계내에 자계와 60°의 각도로 놓았다면 자석이 받는 회전력[N·m]은?

① $\sqrt{3}\times10^{-4}$　② $3\sqrt{3}\times10^{-5}$
③ 3×10^{-4}　④ 3×10

막대자석에 의한 회전력은

$$T=mHl\sin\theta=4\times10^{-6}\times150\times0.1\times\sin60°$$
$$=3\sqrt{3}\times10^{-5}\,[\text{N}\cdot\text{m}]$$

06 □□□

도전성이 없고 유전율과 투자율이 일정하며, 전하분포가 없는 균질 완전절연체 내에서 전계 및 자계가 만족하는 미분방정식의 형태는? (단, $\alpha=\sqrt{\epsilon\mu}$, $v=\dfrac{1}{\sqrt{\epsilon\mu}}$)

① $\nabla^2\overline{F}=\overline{O}$

② $\nabla^2\overline{F}=\dfrac{1}{\alpha^2}\cdot\dfrac{\partial\overline{F}}{\partial t}$

③ $\nabla^2\overline{F}=\dfrac{1}{v^2}\cdot\dfrac{\partial^2\overline{F}}{\partial t^2}$

④ $\nabla^2\overline{F}=\dfrac{1}{\alpha^2}\cdot\dfrac{\partial\overline{F}}{\partial t}+\dfrac{1}{v^2}\cdot\dfrac{\partial^2\overline{F}}{\partial t^2}$

완전 절연체의 전자 파동(미분)방정식

$$\nabla^2\overline{F}=\epsilon\mu\cdot\frac{\partial^2\overline{F}}{\partial t^2}=\frac{1}{\left(\frac{1}{\sqrt{\epsilon\mu}}\right)^2}\cdot\frac{\partial^2\overline{F}}{\partial t^2}$$
$$=\frac{1}{v^2}\cdot\frac{\partial^2\overline{F}}{\partial t^2}$$

07 □□□

저항 20[Ω], 인덕턴스 0.1[H]인 직렬회로에 60[Hz], 110[V]의 교류 전압이 인가되어 있다. 인덕턴스에 축적되는 자기에너지의 평균값은 약 몇 [J]인가?

① 0.14　② 0.33
③ 0.75　④ 1.45

$R-L$ 직렬회로의 전류는

$$I=\frac{V}{Z}=\frac{V}{\sqrt{R^2+X_L^2}}=\frac{V}{\sqrt{R^2+(\omega L)^2}}$$
$$=\frac{110}{\sqrt{20^2+(2\pi\times60\times0.1)^2}}=2.58[\text{A}]$$ 이므로

인덕턴스(코일)에 축적되는 자기에너지를 구한다.

$$W=\frac{1}{2}LI^2=\frac{1}{2}\times0.1\times2.58^2=0.33[\text{J}]$$

08 □□□

철심이 든 환상 솔레노이드의 권수는 500회, 평균 반지름은 10[cm], 철심의 단면적은 10[cm^2], 비투자율 4,000이다. 이 환상 솔레노이드에 2[A]의 전류를 흘릴 때 철심 내의 자속[Wb]은?

① 4×10^{-3}　② 4×10^{-4}
③ 8×10^{-3}　④ 8×10^{-4}

철심내 자속은 자기회로의 오옴의 법칙에 의해서

$$\phi=\frac{F}{R_m}=\frac{NI}{\frac{l}{\mu S}}=\frac{\mu_0\mu_s SNI}{l}=\frac{\mu_0\mu_s SNI}{2\pi a}$$
$$=\frac{(4\pi\times10^{-7})\times4000\times(10\times10^{-4})\times500\times2}{2\pi\times10\times10^{-2}}$$
$$=8\times10^{-3}[\text{Wb}]$$

제11회 복원문제

정답 05 ② 06 ③ 07 ② 08 ③

09 □□□

동심구형 콘덴서의 내외 반지름을 각각 5배로 증가시키면 정전 용량은 몇 배로 증가하는가?

① 5 ② 10
③ 15 ④ 20

동심구의 정전 용량은 $C=\dfrac{4\pi\epsilon_o ab}{b-a}$[F] 이므로
내외 반지름을 각각 3배로하면 $b'=5b$,
$a'=5a$ 이므로

$$C'=\frac{4\pi\epsilon_o a'b'}{b'-a'}=\frac{4\pi\epsilon_o\cdot 5a\cdot 5b}{5b-5a}$$
$$=\frac{25\times(4\pi\epsilon_o ab)}{5(b-a)}=5C$$ 가 되므로 5배가 된다.

10 □□□

공기 중에서 코로나방전이 3.5[kV/mm] 전계에서 발생한다고 하면, 이때 도체의 표면에 작용하는 힘은 약 몇 [N/m²]인가?

① 27 ② 54
③ 81 ④ 108

전계가 $E=3.5\,[\mathrm{kV/mm}]$ 이므로
표면에 작용하는 단위 면적당 받는 힘은

$$f=\frac{1}{2}\epsilon_o E^2=\frac{1}{2}\times 8.855\times10^{-12}\times(3.5\times10^6)^2$$
$$=54\,[\mathrm{N/m^2}]$$

11 □□□

비투자율이 350인 환상철심 내부의 평균 자계의 세기가 342[AT/m]일 때 자화의 세기는 약 몇 [Wb/m²]인가?

① 0.12 ② 0.15
③ 0.18 ④ 0.21

$\mu_s=350$, $H=342\,[\mathrm{AT/m}]$ 이므로

$$J=\mu_o(\mu_s-1)H=4\pi\times10^{-7}\times(350-1)\times342$$
$$=0.15\,[\mathrm{Wb/m^2}]$$

12 □□□

권선수 100인 코일의 자속을 2[Wb]에서 1[Wb]로 2초 동안 변화시켰다면 유기되는 기전력은 몇 [V] 인가?

① 25 ② 50
③ 75 ④ 100

권선수 $N=100$회
자속의 변화량 $d\phi=1-2=-1$[Wb]
시간의 변화량 $dt=2$[sec] 이므로
유기기전력은

$$e=-N\frac{d\phi}{dt}=-100\times\frac{-1}{2}=50\,[\mathrm{V}]$$가 된다.

13 □□□

자속밀도가 $B=0.04\hat{y}\,[\mathrm{Wb/m^2}]$ 인 공간에 그림과 같은 길이 0.2[m]인 도체가 z방향으로 $v=2.5\sin10^3t\hat{z}\,[\mathrm{m/s}]$ 로 움직일 때, 도체 내에 유도되는 전압[V]은? (단, $\hat{x},\hat{y},\hat{z}$는 단위벡터이다)

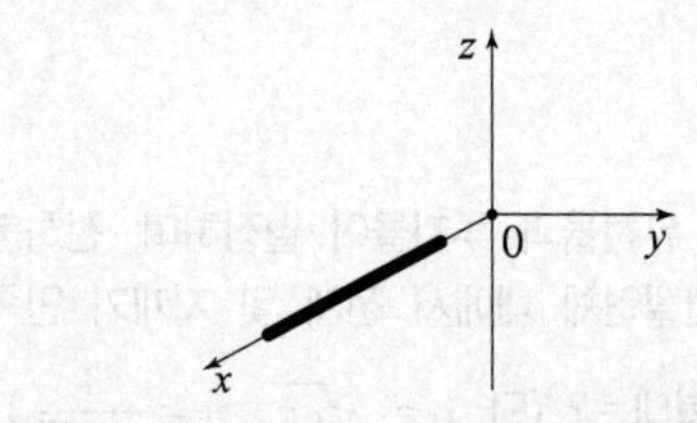

① $-0.02\sin10^3t\hat{x}$ ② $-0.1\sin10^3t\hat{x}$
③ $0.1\sin10^3t\hat{x}$ ④ $0.02\sin10^3t\hat{x}$

자계(장)내 도체 이동시 유기되는 전압은 플레밍의 오른손법칙에 의해서

$$e=(\vec{v}\times\vec{B})l=2.5\sin10^3t\hat{z}\times0.04\hat{y}\times0.2$$
$$=-0.02\sin10^3t\hat{x}\,[\mathrm{V}]$$

참고 외적의 성질

$\hat{x}\times\hat{y}=\hat{z}$, $\hat{y}\times\hat{x}=-\hat{z}$
$\hat{y}\times\hat{z}=\hat{x}$, $\hat{z}\times\hat{y}=-\hat{x}$
$\hat{z}\times\hat{x}=\hat{y}$, $\hat{x}\times\hat{z}=-\hat{y}$
$\hat{x}\times\hat{x}=\hat{y}\times\hat{y}=\hat{z}\times\hat{z}=0$

정답 09 ① 10 ② 11 ② 12 ② 13 ①

14 □□□

그림과 같이 비투자율이 μ_{s1}, μ_{s2}인 각각 다른 자성체를 접하여 놓고 θ_1을 입사각이라 하고, θ_2를 굴절각이라 한다. 경계면에 자하가 없을 경우 미소 폐곡면을 취하여 이곳에 출입하는 자속수를 구하면?

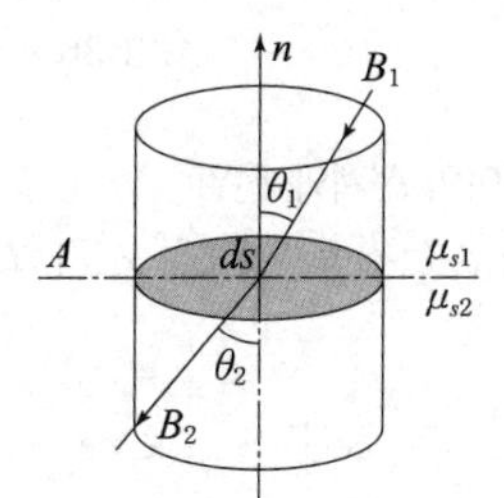

① $\int B \cdot nds = 0$　　② $\int B \cdot ndl = 0$

③ $\int B \cdot n\sin\theta ds = 0$　　④ $\int B \cdot ds = 0$

자성체 내에서 키르히호프의 제1법칙은
$\Sigma\phi = 0\,[\text{Wb}]$이므로
$\Sigma\phi = \int_s B \cdot nds = \int_v \text{div}\,Bdv$
$= \int_v \nabla \cdot Bdv = 0\,[\text{Wb}]$이다.
$\therefore \int_s B \cdot nds = \int_v div\,Bdv = 0\,[\text{Wb}]$이란 자성체 내에서 자속은 발산하지 않으며 경계면을 기준으로 법선성분(수직성분)은 연속임을 의미한다.
이것을 자속의 연속성이라 한다.

15 □□□

반지름 $a\,[\text{m}]$이고 투자율 μ인 자성체구의 자화의세기가 $J[\text{Wb/m}^2]$이다. 자성체구의 자기모멘트 $M[\text{Wb}\cdot\text{m}]$는?

① $\frac{4}{3}\pi a^3 J$　　② $\frac{4}{3\pi a^3}J$

③ $\frac{\pi a^3}{4J}$　　④ $\frac{1}{4\pi a^3 J}$

자화의 세기
$J = \frac{M[\text{자기모멘트}]}{v[\text{체적}]}\,[\text{Wb/m}^2]$ 이므로
구자성체의 체적 $v = \frac{4}{3}\pi a^3 [\text{m}^3]$ 를 대입하면
자기모멘트는 $M = v \cdot J = \frac{4}{3}\pi a^3 \cdot J[\text{Wb}\cdot\text{m}]$

16 □□□

평등 자계 내에 전자가 원운동을 하고 있다. 전자의 속도 $v = 2\times10^{16}$ [m/s], 각속도 $\omega = 0.35\times10^{-10}$[rad/s]일 때 전자에 작용하는 구심력을 구하여라.
(단, 전자의 질량은 9.1095×10^{-31} [kg]이다.)

① 3.19×10^{-22}　　② 3.19×10^{-25}

③ 6.38×10^{-22}　　④ 6.38×10^{-25}

평등자계내 전자 수직 입사시
전자는 원운동하며 이때
구심력은 $F = m\frac{v^2}{r}[\text{N}]$
각속도 $\omega = \frac{v}{r}\,[\text{rad/sec}]$ 이므로
$F = m\frac{v^2}{r} = m\frac{v^2}{\frac{v}{\omega}} = mv\omega$
$= 9.1095\times10^{-31}\times2\times10^{16}\times0.35\times10^{-10}$
$= 6.38\times10^{-25}[\text{N}]$

17 □□□

반지름 $a\,[\text{m}]$, 1[m] 당 권선수 n의 무한장 솔레노이드가 자기 인덕턴스[H/m]는 n과 a사이에 어떠한 관계가 있는가?

① a와 상관없고 n^2에 비례한다.
② a와 n의 곱에 비례한다.
③ a^2와 n^2의 곱에 비례한다.
④ a^2에 반비례하고 n^2에 비례한다.

무한장 솔레노이드의 단위길이당 자기인덕턴스는
$L = \mu Sn^2 = \mu\pi a^2 n^2\,[\text{H/m}]$ 이므로
a^2와 n^2의 곱에 비례한다.
참고 원의단면적 $S = \pi a^2\,[\text{m}^2]$

정답 14 ① 15 ① 16 ④ 17 ③

18 □□□

100[kW]의 전력을 전자파의 형태로 사방에 균일하게 방사하는 전원이 있다. 전원에서 10[km] 거리인 곳에서의 전계의 세기[V/m]는?

① 2.73×10^{-2} ② 1.73×10^{-1}
③ 6.53×10^{-4} ④ 2×10^{-4}

포인팅벡터 $P' = \dfrac{P}{S} = \dfrac{1}{377}E^2\ [\mathrm{W/m^2}]$ 에서

전계는 $E = \sqrt{\dfrac{377P}{S}} = \sqrt{\dfrac{377P}{4\pi r^2}}$

$= \sqrt{\dfrac{377\times100\times10^3}{4\pi\times(10\times10^3)^2}}$

$= 1.73\times10^{-1}[\mathrm{V/m}]$

19 □□□

전하밀도 $\rho[\mathrm{C/m^3}]$, 전계 $E[\mathrm{V/m}]$, 전위 $V[\mathrm{V}]$일 때 전하에 의한 정전에너지$[\mathrm{J}]$로 옳은 것은?

① $\dfrac{1}{2}\int \rho\ \mathrm{div}\,D\,dv$ ② $\dfrac{1}{2}\int V\ \mathrm{div}\,D\,dv$
③ $\dfrac{1}{2}\int \rho\ \mathrm{div}\,E\,dv$ ④ $\dfrac{1}{2}\int V\ \mathrm{div}\,E\,dv$

전하에 의한 정전 에너지

$W = \dfrac{1}{2}QV = \dfrac{1}{2}CV^2 = \dfrac{Q^2}{2C}[\mathrm{J}]$ 에서

$W = \dfrac{1}{2}QV - \dfrac{1}{2}\rho\cdot v\,V = \dfrac{1}{2}\int_v \rho\,V dv$

$= \dfrac{1}{2}\int_v V div\,D\,dv[\mathrm{J}]$이 된다.

참고 전하량 $Q = \rho v[\mathrm{C}]$,
가우스의 미분형 $div\,D = \rho[\mathrm{C/m^3}]$

20 □□□

진공 중 3[m] 간격으로 두 개의 평행한 무한평판 도체에 각각 +4[C/m^2], -4[C/m^2]의 전하를 주었을 때, 두 도체 간의 전위차는 약 몇 [V] 인가?

① 1.5×10^{11} ② 1.5×10^{12}
③ 1.36×10^{11} ④ 1.36×10^{12}

평행판 전극 사이의 전계와 전위
면전하 밀도 ρ_s, 간격 d, 전계의 세기 E, 전위 V라 하면

$E = \dfrac{\rho_s}{\epsilon_o}[\mathrm{V/m}]$, $V = Ed[\mathrm{V}]$이므로

$d = 3[\mathrm{m}]$, $\rho_s = 4[\mathrm{C/m^2}]$일 때

$\therefore\ V = Ed = \dfrac{\rho_s}{\epsilon_o}d = \dfrac{4}{8.855\times10^{-12}}\times3$

$= 1.36\times10^{12}[\mathrm{V}]$

2과목 : 전력공학

무료 동영상 강의 ▲

21 □□□

각 전력계통을 연락선으로 상호 연결하면 여러 가지 장점이 있다. 옳지 않은 것은?

① 각 전력계통의 신뢰도가 증가한다.
② 경계 급전이 용이하다.
③ 배후 전력(back power)이 크기 때문에 고장이 적으며 그 영향의 범위가 작아진다.
④ 주파수의 변화가 작아진다.

계통 연계 특징
(1) 배후전력이 커져서 난락용량이 증가한다.
(2) 유도장해 발생률이 높다.
(3) 사고시 사고 파급효과가 크다.
(4) 안정된 주파수 유지가 가능하고, 공급 신뢰도가 향상된다.
(5) 전력의 융통성이 향상되어 설비용량이 저감된다.
(6) 첨두부하가 시간대마다 다르기 때문에 부하율이 향상된다.
(7) 경제적인 전력 배분이 가능하다.

정답 18 ② 19 ② 20 ④ 21 ③

22 □□□

A, B 및 C상 전류를 각각 I_a, I_b, I_c라 할 때 $I_x = \frac{1}{3}(I_a + a^2 I_b + aI_c)$, $a = -\frac{1}{2} + J\frac{\sqrt{3}}{2}$으로 표시되는 I_x는 어떤 전류인가?

① 정상 전류
② 역상 전류
③ 영상 전류
④ 역상 전류와 영상전류의 합계

대칭분 전류(I_0, I_1, I_2)

(1) 영상전류 $I_0 = \frac{1}{3}(I_a + I_b + I_c)$

(2) 정상전류 $I_1 = \frac{1}{3}(I_a + aI_b + a^2 I_c)$

(3) 역상전류 $I_2 = \frac{1}{3}(I_a + a^2 I_b + aI_c)$

23 □□□

단락점까지의 전선 한 줄의 임피던스가 $Z = 6 + j8$(전원 포함), 단락 전의 단락점 전압이 22.9[kV]인 단상 전선로의 단락용량은 몇 [kVA]인가? (단, 부하전류는 무시한다.)

① 13,110 ② 26,220
③ 39,330 ④ 52,440

단락용량(P_s)
단상 2선식 선로에서 단락용량 P_s는
$P_s = E \times I_S \times 10^{-3}$[KVA]식에서 전선 1가닥의 임피던스를 Z라 하면 1선당 $Z = 6 + j8[\Omega]$ 이고, 정격차단전류 $I_S = \frac{E}{Z}$이다. 이때 임피던스가 1선당값이 주어져 있으므로 ×2임을 주의 할 것. 또한 단상 2선식이므로 상전압과 선전압이 같음을 알 수 있다.

$$P_S = E \times \frac{E}{2 \times Z} \times 10^{-3}[\text{KVA}]$$

$$\therefore P_s = 22900 \times \frac{22900}{2 \times \sqrt{6^2 + 8^2}} \times 10^{-3} = 26220[\text{KVA}]$$

24 □□□

복도체의 선로가 있다. 소도체의 지름 8[mm], 소도체 사이의 간격 40[cm]일 때, 등가 반지름[cm]은?

① 2.8[cm] ② 3.6[cm]
③ 4.0[cm] ④ 5.7[cm]

복도체의 등가 반지름
등가 반지름 $r_e = r^{\frac{1}{n}} d^{\frac{n-1}{n}}$ $[m]$이므로,
다음과 같은 식$= \sqrt[n]{rd^{n-1}}$ 이 성립한다.
복도체는 $(n = 2)$이므로 조건식에 따라 지름 8[mm], 반지름 $r = 4$[mm], 소도체간 거리 $d = 40$[cm]일 때
∴ 등가반지름$= \sqrt{rd} = \sqrt{0.4 \times 40} = 4$[cm]

25 □□□

송배전 선로의 도중에 직렬로 삽입하여 선로의 유도성 리액턴스를 보상함으로써 선로 정수 그 자체를 변화시켜서 선로의 전압강하를 감소시키는 직렬콘덴서 방식의 특성에 대한 설명으로 옳은 것은?

① 최대 송전 전력이 감소하고 정태 안정도가 감소한다.
② 부하의 변동에 따른 수전단의 전압
③ 장거리 선로의 유도 리액턴스를 보상하고 전압강하를 감소시킨다.
④ 송수 양단의 전달 임피던스가 증가하고 안정 극한 전력이 감소한다.

직렬콘덴서 : 전압강하 보상
장거리 선로에 직렬콘덴서를 설치하면 유도성 리액턴스를 보상하여 선로의 전압강하가 감소되어 안정도를 증진시킨다. 직렬콘덴서는 역률을 개선할 수 있는 기능은 없으며 부하의 역률이 나쁠수록 효과가 커진다. 역률을 개선할 목적으로는 부하와 병렬로 설치하는 전력용 콘덴서(= 병렬콘덴서)가 효과적이다.

정답 22 ② 23 ② 24 ③ 25 ③

26 □□□

그림과 같은 이상 변압기에서 2차 측에 5[Ω]의 저항부하를 연결하였을 때 1차 측에 흐르는 전류(I)는 약 몇 [A]인가?

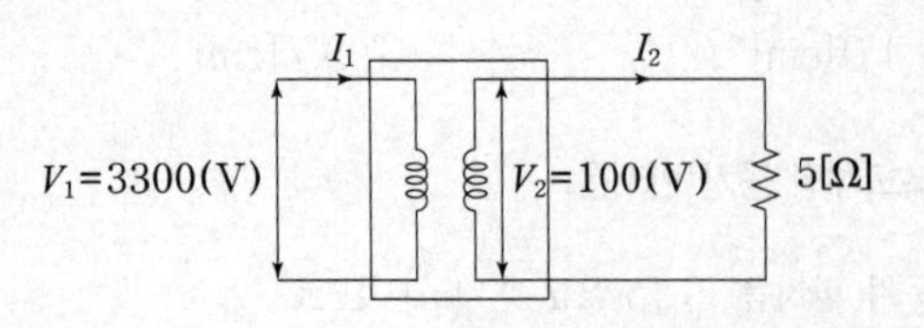

① 0.6 ② 1.8
③ 20 ④ 660

이상 변압기의 특성

$V_1 = 3{,}300\,[\mathrm{V}]$, $V_2 = 100\,[\mathrm{V}]$, $R_2 = 5\,[\Omega]$일 때 변압기 1차 전류 I_1, 2차 전류 I_2, 권수비 a 관계는 다음과 같이 정의할 수 있다.

$I_2 = \dfrac{100}{5} = 20\,[\mathrm{A}]$ 계산하고 ,

권수비 $a = \dfrac{V_1}{V_2} = \dfrac{I_2}{I_1} = \dfrac{n_1}{n_2} = \sqrt{\dfrac{Z_1}{Z_2}}$ 식에서

$a = \dfrac{3300}{100} = 33$ 이므로 $\therefore\ I_1 = \dfrac{I_2}{a} = \dfrac{20}{33} = 0.6\,[\mathrm{A}]$

27 □□□

교류 송전에서 송전 거리가 멀어질수록 동일 전압에서의 송전 가능 전력이 적어진다. 그 이유는?

① 선로의 어드미턴스가 커지기 때문이다.
② 선로의 유도성 리액턴스가 커지기 때문이다.
③ 코로나 손실이 증가하기 때문이다.
④ 저항 손실이 커지기 때문이다.

송전용량

송전 용량 계산 $P_s = \dfrac{E_S E_R}{X}\sin\delta$ [MW] 이고, 이때 리액턴스는 선로의 길이에 비례한다. 리액턴스$X = X_L$을 의미함으로 선로의 유도성 리액턴스가 커지면 송전용량이 감소한다.

28 □□□

부하 역률이 0.6인 경우, 전력용 콘덴서를 병렬로 접속하여 합성 역률을 0.9로 개선하면 전원측 선로의 전력손실은 처음 것의 약 몇 [%]로 감소되는가?

① 38.5 ② 44.4
③ 56.6 ④ 62.8

역률($\cos\theta$)에 따른 전력손실(P_l)

전력손실 과 $\cos\theta$ 관계를 $P_l{}'$라 하면

전력 손실 $P_l \propto \dfrac{1}{\cos^2\theta}$ 이다.

여기서 개선 전 역률 $\cos\theta_1 = 0.6$, 개선 후 역률 $\cos\theta_2 = 0.9$ 로 했을 때

※ $P_l{}' = \left(\dfrac{\frac{1}{0.9}}{\frac{1}{0.6}}\right)^2 \times 100 = 44.44\,[\%]$

$\therefore$ 44.4[%]로 감소한다.

29 □□□

차단기의 정격차단 시간은?

① 고장 발생부터 소호까지의 시간
② 트립 코일 여자부터 소호까지의 시간
③ 가동접촉자 시동부터 소호까지의 시간
④ 가동접촉자 개극부터 소호까지의 시간

차단기의 차단시간

트립 코일이 여자로 되는 순간부터 아크가 소호될 때까지 걸린 시간으로 3 ~ 8 Cycle 정도이다.

정답 26 ① 27 ② 28 ② 29 ②

30 □□□

송전선로에 매설지선을 설치하는 목적은?

① 직격뢰로부터 송전선을 차폐, 보호하기 위하여
② 철탑 기초의 강도를 보강하기 위하여
③ 현수 애자 1연의 전압분담을 균일화하기 위하여
④ 철탑으로부터 송전선로로의 역섬락을 방지하기 위하여

매설지선
탑각의 접지저항이 크면 대지로 흐르던 뇌전류가 다시 선로로 역류하여 애자련 주변 공기의 절연을 파괴하면서 불꽃이 나타나는데 이를 역섬락이라고 한다. 그러므로 탑각에 방사상으로 매설지선을 포설하여 탑각의 접지저항을 낮춰 역섬락을 방지하고 애자련을 보호한다.

31 □□□

파동 임피던스 $Z_1 = 600[\Omega]$인 선로종단에 파동 임피던스 $Z_2 = 1300[\Omega]$의 변압기가 접속되어 있다. 지금 선로에서 파고 $e_1 = 900$[kV]의 전압이 입사되었다면 접속점에서의 전압 반사파는 약 몇 [kV]인가?

① 530 ② 430
③ 330 ④ 230

진행파의 반사파 와 투과파
입사파 전압 e_1 전압이 파동임피던스 Z_1을 통해서 진행파가 들어왔을 때 변곡점을 기준으로 되돌아 나가는 반사파 전압 e_2 ,투과파 전압 e_3 종단 파동임피던스 Z_2가 나타나게 된다.

① 반사파 $e_2 = \dfrac{Z_2 - Z_1}{Z_1 + Z_2} e_1$,

② 투과파 $e_3 = \dfrac{2Z_2}{Z_1 + Z_2} e_1$

주어진 조건 $Z_1 = 600[\Omega]$, $Z_2 = 1300[\Omega]$, $e_1 = 900$ [kV]일 때

$$\therefore \text{반사파 } e_2 = \frac{Z_2 - Z_1}{Z_1 + Z_2} e_1 = \frac{1300 - 600}{1300 + 600} \times 900 = 331.58[\text{KV}]$$

32 □□□

부하의 불평형으로 인하여 발생하는 각상별 불평형 전압을 평형되게 하고 선로손실을 경감시킬 목적으로 밸런서가 사용된다. 다음 중 이 밸런서의 설치가 가장 필요한 배전방식은?

① 단상 2선식 ② 3상 3선식
③ 단상 3선식 ④ 3상 4선식

저압 밸런스
단상 3선식에서 중성선이 용단되면 경부하측 전위가 상승함으로 중성선에 퓨즈를 삽입하면 안되며 (동선으로 직결한다.) 부하 말단에 저압 밸런스를 설치하여 전압 불평형을 방지한다.

33 □□□

전등만으로 구성된 수용가를 두 군으로 나누어 각 군에 변압기 1대씩을 설치하여 각 군의 수용가의 총 설비용량을 각각 30[kW], 50[kW]라 한다. 각 수용가의 수용률을 0.6, 수용가 간 부등률을 1.2 변압기 군의 부등률을 1.3 이라고 하면 고압 간선에 대한 최대부하는 약 몇 [kW]인가? (단, 간선의 역률은 100[%]이다.)

① 15 ② 22
③ 31 ④ 35

합성 최대수용전력(P_m)
각 변압기 군의 최대수용전력을 P_{TA}, P_{TB}라 하면

최대수용전력$= \dfrac{\text{설비부하용량} \times \text{수용률}}{\text{수용가간 부등률}}$ [KW] 식으로 계산된다.

① $P_{TA} = \dfrac{30 \times 0.6}{1.2} = 15$ [kW]

② $P_{TB} = \dfrac{50 \times 0.6}{1.2} = 25$ [kW]

$$\therefore P_m = \frac{P_{TA} + P_{TB}}{\text{변압기군 부등률}} [\text{KW}] = \frac{15 + 25}{1.3} = 31 [\text{kW}]$$

정답 30 ④ 31 ③ 32 ③ 33 ③

34 □□□

보일러 급수 중의 염류 등이 굳어서 내벽에 부착되어 보일러 열전도와 물의 순환을 방해하여 내면의 수관벽을 과열시켜 파열을 일으키게 하는 원인이 되는 것은?

① 스케일　② 부식
③ 포밍　④ 캐리오버

급수설비의 불순물에 의한 장해
(1) 스케일 : 급수에 함유된 염류가 침전하여, 보일러의 내벽에 스케일을 형성하므로 용적이 줄어들고 가열면의 열전도를 방해, 관벽의 과열을 초래한다.
(2) 캐리 오버 : 거품일기 및 수분 치솟기 현상이 일어날 때 증기와 더불어 염류가 운반되어 과열기관에 고착하고, 터빈에까지 장해를 주는 것을 캐리 오버라 한다.
(3) 포밍 : 보일러 수 속의 불순물 등의 농도가 높아지면 드럼 수면에 거품이 발생하는 현상

35 □□□

송전계통의 접지에 대하여 기술하였다. 다음 중 옳은 것은?

① 직접 접지방식을 채용하는 경우 이상전압이 낮기때문에 변압기 선정시 단절연이 가능하다.
② 소호 리액터 접지방식은 선로의 정전용량과 직렬공진을 이용한 것으로 지락전류가 타방식에 비해 좀 큰 편이다.
③ 고저항 접지방식은 이중 고장을 발생시킬 확률이 거의 없으나 비접지식 보다는 많은 편이다.
④ 비접지방식을 택하는 경우 지락전류 차단이 용이하고 장거리 송전을 할 경우 이중고장의 발생을 예방하기 좋다.

중성점 접지방식
(1) 소호 리액터 접지방식
중성점에 리액터를 통해서 대지에 접지하는 방식으로 1선 지락고장시 L-C 병렬공진을 시켜 지락전류를 최소로 할 수 있다.
(2) 직접 접지방식의 특징
1선 지락고장시 건전상의 대지전위 상승이 거의 없고 (1.3배 이하) 중성점의 전위도 거의 영전위를 유지하므로 기기의 절연레벨을 저감시켜 단절연 할 수 있다.
(3) 비 접지방식
이 방식은 Δ결선 방식으로 단거리, 저전압 선로에만 적용하며, 1선 지락시 지락전류는 대지정전용량에 기인한다. 또한 1선 지락시 건전상 전위상승이 $\sqrt{3}$ 배 상승하기 때문에 기기나 선로의 절연레벨이 매우 높다.

36 □□□

가공 송전선로를 가선할 때에는 하중 조건과 온도 조건을 고려하여 적당한 이도(dip)를 주도록 하여야 한다. 다음 중 이도에 대한 설명으로 옳은 것은?

① 이도가 작으면 전선이 좌우로 크게 흔들려서 다른 상의 전선에 접촉하여 위험하게 된다.
② 전선을 가선할 때 전선을 팽팽하게 가선하는 것을 이도를 크게 준다고 한다.
③ 이도를 작게 하면 이에 비례하여 전선의 장력이 증가되며 심할 때는 전선 상호간이 꼬이게 된다.
④ 이도의 대소는 지지물의 높이를 좌우한다.

이도가 전선로에 미치는 영향
(1) 이도가 크면 전선에 혼촉하거나 수목에 접촉할 우려가 있다.
(2) 이도가 작으면 전선의 장력이 증가하여 단선사고를 초래할 수 있다.
(3) 이도의 대소는 지지물의 높이를 결정한다.

정답 34 ① 35 ① 36 ④

37 □□□

송전계통의 절연 협조의 기본이 되는 것은?

① 애자의 섬락전압
② 권선의 절연내력
③ 피뢰기의 제한전압
④ 변압기 부싱의 섬락전압

절연협조
계통내의 각 기기 ,기구 및 애자 등의 상호 간에 적정한 절연 강도를 지니게 함으로써 계통설계를 합리적이고 경제적으로 할 수 있게 한 것으로 피뢰기의 제한전압을 절연협조의 기본으로 두고 있다.
∴ 절연협조 순서
∴ 피뢰기 → 변압기코일 → 기기부싱 → 결합콘덴서 → 선로애자

38 □□□

수전단의 전력원 방정식이 $P_r^2+(Q_r+400)^2=250000$ 으로 표현되는 전력계통에서 가능한 최대로 공급할 수 있는 부하전력(P_r)과 이 때 전압을 일정하게 유지하는데 필요한 무효전력(Q_r)은 각각 얼마인가?

① $P_r=500,\ Q_r=-400$
② $P_r=400,\ Q_r=500$
③ $P_r=300,\ Q_r=100$
④ $P_r=200,\ Q_r=-300$

전력 원선도
$P_r^2+(Q_r+400)^2=250000[\text{VA}]$ 식에서
부하전력 P_r을 최대로 송전하기 위해서는
무효전력 (Q_r+400)을 최소로 하여야 한다.
따라서 $Q_r=-400$일 때 최소가 된다.
$P_r^2=250000$이므로 $P_r=\sqrt{250000}=500$이다.
$\therefore P_r=500,\ Q_r=-400$

39 □□□

전력계통 안정도는 외란(disturbance)의 종류에 따라 구분되는데, 송전선로에서의 고장, 발전기 탈락과 같은 큰 외란에 대한 전력계통의 동기운전 가능 여부로 판정되는 안정도는?

① 동태안정도(dynamic stability)
② 정태안정도(steady−state stability)
③ 전압안정도(voltage stability)
④ 과도안정도(transient stability)

과도 안정도
부하의 급변이나, 계통에 사고가 발생해서 충격을 주었을 경우, 계통에 연결된 각 동기기가 동기를 유지하면서 계속 운전할 수 있는 능력을 말한다.

40 □□□

수차의 조속기 구성요소 중 회전속도의 과도현상에 의한 난조를 방지하기 위한 요소는?

① 스피더
② 배압 밸브
③ 서보모터
④ 복원기구

① 스피더 : 수차의 회전속도의 변화를 검출하는 부분
② 배압 밸브 : 서보모터에 공급하는 압유를 적당한 방향으로 전환하는 밸브
③ 서보모터 : 니들 밸브나 안내 날개를 개폐하는 역할
④ 복원기구 : 난조를 방지하기 위한 기구

정답 37 ③ 38 ① 39 ④ 40 ④

3과목 : 전기기기

무료 동영상 강의 ▲

41 □□□

교류 전동기에서 브러시 이동으로 속도 변화가 용이한 전동기는?

① 시라게 전동기
② 동기 전동기
③ 3상 농형 유도 전동기
④ 2중 농형 유도 전동기

3상 분권정류자 전동기의 특징
(1) 속도의 연속적인 가감과 정속도 운전을 아울러 요하는 경우에 적당하다.
(2) 시라게 전동기를 가장 많이 사용한다.
(3) 시라게 전동기는 1차 권선을 회전자에 둔 3상 권선형 유도전동기로서 직류 분권전동기와 특성이 비슷하여 정속도 가변속도 전동기로 운전되며 브러시의 위치를 조정하여 속도제어를 할 수 있다.

42 □□□

변압기의 임피던스 전압이란?

① 정격전류시 2차측 단자전압이다.
② 변압기의 1차를 단락, 1차에 1차 정격전류와 같은 전류를 흐르게 하는데 필요한 1차 전압이다.
③ 정격전류가 흐를 때의 변압기 내의 전압강하이다.
④ 변압기의 2차를 단락, 2차에 2차 정격전류와 같은 전류를 흐르게 하는데 필요한 2차 전압이다.

임피던스 전압
∴ 2차를 단락한 상태에서 1차 전류가 정격전류로 흐를 때의 변압기 내의 전압강하이다.

43 □□□

단상 정류자전동기의 일종인 단상 반발전동기에 해당되는 것은?

① 시라게 전동기
② 애트킨슨형 전동기
③ 단상 직권정류자전동기
④ 반발유도전동기

단상 반발정류자 전동기의 특징
(1) 단상 유도전동기의 반발기동형과 같이 기동토크가 매우 크다.
(2) 브러시의 위치를 이동시킴으로써 기동, 역전 및 속도제어를 할 수 있다.
(3) 단상 반발정류자 전동기의 종류로는 애트킨슨형, 톰슨형, 데리형, 보상형이 있다.

44 □□□

직류발전기를 병렬운전 할 때 균압모선이 필요한 직류기는?

① 직권 발전기, 분권 발전기
② 분권 발전기, 복권 발전기
③ 직권 발전기, 복권 발전기
④ 분권 발전기, 단극 발전기

직류발전기의 병렬운전 조건
(1) 극성이 일치할 것.
(2) 단자전압(또는 정격전압)이 일치할 것.
(3) 외부특성이 수하특성을 가질 것.
(4) 직권발전기와 과복권발전기에는 균압모선을 설치하여 운전을 안정하게 한다.

정답 41 ① 42 ③ 43 ② 44 ③

45 □□□

직류전동기의 속도제어 방법이 아닌 것은?

① 계자 제어법　② 전압 제어법
③ 2차 여자법　④ 저항 제어법

직류전동기의 속도제어법
(1) 전압 제어법(정토크 제어)
(2) 계자 제어법(정출력 제어)
(3) 저항 제어법

46 □□□

횡축에 속도 n을, 종축에 토크 T를 취하여 전동기 및 부하의 속도 토크 특성 곡선을 그릴 때, 그 교점이 안정 운전점인 경우에 성립하는 관계식은? (단, 전동기의 발생 토크를 T_M, 부하의 반항 토크를 T_L이라 한다.)

① $\dfrac{dT_M}{dn} > \dfrac{dT_L}{dn}$　② $\dfrac{dT_M}{dn} = \dfrac{dT_L}{dn} = 0$
③ $\dfrac{dT_M}{dn} = \dfrac{dT_L}{dn}$　④ $\dfrac{dT_M}{dn} < \dfrac{dT_L}{dn}$

전동기 및 부하의 속도-토크 특성 곡선
전동기의 발생토크(T_M)와 부하의 반항토크(T_L)가 만나는 교점이 안정운전점인 경우 그 이전의 특성은 기동특성으로서 전동기의 발생토크가 부하의 반항토크보다 커야 하며 교점을 기준으로 하여 그 이후에는 전동기의 발생토크가 부하의 반항토크보다 작아야 한다. 이러한 조건을 만족할 때 전동기의 운전이 안정되게 된다. 따라서 토크곡선은 전동기 발생토크가 하향곡선이며 부하의 반항토크는 상향곡선이 됨을 알 수 있다.

$$\therefore \frac{dT_M}{dn} < \frac{dT_L}{dn}$$

47 □□□

3상 전압조정기의 원리는 어느 것을 응용한 것인가?

① 3상 동기발전기
② 3상 변압기
③ 3상 유도전동기
④ 3상 교류자전동기

3상 유도전압조정기
∴ 회전자계의 전자유도에 의한 3상 유도전동기의 원리를 이용한다.

48 □□□

어느 변압기의 변압비가 무부하시에는 14.5 : 1이고 정격부하의 어느 역률에서는 15 : 1이다. 이 변압기의 동일 역률에서의 전압 변동률[%]을 구하면?

① 2.45　② 3.45
③ 4.45　④ 5.45

변압기의 전압변동률
$\epsilon = \dfrac{V_{20} - V_2}{V_2} \times 100\,[\%]$ 식에서
무부하시 변압기 변압비는
$V_{10} : V_{20} = 14.5 : 1 = 1 : \dfrac{1}{14.5}$ 이고
정격부하시 변압기 변압비는
$V_1 : V_2 = 15 : 1 = 1 : \dfrac{1}{15}$ 이므로
$V_{20} = \dfrac{1}{14.5}\,[\text{V}]$, $V_2 = \dfrac{1}{15}\,[\text{V}]$로 정할 수 있다.

$$\therefore \epsilon = \frac{V_{20} - V_2}{V_2} \times 100 = \frac{\frac{1}{14.5} - \frac{1}{15}}{\frac{1}{15}} \times 100 = 3.45\,[\%]$$

정답 45 ③ 46 ④ 47 ③ 48 ②

49 □□□

4극, 7.5[kW], 200[V], 60[Hz]인 3상 유도전동기가 있다. 전부하에서의 2차 입력이 7,950[W]이다. 이 경우에 2차 효율[%]은 얼마인가? (단, 기계손은 130[W]이다.)

① 93
② 94
③ 95
④ 96

2차 효율

$P = P_0 + P_l$[W], $\eta_2 = \frac{P}{P_2} \times 100$ [%] 식에서

$p = 4$, $P_0 = 7.5$ [kW], $V = 200$ [V], $f = 60$ [Hz],

$P_2 = 7{,}950$ [W], $P_l = 130$ [W] 이므로

$P = P_0 + P_l = 7.5 \times 10^3 + 130 = 7{,}630$ [W] 일 때

$\therefore \eta_2 = \frac{P}{P_2} \times 100 = \frac{7{,}630}{7{,}950} \times 100 = 96$ [%]

50 □□□

권선형 유도전동기 기동 시 2차측에 저항을 넣는 이유는?

① 회전수 감소
② 기동전류 증대
③ 기동 토크 감소
④ 기동전류 감소와 기동 토크 증대

비례추이의 원리의 특징
2차 저항을 증가시키면 기동토크가 증가하고 기동전류는 감소한다.

51 □□□

동기발전기의 단자 부근에서 단락이 일어났다고 하면 단락전류는 어떻게 되는가?

① 전류가 계속 증가한다.
② 큰 전류가 증가와 감소를 반복한다.
③ 처음에는 큰 전류이나 점차 감소한다.
④ 일정한 큰 전류가 지속적으로 흐른다.

돌발단락전류
동기발전기의 단자 부근에서 단락된 순간에 흐르는 돌발단락전류는 매우 큰 과도전류로서 권선을 소손시키거나 코일 상호간에 큰 전자력이 발생하여 코일을 파손시킨다. 그 이유는 돌발단락전류를 제한하는 값이 오직 누설 리액턴스뿐이기 때문이다. 하지만 점차 감소하여 지속단락전류로 유지된다.

52 □□□

3상 농형 유도전동기의 기동방법으로 틀린 것은?

① Y−Δ기동
② 2차 저항에 의한 기동
③ 전전압 기동
④ 리액터 기동

3상 농형 유도전동기의 기동법의 종류 및 특징
(1) 전전압 기동법
(2) Y−△ 기동법
(3) 리액터 기동법
(4) 기동보상기법
∴ 2차 저항 기동법은 3상 권선형 유도전동기의 기동법이다.

정답 49 ④ 50 ④ 51 ③ 52 ②

53 □□□

동기기의 전기자저항을 r, 전기자반작용 리액턴스를 x_a, 누설 리액턴스를 x_l이라 하면 동기 임피던스를 표시하는 식은?

① $\sqrt{r^2+\left(\dfrac{x_a}{x_l}\right)^2}$ ② $\sqrt{r^2+{x_l}^2}$

③ $\sqrt{r^2+{x_a}^2}$ ④ $\sqrt{r^2+(x_a+x_l)^2}$

동기 임피던스

$Z_s=r+jx_s=r+j(x_a+x_l)$ [Ω] 이므로

$\therefore\ Z_s=\sqrt{r^2+x_s^2}=\sqrt{r^2+(x_a+x_l)^2}$ [Ω]

참고 동기기의 전기자저항은 값이 작으므로 무시하는 경우가 많다. 따라서 동기 임피던스는 동기 리액턴스와 같은 값으로 취급한다.

$\therefore\ Z_s \fallingdotseq x_s$ [Ω]

54 □□□

전력용 변압기에서 1차에 정현파 전압을 인가하였을 때, 2차에 정현파 전압이 유기되기 위해서는 1차에 흘러들어가는 여자전류는 기본파 전류 외에 주로 몇 고조파 전류가 포함되는가?

① 제2고조파 ② 제3고조파
③ 제4고조파 ④ 제5고조파

왜형파

변압기 2차측을 개방하여 무부하 상태로 두고 1차측에 정현파 전압(기본파 전압)을 인가하면 변압기 1차 전류는 여자전류가 흐르게 된다. 이 때 여자전류에는 변압기 철심에서의 자기포화 및 히스테리시스 현상에 의해서 고조파가 포함된 왜형파 전류가 흐르게 되며 왜형파 성분에는 주로 제3고조파가 포함된다.

55 □□□

2대의 동기발전기가 병렬운전하고 있을 때 동기화전류가 흐르는 경우는?

① 기전력의 크기에 차가 있을 때
② 기전력의 위상에 차가 있을 때
③ 기전력의 파형에 차가 있을 때
④ 부하 분담에 차가 있을 때

동기발전기의 병렬운전 조건

∴ 각 동기발전기의 원동기 출력이 다른 경우 기전력의 위상차가 생겨 유효순환전류(유효횡류 또는 동기화전류)가 흐르게 된다.

56 □□□

3대의 단상변압기를 Δ-Y로 결선하고 1차 단자전압 V_1, 1차 전류 I_1이라 하면 2차 단자전압 V_2와 2차 전류 I_2의 값은? (단, 권수비는 a이고, 저항, 리액턴스, 여자전류는 무시한다.)

① $V_2=\sqrt{3}\dfrac{V_1}{a}$, $I_2=\sqrt{3}aI_1$

② $V_2=V_1$, $I_2=\dfrac{a}{\sqrt{3}}I_1$

③ $V_2=\sqrt{3}\dfrac{V_1}{a}$, $I_2=\dfrac{a}{\sqrt{3}}I_1$

④ $V_2=\dfrac{V_1}{a}$, $I_2=I_1$

Y-△결선과 △-Y결선의 특징

선간전압과 상전압, 선전류와 상전류와의 관계

구분	전압관계	전류관계
△-Y결선	$V_2=\dfrac{\sqrt{3}\,V_1}{a}$ [V]	$I_2=\dfrac{a\,I_1}{\sqrt{3}}$ [A]

정답 53 ④ 54 ② 55 ② 56 ③

57 □□□

동기전동기의 위상특성곡선에서 공급전압 및 부하를 일정하게 유지하면서 여자(계자)전류(勵磁電流)를 변화시키면?

① 속도가 변한다.
② 토크(Torque)가 변한다.
③ 전기자전류가 변하고 역률이 변한다.
④ 별다른 변화가 없다.

동기전동기의 위상특성곡선(V곡선)의 정의
동기전동기의 위상특성곡선이란 공급전압(V)과 부하(P)가 일정할 때 계자전류(I_f)의 변화에 대한 전기자전류(I_a)와 역률($\cos\theta$)의 변화를 나타내는 곡선으로서 아래 그림과 같이 모양이 V자 형태를 이루고 있어 V곡선이라고도 한다.($I_f - I_a$ 곡선)

58 □□□

와류손이 200[W]인 3,300/210[V], 60[Hz]용 단상 변압기를 50[Hz], 3,000[V]의 전원에 사용하면 이 변압기의 와류손은 약 몇 [W]로 되는가?

① 85.4　　② 124.2
③ 165.3　　④ 248.5

와류손
$P_e = k_e t^2 f^2 B_m^2$ [W] 식에서 와류손은 전압의 제곱에 비례하므로
$P_e = 200$ [W], $E_1 = 3{,}300$ [V],
$E_1' = 3{,}000$ [V]일 때

$$P_e' = \left(\frac{E_1'}{E_1}\right)^2 P_e = \left(\frac{3{,}000}{3{,}300}\right)^2 \times 200 = 165.3\text{ [W]}$$

59 □□□

직류기의 전기자반작용에 의한 영향이 아닌 것은?

① 자속이 감소하므로 유기기전력이 감소한다.
② 발전기의 경우 회전방향으로 기하학적 중성축이 형성된다.
③ 전동기의 경우 회전방향과 반대방향으로 기하학적 중성축이 형성된다.
④ 브러시에 의해 단락된 코일에는 기전력이 발생하므로 브러시 사이의 유기기전력이 증가한다.

직류기의 전기자반작용의 영향
(1) 감자작용으로 주자속이 감소하여 직류발전기에서 유기기전력과 출력이 감소하고 직류전동기에서 역기전력과 토크가 감소한다.
(2) 편자작용으로 전기적 중성축이 이동하여 직류발전기는 회전 방향으로 이동하고 직류전동기는 회전 반대 방향으로 이동한다.
(3) 정류자편 사이의 전압이 불균일하게 되어 섬락이 일어나고 정류가 나빠진다.

60 □□□

정격속도로 회전하고 있는 무부하의 분권발전기가 있다. 계자저항 40[Ω], 계자전류 3[A], 전기자저항이 2[Ω]일 때 유기기전력[V]은?

① 126　　② 132
③ 156　　④ 185

분권발전기
무부하 상태일 때 유기기전력은
$E = I_a(R_a + R_f) = I_f(R_a + R_f)$ [V] 식에서
$R_f = 40$ [Ω], $I_f = 3$ [A], $R_a = 2$ [Ω] 이므로
$\therefore E = I_f(R_a + R_f) = 3 \times (2 + 40) = 126$ [V]

정답 57 ③ 58 ③ 59 ④ 60 ①

4과목 : 회로이론 및 제어공학

무료 동영상 강의 ▲

61 □□□

대칭 6상식의 성형 결선의 전원이 있다. 상전압이 100[V]이면 선간 전압[V]은 얼마인가?

① 600　② 300
③ 220　④ 100

대칭 n상에서 성형결선에서 선간전압(V_L)과 상전압(V_P)의 관계는 $V_L = 2\sin\frac{\pi}{n}V_P$[V]이므로 대칭 6상은 $n=6$이고 $V_P = 100$ [V]일 때

$V_L = 2\sin\frac{\pi}{n}V_P = 2\sin\frac{\pi}{6}V_P = V_p$이다.

$\therefore\ V_L = V_P = 100$ [V]

62 □□□

평형 3상 Δ결선 부하의 각 상의 임피던스가 $Z = 8 + j6$ [Ω]인 회로에 대칭 3상 전원 전압 100[V]를 가할 때 무효율과 무효전력[Var]은?

① 무효율 : 0.6, 무효전력 : 1,800
② 무효율 : 0.6, 무효전력 : 2,400
③ 무효율 : 0.8, 무효전력 : 1,800
④ 무효율 : 0.8, 무효전력 : 2,400

Δ 결선의 무효전력

$\sin\theta = \frac{X_L}{\sqrt{R^2 + X_L}}, Q_\Delta = \frac{3{V_L}^2 X_L}{R^2 + {X_L}^2}$ [Var] 식에서

$Z = R + jX_L = 8 + j6$[Ω] 이므로

$R = 8$[Ω], $X_L = 6$[Ω], $V_L = 100$ [V]일 때

$\therefore\ \sin\theta = \frac{6}{\sqrt{8^2 + 6^2}} = 0.6$

$\therefore\ Q_\Delta = \frac{3 \times 100^2 \times 6}{8^2 + 6^2} = 1{,}800$ [Var]

63 □□□

$V = 3 + 5\sqrt{2}\sin\omega t + 10\sqrt{2}\sin\left(3\omega t - \frac{\pi}{3}\right)$[V]의 실효치는 몇 [V]인가?

① 12.6　② 11.6
③ 10.6　④ 9.6

비정현파의 실효값

$e = 3 + 5\sqrt{2}\sin\omega t + 10\sqrt{2}\sin\left(3\omega t - \frac{\pi}{3}\right)$ [V] 식에서

$E_o = 3$ [V], $E_1 = 5$ [V], $E_3 = 10$ [V] 이므로

$\therefore E = \sqrt{{E_o}^2 + {E_1}^2 + {E_2}^2} = \sqrt{3^2 + 5^2 + 10^2} = 11.6$ [V]

64 □□□

그림에서 a, b 단자의 전압이 10[V], a, b 단자에서 본 능동 회로망의 임피던스가 4[Ω]일 때 단자 a, b에 1[Ω]의 저항을 접속하면 이 저항에 흐르는 전류[A]는 얼마인가?

① 0.5
② 1
③ 1.5
④ 2

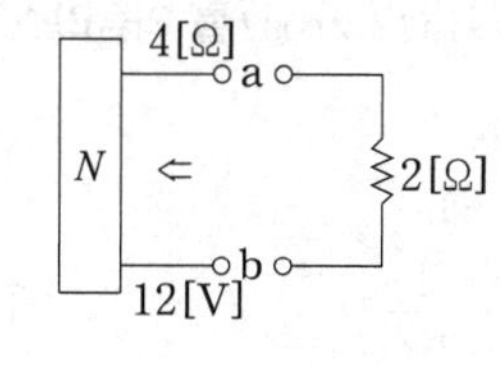

회로망 접합
회로망을 종속 접속할 경우 두 회로망은 직렬 접속된 회로이므로

$\therefore\ I = \frac{10}{4+1} = 2$ [A]

정답 61 ④　62 ①　63 ②　64 ④

65 □□□

그림과 같은 3상 Y결선 불평형 회로가 있다. 전원은 3상 평형전압 E_1, E_2, E_3이고, 부하는 Y_1, T_2, Y_3일 때 전원의 중성점과 부하의 중성점간의 전위차를 나타내는 식은?

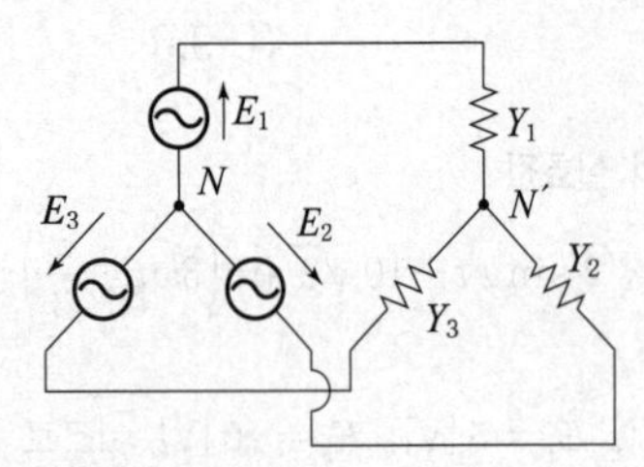

① $\dfrac{Y_1E_1+Y_2E_2+Y_3E_3}{Y_1+Y_2+Y_3}$

② $\dfrac{Y_1E_1+Y_2E_2+Y_3E_3}{Y_1Y_2Y_3}$

③ $\dfrac{Y_1E_1-Y_2E_2-Y_3E_3}{Y_1+Y_2+Y_3}$

④ $\dfrac{Y_1E_1-Y_2E_2-Y_3E_3}{Y_1Y_2Y_3}$

밀만의 공식을 이용한 Y결선의 중성점 전위

$$\therefore\ V_{NN'}=\frac{\frac{E_1}{Z_1}+\frac{E_2}{Z_2}+\frac{E_3}{Z_3}}{\frac{1}{Z_1}+\frac{1}{Z_2}+\frac{1}{Z_3}}=\frac{Y_1E_1+Y_2E_2+Y_3E_3}{Y_1+Y_2+Y_3}\ [\mathrm{V}]$$

66 □□□

$f(t)=\sin t+2\cos t$를 라플라스 변환하면?

① $\dfrac{2s}{s^2+1}$ ② $\dfrac{2s+1}{s^2+1}$

③ $\dfrac{2s+1}{(s+1)^2}$ ④ $\dfrac{2s}{(s+1)^2}$

삼각함수와 관련된 라플라스 변환

$$\therefore\ \mathcal{L}[\sin t+2\cos t]=\frac{1}{s^2+1}+\frac{2s}{s^2+1}=\frac{2s+1}{s^2+1}$$

참고 삼각함수와 관련된 라플라스 변환

$f(t)$	$F(s)$
$\sin\omega t$	$\dfrac{\omega}{s^2+\omega^2}$
$\cos\omega t$	$\dfrac{s}{s^2+\omega^2}$

67 □□□

그림에서 저항 20[Ω]에 흐르는 전류는 몇 [A]인가?

① 0.4[A]
② 1[A]
③ 3[A]
④ 3.4[A]

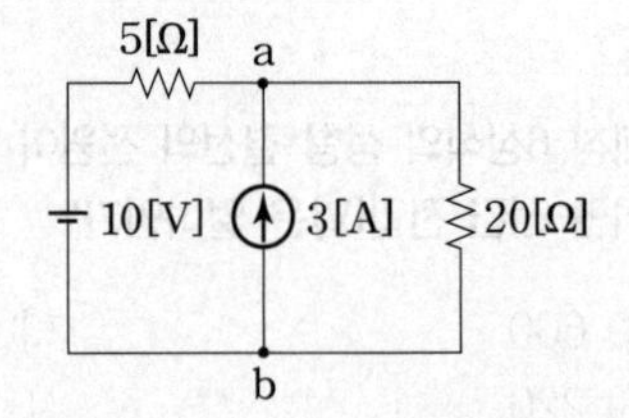

중첩의 원리

(1) 전압원을 단락한 경우

$$I_1=\frac{5}{5+20}\times 3=0.6\ [\mathrm{A}]$$

(2) 전류원을 개방한 경우

$$I_2=\frac{10}{5+20}=0.4\ [\mathrm{A}]$$

전류 I_1과 I_2의 방향이 같으므로

$\therefore\ I=I_1+I_2=0.6+0.4=1\ [\mathrm{A}]$

별해 밀만의 정리를 이용할 경우 20[Ω] 저항의 단자전압 V_{ab}는

$$V_{ab}=\frac{\frac{10}{5}+3}{\frac{1}{5}+\frac{1}{20}}=20\ [\mathrm{V}]\ \text{이므로}$$

$$\therefore\ I=\frac{V_{ab}}{20}=\frac{20}{20}=1\ [\mathrm{A}]$$

68 □□□

대칭 5상 교류에서 선간전압과 상전압간의 위상차는?

① 27° ② 36°
③ 54° ④ 72°

대칭 5상 교류의 위상차

$\frac{\pi}{2}\left(1-\frac{2}{n}\right)$ 식에서

$n=5$일 때

$$\therefore\ \frac{\pi}{2}\left(1-\frac{2}{n}\right)=90°\times\left(1-\frac{2}{5}\right)=54°$$

정답 65 ① 66 ② 67 ② 68 ③

69

최대값이 10[V]인 정현파 전압이 있다. $t=0$에서의 순시값이 5[V]이고 이 순간에 전압이 증가하고 있다. 주파수가 60[Hz]일 때, $t=2$[ms]에서의 전압의 순시값[V]은?

① $10\sin 30°$
② $10\sin 43.2°$
③ $10\sin 73.2°$
④ $10\sin 103.2°$

정현파의 순시값

$v(t)=V_n\sin(\omega t+\theta)$ [V] 식에서

$V_m=10$ [V], $t=0$일 때 $v(0)=+5$ [V] 이므로

$v(0)=V_m\sin\theta=10\sin\theta=5$이다.

$\sin\theta=\frac{5}{10}=\frac{1}{2}$일 때

$\theta=\sin^{-1}(\frac{1}{2})=30°$이다.

$f=60$ [Hz], $t=2$ [ms]일 때

$\omega t=2\pi ft=2\times180°\times60\times2\times10^{-3}=43.2°$이므로

$\therefore\ v(t)=V_m\sin(\omega t+\theta)=10\sin(43.2°+30°)$
$=10\sin 73.2°$ [V]

70

$\int_0^t f(t)dt$을 라플라스 변환하면?

① $s^2F(s)$
② $sF(s)$
③ $\frac{1}{s}F(s)$
④ $\frac{1}{s^2}F(s)$

실적분 정리의 라플라스 변환

적분식을 라플라스 변환하면

$\mathcal{L}\left[\int\int\cdots\int f(t)\,dt^n\right]=\frac{1}{s^n}F(s)$ 식에서

$\therefore\ \mathcal{L}\left[\int_0^t f(t)dt\right]=\frac{1}{s}F(s)$

71

그림과 같은 회로에서 $t=0$일 때 스위치 S를 닫는다면 과도전류 $i(t)$는 어떻게 표현되는가?

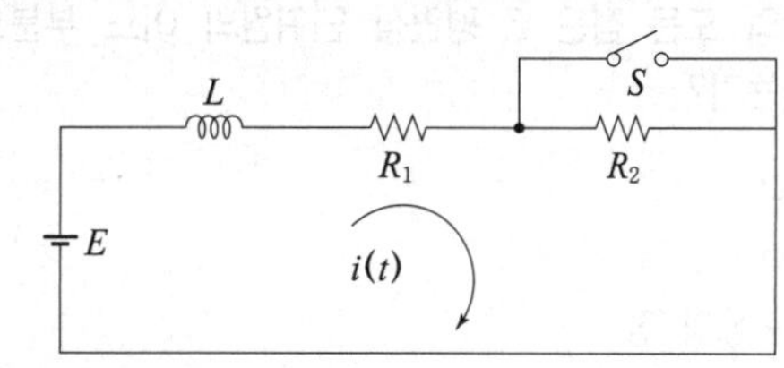

① $\frac{E}{R_1}\left(1-\frac{R_2}{R_1+R_2}e^{-\frac{R_1}{L}t}\right)$

② $\frac{E}{R_1+R_2}\left(1+\frac{R_2}{R_1}e^{-\frac{R_1+R_2}{L}t}\right)$

③ $\frac{E}{R_1}\left(1+\frac{R_2}{R_1}e^{-\frac{R_2}{L}t}\right)$

④ $\frac{R_1E}{R_1+R_2}\left(1+\frac{R_2}{R_1+R_2}e^{-\frac{R_1+R_2}{L}t}\right)$

R-L 과도현상

스위치를 닫고 난 후 과도전류 $i(t)$는

$i(t)=\frac{E}{R_1}+Ae^{-\frac{R_1}{L}t}$ [A] 식에서

스위치를 닫기 직전의 정상전류와 닫는 직 후의 초기전류는 서로 같기 때문에

$i(0)=\frac{E}{R_1+R_2}$ [A]이다.

$i(0)=\frac{E}{R_1}+Ae^0=\frac{E}{R_1+R_2}$ [A] 이므로

$A=\frac{E}{R_1+R_2}-\frac{E}{R_1}=\frac{-R_2E}{R_1(R_1+R_2)}$일 때

$\therefore i(t)=\frac{E}{R_1}+Ae^{-\frac{R_1}{L}t}=\frac{E}{R_1}-\frac{R_2E}{R_1(R_1+R_2)}e^{-\frac{R_1}{L}t}$

$=\frac{E}{R_1}\left(1-\frac{R_2}{R_1+R_2}e^{-\frac{R_1}{L}t}\right)$ [A]

정답 69 ③ 70 ③ 71 ①

72 □□□

샘플러의 주기를 T 라 할 때 s 평면상의 모든 점은 식 $z = e^{sT}$에 의하여 Z 평면상에 사상된다. s 평면의 우반 평면상의 모든 점은 Z 평면상 단위원의 어느 부분으로 사상되는가?

① 내점
② 외점
③ 원주상의 점
④ Z 평면 전체

Z 평면에서의 안정도 판별

구분	s 평면	Z 평면
안정 영역	좌반면	단위원 내부
불안정 영역	우반면	단위원 외부
임계안정 영역	허수축	단위 원주상

73 □□□

다음 논리회로의 출력 X는?

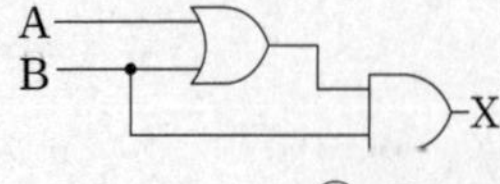

① A　　② B
③ $A+B$　　④ $A \cdot B$

불대수를 이용한 논리식의 간소화

$\therefore\ X = (A+B) \cdot B = (A+1) \cdot B = B$

참고 불대수

$B \cdot B = B,\ A+1 = 1,\ 1 \cdot B = B$

74 □□□

그림과 같은 보드선도의 이득선도를 갖는 제어시스템의 전달함수는?

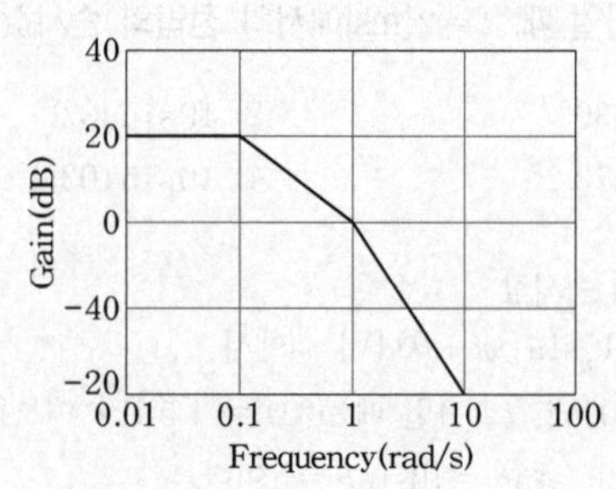

① $G(s) = \dfrac{10}{(s+1)(s+10)}$

② $G(s) = \dfrac{10}{(s+1)(10s+1)}$

③ $G(s) = \dfrac{20}{(s+1)(s+10)}$

④ $G(s) = \dfrac{20}{(s+1)(10s+1)}$

보드선도의 이득곡선

절점주파수는 $\omega = 0.1,\ \omega = 1$ 이므로

$G(s) = \dfrac{K}{(s+1)(10s+1)}$ 임을 알 수 있다.

이득곡선의 구간을 세 구간으로 구분할 수 있다.

$\omega < 0.1$인 구간, $0.1 < \omega < 1$인 구간, $\omega > 1$인 구간일 때 각각의 이득과 기울기는

㉠ $\omega < 0.1$인 구간

$g = 20\log|G(j\omega)| = 20$ [dB] 이므로

$G(j\omega) = 10$ 이며

$G(j\omega) = \left|\dfrac{K}{(1+j\omega)(1+j10\omega)}\right|_{\omega<0.1} = K$에서

$K = 10$임을 알 수 있다.

㉡ $0.1 < \omega < 10$인 구간

$g = 20\log|G(j\omega)| = -20$ [dB/dec] 이므로

$G(j\omega) = \dfrac{1}{\omega}$ 이며

$G(j\omega) = \left|\dfrac{10}{(1+j\omega)(1+j10\omega)}\right|_{0.1<\omega<1}$

$= \dfrac{10}{10\omega} = \dfrac{1}{\omega}$

㉢ $\omega > 1$인 구간

$g = 20\log|G(j\omega)| = -40$ [dB/dec] 이므로

$G(j\omega) = \dfrac{1}{\omega^2}$ 이며

$G(j\omega) = \left|\dfrac{10}{(1+j\omega)(1+j10\omega)}\right|_{1<\omega} = \dfrac{10}{10\omega^2} = \dfrac{1}{\omega^2}$

$\therefore\ G(s) = \dfrac{10}{(s+1)(10s+1)}$

정답 72 ② 73 ② 74 ②

75 □□□

$G(j\omega)=\dfrac{K}{j\omega(j\omega+1)}$ 의 나이퀴스트 선도는?
(단, $K>0$ 이다.)

①
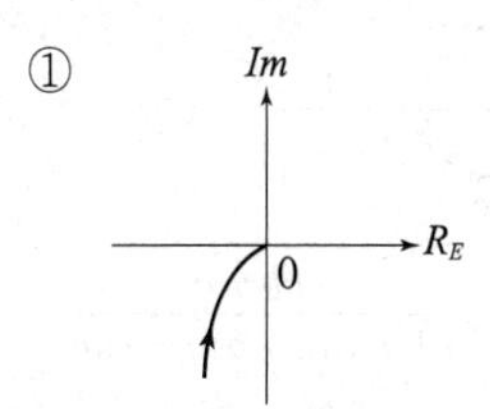

②
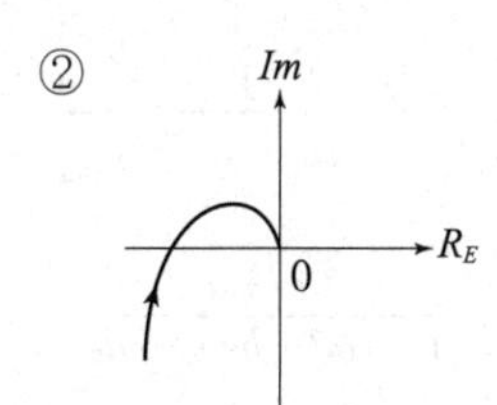

③
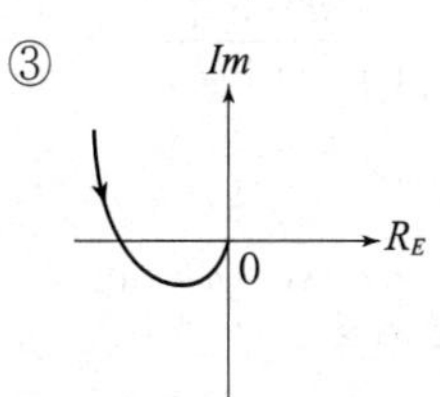

④
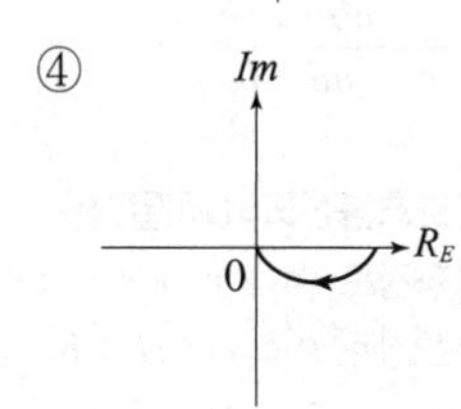

나이퀴스트 선도(벡터궤적)

(1) $\omega=0$ 일 때 $|G(j0)|=\infty$, $\phi=-90°$

(2) $\omega=\infty$ 일 때 $|G(j\infty)|=0$, $\phi=-180°$

∴ 3상한 $-90°$ ∞ 에서 출발하여, $-180°$ 원점으로 향하는 벡터궤적이다.

76 □□□

목표값이 미리 정해진 시간적 변화를 하는 경우 제어량을 그것에 추종시키기 위한 제어는?

① 프로그램밍제어　② 정치제어
③ 추종제어　④ 비율제어

자동제어계의 목표값에 의한 분류

(1) 정치제어 : 목표값이 시간에 관계없이 항상 일정한 제어
　예) 연속식 압연기

(2) 추치제어 : 목표값의 크기나 위치가 시간에 따라 변하는 것을 제어
　㉠ 추종제어 : 제어량에 의한 분류 중 서보 기구에 해당하는 값을 제어한다.
　　예) 비행기 추적레이더, 유도미사일
　㉡ 프로그램제어 : 미리 정해진 시간적 변화에 따라 정해진 순서대로 제어한다.
　　예) 무인 엘리베이터, 무인 자판기, 무인 열차
　㉢ 비율제어

77 □□□

$F(s)=\dfrac{1}{s(s+1)(s+2)}$ 의 라플라스 역변환은?

① $-\dfrac{1}{2}-\dfrac{1}{2}e^{-2t}+e^{-t}$　② $-\dfrac{1}{2}-\dfrac{1}{2}e^{-2t}-e^{-t}$

③ $\dfrac{1}{2}+\dfrac{1}{2}e^{-2t}-e^{-t}$　④ $\dfrac{1}{2}-\dfrac{1}{2}e^{-2t}-e^{-t}$

라플라스 역변환

$$F(s)=\frac{1}{s(s+1)(s+2)}=\frac{A}{s}+\frac{B}{s+1}+\frac{C}{s+2}\text{ 일 때}$$

$$A=sF(s)|_{s=0}=\left.\frac{1}{(s+1)(s+2)}\right|_{s=0}=\frac{1}{2}$$

$$B=(s+1)F(s)|_{s=-1}=\left.\frac{1}{s(s+2)}\right|_{s=-1}=-1$$

$$C=(s+2)F(s)|_{s=-2}=\left.\frac{1}{s(s+1)}\right|_{s=-2}=\frac{1}{2}$$

$$F(s)=\frac{1}{2s}-\frac{1}{s+1}+\frac{1}{2(s+2)}$$

$$\therefore \mathcal{L}^{-1}[F(s)]=\frac{1}{2}+\frac{1}{2}e^{-2t}-e^{-t}$$

78 □□□

입력신호 $x(t)$와 출력신호 $y(t)$의 관계가 다음과 같을 때 전달함수는?

$$\frac{d^2}{dt^2}y(t)+5\frac{d}{dt}y(t)+6y(t)=x(t)$$

① $\dfrac{1}{(s+2)(s+3)}$　② $\dfrac{s+1}{(s+2)(s+3)}$

③ $\dfrac{s+4}{(s+2)(s+3)}$　④ $\dfrac{s}{(s+2)(s+3)}$

미분방정식의 전달함수

문제의 미분방정식을 양 변 모두 라플라스 변환하여 전개하면

$s^2Y(s)+5sY(s)+6Y(s)=X(s)$ 식에서

$(s^2+5s+6)Y(s)=X(s)$ 이므로

$$\therefore G(s)=\frac{Y(s)}{X(s)}=\frac{1}{s^2+5s+6}=\frac{1}{(s+2)(s+3)}$$

제11회 복원문제

정답 75 ① 76 ① 77 ③ 78 ①

79 □□□

다음의 특성방정식을 Routh-Hurwitz 방법으로 안정도를 판별하고자 한다. 이때 안정도를 판별하기 위하여 가장 잘 해석한 것은 어느 것인가?

$$q(s) = s^5 + 2s^4 + 2s^3 + 4s^2 + 11s + 10$$

① s 평면의 우반면에 근은 없으나 불안정하다.
② s 평면의 우반면에 근이 1개 존재하여 불안정하다.
③ s 평면의 우반면에 근이 2개 존재하여 불안정하다.
④ s 평면의 우반면에 근이 3개 존재하여 불안정하다.

루스(Routh) 판별법

s^5	1	2	11
s^4	2	4	10
s^3	$\frac{2\times2-4}{2}=0$	$\frac{2\times11-10}{2}=6$	0

루스 수열 제1열의 S^3항에서 영(0)이 되었으므로 영(0) 대신 영(0)에 가까운 양(+)의 임의의 수 ε값을 취하여 계산에 적용한다.

s^5	1	2	11
s^4	2	4	10
s^3	ε	6	0
s^2	$\frac{4\varepsilon-12}{\varepsilon}<0$	10	
s^1	•	0	
s^0	10		

∴ 루스 수열의 제1열 S^2항에서 (−)값이 나오므로 제1열의 부호 변화는 2번 생기게 되어 불안정 근의 수는 2개이며 S평면의 우반면에 불안정 근이 존재하게 된다.

80 □□□

그림의 신호흐름선도에서 $\frac{C}{R}$를 구하면?

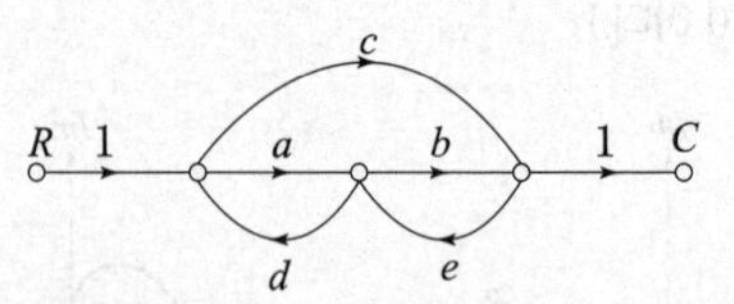

① $\frac{ab+c}{1-(ad+be)-cde}$
② $\frac{ab+c}{1+(ad+be)-cde}$
③ $\frac{ab+c}{1-(ad+be)}$
④ $\frac{ab+c}{1+(ad+be)}$

신호흐름선도의 전달함수
전향경로 이득 $=1\times a\times b\times 1+1\times c\times 1=ab+c$
루프경로 이득 $=ab+be+cde$ 이므로

$$\therefore G(s)=\frac{ab+c}{1-(ab+be+cde)}=\frac{ab+c}{1-(ab+be)-cde}$$

5과목 : 전기설비기술기준 및 판단기준

무료 동영상 강의 ▲

81 □□□

"제2차 접근상태"라 함은 가공 전선이 다른 시설물과 접근하는 경우에 그 가공전선이 다른 시설물의 위쪽 또는 옆쪽에서 수평거리로 몇 [m] 미만인 곳에 시설되는 상태를 말하는가?

① 1.2
② 2
③ 2.5
④ 3

2차 접근상태
"제2차 접근상태"란 가공전선이 다른 시설물과 접근하는 경우에 그 가공전선이 다른 시설물의 위쪽 또는 옆쪽에서 수평거리로 3[m] 미만인 곳에 시설되는 상태를 말한다.

정답 79 ③ 80 ① 81 ④

82 □□□

발전소, 변전소, 개폐소 이에 준하는 곳, 전기 사용 장소 상호간의 전선 및 이를 지지하거나 수용하는 시설물을 무엇이라 하는가?

① 급전소 ② 송전선로
③ 전선로 ④ 개폐소

전선로
발전소,변전소,개폐소 이에 준하는 곳. 전기사용장소 상호간의 전선 및 이를 지지하거나 수용 하는 시설물을 말한다.

83 □□□

금속덕트 공사에 의한 저압 옥내배선에서 금속덕트에 넣은 전선의 단면적의 합계는 일반적으로 덕트 내부 단면적의 몇 [%] 이하이어야 하는가? (단, 전광표시 장치·출퇴표시등 기타 이와 유사한 장치 또는 제어회로 등의 배선만을 넣는 경우에는 제외)

① 20 ② 30
③ 40 ④ 50

금속덕트공사
(1) 금속덕트 두께가 1.2[mm] 이상인 철판
(2) 금속덕트에 넣은 전선은 내부 단면적의 20[%] 이하.
(단 전광표시장치 또는 제어회로 등을 넣는 경우에는 50[%] 이하)
(3) 덕트의 지지점 간의 거리를 3[m] 이하.
(수직으로 붙이는 경우에는 6[m] 이하)

84 □□□

전개된 장소에서 저압 옥상전선로의 시설기준으로 적합하지 않은 것은?

① 전선은 지름 2.0[mm]의 경동선을 사용하였다.
② 전선 지지점 간의 거리를 15[m]로 하였다.
③ 전선은 절연전선을 사용하였다.
④ 저압 절연전선과 그 저압 옥상 전선로를 시설하는 조영재와의 이격거리를 2[m]로 하였다.

옥상 전선로
(1) 전선굵기 : 2.6[mm] = 2.30[kN] 이상 경동선 사용
(2) 절연전선(OW전선 포함) 이상의 절연성능이 있는 것
(3) 전선은 지지점 간의 거리는 15[m] 이하
(4) 전선과 조영재와의 이격거리는 2[m] 이상
(단 고압 절연, 특고압 절연, 케이블 : 1[m] 이상)

85 □□□

가공전선로의 지지물에 하중에 가하여지는 경우에 그 하중을 받는 지지물의 기초 안전율은 얼마 이상이어야 하는가? (단, 이상 시 상정 하중은 무관)

① 1.5 ② 2.0
③ 2.5 ④ 3.0

안전율 정리

적용대상		안전율
지지물	기본	2.0 이상
	이상시 철탑	1.33 이상
전선	기본	2.5 이상
	경동선.내열동합금선	2.2 이상
지선		2.5 이상
통신용 지지물		1.5 이상
케이블 트레이		1.5 이상
특고압 애자장치		2.5 이상

정답 82 ③ 83 ① 84 ① 85 ②

86 □□□

사용전압이 60[kV] 이하인 경우 전화선로의 길이 12[km] 마다 유도전류는 몇 [μA]를 넘지 않도록 하여야 하는가?

① 1　　② 2
③ 3　　④ 5

가공 약전류 전선로의 유도장해 방지
저, 고압 가공전선로와 기설 가공 약전류 전선로가 병행하는 경우 유도작용에 의한 통신상의 장해 방지을 위해 이격거리는 2[m] 이상.
※ 유도전류 제한

사용전압	전화선로의 길이	유도전류
60[KV]이하	12[km]마다	2[μA] 이하
60[KV]초과	40[km]마다	3[μA] 이하

87 □□□

발전소에서 계측장치를 시설하지 않아도 되는 것은?

① 발전기의 회전수 및 주파수
② 발전기의 고정자 및 베어링 온도
③ 주요 변압기의 전압 및 전류 또는 전력
④ 특고압용 변압기의 온도

발전소,변전소의 계측장치
(1) 발전기, 주변압기, 동기조상기, 연료전지, 태양전지 모듈의 전압 및 전류 또는 전력
(2) 발전기, 동기조상기의 베어링 및 고정자 온도
(3) 발전소·변전소의 특별고압용 변압기의 온도
(4) 동기조상기의 동기검정장치
(단, 용량이 현저히 작을 경우 생략 가능)

88 □□□

제2종 특고압 보안공사의 기준으로 틀린 것은?

① 특고압 가공전선은 연선일 것
② 지지물로 사용하는 목주의 풍압하중에 대한 안전율은 2 이상일 것
③ 지지물이 A종 철주일 경우 그 경간은 150[m] 이하일 것
④ 지지물이 목주일 경우 그 경간은 100[m] 이하일 것

제2종 특별고압 보안공사
35[kV] 이하 특별고압 가공전선이 제2차 접근상태로 시공되는 경우 적용.
① 특별고압 가공전선은 22[mm^2] 이상 연선일 것
② 목주의 풍압하중에 대한 안전율은 2 이상
③ 특고압 가공전선은 연선일 것.
④ 경간

지지물 종류	경 간
목주·A 종주	100[m]
B 종주	200[m]
철 탑	400[m]

89 □□□

조상설비 내부고장, 과전류 또는 과전압이 생긴 경우 자동적으로 차단되는 장치를 해야 하는 분로리액터의 최소 뱅크용량은 몇 [kVA]인가?

① 10000　　② 12000
③ 500　　④ 15000

전력용콘덴서, 분로리액터 및 조상기 보호장치

기 기	용 량	사고의 종류	보호 장치
전력용콘덴서 (SC) 분로리액터 (Sh)	500[KVA] 넘고 1만5천KVA 미만	내부고장, 과전류	자동 차단
	1만5천[KVA] 이상	내부고장, 과전류, 과전압	자동 차단
조상기	1만5천[KVA] 이상	내부고장	자동 차단

정답 86 ② 87 ① 88 ③ 89 ④

90 □□□

특고압 변전소에 울타리·담 등을 시설하고자 할 때 울타리·담 등의 높이는 몇 [m] 이상이어야 하는가?

① 1　　② 2
③ 5　　④ 6

울타리·담 등의 높이와 충전부분까지 거리의 합계

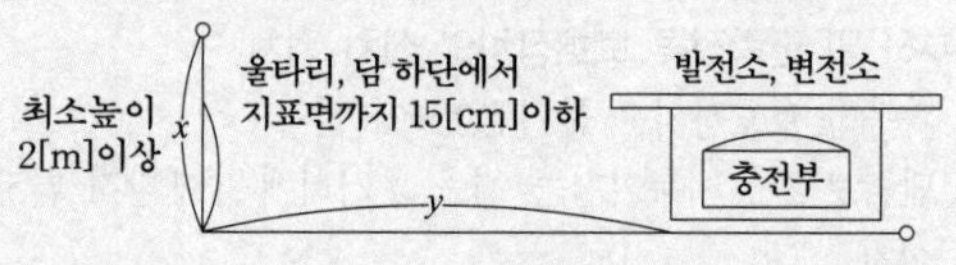

사용 전압 구분	울타리·담등의 높이와 울타리·담 등으로부터 충전 부분까지의 거리의 합계
35[KV] 이하	$x+y=5$[m]
35[KV] 초과 160[KV] 이하	$x+y=6$[m]
160[KV] 초과	6+(사용전압−16)×0.12 = ?[m] 10000[V]마다 12[cm]로 가산한다. (　) 안부터 계산한 다음 소수점 이하는 절상하고 전체를 다시 계산한다.

91 □□□

진열장 내의 배선으로 사용전압 400[V] 이하에 사용하는 코드 또는 캡타이어 케이블의 최소 단면적은 몇 [mm²] 인가?

① 1.25　　② 1.0
③ 0.75　　④ 0.5

진열장 또는 이와 유사한 것의 내부 배선
(1) 건조한 장소에 시설하고 사용전압이 400[V] 이하.
(2) 코드 또는 캡타이어케이블 굵기 : 0.75[mm²] 이상.

92 □□□

전차선로의 직류방식에서 급전 전압으로 알맞지 않은 것은?

① 지속성 최대전압 900[V], 1800[V]
② 공칭전압 750[V], 1500[V]
③ 지속성 최소전압 500[V], 900[V]
④ 장기 과전압 950[V], 1950[V]

전차 선로의 전압
전차선로의 전압은 전원측 도체와 전류 귀환도체 사이에서 측정된 집전장치의 전위로서 전원공급시스템이 정상동작 상태에서의 값이며, 직류방식과 교류방식으로 구분된다.
(1) 직류방식 : 비지속성 최고전압은 지속시간이 5분 이하로 예상되는 전압의 최고값으로 한다.
(2) 직류방식의 급전전압

구분	지속성 최저전압 [V]	공칭 전압 [V]	지속성 최고전압 [V]	비지속성 최고전압 [V]	장기 과전압 [V]
DC (평균값)	500	750	900	950(1)	1,269
	900	1,500	1,800	1,950	2,538

∴ 회생제동의 경우 1,000[V]의 비지속성 최고전압은 허용 가능하다.

93 □□□

가공전선로와 지중 전선로가 접속되는 곳에 반드시 설치되어야 하는 기구는?

① 분로리액터　　② 전력용 콘덴서
③ 피뢰기　　④ 동기조상기

피뢰기시설 장소
(1) 발·변전소 이에 준하는 장소의 인입구 및 인출구
(2) 고압 및 특고압으로 부터 수전 받는 수용가의 인입구
(3) 가공전선로와 지중전선로가 접속되는 곳
(4) 배전용 변압기의 고압측 및 특별 고압측
※ 피뢰기 시설 생략 조건
- 피보호기가 보호기 범위 내에 위치한 경우
- 전선이 짧은 경우

제11회 복원문제

정답 90 ② 91 ③ 92 ④ 93 ③

94 □□□

전기철도차량이 전차선로와 접촉한 상태에서 견인력을 끄고 보조전력을 가동한 상태로 정지해있는 경우, 가공 전차선로의 유효전력이 200[kW] 이상일 경우 총 역률은 몇보다는 작아서는 안되는가?

① 0.9　　② 0.7
③ 0.6　　④ 0.8

전기철도차량의 역률
전기철도차량이 전차선로와 접촉한 상태에서 견인력을 끄고 보조전력을 가동한 상태로 정지해 있는 경우, 가공 전차선로의 유효전력이 200[kW] 이상일 경우 총 역률은 0.8 보다 는 작아서는 안된다.

95 □□□

태양광 설비의 전기배선을 옥외에 시설하는 경우 사용 불가능한 공사방법은?

① 합성수지관 공사
② 금속관 공사
③ 애자사용 공사
④ 금속제 가요전선관 공사

태양전지 모듈, 전선 및 개폐기 기타 기구의 시설 기준
(1) 충전부분은 노출되지 아니하도록 시설할 것
(2) 전선은 공칭단면적 2.5[mm^2] 이상의 연동선
(3) 공사방법 : 합성수지관공사, 금속관공사, 금속제 가요전선관공사, 케이블공사
(4) 출력배선은 극성별로 확인 가능토록 표시할 것
(5) 태양전지 모듈의 프레임은 지지물과 전기적으로 완전하게 접속하고 접속점에 장력이 가해지지 않도록 할 것
(6) 태양전지 모듈을 병렬로 접속하는 전로에는 그 전로에 단락이 생긴 경우에 전로를 보호하는 과전류차단기 기타의 기구를 시설할 것

96 □□□

과부하 보호장치는 분기점으로부터 몇 [m]까지 이동하여 설치할 수 있는가? (단, 단락의 위험과 화재 및 인체에 대한 위험성이 최소화되도록 시설된 경우)

① 1　　② 2
③ 3　　⑤ 5

과부하 및 단락전류 보호장치의 설치 위치
(1) 과부하 보호장치는 분기점(O)에 설치.
(2) 단락보호가 이루어지는 경우 : 거리에 구애받지 않고 설치.
(3) 단락의 위험과 화재 및 인체에 대한 위험성이 최소화된 경우 : 3[m] 이내 설치.

97 □□□

화약류 저장소의 전기설비의 시설기준으로 틀린 것은?

① 전로의 대지전압은 300[V] 이하일 것
② 전기기계기구는 전폐형의 것일 것
③ 전용 개폐기 및 과전류 차단기는 화약류 저장소 안에 설치할 것
④ 케이블을 전기기계기구에 인입할 때에는 인입구에서 케이블이 손상될 우려가 없도록 시설할 것

화약류 저장소 등의 위험장소의 시설
(1) 전로에 대지전압은 300[V] 이하일 것.
(2) 전기기계기구는 전폐형의 것일 것.
(3) 인입구배선은 케이블을 사용하여 지중에 시설
(4) 화약류 저장소 밖에 전용 개폐기 및 과전류차단기를 각 극 시설
(5) 케이블을 전기 기계기구에 인입 할 때는 인입구에서 케이블이 손상될 우려가 없도록 시설할 것.

정답 94 ④ 95 ③ 96 ③ 97 ③

98 □□□

22.9[kV] 특고압 가공전선로를 시가지에 경동연선으로 시설할 경우 단면적은 몇 [mm^2] 이상을 사용하여야 하는가?

① 100 ② 55
③ 200 ④ 150

특고압 가공전선의 시가지에서의 굵기

전압구분	전선의 굵기 및 인장강도
100[kV] 미만	55[mm^2] = 21.67[kN] 이상
100[kV] 이상	150[mm^2] = 58.84[kN] 이상
170[kv]초과 강심알루미늄 연선사용시 : 240[mm^2]	

99 □□□

사용전압이 15[kV] 미만 특고압 가공전선과 그 지지물 · 완금류 · 지주 또는 지선 사이의 이격거리는 몇 [cm] 이상이어야 하는가?

① 15 ② 20
③ 25 ④ 30

특별고압 가공전선과 지지물 등의 이격거리

사용전압	이격 거리[m]	사용전압	이격 거리[m]
15[kV] 미만	0.15	70[kV] 이상 80[kV] 미만	0.45
15[KV] 이상 25[KV] 미만	0.20	80[KV] 이상 130[KV] 미만	0.65
25[KV] 이상 35[KV] 미만	0.25	130[KV] 이상 160[KV] 미만	0.90
35[KV] 이상 50[KV] 미만	0.30	160[KV] 이상 200[KV] 미만	1.10
50[KV] 이상 60[KV] 미만	0.35	200[KV] 이상 230[KV] 미만	1.30
60[KV] 이상 70[KV] 미만	0.40	230[KV] 이상	1.60

100 □□□

다음 고압 가공전선에 대한 사항으로 잘못된 것은?

① 철도 또는 궤도를 횡단하는 경우에는 레일면상 6.5[m] 이상으로 시설한다.
② 고압 가공전선을 수면 상에 시설하는 경우에는 전선의 수면 상의 높이가 선박의 항해 등에 위험을 주지 않도록 유지하여야 한다.
③ 횡단보도교의 위에 시설하는 경우에는 그 노면상 5[m] 이상으로 시설한다.
④ 고압 가공전선로를 빙설이 많은 지방에 시설하는 경우에는 전선의 적설상의 높이를 사람 또는 차량의 통행 등에 위험을 주지 않도록 유지하여야 한다.

고압가공전선의 시설 규정

(1) 저·고압 가공전선의 높이.

설치장소		가공전선의 높이
도로횡단		6[m] 이상
철도, 궤도		6.5[m] 이상
횡단보도교위	저압	노면상 3.5[m] 이상 (단, 절연전선의 경우 3[m] 이상)
	고압	노면상 3.5[m] 이상

(2) 고압 가공전선을 수면상에 시설하는 경우에는 전선의 수면상의 높이를 선박의 항해 등에 위험을 주지 않도록 유지하여야 한다.
(3) 고압 가공전선로를 빙설이 많은 지방에 시설하는 경우에는 전선의 적설상의 높이를 사람 또는 차량의 통행 등에 위험을 주지 않도록 유지하여야 한다.

정답 98 ② 99 ① 100 ③

CBT 시험대비

CBT 시험 19회를 100% 복원하여 재구성한

제12회 복원 기출문제

학습기간 월 일 ~ 월 일

1과목 : 전기자기학

무료 동영상 강의 ▲

01 □□□

히스테리시스 곡선에서 히스테리시스 손실에 해당하는 것은?

① 보자력의 크기
② 잔류자기의 크기
③ 보자력과 잔류자기의 곱
④ 히스테리시스 곡선의 면적

히스테리시스 손실(자기이력 손실)
히스테리시스 곡선이란 자화의 현상이 자화를 발생시키는 자계에 늦어지는 현상으로서 곡선의 면적은 단위 체적당 에너지손실 즉, 자기이력 손실에 대응한다. 자기이력 손실은 자벽이동과 자구회전 동안에 맞게 되는 마찰을 극복하는데 있어서 열의 형태로 나타나는 에너지손실이다.

02 □□□

점전하에 의한 전위 함수가 $V=\dfrac{1}{x^2+y^2}$[V]일 때 grad V는?

① $-\dfrac{ix+jy}{(x^2+y^2)^2}$　② $-\dfrac{i2x+j2y}{(x^2+y^2)^2}$
③ $-\dfrac{i2x}{(x^2+y^2)^2}$　④ $-\dfrac{j2y}{(x^2+y^2)^2}$

전위경도(grad V)는

$\text{grad } V=\nabla V=\dfrac{\partial V}{\partial x}i+\dfrac{\partial V}{\partial y}j+\dfrac{\partial V}{\partial z}k$ 식에서

$$\frac{\partial V}{\partial x}=\frac{\partial}{\partial x}\left(\frac{1}{x^2+y^2}\right)=\frac{-2x}{(x^2+y^2)^2}$$

$$\frac{\partial V}{\partial y}=\frac{\partial}{\partial y}\left(\frac{1}{x^2+y^2}\right)=\frac{-2y}{(x^2+y^2)^2}$$

$\dfrac{\partial V}{\partial z}=\dfrac{\partial}{\partial z}\left(\dfrac{1}{x^2+y^2}\right)=0$ 이므로

$\therefore \text{grad } V=-\dfrac{i2x+j2y}{(x^2+y^2)^2}$[V/m]

03 □□□

비오-사바르의 법칙으로 구할 수 있는 것은?

① 전계의 세기　② 자계의 세기
③ 전위　④ 자위

비오-사바르 법칙은 자유공간에서 전류에 의한 자계의 세기를 구하는 법칙이다.

04 □□□

두 종류의 금속으로 된 회로에 전류를 통하면 각 접속점에서 열의 흡수 또는 발생이 일어나는 현상은?

① 톰슨 효과　② 제벡 효과
③ 볼타 효과　④ 펠티에 효과

두 종류의 도체로 접합된 폐회로에 전류를 흘리면 접합점에서 열의 흡수 또는 발생이 일어나는 현상을 펠티에 효과라 하며 전자냉동의 원리가 된다.

정답 01 ④ 02 ② 03 ② 04 ④

05 □□□

극판 간 거리가 d[m]인 평행판 커패시터의 극간 전압을 일정하게하고, 극판 간에 비유전율이 ϵ_r이고 두께 t[m]인 유전체를 극판과 나란히 삽입하면 삽입하지 않은 경우에 비하여 흡인력은 몇 배가 되는가?

① $\dfrac{\epsilon_r(d-t)+t}{\epsilon_r\, d}$

② $\dfrac{\epsilon_r t+(d-t)}{\epsilon_r\, d}$

③ $\dfrac{\epsilon_r\, d}{\epsilon_r t+(d-t)}$

④ $\dfrac{\epsilon_r\, d}{\epsilon_r(d-t)+t}$

공기 중 평행판 콘덴서 $C_0=\dfrac{\epsilon_0\, S}{d}$ [F]

유전체를 두께 t[m]에 비유전률 ϵ_r를 극판과 나란히 채운 경우 직렬연결이므로

이때 복합유전체의 합성 정전용량은

$$C=\frac{\epsilon_1\epsilon_2 S}{\epsilon_1 d_2+\epsilon_2 d_1}=\frac{\epsilon_0\,\epsilon_0\,\epsilon_r\, S}{\epsilon_0\, t+\epsilon_0\,\epsilon_r(d-t)}$$

$$=\frac{\epsilon_0\,\epsilon_r\, S}{t+\epsilon_r(d-t)}\text{ [F] 이 된다}$$

전압이 일정시 극판사이에 작용하는 힘은 정전용량에 비례하므로

$$\frac{F}{F_0}\propto\frac{C}{C_0}=\frac{\dfrac{\epsilon_0\,\epsilon_r\, S}{t+\epsilon_r(d-t)}}{\dfrac{\epsilon_0\, S}{d}}=\frac{\epsilon_r\, d}{\epsilon_r(d-t)+t}$$

06 □□□

단위 길이당 권수가 n인 무한장 솔레노이드에 I[A]의 전류가 흐를 때에 대한 설명으로 옳은 것은?

① 외부와 내부의 자장의 세기는 같다.

② 내부 자계의 세기는 nI^2[AT/m]이다.

③ 솔레노이드 내부는 평등자계이다.

④ 외부 자계의 세기는 nI[AT/m]이다.

무한장 솔레노이드

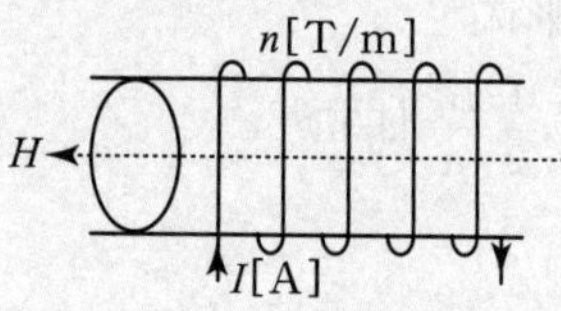

(1) 내부의 자계의 세기 $H=\ nI$[AT/m]

n[T/m] : 단위길이당 권선수

(2) 내부 자장은 평등 자장이며 균등 자장이다.

(3) 외부의 자계의 세기

$H'=0$ [AT/m]

07 □□□

공기 중에서 1[m] 간격을 가진 두 개의 평행 도체 전류의 단위길이에 작용하는 힘은 몇 [N]인가? (단, 전류는 1[A]라고 한다.)

① 2×10^{-7}

② 4×10^{-7}

③ $2\pi\times10^{-7}$

④ $4\pi\times10^{-7}$

평행도선 사이의 작용력은

$F=\dfrac{\mu_0 I_1 I_2}{2\pi r}=\dfrac{2I_1I_2}{r}\times10^{-7}$[N/m]이므로

$I_1=I_2=1$[A], $r=1$[m]일 때

$F=\dfrac{2I^2}{r}\times10^{-7}=\dfrac{2\times1^2}{1}\times10^{-7}=2\times10^{-7}$[N/m]

정답 05 ④ 06 ③ 07 ①

08 □□□

두 개의 자극판이 놓여 있을 때, 자계의 세기 H [AT/m], 자속밀도 B [Wb/m²], 투자율 μ[H/m]인 곳의 자계의 에너지 밀도[J/m³]는?

① $\frac{H^2}{2\mu}$ ② $\frac{1}{2}\mu H^2$

③ $\frac{\mu H}{2}$ ④ $\frac{1}{2}B^2 H$

자계내 단위체적당 축적에너지

$W = \frac{1}{2}\mu H^2 = \frac{1}{2}BH = \frac{1}{2}\frac{B^2}{\mu}$ [J/m³]

09 □□□

반지름 a[m]의 구 도체에서 전하 Q[m]가 주어질 때 구 도체 표면에 작용하는 정전응력은 몇 [N/m²]인가?

① $\frac{9Q^2}{16\pi^2\epsilon_0 a^6}$ ② $\frac{9Q^2}{32\pi^2\epsilon_0 a^6}$

③ $\frac{Q^2}{16\pi^2\epsilon_0 a^4}$ ④ $\frac{Q^2}{32\pi^2\epsilon_0 a^4}$

단위 면적당 정전응력 $f = \frac{1}{2}\epsilon_o E^2$[N/m²]이고

구도체 표면의 전계의 세기 $E = \frac{Q}{4\pi\epsilon_0 a^2}$ [V/m]이다.

이를 정리하면

$f = \frac{1}{2}\epsilon_o\left(\frac{Q}{4\pi\epsilon_0 a^2}\right)^2 = \frac{Q^2}{32\pi^2\epsilon_0 a^4}$[N/m²]

10 □□□

면적 S[m²], 간격 d[m]인 평행판 콘덴서에 전하 Q[C]를 충전하였을 때 정전 에너지 W[J]는?

① $W = \frac{dQ^2}{\epsilon S}$ ② $W = \frac{dQ^2}{2\epsilon S}$

③ $W = \frac{dQ^2}{4\epsilon S}$ ④ $W = \frac{dQ^2}{8\epsilon S}$

평행판 콘덴서의 정전 용량 $C = \frac{\epsilon S}{d}$ [F]

정전 에너지 $W = \frac{Q^2}{2C} = \frac{Q^2}{2\cdot\frac{\epsilon S}{d}} = \frac{Q^2 d}{2\epsilon S}$ [J]

11 □□□

대지면에 높이 $h[m]$로 평행하게 가설된 매우 긴 선전하가 지면으로부터 받는 힘은?

① h에 비례 ② h에 반비례

③ h^2에 비례 ④ h^2에 반비례

접지무한평판과 선전하 사이에 작용하는 힘은

$F = -\lambda E = -\lambda\frac{\lambda}{2\pi\epsilon_0 r} = -\frac{\lambda^2}{2\pi\epsilon_0(2h)}$

$= -\frac{\lambda^2}{4\pi\epsilon_0 h}$[N/m] 이므로 높이 h에 반비례한다.

정답 08 ② 09 ④ 10 ② 11 ②

12 □□□

전자계에 맥스웰의 기본 이론이 아닌 것은?

① 전하에서 전속선이 발산된다.
② 고립된 자극은 존재하지 않는다.
③ 변위전류는 자계를 발생하지 않는다.
④ 자계의 시간적 변화에 따라 전계의 회전이 생긴다.

맥스웰 방정식
(1) 전하에서 전속선이 발산된다.
$div\ D = \rho_v\ [\mathrm{C/m^3}]$
(2) 고립된 자극은 존재할 수 없다.
$div\ B = 0$
(3) 전도전류(i_c)와 변위전류(i_d)는 자계를 발생시킨다.
$rot\ H = \nabla \times H = i_c + i_d = i_c + \dfrac{\partial D}{\partial t} = i\ [\mathrm{A/m^2}]$
(4) 자계의 시간적 변화에 따라 전계의 회전이 생긴다.
$rot\ E = \nabla \times E = -\dfrac{\partial B}{\partial t}$

무한평면에 의한 전계의 세기

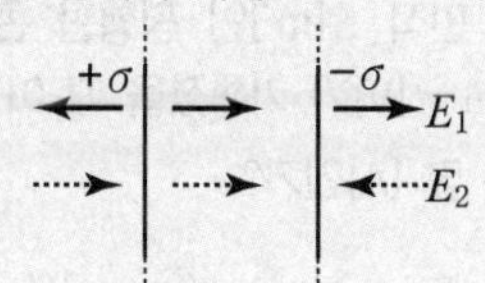

$+\sigma$에 의한 전계 $E_1 = \dfrac{\sigma}{2\varepsilon_o}\ [\mathrm{V/m}]$

$-\sigma$에 의한 전계 $E_2 = \dfrac{\sigma}{2\varepsilon_o}\ [\mathrm{V/m}]$ 이므로

평행판 외측은 전계의 방향이 반대이므로
$E = E_1 - E_2 = 0\ [\mathrm{V/m}]$
평행판 사이는 전계의 방향이 동일하므로
$E = E_1 + E_2 = \dfrac{\sigma}{\varepsilon_o}\ [\mathrm{V/m}]$

13 □□□

그림과 같이 진공 중에서 전하 밀도 $\pm\sigma$[C/m²]의 무한 평면이 간격 d[m]로 떨어져 있다. $+\sigma$의 평면으로부터 r[m] 떨어진 점 P에서의 전계의 세기[N/C]는?

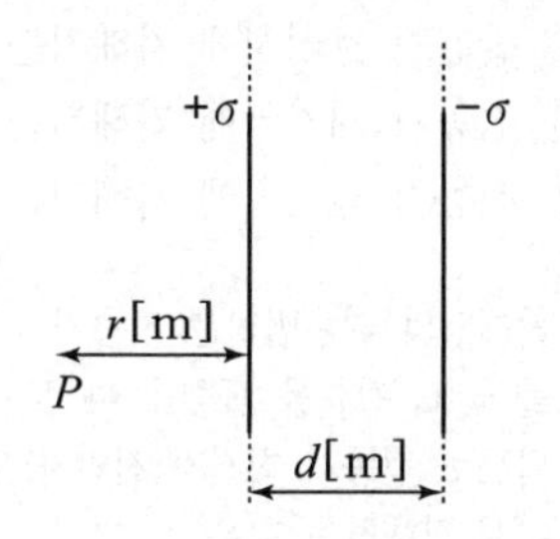

① 0
② $\dfrac{\sigma}{\varepsilon_0}$
③ $\dfrac{\sigma}{2\varepsilon_0}$
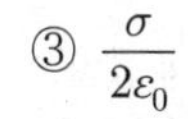
④ $\dfrac{\sigma}{2\varepsilon_0}\left(\dfrac{1}{r} - \dfrac{1}{r+d}\right)$
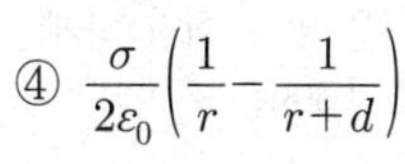

14 □□□

유전율이 각각 ϵ_1, ϵ_2인 두 유전체가 접한 경계면에서 전하가 존재하지 않는다고 할 때 유전율이 ϵ_1인 유전체에서 유전율이 ϵ_2인 유전체로 전계 E_1이 입사각 $\theta_1 = 0^\circ$로 입사할 경우 성립되는 식은?

① $E_1 = E_2$
② $E_1 = \epsilon_1\epsilon_2 E_2$
③ $\dfrac{E_1}{E_2} = \dfrac{\epsilon_1}{\epsilon_2}$
④ $\dfrac{E_2}{E_1} = \dfrac{\epsilon_1}{\epsilon_2}$

입사각 $\theta_1 = 0^\circ$ 인 경우 전계가 경계면에 수직 입사시 이므로
경계면 양쪽에서 전속밀도가 서로 같아지므로
$D_1 = D_2,\ \epsilon_1 E_1 = \epsilon_2 E_2$
$\dfrac{E_2}{E_1} = \dfrac{\epsilon_1}{\epsilon_2}$

정답 12 ③ 13 ① 14 ④

15 □□□

극판간격 d[m], 면적 S[m²]인 평행판 콘덴서에 교류전압 $v(t)=V_m\sin\omega t$[V]가 가해졌을 때 이 콘덴서에서 전체의 변위전류는 몇 [A]인가?

① $-\omega CV_m\sin\omega t$　② $\omega CV_m\sin\omega t$
③ $-\omega CV_m\cos\omega t$　④ $\omega CV_m\cos\omega t$

전압 $v(t)=V_m\sin\omega t\,[\mathrm{V}]$ 일 때 전속밀도는

$$D=\epsilon E=\epsilon\frac{v(t)}{d}=\epsilon\frac{V_m}{d}\sin\omega t\,[\mathrm{C/m^2}]$$ 이므로

변위전류밀도는

$$i_d=\frac{\partial D}{\partial t}=\frac{\partial}{\partial t}\left(\epsilon\frac{V_m}{d}\sin\omega t\right)=\omega\frac{\epsilon V_m}{d}\cos\omega t\,[\mathrm{A/m^2}]$$

이므로
전체 변위전류

$$I_d=i_dS=\omega\frac{\epsilon SV_m}{d}\cos\omega t=\omega CV_m\cos\omega t\,[\mathrm{A}]$$

16 □□□

내구의 반지름이 $\frac{1}{4\pi\epsilon}$[cm], 외구의 반지름이 $\frac{1}{\pi\epsilon}$[cm]일 때 동심구 콘덴서의 정전용량은 몇 [F]인가? 단, 절연체의 유전율은 ϵ 이다.

① $\frac{3}{4}$　② $\frac{4}{3}$
③ $\frac{3}{4}\times10^{-2}$　④ $\frac{4}{3}\times10^{-2}$

동심 구도체의 정전용량은

$$C=\frac{4\pi\epsilon}{\frac{1}{a}-\frac{1}{b}}\,[\mathrm{F}]$$ 이므로

주어진 수치를 대입하면

$$C=\frac{4\pi\epsilon}{\frac{1}{a}-\frac{1}{b}}=\frac{4\pi\epsilon}{\frac{1}{\frac{1}{4\pi\epsilon}\times10^{-2}}-\frac{1}{\frac{1}{\pi\epsilon}\times10^{-2}}}$$

$$=\frac{4\pi\epsilon}{4\pi\epsilon\times10^2-\pi\epsilon\times10^2}=\frac{4}{3}\times10^{-2}[\mathrm{F}]$$

17 □□□

진공 중에 서로 떨어져 있는 두 도체 A, B가 있다. 도체 A에만 1[C]의 전하를 줄 때, 도체 A, B의 전위가 각각 3[V], 2[V]이었다. 지금 도체 A, B에 각각 3[C]과 1[C]의 전하를 주면 도체 A의 전위는 몇 [V]인가?

① 6　② 9
③ 11　④ 13

전위계수
$V_A=P_{AA}Q_A+P_{AB}Q_B\,[\mathrm{V}]$,
$V_B=P_{BA}Q_A+P_{BB}Q_B\,[\mathrm{V}]$ 식에서
$Q_A=1\,[\mathrm{C}]$, $Q_B=0\,[\mathrm{C}]$일 때
$V_A=3\,[\mathrm{V}]$, $V_B=2\,[\mathrm{V}]$이면
$P_{AA}=V_A=3$, $P_{BA}=V_B=2$이다.
$Q_A'=3\,[\mathrm{C}]$, $Q_B'=1\,[\mathrm{C}]$일 때 V_A'는

$$\therefore V_A'=P_{AA}Q_A'+P_{AB}Q_B'=3\times3+2\times1=11\,[\mathrm{V}]$$

참고 전위계수의 성질
(1) $P_{AA}\geq P_{BB}>0$
(2) $P_{AB}=P_{BA}$

18 □□□

플레밍의 왼손의 법칙에서 수식 $F=B\times I\times l$[N] 중 F에 대한 설명으로 옳은 것은?

① 발전기 정류자에 가해지는 힘이다.
② 발전기 브러시에 가해지는 힘이다.
③ 전동기 계자극에 가해지는 힘이다.
④ 전동기 전기자에 가해지는 힘이다.

플레밍의 왼손법칙은 전동기의 원리가 되며 자계내 도체를 놓고 전류를 흘렸을 때 도체가 힘을 받아 회전 하게 되므로 전동기 회전자(전기자)도체에 가해지는 힘이다.
이때 작용하는 힘은

$$F=IBl\sin\theta=(\vec{I}\times\vec{B})l=\oint_c(\vec{I}\times\vec{B})\,dl\,[\mathrm{N}]$$

이 된다.
단 I : 전류, B : 자속밀도, l : 도체의 길이,
θ : 자계와 이루는 각

정답 15 ④ 16 ④ 17 ③ 18 ④

19 □□□

평등자계와 직각방향으로 일정한 속도로 발사된 전자의 원운동에 관한 설명으로 옳은 것은?

① 플레밍의 오른손법칙에 의한 로렌츠의 힘과 원심력의 평형 원운동이다.
② 원의 반지름은 전자의 발사속도와 전계의 세기에 곱에 반비례한다.
③ 전자의 원운동 주기는 전자의 발사 속도와 무관하다.
④ 전자의 원운동 주파수는 전자의 질량에 비례한다.

전자의 원운동
플레밍의 왼손법칙에서 유도된 로렌쯔의 힘이 자계 중에 놓인 전자에 작용하는 힘이며 전자는 원운동을 하여 갖는 원심력과 평형을 이룬다.
전류 I, 자속밀도 B, 전자 e, 속도 v, 전자의 질량 m, 원운동 반경 r이라 하면

$F = IBl$ [N], $v = \dfrac{l}{t}$ [m/sec]이므로

$F = IBl = \dfrac{e}{t}Bl = evB = \dfrac{mv^2}{r}$ [N] 임을 알 수 있다.

(1) 회전반경 : $r = \dfrac{mv}{Be}$ [m]

(2) 각속도 : $\omega = \dfrac{Be}{m} = 2\pi f$ [rad/sec]

(3) 주기 : $T = \dfrac{1}{f} = \dfrac{2\pi m}{Be}$ [sec]

20 □□□

맥스웰의 전자방정식에 대한 의미를 설명한 것으로 틀린 것은?

① 자계의 회전은 전류밀도와 같다.
② 자계는 발산하며, 자극은 단독으로 존재한다.
③ 전계의 회전은 자속밀도의 시간적 감소율과 같다.
④ 단위체적 당 발산 전속 수는 단위체적 당 공간전하 밀도와 같다.

맥스웰의 전자방정식 $divB = \nabla \cdot B = 0$ 의 의미는 자극은 단독으로 존재할 수 없고 항상 N, S극이 공존하여야 한다.

2과목 : 전력공학

무료 동영상 강의 ▲

21 □□□

다음 중 송전선로의 역섬락을 방지하기 위한 대책으로 가장 알맞은 방법은?

① 가공지선 설치
② 피뢰기 설치
③ 매설지선 설치
④ 소호각 설치

매설지선
탑각의 접지저항이 크면 대지로 흐르던 뇌전류가 다시 선로로 역류하여 애자련 주변 공기의 절연을 파괴하면서 불꽃이 나타나는데 이를 역섬락이라고 한다. 그러므로 탑각에 방사상으로 매설지선을 포설하여 탑각의 접지저항을 낮춰 역섬락을 방지하고 애자련을 보호한다.

22 □□□

정격전압이 25.8[kV]이고 정격차단용량이 500[MVA]인 3상용 차단기의 정격차단전류[kA]는 약 얼마인가?

① 24.1
② 11.2
③ 13.98
④ 9.6

정격 차단전류(단락전류)

$P_s = \sqrt{3}\, V I_s$ [VA]식에서 $I_s = \dfrac{P_s}{\sqrt{3}\, V_s}$ 을 구한다.

차단기정격전압 V [kV], 차단기용량 P_s [VA], 차단기 정격 차단전류 I_s [A]

조건 차단기정격전압 $V = 25.8$ [kV],
차단기용량 $P_s = 500$ [MVA],
$\therefore\ I_s = \dfrac{500 \times 10^3}{\sqrt{3} \times 25.8} \times 10^{-3} = 11.18$ [kA]

정답 19 ③ 20 ② 21 ③ 22 ③

23 □□□

장거리 송전선로에서의 특성임피던스는 저항과 누설컨덕턴스를 무시하면 어떻게 되는가?

① $\sqrt{CL}$　　② $\sqrt{\frac{C}{L}}$

③ $\sqrt{\frac{L^2}{C}}$　　④ $\sqrt{\frac{L}{C}}$

특성임피던스(Z_0)

송전선을 이동하는 진행파에 대한 전압(어드미턴스) 과 전류(임피던스)의 비를 말한다.

직렬임피던스 $Z = R + j\omega L[\Omega]$,

병렬 어드미턴스 $Y = G + j\omega C[\mho]$일 때

$\therefore Z_0 = \sqrt{\frac{Z}{Y}} = \sqrt{\frac{R+j\omega L}{G+j\omega C}} = \sqrt{\frac{L}{C}}[\Omega]$

24 □□□

변압기 보호용 비율차동계전기를 사용하여 Δ-Y결선의 변압기를 보호하려고 한다. 이때 변압기 1, 2차측에 설치하는 변류기의 결선 방식은?

① $\Delta-\Delta$　　② Δ-Y

③ Y-Δ　　④ Y-Y

비율차동계전기의 내부 변류기

변압기 내부고상을 검출하기 위하여 설치하는 계전기로. 변압기 결선을 Y-Δ로 하게 되면 변압기 결선간에 30° 위상차에 의해서 기전력이 발생함으로 변류기의 결선을 변압기 결선과 반대로 결선함으로서 30° 위상차를 보정 하는 것이다.

∴ 변압기 결선이 Δ-Y결선이므로 변류기 결선은 Y-Δ 결선으로 연결한다.

25 □□□

1년 365일 중 185일은 이 양 이하로 내려가지 않는 유량은?

① 평수량　　② 풍수량

③ 갈수량　　④ 저수량

하천유량의 크기

㉠ 갈수량 : 1년 365일 중 355일은 이것보다 내려가지 않는 유량

㉡ 저수량 : 1년 365일 중 275일은 이것보다 내려가지 않는 유량

㉢ 평수량 : 1년 365일 중 185일은 이것보다 내려가지 않는 유량

㉣ 풍수량 : 1년 365일 중 중 95일은 이것보다 내려가지 않는 유량

26 □□□

파동 임피던스가 300[Ω]인 가공 송전선 1[km] 당의 인덕턴스 [mH/km]는? (단, 저항과 누설 컨덕턴스는 무시한다.)

① 1.0　　② 1.2

③ 1.5　　④ 1.8

특성임피던스(파동임피던스 Z_0)

특성임피던스 $Z_0 = \sqrt{\frac{L}{C}}[\Omega]$, $Z_0 = 138\log_{10}\frac{D}{r}$이나.

$Z_0 = 300[\Omega]$이므로 $Z_0 = 138\log_{10}\frac{D}{r} = 300$ 되고

$\log_{10}\frac{D}{r} = \frac{300}{138}$ 된다.

$\therefore$ 인덕턴스 $L = 0.4605 \times \frac{300}{138} = 1.0[\text{mH/km}]$

정답 23 ④ 24 ③ 25 ① 26 ①

27 □□□

영상전압과 영상전류를 이용하는 계전기는 어느 곳에 이용되는가?

① 지락 고장회선의 선택 차단
② 단선사고 예방
③ 과부하 차단
④ 전압강하 경감

영상분
영상분은 크기는 같고 위상차가 없는 성분으로 평형 단상의 성질을 갖는다. 영상분 전류는 지락 고장시 접지 계전기를 동작시키는 전류로 전자유도 장해를 일으키기도 한다.

28 □□□

3상 무부하 발전기의 1선 지락 고장시에 흐르는 지락 전류는? 단, E는 접지된 상의 무부하 기전력이고, Z_0, Z_1, Z_2는 발전기의 영상, 정상, 역상 임피던스이다.

① $\dfrac{E}{Z_0+Z_1+Z_2}$　② $\dfrac{\sqrt{3E}}{Z_0+Z_1+Z_2}$

③ $\dfrac{3E}{Z_0+Z_1+Z_2}$　④ $\dfrac{E^2}{Z_0+Z_1+Z_2}$

1선 지락사고시 지락전류(I_g)
a상을 지락된 상으로 가정하면 건전상(b상 과 c상)의 전류 $I_b=I_c=0$, a상의 전압 $V_a=0$이 된다. 또한 a상전류는 곧 지락전류가 ($I_a=I_g$)된다. 그때 a상의 전류는 영상분이므로 $I_0=\dfrac{1}{3}(I_a+I_b+I_c)$ 가 된다.

∴ 지락전류 $I_g=3I_0=\dfrac{3E_a}{Z_0+Z_1+Z_2}$ [A]이다.

29 □□□

망상(Network) 배전방식에 대한 설명으로 옳은 것은?

① 전압 변동이 대체로 크다.
② 부하 증가에 대한 융통성이 적다.
③ 방사상 방식보다 무정전 공급의 신뢰도가 더 높다.
④ 인축에 대한 감전사고가 적어서 농촌에 적합하다.

망상(= 네트워크) 배전방식 특징
(1) 무정전 공급이 가능해서 공급 신뢰도가 높다.
(2) 플리커 및 전압변동률이 작고 전력손실과 전압강하가 작다.
(3) 기기의 이용률이 향상되고 부하증가에 대한 적응성이 좋다.
(4) 변전소의 수를 줄일 수 있다.
(5) 가격이 비싸고 대도시에 적합하다.
(6) 인축의 감전사고가 빈번하게 발생한다.

30 □□□

유황곡선이 비교적 수평이라는 것은?

① 누적유량이 적다는 것이다.
② 누적유량이 많다는 것이다.
③ 하천유량의 변동이 비교적 많다는 뜻이다.
④ 하천유량의 변동이 비교적 적다는 뜻이다.

유황곡선
유황곡선이란 유량도를 이용하여 횡축에 일수를 잡고 종축에 유량을 취하여 매일의 유량 중 큰 것부터 작은 순으로 1년분을 배열하여 그린 곡선이다. 이 곡선으로부터 하천의 유량 변동상태와 연간 총 유출량 및 풍수량, 평수량, 갈수량 등을 알 수 있다. 유황곡선이 수평이면 유량의 변동이 적다는 것을 의미한다.

정답 27 ① 28 ③ 29 ③ 30 ④

31 □□□

수전용 변전설비의 1차측 차단기의 차단용량은 주로 어느 것에 의하여 정해지는가?

① 수전 계약용량
② 부하설비의 단락용량
③ 공급측 전원의 단락용량
④ 수전전력의 역률과 부하율

차단기의 차단용량
차단용량 $P_s = \sqrt{3} \times$ 차단기 정격전압 $\times$ 차단기 정격 차단전류로 나타낸다. (단상용량은 $\sqrt{3}$이 없음)
차단기용량 결정은 예상되는 단락전류크기 또는 공급측 전원용량의 크기. 공급측 전원 단락용량으로 결정된다.

32 □□□

직류 2선식에서 전압 강하율과 전력손실률의 관계는?

① 전압강하율은 전력손실률의 $\dfrac{1}{\sqrt{2}}$배이다.
② 전압강하율은 전력손실률의 $\sqrt{2}$배이다.
③ 전압강하율과 전력손실률은 같다.
④ 전압강하율은 전력손실률의 2배이다.

전압에 따른 특성 값의 변화
전력손실률(k)이 일정할 경우

전송전력 $P \propto V^2$. 전압강하 $e \propto \dfrac{1}{V}$,

전압강하률 $\delta \propto \dfrac{1}{V^2}$, 전력 손실 $P_l \propto \dfrac{1}{V^2}$,

전선의 단면적 $A \propto \dfrac{1}{V^2}$이고 이다.

33 □□□

전력원선도의 가로축과 세로축을 나타내는 것은?

① 전압과 전류
② 전압과 전력
③ 전류와 전력
④ 유효전력과 무효전력

전력원선도
전력 원선도는 가로축에 유효전력(P)을 두고 세로축에 무효전력(Q)을 두어서 송·수전단 전압간의 위상차의 변화에 대해서 전력의 변화를 원의 방정식으로 유도하여 그리게 된다.

34 □□□

22.9[kV] 가공 배전선로에서 주 공급선로의 정전사고시 예비전원선로로 자동 전환되는 개폐장치는?

① 고장구간 자동 개폐기
② 자동선로 구분 개폐기
③ 자동부하 전환 개폐기
④ 기중 부하 개폐기

자동부하 전환개폐기(ALTS)
이중전원을 확보하여 주전원이 정전 되면 예비전원으로 자동전환 되어 무정전으로 전원을 공급하는 자동절환 개폐기이다.

정답 31 ③ 32 ③ 33 ④ 34 ③

35 □□□

송전선에서 재폐로 방식을 사용하는 목적으로 틀린 것은?

① 신뢰도 향상
② 공급 지장 시간의 단축
③ 보호 계전 방식의 단순화
④ 고장상의 고속도 차단, 고속도 재투입

자동 재폐로 방식
송전선로의 고장은 대부분 1선 지락사고로 인한 일시적인 아크 지락이기 때문에 선로를 자동적으로 개방하여 고장을 신속히 소멸한 후에 자동적으로 선로를 재투입하는 방식을 재폐로 방식이라 한다.
∴ 재폐로 방식의 특징
(1) 고장을 신속히 차단하고 재투입 할 수 있어서 계통의 안정도가 향상된다.
(2) 고장시간의 단축으로 공급 신뢰도가 향상된다.
(3) 보호계전기와 고속차단기의 시스템이 복잡하고 가격이 고가이다.

36 □□□

1상의 대지 정전용량 C[F], 주파수 F[Hz]인 3상 송전선의 소호리액터 공진 탭의 리액턴스는 몇 [Ω]인가? (단, 소호리액터를 접속시키는 변압기의 리액턴스는 X_t[Ω]이다.)

① $\frac{1}{3\omega C}+\frac{X_t}{3}$　② $\frac{1}{3\omega C}-\frac{X_t}{3}$
③ $\frac{1}{3\omega C}+3X_t$　④ $\frac{1}{3\omega C}-3X_t$

소호리액터 (w_L)
1선 지락사고시 대지정전 용량과 병렬 공진(L = C)하는 소호리액터를 이용하여 대지로 접지 하는 방식이다. 이때 소호 리액터의 크기는 $W_L = \frac{1}{3WC_S}$ 이다.
중성점을 기준으로 본 변압기의 리액턴스는 3상이 병렬 연결 되어 있으므로 $\frac{x_t}{3}$ 가된다.
※ 소호 리액터의 크기 $W_L = \frac{1}{3WC_S} - \frac{X_t}{3}$ [Ω]이 된다.

37 □□□

3상 송전선로와 통신선이 병행되어 있는 경우에 통신유도장해로서 통신선에 유도되는 정전유도전압은?

① 통신선의 길이에 비례한다.
② 통신선의 길이의 자승에 비례한다.
③ 통신선의 길이에 반비례한다.
④ 통신선의 길이와는 관계가 없다.

정전유도전압($E_s = E_0$)
영상분 전압에 의해 전력선과 통신선 상호간 상호정전용량(C)가 만드는 장해를 말한다.
선간정전용량 $C_m = C_{ab}$,
대지정전용량 $C_s = C_b$

$$\therefore E_0 = E_s = \frac{C_m}{C_m + C_s}E = \frac{C_{ab}}{C_{ab}+C_b}E\,[\mathrm{V}]$$

정전유도는 선로의 길이 와는 무관 한다.

38 □□□

화력발전소의 기본 랭킨 사이클(Rankine cycle)을 바르게 나타낸 것은?

① 보일러 → 급수펌프 → 터빈 → 복수기 → 과열기 → 다시 보일러로
② 보일러 → 터빈 → 급수펌프 → 과열기 → 복수기 → 다시 보일러로
③ 급수펌프 → 보일러 → 과열기 → 터빈 → 복수기 → 다시 보일러로
④ 급수펌프 → 보일러 → 터빈 → 과열기 → 복수기 → 다시 보일러로

기력발전소의 증기 및 급수의 흐름
배기가스의 여열을 이용해서 보일러에 공급되는 급수를 예열하는 장치인 절탄기를 거쳐, 급수펌프에서 단열압축되고 보일러에 공급되어 포화증기로 변화된다. 이 포화증기는 다시 과열기에서 과열되어 고온·고압의 과열증기로 터빈에 들어간다. 터빈에 유입된 과열증기는 단열팽창해서 습증기가 된 후 복수기에서 냉각 된다.
∴ 급수펌프 → 보일러 → 과열기 → 터빈 → 복수기 → 다시 보일러(급수펌프)

정답 35 ③ 36 ② 37 ④ 38 ③

39 □□□

다중접지 3상 4선식 배전선로에서 고압측(1차측) 중성선과 저압측(2차측) 중성선을 전기적으로 연결하는 목적은?

① 저압측의 단락사고를 검출하기 위하여
② 저압측의 접지사고를 검출하기 위하여
③ 주상변압기의 중성선 측 부싱을 생략하기 위하여
④ 고저압 혼촉 시 수용가에 침입하는 상승 전압을 억제하기 위하여

변압기 중성점 접지 공사
변압기 2차측 저압 한 단자를 접지하는 것과 3상4선식 다중접지 방식에서 고압측 중성선과 저압측 중성선을 전기적으로 연결하는 것은 고·저압 혼촉에 의한 전위상승 억제를 목적으로 한다.

40 □□□

케이블의 전력 손실과 관계가 없는 것은?

① 철손
② 유전체손
③ 시스손
④ 도체의 저항손

전력케이블의 손실
전력케이블은 도체를 유전체로 절연하고 케이블 가장자리를 연피로 피복하여 접지를 하게 되면 외부 유도작용을 차폐하는 기능을 갖게 된다. 이때 도체에 흐르는 전류에 의해서 도체에 저항손실이 생기며 유전체 내에서 유전체 손실이 발생한다. 또한 도체에 흐르는 전류로 전자유도작용이 생겨 연피에 전압이 나타나게 되고 와류가 흘러 연피손(시스손)이 발생하게 된다.

3과목 : 전기기기

무료 동영상 강의 ▲

41 □□□

동기발전기의 단자 부근에서 단락이 일어났다고 하면 단락전류는 어떻게 되는가?

① 전류가 계속 증가한다.
② 큰 전류가 증가와 감소를 반복한다.
③ 처음에는 큰 전류이나 점차 감소한다.
④ 일정한 큰 전류가 지속적으로 흐른다.

동기발전기의 단락전류
동기발전기의 단자 부근에서 단락이 일어났다고 하면 단락된 순간 단락전류를 제한하는 성분은 누설리액턴스뿐이므로 매우 큰 단락전류가 흐르기만 점차 전기자 반작용에 의한 리액턴스 성분이 증가되어 지속적인 단락전류가 흐르게 되며 단락전류는 점점 감소한다.

42 □□□

20[HP], 4극, 60[Hz]의 3상 유도전동기가 있다. 전부하 슬립이 4[%]이다. 전부하시의 토크[N·m]는 약 얼마인가? (단, 1[HP]은 746[W]이다.)

① 82.46	② 92.46
③ 8.41	④ 9.41

유도전동기의 토크(τ)
기계적 출력 P_0, 회전자 속도 N, 2차 입력 P_2, 동기속도 N_s라 하면

$$\tau = 9.55\frac{P_0}{N}\,[\text{N}\cdot\text{m}] = 0.975\frac{P_0}{N}\,[\text{kg}\cdot\text{m}]$$

$$= 9.55\frac{P_2}{N_s}\,[\text{N}\cdot\text{m}] = 0.975\frac{P_2}{N_s}\,[\text{kg}\cdot\text{m}]\text{이므로}$$

$P_0 = 20\,[\text{HP}]$, 극수 $p=4$, $f=60\,[\text{Hz}]$, $s=4\,[\%]$일 때

$$N = (1-s)N_s = (1-s)\frac{120f}{p}$$

$$= (1-0.04)\times\frac{120\times 60}{4} = 1728\,[\text{rpm}]\text{을 대입하면}$$

$$\therefore\ \tau = 9.55\frac{P_0}{N} = 9.55\times\frac{20\times 746}{1{,}728} = 82.46\,[\text{N}\cdot\text{m}]$$

정답 39 ④ 40 ① 41 ③ 42 ①

43 □□□

변압기 결선에서 제3고조파 전압이 발생하는 결선은?

① Y−Y ② $\Delta-\Delta$
③ Δ−Y ④ Y−Δ

변압기 Y-Y결선의 특징
(1) 1차, 2차 전압 및 1차, 2차 전류간에 위상차가 없다.
(2) 상전압이 선간전압의 $\dfrac{1}{\sqrt{3}}$ 배이므로 절연에 용이하며 고전압 송전에 용이하다.
(3) 중성점을 접지할 수 있으므로 이상전압으로부터 변압기를 보호할 수 있다.
(4) 제3고조파 순환 통로가 없으므로 선로에 제3고조파가 유입되어 인접 통신선에 유도장해를 일으킨다.

45 □□□

1차 전압 100[V], 2차 전압 200[V], 선로 출력 60[kVA]인 단권변압기의 자기용량은 몇 [kVA]인가?

① 30 ② 60
③ 300 ④ 600

단권변압기의 자기용량

자기용량$=\dfrac{V_h-V_L}{V_h}\times$부하용량 식에서

$V_L=100\,[\text{V}]$, $V_h=200\,[\text{V}]$, $P=60\,[\text{kVA}]$이므로

자기용량 $=\dfrac{V_h-V_L}{V_h}\times P=\dfrac{200-100}{200}\times 60$
$=30\,[\text{kVA}]$

44 □□□

직류 직권전동기의 회전수를 반으로 줄이면 토크는 몇 배가 되는가?

① $\dfrac{1}{4}$ ② $\dfrac{1}{2}$
③ 4 ④ 2

직류 직권전동기의 토크 특성

$\tau=K\phi I_a \fallingdotseq KI_a^2\propto I_a^2$ 식에서

$N\propto\dfrac{1}{I}$이므로 $\tau\propto I_a^2\propto\dfrac{1}{N^2}$ 이다.

∴ 회전수를 반$\left(\dfrac{1}{2}\right)$으로 줄이면 토크는 4배 증가한다.

46 □□□

유도전동기의 2차측 저항을 2배로 하면 최대 토크는 몇 배로 되는가?

① 3배로 된다. ② 2배로 된다.
③ 변하지 않는다. ④ $\dfrac{1}{2}$로 된다.

최대토크(τ_m)

최대토크의 공식은 공급전압을 V_1, 2차 리액턴스를 x_2라 할 때 $\tau_m=k\dfrac{{V_1}^2}{2x_2}$이므로

∴ 최대토크는 2차 리액턴스와 전압과 관계있으며 2차 저항과 슬립과는 무관하여 2차 저항 변화에 관계없이 항상 일정하다.

정답 43 ① 44 ③ 45 ① 46 ③

47 □□□

다음 중 DC 서보모터의 제어 기능에 속하지 않는 것은?

① 역률제어 기능 ② 전류제어 기능
③ 속도제어 기능 ④ 위치제어 기능

DC 서보모터의 기능
(1) 전압을 가변 할 수 있어야 한다. – 전압제어 및 전류제어
(2) 최대토크에서 견디는 능력이 커야 한다.
(3) 고도의 속응성을 갖추어야 한다. – 위치제어 및 속도제어
(4) 안정성과 강인성이 있어야 한다.
(5) Servo-lock 기능을 가져야 한다.

48 □□□

동기기의 권선법 중 기전력의 파형이 좋게 되는 권선법은?

① 단절권, 분포권 ② 단절권, 집중권
③ 전절권, 집중권 ③ 전절권, 2층권

고조파를 제거하는 방법
(1) 단절권과 분포권을 채용한다.
(2) 매극 매상의 슬롯수(q)를 크게 한다.
(3) Y결선(성형결선)을 채용한다.
(4) 공극의 길이를 크게 한다.
(5) 자극의 모양을 적당히 설계한다.
(6) 전기자 철심을 스큐슬롯(사구)으로 한다.
(7) 전기자 반작용을 작게 한다.

49 □□□

브러시의 위치를 이동시켜 회전방향을 역회전시킬 수 있는 단상 유도전동기는?

① 반발기동형 전동기
② 세이딩코일형 전동기
③ 분상기동형 전동기
④ 콘덴서 전동기

반발기동형 단상 유도전동기
(1) 직류전동기와 같이 정류자와 브러시를 이용하여 기동한다.
(2) 기동토크가 가장 크고 브러시의 위치를 이동시켜 회전방향을 바꿀 수 있다.

50 □□□

10,000[kVA], 6,000[V], 60[Hz], 24극, 단락비 1.2인 3상 동기발전기의 동기 임피던스[Ω]는?

① 1 ② 3
③ 10 ④ 30

단락비(k_s), %동기 임피던스($\%Z_s$) 관계
정격용량 P[kVA], 정격전압 V[kV],
동기 임피던스 Z_s[Ω]일 때

$$k_s = \frac{100}{\%Z_s} = \frac{1}{\%Z_s[\text{p.u}]},$$

$$\%Z_s = \frac{100}{k_s} = \frac{P[\text{kVA}]Z_s[\Omega]}{10\{V[\text{kV}]\}^2}\ [\%]$$ 식에서

$P = 10,000$ [kVA], $V = 6$ [kV], 극수 $p = 24$,
$f = 60$ [Hz], $k_s = 1.2$이므로

$$\therefore Z_s = \frac{1,000\,V^2}{k_s P} = \frac{1,000 \times 6^2}{1.2 \times 10,000} = 3.0$$

정답 47 ① 48 ① 49 ① 50 ②

51 □□□

3상 유도전동기에서 회전자가 슬립 s로 회전하고 있을 때 2차 유기전압 E_{2s} 및 2차 주파수 f_{2s}와 s와의 관계는? (단, E_2는 회전자가 정지하고 있을 때 2차 유기기전력이며 f_1은 1차 주파수이다.)

① $E_{2s} = sE_2,\ f_{2s} = sf_1$
② $E_{2s} = sE_2,\ f_{2s} = \dfrac{f_1}{s}$
③ $E_{2s} = \dfrac{E_2}{s},\ f_{2s} = \dfrac{f_1}{s}$
④ $E_{2s} = (1-s)E_2,\ f_{2s} = (1-s)f_1$

유도전동기의 운전시 2차 전압(E_{2s})과 2차 주파수(f_{2s})
$\therefore\ E_{2s} = sE_2,\ f_{2s} = sf_1$

52 □□□

회전계자형 동기발전기의 설명으로 틀린 것은?

① 전기자권선은 전압이 높고 결선이 복잡하다.
② 대용량의 경우에도 전류는 작다.
③ 계자회로는 직류의 저압회로이며 소요전력도 적다.
④ 계자극은 기계적으로 튼튼하게 만들기 쉽다.

회전계자형을 채용하는 이유
(1) 계자는 전기자보다 철의 분포가 크기 때문에 기계적으로 튼튼하다.
(2) 계자는 전기자보다 결선이 쉽고 구조가 간단하다.
(3) 고압이 걸리는 전기자보다 저압인 계자가 조작하는 데 더 안전하다.
(4) 고압이 걸리는 전기자를 절연하는 데는 고정자로 두어야 용이해진다.

53 □□□

직류 발전기의 부하포화곡선에서 나타내는 관계로 옳은 것은?

① 계자전류와 단자전압
② 계자전류와 부하전류
③ 부하전류와 단자전압
④ 부하전류와 유기기전력

직류발전기의 특성곡선
(1) 무부하포화곡선 : 횡축에 계자전류, 종축에 유기기전력(단자전압)을 취해서 그리는 특성곡선
(2) 외부특성곡선 : 횡축에 부하전류, 종축에 단자전압을 취해서 그리는 특성곡선
(3) 부하포화곡선 : 횡축에 계자전류, 종축에 단자전압을 취해서 그리는 특성곡선
(4) 계자조정곡선 : 횡축에 부하전류, 종축에 계자전류를 취해서 그리는 특성곡선

54 □□□

3상 분권 정류자 전동기에 속하는 것은?

① 톰슨 전동기 ② 데리 전동기
③ 시라게 전동기 ④ 애트킨슨 전동기

시라게 전동기
3상 분권정류자 전동기의 여러 종류 중에서 특성이 좋아 가장 많이 사용되고 있는 전동기로서 1차 권선을 회전자에 둔 권선형 유도전동기이다. 시라게 전동기는 직류 분권전동기와 같이 정속도 및 가변속도 전동기이며 브러시의 이동에 의하여 속도제어와 역률개선을 할 수 있다.

정답 51 ① 52 ② 53 ① 54 ③

55 □□□

전원전압이 100[V]인 단상 전파정류제어에서 점호각이 30° 일 때 직류 평균전압은 약 몇 [V]인가?

① 54 ② 64
③ 84 ④ 94

단상 전파정류회로
위상제어가 가능한 경우 최대값 E_m, 실효값(= 교류값) E, 평균값(= 직류값) E_d, 점호각 α라 하면

$E_d = \frac{E_m}{\pi}(1+\cos\alpha) = \frac{\sqrt{2}\,E}{\pi}(1+\cos\alpha)$ [V]이므로

$E=100$ [V], $\alpha = 30°$일 때 출력전압(평균값)은

$$\therefore E_d = \frac{\sqrt{2}\,E}{\pi}(1+\cos\alpha) = \frac{\sqrt{2}\times 100}{\pi}\times(1+\cos 30°) = 84\,[\text{V}]$$

56 □□□

누설변압기의 특징으로 알맞은 것은?

① 고저항 특성 ② 정전류 특성
③ 정전압 특성 ④ 고역률 특성

자기누설 변압기
부하전류(I_2)가 증가하면 철심 내부의 누설 자속이 증가하여 누설 리액턴스에 의한 전압 강하가 임계점에서 급격히 증가하게 되는데 이 때문에 부하단자전압(V_2)은 수하특성을 갖게 되며 부하전류의 증가가 멈추게 된다.
- 일정한 정전류 유지(수하특성)

(1) 용도 : 용접용 변압기, 네온관용 변압기
(2) 특징 : 전압변동률이 크고 역률과 효율이 나쁘다.

57 □□□

정격출력 50[kW], 4극 220[V], 60[Hz]인 3상 유도전동기가 전부하 슬립 0.04, 효율 90%로 운전되고 있을 때 다음 중 틀린 것은?

① 2차 효율 = 92[%]
② 1차 입력 = 55.56[kW]
③ 회전자 동손 = 2.08[kW]
④ 회전자 입력 = 52.08[kW]

유도전동기 이론
$P_0 = 50$ [kW], 극수 $P=4$, $V=220$ [V], $f=60$ [Hz], $s=0.04$, $\eta=90$ [%]일 때

(1) 2차 효율
$\eta_2 = (1-s)\times 100 = (1-0.04)\times 100 = 96\,[\%]$

(2) 1차 입력
$$P_1 = \frac{P_0}{\eta} = \frac{50}{0.9} = 55.56\,[\text{kW}]$$

(3) 회전자 동손
$$P_{c2} = \frac{s}{1-s}P_0 = \frac{0.04}{1-0.04}\times 50 = 2.08\,[\text{kW}]$$

(4) 회전자 입력
$$P_2 = \frac{1}{1-s}P_0 = \frac{1}{1-0.04}\times 50 = 52.08\,[\text{kW}]$$

58 □□□

직류발전기의 정류 초기에 전류변화가 크며 이때 발생되는 불꽃정류로 옳은 것은?

① 과정류 ② 직선정류
③ 부족정류 ④ 정현파정류

정류특성의 종류
(1) 과정류 : 정류주기의 초기에서 전류변화가 급격해지고 불꽃이 브러시의 전반부에서 발생한다.
(2) 직선정류 : 가장 이상적인 정류작용으로 불꽃 없는 양호한 정류특성을 지닌다.
(3) 부족정류 : 정류주기의 말기에서 전류변화가 급격해지고 평균 리액턴스 전압이 증가하여 정류가 불량해진다. 이 경우 불꽃이 브러시의 후반부에서 발생한다.
(4) 정현파정류 : 보극을 적당히 설치하면 전압정류로 유도되어 정현파정류가 되며 평균 리액턴스 전압을 감소시켜 불꽃 없는 양호한 정류특성을 지닌다.

정답 55 ③ 56 ② 57 ① 58 ①

59 □□□

직류기에서 전기자 반작용을 방지하기 위한 보상권선의 전류 방향은?

① 계자 전류 방향과 같다.
② 계자 전류 방향과 반대이다.
③ 전기자 전류 방향과 같다.
④ 전기자 전류 방향과 반대이다.

보상권선
보상권선을 설치하여 전기자 전류와 반대 방향으로 흘리면 교차기자력이 줄어들어 전기자 반작용을 억제한다.

60 □□□

3상 변압기 2차측의 E_W상만을 반대로 하고 $Y-Y$결선을 한 경우, 2차 상전압이 $E_U=70$[V], $E_V=70$[V], $E_W=70$[V]라면 2차 선간전압은 약 몇 [V]인가?

① $V_{U-V}=121.2$[V], $V_{V-W}=70$[V], $V_{W-U}=70$[V]
② $V_{U-V}=121.2$[V], $V_{V-W}=210$[V], $V_{W-U}=70$[V]
③ $V_{U-V}=121.2$[V], $V_{V-W}=121.2$[V], $V_{W-U}=70$[V]
④ $V_{U-V}=121.2$[V], $V_{V-W}=121.2$[V], $V_{W-U}=121.2$[V]

3상 변압기 Y결선 접속 벡터해석
$E_U=70\angle 0°$[V], $E_V=70\angle -120°$[V], $E_W=70\angle -60°$[V] 이므로

$$V_{U-V}=E_U\angle 0°-E_V\angle -120°=E_U\sqrt{3}\angle +30°=70\times\sqrt{3}\angle +30°=121.2\angle +30°\text{[V]}$$

$$V_{V-W}=E_V\angle -120°-E_W\angle -60°=E_V\angle -60°=70\angle -180°\text{[V]}$$

$$V_{W-U}=E_W\angle -60°-E_U\angle 0°=E_V\angle 0°=70\angle -120°\text{[V]}$$

$\therefore V_{U-V}=121.2$[V], $V_{U-V}=70$[V], $V_{W-U}=70$[V]

4과목 : 회로이론 및 제어공학

무료 동영상 강의 ▲

61 □□□

다음과 같은 비정현파 전압 및 전류에 의한 전력을 구하면 몇 [W]인가?

$$v=100\sin\omega t-50\sin(3\omega t+30°)+20\sin(5\omega t+45°)$$
$$i=20\sin(\omega t+30°)+10\sin(3\omega t-30°)+5\cos 5\omega t$$

① 776 ② 726
③ 875 ④ 825

비정현파의 소비전력(P)
전압의 주파수 성분은 기본파, 제3고조파, 제5고조파로 구성되어 있으며 전류의 주파수 성분도 기본파, 제3고조파, 제5고조파로 이루어져 있으므로 전류의 cos 파형만 sin 파형으로 일치시키면 된다.

$V_{m1}=100\angle 0°$[V], $V_{m3}=-50\angle 30°$[V], $V_{m5}=20\angle 45°$[V],
$I_{m1}=20\angle 30°$[A], $I_{m3}=10\angle -30°$[A], $I_{m5}=5\angle 0°+90°=5\angle 90°$[A]
$\theta_1=0°-(30°)=-30°$, $\theta_3=30°-(-30°)=60°$, $\theta_5=45°-90°=-45°$

$$\therefore P=\frac{1}{2}(V_{m1}I_{m1}\cos\theta+V_{m3}I_{m3}\cos\theta_3+V_{m5}I_{m5}\cos\theta_5)$$
$$=\frac{1}{2}(100\times 20\times\cos 30°-50\times 10\times\cos 60°+20\times 5\times\cos 45°)$$
$$=776\text{[W]}$$

정답 59 ④ 60 ① 61 ①

62 □□□

그림과 같은 회로에서 E_1과 E_2가 다음과 같을 때 유도 리액턴스의 단자 전압은?

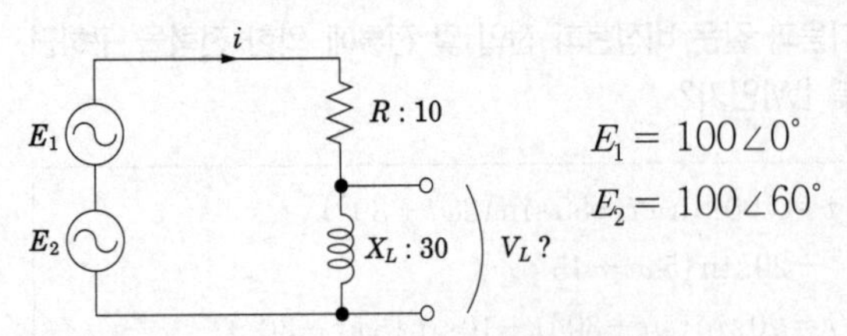

① 164[V] ② 174[V]
③ 200[V] ④ 150[V]

E_1과 E_2가 위상차 θ를 이루고 있을 때 백터의 합을 구해보면

$\dot{E_1}+\dot{E_2}=\sqrt{{E_1}^2+{E_2}^2+2E_1E_2\cos\theta}$ [V] 식에서

$E_1=E_2=100$ [V], $\theta=60°$일 때

$\dot{E_1}+\dot{E_2}=\sqrt{100^2+100^2+2\times100\times100\times\cos60°}$

$=100\sqrt{3}$ [V]이다.

$\dot{Z}=R+jX_L=10+j30$ [Ω] 이므로

$I=\dfrac{E}{Z}=\dfrac{100\sqrt{3}}{\sqrt{10^2+30^2}}=5.48$ [A]일 때

$\therefore\ V_L=X_LI=30\times5.48=164$ [V]

63 □□□

불평형 3상 전압 $V_a=9+j6$, $V_b=-13-j15$, $V_c=-3+j4$일 때 정상 전압 V_1은?

① $-7+j5$ ② $-2.32-j1.67$
③ $0.18+j6.72$ ④ $11.15+j0.95$

정상분 전압(V_1)

$V_1=\dfrac{1}{3}(V_a+aV_b+a^2V_c)$ [V] 식에서

$a=1\angle120°$, $a^2=1\angle-120°$ 이므로

$\therefore\ V_1=\dfrac{1}{3}[(9+j6)+1\angle120°\times(-13-j15)$

$+1\angle-129°\times(-3+j4)]$

$=11.15+j0.95$ [V]

64 □□□

최대눈금이 100[V]이고 내부저항 r이 30[kΩ]인 전압계가 있다. 이 전압계로 600[V]를 측정하고자 한다면 배율기의 저항 R_s는 몇 [kΩ]이어야 하는가?

① 150 ② 60
③ 180 ④ 120

배율기

전압계의 측정 범위를 넓히기 위하여 전압계와 직렬로 접속하는 저항기를 배율기라 하며 이 때 배율과 배율기의 저항은 다음과 같다.

전압계의 최대눈금 V_v, 전압계의 내부저항 R_v, 측정전압 V_0, 배율 m, 배율기의 저항 R_s라 하면

$m=\dfrac{V_0}{V_v}=1+\dfrac{R_s}{R_v}$, $R_s=(m-1)R_v$ [Ω] 식에서

$V_v=100$ [V], $R_v=r=30$ [kΩ],

$V_0=600$ [V]일 때

$m=\dfrac{V_0}{V_v}=\dfrac{600}{100}=6$ 이므로

$\therefore\ R_s=(m-1)R_v=(6-1)\times30=150$ [kΩ]

65 □□□

전원과 부하가 Y-Y 결선일 때 선간전압이 $V_{ab}=300\angle0°$[V]이고 선전류는 $I_a=20\angle-60°$[A]일 때 한 상의 임피던스 Z[Ω]은?

① $5\sqrt{3}\angle30°$
② $5\angle30°$
③ $5\sqrt{3}\angle60°$
④ $5\angle60°$

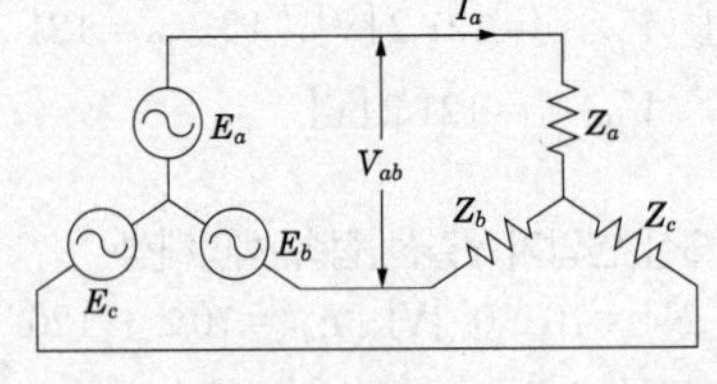

Y 결선의 특징

한 상의 임피던스를 구하기 위해서는 상전압과 상전류로 적용하여야 한다.

$Z=\dfrac{V_a}{I_a}$ [Ω] 식에서 $V_a=\dfrac{V_{ab}}{\sqrt{3}}\angle-30°$ [V] 이므로

$V_a=\dfrac{300}{\sqrt{3}}\angle-30°$ [V]일 때

$\therefore\ Z=\dfrac{V_a}{I_a}=\dfrac{\dfrac{300}{\sqrt{3}}\angle-30°}{20\angle-60°}=5\sqrt{3}\angle30°$ [Ω]

정답 62 ① 63 ④ 64 ① 65 ①

66 □□□

함수 $f(t)=e^{-2t}\cos 3t$ 의 라플라스 변환은?

① $\dfrac{s+2}{(s+2)^2+3^2}$　② $\dfrac{s-1}{(s-2)^2+3^3}$

③ $\dfrac{s}{(s+2)^2+3^2}$　④ $\dfrac{s}{(s-2)^2+3^3}$

복소추이정리의 라플라스 변환

$f(t)=e^{-2t}\cos 3t$일 때

$\therefore \mathcal{L}[f(t)]=\mathcal{L}[e^{-2t}\cos 3t]=\dfrac{s+2}{(s+2)^2+3^2}$

참고 복소추이정리

$f(t)$	$F(s)$
te^{at}	$\dfrac{1}{(s-a)^2}$
t^2e^{at}	$\dfrac{2}{(s-a)^3}$
$e^{at}\sin\omega t$	$\dfrac{\omega}{(s-a)^2+\omega^2}$
$e^{at}\cos\omega t$	$\dfrac{s-a}{(s-a)^2+\omega^2}$

67 □□□

특성 임피던스 400[Ω]의 회로 말단에 1200[Ω]의 부하가 연결되어 있다. 전원측에 100[kV]의 전압을 인가할 때 반사파의 크기[kV]는? (단, 선로에서의 전압 감쇠는 없는 것으로 간주한다.)

① 50　② 1

③ 10　④ 5

반사파 전압(E_ρ)

$E_\rho=\rho E\,[\text{kV}]$, $\rho=\dfrac{Z_L-Z_0}{Z_L+Z_0}$ 식에서

$Z_0=400\,[\Omega]$, $Z_L=1{,}200\,[\Omega]$,

전원측 전압 $E=100\,[\text{kV}]$일 때

$\rho=\dfrac{Z_L-Z_0}{Z_L+Z_0}=\dfrac{1{,}200-400}{1{,}200+400}=0.5$ 이므로

$\therefore E_\rho=\rho E=0.5\times 100=50\ [\text{kV}]$

68 □□□

어떤 코일의 임피던스를 측정하고자 직류전압 100[V]를 가했더니 500[W]가 소비되고, 교류전압 150[V]를 가했더니 720[W]가 소비되었다. 코일의 저항[Ω]과 리액턴스[Ω]는 각각 얼마인가?

① $R=20,\ X_L=15$

② $R=15,\ X_L=20$

③ $R=25,\ X_L=20$

④ $R=30,\ X_L=25$

교류전력

직류전압 $V_d=100\,[\text{V}]$, 소비전력 $P_d=500\,[\text{W}]$일 때

$P_d=\dfrac{{V_d}^2}{R}\,[\text{W}]$이므로 저항 R을 구하면

$R=\dfrac{{V_d}^2}{P_d}=\dfrac{100^2}{500}=20\,[\Omega]$이다.

교류전압 $V_a=150\,[\text{V}]$, 소비전력 $P_a=720\,[\text{W}]$일 때

$P_a=\dfrac{{V_a}^2R}{R^2+X^2}\,[\text{W}]$이므로 리액턴스 X를 구하면

$X=\sqrt{\dfrac{{V_a}^2R}{P_a}-R^2}=\sqrt{\dfrac{150^2\times 20}{720}-20^2}=15\,[\Omega]$

$\therefore R=20\,[\Omega],\ X=15\,[\Omega]$

69 □□□

전원과 부하가 다같이 $\Delta-\Delta$결선에서 $V_{ab}=200\,[\text{V}]$, $Z=2+j2\,[\Omega]$일 때 I_a(선전류)는 얼마인가?

① $122.47\angle-75^\circ$　② $122.47\angle-15^\circ$

③ $122.47\angle75^\circ$　④ $122.47\angle15^\circ$

Δ결선의 선전류

$I_a=\dfrac{\sqrt{3}\,V_{ab}}{Z}\angle-30^\circ\,[\text{A}]$ 식에서

$Z=2+j2=2\sqrt{2}\angle45^\circ\,[\Omega]$일 때

$\therefore I_a=\dfrac{\sqrt{3}\times 200}{2\sqrt{2}}\angle-30^\circ-45^\circ$

$=122.47\angle-75^\circ\,[\text{A}]$

정답 66 ① 67 ① 68 ① 69 ①

70 □□□

비정현과 전류 $i(t)=56\sin\omega t+25\sin 2\omega t+30\sin(3\omega t+30°)+40\sin(4\omega t+60°)$으로 주어질 때 왜형률은 얼마인가?

① 1.4　② 1.0
③ 0.5　④ 0.1

비정현파의 왜형률(ϵ)
파형에서 기본파, 제2고조파, 제3고조파, 제4고조파의 최대치를 각각 I_{m1}, I_{m2}, I_{m3}, I_{m4}라 하면
$I_{m1}=56$ [A], $I_{m2}=25$ [A], $I_{m3}=30$ [A], $I_{m4}=40$ [A]이며
각 고조파의 왜형률을 ϵ_2, ϵ_3, ϵ_4라 하면

$$\epsilon_2=\frac{I_{m2}}{I_{m1}}=\frac{25}{56},\ \epsilon_3=\frac{I_{m3}}{I_{m1}}=\frac{30}{56},\ \epsilon_4=\frac{I_{m4}}{I_{m1}}=\frac{40}{56}$$

이므로

$$\therefore \epsilon=\sqrt{{\epsilon_2}^2+{\epsilon_3}^2+{\epsilon_4}^2}$$
$$=\sqrt{\left(\frac{25}{56}\right)^2+\left(\frac{30}{56}\right)^2+\left(\frac{40}{56}\right)^2}=1$$

71 □□□

그림과 같은 블록선도에 대한 등가 전달함수를 구하면?

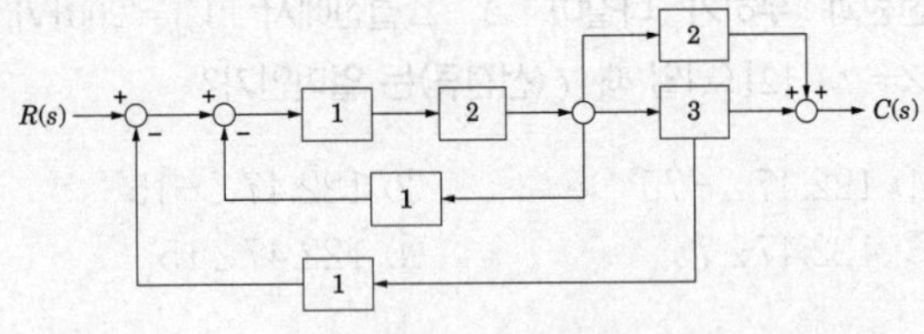

① $\frac{10}{9}$　② $\frac{10}{15}$
③ $\frac{10}{13}$　④ $\frac{10}{23}$

블록선도의 전달함수

$$G(s)=\frac{\text{전향경로이득}}{1-\text{루프경로이득}}\ \text{식에서}$$

전향경로이득 $=1\times2\times3+1\times2\times2=10$
루프경로이득 $=-1\times1\times2-1\times1\times2\times3=-8$

$$\therefore G(s)=\frac{\text{전향경로이득}}{1-\text{루프경로이득}}=\frac{10}{1-(-8)}=\frac{10}{9}$$

72 □□□

블록선도의 제어시스템은 단위램프입력에 대한 정상상태 오차(정상편차)가 0.01이다. 이 제어시스템의 제어요소인 $G_{C1}(s)$의 k는?

$$G_{C1}(s)=K,\quad G_{C2}(s)=\frac{1+0.15s}{1+0.25s}$$
$$G_P(s)=\frac{200}{s(s+1)(s+2)}$$

① 0.1　② 1
③ 10　④ 100

제어계의 정상편차
개루프 전달함수

$$G(s)H(s)=\frac{200K(1+0.15s)}{s(s+1)(s+2)(1+0.25s)}\ \text{이다.}$$

단위램프입력(= 단위속도입력)은 1형 입력이고 개루프 전달함수 $G(s)H(s)$도 1형 제어계이므로 정상편차는 유한값을 갖는다. 1형 제어계의 속도편차상수(k_v)와 속도편차상수(e_v)는

$$k_v=\lim_{s\to0} sG(s)H(s)$$
$$=\lim_{s\to0}\frac{200K(1+0.15s)}{(s+1)(s+2)(1+0.25s)}$$
$$=\frac{200K}{2}=100K$$
$$e_v=\frac{1}{k_v}=\frac{1}{100K}=0.01\ \text{이므로}$$
$$\therefore K=\frac{1}{100\times0.01}=1$$

정답 70 ② 71 ① 72 ②

73 □□□

다음 신호흐름선도에서 특성방정식의 근은 얼마인가?

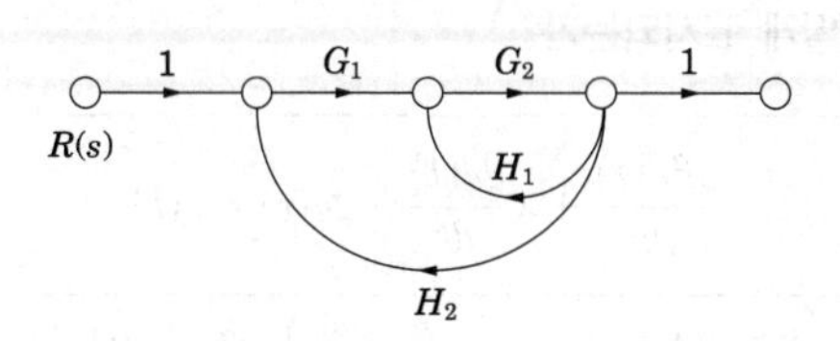

$G_1=(s+2)$, $H_1=-(s+1)$ $G_2=1$, $H_2=-(s+1)$

① −2, −2　　② −1, −2
③ −1, 2　　④ 1, 2

신호흐름선도의 전달함수

$G(s)=\dfrac{\text{전향경로이득}}{1-\text{루프경로이득}}$ 식에서

전향경로이득 $=1\times G_1\times G_2\times 1=G_1G_2$

루프경로이득 $=H_1G_2+H_2G_1G_2$

$$G(s)=\frac{\text{전향경로이득}}{1-\text{루프경로이득}}=\frac{G_1G_2}{1-H_1G_2-H_2G_1G_2}=\frac{s+2}{1+(s+1)+(s+1)(s+2)}=\frac{s+2}{s^2+4s+4}$$

특성방정식은 전달함수의 분모를 0으로 하는 방정식을 의미하므로

특성방정식$=s^2+4s+4=(s+2)^2=0$이다.

∴ 특성방정식의 근은 $s=-2$, $s=-2$

74 □□□

$e(t)$의 초기값 $e(t)$의 Z변환을 $E(z)$라 했을 때 다음 어느 방법으로 얻어지는가?

① $\lim_{z\to 0} zE(z)$　　② $\lim_{z\to 0} E(z)$
③ $\lim_{z\to \infty} zE(z)$　　④ $\lim_{z\to \infty} E(z)$

초기값 정리와 최종값 정리

(1) 초기값 정리

$$\lim_{k\to 0} e(kT)=e(0)=\lim_{z\to\infty}E(z)$$

(2) 최종값 정리

$$\lim_{k\to\infty} e(kT)=e(\infty)=\lim_{z\to 1}(1-z^{-1})E(z)$$

75 □□□

개루프 전달함수가 $G(s)H(s)=\dfrac{K}{s(s+2)(s+4)}$일 때 근궤적이 허수축과 교차하는 경우 교차점은?

① $\omega_d=2.45$
② $\omega_d=2.83$
③ $\omega_d=3.46$
④ $\omega_d=3.87$

허수축과 교차하는 점

제어계의 개루프 전달함수 $G(s)H(s)$가 주어지는 경우 특성방정식 $F(s)=1+G(s)H(s)=0$을 만족하는 방정식을 세워야 한다.

$G(s)H(s)=\dfrac{B(s)}{A(s)}$인 경우 특성방정식 $F(s)$는

$F(s)=A(s)+B(s)=0$으로 할 수 있다.

문제의 특성방정식은

$$F(s)=s(s+2)(s+4)+K=s^3+6s^2+8s+K=0$$ 이므로

s^3	1	8
s^2	6	K
s^1	$\dfrac{6\times 8-K}{6}=0$	0
s^0	K	

루스 수열의 제1열 S^1행에서 영(0)이 되는 K의 값을 구하여 보조방정식을 세운다.

$6\times 8-K=0$ 이기 위해서는 $K=48$이다.

보조방정식 $6s^2+48=0$ 식에서

$s^2=-8$ 이므로 $s=j\omega=\pm j\sqrt{8}$일 때

∴ $\omega=\sqrt{8}=2.83$

정답 73 ① 74 ④ 75 ②

76 □□□

어떤 시스템을 표시하는 미분방정식이 $\frac{d^2y(t)}{dt^2}+3\frac{dy(t)}{dt}+2y(t)=\frac{dx(t)}{dt}+x(t)$인 경우 $x(t)$를 입력, $y(t)$를 출력이라면 이 시스템의 전달함수는? (단, 모든 초기조건은 0이다.)

① $\frac{s^2+3s+2}{s+1}$　② $\frac{2s+1}{s^2+s+1}$

③ $\frac{s+1}{s^2+3s+2}$　④ $\frac{s^2+s+1}{2s+1}$

미분방정식을 이용한 전달함수

문제의 미분방정식을 양 변 모두 라플라스 변환하여 전개하면

$s^2Y(s)+3sY(s)+2Y(s)=sX(s)+X(s)$

$(s^2+3s+2)Y(s)=(s+1)X(s)$

$\therefore\ G(s)=\frac{Y(s)}{X(s)}=\frac{s+1}{s^2+3s+2}$

77 □□□

다음 그림에 대한 게이트는 어느 것인가?

① NOT

② NAND

③ OR

④ NOR

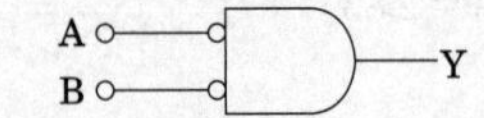

논리회로

논리회로의 출력식 Y는

$Y=\overline{A}\cdot\overline{B}=\overline{A+B}$ 이므로

∴ NOR 게이트이다.

참고 드모르강 법칙

$\overline{A\cdot B}=\overline{A}+\overline{B}$ → NAND 게이트

$\overline{A+B}=\overline{A}\cdot\overline{B}$ → NOR 게이트

78 □□□

다음의 미분방정식으로 표시되는 시스템의 계수행렬 A는 어떻게 표시되는가?

$$\frac{d^2c(t)}{dt^2}+3\frac{dc(t)}{dt}+2c(t)=r(t)$$

① $\begin{bmatrix}0 & 1\\-3 & -2\end{bmatrix}$　② $\begin{bmatrix}-3 & -2\\0 & 1\end{bmatrix}$

③ $\begin{bmatrix}-2 & -3\\0 & 1\end{bmatrix}$　④ $\begin{bmatrix}0 & 1\\-2 & -3\end{bmatrix}$

상태방정식의 계수행렬

$\dot{x}=Ax+Bu$

$c(t)=x_1=x_2$

$\dot{c}(t)=\dot{x}_1=x_2$

$\ddot{c}(t)=\ddot{x}_1=\dot{x}_2$

$\dot{x}_2=-2x_1-3x_2+r(t)$

$\begin{bmatrix}\dot{x}_1\\\dot{x}_2\end{bmatrix}=\begin{bmatrix}0 & 1\\-2 & -3\end{bmatrix}\begin{bmatrix}x_1\\x_2\end{bmatrix}+\begin{bmatrix}0\\1\end{bmatrix}u$

$\therefore\ A=\begin{bmatrix}0 & 1\\-2 & -3\end{bmatrix}$

79 □□□

전달함수가 $\frac{C(s)}{R(s)}=\frac{36}{s^2+4.2s+36}$인 2차 제어시스템의 감쇠 진동 주파수($\omega_d$)는 몇 [rad/sec]인가?

① 4.3　② 4

③ 6　④ 5.6

감쇠 진동 주파수(ω_d)

$\omega_d=\omega_n\sqrt{1-\zeta^2}$ 식에서 고유각주파수 ω_n, 제동비(또는 감쇠비) ζ라 하면

$\frac{C(s)}{R(s)}=\frac{36}{s^2+4.2s+36}=\frac{\omega_n{}^2}{s^2+2\zeta\omega_n s+\omega_n{}^2}$ 일 때

$\omega_n{}^2=36,\ 2\zeta\omega_n=4.2$ 이므로

$\omega_n=6,\ \zeta=\frac{6}{2\omega_n}=\frac{4.2}{2\times6}=0.35$ 이다.

$\therefore\ \omega_d=\omega_n\sqrt{1-\zeta^2}=6\times\sqrt{1-0.35^2}$

$=5.6$ [rad/sec]

정답 76 ③ 77 ④ 78 ④ 79 ④

80 □□□

다음 피드백 제어계에서 시스템이 안정하기 위한 K의 범위는?

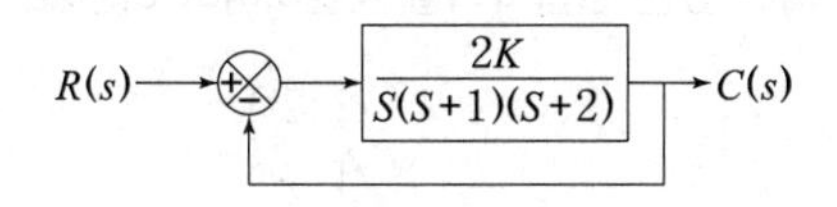

① $0 < K < 5$　　② $0 < K < 6$
③ $0 < K < 3$　　④ $0 < K < 4$

안정도 판별법(루스판정법)
제어계의 개루프 전달함수 $G(s)H(s)$ 가 주어지는 경우 특성방정식 $F(s) = 1 + G(s)H(s) = 0$ 을 만족하는 방정식을 세워야 한다.
$G(s)H(s) = \dfrac{B(s)}{A(s)}$ 인 경우 특성방정식 $F(s)$ 는
$F(s) = A(s) + B(s) = 0$ 으로 할 수 있다.
문제의 특성방정식은
$F(s) = s(s+1)(s+2) + 2K$
$= s^3 + 3s^2 + 2s + 2K = 0$ 이므로

s^3	1	2
s^2	3	$2K$
s^1	$\dfrac{6-2K}{3}$	0
s^0	$2K$	

제1열의 원소에 부호변화가 없어야 제어계가 안정하므로 $6-2K>0,\ 2K>0$이다.
$\therefore 0 < K < 3$

5과목 : 전기설비기술기준 및 판단기준

무료 동영상 강의 ▲

81 □□□

중성선 다중접지식의 것으로서 전로에 지락이 생겼을 때 2초 이내에 자동적으로 이를 전로로부터 차단하는 장치가 되어있는 22.9[kV] 가공전선로를 상부 조영재의 위쪽에서 접근상태로 시설하는 경우, 가공전선과 조영재의 위쪽에서 접근상태로 시설하는 경우, 가공전선과 건조물과의 이격거리는 몇[m] 이상이어야 하는가? (단, 전선은 나전선을 사용한다고 한다.)

① 1.2　　② 1.5
③ 2.5　　④ 3.0

25[kv]이하 특별고압 가공 전선과 건조물과의 이격거리.

구분	나선	절연전선	케이블
조영재의 위쪽 (상방)	3.0[m]	2.5[m]	1.2[m]
조영재의 옆쪽 (아래)	1.5[m]	1.0[m]	0.5[m]

82 □□□

가공전선로의 지지물에 지선을 시설하는 기준으로 옳은 것은?

① 소선지름 : 1.6[mm], 안전율 ; 2.0, 허용인장하중 : 4.31[kN]
② 소선지름 : 2.0[mm], 안전율 ; 2.5, 허용인장하중 : 2.11[kN]
③ 소선지름 : 2.6[mm], 안전율 ; 1.5, 허용인장하중 : 3.21[kN]
④ 소선지름 : 2.6[mm], 안전율 ; 2.5, 허용인장하중 : 4.31[kN]

지선의 시설 : 철탑은 지선 을 사용할 수 없다.

종류	· 2.6[mm]아연도금 강연선 사용 · 3가닥을 꼬아서 만듬
인장하중	· 4.31[kN] 이상
안 전 율	· 2.5 이상
시공높이	· 도로 횡단시 지선의 높이 : 5[m] 이상 (단, 교통에 지장 없다 : 4.5[m]) · 인도교 : 2.5[m] 이상

정답 80 ③ 81 ④ 82 ④

83 □□□

저압 옥상전선로의 전선은 지름 몇 [mm] 이상의 경동선인가?

① 1.6　　② 2.6
③ 4　　④ 5

옥상 전선로
(1) 전선굵기 : 2.6[mm] = 2.30[kN] 이상 경동선 사용.
(2) 절연전선(OW전선 포함) 이상의 절연성능이 있는 것
(3) 전선은 지지점 간의 거리는 15[m] 이하.
(4) 전선과 조영재와의 이격거리는 2[m] 이상
(단 고압 절연, 특고압 절연, 케이블 : 1[m] 이상)

84 □□□

특고압 가공전선로의 지지물 중 전선로의 지지물 양쪽의 경간의 차가 큰 곳에 사용하는 철탑은?

① 내장형 철탑　　② 인류형 철탑
③ 보강형 철탑　　④ 각도형 철탑

특별고압 가공전선로에 사용하는 B종 철주 B종 콘크리트주 또는 철탑의 종류

직선형	전선로의 직선부분 (3도 이하)에 사용
각도형	전선로중 3도를 초과하는 수평각도를 이루는 곳에 사용
인류형	전가섭선을 인류하는 곳에 사용
내장형	전선로의 지지물 양쪽의 경간의 차가 큰 곳에 사용
보강형	전선로의 직선부분에 그 보강을 위하여 사용

85 □□□

직선형의 철탑을 사용한 특고압 가공전선로가 연속하여 10기 이상 사용하는 부분에는 몇 기 이하마다 내장 애자장치가 되어 있는 철탑 1기를 시설하여야 하는가?

① 5　　② 10
③ 15　　④ 20

특고압 가공전선로의 내장형등의 지지물 시설
특별고압 가공전선로중 지지물로서 직선형의 철탑을 연속하여 10기 이상 사용하는 부분에는 10기 이하마다 장력에 견디는 애자장치가 되어 있는 철탑 또는 이와 동등 이상의 강도를 가지는 철탑 1기를 시설하여야 한다.

86 □□□

옥내에서 전선을 병렬로 사용할 때의 시설방법으로 틀린 것은?

① 전선은 동일한 도체이어야 한다.
② 전선은 동일한 굵기, 동일한 길이이어야 한다.
③ 전선의 굵기는 동 70[mm^2] 이상 이어야 한다.
④ 관내에 전류의 불평형이 생기지 아니하도록 시설하여야 한다.

두 개 이상의 전선을 병렬로 사용하는 경우 시설.
(1) 동선 50[mm^2] 이상 또는 알루미늄 70[mm^2] 이상으로 하고, 전선은 같은 도체, 같은 재료, 같은 길이 및 같은 굵기의 것을 사용할 것.
(2) 각 전선은 동일한 터미널러그에 완전히 접속할 것.
(3) 같은 극인 각 전선의 터미널러그는 동일한 도체에 2개 이상의 리벳 또는 2개 이상의 나사로 접속할 것.
(4) 병렬로 사용하는 전선에는 각각에 퓨즈를 설치하지 말 것.
(5) 교류회로에서 병렬로 사용하는 전선은 금속관 안에 전자적 불평형이 생기지 않도록 시설할 것.

정답 83 ② 84 ① 85 ② 86 ③

87 □□□

변압기 1차측 3300[V], 2차측 220[V]의 변압기 전로의 절연 내력 시험 전압은 각각 몇 V에서 10분간 견디어야 하는가?

① 1차측 4950V, 2차측 500V
② 1차측 4500V, 2차측 400V
③ 1차측 4125V, 2차측 500V
④ 1차측 3300V, 2차측 400V

전로의 절연내력 시험 전압

전로의 종류 (최대사용전압 기준)	시험전압	최저시험전압
7[KV] 이하인 전로	1.5배의 전압	500[V]

참고 케이블 : 교류 시험전압의 2배의 직류전압을 전로와 대지간에 연속하여 10분간 시험
① 1차 : $E = 3300 \times 1.5 = 4950$ [V]
② 2차 : $E = 200 \times 1.5 = 300$ [V]
∴ 최저 500[V]이다.

88 □□□

주택용 순시 트립의 범위가 $5I_n$초과 ~ $10I_n$이하인 경우 무슨 형인가?

① A ② B
③ C ④ D

순시 트립에 따른 구분 (주택용 배선용 차단기)

형 (순시 트립에 따른 차단기 분류)	순시 트립 범위
B	$3I_n$ 초과 – $5I_n$ 이하
C	$5I_n$ 초과 – $10I_n$ 이하
D	$10I_n$ 초과 – $20I_n$ 이하

89 □□□

배전선로의 전력보안통신설비의 시설 장소가 아닌 곳은?

① 22.9[kV] 계통 배전선로 구간(가공, 지중, 해저)
② 345[kV] 계통에 연결되는 분산전원형 발전소
③ 폐회로 배전 등 신 배전방식 도입 개소
④ 배전자동화, 원격검침, 부하감시 등 지능형전력망 구현을 위해 필요한 구간

배전선로의 전력보안통신설비의 시설
(1) 22.9[kV] 계통 배전선로 구간(가공, 지중, 해저)
(2) 22.9[kV] 계통에 연결되는 분산전원형 발전소
(3) 폐회로 배전 등 신 배전방식 도입 개소
(4) 배전자동화, 원격검침, 부하감시 등 지능형전력망 구현을 위해 필요한 구간

90 □□□

사용 중 예상치 못한 회로의 개방이 위험 또는 큰 손상을 초래할 수 있는 경우에는 부하에 전원을 공급하는 회로에 대해서 과부하 보호장치를 생략할 수 있다. 해당 경우가 아닌 것은?

① 전자석 크레인의 전원회로
② 전류변성기의 2차회로
③ 소방설비의 전원회로
④ 주상 변압기의 2차측

안전을 위해 과부하 보호장치를 생략할 수 있는 경우
(1) 회전기의 여자회로
(2) 전자석 크레인의 전원회로
(3) 전류 변성기의 2차회로
(4) 소방설비의 전원회로
(5) 안전설비(주거침입경보,가스누출경보 등)의 전원회로

정답 87 ① 88 ③ 89 ② 90 ④

91 □□□

직류 전기철도 시스템이 매설 배관 또는 케이블과 인접할 경우 누설전류를 피하기 위해 최대한 이격시켜야 하며, 주행레일과 최소 몇 [m] 이상의 거리를 유지하여야 하는가?

① 0.5　② 1
③ 2　④ 3

누설전류 간섭에 대한 방지
직류 전기철도 시스템의 누설전류를 최소화하기 위해 귀선전류를 금속귀선로 내부로만 흐르도록 하고, 매설 배관 또는 케이블과 인접할 경우 누설전류를 피하기 위해 주행레일과 최소 1[m] 이상의 거리를 유지하여야 한다.

92 □□□

저압 옥측전선로를 시설하는 경우 옳지 않은 공사는? (단, 전개된 장소로서 목조 이외의 조영물에 시설하는 경우이다.)

① 애자공사　② 합성수지관공사
③ 케이블공사　④ 금속몰드공사

옥측 전선로 공사방법
(1) 애자공사(전개된 장소에 한한다.)
(2) 합성수지관공사
(3) 금속관공사(목조 이외의 조영물에 시설)
(4) 버스덕트공사(목조 이외의 조영물에 시설)
(5) 케이블공사(연피 케이블, 알루미늄피 케이블 또는 무기물절연(MI) 케이블을 사용하는 경우 에는 목조 이외의 조영물에 시설)

93 □□□

저압의 이동하여 사용하는 전기기계기구의 금속제 외함을 접지하는 경우 다심 코드 및 다심 캡타이어 케이블의 1개 도체 이외의 유연성이 있는 연동연선으로 접지공사 시 접지선의 단면적은 몇 [mm^2] 이상이어야 하는가?

① 0.75　② 1.5
③ 6　④ 10

접지 도체의 굵기

전 압	접지도체의 굵기
이동하여 사용하는 기계기구 금속제 외함 접지	
· 저압전기설비용 접지도체	· 코오드, 다심켑타이어 케이블 : 0.75[mm^2] · 연동 연선 : 1.5[mm^2]
· 고압, 특 고압전기 설비용 접지 도체 · 중성점 접지용 접지 도체	· 캡타이어 케이블(3. 4종) : 10[mm^2] 이상

94 □□□

전기 울타리의 접지전극과 다른 접지계통의 접지 전극의 거리는 몇 [m]인가? 단, 충분한 접지망을 가진 경우는 제외한다.

① 0.5　② 1
③ 2　④ 3

전기 울타리 접지
(1) 전기울타리의 접지전극과 다른 접지 계통의 접지전극의 거리는 2[m] 이상 (단, 충분한 접지망을 가진 경우는 제외)
(2) 가공전선로의 아래를 통과하는 전기울타리의 금속부분은 교차지점의 양쪽으로 부터 5[m] 이상의 간격을 두고 접지하여야 한다.

정답 91 ② 92 ② 93 ② 94 ③

95 □□□

급전용 변압기는 교류 전기철도의 경우 어떤 것을 적용하는가?

① 단상 정류기용 변압기
② 3상 정류기용 변압기
③ 단상 스코트 결선 변압기
④ 3상 스코트 결선 변압기

전기철도의 변전방식
∴ 급전용 변압기
- 직류 전기철도 : 3상 정류기용 변압기
- 교류 전기철도 : 3상 스코트결선 변압기

96 □□□

풍력터빈의 피뢰설비 시설기준에 대한 설명으로 틀린 것은?

① 풍력터빈에 설치한 피뢰설비(리셉터, 인하도선 등)의 기능 저하로 인해 다른 기능에 영향을 미치지 않을 것
② 풍력터빈의 내부의 계측 센서용 케이블은 금속관 또는 차폐 케이블 등을 사용하여 뇌유도 과전압으로부터 보호할 것
③ 풍력터빈에 설치하는 인하도선은 쉽게 부식되지 않는 금속선으로 뇌격전류를 안전하게 흘 릴 수 있는 충분한 굵기여야 하며, 가능한 직선으로 시설할 것
④ 수뢰부를 풍력터빈 중앙부분에 배치하되 뇌격전류에 의한 발열에 용손(溶損)되지 않도록 재질, 크기, 두께 및 형상등을 고려할 것

풍력터빈의 피뢰설비 시설.
(1) 수뢰부를 풍력터빈 선단부분 및 가장자리 부분에 배치하되 뇌격전류에 의한 발열 에 용손(溶損)되지 않도록 재질, 크기, 두께 및 형상 등을 고려할 것
(2) 풍력터빈에 설치하는 인하도선은 쉽게 부식되지 않는 금속선으로서 뇌격전류를 안전하게 흘릴 수 있는 충분한 굵기여야 하며, 가능한 직선으로 시설할 것
(3) 풍력터빈 내부의 계측 센서용 케이블은 금속관 또는 차폐케이블 등을 사용하여 뇌유도 과전압으로부터 보호할 것
(4) 풍력터빈에 설치한 피뢰설비(리셉터, 인하도선 등)의 기능 저하로 인해 다른 기능에 영향을 미치지 않을 것

97 □□□

일반주택 및 아파트 각 호실의 현관등은 몇 분 이내에 소등되도록 센서등(타임스위치 포함)을 시설해야 하는가?

① 3　　② 4
③ 5　　④ 6

타임스위치 시설

설치장소	소등시간
주택 및 아파트의 현관 등	3분
호텔, 여관 객실 입구 등	1분

98 □□□

금속덕트공사에 의한 저압 옥내배선 공사 시설기준에 적합하지 않는 것은?

① 금속덕트에 넣은 전선의 단면적(절연피복의 단면적을 포함한다)의 합계는 덕트의 내부 단면적의 20[%](전광표시장치 기타 이와 유사한 장치 또는 제어회로 등의 배선만을 넣는 경우에는 50[%]) 이하일 것.
② 덕트 상호 및 덕트와 금속관과는 전기적으로 완전하게 접속하였다.
③ 덕트를 조영재에 붙이는 경우 덕트의 지지점 간의 거리를 2[m] 이하로 견고하게 붙였다.
④ 덕트에는 접지공사를 한다.

금속 덕트공사
(1) 두께가 1.2[mm] 이상인 철판
(2) 금속덕트에 넣은 전선은 내부 단면적의 20[%] 이하.
(전광표시장치, 제어회로 등을 넣는경우 : 50[%] 이하)
(3) 덕트의 지지점 간의 거리를 3[m] 이하.
(단, 라이팅 덕트인 경우 : 2[m] 이하)
(4) 덕트 상호 및 덕트와 금속관과는 전기적으로 완전하게 접속하였다.

정답 95 ④ 96 ④ 97 ① 98 ③

99 □□□

고압 보안공사에서 지지물이 A종 철주인 경우 경간은 몇 [m] 이하인가?

① 100 ② 150
③ 250 ④ 400

가공전선로 경간의 제한

지지물 종류	표준 경간	저.고 보안공사
목주·A종주	150[m]	100[m]
B종 주	250[m]	150[m]
철 탑	600[m]	400[m]

100 □□□

이차 전지를 전용건물 이외의 장소에 시설하는 경우 이차전지랙과 랙 사이, 랙과 벽면 사이는 몇 [m] 이격을 해야 하는가? (단, 「건축물의 피난·방화구조 등의 기준에 관한 규칙」에 따른 내화구조에 의한 벽이 삽입된 경우는 예외로 한다.)

① 1 ② 2
③ 3 ④ 4

이차전지를 전용건물 이외의 장소에 시설하는 경우

(1) 전기저장장치 시설장소는 내화구조이어야 한다.
(2) 이차 전지모듈의 직렬 연결체의 용량은 50[kWh] 이하로 하고 건물 내 시설 가능한 이차전지의 총 용량은 600[kWh] 이하이어야 한다.
(3) 이차 전지랙과 랙 사이 및 랙과 벽면 사이는 각각 1[m] 이상 이격.
(4) 이차 전지실은 건물 내 다른 시설로부터 1.5[m] 이상 이격. 출입구나 피난계단 등 이와 유사한 장소로부터 3[m] 이상 이격.

정답 99 ① 100 ①

CBT 시험대비

CBT 시험 19회를 100% 복원하여 재구성한

제13회 복원 기출문제

학습기간 월 일 ~ 월 일

1과목 : 전기자기학

무료 동영상 강의 ▲

01 □□□

유전율이 다른 두 유전체의 경계면에 작용하는 힘은? (단, 유전체의 경계면과 전계 방향은 수직이다.)

① 유전율의 차이에 비례
② 유전율의 차이에 반비례
③ 경계면의 전계 세기의 제곱에 비례
④ 경계면의 면전하밀도의 제곱에 비례

유전체 경계면에 작용하는 힘(= 맥스웰의 변형력)은 경계면에 전계가 수직인 경우($D_1 = D_2$이며 $\epsilon_1 > \epsilon_2$라 하면)

$f = \frac{1}{2}(E_2 - E_1)D = \frac{1}{2}\left(\frac{1}{\epsilon_2} - \frac{1}{\epsilon_1}\right)D^2$ [N/m²] 에서

$D = \rho_s$ [C/m²] 이므로

∴ 경계면에 작용하는 힘은 전속밀도(D)의 제곱에 비례하거나 또는 면전하밀도(ρ_s)의 제곱에 비례한다.

02 □□□

공기 중에 있는 반지름 a[m]의 독립 금속구의 정전용량은 몇 F인가?

① $2\pi\epsilon_0 a$
② $4\pi\epsilon_0 a$
③ $\frac{1}{2\pi\epsilon_0 a}$
④ $\frac{1}{4\pi\epsilon_0 a}$

구도체의 정전용량(C)

구도체의 전위 $V = \frac{Q}{4\pi\epsilon_0 a}$ [V]이므로

∴ $C = \frac{Q}{V} = 4\pi\epsilon_0 a$ [F]

03 □□□

도체 1을 Q가 되도록 대전시키고 여기에 도체 2를 접촉했을 때 도체 2가 얻는 전하를 전위 계수로 표시하면? (단, P_{11}, P_{12}, P_{21}, P_{22}는 전위 계수이다.)

① $\frac{Q}{P_{11} - 2P_{12} + P_{22}}$
② $\frac{(P_{11} - P_{12})Q}{P_{11} - 2P_{12} + P_{22}}$
③ $\frac{(P_{11}P_{12} + P_{12})Q}{P_{11} + 2P_{12} + P_{22}}$
④ $\frac{(P_{11} - P_{12})Q}{P_{11} + 2P_{12} + P_{22}}$

두 도체의 전위는

$V_1 = P_{11}Q_1 + P_{12}Q_2$, $V_2 = P_{21}Q_1 + P_{22}Q_2$ 에서

두 도체 접촉시에는 전위가 같아지므로 $V_1 = V_2$

접속 후 도체 1 에 남아 있는 전하 Q_1 은

$Q_1 = Q - Q_2$ 로 감소하므로

이를 정리 하면

$P_{11}(Q - Q_2) + P_{12}Q_2 = P_{21}(Q - Q_2) + P_{22}Q_2$

$P_{11}Q - P_{11}Q_2 + P_{12}Q_2 = P_{21}Q - P_{21}Q_2 + P_{22}Q_2$

여기서 $P_{12} = P_{21}$ 이므로 도체 2가 얻은 전하는

$(P_{11} - P_{12})Q = (P_{11} - P_{12} - P_{12} + P_{22})Q_2$

$Q_2 = \frac{P_{11} - P_{12}}{P_{11} - 2P_{12} + P_{22}}Q$ [C]

04 □□□

면전하 밀도가 σ[C/m²]인 무한히 넓은 도체판에서 R[m]만큼 떨어져 있는 점의 전계의 세기[V/m]는?

① $\frac{\sigma}{\varepsilon_0}$
② $\frac{\sigma}{2\varepsilon_0}$
③ $\frac{\sigma}{4\pi R^2}$
④ $\frac{\sigma}{2R}$

무한 평면(판)에 의한 전계(장)는

$E = \frac{\sigma}{2\epsilon_o}$ [V/m] 이며

판에 수직방향으로만 존재하고

면전하밀도 ρ_s에 비례하고 거리 r과 관계없으며, 매질에 따라 달라진다.

정답 01 ④ 02 ② 03 ② 04 ②

05 □□□

한 변의 길이가 l[m]인 정사각형 도체 회로에 전류 I[A]를 흘릴 때 회로의 중심점에서 자계의 세기는 몇 [AT/m] 인가?

① $\frac{2I}{\pi l}$　② $\frac{I}{\sqrt{2\pi}\, l}$
③ $\frac{\sqrt{2}\, I}{\pi l}$　④ $\frac{2\sqrt{2}\, I}{\pi l}$

각 도형에 전류 흐름시 중심점의 자계
(1) 정삼각형 $H = \frac{9I}{2\pi l}$[AT/m]
(2) 정사각형(정방형) $H = \frac{2\sqrt{2}\, I}{\pi l}$[AT/m]
(3) 정육각형 $H = \frac{\sqrt{3}\, I}{\pi l}$[AT/m]
단, l[m]은 한 변의 길이

07 □□□

q[C]의 전하가 진공 중에서 v[m/s]의 속도로 운동하고 있을 때, 이 운동방향과 θ 의 각으로 r[m] 떨어진 점의 자계의 세기 [AT/m]는?

① $\frac{q\sin\theta}{4\pi r^2 v}$　② $\frac{v\sin\theta}{4\pi r^2 q}$
③ $\frac{qv\sin\theta}{4\pi r^2}$　④ $\frac{v\sin\theta}{4\pi r^2 q^2}$

비오 – 사바르 법칙에 의한 전류에 의한
자계의 세기는 $H = \frac{Il\sin\theta}{4\pi r^2}$[AT/m]이므로
전류 $I = \frac{q}{t}$[A], 속도 $v = \frac{l}{t}$[m/s]를 조합하면
$Il = \frac{q}{t} \cdot vt = qv$[A· m]이므로 이를 대입하면
$H = \frac{Il\sin\theta}{4\pi r^2} = \frac{qv\sin\theta}{4\pi r^2}$[AT/m]

06 □□□

극판의 면적 $S = 10$[cm^2], 간격 $d = 1$[mm]의 평행한 콘덴서에 비유전율 $\epsilon_s = 3$인 유전체를 채웠을 때 전압 100[V]를 인가하면 축적되는 에너지[J]는?

① 2.1×10^{-7}　② 0.3×10^{-7}
③ 1.3×10^{-7}　④ 0.6×10^{-7}

$S = 10$ [cm^2], $d = 1$ [mm], $\epsilon_s = 3$,
$V = 100$ [V] 일 때
평행판 사이에 저축되는 에너지

$$W = \frac{1}{2}CV^2 = \frac{1}{2} \cdot \frac{\epsilon_o \epsilon_s S}{d} \cdot V^2$$
$$= \frac{1}{2} \cdot \frac{8.855 \times 10^{-12} \times 3 \times 10 \times 10^{-4}}{1 \times 10^{-3}} \cdot 100^2$$
$$= 1.33 \times 10^{-7} \text{ [J]}$$

08 □□□

권수가 25회인 코일에 100[A]인 전류를 흘리면 1[Wb]의 자속이 쇄교 한다. 이 코일의 자기 인덕턴스를 1[H]로 유지하기 위해서는 코일의 권수를 몇 회로 조정하여야 하는가?

① 50　② 75
③ 100　④ 150

$L_1 = \frac{N_1 \phi}{I} = \frac{25 \times 1}{100} = 0.25$[H]이므로
$L_2 = 1$[H]일 때의 권선수 N_2는
철심에서의 자기인덕턴스 $L = \frac{\mu S N^2}{l}$[H]식에 의해
$L \propto N^2$이므로
$L_1 : L_2 = {N_1}^2 : {N_2}^2$가 되어
$N_2 = \sqrt{\frac{L_2}{L_1}} \times N_1 = \sqrt{\frac{1}{0.25}} \times 25 = 50$[T]

정답 05 ④ 06 ③ 07 ③ 08 ①

09 □□□

간격 d[m]의 평행판 도체에 V[V]의 전위차를 주었을 때 음극 도체판을 초속도 0으로 출발한 전자 e[C]이 양극 도체판에 도달할 때의 속도는 몇 [m/s]인가? (단, m[kg]은 전자의 질량이다.)

① $\sqrt{\dfrac{eV}{m}}$　② $\sqrt{\dfrac{2eV}{m}}$

③ $\sqrt{\dfrac{eV}{2m}}$　④ $\dfrac{2eV}{m}$

전기에너지와 전자의 운동에너지

평행판 도체 사이에 전위차(V)를 주게 되면 전자(e)에 가해지는 에너지(W_1)와 전자의 운동에너지(W_2)는 서로 같게 된다.

$W_1 = eV$ [J], $W_2 = \dfrac{1}{2}mv^2$ [J]

여기서, m은 전자의 질량, v는 전자의 이동속도이다.

$W_1 = W_2$일 때 $eV = \dfrac{1}{2}mv^2$이므로

$\therefore v = \sqrt{\dfrac{2eV}{m}}$ [m/sec]

10 □□□

0.3[μF]인 평행판 공기 콘덴서가 있다. 전극 간에 그 간격의 절반 두께의 유리판을 전극에 평행하게 넣었다면 콘덴서의 용량은 약 몇 [μF]인가? (단, 유리의 비유전율은 10이다.)

① 0.25　② 0.35

③ 0.45　④ 0.55

평행판 공기콘덴서의 정전용량을 C라 하면

$C = \dfrac{\epsilon_0 S}{d} = 0.3$ [μF]이다.

공기 콘덴서에 판간격 반만 평행하게 채운 경우의 정전 용량은

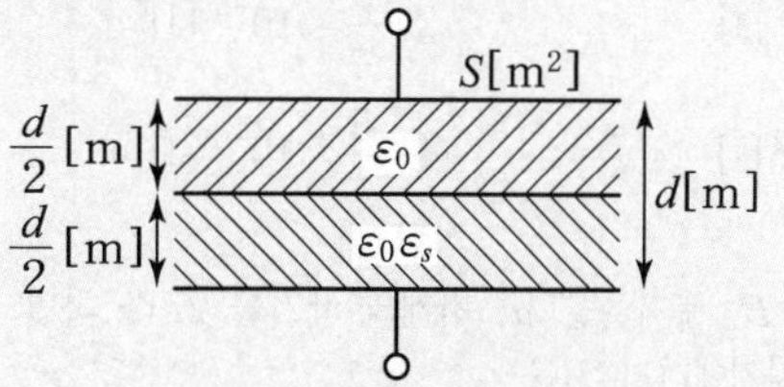

위의 그림에서의 각각의 정전용량은

$$C_1 = \frac{\epsilon_0 S}{\frac{d}{2}} = \frac{2\epsilon_0 S}{d} = 2C = 2\times 0.3 = 0.6\,[\mu F]$$

$$C_2 = \frac{\epsilon_0\epsilon_s S}{\frac{d}{2}} = \frac{2\epsilon_0\epsilon_s S}{d} = 2\epsilon_s C$$

$$= 2\times 10\times 0.3 = 6\,[\mu F]$$

합성 정전 용량은 직렬연결이므로

$$C' = \frac{1}{\frac{1}{C_1}+\frac{1}{C_2}} = \frac{C_1 C_2}{C_1+C_2} = \frac{0.6\times 6}{0.6+6} = 0.55\,[\mu F]$$

11 □□□

패러데이의 법칙에 대한 설명으로 가장 알맞은 것은?

① 전자유도에 의하여 회로에 발생되는 기전력은 자속 쇄교수의 시간에 대한 증가율에 반비례한다.

② 전자유도에 의하여 회로에 발생되는 기전력은 자속의 변화를 방해하는 방향으로 기전력이 유도된다.

③ 정전유도에 의하여 회로에 발생하는 기자력은 자속의 변화방향으로 유도된다.

④ 전자유도에 의하여 회로에 발생하는 기전력은 자속 쇄교수의 시간 변화율에 비례한다.

전자유도법칙

(1) 패러데이법칙 : 회로에 발생하는 유기기전력은 자속 쇄교수의 시간에 대한 감쇠율에 비례한다.

$e = -N\dfrac{d\phi}{dt}$ [V]

(2) 렌쯔의 법칙 : 유기기전력의 방향은 자속의 변화를 방해하는 방향으로 유도된다.

정답 09 ② 10 ④ 11 ④

12 □□□

비투자율이 2,500인 철심의 자속밀도가 5[Wb/m²]이고 철심의 부피가 4×10^{-6}[m³]일 때, 이 철심에 저장된 자기에너지는 몇 [J]인가?

① $\frac{1}{\pi}\times10^{-2}$[J] ② $\frac{3}{\pi}\times10^{-2}$[J]

③ $\frac{4}{\pi}\times10^{-2}$[J] ④ $\frac{5}{\pi}\times10^{-2}$[J]

자속밀도를 B, 투자율을 μ, 자계의 세기를 H라 하면 체적 내의 자기에너지 W는

$W = w\times$체적$=\frac{B^2}{2\mu}\times$체적[J]이다.

여기서 w는 체적 내의 자기에너지밀도[J/m³]이므로

$\mu_s=2500,\ B=5$[Wb/m²],

체적$=4\times10^{-5}$[m³]일 때

$$\therefore\ W=\frac{B^2}{2\mu}\times\text{체적}=\frac{B^2}{2\mu_0\mu_s}\times\text{체적}$$

$$=\frac{5^2}{2\times4\pi\times10^{-7}\times2{,}500}\times4\times10^{-6}$$

$$=\frac{5}{\pi}\times10^{-2}\text{[J]}$$

로렌쯔의 힘(F)

자속밀도가 B[Wb/m²]인 자장 내에서 전하 q[C]이 속도 v[m/sec]로 이동할 때 전하에 작용하는 힘을 로렌쯔의 힘이라 하며 $F=qv\times B$[N]이다. 벡터의 외적 정리를 이용하여 구해보면

$$F=qv\times B=-1.2\begin{vmatrix}a_x & a_y & a_z\\ 5 & 2 & -3\\ -4 & 4 & 3\end{vmatrix}$$

$$=-1.2\{(2)\times(3)-(-3)\times(4)\}a_x$$
$$-1.2\{(-3)\times(-4)-(5)\times(3)\}a_y$$
$$-1.2\{(5)\times(4)-(2)\times(-4)\}a_z$$

$$\therefore\ F=-21.6\,a_x+3.6\,a_y-33.6\,a_z\ \text{[N]}$$

13 □□□

-1.2[C]의 점전하가 $5a_x+2a_y-3a_z$[m/s]인 속도로 운동한다. 이 점전하가 $B=-4a_x+4a_y+3a_z$[wb/m²]인 자계 내에서 운동하고 있을 때 이 점전하에 작용하는 힘은 약 몇[N]인가? (단, a_x, a_y, a_z는 방향을 지시하는 단위벡터이다.)

① $-21.6a_x+3.6a_y-33.6a_z$

② $21.6a_x-3.6a_y+33.6a_z$

③ $-21.6a_x-3.6a_y-33.6a_z$

④ $21.6a_x+3.6a_y+33.6a_z$

14 □□□

전속밀도에 대한 설명으로 가장 옳은 것은?

① 전속은 스칼라량이기 때문에 전속밀도도 스칼라량이다.

② 전속밀도는 전계의 세기의 방향과 반대 방향이다.

③ 전속밀도는 유전체 내에 분극의 세기와 같다.

④ 전속밀도는 유전체와 관계없이 크기는 일정하다.

전속밀도의 성질

① 전속밀도는 벡터량이다.

② $D=\epsilon_0 E$이므로 전속밀도의 방향과 전계의 세기는 같은 방향이다.

③ $P=D-\epsilon_0 E$이므로 전속밀도가 분극의 세기보다 약간 크다.

④ 전속밀도는 면적당 전속수이므로

$D=\frac{\Psi}{S}=\frac{Q}{S}$ [C/m²]이므로 유전체와 관계없이 크기가 일정하다.

정답 12 ④ 13 ① 14 ④

15 □□□

균일하게 원형단면을 흐르는 전류 I[A]에 의한, 반지름 a[m], 길이 l[m], 비투자율 μ_s인 원통도체의 내부 인덕턴스는 몇 [H]인가?

① $10^{-7}\mu_s l$　② $3\times10^{-7}\mu_s l$

③ $\frac{1}{4a}\times10^{-7}\mu_s l$　④ $\frac{1}{2}\times10^{-7}\mu_s l$

원통도체(원주형도체)에 의한 내부 자기 인덕턴스

$L=\frac{\mu l}{8\pi}$[H] 식에서

$\mu_0=4\pi\times10^{-7}$[H/m] 이므로

$$\therefore L=\frac{\mu l}{8\pi}=\frac{\mu_0\mu_s l}{8\pi}=\frac{4\pi\times10^{-7}\mu_s l}{8\pi}$$

$$=\frac{1}{2}\times10^{-7}\mu_s l\,[\mathrm{H}]$$

16 □□□

비투자율 $\mu_s=1$, 비유전율 $\epsilon_s=90$인 매질 내의 고유임피던스는 약 몇 Ω 인가?

① 32.5　② 39.7

③ 42.3　④ 45.6

파동 고유임피던스

$$\eta=\sqrt{\frac{\mu}{\epsilon}}=\sqrt{\frac{\mu_o}{\epsilon_o}}\sqrt{\frac{\mu_s}{\epsilon_s}}=377\sqrt{\frac{\mu_s}{\epsilon_s}}$$

$$=377\sqrt{\frac{1}{90}}=39.7\,[\Omega]$$ 이 된다.

단, 진공시 투자율 $\mu_0=4\pi\times10^{-7}$[H/m]

　진공시 유전률 $\epsilon_0=8.855\times10^{-12}$[F/m]

17 □□□

무손실 매질에서 고유 임피던스 $\eta=60\pi$, 비투자율 $\mu_s=1$, 자계 $H=-0.1\cos(\omega t-z)\hat{x}+0.5\sin(\omega t-z)\hat{y}$ [AT/m]일 때 각주파수[rad/s]는?

① 6×10^8　② 3×10^8

③ 0.5×10^8　④ 1.5×10^8

자계 $H=-0.1\cos(\omega t-\beta z)\hat{x}+0.5\sin(\omega t-\beta z)\hat{y}$ [AT/m]이므로

위상정수 $\beta=1$ [rad/m] 이 되고

전파속도 $v=\frac{\omega}{\beta}=\frac{1}{\sqrt{\epsilon\mu}}$ [m/sec] 에서

각주파수 $\omega=\frac{\beta}{\sqrt{\epsilon\mu}}=\frac{1}{\sqrt{\epsilon\mu}}$ [rad/sec] 가 된다.

이때 고유 임피던스 $\eta=\sqrt{\frac{\mu}{\epsilon}}=60\pi\,[\Omega]$ 에서

$\sqrt{\epsilon}=\frac{\sqrt{\mu}}{60\pi}$ 가 되므로

$$\omega=\frac{1}{\sqrt{\epsilon}\sqrt{\mu}}=\frac{1}{\frac{\sqrt{\mu}}{60\pi}\sqrt{\mu}}=\frac{60\pi}{\mu}=\frac{60\pi}{\mu_0\mu_s}$$

$$=\frac{60\pi}{4\pi\times10^{-7}\times1}=1.5\times10^8\,[\mathrm{rad/sec}]$$

18 □□□

전하밀도 ρ_s[C/m²]인 무한 판상 전하분포에 의한 임의점의 전장에 대하여 틀린 것은?

① 전장은 판에 수직방향으로만 존재한다.

② 전장의 세기는 전하밀도 ρ_s에 비례한다.

③ 전장의 세기는 거리 r에 비례한다.

④ 전장의 세기는 매질에 따라 변한다.

무한 평면(판)에 의한 전계(장)는

$E=\frac{\rho_s}{2\epsilon_o}$ [V/m] 이며

판에 수직방향으로만 존재하고

면전하밀도 ρ_s에 비례하고 거리 r과 관계없으며, 매질에 따라 달라진다.

정답 15 ④ 16 ② 17 ④ 18 ③

19 □□□

그림과 같은 직교하는 무한 평면도체에서 P점에 Q[C]의 전하가 있을 때, 영상전하의 개수는?

① 2

② 1
③ 3
④ 4

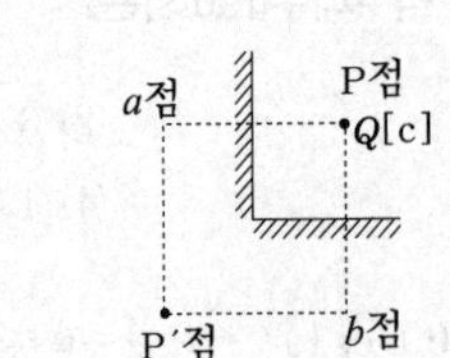

직교하는 무한 평판도체와 점전하에 의한 영상전하 개수는

$n = \frac{360^0}{\theta} - 1 = = \frac{360^0}{90^0} - 1 = 3$ 개가 되며

그림처럼 직교하는 도체 평면상 P점에 점전하가 있는 경우

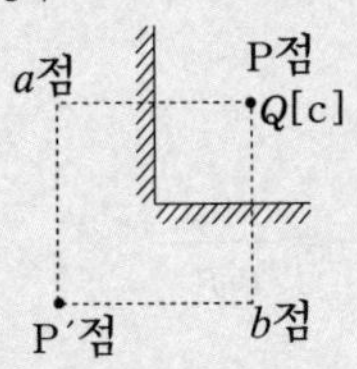

영상전하는 a점, b점, P′점에 3개의 영상전하가 나타나며

각점의 영상전하는

a점의 영상전하$= -Q$[C]

b점의 영상전하$= -Q$[C]

P점의 영상전하$= Q$[C] 가 된다.

20 □□□

정전계에서 도체에 정(+)의 전하를 주었을 때의 설명으로 틀린 것은?

① 도체 표면의 곡률 반지름이 작은 곳에 전하가 많이 분포한다.
② 도체 외측의 표면에만 전하가 분포한다.
③ 도체 표면애서 수직으로 전기력선이 출입한다.
④ 도체 내에 있는 공동면에도 전하가 골고루 분포한다.

도체에 전하를 대전하면 전하 사이에 반발력이 작용하여 전하는 도체 표면에만 존재하고 내부에는 전하가 존재하지 않는다.

2과목 : 전력공학

무료 동영상 강의 ▲

21 □□□

3상 1회선 송전선을 정삼각형으로 배치한 3상 선로의 작용 인덕턴스를 구하는 식은? (단, D는 전선의 선간거리[m], r은 전선의 반지름[m]이다.)

① $L = 0.5 + 0.4605\log_{10}\frac{D}{r}$

② $L = 0.5 + 0.4605\log_{10}\frac{D}{r^2}$

③ $L = 0.05 + 0.4605\log_{10}\frac{D}{r}$

④ $L = 0.05 + 0.4605\log_{10}\frac{D}{r^2}$

작용 인덕턴스(L_e)

$L_e = 0.05 + 0.4605\log_{10}\frac{D_e}{r}$ [mH/km] 식에서 송전선이 정삼각형 배치인경우 각 선간거리는 모두 같다.

이 때 등가 선간거리 $D_e = \sqrt[3]{D \cdot D \cdot D}$

$= \sqrt[3]{D^3} = D$[m] 이므로

$\therefore L_e = 0.05 + 0.4605\log_{10}\frac{D_e}{r}$

$= 0.05 + 0.4605\log_{10}\frac{D}{r}$ [mH/km]

22 □□□

송전단 전압 160[kV], 수전단 전압 150[kV], 상차각 45°, 리액턴스 50[Ω]일 때 선로 손실을 무시하면 전송전력[MW]은 약 얼마인가?

① 356　② 339
③ 237　④ 161

송전전력

$P_s = \frac{E_s E_R}{X}\sin\delta$[MW] 식에서 $E_s = 160$[kV],

$E_R = 150$[kV], $\delta = 45°$, $X = 50$[Ω]일 때

$\therefore P_s = \frac{160 \times 150}{50} \times \sin 45° = 339$[MW]

정답 19 ③ 20 ④ 21 ③ 22 ②

23 □□□

전력선과 통신선간의 상호정전용량 및 상호인덕턴스에 의해 발생하는 유도장해로 옳은 것은?

① 정전유도장해 및 전자유도장해
② 전력유도장해 및 정전유도장해
③ 정전유도장해 및 고조파유도장해
④ 전자유도장해 및 고조파유도장해

유도장해의 종류
(1) 정전유도장해 : 영상분 전압에 의해 전력선과 통신선 상호간 상호정전용량 (C)가 만드는 장해.
(2) 전자유도장해 : 영상분 전류에 의해 전력선과 통신선 상호간 상호인덕턴스(M)이 만드는 장해.

24 □□□

다음 중 켈빈(Kelvin)의 법칙이 적용되는 경우는?

① 전력 손실량을 축소시키고자 하는 경우
② 전압 강하를 감소시키고자 하는 경우
③ 부하 배분의 균형을 얻고자 하는 경우
④ 경제적인 전선의 굵기를 선정하고자 하는 경우

켈빈의 법칙 : 경제적인 전선의 굵기 결정 식
전선로 단위 길이 내에서 1년간 손실되는 전력량에 대한 가격과 단의 길이당 전선에 대한 금리 및 상각비의 합이 일치되는 지점이 경제적인 전선의 굵기가 된다는 법칙.

25 □□□

동기조상기에 관한 설명으로 틀린 것은?

① 동기전동기의 V특성을 이용하는 설비이다.
② 동기전동기를 부족여자로 하여 컨덕터로 사용한다.
③ 동기전동기를 과여자로 하여 콘덴서로 사용한다.
④ 송전계통의 전압을 일정하게 유지하기 위한 설비이다.

동기조상기
무부하로 운전 중인 동기전동기로 위상특성 곡선(V곡선)을 이용한다.
(1) 과여자 운전 : 중부하 (과부하)시 계통에 지상전류가 흐르게 되어 역률이 나빠지므로 동기조상기를 과여자로 운전하여 진상 전류를 공급하여 역률을 개선한다.
(2) 부족 여자 운전 : 경부하시 계통에 진상 전류가 흐르게 되어 역률이 과보상되는 경우 동기조상기를 부족 여자로 운전하여 지상전류를 공급하여 역률을 개선한다.
(3) 계통에 진상 전류와 지상전류를 모두 공급할 수 있다.
(4) 조정이 연속적 이다.
(5) 시송전이 가능하다.

26 □□□

연료의 발열량이 $430[\text{kcal/kg}]$일 때, 화력발전소의 열효율 %은? (단, 발전기 출력은 $P_G[\text{KW}]$, 시간당 연료의 소비량은 $B[\text{kg/h}]$이다.)

① $\frac{P_G}{B}\times 100$　② $\sqrt{2}\times\frac{P_G}{B}\times 100$
③ $\sqrt{3}\times\frac{P_G}{B}\times 100$　④ $2\times\frac{P_G}{B}\times 100$

화력발전소의 열효율
발생전력량 W, 연료소비량 m, 연료발열량 H라 하면

$\eta=\frac{860\,W}{mH}\times 100[\%]$이므로

$$\eta=\frac{860\times W}{B\times 430}\times 100=\frac{2\times P_G}{B}\times 100[\%]$$

정답 23 ① 24 ④ 25 ② 26 ④

27 □□□

변전소에서 접지를하는 목적으로 적절하지 않은 것은?

① 기기의 보호
② 근무자의 안전
③ 차단 시 아크의 소호
④ 송전시스템의 중성점 접지

변전소에서 접지를 하는 목적
변전소는 계통접지 즉 3상 4선식 다중접지 방식에서 중성점을 접지하는 방식이다. 또한 전기 사용기계 기구 보호 및 인체 감전사고 방지를 위한 보호접지로 나누어 생각해 볼 수 있다.
(1) 기기의 보호
(2) 송전 시스템의 중성점 접지
(3) 근무자 및 공중의 안전 등

28 □□□

공통중성선 다중 접지방식의 배전선로에서 Re- closer(R), Sectionalizer(S), Line fuse(F)의 보호협조가 가장 적합한 배열은? (단, 왼쪽은 후비보호 역할이다.)

① S－F－R ② S－R－F
③ F－S－R ④ R－S－F

배전선로 보호협조
피 보호기와 보호기 사이에 적절한 절연 강도를 갖게 함으로써 계통을 합리적이고 경제적으로 설계한 것을 말한다.
(1) 리클로져 (R/C) : 가공 배전선로 사고시 고장 구간을 차단하고 arc를 소멸 시킨후 즉시 재투입이 가능.
섹셔라이져(S/E) : 선로 사고시 선로의 무전압 상태에서 접점을 개방하고 고장구간을 분리하는 기능.
(2) 섹셔널 라이저는 선로 고장시 후비 보호장치인 리클로저나 재폐로 계전기가 장치된 차단기의 고장차단으로 선로가 정전상태일 때 자동으로 개방되어 고장구간을 분리시키는 선로 개폐기로서 반드시 리클로저와 조합해서 사용해야 한다.
리클로져는 차단기이므로 전원측에 설치하고 섹션라이져는 개폐기이므로 부하측에 설치한다.
직렬로 2-3개까지 연결이 가능하며, 리클로저 - 섹쇼너라이저 - 라인퓨즈 순으로 시설한다.

29 □□□

다음 중 모선보호용 계전기로 사용하면 가장 유리한 것은?

① 재폐로 계전기 ② 옴 형계전기
③ 역상 계전기 ④ 차동계전기

모선보호용 계전방식
모선사고는 한번 일어나면 그 영향이 크고 전력계통에 중대한 지장을 주기 때문에 신속하게 고장 제거를 할 수 있는 선택성이 높은 보호계전방식이 요구된다.
∴ 모선보호용 계전방식 종류
(1) 전류차동계전방식(＝비율차동계전방식)
(2) 전압차동계전방식
(3) 위상비교계전방식
(4) 방향비교계전방식(방향거리계전기를 사용)

30 □□□

부하역률이 $\cos\theta$인 배전선로의 전력손실은 같은 크기의 부하전력에서 역률 1일 때의 전력손실과 비교하면?

① $\cos^2\theta$ ② $\cos\theta$
③ $\dfrac{1}{\cos\theta}$ ④ $\dfrac{1}{\cos^2\theta}$

전력손실(P_l)
3상의 전력 $P = \sqrt{3} \times V \times I \times \cos\theta [W]$ 이 식에서
$I = \dfrac{P}{\sqrt{3} \times V \times I \times \cos\theta}[A]$ 가 된다.

$$\text{전력 손실 } P_l = 3I^2R = 3 \times \left(\frac{P}{\sqrt{3} \times V \times \cos\theta}\right)^2 \times R$$
$$= \frac{P^2}{V^2\cos^2\theta} \times R[\mathrm{W}]$$

전력 손실 $P_l \propto \dfrac{1}{\cos^2\theta}$임을 알 수 있다.

처음 역률＝ $\cos\theta$, 나중 역률 (기준역률) ＝ 1이라 하면 전력손실은 역률에 제곱에 비례함으로,

$$P_l = \left(\frac{\frac{1}{\cos\theta}}{\frac{1}{1}}\right)^2 P_l' = \frac{1}{\cos^2\theta}P_l' \text{ 이므로}$$

∴ $\dfrac{1}{\cos^2\theta}$ 배이다.

정답 27 ③ 28 ④ 29 ④ 30 ④

31 □□□

정격전압 66[kV]인 3상3선식 송전선로에서 1선의 리액턴스가 15[Ω]일 때 이를 100[MVA] 기준으로 환산한 %리액턴스는?

① 17.2　　② 34.4
③ 51.6　　④ 68.8

%리액턴스

$$\%x = \frac{xI_n}{E}\times 100 = \frac{xI_n}{\frac{V}{\sqrt{3}}}\times 100 \ [\%]$$ 또는

$$\%x = \frac{P[\text{kVA}]x[\Omega]}{10V^2[KV]} \ [\%]$$ 식에서

$V=66\,[\text{kV}]$, $x=15\,[\Omega]$, $P=100\,[\text{MVA}]$일 때

$$\therefore \%x = \frac{Px}{10V^2} = \frac{100\times 10^3\times 15}{10\times 66^2} = 34.4\,[\%]$$

32 □□□

직류 송전방식에 대한 설명으로 틀린 것은?

① 선로의 절연이 교류방식보다 용이하다.
② 리액턴스 또는 위상각에 대해서 고려 할 필요가 없다.
③ 케이블 송전일 경우 유전손이 없기 때문에 교류방식보다 유리하다.
④ 비동기 연계가 불가능하므로 주파수가 다른 계통간의 연계가 불가능하다.

직류, 교류 송전방식의 장·단점

직류방식의 장점	교류방식의 장점
㉠ 절연이 용이하다. ㉡ 표피효과가 없고 전력손실이 적다. ㉢ 송전전력 및 송전효율이 높다. ㉣ 전압강하가 작고 전압 변동률이 낮다. ㉤ 역률이 1이므로 안정도가 좋다. ㉥ 비동기 연계가 가능하다.	㉠ 전압의 강압, 승압 변성이 용이하다. ㉡ 회전자계를 얻기 쉽다. ㉢ 대전류 차단이 용이하다. ㉣ 일관된 운용을 기할 수 있다. 주의 직류와 교류는 장단점을 바꾸어서 생각한다.

33 □□□

이상전압에 대한 설명 중 옳지 않은 것은?

① 송전선로의 개폐 조작에 따른 과도현상 때문에 발생하는 이상전압을 개폐서지라 부른다.
② 충격파를 서지라 부르기도 하며 극히 짧은 시간에 파고값에 도달하고 극히 짧은 시간에 소멸한다.
③ 일반적으로 선로에 차단기를 투입할 때가 개방할 때보다 더 높은 이상전압을 발생한다.
④ 충격파는 보통 파고값과 파두 길이와 파미길이로 나타난다.

개폐서지에 의한 이상전압

개폐기나 차단기를 개·폐하는 경우 나타나는 과도전압으로 이상 전압이 가장 크게 발생하는 경우는 무부하 충전전류를 차단(개방)하는 경우이다. 상규 대지전압의 약 3.5배에서 최대 4배 정도로 나타난다.

34 □□□

전선 지지점의 고저차가 없을경우 경간 300[m]에서 이도 9[m]인 송전선로가 있다. 지금 이 이도를 11[m]로 증가시키고자 할 경우 경간에 더 늘려야할 전선의 길이는 약 몇 [cm]인가?

① 25　　② 30
③ 35　　④ 40

실장(L)(전선의 실제 길이)

$$L = s + \frac{8D^2}{3s}\ [\text{m}]$$ 식에서

경간 $s=300\,[\text{m}]$, 증가전 이도 $D_1=9\,[\text{m}]$, 증가후 이도 $D_2=11\,[\text{m}]$일 때

이도 증가 전 실제길이

$$L_1 = s + \frac{8D_1^{\ 2}}{3s} = 300 + \frac{8\times 9^2}{3\times 300} = 300.72\,[\text{m}]$$

이도 증가 후 실제길이

$$L_2 = s + \frac{8D_2^{\ 2}}{3s} = 300 + \frac{8\times 11^2}{3\times 300} = 301.07\,[\text{m}]$$

$$\therefore \Delta L = L_2 - L_1 = 301.07 - 300.72 = 0.35\,[\text{m}] = 35\,[\text{cm}]$$

정답 31 ② 32 ④ 33 ③ 34 ③

35 □□□

전력계통을 연계시켜서 얻는 이득이 아닌 것은?

① 배후 전력이 커져서 단락용량이 작아진다.
② 부하 증가 시 종합첨두부하가 저감된다.
③ 공급 예비력이 절감된다.
④ 공급 신뢰도가 향상된다.

계통연계
전력계통 상호간에 있어서 전력의 융통을 행하기 위하여 송전선로, 변압기 등의 전력설비에 의한 상호 연결되는 것을 말한다.
∴ 연계 특징
(1) 배후전력이 커져서 단락용량이 증가한다.
(2) 유도장해 발생률이 높다.
(3) 첨두부하가 저감 되며 공급 예비력이 절감된다.
(4) 안정된 주파수 유지가 가능하고 공급 신뢰도가 향상된다.
(5) 전력의 융통성이 향상되어 설비용량이 저감된다.
(6) 첨두부하가 시간대마다 다르기 때문에 부하율이 향상된다.
(7) 경제적인 전력 배분이 가능하다.
(8) 사고시 사고파급 효과가 크다.

36 □□□

대용량 고전압의 안정권선(△권선)이 있다. 이 권선의 설치 목적과 관계가 먼 것은?

① 고장전류 저감 ② 제3고조파 제거
③ 조상 설비 설치 ④ 소내용 전원 공급

3권선 변압기(Y-Y-Δ 결선)
변압기의 1, 2차 결선이 Y-Y결선일 경우 철심의 비선형 특성으로 인하여 제3고조파 전압, 전류가 발생하고 이 고조파에 의해 근접 통신선에 전자유도장해를 일으키게 된다. 이러한 현상을 줄이기 위해 3차 권선에 Δ결선(안정권선)을 삽입하여 제3고조파 전압, 전류를 Δ결선 내에 순환시켜 2차측 Y결선 선로에 제3고조파가 유입되지 않도록 하고 있다. 이 변압기를 3권선 변압기라 하며 주로 1차 변전소 주변압기 결선으로 사용한다.
∴ 안정권선의 설치목적은 제3고조파 제거, 조상설비 설치, 소내용 전원공급을 하기 위함에 있다.

37 □□□

댐의 부속설비가 아닌 것은?

① 수로 ② 수조
③ 취수구 ④ 흡출관

댐식 발전소
하천을 가로질러 높은 댐을 쌓아 댐 상류측의 수위를 올려서 하류측과의 사이에 낙차를 얻고 이것을 이용하여 발전하는 발전소를 말한다. 댐식 발전소의 연결순서는 다음과 같다.
댐 → 취수구 → 수로 → 수조 → 수압관로 → 수차 → 방수로 → 방수구
∴ 흡출관은 러너 출구로부터 방수면까지의 사이를 관으로 연결하고 물을 충만시켜서 흘러줌으로써 낙차를 유효하게 늘리는 설비를 말한다.

38 □□□

동기조상기(A)와 전력용 콘덴서(B)를 비교한 것으로 옳은 것은?

① 시충전 : (A) 불가능, (B) 가능
② 전력손실 : (A) 작다, (B) 크다
③ 무효전력 조정 : (A) 계단적, (B) 연속적
④ 무효전력 : (A) 진상·지상용, (B) 진상용

조상설비 비교

비교표			
비교 대상	동기 조상기	전력용 콘덴서	분로리액터
위상 관계	지,진양용	진상	지상
조정의 단계	연속적	불연속 (계단적)	불연속 (계단적)
시 (송)충전	가능	불가	불가
가 격	비싸다	싸다	싸다
안정도 관계	증진	무관	무관

정답 35 ① 36 ① 37 ④ 38 ④

39 □□□

어떤 변전소의 총 부하용량은 전등 600[kW], 동력 800[kW]이다. 각 수용률은 전등 60[%], 동력 80[%]이고, 각 수용가간의 부등률은 전등 1.2, 동력 1.6이며, 전등부하와 동력부하간의 부등률은 1.4라 할 때 변전소에 공급하는 최대전력은 몇 [kW]인가? (단, 선로의 전력손실은 10[%]이다.)

① 450 ② 500
③ 550 ④ 600

합성 최대수용전력

합성최대수용전력$=\dfrac{\text{부하용량}\times\text{수용률}}{\text{부등률}}$ [kW] 식에서

전등 최대수용전력$=\dfrac{600\times0.6}{1.2}=300$ [kW],

동력 최대수용전력$=\dfrac{800\times0.8}{1.6}=400$ [kW]일 때

전등과 동력간의 부등률이 1.4, 선로의 손실이 10[%]이므로 합성최대수용전력은

∴ 합성최대수용전력$=\dfrac{300+400}{1.4}\times1.1=550$ [kW]

40 □□□

터빈(turbine)의 임계속도란?

① 비상조속기를 동작시키는 회전수
② 회전자의 고유 진동수와 일치하는 위험 회전수
③ 부하를 급히 차단하였을 때의 순간 최대 회전수
④ 부하 차단 후 자동적으로 정정된 회전수

터빈의 임계속도

회전날개를 포함한 회전자 전체의 고유 진동수와 터빈의 회전속도에 따른 진동수가 일치하게 되면 진동이 급격히 상승하게 되는데 이 때의 터빈의 위험속도를 임계속도라 한다.

3과목 : 전기기기

무료 동영상 강의 ▲

41 □□□

3상 동기발전기의 각 상의 유기기전력 중에서 제5고조파를 제거하려면 코일간격/ 극간격을 어떻게 하면 되는가?

① 0.8 ② 0.5
③ 0.7 ④ 0.6

단절권 계수(k_p)

동기발전기의 권선을 단절권으로 감았을 때 제5고조파가 제거되었다면 5고조파 단절권계수(k_p)는 0이 되어야 한다.

$k_p=\sin\dfrac{5\beta\pi}{2}=0$이기 위해서는

$\dfrac{5\beta\pi}{2}=n\pi$ (n은 정수)를 만족해야 하므로

$\beta=\dfrac{2n}{5}<1$이어야 한다.

$n=1$일 때 $\beta=\dfrac{2}{5}=0.4$

$n=2$일 때 $\beta=\dfrac{4}{5}=0.8$

∴ $\beta=\dfrac{\text{코일 간격}}{\text{극 간격}}=0.8$일 때 가장 알맞은 권선법으로 제5고조파가 제거된다.

42 □□□

저항 부하인 사이리스터 단상 반파 정류기로 위상 제어를 할 경우 점호각을 0°에서 60°로 하면 다른 조건이 동일한 경우 출력 평균전압은 몇 배가 되는가?

① $\dfrac{3}{4}$ ② $\dfrac{4}{3}$
③ $\dfrac{3}{2}$ ④ $\dfrac{2}{3}$

단상 반파 정류회로

$E_{d\alpha}=\dfrac{\sqrt{2}\,E}{\pi}\left(\dfrac{1+\cos\alpha}{2}\right)$ [V] 식에서

$\alpha=60^\circ$ 이므로

∴ $E_{da}=E_{do}\left(\dfrac{1+\cos\alpha}{2}\right)=E_{do}\left(\dfrac{1+\cos60^\circ}{2}\right)$

$=\dfrac{3}{4}E_{do}$ [V]

정답 39 ③ 40 ② 41 ① 42 ①

43 □□□

직류기의 전기자반작용의 영향이 아닌 것은?

① 주자속이 증가한다.
② 전기적 중성축이 이동한다.
③ 정류자편 사이의 전압이 불균일하게 된다.
④ 편자작용이 일어난다.

직류기의전기자 반작용의 영향
(1) 감자작용으로 주자속이 감소하여 직류발전기에서 유기기전력과 출력이 감소하고 직류전동기에서 역기전력과 토크가 감소한다.
(2) 편자작용으로 전기적 중성축이 이동하여 직류발전기는 회전 방향으로 이동하고 직류전동기는 회전 반대 방향으로 이동한다.
(3) 정류자편 사이의 전압이 불균일하게 되어 섬락이 일어나고 정류가 나빠진다.

44 □□□

리액터 기동방식에 리액터 대신 저항기를 사용한 것으로서 전동기의 전원측에 직렬로 저항을 접속하고, 전원 전압을 낮게 감압하여 기동한 후 서서히 저항을 감소시켜 가속하고, 전속도에 도달하면 이를 단락하는 방법에 해당되는 것은?

① 직입 기동방식
② Y-△ 기동방식
③ 1차 저항 기동방식
④ 기동보상기에 의한 기동방식

1차 저항 기동방식
유도전동기의 1차측에 저항을 직렬로 접속하여 저항 전압강하로 전압을 감압하여 기동한 후 기동 완료시 저항을 단락하여 정격전압을 공급하는 기동방식으로 현재는 거의 사용되지 않는다.

45 □□□

사이리스터의 래칭(latching)전류에 관한 설명으로 옳은 것은?

① 게이트를 개방한 상태에서 사이리스터 도통 상태를 유지하기 위한 최소 전류
② 게이트 전압을 인가한 후에 급히 제거한 상태에서 도통 상태가 유지되는 최소의 순전류
③ 사이리스터의 게이트를 개방한 상태에서 전압이 상승하면 급히 증가하게 되는 순전류
④ 사이리스터가 턴온하기 시작하는 전류

SCR(silicon controlled rectifier)의 특징
∴ 사이리스터가 턴온하기 시작하는 전류를 래칭전류라 한다.

46 □□□

전부하에서 2차 전압이 120[V]이고 전압변동률이 2[%]인 단상변압기가 있다. 1차 전압은 몇 [V]인가? (단, 1차 권선과 2차 권선의 권수비는 20 : 1이다.)

① 1224
② 2448
③ 2888
④ 3142

무부하 단자전압
$a = \frac{V_{1n}}{V_{2n}} = \frac{V_{10}}{V_{20}}$, $V_{20} = \left(1 + \frac{\epsilon}{100}\right) V_{2n}$ [V] 식에서
$V_{2n} = 120$ [V], $\epsilon = 2$ [%], $a = 20$ 이므로
$V_{20} = \left(1 + \frac{\epsilon}{100}\right) V_2 = \left(1 + \frac{2}{100}\right) \times 120 = 122.4$ [V]
일 때
∴ $V_{10} = a V_{20} = 20 \times 122.4 = 2448$ [V]

정답 43 ① 44 ③ 45 ④ 46 ②

47 □□□

외분권 차동복권발전기의 단자전압 V는?
(단, ϕ_s[Wb] : 직권계자권선에 의한 자속,
ϕ_f[Wb] : 분권계자의 자속, $R_a[\Omega]$: 전기자의 저항,
$R_s[\Omega]$: 직권계자저항, I_a[A] : 전기자의 전류,
I[A] : 부하전류, n[rps] : 속도, $k=\dfrac{PZ}{a}$이며
자기회로의 포화현상과 전기자반작용은 무시한다.)

① $V=k(\phi_f+\phi_s)n-I_aR_a-IR_s$[V]
② $V=k(\phi_f-\phi_s)n-I_aR_a-IR_s$[V]
③ $V=k(\phi_f+\phi_s)n-I_a(R_a+R_s)$[V]
④ $V=k(\phi_f-\phi_s)n-I_a(R_a+R_s)$[V]

외분권 차동복권발전기의 유기기전력(E)
$E=K\phi N=V+I_aR_a$[V] 식에서
$\phi=\phi_f-\phi_s$[Wb], $R_o=R_a+R_s[\Omega]$이므로
$\therefore\ V=E-I_aR_o=k(\phi_f-\phi_s)n-I_a(R_a+R_s)$[V]

48 □□□

A, B 2대의 동기발전기를 병렬운전 중 계통 주파수를 바꾸지 않고 B기의 역률을 좋게 하는 방법은?

① A기의 여자전류를 증대
② A기의 원동기 출력을 증대
③ B기의 여자전류를 증대
④ B기의 원동기 출력을 증대

동기발전기의 병렬운전 중 기전력의 크기가 다른 경우

구분	내용
원인	각 발전기의 여자전류가 다르기 때문이다.
현상	(1) 무효순환전류(무효횡류)가 흐른다. (2) 저항손이 증가되어 전기자 권선을 과열시킨다. (3) 여자전류가 큰 쪽의 발전기는 지상전류가 흐르고 역률이 저하한다. (4) 여자전류가 작은 쪽의 발전기는 진상전류가 흐르고 역률이 좋아진다.

∴ 병렬운전하는 동기발전기 중 B기의 역률을 좋게 하기 위해서는 A기의 여자전류를 증대시켜야 한다.

49 □□□

동기발전기의 단락비를 계산하는 데 필요한 시험은?

① 부하시험과 돌발단락시험
② 단상 단락시험과 3상 단락시험
③ 무부하 포화시험과 3상 단락시험
④ 정상, 역상, 영상, 리액턴스의 측정시험

단락비
동기발전기의 단락비는 자기여자현상 없이 무부하 송전선을 충전할 수 있는 능력을 의미하며 기계적 특성을 단적으로 나타내기 위한 수치로서 무부하 포화시험과 3상 단락시험을 통해 직접 얻을 수 있다.

50 □□□

변압기의 전일효율을 최대로 하기 위한 조건은?

① 전부하시간이 짧을수록 무부하손을 작게 한다.
② 전부하시간이 짧을수록 철손을 크게 한다.
③ 부하시간에 관계없이 전부하 동손과 철손을 같게 한다.
④ 전부하시간이 길수록 철손을 작게 한다.

변압기의 전일효율(η) 최대조건
전일효율이란 변압기를 하루 동안 운전하여 얻어지는 효율을 의미하며 출력(P)과 동손(P_c)은 사용시간에 비례하지만 철손(P_i)은 부하와 상관없이 24시간 나타나는 값이므로
$\eta=\dfrac{hP}{hP+24P_i+hP_c}\times 100$[%] 식에서
최대효율조건은 무부하손 = 부하손을 만족하여야 한다.
따라서 $24P_i=hP_c$임을 알 수 있다.
여기서 h는 부하사용시간이다.
$\therefore\ P_i=\dfrac{hP_c}{24}$ 식을 만족하는 경우에 전일효율은 최대효율이 될 수 있으므로 전부하 시간이 짧을수록 무부하손(또는 철손)을 작게 한다.

정답 47 ④ 48 ① 49 ③ 50 ①

51 □□□

변압기 내부고장 검출을 위해 사용하는 계전기가 아닌 것은?

① 과전압계전기
② 비율차동계전기
③ 부흐홀츠계전기
④ 충격압력계전기

변압기 내부고장 검출 계전기의 종류
(1) 비율차동계전기
(2) 부흐홀츠계전기
(3) 충격압력계전기
(4) 가스검출계전기
(5) 온도계전기
∴ 과전압계전기는 선로에 나타난 전압이 정정치 이상의 값으로 검출될 때 동작하는 계전기이다.

52 □□□

100[HP], 600[V], 1,200[rpm]의 직류 분권전동기가 있다. 분권 계자저항이 400[Ω], 전기자저항이 0.22[Ω]이고 정격부하에서의 효율이 90[%]일 때 전부하시의 역기전력은 약 몇 [V]인가?

① 550 ② 570
③ 590 ④ 610

직류 분권전동기의 역기전력

$E = V - R_a I_a$ [V], $I_a = I - I_{fp} = I - \dfrac{V}{R_{fp}}$ [A],

$P = VI\eta$ [W] 식에서

$P = 100$ [HP], $V = 600$ [V], $N = 1{,}200$ [rpm],

$R_{fp} = 400$ [Ω], $R_a = 0.22$ [Ω], $\eta = 90$ [%] 이므로

$I = \dfrac{P}{V\eta} = \dfrac{100 \times 746}{600 \times 0.9} = 138.15$ [A],

$I_a = I - \dfrac{V}{R_{fp}} = 138.15 - \dfrac{600}{400} = 136.65$ [A]이다.

∴ $E = V - R_a I_a = 600 - 0.22 \times 136.65 = 570$ [V]

참고 단위 환산
1[HP] = 746[W]이다.

53 □□□

단상 유도전압조정기의 2차 전압이 100 ± 30[V]이고, 직렬권선의 전류가 6[A]인 경우 정격용량은 몇 [VA]인가?

① 780 ② 420
③ 312 ④ 180

유도전압조정기의 조정용량

구분	조정용량
단상 유도전압조정기	$E_2 I_2$ [VA]
3상 유도전압조정기	$\sqrt{3} E_2 I_2$ [VA]

$V_1 \pm E_2 = 100 \pm 30$ [V], $I_2 = 6$ [A] 이므로

∴ $E_2 I_2 = 30 \times 6 = 180$ [VA]

54 □□□

단상 반파의 정류효율은?

① $\dfrac{4}{\pi^2} \times 100$ [%] ② $\dfrac{\pi^2}{4} \times 100$ [%]
③ $\dfrac{8}{\pi^2} \times 100$ [%] ④ $\dfrac{\pi^2}{8} \times 100$ [%]

단상 반파 정류회로
교류의 입력전력 P_a, 직류의 출력전력 P_d라 하면

$\eta = \dfrac{P_d}{P_a} \times 100$ [%] 식에서

$P_a = I^2 R = \left(\dfrac{I_m}{2}\right)^2 R = \dfrac{I_m^2}{4} R$ [W],

$P_d = I_d^2 R = \left(\dfrac{I_m}{\pi}\right)^2 R = \dfrac{I_m^2}{\pi^2} R$ [W] 이므로

$$∴ \eta = \frac{P_d}{P_a} \times 100 = \frac{\frac{I_m^2}{\pi^2} R}{\frac{I_m^2}{4} R} \times 100 = \frac{4}{\pi^2} \times 100 \ [\%]$$

해답 단상 전파 정류회로의 정류효율

∴ $\eta = \dfrac{8}{\pi^2} \times 100$ [%]

정답 51 ① 52 ② 53 ④ 54 ①

55 □□□

정격용량 100[kVA]인 단상 변압기 3대를 △－△결선하여 300[kVA]의 3상 출력을 얻고 있다. 한 상에 고장이 발생하여 결선을 V결선으로 하는 경우 (a) 뱅크용량[kVA], (b) 각 변압기의 출력[kVA]은?

① (a) 253, (b) 126.5　② (a) 200, (b) 100
③ (a) 173, (b) 86.6　④ (a) 152, (b) 75.6

V결선의 출력

$P_V = \sqrt{3} \times P_1$ [kVA] 식에서 P_1은 단상 변압기 1대의 용량이므로 V결선의 전용량(출력)은 변압기 1대 용량의 $\sqrt{3}$ 배이다.

$P_V = \sqrt{3}\,P_1 = \sqrt{3} \times 100 = 173$ [kVA]

V결선은 변압기 2대를 이용하여 3상으로 운전하는 결선이므로 각 변압기의 출력은 $\frac{P_V}{2}$ [kVA]이다.

$\frac{P_V}{2} = \frac{173}{2} = 86.6$ [kVA]

∴ (a) 173, (b) 86.6

56 □□□

2중 농형 유도전동기가 보통 농형 유도전동기에 비하여 다른 점은?

① 기동전류가 크고, 기동토크가 크다.
② 기동전류가 크고, 기동토크가 작다.
③ 기동전류가 작고, 기동토크가 크다.
④ 기동전류가 작고, 기동토크가 작다.

2중 농형 유도전동기

농형 유도전동기는 기동토크가 작기 때문에 기동특성을 개선하기 위하여 회전자의 슬롯에 두 종류의 도체를 상하로 배치하여 2중 농형 구조로 만든 유도전동기이다. 2중 농형 유도전동기는 보통 농형에 비하여 기동토크를 크게 하고 기동전류는 작게 하여 기동특성을 개선한 유도전동기이다.

57 □□□

어떤 변압기에 있어서 그 전압변동률은 부하 역률 100[%]에 있어서 2[%], 부하 역률 80[%]에서 3[%]라고 한다. 이 변압기의 최대 전압변동률[%]은?

① 3.1　② 4.2
③ 5.1　④ 6.2

변압기의 최대 전압변동률

$\epsilon_{max} = \sqrt{p^2 + q^2}$ [%], $\epsilon = p\cos\theta + q\sin\theta$ [%] 식에서 역률($\cos\theta_1$)이 100[%]일 때 전압변동률 ϵ_1은 2[%]이므로 $\epsilon_1 = p\cos\theta_1 + q\sin\theta_1 = p \times 1 + q \times 0 = p$에서 $p = 2$ [%]이다.

역률($\cos\theta_2$)이 80[%]일 때 전압변동률 ϵ_2은 3[%]이므로 $\epsilon_2 = p\cos\theta_2 + q\sin\theta_2$식에 대입하면

$3 = 2 \times 0.8 + q \times 0.6$이다.

여기서 $q = 2.33$ [%]임을 구할 수 있다.

∴ $\epsilon_{max} = \sqrt{p^2 + q^2} = \sqrt{2^2 + 2.33^2} = 3.1$ [%]

58 □□□

직류발전기에서 양호한 정류를 얻기 위한 방법이 아닌 것은?

① 정류주기를 크게 할 것
② 리액턴스 전압을 크게 할 것
③ 브러시의 접촉저항을 크게 할 것
④ 전기자 코일의 인덕턴스를 작게 할 것

양호한 정류를 얻는 조건

(1) 보극을 설치하여 평균 리액턴스 전압을 줄인다.(전압정류)
(2) 보극이 없는 직류기에서는 직류발전기일 때 회전방향으로, 직류전동기일 때 회전 반대 방향으로 브러시를 이동시킨다.
(3) 탄소브러시를 사용하여 브러시 접촉면 전압강하를 크게 한다.(저항정류)
(4) 보상권선을 설치한다.(전기자 반작용 억제)

∴ 리액턴스 전압은 정류 불량의 원인으로서 리액턴스 전압이 크면 정류는 더욱 나빠진다.

정답 55 ③ 56 ③ 57 ① 58 ②

59 □□□

3상 유도전동기의 원선도를 그리는데 필요하지 않는 시험은?

① 저항 측정　② 무부하 시험
③ 구속 시험　④ 슬립 측정

유도전동기의 원선도
(1) 원선도 작성에 필요한 시험
무부하시험, 구속시험, 권선저항측정시험
(2) 원선도로 표현하는 항목
1차 전전류, 1차 부하 전류, 1차 입력, 2차 출력, 2차 동손, 1차 동손, 무부하손(철손), 2차 입력(동기와트)

60 □□□

직류 직권전동기에서 벨트(belt)를 걸고 운전하면 안 되는 이유는?

① 손실이 많아진다.
② 직결하지 않으면 속도 제어가 곤란하다.
③ 벨트가 벗겨지면 위험 속도에 도달한다.
④ 벨트가 마모하여 보수가 곤란하다.

직류 직권전동기의 속도-토크 특성

구분	내용
속도 특성	(1) 단자전압(V)이 일정한 경우 부하가 증가하면 속도는 급격히 감소하게 되며 속도변동이 매우 심하게 나타난다. 따라서 직권전동기는 가변속도 전동기 특성을 가지고 있다. (2) 무부하로 운전하게 되면 위험속도에 도달하기 때문에 벨트 운전을 피하고 있다. 벨트가 벗겨지면 무부하 상태가 되어 위험속도로 운전하기 때문이다. (3) 속도가 작은 경우 토크가 크기 때문에 기동토크가 큰 부하에 적당하다.
토크 특성	$\tau = kI_a^2 [\text{N}\cdot\text{m}] \rightarrow \tau \propto I_a^2,\ \tau \propto \frac{1}{N^2}$
용도	전동차, 기중기, 크레인, 권상기 등

4과목 : 회로이론 및 제어공학

무료 동영상 강의 ▲

61 □□□

상의 순서가 $a-b-c$ 인 불평형 3상 교류회로에서 각 상의 전류가 $I_a = 7.28\angle 15.95°$ [A], $I_b = 12.81\angle -128.66°$ [A], $I_c = 7.21\angle 123.69°$ [A] 일 때 역상분 전류는 약 몇 [A]인가?

① $8.95\angle 1.14°$　② $2.51\angle 96.55°$
③ $2.51\angle -96.55°$　④ $8.95\angle -1.14°$

역상분 전류(I_2)

$I_2 = \frac{1}{3}(I_a + \angle -120° I_b + \angle 120° I_c)$ [A] 식에서

$$\therefore I_2 = \frac{1}{3}\{7.28\angle 15.95° + 1\angle -120° \times 12.81\angle -128.66° + 1\angle 120° \times 7.21\angle 123.69°\} = 2.51\angle 96.55° [\text{A}]$$

62 □□□

회로에서 $I_1 = 2e^{j\frac{\pi}{3}}$ [A], $I_2 = 5e^{-i\frac{\pi}{3}}$ [A], $I_3 = 5.0$ [A], $Z_3 = 1.0\,[\Omega]$일 때 부하(Z_1, Z_2, Z_3) 전체에 대한 복소전력은 약 몇 [VA]인가?

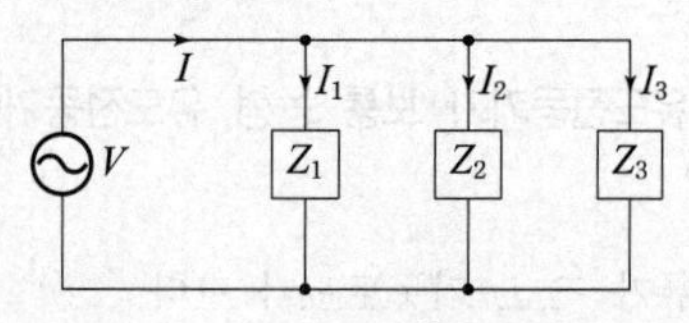

① $42.5 - j13.0$　② $42.5 + j13.0$
③ $55.3 - j7.5$　④ $55.3 + j7.5$

복소전력
병렬회로에서는 전압이 일정하므로 전원전압 V는 $V = Z_3 I_3 = 1 \times 5 = 5\,[\text{V}]$이다.
$I = I_1 + I_2 + I_3 = 2\angle 60° + 5\angle -60° + 5 = 8.5 - j2.6$ [A] 이므로
$\therefore S = V\overline{I} = 5 \times (8.5 + j2.6) = 42.5 + j13\,[\text{VA}]$

참고 공액복소수 또는 켤레복소수
공액복소수란 복소수의 허수부의 부호를 반대로 표현하는 복소수를 의미하므로
전류 $I = 8.5 - j2.6$ [A]의 공액복소수는
$\therefore \overline{I} = 8.5 + j2.6$ [A]이다.

정답 59 ④ 60 ③ 61 ② 62 ②

63 □□□

$F(s)=\dfrac{2s+4}{s^2+2s+5}$ 의 라플라스 역변환은?

① $e^{-t}(2\cos 2t-\sin 2t)$
② $2e^{-t}(\cos 2t-\sin 2t)$
③ $e^{-t}(2\cos 2t+\sin 2t)$
④ $2e^{-t}(\cos 2t+\sin 2t)$

역라플라스 변환

$$F(s)=\frac{2s+4}{s^2+2s+5}=\frac{2(s+1)+2}{(s+1)^2+2^2}$$
$$=\frac{2(s+1)}{(s+1)^2+2^2}+\frac{2}{(s+1)^2+2^2}$$
$$\therefore f(t)=\mathcal{L}^{-1}[F(s)]$$
$$=2e^{-t}\cos 2t+e^{-t}\sin 2t$$
$$=e^{-t}(2\cos 2t+\sin 2t)$$

참고 복소추이정리

$f(t)$	$F(s)$
$e^{-at}\sin\omega t$	$\dfrac{\omega}{(s+a)^2+\omega^2}$
$e^{-at}\cos\omega t$	$\dfrac{s+a}{(s+a)^2+\omega^2}$

64 □□□

Δ결선된 대칭 3상 부하가 있다. 역률이 0.8(지상)이고, 전 소비전력이 1,800[W]이다. 한 상의 선로저항이 0.5[Ω]이고, 발생하는 전선로 손실이 50[W]이면 부하 단자 전압은?

① 440[V] ② 402[V]
③ 324[V] ④ 225[V]

Δ 결선의 소비전력

3상 선로의 전력손실은 $P_l=3I^2R$[W] 식에서

$P_l=50$[W], $R=0.5$[Ω] 이므로

$I=\sqrt{\dfrac{P_\ell}{3R}}=\sqrt{\dfrac{50}{3\times 0.5}}=5.77$[A]이다.

3상 소비전력은 $P=\sqrt{3}\,VI\cos\theta$[W] 식에서

$\cos\theta=0.8$, $P=1,800$ [W] 이므로

$$\therefore V=\frac{P}{\sqrt{3}I\cos\theta}=\frac{1,800}{\sqrt{3}\times 5.77\times 0.8}=225\,[\text{V}]$$

65 □□□

다음과 같은 비정현파 전압 $v(t)$와 전류 $i(t)$에 의한 평균전력은 약 몇 [W]인가?

$$v(t)=200\sin 100\pi t+80\sin\left(300\pi t-\frac{\pi}{2}\right)\,[\text{V}]$$
$$i(t)=\frac{1}{5}\sin\left(100\pi t-\frac{\pi}{3}\right)+\frac{1}{10}\sin\left(300\pi t-\frac{\pi}{4}\right)\,[\text{A}]$$

① 6.414 ② 8.586
③ 12.828 ④ 24.212

비정현파의 소비전력

전압의 주파수 성분은 기본파, 제3고조파로 구성되어 있으며 전류의 주파수 성분도 기본파, 제3고조파로 이루어져 있으므로 각 주파수 성분에 대한 소비전력을 각각 계산할 수 있다.

$V_{m1}=200\angle 0°$ [V], $V_{m3}=80\angle -90°$ [V],

$I_{m1}=\dfrac{1}{5}\angle -60°$ [A], $I_{m3}=\dfrac{1}{10}\angle -45°$ [A],

$\theta_1=0°-(-60°)=60°$,

$\theta_3=-45°-(-90°)=45°$ 이므로

$$\therefore P=\frac{1}{2}(V_{m1}I_{m1}\cos\theta+V_{m3}I_{m3}\cos\theta_3)$$
$$=\frac{1}{2}\left(200\times\frac{1}{5}\times\cos 60°+80\times\frac{1}{10}\times\cos 45°\right)$$
$$=12.828\,[\text{W}]$$

66 □□□

다음 회로의 4단자 정수 A는?

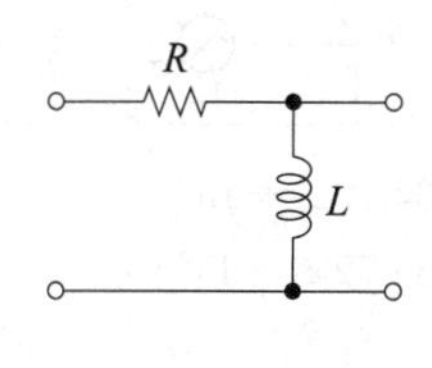

① $1+\dfrac{R}{j\omega L}$
② R
③ $\dfrac{1}{j\omega L}$
④ 1

4단자 정수의 회로망 특성

$$\therefore \begin{bmatrix}A & B\\ C & D\end{bmatrix}=\begin{bmatrix}1 & R\\ 0 & 1\end{bmatrix}\begin{bmatrix}1 & 0\\ \dfrac{1}{j\omega L} & 1\end{bmatrix}$$
$$=\begin{bmatrix}1+\dfrac{R}{j\omega L} & R\\ \dfrac{1}{j\omega L} & 1\end{bmatrix}$$

정답 63 ③ 64 ④ 65 ③ 66 ①

67 □□□

분포정수회로에서 선로정수가 R, L, C, G이고 무왜형 조건이 $RC=GL$과 같은 관계가 성립될 때 특성 임피던스 Z_0는? (단, 선로의 단위 길이당 저항을 R, 인덕턴스를 L, 정전용량을 C, 누설 콘덕턴스를 G라 한다.)

① $Z_0=\sqrt{CL}$ ② $Z_0=\dfrac{1}{\sqrt{CL}}$

③ $Z_0=\sqrt{RG}$ ④ $Z_0=\sqrt{\dfrac{L}{C}}$

무왜형선로의 특성

(1) 조건 : $LG=RC$, 감쇠량이 최소일 것

(2) 특성임피던스 : $Z_0=\sqrt{\dfrac{L}{C}}\ [\Omega]$

(3) 전파정수 : $\gamma=\sqrt{RG}+j\omega L\sqrt{LC}=\alpha+j\beta$

$\alpha=\sqrt{RG},\ \beta=\omega\sqrt{LC}$

(4) 전파속도 : $v=\dfrac{1}{\sqrt{LC}}=\lambda f\,[\text{m/sec}]$

68 □□□

그림과 같은 3상 평형회로에서 전원 전압이 $V_{ab}=220$ [V]이고 부하 한 상의 임피던스가 $Z=2.0-j2.0\ [\Omega]$인 경우 전원과 부하 사이 선전류 I_a는 약 몇 [A]인가? (단, 3상 전압의 상순은 $a-b-c$이다.)

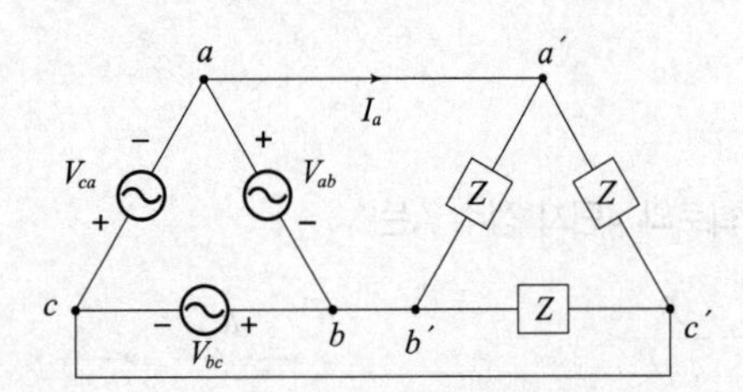

① $134.72\angle-15°$ ② $134.72\angle45°$

③ $134.72\angle-45°$ ④ $134.72\angle15°$

Δ결선의 선전류

$I_a=\dfrac{\sqrt{3}\,V_{ab}}{Z}\angle-30°\,[\text{A}]$ 식에서

$Z=2-j2=\sqrt{2^2+2^2}\angle-45°\,[\Omega]$ 이므로

$\therefore\ I_a=\dfrac{\sqrt{3}\,V_{ab}}{Z}\angle-30°$

$=\dfrac{\sqrt{3}\times220}{\sqrt{2^2+2^2}\angle-45°}\angle-30°$

$=\dfrac{\sqrt{3}\times220}{\sqrt{2^2+2^2}}\angle-30°+45°=134.72\angle15°\,[\text{A}]$

69 □□□

회로에서 4[Ω]에 흐르는 전류[A]는?

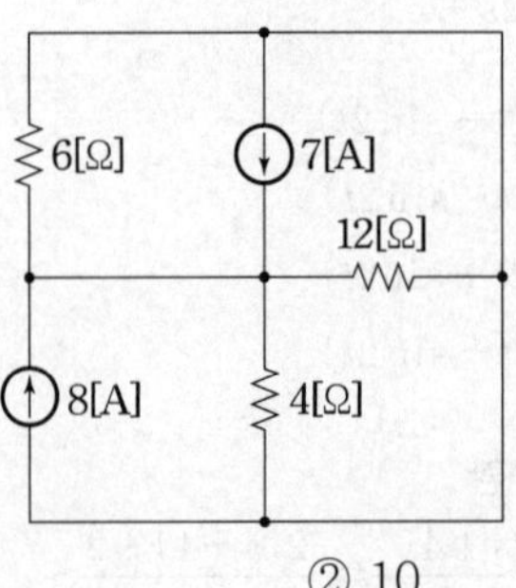

① 5 ② 10

③ 2.5 ④ 7.5

중첩의 원리

먼저 저항 12[Ω]과 6[Ω]은 병렬 접속되어 있으므로

합성하면 $R'=\dfrac{12\times6}{12+6}=4\,[\Omega]$ 이므로

(1) 전류원 7[A]를 개방

전류원 8[A]에 의해 4[Ω]에 흐르는 전류 I'는

$I'=\dfrac{1}{2}\times8=4\,[\text{A}]$

(2) 전류원 8[A]를 개방

전류원 7[A]에 의해 6[Ω]에 흐르는 전류 I''는

$I''=\dfrac{1}{2}\times7=3.5\,[\text{A}]$

I'와 I''의 전류 방향은 같으므로 6[Ω]에 흐르는 전체 전류 I는

$\therefore\ I=I'+I''=4+3.5=7.5\,[\text{A}]$

정답 67 ④ 68 ④ 69 ④

70 □□□

RC 직렬회로에 $t=0$일 때 직류전압 10[V]를 인가하면, $t=0.1$초일 때 전류[mA]의 크기는? (단, $R=1000[\Omega]$, $C=50[\mu F]$이고, 처음부터 정전용량의 전하는 없었다고 한다.)

① 약 2.25　② 약 1.8
③ 약 1.35　④ 약 2.4

R-C 과도현상

$i(t)=\dfrac{E}{R}e^{-\frac{1}{RC}t}$ [A] 식에서

$E=10\,[\text{V}]$, $t=0.1\,[\text{sec}]$, $R=1000\,[\Omega]$, $C=50\,[\mu\text{F}]$ 이므로

$$\therefore\ i(t)=\frac{10}{1000}e^{-\frac{1}{1000\times50\times10^{-6}}\times0.1}$$
$$=\frac{10}{1000}e^{-2}=1.35\times10^{-3}\,[\text{A}]$$
$$=1.35\,[\text{mA}]$$

71 □□□

자동제어의 추치제어 3종류에 속하지 않는 것은?

① 프로세스제어　② 추종제어
③ 비율제어　④ 프로그램제어

목표값에 따른 제어계의 분류

구분		내용
정치제어		목표값이 시간에 관계없이 항상 일정한 경우로 정전압장치, 일정 속도 제어장치, 연속식 압연기 등에 해당하는 제어이다.
추치제어	추종제어	제어량에 의한 분류 중 서보 기구에 해당하는 값을 제어한다. (예 : 비행기 추적레이더, 유도미사일)
	프로그램제어	목표값이 미리 정해진 시간적 변화를 하는 경우 제어량을 변화시키는 제어로서 무인 운전 시스템이 이에 해당된다. (예 : 무인 엘리베이터, 무인 자판기, 무인 열차)
	비율제어	목표값이 다른 양과 일정한 비율 관계로 변화하는 제어이다. (예 : 보일러의 자동 연소제어)

72 □□□

다음의 신호흐름선도에서 $\dfrac{C}{R}$는?

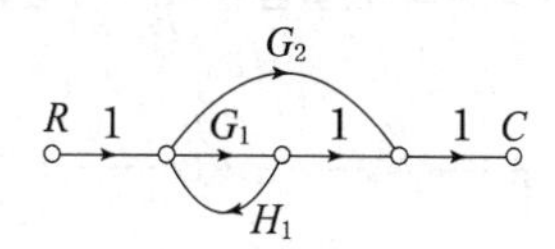

① $\dfrac{G_1+G_2}{1-G_1H_1}$　② $\dfrac{G_1G_2}{1-G_1H_1}$

③ $\dfrac{G_1+G_2}{1+G_1H_1}$　④ $\dfrac{G_1G_2}{1+G_1H_1}$

신호흐름선도의 전달함수

전향경로 이득

$=1\times G_1\times1\times1+1\times G_2\times1=G_1+G_2$

루프경로 이득 $=G_1H_1$ 이므로

$$\therefore\ G(s)=\frac{G_1+G_2}{1-G_1H_1}$$

73 □□□

$G(j\omega)=\dfrac{K}{(1+2j\omega)(1+j\omega)}$의 이득여유가 20[dB]일 때 K의 값은?

① 0　② 1
③ 10　④ $\dfrac{1}{10}$

이득여유(GM)

$$GH(j\omega)=\frac{K}{(1+2j\omega)(1+j\omega)}$$
$$=\frac{K}{(1-2\omega^2)+j3\omega}$$

$j3\omega=0$일 때 $\omega=0$ 이므로

$|GH(j\omega)|_{\omega=0}=K$ 이다.

$GM=20\log_{10}\dfrac{1}{K}$

$=20\,[\text{dB}]$이 되기 위해서는

$\dfrac{1}{K}=10$ 이어야 한다.

$\therefore\ K=\dfrac{1}{10}$

정답 70 ③ 71 ① 72 ① 73 ④

74 □□□

그림과 같은 RLC 회로에서 입력전압 $e_i(t)$, 출력전류가 $i(t)$인 경우 이 회로의 전달함수 $\frac{I(s)}{E_i(s)}$는?

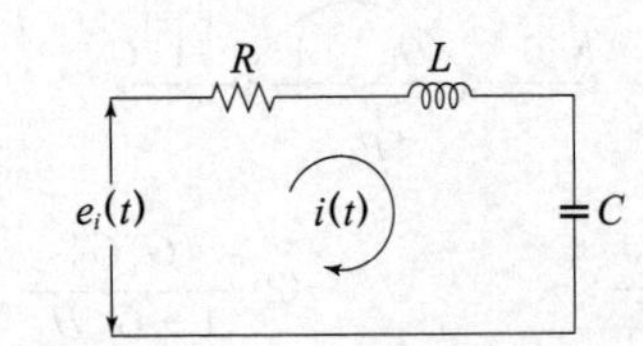

① $\frac{Cs}{RCs^2+LCs+1}$ ② $\frac{1}{RCs^2+LCs+1}$

③ $\frac{Cs}{LCs^2+RCs+1}$ ④ $\frac{1}{LCs^2+RCs+1}$

전압과 전류비의 전달함수

$E_i(s)=\left(R+Ls+\frac{1}{Cs}\right)I(s)$ 일 때

$$\therefore\ G(s)=\frac{I(s)}{E_i(s)}=\frac{1}{R+Ls+\frac{1}{Cs}}$$

$$=\frac{Cs}{LCs^2+RCs+1}$$

75 □□□

전달함수 $\frac{C(s)}{R(s)}=\frac{1}{4s^2+3s+1}$인 제어계는 다음 중 어느 경우인가?

① 과제동 ② 부족제동

③ 임계제동 ④ 무제동

2차계의 전달함수

$G(s)=\frac{\omega_n{}^2}{s^2+2\zeta\omega_n s+\omega_n{}^2}$ 식에서

$G(s)=\frac{1}{4s^2+3s+1}=\frac{\frac{1}{4}}{s^2+\frac{3}{4}s+\frac{1}{4}}$ 이므로

$2\zeta\omega_n=\frac{3}{4}$, $\omega_n{}^2=\frac{1}{4}$ 일 때

$\omega_n=\frac{1}{2}$, $\zeta=\frac{3}{4}=0.75$이다.

$\therefore\ \zeta<1$ 이므로 부족제동 되었다.

76 □□□

주파수 응답에 의한 위치제어계의 설계에서 계통의 안정도 척도와 관계가 적은 것은?

① 공진치 ② 위상여유

③ 이득여유 ④ 고유주파수

주파수응답에서의 안정도 척도

(1) 이득여유가 클수록 안정하다.
(2) 위상여유가 클수록 안정하다.
(3) 공진첨두치가 너무 크면 불안정하다.
(4) 오버슈트가가 너무 크면 불안정하다.
(5) 제동비가 0보다 작으면 불안정하다.

77 □□□

$G(s)H(s)=\frac{K}{s^2(s+1)^2}$ 에서 근궤적의 수는?

① 4 ② 2

③ 1 ④ 0

근궤적의 가지수

근궤적의 가지수(개수)는 특성방정식의 차수 또는 특성방정식의 근의 수와 같으며 또한 극점의 수와 영점의 수 중 큰 것과 같다.

(1) $K=0$일 때의 극점 : $s=0,\ s=0,\ s=-1,\ s=-1$

(2) $K=\infty$일 때의 영점 : 없다.

∴ 극점의 개수는 5개, 영점의 개수는 0개 이므로 근궤적의 가지수는 4개이다.

정답 74 ③ 75 ② 76 ④ 77 ①

78 □□□

전달함수에 대한 설명으로 틀린 것은?

① 전달함수가 s가 될 때 적분요소라 한다.

② 전달함수는 $\dfrac{\text{출력 라플라스 변환}}{\text{입력 라플라스 변환}}$으로 정의한다.

③ 어떤 계의 전달함수의 분모를 0으로 놓으면 이것이 곧 특성방정식이 된다.

④ 어떤 계의 전달함수는 그 계에 대한 임펄스 응답의 라플라스 변환과 같다.

전달함수의 정의와 기본 요소

(1) 모든 초기값을 0으로 하여 입력의 라플라스 변환과 출력의 라플라스 변환의 비이다.

(2) 제어계의 임펄스응답에 대한 라플라스 변환이다.

(3) 입력을 $R(s)$, 출력을 $C(s)$, 전달함수를 $G(s)$라 할 때 전달함수는 $G(s)=\dfrac{C(s)}{R(s)}$로 표현한다.

(4) $G(s)=s$: 미분요소

(5) $G(s)=\dfrac{1}{s}$: 적분요소

79 □□□

어떤 시스템의 전달함수 $G(s)$가 $G(s)=\dfrac{2s-3}{4s^2+2s-1}$로 표시될 때, 이 시스템에 입력 $x(t)$를 가했을 경우 출력 $y(t)$를 구하는 미분방정식으로 알맞은 것은? (단, 모든 초기조건은 무시한다.)

① $4\dfrac{d^2y(t)}{dt^2}+2\dfrac{dy(t)}{dt}-y(t)=2\dfrac{dx(t)}{dx}+3x(t)$

② $-4\dfrac{d^2y(t)}{dt^2}-2\dfrac{dy(t)}{dt}+y(t)=-2\dfrac{dx(t)}{dt}+3x(t)$

③ $4\dfrac{d^2y(t)}{dt^2}+2\dfrac{dy(t)}{dt}-y(t)=2\dfrac{dx(t)}{dt}-3x(t)$

④ $-4\dfrac{d^2y(t)}{dt^2}+2\dfrac{dy(t)}{dt}-y(t)=2\dfrac{dx(t)}{dt}-3x(t)$

미분방정식의 전달함수

$G(s)=\dfrac{Y(s)}{X(s)}=\dfrac{2s-3}{4s^2+2s-1}$ 식에서

$4s^2Y(s)+2sY(s)-Y(s)=2sX(s)-3X(s)$ 이므로

위 식을 양 변 모두 라플라스 역변환하면

$\therefore\ 4\dfrac{d^2y(t)}{dt^2}+2\dfrac{dy(t)}{dt}-y(t)=2\dfrac{dx(t)}{dt}-3x(t)$

80 □□□

그림과 같은 회로는 어떤 논리회로인가?

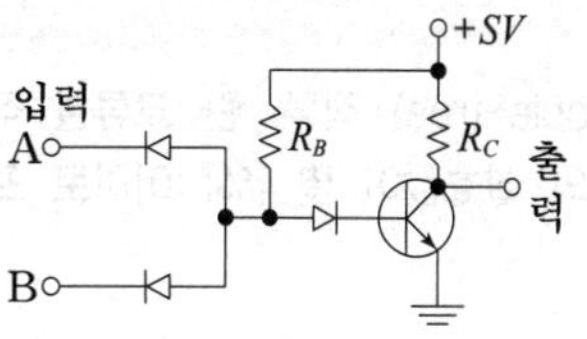

① AND 회로

② NAND 회로

③ OR 회로

④ NOR 회로

NAND 회로의 무접점 논리회로

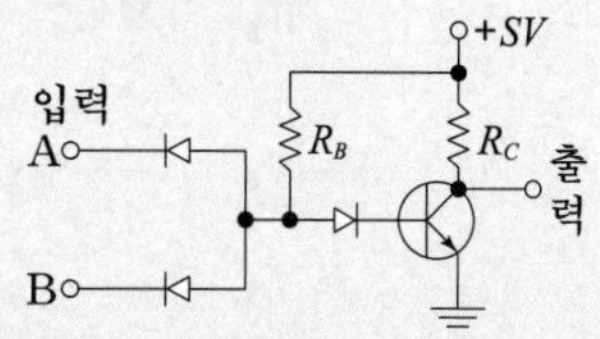

그림의 무접점 회로에서 출력이 ON 되기 위해서는 TR(트랜지스터)이 OFF 상태에 있어야 한다. TR이 OFF 되기 위한 조건은 베이스 입력이 LOW 입력으로 공급되어야 하기 때문에 입력 A, B 중 어느 하나만이라도 0 입력이면 조건을 만족할 수 있게 된다.

A	B	AND	NAND
0	0	0	1
0	1	0	1
1	0	0	1
1	1	1	0

∴ NAND 회로이다.

정답 78 ① 79 ③ 80 ②

5과목 : 전기설비기술기준 및 판단기준

무료 동영상 강의 ▲

81 □□□

'리플프리(Ripple-free) 직류' 란 교류를 직류로 변환할 때 리플성분의 실효값이 몇 [%] 이하로 포함된 직류를 말하는가?

① 3 ② 5
③ 10 ④ 15

리플프리(Ripple-free)직류
교류를 직류로 변환할 때 리플성분의 실효값이 10[%] 이하로 포함된 직류를 말한다

82 □□□

6.6kV 지중전선로의 케이블을 직류전원으로 절연내력 시험을 하자면 시험전압은 직류 몇 [V]인가?

① 9900
② 14420
③ 16500
④ 19800

전로의 절연내력시험

전로의 종류 (최대사용전압 기준)	시험전압	최저시험전압
7[KV] 이하인 전로	1.5배	500[V]

참고 케이블(직류전원)에 절연내력 시험전압 : 교류 시험전압의 2배의 직류전압을 전로와 대지간에 연속하여 10분간 시험

풀이 직류절연 내력시험은 교류 시험전압에 2배를 함으로, 시험전압 $= 6600 \times 1.5 \times 2 = 19800$[V]이다

83 □□□

접지공사에 사용하는 접지도체를 사람이 접촉할 우려가 있는 곳에 시설하는 경우 「전기용품 및 생활용품 안전관리법」을 적용받는 합성수지관(두께 2[mm] 미만의 합성수지제 전선관 및 난연성이 없는 콤바인 덕트관을 제외)으로 덮어야 하는 범위로 옳은 것은?

① 접지도체의 지하 0.3[m]로부터 지표상 1[m] 까지의 부분
② 접지도체의 지하 0.5[m]로부터 지표상 1.2[m] 까지의 부분
③ 접지도체의 지하 0.6[m]로부터 지표상 1.8[m] 까지의 부분
④ 접지도체의 지하 0.75[m]로부터 지표상 2[m] 까지의 부분

접지도체 보호
접지도체는 지하 0.75[m] 부터 지표 상 2[m] 까지 부분은 합성수지관(두께 2[mm] 미만의 합성수지제 전선관 및 가연성 콤바인덕트관은 제외한다) 또는 이와 동등 이상의 절연효과와 강도를 가지는 몰드로 덮어야 한다.

84 □□□

변압기의 고압 측 전로의 1선 지락전류가 4[A] 일 때, 일반적인 경우의 중성점 접지저항 값은 몇 [Ω] 이하로 유지되어야 하는가?

① 18.75 ② 22.5
③ 37.5 ④ 52.5

변압기의 중성점 접지 저항값 계산

(1) 접지 저항값 $R = \dfrac{150[V]}{1선지락전류}$

단, 35[kV] 이하, 2초 이내에 자동 차단장치가 설치된 경우 $R = \dfrac{300[V]}{1선지락전류}$ · 35[kV] 이하, 1초 이내에 자동 차단장치가 설치된 경우 (내리기)

$R = \dfrac{600[V]}{1선지락전류}$

(2) 전로의 1선 지락전류는 실측값에 의한다.

풀이 접지 저항값 $R = \dfrac{150}{4} = 37.5[\Omega]$

정답 81 ③ 82 ④ 83 ④ 84 ③

85 □□□

KS IEC 60364에서 충전부 전체를 대지로부터 절연시키거나 한 점에 임피던스를 삽입하여 대지에 접속시키고, 전기기의 노출 도전성 부분 단독 또는 일괄적으로 접지하거나 또는 계통접지로 접속하는 접지계통을 무엇이라 하는가?

① TT 계통　② IT 계통
③ TN-C 계통　④ TN-S 계통

IT 계통
충전부 전체를 대지로부터 절연시키거나, 한 점을 임피던스를 통해 대지에 접속시킨다. 전기설비의 노출도전부를 단독 또는 일괄적으로 계통의 PE 도체에 접속시킨다. 배전계통에서 추가접지가 가능하다.

86 □□□

옥내에 시설하는 전동기에 과부하 보호장치의 시설을 생략할 수 없는 경우는?

① 정격출력이 0.75[kW]인 전동기
② 전동기의 구조나 부하의 성질로 보아 전동기가 소손할 수 있는 과전류가 생길 우려가 없는 경우
③ 전동기가 단상의 것으로 전원 측 전로에 시설하는 배선용 차단기의 정격전류가 20[A] 이하인 경우
④ 전동기가 단상의 것으로 전원 측 전로에 시설하는 과전류차단기의 정격전류가 16[A] 이하인 경우

전동기에 과부하 보호장치시설 생략
(1) 전동기 정격 출력이 0.2[kW] 이하
(2) 취급자가 상시 감시할 수 있는 위치에 시설하는 경우
(3) 손상될 수 있는 과전류가 생길 우려가 없는 경우
(4) 단상전동기로써 과전류 차단기의 정격전류가 16[A] 이하 또는 배선차단기는 20[A] 이하로 보호 받는 경우

87 □□□

애자공사에 의한 고압 옥내배선을 시설하고자 할 경우 전선과 조영재 사이의 이격거리는 몇 [cm] 이상인가?

① 3　② 4
③ 5　④ 6

애자사용배선에 의한 고압 옥내배선 시설
(1) 전선은 공칭단면적 6[mm^2] 이상의 연동선
(2) 전선의 지지점 간의 거리는 6[m] 이하.
(단, 조영재의 면을 따라 붙이는 경우 2[m] 이하)
(3) 전선 상호 간의 간격 : 0.08[m] 이상,
전선과 조영재 사이의 이격거리 : 0.05[m]이상.
(4) 애자는 절연성·난연성 및 내수성의 것일 것.
(5) 고압 옥내배선은 저압 옥내배선과 쉽게 식별되도록 시설할 것.
(6) 전선이 조영재를 관통하는 경우에는 각각 별개의 난연성 및 내수성이 있는 견고한 절연관에 넣을 것.

88 □□□

길이 16[m], 설계하중 8.2[kN]의 철근 콘크리트주를 지반이 튼튼한 곳에 시설하는 경우 지지물 기초의 안전율과 무관하려면 땅에 묻는 깊이를 몇 [m] 이상으로 하여야 하는가?

① 2.0　② 2.5
③ 2.8　④ 3.2

지지물이 땅에 묻히는 깊이(건주 공사)
(1) 기준 : 전장 16[m]이하 설계하중 6.8[kN] 이하인 경우
- 전장 15[m] 이하 → 전장 × $\frac{1}{6}$ [m]이상
- 전장 15[m] 이상 → 최소 2.5[m]이상

(2) 전장 16[m]초과 설계하중 9.8[kN] 이하인 경우
- 전장 16[m] 초과 20[m]이하, 설계하중이 6.8[kN] 이하 : 2.8[m] 이상
- 전장 14[m] 이상 20[m]이하, 설계하중이 6.8[kN]~9.8[kN] 이하 : 기준 + 30[cm]

풀이 전장 16[m] 이고, 설계하중이 8.2 [kN] 이므로 매설 깊이는 기준 + 30[cm] 매설한다.
묻히는 깊이 : 최소깊이 2.5 + 0.3 = 2.8[m]

정답 85 ② 86 ① 87 ③ 88 ③

89 □□□

고압 가공전선으로 ACSR(강심알루미늄연선)을 사용할 때의 안전율은 얼마 이상이 되는 이도(弛度)로 시설하여야 하는가?

① 1.38 ② 2.2
③ 2.5 ④ 4.01

안전율 정리

적용대상		안전율
지지물	기본	2.0 이상
	이상시 철탑	1.33 이상
전선	기본	2.5 이상
	경동선.내열동합금선	2.2 이상
지선		2.5 이상
통신용 지지물		1.5 이상
케이블 트레이		1.5 이상
특고압 애자장치		2.5 이상

90 □□□

고압 보안공사에서 지지물이 B종 철주인 경우 경간은 몇 [m] 이하인가?

① 100
② 150
③ 250
④ 400

저압·고압 보안공사 경간의 제한

지지물 종류	저·고 보안공사	보안공사 저압 : 22[mm²] 또는 8.71[kn] 고압 : 38[mm²] 또는 14.51[kn]
목주·A종 주	100[m]	150[m]
B종 주	150[m]	250[m]
철 탑	400[m]	600[m]

91 □□□

345[kV] 가공전선이 154[kV] 가공전선과 교차하는 경우 이들 양 전선 상호 간의 이격거리는 몇 [m] 이상이어야 하는가?

① 4.48 ② 4.96
③ 5.48 ④ 5.82

특고압 전력선과 가공 전선, 안테나, 약전류 전선, 식물, 삭도 등과의 이격거리

- 60[kV] 이하 – 2[m]
- 60[kV]를 초과 10000[V]마다 12[cm]씩 가산.
  예) 2[m] + (사용전압 – 6.0) × 0.12
  사용전압과 기준전압을 10000[V]로 나눈다.
  ( )안의 값을 계산하고 소수점 이하 절상한 다음 전체 계산한다.

이격 거리 =2[m] + (34.5 – 6.0) × 0.12 = 5.48[m]

92 □□□

지중전선로를 직접 매설식에 의하여 시설하는 경우에는 매설 깊이를 차량 기타 중량물의 압력을 받을 우려가 없는 장소에서는 몇 [cm] 이상으로 하면 되는가?

① 40 ② 60
③ 80 ④ 100

지중전선로의 시설

(1) 사용전선 : 케이블
(2) 종류 : 직접매설식, 관로식, 암거식
(3) 직접매설의 경우 케이블의 매설깊이
  · 중량물의 압력을 받을 우려가 있는 곳 : 1.0[m] 이상
  · 중량물의 압력을 받을 우려가 없는 곳 : 0.6[m] 이상
(4) 관로식의 경우 케이블의 매설깊이
  · 관속에 넣어 시공하는 경우 : 1.0[m] 이상
  · 기타의 장소 : 0.6[m] 이상

정답 89 ③ 90 ② 91 ③ 92 ②

93 □□□

변전소에 울타리 · 담 등을 시설할 때, 사용전압이 345 [kV] 이면 울타리 · 담 등의 높이와 울타리 · 담 등으로부터 충전부분까지의 거리의 합계는 몇 [m] 이상으로 하여야 하는가?

① 8.16 ② 8.28
③ 8.40 ④ 9.72

울타리·담 등의 높이와 충전부분까지 거리의 합계

사용 전압 구분	울타리·담등의 높이와 울타리·담 등으로부터 충전 부분까지의 거리의 합계
35[KV] 이하	$x+y=5$[m]
35[KV] 초과 160[KV] 이하	$x+y=6$[m]
160[KV] 초과	6+(사용전압−16)×0.12 = ? [m] 사용전압과 기준전압을 10000[V]으로 나눈다. ( ) 안부터 계산 후 소수점 이하는절상한 다음 전체 계산을 한다.

거리합계 $= 6+(34.5-16)\times 0.12 = 8.28$[m]

94 □□□

조상설비 내부고장, 과전류 또는 과전압이 생긴 경우 자동적으로 차단되는 장치를 해야 하는 전력용 커패시터의 최소 뱅크용량은 몇 [kVA] 인가?

① 10,000 ② 12,000
③ 13,000 ④ 15,000

전력용 콘덴서 보호장치

기 기	용 량	사고의 종류	보호 장치
전력용콘덴서 (SC) 분로리액터 (Sh)	500[KVA]넘고 1만5천[KVA] 미만	내부고장, 과전류	자동 차단
	1만5천[KVA] 이상	내부고장, 과전류, 과전압	자동 차단
조상기	1만5천[KVA] 이상	내부고장	자동 차단

95 □□□

옥내에 시설하는 저압전선에 나전선을 사용할 수 있는 경우는?

① 금속관공사에 의하여 시설
② 합성수지관 공사에 의하여 시설
③ 라이팅 덕트공사에 의하여 시설
④ 취급자 이외의 자가 쉽게 출입할 수 있는 장소에 시설

저압옥내배선
옥내에 시설하는 저압전선에는 나전선을 사용할수 없다.
※ 예외 규정
(1) 애자공사에 의하여 전개된 곳에 다음의 전선을 시설하는 경우
① 전기로용 전선
② 전선의 피복 절연물이 부식하는 장소에 시설하는 전선
③ 취급자 이외의 자가 출입할 수 없도록 설비한 장소에 시설하는 전선
(2) 버스덕트공사에 의하여 시설하는 경우
(3) 라이팅덕트공사에 의하여 시설하는 경우
(4) 접촉 전선을 시설하는 경우

96 □□□

전력보안통신설비의 무선용 안테나 등을 지지하는 철근 콘크리트주 또는 철탑의 기초 안전율은 얼마 이상이어야 하는가?

① 1.2
② 1.33
③ 1.5
④ 1.8

무선용 안테나
무선용 안테나 등은 전선로의 주위 상태를 감시하거나 배전 자동화, 원격검침 등 지능형 전력망 구현을 목적으로 시설.
(1) 목주는 풍압하중에 대한 안전율은 1.5 이상.
(2) 철주·철근 콘크리트주 또는 철탑의 기초 안전율은 1.5 이상.

정답 93 ② 94 ④ 95 ③ 96 ③

97 □□□

발전기의 보호장치에 있어서 과전류, 압유장치의 유압 저하 및 베어링의 온도가 현저히 상승한 경우 자동적으로 이를 전로로부터차단하는 장치를 시설하여야 한다. 해당되지 않는 것은?

① 발전기에 과전류가 생긴 경우
② 용량 10,000[kVA] 이상인 발전기의 내부에 고장이 생긴 경우
③ 원자력 발전소에 시설하는 비상용 예비발전기에 있어서 비상용 노심냉각장치가 작동한 경우
④ 용량 100[kVA] 이상의 발전기를 구동하는 풍차의 압유장치의 유압, 압축공기장치의 공기압이 현저히 저하한 경우

발전기등의 보호장치

용 량	사고의 종류	보호장치
모든 발전기	과전류, 과전압이 생긴 경우	자동차단
100[KVA] 이상	풍차의유압, 공기압 전원전압이 현저히저하	
500[KVA] 이상	수차의 압유장치의 유압이 현저히 저하	
2000[KVA] 이상	스러스트 베어링의 온도가 현저히 상승	
1만[KVA] 이상	내부고장	

98 □□□

다음 ( )의 ㉠, ㉡에 들어갈 내용으로 옳은 것은?

전기철도용 급전선이란 전기철도용 (㉠)(으)로부터 다른 전기철도용 (㉠) 또는 (㉡)에 이르는 전선을 말한다.

① ㉠ : 급전소 ㉡ : 개폐소
② ㉠ : 궤전선 ㉡ : 변전소
③ ㉠ : 변전소 ㉡ : 전차선
④ ㉠ : 전차선 ㉡ : 급전소

급전선
전기철도 차량에 사용할 전기를 변전소로부터 전차선에 공급하는 전선을 말한다.

99 □□□

케이블 트레이공사에 사용하는 케이블트레이의 시설기준으로 틀린 것은?

① 케이블트레이 안전율은 1.3 이상이어야 한다.
② 비금속제 케이블트레이는 난연성 재료의 것이어야 한다.
③ 전선의 피복 등을 손상시킬 돌기 등이 없이 매끈해야한다.
④ 금속제 트레이는 접지공사를 하여야 한다.

케이블 트레이의 선정
(1) 금속제 케이블 트레이는 접지공사를 한다.
(2) 케이블 트레이의 안전율은 1.5 이상.
(3) 지지대는 트레이 자체 하중과 포설된 케이블 하중 충분히 견딜 수 있는 강도.
(4) 전선의 피복 등을 손상시킬 돌기 등이 없이 매끈할 것.
(5) 금속재의 것은 방식처리를 한 것이거나 내식성 재료 사용.
(6) 비금속제 케이블 트레이는 난연성 재료의 것이어야 한다.

100 □□□

주택의 전기저장장치의 축전지에 접속하는 부하 측 옥내전로에 지락이 생겼을 때 자동적으로 전로를 차단하는 장치를 시설한 경우에 주택의 옥내전로의 대지전압은 직류 몇 [V] 까지 적용할 수 있는가?

① 150 ② 300
③ 400 ④ 600

옥내전로의 대지전압 제한
주택의 전기저장장치의 축전지에 접속하는 부하 측 주택 옥내전로의 대지전압은 직류 600[V]까지 적용할 수 있다.

정답 97 ③ 98 ③ 99 ① 100 ④

CBT 시험대비

CBT 시험 19회를 100% 복원하여 재구성한

제14회 복원 기출문제

학습기간 월 일 ~ 월 일

1과목 : 전기자기학

무료 동영상 강의 ▲

01 □□□

자기회로에서 자기저항의 크기에 대한 설명으로 옳은 것은?

① 자기회로의 길이에 비례
② 자기회로의 단면적에 비례
③ 자성체의 비투자율에 비례
④ 자성체의 비투자율의 제곱에 비례

자기저항은 $R_m = \dfrac{l}{\mu S} = \dfrac{l}{\mu_o \mu_s S}$ [AT/Wb]
이므로 길이(l)에 비례하고 비투자율(μ_s) 및 단면적(S)에 반비례한다.

02 □□□

반자성체의 비투자율(μ_r) 값의 범위는?

① $\mu_r = 1$
② $\mu_r < 1$
③ $\mu_r > 1$
④ $\mu_r = 0$

(1) 상자성체 $\mu_r > 1$: 백금(Pt), 알루미늄(Al), 산소(O_2)
(2) 역(반)자성체 $\mu_r < 1$: 은(Ag), 구리(Cu), 비스무트(Bi), 물(H_2O)
(3) 강자성체 $\mu_r \gg 1$:
① 강자성체의 대표물질 : 철(Fe), 니켈(Ni), 코발트(Co)
② 강자성체의 특징
• 고투자율을 갖는다.
• 자기포화특성을 갖는다.
• 히스테리시스특성을 갖는다.
• 자구의 미소영역을 가지고 있다.

03 □□□

전위함수 $V = x^2 + y^2$ [V] 일 때 점 (3, 4)[m]에서의 등전위선의 반지름은 몇 [m]이며, 전기력선 방정식은 어떻게 되는가?

① 등전위선의 반지름 : 3, 전기력선의 방정식 : $y = \dfrac{3}{4}x$
② 등전위선의 반지름 : 4, 전기력선의 방정식 : $y = \dfrac{4}{3}x$
③ 등전위선의 반지름 : 5, 전기력선의 방정식 : $y = \dfrac{4}{3}x$
④ 등전위선의 반지름 : 5, 전기력선의 방정식 : $y = \dfrac{3}{4}x$

전위 $V = x^2 + y^2$ [V] 일 때 전계의 세기는

$$E = -grad\, V = -\nabla V$$
$$= -\left(\frac{\partial V}{\partial x}i + \frac{\partial V}{\partial y}j + \frac{\partial V}{\partial z}k\right)$$
$$= -2xi - 2yj\, [\text{V/m}] \text{ 이며}$$

(3, 4)에서의 등전위선의 반지름은
$r = \sqrt{3^2 + 4^2} = 5$[m]가 되고
전기력선의 방정식을 구하면
전기력선의 방정식 $\dfrac{dx}{Ex} = \dfrac{dy}{Ey}$ 이므로
$\dfrac{dx}{-2x} = \dfrac{dy}{-2y} \Rightarrow \dfrac{1}{x}dx = \dfrac{1}{y}dy$ 에서
양변을 적분하면
$\ln x = \ln y + \ln c$, $\ln x - \ln y = \ln c$,
$\ln\dfrac{x}{y} = \ln c$, $\dfrac{x}{y} = c$ 가 되므로 ($x = 3$, $y = 4$)을 대입하면
$\dfrac{x}{y} = c = \dfrac{3}{4}$ 에서 $y = \dfrac{4}{3}x$ 가 된다.

정답 01 ① 02 ② 03 ③

04 □□□

전계 $E=\sqrt{2}E_e\sin\omega\left(t-\frac{x}{c}\right)$[V/m]의 평면 전자파가 있다. 진공 중에서 자계의 실효값은 몇 [Nm]인가?

① $0.707\times10^{-3}E_e$ ② $1.44\times10^{-3}E_e$
③ $2.65\times10^{-3}E_e$ ④ $5.37\times10^{-3}E_e$

파동 고유임피던스 $\eta=\frac{E}{H}=\sqrt{\frac{\mu}{\varepsilon}}$ 이므로

자계 $H=\sqrt{\frac{\varepsilon}{\mu}}$ E 이므로 진공시일 때

$$H=\sqrt{\frac{\varepsilon_o}{\mu_o}}E=\frac{1}{377}E=2.65\times10^{-3}E\,[\mathrm{AT/m}]$$

05 □□□

길이 l[m], 지름 d[m]인 원통의 길이 방향으로 균일하게 자화되어 자화의 세기가 J[Wb/m^2]인 경우 원통 양단에서의 전자극의 세기[Wb]는?

① $\pi d^2\mathrm{J}$ ② $\pi d\mathrm{J}$
③ $\frac{4\mathrm{J}}{\pi d^2}$ ④ $\frac{\pi d^2\mathrm{J}}{4}$

자화의 세기

$$J=\frac{M[\text{자기모멘트}]}{v[\text{체적}]}=\frac{m\cdot l}{\pi a^2\cdot l}=\frac{m}{\pi a^2}[\mathrm{Wb/m^2}]$$

이므로 자극의 세기는

$$m=\pi a^2\cdot J=\pi\times\left(\frac{d}{2}\right)^2\cdot J=\frac{\pi d^2 J}{4}[\mathrm{Wb}]$$

06 □□□

2장의 무한평판 도체를 $4[\mathrm{cm}]$의 간격으로 놓은 후 평판 도체 표면에 $2[\mu\mathrm{C/m^2}]$의 전하밀도가 생겼다. 이때 평행 도체 표면에 작용 하는 정전응력은 약 몇 $[\mathrm{N/m^2}]$인가?

① 0.057 ② 0.226
③ 0.57 ④ 2.26

평행판 표면의 단위면적당 정전응력

$$f=\frac{\rho_s^2}{2\varepsilon_o}=\frac{D^2}{2\varepsilon_o}=\frac{1}{2}\varepsilon_o E^2=\frac{1}{2}ED\,[\mathrm{N/m^2}]$$

이므로 주어진 수치를 대입하면

$$f=\frac{\rho_s^2}{2\varepsilon_o}=\frac{(2\times10^{-6})^2}{2\times8.855\times10^{-12}}=0.226\,[\mathrm{N/m^2}]$$

07 □□□

비유전율 3, 비투자율 3인 매질에서 전자기파의 진행속도 v [m/s]와 진공에서의 속도 v_0[m/s]의 관계는?

① $v=\frac{1}{9}v_0$ ② $v=\frac{1}{3}v_0$
③ $v=3v_0$ ④ $v=9v_0$

전자파의 전파속도는

$$v=\frac{3\times10^8}{\sqrt{\varepsilon_s\mu_s}}=\frac{v_o}{\sqrt{3\times3}}=\frac{1}{3}v_o\,[\mathrm{m/sec}]$$

정답 04 ③ 05 ④ 06 ② 07 ②

08 □□□

반지름이 5[mm], 길이가 15[mm], 비투자율이 50인 자성체 막대에 코일을 감고 전류를 흘려서 자성체 내의 자속밀도를 50[Wb/m²]으로 하였을 때 자성체 내에서의 자계의 세기는 몇 [A/m]인가?

① $\dfrac{10^7}{\pi}$ ② $\dfrac{10^7}{2\pi}$

③ $\dfrac{10^7}{4\pi}$ ④ $\dfrac{10^7}{8\pi}$

자성체 내의 자속밀도

$B = \mu_o \mu_s H$ [Wb/m²] 이므로 자계의 세기는

$$H = \frac{B}{\mu_o \mu_s} = \frac{50}{4\pi \times 10^{-7} \times 50} = \frac{10^7}{4\pi} \text{ [AT/m]}$$

09 □□□

반지름이 30[cm]인 원판 전극의 평행판 콘덴서가 있다. 전극의 간격이 0.1[cm]이며 전극 사이 유전체의 비유전율이 4.0이라 한다. 이 콘덴서의 정전용량은 약 몇 [μF]인가?

① 0.01 ② 0.02

③ 0.03 ④ 0.04

원판 반지름 $a = 30$ [cm],

극판 간격 $d = 0.1$ [cm], 비유전율 $\epsilon_s = 4$일 때

평행판사이의 정전용량은

$$C = \frac{\epsilon_o \epsilon_s S}{d} = \frac{\epsilon_o \epsilon_s \pi a^2}{d} \text{ [F]}$$ 이므로

주어진 수치를 대입하면

$$C = \frac{8.855 \times 10^{-12} \times 4 \times \pi \times (0.3)^2}{0.1 \times 10^{-2}} \times 10^6$$

$= 0.01$ [μF]

10 □□□

정전계 해석에 관한 설명으로 틀린 것은?

① 포아송 방정식은 가우스 정리의 미분형으로 구할 수 있다.

② 도체 표면에서의 전계의 세기는 표면에 대해 법선 방향을 갖는다.

③ 라플라스 방정식은 전극이나 도체의 형태에 관계없이 체적전하밀도가 0인 모든점에서 $\nabla^2 V = 0$ 을 만족한다.

④ 라플라스 방정식은 비선형 방정식이다.

라플라스 방정식은 선형 방정식이다.

11 □□□

압전기 현상에서 전기 분극이 기계적 응력에 수직한 방향으로 발생하는 현상은?

① 종효과 ② 횡효과

③ 역효과 ④ 직접효과

압전기현상

- 종효과 : 결정에 가한 기계적 응력과 전기분극이 같은 방향(수평)으로 발생하는 경우
- 횡효과 : 결정에 가한 기계적 응력과 전기분극이 수직으로 발생하는 경우

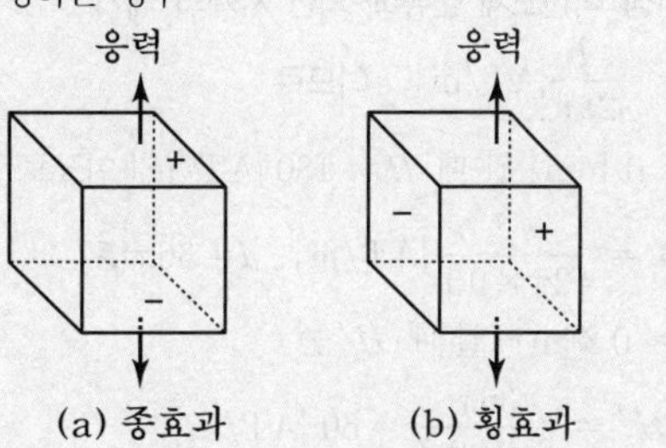

(a) 종효과 (b) 횡효과

정답 08 ③ 09 ① 10 ④ 11 ②

12 □□□

공극(air gap)이 δ [m]인 강자성체로 된 환상 영구자석에서 성립하는 식은? (단, l [m]는 영구자석의 길이이며 $l \gg \delta$ 이고, 자속 밀도와 자계의 세기를 각각 B [Wb/m²], H [AT/m]이라 한다.)

① $\frac{B}{H} = -\frac{l\mu_0}{\delta}$　　② $\frac{B}{H} = -\frac{\delta\mu_0}{l}$

③ $\frac{B}{H} = \frac{\delta\mu_0}{l}$　　④ $\frac{B}{H} = \frac{l\mu_0}{\delta}$

영구자석은 외부 기자력이 영(0)이므로
공극 존재시 전체 자기저항은

$R_m = \frac{l}{\mu S} + \frac{\delta}{\mu_0 S}$ [AT/wb]

자기회로의 옴의 법칙에 의해서 기자력

$F = \phi R_m = BS\left(\frac{l}{\mu S} + \frac{\delta}{\mu_0 S}\right) = \frac{l}{\mu} + \frac{\delta}{\mu_0} = 0$

자속밀도 $B = \mu H [\text{wb/m}^2]$, $\frac{B}{H} = \mu$ 이므로

$\frac{l}{\mu} = -\frac{\delta}{\mu_0}$, $\mu = -\frac{\mu_0 l}{\delta} = \frac{B}{H}$

13 □□□

전류 I가 흐르는 무한 직선 도체가 있다. 이 도체로부터 수직으로 0.1[m] 떨어진 점에서 자계의 세기가 180 [AT/m]이다. 도체로부터 수직으로 0.3[m] 떨어진 점에서 자계의 세기[AT/m]는?

① 20　　② 60
③ 180　　④ 540

무한장 직선도체 전류에 의한 자계의 세기

$H = \frac{I}{2\pi r}$[AT/m] 이므로

$r = 0.1$ [m] 일 때 $H = 180$ [AT/m] 이므로

$180 = \frac{I}{2\pi \times 0.1}$[AT/m] , $I = 36\pi$[A]

$r' = 0.3$ [m] 일 때 H'는

$\therefore H' = \frac{36\pi}{2\pi \times 0.3} = 60$ [AT/m]

14 □□□

내부 원통의 반지름이 a, 외부 원통의 반지름이 b인 동축 원통 콘덴서의 내외 원통 사이에 공기를 넣었을 때 정전용량이 C_1이었다. 내외 반지름을 모두 3배로 증가시키고 공기 대신 비유전율이 3인 유전체를 넣었을 경우 정전용량 C_2는?

① $C_2 = \frac{C_1}{9}$　　② $C_2 = \frac{C_1}{3}$

③ $C_2 = 3C_1$　　④ $C_2 = 9C_1$

동심원통사이의 공기중 단위 길이당 정전 용량은

$C_1 = \frac{2\pi\epsilon_o}{\ln\frac{b}{a}}$ [F/m] 이고

내외 반지름 $a' = 3a$, $b' = 3b$, $\epsilon_s = 3$ 인 유전체의 정전용량은

$C_2 = \frac{2\pi\epsilon_o\epsilon_s}{\ln\frac{b'}{a'}} = \frac{2\pi\epsilon_o \times 3}{\ln\frac{3b}{3a}} = 3C_1$[F/m] 가 된다.

15 □□□

저항의 크기가 1[Ω]인 전선이 있다. 전선의 체적을 동일하게 유지하면서 길이를 2배로 늘였을 때 전선의 저항[Ω]은?

① 0.5　　② 1
③ 2　　④ 4

전기저항 $R = \rho\frac{l}{S}$ [Ω] 에서

선선의 체적은 $v = S \cdot l$ [m³] 이므로

단면적 $S = \frac{v}{l}$[m²] 를 대입하면 $R = \rho\frac{l^2}{v} \propto l^2$ 이 된다.

그러므로 길이를 2배 증가시 저항은 $l^2 = 2^2 = 4$ 배로 증가하므로 4[Ω]이 된다.

정답 12 ① 13 ② 14 ③ 15 ④

16 □□□

1[μA]의 전류가 흐르고 있을 때, 1초 동안 통과하는 전자 수는 약 몇 개인가?
(단, 전자 1개의 전하는 1.602×10^{-19}[C]이다.)

① 6.24×10^{10}
② 6.24×10^{11}
③ 6.24×10^{12}
④ 6.24×10^{13}

$I = 1[\mu A]$, $t = 1[sec]$ 일 때 전류는
$I = \frac{Q}{t} = \frac{ne}{t}$ [C/sec=A] 이므로
구리선의 단면을 통과하는 이동 전자의 개수는
$n = \frac{I \cdot t}{e} = \frac{1 \times 10^{-6} \times 1}{1.602 \times 10^{-19}} = 6.24 \times 10^{12}$[개]

17 □□□

40[V/m]인 전계 내의 50[V]되는 점에서 1[C]의 전하가 전계 방향으로 80[cm] 이동하였을 때, 그 점의 전위는 몇 [V]인가?

① 18
② 22
③ 35
④ 65

$V_A=50$　$V_B=?$　$E=40$
A　B
$r=80$[cm]

전위차 $V_{AB} = E \cdot r = 40 \times 0.8 = 32$ [V]이며
전계의 방향은 전위가 감소하는 방향이므로
$V_B = V_A - V_{AB} = 50 - 32 = 18$ [V]가 된다.

18 □□□

다음 조건들 중 초전도체에 부합되는 것은? (단, μ_r은 비투자율, χ_m은 비자화율, B는 자속밀도이며 작동온도는 임계온도 이하라 한다.)

① $\chi_m = -1$, $\mu_r = 0$, $B = 0$
② $\chi_m = 0$, $\mu_r = 0$, $B = 0$
③ $\chi_m = 1$, $\mu_r = 0$, $B = 0$
④ $\chi_m = -1$, $\mu_r = 1$, $B = 0$

초도전체의 비투자율 $\mu_r = 0$ 이므로
비자화율 $\chi_m = \mu_r - 1 = -1$
자속밀도 $B = \mu_0 \mu_r H = 0$

19 □□□

내압 1000[V] 정전용량 1[μF], 내압 750[V] 정전용량 2[μF], 내압 500[V] 정전용량 5[μF]인 콘덴서 3개를 직렬로 접속하고 인가전압을 서서히 높이면 최초로 파괴되는 콘덴서는?

① 1[μF]
② 2[μF]
③ 5[μF]
④ 동시에 파괴된다.

정전용량이
$C_1 = 1[\mu F]$, $C_2 = 2[\mu F]$, $C_3 = 5[\mu F]$이고
내압이 $V_1 = 1000$ [V], $V_2 = 750$ [V],
$V_3 = 500$ [V] 이므로 각 콘덴서의 전하량은
$Q_1 = C_1 V_1 = 1000$, $Q_2 = C_2 V_2 = 1500$,
$Q_3 = C_3 V_3 = 2500$ 이므로
전하량이 가장 작은 C_1인 1[μF] 콘덴서가 가장 먼저 파괴된다.

정답 16 ③ 17 ① 18 ① 19 ①

20 □□□

다음 그림과 같은 자기회로에서 $l=50$[cm], $S=10$[cm^2]이고 $N_1=100$[회]이다. 회로에 $I=10t$[A]의 전류를 흘려 $e_2=2$[V]를 유도하려 한다. 이 때 N_2를 몇 회로 해야 하는가? (단, 철심의 비투자율 $\mu_s=800$이다)

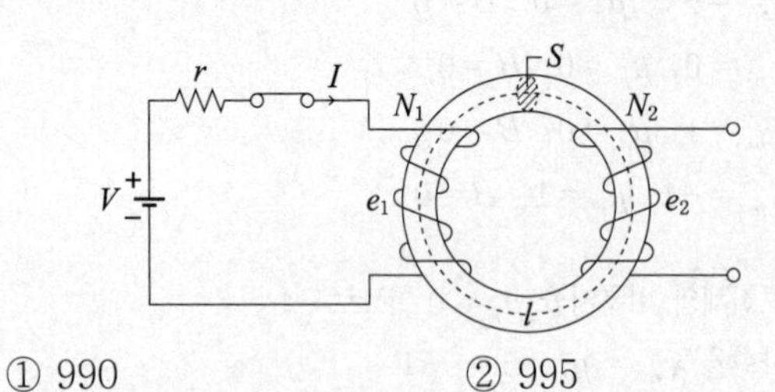

① 990　　② 995
③ 1000　　④ 1005

환상 솔레노이드의 1차 자기인덕턴스

$$L_1=\frac{\mu SN_1^2}{l}=\frac{\mu_0\mu_s SN_1^2}{l}$$
$$=\frac{4\pi\times10^{-7}\times800\times10\times10^{-4}\times100^2}{50\times10^{-2}}$$
$$=0.0201\,[\mathrm{H}]$$

1차측 전류변화에 의한 2차 유기기전력 $e_2=M\frac{di_1}{dt}$[V] 이므로

$e_2=M\frac{di_1}{dt}=M\frac{d}{dt}(10t)=10M=2$[V] 에서

상호인덕턴스 $M=\frac{2}{10}=0.2$[H]

환상솔레노이드 상호인덕턴스 $M=\frac{N_2}{N_1}L_1$에서

$N_2=\frac{N_1}{L_1}M=\frac{100}{0.0201}\times0.2=995$ [회]

2과목 : 전력공학

무료 동영상 강의 ▲

21 □□□

저압 네트워크 배전방식의 장점이 아닌 것은?

① 인축의 접지사고가 적어진다.
② 부하 증가시 적응성이 양호하다.
③ 무정전 공급이 가능하다.
④ 전압변동이 적다.

저압 네트워크 배전방식
(1) 무정전 공급이 가능해서 공급 신뢰도가 높다.
(2) 플리커 및 전압변동율이 작고 전력손실과 전압강하가 작다.
(3) 기기의 이용율이 향상되고 부하증가에 대한 적응성이 좋다.
(4) 변전소의 수를 줄일 수 있다.
(5) 가격이 비싸고 대도시에 적합하다.
(6) 인축의 감전사고가 빈번하게 발생한다.

22 □□□

유량의 크기를 구분할 때 갈수량이란?

① 하천의 수위 중에서 1년을 통하여 355일간 이보다 내려가지 않는 수위
② 하천의 수위 중에서 1년을 통하여 275일간 이보다 내려가지 않는 수위
③ 하천의 수위 중에서 1년을 통하여 185일간 이보다 내려가지 않는 수위
④ 하천의 수위 중에서 1년을 통하여 95일간 이보다 내려가지 않는 수위

하천유량의 크기
(1) 갈수량(갈수위) : 1년 365일 중 355일은 이것보다 내려가지 않는 유량 또는 수위
(2) 저수량(저수위) : 1년 365일 중 275일은 이것보다 내려가지 않는 유량 또는 수위
(3) 평수량(평수위) : 1년 365일 중 185일은 이것보다 내려가지 않는 유량 또는 수위
(4) 풍수량(풍수위) : 1년 365일 중 중 95일은 이것보다 내려가지 않는 유량 또는 수위

정답 20 ② 21 ① 22 ①

23 □□□

22.9[kV], Y결선된 자가용 수전설비의 계기용 변압기의 2차측 정격전압은 몇 [V]인가?

① 110　　② 220
③ $110\sqrt{3}$　　④ $220\sqrt{3}$

계기용변압기(PT)
계기용 변압기(PT)는 고전압을 110[V] 정격전압으로 변압하여 계기 및 계전기에 전원공급을 위한 설비로 22.9[kV-Y] 계통의 계기용 변압기 결선은 Y-Y결선이 된다. 이때 PT비는 13200[V]/110[V]이고 1차 정격 13200[V], 2차 정격 110[V]임을 나타내는 것이다.

24 □□□

변압기의 층간 단락 보호계전기로 가장 적당한 것은?

① 비율차동 계전기　　② 방향 계전기
③ 과전압 계전기　　④ 거리 계전기

보호계전기
(1) 비율차동계전기 : 변압기의 내부고장을 검출하여 동작하는 계전기로서 변압기의 상간단락 또는 층간단락 보호계전기로 사용된다.
(2) 방향계전기 : 전압벡터를 기준으로 전류의 방향이 일정범위 안에 있을 때 동작하는 계전기로서 전력방향 계전기라고도 한다.
(3) 과전압계전기 : 일정값 이상의 전압이 걸렸을 때 동작하는 보호계전기이다.
(4) 거리계전기 : 계전기가 설치된 위치로부터 고장점까지의 거리에 비례해서 한시에 동작하는 계전기로 임피던스 계전기라고도 한다.

25 □□□

송전선의 1선 지락사고로 영상전류가 흐를 때 통신선에 유기되는 전자유도전압을 알맞게 설명한 것은?

① 통신선의 길이와 상호인덕턴스의 곱에 반비례한다.
② 통신선의 길이와 상호인덕턴스의 곱에 비례한다.
③ 통신선의 길이와는 무관하고 상호인덕턴스에 비례한다.
④ 통신선의 길이에 비례하고 상호인덕턴스와는 무관하다.

전자유도전압(E_m)
$E_m = j\omega Ml \times 3I_0$[V] 식에서
∴ 전자유도전압은 통신선의 길이와 상호인덕턴스와의 곱에 비례한다.

26 □□□

파동임피던스가 500[Ω]인 가공송전선 1[km]당 인덕턴스 L, 정전용량 C는?

① L= 1.67[mH/km], C= 0.0067[μF/km]
② L= 2.12[mH/km], C= 0.0067[μF/km]
③ L= 1.67[mH/km], C= 0.167[μF/km]
④ L= 2.12[mH/km], C= 0.167[μF/km]

특성임피던스(파동임피던스 Z_0)와 전파속도(v)
특성임피던스 $Z_0 = \sqrt{\frac{L}{C}}\,[\Omega]$, $Z_0 = 138\log_{10}\frac{D}{r}$ 이다.

$Z_0 = 500\,[\Omega]$이므로 $Z_0 = 138\log_{10}\frac{D}{r} = 500$ 되고

$\log_{10}\frac{D}{r} = \frac{500}{138}$ 된다.

∴ 인덕턴스 $L = 0.4605 \times \frac{500}{138} = 1.67\,[\text{mH/km}]$

∴ 정전용량 $C = \dfrac{0.02413}{\log_{10}\frac{D}{r}}$

$= \dfrac{0.02413}{\frac{500}{138}} = 0.0067\,[\mu\text{F/km}]$

정답 23 ① 24 ① 25 ② 26 ①

27 □□□

장거리 송전선로는 일반적으로 어떤 회로로 취급하여 회로를 해석하는가?

① 분산부하회로 ② 집중정수회로
③ 분포정수회로 ④ 특성임피던스회로

장거리 송전 선로
장거리 송전선로는 선로의 길이가 100[km]을 넘는 경우로 선로에 분포하는 선로정수 R, L, C, G를 분포정수회로로 해석한다. 또한 직렬임피던스 $Z=R+j\omega L$ [Ω], 병렬 어드미턴스 $Y=G+j\omega C$[℧] 값을 이용하여 특성임피던스(Z_0)와 전파정수(γ)를 구할 수 있다.

28 □□□

유황곡선으로부터 알 수 없는 것은?

① 월별 하천 유량
② 하천의 유량변동 상태
③ 연간 총유출량
④ 평수량

유황곡선
유황곡선이란 유량도를 이용하여 횡축에 일수를 잡고 종축에 유량을 취하여 매일의 유량 중 큰 것부터 작은 순으로 1년분을 배열하여 그린 곡선이다. 이 곡선으로부터 하천의 유량 변동상태와 연간 총 유출량 및 풍수량, 평수량, 갈수량 등을 알 수 있게 된다.

29 □□□

3상용 차단기의 정격차단용량은?

① $\sqrt{3}$ ×정격전압×정격차단전류
② $\sqrt{3}$ ×정격전압×정격전류
③ 3×정격전압×정격차단전류
④ 3×정격전압×정격전류

차단기의 차단용량(= 단락용량)
차단용량은 그 차단기가 적용되는 계통의 3상 단락용량(P_s)의 한도를 표시하고 P_s[MVA] = $\sqrt{3}$ ×정격전압[kV]×정격차단전류[kA] 식으로 표현한다.
이때 정격전압은 계통의 최고전압을 표시하며 정격차단전류는 단락전류를 기준으로 한다.

30 □□□

소호 리액터를 송전계통에 사용하면 리액터의 인덕턴스와 선로의 정전용량이 어떤 상태로 되어 지락전류를 소멸시키는가?

① 병렬공진 ② 직렬공진
③ 고임피던스 ④ 저임피던스

소호리액터 접지방식
중성점을 리액터를 통해서 대지로 접지하는 방식으로 1선 지락고장시 L−C 병렬공진을 시켜 지락 전류를 최소로 줄일 수 있는 것이 특징이다. 따라서 지락계전기의 동작이 불확실하여 차단기의 차단능력이 가벼워진다.

$\therefore\ \omega L = \dfrac{1}{3\omega C}$ [Ω]

정답 27 ③ 28 ① 29 ① 30 ①

31 □□□

정격전압 25.8[kV], 정격차단용량 1000[MVA]인 3상 차단기의 정격차단전류는 약 몇 [kA]인가?

① 12.5 ② 22.4
③ 35.6 ④ 41.2

차단기의 정격차단전류(I_s)
차단기의 정격차단용량 P_s[MVA], 차단기의 정격전압 V_n[kV], 차단기의 정격차단전류 I_s[kA]라 할 때

$P_s = \sqrt{3}\,V_n I_s$[MVA] 식에서 $I_s = \dfrac{P_s}{\sqrt{3}\,V_n}$가 된다.

$V_n = 25.8$[kV], $P_s = 1000$[MVA] 이므로

∴ 차단전류 $I_s = \dfrac{1000}{\sqrt{3} \times 25.8} = 22.4$[kA]

32 □□□

송전선로에 복도체를 사용하는 이유로 가장 알맞은 것은?

① 철탑의 하중을 평형 시키기 위해서이다.
② 선로의 진동을 없애기 위해서이다.
③ 선로를 뇌격으로부터 보호하기 위해서이다.
④ 코로나를 방지하고 인덕턴스를 감소시키기 위해서이다.

복도체의 특징
(1) 주된 사용 목적 : 코로나 방지
(2) 장점
㉠ 등가반지름이 등가되어 L이 감소하고 C가 증가한다. - 송전용량이 증가하고 안정도가 향상된다.
㉡ 코로나 임계전압이 증가하여 코로나 손실이 감소한다. - 송전효율이 증가한다.
㉢ 통신선의 유도장해가 억제된다.

33 □□□

경간이 200[m]인 가공 전선로가 있다. 사용전선의 길이는 경간보다 몇 [m] 더 길게 하면 되는가? (단, 사용 전선의 1[m]당 무게는 2.0[kg], 인장 하중은 4000[kg]이고 전선의 안전율은 2로 하고 풍압하중은 무시한다.)

① $\dfrac{1}{2}$ ② $\sqrt{2}$
③ $\dfrac{1}{3}$ ④ $\sqrt{3}$

실장(L) : 전선의 실제 길이 계산
경간 $S = 200$[m], 단위 길이당 무게 $W = 2$[kg/m]

수평장력 $T = \dfrac{\text{인장하중}}{\text{안전율}} = \dfrac{4000}{2} = 2000$[kg]

이도 $D = \dfrac{WS^2}{8T} = \dfrac{2 \times 200^2}{8 \times 2{,}000} = 5$[m]이므로

$L = S + \dfrac{8D^2}{3S}$[m] 식에서

∴ $\dfrac{8D^2}{3S} = \dfrac{8 \times 5^2}{3 \times 200} = \dfrac{1}{3}$[m]

34 □□□

최소 동작전류값 이상이면 일정한 시간에 동작하는 한시특성을 갖는 계전기는?

① 정한시 계전기
② 반한시 계전기
③ 순한시 계전기
④ 반한시성 정한시 계전기

계전기의 한시특성
(1) 순한시계전기 : 즉시 동작하는 계전기
(2) 정한시계전기 : 정해진 시간이 경과한 후에 동작하는 계전기
(3) 반한시계전기 : 동작하는 시간과 전류값이 서로 반비례하여 동작하는 계전기
(4) 정한시-반한시 계전기 : 어느 전류값까지는 반한시계전기의 성질을 띠지만 그 이상의 전류가 흐르는 경우 정한시계전기의 성질을 띠는 계전기

정답 31 ② 32 ④ 33 ③ 34 ①

35 □□□

전력계통의 주회로에 사용되는 것으로 고장전류와 같은 대전류를 차단할 수 있는 것은?

① 선로개폐기(LS)
② 단로기(DS)
③ 차단기(CB)
④ 유입개폐기(OS)

개폐기 및 차단기
(1) 선로개폐기와 단로기는 아크를 소호할 수 있는 능력이 없으므로 부하전류를 개폐할 수 없을 뿐만 아니라 고장전류를 차단할 수도 없다.
(2) 유입개폐기는 고장전류를 차단할 수 있는 능력은 없으나 통상의 부하전류를 개폐할 수 있다.
(3) 차단기는 아크를 소호할 수 있어 부하전류를 개폐할 수 있고 또는 고장전류를 차단할 수 있다.

36 □□□

다중접지 계통에 사용되는 재폐로 기능을 갖는 일종의 차단기로서 과부하 또는 고장전류가 흐르면 순시동작하고, 일정시간 후에는 자동적으로 재폐로 하는 보호기기는?

① 리클로저
② 라인 퓨즈
③ 섹셔널라이저
④ 고장구간 자동개폐기

보호협조
배전계통에서 보호협조를 위한 리클로져 (R/C)는 가공배전선로 사고시 고장 구간을 신속하게 차단하는 차단기능 과 arc를 소멸시킨 후 즉시 재투입하는 기능이 있다. 보호협조 순서는 리클로저 – 섹쇼너라이저 – 라인퓨즈 순으로 한다.

37 □□□

송전선로의 정상임피던스를 Z_1, 역상임피던스를 Z_2, 영상임피던스 Z_0라 할 때 옳은 것은?

① $Z_1 = Z_2 = Z_0$
② $Z_1 = Z_2 < Z_0$
③ $Z_1 > Z_2 = Z_0$
④ $Z_1 < Z_2 = Z_0$

송전선로의 대칭분 임피던스(Z_0, Z_1, Z_2)
변압기 Y결선의 각 상에 임피던스를 Z, 중성점 접지임피던스를 Z_n이라 할 때, 영상임피던스 $Z_0 = Z + 3Z_n\,[\Omega]$
정상임피던스(Z_1) = 역상임피던스(Z_2) = $Z[\Omega]$이므로
∴ 송전선로에서는 $Z_0 > Z_1 = Z_2$임을 알 수 있다.

38 □□□

전력 원선도에서는 알 수 없는 것은?

① 송수전할 수 있는 최대전력
② 선로 손실
③ 수전단 역률
④ 코로나손

전력 원선도

전력원선도 작성에 필요한 사항	전력원선도로 알 수 있는 사항
㉠ 일반 회로정수 (4단자 정수 = B) ㉡ 송·수전단 전압 ㉢ 송·수전단 전압간 위상차	㉠ 송·수전단 전압간의 위상차 ㉡ 송·수전할 수 있는 최대전력 ㉢ 송전손실 및 송전효율 ㉣ 수전단의 역률 ㉤ 조상설비 용량

정답 35 ③ 36 ① 37 ① 38 ④

39 □□□

화력발전소에서 가장 큰 손실은?

① 소내용 동력
② 송풍기 손실
③ 복수기에서의 손실
④ 연도 배출가스 손실

화력발전소의 손실
손실의 주된 것은 보일러에서는 배열가스가 굴뚝으로부터 방산하는 열량과 배열 가스내의 수증기가 가지고 나가는 열량이 가장 크며 터빈에서는 복수기의 냉각수가 가지고 가는 열량이 매우 커서 화력발전소의 최대손실이 되고 있다. 터빈과 복수기의 손실이 40~45[%] 정도가 된다는 것은 이 때문이다.

40 □□□

송전전력, 송전거리, 전선의 비중 및 전력손실률이 일정하다고 하면 전선의 단면적 $A[\mathrm{mm}^2]$와 송전전압 V[kV]와의 관계로 옳은 것은?

① $A \propto V$　　② $A \propto V^2$
③ $A \propto \dfrac{1}{\sqrt{V}}$　　④ $A \propto \dfrac{1}{V^2}$

전력 손전력손실률 과 전선의 단면적 관계
3상의 전력 $P = \sqrt{3} \times V \times I \times \cos\theta$[W] 이 식에서

$I = \dfrac{P}{\sqrt{3} \times V \times I \times \cos\theta}$[A] 가 된다.

또한 선로 저항 $R = \rho \dfrac{L}{A}$ 이고, 전력손실

$P_l = 3 \times (\dfrac{P}{\sqrt{3} \times V \times \cos\theta})^2 \times R = \dfrac{P^2}{V^2 \cos^2\theta} \times R$

이다.

전력 손실률 $k = \dfrac{P_l}{P} \times 100 = \dfrac{3I^2R}{P} \times 100$

$= \dfrac{P\rho l}{V^2 \cos^2\theta A} \times 100$ [%]이므로 $A \propto \dfrac{1}{V^2}$ 임을 알 수 있다.

∴ 전선의 단면적 A는 $\dfrac{1}{V^2}$ 에 비례한다.

3과목 : 전기기기

무료 동영상 강의 ▲

41 □□□

동기발전기의 전기자권선을 분포권으로 하면 어떻게 되는가?

① 난조를 방지한다.
② 기전력의 파형이 좋아진다.
③ 권선의 리액턴스가 커진다.
④ 집중권에 비하여 합성 유기기전력이 증가한다.

분포권의 특징
(1) 매극 매상의 슬롯 수를 크게 하기 때문에 슬롯 간격은 상수에 반비례하며 또한 권선의 발생 열을 고루 발산시킨다.
(2) 집중권에 비해 권선의 리액턴스가 감소한다.
(3) 고조파를 제거해서 기전력의 파형이 좋아진다.
(4) 집중권에 비해 유기기전력의 크기가 감소한다.
(5) 발전기의 출력이 감소한다.

42 □□□

동기발전기의 자기여자방지법을 방지하는 방법이 아닌 것은?

① 수전단에 콘덴서를 병렬로 접속한다.
② 발전기 여러 대를 모선에 병렬로 접속한다.
③ 수전단에 동기조상기를 접속한다.
④ 수전단에 리액터를 병렬로 접속한다.

동기발전기의 자기여자현상
동기발전기의 자기여자현상이란 무부하 단자전압이 유기기전력보다 크게 나타남으로서 여자를 확립하지 않아도 발전기 스스로 전압을 일으키는 현상으로 원인과 방지대책은 다음과 같다.

구분	내용
원인	정전용량(C)에 의한 충전전류에 의해서 나타난다.
방지 대책	(1) 전기자반작용이 적고 단락비가 큰 발전기를 사용한다. (2) 발전기 여러 대를 병렬로 운전한다. (3) 송전선 말단에 리액터나 변압기를 설치한다. (4) 송전선 말단에 동기조상기를 설치하여 부족여자로 운전한다.

∴ 콘덴서를 접속하면 자기여자현상을 증가시킨다.

정답 39 ③ 40 ④ 41 ② 42 ①

43 □□□

무부하로 병렬운전하는 동일 정격의 두 3상 동기 발전기에 대응하는 두 기전력 사이에 30°의 위상차가 있을 때, 한쪽 발전기에서 다른 발전기에 공급되는 (1상의) 유효전력은 몇 [kW]인가? (단, 각 발전기의 (1상의) 기전력은 1,000[V], 동기 리액턴스는 4[Ω]이고, 전기자 저항은 무시한다.)

① 62.5　　② 125.5
③ 200　　④ 152.5

동기발전기의 수수전력(P_s)

$P_s = \dfrac{{E_A}^2}{2Z_s}\sin\delta\,[\mathrm{W}]$ 식에서

$E_A = 1{,}000\,[\mathrm{V}]$, $Z_s = 4\,[\Omega]$, $\delta = 30°$ 이므로

$\therefore\ P_s = \dfrac{{E_A}^2}{2Z_s}\sin\delta = \dfrac{1{,}000^2}{2\times 4}\times\sin 30°$

$= 62.5\times 10^3\,[\mathrm{W}] = 62.5\,[\mathrm{kW}]$

44 □□□

동기전동기의 특징으로 틀린 것은?

① 속도가 일정하다.
② 역률을 조정할 수 없다.
③ 직류전원을 필요로 한다.
④ 난조를 일으킬 염려가 있다.

동기전동기의 특징
동기전동기는 동기발전기와 같이 회전계자형을 주로 사용하며 무효전력을 조정할 수 있어서 동기조상기로도 이용된다. 또한 제동권선을 이용한 자기기동법을 일반적으로 사용하고 있다. 다음은 동기전동기의 장점과 단점에 대한 설명이다.

구분	특징
장점	(1) 속도가 일정하다.(동기속도) (2) 역률 조정이 가능하고 역률을 1로 운전할 수 있어 전동기의 종류 중 역률이 가장 좋다. (3) 효율이 좋다. (4) 공극이 크고 튼튼하다.
단점	(1) 기동토크가 작다. (2) 속도 조정이 곤란하다. (3) 직류 여자기가 필요하다. (4) 난조 발생이 빈번하다.

45 □□□

변압기의 무부하시험, 단락시험에서 구할 수 없는 것은?

① 철손　　② 전압변동률
③ 동손　　④ 절연내력

변압기 등가회로 구성에 필요한 시험

구분	시험으로부터 알 수 있는 값
권선저항 측정시험	변압기 1차, 2차 권선의 저항 값
무부하시험	여자 전류(무부하 전류), 여자 어드미턴스, 여자 콘덕턴스, 철손 등
단락시험	임피던스 전압, 임피던스 와트(동손), 누설 리액턴스, %임피던스(%저항과 %리액턴스), 전압변동률 등

∴ 변압기 등가회로 구성에 필요한 시험과 절연내력과는 관계가 없다.

46 □□□

420/105[V]의 변압기의 U 단자와 u 단자를 단락하고, U-V 사이에 전압 400[V]를 가한 후 V-v 단자에서 측정되는 전압의 값은 몇 [V]인가? (단, 감극성이다.)

① 100　　② 200
③ 300　　④ 400

변압기의 극성
변압기 극성이 감극성일 때 변압기 1, 2차 사이의 전압은

$V_1 - V_2\,[\mathrm{V}]$ 식에서

변압기 권수비 $a = 420/105\,[\mathrm{V}]$, 고압측 $V_1 = 400\,[\mathrm{V}]$일 때

$a = \dfrac{V_1}{V_2}$ 식에서 $V_2 = \dfrac{V_1}{a}\,[\mathrm{V}]$이다.

$V_2 = \dfrac{V_1}{a} = 400\times\dfrac{105}{420} = 100\,[\mathrm{V}]$ 이므로

$\therefore\ V_1 - V_2 = 400 - 100 = 300\,[\mathrm{V}]$

정답 43 ① 44 ② 45 ④ 46 ③

47 □□□

정현파형의 회전자계 중에 정류자가 있는 회전자를 놓으면 각 정류자편 사이에 연결되어 있는 회전자 권선에는 크기가 같고 위상이 다른 전압이 유기된다. 정류자편수를 K라 하면 정류자편 사이의 위상차는?

① $\frac{\pi}{K}$　② $\frac{2\pi}{K}$
③ $\frac{K}{\pi}$　④ $\frac{K}{2\pi}$

정류자

구분	공식
정류자편수	$k_s = \frac{U}{2}N_s$
정류자 편간 위상차	$\theta_s = \frac{2\pi}{k_s}$
정류자 편간 평균전압	$e_s = \frac{aE}{k_s}$

48 □□□

직류전동기의 극수가 6극일 때 토크를 τ라 하면 극수가 12극일 때 전동기의 토크는?

① τ　② 2τ
③ 3τ　④ 4τ

직류전동기의 토크

$\tau = \frac{pZ\phi I_a}{2\pi a}$ [N·m] 식에서

토크(τ)는 극수(p)에 비례하므로

∴ 극수가 2배로 증가하면 토크도 2배 증가하여 2τ가 된다.

49 □□□

출력 10[kVA], 정격전압에서의 철손이 120[W], 뒤진 역률 0.7, $\frac{3}{4}$ 부하에서 효율이 가장 큰 단상변압기가 있다. $\frac{3}{4}$ 부하이고 역률이 1일 때 최대효율[%]은?

① 96.9　② 97.8
③ 98.5　④ 99.0

$\frac{1}{m}$ 부하에서의 최대효율

$\eta_{\frac{1}{m}} = \frac{\frac{1}{m}P_n\cos\theta}{\frac{1}{m}P_n\cos\theta + P_i + \left(\frac{1}{m}\right)^2 P_c} \times 100$ [%] 식에서

$P_n = 10$ [kVA], $P_i = 120$ [W], $\cos\theta = 0.8$일 때 최대효율 조건은

$P_i = \left(\frac{1}{m}\right)^2 P_c$ 이므로 동손 P_c는

$P_c = \frac{P_i}{\left(\frac{1}{m}\right)^2} = \frac{120}{\left(\frac{3}{4}\right)^2} = 213.33$ [W]이다.

역률이 1일 때 최대효율은

$$\therefore \eta_{\frac{1}{m}} = \frac{\frac{1}{m}P_n}{\frac{1}{m}P_n + P_i + \left(\frac{1}{m}\right)^2 P_c} \times 100$$

$$= \frac{\frac{3}{4}\times 10\times 10^3}{\frac{3}{4}\times 10\times 10^3 + 120 + \left(\frac{3}{4}\right)^2 \times 213.33} \times 100$$

$= 96.9$ [%]

정답 47 ② 48 ② 49 ①

50 □□□

직류기에서 양호한 정류를 얻는 조건으로 맞는 것은?

① 정류주기를 작게 한다.
② 브러시의 접촉저항을 작게 한다.
③ 보극을 설치하여 정류 코일 내에 유기되는 리액턴스 전압과 반대 방향으로 정류전압을 유기시킨다.
④ 전기자 코일의 인덕턴스를 크게 한다.

양호한 정류를 얻는 조건
리액턴스 전압은 정류 불량의 원인으로서 리액턴스 전압이 크면 정류는 더욱 나빠진다.

$e_r = L\dfrac{di}{dt} = L\dfrac{2I_c}{T_c}$ [V] 식에서

리액턴스 전압 e_r을 줄이는 방법은
(1) 인덕턴스(L)를 작게 한다.
(2) 정류주기(T_c)를 크게 한다.
(3) 보극을 설치하여 정류 코일 내에 유기되는 리액턴스 전압과 반대 방향으로 정류전압을 유기시킨다.
(4) 탄소브러시를 사용하여 브러시 접촉면 전압강하를 크게 한다.

51 □□□

유도전동기의 특성에서 토크 τ와 2차 입력 P_2, 동기속도 N_s의 관계는?

① 토크는 2차 입력에 비례하고, 동기속도에 반비례한다.
② 토크는 2차 입력과 동기속도의 곱에 비례한다.
③ 토크는 2차 입력에 반비례하고, 동기속도에 비례한다.
④ 토크는 2차 입력의 자승에 비례하고, 동기속도의 자승에 반비례한다.

유도전동기의 토크(τ)
기계적 출력 P_0, 회전자 속도 N, 2차 입력 P_2, 동기속도 N_s라 하면

$$\tau = 9.55\frac{P_0}{N}[\text{N}\cdot\text{m}] = 0.975\frac{P_0}{N}[\text{kg}\cdot\text{m}]$$
$$= 9.55\frac{P_2}{N_s}[\text{N}\cdot\text{m}] = 0.975\frac{P_2}{N_s}[\text{kg}\cdot\text{m}]$$ 식에서

∴ 토크는 2차 입력에 비례하고 동기속도에 반비례한다.

52 □□□

다음 ( ) 안에 알맞은 내용은?

직류전동기의 회전속도가 위험한 상태가 되지 않으려면 직권 전동기는 (㉠) 상태로, 분권전동기는 (㉡) 상태가 되지 않도록 하여야 한다.

① ㉠ 무부하, ㉡ 무여자
② ㉠ 무여자, ㉡ 무부하
③ ㉠ 무여자, ㉡ 경부하
④ ㉠ 무부하, ㉡ 경부하

직류전동기의 속도 특성
∴ 직류전동기의 위험속도 운전은 직권전동기의 무부하 운전시, 그리고 분권전동기의 무여자 운전시 나타난다.

53 □□□

3상 유도전동기의 공급전압이 일정하고, 주파수가 정격값보다 감소할 때 일어나는 현상으로 옳지 않은 것은?

① 동기속도가 감소한다.
② 누설 리액턴스가 증가한다.
③ 철손이 증가한다.
④ 효율이 떨어진다.

유도전동기의 전기적 특성
주파수가 감소할 경우
(1) $N_s = \dfrac{120f}{p}$ [rpm] 식에서 동기속도는 감소한다.
(2) $X_L = \omega L = 2\pi f L\,[\Omega]$ 식에서 누설 리액턴스는 감소한다.
(3) $P_h \propto \dfrac{V_1^2}{f}$ [W] 식에서 철손은 증가한다.
(4) 철손 증가로 효율은 떨어진다.

정답 50 ③ 51 ① 52 ① 53 ②

54 □□□

직류전동기의 보극(A, B)의 극성과 보상권선(X, Y)의 전류 방향은?

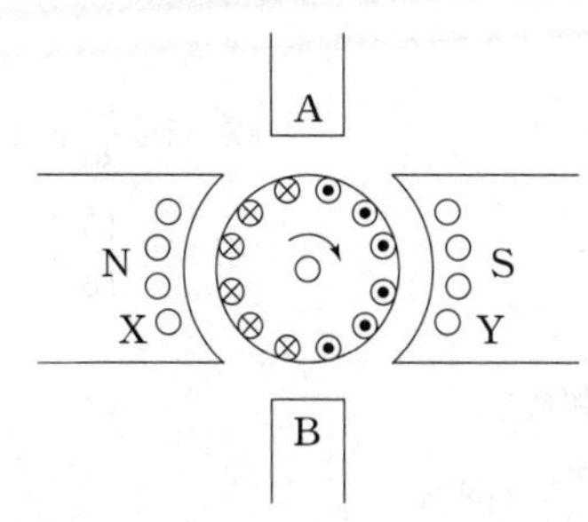

① A : S극, B : N극, X : ⊙, Y : ⊗
② A : S극, B : N극, X : ⊗, Y : ⊙
③ A : N극, B : S극, X : ⊙, Y : ⊗
④ A : N극, B : S극, X : ⊗, Y : ⊙

직류전동기의 보극과 보상권선

(1) 직류전동기의 보극은 회전 방향으로 바라본 주자극의 극성과 반대가 되도록 접속하기 때문에 A의 극성은 N극, B의 극성은 S극이 되어야 한다.
(2) 보상권선의 전류 방향은 전기자 전류와 반대 방향으로 흘러야 하므로 X는 ⊙, Y는 ⊗ 방향이다.

참고 보극의 방향
보극의 극성은 직류발전기의 경우 회전 방향으로 바라본 주자극의 극성을 따르며, 전동기의 경우는 주자극과 반대로 접속한다.

55 □□□

단락비가 큰 동기기에 대한 설명으로 옳은 것은?

① 안정도가 높다.
② 기계가 소형이다.
③ 전압변동률이 크다.
④ 전기자반작용이 크다.

단락비가 큰 동기발전기의 특징

(1) 동기 임피던스가 적고 전압변동률이 적다.
(2) 계자 기자력이 크고 전기자반작용이 적다.
(3) 과부하 내량이 크기 때문에 기기의 안정도가 높다.
(4) 기기의 형태, 중량이 커지고 철손 및 기계손이 증가하여 가격이 비싸고 효율은 떨어진다.
(5) 극수가 많고 공극이 크며 저속기로서 속도변동률이 적다.
(6) 선로의 충전용량이 크다.

56 □□□

권선형 유도전동기의 기동법에 대한 설명 중 틀린 것은?

① 기동시 2차 회로의 저항을 크게 하면 기동시에 큰 토크를 얻을 수 있다.
② 기동시 2차 회로의 저항을 크게 하면 기동시에 기동전류를 억제할 수 있다.
③ 2차 권선 저항을 크게 하면 속도 상승에 따라 외부저항이 증가한다.
④ 2차 권선 저항을 크게 하면 운전 상태의 특성이 나빠진다.

비례추이의 원리의 특징

(1) 2차 저항을 증가시키면 최대토크는 변하지 않으나 최대토크를 발생하는 슬립이 증가한다.
(2) 2차 저항을 증가시키면 기동토크가 증가하고 기동전류는 감소한다.
(3) 2차 저항을 증가시키면 속도는 감소한다.
(4) 기동역률이 좋아진다.
(5) 전부하 효율이 저하한다.
∴ 2차 권선 저항을 크게 하면 기동특성은 양호해지는 반면 속도 저하로 인한 운전 상태의 특성은 나빠진다.

57 □□□

그림은 단상 직권정류자 전동기의 개념도이다. C를 무엇이라고 하는가?

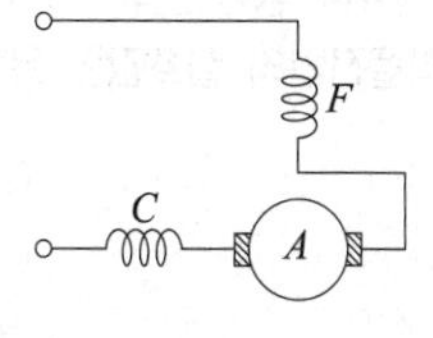

① 제어권선
② 보상권선
③ 보극권선
④ 단층권선

단상 직권정류자 전동기의 특징

∴ A : 전기자권선, F : 계자권선, C : 보상권선

58 □□□

스텝각이 2°, 스테핑주파수(pulse rate)가 1,800[pps]인 스테핑모터의 축속도[rps]는?

① 8　　② 10
③ 12　　④ 14

스테핑 모터의 속도(= 축속도 : n)
스테핑 전동기의 축속도는 스텝각(β)과 스테핑주파수(또는 펄스레이트 : f_p)의 함수로서

$n = \dfrac{\beta \times f_p}{360°}$ [rps]이다.

$\beta = 2°$, $f_p = 1,800$ [pps] 이므로

$\therefore\ n = \dfrac{\beta \times f_p}{360} = \dfrac{2 \times 1,800}{360} = 10$ [rps]

59 □□□

정류기의 직류측 평균전압이 600[V]이고 리플률이 3[%]인 경우, 리플전압의 실효값[V]은?

① 8　　② 10
③ 12　　④ 18

맥동률(리플률 : ν)

$\nu = \dfrac{\text{리플전압의 실효값(교류분)}}{\text{직류분}} \times 100$ [%] 식에서

직류분 평균전압이 600 [V], $\nu = 3$ [%] 이므로
리플전압의 실효값(교류분)은

$\therefore$ 리플전압의 실효값 $= \dfrac{\nu \times \text{직류분전압}}{100}$

$= \dfrac{3 \times 600}{100} = 18$ [V]

60 □□□

3상 동기 발전기에서 권선 피치와 자극 피치의 비를 $\dfrac{13}{15}$의 단절권으로 하였을 때의 단절권 계수는?

① $\sin\dfrac{13}{15}\pi$　　② $\sin\dfrac{13}{30}\pi$
③ $\sin\dfrac{15}{26}\pi$　　④ $\sin\dfrac{15}{13}\pi$

단절권 계수(k_p)

$k_p = \sin\dfrac{\beta\pi}{2}$ 식에서

$\beta = \dfrac{13}{15}$ 이므로

$\therefore\ k_p = \sin\dfrac{\beta\pi}{2} = \sin\dfrac{\frac{13}{15}\pi}{2} = \sin\dfrac{13}{30}\pi$

4과목 : 회로이론 및 제어공학

무료 동영상 강의 ▲

61 □□□

한 상의 임피던스가 $6 + j8\,[\Omega]$인 Δ부하에 대칭 선간전압 200[V]를 인가할 때 3상 전력은 몇 [W]인가?

① 2,400　　② 3,600
③ 7,200　　④ 10,800

△결선의 소비전력(P_Δ)

$P_\Delta = \dfrac{3V_L^2 R}{R^2 + X_L^2}$ [W] 식에서

$Z = R + jX_L = 6 + j8\,[\Omega]$일 때
$R = 6\,[\Omega]$, $X_L = 8\,[\Omega]$, $V_L = 200$ [V]이므로

$\therefore\ P_\Delta = \dfrac{3V_L^2 R}{R^2 + X_L^2} = \dfrac{3 \times 200^2 \times 6}{6^2 + 8^2} = 7,200$ [W]

정답 58 ② 59 ④ 60 ② 61 ③

62 □□□

그림과 같은 $R-C$ 병렬회로에서 전원전압이 $e(t)=3e^{-5t}$인 경우 이 회로의 임피던스는?

① $\dfrac{j\omega RC}{1+j\omega RC}$

② $\dfrac{R}{1-5RC}$

③ $\dfrac{R}{1+RCs}$

④ $\dfrac{1+j\omega RC}{R}$

R-C 병렬의 임피던스

$e(t)=3e^{-5t}=3e^{j\omega t}$[V]이므로 $j\omega=-5$임을 알 수 있다.

$$\therefore\ Z=\frac{1}{\frac{1}{R}+j\omega C}=\frac{R}{1+j\omega CR}=\frac{R}{1-5RC}[\Omega]$$

63 □□□

선간 전압이 V_{ab}[V]인 3상 평형 전원에 대칭부하 $R[\Omega]$ 그림과 같이 접속되어 있을 때, a, b 두 상 간에 접속된 전력계의 지시 값이 W[W]라면 C상 전류의 크기[A]는?

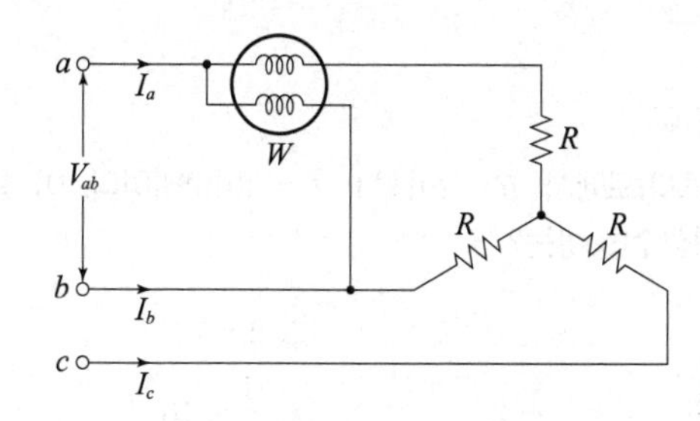

① $\dfrac{W}{3V_{ab}}$ ② $\dfrac{2W}{3V_{ab}}$

③ $\dfrac{2W}{\sqrt{3}\,V_{ab}}$ ④ $\dfrac{\sqrt{3}\,W}{V_{ab}}$

1전력계법

(1) 전전력 : $P=2W=\sqrt{3}\,VI$[W]

(2) 선전류 : $I=\dfrac{2W}{\sqrt{3}\,V}$[A]

64 □□□

회로에서 전압 V_{ab}[V]는?

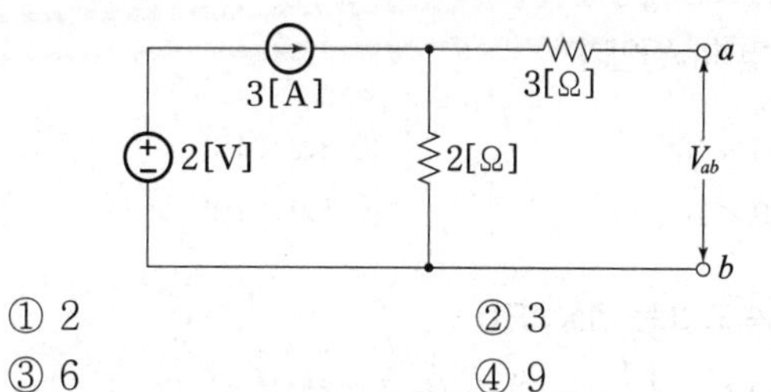

① 2 ② 3

③ 6 ④ 9

중첩의 원리

중첩의 원리를 이용하여 풀면 a, b 단자전압 V_{ab}는 저항 2[Ω]에 나타나는 전압이므로

3[A] 전류원을 개방하였을 때 $V_{ab}'=0$[V]

2[V] 전압원을 단락하였을 때

$V_{ab}''=2\times3=6$[V]이다.

$\therefore\ V_{ab}=V_{ab}'+V_{ab}''=0+6=6$[V]

65 □□□

그림의 대칭 T회로의 일반 4단자 정수가 다음과 같다. A= D= 1.2, B= 44[Ω], C= 0.01[℧]일 때, 임피던스 $Z[\Omega]$의 값은?

① 1.2

② 12

③ 20

④ 44

4단자 정수(A, B, C, D)

$$\begin{bmatrix} A & B \\ C & D \end{bmatrix}=\begin{bmatrix} 1+ZY & Z(1+ZY) \\ Y & 1+ZY \end{bmatrix}$$

$C=Y=0.01$[℧], $A=D=1+ZY=1.2$이므로

$$\therefore\ Z=\frac{1.2-1}{Y}=\frac{1.2-1}{0.01}=20[\Omega]$$

정답 62 ② 63 ③ 64 ③ 65 ③

66 □□□

위상정수가 $\frac{\pi}{8}$[rad/m]인 선로의 1[MHz]에 대한 전파속도는 몇 [m/s]인가?

① 1.6×10^7　② 3.2×10^7
③ 5.0×10^7　④ 8.0×10^7

전파속도 또는 위상속도(v)

$v=\lambda f=\frac{1}{\sqrt{LC}}=\frac{\omega}{\beta}$ [m/sec] 식에서

$\beta=\frac{\pi}{8}$ [rad/m], $f=10^6$ [Hz]일 때

$\therefore v=\frac{\omega}{\beta}=\frac{2\pi f}{\beta}=\frac{2\pi\times10^6}{\frac{\pi}{8}}=1.6\times10^7$ [m/s]

67 □□□

4단자 정수 A, B, C, D로 출력측을 개방시켰을 때 입력측에서 본 구동점 임피던스 $Z_{11}=\left.\frac{V_1}{I_1}\right|_{I_2=0}$ 를 표시한 것 중 옳은 것은?

① $Z_{11}=\frac{A}{C}$　② $Z_{11}=\frac{B}{D}$
③ $Z_{11}=\frac{A}{B}$　④ $Z_{11}=\frac{B}{C}$

4단자 정수와 Z파라미터의 관계
임피던스 파라미터 Z_{11}, Z_{12}, Z_{21}, Z_{22}와 4단자 정수 A, B, C, D와의 관계는

$\therefore Z_{11}=\frac{A}{C},\ Z_{12}=Z_{21}=\frac{1}{C},\ Z_{22}=\frac{D}{C}$

68 □□□

두 코일 A, B의 저항과 리액턴스가 A코일은 3[Ω], 5[Ω]이고, B코일은 5[Ω], 1[Ω]일 때 두 코일을 직렬로 접속하여 100[V]의 전압을 인가시 회로에 흐르는 전류 I는 몇 [A]인가?

① $10\angle-37°$　② $10\angle37°$
③ $10\angle-53°$　④ $10\angle53°$

R, X 직렬회로의 전류

$I=\frac{V}{Z}$ [A] 식에서

$Z_A=3+j5\,[\Omega]$, $Z_B=5+j\,[\Omega]$,

$V=100$ [V] 이므로

$Z=Z_A+Z_B=3+j5+5+j=8+j6$

$=\sqrt{8^2+6^2}\angle\tan^{-1}\left(\frac{6}{8}\right)=10\angle37°\,[\Omega]$일 때

$\therefore I=\frac{V}{Z}=\frac{100}{10\angle37°}=10\angle-37°$ [A]

69 □□□

RL직렬회로에서 $R=20\,[\Omega]$, $L=40$[mH]이다. 이 회로의 시정수[sec]는?

① 2　② 2×10^{-3}
③ $\frac{1}{2}$　④ $\frac{1}{2}\times10^{-3}$

R-L과도현상의 시정수(τ)

R-L직렬연결에서 시정수 τ는 $\tau=\frac{L}{R}$ [sec]이므로

$\therefore \tau=\frac{L}{R}=\frac{40\times10^{-3}}{20}=2\times10^{-3}$ [sec]

정답 66 ① 67 ① 68 ① 69 ②

70 □□□

상의 순서가 $a-b-c$인 불평형 3상 전류가 $I_a=15+j2$[A], $I_b=-20-j14$[A], $I_C=-3+j10$[A]일 때 영상분 전류 I_0는 약 몇 [A]인가?

① $2.67+j0.38$ ② $2.02+j6.98$
③ $15.5-j3.56$ ④ $-2.67-j0.67$

영상분 전류(I_0)

$$I_0=\frac{1}{3}(I_a+I_b+I_c)$$
$$=\frac{1}{3}(15+j2-20-j14-3+j10)$$
$$=-2.67-j0.67\text{ [A]}$$

71 □□□

다음과 같은 상태방정식으로 표현되는 제어시스템의 특성방정식의 근(s_1, s_2)은?

$$\begin{bmatrix}\dot{x}_1\\ \dot{x}_2\end{bmatrix}=\begin{bmatrix}0 & 1\\ -2 & -3\end{bmatrix}\begin{bmatrix}x_1\\ x_2\end{bmatrix}+\begin{bmatrix}1\\ 0\end{bmatrix}u$$

① 1, -3 ② -1, -2
③ -2, -3 ④ -1, -3

상태방정식에서의 특성방정식

특성방정식은 $|sI-A|=0$이므로

$$(sI-A)=s\begin{bmatrix}1 & 0\\ 0 & 1\end{bmatrix}-\begin{bmatrix}0 & 1\\ -2 & -3\end{bmatrix}$$
$$=\begin{bmatrix}s & -1\\ 2 & s+3\end{bmatrix}$$
$$|sI-A|=\begin{vmatrix}s & -1\\ 2 & s+3\end{vmatrix}=s(s+3)+2$$
$$=s^2+3s+2=0$$

$s^2+3s+2=(s+1)(s+2)=0$이므로

특성방정식의 근은

$\therefore s=-1,\ s=-2$

72 □□□

그림의 신호흐름선도를 미분방정식으로 표현한 것으로 옳은 것은? (단, 모든 초기 값은 0이다.)

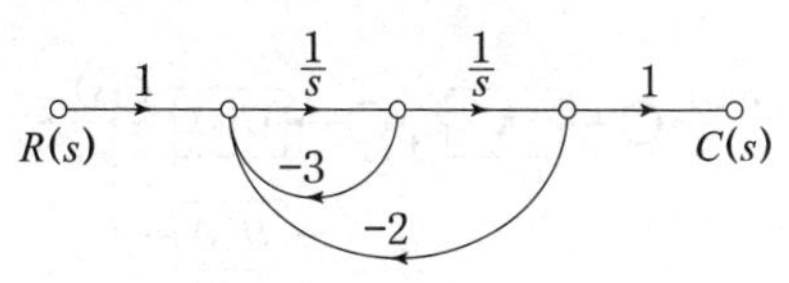

① $\frac{d^2c(t)}{dt^2}+3\frac{dc(t)}{dt}+2c(t)=r(t)$

② $\frac{d^2c(t)}{dt^2}+2\frac{dc(t)}{dt}+3c(t)=r(t)$

③ $\frac{d^2c(t)}{dt^2}-3\frac{dc(t)}{dt}-2c(t)=r(t)$

④ $\frac{d^2c(t)}{dt^2}-2\frac{dc(t)}{dt}-3c(t)=r(t)$

신호흐름선도와 미분방정식

먼저 신호흐름선도의 전달함수를 구하면

$G(s)=\frac{\text{전향경로이득}}{1-\text{루프경로이득}}$ 식에서

전향경로이득 $=1\times\frac{1}{s}\times\frac{1}{s}\times 1=\frac{1}{s^2}$

루프경로이득 $=-3\times\frac{1}{s}-2\times\frac{1}{s}\times\frac{1}{s}$

$=-\frac{3}{s}-\frac{2}{s^2}$ 일 때

$$\frac{C(s)}{R(s)}=\frac{\text{전향경로이득}}{1-\text{루프경로이득}}=\frac{\frac{1}{s^2}}{1-\left(-\frac{3}{s}-\frac{2}{s^2}\right)}$$

$$=\frac{\frac{1}{s^2}}{1+\frac{3}{s}+\frac{2}{s^2}}=\frac{1}{s^2+3s+2}$$ 이다.

$(s^2+3s+2)C(s)=R(s)$

위의 식을 미분방정식으로 표현하면 아래와 같다.

$\therefore \frac{d^2c(t)}{dt^2}+3\frac{dc(t)}{dt}+2c(t)=r(t)$

정답 70 ④ 71 ② 72 ①

73 □□□

그림과 같은 제어시스템의 폐루프 전달함수 $T(s) = \dfrac{C(s)}{R(s)}$에 대한 감도 S_K^T는?

① 0.5
② 1
③ $\dfrac{G}{1+GH}$
④ $\dfrac{-GH}{1+GH}$

감도

전달함수는 $T = \dfrac{C}{R} = \dfrac{KG(s)}{1+G(s)H(s)}$ 이므로

감도 S_K^T는

$$\therefore S_K^T = \frac{K}{T}\cdot\frac{dT}{dK}$$
$$= \frac{K\{1+G(s)H(s)\}}{KG(s)}\cdot\frac{d}{dK}\left\{\frac{KG(s)}{1+G(s)H(s)}\right\}$$
$$= \frac{1+G(s)H(s)}{G(s)}\cdot\frac{G(s)}{1+G(s)H(s)} = 1$$

74 □□□

다음 중 Z 변환에서 최종치 정리를 나타낸 것은?

① $x(0) = \lim\limits_{z\to\infty} X(z)$
② $x(0) = \lim\limits_{z\to\infty} X(z)$
③ $x(\infty) = \lim\limits_{z\to 1}(1-z)X(z)$
④ $x(\infty) = \lim\limits_{z\to 1}(1-z^{-1})X(z)$

초기값 정리와 최종값 정리

구분	공식
초기값 정리	$\lim\limits_{k\to 0} f(kT) = f(0) = \lim\limits_{z\to\infty} F(z)$
최종값 정리	$\lim\limits_{k\to\infty} f(kT) = f(\infty) = \lim\limits_{z\to 1}(1-z^{-1})F(z)$

75 □□□

그림과 같은 블록선도에 대한 등가 종합 전달함수(C/R)는?

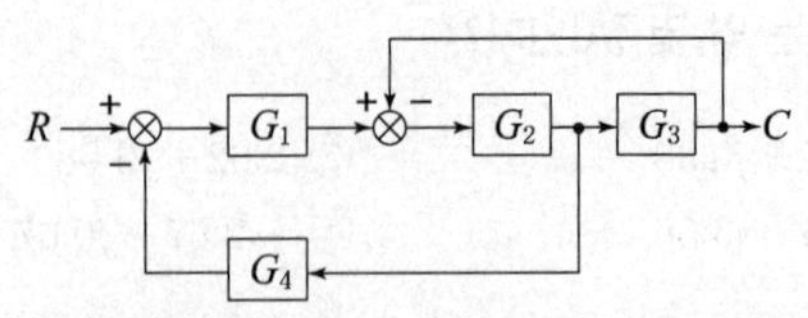

① $\dfrac{G_1G_2G_3}{1+G_1G_2+G_1G_2G_3}$
② $\dfrac{G_1G_2G_3}{1+G_2G_2+G_1G_2G_3}$
③ $\dfrac{G_1G_2G_4}{1+G_1G_2+G_1G_2G_4}$
④ $\dfrac{G_1G_2G_3}{1+G_2G_3+G_1G_2G_4}$

블록선도의 전달함수 : $G(s)$

$$C(s) = \left\{\left(R - \frac{C}{G_3}G_4\right)G_1 - C\right\}G_2G_3$$
$$= G_1G_2G_3R - G_1G_2G_4C - G_2G_3C$$
$$(1+G_2G_3+G_1G_2C_4)C = G_1G_2G_3R$$
$$\therefore G(s) = \frac{C}{R} = \frac{G_1G_2G_3}{1+G_2G_3+G_1G_2G_4}$$

76 □□□

논리식 $L = \overline{x}\cdot\overline{y} + \overline{x}\cdot y + x\cdot y$ 를 간략화 한 것은?

① $x+y$
② $\overline{x}+y$
③ $x+\overline{y}$
④ $\overline{x}+\overline{y}$

불대수를 이용한 논리식의 간소화

$$\therefore L = \overline{x}\overline{y} + \overline{x}y + xy = \overline{x}\overline{y} + \overline{x}y + \overline{x}y + xy$$
$$= \overline{x}(\overline{y}+y) + (\overline{x}+x)y$$
$$= \overline{x}+y$$

정답 73 ② 74 ④ 75 ④ 76 ②

77 □□□

$G(j\omega)=\dfrac{K}{(1+2j\omega)(1+j\omega)}$의 이득여유가 20[dB]일 때 K의 값은?

① 0 ② 1

③ 10 ④ $\dfrac{1}{10}$

이득여유(GM)

$GH(j\omega)=\dfrac{K}{(1+2j\omega)(1+j\omega)}=\dfrac{K}{(1-2\omega^2)+j3\omega}$

$j3\omega=0$일 때 $\omega=0$ 이므로

$|GH(j\omega)|_{\omega=0}=K$ 이다.

$GM=20\log_{10}\dfrac{1}{K}$

$=20$ [dB]이 되기 위해서는

$\dfrac{1}{K}=10$ 이어야 한다.

$\therefore K=\dfrac{1}{10}$

78 □□□

$\mathcal{L}^{-1}\left[\dfrac{1}{s^2+a^2}\right]$은 어느 것인가?

① $\sin at$ ② $\dfrac{1}{a}\sin at$

③ $\cos at$ ④ $\dfrac{1}{a}\cos at$

삼각함수의 라플라스 변환

$\therefore \mathcal{L}^{-1}\left[\dfrac{1}{s^2+a^2}\right]=\mathcal{L}^{-1}\left[\dfrac{1}{a}\cdot\dfrac{a}{s^2+a^2}\right]$

$=\dfrac{1}{a}\sin at$

참고 삼각함수와 관련된 라플라스 변환

$f(t)$	$F(s)$
$\sin at$	$\dfrac{a}{s^2+a^2}$
$\cos at$	$\dfrac{s}{s^2+a^2}$

79 □□□

$G(s)H(s)=\dfrac{K(s+1)}{s^2(s+2)(s+3)}$에서 점근선의 교차점을 구하면?

① $-\dfrac{5}{6}$ ② $-\dfrac{1}{5}$

③ $-\dfrac{4}{3}$ ④ $-\dfrac{1}{3}$

점근선의 교차점

$\sigma=\dfrac{\sum G(s)H(s)\text{의 유한 극점}-\sum G(s)H(s)\text{의 유한 영점}}{p-z}$

식에서

(1) $K=0$일 때의 극점 : $s=0,\ s=0,\ s=-2,\ s=-3$

$\rightarrow p=4$

(2) $K=\infty$일 때의 영점 : $s=-1\ \rightarrow z=1$

(3) $\sum G(s)H(s)$ 의 유한극점$=0+0-2-3=-5$

(4) $\sum G(s)H(s)$ 의 유한영점$=-1$

$\therefore \sigma=\dfrac{-5-(-1)}{4-1}=-\dfrac{4}{3}$

80 □□□

적분 시간 2[sec], 비례 감도가 2인 비례적분 동작을 하는 제어 요소에 동작신호 $x(t)=2t$를 주었을 때 이 제어 요소의 조작량은? (단, 조작량의 초기 값은 0이다.)

① t^2+4t ② t^2+2t

③ t^2+8t ④ t^2+6t

제어요소

비례적분 요소의 전달함수 $G(s)=K\left(1+\dfrac{1}{Ts}\right)$

식에서 적분시간 $T=2$ [sec], 비례감도 $K=2$ 이므로

$G(s)=2\left(1+\dfrac{1}{2s}\right)=2+\dfrac{1}{s}$ 이다.

동작신호	→	제어요소	→	조작량
$X(s)$		$G(s)$		$Y(s)$

$x(t)=2t$일 때

$X(s)=\mathcal{L}[x(t)]=\mathcal{L}[2t]=\dfrac{2}{s^2}$ 이므로

$Y(s)=X(s)\,G(s)=\dfrac{2}{s^2}\left(2+\dfrac{1}{s}\right)=\dfrac{4}{s^2}+\dfrac{2}{s^3}$

$\therefore y(t)=\mathcal{L}^{-1}[Y(s)]=t^2+4t$

정답 77 ④ 78 ② 79 ③ 80 ①

5과목 : 전기설비기술기준 및 판단기준

무료 동영상 강의 ▲

81 □□□

다음 중 절연전선이 아닌 것은?

① 450/750[V] 저독성 난연 가교 폴리올레핀 절연전선
② 450/750[V] 저독성 난연 폴리올레핀 절연전선
③ 450/750[V] 캡타이어 절연전선
④ 450/750[V] 비닐절연전선

절연전선

저압 절연전선의 종류
450/750[V] 비닐절연전선 450/750[V] 저독성 난연 폴리올레핀절연전선 450/750[V] 저독성 난연 가교폴리올레핀절연전선 450/750[V] 고무절연전선

82 □□□

철도 또는 궤도를 횡단하는 저고압 가공전선의 높이는 레일면 상 몇 [m] 이상이어야 하는가?

① 5.5 ② 6.5
③ 7.5 ④ 8.5

저압, 고압 가공전선의 높이

구 분	시공 높이
도로 횡단	6[m]
철도 횡단	6.5[m]
횡단 보도교 (육교)	3.5[m] 이상 (단, 저압으로 절연전선, 다심형전선, 케이블사용 : 3[m] 이상)
기타	5[m] 이상 (단, 절연전선, 케이블 및 교통에 지장 없다 : 4[m])

83 □□□

교류 전차선 등 충전부와 식물 사이의 이격거리는 몇 [m] 이상이어야 하는가? (단, 현장여건을 고려한 방호벽 등의 안전조치를 하지 않는 경우이다.)

① 1
② 3
③ 5
④ 10

전차선 등과 식물사이의 이격거리

교류 전차선 등 충전부와 식물 사이의 이격거리는 5[m] 이상. 다만, 5[m] 이상 확보하기 곤란한 경우는 방호벽 등 안전조치를 할것.

84 □□□

금속제 가요전선관 공사에 의한 저압 옥내배선으로 틀린 것은?

① 가요전선관은 2종 금속제 가요전선관일 것. 다만, 전개된 장소 또는 점검할 수 있는 은폐된 장소 또는 습기가 많은 장소 또는 물기가 있는 장소에는 비닐 피복 1종 가요전선관을 사용할 것
② 전선은 옥외용 비닐절연전선일 것
③ 가요전선관 안에는 전선에 접속점이 없도록 할 것
④ 관의 끝부분 및 안쪽 면은 전선의 피복을 손상하지 아니 하도록 매끈한 것일 것

금속제 가요전선관 공사

구분	내용
전선	① 전선은 절연전선(단, OW 제외)일 것. ② 전선은 연선일 것. 다만, 10[mm^2] (알루미늄선은 16[mm^2]) 이하는 단선사용. ③ 가요전선관 안에서 접속점이 없도록 할 것. ④ 관의 끝부분 및 안쪽 면은 전선의 피복을 손상하지 아니 하도록 매끈한 것일 것
관재료	2종 금속제 가요전선관 (습기 많은 장소 또는 물기가 있는 장소에 시설하는 때에는 비닐 피복 2종 가요전선관)일 것. 다만, 전개된 장소 또는 점검할 수 있는 은폐된 장소에는 1종 가요전선관을 사용할 수 있다.

정답 81 ③ 82 ② 83 ③ 84 ②

85 □□□

사용전압이 154[kV]인 전선로를 제1종 특고압 보안공사로 시설할 경우, 여기에 사용되는 경동연선의 단면적은 몇 [mm^2] 이상이어야 하는가?

① 100 ② 125
③ 150 ④ 200

특고압 보안공사
제1종 특고압 보안공사 시 전선의 단면적

사용전압	전 선
100[KV] 미만	55[mm^2] = 21.67[kN] 이상
100[KV] 이상 300[KV] 미만	150[mm^2] = 58.84[kN] 이상
300[KV] 이상	200[mm^2] = 77.47[kN] 이상

86 □□□

교통이 번잡한 도로를 횡단하여 저압 가공전선을 시설하는 경우 지표상 높이는 몇 [m] 이상으로 하여야 하는가?

① 4.0 ② 5.0
③ 6.0 ④ 6.5

저압,고압 가공전선의 높이

구 분	시공 높이
도로 횡단	6[m]
철도 횡단	6.5[m]
횡단 보도교 (육교)	3.5[m]이상 (단, 저압의경우로 절연전선, 다심형전선, 케이블사용 : 3[m]이상)
기타	5[m] 이상 (단, 절연, 케이블 및 교통에 지장 없다 : 4[m])

87 □□□

특고압 가공전선로의 지지물 중 각도형은 몇 도를 초과하는 수평각도를 이루는 곳을 말하는가?

① 3도 ② 5도
③ 10도 ④ 10도

특고압 가공전선로의 철주·철근 콘크리트주 또는 철탑의 종류

직 선 형	전선로의 직선부분 (3도 이하)에 사용
각 도 형	전선로중 3도를 초과하는 수평각도를 이루는 곳에 사용
인 류 형	전가섭선을 인류하는 곳에 사용
내 장 형	전선로의 지지물 양쪽의 경간의 차가 큰 곳에 사용
보 강 형	전선로의 직선부분에 그 보강을 위하여 사용

88 □□□

전로를 대지로부터 반드시 절연하여야 하는 것은?

① 전기욕기 ② 전기로
③ 전기다리미 ④ 전해조

전로는 다음의 경우를 제외하고 대지로부터 절연 한다.

(1) 저압전로에 접지공사를 하는 경우의 접지점
(2) 전로의 중성점(25KV이하 다중접지)에 접지공사를 하는 경우의 접지점
(3) 계기용 변성기 2차측 전로에 접지공사를 하는 경우의 접지점
(4) 시험용 변압기등 절연하지 아니하고 전기를 사용하는 것이 부득이한 경우.
(5) 전기욕기, 전기로, 전기보일러, 전해조등 절연하는 것이 기술상 곤란.
(6) 저압 옥내직류 전기설비의 직류계통에 접지공사를 하는 경우의 접지점

정답 85 ③ 86 ③ 87 ① 88 ③

89 □□□

주택의 전기저장장치의 시설에 관한 사항이다. 다음 중 틀린것은?

① 주택의 옥내전로의 대지전압은 직류 600[V] 이하.
② 충전부분은 노출되지 않도록 시설하여야 한다.
③ 모든 부품은 충분한 내수성을 확보하여야 한다.
④ 전선은 공칭단면적 2.5[mm^2] 이상의 연동선

전기 저장 장치 시설
(1) 충전부분은 노출되지 않도록 시설하여야 한다
(2) 주택의 옥내전로의 대지전압은 직류 600[V] 이하.
(3) 전선은 공칭단면적 2.5[mm^2] 이상의 연동선
(4) 모든 부품은 충분한 내열성을 확보하여야 한다.

90 □□□

고압 및 특고압 가공전선로로부터 공급을 받는 수용장소의 인입구에 설치해야 하는 것은?

① 피뢰기 ② 분로리액터
③ 동기조상기 ④ 정류기

피뢰기의 시설
(1) 발전소·변전소 또는 이에 준하는 장소의 가공전선 인입구 및 인출구
(2) 특고압 가공전선로에 접속하는 배전용 변압기의 고압측 및 특고압측
(3) 고압 및 특고압 가공전선로로부터 공급을 받는 수용장소의 인입구
(4) 가공전선로와 지중 전선로가 접속되는 곳

91 □□□

급전용 변압기는 교류 전기철도의 경우 어떤 것을 적용하는가?

① 단상 정류기용 변압기
② 3상 정류기용 변압기
③ 단상 스코트 결선 변압기
④ 3상 스코트 결선 변압기

전기철도의 변전방식
∴ 급전용 변압기
- 직류 전기철도 : 3상 정류기용 변압기
- 교류 전기철도 : 3상 스코트결선 변압기

92 □□□

22.9[kV] 다중접지 특고압 가공전선로의 전로와 저압 전로를 변압기에 의하여 결합하는 경우 중성점 접지공사에 사용하는 연동 접지선 굵기는 최소 몇 [mm^2] 이상인가? (단, 전로에 지락이 생겼을 때에 2초 이내에 자동적으로 이를 전로로부터 차단하는 장치가 되어있다.)

① 0.75 ② 2.5
③ 6 ④ 8

접지도체 굵기

전 압		접지도체의 굵기
고압 및 특고압 전기설비		6[mm^2] 이상
중성점 접지용	기 본	16[mm^2] 이상
	· 7[kv]이하 전로 · 25[kv]이하 다중접지 (2초이내 자동차단)	6[mm^2] 이상

정답 89 ③ 90 ① 91 ④ 92 ③

93 □□□

도로 또는 옥외 주차장에 표피전류 가열장치를 시설하는 경우에 발열선에 전기를 공급하는 전로의 대지전압은 교류 몇 [V] 이하인가? (단, 주파수가 60[Hz]의 것에 한한다.)

① 300 ② 400
③ 500 ④ 600

표피전류 가열장치의 시설
(1) 대지전압은 300[V] 이하일 것.
(2) 발열선은 120[℃] 를 넘지 않도록 시설 할 것.

94 □□□

순시트립전류에 따른 분류에서 주택용 배선차단기의 정격전류를 I_n이라고 할 때, 순시트립 범위가 "$10I_n$초과 ~ $20I_n$이하"인 경우 무슨 형인가?

① A형 ② B형
③ C형 ④ D형

[kec 212.3.4] 보호장치의 특성
순시트립에 따른 구분 (주택용 배선용 차단기)

형 (순시 트립에 따른 차단기 분류)	순시 트립 범위
B	$3I_n$ 초과 - $5I_n$ 이하
C	$5I_n$ 초과 - $10I_n$ 이하
D	$10I_n$ 초과 - $20I_n$ 이하

95 □□□

전력보안통신선의 조가선 시설기준으로 옳지 않은 것은?

① 조가선은 2조까지만 시설할 것.
② 조가선은 부식되지 않는 별도의 금구를 사용할 것
③ 조가선은 설비안전을 위해 전주와 전주 경간 중에 접속할 것
④ 조가선 끝단은 날카롭지 않게 할 것

통신선의 조가선 시설기준
(1) 단면적 38[mm^2] 이상의 아연도강연선을 사용할 것.
(2) 전주와 전주 경간 중에 접속하지 말 것.
(3) 부식되지 않는 별도의 금구를 사용하고 조가선 끝단은 날카롭지 않게 할 것.
(4) 조가선은 2조까지만 시설할 것.
(조가선간 이격거리 : 0.3[m]를 유지)

96 □□□

통신선(광섬유 케이블을 제외한다)에 직접 접속하는 옥내 통신 설비를 시설하는 곳에는 통신선의 구별에 따라 무엇을 시설해야 하는가? 다만, 통신선이 통신용 케이블인 경우에 뇌 또는 전선과의 혼촉에 의하여 사람에게 위험을 줄 우려가 없도록 시설하는 경우에는 그러하지 아니하다.

① 전압제한장치 ② 전류제한장치
③ 전력절감장치 ④ 보안장치

전력보안통신설비의 보안장치
통신선(광섬유 케이블을 제외한다)에 직접 접속하는 옥내통신 설비를 시설하는 곳에는 통신선의 구별에 따라 적합한 보안장치 또는 이에 준하는 보안장치를 시설하여야 한다.

정답 93 ① 94 ④ 95 ③ 96 ④

97 □□□

여러 개의 병렬도체를 사용하는 회로의 전원 측에 1개의 단락 보호장치가 설치되어있는 조건에서, 어느 하나의 도체에서 발생한 단락 고장이라도 효과적인 동작이 보증되는 경우, 해당 보호장치 1개를 이용하여 그 병렬도체 전체의 단락 보호장치로 사용할 수 있다. 1개의 보호장치에 의한 단락보호가 효과적이지 못하면, 병렬도체가 3가닥 이상인 경우 단락보호장치는 어디에 설치해야 하는가?

① 각 병렬도체의 전원측
② 각 병렬도체의 부하측
③ 각 병렬도체의 전원측과 부하측
④ 1개의 병렬도체의 전원측

병렬도체의 단락보호

여러 개의 병렬도체를 사용하는 회로의 전원 측에 1개의 단락보호장치가 효과적인 동작이 보증되는 경우, 그 병렬도체 전체의 단락 보호장치로 사용할 수 있다.

(1) 1개의 보호장치에 의한 단락보호가 효과적이지 못한 경우
① 병렬도체에서의 단락위험을 최소화 할 수 있는 방법으로 설치하고 화재 또는 인체에 대한 위험을 최소화 할 수 있는 방법으로 설치.
② 병렬도체가 2가닥인 경우 단락보호장치를 각 병렬도체의 전원측에 설치할 것..
③ 병렬도체가 3가닥 이상인 경우 단락보호장치는 각 병렬도체의 전원 측과 부하 측에 설치해야 한다

98 □□□

정격전류가 63[A] 이하인 저압 전로 중에 과전류 보호를 위하여 주택용 배선차단기를 설치할 때 몇 배의 전류에서 동작해야 하는가?

① 1.25　　② 1.3
③ 1.45　　④ 1.5

과전류 트립 동작시간 및 특성(주택용 배선용 차단기)

정격전류의 구분	시 간	정격전류의 배수(모든 극에 통전)	
		부동작 전류	동작 전류
63 A 이하	60분	1.13배	1.45배
63 A 초과	120분	1.13배	1.45배

99 □□□

저압 옥내배선이 약전류전선 등 또는 수관·가스관이나 이와 유사한 것과 접근하거나 교차하는 경우에 저압 옥내배선을 애자공사에 의하여 시설하는 때에는 저압 옥내배선과 약전류전선 등 또는 수관·가스관이나 이와 유사한 것과의 이격거리는 몇 [m] 이상이어야 하는가?

① 0.1　　② 0.3
③ 0.5　　④ 0.7

옥내배선에서 수도관, 가스관, 약전선과 전력선의 이격

- 수도관, 약전선, 가스관 — 저압 : 0.1[m]
  나선 : 0.3[m]
- 수도관, 약전선, 가스관 — 고압 : 0.15[m]
- 수도관, 약전선, 가스관 — 특고압 : 0.6[m]

100 □□□

사용전압이 400[V] 이하인 경우 애자공사에서 전선과 조영재사이의 이격거리는 몇 [mm] 이상이어야 하는가?

① 25　　② 30
③ 35　　④ 40

애자 사용 공사(저압) 이격거리

시설장소	전선 상호간		전선과 조영재	
	400[V] 이하	400[V] 초과	400[V] 이하	400[V] 초과
비나 이슬에 젖지 아니 하는 장소	0.06[m]	0.06[m]	25[mm]	25[mm]
비나 이슬에 젖는 장소	0.06[m]	0.12[m]	25[mm]	45[mm]

정답 97 ③ 98 ③ 99 ① 100 ①

CBT 시험대비

CBT 시험 19회를 100% 복원하여 재구성한

제15회 복원 기출문제

학습기간 월 일 ~ 월 일

1과목 : 전기자기학

무료 동영상 강의 ▲

01 □□□

전기력선의 설명 중 틀린 것은?

① 전기력선은 부전하에서 시작하여 정전하에서 끝난다.
② 단위 전하에서는 $1/\varepsilon_0$개의 전기력선이 출입한다.
③ 전기력선은 전위가 높은 점에서 낮은 점으로 향한다.
④ 전기력선의 방향은 그 점의 전계의 방향과 일치하며 밀도는 그 점에서의 전계의 크기와 같다.

전기력선은 정전하에서 시작하여 부전하에서 끝난다.

02 □□□

자성체 경계면에 전류가 없을 때의 경계조건으로 틀린 것은?

① 자계 H의 접선 성분 $H_{1T}=H_{2T}$
② 자속밀도 B의 법선 성분 $B_{1N}=B_{2N}$
③ 경계면에서의 자력선의 굴절 $\dfrac{\tan\theta_1}{\tan\theta_2}=\dfrac{\mu_1}{\mu_2}$
④ 전속밀도 D의 법선 성분 $D_{1N}=D_{2N}=\dfrac{\mu_2}{\mu_1}$

자성체의 경계면 조건은
(1) 자계의 세기의 접선성분은 서로 같다.
$H_{T1}=H_{T2}$, $H_1\sin\theta_1=H_2\sin\theta_2$
(2) 자속밀도의 법선성분은 서로 같다.
$B_{N1}=B_{N2}$, $B_1\cos\theta_1=B_2\cos\theta_2$
(3) $\dfrac{\tan\theta_1}{\tan\theta_2}=\dfrac{\mu_1}{\mu_2}$
여기서 θ_1는 입사각, θ_2 는 굴절각

03 □□□

와류손에 대한 설명으로 틀린 것은? (단, f : 주파수, B_m : 최대자속밀도, t : 두께, ρ : 저항률이다.)

① t^2에 비례한다. ② f^2에 비례한다.
③ ρ^2에 비례한다. ④ B_m^2 에 비례한다.

와류손는 $P_e=\eta\sigma(tfB_m)^2[W/m^3]$이므로 두께 t, 주파수 f, 최대자속밀도 B_m의 제곱에 비례하고 도전율 σ에 비례한다.

04 □□□

맥스웰방정식 중 틀린 것은?

① $\oint_s B\cdot dS=\rho_s$
② $\oint_s D\cdot dS=\int_v \rho dv$
③ $\oint_c E\cdot dl=-\int_s \dfrac{\partial B}{\partial t}\cdot dS$
④ $\oint_c H\cdot dl=I+\int_s \dfrac{\partial D}{\partial t}\cdot dS$

$\sum\phi=\oint_s B\cdot ds=\oint_v divB\cdot dv=0$이므로
$divB=0$이 되며 고립된 자극은 없고 자속의 연속성을 의미한다.

정답 01 ① 02 ④ 03 ③ 04 ①

제15회 복원문제

05 □□□

그림과 같이 전류가 흐르는 반원형 도선이 평면 Z= 0 상에 놓여 있다. 이 도선이 자속밀도 $B=0.6a_x-0.5a_y+a_z$[Wb/m^2]인 균일 자계 내에 놓여 있을 때 도선의 직선 부분에 작용하는 힘(N)은?

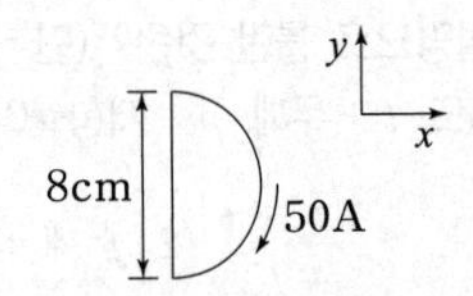

① $4a_x+2.4a_z$ ② $4a_x-2.4a_z$
③ $5a_x-3.5a_z$ ④ $-5a_x+3.5a_z$

반원형 도선에 흐르는 전류의 방향이 $+y$축 방향이므로 전류벡터는 $\dot{I}=50a_y$[A]이다.
플레밍의 왼손법칙을 이용하면 $F=(I\times B)l$ [N]이므로

$$F=(I\times B)l=\begin{vmatrix} a_x & a_y & a_z \\ 0 & 50 & 0 \\ 0.6 & -0.5 & 1 \end{vmatrix}\times 0.08$$

$=0.08\times(50a_x-30a_z)$[N]

$\therefore F=4a_x-2.4a_z$[N]

06 □□□

원형 선전류 I[A]의 중심축상 점 P의 자위[A]를 나타내는 식은? (단, θ는 점 P에서 원형전류를 바라보는 평면각이다.)

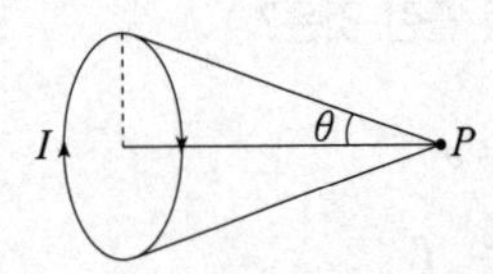

① $\frac{I}{2}(1-\cos\theta)$ ② $\frac{I}{4}(1-\cos\theta)$
③ $\frac{I}{2}(1-\sin\theta)$ ④ $\frac{I}{4}(1-\sin\theta)$

전류에 의한 자위

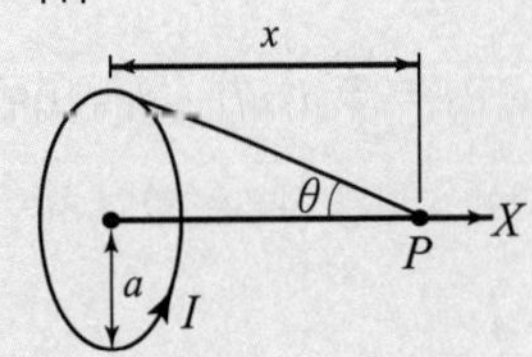

$$U=\frac{\omega I}{4\pi}=\frac{I}{4\pi}\times 2\pi(1-\cos\theta)=\frac{I}{2}(1-\cos\theta)$$

$$=\frac{I}{2}\left(1-\frac{x}{\sqrt{a^2+x^2}}\right)\text{[A]}$$

07 □□□

다음의 관계식 중 성립할 수 없는 것은?
(단, μ는 투자율, χ는 자화율, μ_0는 진공의 투자율, J는 자화의 세기이다.)

① $J=\chi B$ ② $B=\mu H$
③ $\mu=\mu_0+\chi$ ④ $\mu_s=1+\frac{\chi}{\mu_0}$

(1) 자화의 세기

$$J=B(1-\frac{1}{\mu_s})=\mu_o(\mu_s-1)H=B(1-\frac{1}{\mu_s})$$

$$=\chi H=\frac{M}{v}\text{ [Wb/m}^2\text{]}$$

(2) 자속밀도 $B=\mu H$[wb/m^2]
(3) 자화율 $\chi=\mu_o(\mu_s-1)=\mu_o\mu_s-\mu_o=\mu-\mu_o$
$\mu=\mu_o+\chi$
(4) $\chi=\mu_o\mu_s-\mu_o$, $\mu_o+\chi=\mu_o\mu_s$, $\mu_s=1+\frac{\chi}{\mu_o}$

08 □□□

평행판 콘덴서에 어떤 유전체를 넣었을 때 전속밀도가 2.4×10^{-7}[C/m^2]이고, 단위 체적중의 에너지가 5.3×10^{-3}[J/m^3]이었다. 이 유전체의 유전율은 약 몇 [F/m]인가?

① 2.17×10^{-11} ② 5.43×10^{-11}
③ 5.17×10^{-12} ④ 5.43×10^{-12}

$D=2.4\times10^{-7}$[C/m^2], $W=5.3\times10^{-3}$[J/m^3] 일 때

유전체의 단위체적당 에너지 $W=\frac{D^2}{2\varepsilon}$[J/m^3]이므로

유전율은

$$\varepsilon=\frac{D^2}{2W}=\frac{(2.4\times10^{-7})^2}{2\times5.3\times10^{-3}}=5.43\times10^{-12}\text{ [F/m]}$$

가 된다.

정답 05 ② 06 ① 07 ① 08 ④

09 □□□

어떤 대전체가 진공 중에서 전속이 Q[C]이었다. 이 대전체를 비유전율 10인 유전체 속으로 가져갈 경우에 전속[C]은?

① Q ② $10Q$

③ $\frac{Q}{10}$ ④ $10\epsilon_0 Q$

전속선은 매질과 관계가 없으므로 유전체 내 전속선은 $\psi = Q$가 된다.

10 □□□

그림과 같이 평행한 무한장 직선도선에 I[A], $4I$[A]인 전류가 흐른다. 두 선 사이의 점 P에서 자계의 세기가 0이라고 하면 $\frac{a}{b}$는?

① 2

② 4

③ $\frac{1}{2}$

④ $\frac{1}{4}$

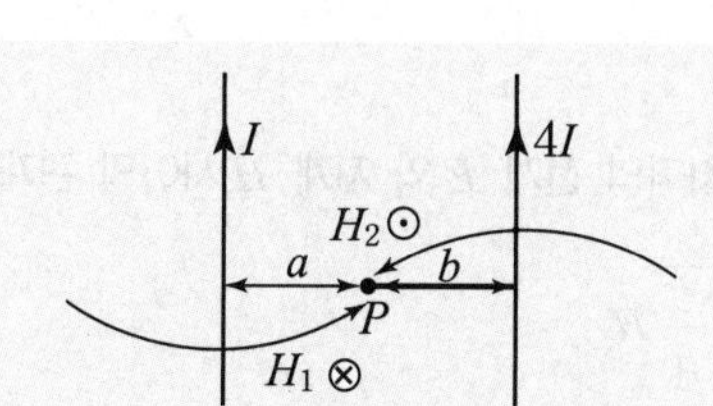

무한장 직선도체에 의한 자계의 세기는

$H = \frac{I}{2\pi r}$ [AT/m] 이므로

P점에 작용하는 자계의 세기가 0인 경우는 크기는 같고 방향이 반대인 경우이므로

$H_1 = \frac{I}{2\pi a}$[AT/m], $H_2 = \frac{4I}{2\pi b}$[AT/m] 에서

$H_1 = H_2 \Rightarrow \frac{I}{2\pi a} = \frac{4I}{2\pi b} \Rightarrow \frac{a}{b} = \frac{1}{4}$가 된다.

11 □□□

진공 중에서 빛의 속도와 일치하는 전자파의 전파속도를 얻기 위한 조건으로 옳은 것은?

① $\epsilon_r = 0,\ \mu_r = 0$ ② $\epsilon_r = 1,\ \mu_r = 1$

③ $\epsilon_r = 0,\ \mu_r = 1$ ④ $\epsilon_r = 1,\ \mu_r = 0$

전자파의 전파속도

$$v = \frac{1}{\sqrt{\varepsilon\mu}} = \frac{3\times 10^8}{\sqrt{\varepsilon_r \mu_r}} = \frac{\omega}{\beta} = \frac{2\pi f}{\beta}$$

$$= \frac{1}{\sqrt{LC}} = \lambda f\,[\mathrm{m/s}]$$

에서 진공의 빛의 속도 $v_o = 3\times 10^8$[m/s]과 일치하려면 비유전율 $\epsilon_r = 1$, 비투자율 $\mu_r = 1$이 되어야 한다.

단, $\beta = \omega\sqrt{LC}$: 위상정수, λ[m] : 파장

12 □□□

패러데이관(Faraday tube)의 성질에 대한 설명으로 틀린 것은?

① 패러데이관 중에 있는 전속수는 그 관속에 진전하가 없으면 일정하며 연속적이다.

② 패러데이관의 양단에는 양 또는 음의 단위 진전하가 존재하고 있다.

③ 패러데이관 한 개의 단위 전위차 강 보유 에너지는 $\frac{1}{2}$J이다.

④ 패러데이관의 밀도는 전속밀도와 같지 않다.

패러데이관의 성질

- 패러데이관 내의 전속선 수는 일정하다.
- 진전하가 없는 점에서는 패러데이관은 연속적이다.
- 패러데이관의 밀도는 전속밀도와 같다.
- 패러데이관 양단에 정, 부의 단위 전하가 있다.
- 패러데이관 한 개의 단위 전위차 강 보유 에너지는 $\frac{1}{2}$J이다.

정답 09 ① 10 ④ 11 ② 12 ④

13 □□□

벡터 포텐샬 $A=3x^2ya_x+2xa_y-z^3a_z$ [Wb/m]일 때의 자계의 세기 H[A/m]는? (단, μ는 투자율이라 한다.)

① $\frac{1}{\mu}(2-3x^2)a_y$ ② $\frac{1}{\mu}(3-2x^2)a_y$

③ $\frac{1}{\mu}(2-3x^2)a_z$ ④ $\frac{1}{\mu}(3-2x^2)a_z$

자계의 세기(H)

$A=A_xa_x+A_ya_y+A_za_z$

$=3x^2ya_x+2xa_y-z^3a_z$ [Wb/m]이므로

$A_x=3x^2y,\ A_y=2x,\ A_z=-z^3$이다.

$rotA=B=\mu H$ [Wb/m^2] 식에서

$$rotA=\begin{vmatrix} a_x & a_y & a_z \\ \frac{\partial}{\partial x} & \frac{\partial}{\partial y} & \frac{\partial}{\partial z} \\ 3x^2y & 2x & -z^3 \end{vmatrix}$$

$$=0\cdot a_x+0\cdot a_y+\left\{\frac{\partial(2x)}{\partial x}-\frac{\partial(3x^2y)}{\partial y}\right\}a_z$$

$=(2-3x^2)a_z$ [Wb/m]이다.

$\therefore H=\frac{1}{\mu}rotA=\frac{1}{\mu}(2-3x^2)a_z$ [AT/m]

14 □□□

$\nabla\cdot i=0$ 에 대한 설명이 아닌 것은?

① 도체 내에 흐르는 전류는 연속이다.
② 도체 내에 흐르는 전류는 일정하다.
③ 단위시간당 전하의 변화가 없다.
④ 도체 내에 전류가 흐르지 않는다.

키르히호프의 전류법칙

$\Sigma I=\int_s i\,ds=\int_v div\,i\,dv=0$이므로

$div\,i=\nabla\cdot i=0$ 가 되며

도체 내에 흐르는 전류는 연속적이며 도체 내에 흐르는 전류는 일정하고 단위 시간당 전하의 변화는 없다.

15 □□□

공극을 가진 환상솔레노이드에서 총 권수 N회, 철심의 투자율 μ[H/m], 단면적 S[m^2], 길이 l[m]이고 공극의 길이가 δ[m]일 때 공극부에 자속밀도 B[Wb/m^2]을 얻기 위해서 몇 [A]의 전류를 흘려야 하는가?

① $\frac{N}{B}\left(\frac{l}{\mu}+\frac{\delta}{\mu_0}\right)$ ② $\frac{N}{B}\left(\frac{l}{\mu_0}+\frac{\delta}{\mu}\right)$

③ $\frac{B}{N}\left(\frac{l}{\mu}+\frac{\delta}{\mu_0}\right)$ ④ $\frac{B}{N}\left(\frac{l}{\mu_0}+\frac{\delta}{\mu}\right)$

환상솔레노이드에서 미소공극(δ)시 전체 자기저항은

$R_m=\frac{l}{\mu S}+\frac{\delta}{\mu_0 S}$ [AT/Wb]이므로

기자력 $F=NI=R_m\phi$[AT] 식에서

$$I=\frac{R_m\phi}{N}=\frac{\phi}{N}\left(\frac{l}{\mu S}+\frac{\delta}{\mu_0 S}\right)=\frac{\phi}{NS}\left(\frac{l}{\mu}+\frac{\delta}{\mu_0}\right)[A]$$

자속밀도 $B=\frac{\phi}{S}$[Wb/m^2]이므로

전류는 $I=\frac{B}{N}\left(\frac{l}{\mu}+\frac{\delta}{\mu_0}\right)$[A]가 된다.

16 □□□

평면파 전자파의 전계 E와 자계 H사이의 관계식은?

① $E=\sqrt{\frac{\varepsilon}{\mu}}H$
② $E=\sqrt{\varepsilon\mu}H$
③ $E=\sqrt{\frac{\mu}{\varepsilon}}H$
④ $E=\sqrt{\frac{1}{\varepsilon\mu}}H$

파동 고유임피던스 $\eta=\frac{E}{H}=\sqrt{\frac{\mu}{\epsilon}}$ 이므로

전계 $E=\sqrt{\frac{\mu}{\varepsilon}}H$ 가 된다.

정답 13 ③ 14 ④ 15 ③ 16 ③

17 □□□

전류가 흐르는 도선을 자계 안에 놓으면 이 도선에 힘이 작용한다. 평등자계의 진공 중에 놓여있는 직선전류도선이 받는 힘에 대하여 옳은 것은?

① 전류의 세기에 반비례한다.
② 도선의 길이에 비례한다.
③ 자계의 세기에 반비례한다.
④ 전류와 자계의 방향이 이루는 각 $\tan\theta$에 비례한다.

플레밍의 왼손법칙은 전동기의 원리가 되며 자계내 도체를 놓고 전류를 흘렸을 때 도체가 힘을 받아 회전하게 된다. 이때 작용하는 힘은

$F = IBl\sin\theta = I\mu_o Hl\sin\theta = (\vec{I}\times\vec{B})l$ [N]

이므로

전류(I), 자계(H), 도선의 길이(l), sin 각에 비례한다.

18 □□□

무한장 직선형 도선에 I [A]의 전류가 흐를 경우 도선으로부터 R [m] 떨어진 점의 자속밀도 B[Wb/m^2]는?

① $B = \frac{\mu I}{2\pi R}$ ② $B = \frac{I}{2\pi\mu R}$
③ $B = \frac{I}{4\pi\mu R}$ ④ $B = \frac{\mu I}{4\pi R}$

무한장 직선전류에 의한 자속밀도

$B = \mu H = \mu\frac{I}{2\pi R}$ [Wb/m^2]

19 □□□

평행판 콘덴서의 극판 사이에 유전율이 각각 ε_1, ε_2인 두 유전체를 반씩 채우고 극판 사이에 일정한 전압을 걸어줄 때 매질 (1), (2) 내의 전계의 세기 E_1, E_2 사이에 성립하는 관계로 옳은 것은?

① $E_2 = 4E_1$
② $E_2 = 2E_1$
③ $E_2 = \frac{E_1}{4}$
④ $E_2 = E_1$

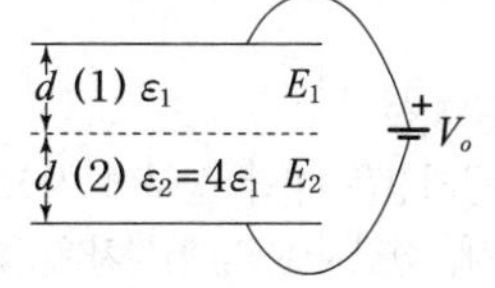

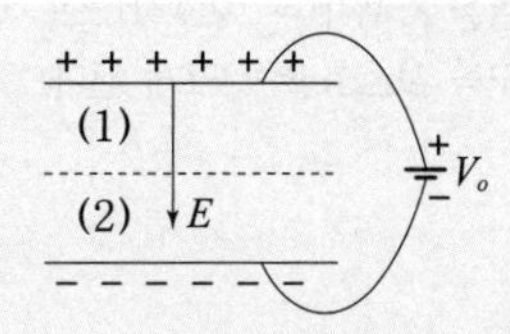

위의 그림상에서 경계면에 전계가 수직입사이므로 경계면 양측에서 전속밀도는 같아야 된다.

$D_1 = D_2$, $\varepsilon_1 E_1 = \varepsilon_2 E_2$

$\varepsilon_1 E_1 = 4\varepsilon_1 E_2$, $E_1 = 4E_2$, $E_2 = \frac{E_1}{4}$ 가 된다.

20 □□□

반지름 a[m]인 원형코일에 전류 I[A]가 흘렀을 때 코일 중심에서의 자계의 세기[AT/m] 는?

① $\frac{I}{4\pi a}$ ② $\frac{I}{2\pi a}$
③ $\frac{I}{4a}$ ④ $\frac{I}{2a}$

반지름 a [m]인 원형코일 중심에서 자계의 세기

$H = \frac{I}{2a}$ [AT/m]

정답 17 ② 19 ① 19 ③ 20 ④

2과목 : 전력공학

무료 동영상 강의 ▲

21 □□□

다음 중 직격뢰에 대한 방호설비로 가장 적당한 것은?

① 가공지선 ② 서지흡수기
③ 복도체 ④ 정전 방전기

가공지선
가공지선은 철탑 상부에 시설하여 직격뢰 및 유도뢰에 대해, 정전차폐 및 전자차폐 효과가 있다. 또한 통신선의 유도장해를 경감시킨다. 이때 가공지선이 송전선을 보호할 수 있는 효율을 차폐각(= 보호각)으로 정하고 있으며 차폐각은 작을수록 보호효율이 크게 된다.

22 □□□

송전단 전압 3300[V]이고, 1000[kW]의 뒤진역률 0.8의 부하가 있을 때, 전압강하는 300V이하로 하기 위한 1선당 저항은 몇 $[\Omega]$인가? 단, 선로의 리액턴스는 무시한다.

① 17 ② 10
③ 0.9 ④ 0.25

전압강하(e) 식

$e = E_s - E_R = \sqrt{3}\,I(R\cos\theta + X\sin\theta)$

$= \dfrac{P}{E}(R + X\tan\theta)$ [V] 식에서

다음식을 이용하면 $e = \dfrac{P}{E}(R + X\tan\theta)$

※ 선로의 리액턴스는 무시

조건 $e = 300\,[\mathrm{V}]$, $\cos\theta = 0.8$, 이므로

$300 = \dfrac{1000\times 10^3}{3300}\times R$

$R = \dfrac{300\times 3300}{1000\times 10^3} = 0.99\,[\Omega]$

23 □□□

전선의 표피효과에 관한 설명으로 옳은 것은?

① 전선이 굵을수록, 주파수가 낮을수록 커진다.
② 전선이 굵을수록, 주파수가 높을수록 커진다.
③ 전선이 가늘수록, 주파수가 낮을수록 커진다.
④ 전선이 가늘수록, 주파수가 높을수록 커진다.

표피효과(m)
전선의 중심부를 흐르는 전류는 전류가 만드는 전자속과 쇄교하므로 전선 중심부일수록 자력선 쇄교수가 커져서 인덕턴스가 증가하게 된다. 그 결과 전선의 중심부로 갈수록 리액턴스가 증가하여 전류가 흐르기 어렵게 되어 전류는 도체 표면으로 갈수록 증가하는 현상이 나타나게 되는데 주파수, 투자율, 도전율, 전선의 굵기에 비례하고 고유저항에 반비례한다.

24 □□□

각 수용가의 수용설비용량이 50[kW], 100[kW], 80[kW], 60[kW], 150[kW]이며, 각각의 수용률이 0.6, 0.6, 0.5, 0.5, 0.4이고 부등률이 1.3일 때 변압기 용량은 몇 [kVA]가 필요한가? (단, 평균부하역률은 80[%]라고 한다.)

① 142 ② 165
③ 183 ④ 212

변압기 용량(P_T)

변압기 용량$= \dfrac{\text{설비용량}\times\text{수용률}}{\text{부등률}\times\text{역률}}$ [kVA]이므로

$\therefore\ P_T$

$= \dfrac{50\times0.6+100\times0.6+80\times0.5+60\times0.5+150\times0.4}{1.3\times0.8}$

$= 212\,[\mathrm{kVA}]$

정답 21 ① 22 ③ 23 ② 24 ④

25 □□□

1대의 주상변압기에 역률(뒤짐) $\cos\theta_1$, 유효 전력 P_1[kW]의 부하와 역률(뒤짐) $\cos\theta_2$, 유효 전력 P_2[kW]의 부하가 병렬로 접속되어 있을 때 주상변압기의 2차측에서 본 부하의 종합역률은 어떻게 되는가?

① $\dfrac{P_1+P_2}{\sqrt{(P_1+P_2)^2+(P_1\tan\theta_1+P_2\tan\theta_2)^2}}$

② $\dfrac{P_1+P_2}{\sqrt{(P_1+P_2)^2+(P_1\sin\theta_1+P_2\sin\theta_2)^2}}$

③ $\dfrac{P_1+P_2}{\dfrac{P_1}{\cos\theta_1}+\dfrac{P_2}{\cos\theta_2}}$

④ $\dfrac{P_1+P_2}{\dfrac{P_1}{\sin\theta_1}+\dfrac{P_2}{\sin\theta_2}}$

종합역률($\cos\theta$)

역률 $\cos\theta=\dfrac{P}{P_a}$ 으로 나타낸다.

유효전력 $P=P_1+P_2$[W]

무효전력 $Q=Q_1+Q_2=P_1\tan\theta_1+P_2\tan\theta_2$[Var]

피상전력

$P_a=\sqrt{P^2+Q^2}$

$=\sqrt{(P_1+P_2)^2+(P_1\tan\theta_1+P_2\tan\theta_2)^2}$ [VA]

$\therefore \cos\theta=\dfrac{P_1+P_2}{\sqrt{(P_1+P_2)^2+(P_1\tan\theta_1+P_2\tan\theta_2)^2}}$

26 □□□

초고압용 차단기에서 개폐저항기를 사용하는 이유 중 가장 타당한 것은?

① 차단전류의 역률개선
② 차단전류 감소
③ 차단속도 증진
④ 개폐서지 이상전압 억제

개폐저항기

개폐기나 차단기를 개폐하는 순간 단자에서 발생하는 서지를 억제하기 위해 설치하는 설비로 차단기 전단에 직렬로 설치한다.

27 □□□

그림과 같이 지지점 A, B, C에는 고저차가 없으며, 경간 AB와 BC사이에 전선이 가설되어 그 이도가 D_1[m]이었다. 경간 AC의 중점인 지지점 B에서 전선이 떨어져 전선의 이도가 D_2로 되었다면, D_1일 때의 이도의 몇 배인가?

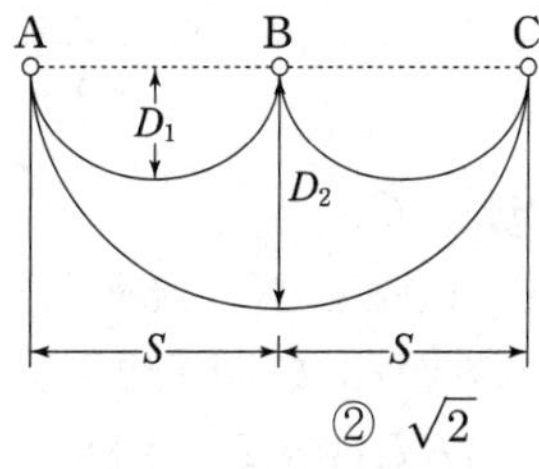

① 2　② $\sqrt{2}$
③ $\sqrt{3}$　④ 3

이도 계산

D_1 과 D_2 는 경간의 변화가 있지만 선의 실제길이는 변화가 없음으로 실제 길이는 같다

$L_1=(S+\dfrac{8D_1^2}{3S})\times 2=2S+\dfrac{16D_2^2}{3S}$

$L_2=2S+\dfrac{8D_1^2}{3\times 2S}=2S+\dfrac{8D_2^2}{6S}$

$2S+\dfrac{16D_1^2}{3S}=2S+\dfrac{8D_2^2}{6S} \Rightarrow \dfrac{16D_1^2}{3S}=\dfrac{8D_2^2}{6S}$

$24SD_1^2=96SD_2^2$

$\therefore D_2=\sqrt{4D_1{}^2}=2D_1$

$\therefore$ 2[배]

28 □□□

다음 중 송전선의 코로나손과 가장 관계가 깊은 것은?

① 상대공기밀도　② 송전선의 정전용량
③ 송전거리　④ 송전선 전압변동률

코로나 손실(Peek식)

$P=\dfrac{241}{\delta}(f+25)\sqrt{\dfrac{d}{2D}}(E-E_0)^2\times 10^{-5}$ [kW/ km/ 1선]

여기서, δ는 상대공기밀도, f는 주파수,
d는 전선의 지름, D는 선간거리,
E는 대지전압,
E_0는 코로나 임계전압이다.

정답 25 ① 26 ④ 27 ② 28 ①

29 □□□

3상 전원에 접속된 Δ결선의 콘덴서를 Y결선으로 바꾸면 진상용량은 어떻게 되는가?

① $\sqrt{3}$ 배로 된다. ② $\frac{1}{3}$ 로 된다.

③ 3배로 된다. ④ $\frac{1}{\sqrt{3}}$ 로 된다.

진상용량(충전용량 : Q_c)

정전용량(C)을 Δ결선한 경우 충전용량을 Q_Δ,
Y결선한 경우 충전용량을 Q_Y라 하면

충전용량 $Q_C = 3EI_c$ (이때 E : 상전압)

$Q_\Delta = 3EI_c = 3\times\omega CV\times V = 3\omega CV^2$ [VA]

$Q_Y = 3\times\omega C\frac{V}{\sqrt{3}}\times\frac{V}{\sqrt{3}}$ (이때 V : 선간전압)

$= \omega CV^2$ [VA]

$Q_Y = \omega CV^2 = \frac{1}{3}Q_\Delta$ [VA]

∴ Δ결선을 Y결선으로 바꾸면 $\frac{1}{3}$ 배가 된다.

30 □□□

다음 중 감전방지대책으로 적절하지 못한 것은?

① 회로 전압의 승압
② 누전 차단기를 설치
③ 이중 절연기기를 사용
④ 기계 기구류의 외함을 접지

감전사고

감전사고는 기기의 절연이 파괴되어 노출 도전부에 누설 전류가 흐를 때 인체가 노출 도전부를 접촉함으로서 인체를 통해서 전류가 흐르게 되는데 이를 감전사고라고 한다.

∴ 방지대책
(1) 기계기구류의 외함 접지
(2) 누전차단기의 설치
(3) 2중 절연기기 사용

31 □□□

가스절연 개폐장치인 GIS(Gas Insulated Switch Gear)를 채용할 때, 다음 중 GIS 내에 설치하지 않는 장치는?

① 전력용 변압기 ② 계기용 변성기
③ 차단기 ④ 단로기

가스절연 개폐장치 : GIS(Gas Insulated Switch Gear)

금속용기(Enclosure)내에 모선, 개폐장치(단로기와 차단기), 변성기(PT와 CT), 피뢰기 등을 내장시키고 절연 성능과 소호특성이 우수한 SF6 가스로 충전, 밀폐하여 절연을 유지시키는 개폐장치이다.

32 □□□

일반적인 비접지 3상 송전선로의 1선 지락고장 발생 시 각 상의 전압은 어떻게 되는가?

① 고장 상의 전압은 떨어지고, 나머지 두 상의 전압은 변동되지 않는다.
② 고장 상의 전압은 떨어지고, 나머지 두 상의 전압은 상승한다.
③ 고장 상의 전압은 떨어지고, 나머지 상의 전압도 떨어진다.
④ 고장 상의 전압이 상승한다.

비접지방식

이 방식은 Δ결선 방식으로 단거리, 저전압 선로에만 적용하며, 1선 지락시 지락된 상의 전압은 0[v] 이고, 지락 전류는 대지 정전용량에 기인한다. 또한 1선 지락시 건전상의 전위상승이 $\sqrt{3}$ 배 상승하기 때문에 기기나 선로의 절연 레벨이 높다.

정답 29 ② 30 ① 31 ① 32 ②

33 □□□

화력발전소에서 절탄기의 용도는?

① 보일러에 공급되는 급수를 예열한다.
② 포화증기를 과열한다.
③ 연소용 공기를 예열한다.
④ 석탄을 건조한다.

절탄기
연료의 연소 가스는 연도를 빠져나갈 때 많은 여열을 가지고 있다. 그러므로 배기가스의 여열을 이용해서 보일러에 공급되는 급수를 예열하는 장치인 절탄기를 거치게 된다. 그렇게 함으로써 연료소비량을 줄이고 보일러의 효율을 향상시킬 수 있다.

34 □□□

장거리 송전선로에서 4단자 정수 $ABCD$의 성질 중 성립되는 조건은?

① $A=D$　② $A=C$
③ $B=C$　④ $B=A$

4단자정수 성질
송전선로는 T형 회로 또는 π형 회로 해석하므로 대칭회로이다. 그러므로 $A=D$이다.

35 □□□

부하 역률이 현저히 낮은 경우 발생하는 현상이 아닌 것은?

① 전기요금의 증가
② 유효전력의 증가
③ 전력 손실의 증가
④ 선로의 전압강하 증가

역률개선전 과 후 비교

개선전 역률 (역률 저하)에 따른 현상	개선후 역률 (역률 개선)에 따른 현상
(1) 전력손실 증가	(1) 전력손실 감소
(2) 전력요금 증가	(2) 전력요금 감소
(3) 설비용량의 여유 감소	(3) 설비용량의 여유 증가
(4) 전압강하 증가	(4) 전압강하 감소

36 □□□

선로의 길이가 20[km]인 154[kV] 3상 3선식, 2회선 송전선의 1선당 대지정전용량은 0.0043[μF/km]이다. 여기에 시설할 소호리액터의 용량은 약 몇 [kVA]인가?

① 1,338　② 1,543
③ 1,537　④ 1,771

소호리액터 접지의 소호리액터 용량(Q_L)
$Q_L=\omega CV^2\times10^{-3}=2\pi fCV^2\times10^{-3}$ [kVA]
식에서 $l=20$ [km], 154 [kV], $C=0.0043$ [μF/km]이고, 2회선 이므로
$\therefore\ Q_L=2\pi\times60\times0.0043\times10^{-6}\times20\times2\times154{,}000^2\times10^{-3}=1{,}537$ [kVA]

정답 33 ① 34 ① 35 ② 36 ③

37 □□□

전력계통의 전압을 조정하는 가장 보편적인 방법은?

① 발전기의 유효전력 조정
② 부하의 유효전력 조정
③ 계통의 주파수 조정
④ 계통의 무효전력 조정

전압조정($Q \propto V$ 컨트롤)
조상설비는 무효전력을 조정하여 송·수전단 전압이 일정하게 유지되도록 하는 전압조정 역할과 역률개선에 의한 송전손실의 경감, 전력시스템의 안정도 향상을 목적으로 하는 설비이다. 동기조상기, 병렬콘덴서(= 전력용 콘덴서), 분로리액터가 이에 속한다.

38 □□□

가공선 계통은 지중선 계통보다 인덕턴스 및 정전용량이 어떠한가?

① 인덕턴스, 정전용량이 모두 작다.
② 인덕턴스, 정전용량이 모두 크다.
③ 인덕턴스는 크고, 정전용량은 작다.
④ 인덕턴스는 작고, 정전용량은 크다.

인덕턴스 및 정전용량

$$L = 0.05 + 0.4605 \log_{10}\frac{D}{r}\ [\text{mH/km}]$$

$$C = \frac{0.02413}{\log_{10}\frac{D}{r}}\ [\mu\text{F/km}]$$

윗 식에서 인덕턴스(L)는 선간거리(D)에 비례하고, 정전용량(C)는 선간거리(D)에 반비례한다.

TIP 가공 전선로는 지중 전선로에 비해서 선간거리(D)가 크다.
(1) 가공인 경우 : 인덕턴스는 크고, 정전용량은 작다.
(2) 지중인 경우 : 인덕턴스는 작고, 정전용량은 크다.

39 □□□

수조에 대한 설명 중 틀린 것은?

① 수로 내의 수위의 이상 상승을 방지한다.
② 수로식 발전소의 수로 처음 부분과 수압관 아래부분에 설치한다.
③ 수로에서 유입하는 물속의 투사를 침전시켜서 배사문으로 배사하고 부유물을 제거한다.
④ 상수조는 최대사용수량의 1~2분 정도의 조정용량을 가질 필요가 있다.

수조 역할
(1) 수로 내의 수위의 이상 상승을 방지한다.
(2) 수로식 발전소의 경우 상수조로써 수로의 끝부분과 수압관 앞부분에 설치한다.
(3) 수로에서 유입하는 물속의 투사를 침전시켜서 배사문으로 배사하고 부유물을 제거한다.
(4) 상수조는 최대사용수량의 1~2분 정도의 조정용량을 가질 필요가 있다.
(5) 부하가 갑자기 변화할 때 유량의 과부족을 담당 한다.

40 □□□

다음 중 송전계통에서 안정도 증진과 관계없는 것은?

① 리액턴스 감소
② 재폐로방식의 채용
③ 속응여자방식의 채용
④ 차폐선의 채용

안정도 향상 대책

안정도 향상 대책	방 법
(1) 리액턴스를 줄인다	·승압공사 ·병렬회선수(복도체사용) 증가 ·단락비를 증가 ·발전기 및 변압기 리액턴스 감소 ·직렬콘덴서 설치
(2) 전압 변동률을 줄인다	·중간 조상 방식 ·속응 여자방식 ·계통 연계
(3) 계통에 주는 충격을 경감한다	·고속도 차단 ·고속도 재폐로 방식채용
(4) 고장전류의 크기를 줄인다	·소호리액터 접지방식 ·고저항 접지
(5) 입·출력의 불평형을 작게 한다	·조속기 동작을 빠르게 한다

정답 37 ④ 38 ③ 39 ② 40 ④

3과목 : 전기기기

무료 동영상 강의 ▲

41 □□□

발전기 권선의 층간 단락보호에 가장 적합한 계전기는?

① 과부하계전기 ② 차동계전기
③ 온도계전기 ④ 접지계전기

보호계전기의 종류 및 용도

종류	용도
차동계전기	발전기 또는 변압기 내부고장을 검출하는 계전기로서 내부 권선의 단락 보호에 적합하다.
과전압계전기	전압이 정상치 이상으로 되었을 때 회로를 보호하기 위해 동작하는 계전기이다.
과전류계전기	전류가 정상치 이상으로 되었을 때 회로를 보호하기 위해 동작하는 계전기이다.

42 □□□

4극, 60[Hz]인 3상 유도전동기가 있다. 1,725[rpm]으로 회전하고 있을 때, 2차 기전력의 주파수[Hz]는?

① 10 ② 7.5
③ 5 ④ 2.5

회전시 2차 주파수

$N_s = \dfrac{120f}{p}$ [rpm], $s = \dfrac{N_s - N}{N_s}$, $f_{2s} = sf_1$ [Hz]

식에서

$p = 4$, $f_1 = 60$ [Hz], $N = 1,725$ [rpm] 이므로

$N_s = \dfrac{120f}{p} = \dfrac{120 \times 60}{4} = 1,800$ [rpm],

$s = \dfrac{N_s - N}{N_s} = \dfrac{1,800 - 1,725}{1,800} = 0.0417$일 때

$\therefore f_{2s} = sf_1 = 0.0417 \times 60 = 2.5$ [Hz]

43 □□□

동기발전기를 병렬운전 하는데 필요하지 않은 조건은?

① 기전력의 용량이 같을 것
② 기전력의 파형이 같을 것
③ 기전력의 크기가 같을 것
④ 기전력의 주파수가 같을 것

동기발전기의 안정한 병렬운전 조건

(1) 각 발전기의 기전력의 크기가 같아야 한다.
(2) 각 발전기의 기전력의 위상이 같아야 한다.
(3) 각 발전기의 기전력의 주파수가 같아야 한다.
(4) 각 발전기의 기전력의 파형이 같아야 한다.
(5) 각 발전기의 기전력의 상회전 방향이 같아야 한다.

∴ 동기발전기의 병렬운전과 용량, 출력, 회전수 등과는 무관하다.

44 □□□

3,300/220[V]의 단상 변압기 3대를 $\Delta - Y$ 결선하고 2차측 선간에 15[kW]의 단상 전열기를 접속하여 사용하고 있다. 결선을 $\Delta - \Delta$로 변경하는 경우 이 전열기의 소비전력은 몇 [kW]로 되는가?

① 5 ② 12
③ 15 ④ 21

변압기 결선에 따른 부하의 소비전력(P)

변압기의 권수비는 상의 지시값을 나타내므로 $a = 3,300/220$일 때 1차 상전압 3,300[V], 2차 상전압 220[V]를 나타낸다. 변압기 2차측이 Y결선이므로 선간전압은 $\sqrt{3}$ 배 큰 $220\sqrt{3}$ [V]로 나타난다.

$P = \dfrac{V_L^2}{R}$ [W] 식에서 $P = 15$ [kW]일 때

전열기의 저항은

$R = \dfrac{V_L^2}{P} = \dfrac{(220\sqrt{3})^2}{15 \times 10^3} = 9.68$ [Ω]이다.

변압기 2차측 결선을 △결선으로 변경하면 상전압은 선간전압으로 나타나기 때문에 이 때 전열기의 소비전력은 다음과 같다.

$\therefore P' = \dfrac{V_L^2}{R} = \dfrac{220^2}{9.68} = 5,000$ [W] $= 5$ [kW]

정답 41 ② 42 ④ 43 ① 44 ①

45 □□□

직류발전기의 전기자반작용에 대한 설명으로 틀린 것은?

① 전기자 반작용으로 인하여 전기적 중성축을 이동시킨다.
② 정류자 편간 전압이 불균일하게 되어 섬락의 원인이 된다.
③ 전기자 반작용이 생기면 주자속이 왜곡되고 증가하게 된다.
④ 전기자 반작용이란 전기자 전류에 의하여 생긴 자속이 계자에 의해 발생되는 주자속에 영향을 주는 현상을 말한다.

직류기의 전기자반작용
(1) 정의
전기자권선에 흐르는 전기자전류가 계자극에서 발생한 주자속에 영향을 주어 주자속의 분포와 크기가 달라지는데 이러한 현상을 전기자반작용이라 한다.
(2) 전기자반작용의 영향
㉠ 감자작용으로 주자속이 감소하여 직류발전기에서 유기기전력과 출력이 감소하고 직류전동기에서 역기전력과 토크가 감소한다.
㉡ 편자작용으로 전기적 중성축이 이동하여 직류발전기는 회전 방향으로 이동하고 직류전동기는 회전 반대방향으로 이동한다.
㉢ 정류자편 사이의 전압이 불균일하게 되어 섬락이 일어나고 정류가 나빠진다.

46 □□□

전원전압이 100[V]인 단상 전파정류제어에서 점호각이 30°일 때 직류 평균전압은 약 몇 [V]인가?

① 54　② 64
③ 84　④ 94

단상 전파 정류회로

$E_{d\alpha} = \frac{2\sqrt{2}\,E}{\pi}\left(\frac{1+\cos\alpha}{2}\right)$ [V] 식에서

$E = 100$ [V], $\alpha = 30°$ 이므로

$$\therefore E_{d\alpha} = \frac{2\sqrt{2}\,E}{\pi}\left(\frac{1+\cos\alpha}{2}\right) = \frac{2\sqrt{2}\times 100}{\pi}\left(\frac{1+\cos 30°}{2}\right) = 84\,[\mathrm{V}]$$

47 □□□

15[kW] 3상 유도전동기의 기계손이 350[W], 전부하시의 슬립이 3[%]이다. 전부하시의 2차 동손[W]은?

① 275　② 395
③ 426　④ 475

전력변환 종합표

구분	$\times P_2$	$\times P_{c2}$	$\times P$
$P_2 =$	1	$\frac{1}{s}$	$\frac{1}{1-s}$
$P_{c2} =$	s	1	$\frac{s}{1-s}$
$P =$	$1-s$	$\frac{1-s}{s}$	1

$P = P_0 + P_l$[W], $P_{c2} = s \times P_2 = \frac{s}{1-s} \times P$ [W]

식에서

$P_0 = 15$ [kW], $P_l = 350$ [W], $s = 3$ [%] 이므로

$P = P_0 + P_l = 15 \times 10^3 + 350 = 15{,}350$ [W]일 때

$$\therefore P_{c2} = \frac{s}{1-s} \times P = \frac{0.03}{1-0.03} \times 15{,}350 = 475\ [\mathrm{W}]$$

48 □□□

변압기 2대를 사용하여 V 결선으로 3상 변압하는 경우 변압기 이용률은 얼마인가?

① 47.6[%]　② 57.8[%]
③ 66.6[%]　④ 86.6[%]

V결선의 이용률

구분	내용
이용률	$\frac{P_V}{2P_1} = \frac{\sqrt{3}\,P_1}{2P_1} = \frac{\sqrt{3}}{2} = 0.866$ [p.u] $= 86.6$ [%]

정답 45 ③ 46 ③ 47 ④ 48 ④

49 □□□

10,000[kVA], 6,000[V], 60[Hz], 24극, 단락비 1.2인 3상 동기발전기의 동기 임피던스[Ω]는?

① 1　② 3
③ 10　④ 30

% 동기 임피던스

$\%Z_s = \dfrac{P_n Z_s}{10 V_n^2}$ [%], $\%Z_s = \dfrac{100}{k_s}$ [%] 식에서

$\%Z_s = \dfrac{P_n Z_s}{10 V_n^2} = \dfrac{100}{k_s}$ [%] 이므로

$P_n = 10{,}000$ [kVA], $V_n = 6{,}000$ [V], 극수 $p = 24$, $f = 60$ [Hz], $k_s = 1.2$일 때

$\therefore Z_s = \dfrac{1{,}000 V_n^2}{k_s P_n} = \dfrac{1{,}000 \times 6^2}{1.2 \times 10{,}000} = 3$ [Ω]

50 □□□

30[kVA], 3,300/200[V], 60[Hz]의 3상 변압기 2차측에 3상 단락이 생겼을 경우 단락전류는 약 몇 [A]인가? (단, %임피던스 전압강하는 3[%]이다.)

① 2,250　② 2,620
③ 2,730　④ 2,886

단락전류

$I_{2n} = \dfrac{P_n}{\sqrt{3}\, V_{2n}}$ [A], $I_{s2} = \dfrac{100}{\%Z} I_{2n}$ [A] 식에서

$P_n = 30$ [kVA], $a = \dfrac{V_1}{V_2} = \dfrac{3{,}300}{200}$,

$\%Z = 3$ [%] 이므로

$I_{2n} = \dfrac{P_n}{\sqrt{3}\, V_{2n}} = \dfrac{30 \times 10^3}{\sqrt{3} \times 200} = 86.6$ [A]일 때

$\therefore I_{s2} = \dfrac{100}{\%Z} I_{2n} = \dfrac{100}{3} \times 86.6 = 2{,}886$ [A]

51 □□□

정격전압 100[V], 정격전류 50[A]인 분권발전기의 유기기전력은 몇 [V]인가? (단, 전기자저항 0.2[Ω], 계자전류 및 전기자반작용은 무시한다.)

① 110　② 120
③ 125　④ 127.5

분권발전기

$I_a = I + I_f$ [A], $E = V + R_a I_a + (e_b + e_a)$ [V] 식에서

$V = 100$ [V], $I = 50$ [A], $R_a = 0.2$ [Ω], $I_f = 0$[A] 이므로

$I_a = I + I_f = I$[A]이다.

$\therefore E = V + R_a I_a = 100 + 0.2 \times 50 = 110$ [V]

참고 문제에서 주어지지 않는 조건은 무시한다.

52 □□□

브러시레스 DC 서보모터의 특징으로 옳지 않은 것은?

① 단위 전류당 발생토크가 크고 역기전력에 의해 불필요한 에너지를 귀환하므로 효율이 좋다.
② 토크 맥동이 작고, 안정된 제어가 용이하다.
③ 기계적 시간상수가 크고 응답이 느리다.
④ 기계적 접점이 없고 신뢰성이 높다.

브러시리스 DC 서보모터의 특징

(1) 단위 전류당 발생토크가 크고 역기전력에 의해 불필요한 에너지를 귀환하므로 효율이 좋다.
(2) 토크 맥동이 작고 안정된 제어가 가능하다.
(3) 기계적 시정수가 작고 응답이 빠르다.
(4) 기계적 접점이 없고 신뢰성이 높다.

정답 49 ② 50 ④ 51 ① 52 ③

53 □□□

단상 직권정류자 전동기에서 보상권선과 저항도선의 작용을 설명한 것 중 틀린 것은?

① 보상권선은 역률을 좋게 한다.
② 보상권선은 변압기의 기전력을 크게 한다.
③ 보상권선은 전기자 반작용을 제거해 준다.
④ 저항도선은 변압기 기전력에 의한 단락 전류를 작게 한다.

단상 직권정류자 전동기의 특징
∴ 보상권선을 설치하면 전기자 기자력을 상쇄시켜 전기자 반작용을 억제할 뿐만 아니라 누설리액턴스를 줄임으로서 변압기 기전력이 감소하고 역률을 개선시킨다.

54 □□□

송전계통에 접속한 무부하의 동기전동기를 동기조상기라 한다. 이때 동기조상기의 계자를 과여자로 해서 운전할 경우 옳지 않은 것은?

① 콘덴서로 작용한다.
② 위상이 뒤진 전류가 흐른다.
③ 송전선의 역률을 좋게 한다.
④ 송전선의 전압강하를 감소시킨다.

동기조상기의 위상조정
(1) 과여자로 운전시
㉠ 콘덴서(C)로 작용하여 진상전류를 공급한다.
㉡ 앞선 역률로 운전되어 역률이 좋아진다.
㉢ 송전선의 전압강하를 감소시킨다.
㉣ 역률을 1로 운전할 때 전기자전류가 증가한다.
(2) 부족여자로 운전시
㉠ 리액터(L)로 작용하여 지상전류를 공급한다.
㉡ 뒤진 역률로 운전되어 역률이 나빠진다.
㉢ 역률을 1로 운전할 때 전기자전류가 증가한다.

55 □□□

직류전동기 중 전기철도에 가장 적합한 전동기는?

① 분권전동기
② 직권전동기
③ 복권전동기
④ 자여자 분권전동기

직류 직권전동기의 속도-토크 특성
∴ 직권전동기는 기동토크가 크고 기동시 속도가 작기 때문에 전동차, 기중기, 크레인, 권상기 등에 사용된다.

56 □□□

직류발전기에서 양호한 정류를 얻기 위한 방법이 아닌 것은?

① 보상권선을 설치한다.
② 보극을 설치한다.
③ 브러시의 접촉 저항을 크게 한다.
④ 리액턴스 전압을 크게 한다.

양호한 정류를 얻는 조건
(1) 보극을 설치하여 평균 리액턴스 전압을 줄인다.(전압정류)
(2) 보극이 없는 직류기에서는 직류발전기일 때 회선방향으로, 직류전동기일 때 회전 반대 방향으로 브러시를 이동시킨다.
(3) 탄소브러시를 사용하여 브러시 접촉면 전압강하를 크게 한다.(저항정류)
(4) 보상권선을 설치한다.(전기자 반작용 억제)
∴ 리액턴스 전압은 정류 불량의 원인으로서 리액턴스 전압이 크면 정류는 더욱 나빠진다.

정답 53 ② 54 ② 55 ② 56 ④

57 □□□

동기발전기의 전기자권선을 분포권으로 하면 어떻게 되는가?

① 난조를 방지한다.
② 기전력의 파형이 좋아진다.
③ 권선의 리액턴스가 커진다.
④ 집중권에 비하여 합성 유기기전력이 증가한다.

분포권의 특징
(1) 매극 매상의 슬롯 수를 크게 하기 때문에 슬롯 간격은 상수에 반비례하며 또한 권선의 발생 열을 고루 발산시킨다.
(2) 집중권에 비해 권선의 리액턴스가 감소한다.
(3) 고조파를 제거해서 기전력의 파형이 좋아진다.
(4) 집중권에 비해 유기기전력의 크기가 감소한다.
(5) 발전기의 출력이 감소한다.

58 □□□

유도전동기의 부하를 증가시켰을 때 옳지 않은 것은?

① 속도는 감소한다.
② 1차 부하전류는 감소한다.
③ 슬립은 증가한다.
④ 2차 유도기전력은 증가한다.

유도전동기의 부하가 증가할 경우
(1) 부하가 증가하면 전동기의 속도는 감소한다.
(2) $s = \dfrac{N_s - N}{N_s}$ 식으로부터 슬립은 증가한다.
(3) $E_{2s} = sE_2$ 식으로부터 2차 유도기전력은 증가한다.
(4) 유효전류 증가로 역률이 좋아진다.

59 □□□

다음 단상 유도전동기 중 기동토크가 가장 큰 것은?

① 콘덴서 기동형　　② 반발 기동형
③ 분상 기동형　　④ 셰이딩 코일형

단상 유도전동기의 기동토크가 큰 것부터 작은 것 순서로 나열
∴ 반발 기동형 → 반발 유도형 → 콘덴서 기동형 → 분상 기동형 → 셰이딩 코일형 → 모노사이클릭 기동형

60 □□□

1차 전압 2,200[V], 무부하 전류 0.088[A]인 변압기의 철손이 110[W]이었다. 자화전류는 약 몇 [A]인가?

① 0.055[A]　　② 0.038[A]
③ 0.072[A]　　④ 0.088[A]

자화전류

$I_\phi = b_0 V_1 = \sqrt{I_0^2 - I_i^2} = \sqrt{I_0^2 - \left(\dfrac{P_i}{V_1}\right)^2}$ [A] 식에서

$V_1 = 2{,}200$ [V], $I_0 = 0.088$ [A], $P_i = 110$ [W] 이므로

$$\therefore I_\phi = \sqrt{{I_0}^2 - \left(\frac{P_i}{V_1}\right)^2} = \sqrt{0.088^2 - \left(\frac{110}{2{,}200}\right)^2} = 0.072 \text{ [A]}$$

정답 57 ② 58 ② 59 ② 60 ③

4과목 : 회로이론 및 제어공학

무료 동영상 강의 ▲

61 □□□

주파수 50[Hz]에서 4[Ω]의 저항, 4[Ω]의 유도성 리액턴스, 1[Ω]의 용량성 리액턴스가 직렬로 연결된 회로에 100[V]의 교류 전압을 인가할 때 무효전력[Var]은?

① 1400　② 1600
③ 1000　④ 1200

무효전력(Q)

$$Q=\frac{V^2X}{R^2+X^2}\ [\text{Var}],$$

$Z=R+jX=R+jX_L-jX_C\ [\Omega]$ 식에서

$f=50\ [\text{Hz}],\ R=4\ [\Omega],\ X_L=4\ [\Omega],\ X_C=1\ [\Omega],$

$V=100\ [\text{V}]$일 때

$Z=R+jX_L-jX_C=4+j4-j$

$=4+j3\ [\Omega]$ 이므로

$R=4\ [\Omega],\ X=3\ [\Omega]$임을 알 수 있다.

$$\therefore\ Q=\frac{V^2X}{R^2+X^2}=\frac{100^2\times 3}{4^2+3^2}=1200\ [\text{Var}]$$

62 □□□

그림과 같은 정현파의 평균값[V]은?

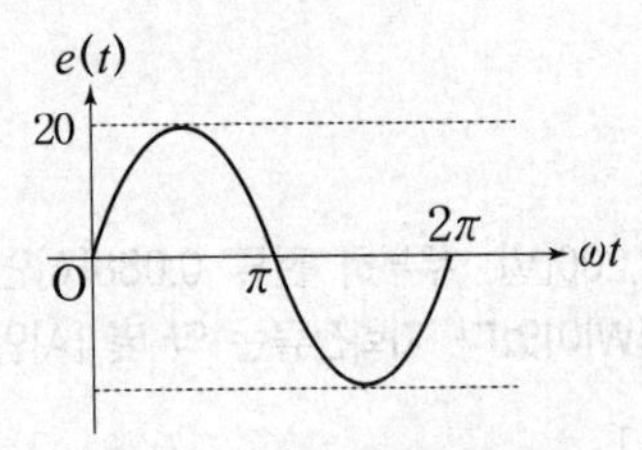

① 10　② 12.73
③ 14.14　④ 20

정현파의 특성값

실효값	평균값	파고율	파형률
$\frac{E_m}{\sqrt{2}}$	$\frac{2E_m}{\pi}$	$\sqrt{2}$	$\frac{\pi}{2\sqrt{2}}=1.11$

$E_m=20\ [\text{V}]$ 이므로

$$\therefore\ \text{평균값}=E_{av}=\frac{2E_m}{\pi}=\frac{2\times 20}{\pi}=12.73\ [\text{V}]$$

63 □□□

최대 눈금이 50[V]인 직류전압계가 있다. 이 전압계를 써서 150[V]의 전압을 측정하려면 몇 [Ω]의 저항을 배율기로 사용하여야 되는가? (단, 전압계의 내부저항은 5000[Ω]이다.)

① 1000　② 2500
③ 5000　④ 10000

배율기

배율기란 전압계의 측정범위를 확대시키기 위해 전압계와 직렬로 접속하는 저항기로서 배율기의 배율(m)과 배율기의 저항(R_m) 공식은 다음과 같다.

$$m=\frac{V_0}{V_v}=1+\frac{R_m}{R_v},\ R_m=(m-1)R_v\ [\Omega]$$

여기서, V_0 : 측정전압, V_v : 전압계 최대눈금,
R_v : 전압계 내부저항

$V_v=50\ [\text{V}],\ V_0=150\ [\text{V}],\ R_v=5000\ [\Omega]$ 이므로

$m=\frac{V_0}{V_v}=\frac{150}{50}=3$일 때

$$\therefore\ R_m=(m-1)R_v=(3-1)\times 5000=10000\ [\Omega]$$

64 □□□

그림과 같은 선형 회로망에서 단지 a, b 간에 100[V]의 전압을 가할 때, 단자 c, d에 흐르는 전류가 5[A]이었다. 반대로 같은 회로에서 c, d 간에 50[V]를 가하면 a, b에 흐르는 전류 [A]는?

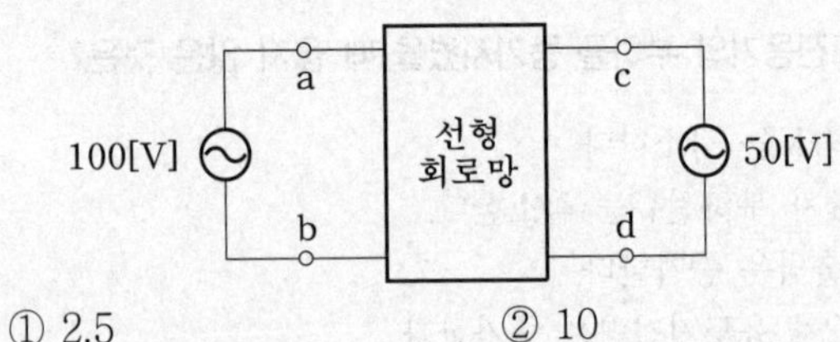

① 2.5　② 10
③ 25　④ 50

가역정리

$E_1I_1=E_2I_2$ 식에서

$E_1=100\ [\text{V}],\ E_2=50\ [\text{V}],\ I_2=5\ [\text{A}]$ 이므로

$$\therefore\ I_1=\frac{E_2I_2}{E_1}=\frac{50\times 5}{100}=2.5\ [\text{A}]$$

정답 61 ④　62 ②　63 ④　64 ①

65 □□□

회로에서 20[Ω]의 저항이 소비하는 전력은 몇 [W]인가?

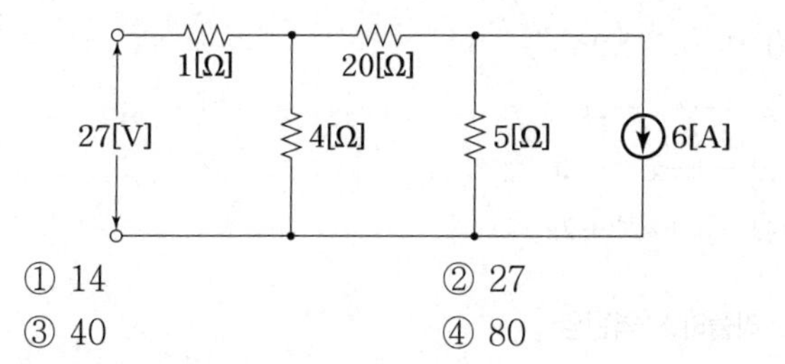

① 14　　② 27
③ 40　　④ 80

테브난의 정리

(1) 20[Ω] 저항의 좌측 회로

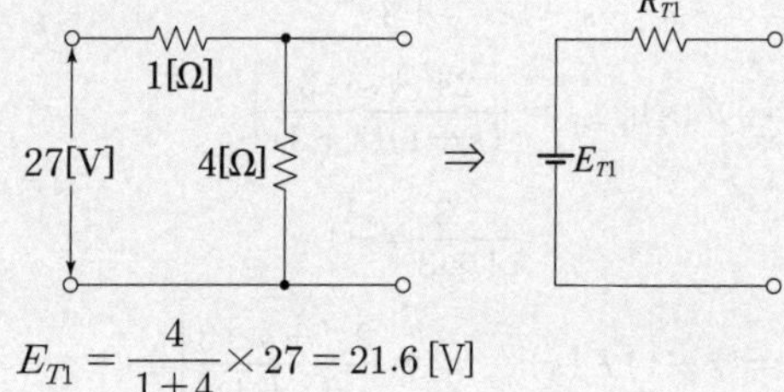

$$E_{T1}=\frac{4}{1+4}\times 27=21.6\,[\text{V}]$$

$$R_{T1}=\frac{1\times 4}{1+4}=0.8[\Omega]$$

(2) 20[Ω] 저항의 우측 회로

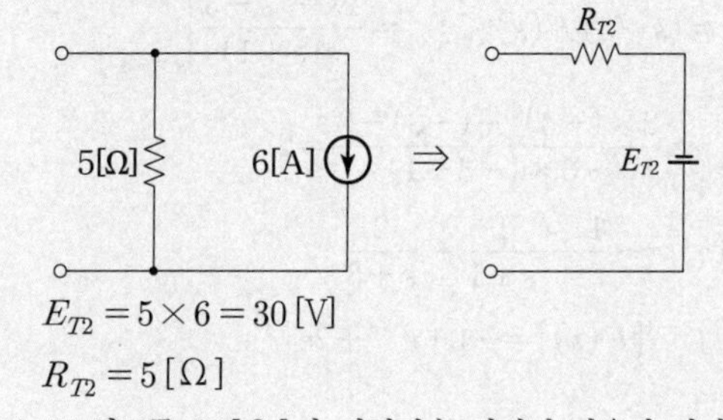

$$E_{T2}=5\times 6=30\,[\text{V}]$$

$$R_{T2}=5\,[\Omega]$$

(1), (2) 회로를 20[Ω]과 직렬접속 시키면 다음과 같다.

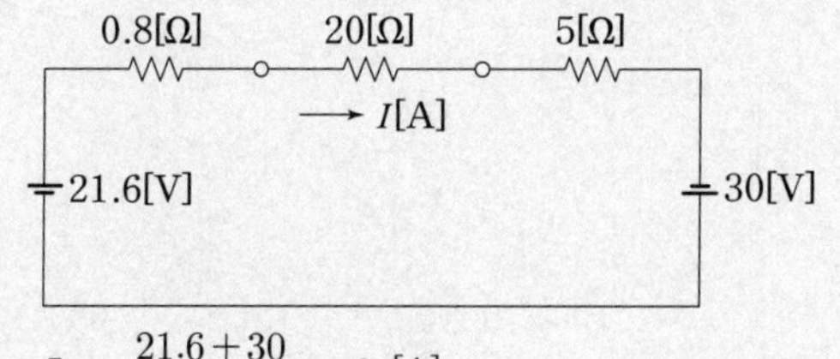

$$I=\frac{21.6+30}{0.8+20+5}=2\ [\text{A}]$$

$$\therefore\ P=I^2R=2^2\times 20=80\,[\text{W}]$$

66 □□□

그림의 사다리꼴 회로에서 부하전압 V_L의 크기는 몇 [V]인가?

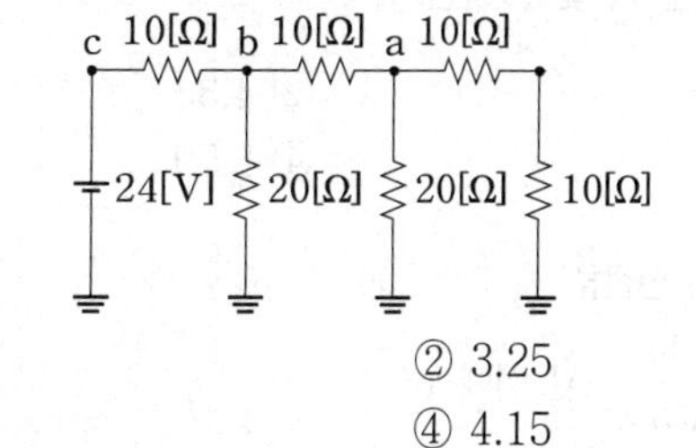

① 3.0　　② 3.25
③ 4.0　　④ 4.15

저항의 직·병렬접속

단자 a, b의 각 저항값은

$$R_a=\frac{20\times(10+10)}{20+(10+10)}=10\,[\Omega],$$

$$R_b=\frac{20\times(10+R_a)}{20+(10+R_a)}=\frac{20\times(10+10)}{20+(10+10)}=10\,[\Omega]$$

이므로

a, b의 단자전압은 각각

$$V_b=\frac{1}{2}V_c=\frac{1}{2}\times 24=12\,[\text{V}],$$

$$V_a=\frac{1}{2}V_b=\frac{1}{2}\times 12=6\,[\text{V}]\text{이다.}$$

$$\therefore\ V_L=\frac{1}{2}V_a=\frac{1}{2}\times 6=3\,[\text{V}]$$

67 □□□

전원측 저항 1[kΩ], 부하저항 10[Ω]일 때 변압비 n : 1의 이상변압기를 사용하여 정합을 취하려 한다. n의 값으로 옳은 것은?

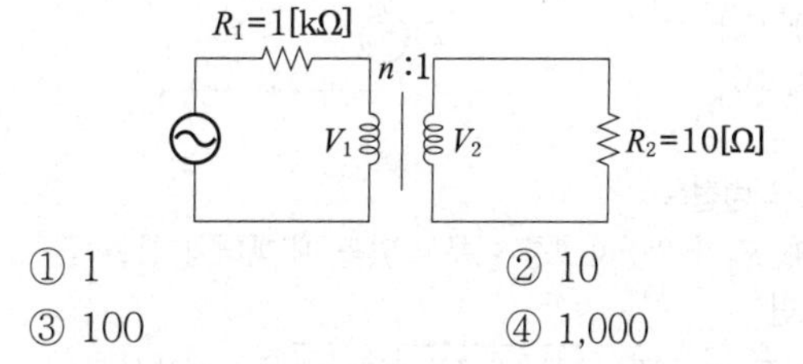

① 1　　② 10
③ 100　　④ 1,000

변압기 권수비(a)

$$a=\frac{n_1}{n_2}=\frac{V_1}{V_2}=\frac{I_2}{I_1}=\sqrt{\frac{Z_1}{Z_2}}=\sqrt{\frac{R_1}{R_2}}\ \text{식에서}$$

$n_1=n,\ n_2=1,\ R_1=1\,[\text{k}\Omega],\ R_2=10\,[\Omega]$일 때

$$\therefore\ n=\sqrt{\frac{R_1}{R_2}}=\sqrt{\frac{1\times 10^3}{10}}=10$$

68 □□□

성형결선의 부하가 있다. 선간전압이 300[V]의 3상 교류를 인가했을 때 선전류가 40[A], 그 역률이 0.8이라면 리액턴스는 약 몇 [Ω]인가?

① 5.73　② 4.33
③ 3.46　④ 2.59

Y결선의 선전류

$I_Y = \dfrac{V_L}{\sqrt{3}\,Z}$ [A] 식에서

$Z = \dfrac{\frac{V_L}{\sqrt{3}}}{I_Y} = \sqrt{R^2 + X_L^2}\,[\Omega]$ 이므로

$Z = \sqrt{R^2 + X_L^2} = \dfrac{V_L}{\sqrt{3}\,I_Y} = \dfrac{300}{\sqrt{3}\times 40} = 4.33[\Omega]$

이다.

역률 $\cos\theta = \dfrac{R}{\sqrt{R^2 + X_L^2}} = 0.8$일 때

$\sqrt{R^2 + X_L^2} = \dfrac{R}{0.8} = 4.33[\Omega]$ 이므로

$R = 3.46[\Omega]$ 이다.

$\therefore\ X_L = \sqrt{\left(\dfrac{R}{0.8}\right)^2 - R^2} = \sqrt{\left(\dfrac{3.46}{0.8}\right)^2 - 3.46^2}$
$= 2.59[\Omega]$

69 □□□

그림과 같은 회로에서 E_1과 E_2는 각각 100[V] 이면서 60°의 위상차가 있다. 유도 리액턴스의 단자전압은? (단, $R = 10[\Omega]$, $X_L = 30[\Omega]$임)

① 164[V]
② 174[V]
③ 200[V]
④ 150[V]

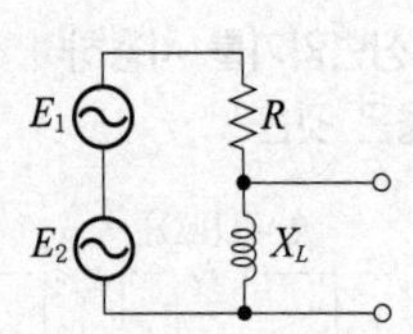

R, L 직렬접속

E_1과 E_2가 위상차 θ를 이루고 있을 때 백터의 합을 구해보면

$\dot{E_1} + \dot{E_2} = \sqrt{{E_1}^2 + {E_2}^2 + 2E_1E_2\cos\theta}$ [V] 식에서

$E_1 = E_2 = 100$ [V], $\theta = 60°$일 때

$\dot{E_1} + \dot{E_2} = \sqrt{100^2 + 100^2 + 2\times 100\times 100\times\cos 60°}$
$= 100\sqrt{3}$ [V]이다.

$Z = R + jX_L = 10 + j30\,[\Omega]$,

$I = \dfrac{E}{Z} = \dfrac{100\sqrt{3}}{\sqrt{10^2 + 30^2}} = 5.48$ [A] 이므로

$\therefore\ V_L = X_L I = 30\times 5.48 = 164$ [V]

70 □□□

$F(s) = \dfrac{2s^2 + s - 3}{s(s^2 + 4s + 3)}$의 라플라스 역변환은?

① $1 - e^{-t} + 2e^{-3t}$
② $1 - e^{-t} - 2e^{-3t}$
③ $-1 - e^{-t} - 2e^{-3t}$
④ $-1 + e^{-t} + 2e^{-3t}$

라플라스 역변환

$F(s) = \dfrac{2s^2 + s - 3}{s(s^2 + 4s + 3)} = \dfrac{2s^2 + s - 3}{s(s+1)(s+3)}$

$= \dfrac{A}{s} + \dfrac{B}{s+1} + \dfrac{C}{s+3}$일 때

$A = sF(s)|_{s=0} = \left.\dfrac{2s^2 + s - 3}{(s+1)(s+3)}\right|_{s=0}$

$= \dfrac{-3}{1\times 3} = -1$

$B = (s+1)F(s)|_{s=-1} = \left.\dfrac{2s^2 + s - 3}{s(s+3)}\right|_{s=-1}$

$= \dfrac{2\times(-1)^2 + (-1) - 3}{-1\times(-1+3)} = 1$

$C = (s+3)F(s)|_{s=-3} = \left.\dfrac{2s^2 + s - 3}{s(s+1)}\right|_{s=-3}$

$= \dfrac{2\times(-3)^2 + (-3) - 3}{-3\times(-3+1)} = 2$

$F(s) = -\dfrac{1}{s} + \dfrac{1}{s+1} + \dfrac{2}{s+3}$

$\therefore\ \mathcal{L}^{-1}[F(s)] = -1 + e^{-t} + 2e^{-3t}$

정답 68 ④　69 ①　70 ④

71 □□□

자동제어의 분류에서 제어량의 종류에 의한 분류가 아닌 것은?

① 서보 기구 ② 추치제어
③ 프로세서 제어 ④ 자동조정

제어량에 따른 제어계의 분류

구분	내용
서보기구 제어	기계적 변위를 제어량으로 해서 목표값의 임의의 변화에 항상 추종되도록 하는 추종제어인 경우이다. 위치, 방향, 자세, 각도, 거리 등을 제어한다.
프로세스 제어	공정제어라고도 하며 제어량이 피드백 제어계로서 주로 정치제어인 경우이다. 온도, 압력, 유량, 액면, 습도, 밀도, 농도 등을 제어한다.
자동조정 제어	전압, 전류, 주파수 등의 양을 주로 제어하는 것으로 응답속도가 빨라야 하는 것이 특징이며 정치제어에 속한다. 정전압 장치나 발전기 및 조속기의 제어 등에 활용하는 제어이다.

72 □□□

주파수 전달함수 $G(j\omega)=\frac{1}{j100\omega}$ 인 계에서 $\omega=0.1$ [rad/s]일 때의 이득[dB]과 위상각 θ[deg]는 얼마인가?

① −20, −90° ② −40, −90°
③ 20, 90° ④ 40, 90°

이득과 위상

$$G(j\omega)=\left.\frac{1}{j100\omega}\right|_{\omega=0.1}=\frac{1}{j100\times0.1}=\frac{1}{j10}$$
$$=0.1\angle-90°$$
$$\therefore g=20\log_{10}|G(j\omega)|=20\log_{10}(0.1)$$
$$=-20\ [\text{dB}]$$
$$\therefore \phi=-90°$$

73 □□□

다음 진리표의 논리소자는?

입력		출력
A	B	C
0	0	1
0	1	0
1	0	0
1	1	0

① NOR ② OR
③ AND ④ NAND

OR 회로와 NOR 회로의 진리표

A	B	OR	NOR
0	0	0	1
0	1	1	0
1	0	1	0
1	1	1	0

74 □□□

그림과 같은 신호흐름선도에서 $\frac{C(s)}{R(s)}$의 값은?

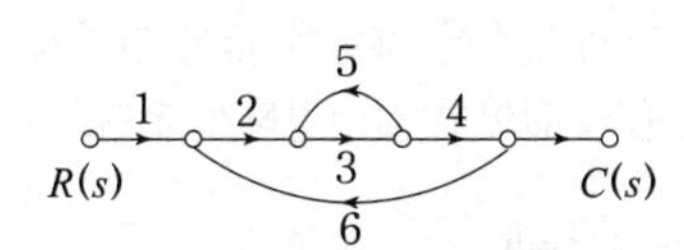

① $-\frac{24}{159}$ ② $-\frac{12}{79}$
③ $\frac{24}{65}$ ④ $\frac{24}{159}$

신호흐름선도의 전달함수

전향경로 이득 $=1\times2\times3\times4\times1=24$

루프경로 이득 $=3\times5+2\times3\times4\times6=159$ 이므로

$$\therefore G(s)=\frac{24}{1-159}=-\frac{24}{158}=-\frac{12}{79}$$

정답 71 ② 72 ① 73 ① 74 ②

75 □□□

전달함수가 $G_C(s)=\dfrac{s^2+3s+5}{2s}$ 인 제어기가 있다. 이 제어기는 어떤 제어기인가?

① 비례 미분 제어기
② 적분 제어기
③ 비례 적분 제어기
④ 비례 미분 적분 제어기

전달함수의 기본 요소

$G(s)=\dfrac{s^2+3s+5}{2s}=\dfrac{1}{2}s+\dfrac{3}{2}+\dfrac{5}{2s}$ 식에서

$G(s)=\dfrac{3}{2}(1+\dfrac{1}{3}s+\dfrac{1}{\dfrac{3}{5}s})=K(1+T_d s+\dfrac{1}{T_i s})$

이므로

∴ 제어기는 비례 미분 적분 제어기를 의미한다.

76 □□□

단위 부궤환 제어시스템(unit negative feedback control system)의 개루프(open loop) 전달함수 $G(s)$가 다음과 같이 주어져 있다. 이 때 다음 설명 중 틀린 것은?

$$G(s)=\frac{{\omega_n}^2}{s(s+2\zeta\omega_n)}$$

① 이 시스템은 $\zeta=1.2$일 때 과제동 된 상태에 있게 된다.
② 이 폐루프 시스템의 특성방정식은 $s^2+2\zeta\omega_n s+{\omega_n}^2=0$이다.
③ ζ 값이 작게 될수록 제동이 많이 걸리게 된다.
④ ζ 값이 음의 값이면 불안정하게 된다.

제동비(또는 감쇠비)

구분	응답특성
$\zeta<1$	부족제동으로 감쇠진동 한다.
$\zeta=1$	임계제동으로 임계진동 한다.
$\zeta>1$	과제동으로 비진동 한다.
$\zeta=0$	무제동으로 진동 한다.
$\zeta<0$	발산하여 목표값에서 점점 멀어진다.

∴ $\zeta<1$일 때 제동비가 작다는 것을 의미하며 부족제동으로 감쇠진동을 하게 된다.

77 □□□

개루프 전달함수 $G(s)H(s)=\dfrac{K(s-5)}{s(s-1)^2(s+2)^2}$ 일 때 주어지는 계에서 점근선의 교차점은?

① $-\dfrac{3}{2}$　② $-\dfrac{7}{4}$
③ $\dfrac{5}{3}$　④ $-\dfrac{1}{5}$

점근선의 교차점

$\sigma=\dfrac{\sum G(s)H(s)\text{의 유한 극점}-\sum G(s)H(s)\text{의 유한 영점}}{p-z}$

식에서

(1) $K=0$일 때의 극점 : $s=0$, $s=1$, $s=1$, $s=-2$, $s=-2$, $\rightarrow p=5$
(2) $K=\infty$일 때의 영점 : $s=5 \rightarrow z=1$
(3) $\sum G(s)H(s)$ 의 유한극점$=0+1+1-2-2$
(4) $\sum G(s)H(s)$ 의 유한영점$=5$

∴ $\sigma=\dfrac{-2-5}{5-1}=-\dfrac{7}{4}$

78 □□□

다음과 같은 미분방정식으로 표현되는 제어시스템의 시스템 행렬 A는?

$$\frac{d^2c(t)}{dt^2}+5\frac{dc(t)}{dt}+3c(t)=r(t)$$

① $\begin{bmatrix}-5 & -3\\ 0 & 1\end{bmatrix}$　② $\begin{bmatrix}-3 & -5\\ 0 & 1\end{bmatrix}$
③ $\begin{bmatrix}0 & 1\\ -3 & -5\end{bmatrix}$　④ $\begin{bmatrix}0 & 1\\ -5 & -3\end{bmatrix}$

상태방정식의 기본형

$\dfrac{d^2c(t)}{dt^2}+\alpha\dfrac{dc(t)}{dt}+\beta c(t)=\delta r(t)$ 식에서

$A=\begin{bmatrix}0 & 1\\ -\beta & -\alpha\end{bmatrix}$, $B=\begin{bmatrix}0\\ \delta\end{bmatrix}$ 이므로

$\alpha=5$, $\beta=3$, $\delta=1$일 때

∴ $A=\begin{bmatrix}0 & 1\\ -3 & -5\end{bmatrix}$

정답 75 ④ 76 ③ 77 ② 78 ③

79 □□□

다음 중 $f(t)=e^{-at}$의 Z 변환은?

① $\dfrac{1}{z-e^{-at}}$ ② $\dfrac{1}{z+e^{-at}}$

③ $\dfrac{z}{z-e^{-at}}$ ④ $\dfrac{z}{z+e^{-at}}$

라플라스 변환과 Z 변환과의 관계

$f(t)$	$F(s)$	$F(z)$
e^{-at}	$\dfrac{1}{s+a}$	$\dfrac{z}{z-e^{-aT}}$

80 □□□

그림과 같은 블록선도에서 $\dfrac{C(s)}{R(s)}$의 값은?

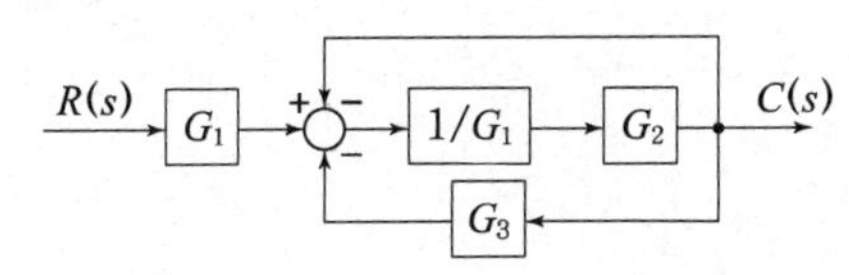

① $\dfrac{G_2}{G_1-G_2-G_3}$ ② $\dfrac{G_2}{G_1-G_2-G_2G_3}$

③ $\dfrac{G_1}{G_1+G_2+G_2G_3}$ ④ $\dfrac{G_1G_2}{G_1+G_2+G_2G_3}$

블록선도의 전달함수

전향경로 이득 $=G_1\times\dfrac{1}{G_1}\times G_2=G_2$

루프경로 이득 $=-\dfrac{G_2}{G_1}-\dfrac{G_2G_3}{G_1}$ 이므로

$$\therefore G(s)=\frac{G_2}{1-\left(-\dfrac{G_2}{G_1}-\dfrac{G_2G_3}{G_1}\right)}=\frac{G_2}{1+\dfrac{G_2}{G_1}+\dfrac{G_2G_3}{G_1}}$$

$$=\frac{G_1G_2}{G_1+G_2+G_2G_3}$$

5과목 : 전기설비기술기준 및 판단기준

무료 동영상 강의 ▲

81 □□□

일반 변전소 또는 이에 준하는 곳의 주요 변압기에 반드시 시설하여야 하는 계측장치가 아닌 것은?

① 주파수 ② 전압

③ 전류 ④ 전력

계측장치시설

(1) 발전기, 주변압기, 동기조상기, 연료전지, 태양전지 모듈의 전압 및 전류 또는 전력
(2) 발전기, 동기조상기의 베어링 및 고정자 온도
(3) 발전소·변전소의 특별고압용 변압기의 온도
(4) 동기조상기의 동기검정장치
(단, 용량이 현저히 작을 경우 생략 가능)

82 □□□

고압 인입선 시설에 대한 설명으로 틀린 것은?

① 15[m] 떨어진 다른 수용가에 고압 연접인입선을 시설하였다.
② 전선은 5[mm] 경동선과 동등한 세기의 고압 절연전선을 사용하였다.
③ 고압 가공인입선 아래 위험표시를 하고 지표상 3.5[m]의 높이에 설치하였다.
④ 횡단 보도교 위에 시설하는 경우 케이블을 사용하여 노면상에서 3.5[m]의 높이에 시설하였다.

고압가공인입선의 시설기준

(1) 전선은 절연전선, 다심형전선, 케이블일 것
(2) 전선의 굵기는 5.0[mm] = 8.01[kN] 이상일 것
(3) 시공높이
㉠ 도로횡단 : 6[m] 이상
㉡ 철도,횡단시 : 6.5[m]
㉢ 횡단보도교 (위험표시) : 3.5[m] 이상
※ 연접인입선은 저압만 시공이 가능하다.

정답 79 ③ 80 ④ 81 ① 82 ①

83 □□□

가공 접지선을 사용하여 접지공사를 하는 경우 변압기의 시설 장소로부터 몇 [m]까지 떼어 놓을 수 있는가?

① 50 ② 100
③ 150 ④ 200

가공공동지선의 시설기준

(1) 접지공사의 접지저항치가 토지의 상황으로 규정값을 얻기 어려운 경우 반경 200[m] 또는 지름 400[m]까지 가공으로 공동접지선을 설치할 수 있다.
㉠ 접지선의 굵기 : 4[mm] = 5.26[kn]이상
㉡ 접지선을 가공공동지선으로부터 분리한다면 각 접지선과 대지 사이의 전기저항은 300[Ω]이하일 것.

84 □□□

고압 가공전선로의 지지물로서 사용하는 목주의 풍압하중에 대한 안전율은 얼마 이상이어야 하는가?

① 1.2 ② 1.3
③ 2.2 ④ 2.5

지지물의 안전율

(1) 지지물 : 2 이상(난, 이상시 철탑 : 1.33 이상)
(2) 케이블 트레이 또는 통신용 지지물 : 1.5 이상
(3) 목주
㉠ 저압 : 1.2 이상(보안공사로 한 경우 : 1.5 이상)
㉡ 고압 : 1.3 이상(보안공사로 한 경우 : 1.5 이상)
㉢ 특별고압 : 1.5 이상(보안공사로 한 경우 : 2 이상)

85 □□□

지중 전선로의 매설방법이 아닌 것은?

① 관로식 ② 인입식
③ 암거식 ④ 직접 매설식

지중전선로의 시설

(1) 종류 : 직접매설식, 관로인입식, 암거식(전력구식)
(2) 지중전선로에 사용하는 전선은 케이블일 것
(3) 매설깊이

시설장소	매설깊이
·관로식 ·충격이나 압력을 받는다	1[m] 이상
·충격이나 압력을 받지 않는다	0.6[m]이상

(4) 지중에서의 금속제 부분은 접지 공사한다.

86 □□□

사용전압이 154[kV]인 가공 송전선의 시설에서 전선과 식물과의 이격거리는 일반적인 경우에 몇 [m] 이상으로 하여야 하는가?

① 2.8 ② 3.2
③ 3.6 ④ 4.2

특고압 가공전선 과 가공전선, 약전선, 안테나 또는 식물 등 과의 이격거리

(1) 60[kV] 이하 : 2[m]
(2) 60[kV] 초과 : 10,000[V]마다 12[cm] 가산하여
2+(사용전압−6)×0.12=?
사용전압과 기준전압을 10000[V]로 나눈다.
( )안 계산 후 소수점 이하 절상한 다음 전체 계산
∴ 이격거리 : 2+(15.4−6)×0.12=3.2[m]

정답 83 ④ 84 ② 85 ② 86 ②

87 □□□

농사용 저압 가공전선로의 시설 기준으로 틀린 것은?

① 사용전압이 저압일 것
② 전선로의 경간은 30[m] 이하일 것
③ 저압 가공전선의 인장강도는 1.38[kN] 이상일 것
④ 저압 가공전선의 지표상 높이는 3[m] 이상일 것

농사용 전선로 및 구내 전선로
(1) 사용전압이 저압일 것
(2) 전선의 굵기 : 2.0[mm] = 1.38[kN] 이상
(3) 지표상의 높이 : 3.5[m] 이상
(4) 지지물의 경간 : 30[m] 이상

88 □□□

고압 가공전선로에 시설하는 피뢰기의 접지공사의 접지저항 값은 몇 [Ω]까지 허용되는가?

① 10　② 30
③ 50　④ 75

피뢰기
(1) 피뢰기 접지
㉠ 접지선의 굵기 : 6[mm^2] 이상
㉡ 접지저항값 : 10[Ω] 이하, 단 고압가공전선로에 시설하는 피뢰기를 단독접지(또는 전용접지) 시설할 경우에는 30[Ω] 이하로 할 수 있다.

89 □□□

특고압 옥내배선이 수관과 접근하여 시설되는 경우에는 몇 [cm] 이상 이격시켜야 하는가?

① 15　② 30
③ 45　④ 60

옥내배선 과 가스관, 수도관, 약전류전선, 전력선 등 과의 이격거리

시설장소	수관, 가스관, 약전선 과의 이격거리
저압	0.1[m]
고압	0.15[m]
특고압	0.6[m]
전력량계	0.6[m]
애자(나선)공사	0.3[m]

90 □□□

금속덕트 공사에 의한 저압 옥내배선에서, 금속덕트에 넣은 전선의 단면적의 합계는 일반적으로 덕트 내부 단면적의 몇 [%] 이하이어야 하는가? (단, 전광표시 장치, 기타 이와 유사한 장치 또는 제어회로 등의 배선만을 넣는 경우이다)

① 20　② 30
③ 40　④ 50

금속덕트공사의 설비기준
(1) 전선은 절연전선일 것.(단, OW제외)
(2) 폭 40[mm]이상, 두께가 1.2[mm] 이상.
(3) 덕트 내 전선의 점유율은 20[%] 이하.
단, 전광표시장치 · 출퇴표시등 제어회로 : 50[%]이하
(4) 지지점 간격 3[m] 이하(수직으로 시설 : 6[m] 이하)
(5) 접지공사 할 것.
(6) 시공 장소 : 건조한 장소만, 많은 전선이 인출하는 곳.
(7) 덕트 끝부분은 막고 내부에 먼지가 침입하지 않도록 하며 물이 고이지 않도록 시설할 것

정답 87 ④ 88 ① 89 ④ 90 ④

91 □□□

단상교류 25000[V]인 교류시스템의 전차선로의 충전부와 차량 간의 동적 최소 절연이격거리는 몇 [mm] 이상을 확보하여야 하는가?

① 150
② 170
③ 190
④ 270

전차선로의 충전부와 차량 간의 절연이격

시스템 종류	공칭전압[V]	동적[mm]	정적[mm]
직류	750	25	25
	1500	100	150
단상 교류	25000	190	290

92 □□□

보호도체와 계통도체 겸용에 대한 설명으로 틀린 것은?

① 폭발성 분위기 장소는 보호도체를 전용으로 하여야 한다.
② 겸용도체는 고정된 전기설비에서만 수용할 수 있다.
③ 단면적은 구리 16[mm^2] 또는 알루미늄 10[mm^2] 이상이어야 한다.
④ 중성선과 보호도체의 겸용도체는 전기설비의 부하 측으로 시설하여서는 안 된다.

보호도체와 계통도체 굵기 [PEN]

재료	굵기
구리	10 [mm^2]
알루미늄	16 [mm^2]

93 □□□

내부고장이 발생하는 경우 반드시 자동차단 장치가 설치되어야 하는 특고압용 변압기의 뱅크용량의 구분으로 알맞은 것은?

① 5,000[kVA] 미만
② 5,000[k VA] 이상 10,000[kVA] 미만
③ 10,000[kVA] 이상
④ 타냉식 변압기

특별고압용 변압기 보호장치

용 량	사고의 종류	보호장치
5천[KVA]이상 1만[KVA]미만	내부 고장	자동차단 또는 경보
1만[KVA]이상	내부 고장	자동차단

94 □□□

순시트립전류에 따른 분류에서 주택용 배선차단기의 정격전류를 I_n이라고 할 때, 순시트립 범위가 $3I_n$ 초과 - $5I_n$이하 인 경우 무슨 형인가?

① A형 ② B형
③ C형 ④ D형

[kec 212.3.4] 보호장치의 특성
순시트립에 따른 구분 (주택용 배선용 차단기)

형 (순시 트립에 따른 차단기 분류)	순시 트립 범위
B	$3I_n$ 초과 - $5I_n$ 이하
C	$5I_n$ 초과 - $10I_n$ 이하
D	$10I_n$ 초과 - $20I_n$ 이하

정답 91 ③ 92 ③ 93 ③ 94 ②

95 □□□

유도장해를 방지하기 위하여 사용전압 60[kV]인 가공전선로의 유도전류는 전화선로의 길이 12[km]마다 몇 [μA]를 넘지 않도록 하여야 하는가?

① 1[μA] ② 2[μA]
③ 3[μA] ④ 4[μA]

유도장해

사용전압	전화선로의 길이	유도전류
60[KV]이하	12[km]마다	2[μA]를 넘지 말 것.
60[KV]초과	40[km]마다	3[μA]를 넘지 말 것.

96 □□□

큰 고장전류가 접지도체를 통하여 흐르지 않는 경우 접지도체는 단면적 몇 [mm^2] 이상의 연동선 또는 동등 이상의 단면적 및 강도를 가져야 하는가?

① 6[mm^2] ② 10[mm^2]
③ 16[mm^2] ④ 25[mm^2]

접지도체의 선정

시설 조건	접지도체 (구리사용)	접지도체 (철제사용)
큰 고장 전류가 접지 도체를 통하여 흐르지 않을 경우	6[mm^2] 이상	50[mm^2] 이상
피뢰시스템이 접속되는 경우	16[mm^2] 이상	

97 □□□

전압의 종별을 구분 할 때 직류전압의 저압은 몇 [V]인가?

① 1,000[V] 이하 ② 1,500[V] 이하
③ 7,000[V] 이하 ④ 7,000[V] 초과

전압의 종별

구분	전압의 범위
저압	직류 1500[V] 이하 교류 1000[V] 이하
고압	직류 1500[V]를 초과하고 7000[V] 이하 교류 1000[V]를 초과하고 7000[V] 이하
특고압	7000[V] 초과

98 □□□

정격전류가 63[A] 초과인 저압 전로 중에 과전류 보호를 위하여 주택용 배선차단기를 설치할 때 몇 배의 전류에서 동작해야 하는가?

① 1.25 ② 1.3
③ 1.45 ④ 1.5

과전류 트립 동작시간 및 특성(주택용 배선용 차단기)

정격전류의 구분	시 간	정격전류의 배수 (모든 극에 통전)	
		부동작 전류	동작 전류
63[A] 이하	60분	1.13배	1.45배
63[A] 초과	120분	1.13배	1.45배

정답 95 ② 96 ① 97 ② 98 ③

99 □□□

고압 가공전선이 안테나와 접근 상태로 시설되는 경우 고압 가공전선과 안테나와의 상호간의 이격거리는 몇 [m] 이상이어야 하는가? (단, 한 쪽의 전선이 케이블인 경우이다.)

① 0.6　　③ 0.8
② 0.3　　④ 0.4

고압 가공전선 상호 간의 접근 또는 교차

구 분	절연전선	케이블
고압 가공전선 상호	0.8[m]	0.4[m]
고압가공전선과 다른 고압가공전선로 지지물	0.6[m]	0.3[m]

100 □□□

사용전압이 400[V] 초과인 경우 애자공사에서 전선과 조영재사이의 이격거리는 몇 [m] 이상이어야 하는가? (단, 건조하고 전개된 장소에 시설하는 경우이다.)

① 25　　② 30
③ 35　　④ 40

애자 사용 공사(저압) 이격거리

시설장소	전선 상호간의 간격		전선과 조영재	
	400[V] 이하	400[V] 초과	400[V] 이하	400[V] 초과
비나 이슬에 젖지 아니하는 장소	0.06[m]	0.06[m]	0.025[m]	0.025[m]
비나 이슬에 젖는 장소	0.06[m]	0.12[m]	0.025[m]	0.045[m]

정답 99 ④　100 ①

2024 CBT 시험대비 블랙박스
전기기사 필기 ② CBT 시험 복원 기출문제

저 자 이승원 · 김승철
윤종식

발행인 이 종 권

2024年 1月 24日 초 판 인 쇄
2024年 1月 30日 초 판 발 행

發行處 **(주) 한솔아카데미**

(우)06775 서울시 서초구 마방로10길 25 트윈타워 A동 2002호
TEL : (02)575-6144/5 FAX : (02)529-1130
〈1998. 2. 19 登錄 第16-1608號〉

※ 본 교재의 내용 중에서 오타, 오류 등은 발견되는 대로 한솔아카데미 인터넷 홈페이지를 통해 공지하여 드리며 보다 완벽한 교재를 위해 끊임없이 최선의 노력을 다하겠습니다.

※ 파본은 구입하신 서점에서 교환해 드립니다.

www.inup.co.kr / www.bestbook.co.kr

ISBN 979-11-6654-460-6 14540
ISBN 979-11-6654-458-3 (세트)

전기 5주완성 시리즈

전기기사 5주완성

전기기사수험연구회
1,688쪽 | 42,000원

전기산업기사 5주완성

전기산업기사수험연구회
1,568쪽 | 42,000원

전기공사기사 5주완성

전기공사기사수험연구회
1,688쪽 | 41,000원

전기공사산업기사 5주완성

전기공사산업기사수험연구회
1,606쪽 | 41,000원

전기(산업)기사 실기

대산전기수험연구회
766쪽 | 42,000원

전기기사실기 15개년 과년도

대산전기수험연구회
808쪽 | 37,000원

전기기사 완벽대비 시리즈

정규시리즈①
전기자기학

전기기사수험연구회
4×6배판 | 반양장
406쪽 | 19,000원

정규시리즈②
전력공학

전기기사수험연구회
4×6배판 | 반양장
324쪽 | 19,000원

정규시리즈③
전기기기

전기기사수험연구회
4×6배판 | 반양장
430쪽 | 19,000원

정규시리즈④
회로이론

전기기사수험연구회
4×6배판 | 반양장
380쪽 | 19,000원

정규시리즈⑤
제어공학

전기기사수험연구회
4×6배판 | 반양장
248쪽 | 18,000원

정규시리즈⑥
전기설비기술기준

전기기사수험연구회
4×6배판 | 반양장
326쪽 | 19,000원

전기기사·기능사/소방설비

CBT 전기기사 필기 블랙박스

이승원, 김승철, 윤종식 공저
4×6배판 | 반양장
1168쪽 | 42,000원

CBT 전기산업기사 필기 블랙박스

이승원, 김승철, 윤종식 공저
4×6배판 | 반양장
1100쪽 | 42,000원

전기(산업)기사 실기 모의고사 100선

김대호 저
4×6배판 | 반양장
296쪽 | 24,000원

전기기능사 3주완성 +마법의 합격 포켓북

이승원, 김승철 공저
4×6배판 | 반양장
624쪽 | 25,000원

김흥준 · 윤중오 · 신면순 교수의 온라인 강의 무료제공

[전기분야 필기] 소방설비기사

김흥준, 신면순 공저
4×6배판 | 반양장
1,157쪽 | 44,000원

[기계분야 필기] 소방설비기사

김흥준, 윤중오 공저
4×6배판 | 반양장
1,212쪽 | 44,000원

교재 인증번호 등록을 통한 학습관리 시스템

전기기사 필기 전과목 전강좌 100% 무료수강

01 사이트 접속

인터넷 주소창에 **https://www.inup.co.kr** 을 입력하여 한솔아카데미 홈페이지에 접속합니다.

02 회원가입 로그인

홈페이지 우측 상단에 있는 **회원가입** 또는 아이디로 **로그인**을 한 후, **전기기사** 사이트로 접속을 합니다.

03 나의 강의실

나의강의실로 접속하여 왼쪽 메뉴에 있는 **[쿠폰/포인트관리]-[쿠폰등록/내역]**을 클릭합니다.

04 쿠폰 등록

도서에 기입된 **인증번호 12자리** 입력(-표시 제외)이 완료되면 **[나의강의실]**에서 학습가이드 관련 응시가 가능합니다.

■ 모바일 동영상 수강방법 안내

❶ QR코드 이미지를 모바일로 촬영합니다.
❷ 회원가입 및 로그인 후, 쿠폰 인증번호를 입력합니다.
❸ 인증번호 입력이 완료되면 [나의강의실]에서 강의 수강이 가능합니다.

※ 인증번호는 표지 뒷면에서 확인하시길 바랍니다.
※ QR코드를 찍을 수 있는 앱을 다운받으신 후 진행하시길 바랍니다.

2024

전기기사 블랙박스

필기

inup 한솔아카데미

2024

한솔아카데미 블랙박스 교재

지금부터 시작합니다!!

CBT 전기기사 교재 3단계 합격 프로젝트

1단계 핵심 블랙박스

- 10개년 기출문제 출제빈도별 우선순위
- 핵심제목, 중요도, 출제문항수 한 눈에 보기

2단계 CBT 복원 기출문제

- 2022년 이후 CBT 기반으로 시행된 출제문제를 복원하여 15회 복원 기출문제로 재구성 하였습니다.

3단계 기출문제 15회

- 2017년 ~ 2022년 기출문제를 통한 CBT 실전 감각을 키울 수 있도록 구성

시험정보

전기기사

전기기사 · 전기산업기사 시험 일정

	필기시험	필기합격(예정) 발표	실기시험	최종합격 발표일
정기 1회	2024년 3월	2024년 3월	2024년 4월	2024년 6월
정기 2회	2024년 5월	2024년 6월	2024년 7월	2024년 9월
정기 3회	2024년 7월	2024년 8월	2024년 10월	2024년 12월

전기기사 시험시간 및 합격기준

시험시간	과목당 30분(5과목) 총 2시간 30분
합격기준	100점을 만점으로 하여 과목당 40점 이상, 전 과목 평균 60점 이상

전기기사 응시자격

① 산업기사 등급 이상의 자격을 취득한 후 응시하려는 종목이 속하는 동일 및 유사 직무분야에서 1년 이상 실무에 종사한 사람
② 기능사 자격을 취득한 후 응시하려는 종목이 속하는 동일 및 유사 직무분야에서 3년 이상 실무에 종사한 사람
③ 응시하려는 종목이 속하는 동일 및 유사 직무분야의 다른 종목의 기사 등급 이상의 자격을 취득한 사람
④ 관련학과의 대학졸업자등 또는 그 졸업예정자

시험정보

전기산업기사

전기산업기사 시험시간 및 합격기준

시험시간	과목당 30분(5과목) 총 2시간 30분
합격기준	100점을 만점으로 하여 과목당 40점 이상, 전 과목 평균 60점 이상

전기기사 응시자격

① 산업기사 등급 이상의 자격을 취득한 후 응시하려는 종목이 속하는 동일 및 유사 직무분야에서 1년 이상 실무에 종사한 사람
② 기능사 자격을 취득한 후 응시하려는 종목이 속하는 동일 및 유사 직무분야에서 3년 이상 실무에 종사한 사람
③ 응시하려는 종목이 속하는 동일 및 유사 직무분야의 다른 종목의 기사 등급 이상의 자격을 취득한 사람
④ 관련학과의 대학졸업자등 또는 그 졸업예정자

전기기사 · 전기산업기사 필기시험 검정현황

연도	전기기사			전기산업기사		
	응시	합격	합격률(%)	응시	합격	합격률(%)
2022	52,187	11,611	22.2%	31,121	6,692	21.5%
2021	60,500	13,365	22.1%	37,892	6,991	18.4%
2020	56,376	15,970	28.3%	34,534	8,706	25.2%
2019	49,815	14,512	29.1%	37,091	6,629	17.9%
2018	44,920	12,329	27.4%	30,920	6,583	21.3%

전기기사 필기

1 핵심 BLACK BOX

과목별 출제 빈도별 우선순위 핵심 블랙박스

※ 핵심 블랙박스 무료 강의 제공

출제빈도별 우선순위 핵심 블랙박스

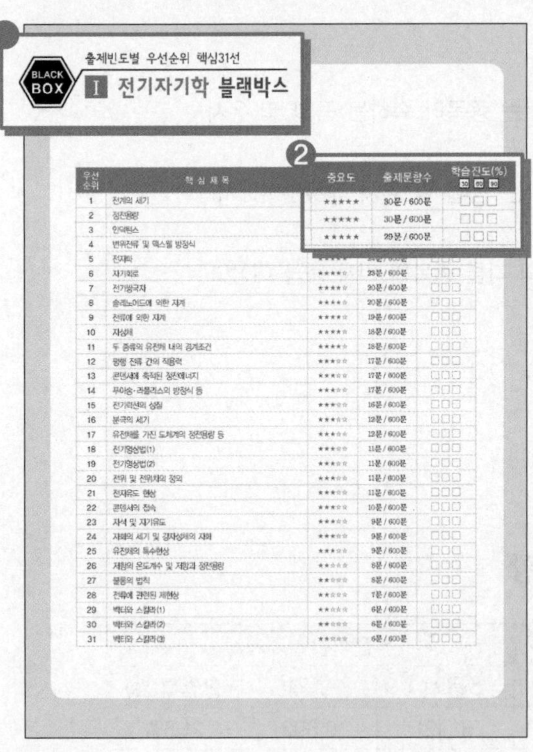

출제빈도별 우선순위 핵심31선

BLACK BOX Ⅰ 전기자기학 블랙박스

우선순위	핵심 제목	중요도	출제문항수	학습진도(%) 30 60 90
1	전계의 세기	★★★★★	30문 / 600문	□□□
2	정전용량	★★★★★	30문 / 600문	□□□
3	인덕턴스	★★★★★	29문 / 600문	□□□
4	변위전류 및 맥스웰 방정식	[illegible]	[illegible]	[illegible]
5	전자파	[illegible]	[illegible]	□□□
6	자기회로	★★★★☆	23문 / 600문	□□□
7	전기쌍극자	★★★★☆	20문 / 600문	□□□
8	솔레노이드에 의한 자계	★★★★☆	20문 / 600문	□□□
9	전류에 의한 자계	★★★★☆	19문 / 600문	□□□
10	자성체	★★★★☆	18문 / 600문	□□□
11	두 종류의 유전체 내의 경계조건	★★★★☆	18문 / 600문	□□□
12	평행 전류 간의 작용력	★★★☆☆	17문 / 600문	□□□
13	콘덴서에 축적된 정전에너지	★★★☆☆	17문 / 600문	□□□
14	푸아송·라플라스의 방정식 등	★★★☆☆	17문 / 600문	□□□
15	전기력선의 성질	★★★☆☆	16문 / 600문	□□□
16	분극의 세기	★★★☆☆	12문 / 600문	□□□
17	유전체를 가진 도체계의 정전용량 등	★★★☆☆	12문 / 600문	□□□
18	전기영상법(1)	★★★☆☆	11문 / 600문	□□□
19	전기영상법(2)	★★★☆☆	11문 / 600문	□□□
20	전위 및 전위차의 정의	★★★☆☆	11문 / 600문	□□□
21	전자유도 현상	★★★☆☆	11문 / 600문	□□□
22	콘덴서의 접속	★★★☆☆	10문 / 600문	□□□
23	자석 및 자기유도	★★★☆☆	9문 / 600문	□□□
24	자화의 세기 및 강자성체의 자화	★★★☆☆	9문 / 600문	□□□
25	유전체의 특수현상	★★★☆☆	9문 / 600문	□□□
26	저항의 온도계수 및 저항과 정전용량	★★☆☆☆	8문 / 600문	□□□
27	쿨롱의 법칙	★★☆☆☆	8문 / 600문	□□□
28	전류에 관련된 제현상	★★☆☆☆	7문 / 600문	□□□
29	벡터와 스칼라(1)	★★☆☆☆	6문 / 600문	□□□
30	벡터와 스칼라(2)	★★☆☆☆	6문 / 600문	□□□
31	벡터와 스칼라(3)	★★☆☆☆	6문 / 600문	□□□

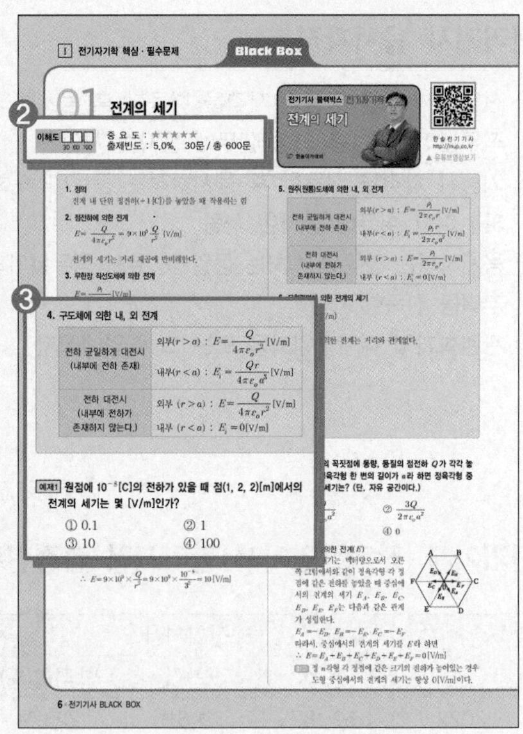

Ⅰ 전기자기학 핵심·필수문제 Black Box

01 전계의 세기

이해도 □□□ 30 60 100 중 요 도 : ★★★★★ 출제빈도 : 5.0%, 30문 / 총 600문

1. 정의

전계 내 단위 정전하(+1[C])를 놓았을 때 작용하는 힘

2. 점전하에 의한 전계

$E=\dfrac{Q}{4\pi\varepsilon_o r^2}=9\times10^9\dfrac{Q}{r^2}$ [V/m]

전계의 세기는 거리 제곱에 반비례한다.

3. 무한장 직선도체에 의한 전계

4. 구도체에 의한 내, 외 전계

전하 균일하게 대전시 (내부에 전하 존재)	외부$(r>a)$: $E=\dfrac{Q}{4\pi\varepsilon_o r^2}$[V/m] 내부$(r<a)$: $E_i=\dfrac{Qr}{4\pi\varepsilon_o a^3}$[V/m]
전하 대전시 (내부에 전하가 존재하지 않는다.)	외부 $(r>a)$: $E=\dfrac{Q}{4\pi\varepsilon_o r^2}$[V/m] 내부 $(r<a)$: $E_i=0$[V/m]

5. 원주(원통)도체에 의한 내, 외 전계

전하 균일하게 대전시 (내부에 전하 존재)	외부$(r>a)$: $E=\dfrac{\rho_l}{2\pi\varepsilon_o r}$[V/m] 내부$(r<a)$: $E_i=\dfrac{\rho_l r}{2\pi\varepsilon_o a^2}$[V/m]
전하 대전시 (내부에 전하가 존재하지 않는다.)	외부 $(r>a)$: $E=\dfrac{\rho_l}{2\pi\varepsilon_o r}$[V/m] 내부 $(r<a)$: $E_i=0$[V/m]

예제1 원점에 10^{-8}[C]의 전하가 있을 때 점(1, 2, 2)[m]에서의 전계의 세기는 몇 [V/m]인가?

① 0.1 ② 1
③ 10 ④ 100

$\therefore E=9\times10^9\times\dfrac{Q}{r^2}=9\times10^9\times\dfrac{10^{-8}}{3^2}=10$[V/m]

$E_A=-E_D$, $E_B=-E_E$, $E_C=-E_F$

따라서, 중심에서의 전계의 세기를 E라 하면

$\therefore E=E_A+E_B+E_C+E_D+E_E+E_F=0$[V/m]

정 n각형 각 정점에 같은 크기의 전하가 놓여있는 경우 도형 중심에서의 전계의 세기는 항상 0[V/m]이다.

6 · 전기기사 BLACK BOX

① 최근 10개년 기출문제 분석 출제 빈도별 우선순위 30선 중심으로 Key word로 정리하였습니다.

② 출제우선순위 블랙박스는 핵심제목 중요도, 출제문항수 목차를 두어 학습해야 할 우선순위를 제시하였습니다.

③ 핵심 블랙박스는 기출문제 분석을 통한 출제우선순위 핵심을 정리하였습니다.

2 기출문제 30회 수록

※ CBT 복원 기출문제 / CBT 이전 기출문제 무료 강의 제공

- 2022년 3회 시행 이후 CBT 기출문제 복원 15회
- 2022년까지의 기출문제 15회

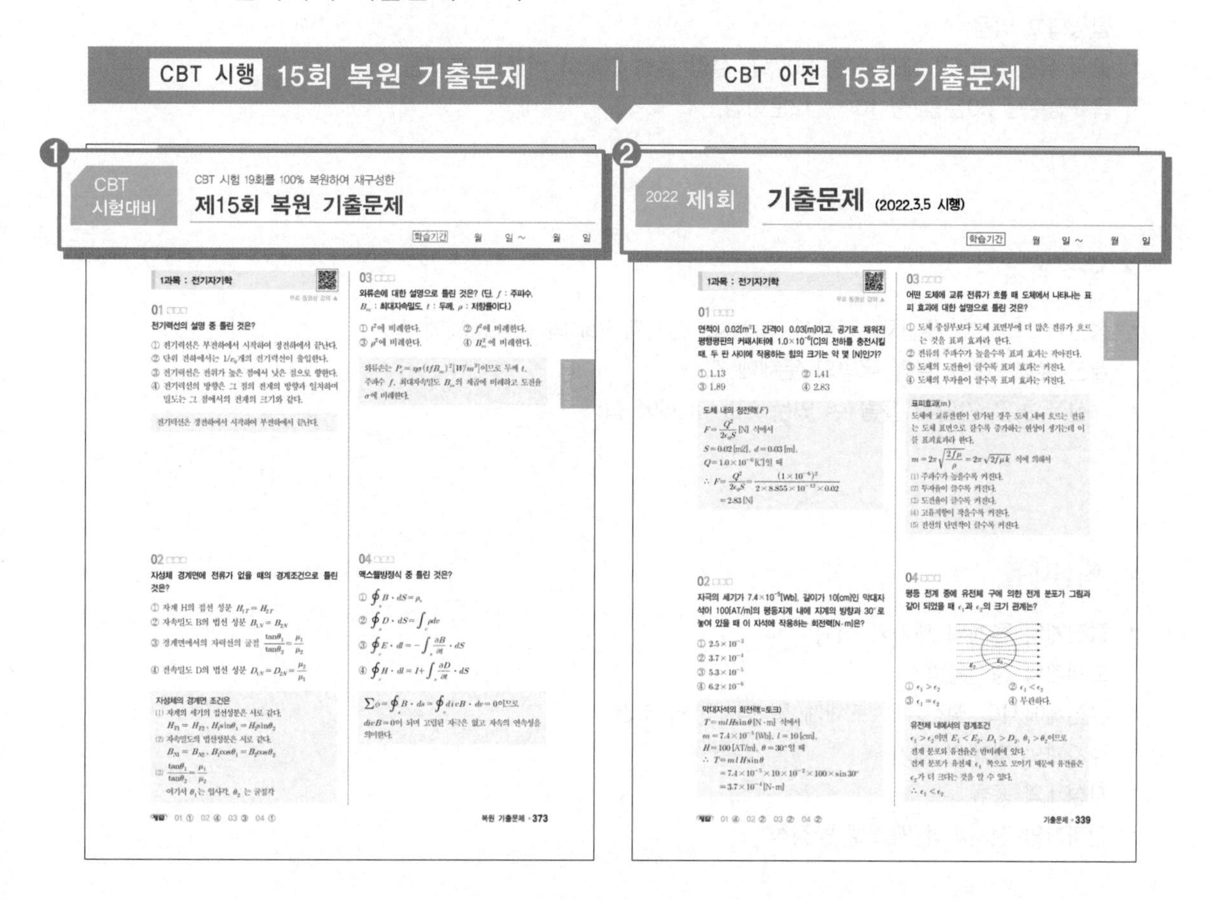

❶ 2022년 3회부터 CBT 시험 총 4회 시험에서 취합한 복원문제 1900문항을 다시 15회 모의고사로 재구성하였고, 동영상 강의를 제공해드립니다.

❷ 2022년 2회까지의 기출문제 15회를 동영상 강의로 빠르게 효과적으로 학습할 수 있도록 도와드립니다.

2024
각 과목별 학습전략

1과목 | 전기자기학

✔ 과목이해

- 전 과목 중 과락이 가장 많이 나오는 과목임.
- 전체 목차 중 정전계, 도체계, 유전체, 정자계, 자성체, 전자계에서 출제가 집중되고 있음.
- 공식 유형 50[%], 계산 유형 30[%], 설명 유형 20[%] 비율로 출제됨.
- 목표점수는 20문항 중 10 ~ 12문항임.

✔ 공략방법

- 정전계, 도체계, 유전체, 정자계, 자성체, 전자계 Part의 공식문제에 집중.
- 계산 유형보다는 설명 유형의 문제에 집중.
- 계산 유형은 간단히 풀릴 수 있는 쉬운 문제에 집중.

✔ 핵심내용

- 정전계의 전계의 세기와 전위
- 도체계의 정전용량
- 유전체에서의 정전계와 도체계 및 경계면의 조건
- 정자계의 자계의 세기
- 자성체의 종류
- 전자계의 전자파와 맥스웰 방정식

✔ 출제경향분석

- 최근 CBT 시행 2022년 3회 ~ 2023년 시험문제 출제비율을 분석한 데이터를 참조하여 학습전략을 세우시길 바랍니다.

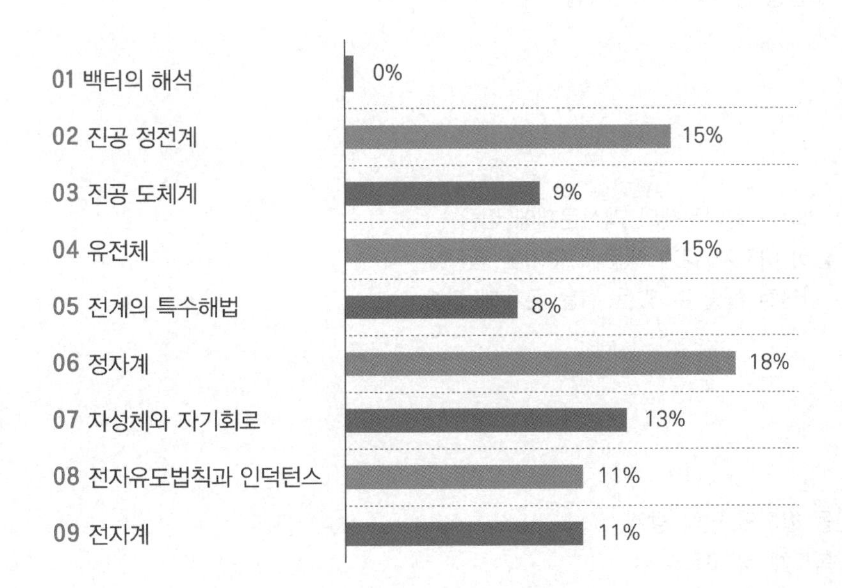

2024

각 과목별 학습전략

2과목 | 전력공학

✔ 과목이해

- 전 과목 중 고득점을 노려야 하는 핵심 과목임.
- 송배전 공학에서 80~90[%], 발전 공학에서 10~20[%]로 출제됨.
- 설명 유형 70[%], 계산 유형 20[%], 공식 유형 10[%] 비율로 출제됨.
- 목표점수는 20문항 중 14 ~ 16문항임.

✔ 공략방법

- 송전과 배전 Part의 설명문제와 계산문제에 집중.
- 공식문제는 답이 바뀌지 않기 때문에 암기에 집중.
- 계산 유형은 간단히 풀릴 수 있는 쉬운 문제에 집중.

✔ 핵심내용

- 송전선의 진동 방지와 단락 방지
- 선로정수와 복도체 및 코로나
- 송전선로의 특성값 계산 - 전력손실, 전압강하, 송전전력 등
- 중성점 접지 방법과 이상전압에 대한 방호
- 안정도 개선 방법과 고장 계산
- 배전선로의 부하율, 수용율, 부등률, 배전방식의 종류 및 특징, 보호계전기의 종류 및 특징 등

✔ 출제경향분석

- 최근 CBT 시행 2022년 3회 ~ 2023년 시험문제 출제비율을 분석한 데이터를 참조하여 학습전략을 세우시길 바랍니다.

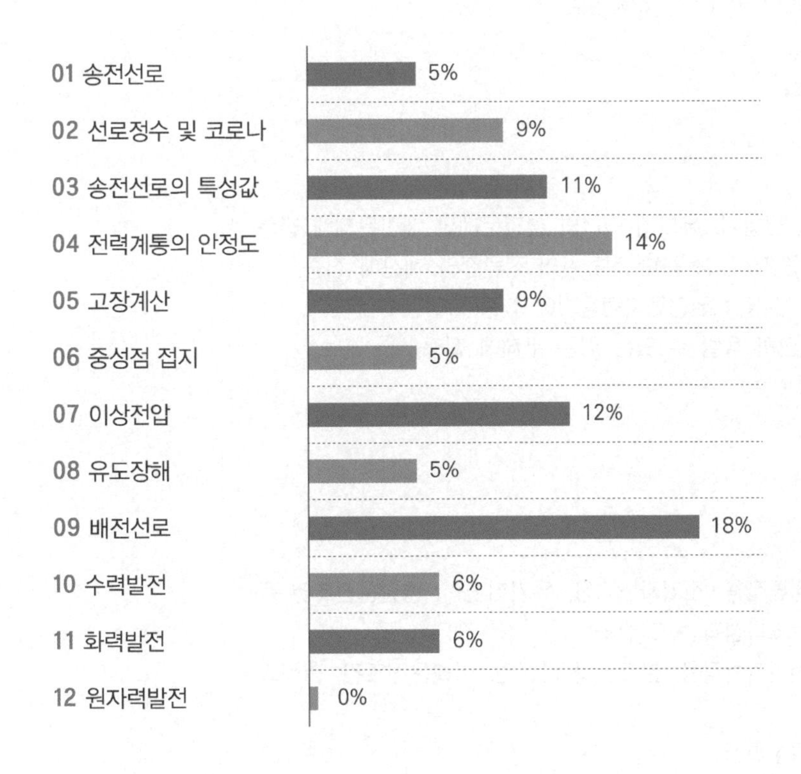

2024

각 과목별 학습전략

3과목 | 전기기기

✔ 과목이해

- 전 과목 중 전기자기학 다음으로 과락이 많이 나오는 과목임.
- 전체 목차 중 직류기, 동기기, 변압기, 유도기에서 출제가 집중되고 있음.
- 설명 유형 50[%], 계산 유형 35[%], 공식 유형 15[%] 비율로 출제됨.
- 목표점수는 20문항 중 10 ~ 12문항임.

✔ 공략방법

- 직류기, 동기기, 변압기, 유도기 Part의 설명문제와 계산문제에 집중.
- 정류기의 단상 반파, 단상 전파 정류기의 직류전압 계산에 집중.
- 교류정류자기의 단상 직권정류자전동기에 집중
- 계산 유형은 간단히 풀릴 수 있는 쉬운 문제에 집중.

✔ 핵심내용

- 직류발전기의 정류작용, 전기자반작용, 유기기전력, 병렬운전조건 등
- 직류전동기의 토크특성과 속도제어법
- 동기발전기의 전기자반작용, 분포권과 단절권, 병렬운전조건, 출력과 수수전력 등
- 동기전동기의 위상특성
- 변압기의 권수비, 유기기전력, 병렬운전조건, %저항강하, %리액턴스강하, %임피던스강하, 결선의 종류와 특징 등
- 유도전동기이 운전특성과 전력변환, 기동법, 속도제어법, 비례추이의 원리 등

✔ 출제경향분석

- 최근 CBT 시행 2022년 3회 ~ 2023년 시험문제 출제비율을 분석한 데이터를 참조하여 학습전략을 세우시길 바랍니다.

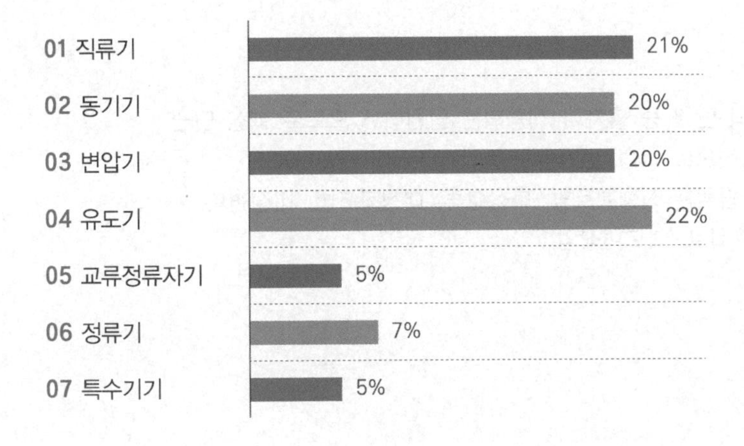

2024
각 과목별 학습전략

4과목 | 회로이론

✔ 과목이해

- 거의 대부분 계산문제의 유형으로 출제됨.
- 13개의 단원 중 10문항이 출제됨.
- 목표점수는 10문항 중 6문항임.

✔ 공략방법

- 회로이론은 13개의 단원 중 출제가 집중되는 단원이 있으므로 핵심 단원을 파악하여 집중적으로 학습.
- 회로이론의 집중 단원은 선형회로망, 다상교류, 대칭좌표법, 비정현파, 4단자망, 분포정수회로, 과도현상임.

✔ 핵심내용

- 선형회로망의 중첩의 원리, 테브난의 정리, 밀만의 정리 등
- 다상교류의 Y결선과 △결선의 선전류와 소비전력 등
- 대칭좌표법의 영상분, 정상분, 역상분 공식과 계산문제.
- 비정현파의 실효값과 소비전력 및 왜형률 등
- 4단망의 4단자 정수, Z파라미터, Y파라미터, 영상파라미터 등
- 분포정수회로의 무손실과 무왜형 선로의 특성값 등
- 과도현상의 과도전류와 시정수 등

✔ 출제경향분석

- 최근 CBT 시행 2022년 3회 ~ 2023년 시험문제 출제비율을 분석한 데이터를 참조하여 학습전략을 세우시길 바랍니다.

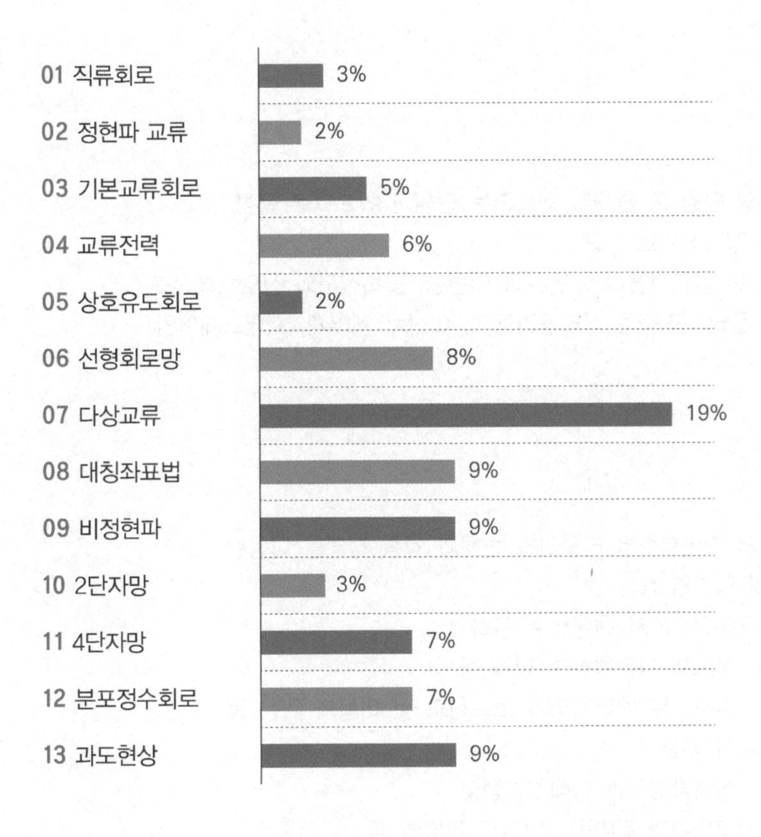

2024

각 과목별 학습전략

4과목 | 제어공학

✔ 과목이해

- 조건에 부합하는 결과 값을 선택하는 유형의 문제가 출제됨.
- 12개의 단원 중 10문항이 출제됨.
- 목표점수는 10문항 중 6문항임.

✔ 공략방법

- 제어공학은 12개의 단원 중 출제가 집중되는 단원이 있으므로 핵심 단원을 파악하여 집중적으로 학습.
- 제어공학의 집중 단원은 라플라스 변환과 역변환, 블록선도와 신호흐름선도, 시간응답, 주파수응답, 근궤적, 상태공간해석, 이산치 제어계, 시퀀스제어임.

✔ 핵심내용

- 라플라스 변환에서 기본함수별 라플라스 변환과 각종 정리를 이용한 리플라스 변환 및 역변환 등.
- 블록선도와 신호흐름선도에서 전달함수 구하기.
- 시간응답에서 2계 회로의 응답특성과 편차 등
- 주파수응답에서 나이퀴스트 벡터궤적과 보드선도 및 이득과 위상 등.
- 근궤적에서 근궤적의 연산.
- 상태공간해석에서 상태방정식과 상태천이행렬.
- 이산치 제어계에서 Z변환과 Z평면의 안정도 판별법 등
- 시퀀스제어에서 논리식과 논리회로.

✔ 출제경향분석

- 최근 CBT 시행 2022년 3회 ~ 2023년 시험문제 출제비율을 분석한 데이터를 참조하여 학습전략을 세우시길 바랍니다.

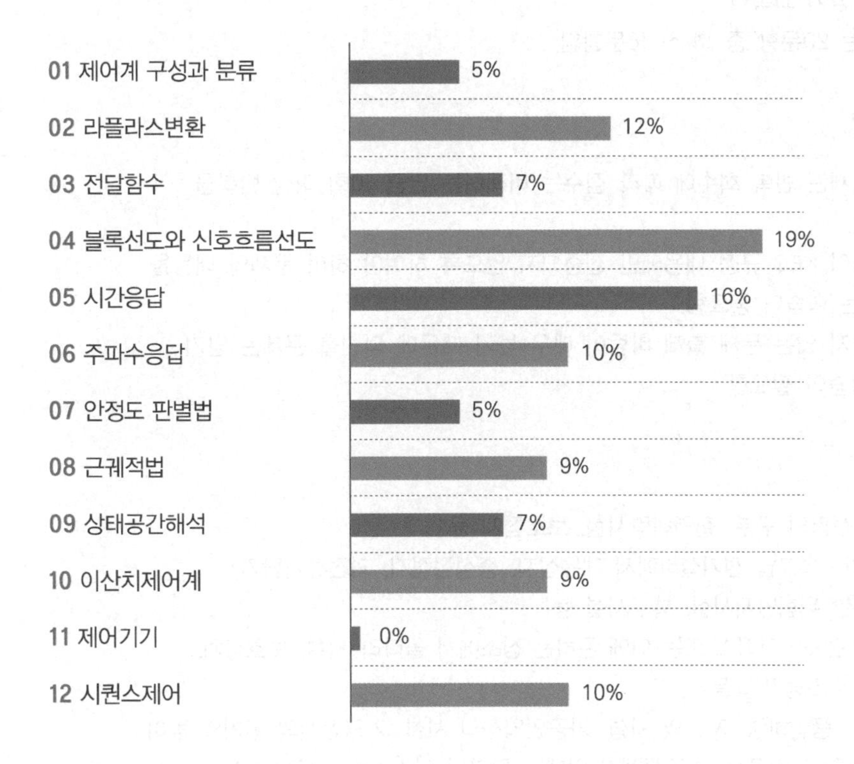

5과목 | 전기설비기술기준

✔ 과목이해

- 전 과목 중 전력공학 다음으로 고득점을 노려야 하는 핵심 과목임.
- 전선로에서 40[%], 전기철도 및 분산형 전원설비에서 20[%], 옥내배선에서 20[%]로 출제됨.
- 전형적인 암기 과목임.
- 목표점수는 20문항 중 14 ~ 16문항임.

✔ 공략방법

- 최우선 과제는 반복 회수에 따라 점수는 비례하는 만큼 10회 이상 반복을 목표로 함.
- 학습 방법이 KEC 규정 내용에만 집중되지 않도록 하여야 하며 문제와 내용을 접목시키는 학습이 중요함.
- 답이 바뀌지 않는 문제 출제 비중이 매우 높기 때문에 다빈출 문제는 암기 위주의 학습이 필요함.

✔ 핵심내용

- 총칙에서 전압의 구분, 절연내력시험, 보호접지 등
- 저압 · 고압 · 특고압 전기설비에서 계통접지, 중성점접지, 과전류차단기, 혼촉에 의한 위험방지시설, 특수시설 등
- 발전소 · 변전소 · 개폐소 또는 이에 준하는 장소에서 울타리 시설, 보호장치, 계측장치, 수소냉각장 등
- 전선로에서 풍압하중, 지선의 시설, 가공인입선의 시설, 가공전선의 굵기와 높이, 제1종 특고압 보안공사, 가공전선과 안테나 등과의 이격거리, 가공전선의 병행설치, 가공전선과 가공약전류전선의 공용설치, 가공약전류전선로의 유도장해 방지, 지중전선로의 시설 등
- 옥내배선에서 전선의 굵기, 대지전압의 제한, 각종 공사방법의 시설 규정, 타임스위치, 특수장소의 시설 등
- 전기철도에서 변손소의 급전용 변압기 종류, 각종 이격거리, 피뢰기의 시설 등
- 분산형 전원설비에서 전선의 굵기, 대지전압, 보호장치 등

✔ 출제경향분석

- 최근 CBT 시행 2022년 3회 ~ 2023년 시험문제 출제비율을 분석한 데이터를 참조하여 학습전략을 세우시길 바랍니다.

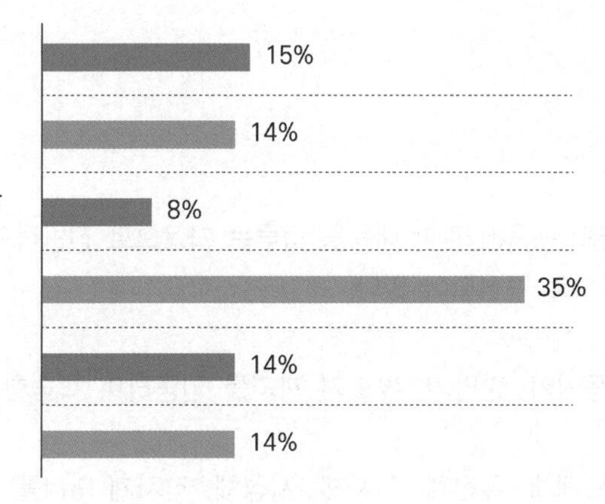

2024

각 과목별 학습전략

전략적 학습순서

(출발)

1. 회로이론 및 제어공학
   - 전기 전공 기초 이론을 가장 많이 접할 수 있는 회로이론 과목은 전력공학과 전기기기 과목의 기초를 다질 수 있으며 제어공학은 문제풀이 위주로 학습한다.

(다음 단계)

2. 전력공학
   - 전력 계통의 운용에 관한 내용을 다루는 과목으로 전반적으로 쉽게 이해할 수 있는 내용으로 구성되어 있다.
3. 전기기기
   - 직류기, 동기기, 변압기, 유도기 까지를 집중하여 학습한다.
4. 전기자기학
   - 정전계, 도체계, 유전체, 정자계, 자성체, 전자계 Part를 집중하여 학습한다.

(마지막 단계)

5. 전기설비기술기준
   - 암기를 목적으로 하는 과목인 만큼 내용에만 집중하는 학습은 바람직하지 않다. 내용은 1회독 한 후에 문제와 관련된 내용을 집중하여 학습하여야 한다.

2024

CBT 전기기사

필기 핵심 블랙박스

BLACK BOX

전기기사
핵심 블랙박스

CBT 전기기사

출제빈도별 우선순위
핵심 블랙박스

학습노트

- 최근 10개년 기출문제 분석 출제 빈도별 우선순위 30선 중심으로 Key word로 정리하였습니다.
- 출제우선순위 블랙박스는 핵심제목 중요도, 출제문항수 목차를 두어 학습해야 할 우선순위를 제시하였습니다.

BLACK BOX

출제빈도별 우선순위 핵심31선

Ⅰ 전기자기학 블랙박스

우선순위	핵 심 제 목	중요도	출제문항수	학습진도(%) 30 60 90
1	전계의 세기	★★★★★	30문 / 600문	□□□
2	정전용량	★★★★★	30문 / 600문	□□□
3	인덕턴스	★★★★★	29문 / 600문	□□□
4	변위전류 및 맥스웰 방정식	★★★★★	29문 / 600문	□□□
5	전자파	★★★★★	24문 / 600문	□□□
6	자기회로	★★★★☆	23문 / 600문	□□□
7	전기쌍극자	★★★★☆	20문 / 600문	□□□
8	솔레노이드에 의한 자계	★★★★☆	20문 / 600문	□□□
9	전류에 의한 자계	★★★★☆	19문 / 600문	□□□
10	자성체	★★★★☆	18문 / 600문	□□□
11	두 종류의 유전체 내의 경계조건	★★★★☆	18문 / 600문	□□□
12	평행 전류 간의 작용력	★★★☆☆	17문 / 600문	□□□
13	콘덴서에 축적된 정전에너지	★★★☆☆	17문 / 600문	□□□
14	푸아송·라플라스의 방정식 등	★★★☆☆	17문 / 600문	□□□
15	전기력선의 성질	★★★☆☆	16문 / 600문	□□□
16	분극의 세기	★★★☆☆	12문 / 600문	□□□
17	유전체를 가진 도체계의 정전용량 등	★★★☆☆	12문 / 600문	□□□
18	전기영상법(1)	★★★☆☆	11문 / 600문	□□□
19	전기영상법(2)	★★★☆☆	11문 / 600문	□□□
20	전위 및 전위차의 정의	★★★☆☆	11문 / 600문	□□□
21	전자유도 현상	★★★☆☆	11문 / 600문	□□□
22	콘덴서의 접속	★★★☆☆	10문 / 600문	□□□
23	자석 및 자기유도	★★★☆☆	9문 / 600문	□□□
24	자화의 세기 및 강자성체의 자화	★★★☆☆	9문 / 600문	□□□
25	유전체의 특수현상	★★★☆☆	9문 / 600문	□□□
26	저항의 온도계수 및 저항과 정전용량	★★☆☆☆	8문 / 600문	□□□
27	쿨롱의 법칙	★★☆☆☆	8문 / 600문	□□□
28	전류에 관련된 제현상	★★☆☆☆	7문 / 600문	□□□
29	벡터와 스칼라(1)	★★☆☆☆	6문 / 600문	□□□
30	벡터와 스칼라(2)	★★☆☆☆	6문 / 600문	□□□
31	벡터와 스칼라(3)	★★☆☆☆	6문 / 600문	□□□

01 전계의 세기

이해도 □□□ 30 60 100

중 요 도 : ★★★★★
출제빈도 : 5.0%, 30문 / 총 600문

한 솔 전 기 기 사
http://inup.co.kr
▲ 유튜브영상보기

1. 정의

전계 내 단위 정전하(+1 [C])를 놓았을 때 작용하는 힘

2. 점전하에 의한 전계

$$E = \frac{Q}{4\pi\varepsilon_o r^2} = 9\times10^9 \frac{Q}{r^2} \text{ [V/m]}$$

전계의 세기는 거리 제곱에 반비례한다.

3. 무한장 직선도체에 의한 전계

$$E = \frac{\rho_l}{2\pi\varepsilon_o r} \text{[V/m]}$$

전계의 세기는 거리 r에 반비례한다.

4. 구도체에 의한 내, 외 전계

전하 균일하게 대전시 (내부에 전하 존재)	외부($r>a$) : $E=\frac{Q}{4\pi\varepsilon_o r^2}$ [V/m] 내부($r<a$) : $E_i=\frac{Qr}{4\pi\varepsilon_o a^3}$ [V/m]
전하 대전시 (내부에 전하가 존재하지 않는다.)	외부 ($r>a$) : $E=\frac{Q}{4\pi\varepsilon_o r^2}$ [V/m] 내부 ($r<a$) : $E_i=0$[V/m]

5. 원주(원통)도체에 의한 내, 외 전계

전하 균일하게 대전시 (내부에 전하 존재)	외부($r>a$) : $E=\frac{\rho_l}{2\pi\varepsilon_o r}$ [V/m] 내부($r<a$) : $E_i=\frac{\rho_l r}{2\pi\varepsilon_o a^2}$ [V/m]
전하 대전시 (내부에 전하가 존재하지 않는다.)	외부 ($r>a$) : $E=\frac{\rho_l}{2\pi\varepsilon_o r}$ [V/m] 내부 ($r<a$) : $E_i=0$ [V/m]

6. 무한평면에 의한 전계의 세기

$$E = \frac{\rho_s}{2\varepsilon_o} \text{ [V/m]}$$

무한평면에 의한 전계는 거리와 관계없다.

예제1 원점에 10^{-8}[C]의 전하가 있을 때 점(1, 2, 2)[m]에서의 전계의 세기는 몇 [V/m]인가?

① 0.1 ② 1
③ 10 ④ 100

해설 점전하에 의한 전계(E)

원점에서 점(1, 2, 2)까지의 거리 r[m]는

$r=\sqrt{x^2+y^2+z^2}=\sqrt{1^2+2^2+2^2}=3$[m]이므로

$Q=10^{-8}$[C]일 때 전계의 세기 E는

$\therefore E=9\times10^9\times\frac{Q}{r^2}=9\times10^9\times\frac{10^{-8}}{3^2}=10$[V/m]

예제2 정육각형의 꼭짓점에 동량, 동질의 점전하 Q가 각각 놓여 있을 때 정육각형 한 변의 길이가 a라 하면 정육각형 중심의 전계의 세기는? (단, 자유 공간이다.)

① $\frac{Q}{4\pi\varepsilon_o a^2}$ ② $\frac{3Q}{2\pi\varepsilon_o a^2}$
③ $6Q$ ④ 0

해설 점전하에 의한 전계(E)

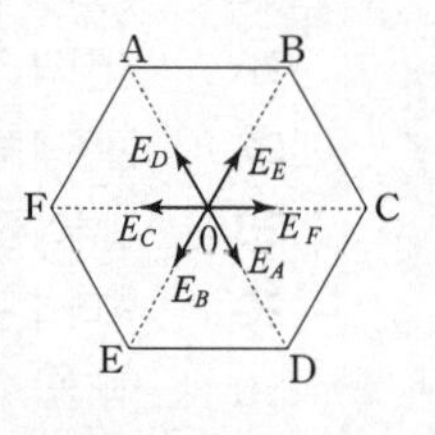

전계의 세기는 벡터량으로서 오른쪽 그림에서와 같이 정육각형 각 정점에 같은 전하를 놓았을 때 중심에서의 전계의 세기 E_A, E_B, E_C, E_D, E_E, E_F는 다음과 같은 관계가 성립한다.

$E_A=-E_D$, $E_B=-E_E$, $E_C=-E_F$

따라서, 중심에서의 전계의 세기를 E라 하면

$\therefore E=E_A+E_B+E_C+E_D+E_E+E_F=0$[V/m]

참고 정 n각형 각 정점에 같은 크기의 전하가 놓여있는 경우 도형 중심에서의 전계의 세기는 항상 0[V/m]이다.

예제3 z축상에 있는 무한히 긴 균일 선전하로부터 2[m] 거리에 있는 점의 전계의 세기가 1.8×10^4[V/m]일 때의 선전하밀도는 몇 [μC/m]인가?

① 2
② 2×10^{-6}
③ 20
④ 2×10^{6}

해설 무한장 직선도체에 의한 전계(E)

$r=2$[m], $E=1.8\times10^4$[V/m]인 무한장 직선도체에 의한 선전하밀도 ρ_l[C/m]는

$E=\dfrac{\rho_l}{2\pi\epsilon_0 r}=18\times10^9\times\dfrac{\rho_l}{r}$ [V/m] 식에서

$\therefore\ \rho_l=\dfrac{Er}{18\times10^9}=\dfrac{1.8\times10^4\times2}{18\times10^9}=2\times10^{-6}=2\,[\mu\text{C/m}]$

예제4 진공 중에서 Q[C]의 전하가 반지름 a[m]인 구에 내부까지 균일하게 분포되어 있는 경우 구의 중심으로부터 $\dfrac{a}{2}$인 거리에 있는 점의 전계의 세기 [V/m]는?

① $\dfrac{Q}{16\pi\epsilon_o a^2}$
② $\dfrac{Q}{8\pi\epsilon_o a^2}$
③ $\dfrac{Q}{4\pi\epsilon_o a^2}$
④ $\dfrac{Q}{\pi\epsilon_o a^2}$

해설 구도체에 의한 전계(E)

구도체 내부에 전하가 균일하게 분포된 경우 $\dfrac{a}{2}$[m]인 점은 반지름 a[m]인 구도체의 내부에 해당하므로

$E_i=\dfrac{Qr}{4\pi\epsilon_0 a^3}$ [V] 식에서 $r=\dfrac{a}{2}$[m]일 때

$\therefore\ E_i=\dfrac{Q\times\dfrac{a}{2}}{4\pi\epsilon_0 a^3}=\dfrac{Q}{8\pi\epsilon_0 a^2}$ [V/m]

예제5 축이 무한히 길며 반경이 a[m]인 원주 내에 전하가 축대칭이며 축방향으로 균일하게 분포되어 있을 경우, 반경 $(r>a)$ [m]되는 동심 원통면상의 한 점 P의 전계의 세기 [V/m]는? (단, 원주의 단위길이당 전하를 λ[C/m]라 한다.)

① $\dfrac{\lambda}{2\varepsilon_o}$ [V/m]
② $\dfrac{\lambda}{2\pi\epsilon_o}$ [V/m]
③ $\dfrac{\lambda}{2\pi\epsilon_o r}$ [V/m]
④ $\dfrac{\lambda}{2\pi a}$ [V/m]

해설 원통도체에 의한 전계(E)

반경이 a[m]인 무한히 긴 원주형(원통형) 도체에서 $r(>a)$[m] 되는 점은 도체의 외부에 해당하므로

$\therefore\ E=\dfrac{\lambda}{2\pi\epsilon_0 r}$ [V/m]

예제6 전하밀도 ρ_s[C/m^2]인 무한판상 전하분포에 의한 임의 점의 전장에 대하여 틀린 것은?

① 전장은 판에 수직방향으로만 존재한다.
② 전장의 세기는 전하밀도 ρ_s에 비례한다.
③ 전장의 세기는 거리 r에 반비례한다.
④ 전장의 세기는 매질에 따라 변한다.

해설 무한평면에 의한 전계(E)

무한 평면에 의한 전계의 세기 $E=\dfrac{\rho_s}{2\epsilon_0}$ [V/m]이므로

$\therefore$ 거리 r과 무관하다.

정답

1 ③ 2 ④ 3 ① 4 ② 5 ③ 6 ③

02 정전용량

이해도 □□□ 30 60 100

중요도 : ★★★★★
출제빈도 : 5.0%, 30문 / 총 600문

한 솔 전 기 기 사
http://inup.co.kr
▲ 유튜브영상보기

1. 정전 용량(Capacitance)
두 도체 간에 전위차에 의해서 전하를 축적하는 장치로써 전위차에 대한 전기량과의 비를 말한다.

2. 정전용량
$C = \dfrac{Q}{V} = \dfrac{\text{전기량}}{\text{전위차}}$ [F]

3. 엘라스턴스(elastance)
정전용량의 역수, 단위로 다라프[daraf]를 사용
엘라스턴스 $= \dfrac{1}{C} = \dfrac{V}{Q} = \dfrac{\text{전위차}}{\text{전기량}}$ [V/C=1/F]

4. 구도체 정전용량
$C = 4\pi\varepsilon_o a$[F] (구도체 반지름 a[m] 비례한다.)

5. 동심구도체 정전용량
$C = \dfrac{4\pi\varepsilon_o}{\dfrac{1}{a} - \dfrac{1}{b}} = \dfrac{4\pi\varepsilon_o ab}{b-a} = \dfrac{1}{9\times10^9} \cdot \dfrac{ab}{b-a}$[F]

(단, 내구의 반지름 a[m], 외구의 반지름 b[m])

6. 평행판콘덴서 정전용량
$C = \dfrac{\varepsilon_o S}{d}$ [F]

면적(S)에 비례하고 판간격(d)에 반비례한다.

7. 동심원통 정전용량
$C' = \dfrac{2\pi\varepsilon_o}{\ln\dfrac{b}{a}}$ [F/m]

(단, 내원통 반지름 a[m], 외원통 반지름 b[m])

8. 평행도선(원통도체) 정전용량
$C' = \dfrac{\pi\varepsilon_o}{\ln\dfrac{D}{r}}$ [F/m]

(단, 도선의 반지름 r[m], 선간거리 D[m])

예제1 5[μF]의 콘덴서에 100[V]의 직류전압을 가하면 축적되는 전하[C]는?

① 5×10^{-6}
② 5×10^{-5}
③ 5×10^{-4}
④ 5×10^{-3}

해설 전하량(Q)
$C = 5\,[\mu\text{F}]$, $V = 100\,[\text{V}]$이므로 $C = \dfrac{Q}{V}$[F] 식에서
$\therefore\ Q = CV = 5\times10^{-6}\times100 = 5\times10^{-4}$ [C]

예제2 1[μF]의 정전용량을 가진 구의 반지름 1[km]은?

① 9×10^{3}
② 9
③ 9×10^{-3}
④ 9×10^{-6}

해설 구도체 정전용량(C)
$C = 1\,[\mu\text{F}]$인 경우 구도체의 정전용량 $C = 4\pi\epsilon_0 a$[F] 식에서 반지름 a를 계산하면
$\therefore\ a = \dfrac{C}{4\pi\epsilon_0} = 9\times10^9 C = 9\times10^9\times1\times10^{-6}$
$= 9\times10^3\,[\text{m}] = 9\,[\text{km}]$

예제3 **그림과 같은 두 개의 동심구 도체가 있다. 구 사이가 진공으로 되어 있을 때 동심구간의 정전용량은 몇 [F]인가?**

① $2\pi\varepsilon_0$
② $4\pi\varepsilon_0$
③ $8\pi\varepsilon_0$
④ $12\pi\varepsilon_0$

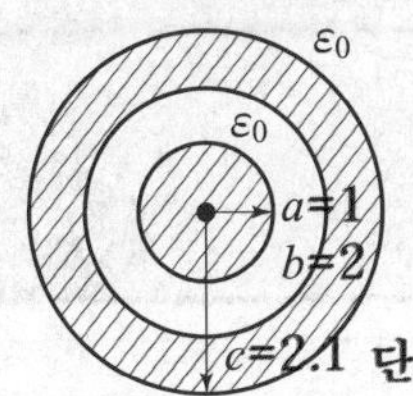

해설 동심구도체 정전용량(C)

$$C=\frac{Q}{V}=\frac{4\pi\epsilon_0}{\frac{1}{a}-\frac{1}{b}}=\frac{4\pi\epsilon_0 ab}{b-a}\text{ [F]이므로}$$

$$\therefore\ C=\frac{4\pi\epsilon_0 ab}{b-a}=\frac{4\pi\epsilon_0\times1\times2}{2-1}=8\pi\epsilon_0\text{ [F]}$$

예제4 **한 변이 50[cm]인 정사각형의 전극을 가진 평행판 콘덴서가 있다. 이 극판의 간격을 5[mm]로 할 때 정전용량은 약 몇 [pF]인가? (단, 단말(端末)효과는 무시한다.)**

① 373
② 380
③ 410
④ 443

해설 평행판 콘덴서 정전용량(C)

1변의 길이가 50[cm]인 정사각형의 면적을 S, 극판 간격을 d라 하면

$S=(50\times10^{-2})^2=0.25\,[\text{m}^2]$, $d=5\times10^{-3}\,[\text{m}]$이므로

평행판 콘덴서의 정전용량 C는

$$\therefore\ C=\frac{\epsilon_0 S}{d}=\frac{8.855\times10^{-12}\times0.25}{5\times10^{-3}}$$

$$=443\times10^{-12}\,[\text{F}]=443\,[\text{pF}]$$

예제5 **내원통 반지름 10[cm], 외원통 반지름 20[cm]인 동축 원통 도체의 정전 용량[pF/m]은?**

① 100
② 90
③ 80
④ 70

해설 동심원통 정전용량(C)

내원통 반지름을 a, 외원통 반지름을 b인 동심 원통도체의 정전용량 C는

$$C=\frac{Q}{V}=\frac{2\pi\epsilon_0 l}{\ln\frac{b}{a}}\text{ [F]}=\frac{2\pi\epsilon_0}{\ln\frac{b}{a}}\text{ [F/m]이므로}$$

$$\therefore\ C=\frac{2\pi\epsilon_0}{\ln\frac{b}{a}}=\frac{2\pi\times8.855\times10^{-12}}{\ln\left(\frac{20\times10^{-2}}{10\times10^{-2}}\right)}$$

$$=80\times10^{-12}\,[\text{F/m}]=80\,[\text{pF/m}]$$

예제6 **도선의 반지름이 a 이고, 두 도선 중심간의 간격이 d 인 평행 2선 선로의 정전용량에 대한 설명으로 옳은 것은?**

① 정전용량 C 는 $\ln\frac{d}{a}$에 직접 비례한다.
② 정전용량 C 는 $\ln\frac{d}{a}$에 직접 반비례한다.
③ 정전용량 C 는 $\ln\frac{a}{d}$에 직접 비례한다.
④ 정전용량 C 는 $\ln\frac{a}{d}$에 직접 반비례한다.

해설 평행도선 정전용량(C)

평행한 두 원통도체 사이의 정전용량 C는

$$C=\frac{Q}{V}=\frac{\pi\epsilon_0 l}{\ln\frac{d}{a}}\text{ [F]}=\frac{\pi\epsilon_0}{\ln\frac{d}{a}}\text{ [F/m]이므로}$$

∴ 정전용량 C는 $\ln\frac{d}{a}$에 반비례한다.

정답

1 ③ 2 ② 3 ③ 4 ④ 5 ③ 6 ②

03 인덕턴스

이해도 □□□ 30 60 100
중 요 도 : ★★★★★
출제빈도 : 4.8%, 29문 / 총 600문

한 솔 전 기 기 사
http://inup.co.kr
▲ 유튜브영상보기

1. 자기인덕턴스

전류에 대한 자속의 비 $L=\dfrac{N\phi}{I}$[H]

2. 코일에 유기되는 기전력

$e=-L\dfrac{di}{dt}$[V]

3. 인덕턴스의 단위

$L[\text{H}=\Omega\cdot\sec=\dfrac{V}{A}\cdot\sec]$

4. 코일에 축적(저장)되는 에너지

$W=\dfrac{1}{2}\phi I=\dfrac{1}{2}LI^2=\dfrac{\phi^2}{2L}$[J]

5. 환상솔레노이드 자기인덕턴스

$L=\dfrac{\mu SN^2}{l}=\dfrac{\mu SN^2}{2\pi a}=\dfrac{N^2}{R_m}$[H]

인덕턴스는 $L\propto N^2$이므로 권선수 제곱에 비례한다.
단, S는 단면적, N은 코일권수, l은 평균자로길이, a는 평균 반지름

6. 무한장솔레노이드 자기인덕턴스

$L=\mu Sn^2=\mu\pi a^2n^2$[H/m]

인덕턴스는 a^2 과 n^2 곱에 비례한다.
단, n은 단위 길이에 대한 코일권수, a는 단면의 반지름

7. 동심원통(동축케이블)자기인덕턴스

$L=\dfrac{\mu_o}{2\pi}\ln\dfrac{b}{a}$ [H/m]

8. 원주(원통)도체 자기인덕턴스

$L_i=\dfrac{\mu l}{8\pi}$ [H]

9. 평행도선 사이의 자기인덕턴스

$L'=\dfrac{\mu_o}{\pi}\ln\dfrac{D}{r}$ [H/m]

예제1 [ohm · sec]와 같은 단위는?

① [farad] ② [farad/m]
③ [henry] ④ [henry/m]

해설 인덕턴스의 단위
인덕턴스는 여러 가지 형태의 식으로 표현되며 식에 의해서 단위 또한 여러 가지 표현을 갖게 된다.

(1) $L=\dfrac{N\phi}{I}=\dfrac{NBS}{I}=\dfrac{N\mu HS}{I}$ [H] 식에서
$[\text{H}]=\left[\dfrac{\text{Wb}}{\text{A}}\right]$

(2) $e=-L\dfrac{di}{dt}$ [V] 식에서 $L=-\dfrac{e}{di}dt$ [H]이므로
$[\text{H}]=\left[\dfrac{\text{V}}{\text{A}}\cdot\sec\right]=[\Omega\cdot\sec]$

(3) $W=\dfrac{1}{2}LI^2$ [J] 식에서 $L=\dfrac{2W}{I^2}$ [H]이므로
$[\text{H}]=\left[\dfrac{\text{J}}{\text{A}^2}\right]$

참고 [F] : 정전용량의 단위, [F/m] : 유전율의 단위, [H/m] : 투자율의 단위

예제2 자기 인덕턴스 0.05[H]의 회로에 흐르는 전류가 매초 530[A]의 비율로 증가할 때 자기 유도 기전력[V]을 구하면?

① −25.5
② −26.5
③ 25.5
④ 26.5

해설 코일에 유기되는 기전력(e)
$L=0.05$ [H], $dt=1$ [sec], $di=530$ [A]일 때
코일에 유기되는 기전력 e는
$\therefore\ e=-L\dfrac{di}{dt}=-0.05\times\dfrac{530}{1}=-26.5$ [V]

예제3 자체 인덕턴스가 100[mH]인 코일에 전류가 흘러 20[J]의 에너지가 축적되었다. 이때 흐르는 전류[A]는?

① 2[A ② 10[A]
③ 20[A] ④ 50[A]

해설 코일에 축적되는 자기에너지(W)
$L=100\,[\text{mH}]$, $W=20\,[\text{J}]$일 때
$W=\frac{1}{2}LI^2=\frac{1}{2}N\phi I=\frac{(N\phi)^2}{2L}$ [J] 식에서
전류 I를 구하면
$\therefore\ I=\sqrt{\frac{2W}{L}}=\sqrt{\frac{2\times 20}{100\times 10^{-3}}}=20$ [A]

예제4 N회 감긴 환상 코일의 단면적 $S\,[\text{m}^2]$이고 길이가 l [m]이다. 이 코일의 권수를 반으로 줄이고 인덕턴스를 일정하게 하려면?

① 길이를 $\frac{1}{4}$배로 한다.
② 단면적을 2배로 한다.
③ 전류의 세기를 2배로 한다.
④ 전류의 세기를 4배로 한다.

해설 환상솔레노이드 자기인덕턴스(L)
$L=\frac{N\phi}{I}=\frac{N^2}{R_m}=\frac{\mu SN^2}{l}$ [H]이므로
코일의 권수를 반으로 줄이고 인덕턴스를 일정하게 하려면 다음과 같은 조건을 만족하여야 한다.
(1) 투자율을 4배 증가시킨다.
(2) 단면적을 4배 증가시킨다.
(3) 길이를 1/4배 감소시킨다.
(4) 자속을 2배 증가시킨다.
(5) 전류를 1/2배 감소시킨다.

예제5 단면적 S, 평균반지름 r, 권회수 N인 토로이드코일에 누설자속이 없는 경우, 자기 인덕턴스의 크기는?

① 권선수의 자승에 비례하고 단면적에 반비례한다.
② 권선수 및 단면적에 비례한다.
③ 권선수의 자승 및 단면적에 비례한다.
④ 권선수의 자승 및 평균 반지름에 비례한다.

해설 환상솔레노이드 자기인덕턴스(L)
토로이드코일(=환상솔레노이드)의 자기인덕턴스 L은
$L=\frac{N^2}{R_m}=\frac{\mu SN^2}{l}=\frac{\mu SN^2}{2\pi r}$ [H]이므로
∴ 자기인덕턴스(L)는 코일권수(N)의 제곱 및 단면적(S)에 비례한다.

예제6 단면적 $S\,[\text{m}^2]$, 단위 길이에 대한 권수가 n_o[회/m]인 무한히 긴 솔레노이드의 단위 길이당 자기 인덕턴스[H/m]를 구하면?

① μSn_o ② μSn_o^2
③ $\mu S^2n_o^2$ ④ μS^2n_o

해설 무한장 솔레노이드의 자기인덕턴스(L)
무한장 솔레노이드의 자기인덕턴스 L은
$\therefore\ L=\mu S{n_0}^2=\mu\pi a^2 n_0^2$ [H/m]

예제7 내경의 반지름이 1[mm], 외경의 반지름이 3[mm]인 동축 케이블의 단위 길이당 인덕턴스는 약 몇 [μH/m]인가? (단, 이때 μ_r=1이며, 내부 인덕턴스는 무시한다.)

① 0.12 ② 0.22
③ 0.32 ④ 0.42

해설 동심원통도체 자기인덕턴스(L)
동심원통도체(=동축케이블)의 단위길이당 자기인덕턴스
L은 $L=\frac{\mu_0}{2\pi}\ln\frac{b}{a}$ [H/m]이므로
$a=1\,[\text{mm}]$, $b=3\,[\text{mm}]$일 때
$\therefore\ L=\frac{\mu_0}{2\pi}\ln\frac{b}{a}=\frac{4\pi\times 10^{-7}}{2\pi}\ln\left(\frac{3\times 10^{-3}}{1\times 10^{-3}}\right)$
$=0.22\times 10^{-6}$ [H/m] $=0.22$ [μH/m]

정답
1 ③ 2 ② 3 ③ 4 ① 5 ③ 6 ② 7 ②

04 변위전류 및 맥스웰 방정식

이해도 □□□ 30 60 100
중 요 도 : ★★★★★
출제빈도 : 4.8%, 29문 / 총 600문

한 솔 전 기 기 사
http://inup.co.kr
▲ 유튜브영상보기

1. 변위전류

전속밀도의 시간적 변화로서 유전체를 통해 흐르는 전류를 변위전류라 하며 주변에 자계를 발생한다.

(1) 변위 전류 밀도 $i_d = \dfrac{I_d}{S} = \dfrac{\partial D}{\partial t}$ [A/m²]

단, D[C/m²] : 전속밀도

(2) 전압 $v = V_m \sin wt$ [V]인가 시

① 변위전류밀도 $i_d = w\dfrac{\varepsilon}{d}V_m \cos\omega t$ [A/m²]

② 전체변위전류

$$I_d = i_d \times S = w\frac{\varepsilon S}{d}V_m \cos wt = wCV_m \cos\omega t \text{ [A]}$$

2. 맥스웰 방정식

(1) 맥스웰의 제 1의 기본 방정식

$$\text{rot}H = \text{curl}\,H = \nabla \times H = i_c + \frac{\partial D}{\partial t}$$

$$= i_c + \varepsilon\frac{\partial E}{\partial t} = i\text{[A/m}^2]$$

① 전도 전류, 변위 전류는 자계를 형성한다. (전류와 자계와의 관계)
② 전류의 연속성을 표현한다.

(2) 맥스웰의 제 2의 기본 방정식

$$\text{rot}E = \text{curl}E = \nabla \times E = -\frac{\partial B}{\partial t} = -\mu\frac{\partial H}{\partial t}$$

• 패러데이의 전자유도법칙에서 유도한 전계에 관한 식

(3) $\text{div}D = \nabla \cdot D = \rho$ [C/m³]

• 임의의 폐곡면 내의 전하에서 전속선이 발산한다.

(4) $\text{div}B = \nabla \cdot B = 0$

① N , S 극이 항상 공존한다. (고립된 자극은 없다.)
② 자속은 연속적이다.

(5) $\text{rot}\,\vec{A} = \nabla \times \vec{A} = B$[Wb/m²]

• 벡터 포텐셜 $\vec{A}$ 의 회전은 자속 밀도를 형성한다.

예제1 변위전류 또는 변위전류밀도에 대한 설명 중 틀린 것은?

① 변위전류밀도는 전속밀도의 시간적 변화율이다.
② 자유공간에서 변위전류가 만드는 것은 자계이다.
③ 변위전류는 주파수와 관계가 있다.
④ 시간적으로 변화하지 않는 계에서도 변위전류는 흐른다.

해설 **변위전류와 변위전류밀도**

암페어의 주회적분법칙에서 유도된 맥스웰의 전자방정식은

$\text{rot}\,H = \nabla \times H = i + i_d = i + \dfrac{\partial D}{\partial t} = i + \epsilon\dfrac{\partial E}{\partial t}$ 이며

여기서 i_d를 변위전류밀도라 하여 전속밀도의 시간적 변화량으로 정의한다. 이로써 유전체 내를 흐르는 전류를 변위전류라 하며 이 또한 주위에 자계를 발생시키는 것을 알 수 있다.

∴ 시간적으로 변화하지 않는 계에서는 변위전류가 흐르지 않는다.

예제2 전도 전자나 구속 전자의 이동에 의하지 않는 전류는?

① 전도전류
② 대류전류
③ 분극전류
④ 변위전류

해설 전도전자와 구속전자는 물체를 구성하는 원자가 가지는 전자로서 전자의 이동에 의해서 물체에 전류가 흐르게 된다. 이러한 전류는 전도전류, 대류전류, 분극전류로 구별되며 도체나 절연체 또는 진공 중에서 이동하는 전자에 의해서 흐르게 된다.

∴ 변위전류는 시간적으로 변화하는 전속밀도에 의해서 유전체 내에 흐르는 전류를 의미한다.

예제3 맥스웰 방정식 중에서 전류와 자계의 관계를 직접 나타내고 있는 것은? (단, D는 전속 밀도, σ는 전하 밀도, B는 자속 밀도, E는 자계의 세기, i_c는 전류 밀도, H는 자계의 세기이다.)

① $\operatorname{div}D=\sigma$

② $\operatorname{div}B=0$

③ $\nabla\times H=i_c+\frac{\partial D}{\partial t}$

④ $\nabla\times E=-\frac{\partial B}{\partial t}$

해설 맥스웰 방정식
암페어의 주회적분법칙에서 유도된 전자방정식으로 전도전류 및 변위전류에 의해서 자계가 발생함을 의미하는 법칙이다.
$\therefore \text{rot } H=\nabla\times H=i_c+i_d=i_c+\frac{\partial D}{\partial t}=i_c+\epsilon\frac{\partial E}{\partial t}$

예제4 패러데이-노이만 전자 유도 법칙에 의하여 일반화된 맥스웰 전자 방정식의 형태는?

① $\nabla\times E=i_c+\frac{\partial D}{\partial t}$　② $\nabla\cdot B=0$

③ $\nabla\times E=-\frac{\partial B}{\partial t}$　④ $\nabla\cdot D=\rho$

해설 맥스웰 방정식
페러데이-노이만의 전자유도법칙에서 유도된 전자방정식으로 자속밀도 및 자계의 시간적 변화에 따라 전계의 회전이 생긴다는 것을 의미한다.
$\therefore \text{rot } E=\nabla\times E=-\frac{\partial B}{\partial t}=-\mu\frac{\partial H}{\partial t}$

예제5 다음 중 맥스웰의 방정식으로 틀린 것은?

① $\text{rot}H=J+\frac{\partial D}{\partial t}$　② $\text{rot}E=-\frac{\partial B}{\partial t}$

③ $\operatorname{div}D=\rho$　④ $\operatorname{div}B=\phi$

해설 맥스웰 방정식
가우스의 발산정리에 의해서 유도된 전자방정식으로 독립된 자극은 존재하지 않으며 자속은 연속적인 성질을 갖는다는 것을 의미한다.
$\therefore \operatorname{div}B=0$

예제6 다음 중 전자계에 대한 맥스웰의 기본 이론이 아닌 것은?

① 전자계의 시간적 변화에 따라 전계의 회전이 생긴다.
② 전도 전류와 변위 전류는 자계를 발생시킨다.
③ 고립된 자극이 존재한다.
④ 전하에서 전속선이 발산한다.

해설 맥스웰 방정식
독립된 자극은 존재하지 않으며 자속은 연속적인 성질을 갖는다.

예제7 자계가 비보존적인 경우를 나타내는 것은? (단, j는 공간상에 0이 아닌 전류 밀도를 의미한다.)

① $\nabla\cdot B=0$　② $\triangle\cdot B=j$
③ $\nabla\times H=0$　④ $\nabla\times H=j$

해설 자계의 비보존성
암페어의 주회적분법칙을 이용한 맥스웰 방정식은
$\text{rot } H=\nabla\times H=i_c+i_d=i_c+\frac{\partial D}{\partial t}$ 이므로
전도전류나 변위전류에 의한 자계는 영(0)이 아니다.
따라서 자계는 비보존적임을 알 수 있다.
참고 자계나 전계가 영(0)이 되는 조건을 보존적 또는 연속적이라 한다.

예제8 자계의 벡터 포텐셜을 A[Wb/m]라 할 때 도체 주위에서 자계 B[Wb/m²]가 시간적으로 변화하면 도체에 생기는 전계의 세기 E[V/m]는?

① $E=-\frac{\partial A}{\partial t}$　② $\text{rot}E=-\frac{\partial A}{\partial t}$

③ $E=rot E$　④ $\text{rot }E=\frac{\partial B}{\partial t}$

해설 자기 벡터 포텐셜(A)
$\text{rot}E=\nabla\times E=-\frac{\partial B}{\partial t}=-\mu\frac{\partial H}{\partial t}$,
$\text{rot}A=B=\mu H[\text{Wb/m}^2]$ 식에서
$\text{rot }E=-\frac{\partial B}{\partial t}=-rot\frac{\partial A}{\partial t}$ 이므로
$\therefore E=-\frac{\partial A}{\partial t}$

정답
1 ④ 2 ④ 3 ③ 4 ③ 5 ④ 6 ③ 7 ④ 8 ①

05 전자파

이해도 □□□ 30 60 100

중 요 도 : ★★★★★
출제빈도 : 4.0%, 24문 / 총 600문

한 솔 전 기 기 사
http://inup.co.kr
▲ 유튜브영상보기

전계와 자계가 동시에 존재하는 파를 전자파라 한다.

1. 전자파의 파동고유임피던스 η [Ω]
전자파의 자계에 대한 전계와의 비를 파동 고유임피던스라 한다.

$$\eta = \frac{E}{H} = \sqrt{\frac{\mu}{\varepsilon}}\ [\Omega]$$

2. 전자파의 위상은 서로 같다(동상이다).

3. 전파파의 전계 에너지(W_e)와 자계에너지(W_m)는 서로 같다.

4. 전자파의 전파속도

$$v = \frac{1}{\sqrt{\varepsilon\mu}} = \frac{3\times10^8}{\sqrt{\varepsilon_s\mu_s}} = \frac{w}{\beta} = \frac{1}{\sqrt{LC}} = \lambda f[\mathrm{m/sec}]$$

5. 전자파의 진행방향
$\vec{E}\times\vec{H}$

6. 전자파는 진행방향에 대한 전계와 자계의 성분은 없고 진행방향의 수직성분인 전계와 자계의 성분만 존재한다.

7. 포인팅 벡터 (P' [W/m^2])
전자파가 단위시간에 단위면적을 통과한 에너지

$$P' = \frac{P}{S} = E\times H = EH\sin\theta = EH\sin90^o = EH[\mathrm{W/m^2}]$$

8. 진공(공기)중에서의 포인팅 벡터

$$P' = \frac{P}{S} = EH = \sqrt{\frac{\mu_o}{\varepsilon_o}}H^2 = \sqrt{\frac{\varepsilon_o}{\mu_o}}E^2$$

$$= 377H^2 = \frac{1}{377}E^2\ [\mathrm{W/m^2}]$$

단, $E = \sqrt{\frac{\mu_o}{\varepsilon_o}}H = 377H$, $H = \sqrt{\frac{\varepsilon_o}{\mu_o}}E = \frac{1}{377}E$

예제1 자유공간을 진행하는 전자기파의 전계와 자계의 위상차는?

① 전계가 $\frac{\pi}{2}$ 빠르다.

② 자계가 $\frac{\pi}{2}$ 빠르다.

③ 위상이 같다.

④ 전계가 π 빠르다.

해설 전자파
자유공간에서 전계(E)와 자계(H)가 같은 위상으로 동시에 존재하게 되며 모두 진행방향에 대하여 수직으로 나타나게 되는데 이때 전계와 자계가 만드는 파를 전자파라 한다. 또한 전자파의 진행 방향은 $E\times H$ 방향이다.

예제2 전자파의 진행 방향은?

① 전계 E 의 방향과 같다.
② 자계 H 의 방향과 같다.
③ $E\times H$ 의 방향과 같다.
④ $H\times E$ 의 방향과 같다.

해설 전자파
전자파의 진행 방향은 $E\times H$ 방향이다.

예제3 전계 E[V/m] 및 자계 H[AT/m]의 전자계가 평면파를 이루고 공기 중을 C[m/sec]의 속도로 전파될 때 단위시간 당 단위면적을 지나는 에너지는 몇 [W/m²]인가? (단, C[m/sec]는 빛의 속도를 나타낸다.)

① EH

② EH^2

③ E^2H

④ $\frac{1}{2}E^2H^2$

해설 포인팅 벡터(P)
자유공간에서 전계(E)와 자계(H)의 전자파가 진행하면서 이루게 되는 평면파에 나타나는 단위시간 동안 단위 면적당 에너지를 포인팅 벡터(P)라 하며 자유공간의 고유 임피던스를 η라 하면

$$\therefore\ P=\dot{E}\times\dot{H}=EH=\eta H^2=\frac{E^2}{\eta}\ [\text{W/m}^2]$$

예제4 100[kW]의 전력이 안테나에서 사방으로 균일하게 방사될 때 안테나에서 10[km]의 거리에 있는 전계의 실효값은 약 몇 [V/m]인가?

① 0.087
② 0.173
③ 0.346
④ 0.519

해설 포인팅 벡터(P)
포인팅 벡터 S, 고유임피던스 η, 전계의 세기 E, $P=100$[kW], $r=10$[km]일 때 자유공간의 반경이 r[m]인 구의 표면적을 A라 하면

$$\eta=\frac{E}{H}=\sqrt{\frac{\mu_0}{\epsilon_0}}=120\pi=377\,[\Omega],$$

$$S=\frac{P}{A}=\frac{P}{4\pi r^2}=\frac{100\times10^3}{4\pi\times(10\times10^3)^2}$$

$=7.96\times10^{-5}$ [W/m²]이므로

$$\therefore\ E=\sqrt{S\eta}=\sqrt{7.96\times10^{-5}\times377}=0.173\,[\text{V/m}]$$

예제5 수평 전파는?

① 대지에 대해서 전계가 수직면에 있는 전자파
② 대지에 대해서 전계가 수평면에 있는 전자파
③ 대지에 대해서 자계가 수직면에 있는 전자파
④ 대지에 대해서 자계가 수평면에 있는 전자파

해설 전자파
(1) 수평전파 : 전계가 대지에 대해서 수평면에 있는 전자파
(2) 수직전파 : 전계가 대지에 대해서 수직면에 있는 전자파

예제6 ε_s=81, μ_s=1인 매질의 전자파의 고유 임피던스(intrinsic impedance)는 얼마인가?

① 41.9[Ω] ② 33.9[Ω]
③ 21.9[Ω] ④ 13.9[Ω]

해설 고유임피던스(η)

$$\eta=\frac{E}{H}=\sqrt{\frac{\mu}{\epsilon}}=\sqrt{\frac{\mu_0}{\epsilon_0}}\cdot\sqrt{\frac{\mu_s}{\epsilon_s}}$$

$=120\pi\sqrt{\frac{\mu_s}{\epsilon_s}}=377\sqrt{\frac{\mu_s}{\epsilon_s}}$ [Ω] 이므로

$$\therefore\ \eta=377\sqrt{\frac{\mu_s}{\epsilon_s}}=377\times\sqrt{\frac{1}{81}}=41.9\,[\Omega]$$

예제7 비유전율 $\varepsilon_s=5$인 유전체 내에서의 전자파의 전파 속도[m/s]는 얼마인가? (단, μ_s=1이다.)

① 133×10^6
② 134×10^7
③ 133×10^7
④ 134×10^6

해설 전파속도(v)

$$v=\frac{1}{\sqrt{\epsilon\mu}}=\frac{1}{\sqrt{\epsilon_0\mu_0}}\cdot\frac{1}{\sqrt{\epsilon_s\mu_s}}$$

$=\frac{3\times10^8}{\sqrt{\epsilon_s\mu_s}}$ [m/s]이므로

$$\therefore\ v=\frac{3\times10^8}{\sqrt{\epsilon_s\mu_s}}=\frac{3\times10^8}{\sqrt{5\times1}}=134\times10^6\,[\text{m/s}]$$

정답
1 ③ 2 ③ 3 ① 4 ② 5 ② 6 ① 7 ④

06 자기회로

이해도 □□□ 30 60 100

중 요 도 : ★★★★☆
출제빈도 : 3.8%, 23문 / 총 600문

한 솔 전 기 기 사
http://inup.co.kr
▲ 유튜브영상보기

1. 전기회로와 자기회로 대응관계

전기 회로		자기 회로	
도전율	k[℧/m]	투자율	μ[H/m]
전기 저항	$R=\rho\frac{l}{S}=\frac{l}{kS}$[Ω]	자기 저항	$R_m=\frac{l}{\mu S}$[AT/Wb]
기전력	E[V]	기자력	$F=NI$[AT]
전류	$I=\frac{E}{R}$[A]	자속	$\phi=\frac{F}{R_m}=\frac{\mu SNI}{l}$[Wb]
전류 밀도	$i=\frac{I}{S}$[A/m²]	자속 밀도	$B=\frac{\phi}{S}$[Wb/m²]

2. 전기저항에 의한 저항손은 존재하나 자기저항에 의한 손실은 없다.

3. 두 개의 합성자기저항

(1) 직렬연결 : 자속이 흘러가는 길이 하나밖에 없는 경우

$$R_m=R_{m1}+R_{m2}\,[\text{AT/Wb}]$$

(2) 병렬연결 : 자속이 흘러가는 길이 두 개 이상 존재하는 경우

$$R_m=\frac{R_{m1}\cdot R_{m2}}{R_{m1}+R_{m2}}\,[\text{AT/Wb}]$$

4. 미소 공극 시 전체자기저항

$$R=\frac{l}{\mu_o\mu_s S}+\frac{l_g}{\mu_o S}\,[\text{AT/Wb}]$$

5. 미소 공극 시 전체자기저항은 처음자기저항의 배수

$$\frac{R}{R_m}=1+\frac{\mu_s l_g}{l}\,[\text{배}]$$

여기서, l_g는 미소 공극의 길이, l은 자성체의 길이, S는 단면적이다.

예제1 다음 중 기자력(Magnetomotive Force)에 대한 설명으로 옳지 않은 것은?

① 전기회로의 기전력에 대응한다.
② 코일에 전류를 흘렸을 때 전류밀도와 코일의 권수의 곱의 크기와 같다.
③ 자기회로의 자기저항과 자속의 곱과 동일하다.
④ SI 단위는 암페어[A] 이다.

해설 기자력(F)
자기회로의 코일권수를 N, 전류를 I, 자기저항을 R_m, 자속을 ϕ라 하면 기자력 F는 $F=NI=R_m\phi$[A]이므로
(1) 전기회로의 기전력에 대응한다.
(2) 코일에 흐르는 전류와 코일권수의 곱의 크기와 같다.
(3) 자기회로의 자기저항과 자속의 곱과 동일하다.
(4) 단위는 [A]이다.

예제2 자자기회로와 전기회로의 대응관계가 잘못된 것은?

① 투자율-도전도
② 자속밀도-전속밀도
③ 퍼미언스-컨덕턴스
④ 기자력-기전력

해설 전기회로와 자기회로의 대응관계

전기회로	자기회로
기전력 V[V]	기자력 F[AT]
전류 I[A]	자속 ϕ[Wb]
전기저항 R[Ω]	자기저항 R_m[AT/Wb]
도전율 k[S/m]	투자율 μ[H/m]
전류밀도 i[A/m²]	자속밀도 B[Wb/m²]
전계의 세기 E[V/m]	자계의 세기 H[AT/m]
콘덕턴스 G[S]	퍼미언스 P_m[Wb/AT]

예제3 자기회로의 자기저항에 대한 설명으로 옳은 것은?

① 자기회로의 길이에 반비례한다.
② 자기회로의 단면적에 비례한다.
③ 비투자율에 반비례한다.
④ 길이의 제곱에 비례하고 단면적에 반비례한다.

해설 자기회로 내의 자기저항(R_m)
자기회로의 투자율을 μ, 단면적을 S, 길이를 l이라 하면 자기저항 R_m은

$$R_m = \frac{l}{\mu S} = \frac{l}{\mu_0 \mu_s S}\,[\text{AT/Wb}]$$이므로

∴ 자기저항은 길이에 비례하며 투자율에 반비례하고 단면적에도 반비례한다.

예제4 공심 환상 솔레노이드의 단면적이 10[cm²], 자로의 길이20[cm],코일의 권수가 500회, 코일에 흐르는 전류가 2[A]일 때 솔레노이드의 내부 자속[Wb]은 얼마인가?

① $4\pi \times 10^{-4}$ ② $4\pi \times 10^{-6}$
③ $2\pi \times 10^{-4}$ ④ $2\pi \times 10^{-6}$

해설 자기회로 내의 옴의 법칙
$S = 10\,[\text{cm}^2]$, $l = 20\,[\text{cm}]$, $N = 500$,
$I = 2\,[\text{A}]$, $\mu_s = 1$일 때 자속 ϕ는

$$\phi = \frac{F}{R_m} = \frac{NI}{R_m} = \frac{\mu SNI}{l} = \frac{\mu_0 \mu_s SNI}{l}\,[\text{Wb}]$$ 식에서

$$\therefore\ \phi = \frac{\mu_0 \mu_s SNI}{l} = \frac{4\pi \times 10^{-7} \times 1 \times 10 \times 10^{-4} \times 500 \times 2}{20 \times 10^{-2}}$$
$$= 2\pi \times 10^{-6}\,[\text{Wb}]$$

예제5 길이 1[m], 단면적 15[cm²]인 무단 솔레노이드에 0.01[Wb]의 자속을 통하는 데 필요한 기자력은?

① $\frac{10^8}{6\pi}$ [AT] ② $\frac{10^7}{6\pi}$ [AT]
③ $\frac{10^6}{6\pi}$ [AT] ④ $\frac{10^5}{6\pi}$ [AT]

해설 자기회로 내의 옴의 법칙
$l = 1\,[\text{m}]$, $S = 15\,[\text{cm}^2]$, $\phi = 0.01\,[\text{Wb}]$,
$\mu_0 = 4\pi \times 10^{-7}\,[\text{H/m}]$, $\mu_s = 1$일 때
기자력 $F = NI = R_m \phi = Hl\,[\text{AT}]$,
자기저항 $R_m = \frac{l}{\mu_0 \mu_s S}\,[\text{AT/Wb}]$ 식에서

$$\therefore\ F = R_m \phi = \frac{l\phi}{\mu_0 \mu_s S} = \frac{1 \times 0.01}{4\pi \times 10^{-7} \times 1 \times 15 \times 10^{-4}}$$
$$= \frac{10^8}{6\pi}\,[\text{AT}]$$

예제6 다음 중 자기회로에서 키르히호프의 법칙으로 알맞은 것은? (단, R : 자기저항, ϕ : 자속, N : 코일 권수, I : 전류이다.)

① $\sum_{i=1}^{n} \phi_i = \infty$

② $\sum_{i=1}^{n} N_i \phi_i = 0$

③ $\sum_{i=1}^{n} R_i \phi_i = \sum_{i=1}^{n} N_i I_i$

④ $\sum_{i=1}^{n} R_i \phi_i = \sum_{i=1}^{n} N_i L_i$

해설 자기회로 내의 키르히호프 법칙
자기회로 내의 옴의 법칙에서 $F = R_m \phi\,[\text{AT}]$ 식을 이용하여 "하나의 폐자기회로에 대하여 기자력 F의 대수의 합은 자기회로 내의 자속 ϕ와 자기저항 R_m의 곱의 대수의 합과 같다." 는 이론을 전개할 수 있다. 이것을 자기회로의 키르히호프 법칙이라 한다.
기자력 $F = NI\,[\text{AT}]$이므로

$$\therefore\ \sum_{i=1}^{\infty} N_i I_i = \sum_{i=1}^{\infty} R_{mi} \phi_i$$

예제7 코일로 감겨진 자기 회로에서 철심의 투자율을 μ라 하고 회로의 길이를 l 이라 할 때, 그 회로 일부에 미소 공극 l_g를 만들면 자기 저항은 처음의 몇 배가 되는가? (단, $l \gg l_g$ 이다.)

① $1 + \frac{\mu l}{\mu_o l_g}$ ② $1 + \frac{\mu_o l_g}{\mu l}$
③ $1 + \frac{\mu_o l}{\mu l_g}$ ④ $1 + \frac{\mu l_g}{\mu_o l}$

해설 자기회로 내의 자기저항(R_m)
공극이 없을 때의 자기저항(R_m)과 공극이 있을 때 자기저항(R_{m0})은

$$R_m = \frac{l}{\mu S}\,[\text{AT/Wb}],\ R_{m0} = \frac{l}{\mu S} + \frac{l_g}{\mu_0 S}\,[\text{AT/Wb}]$$
이므로

$$\therefore\ \frac{R_{m0}}{R_m} = \frac{\frac{l}{\mu S} + \frac{l_g}{\mu_0 S}}{\frac{l}{\mu S}} = 1 + \frac{\mu l_g}{\mu_o l}$$

정답
1 ② 2 ② 3 ③ 4 ④ 5 ① 6 ③ 7 ④

07 전기쌍극자

이해도 □□□ 30 60 90

중 요 도 : ★★★★☆
출제빈도 : 3.3%, 20문 / 총 600문

한 솔 전 기 기 사
http://inup.co.kr
▲ 유튜브영상보기

전기쌍극자란 크기는 같고 부호가 반대인 점전하 2개가 매우 근접해 존재하는 것을 전기쌍극자라 한다.

1. 전기쌍극자 모멘트

$M = Q\delta\,[\mathrm{C\cdot m}]$

단, Q : 전하량[C], δ : 두 전하 사이의 미소거리[m]

2. 전위

$$V = \frac{M}{4\pi\varepsilon_o r^2}\cos\theta\,[\mathrm{V}]$$

3. 전계의 세기

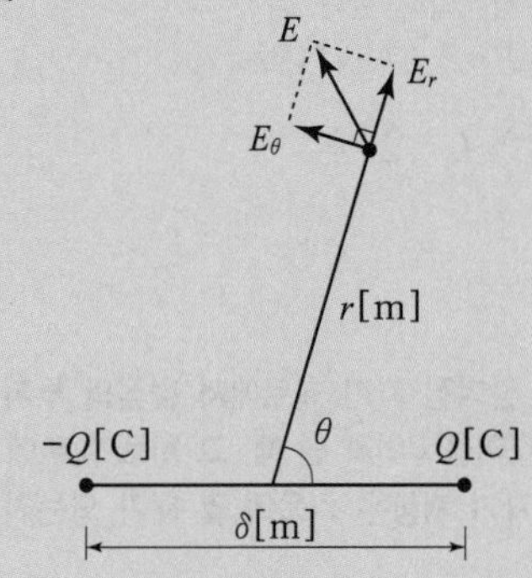

(1) r성분의 전계

$$E_r = \frac{M}{2\pi\varepsilon_o r^3}\cos\theta$$

(2) θ성분의 전계

$$E_\theta = \frac{M}{4\pi\varepsilon_o r^3}\sin\theta\,[\mathrm{V/m}]$$

(3) 전체 전계

$$E = \overrightarrow{E_r} + \overrightarrow{E_\theta} = \frac{M}{4\pi\varepsilon_o r^3}\sqrt{1+3\cos^2\theta}\,[\mathrm{V/m}]$$

4. 최대 전계 발생시 각도

$\theta = 0°,\ \pi(=180°)$

5. 최소 전계 발생시 각도

$\theta = 90°,\ \frac{\pi}{2}$

6. 비례관계

$V \propto \frac{1}{r^2} \quad E \propto \frac{1}{r^3}$

예제1 크기가 같고 부호가 반대인 두 점전하 $+Q$[C]과 $-Q$[C]이 극히 미소한 거리 δ[m]만큼 떨어져 있을 때 전기 쌍극자 모멘트는 몇 [C·m]인가?

① $\frac{1}{2}Q\delta$ ② $Q\delta$
③ $2Q\delta$ ④ $4Q\delta$

해설 전기쌍극자에 의한 전계의 세기(E)

(1) 쌍극자 모멘트(M)

$M = Q\cdot\delta\,[\mathrm{C\cdot m}]$

(2) 전계의 세기(E)

$$\dot{E} = E_r\dot{a}_r + E_\theta\dot{a}_\theta = \frac{M\cos\theta}{2\pi\epsilon_0 r^3}\dot{a}_r + \frac{M\sin\theta}{4\pi\epsilon_0 r^3}\dot{a}_\theta\,[\mathrm{V/m}]\text{에서}$$

$$|\dot{E}| = \frac{M}{4\pi\epsilon_0 r^3}\sqrt{1+3\cos^2\theta}\,[\mathrm{V/m}]$$

예제2 쌍극자 모멘트 $4\pi\varepsilon_o$[C·m]의 전기쌍극자에 의한 공기 중 한 점 1[cm], 60°의 전위[V]는?

① 0.05 ② 0.5
③ 50 ④ 5,000

해설 전기쌍극자에 의한 전위(V)

쌍극자 모멘트 $M = 4\pi\epsilon_0\,[\mathrm{C\cdot m}]$, 거리 $r = 1\,[\mathrm{cm}]$, 각도 $\theta = 60°$일 때

$$V = \frac{M\cos\theta}{4\pi\epsilon_0 r^2} = 9\times10^9\times\frac{M\cos\theta}{r^2}\,[\mathrm{V}]\ \text{식에서}$$

$$\therefore\ V = \frac{4\pi\epsilon_0\times\cos 60°}{4\pi\epsilon_0\times(1\times10^{-2})^2} = 5{,}000\,[\mathrm{V}]$$

예제3 그림과 같은 전기쌍극자에서 P 점의 전계의 세기는 몇 [V/m]인가?

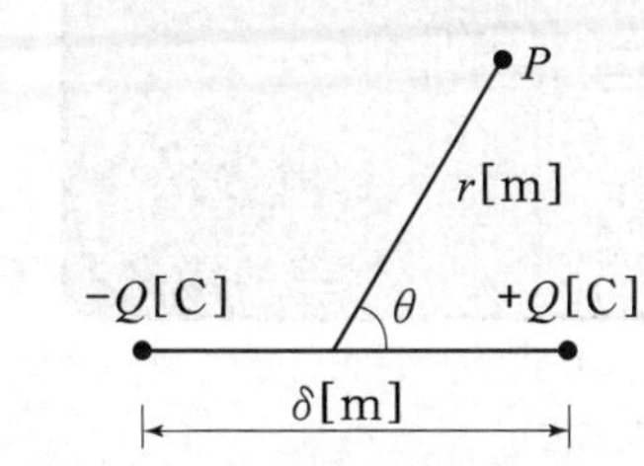

① $a_r \dfrac{Q\delta}{2\pi\varepsilon_o r^3}\sin\theta + a_\theta \dfrac{Q\delta}{4\pi\varepsilon_o r^3}\cos\theta$

② $a_r \dfrac{Q\delta}{4\pi\varepsilon_o r^3}\sin\theta + a_\theta \dfrac{Q\delta}{4\pi\varepsilon_o r^3}\cos\theta$

③ $a_r \dfrac{Q\delta}{2\pi\varepsilon_o r^3}\cos\theta + a_\theta \dfrac{Q\delta}{4\pi\varepsilon_o r^3}\sin\theta$

④ $a_r \dfrac{Q\delta}{4\pi\varepsilon_o r^3}\omega + a_\theta \dfrac{Q\delta}{4\pi\varepsilon_o r^3}(1-\omega)$

해설 전기쌍극자에 의한 전계의 세기(E)

$$\dot{E} = E_r\,\dot{a}_r + E_\theta\,\dot{a}_\theta$$
$$= \frac{M\cos\theta}{2\pi\epsilon_0 r^3}\dot{a}_r + \frac{M\sin\theta}{4\pi\epsilon_0 r^3}\dot{a}_\theta$$
$$= \frac{Q\delta\cos\theta}{2\pi\epsilon_0 r^3}\dot{a}_r + \frac{Q\delta\sin\theta}{4\pi\epsilon_0 r^3}\dot{a}_\theta \text{ [V/m]}$$

예제4 쌍극자모멘트가 M[C·m]인 전기쌍극자에 의한 임의의 점 P의 전계의 크기는 전기 쌍극자의 중심에서 축방향과 점 P를 잇는 선분 사이의 각 θ가 어느 때 최대가 되는가?

① 0　② $\dfrac{\pi}{2}$

③ $\dfrac{\pi}{3}$　④ $\dfrac{\pi}{4}$

해설 전기쌍극자에 의한 전계의 세기(E)

$E = \dfrac{M}{4\pi\epsilon_0 r^3}\sqrt{1+3\cos^2\theta}$ [V/m]이므로

(1) 최대치($E_{\max}$) : $\theta = 0°$ 일 때

$$E_{\max} = \frac{M}{2\pi\epsilon_0 r^3}\bigg|_{\theta=0°} \text{ [V/m]}$$

(2) 최소치($E_{\min}$) : $\theta = 90°$ 일 때

$$E_{\min} = \frac{M}{4\pi\epsilon_0 r^3}\bigg|_{\theta=90°} \text{ [V/m]}$$

예제5 전기 쌍극자로부터 r 만큼 떨어진 점의 전위 크기 V는 r 과 어떤 관계가 있는가?

① $V \propto r$

② $V \propto \dfrac{1}{r^3}$

③ $V \propto \dfrac{1}{r^2}$

④ $V \propto \dfrac{1}{r}$

해설 전기쌍극자에 의한 전위(V)

$V = \dfrac{M\cos\theta}{4\pi\epsilon_0 r^2} = 9\times10^9\times\dfrac{M\cos\theta}{r^2}$ [V] 식에서

$\therefore\ V \propto \dfrac{1}{r^2}$

예제6 전기쌍극자로부터 임의의 점의 거리가 r 이라 할 때, 전계의 세기는 r 과 어떤 관계에 있는가?

① $\dfrac{1}{r}$에 비례

② $\dfrac{1}{r^2}$에 비례

③ $\dfrac{1}{r^3}$에 비례

④ $\dfrac{1}{r^4}$에 비례

해설 전기쌍극자에 의한 전계의 세기(E)

$E = \dfrac{M}{4\pi\epsilon_0 r^3}\sqrt{1+3\cos^2\theta}$ [V/m] 식에서

$\therefore\ E \propto \dfrac{1}{r^3}$

정답

1 ② 2 ④ 3 ③ 4 ① 5 ③ 6 ③

Black Box

08 솔레노이드에 의한 자계

이해도 □□□ 30 60 100

중 요 도 : ★★★★☆
출제빈도 : 3.3%, 20문 / 총 600문

한 솔 전 기 기 사
http://inup.co.kr
▲ 유튜브영상보기

1. 환상솔레노이드

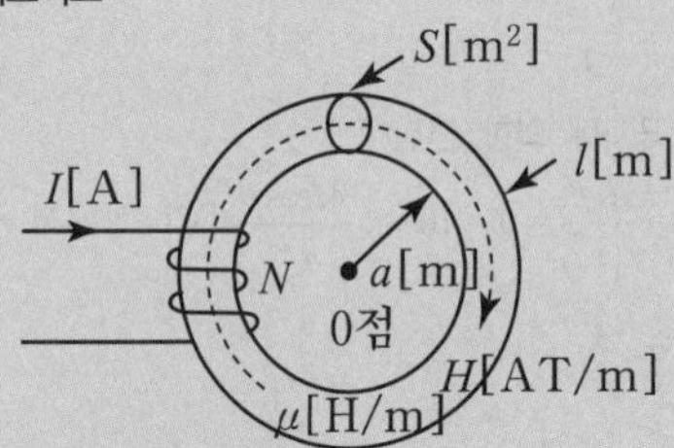

(1) 내부 자계의 세기

$$H= \frac{NI}{l} = \frac{NI}{2\pi a}[\mathrm{AT/m}]$$

단, a[m]는 평균반지름

(2) 외부 자계의 세(0점의 자계의 세기)

$H_0 = 0$[AT/m]

2. 무한장솔레노이드

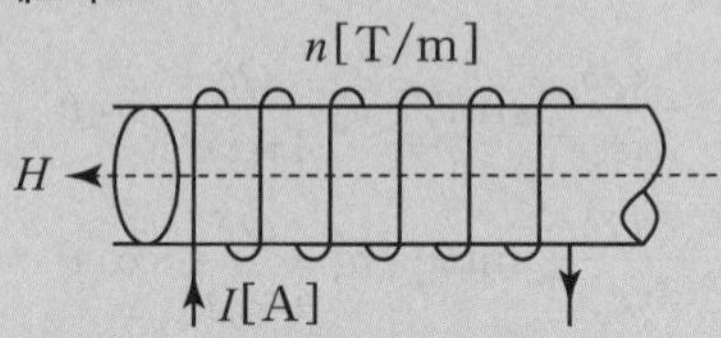

(1) 내부의 자계의 세기

$H = nI$[AT/m]

단, n[T/m]은 단위 길이당 권선수

(2) 내부 자장은 평등 자장이며 균등 자장이다.

(3) 외부의 자계의 세기

$H' = 0$ [AT/m]

예제1 **환상 솔레노이드 (Solenoid) 내의 자계의 세기[AT/m]는? (단, N은 코일의 감긴 수, a는 환상 솔레노이드의 평균 반지름이다.)**

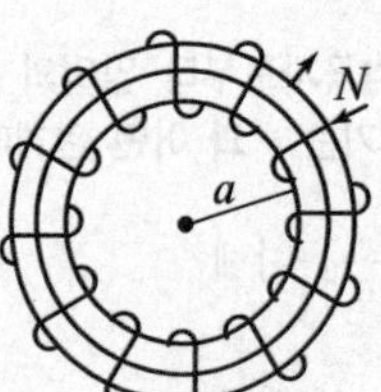

① 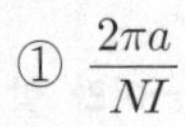 $\frac{2\pi a}{NI}$

② 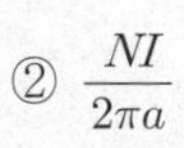 $\frac{NI}{2\pi a}$

③ 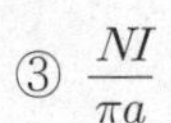 $\frac{NI}{\pi a}$

④ 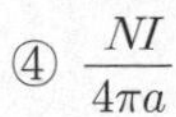 $\frac{NI}{4\pi a}$

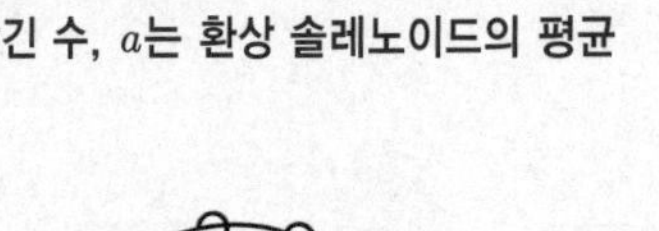

해설 환상솔레노이드에 의한 자계의 세기(H)

환상솔레노이드 내부의 자계(H_{in}), 외부의 자계(H_{out})는

$$H_{in} = \frac{NI}{l} = \frac{NI}{2\pi a}\ [\mathrm{AT/m}],\ H_{out} = 0\ [\mathrm{AT/m}]$$ 이므로

$$\therefore\ H_{in} = \frac{NI}{2\pi a}\ [\mathrm{AT/m}]$$

예제2 **평균반지름 10[cm]의 환상솔레노이드에 5[A]의 전류가 흐를 때 내부 자계가 1,600[AT/m]이었다. 권수는 약 얼마인가?**

① 180회
② 190회
③ 200회
④ 210회

해설 환상솔레노이드에 의한 자계의 세기(H)

$r = 10$ [cm], $I = 5$ [A], $H_{in} = 1,600$ [AT/m]일 때

$$H_{in} = \frac{NI}{l} = \frac{NI}{2\pi r}\ [\mathrm{AT/m}]$$ 식에서

$$\therefore\ N = \frac{2\pi r H_{in}}{I} = \frac{2\pi \times 10 \times 10^{-2} \times 1,600}{5}$$

$= 200$ 회

예제3 **그림과 같이 권수 N[회], 평균반지름 r[m]인 환상솔레노이드에 I[A]의 전류가 흐를 때 중심 O점의 자계의 세기는 몇 [AT/m]인가? (단, 누설자속은 없다고 함)**

① 0

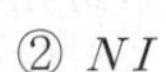

② NI

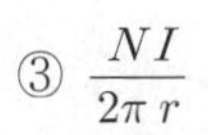

③ $\dfrac{NI}{2\pi r}$

④ $\dfrac{NI}{2\pi r^2}$

해설 환상솔레노이드에 의한 자계의 세기(H)
중심 O점은 솔레노이드의 외부에 해당하므로
$\therefore\ H_{out} = 0$ [AT/m]

예제4 **반지름 a[m], 단위 길이당 권회수 n_0[회/m], 전류 I[A]인 무한장 솔레노이드의 내부 자계 세기[AT/m]는?**

① $\dfrac{n_0 I}{2\pi a}$ ② $\dfrac{n_0 I}{2a}$

③ $n_o I$ ④ $\dfrac{n_0 I}{2\pi}$

해설 무한장 솔레노이드에 의한 자계의 세기(H)
무한장 솔레노이드 내부의 자계(H_{in}), 외부의 자계(H_{out})는 $H_{in} = n_0 I$ [AT/m], $H_{out} = 0$ [AT/m]이므로
$\therefore\ H_{in} = n_0 I$ [AT/m]

예제5 **무한장 솔레노이드의 외부자계에 대한 설명 중 옳은 것은?**

① 솔레노이드 내부의 자계와 같은 자계가 존재한다.
② $\dfrac{1}{2\pi}$의 배수가 되는 자계가 존재한다.
③ 솔레노이드 외부에는 자계가 존재하지 않는다.
④ 권횟수에 비례하는 자계가 존재한다.

해설 무한장 솔레노이드에 의한 자계의 세기(H)
$H_{in} = nI$ [AT/m], $H_{out} = 0$ [AT/m]이므로
∴ 솔레노이드 외부의 자장은 존재하지 않는다.

예제6 **1[cm]마다 권수가 100인 무한장 솔레노이드에 20[mA]의 전류를 유통시킬 때 솔레노이드 내부의 자계의 세기[AT/m]는?**

① 10
② 20
③ 100
④ 200

해설 무한장 솔레노이드에 의한 자계의 세기(H)
n은 무한장 솔레노이드에 감은 1[m]당 코일의 권수이므로
$n = \dfrac{100}{1\times10^{-2}} = 10{,}000$, $I = 20$ [mA]일 때
$H_{in} = nI$ [AT/m] 식에서
$\therefore\ H_{in} = nI = 10{,}000\times20\times10^{-3} = 200$ [AT/m]

예제7 **평등 자계를 얻는 방법으로 가장 알맞은 것은?**

① 길이에 비하여 단면적이 충분히 큰 솔레노이드에 전류를 흘린다.
② 길이에 비하여 단면적이 충분히 큰 원통형 도선에 전류를 흘린다.
③ 단면적에 비하여 길이가 충분히 긴 솔레노이드에 전류를 흘린다.
④ 단면적에 비하여 길이가 충분히 긴 원통형 도선에 전류를 흘린다.

해설 무한장 솔레노이드에 의한 자계의 세기(H)
무한장 솔레노이드의 내부의 자계의 세기는
$H_{in} = nI$ [AT/m]이며 내부자장은 평등자장이다.
따라서 평등자장을 얻기 위해서는 단면적에 비하여 길이가 충분히 긴 무한장 솔레노이드에 전류를 흘리면 된다.

정답
1 ② 2 ③ 3 ① 4 ③ 5 ③ 6 ④ 7 ③

09 전류에 의한 자계

이해도 □□□ 30 60 100

중 요 도 : ★★★★☆
출제빈도 : 3.2%, 19문 / 총 600문

한 솔 전 기 기 사
http://inup.co.kr
▲ 유튜브영상보기

1. 앙페르의 오른나사(오른손)법칙
전류에 의한 자계의 방향 결정

2. 비오-사바르의 법칙
전류에 의한 자계의 크기 결정

3. 앙페르의 주회 적분법칙
자계를 자계경로 따라 선적분 값은 폐회로 내 전류 총합과 같다. 즉, 전류와 자계의 관계

4. 원형코일 중심점의 자계

$$H = \frac{NI}{2a}[\mathrm{AT/m}]$$

단, N : 권선수, I : 전류, a : 원형코일 반지름

5. 무한장 직선도체에 의한 자계

$$H = \frac{I}{2\pi r}\ [\mathrm{AT/m}]$$

자계는 거리 r에 반비례한다.

6. 원주(원통)도체 내외 자계

조건	자계
전류 균일하게 흐를시 (내부에 전류 존재)	외부$(r>a)$: $H = \frac{I}{2\pi r}$ [AT/m]
	내부$(r<a)$: $H_i = \frac{Ir}{2\pi a^2}$ [AT/m]
전류 표면에만 흐를시 (내부에 전류가 존재하지 않는다.)	외부$(r>a)$: $H = \frac{I}{2\pi r}$ [AT/m]
	내부$(r<a)$: $H_i = 0$ [AT/m]

7. 각 도형별 중심점 자계

도형	자계
정삼각형	$H = \frac{9I}{2\pi l}$ [AT/m]
정사각형	$H = \frac{2\sqrt{2}I}{\pi l}$ [AT/m]
정육각형	$H = \frac{\sqrt{3}I}{\pi l}$ [AT/m]

단, l [m]은 한 변의 길이

예제1 전류에 의한 자계의 방향을 결정하는 법칙은?

① 렌쯔의 법칙
② 플레밍의 오른손 법칙
③ 플레밍의 왼손 법칙
④ 암페어의 오른손 법칙

해설 암페어의 오른나사법칙 또는 암페어의 오른손법칙
무한장 직선도체에 의한 자계의 세기(H)는 도체로부터 r [m] 떨어진 위치에 $H = \frac{NI}{l} = \frac{NI}{2\pi r}$ [AT/m] 만큼의 자계가 작용하며 자계의 방향은 암페어의 오른손법칙에 의해 오른손 엄지 손가락의 방향을 전류방향으로 기준 잡았을 때 나머지 손가락의 회전방향으로 정한다.

예제2 앙페르의 주회적분법칙은 직접적으로 다음의 어느 관계를 표시하는가?

① 전하와 전계
② 전류와 인덕턴스
③ 전류와 자계
④ 전하와 전위

해설 앙페르(암페어)의 주회적분법칙
"임의의 폐곡로를 따라 자계(H)를 선적분한 결과는 그 폐곡로로 둘러싸인 직류전류와 같다."를 암페어의 주회적분법칙이라 한다.

$$\oint_c H dl = I$$

∴ 앙페르의 주회적분법칙을 이용하면 전류와 자계의 세기 관계를 직접 구할 수 있다.

예제3 **반지름이 40[cm]인 원형 코일에 전류 100[A]가 흐르고 있다. 이때, 중심점에 있어서 자계의 세기[AT/m]는?**

① 125　② 75
③ 25　④ 200

해설 원형코일 중심의 자계(H)
$a = 40$[cm], $I = 100$[A], $N = 1$일 때
$H_0 = \frac{NI}{2a}$ [AT/m] 식에서
$\therefore H_0 = \frac{NI}{2a} = \frac{1\times 100}{2\times 40\times 10^{-2}} = 125$ [AT/m]

예제4 **π[A]가 흐르고 있는 무한장 직선도체로부터 수직으로 10[cm] 떨어진 점의 자계의 세기는 몇 [AT/m]인가?**

① 0.05　② 0.5
③ 5　④ 10

해설 무한장 직선도체에 의한 자계(H)
$I = \pi$[A], $r = 10$[cm], $N = 1$일 때
$H = \frac{NI}{l} = \frac{NI}{2\pi r}$ [A/m] 식에서
$\therefore H = \frac{NI}{2\pi r} = \frac{1\times\pi}{2\pi\times 10\times 10^{-2}} = 5$ [A/m]

예제5 **전류 2π[A]가 흐르고 있는 무한직선도체로부터 2[m]만큼 떨어진 자유공간 내 P점의 자속밀도의 세기[Wb/m²]는?**

① $\frac{\mu_0}{8}$　② $\frac{\mu_0}{4}$
③ $\frac{\mu_0}{2}$　④ μ_0

해설 직선도체에 의한 자계(H) 및 자속밀도(B)
$H = \frac{NI}{l} = \frac{NI}{2\pi r}$ [AT/m]
$B = \mu_0 H = \frac{\mu_0 NI}{l} = \frac{\mu_0 NI}{2\pi r}$ [WB/m²]이므로
$N = 1$, $I = 2\pi$[A], $r = 2$[m]일 때
$\therefore B = \frac{\mu_0 NI}{2\pi r} = \frac{\mu_0\times 2\pi}{2\pi\times 2} = \frac{\mu_0}{2}$ [Wb/m²]

예제6 **반지름 a[m]인 무한장 원통형 도체에 전류가 균일하게 흐를 때 도체 내부의 자계 세기는?**

① 축으로부터의 거리에 비례한다.
② 축으로부터의 거리에 반비례한다.
③ 축으로부터의 거리의 제곱에 비례한다.
④ 축으로부터의 거리의 제곱에 반비례한다.

해설 원통도체(원주형 도체)에 의한 자계(H)
원통도체 내부에 균일하게 전류가 흐르는 경우 도체 내부의 자계(H_{in}), 외부의 자계(H_{out})는
$H_{in} = \frac{Ir}{2\pi a^2}$ [AT/m], $H_{out} = \frac{I}{2\pi r}$ [AT/m] 식에서
$\therefore H_{in} = \frac{Ir}{2\pi a^2} \propto r$ [AT/m]이므로 거리에 비례한다.

예제7 **한 변의 길이가 2[cm]인 정삼각형 회로에 100[mA]의 전류를 흘릴 때, 삼각형 중심점의 자계의 세기[AT/m]는?**

① 3.6　② 5.4
③ 7.2　④ 2.7

해설 정삼각형 회로의 중심 자계(H)
l=2[cm], $I = 100$ [mA]일 때
$H_0 = \frac{9I}{2\pi l}$ [AT/m] 식에서
$\therefore H_0 = \frac{9I}{2\pi l} = \frac{9\times 100\times 10^{-3}}{2\pi\times 2\times 10^{-2}} = 7.2$ [AT/m]

예제8 **길이 8[m]의 도선으로 정사각형을 만들고 직류 π[A]를 흘렸을 때 그 중심점에서의 자계의 세기는?**

① $\frac{\sqrt{2}}{2}$ [A/m]　② $\sqrt{2}$ [A/m]
③ $2\sqrt{2}$ [A/m]　④ $4\sqrt{2}$ [A/m]

해설 정사각형 회로의 중심 자계(H)
길이 8[m]의 도선으로 정사각형을 만들면 한 변의 길이는 2[m]가 되므로
l=2[m], $I = \pi$ [A]일 때 $H_0 = \frac{2\sqrt{2}I}{\pi l}$ [AT/m] 식에서
$\therefore H_0 = \frac{2\sqrt{2}I}{\pi l} = \frac{2\sqrt{2}\times\pi}{\pi\times 2} = \sqrt{2}$ [AT/m]

1 ④ 2 ③ 3 ① 4 ③ 5 ③ 6 ① 7 ③ 8 ②

10 자성체

이해도 □□□ 30 60 100

중 요 도 : ★★★★☆
출제빈도 : 3.0%, 18문 / 총 600문

한 솔 전 기 기 사
http://inup.co.kr
▲ 유튜브영상보기

자석에 못을 붙이면 못이 자석이 되어 자성을 가지게 되는데 이러한 현상을 자화라 하며 자석에 의하여 자화되는 현상을 자기유도라 한다. 이 때 자석화 되는 성질을 가진 물질을 자성체라 한다.

1. 자화의 근본적인 원인

전자의 자전운동

2. 자성체의 투자율

$\mu = \mu_o \mu_s [\text{H/m}]$

진공시투자율 $\mu_o = 4\pi \times 10^{-7} [\text{H/m}]$, 비투자율 $\mu_s = \dfrac{\mu}{\mu_o}$

3. 자성체의 종류

(1) 상자성체 $\mu_s > 1$

백금(Pt), 알루미늄(Al), 산소(O_2)

(2) 역자성체 $\mu_s < 1$

은(Ag), 구리(Cu), 비스무트(Bi), 물(H_2O)

(3) 강자성체 $\mu_s \gg 1$

① 강자성체의 대표물질

철(Fe), 니켈(Ni), 코발트(Co)

② 강자성체의 특징

- 고투자율을 갖는다.
- 자기포화특성을 갖는다.
- 히스테리시스특성을 갖는다.
- 자구의 미소영역을 가지고 있다.

4. 전자 스핀 배열

1) 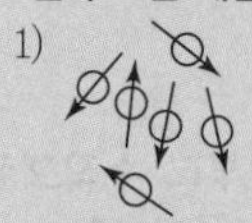

2)

3)

4)

1) 상자성체는 전자스핀배열이 불규칙적이다.
2) 강자성체는 전자스핀배열이 크기와 방향 모두 같게 된다. 따라서 강자성체는 자성이 강한 영구자석이 된다.
3) 반강자성체는 전자스핀배열이 크기는 같으나 방향이 반대가 된다.
4) 훼리자성체는 전자스핀배열이 크기가 다르면서 방향이 반대가 된다.

예제1 물질의 자화 현상은?

① 전자의 이동
② 전자의 공전
③ 전자의 자전
④ 분자의 운동

해설 자성체

자성체란 물질의 자화현상에 의해서 자장(자계) 내에서 자기적 성질을 띠는 물체(물질)로서 원인은 물질 내의 전자의 자전현상(전자스핀) 때문이다.

예제2 다음 금속 물질 중 철, 백금, 니켈, 코발트 중에서 강자성체가 아닌 것은?

① 철
② 니켈
③ 백금
④ 코발트

해설 자성체의 종류 및 성질

비투자율 μ_s, 자화율 χ_m 라 하면

(1) 역자성체 : $\mu_s < 1$, $\chi_m < 0$
(수소, 헬륨, 구리, 탄소, 안티몬, 비스무트, 은 등)
(2) 상자성체 : $\mu_s > 1$, $\chi_m > 0$
(칼륨, 텅스텐, 산소, 망간, 백금, 알루미늄 등)
(3) 강자성체 : $\mu_s \gg 1$, $\chi_m \gg 0$
(철, 니켈, 코발트 등)

예제3 반자성체에 속하는 물질은?

① Ni ② Co
③ Ag ④ Pt

해설 반자성체(=역자성체)
비투자율 μ_s, 자화율 χ_m 라 하면
역자성체 : $\mu_s < 1$, $\chi_m < 0$
(수소, 헬륨, 구리, 탄소, 안티몬, 비스무트, 은 등)
∴ Ag(은)이다.

예제4 비투자율 μ_s는 역자성체에서 다음 어느 값을 갖는가?

① $\mu_s = 1$ ② $\mu_s < 1$
③ $\mu_s > 1$ ④ $\mu_s = 0$

해설 반자성체(=역자성체)
비투자율 μ_s, 자화율 χ_m 라 하면
역자성체 : $\mu_s < 1$, $\chi_m < 0$
(수소, 헬륨, 구리, 탄소, 안티몬, 비스무트, 은 등)

예제5 강자성체의 세 가지 특성이 아닌 것은?

① 와전류 특성
② 히스테리시스 특성
③ 고투자율 특성
④ 포화 특성

해설 강자성체의 성질
강자성체는 비투자율과 자화율이 모두 매우 커야 하며 히스테리시스특성(자기이력특성=포화특성)과 자구를 가지는 자성체라야 한다.

예제6 일반적으로 자구를 가지는 자성체는?

① 상자성체 ② 강자성체
③ 역자성체 ④ 비자성체

해설 강자성체의 성질
강자성체는 비투자율과 자화율이 모두 매우 커야 하며 히스테리시스특성(자기이력특성 = 포화특성)과 자구를 가지는 자성체라야 한다.

예제7 내부 장치 또는 공간을 물질로 포위시켜 외부 자계의 영향을 차폐시키는 방식을 자기 차폐라 한다. 자기 차폐에 좋은 물질은?

① 강자성체 중에서 비투자율이 큰 물질
② 강자성체 중에서 비투자율이 작은 물질
③ 비투자율이 1보다 작은 역자성체
④ 비투자율에 관계없이 물질의 두께에만 관계되므로 되도록 두꺼운 물질

해설 자기차폐(전자차폐)
전자유도에 의한 방해작용을 방지할 목적으로 대상이 되는 장치 또는 시설을 비투자율이 매우 큰 강자성체 재료를 이용해서 감싸게 되면 자계의 영향을 차단하게 되는 현상

예제8 인접 영구 자기 쌍극자가 크기는 같으나 방향이 서로 반대 방향으로 배열된 자성체를 어떤 자성체라 하는가?

① 반자성체 ② 상자성체
③ 강자성체 ④ 반강자성체

해설 자성체의 전자스핀 배열
(1) 상자성체는 전자스핀배열이 불규칙적이다.
(2) 강자성체는 전자스핀배열이 크기와 방향 모두 같게 된다. 따라서 강자성체는 자성이 강한 영구자석이 된다.
(3) 반강자성체는 전자스핀배열이 크기는 같으나 방향이 반대가 된다.
(4) 훼리자성체는 전자스핀배열이 크기가 다르면서 방향이 반대가 된다.

정답
1 ③ 2 ③ 3 ③ 4 ② 5 ① 6 ② 7 ① 8 ④

11 두 종류의 유전체 내의 경계조건

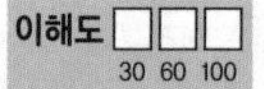

중 요 도 : ★★★★☆
출제빈도 : 3.0%, 18문 / 총 600문

한 솔 전 기 기 사
http://inup.co.kr
▲ 유튜브영상보기

1. 경계면 양측에서 수평(접선)성분의 전계의 세기가 서로 같다.

$E_{t1} = E_{t2}$: 연속적(불변)이다.

$D_{t1} \neq D_{t2}$: 불연속적이다.

단, t 는 접선(수평)성분을 의미한다.

2. 경계면 양측에서 수직(법선)성분의 전속밀도가 서로 같다.

$D_{n1} = D_{n2}$: 연속적(불변)이다.

$E_{n1} \neq E_{n2}$: 불연속적이다.

단, n 는 법선(수직)성분을 의미한다.

3. 입사각 θ_1, 굴절각 θ_2 가 주어진 경우

$E_1 \sin\theta_1 = E_2 \sin\theta_2$ → ① 식

$D_1 \cos\theta_1 = D_2 \cos\theta_2$ → ② 식

$\dfrac{\tan\theta_1}{\tan\theta_2} = \dfrac{\epsilon_1}{\epsilon_2}$ → ③ 식

4. 비례 관계

(1) $\epsilon_2 > \epsilon_1$, $\theta_2 > \theta_1$, $D_2 > D_1$: 비례 관계에 있다.

(2) $E_1 > E_2$: 반비례 관계에 있다.

5. 전속선은 유전율이 큰 쪽으로 집속되고 전기력선은 유전율이 작은 쪽으로 집속된다.

예제1 유전율이 각각 다른 두 유전체가 서로 경계를 이루며 접해 있다. 다음 중 옳지 않은 것은?

① 경계면에서 전계의 접선성분은 연속이다.
② 경계면에서 전속밀도의 법선성분은 연속이다.
③ 경계면에서 전계와 전속밀도는 굴절한다.
④ 경계면에서 전계와 전속밀도는 불변이다.

해설 유전체 내에서의 경계조건

(1) 전계의 세기는 경계면의 접선성분이 연속이다.

$E_1 \sin\theta_1 = E_2 \sin\theta_2$

(2) 전속밀도는 경계면의 법선성분이 연속이다.

$D_1 \cos\theta_1 = D_2 \cos\theta_2$ 또는

$\epsilon_1 E_1 \cos\theta_1 = \epsilon_2 E_2 \cos\theta_2$

(3) 굴절각 조건

$\dfrac{\tan\theta_2}{\tan\theta_1} = \dfrac{\epsilon_2}{\epsilon_1}$ 또는 $\epsilon_1 \tan\theta_2 = \epsilon_2 \tan\theta_1$

예제2 두 유전체의 경계면에서 정전계가 만족하는 것은?

① 전계의 법선 성분이 같다.
② 분극의 세기의 접선 성분이 같다.
③ 전계의 접선 성분이 같다.
④ 전속 밀도의 접선 성분이 같다.

해설 유전체 내에서의 경계조건

(1) 전계의 세기는 경계면의 접선성분이 서로 같다.

(2) 전속밀도는 경계면의 법선성분이 서로 같다.

예제3 두 유전체가 접했을 때 $\dfrac{\tan\theta_1}{\tan\theta_2} = \dfrac{\epsilon_1}{\epsilon_2}$ 의 관계식에서 $\theta_1 =$ 0일 때, 다음 중에 표현이 잘못된 것은?

① 전기력선은 굴절하지 않는다.
② 전속 밀도는 불변이다.
③ 전계는 불연속이다.
④ 전기력선은 유전율이 큰 쪽에 모여진다.

해설 유전체 내에서의 경계조건

유전율이 서로 다른 두 종류의 경계면에서 $\theta = 0°$ 일 때 전속과 전기력선이 수직으로 도달하므로

(1) 전속과 전기력선은 굴절하지 않는다.

(2) 수직은 법선방향이므로 전속밀도가 불변이다.

(3) 전계의 세기는 불연속이다.

(4) 전속선은 유전율이 큰 쪽으로 모이려는 성질이 있으며 전기력선은 유전율이 작은 쪽으로 모이려는 성질이 있다.

예제4 **두 종류의 유전율 ε_1, ε_2를 가진 유전체 경계면에 전하가 존재하지 않을 때 경계조건이 아닌 것은?**

① $\varepsilon_1 E_1 \cos\theta_1 = \varepsilon_2 E_2 \cos\theta_2$

② $\varepsilon_1 E_1 \sin\theta_1 = \varepsilon_2 E_2 \sin\theta_2$

③ $E_1 \sin\theta_1 = E_2 \sin\theta_2$

④ $\dfrac{\tan\theta_1}{\tan\theta_2} = \dfrac{\varepsilon_1}{\varepsilon_2}$

해설 유전체 내에서의 경계조건
전속밀도는 경계면의 법선성분이 연속이므로
$D_1 \cos\theta_1 = D_2 \cos\theta_2$ 또는
$\epsilon_1 E_1 \cos\theta_1 = \epsilon_2 E_2 \cos\theta_2$ 이다.

예제5 **유전체 A, B의 접합면에 전하가 없을 때, 각 유전체 중 전계의 방향이 그림과 같고 $E_A = 100$[V/m]이면, E_B는 몇 [V/m]인가?**

① $\dfrac{100}{3}$

② $\dfrac{100}{\sqrt{3}}$

③ 300

④ $100\sqrt{3}$

해설 유전체 내에서의 경계조건
$E_A = 100$ [V/m], $\theta_A = 30°$, $\theta_B = 60°$일 때 전계의 세기는 경계면의 접선성분이 서로 같으므로
$E_A \sin\theta_A = E_B \sin\theta_B$ 식에서

$\therefore E_B = \dfrac{E_A \sin\theta_A}{\sin\theta_B} = \dfrac{100 \times 30°}{\sin 60°} = \dfrac{100}{\sqrt{3}}$ [V/m]

예제6 **그림에서 전계와 전속밀도의 분포 중 맞는 것은?**

매질Ⅰ (공기) | 매질Ⅱ (유리)

① $E_{t1} = 0$, $D_{n1} = \rho_s$

② $E_{t2} = 0$, $D_{n2} = \rho_s$

③ $E_{t1} = E_{t2}$, $D_{n1} = D_{n2}$

④ $E_{t1} = E_{t2} = 0$, $D_{n1} = D_{n2} = 0$

해설 유전체 내에서의 경계조건
유전율이 서로 다른 두 종류의 경계면에서 전계의 세기(E)는 경계면의 접선성분이 서로 같고 전속밀도(D)는 경계면의 법선성분이 서로 같으므로
$\therefore E_{t1} = E_{t2}$, $D_{n1} = D_{n2}$

예제7 **그림과 같이 평행판 콘덴서의 극판 사이에 유전율이 각각 ε_1, ε_2인 두 유전체를 반반씩 채우고 극판 사이에 일정한 전압을 걸어준다. 이 때 매질 Ⅰ, Ⅱ 내의 전계의 세기 E_1, E_2 사이에는 다음 어느 관계가 성립하는가?**

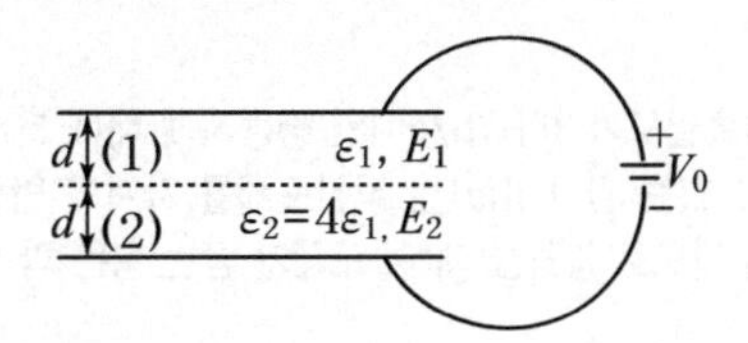

① $E_2 = 4E_2$ ② $E_2 = 2E_1$

③ $E_2 = E_1/4$ ④ $E_2 = E_1$

해설 유전체 내에서의 경계조건
극판 사이에 전압을 걸어주면 전하의 이동은 경계면에 수직인 방향으로 진행하게 되므로 $\theta_1 = 0$, $\theta_2 = 0$이 되어 전속밀도가 연속적이 된다.
$D_1 \cos\theta_1 = D_2 \cos\theta_2$ 또는
$\epsilon_1 E_1 \cos\theta_1 = \epsilon_2 E_2 \cos\theta_2$ 식에서
$\theta_1 = 0$, $\theta_2 = 0$이면 $\epsilon_1 E_1 = \epsilon_2 E_2$가 된다.

$\therefore E_2 = \dfrac{\epsilon_1}{\epsilon_2} E_1 = \dfrac{\epsilon_1}{4\epsilon_1} E_1 = \dfrac{1}{4} E_1$

정답
1 ④ 2 ③ 3 ④ 4 ② 5 ② 6 ③ 7 ③

12 평행 전류 간의 작용력

이해도 □□□ 30 60 100
중 요 도 : ★★★☆☆
출제빈도 : 2.8%, 17문 / 총 600문

한 솔 전 기 기 사
http://inup.co.kr
▲ 유튜브영상보기

1. 플레밍의 왼손법칙

자계내 도체에 전류흐를 시 작용하는 힘

(1) 전동기의 원리

(2) 왼손 손가락 방향
- 힘의 방향 : 엄지
- 자속밀도의 방향 : 검지(인지), 전류의 방향 : 중지

(3) 작용하는 힘(전자력)

$F = IBl\sin\theta = I\mu_o Hl\sin\theta = (\vec{I}\times\vec{B})l$ [N]

단, I : 전류, B : 자속밀도, l : 도체의 길이,
H : 자계의 세기 θ : 자계와 이루는 각

2. 로렌쯔의 힘

자계 H[AT/m]내에 전하 q[C]이 속도v[m/s]로 이동시에 전하가 받는 힘

(1) 자계만 존재시 전하가 받는 힘

$F = Bqv\sin\theta = \mu_o Hqv\sin\theta = (\vec{v}\times\vec{B})q$[N]

(2) 전계와 자계가 동시에 존재시 전하가 받는 힘

$F = F_H + F_E = q(\vec{v}\times\vec{B}+\vec{E})$[N]

3. 평행도선간 작용력

d[m]떨어진 평행한 도선에 각각의 전류 I_1, I_2[A]가 흐르는 경우 평행도선 간 단위길이당 작용하는 힘을 구하면 아래와 같다.

(1) 단위길이당 작용하는 힘

$$F = \frac{\mu_o I_1 I_2}{2\pi d} = \frac{2I_1 I_2}{d}\times 10^{-7}[\text{N/m}]$$

(2) 힘의 방향

전류가 평행도선에 반대 방향(왕복전류)으로 흐르면 반발력이 작용하고 전류의 방향 같으면 흡인력이 작용한다.

예제1 **자속밀도가 30[Wb/m²]인 평등자계 내에 5[A]의 전류가 흐르고 있는 길이 1[m]인 직선도체를 자계의 방향에 대하여 60° 의 각도로 놓았을 때 이 도체가 받는 힘은 약 몇 [N]인가?**

① 75
② 120
③ 130
④ 150

해설 자계 내에 흐르는 전류에 의한 작용력(F) : 플레밍의 왼손법칙

$F = \oint_c (Idl)\times B = IBl\sin\theta$ [N]이므로

$B = 30$ [Wb/m²], $I = 5$ [A], $l = 1$ [m], $\theta = 60°$일 때

$\therefore\ F = IBl\sin\theta = 5\times 30\times 1\times\sin 60° = 130$ [N]

예제2 **전류가 흐르는 도선을 자계 안에 놓으면, 이 도선에 힘이 작용한다. 평등자계의 진공 중에 놓여 있는 직선 전류 도선이 받는 힘에 대하여 옳은 것은?**

① 전류의 세기에 반비례한다.
② 도선의 길이에 비례한다.
③ 자계의 세기에 반비례한다.
④ 전류와 자계의 방향이 이루는 각의 탄젠트 각에 비례한다.

해설 플레밍의 왼손법칙

$F = Idl\times B = IBl\sin\theta$ [N]이므로

∴ 힘(F)은 전류(I)에 비례하며 자속밀도(B) 또는 자장(H)에 비례하고 도선 길이(l)에 비례한다. 또한 $\sin\theta$(정현값)에 비례한다.

예제3 **전하 q[C]가 진공중의 자계 H[AT/m]에 수직 방향으로 v[m/s]의 속도로 움직일 때 받는 힘은 몇 [N]인가?**

① $\frac{qH}{\mu_o v}$　② qvH

③ $\frac{1}{\mu_o}qvH$　④ $\mu_o qvH$

해설 로렌쯔의 힘(F)

$F=(E+v\times B)q$[N] 식에서

$E=0$[V/m], $B=\mu_0 H$[Wb/m^2]이므로

$F=(v\times B)q=vBq\sin\theta=vBq\sin 90°=vBq$[N]

$\therefore F=\mu_0 qvH$[N]

예제4 **평행 도선에 같은 크기의 왕복 전류가 흐를 때 두 도선 사이에 작용하는 힘과 관계 되는 것 중 옳은 것은?**

① 간격의 제곱에 반비례

② 간격의 제곱에 반비례하고 투자율에 반비례

③ 전류의 제곱에 비례

④ 주위 매질의 투자율에 반비례

해설 왕복전류가 흐르는 평행도선 사이의 작용력(F)

$$F=\frac{\mu_0 I^2}{2\pi d}=\frac{2I^2}{d}\times 10^{-7}\text{[N/m]}$$

∴ 두 도선간 작용력은 전류의 제곱에 비례하고 도선간 거리에 반비례하며 반발력이 작용한다.

예제5 **그림과 같이 직류전원에서 부하에 공급하는 전류는 50[A]이고 전원전압은 480[V]이다. 도선이 10[cm] 간격으로 평행하게 배선되어 있다면 단위길이당 두 도선 사이에 작용하는 힘은 몇 [N]이며, 어떻게 작용하는가?**

① 5×10^{-3}, 흡인력

② 5×10^{-3}, 반발력

③ 5×10^{-2}, 흡인력

④ 5×10^{-2}, 반발력

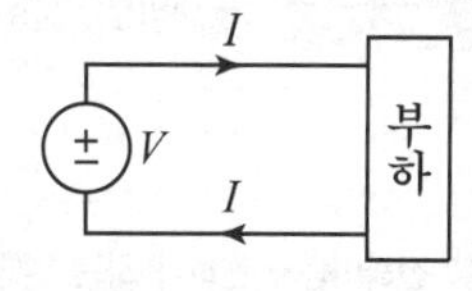

해설 왕복전류가 흐르는 평행도선 사이의 작용력(F)

$I=50$[A], $d=10$[cm]일 때

$$F=\frac{2I^2}{d}\times 10^{-7}=\frac{2\times 50^2}{10\times 10^{-2}}\times 10^{-7}$$

$=5\times 10^{-3}$[N/m]

왕복전류에 의한 작용력은 반발력이므로

$\therefore 5\times 10^{-3}$[N/m], 반발력

예제6 **진공 중에 선간거리 1[m]의 평행왕복 도선이 있다. 두 선간에 작용하는 힘이 4×10^{-7}[N/m]이었다면 전선에 흐르는 전류는?**

① 1[A]　② $\sqrt{2}$[A]

③ $\sqrt{3}$[A]　④ 2[A]

해설 평행도선 사이의 작용력(F)

$d=1$[m], $F=4\times 10^{-7}$[N/m]일 때

$F=\frac{2I^2}{d}\times 10^{-7}$[N/m] 식에서

$$\therefore I=\sqrt{\frac{F\cdot d}{2\times 10^{-7}}}=\sqrt{\frac{4\times 10^{-7}\times 1}{2\times 10^{-7}}}=\sqrt{2}\text{[A]}$$

1 ③　2 ②　3 ④　4 ③　5 ②　6 ②

13 콘덴서에 축적된 정전에너지

한 솔 전 기 기 사
http://inup.co.kr
▲ 유튜브영상보기

이해도 □□□ 30 60 100
중 요 도 : ★★★☆☆
출제빈도 : 2.8%, 17문 / 총 600문

1. 전하이동시 전하가 하는 일에너지

$W = QV$[J] 이다.

2. 콘덴서에 축적(저장)되는 에너지

$$W = \frac{Q^2}{2C} = \frac{1}{2}CV^2 = \frac{1}{2}QV\,[\text{J}]$$

(단, $Q = CV$[C], $C = \frac{Q}{V}$[F])

3. 전계 내 축적되는 에너지

전계 내 단위체적당 축적되는 에너지

$$w = \frac{W}{v} = \frac{\rho_s^2}{2\varepsilon_o} = \frac{D^2}{2\varepsilon_o} = \frac{1}{2}\varepsilon_o E^2 = \frac{1}{2}ED\,[\text{J/m}^3]$$

단, 전하밀도 $\rho_s = D = \varepsilon_o E$[C/m²]

4. 도체 간에 작용하는 정전력

(1) 단위 면적당 받는 힘= 정전흡인력

$$f = \frac{F}{S} = \frac{\rho_s^2}{2\varepsilon_o} = \frac{D^2}{2\varepsilon_o} = \frac{1}{2}\varepsilon_o E^2 = \frac{1}{2}ED\,[\text{N/m}^2]$$

(2) 전체적인 힘 $F = fS$[N]

5. 콘덴서 직렬 연결시 전제전압을 서서히 증가 시키면 가장 먼저 절연이 파괴되는 것은 축적 전하량이 가장 작은 콘덴서가 가장 먼저 파괴된다.

예제1 $E = i + 2j + 3k$ **[V/cm]로 표시되는 전계가 있다. 0.01[μC]의 전하를 원점으로부터** $r = 3i$ **[m]로 움직이는 데 요하는 일[J]은?**

① 4.69×10^{-6}
② 3×10^{-6}
③ 4.69×10^{-8}
④ 3×10^{-8}

해설 전계 내에서의 에너지=일(W)

전계의 세기 E, 전하 Q, 힘 F, 거리를 l이라 하면

$Q = 0.01\,[\mu\text{C}]$, $l = 3i[\text{m}] = 3i \times 10^2\,[\text{cm}]$이므로

$W = F \cdot l = QE \cdot l = 0.01 \times 10^{-6} \times (i + 2j + 3k) \cdot 3i \times 10^2$
$= 0.01 \times 10^{-6} \times 3 \times 10^2 = 3 \times 10^{-6}\,[\text{J}]$

참고 벡터의 내적 성질

$i \cdot i = j \cdot j = k \cdot k = 1,\ i \cdot j = j \cdot k = k \cdot i = 0$

예제2 1[μF] 콘덴서를 30[kV]로 충전하여 200[Ω]의 저항에 연결하면 저항에서 소모되는 에너지는 몇 [J]인가?

① 450 ② 900
③ 1,350 ④ 1,800

해설 정전에너지(W_C)와 소비에너지(W_R)

콘덴서에 충전된 정전에너지(W_C)를 저항에 공급하게 되면 저항에서는 모두 열로 에너지를 소모하게 되므로 저항의 소비에너지(W_R)는 정전에너지와 같다.

$W = \frac{1}{2}QV = \frac{1}{2}CV^2 = \frac{Q^2}{2C}$ [J] 식에서

$C = 1\,[\mu\text{F}]$, $V = 3\,[\text{kV}]$일 때

$\therefore\ W = \frac{1}{2}CV^2 = \frac{1}{2} \times 1 \times 10^{-6} \times (30 \times 10^3)^2 = 450\,[\text{J}]$

예제3 정전용량 1[μF], 2[μF]의 콘덴서에 각각 2×10⁻⁴[C] 및 3×10⁻⁴[C]의 전하를 주고 극성을 같게 하여 병렬로 접속할 때 콘덴서에 축적된 에너지[J]는 얼마인가?

① 약 0.025 ② 약 0.303
③ 약 0.042 ④ 약 0.525

해설 정전에너지(W)

$C_1 = 1\,[\mu\text{F}]$, $Q_1 = 2 \times 10^{-4}\,[\text{C}]$, $C_2 = 2\,[\mu\text{F}]$, $Q_2 = 3 \times 10^{-4}\,[\text{C}]$인 경우 콘덴서가 병렬접속 되었다면 합성정전용량 C와 합성전하량 Q는

$C = C_1 + C_2 = 1 + 2 = 3\,[\mu\text{F}]$

$Q = Q_1 + Q_2 = 2 \times 10^{-4} + 3 \times 10^{-4}$
$= 5 \times 10^{-4}\,[\text{C}]$이므로

$\therefore\ W = \frac{Q^2}{2C} = \frac{(5 \times 10^{-4})^2}{2 \times 3 \times 10^{-6}} = 0.042\,[\text{J}]$

예제4 그림에서 2[μF]의 콘덴서에 축적되는 에너지[J]는?

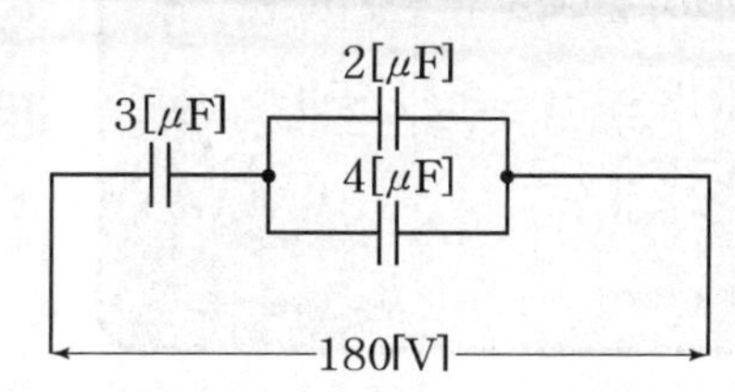

① 3.6×10^{-3}[J] ② 4.2×10^{-3}[J]
③ 3.6×10^{-2}[J] ④ 4.2×10^{-4}[J]

해설 정전에너지(W)
병렬연결된 두 콘덴서 2[μF], 4[μF]의 합성정전용량을 C_{24}라 하면 $C_{24}=2+4=6$[μF]이다.
이때 콘덴서 3[μF], C_{24}는 직렬연결되어 C_{24}의 단자전압을 V_{24}라 하면

$$V_{24}=\frac{3}{3+C_{24}}\times180=\frac{3}{3+6}\times180=60\,[\text{V}]$$

2[μF]의 단자전압은 V_{24}와 같으므로

$W=\frac{1}{2}CV^2$ [J] 식에서

$$\therefore\ W=\frac{1}{2}CV^2=\frac{1}{2}\times2\times10^{-6}\times60^2=3.6\times10^{-3}\,[\text{J}]$$

예제5 공기 중에서 반지름 a[m]의 도체구에 Q[C]의 전하를 주었을 때 전위가 V[V]로 되었다. 이 도체구가 갖는 에너지는?

① $\dfrac{Q^2}{4\pi\varepsilon_o a}$ ② $\dfrac{Q^2}{8\pi\varepsilon_o a}$

③ $\dfrac{Q}{4\pi\varepsilon_o a^2}$ ④ $\dfrac{Q}{8\pi\varepsilon_o a^2}$

해설 정전에너지(W)
구도체의 정전용량 $C=4\pi\epsilon a$[F]이므로

$W=\frac{Q^2}{2C}$ [J] 식에서

$$\therefore\ W=\frac{Q^2}{2C}=\frac{Q^2}{2\times4\pi\epsilon_0 a}=\frac{Q^2}{8\pi\epsilon_0 a}\,[\text{J}]$$

예제6 평판 콘덴서에 어떤 유전체를 넣었을 때 전속밀도가 2.4×10^{-7}[C/m^2]이고 단위 체적 중의 에너지가 5.3×10^{-3}[J/m^3]이었다. 이 유전체의 유전율은 몇 [F/m]인가?

① 2.17×10^{-11} ② 5.43×10^{-11}
③ 2.17×10^{-12} ④ 5.43×10^{-12}

해설 유전체 내의 정전에너지밀도(w)

$w=\frac{\rho_s^2}{2\epsilon}=\frac{D^2}{2\epsilon}=\frac{1}{2}\epsilon E^2=\frac{1}{2}ED$[J/m^3] 식에서

$D=2.4\times10^{-7}$ [C/m^2], $w=5.3\times10^{-3}$ [J/m^3]이므로

$$\therefore\ \epsilon=\frac{D^2}{2w}=\frac{(2.4\times10^{-7})^2}{2\times5.3\times10^{-3}}=5.43\times10^{-12}\,[\text{F/m}]$$

예제7 면적 100[cm^2]인 두 장의 금속판을 0.5[cm]인 일정 간격으로 평행 배치한 후 양판 간에 1,000[V]의 전위를 인가하였을 때 단위면적당 작용하는 흡인력은 몇 [N/m^2]인가?

① 1.77×10^{-1} ② 1.77×10^{-2}
③ 3.54×10^{-1} ④ 3.54×10^{-2}

해설 단위 면적당 정전흡인력(f)

$$f=\frac{\rho_s^2}{2\epsilon}=\frac{D^2}{2\epsilon}=\frac{1}{2}\epsilon E^2=\frac{1}{2}\epsilon\left(\frac{V}{d}\right)^2=\frac{1}{2}ED\,[\text{N/m}^2]$$

식에서 $S=100$ [cm^2], $d=0.5$ [cm], $V=1{,}000$ [V]일 때

$$f=\frac{1}{2}\epsilon_0\left(\frac{V}{d}\right)^2=\frac{1}{2}\times8.855\times10^{-12}\times\left(\frac{1{,}000}{0.5\times10^{-2}}\right)^2$$
$$=0.177\,[\text{N/m}^2]=1.77\times10^{-1}\,[\text{N/m}^2]$$

예제8 내압이 1[kV]이고 용량이 각각 0.01[μF], 0.02[μF], 0.04[μF]인 3개의 콘덴서를 직렬로 연결했을 때의 전체 내압[V]은?

① 1,750 ② 1,950
③ 3,500 ④ 7,000

해설 콘덴서의 내압 계산
$V=1$ [kV], $C_1=0.01$ [μF], $C_2=0.02$ [μF], $C_3=0.04$ [μF]인 경우 각 콘덴서의 최대 전하량을 Q_1, Q_2, Q_3라 하면
$Q_1=C_1V=0.01\times1{,}000=10$ [μC]
$Q_2=C_2V=0.02\times1{,}000=20$ [μC]
$Q_3=C_3V=0.04\times1{,}000=40$ [μC]이다.
따라서 최대 전하량이 제일 작은 C_1 콘덴서가 파괴되지 않는 상태일 때 회로에 최대내압이 걸리며 이때 최대 전하량은 Q_1이 선택되므로

$$C=\frac{1}{\frac{1}{C_1}+\frac{1}{C_2}+\frac{1}{C_3}}=\frac{1}{\frac{1}{0.01}+\frac{1}{0.02}+\frac{1}{0.04}}$$
$$=5.71\times10^{-3}\,[\mu\text{F}]$$

$$\therefore\ V=\frac{Q_1}{C}=\frac{10}{5.71\times10^{-3}}=1{,}750\,[\text{V}]$$

정답
1 ② 2 ① 3 ③ 4 ① 5 ② 6 ④ 7 ① 8 ①

14 푸아송·라플라스의 방정식 등

이해도 □□□ 30 60 100

중 요 도 : ★★★☆☆
출제빈도 : 2.8%, 17문 / 총 600문

한 솔 전 기 기 사
http://inup.co.kr
▲ 유튜브영상보기

1. 전기력선의 방정식

1) $\dfrac{dx}{E_x} = \dfrac{dy}{E_y} = \dfrac{dz}{E_z}$

2) 좌표가 없는 경우의 전기력선의 방정식
$y = Ax,\ y = kx\ y = cx$, (단, A, k, c는 상수이다.)

3) 좌표가 있으면 주어진 보기에 대입하여 성립하면 답이 된다.

2. 가우스의 미분형

전계(E) 또는 전속밀도(D)를 주고 체적당 전하량(공간전하밀도) $\rho_v\,[\mathrm{C/m^3}]$를 구할 때 사용한다.

1) $\mathrm{div}\, E = \nabla \cdot E = \dfrac{\rho_v}{\varepsilon_o}$

2) $\mathrm{div}\ D = \nabla \cdot D = \rho_v$

3. 푸아송(Poisson) 방정식

전위함수(V)를 가지고 체적당 전하량(공간전하밀도) $\rho_v\,[\mathrm{C/m^3}]$를 구할 때 사용한다.

$\nabla^2 V = -\dfrac{\rho_v}{\varepsilon_o}$

단, $\nabla^2 = \dfrac{\partial^2}{\partial x^2} + \dfrac{\partial^2}{\partial y^2} + \dfrac{\partial^2}{\partial z^2}$: 라플라스 연산자

4. 라플라스(Laplace)

전하가 없는 곳의 푸아송의 방정식

$\nabla^2 V = 0$

예제1 $E = x\,a_x - y\,a_y$[V/m]일 때 점(6, 2)[m]를 통과하는 전기력선의 방정식은?

① $y = 12x$ ② $y = \dfrac{12}{x}$

③ $y = \dfrac{x}{12}$ ④ $y = 12x^2$

해설 전기력선의 방정식

$E = E_x a_x + E_y a_y = xa_x - ya_y\,[\mathrm{V/m}]$이므로

$E_x = x,\ E_y = -y$이다.

전기력선의 방정식은 $\dfrac{dx}{E_x} = \dfrac{dy}{E_y}$이므로

$\dfrac{1}{x}dx = -\dfrac{1}{y}dy$ 식의 양 변에 적분을 취하면

$\ln x = -\ln y + C$이다. (여기서, C는 적분상수이다.)

$\ln x + \ln y = \ln xy = C$일 때 $x = 6,\ y = 2$이므로

$C = xy = 6 \times 2 = 12$이다.

$\therefore\ y = \dfrac{12}{x}$

예제2 전속밀도 $D = 3xi + 2yj + zk\,[\mathrm{C/m^2}]$를 발생하는 전하 분포에서 1[mm³] 내의 전하는 얼마인가?

① 6 [C] ② 6 [μC]

③ 6 [nC] ④ 6 [pC]

해설 가우스의 미분형

$1\,[\mathrm{mm^3}]$ 내의 전하는 체적전하밀도 ρ_v를 의미하므로 가우스의 발산정리에 의해서

$\rho_v = \mathrm{div}D = D \cdot D\,[\mathrm{C/m^3}]$임을 알 수 있다.

$D = D_x i + D_y j + D_z k = 3xi + 2yj + zk$일 때

$D_x = 3x,\ D_y = 2y,\ D_z = z$이므로

$\mathrm{div}D = \dfrac{\partial D_x}{\partial x} + \dfrac{\partial D_y}{\partial y} + \dfrac{\partial D_z}{\partial z} = \dfrac{\partial(3x)}{\partial x} + \dfrac{\partial(2y)}{\partial y} + \dfrac{\partial z}{\partial z}$

$= 3 + 2 + 1 = 6\,[\mathrm{C/m^3}]$

$\rho_v = 6\left[\dfrac{\mathrm{C}}{\mathrm{m^3}}\right] \times \left[\dfrac{1\mathrm{m^3}}{10^9\mathrm{mm^3}}\right] = 6 \times 10^{-9}\,[\mathrm{C/mm^3}]$

$\therefore\ \rho_v = 6\,[\mathrm{nC/mm^3}]$

예제3 전위함수 $V=5x^2y+z$ [V]일 때 점(2, −2, 2)에서 체적전하밀도 ρ[C/m³]의 값은? (단, ε_o는 자유공간의 유전율이다.)

① $5\varepsilon_o$ ② $10\varepsilon_o$

③ $20\varepsilon_o$ ④ $25\varepsilon_o$

해설 포아송 방정식

$\nabla^2 V=-\frac{\rho_v}{\epsilon_0}$ 식에서 $\nabla^2 V$는

$$\nabla^2 V=\frac{\partial^2 V}{\partial x^2}+\frac{\partial^2 V}{\partial y^2}$$

$$=\frac{\partial^2}{\partial x^2}(5x^2y+z)+\frac{\partial^2}{\partial y^2}(5x^2y+z)+\frac{\partial^2}{\partial z^2}(5x^2y+z)$$

$$=\frac{\partial}{\partial x}(10xy)+\frac{\partial}{\partial y}(5x^2)+\frac{\partial}{\partial z}(1)$$

$$=10y$$

이다. $x=2,\ y=-2,\ z=2$일 때

$\nabla^2 V=10y=10\times(-2)=-20$ 이므로

$\therefore\ \rho_v=-\epsilon_0\nabla^2 V=-\epsilon_0\times(-20)=20\epsilon_0$ [C/m³]

예제4 Poisson의 방정식은?

① $div\,\dot{E}=\frac{\rho}{\varepsilon_0}$ ② $\nabla^2 V=-\frac{\rho}{\varepsilon_0}$

③ $\dot{E}=grad\,V$ ④ $div\,E=\varepsilon_0$

해설 포아송 방정식과 라플라스 방정식

(1) 포아송 방정식

$$\nabla^2 V=-\frac{\rho_v}{\epsilon_0}$$

(2) 라플라스 방정식

$$\nabla^2 V=0$$

예제5 전위함수에서 라플라스 방정식을 만족하지 않는 것은?

① $V=\rho\cos\theta+\phi$

② $V=x^2-y^2+z^2$

③ $V=\rho\cos\theta+z$

④ $V=\frac{V_o}{d}x$

해설 라플라스 방정식

$\nabla^2 V=0$이 되는 조건이 성립할 때 라플라스 방정식을 만족할 수 있다.

$\nabla^2 V=\frac{\partial^2 V}{\partial x^2}+\frac{\partial^2 V}{\partial y^2}+\frac{\partial V^2}{\partial z^2}=0$을 만족하는 전위함수는 ①, ③, ④이다.

$V=x^2-y^2+z^2$일 때

$$\nabla^2 V=\frac{\partial^2}{\partial x^2}(x^2-y^2+z^2)+\frac{\partial^2}{\partial y^2}(x^2-y^2+z^2)+\frac{\partial^2}{\partial z^2}(x^2-y^2+z^2)$$

$$=\frac{\partial}{\partial x}(2x)+\frac{\partial}{\partial y}(-2y)+\frac{\partial}{\partial z}(2z)$$

$$=2-2+2=2$$

$\therefore\ V=x^2-y^2+z^2$인 경우 $\nabla^2 V\neq 0$ 이므로 라플라스 방정식을 만족하지 않는다.

정답

1 ② 2 ③ 3 ③ 4 ② 5 ②

15 전기력선의 성질

이해도 □□□ 30 60 100

중 요 도 : ★★★☆☆
출제빈도 : 2.7%, 16문 / 총 600문

한 솔 전 기 기 사
http://inup.co.kr
▲ 유튜브영상보기

1. 정의

전하에 의한 힘을 나타낸 가시화 시킨 가상의 선을 전(기)력선이라 한다.

2. 전기력선의 성질

(1) 전기력선은 정(+)전하에서 나와 부(-)전하로 들어간다.
(2) 전기력선은 서로 반발하여 서로 교차할 수 없다.
(3) 전기력선의 방향은 그 점의 전계의 방향과 일치한다.
(4) 전기력선의 밀도는 전계의 세기와 같다.
(5) 전기력선은 전위가 높은 곳에서 낮은 곳으로 간다. (전위가 감소되는 방향)
(6) 전기력선은 등전위면에 직교(수직)한다.
(7) 전기력선은 도체표면에 수직(직교)한다.
(8) 전기력선은 도체에 주어진 전하는 도체 표면에만 분포한다.
(9) 전기력선은 대전도체 내부에는 존재하지 않는다.
(10) 전기력선은 그 자신만으로는 폐곡선(면)을 이룰 수 없다.

3. 전기력선의 수

임의의 폐곡면내의 내부 전하량 Q[C]의 $\frac{1}{\varepsilon_o}$ 배이다.

(1) 진공(공기) $\varepsilon_s = 1$: $N_o = \frac{Q}{\varepsilon_o}$
(2) 유전체내 $\varepsilon_s \neq 1$: $N = \frac{Q}{\varepsilon_o \varepsilon_s}$
(3) 매질에 따라 달라진다.

4. 전속 Ψ[C]

전기력선의 묶음을 전속이라 하며 폐곡면 내 전하량 Q[C] 만큼 존재한다.

(1) 진공(공기) $\varepsilon_s = 1$: $\Psi_o = Q$[C]
(2) 유전체내 $\varepsilon_s \neq 1$: $\Psi = Q$[C]
(3) 매질상수와 관계없다.

5. 전속밀도 D[C/m^2]

단위면적당 전속의 수

$$D = \frac{\Psi}{S} = \frac{Q}{S} = \frac{Q}{4\pi r^2} = \varepsilon_o E = \rho_s [\text{C/m}^2]$$

예제1 전기력선의 기본 성질에 관한 설명으로 옳지 않은 것은?

① 전기력선의 방향은 그 점의 전계의 방향과 일치한다.
② 전기력선은 전위가 높은 점에서 낮은 점으로 향한다.
③ 전기력선은 그 자신만으로 폐곡선이 된다.
④ 전계가 0이 아닌 곳에서 전기력선은 도체 표면에 수직으로 만난다.

해설 전기력선의 성질
전기력선은 자신만으로 폐곡선을 이룰 수 없다.

예제2 전기력선의 성질로 옳지 않은 것은?

① 전기력선은 정전하에서 시작하여 부전하에서 그친다.
② 전기력선은 도체 내부에만 존재한다.
③ 전기력선은 전위가 높은 점에서 낮은 점으로 향한다.
④ 단위전하에서는 $\frac{1}{\varepsilon_0}$ 개의 전기력선이 출입한다.

해설 전기력선의 성질
도체에 대전된 전하는 도체 표면에만 분포되며 전기력선은 대전도체 내부에는 존재하지 않는다.

예제3 5[C]의 전하가 비유전율 $\varepsilon_s = 2.5$인 매질 내에 있다고 하면, 이 전하에서 나오는 전체 전기력선의 수는 몇 개인가?

① $\frac{5}{\varepsilon_o}$ ② $\frac{25}{2\varepsilon_o}$
③ $\frac{2}{\varepsilon_o}$ ④ $\frac{1}{\varepsilon_o}$

해설 전기력선의 개수(N)

$Q=5\,[\mathrm{C}]$, $\epsilon_s = 2.5$일 때 $N=\frac{Q}{\epsilon}=\frac{Q}{\epsilon_0\epsilon_s}$ 식에서

$\therefore N=\frac{Q}{\epsilon_0\epsilon_s}=\frac{5}{\epsilon_0\times 2.5}=\frac{2}{\epsilon_0}$

예제4 자유공간 중에서 점P(5, -2, 4)가 도체면상에 있으며 이 점에서 전계 $E=6a_x-2a_y+3a_z$[V/m]이다. 점 P에서의 면전하밀도 ρ_s[C/m^2]는?

① $-2\varepsilon_o[\mathrm{C/m^2}]$ ② $3\varepsilon_o[\mathrm{C/m^2}]$
③ $6\varepsilon_o[\mathrm{C/m^2}]$ ④ $7\varepsilon_o[\mathrm{C/m^2}]$

해설 면전하에 의한 전계의 세기(E)
구도체 표면전하밀도가 $\rho_s\,[\mathrm{C/m^2}]$인 경우

$E=\frac{\rho_s}{\epsilon_0}\,[\mathrm{V/m}]$이므로 $E=6a_x-2a_y+3a_z\,[\mathrm{V/m}]$일 때

$E=\sqrt{6^2+(-2)^2+3^2}=7\,[\mathrm{V/m}]$이다.

$\therefore \rho_s=\epsilon_0 E=7\epsilon_0\,[\mathrm{C/m^2}]$

예제5 10[cm^3]의 체적에 3[μC/cm^3]의 체적전하분포가 있을 때, 이 체적 전체에서 발산하는 전속은 몇 [C]인가?

① 3×10^5 ② 3×10^6
③ 3×10^{-5} ④ 3×10^{-6}

해설 전속(Ψ)
$v=10\,[\mathrm{cm^3}]$, $\rho_v=3\,[\mu\mathrm{C/cm^3}]$일 때
$\rho_v=\frac{Q}{v}\,[\mathrm{C/m^3}]$ 식에서 전하 Q는
$Q=\rho_v v=3\times10^{-6}\times10=3\times10^{-5}\,[\mathrm{C}]$이다.
전속(Ψ)은 전하량(Q)과 같으므로
$\therefore \Psi=Q=3\times10^{-5}$

예제6 지구의 표면에 있어서 대지로 향하여 E=300[V/m]의 전계가 있다고 가정하면 지표면의 전하 밀도는 몇 [C/m^2]인가?

① 1.65×10^{-9} ② -1.65×10^{-9}
③ 2.65×10^{-9} ④ -2.65×10^{-9}

해설 면전하에 의한 전계의 세기(E)
지구 표면에 있어서 대지로 향하여 전계의 세기가 작용하는 경우에는 지구 표면의 전하밀도가 $-\rho_s\,[\mathrm{C/m^2}]$임을 의미하며 이때 전계의 세기 E는

$E=-\frac{\rho_s}{\epsilon_0}\,[\mathrm{V/m}]$ 식에서 $E=300\,[\mathrm{V/m}]$일 때

$\therefore \rho_s=-\epsilon_0 E=-8.855\times10^{-12}\times300$
$=-2.65\times10^{-9}\,[\mathrm{C/m^2}]$

1 ③ 2 ② 3 ③ 4 ④ 5 ③ 6 ④

16 분극의 세기

이해도 □□□ 30 60 100

중 요 도 : ★★★☆☆
출제빈도 : 2.0%, 12문 / 총 600문

한 솔 전 기 기 사
http://inup.co.kr
▲ 유튜브영상보기

1. 전기분극현상

전계 내 놓았을 때 유전체내 속박전하의 변위에 의해서 전기분극이 일어나는 현상

2. 유전체의 비유전율의 특징

① 비유전율 $\epsilon_s = \dfrac{\epsilon}{\epsilon_o} > 1$ 인 절연체

② 비유전율은 재질에 따라 다르다.

③ 진공이나 공기중일 때는 $\epsilon_s = 1$

④ 비유전율은 1 보다 작은 값은 없다.

⑤ 비유전율의 단위는 없다.

3. 분극의 세기

분극현상에 의하여 유전체내의 한 점에 분극이 있을 때 이에 수직한 단면적을 통하여 변위되는 분극의 정전하량을 그 점의 분극의 세기라 한다.

4. 유전체내 전계의 세기

$$E = \frac{\rho_s - \rho_p}{\varepsilon_o} \text{ [V/m]}$$

여기서, ρ_s [C/m^2] : 진전하 밀도,

ρ_p [C/m^2] : 분극전하 밀도

5. 분극의 세기

P [C/m^2] (분극전하밀도, 전기분극도)

$$P = \rho_p = \frac{M}{v} = \varepsilon_o(\varepsilon_s - 1)E = D\left(1 - \frac{1}{\varepsilon_s}\right) = \chi E \text{ [C/m}^2\text{]}$$

단, M[C · m] 전기쌍극자모멘트, v [m^3] 체적

6. 분극률

$\chi = \varepsilon_o(\varepsilon_s - 1)$

7. 비분극률

$$\frac{\chi}{\varepsilon_o} = \chi_e = \varepsilon_s - 1$$

예제1 **비유전율 ε_s에 대한 설명으로 옳은 것은?**

① 진공의 비유전율은 0이고 공기의 비유전율은 1이다.

② ε_s는 항상 1보다 작은 값이다.

③ ε_s는 절연물의 종류에 따라 다르다.

④ ε_s의 단위는 [C/m]이다.

해설 비유전율의 성질

(1) 진공이나 공기의 비유전율은 항상 1이다.

(2) 비유전율은 항상 1보다 크다.

(3) 비유전율은 절연물의 종류에 따라 다르다.

(4) 비유전율의 단위는 사용하지 않는다.

예제2 **비유전율이 5인 등방 유전체의 한 점에서의 전계 세기가 10[kV/m]이다. 이 점의 분극의 세기는 몇 [C/m^2]인가?**

① 1.41×10^{-7}

② 3.54×10^{-7}

③ 8.84×10^{-8}

④ 4×10^{-4}

해설 분극의 세기(P)

$$P = D - \epsilon_0 E = \epsilon E - \epsilon_0 E = \epsilon_0(\epsilon_s - 1)E = \chi E$$
$$= \left(1 - \frac{1}{\epsilon_s}\right)D \text{[C/m}^2\text{]}$$

식에서 $\epsilon_s = 5$, $E = 10$ [kV/m]일 때

$$\therefore P = \epsilon_0(\epsilon_s - 1)E$$
$$= 8.855 \times 10^{-12} \times (5-1) \times 10 \times 10^3$$
$$= 3.54 \times 10^{-7} \text{ [C/m}^2\text{]}$$

예제3 유전체 내의 전계의 세기 E와 분극의 세기 P와의 관계를 나타낸 식은?

① $P=\varepsilon_o(\varepsilon_s-1)E$
② $P=\varepsilon_o\varepsilon_s E$
③ $P=\varepsilon_o(1-\varepsilon_s)E$
④ $P=(1-\varepsilon_s)E$

해설 분극의 세기(P)

$\therefore\ P=D-\epsilon_0 E=\epsilon E-\epsilon_0 E=\epsilon_0(\epsilon_s-1)E$

예제4 평등 전계내에 수직으로 비유전율 $\varepsilon_s=2$인 유전체 판을 놓았을 경우 판 내의 전속밀도가 $D=$ 4×10-6[C/m²]이었다. 유전체 내의 분극의 세기 P[C/m²]는?

① 1×10^{-6}　② 2×10^{-6}
③ 4×10^{-6}　④ 8×10^{-6}

해설 분극의 세기(P)

$P=D-\epsilon_0 E=\epsilon E-\epsilon_0 E=\epsilon_0(\epsilon_s-1)E=\chi E$

$=\left(1-\dfrac{1}{\epsilon_s}\right)D[\text{C/m}^2]$ 식에서

$\epsilon_s=2,\ D=4\times10^{-6}[\text{C/m}^2]$일 때

$\therefore\ P=\left(1-\dfrac{1}{\epsilon_s}\right)D=\left(1-\dfrac{1}{2}\right)\times4\times10^{-6}$

$=2\times10^{-6}[\text{C/m}^2]$

예제5 비유전율 ε_s=5인 등방 유전체의 한 점에서 전계의 세기가 E=104[V/m]일 때 이 점의 분극률 χ_e 는 몇 [F/m]인가?

① $\dfrac{10^{-9}}{9\pi}$　② $\dfrac{10^{-9}}{18\pi}$
③ $\dfrac{10^{9}}{9\pi}$　④ $\dfrac{10^{9}}{36\pi}$

해설 분극률(χ)

$P=D-\epsilon_0 E=\epsilon E-\epsilon_0 E=\epsilon_0(\epsilon_s-1)E=\chi E$

$=\left(1-\dfrac{1}{\epsilon_s}\right)D[\text{C/m}^2]$ 식에서

$\epsilon_0=\dfrac{10^{-9}}{36\pi}$ [F/m], $\epsilon_s=5$일 때

$\therefore\ \chi=\epsilon_0(\epsilon_s-1)=\dfrac{10^{-9}}{36\pi}\times(5-1)=\dfrac{10^{-9}}{9\pi}$ [F/m]

예제6 유전체의 분극률이 χ일 때 분극벡터 $P=\chi E$의 관계가 있다고 한다. 비유전율 4인 유전체의 분극률은 진공의 유전율 ε_0의 몇 배인가?

① 1　② 3
③ 9　④ 12

해설 분극률(χ)

$\chi=\epsilon_0(\epsilon_s-1)$이므로 $\epsilon_s=4$일 때

$\therefore\ \chi=\epsilon_0(4-1)=3\epsilon_0$

1 ③　2 ②　3 ①　4 ②　5 ①　6 ②

Black Box

17 유전체를 가진 도체계의 정전용량 등

한솔전기기사
http://inup.co.kr
▲ 유튜브영상보기

이해도 □□□ 30 60 100

중 요 도 : ★★★☆☆
출제빈도 : 2.0%, 12문 / 총 600문

1. 진공시와 유전체 삽입시의 관계식 비교

	진공시	유전체 삽입시	비고
힘	$F_o = \dfrac{Q_1Q_2}{4\pi\varepsilon_o r^2}$	$F = \dfrac{Q_1Q_2}{4\pi\varepsilon_o\varepsilon_s r^2} = \dfrac{F_o}{\varepsilon_s}$	$\dfrac{1}{\varepsilon_s}$배 감소
전계의 세기	$E_o = \dfrac{Q}{4\pi\varepsilon_o r^2}$	$E = \dfrac{Q}{4\pi\varepsilon_o\varepsilon_s r^2} = \dfrac{E_o}{\varepsilon_s}$	$\dfrac{1}{\varepsilon_s}$배 감소
정전 용량	$C_o = \dfrac{\varepsilon_o S}{d}$	$C = \dfrac{\varepsilon_o\varepsilon_s S}{d} = \varepsilon_s C_o$	ε_s배 증가
전기력선	$N_o = \dfrac{Q}{\varepsilon_o}$	$N = \dfrac{Q}{\varepsilon_o\varepsilon_s} = \dfrac{N_o}{\varepsilon_s}$	$\dfrac{1}{\varepsilon_s}$배 감소
전속선	$\Psi_o = Q$	$\Psi = Q$	일정

2. 유전체 삽입시 합성정전용량

	그림	정전용량
병렬연결 : 평행판에 유전체를 수직으로 채운 경우	$S_1[m^2]$, $S_2[m^2]$, ε_1, ε_2, $d[m]$	$C = \dfrac{1}{d}(\varepsilon_1 S_1 + \varepsilon_2 S_2)[F]$
직렬연결 : 평행판에 유전체를 평행하게 채운 경우	$S[m^2]$, d_1, d_2, ε_1, ε_2, $d[m]$	$C = \dfrac{\varepsilon_1\varepsilon_2 S}{\varepsilon_1 d_2 + \varepsilon_2 d_1}[F]$
공기콘덴서에 판 간격 절반만 평행하게 채운경우	$S[m^2]$, $d/2$, $d/2$, ε_0, $\varepsilon_0\varepsilon_s$, $d[m]$	$C = \dfrac{2\varepsilon_s}{1+\varepsilon_s}C_o[F]$

예제1 비유전율 9인 유전체 중에 1[cm]의 거리를 두고 1[μC] 과 2[μC]의 두 점전하가 있을 때 서로 작용하는 힘[N]은?

① 18
② 180
③ 20
④ 200

해설 유전체 내의 쿨롱의 법칙

$\epsilon_s = 9,\ r = 1\,[\text{cm}],\ Q_1 = 1\,[\mu\text{C}],\ Q_2 = 2\,[\mu\text{C}]$

$$F = \frac{Q_1\,Q_2}{4\pi\epsilon_0\epsilon_s\,r^2} = 9\times10^9\times\frac{Q_1\,Q_2}{\epsilon_s\,r^2}$$

$$= 9\times10^9\times\frac{1\times10^{-6}\times2\times10^{-6}}{9\times(1\times10^{-2})^2} = 20\,[\text{N}]$$

예제2 콘덴서에 비유전율 ε_r인 유전율로 채워져 있을 때 정전 용량 C와 공기로 채워져 있을 때의 정전 용량 C_o 와의 비 $\dfrac{C}{C_o}$는?

① ε_r
② $\dfrac{1}{\varepsilon_r}$
③ $\sqrt{\varepsilon_r}$
④ $\dfrac{1}{\sqrt{\varepsilon_r}}$

해설 유전체 내의 정전용량(C)

공기 내 정전용량을 C_0, 유전체 내의 정전용량을 C라 하면

$C_0 = \dfrac{\epsilon_0\,S}{d}\,[\text{F}],\ C = \dfrac{\epsilon_0\epsilon_r\,S}{d} = \epsilon_r\,C_0\,[\text{F}]$이므로

$\therefore\ \dfrac{C}{C_0} = \dfrac{\epsilon_r\,C_0}{C_0} = \epsilon_r$

예제3 **비유전율이 4이고 전계의 세기가 20[kV/m]인 유전체내의 전속밀도[μC/m^2]는?**

① 0.708 ② 0.168
③ 6.28 ④ 2.83

해설 유전체 내의 전속밀도(D)
$\epsilon_s = 4$, $E = 20\,[\text{kV/m}]$일 때
$\therefore D = \epsilon E = \epsilon_0 \epsilon_s E = 8.855 \times 10^{-12} \times 4 \times 20 \times 10^3$
$= 0.708 \times 10^{-6}\,[\text{C/m}^2] = 0.708\,[\mu\text{C/m}^2]$

예제4 **그림과 같은 정전용량이 C_o[F]되는 평행판 공기콘덴서의 판면적의 $\frac{2}{3}$ 되는 공간에 비유전율 ε_s인 유전체를 채우면 공기콘덴서의 정전용량은 몇 [F]인가?**

① $\frac{2\varepsilon_s}{3} C_o$

② $\frac{3}{1+2\varepsilon_s} C_o$

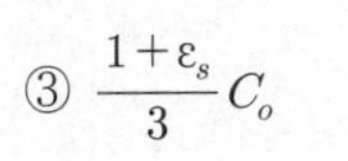

③ $\frac{1+\varepsilon_s}{3} C_o$

④ $\frac{1+2\varepsilon_s}{3} C_o$

해설 콘덴서의 병렬접속
공기콘덴서의 정전용량 C_0, 유전체를 채운 경우 병렬접속된 각각의 정전용량 C_1, C_2라 하면

$C_0 = \frac{\epsilon_0 S}{d}$ [F], $C_1 = \frac{\epsilon_0 \left(\frac{1}{3}S\right)}{d}$ [F],

$C_2 = \frac{\epsilon_0 \epsilon_s \left(\frac{2}{3}S\right)}{d}$ [F]이므로

C_1, C_2의 합성정전용량(C_{12})은

$\therefore C_{12} = C_1 + C_2 = \frac{\epsilon_0 S}{3d} + \frac{2\epsilon_0 \epsilon_s S}{3d}$

$= \frac{(1+2\epsilon_s)\epsilon_0 S}{3d} = \frac{1+2\epsilon_s}{3} C_0$ [F]

예제5 **면적 S[m^2], 간격 d[m]인 평행판콘덴서에 그림과 같이 두께 d_1, d_2[m]이며 유전율 ε_1, ε_2[F/m]인 두 유전체를 극판간에 평행으로 채웠을 때 정전용량은 얼마인가?**

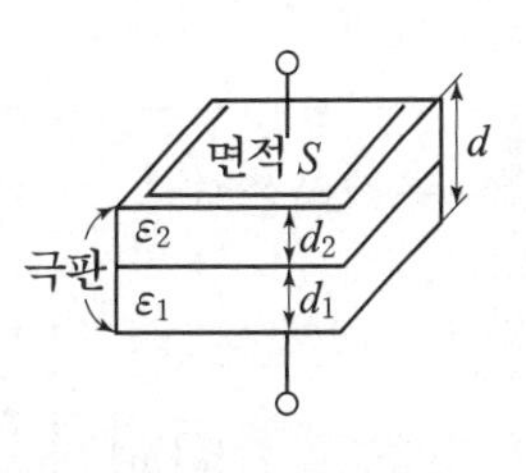

① $\dfrac{S}{\dfrac{d_1}{\varepsilon_1} + \dfrac{d_2}{\varepsilon_2}}$

② $\dfrac{\varepsilon_1 \varepsilon_2 S}{d}$

③ $\dfrac{\varepsilon_1 S}{d_1} + \dfrac{\varepsilon_2 S}{d_2}$

④ $\dfrac{S}{\dfrac{d_1}{\varepsilon_2} + \dfrac{d_2}{\varepsilon_1}}$

해설 유전체 내의 평행판 전극의 직렬연결
콘덴서 판 간에 유전체로 채운 경우 평행판 전극의 경계면과 단자가 수직을 이루고 있으므로 콘덴서는 직렬로 접속이 된다. 각 콘덴서의 정전용량을 C_1, C_2라 하고 합성정전용량을 C라 하면 $C_1 = \frac{\epsilon_1 S}{d_1}$ [F], $C_2 = \frac{\epsilon_2 S}{d_2}$ [F]

$\therefore C = \dfrac{1}{\dfrac{1}{C_1} + \dfrac{1}{C_2}} = \dfrac{1}{\dfrac{d_1}{\epsilon_1 S} + \dfrac{d_2}{\epsilon_2 S}}$

$= \dfrac{S}{\dfrac{d_1}{\epsilon_1} + \dfrac{d_2}{\epsilon_2}}$ [F]

예제6 **0.03[μF]인 평행판 공기 콘덴서의 극판간에 그 간격의 절반 두께에 비유전율 10인 유리판을 평행하게 넣었다면, 이 콘덴서의 정전용량 [μF]은?**

① 1.83 ② 18.3
③ 0.055 ④ 0.55

해설 유전체 내의 평행판 전극의 직렬연결
공기콘덴서에 판 간격의 절반을 유전체로 채운 경우 정전용량 C는 $C = \frac{2\epsilon_s}{1+\epsilon_s} C_0$ [F]이므로

$C_0 = 0.03\,[\mu\text{F}]$, $\epsilon_s = 10$일 때

$\therefore C = \frac{2\epsilon_s}{1+\epsilon_s} C_0 = \frac{2 \times 10}{1+10} \times 0.03 = 0.055\,[\mu\text{F}]$

정답

1 ③ 2 ① 3 ① 4 ④ 5 ① 6 ③

18 전기영상법(1)

이해도 □□□ 30 60 100

중 요 도 : ★★★☆☆
출제빈도 : 1.8%, 11문 / 총 600문

한 솔 전 기 기 사
http://inup.co.kr
▲ 유튜브영상보기

1. 접지무한평면과 점전하

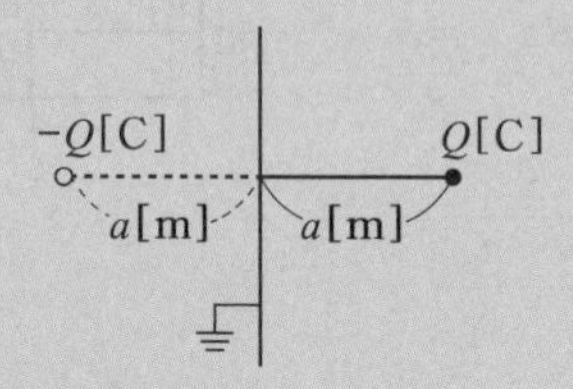

(1) 영상전하 $Q' = -Q[\mathrm{C}]$

(2) 접지무한평면과 점전하 사이에 작용하는 힘

$$F = \frac{Q\cdot(-Q)}{4\pi\varepsilon_o(2a)^2} = -\frac{Q^2}{16\pi\varepsilon_o a^2} = -2.25\times10^9\frac{Q^2}{a^2}\,[\mathrm{N}]$$

(3) 항상 흡인력 작용

(4) 최대전하밀도

$$\rho_{s\max} = -\frac{Q}{2\pi a^2}\,[\mathrm{C/m^2}]$$

2. 접지구도체와 점전하

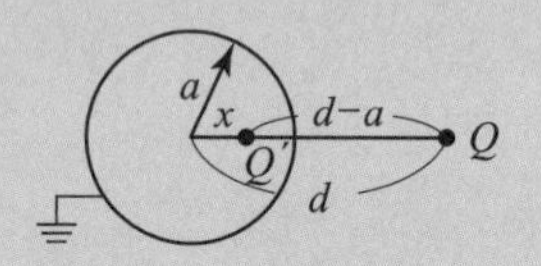

(1) 영상전하와 영상전하의 위치

$$Q' = -\frac{a}{d}Q[\mathrm{C}]\ ,\ x = \frac{a^2}{d}\,[\mathrm{m}]$$

(2) 접지구도체와 점전하 사이에 작용하는 힘

$$F = \frac{QQ'}{4\pi\varepsilon_o(d-x)^2} = \frac{QQ'}{4\pi\varepsilon_o\left(\frac{d^2-a^2}{d}\right)^2}$$

$$= \frac{-adQ^2}{4\pi\varepsilon_o(d^2-a^2)^2}\,[\mathrm{N}]$$

(3) 항상 흡인력 작용

예제1 점전하 Q[C]에 의한 무한 평면 도체의 영상 전하는?

① $-Q$[C]보다 작다.
② Q[C]보다 크다.
③ $-Q$[C]과 같다.
④ Q[C]과 같다.

해설 접지무한평면과 점전하
접지무한평면으로부터 d[m]만큼 떨어진 곳에 점전하 Q[C]이 있을 때 영상전하(Q')와 그 위치는 아래와 같다.
(1) 영상전하 $Q' = -Q$[C]
(2) 영상전하의 위치 $= (-d,\ 0)$ [m]

예제2 무한평면 도체의 표면에서 2[m]인 곳에 점전하 4[C]이 있다. 전하가 받는 힘[N]은?

① 72×10^9 ② 3×10^9
③ 36×10^9 ④ 9×10^9

해설 접지무한평면과 점전하

$F = \dfrac{Q^2}{16\pi\epsilon_0 a^2}$ [N] 식에서 $a = 2$[m], $Q = 4$[C]일 때

$$\therefore\ F = \frac{Q^2}{16\pi\epsilon_0 a^2} = \frac{Q^2}{4\pi\epsilon_0(4a^2)}$$

$$= 9\times10^9\times\frac{4^2}{4\times2^2} = 9\times10^9\,[\mathrm{N}]$$

예제3 평면도체 표면에서 d[m]의 거리에 점전하 Q[C]가 있을 때 이 전하를 무한원까지 운반하는데 요하는 일은 몇 [J]인가?

① $\dfrac{Q^2}{4\pi\varepsilon_o d}$　② $\dfrac{Q^2}{8\pi\varepsilon_o d}$

③ $\dfrac{Q^2}{16\pi\varepsilon_o d}$　④ $\dfrac{Q^2}{32\pi\varepsilon_o d}$

해설 접지무한평면과 점전하

$$\therefore\ W=\int_d^{\infty} F da=\int_d^{\infty}\frac{Q^2}{16\pi\epsilon_0 a^2}da=\frac{Q^2}{16\pi\epsilon_0 d}\ [\text{J}]$$

별해 $W=F\cdot d=\dfrac{Q^2}{16\pi\epsilon_0 d^2}\cdot d=\dfrac{Q^2}{16\pi\epsilon_0 d}$ [J]

예제4 반지름 a인 접지 도체구의 중심에서 $d(>a)$되는 곳에 점전하 Q가 있다. 구도체에 유기되는 영상전하 및 그 위치(중심에서의 거리)는 각각 얼마인가?

① $+\dfrac{a}{d}Q$이며 $\dfrac{a^2}{d}$이다.

② $-\dfrac{a}{d}Q$이며 $\dfrac{a^2}{d}$이다.

③ $+\dfrac{d}{a}Q$이며 $\dfrac{a^2}{d}$이다.

④ $-\dfrac{d}{a}Q$이며 $\dfrac{d^2}{a}$이다.

해설 접지구도체와 점전하

접지구도체로부터 영상전하(Q')와 그 위치는 아래와 같다.

(1) 영상전하 $Q'=-\dfrac{a}{d}Q$[C]

(2) 영상전하의 위치$=+\dfrac{a^2}{d}$ [m]

예제5 반지름이 10[cm]인 접지구도체의 중심으로부터 1[m] 떨어진 거리에 한 개의 전자를 놓았다. 접지구도체에 유도된 충전전하량은 몇 [C]인가?

① -1.6×10^{-20}

② -1.6×10^{-21}

③ 1.6×10^{-20}

④ 1.6×10^{-21}

해설 접지구도체와 점전하

전자 1개의 전하량 Q는 $Q=-1.602\times10^{-19}$[C]이며 $a=10$[cm], $d=1$[m]일 때 접지구도체로부터의 영상전하 Q'는

$$\therefore\ Q'=-\frac{a}{d}Q=-\frac{10\times10^{-2}}{1}\times(-1.602\times10^{-19})$$

$$\fallingdotseq 1.6\times10^{-20}\ [\text{C}]$$

예제6 접지구도체와 점전하 간의 작용력은?

① 항상 반발력이다.

② 항상 흡인력이다.

③ 조건적 반발력이다.

④ 조건적 흡인력이다.

해설 접지구도체와 점전하

접지구도체와 점전하간의 작용력 F는

$$F=\frac{QQ'}{4\pi\epsilon_0\left(d-\dfrac{a^2}{d}\right)^2}\ [\text{N}]이므로$$

$+Q$[C]과 $Q'=-\dfrac{a}{d}Q$[C] 사이에 작용하는 힘(F)은 (−) 부호를 갖는다.

여기서 (−) 부호는 항상 흡인력을 의미한다.

1 ③　2 ④　3 ③　4 ②　5 ③　6 ②

19 전기영상법(2)

이해도 □□□ 30 60 90

중 요 도 : ★★★☆☆
출제빈도 : 18.3%, 11문 / 총 600문

한 솔 전 기 기 사
http://inup.co.kr
▲ 유튜브영상보기

■ 접지무한평면과 선전하

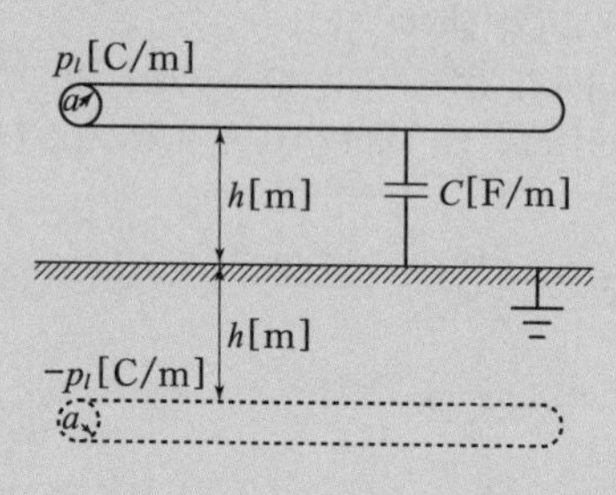

(1) 영상 선전하 밀도

$\rho_l' = -\rho_l$ [C/m]

(2) 접지무한평면과 선전하 사이에 작용하는 단위길이당 작용하는 힘

$$f = -\frac{\rho_l^2}{4\pi\varepsilon_o h} = -9\times10^9\frac{\rho_l^2}{h} \text{ [N/m]}$$

(3) 대지와 도선 사이에 작용하는 정전용량

$$C = \frac{2\pi\varepsilon_o}{\ln\frac{2h}{a}} \text{ [F/m]}$$

예제1 대지면에 높이 h [m]로 평행 가설된 매우 긴 선전하(선전하 밀도 ρ [C/m])가 지면으로부터 받는 힘[N/m]은?

① h에 비례한다.
② h에 반비례한다.
③ h^2에 비례한다.
④ h^2에 반비례한다.

해설 접지무한평면과 선전하

$$F = QE = -\frac{{\rho_L}^2\, l}{4\pi\epsilon_0 h}\text{ [N]} = -\frac{{\rho_L}^2}{4\pi\epsilon_0 h}\text{ [N/m]}$$

$$= -9\times10^9\times\frac{{\rho_L}^2}{h}\text{ [N/m]}$$

∴ 작용력(지면으로부터 받는 힘)은 높이 h에 반비례한다.

예제2 지면에 평행으로 높이 h [m]에 가설된 반지름 a[m]인 직선도체가 있다. 대지정전용량은 몇 [F/m]인가? (단, $h \gg a$ 이다.)

① $\dfrac{4\pi\varepsilon_0}{\log\frac{2h}{a}}$ ② $\dfrac{2\pi\varepsilon_0}{\log\frac{2h}{a}}$

③ $\dfrac{4\pi\varepsilon_0}{\log\frac{a}{2h}}$ ④ $\dfrac{2\pi\varepsilon_0}{\log\frac{a}{2h}}$

해설 접지무한평면과 선전하
대지정전용량(C')은

$$\therefore\ C' = \frac{2\pi\epsilon_0}{\ln\frac{2h}{a}}\text{ [F/m]}$$

예제3 무한대 평면 도체와 d [m] 떨어져 평행한 무한장 직선 도체에 ρ [C/m]의 전하 분포가 주어졌을 때 직선 도체의 단위 길이당 받는 힘은? (단, 공간의 유전율은 ε임)

① 0 [N/m]
② $\dfrac{\rho^2}{\pi\varepsilon d}$ [N/m]
③ $\dfrac{\rho^2}{2\pi\varepsilon d}$ [N/m]
④ $\dfrac{\rho^2}{4\pi\varepsilon d}$ [N/m]

해설 접지무한평면과 선전하

$$F=-\frac{\rho^2\, l}{4\pi\epsilon_0\, h}\ [\mathrm{N}]=-\frac{\rho^2}{4\pi\epsilon_0\, h}\ [\mathrm{N/m}]$$

이므로 방향성을 무시하면

$$\therefore\ F=\frac{\rho^2\, l}{4\pi\epsilon_0\, h}\ [\mathrm{N}]=\frac{\rho^2}{4\pi\epsilon_0\, h}\ [\mathrm{N/m}]$$

정답

1 ② 2 ② 3 ④

Black Box

20 전위 및 전위차의 정의

한솔전기기사
http://inup.co.kr
▲ 유튜브영상보기

이해도 □□□ 30 60 100

중 요 도 : ★★★☆☆
출제빈도 : 1.8%, 11문 / 총 600문

1. 전위의 정의

정전계 내에서 정전하 Q[C]으로 힘을 받은 무한 원점에 놓인 단위 전하 1[C]을 정전하로부터 r[m]만큼 떨어진 위치에 이동시키기 위해 필요한 에너지를 의미함.

2. 점전하에 의한 전위

점전하 Q[C]에서 r[m]떨어진 지점의 전위

$$V=\frac{Q}{4\pi\varepsilon_o r}=9\times10^9\frac{Q}{r}\,[\mathrm{V}]$$

: 전위는 거리 r에 반비례한다.

전계와 전위와의 관계 $V=E\cdot r$ [V], $E=\frac{V}{r}$ [V/m]

3. 동심구(중공도체)의 내구 전위

내구에 전하 $Q_A=Q$ 를 외구에 전하 $Q_B=0$ 대전 시 내구 A의 전위

$$V_a=\frac{Q}{4\pi\varepsilon_o}\left(\frac{1}{a}-\frac{1}{b}+\frac{1}{c}\right)[\mathrm{V}]$$

4. 대전 구도체의 내외 전위

반지름이 a[m]인 구도체에 전하 Q[C]를 대전시 내·외 전위를 구한다.

(1) 외부(r>a) : $V=\frac{Q}{4\pi\varepsilon_o r}$ [V]

: 외부의 전위는 거리에 반비례

(2) 표면(r=a) : $V_a=\frac{Q}{4\pi\varepsilon_o a}$ [V]

(3) 내부(r<a) : $V_i=\frac{Q}{4\pi\varepsilon_o a}$ [V]

: 내부전위는 표면의 전위와 서로 같다.

예제1 어느 점전하에 의하여 생기는 전위를 처음 전위의 1/2이 되게 하려면 전하로부터의 거리를 몇 배로 하면 되는가?

① 1 ② 2
③ 3 ④ 4

해설 점전하에 의한 전위(V)

점전하로부터 r[m]만큼 떨어진 임의의 점에 대한 전위 V는 $V=\frac{Q}{4\pi\epsilon_0 r}=9\times10^9\frac{Q}{r}$ [V]이므로

$V\propto\frac{1}{r}$ 관계에 있다.

∴ 전위를 $\frac{1}{2}$배 하려면 거리를 2배 증가시키면 된다.

예제2 40[V/m]인 전계 내의 50[V]되는 점이서 1[C]의 전하가 전계방향으로 80[cm] 이동하였을 때, 그 점의 전위는?

① 18[V] ② 22[V]
③ 35[V] ④ 65[V]

해설 전위차 계산을 이용한 임의의 P점의 전위(V)

A, B점의 전위차 V_{AB}는

$V_{AB}=V_A-V_B=E\cdot r$ [V]이다.

$V_A=50$ [V], $E=40$ [V/m], $r=80$ [cm]일 때

∴ $V_B=V_A-E\cdot r=50-40\times0.8=18$ [V]

예제3 **진공 중에 반경 2[cm]인 도체구 A와 내외반경이 4[cm] 및 5[cm]인 도체구 B를 동심으로 놓고 도체구 A에 Q_A =2×10⁻¹⁰[C]의 전하를 대전시키고 도체구 B의 전하는 0[C]으로 했을 때 도체구 A의 전위는 몇 [V]인가?**

① 36[V]　② 45[V]
③ 81[V]　④ 90[V]

해설 동심구도체에 의한 전위(V)
A도체에만 $+Q$[C]으로 대전된 경우 A도체 전위 V_A 는
$V_A = \frac{Q}{4\pi\epsilon_0}\left(\frac{1}{a}-\frac{1}{b}+\frac{1}{c}\right)$ [V] 식에서
$a=2$[cm], $b=4$[cm], $c=5$[cm],
$Q_A=2\times10^{-10}$[C]일 때

$$\therefore V_A = \frac{Q}{4\pi\epsilon_0}\left(\frac{1}{a}-\frac{1}{b}+\frac{1}{c}\right) = 9\times10^9\times2\times10^{-10}\times\left(\frac{1}{2\times10^{-2}}-\frac{1}{4\times10^{-2}}+\frac{1}{5\times10^{-2}}\right) = 81\,[\text{V}]$$

예제4 **반지름이 a[m]인 구도체에 Q[C]의 전하가 주어졌을 때 구심에서 $5a$[m] 되는 점의 전위[V]는?**

① $\frac{1}{24\,\pi\varepsilon_o}\cdot\frac{Q}{a}$　② $\frac{1}{24\,\pi\varepsilon_o}\cdot\frac{Q}{a^2}$

③ $\frac{1}{20\,\pi\varepsilon_o}\cdot\frac{Q}{a}$　④ $\frac{1}{20\,\pi\varepsilon_o}\cdot\frac{Q}{a^2}$

해설 구도체에 의한 전위(V)
(1) 구도체 외부 전위
$$V_{out} = \frac{Q}{4\pi\epsilon_0 r}\,[\text{V}]$$
(2) 구도체 내부 전위(표면전위)
$$V_{in} = \frac{Q}{4\pi\epsilon_0 a}\,[\text{V}]$$
$$\therefore V_{out} = \frac{Q}{4\pi\epsilon_0 r}\bigg|_{r=5a} = \frac{Q}{4\pi\epsilon_0\times5a} = \frac{Q}{20\pi\epsilon_0 a}\,[\text{V}]$$

예제5 **반지름 r=1[m]인 도체구의 표면전하밀도가 $\frac{10^{-8}}{9\pi}$ [C/m²]이 되도록 하는 도체구의 전위는 몇 [V]인가?**

① 10　② 20
③ 40　④ 80

해설 구도체에 의한 전위(V)
구의 표면적 $S=4\pi a^2$ [m²]이므로
$\sigma=\frac{Q}{S}=\frac{Q}{4\pi a^2}=\frac{10^{-8}}{9\pi}$, $a=1$[m]일 때
$$Q=4\pi a^2\cdot\sigma=4\pi\times1^2\times\frac{10^{-8}}{9\pi} = \frac{4}{9}\times10^{-8}\,[\text{C}]$$
$$\therefore V=\frac{Q}{4\pi\epsilon_0 a}=9\times10^9\times\frac{Q}{a} = 9\times10^9\times\frac{4}{9}\times10^{-8} = 40\,[\text{V}]$$

예제6 **원점에 전하 0.4[μC]이 있을 때 두 점 (4, 0, 0)[m]와 (0, 3, 0)[m] 간의 전위차 V[V]는?**

① 300　② 150
③ 100　④ 30

해설 점전하에 의한 전위차(V_{AB})
원점의 전하 $Q=0.4$[μC], 점 (4, 0, 0)을 A, 점 (0, 3, 0)을 B라 하여 전위차(V_{AB})를 구하면
$$\therefore V_{AB}=\frac{Q}{4\pi\epsilon_0 r_B}-\frac{Q}{4\pi\epsilon_0 r_A} = 9\times10^9\times Q\times\left(\frac{1}{r_B}-\frac{1}{r_A}\right) = 9\times10^9\times0.4\times10^{-6}\times\left(\frac{1}{3}-\frac{1}{4}\right) = 300\,[\text{V}]$$

정답
1 ②　2 ①　3 ③　4 ③　5 ③　6 ①

21 전자유도 현상

이해도 □□□ 30 60 100

중 요 도 : ★★★☆☆
출제빈도 : 1.8%, 11문 / 총 600문

한 솔 전 기 기 사
http://inup.co.kr
▲ 유튜브영상보기

1. 전자유도법칙

코일에 자속이 시간적으로 변하는 경우 코일 양단에 전압 유기되는 현상(변압기의 원리)

(1) 유기기전력 : $e = -N\dfrac{d\phi}{dt}$[V]

(2) 패러데이 법칙 : 유기기전력의 크기 결정

(3) 렌쯔(츠)의 법칙 : 유기기전력의 방향 결정

2. 정현파 자속 $\phi = \phi_m \sin wt$ [wb] 에 의한 유기되는 전압

(1) 유기전압

$$e = -wN\phi_m \cos wt = wN\phi_m \sin\left(wt - \frac{\pi}{2}\right)[V]$$

(2) 기전력은 자속보다 위상이 $\dfrac{\pi}{2}$만큼 늦다.

(3) 최대유기전압 : $e_{\max} = wN\phi_m$[V]

(4) 비례관계 $e \propto f \cdot B$

3. 표피효과

도선에 교류 전류가 흐를시 도선 표면 부근에 집중해서 전류가 흐르므로 표면 전류밀도가 커지는 현상을 표피효과라 한다.

(1) 표피두께(침투깊이) : $\delta = \sqrt{\dfrac{1}{\pi f \mu \sigma}} = \sqrt{\dfrac{\rho}{\pi f \mu}}$ [m]

단, μ[H/m] : 투자율, σ[℧/m] : 도전율,
f[Hz] : 주파수, $\rho[\Omega \cdot m]$: 고유저항

(2) 표피효과는 주파수가 높을수록, 도전율이 높을수록, 투자율이 높을수록 표피두께 δ가 감소하므로 표피효과는 증대되어 도선의 실효저항이 증가하고 표면 전류밀도가 커진다.

예제1 전자유도에 의하여 회로에 발생되는 기전력은 자속 쇄교수의 시간에 대한 감소비율에 비례한다는 ㉠ 법칙에 따르고, 특히 유도된 기전력의 방향은 ㉡ 법칙에 따른다. ㉠, ㉡에 알맞은 것은?

① ㉠ 패러데이 ㉡ 플레밍의 왼손
② ㉠ 패러데이 ㉡ 렌쯔
③ ㉠ 렌쯔 ㉡ 패러데이
④ ㉠ 플레밍의 왼손 ㉡ 패러데이

해설 전자유도법칙

(1) 패러데이법칙
회로에 발생하는 유기기전력은 자속쇄교수의 시간에 대한 감쇠율에 비례한다.

$e = -N\dfrac{d\phi}{dt}$ [V]

(2) 렌쯔의 법칙
유기기전력의 방향은 자속의 변화를 방해하는 방향으로 유도된다.

예제2 권수 1회의 코일에 5[Wb]의 자속이 쇄교하고 있을 때 $t = 10^{-1}$[초] 사이에 이 자속이 0으로 변하였다면 코일에 유도되는 기전력은 몇 [V]가 되는가?

① 5
② 25
③ 50
④ 100

해설 유도기전력(e)

$e = -N\dfrac{d\phi}{dt}$ [V] 식에서

$N=1,\ d\phi = -5$ [Wb], $t = 10^{-1}$ [초]일 때

$\therefore e = -N\dfrac{d\phi}{dt} = -1 \times \dfrac{-5}{10^{-1}} = 50$ [V]

예제3 자속 ϕ[Wb]가 주파수 f [Hz]로 $\phi = \phi_m \sin 2\pi f t$ [Wb]일 때, 이 자속과 쇄교하는 권수 N 회인 코일에 발생하는 기전력은 몇 [V]인가?

① $-\pi f N \phi_m \cos 2\pi f t$
② $-2\pi f N \phi_m \cos 2\pi f t$
③ $-\pi f N \phi_m \sin 2\pi f t$
④ $-2\pi f N \phi_m \sin 2\pi f t$

해설 유도기전력(e)

$$e = -N\frac{d\phi}{dt} = -N\frac{d}{dt}\phi_m \sin 2\pi f t$$
$$= -2\pi f N \phi_m \cos 2\pi f t \text{ [V]}$$

예제4 정현파 자속의 주파수를 4배로 높이면 유기기전력은?

① 4배로 감소한다.
② 4배로 증가한다.
③ 2배로 감소한다.
④ 2배로 증가한다.

해설 유기기전력(e)

전압의 최대값 E_m은 $E_m = \omega N \phi_m = 2\pi f N \phi_m$ [V]이므로 주파수(f)에 비례한다.

예제5 표피효과(Skin effect)에 관한 설명으로 옳지 않은 것은?

① 도체에 교류가 흐르면 전류밀도는 표면에 가까울수록 커진다.
② 고주파일수록 심하지 않아 실효저항이 감소한다.
③ 고주파일수록 현저하게 나타난다.
④ 내부 도체는 전도에 거의 관여하지 않으므로 외견상 단면적이 감소하여 저항이 커진 것 같은 현상이다.

해설 표피효과(m)

도체에 교류전원이 인가된 경우 도체 내의 전류밀도의 분포는 균일하지 않고 중심부에서 작아지고 표면에서 증가하는 성질을 갖는다. 그 결과 전류는 도체 표면으로 갈수록 증가하는 현상이 생기는데 이를 표피효과라 한다.

$m = 2\pi\sqrt{\frac{2f\mu}{\rho}} = 2\pi\sqrt{2f\mu k}$ 이므로

따라서 표피효과는 주파수, 투자율, 도전율, 전선의 굵기에 비례하며, 고유저항에 반비례한다.

예제6 고유저항 $\rho = 2\times10^{-8}$[Ω·m], $\mu = 4\pi\times10^{-7}$[H/m]인 동선에 50[Hz]의 주파수를 갖는 전류가 흐를 때 표피 두께는 몇 [mm]인가?

① 5.13 ② 7.15
③ 10.07 ④ 12.3

해설 침투깊이(δ)

$\delta = \sqrt{\frac{2}{\omega k \mu}} = \sqrt{\frac{1}{\pi f k \mu}} = \sqrt{\frac{\rho}{\pi f \mu}}$ [m] 식에서

$$\therefore \delta = \sqrt{\frac{\rho}{\pi f \mu}} = \sqrt{\frac{2\times10^{-8}}{\pi\times50\times4\pi\times10^{-7}}}$$
$$= 10.07\times10^{-3}\text{ [m]} = 10.07\text{ [mm]}$$

1 ② 2 ③ 3 ② 4 ② 5 ② 6 ③

22 콘덴서의 접속

이해도 □□□ 30 60 100

중 요 도 : ★★★☆☆
출제빈도 : 1.7%, 10문 / 총 600문

한 솔 전 기 기 사
http://inup.co.kr
▲ 유튜브영상보기

1. 병렬연결

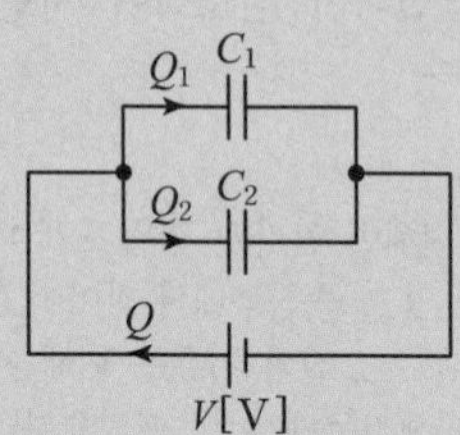

(1) 단자전압이 일정하다.
$V = V_1 = V_2$ [V]

(2) 전체전하량(합성전하량)
$Q = Q_1 + Q_2$

(3) 합성정전용량
$C = C_1 + C_2$ [F]

(4) 전하량 분배 법칙

① C_1에 분배되는 전하량

$$Q_1' = \frac{C_1}{C_1 + C_2}(Q_1 + Q_2)\ [\text{C}]$$

② C_2에 분배되는 전하량

$$Q_2' = \frac{C_2}{C_1 + C_2}(Q_1 + Q_2)\ [\text{C}]$$

(5) 같은 정전용량 C[F]를 n개 병렬 연결시 합성 정전용량
$C_o = nC$[F]

(6) 두 구를 접촉시 또는 가는 선으로 연결시는 병렬연결로 본다.

2. 직렬연결

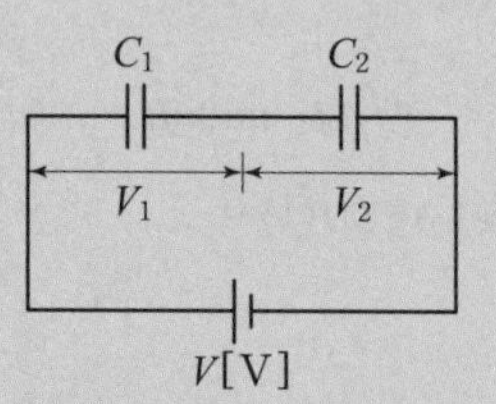

(1) 전하량이 일정하다.
$Q = Q_1 = Q_2$[C]

(2) 전체전압
$V = V_1 + V_2$[V]

(3) 합성정전용량(전체정전용량)

$$C = \frac{C_1 C_2}{C_1 + C_2}[\text{F}]$$

(4) 전압 분배 법칙

① C_1에 분배되는 전압

$$V_1 = \frac{C_2}{C_1 + C_2} V\ [\text{V}]$$

② C_2에 분배되는 전압

$$V_2 = \frac{C_1}{C_1 + C_2} V\ [\text{V}]$$

(5) 같은 정전용량 C[F]를 n개 직렬연결 시 합성 정전량

$$C_o = \frac{C}{n}\ [\text{F}]$$

예제1 **반지름이 각각 a[m], b[m], c[m]인 독립 구도체가 있다. 이들 도체를 가는 선으로 연결하면 합성 정전용량은 몇 [F]인가?**

① $4\pi\varepsilon_o(a + b + c)$

② $4\pi\varepsilon_o\sqrt{a + b + c}$

③ $12\pi\varepsilon_o\sqrt{a^3 + b^3 + c^3}$

④ $\frac{4}{3}\pi\varepsilon_o\sqrt{a^2 + b^2 + c^2}$

해설 구도체의 정전용량(C)
각 독립 구도체의 정전용량을 C_1, C_2, C_3라 하면
$C_1 = 4\pi\epsilon_0 a$[F], $C_2 = 4\pi\epsilon_0 b$[F], $C_3 = 4\pi\epsilon_0 c$[F]이며
이들을 가는 선으로 연결시 병렬접속이 되므로 합성정전용량(C)은
$\therefore\ C = C_1 + C_2 + C_3 = 4\pi\epsilon_0(a+b+c)$ [F]

예제2 **그림과 같은 용량 C_o[F]의 콘덴서를 대전하고 있는 정전 전압계에 직렬로 접속하였더니 그 계기의 지시가 10[%]로 감소하였다면 계기의 정전용량은 몇 [F]인가?**

① $9C_o$

② $99C_o$

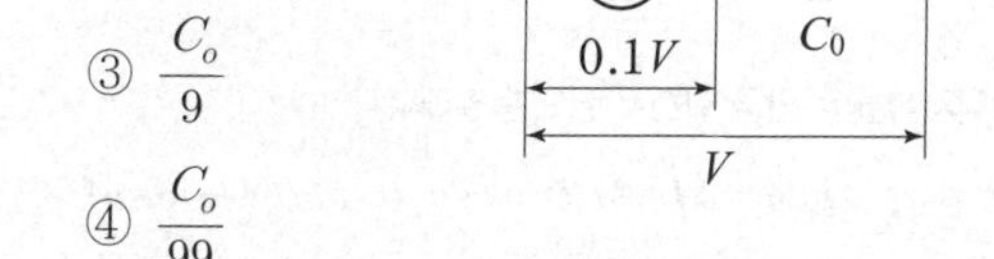

③ $\dfrac{C_o}{9}$

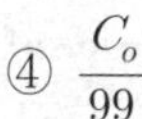

④ $\dfrac{C_o}{99}$

해설 콘덴서의 직렬연결

정전전압계의 정전용량을 C_x라 하면

$0.1V = \dfrac{C_0}{C_x + C_0} \times V$[V]이므로

$C_x + C_0 = 10C_0$ [F] 식에서

$\therefore\ C_x = 9C_0$ [F]

예제3 **전압 V로 충전된 용량 C의 콘덴서에 용량 2C의 콘덴서를 병렬 연결한 후의 단자 전압[V]은?**

① $3V$

② $2V$

③ $\dfrac{V}{2}$

④ $\dfrac{V}{3}$

해설 콘덴서의 병렬접속

전압 V로 충전된 정전용량 C는 전하량 Q가 일정하므로 $C = \dfrac{Q}{V}$[F] 식에서 정전용량 C와 전압 V는 반비례하게 된다. 콘덴서 C에 $2C$가 병렬로 접속되면 합성정전용량 C_0는 $C_0 = C + 2C = 3C$ [F]이므로

정전용량은 3배 증가하게 된다.

$\therefore$ 전압은 3배 감소되어 $\dfrac{V}{3}$가 된다.

예제4 **콘덴서를 그림과 같이 접속했을 때, C_x의 정전용량[μF]은? (단, $C_1 = C_2 = C_3 = 3$[μF]이고 ab 사이의 합성 정전용량 $C_{ab} = 5$[μF]이다.)**

① $\dfrac{1}{2}$

② 1

③ 2

④ 4

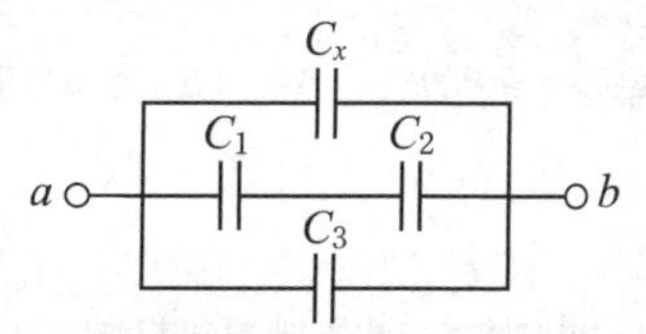

해설 콘덴서의 직·병렬접속

C_1, C_2가 직렬접속이므로 합성 C_{12}를 구하면

$C_{12} = \dfrac{C_1 C_2}{C_1 + C_2} = \dfrac{3\times3}{3+3} = 1.5$ [μF]이 되며

C_x, C_{12}, C_3가 병렬접속이므로 합성정전용량 C_{ab}는

$C_{ab} = C_x + C_{12} + C_3$ [μF]이 된다.

$\therefore\ C_x = C_{ab} - C_{12} - C_3 = 5 - 1.5 - 3 = 0.5 = \dfrac{1}{2}$ [μF]

예제5 **1[μF]의 콘덴서를 80[V], 2[μF]의 콘덴서를 50[V]로 충전하고 이들을 병렬로 연결할 때의 전위차는 몇 [V]인가?**

① 75

② 70

③ 65

④ 60

해설 콘덴서의 병렬접속

$C_1 = 1$ [μF], $V_1 = 80$ [V], $C_2 = 2$ [μF], $V_2 = 50$ [V]인 경우 각 콘덴서에 충전된 전하량 Q_1, Q_2는 $Q = CV$[C] 식에 의해서

$Q_1 = C_1 V_1 = 1\times80 = 80$ [μC]

$Q_2 = C_2 V_2 = 2\times50 = 100$ [μC]이다.

이들을 병렬로 접속한 경우 합성정전용량을 C, 합성전하량을 Q라 하면

$C = C_1 + C_2 = 1 + 2 = 3$ [μF]

$Q = Q_1 + Q_2 = 80 + 100 = 180$ [μC]이 된다.

$\therefore\ V = \dfrac{Q}{C} = \dfrac{180\times10^{-6}}{3\times10^{-6}} = 60$ [V]

정답

1 ① 2 ① 3 ④ 4 ① 5 ④

23 자석 및 자기유도

한 솔 전 기 기 사
http://inup.co.kr
▲ 유튜브영상보기

이해도 □□□ 30 60 100

중 요 도 : ★★★☆☆
출제빈도 : 1.5%, 9문 / 총 600문

1. 자계내 막대자석을 놓았을 때 회전력(토크)

$T = \tau\,[\text{N}\cdot\text{m}]$

자계의 세기 H[AT/m]내에 자극의 세기가 m[Wb]이고 길이가 l[m]인 막대자석을 자계와 θ각으로 놓으면 막대자석에 반대방향으로 힘이 작용하여 회전할 때 회전력(토크)를 구하면 아래 식과 같다.

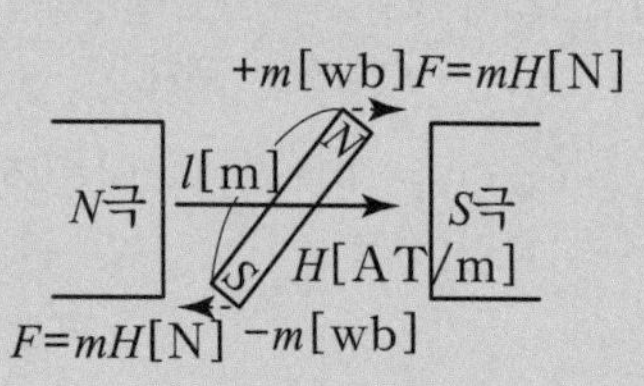

$T = \tau = mHl\sin\theta = MH\sin\theta = M\times H\,[\text{N}\cdot\text{m}]$

단, $M = ml\,[\text{Wb}\cdot\text{m}]$: 자기(쌍극자)모멘트

2. 막대자석을 θ 만큼 회전시 필요한 일에너지

$$W = \int_0^\theta T d\theta = \int_0^\theta MH\sin\theta\, d\theta = MH(1-\cos\theta)\ [\text{J}]$$

예제1 **그림과 같이 균일한 자계의 세기 H[AT/m]내에 자극의 세기가 ±m[Wb], 길이 l [m]인 막대자석을 그 중심 주위에 회전할 수 있도록 놓는다. 이때 자석과 자계의 방향이 이룬 각을 θ라 하면 자석이 받는 회전력[N·m]은?**

① $mHl\cos\theta$
② $mHl\sin\theta$
③ $2mHl\sin\theta$
④ $2mHl\tan\theta$

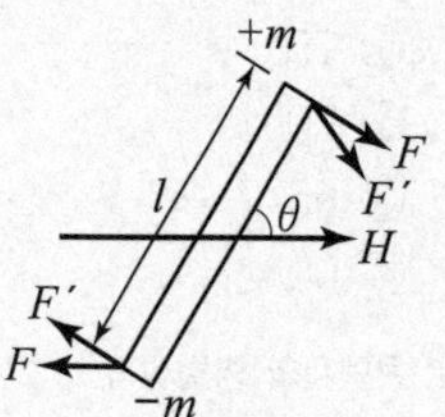

해설 막대자석의 회전력(=토크 : T)과 에너지(W)

(1) 회전력(T)

$T = M\times H = MH\sin\theta = mlH\sin\theta\ [\text{N}\cdot\text{m}]$

여기서, M은 자기모멘트이며 $M = ml\,[\text{Wb}\cdot\text{m}]$이다.

(2) 에너지(W)

$W = MH(1-\cos\theta) = mlH(1-\cos\theta)\ [\text{J}]$

예제2 **자극의 세기 4×10⁻⁶[Wb], 길이 10[cm]인 막대자석을 150[AT/m]의 평등 자계내에 자계와 60°의 각도로 놓았다면 자석이 받는 회전력 [N·m]은?**

① $\sqrt{3}\times10^{-4}$
② $3\sqrt{3}\times10^{-5}$
③ 3×10^{-4}
④ 3×10

해설 막대자석의 회전력(=토크 : T)

$m = 4\times10^{-6}\,[\text{Wb}]$, $l = 10\,[\text{cm}]$, $H = 150\,[\text{AT/m}]$, $\theta = 60°$일 때

$\therefore T = mlH\sin\theta$

$= 4\times10^{-6}\times10\times10^{-2}\times150\times\sin60°$

$= 3\sqrt{3}\times10^{-5}\,[\text{N}\cdot\text{m}]$

예제3 자극의 세기 8×10^{-6}[Wb], 길이 3[cm]인 막대자석을 120[AT/m]의 평등자계 내에 자계와 30°의 각으로 놓으면 막대자석이 받는 회전력은 몇 [N·m]인가?

① 1.44×10^{-4}[N·m]
② 1.44×10^{-5}[N·m]
③ 3.02×10^{-4}[N·m]
④ 3.02×10^{-5}[N·m]

해설 막대자석의 회전력(=토크 : T)
$m=8\times10^{-6}$ [Wb], $l=3$ [cm], $H=120$ [AT/m],
$\theta=30°$일 때

$$\therefore T=mlH\sin\theta$$
$$=8\times10^{-6}\times3\times10^{-2}\times120\times\sin30°$$
$$=1.44\times10^{-5}\text{ [N·m]}$$

예제4 그림에서 직선도체 바로 아래 10[cm] 위치에 자침이 나란히 있다고 하면 이때의 자침에 작용하는 회전력은 약 몇 [N·m/rad]인가? (단, 도체의 전류는 10[A], 자침의 자극의 세기는 10^{-6}[Wb]이고, 자침의 길이는 10[cm]이다.)

① 1.59×10^{-6}
② 7.95×10^{-7}
③ 15.9×10^{-6}
④ 79.5×10^{-7}

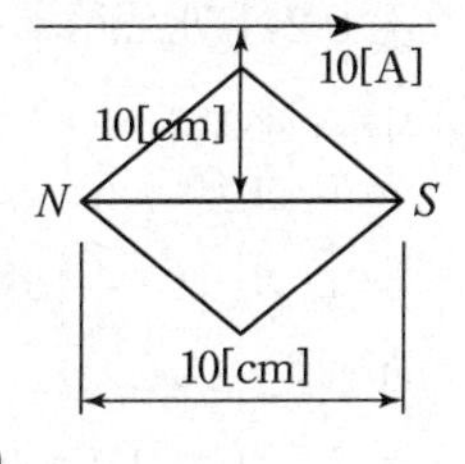

해설 막대자석의 회전력(=토크 : T)
$r=10$ [cm], $I=10$ [A], $m=10^{-6}$ [Wb],
$l=10$ [cm]일 때 직선도체로부터 r [m] 떨어진 곳의 자계의 세기 H는 $H=\dfrac{I}{2\pi r}$ [AT/m]이며 자계는 자침에 수직으로 작용하므로 $\theta=90°$이다.

$$\therefore T=mlH\sin\theta=ml\times\frac{I}{2\pi r}\sin\theta$$
$$=10^{-6}\times10\times10^{-2}\times\frac{10}{2\pi\times10\times10^{-2}}\times\sin90°$$
$$=1.59\times10^{-6}\text{ [N·m]}$$

예제5 자기모멘트 9.8×10^{-5}[Wb·m]의 막대자석을 지구자계의 수평성분 12.5[AT/m]의 곳에서 지자기 자오면으로부터 90° 회전시키는 데 필요한 일은 몇 [J]인가?

① 1.23×10^{-3}
② 1.03×10^{-5}
③ 9.23×10^{-3}
④ 9.03×10^{-5}

해설 막대자석에 의한 에너지(W)
$M=9.8\times10^{-5}$ [Wb·m], $H=12.5$ [AT/m],
$\theta=90°$일 때

$$\therefore W=MH(1-\cos\theta)$$
$$=9.8\times10^{-5}\times12.5\times(1-\cos90°)$$
$$=1.23\times10^{-3}$$

예제6 자기모멘트 9.8×10^{-5}[Wb·m]의 막대자석을 지구자계의 수평성분 10.5[AT/m]의 곳에서 지자기 자오면으로부터 90° 회전시키는 데 필요한 일은 몇 [J]인가?

① 9.3×10^{-5}
② 9.3×10^{-3}
③ 1.03×10^{-5}
④ 1.03×10^{-3}

해설 막대자석에 의한 에너지(W)
$M=9.8\times10^{-5}$ [Wb·m], $H=10.5$ [AT/m],
$\theta=90°$일 때

$$\therefore W=MH(1-\cos\theta)$$
$$=9.8\times10^{-5}\times10.5\times(1-\cos90°)$$
$$=1.03\times10^{-3}$$

정답
1 ② 2 ② 3 ② 4 ① 5 ① 6 ④

Black Box

24 자화의 세기 및 강자성체의 자화

한 솔 전 기 기 사
http://inup.co.kr
▲ 유튜브영상보기

이해도 □□□ 30 60 100
중 요 도 : ★★★☆☆
출제빈도 : 1.5%, 9문 / 총 600문

1. 자화의 세기 $J[\text{Wb/m}^2]$

자성체를 자계내에 놓았을 때 물질이 자석화되는 정도를 양적으로 표현한 값으로서 단위 체적당($v[\text{m}^3]$) 자기 모멘트($M[\text{Wb}\cdot\text{m}]$)를 그 점의 자화의 세기라 한다.

$$J = \mu_o(\mu_s - 1)H = B\left(1 - \frac{1}{\mu_s}\right) = \chi H = \frac{M}{v}\,[\text{wb/m}^2]$$

2. 자화율

$\chi = \mu_o(\mu_s - 1)$

3. 비자화율

$\dfrac{\chi}{\mu_o} = \chi_m = \mu_s - 1$

4. 히스테리시스 곡선 = $B-H$ 곡선 = 자기이력곡선

강자성체를 자화할 경우 자계와 자속밀도의 관계를 나타내는 곡선

(1) 히스테리시스 곡선의기울기 : 투자율

(2) 히스테리시손 : $P_h = \eta f\ B_m^{1.6}\ [\text{W/m}^3]$

방지책 규소강판 사용, 규소 함류량 약 4%

(3) 와전류(맴돌이전류)손 : $P_e = \eta(fB_m)^2\ [\text{W/m}^3]$

방지책 성층결선 사용, 성층결선시 판의 두께 약 0.35[mm]

(4) 영구자석 : 잔류자기 및 보자력이 크고 히스테리시스루프의 면적이 모두 커야 한다.

(5) 전자석 : 잔류자기는 크고 보자력과 히스테리시스루프의 면적이 모두 작아야 한다.

(6) 강자성체의 히스테리시스 루프의 면적 : 강자성체의 단위체적당 필요한 에너지

예제1 다음 설명 중 잘못된 것은?

① 초전도체는 임계온도 이하에서 완전반자성을 나타낸다.
② 자화의 세기는 단위면적당의 자기모멘트이다.
③ 상자성체에서 자극 N극을 접근시키면 S극이 유도된다.
④ 니켈(Ni), 코발트(Co)등은 강자성체에 속한다.

해설 자화의 세기(J)
자화의 세기란 자성체 내의 미소면적에 대한 자극의 세기 또는 미소체적에 대한 자기모멘트로 정의된다.
자극의 세기 $m\,[\text{Wb}]$, 자기모멘트 $M[\text{Wb}\cdot\text{m}]$, 미소면적 $\Delta S[\text{m}^2]$, 미소체적 $\Delta v\,[\text{m}^3]$라 하면

$J = \dfrac{m}{\Delta S} = \dfrac{M}{\Delta v}\,[\text{Wb/m}^2]$이다.

예제2 비투자율 350인 환상철심 중의 평균자계의 세기가 280[AT/m]일 때 자화의 세기는 약 몇 [Wb/m²]인가?

① $0.12\,[\text{Wb/m}^2]$
② $0.15\,[\text{Wb/m}^2]$
③ $0.18\,[\text{Wb/m}^2]$
④ $0.21\,[\text{Wb/m}^2]$

해설 자화의 세기(J)

$J = B - \mu_0 H = \mu H - \mu_0 H = \mu_0(\mu_s - 1)H$

$= \chi_m H = \left(1 - \dfrac{1}{\mu_s}\right)B[\text{Wb/m}^2]$

식에서 $\mu_s = 350$, $H = 280\,[\text{AT/m}]$일 때

$\therefore\ J = \mu_0(\mu_s - 1)H = 4\pi\times10^{-7}\times(350-1)\times280$
$= 0.12\,[\text{Wb/m}^2]$

예제3 길이 l[m], 단면적의 지름 d[m]인 원통이 길이방향으로 균일하게 자화되어 자화의 세기가 J[Wb/m^2]인 경우 원통 양 단에서의 전자극의세기는 몇 [Wb]인가?

① $\pi d^2 J$　② $\pi d J$

③ $\dfrac{4J}{\pi d^2}$　④ $\dfrac{\pi d^2 J}{4}$

해설 자극의 세기(m)

지름이 d[m]인 원통 단면적 S는

$S=\pi\left(\dfrac{d}{2}\right)^2=\dfrac{\pi d^2}{4}$ [m^2]이므로 자극의 세기 m은

$\therefore\ m=\Delta SJ=\dfrac{\pi d^2}{4}J$ [Wb]

예제4 강자성체의 자속밀도 B의 크기와 자화의 세기 J의 크기 사이에는 어떤 관계가 있는가?

① J는 B와 같다.

② J는 B보다 약간 작다.

③ J는 B보다 대단히 크다.

④ J는 B보다 약간 크다.

해설 자화의 세기(J)

자속밀도 B, 자계의 세기 H, 투자율 μ, 자화율 χ_m라 하면

$J=B-\mu_0 H=\mu H-\mu_0 H=\mu_0(\mu_s-1)H$

$=\chi_m H=\left(1-\dfrac{1}{\mu_s}\right)B$[Wb/m^2]이다.

여기서, $\mu_0=4\pi\times10^{-7}=12.57\times10^{-7}$ [H/m]이므로 J와 B를 서로 비교하면 J는 B보다 약간 작음을 알 수 있다.

예제5 자화율 χ와 비투자율 μ_r의 관계에서 상자성체로 판단할 수 있는 것은?

① $\chi>0,\ \mu_r>1$　② $\chi<0,\ \mu_r>1$

③ $\chi>0,\ \mu_r<1$　④ $\chi<0,\ \mu_r<1$

해설 자성체의 성질

비투자율 μ_s, 자화율 χ_m라 하면

(1) 역자성체 : $\mu_s<1,\ \chi_m<0$

(수소, 헬륨, 구리, 탄소, 안티몬, 비스무트, 은 등)

(2) 상자성체 : $\mu_s>1,\ \chi_m>0$

(칼륨, 텅스텐, 산소, 망간, 백금, 알루미늄 등)

(3) 강자성체 : $\mu_s\gg1,\ \chi_m\gg0$

(철, 니켈, 코발트 등)

예제6 히스테리시스 곡선의 기울기는 다음의 어떤 값에 해당하는가?

① 투자율　② 유전율

③ 자화율　④ 감자율

해설 히스테리시스 곡선(자기이력곡선=B-H 곡선)

히스테리시스 곡선은 횡축(가로축)에 자계(H), 종축(세로축)에 자속밀도(B)를 취하여 그리는 자기회로 내의 자화곡선을 말한다. 따라서 히스테리시스 곡선의 기울기는 가로축에 대한 세로축의 비율로 $\dfrac{B}{H}$를 의미하므로

$B=\mu H$[Wb/m^2] 식에서 $\dfrac{B}{H}=\mu$임을 알 수 있다.

$\therefore$ 히스테리시스 곡선의 기울기$=\dfrac{B}{H}=\mu=$투자율

예제7 영구 자석의 재료로 사용되는 철에 요구되는 사항은?

① 잔류 자기 및 보자력이 작은 것

② 잔류 자기가 크고 보자력이 작은 것

③ 잔류 자기는 작고 보자력이 큰 것

④ 잔류 자기 및 보자력이 큰 것

해설 영구자석과 전자석

(1) 영구자석의 성질

잔류자기와 보자력, 히스테리시스 곡선의 면적이 모두 크다.

(2) 전자석의 성질

잔류자기는 커야 하며 보자력과 히스테리시스 곡선의 면적은 작다.

예제8 영구 자석에 관한 설명 중 옳지 않은 것은?

① 히스테리시스 현상을 가진 재료만이 영구 자석이 될 수 있다.

② 보자력이 클수록 자계가 강한 영구 자석이 된다.

③ 잔류 자속밀도가 높을수록 자계가 강한 영구 자석이 된다.

④ 자석 재료로 폐회로를 만들면 강한 영구 자석이 된다.

해설 영구자석

자석 재료로 폐회로를 만들면 전자력을 상실하여 영구자석이 될 수 없다.

정답

1 ② 2 ① 3 ④ 4 ② 5 ① 6 ① 7 ④ 8 ④

25 유전체의 특수현상

이해도 □□□ 30 60 100

중 요 도 : ★★★☆☆
출제빈도 : 1.5%, 9문 / 총 600문

한 솔 전 기 기 사
http://inup.co.kr
▲ 유튜브영상보기

1. 제백 효과
서로 다른 금속을 접속하고 접속점에 서로 다른 온도를 유지하면 기전력이 생겨 일정한 방향으로 전류가 흐른다. 이러한 현상을 제백 효과(seek effect)라 한다. 즉, 온도차에 의한 열기전력 발생을 말한다.

2. 펠티어 효과
서로 다른 금속에서 다른 쪽 금속으로 전류를 흘리면 열의 발생 또는 흡수가 일어나는 현상을 펠티어 효과라 한다.

3. 피이로(Pyro) 전기
롯셀염이나 수정의 결정을 가열하면 한 면에 정(正), 반대편에 부(負)의 전기가 분극을 일으키고 반대로 냉각시키면 역의 분극이 나타나는 것을 피이로 전기라 한다.

4. 압전효과
유전체 결정에 기계적 변형을 가하면, 결정 표면에 양, 음의 전하가 나타나서 대전 한다. 또 반대로 이들 결정을 전장 안에 놓으면 결정속에서 기계적 변형이 생긴다. 이와 같은 현상을 압전기 현상이라 한다.
(1) 수직한 방향 : 횡효과
(2) 동일한 방향 : 종효과

5. 톰슨 효과
동종의 금속에서 각부에서 온도가 다르면 그 부분에서 열의 발생 또는 흡수가 일어나는 효과를 톰슨 효과라 한다.

6. 홀(Hall) 효과
홀 효과는 전류가 흐르고 있는 도체에 자계를 가하면 플레밍의 왼손 법칙에 의하여 도체 내부의 전하가 횡방향으로 힘을 받아 도체 측면에 (+), (−)의 전하가 나타나는 현상이다.

7. 핀치 효과
직류(D.C)전압 인가시 전류가 도선 중심 쪽으로 집중되어 흐르려는 현상

예제1 다른 종류의 금속선으로 된 폐회로의 두접합점의 온도를 달리하였을 때 전기가 발생하는 효과는?

① 톰슨 효과 ② 핀치 효과
③ 펠티어 효과 ④ 제벡 효과

해설 전기효과
(1) 톰슨(Thomson) 효과 : 같은 도선에 온도차가 있을 때 전류를 흘리면 열의 흡수 또는 발생이 일어나는 현상
(2) 핀치(Pinch) 효과 : 유도적인 도체에 대전류가 흐르면 이 전류에 의한 자계와 전류와의 사이에 작용하는 힘이 중심을 향해 발생하여 도전체가 수축하고 저항이 증가되어 결국 전류가 흐르지 못하게 되는 현상
(3) 펠티에(Peltier) 효과 : 두 종류의 도체로 접합된 폐회로에 전류를 흘리면 접합점에서 열의 흡수 또는 발생이 일어나는 현상. 전자냉동의 원리
(4) 제벡(Seebeck) 효과 : 두 종류의 도체로 접합된 폐회로에 온도차를 주면 접합점에서 기전력차가 생겨 전류가 흐르게 되는 현상. 열전온도계나 태양열발전 등이 이에 속한다.

예제2 두 종류의 금속선으로 된 회로에 전류를 통하면 각 접속점에서 열의 흡수 또는 발생이 일어나는 현상?

① 톰슨 효과 ② 제벡 효과
③ 볼타 효과 ④ 펠티어 효과

해설 전기효과
펠티에(Peltier) 효과 : 두 종류의 도체로 접합된 폐회로에 전류를 흘리면 접합점에서 열의 흡수 또는 발생이 일어나는 현상. 전자냉동의 원리

예제3 전류가 흐르고 있는 도체에 자계를 가하면 도체 측면에는 정부의 전하가 나타나 두 면간에 전위차가 발생하는 현상은?

① 핀치 효과
② 톰슨 효과
③ 홀 효과
④ 제벡 효과

해설 전기효과
홀(Hall) 효과 : 전류가 흐르고 있는 도체에 자계를 가하면 도체 측면에 (+), (−) 전하가 분리되어 전위차가 발생하는 현상

예제4 압전기 현상에서 분극이 응력에 수직한 방향으로 발생하는 현상을 무슨 효과라 하는가?

① 종효과
② 횡효과
③ 역효과
④ 간접효과

해설 압전기 현상
(1) 압전기 효과 : 결정체에 어떤 방향으로 압축 또는 응력을 가하여 기계적으로 변형시키면 내부에 전기분극이 일어나고 일정방향으로 분극전하가 나타난다.
(2) 압전기 역효과 : 결정체에 특정한 방향으로 전압을 가하면 기계적인 변형이 생긴다.
(3) 종효과 : 압전기 현상에서 분극과 응력이 동일 방향으로 발생한다.
(4) 횡효과 : 압전기 현상에서 분극과 응력이 수직 방향으로 발생한다.

예제5 두 종류의 금속으로 된 폐회로에 전류를 흘리면 양 접속점에서 한쪽은 온도가 올라가고 다른 쪽은 온도가 내려가는 현상은?

① 볼타(Volta) 효과
② 펠티에(Peltier) 효과
③ 톰슨(Thomson) 효과
④ 제에벡(Seebeck) 효과

해설 전기효과
펠티에(Peltier) 효과 : 두 종류의 도체로 접합된 폐회로에 전류를 흘리면 접합점에서 열의 흡수 또는 발생이 일어나는 현상. 전자냉동의 원리

예제6 DC전압을 가하면 전류는 도선 중심 쪽으로 흐르려고 한다. 이러한 현상을 무슨 효과라 하는가?

① Skin 효과
② Pinch 효과
③ 압전기 효과
④ Palter 효과

해설 전기효과
핀치(Pinch) 효과 : 유도적인 도체에 대전류가 흐르면 이 전류에 의한 자계와 전류와의 사이에 작용하는 힘이 중심을 향해 발생하여 도전체가 수축하고 저항이 증가되어 결국 전류가 흐르지 못하게 되는 현상

예제7 전기석과 같은 결정체를 냉각시키거나 가열시키면 전기분극이 일어난다. 이와 같은 것을 무엇이라 하는가?

① 압전기 현상
② Pyro 전기
③ 톰슨효과
④ 강유전성

해설 전기효과
pyro 전기는 결정체에 열을 가하여 냉각시키다가 가열할 때 결정체 내부에서 전기분극이 일어나는 현상을 의미한다.

1 ④ 2 ④ 3 ③ 4 ② 5 ② 6 ② 7 ②

26 저항의 온도계수 및 저항과 정전용량

이해도 □□□ 30 60 100

중 요 도 : ★★☆☆☆
출제빈도 : 1.3%, 8문 / 총 600문

한 솔 전 기 기 사
http://inup.co.kr
▲ 유튜브영상보기

1. 온도변화에 따른 저항값

(1) 온도 상승하면 저항값도 상승한다.

(2) 처음 온도 t[℃] 의 저항값이 R_t, 나중온도 T[℃]에서의 저항값 R_T

$$R_T = R_t[1+\alpha_t(T-t)] = R_t\frac{234.5+T}{234.5+t}[\Omega]$$

(3) t[℃] 에서의 온도계수

$$\alpha_t = \frac{1}{234.5+t}$$

(4) 온도 t[℃]에서 저항이 R_1, R_2 이고 저항의 온도계수가 각각 α_1, α_2인 두 개의 저항을 직렬로 접속했을 때 합성 저항 온도계수 α_t

$$\alpha_t = \frac{\alpha R_1 + \alpha_2 R_2}{R_1 + R_2}$$

2. 도체의 저항과 정전용량의 관계

$RC = \rho\varepsilon$ 또는 $\frac{C}{G} = \frac{\varepsilon}{k}$

여기서, G[℧]는 컨덕턴스, k[℧/m]는 도전율

(1) 전기저항 $R = \frac{\rho\varepsilon}{C}[\Omega]$

(2) 전류 $I = \frac{V}{R} = \frac{V}{\frac{\rho\varepsilon}{C}} = \frac{CV}{\rho\varepsilon}$[A]

예제1 20[℃]에서 저항 온도계수가 0.004인 동선의 저항이 100[Ω]이었다. 이 동선의 온도가 80[℃]일 때 저항은?

① 24[Ω] ② 48[Ω]
③ 72[Ω] ④ 124[Ω]

해설 온도 변화에 따른 저항 계산

$R_T = \{1+\alpha_t(T-t)\}R_t = \frac{234.5+T}{234.5+t}R_t[\Omega]$ 식에서

$t=20$[℃], $\alpha_t=0.004$, $R_t=100[\Omega]$, $T=80$[℃]일 때

$\therefore R_T = \{1+\alpha_t(T-t)\}R_t$
$= \{1+0.004(80-20)\}\times 100$
$= 124[\Omega]$

예제2 저항 10[Ω]인 구리선과 30[Ω]인 망간선을 직렬 접속하면 합성 저항온도계수는 몇 [%]인가? (단, 동선의 저항 온도계수는 0.4[%], 망간선은 0이다.)

① 0.1 ② 0.2
③ 0.3 ④ 0.4

해설 합성저항온도계수(α)

동선의 저항과 온도계수를 R_1, α_1, 망간선의 저항과 온도계수를 R_2, α_2라 할 때

$R_1 = 10[\Omega]$, $\alpha_1 = 0.4[\%]$, $R_2 = 30[\Omega]$, $\alpha_2 = 0$이므로

$\therefore \alpha = \frac{R_1\alpha_1 + R_2\alpha_2}{R_1+R_2} = \frac{10\times 0.4 + 30\times 0}{10+30}$
$= 0.1[\%]$

예제3 평행판 콘덴서에 유전율 9×10^{-8}[F/m], 고유 저항 $\rho=10^6[\Omega\cdot m]$인 액체를 채웠을 때 정전 용량이 3[μF]이었다. 이 양극판 사이의 저항은 몇 [kΩ]인가?

① 37.6　② 30
③ 18　④ 15.4

해설 전기저항(R)과 정전용량(C)의 관계

$RC=\rho\epsilon$ 식에서

$\epsilon=9\times10^{-8}\,[\text{F/m}]$, $\rho=10^6\,[\Omega\cdot\text{m}]$, $C=3\,[\mu\text{F}]$일 때

$$\therefore\ R=\frac{\rho\epsilon}{C}=\frac{10^6\times9\times10^{-8}}{3\times10^{-6}}=30{,}000\,[\Omega]$$
$$=30\,[\text{k}\Omega]$$

예제4 비유전율 ϵ_s=2.2, 고유저항 $\rho=10^{11}[\Omega\cdot m]$인 유전체를 넣은 콘덴서의 용량이 20[$\mu$F]이었다. 여기에 500[kV]의 전압을 가하였을 때의 누설전류는 약 몇 [A]인가?

① 4.2　② 5.1
③ 54.5　④ 61.0

해설 누설전류(I)

$I=\dfrac{V}{R}=\dfrac{CV}{\rho\epsilon}$ [A] 식에서

$\epsilon_s=2.2$, $\rho=10^{11}\,[\Omega\cdot\text{m}]$, $C=20\,[\mu\text{F}]$,
$V=500\,[\text{kV}]$일 때

$$\therefore\ I=\frac{CV}{\rho\epsilon}=\frac{CV}{\rho\epsilon_0\epsilon_s}$$
$$=\frac{20\times10^{-6}\times500\times10^3}{10^{11}\times8.855\times10^{-12}\times2.2}$$
$$=5.1\,[\text{A}]$$

예제5 대지의 고유저항이 $\pi[\Omega\cdot m]$일 때 반지름 2[m]인 반구형 접지극의 접지저항은 몇 [Ω]인가?

① 0.25　② 0.5
③ 0.75　④ 0.95

해설 반구도체 전극의 접지저항(R)

$R=\dfrac{\rho\epsilon}{C}=\dfrac{\rho\epsilon}{2\pi\epsilon a}=\dfrac{\rho}{2\pi a}\,[\Omega]$ 식에서

$\rho=\pi\,[\Omega\cdot\text{m}]$, $a=2\,[\text{m}]$일 때

$$\therefore\ R=\frac{\rho}{2\pi a}=\frac{\pi}{2\pi\times2}=0.25\,[\Omega]$$

정답
1 ④　2 ①　3 ②　4 ②　5 ①

27 쿨롱의 법칙

한 솔 전 기 기 사
http://inup.co.kr
▲ 유튜브영상보기

이해도 □□□ 30 60 100

중 요 도 : ★★☆☆☆
출제빈도 : 1.3%, 8문 / 총 600문

1. 정전계의 정의

(1) 정지한 두 전하 사이에 작용하는 힘의 영역

(2) 전계에너지가 최소로 되는 전하 분포의 전계이다.

2. 쿨롱의 법칙

(1) 동종의 전하 사이에는 반발력이 작용한다.

(2) 이종의 전하 사이에는 흡인력이 작용한다.

(3) 힘의 크기는 두 전하량의 곱에 비례하고 떨어진 거리의 제곱에 반비례한다.

(4) 힘의 방향은 두 전하를 연결하는 일직선상에 존재한다.

(5) 힘의 크기는 매질에 따라 달라진다.

3. 정지한 두 전하 사이의 힘의 크기(정전력) F[N]

두 대전체가 갖는 전하량 Q_1[C], Q_2[C]를 거리 r[m] 떨어져 있을 때 작용하는 힘은 쿨롱의 법칙에 의한 힘이 작용한다.

(1) 두 전하 사이에 작용하는 힘

$$F = \frac{Q_1 Q_2}{4\pi\varepsilon_o r^2} = 9\times10^9 \frac{Q_1 Q_2}{r^2} \text{ [N]}$$

(2) 진공(공기)시 유전율

$$\varepsilon_o = \frac{1}{\mu_o C_o^2} = \frac{10^7}{4\pi C_o^2} = \frac{10^{-9}}{36\pi} = \frac{1}{120\pi C_o}$$

$$= 8.855\times10^{-12} \text{ [F/m]}$$

참고 $\mu_o = 4\pi\times10^{-7}$ [H/m] : 진공의 투자율

$C_o = 3\times10^8$ [m/sec] : 진공의 빛의 속도(광속도)

예제1 정전계에 대한 설명으로 가장 적합한 것은?

① 전계에너지가 최대로 되는 전하분포의 전계이다.

② 전계에너지와 무관한 전하분포의 전계이다.

③ 전계에너지가 최소로 되는 전하분포의 전계이다.

④ 전계에너지가 일정하게 유지되는 전하 분포의 전계이다.

해설 정전계

정전계란 단위 전하가 받는 힘이 최소로 작용하는 자유공간으로서 전계에너지가 최소로 되는 전하분포의 전계이다.

예제2 쿨롱의 법칙에 관한 설명으로 잘못 기술된 것은?

① 힘의 크기는 두 전하량의 곱에 비례한다.

② 작용하는 힘의 방향은 두 전하를 연결하는 직선과 일치한다.

③ 힘의 크기는 두 전하 사이의 거리에 반비례한다.

④ 작용하는 힘은 두 전하가 존재하는 매질에 따라 다르다.

해설 쿨롱의 법칙

거리 r[m]만큼 떨어진 두 개의 전하 Q_1[C], Q_2[C] 사이에 작용하는 힘 F[N]의 크기는

(1) 두 전하의 곱에 비례한다.

(2) 거리의 제곱에 반비례한다

(3) 힘의 방향은 두 전하의 연결선상과 일치한다.

(4) 부호가 같은 종류의 전하 사이에는 반발력이 작용하고 부호가 다른 종류의 전하 사이에는 흡인력이 작용한다.

(5) 두 전하가 존재하는 매질에 따라 달라진다.

예제3 **+10[nC]의 점전하로부터 100[mm] 떨어진 거리에 +100[pC]의 점전하가 놓인 경우, 이 전하에 작용하는 힘의 크기는 몇 [nN]인가?**

① 100 ② 200
③ 300 ④ 900

해설 쿨롱의 법칙

$$F=\frac{Q_1 Q_2}{4\pi\epsilon_0 r^2}=9\times10^9\times\frac{Q_1 Q_2}{r^2}\,[\text{N}]$$ 식에서

$Q_1=+10\,[\text{nC}]$, $Q_2=+100\,[\text{pC}]$, $r=100\,[\text{mm}]$일 때

$$\therefore\ F=9\times10^9\times\frac{10\times10^{-9}\times100\times10^{-12}}{(100\times10^{-3})^2}$$

$$=900\times10^{-9}\,[\text{N}]$$

$$=900\,[\text{nN}]$$

예제4 **진공 중에 전하량이 3×10^{-6}[C]인 두 개의 대전체가 서로 떨어져 있고, 상호간에 작용하는 힘이 9×10^{-3}[N]일 때, 이들 사이의 거리는 몇 [m]인가?**

① 2 ② 3
③ 4 ④ 5

해설 쿨롱의 법칙

$$F=\frac{Q_1 Q_2}{4\pi\epsilon_0 r^2}=\frac{Q^2}{4\pi\epsilon_0 r^2}=9\times10^9\times\frac{Q^2}{r^2}\,[\text{N}]$$ 식에서

$Q_1=Q_2=Q=3\times10^{-6}\,[\text{C}]$, $F=9\times10^{-3}\,[\text{N}]$일 때

$$\therefore\ r=\sqrt{9\times10^9\times\frac{Q^2}{F}}$$

$$=\sqrt{9\times10^9\times\frac{(3\times10^{-6})^2}{9\times10^{-3}}}$$

$$=3\,[\text{m}]$$

예제5 **서로 같은 2개의 구도체에 동일양의 전하를 대전시킨 후 20[cm] 떨어뜨린 결과 구도체에 서로 6×10^{-4}[N]의 반발력이 작용한다. 구도체에 주어진 전하는?**

① 약 5.2×10^{-8}[C] ② 약 6.2×10^{-8}[C]
③ 약 7.2×10^{-8}[C] ④ 약 8.2×10^{-8}[C]

해설 쿨롱의 법칙

$$F=\frac{Q_1 Q_2}{4\pi\epsilon_0 r^2}=\frac{Q^2}{4\pi\epsilon_0 r^2}=9\times10^9\times\frac{Q^2}{r^2}\,[\text{N}]$$ 식에서

$r=20\,[\text{cm}]$, $F=6\times10^{-4}\,[\text{N}]$, $Q_1=Q_2=Q$[C]일 때

$$\therefore\ Q=\sqrt{\frac{Fr^2}{9\times10^9}}=\sqrt{\frac{6\times10^{-4}\times0.2^2}{9\times10^9}}$$

$$=5.2\times10^{-8}\,[\text{C}]$$

정답

1 ③ 2 ③ 3 ④ 4 ② 5 ①

28 전류에 관련된 제현상

중 요 도 : ★★☆☆☆
출제빈도 : 1.2%, 7문 / 총 600문

한 솔 전 기 기 사
http://inup.co.kr
▲ 유튜브영상보기

1. 전류

$I = \dfrac{Q}{t} = \dfrac{ne}{t}$ [C/sec= A]

2. 전하량

$Q = I \cdot t$ [A · sec]

3. 전압(전위차)

$V = \dfrac{W}{Q}$ [V]

4. 전하이동시 하는 일에너지

$W = QV$ [J]

5. 도선의 전기저항

$R = \rho\dfrac{l}{S} = \dfrac{l}{kS}$ [Ω]

(1) 길이(l)에 비례하고 단면적(S)에 반비례한다.

(2) 고유저항 $\rho = \dfrac{RS}{l}$ [Ω · m]

(고유저항은 도선의 온도, 단면적, 길이와 관계있다.)

(3) 도전율 : 고유저항의 역수 $k = \dfrac{1}{\rho}$ [℧/m]

6. 컨덕턴스

전기저항의 역수 $G = \dfrac{1}{R}$ [℧ = S]

(단위는 모호[℧] 또는 지멘스[S])

7. 도체의 옴의 법칙

$i = \dfrac{I}{S} = kE = \dfrac{E}{\rho}$ [A/m²]

여기서, i : 전류밀도, E : 전계의 세기

예제1 1[μA]의 전류가 흐르고 있을 때, 1초 동안 통과하는 전자 수는 약 몇 개인가?

① 6.24×10^{10}
② 6.24×10^{11}
③ 6.24×10^{12}
④ 6.24×10^{13}

해설 전하량(Q)과 전자(e)
전류 I [A], 시간 t라 하면 전하량 $Q = I \cdot t$ [C]으로 정의된다. 또한 1[C]의 전하량은 6.24×10^{18}개의 전자로 이루어져 있다.
$I = 1$ [μA], $t = 1$ [sec]일 때
$Q = I \cdot t = 10^{-6} \times 1 = 10^{-6}$ [C]이므로
∴ 전자의 수 $= 6.24 \times 10^{18} \times 10^{-6} = 6.24 \times 10^{12}$

예제2 10[A]의 전류가 5분간 도선에 흘렀을 때 도선 단면을 지나는 전기량은 몇 [C]인가?

① 50
② 300
③ 500
④ 3,000

해설 전하량(Q)
$Q = I \cdot t$ [C] 식에서
$I = 10$ [A], $t = 5 \times 60 = 300$ [sec]일 때
∴ $Q = I \cdot t = 10 \times 300 = 3{,}000$ [C]

예제3 다음 설명 중 잘못된 것은?

① 저항률의 역수는 전도율이다.
② 도체의 저항률은 온도가 올라가면 그 값이 증가한다.
③ 저항의 역수는 컨덕턴스이고, 그 단위는 지멘스[S]를 사용한다.
④ 도체의 저항은 단면적에 비례한다.

해설 도체의 전기저항(R)
도체의 단면적 $S[\mathrm{m}^2]$, 도체의 길이 $l\,[\mathrm{m}]$이라 하면 도체의 저항 R은 $R=\rho\dfrac{l}{S}\,[\Omega]$이다.
따라서 저항은 단면적에 반비례하고 길이에 비례한다.

예제4 도체의 고유저항에 대한 설명 중 틀린 것은?

① 저항에 반비례
② 길이에 반비례
③ 도전율에 반비례
④ 단면적에 비례

해설 고유저항(ρ)
$R=\rho\dfrac{l}{S}\,[\Omega]$ 식에서
$\rho=\dfrac{RS}{l}\,[\Omega\cdot\mathrm{m}]$이므로
∴ 고유저항은 저항에 비례하고 단면적에 비례하며 길이에 반비례한다. 또한 고유저항의 역수를 도전율이라 하므로 고유저항은 도전율에 반비례한다.

예제5 옴의 법칙을 미분형으로 표시하면?

① $i=\dfrac{E}{\rho}$　② $i=\rho E$
③ $i=\nabla E$　④ $i=\mathrm{div}\,E$

해설 도체의 옴의 법칙
전계의 세기 E, 도전율 k, 고유저항 ρ라 할 때 전류밀도 i는
∴ $i=kE=\dfrac{E}{\rho}\,[\mathrm{A/m^2}]$

예제6 대기 중의 두 전극 사이에 있는 어떤 점의 전계의 세기가 $E=6$[V/cm], 지면의 도전율이 $k=10^{-4}$[℧/cm]일 때 이 점의 전류밀도는 몇 [A/cm²]인가?

① 6×10^{-4}　② 6×10^{-6}
③ 6×10^{-5}　④ 6×10^{-2}

해설 도체의 옴의 법칙
$i=kE=\dfrac{E}{\rho}\,[\mathrm{A/m^2}]$ 식에서
$E=6\,[\mathrm{V/cm}]$, $k=10^{-4}\,[℧/\mathrm{cm}]$일 때
∴ $i=kE=10^{-4}\times6=6\times10^{-4}\,[\mathrm{A/cm^2}]$

예제7 지름 2[mm]의 동선에 π[A]의 전류가 균일하게 흐를 때의 전류밀도는 몇 [A/m²]인가?

① 10^3　② 10^4
③ 10^5　④ 10^6

해설 도체의 옴의 법칙
반지름 $a\,[\mathrm{m}]$인 동선의 면적을 $S[\mathrm{m}^2]$, 전류를 $I\,[\mathrm{A}]$라 하면 전류밀도 i는
$S=\pi a^2=\pi\times\left(\dfrac{2\times10^{-3}}{2}\right)^2=10^{-6}\pi\,[\mathrm{m}^2]$
$I=\pi\,[\mathrm{A}]$이므로
∴ $i=\dfrac{I}{S}=\dfrac{\pi}{10^{-6}\pi}=10^6\,[\mathrm{A/m^2}]$

예제8 공간도체 중의 정상전류밀도를 i, 공간전하 밀도를 ρ라고 할 때 키르히호프의 전류법칙을 나타내는 것은?

① $i=0$　② $\mathrm{div}\,i=0$
③ $i=\dfrac{\partial\rho}{\partial t}$　④ $\mathrm{div}\,i=\infty$

해설 도체 내의 키르히호프 법칙
도체 단면을 통하는 전류밀도는 임의의 단면을 흘러들어가는 경우와 흘러나오는 경우가 같아지며 그 이유는 도체 내를 흐르는 전류는 발산하지 않기 때문이다.
∴ $\mathrm{div}\ i=0$

정답
1 ③　2 ④　3 ④　4 ①　5 ①　6 ①　7 ④　8 ②

29 벡터와 스칼라(1)

이해도 □□□ 30 60 100

중 요 도 : ★★☆☆☆
출제빈도 : 1.0%, 6문 / 총 600문

한 솔 전 기 기 사
http://inup.co.kr
▲ 유튜브영상보기

■ 미분연산자

(1) nabla $\nabla = \frac{\partial}{\partial x}i + \frac{\partial}{\partial y}j + \frac{\partial}{\partial z}k$

(2) 라플라스연산자(Laplacian) $\nabla^2 = \frac{\partial^2}{\partial x^2} + \frac{\partial^2}{\partial y^2} + \frac{\partial^2}{\partial z^2}$

(3) 스칼라 V 의 구배(기울기) : 스칼라 함수 V 를 벡터량으로 으로 변환

$\text{grad}\, V = \nabla V = \left(\frac{\partial}{\partial x}i + \frac{\partial}{\partial y}j + \frac{\partial}{\partial z}k\right) V$

$= \frac{\partial V}{\partial x}i + \frac{\partial V}{\partial y}j + \frac{\partial V}{\partial z}k$ (벡터량)

(4) 벡터 $\overrightarrow{E}$ 의 발산 : 벡터량 $\overrightarrow{E}$ 를 스칼라량으로 변환시킨다.

$\text{div}\,\overrightarrow{E}$

$= \nabla \cdot \overrightarrow{E} = \left(\frac{\partial}{\partial x}i + \frac{\partial}{\partial y}j + \frac{\partial}{\partial z}k\right) \cdot (E_x i + E_y j + E_z k)$

$= \frac{\partial E_x}{\partial x} + \frac{\partial E_y}{\partial y} + \frac{\partial E_z}{\partial z}$ (스칼라량)

(5) 벡터 $\overrightarrow{A}$의 회전 : 벡터량 $\overrightarrow{A}$ 를 벡터량으로 변환시킨다.

$\text{rot}\,\overrightarrow{A} = \text{curl}\,\overrightarrow{A} = \nabla \times \overrightarrow{A}$

(6) 스토크스(Stokes)의 정리 : 선적분을 면적분으로 변환시 rot를 첨가

$\int_c \overrightarrow{A}\, dl = \int_s rot\overrightarrow{A}\, ds = \int_s \nabla \times \overrightarrow{A}\, ds$

(7) 가우스의 발산의 정리 : 면적분을 체적적분으로 변환시 div를 첨가

$\int_s \overrightarrow{A}\, ds = \int_v \text{div}\,\overrightarrow{\text{A}}\; dv = \int_v \triangle \cdot \overrightarrow{A} dv$

예제1 $V(x, y, z) = 3x^2y - y^3z^2$ 에 대하여 점(1, -2, -1)에서의 grad V를 구하시오.

① $12i + 9j + 16k$　② $12i - 9j + 16k$
③ $-12i - 9j - 16k$　④ $-12i + 9j - 16k$

해설 전위의 기울기(grad V)

$\text{grad}\, V = \nabla V = \frac{\partial V}{\partial x}i + \frac{\partial V}{\partial y}j + \frac{\partial V}{\partial z}k$ 식에서

$\frac{\partial V}{\partial x} = \frac{\partial}{\partial x}(3x^2y - y^3z^2) = 6xy$

$\frac{\partial V}{\partial y} = \frac{\partial}{\partial y}(3x^2y - y^3z^2) = 3x^2 - 3y^2z^2$

$\frac{\partial V}{\partial z} = \frac{\partial}{\partial z}(3x^2y - y^3z^2) = -2y^3z$이므로

$x = 1,\ y = -2,\ z = -1$일 때

$\frac{\partial V}{\partial x} = 6xy = 6 \times 1 \times (-2) = -12$

$\frac{\partial V}{\partial y} = 3x^2 - 3y^2z^2 = 3 \times 1^2 - 3 \times (-2)^2 \times (-1)^2 = -9$

$\frac{\partial V}{\partial z} = -2y^3z = -2 \times (-2)^3 \times (-1) = -16$

$\therefore$ grad $V = -12i - 9j - 16k$

예제2 임의점의 전계가 $E = iE_x + jE_y + kE_z$ 로 표시되었을 때 $\frac{\partial E_x}{\partial x} + \frac{\partial E_y}{\partial y} + \frac{\partial E_z}{\partial z}$ 와 같은 의미를 갖는 것은?

① $\nabla \times \text{E}$　② $\text{rot}E$
③ $\text{grad}E$　④ $\nabla \cdot E$

해설 벡터의 발산

미분연산자 $\nabla = \frac{\partial}{\partial x}i + \frac{\partial}{\partial y}j + \frac{\partial}{\partial z}k$이며

$i \cdot i = j \cdot j = k \cdot k = 1,\ i \cdot j = j \cdot k = k \cdot i = 0$이므로

$\nabla \cdot E = \text{div}E$는

$\therefore\ \nabla \cdot E = \left(\frac{\partial}{\partial x}i + \frac{\partial}{\partial y}j + \frac{\partial}{\partial z}k\right) \cdot (E_x i + E_y j + E_z k)$

$= \frac{\partial E_x}{\partial x} + \frac{\partial E_y}{\partial y} + \frac{\partial E_z}{\partial z}$

예제3 **전계 $E = i\,3x^2 + j\,2xy^2 + k\,x^2yz$ 의 $\mathrm{div}E$를 구하시오.**

① $-i\,6x + j\,xy + k\,x^2y$
② $i\,6x + j\,6xy + k\,x^2y$
③ $-(i\,6x + j\,6xy + k\,x^2y)$
④ $6x + 4xy + x^2y$

해설 벡터의 발산

$\mathrm{div}\,E = \nabla \cdot E = \frac{\partial E_x}{\partial x} + \frac{\partial E_y}{\partial y} + \frac{\partial E_z}{\partial z}$ 이며

$E = E_x i + E_y j + E_z k = i3x^2 + j2xy^2 + kx^2yz$ 이므로

$E_x = 3x^2,\ E_y = 2xy^2,\ E_z = x^2yz$ 일 때

$$\therefore\ \mathrm{div}\,E = \frac{\partial}{\partial x}(3x^2) + \frac{\partial}{\partial y}(2xy^2) + \frac{\partial}{\partial z}(x^2yz) = 6x + 4xy + x^2y$$

예제4 **$f = xyz$, $A = xi + yj + zk$ 일 때 점(1, 1, 1)에서의 $\mathrm{div}(fA)$는?**

① 3 ② 4
③ 5 ④ 6

해설 벡터의 발산

$fA = xyz(xi + yj + zk) = x^2yzi + xy^2zj + xyz^2k$

식에서

$$\mathrm{div}(fA) = \frac{\partial}{\partial x}(x^2yz) + \frac{\partial}{\partial y}(xy^2z) + \frac{\partial}{\partial z}(xyz^2) = 2xyz + 2xyz + 2xyz = 6xyz$$

이므로 $x=1,\ y=1,\ z=1$일 때

$\therefore\ \mathrm{div}(fA) = 6 \times 1 \times 1 \times 1 = 6$

예제5 **스토크스(Stokes) 정리를 표시하는 식은?**

① $\int_s A \cdot dS = \int_v \mathrm{div}\,A\,dv$

② $\oint_c A \cdot dl = \int_v \mathrm{div}\,A\,dv$

③ $\oint_s A \cdot dl = \int_s (\mathrm{rot}\,A \cdot n)_n\,dS$

④ $\oint_c A \cdot dl = \int_s \mathrm{rot}\,A \cdot n\,dS$

해설 스토크스의 정리

$$\oint_c \dot{A}dl = \int_s \mathrm{rot}\dot{A}ds = \int_s \mathrm{curl}\dot{A}ds = \int_s \nabla \times \dot{A}ds$$

예제6 **$\int_s Eds = \int_{vol} \nabla \cdot Edv$는 다음 중 어느 것에 해당되는가?**

① 발산의 정리
② 가우스의 정리
③ 스토크스의 정리
④ 암페어의 법칙

해설 발산의 정리

$$\int_s \dot{E}ds = \int_v \div\,\dot{E}dv = \int_v \nabla \cdot \dot{E}dv$$

1 ③ 2 ④ 3 ④ 4 ④ 5 ④ 6 ①

30 벡터와 스칼라(2)

이해도 □□□ 30 60 100

중 요 도 : ★★☆☆☆
출제빈도 : 1.0%, 6문 / 총 600문

한 솔 전 기 기 사
http://inup.co.kr
▲ 유튜브영상보기

■ 두 벡터의 곱(적)

$\vec{A} = A_x i + A_y j + A_z k,\ \vec{B} = B_x i + B_y j + B_z k$

(1) 내적(스칼라적)(·) : 벡터를 스칼라로 변환시킨다.

① 내적의 정의식

$\vec{A} \cdot \vec{B} = |\vec{A}||\vec{B}|\cos\theta$

② 내적의 성질

$i \cdot i = j \cdot j = k \cdot k = 1,\ i \cdot j = j \cdot k = k \cdot i = 0$

③ 내적의 계산 : 같은 성분끼리 계수만 곱하여 모두 합산한다.

$\vec{A} \cdot \vec{B} = (A_x i + A_y j + A_z k) \cdot (B_x i + B_y j + B_z k)$

$= A_x B_x + A_y B_y + A_z B_z$

(2) 외적(벡터적)(×) : 벡터를 벡터로 변환시킨다.

① 외적의 정의식 : $\vec{A} \times \vec{B} = \vec{n}|\vec{A}||\vec{B}|\sin\theta$

② 외적의 크기 : 평행사변형의 넓이(면적)가 된다.

③ 외적의 방향벡터 $\vec{n}$: 앞쪽 벡터에서 뒤쪽 벡터를 오른손으로 감았을 때 엄지손가락의 방향. 즉, 오른나사 법칙을 사용한다.

④ 외적의 성질

$i \times i = j \times j = k \times k = 0$

$i \times j = -j \times i = k$

(i에서 j를 감으면 엄지는 k를 가리킨다.)

$j \times k = -k \times j = i$

(j에서 k를 감으면 엄지는 i를 가리킨다.)

$k \times i = -i \times k = j$

(k에서 i를 감으면 엄지는 j를 가리킨다.)

⑤ 외적의 계산 : 행렬식으로 계산한다.

$$\vec{A} \times \vec{B} = \begin{vmatrix} i & j & k \\ A_x & A_y & A_z \\ B_x & B_y & B_z \end{vmatrix}$$

$$= (A_y B_z - A_z B_y)i - (A_x B_z - A_z B_x)j + (A_x B_y - A_y B_x)k$$

예제1 **다음 중 옳지 않은 것은?**

① $i \cdot i = j \cdot j = k \cdot k = 0$

② $i \cdot j = j \cdot k = k \cdot i = 0$

③ $A \cdot B = AB\cos\theta$

④ $i \times i = j \times j = k \times k = 0$

해설 벡터의 내적과 외적

(1) $i \cdot i = j \cdot j = k \cdot k = 1$

(2) $i \cdot j = j \cdot k = k \cdot i = 0$

(3) $\dot{A} \cdot B = |A||B|\cos\theta$

(4) $i \times i = j \times j = k \times k = 0$

(5) $i \times j = k,\ j \times k = i,\ k \times i = j$

예제2 **두 단위벡터간의 각을 θ라 할 때, 벡터곱(vector product)과 관계없는 것은?**

① $i \times j = -j \times i = k$

② $k \times i = -i \times k = j$

③ $i \times i = j \times j = k \times k = 0$

④ $i \times j = 0$

해설 벡터의 외적

$i \times i = j \times j = k \times k = 0$

$i \times j = k,\ j \times k = i,\ k \times i = j$

$j \times i = -k,\ k \times j = -i,\ i \times k = -j$

예제3 $A=-i7-j$, $B=-i3-j4$의 두 벡터가 이루는 각도는?

① 30° ② 45°
③ 60° ④ 90°

해설 벡터의 내적
두 벡터가 이루는 각도를 구할 때는 벡터의 내적을 이용하면 간단히 얻을 수 있다.
두 벡터의 내적은 $A \cdot B=|A||B|\cos\theta$이며
$i \cdot i=j \cdot j=k \cdot k=1$,
$i \cdot j=j \cdot k=k \cdot i=0$ 이므로
$A \cdot B=(-7i-j) \cdot (-3i-4j)=21+4=25$
$|A|=\sqrt{(-7)^2+(-1)^2}=\sqrt{50}$
$|B|=\sqrt{(-3)^2+(-4)^2}=5$
$\therefore\ \theta=\cos^{-1}\dfrac{A \cdot B}{|A||B|}=\cos^{-1}\dfrac{25}{\sqrt{50}\times 5}=45°$

예제4 벡터 A, B값이 $A=i+2j+3k$, $B=-i+2j+k$일 때, $A \cdot B$는 얼마인가?

① 2 ② 4
③ 6 ④ 8

해설 벡터의 내적
$i \cdot i=j \cdot j=k \cdot k=1$, $i \cdot j=j \cdot k=k \cdot i=0$이므로
$\therefore\ A \cdot B=(i+2j+3k) \cdot (-i+2j+k)$
$=-1+4+3$
$=6$

예제5 벡터 $A=i-j+3k$, $B=i+ak$일 때, 벡터 A와 벡터 B가 수직이 되기 위한 a의 값은? (단, i, j, k는 x, y, z방향의 기본 벡터이다.)

① -2 ② $-\dfrac{1}{3}$
③ 0 ④ $\dfrac{1}{2}$

해설 벡터의 내적
두 벡터가 이루는 각이 수직이라면
$\cos\theta=\cos 90°=0$이므로 두 벡터의 내적
$A \cdot B=|A||B|\cos\theta$에서 $A \cdot B=0$이 되어야 한다.
$i \cdot i=j \cdot j=k \cdot k=1$,
$i \cdot j=j \cdot k=k \cdot i=0$ 이므로
$A \cdot B=(i-j+3k) \cdot (i+ak)=1+3a=0$
$\therefore\ a=-\dfrac{1}{3}$

예제6 $A=2i-5j+3k$ 일 때 $k\times A$를 구한 것 중 옳은 것은?

① $-5i+2j$ ② $5i-2j$
③ $-5i-2j$ ④ $5i+2j$

해설 벡터의 외적
$i\times i=j\times j=k\times k=0$, $i\times j=k$, $j\times k=i$,
$k\times i=j$이고
$j\times i=-k$, $k\times j=-i$, $i\times k=-j$이므로
$\therefore\ k\times A=k\times(2i-5j+3k)=2j+5i$
$=5i+2j$

정답
1 ① 2 ④ 3 ② 4 ③ 5 ② 6 ④

31 벡터와 스칼라(3)

한 솔 전 기 기 사
http://inup.co.kr
▲ 유튜브영상보기

이해도 □□□ 30 60 100

중 요 도 : ★★☆☆☆
출제빈도 : 1.0%, 6문 / 총 600문

1. 각축의 단위벡터(unit vector)

크기가 1이며 각축의 방향을 제시하는 벡터로서 기본 벡터라고도 한다.

x축	y축	z축
i, a_x, $\dot{x}$	j, a_y, $\dot{y}$	k, a_z, $\dot{z}$

2. 벡터 $\vec{A}$의 표현

$\vec{A}= A_x i+ A_y j+ A_z k$

3. 벡터 $\vec{A}$의 크기

$|\vec{A}| = \sqrt{A_x^2 + A_y^2 + A_z^2}$

4. 벡터 $\vec{A}$의 방향 벡터 $\vec{n}$

크기가 1이며 벡터 $\vec{A}$의 방향을 제시해주는 벡터

방향벡터 $\vec{n}= \dfrac{\vec{A}}{|A|} = \dfrac{A_x i+ A_y j+ A_z k}{\sqrt{A_x^2 + A_y^2 + A_z^2}}$

5. 벡터의 합과 차

주어진 두 벡터의 덧셈(합)과 뺄셈(차)을 계산 할 때는 같은 성분의 단위벡터의 계수끼리 더하고 뺀다.

$\vec{A}= A_x i+ A_y j+ A_z k,\ \vec{B}= B_x i+ B_y j+ B_z k$

$\vec{A} \pm \vec{B}= (A_x \pm B_x)i+ (A_y \pm B_y)j+ (A_z \pm B_z)k$

예제1 원점에서 점 A(−2, 2, 1)로 향하는 단위벡터 a_o는?

① $-2i+2j+k$

② $\dfrac{1}{3}i+\dfrac{2}{3}j-\dfrac{2}{3}k$

③ $-\dfrac{2}{3}i+\dfrac{2}{3}j+\dfrac{1}{3}k$

④ $-\dfrac{2}{5}i+\dfrac{2}{5}j+\dfrac{1}{5}k$

해설 단위벡터

$\dot{A}=-2i+2j+k=|A|\cdot a_0$

$|A|=\sqrt{(-2)^2+2^2+1^2}=3$

$\therefore\ a_0=\dfrac{1}{|A|}(-2i+2j+k) = -\dfrac{2}{3}i+\dfrac{2}{3}j+\dfrac{1}{3}k$

예제2 어떤 물체에 $F_1=-3i+4j-5k$와 $F_2=6i+3j-2k$의 힘이 작용하고 있다. 이 물체에 F_3을 가하였을 때, 세 힘이 평형이 되기 위한 F_3은?

① $F_3=-3i-7j+7k$

② $F_3=3i+7j-7k$

③ $F_3=3i-j-7k$

④ $F_3=3i-j+3k$

해설 벡터의 합성

세 힘이 평형이 되기 위해서는 $F_1+F_2+F_3=0$이 되는 조건을 만족해야 한다.

$\therefore\ F_3=-(F_1+F_2)$

$=-(-3i+4j-5k+6i+3j-2k)$

$=-3i-7j+7k$

예제3 $A=i+2j-3k$, $B=-2i+j-k$일 때 $A+B$의 값은?

① $2i-10j-8k$
② $-2i-10j-8k$
③ $2i+10j+8k$
④ $-i+3j-4k$

해설 벡터의 합성
$A+B=(i+2j-3k)+(-2i+j-k)=-i+3j-4k$

예제4 $A=3i+4j-k$, $B=2i-3j+3k$일 때 $A-B$의 값은?

① $-i-7j-4k$
② $-i-7j+4k$
③ $-i+7j-4k$
④ $i+7j-4k$

해설 벡터의 차
$A-B=(3i+4j-k)-(2i-3j+k)=i+7j-4k$

예제5 자유 공간층에서 점 P(5, −2, 4)가 도체면상에 있으며 이 점에서 전계 $E=6a_x-2a_y+3a_z$[V/m]이다. 점 P에서의 전계의 크기는 [V/m]는?

① −2　② 3
③ 6　④ 7

해설 면전하에 의한 전계의 세기(E)
구도체 표면전하밀도가 ρ_s [C/m²]인 경우
$E=\frac{\rho_s}{\epsilon_0}$ [V/m]이므로 $E=6a_x-2a_y+3a_z$ [V/m]일 때
$\therefore\ E=\sqrt{6^2+(-2)^2+3^2}=7$ [V/m]

예제6 P(x, y, z)점에 3개의 힘 $F_1=-2i+5j-3k$, $F_2=7i+3j-k$, F_3이 작용하여 0이 되었다. $|F_3|$을 구하면?

① 10　② 8
③ 7　④ 5

해설 벡터의 합성
3개의 힘 F_1, F_2, F_3가 평형이 되기 위해서는 $F_1+F_2+F_3=0$이 되는 조건을 만족해야 한다.
$F_3=-(F_1+F_2)$
$=-(-2i+5j-3k+7i+3j-k)$
$=-5i-8j+4k$이므로
$\therefore\ |F_3|=\sqrt{(-5)^2+(-8)^2+4^2}\fallingdotseq 10$

예제7 원점에 −1[μC]의 점전하가 있을 때 점 P(2, −2, 4)[m]인 전계 세기 방향의 단위 벡터[m]는?

① $0.41a_x-0.41a_y+0.82a_z$
② $-0.33a_x+0.33a_y-0.66a_z$
③ $-0.41a_x+0.41a_y-0.82a_z$
④ $0.33a_x-0.33a_y+0.66a_z$

해설 단위벡터
원점에서 점 P를 향하는 전계의 방향 벡터 $\dot{A}$는
$\dot{A}=2a_x-2a_y+4a_z=|\dot{A}|\cdot\dot{n}$이므로
$|\dot{A}|=\sqrt{2^2+(-2)^2+4^2}=\sqrt{24}$일 때 단위벡트 $\dot{n}$은
$\therefore\ \dot{n}=\frac{\dot{A}}{|\dot{A}|}=\frac{2}{\sqrt{24}}a_x-\frac{2}{\sqrt{24}}a_y+\frac{4}{\sqrt{24}}a_z$
$=0.41a_x-0.41a_y+0.82a_z$

정답
1 ③　2 ①　3 ④　4 ④　5 ④　6 ①　7 ①

출제빈도별 우선순위 핵심35선

BLACK BOX

Ⅱ 전력공학 블랙박스

우선순위	핵 심 제 목	중요도	출제문항수	학습진도(%) 30 60 100
1	이상전압의 방호	★★★★★	30문 / 600문	□□□
2	고장계산	★★★★★	30문 / 600문	□□□
3	선로정수	★★★★★	29문 / 600문	□□□
4	중성점 접지	★★★★★	28문 / 600문	□□□
5	단거리 송전선로의 특성	★★★★☆	24문 / 600문	□□□
6	보호계전기의 종류 및 동작원리	★★★★☆	23문 / 600문	□□□
7	전기공급방식	★★★★☆	20문 / 600문	□□□
8	안정도 증진	★★★★☆	20문 / 600문	□□□
9	수용률·부등률·부하율	★★★★☆	19문 / 600문	□□□
10	원자력의 이론과 원자로	★★★★☆	18문 / 600문	□□□
11	전력용 콘덴서	★★★★☆	18문 / 600문	□□□
12	수력학의 개요	★★★☆☆	17문 / 600문	□□□
13	화력발전과 열사이클	★★★☆☆	17문 / 600문	□□□
14	개폐기의 종류	★★★☆☆	17문 / 600문	□□□
15	유도장해 및 방지 대책	★★★☆☆	16문 / 600문	□□□
16	수차 및 부속설비	★★★☆☆	12문 / 600문	□□□
17	보일러 및 부속장치	★★★☆☆	12문 / 600문	□□□
18	수전설비의 기기 및 구성	★★★★★	30문 / 600문	□□□
19	보호계전방식	★★☆☆☆	11문 / 600문	□□□
20	코로나 현상	★★☆☆☆	11문 / 600문	□□□
21	차단기의 종류	★★☆☆☆	11문 / 600문	□□□
22	비접지 방식	★★☆☆☆	10문 / 600문	□□□
23	특성임피던스와 전파정수	★★☆☆☆	9문 / 600문	□□□
24	내부 이상전압 및 대책	★★☆☆☆	9문 / 600문	□□□
25	조상설비	★★☆☆☆	9문 / 600문	□□□
26	대칭좌표법	★★☆☆☆	8문 / 600문	□□□
27	진행파	★★☆☆☆	8문 / 600문	□□□
28	이도	★★☆☆☆	7문 / 600문	□□□
29	전력원선도	★★☆☆☆	6문 / 600문	□□□
30	중거리 송전선로	★★☆☆☆	6문 / 600문	□□□
31	송전방식	★★☆☆☆	6문 / 600문	□□□
32	유량과 낙차	★☆☆☆☆	5문 / 600문	□□□
33	송전용량	★☆☆☆☆	5문 / 600문	□□□
34	표피효과 및 전선의 도약	★☆☆☆☆	3문 / 600문	□□□
35	전선의 구비조건 및 ACSR	★☆☆☆☆	3문 / 600문	□□□

01 이상전압의 방호

이해도 □□□ 30 60 100

중 요 도 : ★★★★★
출제빈도 : 5.0%, 30문 / 총 600문

한 솔 전 기 기 사
http://inup.co.kr
▲ 유튜브영상보기

1. 피뢰기의 정의 및 구조
뇌전류 방전 및 속류를 차단하며, 직렬갭과 특성요소로 구성

2. 피뢰기의 정격전압
속류를 차단할 수 있는 상용주파수 최고의 교류전압(실효치)

3. 피뢰기의 제한전압
피뢰기가 동작 중 피뢰기의 단자전압의 파고치

4. 피뢰기의 구비조건
① 상용주파 방전개시전압이 높을 것
② 충격방전 개시전압이 낮을 것
③ 속류 차단능력이 클 것
④ 제한전압이 낮을 것
⑤ 방전내량이 클 것

5. 절연협조
절연협조란 계통내의 각 기기, 기구 및 애자 등의 상호간에 적정한 절연강도를 지니게 함으로써 절연설계를 합리적이고, 경제적으로 한 것을 말한다.
※ 절연협조 순서
∴ 피뢰기 → 변압기 → 기기부싱 → 결합콘덴서 → 선로애자

6. 가공지선
송전선을 직격뇌로 부터 보호하기 위해서 철탑의 최상부에 가공지선을 설치하고 있다. 직격뢰 및 유도뢰에 대해 정전차폐 및 전자차폐 효과가 있고, 통신선의 유도장해를 경감할 수 있다. 차폐각은 적을수록 효과적이다.

7. 매설지선
매설지선이란 탑각의 접지저항이 클 때 발생하는 역섬락을 방지하기 위한 것으로 탑각의 접지저항을 낮춰서 역섬락을 방지하고 애자련을 보호한다.

예제1 피뢰기의 정격전압에 대한 설명으로 가장 알맞은 것은?

① 뇌전압의 평균값
② 뇌전압의 파고값
③ 속류를 차단하는 최고의 교류전압
④ 피뢰기가 동작되고 있을 때의 단자전압

해설 피뢰기의 전압에 대한 용어
(1) 정격전압 : 속류가 차단되는 최고의 교류전압.
(2) 공칭전압 : 상용주파 허용단자 전압
(3) 제한전압 : 피뢰기가 동작 중 피뢰기 단자전압의 파고치.
(4) 충격파 방전개시전압 : 충격파 방전을 개시할 때 피뢰기 단자의 최대전압

예제2 다음 중 송전계통의 절연협조에 있어서 절연레벨을 가장 낮게 잡고 있는 기기는?

① 피뢰기 ② 단로기
③ 변압기 ④ 차단기

해설 절연협조 순서
피뢰기 제한 전압을 절연협조에 기본으로 둔다. 절연 협조 순서는 피뢰기로부터 선로애자 순이다.
∴ 피뢰기 → 변압기 → 기기부싱 → 결합콘덴서 → 선로애자

예제3 피뢰기의 충격방전 개시전압은 무엇으로 표시하는가?

① 직류전압의 크기
② 충격파의 평균치
③ 충격파의 최대치
④ 충격파의 실효치

해설 피뢰기의 전압에 대한 용어
충격파 방전개시전압
: 충격파 방전을 개시할 때 피뢰기 단자의 최대전압

예제4 피뢰기의 설명으로 틀린 것은?

① 충격방전 개시전압이 낮을 것
② 상용주파 방전개시전압이 낮을 것
② 제한전압이 낮을 것
④ 속류의 차단능력이 클 것

해설 피뢰기의 구비조건
(1) 충격파 방전개시전압이 낮을 것.
(2) 상용주파 방전개시전압이 높을 것.
(3) 방전내량이 크며 제한전압은 낮아야 한다.
(4) 속류차단능력이 클 것.

예제5 가공지선에 대한 설명 중 틀린 것은?

① 직격뢰에 대하여 특히 유효하며 탑 상부에 시설하므로 뇌는 주로 가공지선에 내습한다.
② 가공지선 때문에 송전선로의 대지 정전용량이 감소하므로 대지사이에 방전할 때 유도전압이 특히 커서 차폐 효과가 좋다.
③ 송전선의 지락시 지락전류의 일부가 가공지선에 흘러 차폐작용을 하므로 전자 유도장해를 적게 할 수도 있다.
④ 유도뢰 서지에 대하여도 그 가설구간 전체에 사고방지의 효과가 있다.

해설 가공지선
가공지선은 직격뢰 및 유도뢰를 차폐하며 정전차폐 및 전자차폐 효과도 있어서 통신선의 유도장해를 경감시킨다.
∴ 유도전압이 감소한다.

예제6 가공 송전선로에서 이상전압의 내습에 대한 대책으로 틀린 것은?

① 철탑의 탑각 접지저항을 작게 한다.
② 기기 보호용으로 피뢰기를 설치한다.
③ 가공지선을 설치한다.
④ 차폐각을 크게 한다.

해설 차폐각
가공지선이 송전선을 보호할 수 있는 효율을 차폐각(=보호각)으로 정하고 있으며 차폐각은 작을수록 보호효율이 크게 된다. 일반적으로 450 이하 일 때 97% 정도 30° 이하 일 때 100% 보호한다.

예제7 접지봉으로 탑각의 접지저항값을 희망하는 접지저항값까지 줄일 수 없을 때 사용하는 것은?

① 가공지선
② 매설지선
③ 크로스본드선
④ 차폐선

해설 매설지선
직격뢰가 가공지선에 가해지는 경우 탑각을 통해 대지로 안전하게 방전되어야 하나 탑각접지저항이 너무 크면 역섬락이 발생할 우려가 있다. 때문에 매설지선을 시설하여 탑각 접지저항을 저감시켜 역섬락을 방지한다.

예제8 이상전압에 대한 방호장치가 아닌 것은?

① 병렬 콘덴서
② 가공지선
③ 피뢰기
④ 서지 흡수기

해설 이상전압에 대한 방호장치
이상전압에 대한 방호장치로는 가공지선, 피뢰기, 서지흡수기 및 개폐저항기 등이 있다.
∴ 병렬콘덴서는 역률을 개선하기 위한 조상설비 중 하나이다.

1 ③ 2 ① 3 ③ 4 ② 5 ② 6 ④ 7 ② 8 ①

02 고장 계산

이해도 □□□ 30 60 100
중 요 도 : ★★★★★
출제빈도 : 5.0%, 30문 / 총 600문

한 솔 전 기 기 사
http://inup.co.kr
▲ 유튜브영상보기

1. 퍼센트 임피던스의 계산

정격 전압 과 임피던스에 의한 전압 강하와의 비를 백분률로 나타낸 값으로 식이 간단하고 기준량에 대한 비로 전선로 또는 발전기나 변압기 내부임피던스에 적용한다.

① $\%Z = \dfrac{I_n Z}{E_n} \times 100$

② $\%Z = \dfrac{P_a Z}{10\,V^2}$

2. 단락전류 계산목적

단락 사고시 차단기 용량의 결정, 보호 계전기의 정정, 기기에 가해지는 전자력의 크기를 알아보고, 대처하기 위해서이다.

① $I_s = \dfrac{E}{Z}$

② $I_s = \dfrac{100}{\%Z} \times I_n$

3. 단락용량 계산

단락용량이란 단락사고의 크기를 나타낸 것으로 단락전류와 차단기정격전압의 곱으로 표시한다.

① $P_s = \sqrt{3} \times$ 차단기정격전압 $\times$ 단락전류

② $P_s = \dfrac{100}{\%Z} \times P_n$

4. 단락비

단락비란 정격전류에 대한 단락전류의 비를 말하며, 백분율 임피던스 역수로 표현된다.

$k_s = \dfrac{100}{\%Z} = \dfrac{I_s}{I_n}$

5. 한류 리액터

단락전류를 제한하여 차단기 용량을 감소시키기 위해 한류 리액터를 설치한다.

예제1 그림과 같은 3상 3선식 전선로의 단락점에 있어서의 3상 단락전류는 약 몇 [A]인가? (단, 66[kV]에 대한 %리액턴스는 10[%]이고, 저항분은 무시한다.)

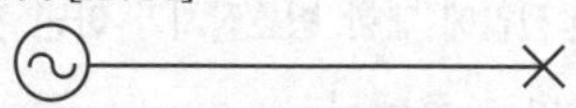

① 1,750[A] ② 2,000[A]
③ 2,500[A] ④ 3,030[A]

해설 단락전류(I_s)

$I_s = \dfrac{100}{\%Z} I_n$ [A] 식에서

$V = 66$ [kV], $\%x = 10$ [%], $P_n = 20{,}000$ [kVA]일 때

$I_n = \dfrac{P_n}{\sqrt{3}\,V} = \dfrac{20{,}000}{\sqrt{3} \times 66}$ [A]이므로

$\therefore\ I_s = \dfrac{100}{\%Z} I_n = \dfrac{100}{10} \times \dfrac{20{,}000}{\sqrt{3} \times 66} = 1{,}750$ [A]

예제2 154/22.9[kV], 40[MVA]인 3상 변압기의 %리액턴스가 14[%]라면 1차측으로 환산한 리액턴스는 약 몇 [Ω]인가?

① 5[Ω] ② 18[Ω]
③ 83[Ω] ④ 560[Ω]

해설 %리액턴스

$\%x = \dfrac{P[\text{kVA}] \cdot x[\Omega]}{10\{V[\text{kV}]\}^2}$ [%] 식에서

$V_1 = 154$ [kV], $P = 40$ [MVA], $\%x = 14$ [%]일 때

$\therefore\ x = \dfrac{10\,V^2 \cdot \%x}{P} = \dfrac{10 \times 154^2 \times 14}{40 \times 10^3} = 83$ [Ω]

예제3 수변전설비에서 1차측에 설치하는 차단기의 용량은 어느 것에 의하여 정하는가?

① 변압기 용량
② 수전계약용량
③ 공급측 단락용량
④ 부하설비용량

해설 차단기의 차단용량(=단락용량)
차단용량은 적용되는 3상 단락용량 한도를 표시하고 공급측 전원용량의 크기나, 공급측 전원 단락용량으로 결정하게 된다.

예제4 용량 25,000[kVA], 임피던스 10[%]인 3상 변압기가 2차측에서 3상 단락되었을 때 단락용량은 몇 [MVA]인가?

① 225[MVA] ② 250[MVA]
③ 275[MVA] ④ 433[MVA]

해설 단락용량(P_s)

$P_s = \frac{100}{\%Z} P_n$ [kVA] 식에서

$P_n = 25,000$ [kVA], $\%Z = 10$ [%]일 때

$\therefore P_s = \frac{100}{\%Z} P_n = \frac{100}{10} \times 25,000 \times 10^{-3} = 250$ [kVA]
$= 250$ [MVA]

예제5 3상용 차단기의 용량은 그 차단기의 정격전압과 정격차단전류와의 곱을 몇 배한 것인가?

① $\frac{1}{\sqrt{2}}$ ② $\frac{1}{\sqrt{3}}$
③ $\sqrt{2}$ ④ $\sqrt{3}$

해설 차단기의 차단용량(=단락용량)
$P_s = \sqrt{3} \times$ 차단기정격전압[kV] $\times$ 정격차단전류[kA] $=$ [MVA]식으로 표현된다.

예제6 정격전압 7.2[kV]인 3상용 차단기의 차단용량이 100[MVA]라면 정격차단전류는 약 몇 [kA]인가?

① 2 ② 4
③ 8 ④ 12

해설 정격차단전류(I_s)

$P_s = \sqrt{3}\, V I_s$ [VA] 식에서

$V = 7.2$ [kV], $P_s = 100$ [MVA] 일 때

$\therefore I_s = \frac{P_s}{\sqrt{3}\, V} = \frac{100 \times 10^6}{\sqrt{3} \times 7.2 \times 10^3} = 8 \times 10^3$ [A]
$= 8$ [kA]

예제7 그림과 같은 3상 송전 계통에서 송전단 전압은 3,300[V]이다. 지금 1점 P에서 3상 단락사고가 발생했다면 발전기에 흐르는 단락전류는 약 몇 [A]가 되는가?

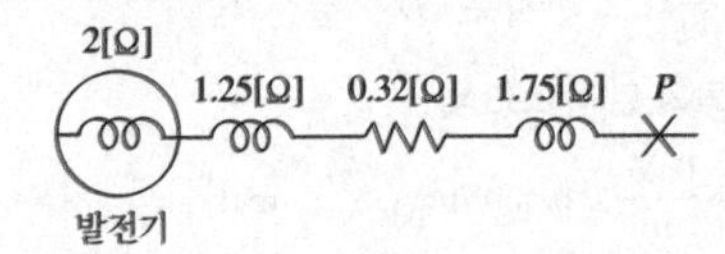

① 320 ② 330
③ 380 ④ 410

해설 단락전류(I_s)
단락된 P점을 기준으로 전원측 임피던스(Z)는
$Z = 0.32 + j1.75 + j1.25 + j2$ [Ω]이므로

$I_S = \frac{V}{\sqrt{3}\, Z}$ [A] 식에서

$Z = 0.32 + j5$ [Ω], $V = 3,300$ [V]일 때

$\therefore I_s = \frac{V}{\sqrt{3}\, Z} = \frac{3,300}{\sqrt{3} \times \sqrt{0.32^2 + 5^2}}$
$= 380$ [A]

예제8 %임피던스에 대한 설명으로 틀린 것은?

① 단위를 갖지 않는다.
② 절대량이 아닌 기준량에 대한 비를 나타낸 것이다.
③ 기기 용량의 크기와 관계없이 일정한 범위의 값을 갖는다.
④ 변압기나 동기기의 내부 임피던스에만 사용할 수 있다.

해설 %임피던스
%임피던스는 변압기나 변압기의 내부 임피던스 또는 전선로의 임피던스를 %법으로 나타낸 것이다.

정답

1 ① 2 ③ 3 ③ 4 ② 5 ④ 6 ③ 7 ③ 8 ④

03 선로정수

이해도 □□□ 30 60 100

중 요 도 : ★★★★★
출제빈도 : 4.8%, 29문 / 총 600문

한 솔 전 기 기 사
http://inup.co.kr
▲ 유튜브영상보기

1. 정의

송·배전선로의 전기적 특성인 전압강하, 수전전력, 전력손실, 안정도 등을 계산하는데 저항 R, 인덕턴스 L, 정전용량 C, 누설 컨덕턴스 G를 알아야 한다. 이 4개의 정수를 선로정수라 한다.

2. 단도체의 인덕턴스(1상)

$L = 0.05 + 0.4605\log_{10}\frac{D}{r}$ [mH/km]

여기서, r : 반지름, D : 선간거리

3. 다도체의 인덕턴스(3상)

$L_n = \frac{0.05}{n} + 0.4605\log_{10}\frac{D_e}{r_e}$ [mH/km]

여기서, n : 소도체의 수, r_e : 등가 반지름
D_e : 등가 선간거리

4. 등가 반지름

$r_e = r^{\frac{1}{n}} \times d^{\frac{n-1}{n}} = \sqrt[n]{r \times d^{n-1}}$ [m]

여기서, r : 소도체 반지름, d : 소도체간 거리

5. 등가 선간거리

① 임의의 배치 : $D_e = \sqrt[\text{선간거리 수}]{\text{모든 선간의 곱}}$

② 일직선(수평)배치 : $D_e = \sqrt[3]{2}D_1$

③ 정삼각형 배치 : $D_e = \sqrt[3]{D_1 \times D_1 \times D_1} = D_1$

④ 정사각형 배치 : $D_e = \sqrt[6]{2}D_1$

6. 3상 3선식의 작용 정전용량

$C_n = C_s + 3C_m = \frac{0.02413}{\log_{10}\frac{D}{r}}$ [μF/km]

7. 단상 2선식의 작용 정전용량

$C_n = C_s + 2C_m$ [μF/km]

여기서, C_s : 대지 정전용량, C_m : 선간 정전용량

8. 선로정수에 영향을 주는 요소

① 전선의 배치(우선 고려대상)
② 전선의 종류
③ 전선의 굵기

예제1 **도체의 반지름이 r[m], 소도체간의 선간거리가 d[m]인 2개의 소도체를 사용한 154[kV] 송전선로가 있다. 복도체의 등가반지름은?**

① $\sqrt{rd}$ ② $\sqrt{rd^2}$
③ $\sqrt{r^2d}$ ④ rd

해설 복도체의 등가반지름
다도체(소도체수가 n이라 하면)인 경우의 등가반지름이 $\sqrt[n]{rd^{n-1}}$ [m]일 때 복도체는 $n=2$이므로
∴ 등가반지름$= \sqrt[2]{rd^{2-1}} = \sqrt{rd}$ [m]

예제2 **3상 3선식에서 선간거리가 각각 50[cm], 60[cm], 70[cm]인 경우 기하평균 선간거리는 몇 [cm]인가?**

① 50.4 ② 59.4
③ 62.8 ④ 84.8

해설 등가선간거리=기하평균 선간거리(D_e)
$D_1 = 50$[cm], $D_2 = 60$[cm], $D_3 = 70$[cm]이라 하면
∴ $D_e = \sqrt[3]{D_1 \cdot D_2 \cdot D_3} = \sqrt[3]{50 \times 60 \times 70}$
$= 59.4$[cm]

예제3 **송·배전 선로는 저항 R, 인덕턴스 L, 정전용량(커패시턴스) C, 누설 컨덕턴스 G라는 4개의 정수로 이루어진 연속된 전기회로이다. 이들 정수를 선로정수(Line Constant)라고 부르는데 이것은 (㉠), (㉡) 등에 따라 정해진다. 다음 중 (㉠), (㉡)에 알맞은 내용은?**

① ㉠ 전압, 전선의 종류 ㉡ 역률
② ㉠ 전선의 굵기, 전압 ㉡ 전류
③ ㉠ 전선의 배치, 전선의 종류 ㉡ 전류
④ ㉠ 전선의 종류, 전선의 굵기 ㉡ 전선의 배치

해설 선로정수
송전선로는 저항(R), 인덕턴스(L), 정전용량(C), 누설콘덕턴스(G)가 선로에 따라 균일하게 분포되어 있는 전기회로인데 송전선로를 이루는 이 4가지 정수를 선로정수라 한다. 선로정수는 전선의 종류, 굵기, 배치에 따라서 정해지며 전압, 전류, 역률, 기온 등에는 영향을 받지 않는 것을 기본으로 두고 있다.

예제4 반지름 r[m]인 전선 A, B, C가 그림과 같이 수평으로 D[m] 간격으로 배치되고 3선이 완전 연가된 경우 각 선의 인덕턴스는 몇 [mH/km]인가?

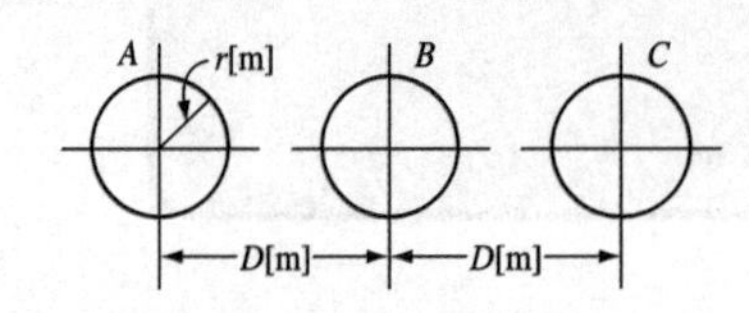

① $L=0.05+0.4605\log_{10}\dfrac{D}{r}$

② $L=0.05+0.4605\log_{10}\dfrac{\sqrt{2}\,D}{r}$

③ $L=0.05+0.4605\log_{10}\dfrac{\sqrt{3}\,D}{r}$

④ $L=0.05+0.4605\log_{10}\dfrac{\sqrt[3]{2}\,D}{r}$

해설 작용인덕턴스(L_e)

$D_1=D$[m], $D_2=D$[m], $D_3=2D$[m]이므로

등가선간거리 $D_e=\sqrt[3]{D\cdot D\cdot 2D}=\sqrt[3]{2}\,D$[m]이다.

$\therefore\ L_e=0.05+0.4605\log_{10}\dfrac{D_e}{r}$

$=0.05+0.4605\log_{10}\dfrac{\sqrt[3]{2}\,D}{r}$ [mH/km]

예제5 3상 3선식 선로에 있어서 각 선의 대지 정전용량이 C_s[F], 선간 정전용량이 C_m[F]일 때 1선의 작용 정전용량은 얼마인가?

① $2C_s+3C_m$[F]

② $3C_s+C_m$[F]

③ C_s+3C_m[F]

④ C_s+2C_m[F]

해설 작용정전용량(C_w)

(1) 단상 2선식인 경우

$C_w=C_s+2C_m$

(2) 3상 3선식인 경우

$C_w=C_s+3C_m$

여기서, C_w : 작용정전용량, C_s : 대지정전용량,

C_m : 선간정전용량

예제6 3상 3선식 3각형 배치의 송전선로가 있다. 선로가 연가되어 각 선간의 정전용량은 0.009[μF/km], 각 선의 대지정전용량은 0.003[μF/km]라고 하면 1선의 작용정전용량[μF/km]은?

① 0.03 ② 0.018

③ 0.012 ④ 0.006

해설 작용정전용량(C_w)

3상 3선식에서

선간 $C_m=0.009$ [μF/km], 대지 $C_s=0.003$ [μF/km]일 때

$\therefore$ 작용 $C_w=C_s+3C_m=0.003+3\times 0.009$

$=0.03$ [μF/km]

예제7 선로정수에 영향을 가장 많이 주는 것은?

① 전선의 배치 ② 송전전압

③ 송전전류 ④ 역률

해설 선로정수

선로정수는 전선의 종류, 굵기, 배치에 따라서 정해지며 전압, 전류, 역률, 기온 등에는 영향을 받지 않는다.

예제8 반지름 0.6[cm]인 경동선을 사용하는 3상 1회선 송전선에서 선간거리를 2[m]로 정삼각형 배치할 경우, 각 선의 인덕턴스[mH/km]는 약 얼마인가?

① 0.81 ② 1.21

③ 1.51 ④ 1.81

해설 작용인덕턴스(L_e)

정삼각형 배치인 경우 등가선간거리 $D_e=D$[m],

반지름 $r=0.6$[cm],

$\therefore\ L=0.05+0.4605\log_{10}\dfrac{D_e}{r}$

$=0.05+0.4605\log_{10}\dfrac{2}{0.6\times 10^{-2}}=1.21$[mH/km]

TIP 반지름과 선간거리의 단위를 확인 할 것.

정답

1 ① 2 ② 3 ④ 4 ④ 5 ③ 6 ① 7 ① 8 ②

04 중성점 접지

이해도 □□□ 30 60 100
중 요 도 : ★★★★★
출제빈도 : 4.7%, 28문 / 총 600문

한 솔 전 기 기 사
http://inup.co.kr
▲ 유튜브영상보기

1. 중성점 접지의 목적

① 지락시 건전상의 전위상승을 억제하여 절연 레벨을 경감
② 지락에 의한 이상전압의 경감 및 발생억제
③ 지락 고장시 접지 계전기의 동작을 확실하게 한다.
④ 소호 리액터 접지방식에서는 1선 지락시 아크 지락을 재빨리 소멸시켜 그대로 송전을 계속할 수 있게 한다.

2. 중성점 접지방식의 종류

	직접접지	소호리액터
건전상의 전위 상승	최저(1.3배)	최대($\sqrt{3}$ 배 이상)
절연레벨	최저	크다
지락전류	최대(I_g=3I_0)	최소(I_g=0)
보호계전기 동작	확실	불확실
통신선 유도장해	최대	최소
안정도	최소	최대

3. 직접접지(유효 접지방식)

지락 사고시 건전상의 전위상승이 대지전압의 1.3배 이하가 되도록 하는 접지방식으로 아래 조건식을 만족해야 한다.

$R_0 \le X_1 \cdot 0 \le X_0 \le 3X_1 \le 1$

여기서, R_0 : 영상저항, X_0 : 영상리액턴스,
X_1 : 정상리액턴스

4. 소호리액터 접지방식의 적용

송전선로의 대지 정전용량과 병렬 공진하는 리액터를 이용하여 중성점을 접지하는 방식을 소호리액터 접지방식이라 한다.

• 병렬 공진식 : $w_L = \dfrac{1}{3\omega C_s}$

예제1 **송전계통의 중성점을 접지하는 목적으로 옳지 않은 것은?**

① 전선로의 대지전위의 상승을 억제하고 전선로와 기기의 절연을 경감시킨다.
② 소호 리액터 접지방식에서는 1선 지락시 지락점 아크를 빨리 소멸시킨다.
③ 차단기의 차단용량의 절연을 경감
④ 지락 고장에 대한 계전기의 동작을 확실하게 하여 신속하게 사고 차단을 한다.

해설 중성점 접지의 목적
(1) 1선 지락시 이상전압의 발생을 방지하고 건전상의 대지전위상승을 억제함으로써 전선로 및 기기의 절연을 경감시킬 수 있다.
(2) 보호계전기의 동작을 확실히 하여 신속히 차단한다.
(3) 소호리엑디 접지를 이용하여 지락전류를 빨리 소멸시켜 송전을 계속할 수 있도록 한다.

예제2 **직접접지방식에 대한 설명 중 틀린 것은?**

① 애자 및 기기의 절연수준 저감 가능
② 변압기, 부속설비의 중량과 가격을 저하
③ 1상 지락사고시 지락전류가 작으므로 보호계전기 동작이 확실
④ 지락전류가 저역률 대전류이므로 과도안정도가 나쁨

해설 직접접지방식의 특징
(1) 1선 지락고장시 건전상의 대지전압 상승이 거의 없고(=이상전압이 낮다.) 중성점의 전위도 거의 영전위를 유지하므로 기기의 절연레벨을 저감시켜 단절연할 수 있다.
(2) 1선 지락고장시 지락전류가 매우 크기 때문에 지락계전기(보호계전기)의 동작을 용이하게 하여 고장의 선택차단이 신속하며 확실하다.
(3) 1선 지락고장시 지락전류가 매우 크기 때문에 근접 통신선에 유도장해가 발생하며 계통의 안정도가 낮다.

예제3 소호리액터 접지에 대한 설명으로 잘못된 것은?

① 선택지락계전기의 작동이 쉽다.
② 과도안정도가 높다.
③ 전자유도장해가 경감한다.
④ 지락전류가 작다.

해설 소호리액터 접지방식의 특징
(1) 1선 지락고장 시 지락전류가 최소가 되어 송전을 계속할 수 있다.
(2) 통신선에 유도장해가 작고, 과도안정도가 좋다.
(3) 지락전류가 작기 때문에 보호계전기의 동작이 불확실하다.
(4) 단선 고장시 이상전압이 가장 크게 나타난다.

예제4 비접지식 송전선로에서 1선 지락 고장이 생겼을 경우 지락점에 흐르는 전류는?

① 직류전류이다.
② 고장점의 영상전압보다 90도 빠른 전류
③ 고장점의 영상전압보다 90도 늦은 전류
④ 고장점의 영상전압과 동상의 전류

해설 비접지방식에서 1선 지락전류(I_g)
1선 지락의 지락전류는 대지충전전류로서 대지정전용량에 기인한다.

$$I_g = j3\omega C_s E = j\sqrt{3}\,\omega C_s V[\text{A}]$$

여기서, C_s는 대지정전용량, E는 대지전압, V는 선간전압을 나타내며 지락전류는 진상전류로서 90° 위상이 앞선전류가 흐른다.

예제5 우리나라의 154[kV] 송전계통에서 채택하는 접지방식은?

① 비접지방식
② 직접 접지방식
③ 고저항 접지방식
④ 소호 리액터 접지방식

해설 직접접지방식
직접접지 방식은 유효접지방식에 속하며 건전상의 전위 상승이 상전압의 1.3배 정도 이므로 선간전압의 75[%] 정도이다. 그러므로 절연비용을 절감할 수 있어 우리나라에서는 154[kV], 345[kV], 765[kV]에서 사용되고 있다.

예제6 송전계통의 접지에 대한 설명으로 옳은 것은?

① 소호 리액터 접지방식은 선로의 정전용량과 직렬공진을 이용한 것으로 지락전류가 타 방식에 비해 좀 큰 편이다.
② 고저항 접지방식은 이중고장을 발생시킬 확률이 거의 없으나, 비접지식보다는 많은 편이다.
③ 직접 접지방식을 채용하는 경우 이상전압이 낮기 때문에 변압기 선정시 단절연이 가능하다.
④ 비접지방식을 택하는 경우, 지락전류의 차단이 용이하고 장거리 송전을 할 경우 이중고장의 발생을 예방하기 좋다.

해설 직접접지방식의 특징
1선 지락고장시 건전상의 대지전압 상승이 거의 없고(=이상전압이 낮다.) 중성점의 전위도 거의 영전위를 유지하므로 기기의 절연레벨을 저감시켜 단절연할 수 있다.

예제7 중성점이 직접 접지된 6,600[V], 3상 발전기의 1단자가 접지되었을 경우 예상되는 지락전류의 크기는 약 몇 [A]인가? (단, 발전기의 임피던스는 $Z_0 = 0.2 + j0.6[\Omega]$, $Z_1 = 0.1 + j4.5[\Omega]$, $Z_2 = 0.5 + j1.4[\Omega]$이다.)

① 1,578[A] ② 1,678[A]
③ 1,745[A] ④ 3,023[A]

해설 1선 지락사고시 지락전류(I_g)

$$I_g = \frac{3E_a(\text{상전압})}{Z_0 + Z_1 + Z_2} = \frac{\sqrt{3}\,V(\text{선전압})}{Z_0 + Z_1 + Z_2}[\text{A}]$$ 식에서

$V = 6,600\,[\text{V}]$이고,

합성 $Z' = Z_0 + Z_1 + Z_2 = 0.2 + j0.6 + 0.1 + j4.5 + 0.5 + j1.4$

$Z' = 0.8 + j6.5\,[\Omega]$ 일 때

$$\therefore\ I_g = \frac{\sqrt{3} \times 6,600}{\sqrt{0.8^2 + 6.5^2}} = 1,745\,[\text{A}]$$

예제8 소호 리액터를 송전계통에 사용하면 리액터의 인덕턴스와 선로의 정전용량이 어떤 상태로 되어 지락전류를 소멸시키는가?

① 병렬공진 ② 직렬공진
③ 고 임피던스 ④ 저 임피던스

해설 소호리액터 접지방식의 설명
이 방식은 중성점에 리액터를 접속하여 1선 지락고장시 L-C 병렬공진을 시켜 지락전류를 최소로 줄일 수 있는 것이 특징이다. 보통 66[kV] 송전계통에서 사용되며 단선사고시 직렬공진으로 인하여 이상전압이 발생할 우려가 있다.

정답
1 ③ 2 ③ 3 ① 4 ② 5 ② 6 ③ 7 ③ 8 ①

Black Box

05 단거리 송전선로의 특성

이해도 □□□ 30 60 100

중 요 도 : ★★★★☆
출제빈도 : 4.0%, 24문 / 총 600문

한 솔 전 기 기 사
http://inup.co.kr
▲ 유튜브영상보기

1. 전압강하(e)

$$e = V_s - V_r = \sqrt{3}\, I(R\cos\theta + X\sin\theta) = \frac{P}{V}(R + X\tan\theta)$$

구분		전압 강하
단상	1선당	$2I(R\cos\theta + X\sin\theta)$
	왕복선	$I(R\cos\theta + X\sin\theta)$
3상	1선당	$\sqrt{3}\, I(R\cos\theta + X\sin\theta)$

2. 전압강하율(δ)

$$\delta = \frac{V_s - V_r}{V_r} \times 100 = \frac{P}{V^2}(R + X\tan\theta) \times 100$$

3. 전압변동률(ε)

$$\varepsilon = \frac{V_{ro} - V_r}{V_r} \times 100\,[\%] \quad 단, \begin{cases} V_{ro} : 무부하시\ 수전단\ 전압 \\ V_r : 전부하시\ 수전단\ 전압 \end{cases}$$

4. 전력손실(P_ℓ)

$$P_\ell = 3I^2 R = \frac{P^2 R}{V^2\cos^2\theta} = \frac{P^2 \rho\ell}{V^2\cos^2\theta A}[\mathrm{W}]$$

- 송전전력 : $P \propto V^2$
- 전압강하 : $e \propto \frac{1}{V}$
- 전력손실 : $P_\ell \propto \frac{1}{V^2}$
- 전압강하율 : $\delta \propto \frac{1}{V^2}$
- 전선단면적 : $A \propto \frac{1}{V^2}$
- 전선중량 : $W \propto \frac{1}{V^2}$

5. 전력손실률(K)

$$K = \frac{3I^2 R}{P_r} = \frac{P^2 R}{V^2\cos^2\theta P_r} = \frac{P\rho\frac{L}{A}}{V^2\cos^2\theta A} = \frac{P\rho L}{V^2\cos^2\theta A}[\mathrm{W}]$$

$P = KV^2$ (전력손실률 K : 일정)

예제1 **3상 3선식 가공 송전선로가 있다. 전선 한 가닥의 저항은 15[Ω], 리액턴스는 20[Ω]이고, 부하전류는 100[A], 부하역률은 0.8로 지상이다. 이때 선로의 전압강하는 약 몇 [V]인가?**

① 2,400[V] ② 4,157[V]
③ 6,062[V] ④ 10,500[V]

해설 전압강하(V_d)

$$V_d = V_s - V_r = \sqrt{3}\, I(R\cos\theta + X\sin\theta)$$
$$= \frac{P}{V}(R + X\tan\theta)\,[\mathrm{V}] \ \ 식에서$$

$R = 15\,[\Omega]$, $X = 20\,[\Omega]$, $I = 100\,[\mathrm{A}]$, $\cos\theta = 0.8$일 때

$$\therefore\ V_d = \sqrt{3}\, I(R\cos\theta + X\sin\theta)$$
$$= \sqrt{3} \times 100 \times (15 \times 0.8 + 20 \times 0.6)$$
$$= 4{,}157\,[\mathrm{V}]$$

예제2 **송전단 전압이 66[kV] 수전단 전압이 61[kV]인 송전선로에서 수전단의 부하를 끊은 경우 수전단 전압이 63[kV]라면 전압변동률은 약 몇 [%]인가?**

① 2.55 ② 2.90
③ 3.17 ④ 3.28

해설 전압변동률(δ)

$$\delta = \frac{V_{r0} - V_r}{V_r} \times 100 \ \ 식에서$$

$V_s = 66\,[\mathrm{kV}]$, $V_r = 61\,[\mathrm{kV}]$, $V_{r0} = 63\,[\mathrm{kV}]$일 때

$$\therefore\ \delta = \frac{63 - 61}{61} \times 100 = 3.28\,[\%]$$

예제3 **배전전압을 $\sqrt{3}$ 배로 하면 동일한 전력 손실률로 보낼 수 있는 전력은 몇 배가 되는가?**

① $\sqrt{3}$ ② $\frac{3}{2}$
③ 3 ④ $2\sqrt{3}$

해설 전력손실률(k)

$$k = \frac{P_l}{P} \times 100 = \frac{PR}{V^2\cos^2\theta} \times 100 = \frac{P\rho l}{V^2\cos^2\theta A} \times 100\,[\%]$$

이므로 $P \propto V^2$임을 알 수 있다.

$$\therefore\ P' = \left(\frac{V'}{V}\right)^2 P = \left(\frac{\sqrt{3}}{1}\right)^2 P = 3P$$

예제4 부하전력 및 역률이 같을 때 전압을 n배 승압하면 전압강하율과 전력손실은 어떻게 되는가?

① 전압강하율 : $\frac{1}{n}$, 전력손실 : $\frac{1}{n^2}$

② 전압강하율 : $\frac{1}{n^2}$, 전력손실 : $\frac{1}{n}$

③ 전압강하율 : $\frac{1}{n}$, 전력손실 : $\frac{1}{n}$

④ 전압강하율 : $\frac{1}{n^2}$, 전력손실 : $\frac{1}{n^2}$

해설 전압에 따른 송전선로 특성

전압강하 V_d, 전압강하율 ϵ, 전력손실 P_l, 전선 굵기 A, 전압 V라 하면

$V_d \propto \frac{1}{V}$, $\epsilon \propto \frac{1}{V^2}$, $P_l \propto \frac{1}{V^2}$, $A \propto \frac{1}{V^2}$ 이므로

n배 승압 하면 $\epsilon \propto \frac{1}{(nV)^2} = \frac{1}{n^2}$ $P_l \propto \frac{1}{(nV)^2} = \frac{1}{n^2}$

$\therefore$ 전압강하율 : $\frac{1}{n^2}$, 전력손실 : $\frac{1}{n^2}$

예제5 역률 80[%]의 3상 평형부하에 공급하고 있는 선로길이 2[km]의 3상 3선식 배전선로가 있다. 부하의 단자전압을 6,000[V]로 유지하였을 경우, 선로의 전압강하율 10[%]를 넘지 않게 하기 위해서는 부하전력을 약 몇 [kW]까지 허용할 수 있는가? (단, 전선 1선당의 저항은 0.82[Ω/km], 리액턴스는 0.38[Ω/km]라 하고, 그 밖의 정수는 무시한다.)

① 1,303 ② 1,629
③ 2,257 ④ 2,821

해설 전압 강하율(ϵ)

$$\epsilon = \frac{V_s - V_r}{V_r} \times 100 = \frac{\sqrt{3}I(R\cos\theta + X\sin\theta)}{V_r} \times 100$$

$$= \frac{P}{V^2}(R + X\tan\theta) \times 100\,[\%]$$ 식에서

$\cos\theta = 0.8$, $l = 2\,[\text{km}]$, $V = 6{,}000\,[\text{V}]$, $\epsilon = 10\,[\%]$, $R = 0.82\,[\Omega/\text{km}]$, $X = 0.38\,[\Omega/\text{km}]$일 때

$$\therefore P = \frac{\epsilon V^2}{(R + X\tan\theta) \times 100}$$

$$= \frac{0.1 \times 6{,}000^2}{\left(0.82 \times 2 + 0.38 \times 2 \times \frac{0.6}{0.8}\right)} \times 10^{-3} = 1628.9\,[\text{KW}]$$

예제6 송선 전압이 6,600[V]인 변전소에서 저항 6[Ω], 리액턴스 8[Ω]의 송전선을 통해서 역률 0.8의 부하에 급전할 때 부하점 전압을 6,000[V]로 하면 몇 [kW]의 전력이 전송되는가?

① 300 ② 400
③ 500 ④ 600

해설 전압강하(V_d)

$$V_d = V_s - V_r = \sqrt{3}I(R\cos\theta + X\sin\theta)$$

$$= \frac{P}{V}(R + X\tan\theta)\,[\text{V}]$$ 식에서

$V_s = 6{,}600\,[\text{V}]$, $R = 6\,[\Omega]$, $X = 8\,[\Omega]$, $\cos\theta = 0.8$, $V_r = 6{,}000\,[\text{V}]$일 때

$$6600 - 6000 = \frac{P}{6000}\left(6 + 8 \times \frac{0.6}{0.8}\right)$$

$$\therefore P_r = \frac{600 \times 6000}{\left(6 + 8 \times \frac{0.6}{0.8}\right)} \times 10^{-3} = 300\,[KW]$$

예제7 154[kV] 송전선로의 전압을 345[kV]로 승압하고 같은 손실률로 송전한다고 가정하면 송전전력은 승압전의 약 몇 배 정도되겠는가?

① 2 ② 3
③ 4 ④ 5

해설 전력손실률(k)

$$k = \frac{P_l}{P} \times 100 = \frac{PR}{V^2\cos^2\theta} \times 100 = \frac{P\rho l}{V^2\cos^2\theta A} \times 100\,[\%]$$

이므로 $P \propto V^2$임을 알 수 있다.

$$\therefore P' = \left(\frac{V'}{V}\right)^2 P = \left(\frac{345}{154}\right)^2 P = 5P$$

정답

1 ② 2 ④ 3 ③ 4 ④ 5 ② 6 ① 7 ④

Black Box

06 보호계전기의 종류 및 동작원리

한 솔 전 기 기 사
http://inup.co.kr
▲ 유튜브영상보기

이해도 □□□ 30 60 100

중 요 도 : ★★★★☆
출제빈도 : 3.8%, 23문 / 총 600문

1. 보호계전기의 종류

① 과전류 계전기(OCR)
일정 값 이상의 전류가 흘렀을 때 동작한다.

② 과전압 계전기(OVR)
일정 값 이상의 전압이 걸렸을 때 동작한다.

③ 선택지락 계전기(SGR)
2회선 이상(다회선)의 선로에서 지락사고를 검출하여 사고 회선만을 선택 차단하는 방향성 계전기다.

④ 방향단락계전기(DSR)
어느 일정 방향으로 일정 값 이상의 단락전류가 흘렀을 경우에 동작하는 것인데 이 때 전력 조류가 반대로 되기 때문에 역전력 계전기라고도 한다.

⑤ 방향지락 계전기(DGR)
과전류지락 계전기에 방향성을 준 것이다.

2. 계전기의 한시특성

① 순한시 계전기
: 정정된 최소 동작전류 이상의 전류가 흐르면 즉시 동작하는 계전기이다.

② 정한시 계전기
: 정정된 값 이상의 전류가 흘렀을 때 동작전류의 크기와는 관계없이 항상 정해진 시간에 동작하는 계전기이다.

③ 반한시 계전기
: 동작 시간이 전류 값에 반비례 한다. 전류 값이 클수록 빨리 동작하고 반대로 전류값이 작을수록 느리게 동작하는 계전기이다.

④ 반한시-정한시 계전기
: 정한시 · 반한시 계전기의 특성을 조합한 것

예제1 6.6[kV] 고압배전선로(비접지 선로)에서 지락보호를 위하여 특별히 필요치 않은 것은?

① 과전류 계전기(OCR)
② 선택접지 계전기(SGR)
③ 영상변류기(ZCT)
④ 접지변압기(GPT)

해설 지락보호계전기
선로의 지락사고시 나타나는 영상전압과 영상전류를 검출하기 위해서 OVGR(지락과전압계전기)과 DGR(방향지락계전기)나 SGR(선택지락계전기)이 필요하며 OVGR은 GPT(접지형계기용변압기=접지변압기) 2차측에, DGR이나 SGR은 ZCT(영상변류기) 2차측에 접속하여야 한다.

예제2 보호 계전기의 한시 특성 중 정한시에 관한 설명을 바르게 표현한 것은?

① 입력크기에 관계없이 정해진 시간에 동작
② 입력이 커질수록 정비례하여 동작
③ 입력 150[%]에서 0.2초 이내에 동작
④ 입력 200[%]에서 0.04초 이내에 동작

해설 계전기의 한시특성
(1) 순한시계전기 : 즉시 동작하는 계전기
(2) 정한시계전기 : 정해진 시간에 동작하는 계전기
(3) 반한시계전기 : 정정된 값 이상의 전류가 흘렀을 때 동작하는 시간과 전류값이 서로 반비례하여 동작하는 계전기
(4) 정한시-반한시 계전기 : 어느 전류 값까지는 반한시계전기의 성질을 띠지만 그 이상의 전류가 흐르면 정한시계전기의 성질을 띠는 계전기

예제3 선택접지(지락) 계전기의 용도를 옳게 설명한 것은?

① 단일회선에서 접지고장 회선의 선택 차단
② 단일회선에서 접지전류의 방향 선택 차단
③ 병행 2회선에서 접지고장 회선의 선택 차단
④ 병행 2회선에서 접지사고의 지속시간 선택 차단

해설 선택지락계전기(=선택접지계전기 : SGR)
다회선(2회선 이상) 사용시 지락고장회선만을 선택하여 신속히 차단할 수 있도록 하는 계전기이다.

예제4 변압기를 보호하기 위한 계전기로 사용되지 않는 것은?

① 비율차동 계전기　② 온도 계전기
③ 부흐홀쯔 계전기　④ 선택접지 계전기

해설 발전기, 변압기 보호계전기
(1) 차동계전기 또는 비율차동계전기(=전류차동계전기)
(2) 부흐홀츠 계전기
(3) 압력계전기
(4) 온도계전기
(5) 가스계전기

예제5 다음 중 보호계전방식이 그 역할을 다하기 위하여 요구되는 구비조건과 거리가 먼 것은?

① 고장회선 내지 고장구간의 선택차단을 신속 정확하게 할 수 있을 것
② 과도 안정도를 유지하는데 필요한 한도 내의 작동 시한을 가질 것
③ 적절한 후비보호능력이 있을 것
④ 고장파급 범위를 최대로하기 위한 재폐로를 실시할 것

해설 보호계전방식의 구비조건
(1) 고장회선 내지 고장구간의 선택차단을 신속 정확하게 할 수 있을 것
(2) 과도안정도를 유지하는 데 필요한 한도 내의 동작 시한을 가질 것
(3) 적절한 후비보호능력이 있을 것
(4) 소비전력이 적고 경제적일 것.
(5) 동작이 예민하고 오동작이 없을 것

예제6 변압기의 내부 고장시 동작하는 것으로서 단락고장의 검출 등에 사용되는 계전기는?

① 부족전압 계전기　② 비율차동 계전기
③ 재폐로 계전기　④ 선택 계전기

해설 보호계전기의 동작 특성
(1) 부족전압계전기 : 전압이 일정값 이하로 떨어졌을 때 동작하는 계전기로 계통에 정전사고나 단락사고 발생시 동작한다.
(2) 비율차동계전기 : 변압기 층간 단락사고시 변압기 1, 2차 전류차에 의해서 동작하는 계전기로서 변압기 내부고장을 검출한다.
(3) 역상계전기 : 3상 변압기 정상운전 중 한 상이 결상(단상)이 되면 3상 불평형이 발생하고 이때 나타나는 역상분을 검출하여 동작하는 계전기.
(4) 선택계전기 또는 선택접지계전기 : 다회선 사용시 지락고장회선만을 선택하여 신속히 차단할 수 있도록 하는 계전기이다.

예제7 보호계전기의 반한시·정한시 특성은?

① 동작전류가 커질수록 동작시간이 짧게 되는 특성
② 최소 동작전류 이상의 전류가 흐르면 즉시 동작하는 특성
③ 동작전류의 크기에 관계없이 일정한 시간에 동작하는 특성
④ 동작전류가 적은 동안에는 동작전류가 커질수록 동작시간이 짧아지고 어떤 전류 이상이 되면 동작전류의 크기에 관계없이 일정한 시간에서 동작하는 특성

해설 계전기의 한시특성
정한시-반한시 계전기 : 어느 전류값까지는 반한시계전기의 성질을 띠지만 그 이상의 전류가 흐르는 경우 정한시계전기의 성질을 띠는 계전기

1 ①　2 ①　3 ③　4 ④　5 ④　6 ②　7 ④

07 공급방식

한 솔 전 기 기 사
http://inup.co.kr
▲ 유튜브영상보기

이해도 □□□ 30 60 100

중 요 도 : ★★★★☆
출제빈도 : 3.3%, 20문 / 총 600문

1. 전기공급방식 비교

전기방식	전력(P) ($\cos\theta=1$)	1선당 전력 ($\cos\theta=1$)	1선당 공급 전력의 비	전선량 (중량)비
단상 2선식	VI	$0.5\,VI$	1	1
단상 3선식	$2\,VI$	$0.67\,VI$	1.33	$\frac{3}{8}$
3상 3선식	$\sqrt{3}\,VI$	$0.57\,VI$	1.15	$\frac{3}{4}$
3상 4선식	$3\,VI$	$0.75\,VI$	1.5	$\frac{1}{3}$

2. 배전방식의 종류

① 수지식(가지식) : 나뭇가지 모양으로 한쪽방향으로 간선이나 분기선이 추가로 접속하는 방식이다. 전압강하가 크고 정전범위가 넓고, 공급신뢰도가 낮으며 농어촌에 적합하다.

② 환상식(Loop식) : 간선을 환상으로 구성하여 양방향에서 전력을 공급하는 방식으로 공급신뢰도가 높고, 보호방식이 복잡하며, 부하 배분이 균등하다. 비교적 수용밀도가 큰 지역의 고압 배전선으로 많이 사용된다.

③ 저압뱅킹방식 : 고압 간선에 접속된 2대 이상의 변압기의 저압측 간선을 상호 병렬접속하는 방식으로 부하가 밀집된 시가지에서 사용한다. 단점으로는 캐스케이딩 현상이 발생한다. 캐스케이딩 현상이란, 변압기 2차측 저압선의 고장으로 건전한 변압기의 일부 또는 전부가 차단되는 현상을 말한다.(대책 : 구분퓨즈 설치)

④ 저압네트워크 방식
- 무정전 전원 공급이 가능하며 공급신뢰도가 가장 높다.
- 건설비가 비싸다.
- 인축의 접촉사고가 많아진다.
- 네트워크 프로텍터(차단기와 계전기)가 필요로 한다.

예제1 저압뱅킹 배전방식에서 캐스케이딩(cascading) 현상이란?

① 저압선이나 변압기에 고장이 생기면 자동적으로 고장이 제거되는 현상
② 변압기의 부하 배분이 균일하지 못한 현상
③ 저압선의 고장에 의하여 건전한 변압기의 일부 또는 전부가 차단되는 현상
④ 전압동요가 적은 현상

해설 저압뱅킹방식
: 고압 간선에 접속된 2대 이상의 변압기의 저압측 간선을 상호 병렬 접속하는 방식.
(1) 동량이 절감되고, 부하 밀집된 지역에 적당하다.
(2) 공급신뢰도 향상, 전압동요가 적다.
(3) 단점으로 저압선의 고장으로 인하여 건전한 변압기의 일부 또는 전부가 차단되는 캐스케이딩 현상이 발생할 우려가 있다.

예제2 루프(loop) 배전방식에 대한 설명으로 옳은 것은?

① 전압강하가 적은 이점이 있다.
② 시설비가 적게 드는 반면에 전력손실이 크다.
③ 부하밀도가 적은 농·어촌에 적당하다.
④ 고장시 정전 범위가 넓은 결점이 있다.

해설 루프식 배전방식
(1) 고장 개소의 분리 조작이 용이하다.
(2) 전력손실과 전압강하가 작다.
(3) 부하 배분이 균등하고, 전압변동이 작다.
(4) 보호 방식이 복잡하며 설비비가 비싸다.
(5) 수용밀도가 큰 지역의 고압 배전선에 많이 사용된다.

예제3 송전전력, 선간전압, 부하역률, 전력손실 및 송전거리를 동일하게 하였을 경우 단상 2선식에 대한 3상 3선식의 총 전선량(중량)비는 얼마인가?

① 0.75　② 0.94
③ 1.15　④ 1.33

해설 배전방식의 전기적 특성 비교

구분	전선량비교
단상2선식	100[%]
단상3선식	$\frac{3}{8}$=37.5[%]
3상3선식	$\frac{3}{4}$=75[%]
3상4선식	$\frac{1}{3}$=33.3[%]

∴ 75[%]=0.75[p.u]

예제4 특고수용가가 근거리에 밀집하여 있을 경우, 설비의 합리화를 기할 수 있고, 경제적으로 유리한 지중송전 계통의 구성방식은?

① 루프(loop)방식　② 수지상방식
③ 방사상방식　④ 유니트(unit)방식

해설 루프식 배전방식
특고수용가가 근거리에 밀집하여 있을 경우, 설비의 합리화를 기할 수 있고, 경제적으로 유리한 지중송전 계통의 구성방식으로 수용밀도가 큰 지역의 고압 배전선에 많이 사용된다.

예제5 네트워크 배전방식의 장점이 아닌 것은?

① 정전이 적다.
② 전압변동이 적다.
③ 인축의 접촉사고가 적어진다.
④ 부하 증가에 대한 적응성이 크다.

해설 망상식(=네트워크식)
(1) 무정전 공급이 가능해서 공급 신뢰도가 높다.
(2) 플리커 및 전압변동률이 작고 전력손실과 전압강하가 작다.
(3) 기기의 이용률이 향상되고 부하증가에 대한 적응성이 좋다.
(4) 변전소의 수를 줄일 수 있다.
(5) 가격이 비싸고 대도시에 적합하다.
(6) 인축의 감전사고가 빈번하게 발생한다.

예제6 동일한 조건하에 3상 4선식 배전선로의 총 소요 전선량은 3상 3선식의 것에 비해 몇 배 정도로 되는가? (단, 중성선의 굵기는 전력선의 굵기와 같다고 한다.)

① $\frac{1}{3}$　② $\frac{3}{4}$
③ $\frac{3}{8}$　④ $\frac{4}{9}$

해설 배전방식의 전기적 특성 비교

구분	전선량비교
단상2선식	100[%]
단상3선식	$\frac{3}{8}$=37.5[%]
3상3선식	$\frac{3}{4}$=75[%]
3상4선식	$\frac{1}{3}$=33.3[%]

$$\therefore \frac{3상4선식}{3상3선식}=\frac{0.333}{0.75}=\frac{\frac{1}{3}}{\frac{3}{4}}=\frac{4}{9}$$

예제7 송전전력, 부하역률, 송전거리, 전력손실 및 선간전압이 같을 경우 3상 3선식에서 전선 한 가닥에 흐르는 전류는 단상 2선식에서 전선 한 가닥에 흐르는 경우의 몇 배가 되는가?

① $\frac{1}{\sqrt{3}}$배　② $\frac{2}{3}$배
③ $\frac{3}{4}$배　④ $\frac{4}{9}$배

해설 배전방식의 전기적 특성 비교

구분	단상2선식	단상3선식	3상3선식
선로전류	100[%]	50[%]	58[%]

∴ 전류비를 계산하는 경우 전력을 같다고 놓고 계산.
전압과 역률은 동일하다고 전제하면
$VI_1\cos\theta = \sqrt{3}\,VI_3\cos\theta$ [W]

전류비 $\frac{I_3}{I_1}=\frac{1}{\sqrt{3}}=0.577$

1 ③　2 ①　3 ①　4 ①　5 ③　6 ④　7 ①

08 안정도 증진

이해도 □□□ 30 60 100

중 요 도 : ★★★★☆
출제빈도 : 3.3%, 20문 / 총 600문

한 솔 전 기 기 사
http://inup.co.kr
▲ 유튜브영상보기

1. 안정도의 종류

(1) 정태안정도
: 정상적인 운전 상태에서 부하를 서서히 증가했을 경우 안정운전을 지속할 수 있는가 하는 능력을 말한다. 이 때, 극한전력을 정태안정 극한전력이라 한다.

(2) 동태안정도
: AVR 또는 조속기 등이 갖는 제어효과까지를 고려해서 안정운전을 지속할 수 있는 능력을 말한다. 이 때, 한계전력을 동태안정 극한전력이라 한다.

(3) 과도안정도
: 부하가 급변하는 경우나 계통에 사고가 발생했을 때 계통에 연결된 각 동기기가 동기를 유지해서 계속 운전할 수 있는 능력

2. 안정도 향상 대책

(1) 직렬 리액턴스 감소대책
- 발전기나 변압기의 리액턴스를 감소시킨다.
- 선로의 병행 회선을 증가하거나 복도체를 사용한다.
- 직렬콘덴서를 사용하고 단락비가 큰 기기를 설치한다.

(2) 전압변동 억제대책
- 속응 여자방식을 채용한다.
- 계통을 연계한다.
- 중간 조상방식을 채용한다.

(3) 충격 경감대책
- 적당한 중성점 접지방식을 채용한다.
- 고속도 차단방식을 채용한다.
- 재폐로 방식을 채용한다.

3. 재폐로(재연결) 보호방식

송전선로의 고장은 대부분 1선 지락사고(70 ~ 80[%])로 인한 일시적인 아크 지락이기 때문에 선로를 자동적으로 개방하여 고장을 신속히 소멸한 후에 자동적으로 선로를 재투입하는 방식을 재폐로(재연결) 방식이라 하고 이는 안정도를 향상시키는데 주 목적이 있다.

참고 계통 연계 특징
(1) 배후전력이 커지고 사고범위가 넓다.
(2) 유도장해 발생률이 높다.
(3) 단락용량이 증가한다.
(4) 첨두부하가 저감되며 공급예비력이 절감된다.
(5) 안정도가 높고 공급신뢰도가 향상된다.

예제1 전력계통에서 안정도란 주어진 운전 조건하에서 계통이 안정하게 운전을 계속할 수 있는가의 능력을 말한다. 다음 중 안정도의 구분에 포함되지 않는 것은?

① 동태안정도　② 과도안정도
③ 정태안정도　④ 동기안정도

해설 전력계통의 안정도
(1) 정태안정도 : 정상적인 운전상태에서 부하를 서서히 증가했을 경우 안정도.
(2) 과도안정도 : 부하가 급변하는 경우, 계통에 사고가 발생해서 계통에 충격을 주었을 경우, 계통에 연결된 각 동기기가 동기를 유지해서 계속 운전할 수 있는 능력
(3) 동태안정도 : AVR 또는 조속기 등이 갖는 제어효과까지를 고려해서 안정운전을 지속할 수 있는 능력

예제2 송전선로의 안정도 향상 대책과 관계가 없는 것은?

① 속응 여자 방식 채용
② 재폐로 방식의 채용
③ 리액턴스 감소
④ 역률의 신속한 조정

해설 안정도 개선책
(1) 리액턴스를 줄인다. : 직렬콘덴서 설치
(2) 단락비를 증가시킨다. : 전압변동률을 줄인다.
(3) 중간조상방식을 채용한다. : 동기조상기 설치
(4) 속응여자방식을 채용한다. : 고속도 AVR 채용
(5) 재폐로 차단방식을 채용한다. : 고속도차단기 사용
(6) 계통을 연계한다.
(7) 소호리액터 접지방식을 채용한다.

예제3 정상적으로 운전하고 있는 전력계통에서 서서히 부하를 조금씩 증가했을 경우 안정운전을 지속할 수 있는가 하는 능력을 무엇이라 하는가?

① 동태 안정도
② 정태 안정도
③ 고유 과도안정도
④ 동적 과도안정도

해설 정태의 안정도
정상적인 운전상태에서 부하를 서서히 증가했 때 안정도

예제4 송전계통의 안정도 향상대책으로 적당하지 않은 것은?

① 직렬 콘덴서로 선로의 리액턴스를 보상한다.
② 기기의 리액턴스를 감소한다.
③ 발전기의 단락비를 작게 한다.
④ 계통을 연계한다.

해설 안정도 개선책
단락비를 크게하면 기계가 커지므로 철손이 증가하고 효율이 떨어지며 가격이 비싼 단점이 있다. 그러나 동기 임피던스가 감소함으로 전압 변동률이 적고 안정도가 향상된다.

예제5 다음 중 전력계통의 안정도 향상대책으로 볼 수 없는 것은?

① 직렬 콘덴서 설치
② 병렬 콘덴서 설치
③ 중간 개폐소 설치
④ 고속차단, 재폐로방식 채용

해설 안정도 개선책
직렬콘덴서를 설치하여 계통의 유도성 리액턴스를 줄인다.
∴ 병렬콘덴서는 역률을 개선시키기 위한 조상설비의 종류로서 안정도와 무관하다.

예제6 전력계통을 연계시켜서 얻는 이득이 아닌 것은?

① 배후 전력이 커져서 단락용량이 작아진다.
② 부하의 부등성에서 오는 종합첨두부하가 저감된다.
③ 공급 예비력이 절감된다.
④ 공급 신뢰도가 향상된다.

해설 계통연계
계통연계란 전력계통 상호간에 있어서 전력의 수수, 융통을 행하기 위하여 송전선로, 변압기 및 직·교 변환설비 등의 전력설비에 의한 상호 연결되는 것을 의미한다.
※ 계통연계의 특징.
(1) 배후전력이 커지고 사고범위가 넓다.
(2) 유도장해 발생률이 높다.
(3) 단락용량이 증가한다.
(4) 첨두부하가 저감되며 공급예비력이 절감된다.
(5) 안정도가 높고 공급신뢰도가 향상된다.

예제7 발전기의 단락비가 작은 경우의 현상으로 옳은 것은?

① 단락전류가 커진다.
② 안정도가 높아진다.
③ 전압변동률이 커진다.
④ 선로를 충전할 수 있는 용량이 증가한다.

해설 "단락비가 크다"는 의미
(1) 전압변동률이 적다.
(2) 기기가 대형화 되고 효율이 떨어진다.
(3) 안정도가 높아진다.
(4) 동기 임피던스가 적다.

1 ④ 2 ④ 3 ② 4 ③ 5 ② 6 ① 7 ③

전력의 수요와 공급

이해도 □□□ 30 60 100

중 요 도 : ★★★★☆
출제빈도 : 3.2%, 19문 / 총 600문

한솔전기기사
http://inup.co.kr
▲ 유튜브영상보기

1. 수용률 ≦ 1

어느 기간 중 설비 용량[kW]과 부하설비 용량과 비를 백분율로 나타낸 값으로 높을수록 비경제적이다.

- $\text{수용률} = \dfrac{\text{최대수요전력}}{\text{부하설비용량}} \times 100$

2. 부하율 ≤ 1

일정 기간 중 부하의 변동 상태를 나타내는 것으로 최대 전력과 평균 전력의 비를 백분율로 나타낸 것이다.

① $\text{일 부하율} = \dfrac{\text{평균수요전력}}{\text{최대수요전력}} = \dfrac{\dfrac{\text{사용전력량[kWh]}}{\text{24시간[kW]}}}{\text{최대수요전력[kW]}} \times 100$

② $\text{월 부하율} = \dfrac{\dfrac{\text{사용전력량[kWh]}}{30 \times \text{24시간[kW]}}}{\text{최대수요전력[kW]}} \times 100$

③ $\text{연 부하율} = \dfrac{\dfrac{\text{사용전력량[kWh]}}{365 \times \text{24시간[h]}}}{\text{최대수요전력[kW]}} \times 100$

3. 부등률 ≧ 1

전력소비 기기가 동시에 사용되는 정도를 나타내는 것으로 최대 전력의 발생 시간 또는 발생 시기의 분산을 나타내는 지표가 된다.

- $\text{부등률} = \dfrac{\text{각 부하의 최대수요전력의 합}}{\text{합성최대전력}}$

4. 합성최대전력

- $\text{합성최대전력} = \dfrac{\text{각 부하의 최대수요전력의 합}}{\text{부등률}} \text{[kW]}$

5. 변압기 용량

- $\text{변압기 용량} = \dfrac{\text{설비용량} \times \text{수용률}}{\text{역률} \times \text{부등률}} \text{[kVA]}$

예제1 연간 전력량이 E[kWh]이고, 연간 최대전력이 W[kW]인 연 부하율은 몇 [%]인가?

① $\dfrac{E}{W} \times 100$　　② $\dfrac{W}{E} \times 100$

③ $\dfrac{8760\,W}{E} \times 100$　　④ $\dfrac{E}{8760\,W} \times 100$

해설 연부하율

$$\text{부하율} = \frac{\text{평균전력}}{\text{최대전력}} \times 100[\%]$$

$$= \frac{\dfrac{E\,[\text{KWh}]}{365 \times 24}}{W} \times 100\,[\%]$$

$$= \frac{E}{8760\,W} \times 100$$

예제2 각 개의 최대수요전력의 합계는 그 군의 종합 최대수요전력보다도 큰 것이 보통이다. 이 최대전력의 발생 시각 또는 발생 시기의 분산을 나타내는 지표를 무엇이라 하는가?

① 전일효율　　② 부등률

③ 부하율　　④ 수용률

해설 부등률

최대전력의 발생시간 또는 발생시기를 적당히 분산시켜 주변압기에 걸리는 합성최대수용전력을 낮출 수 있는 지표가 부등률이다. 따라서 부등률을 알면 전력소비기기가 어느 정도 동시에 사용되고 있는지를 알 수 있게 된다.

$\therefore \text{부등률} = \dfrac{\text{각각의 최대수용전력의 합}}{\text{합성최대수용전력}}$

예제3 정격 10[kVA]의 주상 변압기가 있다. 이것의 2차측 일 부하곡선이 그림과 같을 때 1일의 부하율은 몇 [%]인가?

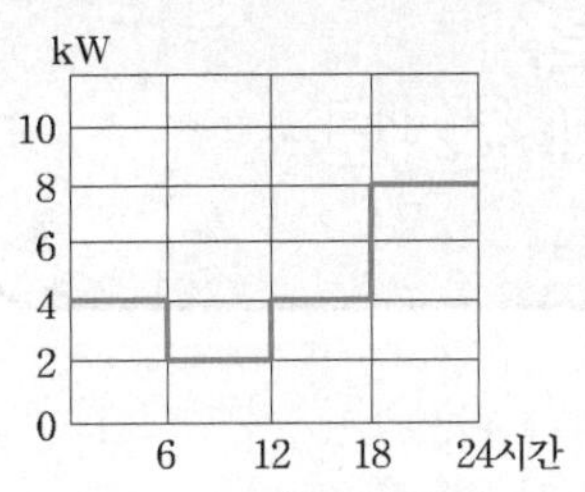

① 52.25 ② 54.25
③ 56.25 ④ 58.25

해설 일부하율

$$부하율 = \frac{평균전력}{최대전력} \times 100\,[\%] 이므로$$

$$일부하율 = \frac{1일\ 동안\ 사용\ 전력량}{24 \times 최대전력} \times 100$$

$$= \frac{(4\times6)+(2\times6)+(4\times6)+(8\times6)}{24\times8} \times 100$$

$$= 56.25\,[\%]$$

예제4 수용가의 수용률 및 수용가 사이의 부등률이 변화할 때 수용가군 총합의 부하율에 대한 설명으로 옳은 것은?

① 수용률에 비례하고 부등률에 반비례한다.
② 부등률에 비례하고 수용률에 반비례한다.
③ 부등률과 수용률에 모두 반비례한다.
④ 부등률과 수용률에 모두 비례한다.

해설 수용률, 부등률, 부하율

최대수요전력 = 부하설비용량 × 수용률

$$합성최대전력 = \frac{각각의\ 최대전력의\ 합[KW]}{부등률} = \frac{부하설비합계[KW] \times 수용률}{부등률}$$

$$부하률 = \frac{평균\ 전력합계[KW]}{최대수요전력(합성최대전력)[KW]} \times 100 = \frac{평균전력합계[KW]}{부하설비합계[KW]} \times \frac{부등률}{수용률}$$

∴ 부하율은 부등률에 비례하고 수용률에 반비례한다.

예제5 그림과 같은 수용설비용량과 수용률을 갖는 부하의 부등률이 1.5이다. 평균부하역률을 75[%]라 하면 변압기 용량은 약 몇 [kVA]인가?

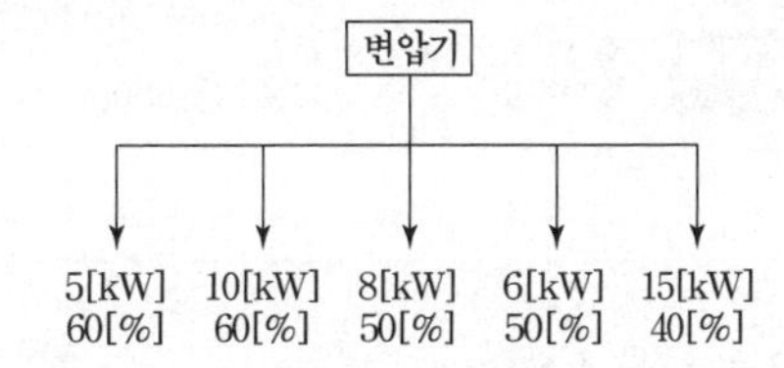

① 45 ② 30
③ 20 ④ 15

해설 변압기 용량(P)

변압기 용량은 합성최대수용전력이므로

$$P = \frac{\sum(설비용량[kW] \times 수용률)}{부등률 \times 역률}\ [kVA]\ 식에서$$

$$\therefore P = \frac{(5\times0.6)+(10\times0.6)+(8\times0.5)+(6\times0.5)+(15\times0.4)}{1.5\times0.75}$$

$$\fallingdotseq 20\,[kVA]$$

예제6 시설용량 500[kW] 부등률 1.25, 수용률 80[%]일 때 합성최대전력은 몇 [kW]인가?

① 320 ② 400
③ 500 ④ 720

해설 합성최대전력(P)

$$P = \frac{\Sigma(설비용량[kW] \times 수용률)}{부등률}\ [kW]\ 식에서$$

$$\therefore P = \frac{500 \times 0.8}{1.25} \fallingdotseq 320\,[kW]$$

예제7 일반적인 경우 그 값이 1 이상인 것은?

① 수용률 ② 전압강하율
③ 부하율 ④ 부등률

해설 부하율, 수용률, 부등률

$$부하율 = \frac{평균전력}{최대전력} \times 100\,[\%] \le 1$$

$$수용률 = \frac{최대수용전력}{수용설비용량} \times 100\,[\%] \le 1$$

$$부등률 = \frac{개개의\ 최대수용전력의\ 합}{합성최대수용전력} \ge 1$$

정답

1 ④ 2 ② 3 ③ 4 ② 5 ③ 6 ① 7 ④

10 원자력의 이론과 원자로

이해도 □□□ 30 60 100
중 요 도 : ★★★★☆
출제빈도 : 3.0%, 18문 / 총 600문

한 솔 전 기 기 사
http://inup.co.kr
▲ 유튜브영상보기

1. 원자력 발전의 특징

① 화력발전과 비교해서 같은 출력이라면 소형화 .
② 우라늄 $_{92}U^{235}$ 1[g]은 석탄 3[t]에 해당한다.
③ 연료의 중량이 적어 수송, 저장, 장소가적어도 된다.
④ 방사능 대책 및 핵폐기물 시설에 투자가 필요하다.
⑤ 화력발전소에 비해 건설비는 높고, 연료비가 낮다.
⑥ 열효율은 화력 38~40[%]에 비해 33~35[%] 정도로 낮은 편이다. - 저온, 저압 증기로 운전

(1) 핵연료의 종류
저농축우라늄, 고농축우라늄, 천연우라늄, 플루토늄
(2) 핵연료의 구비조건
- 중성자 흡수 단면적이 작을 것
- 열전도율이 높고, 가볍고 밀도가 클 것
- 내부식성, 내방사성이 우수할 것

2. 감속재

원자로 내에서 핵분열로 발생한 고속 중성자 (2 [MeV])를 열중성자 (0.025[eV])로 감속하는 역할을 한다.
(1) 종류 : 경수(H_2O), 중수(D_2O), 흑연(C), 베릴륨(Be)
(2) 감속재의 구비조건
- 원자량이 적은 원소일 것
- 중성자 흡수 단면적이 적고, 감속비가 클 것.
- 내부식성, 가공성, 내열성, 내방사성이 우수할 것

3. 제어재

원자로 내에서 핵분열시 연쇄반응을 제어하고 증배율을 변화시키기 위해 제어봉을 노심에 삽입한다.
(1) 종류 : 하프늄(Hf), 카드뮴(Cd), 붕소(B),
(2) 구비조건
- 중성자 흡수 단면적이 클 것
- 냉각재에 대하여 내부식성이 있을 것
- 열과 방사능에 대하여 안정적일 것
- 원자의 질량이 작을 것

4. 냉각제

원자로 내에서 발생한 열을 외부로 내보내기 위한 물질.
(1) 재료 : 경수 및 중수 사용
(2) 구비조건
- 중성자 흡수가 적고, 열용량이 클 것
- 녹는점이 낮고 끓는점이 높을 것
- 열전도성이 우수하고 비열이 높을 것

예제1 원자로에서 핵분열로 발생한 고속 중성자를 열중성자로 바꾸는 작용을 하는 것은?

① 제어재 ② 냉각재
③ 감속재 ④ 반사재

해설 감속재
원자로 내에서 핵분열로 발생한 고속 중성자 (2 [MeV])를 열중성자 (0.025[eV])로 감속하는 역할을 한다.
※ 감속재의 구비조건
(1) 원자량이 적은 원소일 것
(2) 중성자 흡수 단면적이 적을 것.
(3) 감속비가 클 것.
(4) 내부식성, 가공성, 내열성, 내방사성이 우수할 것

예제2 다음 중 원자로 내의 중성자 수를 적당하게 유지하기 위해 사용되는 제어봉의 재료로 알맞은 것은?

① 나트륨 ② 베릴륨
③ 카드뮴 ④ 경수

해설 제어재
원자로 내에서 핵분열시 연쇄반응을 제어하고 증배율을 변화시키기 위해 제어봉을 노심에 삽입하는 제어재로는 Hf, Cd, B, 은합금 등이 있다.
※ 제어재의 구비조건
(1) 중성자 흡수 단면적이 클 것
(2) 열과 방사선에 대하여 안정할 것
(3) 높은 중성자속 중에서 장시간 그 효과를 간직할 것
(4) 원자의 질량이 작을 것
(5) 내식성이 크고 기계적 가공이 용이할 것

예제3 원자력발전의 특징으로 적절하지 않은 것은?

① 처음에는 과잉량의 핵연료를 넣고 그 후에는 조금씩 보급하면 되므로 연료의 수송기지와 저장 시설이 크게 필요하지 않다.
② 핵연료의 허용온도와 열전달특성 등에 의해서 증발 조건이 결정되므로 비교적 저온, 저압의 증기로 운전 된다.
③ 핵분열 생성물에 의한 방사선 장해와 방사선 폐기물이 발생하므로 방사선측정기, 폐기물처리장치 등이 필요하다.
④ 기력발전보다 발전소 건설비가 낮아 발전원가 면에서 유리하다.

해설 원자력발전의 특징
① 화력발전과 비교해서 같은 출력이라면 소형화.
② 우라늄 ${}_{92}U^{235}$ 1[g]에서 석탄 3[t]에 해당한다.
③ 연료의 중량이 적어 수송, 저장, 장소가적어도 된다.
④ 방사능 대책 및 핵폐기물 시설에 투자가 필요하다.
⑤ 화력발전소에 비해 건설비는 높고, 연료비가 낮다.
⑥ 열효율은 화력 38~40[%]에 비해 33~35[%] 정도로 낮은 편이다. - 저온, 저압 증기로 운전

예제4 원자로의 감속재가 구비하여야 할 사항으로 적합하지 않은 것은?

① 중성자의 흡수 단면적이 적을 것
② 원자량이 큰 원소일 것
③ 중성자와의 충돌 확률이 높을 것
④ 감속비가 클 것

해설 감속재
원자로 내에서 핵분열로 발생한 고속 중성자 (2 [MeV])를 열중성자 (0.025[eV])로 감속하는 역할을 한다.
• 원자량이 작은 원소일 것

예제5 원자로의 제어재가 구비하여야 할 조건으로 틀린 것은?

① 중성자 흡수 단면적이 적을 것
② 높은 중성자속에서 장시간 그 효과를 간직할 것
③ 열과 방사선에 대하여 안정할 것
④ 내식성이 크고 기계적 가공이 용이할 것

해설 제어재
원자로 내에서 핵분열시 연쇄반응을 제어한다.
• 중성자 흡수 단면적이 클 것

예제6 원자로의 냉각재가 갖추어야 할 조건이 아닌 것은?

① 열용량이 적을 것
② 중성자의 흡수가 적을 것
③ 열전도율 및 열전달 계수가 클 것
④ 방사능을 띠기 어려울 것

해설 냉각재
핵분열시에 방출하는 에너지를 노 밖으로 운반하기 위한 것으로, 탄산가스, 물, 중수 등이 사용된다.
※ 냉각제의 구비조건
(1) 중성자 흡수가 적을 것
(2) 녹는점이 낮고 끓는점이 높을 것
(3) 열전도성이 우수하고 비열이 높을 것
(4) 방사능을 띠지 않을 것
(5) 열용량이 클 것

예제7 다음 (㉠), (㉡), (㉢)에 알맞은 것은?

> 원자력이란 일반적으로 무거운 원자핵이 핵분열하여 가벼운 핵으로 바뀌면서 발생하는 핵분열 에너지를 이용하는 것이고,(㉠)발전은 가벼운 원자핵을(과) (㉡) 하여 무거운 핵으로 바뀌면서 (㉢) 전후의 질량결손에 해당하는 방출에너지를 이용하는 방식이다.

① ㉠ 원자핵융합, ㉡ 융합, ㉢ 결합
② ㉡ 핵결합, ㉡ 반응, ㉢ 융합
③ ㉢ 핵융합, ㉡ 융합, ㉢ 핵반응
④ ㉣ 핵반응, ㉡ 반응, ㉢ 결합

해설 원자력
원자력이란 일반적으로 무거운 원자핵이 핵분열하여 가벼운 핵으로 바뀌면서 발생하는 핵분열에너지를 이용하는 것이고 (핵융합)발전은 가벼운 원자핵을 (융합)하여 무거운 핵으로 바꾸면서 (핵반응)전후의 질량결손에 해당하는 방출에너지를 이용하는 방식이다.

1 ③ 2 ③ 3 ④ 4 ② 5 ① 6 ① 7 ③

11 전력용 콘덴서

이해도 □□□ 30 60 100

중 요 도 : ★★★★☆
출제빈도 : 3.0%, 18문 / 총 600문

한 솔 전 기 기 사
http://inup.co.kr
▲ 유튜브영상보기

1. 부하의 역률

발전기, 변압기 등의 용량은 피상전력이므로 부하의 역률 저하시 전압강하, 전력손실 등이 발생하여 출력이 감소하게 된다. 이때 부하의 역률을 개선할 목적으로 부하와 병렬로 전력용 콘덴서를 설치한다.

2. 역률 개선시 효과

(1) 전력손실 감소
(2) 전압강하 감소
(3) 전기요금 절감
(4) 설비용량의 여유 증가

3. 역률개선 원리

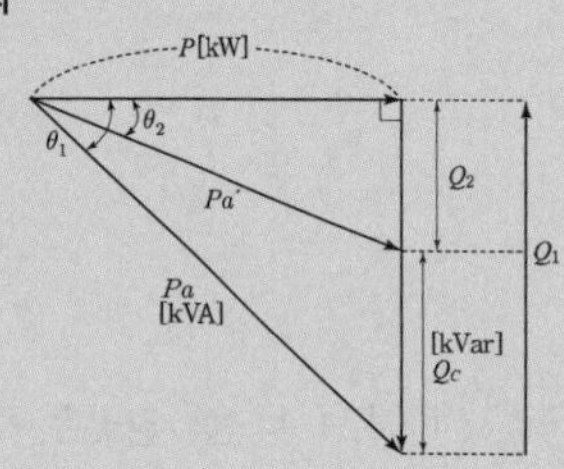

부하와 병렬로 콘덴서를 접속하면 콘덴서에 흐르는 전류(I_c)는 전압(E)보다 90°앞선 위상이 공급된다. 따라서 부하전류(I_L)는 진상전류(I_c) 만큼 상쇄되어 피상전류가 I_1에서 I_2로 감소하므로 역률이 $\cos\theta_2$로 개선된다.

4. 콘덴서용량 계산

$$Q_c = Q_1 - Q_2$$

$$Q_c = P(\tan\theta_1 - P\tan\theta_2) = P\left(\frac{\sin\theta_1}{\cos\theta_1} - \frac{\sin\theta_2}{\cos\theta_2}\right)$$

$$Q_c = P\left(\frac{\sqrt{1-\cos^2\theta_1}}{\cos\theta_1} - \frac{\sqrt{1-\cos^2\theta_2}}{\cos\theta_2}\right)[\text{kVA}]$$

5. 방전코일

잔류전하를 방전시켜 감전사고를 방지한다.

6. 직렬리액터

제5고조파를 제거하여 파형을 개선한다.

예제1 동일한 전압에서 동일한 전력을 송전할 때 역률을 0.8에서 0.9로 개선하면 전력손실은 약 몇 [%] 정도 감소하는가?

① 5 ② 10
③ 20 ④ 40

해설 역률($\cos\theta$)에 따른 전력손실(P_l)

$P_l = 3I^2R = \dfrac{P^2R}{V^2\cos^2\theta}$ [W]이므로 $P_l \propto \dfrac{1}{\cos^2\theta}$ 임을 알 수 있다.

$\cos\theta = 0.8$일 때 P_l, $\cos\theta = 0.9$ 일 때 $P_l{}'$이라 하면

$$P_l{}' = \left(\frac{\frac{1}{0.9^2}}{\frac{1}{0.8^2}}\right) = \left(\frac{0.8}{0.9}\right)^2 \fallingdotseq 0.8$$

∴ 전력손실의 감소는 $(1-0.8)\times 100 = 20$ [%]이다.

예제2 역률 0.8(지상)의 2,800[kW] 부하에 전력용 콘덴서를 병렬로 접속하여 합성역률을 0.9로 개선하고자 할 경우, 필요한 전력용 콘덴서의 용량은?

① 약 372[kVA] ② 약 558[kVA]
③ 약 744[kVA] ④ 약 1116[kVA]

해설 전력용 콘덴서의 용량(Q_C)

$$Q_C = P(\tan\theta_1 - \tan\theta_2) = P\left(\frac{\sin\theta_1}{\cos\theta_1} - \frac{\sin\theta_2}{\cos\theta_2}\right)$$

식에서 $\cos\theta_1 = 0.8$, $P = 2{,}800$ [kW], $\cos\theta_2 = 0.9$일 때

$$\therefore\ Q_C = 2{,}800 \times \left(\frac{0.6}{0.8} - \frac{\sqrt{1-0.9^2}}{0.9}\right) \fallingdotseq 744\,[\text{kVA}]$$

참고 $\tan\theta = \dfrac{\sin\theta}{\cos\theta} = \dfrac{\sqrt{1-\cos^2\theta}}{\cos\theta}$

예제3 200[V], 10[kVA]인 3상 유도전동기가 있다. 어느 날의 부하실적은 1일 사용전력량 72[kWh], 1일의 최대전력이 9[kW], 최대부하일 때의 전류가 35[A]이었다. 1일의 부하율과 최대 공급전력일 때의 역률은 몇 [%]인가?

① 부하율 : 31.3, 역률 : 74.2
② 부하율 : 33.3, 역률 : 74.2
③ 부하율 : 31.3, 역률 : 82.5
④ 부하율 : 33.3, 역률 : 82.5

해설 부하율과 역률

$$부하율 = \frac{평균전력}{최대전력} \times 100[\%],$$

$$역률(\cos\theta) = \frac{P}{\sqrt{3}\,VI} \times 100[\%] \text{ 식에서}$$

$P=9\,[\text{kW}]$, $V=200\,[\text{V}]$, $I=35\,[\text{A}]$일 때

$$\therefore 부하율 = \frac{72}{24\times 9}\times 100 = 33.3\,[\%]$$

$$\therefore \cos\theta = \frac{9\times 10^3}{\sqrt{3}\times 200\times 35}\times 100 = 74.2\,[\%]$$

예제4 한 대의 주상변압기에 역률(뒤짐) $\cos\theta_1$, 유효전력 P_1[kW]의 부하와 역률(뒤짐) $\cos\theta_2$, 유효전력 P_2[kW]의 부하가 병렬로 접속되어 있을 때 주상변압기 2차측에서 본 부하의 종합역률은 어떻게 되는가?

① $\dfrac{P_1+P_2}{\sqrt{(P_1+P_2)^2+(P_1\tan\theta_1+P_2\tan\theta_2)^2}}$

② $\dfrac{P_1+P_2}{\sqrt{(P_1+P_2)^2+(P_1\sin\theta_1+P_2\sin\theta_2)^2}}$

③ $\dfrac{P_1+P_2}{\dfrac{P_1}{\cos\theta_1}+\dfrac{P_2}{\cos\theta_2}}$

④ $\dfrac{P_1+P_2}{\dfrac{P_1}{\sin\theta_1}+\dfrac{P_2}{\sin\theta_2}}$

해설 종합역률($\cos\theta$)

종합역률은 각 부하의 유효분(P)의 합과 무효분(Q)의 합을 벡터로 피상분(P_a)을 유도하여 표현하여야 하므로

$$P = P_1 + P_2\,[\text{kW}]$$

$$Q = Q_1 + Q_2 = P_1\tan\theta_1 + P_2\tan\theta_2\,[\text{kVar}]$$

$$P_a = \sqrt{P^2+Q^2}$$

$$= \sqrt{(P_1+P_1)^2+(P_1\tan\theta_1+P_2\tan\theta_2)^2} \text{ 일 때}$$

$$\therefore \cos\theta = \frac{P}{P_a} = \frac{P_1+P_2}{\sqrt{(P_1+P_2)^2+(P_1\tan\theta_1+P_2\tan\theta_2)^2}}$$

예제5 다음 중 배전선로의 손실을 경감하기 위한 대책으로 적절하지 않는 것은?

① 전력용 콘덴서 설치
② 배전전압의 승압
③ 전류밀도의 감소와 평형
④ 누전차단기 설치

해설 전력손실 경감

$P_l \propto \dfrac{1}{V^2}$, $P_l \propto \dfrac{1}{\cos^2\theta}$, $P_l \propto \dfrac{1}{A}$이므로

∴ 승압, 역률개선(=전력용 콘덴서 설치), 단면적 증가(=동량증가)는 전력손실을 경감시킨다. 이 밖에도 부하의 불평형 방지 및 루프배전방식, 저압뱅킹방식, 네트워크방식 채용 등이 있다.

예제6 역률 0.6, 출력 480[kW]인 부하에 병렬로 용량 400[kVA]의 전력용 콘덴서를 설치하면 합성역률은 어느 정도로 개선되는가?

① 0.75　② 0.86
③ 0.89　④ 0.94

해설 개선 후 역률($\cos\theta_2$)

$Q_c = P(\tan\theta_1 - \tan\theta_2)\,[\text{kVA}]$ (P=유효 전력임)

$Q_c = 400\,[\text{kVA}]$, $P = 480\,[\text{kW}]$, $\cos\theta_1 = 0.6$이므로,

여기서, 피상전력 $P_a = \dfrac{P}{\cos\theta_1} = \dfrac{480}{0.6} = 800[\text{KVA}]$

무효전력 $= 800\times 0.8 = 640[\text{KVA}]$,

무효분은 콘덴서 400[kVA]를 설치했으므로 실제 무효분은 640−400=240이다.

$$종합역률\ \cos\theta = \frac{P(유효전력)}{P_a(피상전력)}$$

$$= \frac{480}{\sqrt{480^2+240^2}} = 0.89[\text{KVA}]$$

예제7 배전계통에서 전력용 콘덴서를 설치하는 목적으로 다음 중 가장 타당한 것은?

① 전력손실 감소
② 개폐기의 차단 능력 증대
③ 고장시 영상전류 감소
④ 변압기 손실 감소

해설 전력용 콘덴서의 설치목적

(1) 역률개선　(2) 전력손실 경감
(3) 전력요금 감소　(4) 설비용량의 여유 증가
(5) 전압강하 경감

1 ③　2 ③　3 ②　4 ①　5 ④　6 ③　7 ①

12 수력학의 개요

이해도 □□□ 30 60 100

중 요 도 : ★★★☆☆
출제빈도 : 2.8%, 17문 / 총 600문

한 솔 전 기 기 사
http://inup.co.kr
▲ 유튜브영상보기

1. 양수식발전소

잉여전력을 이용해서 전동기로 펌프를 돌려 물을 상부의 저수지에 저장하였다가 필요에 따라(첨두부하시) 수압관을 통하여 이 물을 이용해서 발전하는 방식이다.

2. 조력발전소

바닷물의 간만의 차에 의한 위치에너지를 전력으로 변환하는 발전소이다. 조력발전소의 수차는 저낙차(15[m] 이하) 발전에 사용되는 원통형(튜블러)수차이다.

3. 낙차 변화에 따른 특성 변화

- $\frac{N_2}{N_1}=\left(\frac{H_2}{H_1}\right)^{\frac{1}{2}}$ (회전수 와 낙차 와의 관계)
- $\frac{P_2}{P_1}=\left(\frac{H_2}{H_1}\right)^{\frac{3}{2}}$ (회전수 와 출력과의 관계)
- $\frac{Q_2}{Q_1}=\left(\frac{H_2}{H_1}\right)^{\frac{1}{2}}$ (회전수 와 유량과의 관계)

4. 특유속도

$$N_s = N\times\frac{P^{\frac{1}{2}}}{H^{\frac{5}{4}}}[\text{m}\cdot\text{kW}]$$

5. 수력발전의 출력

이론출력	실제출력
$P=9.8\,QH[\text{kW}]$ Q : 유량$[\text{m}^3/\text{s}]$, H : 유효낙차[m]	$P=9.8\,QH\cdot\eta\cdot U[\text{kW}]$ η : 종합효율[%], U : 이용률

6. 캐비테이션 현상

유체가 매우 빠른 속도로 흐를 때 미세한 기포가 발생한다. 기포가 압력이 높은 곳에 도달하면 터지게 되는데 이 때 부근의 물체에 큰 충격을 준다. 이 충격이 되풀이 되면 러너와 버킷 등을 침식시키는 현상을 캐비테이션 현상이라 한다.

영향	방지대책
• 수차의 효율 및 낙차 저하 • 러너와 버킷 등에 침식 발생 • 수차에 진동 및 소음 발생 • 흡출관 입구에서 수압의 변동	• 흡출관높이를 적당히 한다. • 비속도를 크게 하지 말 것. • 침식에 강한 재료로 제작 • 러너표면을 매끄럽게 가공한다.

예제1 **어느 수차의 정격회전수가 450[rpm]이고 유효낙차가 220[m]일 때 출력은 6,000[kW]이었다. 이 수차의 특유속도는 약 몇 [m·kW]인가?**

① 35[m·kW] ② 38[m·kW]
③ 41[m·kW] ④ 47[m·kW]

해설 수차의 특유속도(=비속도)

$N_s = \frac{NP^{\frac{1}{2}}}{H^{\frac{5}{4}}}[\text{m}\cdot\text{kW}]$ 식에서

$N=450\,[\text{rpm}]$, $H=220\,[\text{m}]$, $P=6{,}000\,[\text{kW}]$일 때

$\therefore\ N_s = \frac{450\times 6{,}000^{\frac{1}{2}}}{220^{\frac{5}{4}}} = 41\,[\text{m}\cdot\text{kW}]$

예제2 **수압 철관의 안지름이 4[m]인 곳에서의 유속이 4[m/s]이었다. 안지름이 3.5[m]인 곳에서의 유속은 약 몇 [m/s]인가?**

① 4.2[m/s] ② 5.2[m/s]
③ 6.2[m/s] ④ 7.2[m/s]

해설 연속의 정리

$Q=A_1v_1=A_2v_2\,[\text{m}^3/\text{s}]$ 식에서

$V_2=\frac{A_1}{A_2}\times V_1$이고 원통이므로 단면은 원의 면적이다.

$A_1=\frac{\pi\times 4^2}{4}$, $A_2=\frac{\pi\times 3.5^2}{4}$ 이다.

$\therefore\ V_2=\frac{\frac{\pi\times 4^2}{4}}{\frac{\pi\times 3.5^2}{4}}\times 4=\frac{4\pi\times 4^2}{4\pi\times 3.5^2}\times 4=5.2\ [\text{m/s}]$

예제3 **수력발전소에서 낙차를 취하기 위한 방식이 아닌 것은?**

① 댐식 ② 수로식
③ 역조정지식 ④ 유역변경식

해설 수력발전소의 종류
(1) 낙차를 얻는 방법
수로식, 댐식, 댐·수로식, 유역변경식
(2) 유량을 얻는 방법
유입식, 저수지식, 양수식, 조정지식, 조력식

예제4 **유효낙차 100[m], 최대사용수량 20[m³/s]인 발전소의 최대출력은 약 몇 [kW]인가? (단, 수차 및 발전기의 합성효율은 85[%]라 한다.)**

① 14,160 ② 16,660
③ 24,990 ④ 33,320

해설 발전소 출력(P)
(1) 수력발전소 출력 $P_G = 9.8\,Q\,H\,\eta_t\,\eta_g$ [kW]
여기서 Q[m³/s] : 유량, H[m] : 유효낙차,
η_t : 수차효율, η_g : 발전기효율,
$H = 100$[m], $Q = 20$[m³/s], $\eta_{tg} = 85$[%]일 때
$\therefore\ P_g = 9.8 \times 20 \times 100 \times 0.85 = 16{,}666$ [kW]

예제5 **평균유효낙차 48[m]의 저수지식 발전소에서 1000[m³]의 저수량은 약 몇 [kWh]의 전력량에 해당하는가? (단, 수차 및 발전기의 종합효율은 85[%]라고 한다.)**

① 111 ② 122
③ 133 ④ 144

해설 발전소 출력(P)
$P_g T = \dfrac{9.8QH\eta_{tg}}{3{,}600}$ [kWh] 식에서
$H = 48$[m], $Q = 1{,}000$[m³], $\eta_{tg} = 85$[%]일 때
$$\therefore\ P_g T = \frac{9.8QH\eta_{tg}}{3{,}600} = \frac{9.8 \times 1{,}000 \times 48 \times 0.85}{3{,}600} = 111\ \text{[kWh]}$$

예제6 **유효저수량 100,000[m³], 평균유효낙차 100[m], 발전기 출력 5000[kW] 1대를 유효저수량에 의해서 운전할 때 약 몇 시간 발전할 수 있는가? (단, 수차 및 발전기의 합성효율은 90[%]이다.)**

① 2 ② 3
③ 4 ④ 5

해설 발전소 출력(P)
$P_g T = \dfrac{9.8QH\eta_{tg}}{3{,}600}$ [kWh] 식에서
$Q = 100{,}000$[m³], $H = 100$[m], $P_g = 5{,}000$[kW],
$\eta_{tg} = 90$[%]일 때
$$\therefore\ T = \frac{9.8QH\eta_{tg}}{3{,}600P_g} = \frac{9.8 \times 100{,}000 \times 100 \times 0.9}{3{,}600 \times 5{,}000} \fallingdotseq 5\ \text{[h]}$$

예제7 **다음 중 수차의 특유속도를 나타내는 식은? (단, N : 정격회전수[rpm], H : 유효낙차[m], P : 유효낙차 H[m]일 경우의 최대출력[kW]이다.)**

① $N \times \dfrac{\sqrt{P}}{H^{\frac{5}{4}}}$ ② $N \times \dfrac{\sqrt[3]{P}}{H^{\frac{1}{4}}}$

③ $N \times \dfrac{P}{H^{\frac{3}{2}}}$ ④ $N \times \dfrac{P}{H^{\frac{1}{4}}}$

해설 특유속도(=비속도)
1[m]의 높이에서 1[kw]의 출력을 내는데 필요한 회전수.
$$N_s = N \times \frac{P^{\frac{1}{2}}}{H^{\frac{5}{4}}} = N \times \frac{\sqrt{P}}{H^{\frac{5}{4}}}\ \text{[rpm]}$$

정답
1 ③ 2 ② 3 ③ 4 ② 5 ① 6 ④ 7 ①

13 화력발전의 열효율 및 종류

이해도 □□□ 30 60 100

중 요 도 : ★★★☆☆
출제빈도 : 2.8%, 17문 / 총 600문

한 솔 전 기 기 사
http://inup.co.kr
▲ 유튜브영상보기

1. 화력발전소의 열효율

$$\eta = \frac{860\,W}{mH} \times 100$$

W : 전력량[kWh], m : 질량[kg], H : 발열량[kcal/kg]

2. 열사이클의 종류

(1) 카르노 사이클
두 개의 등온변화와 두 개의 단열변화로 이루어지며, 가장 효율이 좋은 이상적인 사이클이다.

(2) 랭킨 사이클
가장 기본적인 사이클로 급수펌프→보일러→과열기→터빈→복수기→다시 보일러로 순환된다.

(3) 재열 사이클
고압터빈에서 나온 증기를 모두 추기하여 보일러의 재열기로 보내어 다시 열을 가해 저압터빈으로 보내는 방식이다.

(4) 재생 사이클
증기터빈에서 팽창 도중에 있는 증기를 일부만 추기하여 급수가열기에 공급함으로서 열효율을 증가 시키는 열 사이클이다.

(5) 재생재열 사이클
재생사이클과 재열사이클을 복합시킨 것으로 열효율이 가장 높은 열 사이클 방식이다.

3. 열 사이클 효율향상 방법

(1) 과열기 설치한다.
(2) 진공도를 높인다.
(3) 고온 · 고압증기를 채용한다.
(4) 절탄기, 공기예열기 설치한다.
(5) 재생·재열사이클의 채용한다.

예제1 기력발전소의 열사이클 중 가장 기본적인 것으로 두 개의 등압변화와 두 개의 단열변화로 되는 열사이클은?

① 재생사이클 ② 랭킨사이클
③ 재열사이클 ④ 재생재열사이클

해설 열사이클
(1) 재생사이클 : 두 개의 등온변화와 두 개의 단열변화로 이루어지며, 가장 효율이 좋은 이상적인 사이클이다.
(2) 랭킹 사이클 : 가장 기본적인 사이클로 급수펌프 → 보일러 → 과열기 → 터빈 → 복수기 → 다시 보일러로 순환된다.
(3) 재열사이클 : 고압터빈에서 나온 증기를 모두 추기하여 보일러의 재열기로 보내어 다시 열을 가해 저압터빈으로 보내는 방식이다.
(4) 재생·재열사이클 : 재생사이클과 재열사이클을 복합시킨 열효율이 가장 높은 열 사이클.

예제2 화력발전소의 기본 랭킨 사이클(Rankine cycle)을 바르게 나타낸 것은?

① 보일러 → 급수펌프 → 터빈 → 복수기 → 과열기 → 다시 보일러로
② 보일러 → 터빈 → 급수펌프 → 과열기 → 복수기 → 다시 보일러로
③ 급수펌프 → 보일러 → 과열기 → 터빈 → 복수기 → 다시 급수펌프로
④ 급수펌프 → 보일러 → 터빈 → 과열기 → 복수기 → 다시 급수펌프로

해설 기력발전소의 증기 및 급수의 흐름
물은 급수펌프를 거쳐 급수가열기에서 가열되며 가열된 급수는 보일러에 보내지기 전에 절탄기에서 가열된다. 가열된 물은 보일러에 공급되어 포화증기로 변화되고 이 포화증기는 다시 과열기에서 과열되어 고온·고압의 과열증기로 바꿔게 된다. 이 과열증기는 터빈에 공급되고 다시 복수기를 거쳐 물로 변화된다.
∴ 급수펌프 → 보일러 → 과열기 → 터빈 → 복수기 → 다시 급수펌프

예제3 **기력발전소에서 1톤의 석탄으로 발생할 수 있는 전력량은 약 몇 [kWh]인가? (단, 석탄의 발열량은 5,500[kcal/kg]이고 발전소 효율을 33[%]로 한다.)**

① 1,800　　② 2,110
③ 2,580　　④ 2,840

해설 발전소의 열효율(η)

$$\eta = \frac{860W}{mH}$$

여기서, W[kWh] : 발생전력량, m[kg] : 연료소비량, H[kcal/kg] : 연료발열량

$m = 1\,[\text{ton}] = 1,000\,[\text{kg}]$, $H = 5,500\,[\text{kcal/kg}]$, $\eta = 33\,[\%]$일 때

$$\therefore\ W = \frac{mH\eta}{860} = \frac{1,000 \times 5,500 \times 0.33}{860} = 2,110\,[\text{kWh}]$$

예제4 **그림과 같은 열사이클은?**

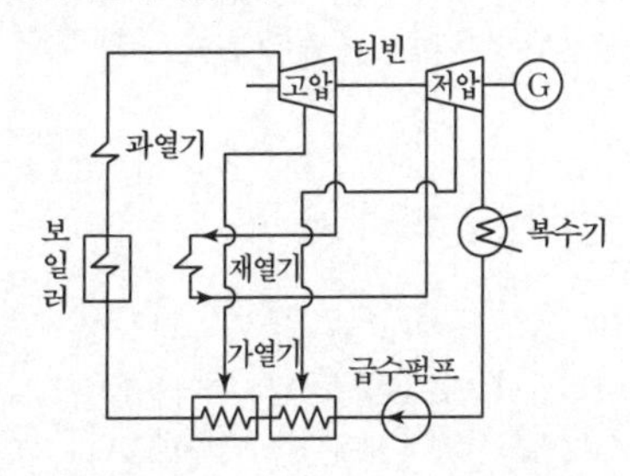

① 재열 사이클　　② 재생 사이클
③ 재생재열 사이클　　④ 기본 열사이클

해설 재생·재열사이클
증기터빈에서 팽창 도중에 있는 증기를 일부 추기하여 그것이 갖는 열을 급수가열에 이용하는 재생사이클과 증기터빈에서 팽창한 증기를 보일러에 되돌려보내서 재열기로 적당한 온도까지 재가열시킨 다음 다시 터빈에 보내어 팽창시키도록 하는 재열사이클이 복합된 재생·재열사이클이다.

예제5 **증기터빈 내에서 팽창 도중에 있는 증기를 일부 추기하여 그것이 갖는 열을 급수가열에 이용하는 열사이클은?**

① 랭킨 사이클　　② 카르노 사이클
③ 재생 사이클　　④ 재열 사이클

해설 재생사이클
증기터빈에서 팽창 도중에 있는 증기를 일부 추기하여 그것이 갖는 열을 급수가열에 이용하여 열효율을 증가시키는 열사이클을 말한다.

예제6 **1[kWh]를 열량으로 환산하면 약 몇 [kcal]인가?**

① 80　　② 256
③ 539　　④ 860

해설 열량(H)과 전력량(W)의 관계

$1\,[\text{J}] = 1\,[\text{W}\cdot\text{s}] = 0.24\,[\text{cal}]$

$\therefore\ 1\,[\text{kWh}] = 860 \times 10^3\,[\text{cal}] = 860\,[\text{kcal}]$

예제7 **증기압, 증기온도 및 진공도가 일정하다면 추기할 때는 추기하지 않을 때보다 단위 발전량당 증기소비량과 연료소비량은 어떻게 변하는가?**

① 증기소비량, 연료소비량 모두 감소한다.
② 증기소비량은 증가하고, 연료소비량은 감소한다.
③ 증기소비량은 감소하고, 연료소비량은 증가한다.
④ 증기소비량, 연료소비량 모두 증가한다.

해설 재열사이클
추기란 증기터빈 도중에서 끄집어 낸 증기의 일부를 말하며 이 추기된 증기로 급수를 가열하기 때문에 열효율을 높일 수 있게 된다. 따라서 증기소비량은 증가하고 반면 연료소비량은 감소한다.

예제8 **화력발전소에서 열 사이클의 효율향상을 기하기 위하여 채용되는 방법으로 볼 수 없는 것은?**

① 조속기를 설치한다.
② 재생재열사이클을 채용한다.
③ 절탄기, 공기예열기를 설치한다.
④ 고압, 고온 증기의 채용과 과열기를 설치한다.

해설 열사이클의 효율향상 방법
(1) 고온·고압증기의 채용
(2) 과열기 설치
(3) 진공도를 높인다.
(4) 절탄기, 공기예열기 설치
(5) 재생·재열사이클의 채용
※ 조속기는 출력의 증감에 관계없이 수차의 회전수를 일정하게 유지시키기 위해서 출력의 변화에 따라 수차의 유량을 자동적으로 조절하는 장치.

1 ② 2 ③ 3 ② 4 ③ 5 ③ 6 ④ 7 ② 8 ①

14 개폐기의 종류

한솔전기기사
http://inup.co.kr
▲ 유튜브영상보기

이해도 □□□ 30 60 100

중 요 도 : ★★★☆☆
출제빈도 : 2.8%, 17문 / 총 600문

1. 단로기

단로기는 무부하시 회로를 개폐하는 것으로 고압 이상의 전로에서 기기점검 및 수리를 하거나, 계통의 접속을 바꿀 때 사용 된다. 단로기는 아크소호 능력이 없으므로 무부하 충전전류나 변압기 여자전류만을 개폐할 수 있다.

2. 단로기와 차단기 조작순서 (인터록 회로 구성)

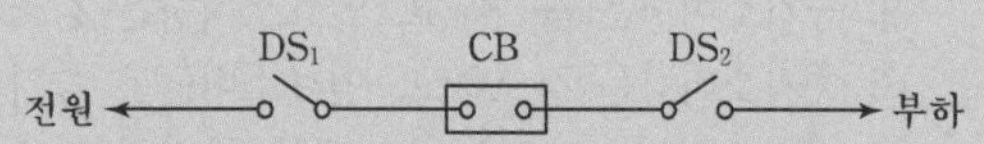

차단순서 : CB(OFF) → DS_2(OFF) → DS_1(OFF)

투입순서 : DS_2(ON) → DS_1(ON) → CB(ON)

3. 자동고장구분 개폐기(ASS)

고장 구간만을 신속·정확하게 차단하여 고장의 확대를 방지한다. 22.9[kv-y] 지중 인입시 1000 [kVA] 이하의 간이 수전설비에서 인입구 개폐기로 사용된다.

4. 자동부하전환개폐기(ALTS)

계통의 정전 사고시 자동으로 상시전원을 개방하고 예비전원으로 절체되어 부하에 비상전원을 공급하는 장치로 무정전 전원을 공급이 가능하며 변압기 저압측 선로에 연결하는 절체개폐기이다.

5. 가스절연개폐설비(GIS)

SF_6가스를 사용한 밀폐방식의 가스절연개폐설비(GIS)를 주체로 한 축소형 변전소.

(1) GIS의 장점
- ㉠ 대기절연에 비해 현저하게 소형화할 수 있다.
- ㉡ 충전부가 완전히 밀폐되기 때문에 안정성이 높다.
- ㉢ 신뢰도가 높고 보수가 용이하다.
- ㉣ 소음이 적고 환경과 조화를 기할 수 있다.
- ㉤ 공사기간을 단축할 수 있다.

(2) GIS의 단점
- ㉠ 내부를 직접 눈으로 볼 수 없다.
- ㉡ 가스압력, 수분 등을 엄중하게 감시할 필요가 있다.
- ㉢ 한랭지, 산악지방에서는 액화방지대책이 필요하다.
- ㉣ 비교적 고가이다.

예제1 다음 중 부하전류의 차단에 사용되지 않는 것은?

① NFB ② OCB
③ VCB ④ DS

해설 차단기(CB)와 단로기(DS)의 기능
(1) 차단기 : 고장전류를 차단하고 부하전류는 개폐한다.
(2) 단로기 : 무부하시에만 개· 폐 가능하며 무부하시 충전전류 및 변압기 여자전류만을 개· 폐할 수 있다.

예제2 GIS(Gas Insulated Switch Gear)를 채용할 때, 다음 중 틀린 것은?

① 대기 절연을 이용한 것에 비하면 현저하게 소형화 할 수 있다.
② 신뢰성이 향상되고, 안전성이 높다.
③ 소음이 적고 환경 조화를 기할 수 있다.
④ 시설공사 방법은 복잡하나, 장비비가 저렴하다.

해설 가스절연개폐설비(GIS)

SF_6가스를 사용한 밀폐방식의 가스절연개폐설비(GIS)를 주체로 한 축소형 변전소.

(1) GIS의 장점
- ㉠ 대기절연에 비해 현저하게 소형화할 수 있다.
- ㉡ 충전부가 완전히 밀폐되기 때문에 안정성이 높다.
- ㉢ 신뢰도가 높고 보수가 용이하다.
- ㉣ 소음이 적고 환경과 조화를 기할 수 있다.
- ㉤ 공사기간을 단축할 수 있다.

(2) GIS의 단점
- ㉠ 내부를 직접 눈으로 볼 수 없다.
- ㉡ 가스압력, 수분 등을 엄중하게 감시할 필요가 있다.
- ㉢ 한랭지, 산악지방에서는 액화방지대책이 필요하다.
- ㉣ 시설방법이 복잡하고 비교적 고가이다.

예제3 다음 중 단로기에 대한 설명으로 바르지 못한 것은?

① 선로로부터 기기를 분리, 구분 및 변경할 때 사용되는 개폐기구로 소호 기능이 없다.
② 충전전류의 개폐는 가능하나 부하전류 및 단락전류의 개폐 능력을 가지고 있지 않다.
③ 부하측의 기기 또는 케이블 등을 점검할 때에 선로를 개방하고 시스템을 절환하기 위해 사용된다.
④ 차단기와 직렬로 연결되어 전원과의 분리를 확실하게 하는 것으로 차단기 개방 후 단로기를 열고 차단기를 닫은 후 단로기를 닫아야 한다.

해설 단로기(DS)
단로기는 고압선로에 사용하는 선로개폐기로서 소호장치가 없어 오직 무부하시 무부하 충전전류 나 변압기 여자전류를 개폐할 수 있다. 또한 기기 점검 및 수리를 위해 회로를 분리하거나 계통의 접속을 바꾸는 데 사용한다. 따라서 차단기와 단로기는 조작하는 순서를 정하였는데 이를 인터록이라 하며 단로기는 차단기가 열려있을 경우에만 개폐가 가능하다.
∴ 급전시 DS→CB 순서, 정전시 CB→DS 순서

예제4 단로기에 대한 설명으로 적합하지 않은 것은?

① 소호장치가 있어 아크를 소멸시킨다.
② 무부하 및 여자전류의 개폐에 사용된다.
③ 배전용 단로기는 보통 디스커넥팅바로 개폐한다.
④ 회로의 분리 또는 계통의 접속 변경시 사용한다.

해설 단로기(DS)
단로기는 소호장치가 없어 고장전류나 부하전류를 개폐하거나 차단할 수 없다.

예제5 선로 고장 발생시 타 보호기기와의 협조에 의해 고장 구간을 신속히 개방하는 자동구간 개폐기로서 고장전류를 차단할 수 없어 차단 기능이 있는 후비 보호장치와 직렬로 설치되어야 하는 배전용 개폐기는?

① 배전용 차단기　② 부하 개폐기
③ 컷아웃스위치　④ 섹셔널라이저

해설 섹셔널라이저
3상 4선식 다중접지 방식의 보호협조에 사용되는 섹셔널라이저는 선로 고장시 후비 보호장치인 리클로저나 재폐로 계전기가 장치된 차단기의 고장차단으로 선로가 정전상태일 때 자동으로 개방되어 고장구간을 분리시키는 선로개폐기로 반드시 리클로저와 조합해서 사용해야 한다.

예제6 고압가공 배전선로에서 고장, 또는 보수 점검시, 정전구간을 축소하기 위하여 사용되는 것은?

① 구분 개폐기　② 컷아웃스위치
③ 캐치홀더　④ 공기차단기

해설 구분계폐기
고압가공 배전선로의 고장 또는 보수 점검시 정전구간을 축소시키기 위해 선로의 길이 2 [km]마다 구분 개폐기를 사용한다.

예제7 인터록(interlock)의 설명으로 옳은 것은?

① 차단기가 열려 있어야만 단로기를 닫을 수 있다.
② 차단기가 닫혀 있어야만 단로기를 닫을 수 있다.
③ 차단기가 열려 있으면 단로기가 닫히고, 단로기가 열려 있으면 차단기가 닫힌다.
④ 차단기의 접점과 단로기의 접점이 기계적으로 연결되어 있다.

해설 인터록
차단기와 단로기는 조작하는데 일정한 순서로 규칙을 정하였는데 이를 인터록이라 하며 차단기가 열려있을 경우에만 단로기를 닫을 수 있다. 단로기가 닫혀있을 때 차단기를 열 수 있다.
∴ 급전시 DS→CB 순서, 정전시 CB→DS 순서

정답
1 ④　2 ④　3 ④　4 ①　5 ④　6 ①　7 ①

15 유도장해 및 방지 대책

한 솔 전 기 기 사
http://inup.co.kr
▲ 유튜브영상보기

이해도 □□□ 30 60 100
중 요 도 : ★★★☆☆
출제빈도 : 2.7%, 16문 / 총 600문

1. 전자 유도전압(E_m)

송전선에 1선 지락사고에 의해 영상전류가 흐르면 자기장이 형성되고 전력선과 통신선 사이에 상호 인덕턴스(M)에 의하여 통신선에 전압이 유기된다.

$$E_m = j\omega M\ell(I_a + I_b + I_c) = j\omega M\ell \times 3I_0$$

$3I_0$: 지락전류(기유도 전류), M : 상호인덕턴스
ℓ : 전력선과 통신선의 병행길이

2. 정전 유도장해(E_s)

(1) 정전 유도전압
송전선로의 영상 전압이 인가되는 경우에 통신선과의 상호 정전용량에 의해 통신선에 정전 유도되는 전압.

(2) 단상인 경우 통신선의 정전 유도전압

$$E_s = \frac{C_{ab}}{C_{ab} + C_s} E$$

(3) 3상인 경우 정전 유도전압

$$E_s = \frac{\sqrt{C_a(C_a - C_b) + C_b(C_b - C_c) + C_c(C_c - C_a)}}{C_a + C_b + C_c + C_s} \times \frac{V}{\sqrt{3}}$$

3. 유도장해 방지대책

(1) 전력선측 대책
- 이격거리를 증대시켜 상호인덕턴스를 줄인다.
- 전력선과 통신선을 수직 교차시킨다.
- 연가를 충분히 하여 중성점의 잔류전압을 줄인다.
- 소호리액터 접지를 채용하여 지락전류를 줄인다.
- 전력선을 케이블화 한다.
- 차폐선을 설치한다.(30~50%)
- 고속도차단기를 설치하여 고장전류를 신속히 제거한다.

(2) 통신선측의 대책
- 통신선을 연피 케이블화 한다.
- 배류코일이나 중계코일을 사용한다.
- 차폐선을 설치한다.
- 통신선을 전력선과 수직교차 시킨다.
- 통신선에 특성이 우수한 피뢰기 설치

예제1 전력선과 통신선간의 상호정전용량 및 상호인덕턴스에 의해 발생하는 유도장해로 옳은 것은?

① 정전유도장해 및 전자유도장해
② 전력유도장해 및 정전유도장해
③ 정전유도장해 및 고조파유도장해
④ 전자유도장해 및 고조파유도장해

해설 유도장해의 종류
(1) 정전유도장해 : 전력선과 통신선 사이의 상호정전용량에 의해서 통신선에 영상전압이 유기되는 현상
(2) 전자유도장해 : 지락사고시 영상전류에 의해서 자기장이 형성되고 전력선과 통신선 사이에 상호인덕턴스에 의하여 통신선에 전압이 유기되는 현상

예제2 전력선에 의한 통신선로의 전자유도장해 발생요인은 주로 무엇 때문인가?

① 지락사고 시 영상전류가 커지기 때문에
② 전력선의 전압이 통신선로보다 높기 때문에
③ 통신선에 피뢰기를 설치하였기 때문에
④ 전력선과 통신선로 사이의 상호인덕턴스가 감소하였기 때문에

해설 전자유도장해
지락 사고시 영상전류에 의해서 자기장이 형성되고 전력선과 통신선 사이에 상호인덕턴스에 의하여 통신선에 전압이 유기되는 현상

예제3 송전선로에 근접한 통신선에 유도장해가 발생하였다. 정전유도의 원인은?

① 영상 전압 ② 역상 전압
③ 역상 전류 ④ 정상 전류

해설 정전유도장해
전력선과 통신선 사이의 상호정전용량 의해서 통신선에 영상전압이 유기되는 현상

예제4 전력선 a의 충전 전압을 E, 통신선 b의 대지 정전 용량을 C_b, ab 사이의 상호 정전 용량을 C_{ab}라고 하면 통신선 b의 정전 유도 전압 E_s는?

① $\dfrac{C_{ab}+C_b}{C_b}E$

② $\dfrac{C_{ab}+C_a}{C_{ab}}E$

③ $\dfrac{C_b}{C_{ab}+C_b}E$

④ $\dfrac{C_{ab}}{C_{ab}+C_b}E$

해설 단상인 경우 정전유도전압(E_s)
선간정전용량 $C_m = C_{ab}$, 대지정전용량 $C_s = C_b$이므로

$\therefore\ E_0 = \dfrac{C_m}{C_m+C_s}E = \dfrac{C_{ab}}{C_{ab}+C_b}E\ [\text{V}]$

TIP 문자 표현이 서로 다른 경우 주의 할 것

예제5 통신 유도 장해 방지 대책의 일환으로 전자 유도 전압을 계산함에 이용되는 인덕턴스 계산식은?

① Peek 식
② Peterson 식
③ Carson-Pollaczek 식
④ Still 식

해설 상호인덕턴스 계산
전류의 귀로인 대지의 도전율이 균일한 경우에 상호인덕턴스는 카슨-폴라체크식에 의해서 계산한다.

예제6 66[kV], 60[Hz] 3상 3선식 1회 송전선이 통신선과 병행하고 있다. 1선 지락 사고로 영상 전류가 60[A] 흐를 때 통신선에 유기하는 전자 유도 전압은 약 몇 [V]인가? (단, 병행 거리 L=40[km], 상호 인덕턴스 M=0.05[mH/km]이다.)

① 136 ② 150
③ 181 ④ 200

해설 전자유도전압(E_m)
$E_m = j\omega Ml(I_a+I_b+I_c) = j\omega Ml\times 3I_0\ [\text{A}]$ 식에서
$V=66\ [\text{kV}],\ f=60\ [\text{Hz}],\ I_0=60\ [\text{A}],\ L=40\ [\text{km}],$
$M=0.05\ [\text{mH/km}]$일 때
$\therefore\ E_m = j\omega Ml\times 3I_0 = j2\pi fMl\times 3I_0$
$= j2\pi\times 60\times 0.05\times 10^{-3}\times 40\times 3\times 60$
$= j136\ [\text{V}]$

예제7 3상 송전 선로와 통신선이 병행되어 있는 경우에 통신 유도 장해로서 통신선에 유도되는 정전 유도 전압은?

① 통신선의 길이에 비례한다.
② 통신선의 길이의 자승에 비례한다.
③ 통신선의 길이에 반비례한다.
④ 통신선의 길이에 관계없다.

해설 유도전압
(1) 전자 유도전압 $E_m = j\omega Ml\times 3I_0\ [\text{V}]$ 식에서
전자유도전압은 주파수와 길이에 비례한다.
(2) 정전 유도된 전압 $E_s = \dfrac{C_m}{C_m+C_s}E\ [\text{V}]$
정전유도전압(영상전압성분)은 주파수와 길이에 무관하다.

정답
1 ① 2 ① 3 ① 4 ④ 5 ③ 6 ① 7 ④

16 수차 및 부속설비

한 솔 전 기 기 사
http://inup.co.kr
▲ 유튜브영상보기

이해도 □□□ 30 60 100

중 요 도 : ★★★☆☆
출제빈도 : 2.0%, 12문 / 총 600문

1. 수차

물이 보유하고 있는 에너지를 기계적인 에너지로 변환시키는 장치로서 낙차에 따라 사용하는 수차의 종류가 다르다.

구분	저 낙차	중 낙차		고 낙차
낙차	15[m] 이하	15~130[m] 이하	130~300[m] 이하	300[m] 이상
수차 종류	원통형수차 튜블러수차	프로펠러수차 카플란수차	프란시스수차 사류수차	펠턴수차
	반동수차			충동수차

2. 조속기

부하 변동에 따른 속도 변화를 감지하여 수차의 유량을 자동적으로 조절하여 수차의 회전 속도를 일정하게 유지하기 위한 장치이다. 조속기가 예민하면 난조 또는 탈조를 일으킬 수 있다.

① 조속기 동작 순서
: 평속기 - 배압 밸브 - 서보 모터 - 복원기구

3. 조압수조

수력 발전소의 부하가 급격하게 변화하였을 때 생기는 수격작용을 흡수하고 수차의 사용유량 변동에 의한 서징작용을 흡수한다. 이 때 수격압을 완화시켜 수압관을 보호한다.

※ 단동 조압수조 : 수조의 높이만을 증가시킨 수조

4. 수차의 종류에 따른 특유속도 크기

예제1 수력발전소에서 조압수조를 설치하는 목적은?

① 부유물의 제거
② 수격작용의 완화
③ 유량의 조절
④ 토사의 제거

해설 조압수조
부하 변동에 따른 수격작용의 완화와 수압관의 보호를 목적으로 설치한 수조이다.

예제2 흡출관이 필요 없는 수차는?

① 프로펠러수차
② 카플란수차
③ 프란시스수차
④ 펠턴수차

해설 흡출관
러너 출구로부터 방수면까지의 사이를 관으로 연결하고 물을 충만시켜서 흘려줌으로써 낙차를 유효하게 늘리는 효과가 있다. 반동 수차인 저낙차에 이용된다.
∴ 펠턴 수차는 고낙차에 이용되는 수차이기 때문에 흡출관이 필요치 않다.

예제3 회전속도의 변화에 따라서 자동적으로 유량을 가감하는 것은?

① 예열기 ② 급수기
③ 여자기 ④ 조속기

해설 조속기
조속기는 부하의 증감에 따라 수차의 회전수를 일정하게 제어하기 위한 설비이다. 출력의 변화에 따라 수차의 유량을 자동적으로 조절할 수 있게 한 것으로 조속기를 민감하게 하면 속도가 빠르게 안정되어 속도상승률은 감소하지만 수격작용에 의해서 수압철관 내의 수압이 상승하게 된다.

정답
1 ② 2 ④ 3 ④

17 보일러 및 부속장치

이해도 □□□ 30 60 100

중 요 도 : ★★★☆☆
출제빈도 : 2.0%, 12문 / 총 600문

한 솔 전 기 기 사
http://inup.co.kr
▲ 유튜브영상보기

1. 보일러의 부속장치

① 급수가열기 : 터빈에서 추기한 증기로 급수를 가열시키는 장치이다.
② 절탄기 : 배기가스의 여열을 이용해서 보일러에 공급되는 급수를 예열시킨다.
③ 과열기 : 보일러에서 만든 습증기를 온도를 더 높여 과열증기로 만든다.
④ 복수기 : 터빈에서 나온 증기를 물로 회수시키는 장치로서, 순환펌프(예비기가 필요)가 필요하다.
⑤ 공기예열기 : 절탄기에서 나온 배기가스의 열을 다시 이용하여 연소 공기를 예열한다.
⑥ 탈기기 : 급수 중의 용존산소 및 이산화탄소를 분리하는 역할을 한다.(부식방지)
⑦ 수냉벽 : 수냉벽은 노벽을 보호하기 위해 설치하는 것으로서 보일러 드럼 또는 수관과 연락하는 수관을 가진 노벽이다. 복사열을 흡수하며 흡수열량이 40~50[%]로 가장 큰 흡수열량을 갖는다.

2. 보일러 급수의 영향

① 포밍 : 보일러 표면에 거품이 일어나는 현상이다.
② 스케일 : 고형물질이 석출되어 보일러 내면에 부착되는 현상이다.
③ 캐리오버 : 물속에 있던 불순물이 고온고압에서 약간의 양이 증기에 용해되어 증기와 함께 관벽 밖으로 운반되는 현상이다.

예제1 화력발전소에서 절탄기의 용도는?

① 보일러에 공급되는 급수를 예열한다.
② 포화증기를 과열한다.
③ 연소용 공기를 예열한다.
④ 석탄을 건조한다.

해설 절탄기
보일러 급수를 가열하는 설비이다.

예제2 보일러 급수 중에 포함되어 있는 산소 등에 의한 보일러 배관의 부식을 방지할 목적으로 사용되는 장치는?

① 공기 예열기 ② 탈기기
③ 급수 가열기 ④ 수위 경보기

해설 탈기기
급수 중에 녹아있는 산소 및 이산화탄소를 제거하여 보일러 배관의 부식을 방지한다.

예제3 보일러에서 흡수열량이 가장 큰 곳은?

① 절탄기 ② 수냉벽
③ 과열기 ④ 공기예열기

해설 수냉벽
수냉벽은 노벽을 보호하기 위해 설치하는 것으로서 보일러 드럼 또는 수관과 연락하는 수관을 가진 노벽이다. 노 내의 복사열을 흡수하며 흡수열량이 40~50[%]로 가장 큰 흡수열량을 갖는다.

예제4 공기예열기의 설명 중 틀린 사항은?

① 절탄기 바로 앞의 설비이다.
② 배기가스의 예열을 재이용한다.
③ 연소에 필요한 공기를 가열한다.
④ 열효율 향상을 목적으로 한 설비이다.

해설 기력발전소의 열가스로 가열되는 장치의 순서
과열기 → 절탄기 → 공기예열기 순으로 공기예열기는 절탄기에서 나온 배기가스의 열을 다시 이용하여 연소 공기를 예열한다.

정답

1 ① 2 ② 3 ② 4 ①

18 수전설비의 기기 및 구성

이해도 □□□ 30 60 100

중 요 도 : ★★★★★
출제빈도 : 5.0%, 30문 / 총 600문

한 솔 전 기 기 사
http://inup.co.kr
▲ 유튜브영상보기

1. 변류기(CT)
대 전류를 소 전류로 변환하여 계기 및 계전기에 전원공급하는 역할을 한다. 보수점검시 변류기 2차측을 단락시킨다.

2. 계기용변압기(PT)
고전압을 저전압으로 변성하여 계측기 및 계전기에 전원공급하는 역할을 한다. 보수점검시 계기용변압기 2차측을 개방시킨다.

3. 영상변류기(ZCT)
영상전류를 검출하여 지락계전기에 영상전류를 공급한다.

4. 접지형 계기용변압기(GPT)
영상전압을 검출 하며, 3권선 (Y−Y−Δ)변압기를 사용한다. 2차 정격은 110[V] 이다.

5. 전력수급용 계기용 변성기(MOF)
PT와 CT를 내장하여 전력량계에 전원을 공급한다.

6. 전력퓨즈(PF)
(1) 단락전류를 차단한다.
(2) 부하전류를 안전하게 통전한다.
(3) 전력퓨즈의 특징
① 고속도로 차단한다.
② 소형이며 차단용량이 크다.
③ 보수점검이 용이하다.
④ 재투입이 불가능하다.
⑤ 과도전류에 용단되기 쉽다.

7. 컷아웃 스위치(COS)
변압기 1차측에 설치하며, 과전류로부터 변압기를 보호한다.

예제1 변전소에서 비접지 선로의 접지 보호용으로 사용되는 계전기에 영상전류를 공급하는 변성기는?

① CT ② GPT
③ ZCT ④ PT

해설 지락보호계전기
선로의 지락사고시 OVGR은 GPT(접지형계기용변압기=접지변압기) 2차측에 설치하여 영상전압을 검출하고, DGR이나 SGR은 ZCT(영상변류기) 2차측에 접속하여 영상전류를 검출한다.

예제2 변류기 수리시 2차측을 단락시키는 이유는?

① 1차측 과전류 방지
② 2차측 과전류 방지
③ 1차측 과전압 방지
④ 2차측 과전압 방지

해설 CT 점검
계기용 변류기(CT)는 대전류를 소전류 (5[A]이하)로 변성하는 기기로 변류기 점검시 2차측을 단락상태로 한다. 만약 개방상태로 점검하면 CT 2차 개방단자에 고전압이 걸려 절연이 파괴되기 때문이다.

예제3 전력용 퓨즈의 장점으로 틀린 것은?

① 소형으로 큰 차단용량을 갖는다.
② 밀폐형 퓨즈는 차단시에 소음이 없다.
③ 가격이 싸고 유지보수가 간단하다.
④ 재투입이 가능하며, 과도전류에 쉽게 용단되지 않는다.

해설 전력퓨즈
전력용 퓨즈의 단점은 재투입이 불가하고, 과도전류로 용단되기 쉽다.

예제4 22.9[kV], Y결선된 자가용 수전설비의 계기용변압기의 2차측 정격전압은 몇 [V]인가?

① 110 ② 220
③ $110\sqrt{3}$ ④ $220\sqrt{3}$

해설 PT비
PT비는 상전압/상전압으로 나타내고 2차 정격전압은 110[V]이다. 22.9[KV]인 경우 1차 정격이 $\frac{22900}{\sqrt{3}}$ [V], 2차 정격 110[V]임을 나타내는 것이다.

정답

1 ③ 2 ④ 3 ④ 4 ①

19 보호계전방식

이해도 □□□ 30 60 100

중 요 도 : ★★☆☆☆
출제빈도 : 1.8%, 11문 / 총 600문

한 솔 전 기 기 사
http://inup.co.kr
▲ 유튜브영상보기

1. 송전선로의 단락보호방식

① 방사상선로
- 전원이 1단에만 있을 경우 : 과전류 계전기(OCR)
- 전원이 양단에 있을 경우 : 과전류 계전기+방향단락 계전기(D.S)

② 환상선로
- 전원이 1단에만 있을 경우 : 방향단락 계전기(D.S)
- 전원이 두 군데 이상 있는 경우 : 방향거리 계전기(D.Z)

2. 모선 보호계전방식

송전선로, 발전기, 변압기 등의 설비가 접속되는 공통도체인 모선 보호용으로 그 종류로는 전압차동, 전류(비율)차동, 위상비교, 방향비교 방식, 등이 있다.

∴ 모선보호용 계전기로 사용하면 가장 유리한 것은 차동계전기이다.

3. 기타 계전 방식

비율차동계전기 (RDF 87) : 발전기, 변압기 내부고장 및 모선 보호용으로 사용된다. 저압 측에 설치한 CT 2차측의 억제 코일에 흐르는 전류차가 일정비율 이상이 되었을 때 계전기가 동작

4. 재폐로(다시 연결) 차단기

리클로저는 차단기 이므로 선로에 고장이 발생하였을 때 고장 전류를 검출하여 지정된 시간 내에 고속차단하고 자동 재폐로 동작을 수행하여 고장구간을 분리하거나 재송전하는 장치이다. 보호협조 순서는 리클로저 - 섹쇼너라이저 - 라인퓨즈 순이다.

예제1 전원이 양단에 있는 방사상 송전선로의 단락보호에 사용되는 계전기의 조합방식은?

① 방향거리 계전기와 과전압 계전기
② 방향단락 계전기와 과전류 계전기
③ 선택접지 계전기와 과전류 계전기
④ 부족전류 계전기와 과전압 계전기

해설 전원이 양단에 있는 방사상 선로의 단락보호
방향단락계전기(DS)와 과전류계전기(OCR)를 조합하여 사용한다.

예제2 다음 중 모선보호용 계전기로 사용하면 가장 유리한 것은?

① 재폐로 계전기 ② 옴형 계전기
③ 역상 계전기 ④ 차동 계전기

해설 모선 보호계전방식
송전선로, 발전기, 변압기 등의 설비가 접속되는 공통도체인 모선을 보호하기 위하여 적용하는 보호계전방식이다.
※ 종류 : 전압차동, 전류(비율)차동, 위상비교, 방향비교 방식 등이 있다. 가장 유리한 것은 차동계전기이다.

예제3 재폐로 차단기에 대한 설명으로 옳은 것은?

① 배전선로용은 고장구간을 고속차단하여 제거한 후 다시 수동조작에 의해 배전이 되도록 설계된 것이다.
② 재폐로 계전기와 함께 설치하여 계전기가 고장을 검출하여 이를 차단기에 통보, 차단하도록 된 것이다.
③ 3상 재폐로 차단기는 1상의 차단이 가능하고 무전압시간을 약 20~30초로 정하여 재폐로 하도록 되어 있다.
④ 송전선로의 고장구간을 고속차단하고 재송전하는 조작을 자동적으로 시행하는 재폐로 차단장치를 장비한 자동차단기이다.

해설 재폐로 차단기(리클로저=Recolser)
선로에 고장이 발생하였을 때 고장 전류를 검출하여 지정된 시간 내에 고속차단하고 자동재폐로 동작을 수행하여 고장구간을 분리하거나 재송전하는 장치이다.

정답

1 ② 2 ④ 3 ④

20 코로나 현상

이해도 □□□ 30 60 100

중 요 도 : ★★☆☆☆
출제빈도 : 1.8%, 11문 / 총 600문

한 솔 전 기 기 사
http://inup.co.kr
▲ 유튜브영상보기

1. 코로나 현상

코로나 현상이란 전선로 주변 공기의 절연이 부분적으로 파괴되어 낮은 소리나 엷은 빛을 내면서 방전하는 현상.
직류의 경우 30[kV/cm], 교류의 경우 21.1[kV/cm]에서 절연이 파괴된다.

2. 코로나 임계전압

$$E_0 = 24.3\, m_0\, m_1\, \delta d \log_{10} \frac{D}{r} [\mathrm{kV}]$$

m_0 : 표면계수, m_1 : 날씨계수, δ : 공기상대밀도
d : 전선직경, D : 선간거리

3. 코로나 영향

(1) 전력손실이 증가하여 송전용량이 감소하고 안정도가 나빠진다.
Peek식

$$P_c = \frac{241}{\delta}(f+25)\sqrt{\frac{d}{2D}}(E-E_0)^2 \times 10^{-5} \ [\mathrm{kW/km/선}]$$

(2) 오존(O_3)의 발생으로 전선의 부식이 촉진된다.
(3) 잡음, 통신선의 유도장해 등이 발생한다.
(4) 소호 리액터의 소호 능력이 저하된다.

4. 코로나 방지대책

(1) 복도체를 사용하여 코로나 임계전압을 높인다.
(2) 가선금구를 개량한다.
(3) 전선 표면에 손상이 발생하지 않도록 주의한다.
(4) 굵은 전선을 사용한다.

5. 복도체 장점

- 전력 손실이 감소함으로 안정도 증가
- 인덕턴스 감소 및 정전용량 증가 (20~30% 증감)

문제점	방지대책
페란티 현상 발생	분로리액터 설치
진동 발생	댐퍼 설치
흡입력에 의한 전선간 충돌현상 발생	스페이셔 설치

예제1 코로나 현상에 대한 설명으로 거리가 먼 것은?

① 소호리액터의 소호능력이 저하된다.
② 전선 지지점 등에서 전선의 부식이 발생한다.
③ 공기의 절연성이 파괴되어 나타난다.
④ 전선의 전위경도가 40[kV] 이상일 때부터 나타난다.

해설 코로나의 영향
(1) 코로나 손실로 송전효율이 저하되고 송전용량이 감소된다.
(2) 코로나 방전시 오존(O_3)이 발생하여 전선을 부식한다.
(3) 근접 통신선에 유도장해가 발생한다.
(4) 소호 리액터의 소호능력이 저하한다.
(5) 직류 30[kV/cm], 교류 21.1[kV/cm]에서 공기의 절연이 파괴되어 나타난다.

예제2 코로나 방지에 가장 효과적인 방법은?

① 선간거리를 증가시킨다.
② 전선의 높이를 가급적 낮게 한다.
③ 선로의 절연을 강화한다.
④ 복도체를 사용한다.

해설 코로나 방지대책
(1) 복도체 방식을 채용한다.
 - L감소, C증가 (20~30% 증감)
(2) 코로나 임계전압을 크게 한다.
 - 전선의 지름을 크게 한다.
(3) 가선금구를 개량한다.

예제3 다음 중 코로나 손실에 대한 설명으로 옳은 것은?

① 전선의 대지전압의 제곱에 비례한다.
② 상대공기밀도에 비례한다.
③ 전원주파수의 제곱에 비례한다.
④ 전선의 대지전압과 코로나 임계전압의 차의 제곱에 비례한다.

해설 코로나 손실(Peek식 : P)

$$P=\frac{241}{\delta}(f+25)\sqrt{\frac{d}{2D}}\,(E-E_0)^2\times10^{-5}\ [\text{kW/km/1선}]$$

여기서, δ : 상대공기밀도, f : 주파수, d : 전선의 지름,
D : 선간거리, E : 대지전압, E_0 : 코로나 임계전압

$\therefore\ P\propto(E-E_0)^2$

예제4 전선로의 코로나 손실을 나타내는 Peek식에서 E_0에 해당하는 것을 찾으시오.

$$P=\frac{241}{\delta}(f+25)\sqrt{\frac{d}{2D}}\,(E-E_0)^2\times10^{-5}\,[\text{kW/km/선}]$$

① 코로나 임계전압
② 전선에 걸리는 대지전압
③ 송전단 전압
④ 기준충격 절연강도 전압

해설 코로나 손실(Peek식 : P)

$$P=\frac{241}{\delta}(f+25)\sqrt{\frac{d}{2D}}\,(E-E_0)^2\times10^{-5}\ [\text{kW/km/1선}]$$

여기서, δ : 상대공기밀도, f : 주파수, d : 전선의 지름,
D : 선간거리, E : 대지전압, E_0 : 코로나 임계전압

예제5 송전 계통에 복도체가 사용되는 주된 목적은?

① 전력손실의 경감 ② 역률 개선
③ 선로정수의 평형 ④ 코로나 방지

해설 복도체의 특징

(1) 사용 목적 : 코로나 방지
(2) 장점
㉠ 등가반지름이 증가되어 L이 감소하고 C가 증가한다.
- 송전용량이 증가하고 안정도가 향상된다.
㉡ 전선 표면의 전위경도가 감소 및 코로나 임계전압이 증가하여 코로나 손실이 감소한다.
- 송전효율이 증가한다.
㉢ 통신선의 유도장해가 억제된다.
㉣ 전선의 허용전류(안전전류)가 증가한다.

예제6 송전선에 복도체를 사용하는 경우, 같은 단면적의 단도체를 사용하는 것에 비하여 우수한 점으로 알맞은 것은?

① 전선의 코로나 개시전압은 변화가 없음
② 전선의 인덕턴스와 정전용량은 감소함
③ 전선표면의 전위경도가 증가
④ 송전용량과 안정도가 증가

해설 복도체의 특징
등가반지름이 증가되어 L이 감소하고 C가 증가한다.
- 송전용량이 증가하고 안정도가 향상된다.

예제7 복도체 (또는 다도체)를 사용할 경우 송전용량이 증가하는 주된 이유는?

① 코로나가 발생하지 않는다.
② 선로의 작용인덕 턴스는 감소하고 작용정전 용량은 증가 한다.
③ 전압강하가 적어진다.
④ 무효전력이 적어진다.

해설 복도체의 특징

송전 용량 $P_s=\dfrac{E_sE_R}{X}\sin\delta$ [MW/CCT]이다. 이때 복도체를 사용하면 도체의 지름이 증가함으로 유도성 리액턴스가 감소하고, 용량성 리액턴스는 증가함으로 전체 리액턴스가 감소하여 송전 용량은 증가 한다.

예제8 다음 중 코로나 임계전압에 직접 관계가 없는 것은?

① 전선의 굵기 ② 기상조건
③ 애자의 강도 ④ 선간거리

해설 코로나 임계전압(E_0)

$$E_0=24.3\,m_0\,m_1\,\delta\,d\log_{10}\frac{D}{r}\ [\text{kV}]$$

여기서, E_0 : 코로나 임계전압[kV], m_0 : 전선의 표면계수,
m_1 : 날씨계수, δ : 상대공기밀도,
d : 전선의 지름[m], D : 선간거리[m],
r : 도체 반지름[m]

정답

1 ④ 2 ④ 3 ④ 4 ① 5 ④ 6 ④ 7 ② 8 ③

21 차단기의 종류

한 솔 전 기 기 사
http://inup.co.kr
▲ 유튜브영상보기

이해도 □□□ 30 60 100

중 요 도 : ★★☆☆☆
출제빈도 : 1.8%, 11문 / 총 600문

1. 가스차단기(GCB)

(1) 원리

가스차단기는 전로의 차단이 육불화유황과 같은 특수한 기체인 불활성 가스를 소호매질로 사용한다.

(2) 가스차단기의 장점

① 소음공해가 없다.
② 전기적 성질이 우수하다.
③ 소호능력이 크다.
④ 고전압 대전류 차단에 적합하다.
⑤ 개폐시 과전압 발생이 적고, 근거리 선로고장, 이상 지락 등에도 강하다.

(3) SF_6 가스의 특징

① 안정성이 뛰어나다.
② 열전도성이 뛰어나다.
③ 소호능력이 뛰어나다.
④ 무색, 무취, 무해하다.
⑤ 절연내력이 높으며, 절연회복이 빠르다.
⑥ 화학적으로 불활성이므로 화재위험이 없다.

2. 진공차단기(VCB)

진공차단기는 전로의 차단을 높은 진공 속에서 행하는 차단기로 전류 절단(재단)현상이 나타난다.

3. 공기차단기(ABB)

공기차단기는 전로의 차단이 압축공기를 매질로 하는 차단기를 말한다. 이 때, 압축공기(15~30기압))를 소호매체로 한다.

4. 유입차단기(OCB)

유입차단기는 절연유를 절연 및 소호매질로 사용하는 차단기를 말한다.

5. 자기차단기(MBB)

아크와 직각방향으로 자계를 주어서 발생한 아크를 소호장치 내로 끌어들여 차단하는 구조이다.

예제1 **다음 중 현재 널리 사용되고 있는 GCB(Gas Circuit Breaker)용 가스는?**

① SF_6가스　② 아르곤가스
③ 네온가스　④ N_2가스

해설 가스차단기(GCB)

(1) 소호매질 : SF_6 (육불화황)

(2) 성질

㉠ 밀폐구조로 되어있어 소음이 적다.
㉡ 근거리 고장 등 가혹한 재기전압에 대해서도 우수하다.
㉢ SF_6가스는 무색, 무취, 무독성, 불연성의 가스이다.
㉣ 절연내력은 공기보다 2배 크다.
㉤ 소호능력은 공기보다 100배 크다.

예제2 **SF_6 가스차단기의 설명이 잘못된 것은?**

① SF_6가스는 절연내력이 공기의 2~3배이고 소호능력이 공기의 100~200배이다.
② 밀폐구조이므로 소음이 없다.
③ 근거리 고장 등 가혹한 재기전압에 대해서 우수하다.
④ 아크에 의해 SF_6가스는 분해되어 유독가스를 발생시킨다.

해설 가스차단기(GCB)

SF_6가스는 무색, 무취, 무해, 불연성의 성질을 갖고 있으며 유독가스를 발생하지 않는다.

정답

1 ① 2 ④

22 비접지 방식

이해도 □□□ 30 60 100
중 요 도 : ★★☆☆☆
출제빈도 : 1.7%, 10문 / 총 600문

한 솔 전 기 기 사
http://inup.co.kr
▲ 유튜브영상보기

1. 비접지 방식

변압기의 결선을 △−△로 하여 중성점을 접지하지 않는 방식이다. 저전압, 단거리 선로에서 사용한다.

2. 비접지 방식의 지락전류

1선 지락시 지락전류는 대지 충전전류(진상전류)로 대지정전용량에 기인한다.

지락전류 $I_g = j3\omega C_s E = j\sqrt{3}\,\omega C_s V$[A]

3. △−△의 장점

- 변압기 1대 고장시에도 V 결선에 의한 계속적인 3상 전력공급이 가능하다.
- 선로에 제3고조파가 발생하지 않는다.

4. △−△의 단점

- 1선지락 사고시 건전상 전압이 $\sqrt{3}$ 배까지 상승한다.
- 건전상 전압 상승에 의한 2중 고장 발생 확률이 높다.
- 기기의 절연수준을 높여야 한다.

예제1 다음 중 중성점 비접지방식에서 가장 많이 사용되는 변압기의 결선 방법은?

① △ − Y ② △ − △
③ $Y-V$ ④ $Y-Y$

해설 비접지 방식
이 방식은 $\Delta-\Delta$결선 방식으로 단거리, 저전압 선로에만 적용하며 우리나라 계통에서는 3.3[kV]나 6.6[kV]에서 사용되었다. 1선 지락시 지락전류는 대지 충전전류로써 대지정전용량에 기인한다. 또한 1선 지락시 건전상의 전위상승이 $\sqrt{3}$배 상승하기 때문에 기기나 선로의 절연레벨이 매우 높다.

예제2 단상 변압기 3대를 △결선으로 운전하던 중 1대의 고장으로 V결선 한 경우 V결선과 △결선의 출력비는 약 몇 [%]인가?

① 52.2 ② 57.7
③ 66.7 ④ 86.6

해설 변압기 V결선의 출력비와 이용률

(1) 출력비$=\dfrac{\text{V결선의 출력}}{\Delta\text{결선의 출력}}=\dfrac{\sqrt{3}\,TR}{3TR}=\dfrac{1}{\sqrt{3}}$
$=0.577[\text{p}\cdot\text{u}]=57.7[\%]$

(2) 이용률$=\dfrac{\sqrt{3}\,TR}{2TR}=\dfrac{\sqrt{3}}{2}=0.866[\text{p}\cdot\text{u}]=86.6[\%]$

예제3 변압기 중성점의 비접지방식을 직접 접지방식과 비교한 것 중 옳지 않은 것은?

① 전자유도장해가 경감된다.
② 지락전류가 작다.
③ 보호계전기의 동작이 확실하다.
④ 선로에 흐르는 영상전류는 없다.

해설 비접지 방식
1선 지락사고시 지락전류가 작아 전자유도장해가 경감되며 보호계전기의 동작이 불확실하게 된다. 또한 영상전류는 결선 내부를 순환함으로 선로에는 영상전류가 흐르지 않는다.

예제4 3,300[V], △결선 비접지 배전선로에서 1선이 지락하면 전선로의 대지전압은 몇 [V]까지 상승하는가?

① 4,125 ② 4,950
③ 5,715 ④ 6,600

해설 비접지 방식
∴ 전위상승 $=3{,}300\times\sqrt{3}=5{,}715$[V]

정답

1 ② 2 ② 3 ③ 4 ③

23 특성임피던스와 전파정수

이해도 □□□ 30 60 100

중 요 도 : ★★☆☆☆
출제빈도 : 1.5%, 9문 / 총 600문

한 솔 전 기 기 사
http://inup.co.kr
▲ 유튜브영상보기

1. 특성 임피던스 (파동 임피던스=Z_0)

특성 임피던스란 송전선로를 이동하는 진행파에 대한 전압과 전류의 비로 어드미턴스(Y)에 대한 임피던스(Z)의 비로 나타낸다. 한편, 특성임피던스는 선로의 길이에 관계없이 일정하다.

$$Z_0 = \sqrt{\frac{Z}{Y}} = \sqrt{\frac{r+j\omega L}{g+j\omega C}} = \sqrt{\frac{L}{C}} = 138\log_{10}\frac{D}{r}$$

송전선로 $Z_0 = \sqrt{\dfrac{1.3\times10^{-3}}{0.009\times10^{-6}}} = 380\,[\Omega]$

2. 전파정수(γ)

전압과 전류가 송전단으로 부터 멀어져감에 따라 그 진폭과 위상이 변해 가는 특성을 전파정수라 한다.

$$\gamma = \sqrt{Z\cdot Y} = \sqrt{(r+j\omega L)(g+j\omega C)} = j\omega\sqrt{LC} = \sqrt{LC}$$

3. 전파속도(V)

전파속도란 전자파가 이동하는 속도를 말하며 빛의 속도로 나타나기도 한다. 전파정수의 역수로 나타낸다.

$$V = \frac{1}{\gamma} = \frac{1}{\sqrt{LC}} = \frac{1}{\sqrt{1.3\times10^{-3}\times0.009\times10^{-6}}}$$
$$= 3\times10^5\,[\mathrm{km/s}]$$

예제1 파동 임피던스가 300[Ω]인 가공 송전선 1[km]당의 인덕턴스[mH/km]는? (단, 저항과 누설컨덕턴스는 무시한다.)

① 1.0 ② 1.2
③ 1.5 ④ 1.8

해설 특성임피던스(파동임피던스 Z_0)

$Z_0 = \sqrt{\dfrac{L}{C}}\,[\Omega]$, $Z_0 = 138\log_{10}\dfrac{D}{r}$ 이다.

$Z_0 = 300\,[\Omega]$이므로

$Z_0 = 138\log_{10}\dfrac{D}{r} = 300$되고 $\log_{10}\dfrac{D}{r} = \dfrac{300}{138}$ 된다.

∴ 인덕턴스 $L = 0.4605\times\dfrac{300}{138} = 1\,[\mathrm{mH/km}]$

예제2 전선에서 저항과 누설 컨덕턴스를 무시한 개략 계산에서 송전선의 특성 임피던스의 값은 보통 몇 [Ω] 정도인가?

① 100~300 ② 300~500
③ 500~700 ④ 700~900

해설 특성임피던스(Z_0)

$Z_0 = \sqrt{\dfrac{Z}{Y}} = \sqrt{\dfrac{R+j\omega L}{G+j\omega C}} = \sqrt{\dfrac{L}{C}}\,[\Omega]$ 식에서

송전선의 특성임피던스는 개략적으로 300~500[Ω] 정도로 적용한다.

예제3 송전선의 특성 임피던스는 저항과 누설 콘덕턴스를 무시하면 어떻게 표시되는가? (단, L은 선로의 인덕턱스, C는 선로의 정전용량이다.)

① $\sqrt{\dfrac{L}{C}}$ ② $\sqrt{\dfrac{C}{L}}$
③ $\dfrac{L}{C}$ ④ $\dfrac{C}{L}$

해설 특성임피던스(Z_0)

(1) 직렬임피던스 $Z = R+j\omega L\,[\Omega]$,
(2) 병렬 어드미턴스 $Y = G+j\omega C\,[℧]$

∴ $Z_0 = \sqrt{\dfrac{Z}{Y}} = \sqrt{\dfrac{R+j\omega L}{G+j\omega C}} = \sqrt{\dfrac{L}{C}}\,[\Omega]$

정답 1 ① 2 ② 3 ①

24 내부 이상전압 및 대책

이해도 □□□ 30 60 100

중 요 도 : ★★☆☆☆
출제빈도 : 1.5%, 9문 / 총 600문

한 솔 전 기 기 사
http://inup.co.kr
▲ 유튜브영상보기

1. 개폐 서지

정전용량 (C)에 의해서 발생되는 현상으로 송전선로의 개폐 조작에 따른 과도현상 이다. 무부하시 충전전류를 차단할 때 가장 높은 이상전압이 발생된다.

2. 페란티 현상

무부하 또는 경부하시 계통의 정전용량에 의해 발생하는 현상으로 송전단의 전압보다 수전단의 전압이 높아지는 현상을 의미한다. 페란티 현상을 방지하기 위하여 분로리액터를 설치한다.

3. 내부 이상전압의 종류 및 대책

원 인	종 류	대 책	결 과
정전용량 (C) 진상전류	개폐 서지	개폐 저항기	이상전압 억제
	1선 지락 이상전압	중성점 직접접지	이상전압 방지
	무부하시 이상전압	분로리액터	페란티 현상 방지
	중성점의 잔류전압으로 인한 이상전압	연가	선로정수 평형

예제1 다음 중 송전선로에서 이상전압이 가장 크게 발생하기 쉬운 경우는?

① 무부하 송전선로를 폐로하는 경우
② 무부하 송전선로를 개로하는 경우
③ 부하 송전선로를 폐로하는 경우
④ 부하 송전선로를 개로하는 경우

해설 개폐서지에 의한 이상전압
선로 중간에 개폐기나 차단기가 동작할 때 무부하 충전전류를 개방하는 경우 이상전압이 최대로 나타나게 되며 상규대지전압의 약 3.5배 정도로 나타난다.

예제2 다음 중 송배전선로에서 내부 이상전압에 속하지 않는 것은?

① 유도뢰에 의한 이상전압
② 개폐 이상전압
③ 사고시의 과도 이상전압
④ 계통 조작과 고장시의 지속 이상전압

해설 이상전압의 종류
(1) 외부 원인에 의한 이상전압 : 직격뢰, 유도뢰
(2) 내부 원인에 의한 이상전압 : 개폐이상전압, 소호리액터접지 직렬공진시 아크전압, 고조파유입에 의한 선로이상전압

예제3 개폐 서지의 이상전압을 감쇠할 목적으로 설치하는 것은?

① 단로기　② 차단기
③ 리액터　④ 개폐 저항기

해설 개폐저항기
개폐기나 차단기를 개폐하는 순간 단자에서 발생하는 서지를 억제하기 위해 설치하는 설비로 차단기전단에 직렬로 설치한다.

예제4 재점호가 가장 일어나기 쉬운 차단 전류는?

① 동상(同相)전류　② 지상전류
③ 진상전류　④ 단락전류

해설 재점호
회로를 차단하는 경우 전류가 0인 점에서 아크는 소멸하게 되는데 이때 전압이 최대가 되어 접점 사이에 다시 아크를 발생시켜 접점이 off되지 못하는 현상을 말한다. 이런 현상은 정전용량(C)때문에 발생하는 현상이며 전류의 위상이 전압보다 90° 빠른 진상전류 즉 충전전류가 원인이 된다.

1 ② 2 ① 3 ④ 4 ③

25 조상설비

이해도 □□□ 30 60 100

중 요 도 : ★★☆☆☆
출제빈도 : 1.5%, 9문 / 총 600문

한 솔 전 기 기 사
http://inup.co.kr
▲ 유튜브영상보기

1. 조상설비의 의의

조상설비란 무효전력(진상 또는 지상)을 조정하여 전압 조정 및 전력손실을 줄이기 위한 설비이다.

2. 조상설비 비교

구 분	동기조상기	전력용 콘덴서	분로 리액터
위상비교	진상, 지상	진상	지상
조정의 단계	연속적	불연속	불연속
안정도	증진	무관	무관
손실	크다	작다	작다
시충전	가능	불가능	불가능

3. 전력용 콘덴서 설비

(1) 방전코일

전원 개방시 잔류전하를 방전하여 감전사고를 방지한다.

(2) 직렬 리액터

선로에는 자기포화현상 때문에 고조파전압이 포함되어 있으며 콘덴서의 연결로 고조파전압이 확대된다. 제3고조파 전압은 변압기의 △결선에 의해 제거되나 제5고조파 제거를 위해서 콘덴서와 직렬 공진하는 직렬 리액터를 삽입한다.

(3) 전력용 콘덴서

수전단의 동력부하는 유도성 부하가 많으므로 지상전류가 흘러 전압강하와 전압변동률이 크다. 이 때 진상무효전력을 공급하여 역률을 개선한다.

예제1 동기조상기와 전력용 콘덴서를 비교할 때 전력용 콘덴서의 장점으로 맞는 것은?

① 진상과 지상전류 공용이다.
② 전압조정이 연속적이다.
③ 송전선로의 시충전에 이용 가능한다.
④ 단락고장이 일어나도 고장전류가 흐르지 않는다.

해설 전력용콘덴서(=병렬콘덴서)의 특징
(1) 진상전류만을 공급하여 부하의 역률을 개선한다.
(2) 단락고장이 일어나도 고장전류가 흐르지 않는다.
(3) 계단적이므로 연속조정이 불가능하다.
(4) 시송전(=시충전)이 불가능하다.

예제2 주변압기 등에서 발생하는 제 5고조파를 줄이는 방법은?

① 전력용 콘덴서에 직렬 리액터를 접속
② 변압기 2차 측에 분로 리액터 연결
③ 모선에 방전코일 연결
④ 모선에 공진 리액터 연결

해설 직렬리액터
부하의 역률을 개선하기 위해 설치하는 전력용콘덴서에 제5고조파 전압이 나타나게 되면 콘덴서 내부고장의 원인이 되므로 제5고조파를 제거하기 위해서 직렬리액터를 설치하는데 한다. 이 때 직렬리액터의 용량은 이론상 4[%], 실제적 용량 5~6[%]이다.

예제3 동기조상기에 관한 설명으로 틀린 것은?

① 동기전동기의 V특성을 이용하는 설비이다.
② 동기전동기를 부족여자로 하여 컨덕터로 사용한다.
③ 동기전동기를 과여자로 하여 콘덴서로 사용한다.
④ 송전계통의 전압을 일정하게 유지하기 위한 설비이다.

해설 동기조상기
무부하로 운전중인 동기전동기를 말하고, 전기자 반작용에 기인하는 V곡선을 이용한다.
(1) 과여자 운전 : 중부하시 동기조상기를 과여자로 운전하면 계통에 진상전류를 공급하여 역률을 개선한다.
(2) 부족여자 운전 : 경부하시 동기조상기를 부족여자로 운전하면 계통에 지상전류를 공급하여 역률을 개선한다.

정답
1 ④ 2 ① 3 ②

26 대칭 좌표법

이해도 □□□ 30 60 100

중 요 도 : ★★☆☆☆
출제빈도 : 1.3%, 8문 / 총 600문

한 솔 전 기 기 사
http://inup.co.kr
▲ 유튜브영상보기

1. 대칭분 전류(대칭분 전압 과 동일)

영상분$(I_0)=\frac{1}{3}(I_a+I_b+I_c)$

정상분$(I_1)=\frac{1}{3}(I_a+aI_b+a^2I_c)$

역상분$(I_2)=\frac{1}{3}(I_a+a^2I_b+aI_c)$

2. 1선지락사고 및 지락전류(정상분, 역상분, 영상분 존재)

a상 지락시 : $I_g=3I_0=\frac{3E_a}{Z_0+Z_1+Z_2}$

3. 선간단락사고(정상분, 영상분 존재)

송전선로에서 b상과 c상이 단락시

$\mathrm{I_a}=0$, $\mathrm{I_b}=-\mathrm{I_c}$, $\mathrm{V_b}=\mathrm{V_c}=0$

정상분=역상분<영상분 $[Z_1=Z_2<Z_0]$

4. 3상단락사고 및 단락전류(정상분 존재)

$\mathrm{I_a}=\frac{\mathrm{E_a}}{\mathrm{Z_1}}$, $\mathrm{I_b}=\mathrm{a}^2\frac{\mathrm{E_a}}{\mathrm{Z_1}}$, $\mathrm{I_c}=\mathrm{a}\frac{\mathrm{E_a}}{\mathrm{Z_1}}$

3상 단락고장은 정상분만 존재함으로 각상의 전류는 정상분 임피던스로 나눈 결과이다.

예제1 **3상 송전선로의 고장에서 1선 지락사고 등 3상 불평형 고장시 사용되는 계산법은?**

① 옴[Ω]법에 의한 계산
② %법에 의한 계산
③ 단위(PU)법에 의한 계산
④ 대칭좌표법

해설 대칭좌표법
대칭좌표법이란 3상 송전선로의 고장에서 지락사고 및 단락사고 등 3상 불평형 고장시 지락전류 및 단락전류를 계산하는 방법을 의미한다.

예제2 **불평형 3상전압을 V_a, V_b, V_c라 하고 $a=\epsilon^{j\frac{2\pi}{3}}$ 라 할 때, $V_x=\frac{1}{3}(V_a+aV_b+a^2V_c)$이다. 여기에서 V_x는 어떤 전압을 나타내는가?**

① 정상전압 ② 단락전압
③ 영상전압 ④ 지락전압

해설 대칭분 전압

(1) 영상분전압 $V_0=\frac{1}{3}(V_a+V_b+V_c)$

(2) 정상분전압 $V_1=\frac{1}{3}(V_a+aV_b+a^2V_c)$

(3) 역상분전압 $V_2=\frac{1}{3}(V_a+a^2V_b+aV_c)$

예제3 **그림과 같은 3상 무부하 교류발전기에서 a상이 지락된 경우 지락전류는 어떻게 나타내는가?**

① $\frac{E_a}{Z_0+Z_1+Z_2}$

② $\frac{2E_a}{Z_0+Z_1+Z_2}$

③ $\frac{3E_a}{Z_0+Z_1+Z_2}$

④ 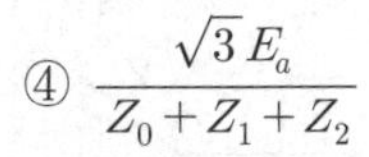 $\frac{\sqrt{3}E_a}{Z_0+Z_1+Z_2}$

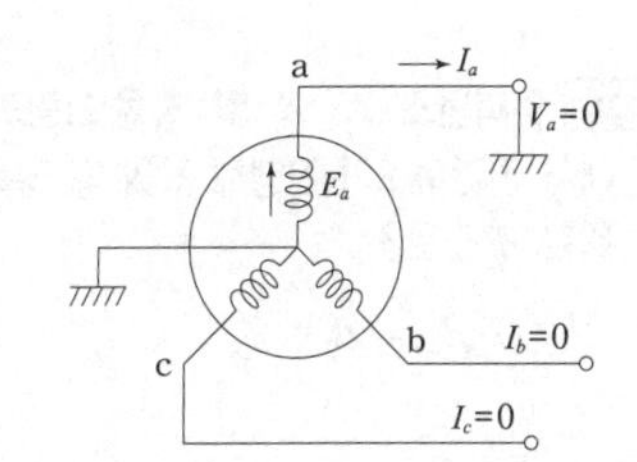

해설 1선 지락사고 및 지락전류(I_g)

a상이 지락되었으므로 $I_b=I_c=0$, $V_a=0$이다.

$I_0=I_1=I_2=\frac{1}{3}I_a=\frac{1}{3}I_g=\frac{E_a}{Z_0+Z_1+Z_2}$ [A]

$\therefore\ I_g=3I_0=\frac{3E_a}{Z_0+Z_1+Z_2}$ [A]

정답

1 ④ 2 ① 3 ③

27 진행파

이해도 □□□ 30 60 100

중 요 도 : ★★☆☆☆
출제빈도 : 1.3%, 8문 / 총 600문

한 솔 전 기 기 사
http://inup.co.kr
▲ 유튜브영상보기

1. 뇌의 파형(충격파)

뇌의 파형은 충격파형으로 극히 짧은 시간에 파고값에 달하고 소멸하는 파형이다.
우리나라의 표준충격파형은 1.2×50[μs]이다.

2. 반사파 전압과 투과파 전압

가공전선(Z_1)에 진행파가 들어왔을 때 접속점을 기준으로 일부는 투과하고 나머지는 반사된다.

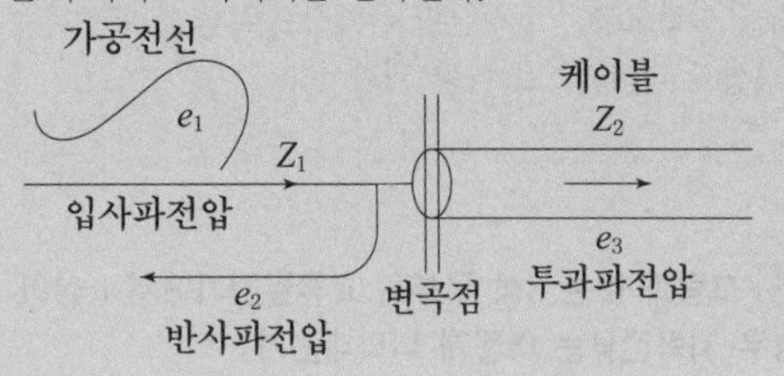

(1) 반사파 전압

반사파 전압 $e_2 = \left(\dfrac{Z_2 - Z_1}{Z_2 + Z_1}\right) e_1$

(2) 투과파 전압

투과파 전압 $e_3 = \left(\dfrac{2Z_2}{Z_2 + Z_1}\right) e_1$

(3) 무 반사 조건

$Z_1 = Z_2$

예제1 임피던스 Z_1, Z_2 및 Z_3을 그림과 같이 접속한 선로의 A쪽에서 전압파 E가 진행해 왔을 때 접속점 B에서 무반사로 되기 위한 조건은?

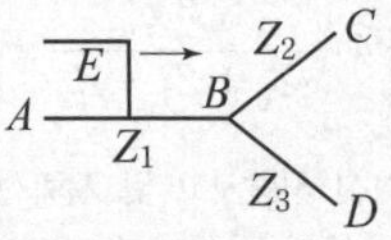

① $Z_1 = Z_2 + Z_3$

② $\dfrac{1}{Z_1} = \dfrac{1}{Z_3} - \dfrac{1}{Z_2}$

③ $\dfrac{1}{Z_1} = \dfrac{1}{Z_2} + \dfrac{1}{Z_3}$

④ $\dfrac{1}{Z_1} = -\dfrac{1}{Z_2} - \dfrac{1}{Z_3}$

(그림: A — Z_1 — B, E →, B에서 Z_2 — C, Z_3 — D)

해설 진행파의 반사와 투과

파동임피던스 Z_1을 통해서 진행파가 들어왔을 때 파동임피던스 Z_2와 Z_3을 통해서 일부는 반사되고 나머지는 투과되어 나타나게 된다. 이때 무반사 조건은 진행파와 투과파의 파동임피던스를 갖게 해주어야 한다.

$\therefore Z_1 = \dfrac{1}{\dfrac{1}{Z_2} + \dfrac{1}{Z_3}}$ 또는 $\dfrac{1}{Z_1} = \dfrac{1}{Z_2} + \dfrac{1}{Z_3}$

예제2 아래의 충격 파형은 직격뢰에 의한 파형이다. 여기에서 T_f와 T_t는 무엇을 표시한 것인가?

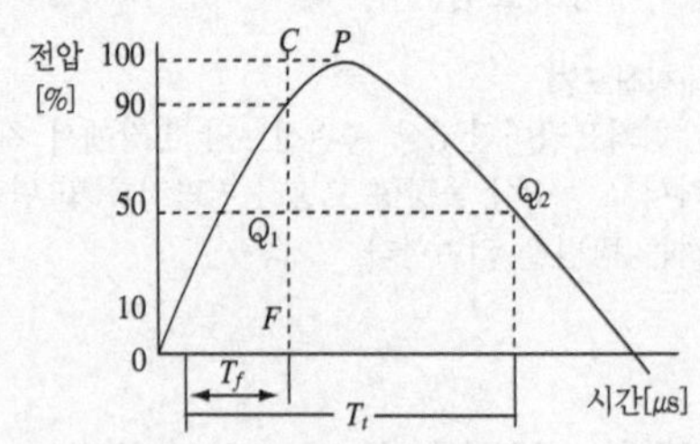

① T_f = 파고값, T_t = 파미길이

② T_f = 파두길이, T_t = 충격파길이

③ T_f = 파미길이, T_t = 충격반파길이

④ T_f = 파두길이, T_t = 파미길이

해설 파두장과 파미장

파두장이란 서지전압이 10[%]~90[%]까지 도달하는데 걸리는 시간을 의미하고 파미장이란 서지전압이 10[%]에서 파고값을 지난 후 50[%] 되는 지점까지 내려오는데 걸리는 시간을 의미한다. 이때 뇌서지는 보통 1.2×50[μs]이고 개폐서지는 보통 50×500[μs] 정도를 표준으로 하고 있다.

$\therefore$ T_f : 파두길이, T_t : 파미길이

예제3 **기기의 충격 전압 시험을 할 때 채용하는 우리나라의 표준 충격 전압파의 파두장 및 파미장을 표시한 것은?**

① 1.5×40[μsec]
② 2×40[μsec]
③ 1.2×50[μsec]
④ 2.3×50[μsec]

해설 충격파 전압의 파두장과 파미장
우리나라의 충격파 뇌서지 전압의 파두장과 파미장의 표준은 1.2×50[μs]으로 표현한다.

예제4 **파동 임피던스 Z_1 =600[Ω]인 선로종단에 파동 임피던스 Z_2 =1,300[Ω]의 변압기가 접속되어 있다. 지금 선로에서 파고 e_1 =900[kV]의 전압이 입사되었다면 접속점에서의 전압 반사파는 약 몇 [kV]인가?**

① 530 ② 430
③ 330 ④ 230

해설 진행파의 반사파 전압
선로측의 파동임피던스 Z_1, 부하측의 파동임피던스 Z_2, 입사파전압 e_1, 반사파전압 e_r, 투과파전압 e_t, 반사계수 β, 투과계수 τ라 하면

반사파 $e_r = \dfrac{Z_2 - Z_1}{Z_1 + Z_2} e_1$, 투과파 $e_t = \dfrac{2Z_2}{Z_1 + Z_2} e_1$ 식에서

$Z_1 = 600[\Omega]$, $Z_2 = 1{,}300[\Omega]$, $e_1 = 900[\text{kV}]$일 때

∴ 반사파 $e_r = \dfrac{1300-600}{600+1300} \times 900 = 330$ kV]

예제5 **파동 임피던스 Z_1 =400[Ω]인 가공 선로에 파동 임피던스 50[Ω]의 케이블을 접속하였다. 이때 가공 선로에 e_1 = 800[kV]인 전압파가 들어왔다면 접속점에서 전압의 투과파는?**

① 약 178[kV] ② 약 238[kV]
③ 약 298[kV] ④ 약 328[kV]

해설 진행파의 투과파 전압

투과파 $e_t = \dfrac{2Z_2}{Z_1 + Z_2} e_1$ 식에서

$Z_1 = 400[\Omega]$, $Z_2 = 50[\Omega]$, $e_1 = 800[\text{kV}]$일 때

∴ 투과파 $e_t = \dfrac{2 \times 50}{400+50} \times 800 = 178[\text{kV}]$

예제6 **파동임피던스 Z_1 =500[Ω], Z_2 =300[Ω]인 두 무손실 선로 사이에 그림과 같이 저항 R을 접속한다. 제1선로에서 구형파가 진행하여 왔을 때 무반사로 하기 위한 R의 값은 몇 [Ω]인가?**

① 100
② 200
③ 300
④ 500

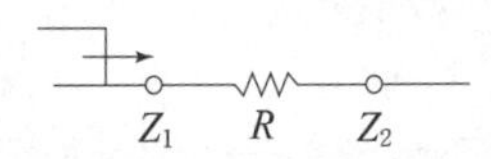

해설 무반사 조건

반사파 $e_r = \dfrac{Z_2 - Z_1}{Z_1 + Z_2} e_1$ 식에서 무반사가 되기위한 조건은

Z_1과 Z_2같으면 되므로 $Z_1 = R + Z_2$임을 알 수 있다.

$Z_1 = 500[\Omega]$, $Z_2 = 300[\Omega]$이므로

∴ $R = Z_1 - Z_2 = 500 - 300 = 200[\Omega]$

예제7 **서지파가 파동임피던스 Z_1의 선로 측에서 파동 임피던스 Z_2의 선로 측으로 진행할 때 반사계수 β는?**

① $\beta = \dfrac{Z_2 - Z_1}{Z_1 + Z_2}$ ② $\beta = \dfrac{2Z_2}{Z_1 + Z_2}$

③ $\beta = \dfrac{Z_1 - Z_2}{Z_1 + Z_2}$ ④ $\beta = \dfrac{2Z_1}{Z_1 + Z_2}$

해설 진행파의 반사파 계수

반사파 $e_2 = \dfrac{Z_2 - Z_1}{Z_1 + Z_2} \times e_1$이 됨으로, 주어진 조건

반사파계수 $\beta = \dfrac{Z_2 - Z_1}{Z_1 + Z_2}$ 를 반사파 계수라 한다.

1 ③ 2 ④ 3 ③ 4 ③ 5 ① 6 ② 7 ①

28 전선의 이도

이해도 □□□ 30 60 100

중 요 도 : ★★☆☆☆
출제빈도 : 1.2%, 7문 / 총 600문

한 솔 전 기 기 사
http://inup.co.kr
▲ 유튜브영상보기

1. 이도(처짐 정도)의 정의(D)

가공전선의 중앙부가 전선의 지지점을 연결하는 수평선으로부터 밑으로 처져있는 정도를 말한다.

$D=\dfrac{WS^2}{8T}$[m]

W : 전선의 합성하중, S : 경간, T : 수평장력

2. 이도(처짐 정도)의 영향

(1) 이도의 대소는 지지물의 크기를 좌우한다.
(2) 이도가 너무 작으면 장력이 커져 단선이 될 수도 있다.
(3) 이도가 크면 좌우로 진동할 때 다른 상이나 수목에 접촉할 우려가 있다.

3. 전선의 실제 길이(L)

가공전선로에서 이도를 크게 하였을 경우 필요한 전선의 길이는 증가한다. 한편, 지지물과 지지물의 고저차가 없을 경우 전선의 늘어난 길이는 경간의 0.1[%] 정도이다.

$L=S+\dfrac{8D^2}{3S}$ [m]

D : 이도, S : 경간

4. 전선의 평균높이

$h=H-\dfrac{2}{3}D$ [m]

H : 지지점의 높이[m], D : 이도

예제1 **공칭단면적 200[mm²], 전선무게 1.838[kg/m], 전선의 바깥지름 18.5[mm]인 경동연선을 경간 200[m]로 가설하는 경우 이도[m]는? (단, 경동연선의 인장하중은 7,910[kg], 빙설하중은 0.416[kg/m], 풍압하중은 1.525[kg/m]이고, 안전율은 2.2라 한다.)**

① 3.28 ② 3.78
③ 4.28 ④ 4.78

해설 이도(D)

$D=\dfrac{WS^2}{8T}$ [m] 식에서

전선의 하중 W는

$W=\sqrt{(\text{전선자중}+\text{빙설하중})^2+\text{풍압하중}^2}$

$=\sqrt{(1.838+0.416)^2+1.525^2}=2.72$ [kg/m],

수평장력 T는

$T=\dfrac{\text{전선의 인장하중}}{\text{안전율}}=\dfrac{7,910}{2.2}=3,595.45$ [kg],

경간 $S=200$ [m]일 때

$\therefore D=\dfrac{WS^2}{8T}=\dfrac{2.72\times200^2}{8\times3,595.45}=3.78$ [m]

예제2 **경간이 200[m]인 가공 전선로가 있다. 사용전선의 길이는 경간보다 몇 [m] 더 길게 하면 되는가? (단, 사용전선의 1[m]당 무게는 2[kg], 인장하중은 4,000[kg], 전선의 안전율은 2로 하고 풍압하중은 무시한다.)**

① $\dfrac{1}{2}$ ② $\sqrt{2}$
③ $\dfrac{1}{3}$ ④ $\sqrt{3}$

해설 실장(L)

$S=200$ [m], $W=2$ [kg/m]

$T=\dfrac{\text{인장하중}}{\text{안전율}}=\dfrac{4,000}{2}=2,000$ [kg]

$D=\dfrac{WS^2}{8T}=\dfrac{2\times200^2}{8\times2,000}=5$ [m]이므로

$L=S+\dfrac{8D^2}{3S}$ [m] 식에서

$\therefore \dfrac{8D^2}{3S}=\dfrac{8\times5^2}{3\times200}=\dfrac{1}{3}$ [m]

정답

1 ② 2 ③

29 전력원선도

이해도 □□□ 30 60 100

중 요 도 : ★★☆☆☆
출제빈도 : 1.0%, 6문 / 총 600문

한 솔 전 기 기 사
http://inup.co.kr
▲ 유튜브영상보기

1. 전력원선도의 가로축과 세로축

전력원선도란 4단자 정수와 복소 전력법을 이용하여 송수전 전력관계를 원으로 나타낸 그림이다. 한편, 전력원선도의 가로축은 유효전력, 세로축은 무효전력을 나타낸다.

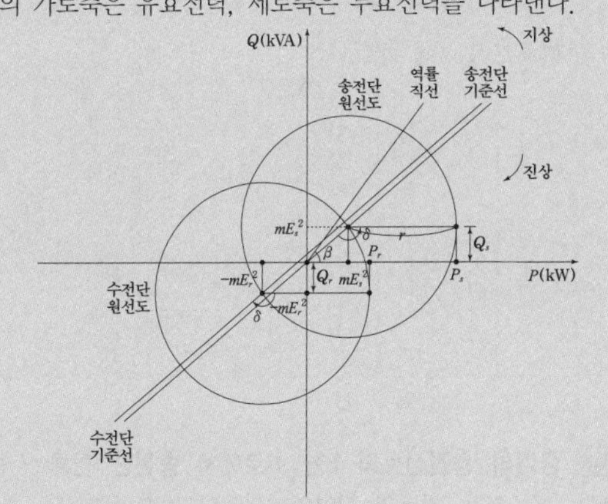

2. 원선도의 반지름

$$\rho = \frac{E_s E_r}{B}$$

3. 전력원선도의 특징

전력 원선도에서 알 수 있는 사항	• 송·수전단 전압간의 상차각 • 송·수전할 수 있는 최대전력 • 선로손실, 송전효율 • 수전단의 역률, 조상용량
전력 원선도에서 알 수 없는 사항	• 과도안정 극한전력 • 코로나 손실

4. 전력원선도 작도

전력 방정식에 의해서 송·수전단 전압과 일반회로정수(A, B, C, D)가 필요하다.

예제1 전력원선도에서 알 수 없는 것은?

① 전력 ② 손실
③ 역률 ④ 코로나 손

해설 전력원선도로 알 수 있는 사항
(1) 송·수전단 전압간의 위상차
(2) 송·수전할 수 있는 최대전력(=정태안정극한전력)
(3) 송전손실 및 송전효율
(4) 수전단의 역률
(5) 조상용량

예제2 전압 송전방식에서 전력 원선도를 그리려면 무엇이 주어져야 하는가?

① 송·수전단 전압, 선로의 일반회로정수
② 송·수전단 전류, 선로의 일반회로정수
③ 조상기 용량, 수전단 전압
④ 송전단 전압, 수전단 전류

해설 전력원선도 작성에 필요한 사항
(1) 선로정수
(2) 송·수전단 전압
(3) 송·수전단 전압간 위상차

예제3 수전단 전력 원선도의 전력 방정식이 $P_r^{\ 2}+(Q_r+400)^2=250000$으로 표현되는 전력계통에서 가능한 최대로 공급할 수 있는 부하전력(P_r)과 이때 전압을 일정하게 유지하는데 필요한 무효전력(Q_r)은 각각 얼마인가?

① $P_r=500,\ Q_r=-400$
② $P_r=400,\ Q_r=500$
③ $P_r=300,\ Q_r=100$
④ $P_r=200,\ Q_r=-300$

해설 전력원선도
$P_r^2+(Q_r+400)^2=250000$[VA] 식에서 부하전력 P_r을 최대로 송전하기 위해서는 무효전력을 0으로 하여야 한다.
따라서 $Q_r=-400$일 때 $P_r^2=250000$이므로
$P_r=\sqrt{250000}=500$이다.
$\therefore P_r=500,\ Q_r=-400$

정답

1 ④ 2 ① 3 ①

30 4단자 정수

이해도 □□□ 30 60 100

중 요 도 : ★★☆☆☆
출제빈도 : 1.0%, 6문 / 총 600문

한 솔 전 기 기 사
http://inup.co.kr
▲ 유튜브영상보기

1. 중거리 송전 선로

중거리 송전선로는 R, L, C를 집중 정수 회로로 해석 하고, 송전계통의 특성을 구하기 위해 송전단 전압(E_s)과 송전단 전류(I_s)를 수전단 전압(E_R)과 수전단 전류(I_R)로 나타낸 식. 즉 4단자 방정식을 구하는 것이다.
이 때 A, B, C, D 를 4단자 정수라 한다.

2. 전파방정식 및 관계식

4단자 방적식	관계식
① $E_s = AE_r + BI_r$ ② $I_s = CE_r + DI_r$	① $A = D$(대칭회로) ② $AD - BC = 1$

3. 임피던스 만의 회로 $\begin{bmatrix} A & B \\ C & D \end{bmatrix} = \begin{bmatrix} 1 & Z \\ 0 & 1 \end{bmatrix}$

4. 어드미턴스 만의 회로 $\begin{bmatrix} A & B \\ C & D \end{bmatrix} = \begin{bmatrix} 1 & 0 \\ Y & 1 \end{bmatrix}$

5. T형 회로 및 π형 회로

① T형 $\begin{bmatrix} A & B \\ C & D \end{bmatrix} = \begin{bmatrix} 1+\frac{ZY}{2} & Z\left(1+\frac{ZY}{4}\right) \\ Y & 1+\frac{ZY}{2} \end{bmatrix}$

② π형 $\begin{bmatrix} A & B \\ C & D \end{bmatrix} = \begin{bmatrix} 1+\frac{ZY}{2} & Z \\ Y\left(1+\frac{ZY}{4}\right) & 1+\frac{ZY}{2} \end{bmatrix}$

예제1 그림과 같은 회로에 있어서 합성 4단자 정수에서 B_0의 값은?

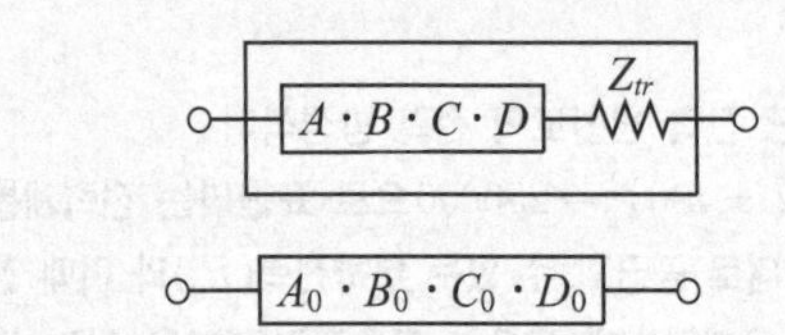

① $B_0 = B + Z_{tr}$ ② $B_0 = A + BZ_{tr}$
③ $B_0 = C + DZ_{tr}$ ④ $B_0 = B + AZ_{tr}$

해설 4단자 회로망의 직렬접속

$\begin{bmatrix} A_0 & B_0 \\ C_0 & D_0 \end{bmatrix} = \begin{bmatrix} A & B \\ C & D \end{bmatrix}\begin{bmatrix} 1 & Z_{tr} \\ 0 & 1 \end{bmatrix} = \begin{bmatrix} A & AZ_{tr}+B \\ C & CZ_{tr}+D \end{bmatrix}$

$\therefore B_0 = B + AZ_{tr}$

예제2 중거리 송전선로의 특성은 무슨 회로로 다루어야 하는가?

① RL 집중정수회로 ② RLC 집중정수회로
③ 분포정수회로 ④ 특성임피던스회로

해설 중거리송전선로 해석
중거리 송전선로는 R·L·C 집중정수회로로서 임피던스 와 어드미턴스 회로로 해석하는 방법이며 T형 회로와 π형 회로에 적용된다.

예제3 중거리 송전선로의 T형 회로에서 송전단 전류 I_s는? (단, Z, Y는 선로의 직렬임피던스와 병렬어드미턴스이고 E_r은 수전단 전압, I_r은 수전단 전류이다.)

① $I_r\left(1+\frac{ZY}{2}\right)+E_rY$
② $E_r\left(1+\frac{ZY}{2}\right)+ZI_r\left(1+\frac{ZY}{4}\right)$
③ $E_r\left(1+\frac{ZY}{2}\right)+ZI_r$
④ $I_r\left(1+\frac{ZY}{2}\right)+E_rY\left(1+\frac{ZY}{4}\right)$

해설 T형 선로의 4단자 정수(A, B, C, D)

$\begin{bmatrix} E_s \\ I_s \end{bmatrix} = \begin{bmatrix} A & B \\ C & D \end{bmatrix}\begin{bmatrix} E_r \\ I_r \end{bmatrix}$ 일 때 T형 회로

4단지 정수 $\begin{bmatrix} A & B \\ C & D \end{bmatrix} = \begin{bmatrix} 1+\frac{ZY}{2} & Z\left(1+\frac{ZY}{4}\right) \\ Y & 1+\frac{ZY}{2} \end{bmatrix}$

4단자 방정식 : 송전단 전압 $V_s = AE_R + BI_R$,
송전단전류 $I_s = CE_R + DI_R$ 이다.

송전단 전류 $\therefore I_s = I_r\left(1+\frac{ZY}{2}\right)+E_rY$[A]

정답

1 ④ 2 ② 3 ①

31 송전방식

이해도 □□□ 30 60 100

중 요 도 : ★★☆☆☆
출제빈도 : 1.0%, 6문 / 총 600문

한 솔 전 기 기 사
http://inup.co.kr
▲ 유튜브영상보기

■ 송전방식

(1) 직류송전방식의 장점
① 절연계급을 낮출 수 있다.
② 송전용량이 증가하고 안정도가 높다.
③ 유전체손이 없고, 비동기 연계가 가능하다.
④ 유효전력만 있어 역률이 항상 1이며, 표피효과가 없다.

(2) 직류송전방식의 단점
① 전압의 승압 및 강압이 어렵다.
② 사고전류를 차단하기 어렵다.
③ 전력변환장치가 필요함으로 고조파가 발생한다.

(3) 교류송전방식의 장점
① 전압의 승압 및 강압이 쉽다.
② 사고전류를 차단하기 쉽다.
③ 회전자계를 얻기 쉽다.

(4) 교류송전방식의 단점
① 송전효율과 안정도가 낮다.
② 비동기 연계가 불가능하다.
③ 역률이 직류방식에 비해 낮다.
④ 절연계급이 높아 절연비용이 높다.

예제1 직류 송전방식이 교류 송전방식에 비하여 유리한 점을 설명한 것으로 옳지 않은 것은?

① 표피 효과에 의한 송전손실이 없다.
② 통신선에 대한 유도잡음이 적다.
③ 선로의 절연이 쉽다.
④ 정류가 필요 없고, 승압 및 강압이 쉽다.

해설 교류송전방식의 특징
(1) 전압의 승압 및 강압이 쉽다.
(2) 사고전류를 차단하기 쉽다.
(3) 회전자계를 얻기 쉽다.

예제2 송전방식에는 교류송전과 직류송전방식이 있다. 교류에 비하여 직류송전방식의 장점은?

① 전압변경이 쉽다.
② 송전효율이 좋다.
③ 회전자계를 쉽게 얻을 수 있다.
④ 설비비가 싸다.

해설 직류송전방식의 장점
① 절연계급을 낮출 수 있다.
② 송전용량이 증가하고 안정도가 높다.
③ 유전체손이 없고, 비동기 연계가 가능하다.
④ 유효전력만 있어 역률이 항상 1이며, 표피효과가 없다.

예제3 교류 송전방식에 비교하여 직류 송전방식을 설명할 때 옳지 않은 것은?

① 선로의 리액턴스가 없으므로 안정도가 높다.
② 유전체손은 없지만 충전용량이 커지게 된다.
③ 코로나손 및 전력손실이 적다.
④ 표피 효과나 근접 효과가 없으므로 실효저항의 증대가 없다.

해설 직류송전방식의 특징
선로의 리액턴스 성분이 나타나지 않아 유전체손 및 충전전류 영향이 없다.

예제4 직류 송전방식에 대한 설명으로 틀린 것은?

① 선로의 절연이 교류방식보다 용이하다.
② 리액턴스 또는 위상각에 대해서 고려 할 필요가 없다.
③ 케이블 송전일 경우 유전손이 없기 때문에 교류방식보다 유리하다.
④ 비동기 연계가 불가능하므로 주파수가 다른 계통간의 연계가 불가능하다.

해설 직류송전방식의 특징
직류송전에서는 주파수가 없으므로 주파수가 달라도 계통을 연계할 수 있는 비동기 연계가 가능하다.

정답
1 ④ 2 ② 3 ② 4 ④

32 유량과 낙차

이해도 □□□ 30 60 100

중 요 도 : ★☆☆☆☆
출제빈도 : 0.8%, 5문 / 총 600문

한 솔 전 기 기 사
http://inup.co.kr
▲ 유튜브영상보기

1. 연(年)평균유량(Q)

$$Q=\frac{\text{면적}[km^2]\times 10^6\times \text{연강수량}[mm]\times 10^{-3}}{365\times 24\times 3600}\times \text{유출계수}[m^3/s]$$

2. 유량의 변동

(1) 갈수량 : 1년 365일 중 355일은 이것보다 내려가지 않는 유량
(2) 저수량 : 1년 365일 중 275일은 이것보다 내려가지 않는 유량
(3) 평수량 : 1년 365일 중 185일은 이것보다 내려가지 않는 유량
(4) 풍수량 : 1년 365일 중 95일은 이것보다 내려가지 않는 유량

3. 유량도

가로축에 날짜순 세로축에 유량의 크기를 나타낸 것으로서 유량도만 있으면 1년 동안의 유량 변동 상황을 알 수 있다.

4. 유황곡선

가로축에 1년의 일수를, 세로축에 매일의 유량을 큰 순서대로 나타낸 곡선이다.

5. 적산유량곡선

가로축에 365일을, 세로축에 유량의 누계를 나타낸 곡선으로 댐 설계시나 저수지 용량을 결정할 때 주로 사용한다.

6. 제수문

취수 수량을 조절하기 위한 장치이다.

예제1 수력발전소의 댐을 설계하거나 저수지의 용량 등을 결정하는 데 가장 적당한 것은?

① 유량도 ② 적산유량곡선
③ 유황곡선 ④ 수위유량곡선

해설 적산유량곡선
적산유량곡선은 유량도를 기초로 하여 횡축에 역일순으로 하고 종축에 적산유량의 총계를 취하여 만든 곡선으로 댐 설계 및 저수지 용량 결정에 사용된다.

예제2 취수구에 제수문을 설치하는 주된 목적은?

① 낙차를 높이기 위하여
② 홍수위를 낮추기 위하여
③ 모래를 배제하기 위하여
④ 유량을 조정하기 위하여

해설 제수문
제수문은 취수되는 유량을 조절하기 위해 설치한다.

예제3 유량의 크기를 구분할 때 갈수량이란?

① 하천의 수위 중에서 1년을 통하여 355일간 이보다 내려가지 않는 수위 때의 물의 양
② 하천의 수위 중에서 1년을 통하여 275일간 이보다 내려가지 않는 수위 때의 물의 양
③ 하천의 수위 중에서 1년을 통하여 185일간 이보다 내려가지 않는 수위 때의 물의 양
④ 하천의 수위 중에서 1년을 통하여 95일간 이보다 내려가지 않는 수위 때의 물의 양

해설 하천유량의 크기
(1) 갈수량(갈수위) : 1년 365일 중 355일은 이것보다 내려가지 않는 유량 또는 수위
(2) 저수량(저수위) : 1년 365일 중 275일은 이것보다 내려가지 않는 유량 또는 수위
(3) 평수량(평수위) : 1년 365일 중 185일은 이것보다 내려가지 않는 유량 또는 수위
(4) 풍수량(풍수위) : 1년 365일 중 중 95일은 이것보다 내려가지 않는 유량 또는 수위

정답
1 ② 2 ④ 3 ①

33 송전용량

이해도 □□□ 30 60 100

중 요 도 : ★☆☆☆☆
출제빈도 : 0.8%, 5문 / 총 600문

한 솔 전 기 기 사
http://inup.co.kr
▲ 유튜브영상보기

1. 송전용량 계수법

송전용량 계수법이란 선로의 길이를 고려하여 용량을 산정하는 방법이다.

- 송전용량$(P_s) = k\dfrac{V_r^2}{\ell}$ [kW]

  k : 용량계수, ℓ : 송전거리[km]

2. 송전용량 계산 식

송전용량이란 송전선로의 수송력의 연속 최대 정격. 즉 지장이 생기지 않는 한도로 연속 송전할 수 있는 최대 전력을 말한다.

- $P = \dfrac{V_s V_r}{X} \times \sin\delta$ [MW]

  X : 선로의 리액턴스[Ω], V_s, V_r : 송수전단 전압[kV], δ : 송수전단 전압의 위상차

3. 송전전압

우리나라에서 송전전압은 765[kV], 345[kV], 154[kV]를 사용한다. 이때 경제적인 송전전압을 결정하기 위해 Still 식을 사용한다.

- $V = 5.5\sqrt{0.6\ell + \dfrac{P}{100}}$ [kV]

  ℓ : 송전거리[km], P : 송전용량[kW]

예제1 송전거리 50[km], 송전전력 5,000[kW]일 때의 Still 식에 의한 송전전압은 대략 몇 [kV] 정도가 적당한가?

① 10　② 30
③ 50　④ 70

해설 경제적인 송전전압(=스틸식)

$V = 5.5\sqrt{0.6\,l + \dfrac{P}{100}}$ [kV] 식에서

$l = 50$ [km], $P = 5{,}000$ [kW]일 때

$\therefore\ V = 5.5\sqrt{0.6 \times 50 + \dfrac{5{,}000}{100}} \fallingdotseq 50$ [kV]

예제2 345[kV] 2회선 선로의 선로길이가 220[km]이다. 송전용량 계수법에 의하면 송전용량은 약 몇 [MW]인가? (단, 345[kV]의 송전용량계수는 1,200이다.)

① 525　② 650
③ 1,050　④ 1,300

해설 용량계수법

$P = k\dfrac{V_r^{\,2}}{l}$ [kW] 식에서

$V = 345$ [kV], $l = 220$ [km], $k = 1{,}200$, 2회선이므로

$\therefore\ P = 1200 \times \dfrac{345^2}{220} \times 2 \times 10^{-3} = 1298.5$ [MW]

예제3 송전선로에서 송수전단 전압 사이의 상차각이 몇 [°]일 때 최대전력으로 송전할 수 있는가?

① 30°　② 45°
③ 60°　④ 90°

해설 정태안정극한전력

정태안정극한전력에 의한 송전용량은

$P = \dfrac{E_S E_R}{X}\sin\delta$ [MW]이므로

∴ 최대전력은 상차각(δ)이 90°일 때 송전할 수 있다.

정답

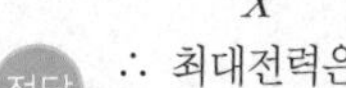

1 ③ 2 ④ 3 ④

34 표피효과 및 전선의 도약

한 솔 전 기 기 사
http://inup.co.kr
▲ 유튜브영상보기

이해도 □□□ 30 60 100

중 요 도 : ★☆☆☆☆
출제빈도 : 0.5%, 3문 / 총 600문

1. 표피효과의 정의

표피효과란 도체의 중심부로 들어갈수록 쇄교 자속수가 많아져서 인덕턴스가 증가하므로 전류가 흐르기 어렵고, 도체의 표피 쪽으로 갈수록 전류밀도가 높아지는 현상으로 교류회로에서 발생한다.

2. 표피효과의 특성

표피효과는 주파수가 높을수록, 단면적이 클수록, 도전율이 클수록, 비투자율이 클수록 커진다.

3. 캘빈의 법칙

경제적인 전선의 굵기를 결정하는 식

4. 오프 셋

전선을 일직선으로 배치할 경우 전선의 도약 (피빙 도약)에 의해 전선 상호간에 단락 또는 혼촉 사고가 발생함으로 상하전선을 삼각 배치함으로써 일정거리를 확보 하게 되는데 확보 된 거리를 오프셋이라 하고, 단락사고나 혼촉 사고를 방지할 수 있다.

5. 전선의 진동

송전선로의 주위에는 2~3[m/s] 정도의 바람이 직각방향으로 불면, 전선의 뒷면에 칼만 와류가 발생되고 칼만 와류에 의해서 전선이 상하로 진동한다. 진동이 계속되면 단선사고의 원인이 됨으로 댐퍼 및 진동 제지 권선 를 설치하여 진동을 방지 할 수 있다.

예제1 전선에 교류가 흐를 때의 표피효과에 관한 설명으로 옳은 것은?

① 전선이 굵을수록, 주파수가 높을수록 커진다.
② 전선이 굵을수록, 주파수가 낮을수록 커진다.
③ 전선이 가늘수록, 주파수가 높을수록 커진다.
④ 전선이 가늘수록, 주파수가 낮을수록 커진다.

해설 표피효과(m)
표피효과란 전하가 도체표면에 집중해서 이동하려는 현상으로 주파수, 투자율, 도전율, 전선의 굵기에 비례하며 고유저항에 반비례한다.

예제2 다음 중 켈빈(Kelvin)의 법칙이 적용되는 경우는?

① 전력 손실량을 축소시키고자 하는 경우
② 전압 강하를 감소시키고자 하는 경우
③ 부하 배분의 균형을 얻고자 하는 경우
④ 경제적인 전선의 굵기를 선정하고자 하는 경우

해설 켈빈의법칙
켈빈의 법칙은 경제적인 전선의 굵기 결정하는 식이다.

예제3 3상 3선식 수직배치인 선로에서 오프셋(off-set)을 주는 주된 이유는?

① 상하전선의 단락방지
② 전선 진동 억제
③ 전선의 풍압 감소
④ 철탑 중량 감소

해설 오프세트(off-set)
전선의 혼촉 및 단락사고 방지를 위함.

예제4 가공전선로의 전선의 진동을 방지하기 위한 방법으로 옳지 않은 것은?

① 토오셔널 댐퍼설치
② 진동제지권선 설치
③ 경동선을 ACSR로 교환
④ 스톡브릿지 댐퍼 설치

해설 전선의 진동방지
경동선을 ACSR로 교환 하면 가벼워져서 진동은 심해진다.

정답
1 ① 2 ④ 3 ① 4 ③

35 전선의 종류 및 선정

이해도 □□□ 30 60 100

중 요 도 : ★☆☆☆☆
출제빈도 : 0.5%, 3문 / 총 600문

한 솔 전 기 기 사
http://inup.co.kr
▲ 유튜브영상보기

1. 전선의 구비조건

(1) 도전율, 신장률(탄력성), 기계적 강도가 커야 한다.
(2) 가공이 용이하고, 내구성이 뛰어나야 한다.
(3) 비중(무게)), 부식성이 작고 경제적일 것.
(4) 전압강하 및 손실이 적을 것.

2. ACSR (Aluminum Conductor Steel Reinforced)

강심 알루미늄연선으로 비교적 도전율이 높은 알루미늄연선을 인장강도가 큰 강선 주위에 꼬아서 만든 전선이다. 가공송전선로의 대부분이 ACSR을 사용하고 있다.

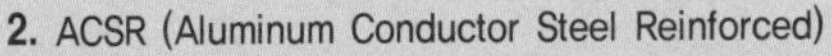

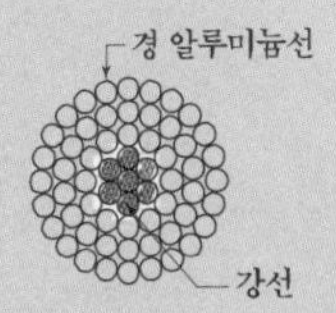

3. ACSR 전선의 특징

(1) 바깥지름이 크다.
(2) 구리보다 표면이 약해서 취급에 주의할 것.
(3) 중량이 가볍고, 기계적 강도가 크다.
(4) 송, 배전 선로에 ACSR을 사용하고 있다.

예제1 가공전선의 구비조건으로 옳지 않은 것은?

① 도전율이 클 것　② 기계적 강도가 클 것
③ 비중이 클 것　④ 신장률이 클 것

해설 전선의 구비조건
(1) 도전율이 커야 한다.
(2) 가격이 저렴해야 한다.
(3) 허용전류(최대안전전류)가 커야 한다.
(4) 전압강하 및 전력손실이 작아야 한다.
(5) 비중이 작아야 한다.
(6) 기계적 강도가 커야 한다.
(7) 내식성, 내열성을 가져야 한다.

예제2 ACSR은 동일한 길이에서 동일한 전기저항을 갖는 경동연선에 비하여 어떠한가?

① 바깥지름은 크고 중량은 작다.
② 바깥지름은 작고 중량은 크다.
③ 바깥지름과 중량이 모두 크다.
④ 바깥지름과 중량이 모두 작다.

해설 ACSR(강심알루미늄 연선)
ACSR은 경동연선에 비해 중량이 가볍고 기계적강도가 크며 전선의 바깥지름을 크게 할 수 있다는 이점이 있다. 때문에 코로나 방지라는 점에서 특히 고전압 장경간 송전선로용 전선으로 유리하다고 할 수 있다. 반면 염분에 약하여 부식되기 쉬워 해안지역의 송전선로에는 어울리지 않는다.

예제3 가공전선로에 사용되는 전선의 구비조건으로 틀린 것은?

① 도전율이 높아야 한다.
② 기계적 강도가 커야 한다.
③ 전압강하가 적어야 한다.
④ 허용전류가 적어야 한다.

해설 전선의 구비조건
(1) 도전율이 높아야 한다.
(2) 허용전류 및 기계적 강도가 커야 한다.
(3) 전압강하 및 전력손실이 작아야 한다.

정답
1 ③　2 ①　3 ④

BLACK BOX

출제빈도별 우선순위 핵심30선

Ⅲ 전기기기 블랙박스

우선순위	핵 심 제 목	중요도	출제문항수	학습진도(%) 30 60 100
1	유도전동기 등가회로	★★★★★	30문 / 600문	□□□
2	유도전동기의 특성(토크, 비례추이)	★★★★★	30문 / 600문	□□□
3	직류발전기 종류	★★★★★	23문 / 600문	□□□
4	직류발전기의 특성	★★★★★	22문 / 600문	□□□
5	직류전동기 토크 특성	★★★★☆	20문 / 600문	□□□
6	동기발전기 기타관련사항(특성과 단락비 및 난조)	★★★★☆	20문 / 600문	□□□
7	사이리스터	★★★★☆	20문 / 600문	□□□
8	변압기의 자기회로(기전력, 권수비)	★★★★☆	18문 / 600문	□□□
9	정류작용(전기자반작용, 전기각)	★★★☆☆	16문 / 600문	□□□
10	동기기의 위상특성곡선	★★★☆☆	15문 / 600문	□□□
11	전압변동률의 계산	★★★☆☆	14문 / 600문	□□□
12	단상변압기 3상 결선	★★★☆☆	14문 / 600문	□□□
13	유도전동기 회전원리	★★★☆☆	14문 / 600문	□□□
14	동기기의 권선법	★★★☆☆	13문 / 600문	□□□
15	서보모터	★★★☆☆	12문 / 600문	□□□
16	특수유도기 특성과 용도 등(전압조정기)	★★★☆☆	11문 / 600문	□□□
17	동기기의 분류와 동기속도	★★★☆☆	10문 / 600문	□□□
18	직류기 권선법과 기전력	★★★☆☆	10문 / 600문	□□□
19	단상 직권 정류자 전동기	★★★☆☆	10문 / 600문	□□□
20	변압기 전압강하	★★★☆☆	10문 / 600문	□□□
21	동기발전기 병렬운전과 활용	★★★☆☆	10문 / 600문	□□□
22	반파정류와 전파정류	★★★☆☆	9문 / 600문	□□□
23	변압기의 병렬운전 조건	★★★☆☆	9문 / 600문	□□□
24	변압기 시험 항목	★★★☆☆	9문 / 600문	□□□
25	변압기 구조	★★★☆☆	9문 / 600문	□□□
26	단권변압기	★★☆☆☆	8문 / 600문	□□□
27	교류전력변환기	★★☆☆☆	8문 / 600문	□□□
28	유도전동기의 속도제어	★★☆☆☆	8문 / 600문	□□□
29	변압기 효율 및 손실	★★☆☆☆	8문 / 600문	□□□
30	다이오드	★★☆☆☆	6문 / 600문	□□□

Black Box

유도전동기 등가회로

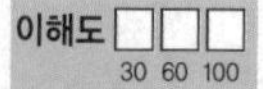

중 요 도 : ★★★★★
출제빈도 : 5.0%, 30문 / 총 600문

한 솔 전 기 기 사
http://inup.co.kr
▲ 유튜브영상보기

1. 유도전동기 2차측 전력관계와 효율

P_2 : 2차 입력=1차 출력=동기와트
P_{c2} : 2차 동손(회전자 저항손)
P : 2차 출력(전기적 출력) P_0+P_l
P_0 : 기계적 출력
P_l : 기계손

① $P_2=P+P_{c2}=P_0+P_l+P_{c2}$
② 2차 동손 : $P_{c2}=sP_2$
③ 2차(전기) 출력 : $P=(1-s)P_2$
④ 2차 효율 : $\eta_2=\dfrac{P}{P_2}=\dfrac{N}{N_s}=\dfrac{\omega}{\omega_0}=1-s$
⑤ $P=P_0+P_l=P_2-P_{c2}=\dfrac{1-s}{s}P_{c2}$

2. 슬립 및 2차 기전력과 주파수 관계(회전시 또는 운전시)

① 회전시 (2차)전압 : $E_{2s}=sE_2$ [V]
② 회전시 (2차)주파수 : $f_{2s}=sf_2$ [Hz] (정지시 $f_2=f_1$)
③ 회전시 권수비 : $\dfrac{E_1}{E_{2S}}=\dfrac{E_1}{sE_2}=\dfrac{k_{\omega1}N_1}{s\,k_{\omega2}N_2}=\dfrac{\alpha}{s}$

여기서, α : 정지시 권수비

④ 등가부하저항(기계적 출력정수) : R

• $R=r_2\left(\dfrac{1}{s}-1\right)=r_2\left(\dfrac{1-s}{s}\right)$

여기서, r_2 : 2차 저항

예제1 4극 60[Hz]의 3상 유도전동기가 1,500[rpm]으로 회전하고 있을 때 회전자 전류의 주파수는 약 몇 [Hz]인가?

① 8 ② 10
③ 12 ④ 14

해설 유도전동기의 운전시 회전자 주파수(f_{2s})

$f_{2s}=sf_1$ [Hz] 식에서
$p=4$, $f_1=60$ [Hz], $N=1{,}500$ [rpm] 이므로

$N_s=\dfrac{120f_1}{p}=\dfrac{120\times60}{4}=1{,}800$ [rpm]

$s=\dfrac{N_s-N}{N_s}=\dfrac{1{,}800-1{,}500}{1{,}800}=\dfrac{1}{6}$일 때

$\therefore f_{2s}=sf_1=\dfrac{1}{6}\times60=10$ [Hz]

예제2 권선형 유도전동기의 전부하 운전시 슬립이 4[%]이고 2차 정격전압이 150[V]이면 2차 유도기전력은 몇 [V]인가?

① 9 ② 8
③ 7 ④ 6

해설 유도전동기의 운전시 회전자 유기기전력(E_{2s})

$E_{2s}=sE_2$ [V] 식에서
$s=4$ [%], $E_2=150$ [V] 이므로
$\therefore E_{2s}=sE_2=0.04\times150=6$ [V]

예제3 회전자가 슬립 s로 회전하고 있을 때, 고정자, 회전자의 실효 권수비를 a라 하면 고정자 기전력 E_1과 회전자 기전력 E_2와의 비는?

① $\dfrac{a}{s}$ ② sa
③ $(1-s)a$ ④ $\dfrac{a}{1-s}$

해설 유도전동기의 운전시 주파수 및 권수비

(1) 주파수 : $f_{2s}=sf_1$
(2) 권수비 : $a'=\dfrac{E_1}{E_{2s}}=\dfrac{N_1k_{w1}}{sN_2k_{w2}}=\dfrac{a}{s}$

예제4 4극 7.5[kW], 200[V], 60[Hz]인 3상 유도전동기가 있다. 전부하에서의 2차 입력이 7,950[W]이다. 이 경우의 2차 효율은 약 몇 [%]인가? (단, 여기서 기계손은 130[W]이다.)

① 92 ② 94
③ 96 ④ 98

해설 유도전동기의 2차 효율(η_2)

$P=P_0+P_l$ [W], $\eta_2=\dfrac{P}{P_2}=1-s=\dfrac{N}{N_s}$ 식에서
$P_0=7.5$ [kW], $P_l=130$ [W], $P_2=7{,}950$ [W] 이므로
$P=P_0+P_l=7.5\times10^3+130=7{,}630$ [W]일 때

$\therefore \eta_2=\dfrac{P}{P_2}=\dfrac{7{,}630}{7{,}950}\fallingdotseq0.96$ [p.u] $=96$ [%]

예제5 유도전동기의 2차 효율은? (단, s는 슬립이다.)

① $\frac{1}{s}$ ② s

③ $1-s$ ④ s^2

해설 유도전동기의 2차 효율(η_2)

$\therefore \eta_2 = \frac{P}{P_2} = 1-s = \frac{N}{N_s}$

예제6 3000[V], 60[Hz], 8극 100[kW] 3상 유도전동기의 전부하 2차 동손이 3.0[kW], 기계손이 2.0[kW]이라면 전부하 회전수 [rpm]는?

① 986 ② 967

③ 896 ④ 874

해설 유도전동기의 2차 입력(P_2), 2차 동손(P_{c2}), 2차 출력(P) 관계

$P_2 = P_0 + P_l + P_{c2}$ [kW], $P_{c2} = sP_2$ [kW],

$N = (1-s)N_s$ [rpm] 식에서

$V = 3000$ [V], $f = 60$ [Hz], $p = 8$, $P_0 = 100$ [kW],

$P_{c2} = 3.0$ [kW], $P_l = 2.0$ [kW] 이므로

$P_2 = P_0 + P_l + P_{c2} = 100 + 2 + 3 = 105$ [kW]일 때

$s = \frac{P_{c2}}{P_2} = \frac{3}{105} = 0.286$이다.

$N_s = \frac{120f}{p} = \frac{120 \times 60}{8} = 900$ [rpm] 이므로

$\therefore N = (1-s)N_s = (1-0.0286) \times 900 = 874$ [rpm]

예제7 15[kW] 3상 유도전동기의 기계손이 350[W], 전부하시의 슬립이 3[%]이다. 전부하시의 2차 동손[W]은?

① 275 ② 395

③ 426 ④ 475

해설 유도전동기의 2차 입력(P_2), 2차 동손(P_{c2}), 2차 출력(P) 관계

$P = P_0 + P_l$ [W], $P_{c2} = \frac{s}{1-s}P$ [W] 식에서

$P_0 = 15$ [kW], $P_l = 350$ [W], $s = 3$ [%] 이므로

$P = P_0 + P_l = 15 \times 10^3 + 350 = 15,350$ [W]일 때

$\therefore P_{c2} = \frac{s}{1-s}P = \frac{0.03}{1-0.03} \times 15,350 = 475$ [W]

예제8 3상 유도 전동기의 회전자 입력 P_2, 슬립 s이면 2차 동손은?

① $(1-s)P_2$ ② $\frac{P_2}{s}$

③ $\frac{(1-s)P_2}{s}$ ④ sP_2

해설 유도전동기의 2차 입력(P_2), 2차 동손(P_{c2}), 2차 출력(P) 관계

$\therefore P_{c2} = sP_2 = \frac{s}{1-s}P$

예제9 3상 유도기에서 출력의 변환식이 맞는 것은?

① $P_0 = P_2 - P_{c2} = P_2 - sP_2 = \frac{N}{N_s}P_2 = (1-s)P_2$

② $P_0 = P_2 + P_{c2} = P_2 + sP_2 = \frac{N}{N_s}P_2 = (1+s)P_2$

③ $P_0 = P_2 + P_{c2} = \frac{N}{N_s}P_2 = (1-s)P_2$

④ $(1-s)P_2 = \frac{N}{N_s}P_2 = P_0 - P_{c2} = P_0 - sP_2$

해설 유도전동기의 2차 입력(P_2), 2차 동손(P_{c2}), 기계적 출력(P_0) 관계

$\therefore P_0 = P_2 - P_{c2} = P_2 - sP_2 = (1-s)P_2 = \frac{N}{N_s}P_2$

예제10 출력 P_0, 2차 동손 P_{c2}, 2차 입력 P_2 및 슬립 s인 유도전동기에서의 관계는?

① $P_2 : P_{c2} : P_0 = 1 : s : (1-s)$

② $P_2 : P_{c2} : P_0 = 1 : (1-s) : s^2$

③ $P_2 : P_{c2} : P_0 = 1 : s^2 : (1-s)$

④ $P_2 : P_{c2} : P_0 = 1 : (1-s) : s$

해설 유도전동기의 2차 입력(P_2), 2차 동손(P_{c2}), 기계적 출력(P_0) 관계

$P_{c2} = sP_2$, $P_0 = (1-s)P_2$ 식에서

$\therefore P_2 : P_{c2} : P_0 = 1 : s : 1-s$

정답

1 ② 2 ④ 3 ① 4 ③ 5 ③ 6 ④ 7 ④ 8 ④ 9 ① 10 ①

유도전동기의 특성 (토크, 비례추이)

한솔전기기사
http://inup.co.kr
▲ 유튜브영상보기

이해도 □□□ 30 60 100

중 요 도 : ★★★★★
출제빈도 : 5.0%, 30문 / 총 600문

1. 토크(τ)

$\tau = 9.55\dfrac{P_2}{N_s}[\text{N}\cdot\text{m}] = 0.975\dfrac{P_2}{N_s}[\text{kg}\cdot\text{m}]$

$\tau = 9.55\dfrac{P_0}{N}[\text{N}\cdot\text{m}] = 0.975\dfrac{P_0}{N}[\text{kg}\cdot\text{m}]$

※ $\tau \propto P \propto V^2$, $s \propto \dfrac{1}{V^2}$

여기서, P_2 : 2차 입력, N_s : 동기속도, P_0 : 기계적 출력, N : 회전자 속도, V : 전압, s : 전부하 슬립

2. 비례추이 (3상 권선형 유도전동기에만 적용)

2차 저항 조절 : 기동전류, 기동토크, 역률, 속도 등 제어

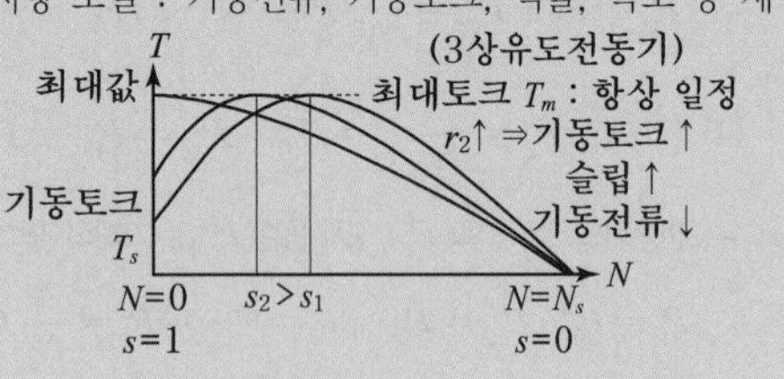

① 최대 토크 (τ_m)는 항상 일정

② r_2가 크면 ⇒ 기동 토크는 커지고, 기동전류는 작아진다.

③ 2차 저항(r_2)와 외부삽입저항(R) ∝ 슬립(s) ($s_t \propto r_2'$)

④ 비례추이 할 수 없는 것 : 출력(P), 2차 효율(η), 2차 동손(P_{c2}), 동기속도

⑤ 최대 토크로 기동할 때 외부 삽입 저항

- $R = r_2\left(\dfrac{1-s_t}{s_t}\right) = \sqrt{r_1^2+(x_1+x_2)^2} - r_2$
- $s = 5\% \Rightarrow 19$배
  $4\% \Rightarrow 24$배
  $2\% \Rightarrow 49$배

예제1 20[HP], 4극, 60[Hz]의 3상 전동기가 있다. 전부하 슬립이 4[%]이다. 전부하시의 토크[kg·m]는? (단, 1[HP]은 746[W]이다.)

① 약 11.41　② 약 10.41
③ 약 9.41　④ 약 8.41

해설 유도전동기의 토크(τ)

$N_s = \dfrac{120f}{p}$ [rpm], $N = (1-s)N_s$ [rpm],

$\tau = 0.975\dfrac{P_0}{N}$ [kg·m] 식에서

$P_0 = 20$ [HP], $p=4$, $f=60$ [Hz], $s=4$ [%] 이므로

$N_s = \dfrac{120f}{p} = \dfrac{120\times 60}{4} = 1,800$ [rpm],

$N = (1-s)N_s = (1-0.04)\times 1,800 = 1,728$ [rpm]일 때

$\therefore \tau = 0.975\dfrac{P_0}{N} = 0.975\times\dfrac{20\times 746}{1,728} \fallingdotseq 8.41$ [kg·m]

예제2 8극 3상 유도 전동기가 60[Hz]의 전원에 접속 되어 운전할 때 864[rpm]의 속도로 494[N · m]의 토크를 낸다. 이 때의 동기 와트[W] 값은 약 얼마인가?

① 76,214　② 53,215
③ 46,554　④ 34,761

해설 유도전동기의 동기와트(P_2)

$\tau = 9.55\dfrac{P_2}{N_s}$ [N·m] $= 0.975\dfrac{P_2}{N_s}$ [kg·m] 식에서

$p=8$, $f=60$ [Hz], $N=864$ [rpm], $\tau = 494$ [N·m] 이므로

$N_s = \dfrac{120f}{p} = \dfrac{120\times 60}{8} = 900$ [rpm]일 때

$\therefore P_2 = \dfrac{N_s\tau}{9.55} = \dfrac{900\times 494}{9.55} = 46,554$ [W]

예제3 주파수가 일정한 3상 유도전동기의 전원전압이 80[%]로 감소하였다면, 토크의 변화는? (단, 회전수는 일정하다고 가정한다.)

① 64[%]로 감소 ② 80[%]로 감소
③ 89[%]로 감소 ④ 변화 없음

해설 동기와트(P_2) 및 토크(τ)와 공급전압(V)과의 관계

$\tau \propto P_2 \propto V^2$ 식에서

$V' = 0.8V$ [V] 이므로

$\tau' = \left(\frac{V'}{V}\right)^2 \tau = \left(\frac{0.8V}{V}\right)^2 \tau = 0.64\tau$ 이다.

∴ 64[%]로 감소한다.

예제4 4극, 60[Hz]의 유도전동기가 슬립 5[%]로 전부하 운전하고 있을 때 2차 권선의 손실이 94.25[W]라고 하면 토크[N·m]는?

① 1.02 ② 2.04
③ 10.00 ④ 20.00

해설 유도전동기의 토크(τ)

$\tau = 9.55\frac{P_2}{N_s}$ [N·m], $P_2 = \frac{P_{c2}}{s}$ [W] 식에서

$p = 4$, $f = 60$ [Hz], $s = 5$ [%], $P_{c2} = 94.25$ [W] 이므로

$N_s = \frac{120f}{p} = \frac{120 \times 60}{4} = 1{,}800$ [rpm],

$P_2 = \frac{P_{c2}}{s} = \frac{94.25}{0.05} = 1{,}885$ [W]일 때

$\therefore \tau = 9.55\frac{P_2}{N_s} = 9.55 \times \frac{1{,}885}{1{,}800} = 10.00$ [N·m]

예제5 비례추이를 하는 전동기?

① 단상 유도전동기 ② 권선형 유도전동기
③ 동기전동기 ④ 정류자 전동기

해설 권선형 유도전동기의 비례추이의 원리

전동기 2차 저항을 증가시키면 최대토크는 변하지 않고 최대토크가 발생하는 슬립이 증가하여 결국 기동토크가 증가하게 된다. 이것을 토크의 비례추이라 하며 2차 저항을 증감시키기 위해서 유도전동기의 2차 외부회로에 가변저항기(기동저항기)를 접속하게 되는데 이는 권선형 유도전동기의 토크 및 속도제어에 사용된다.

예제6 권선형 유도전동기의 토크 - 속도 곡선이 비례추이 한다는 것은 그 곡선이 무엇에 비례해서 이동하는 것을 말하는가?

① 2차 효율 ② 출력
③ 2차 회로의 저항 ④ 2차 동손

해설 권선형 유도전동기의 비례추이의 원리

전동기 2차 저항을 증가시키면 최대 토크는 변하지 않고 최대 토크가 발생하는 슬립이 증가하여 결국 기동토크가 증가하게 된다.

예제7 3상 유도전동기의 특성에 비례추이 하지 않는 것은?

① 2차 전류 ② 1차 전류
③ 역률 ④ 출력

해설 권선형 유도전동기의 비례추이를 할 수 있는 제량

(1) 비례추이가 가능한 특성
토크, 1차 입력, 2차 입력(=동기와트), 1차 전류, 2차 전류, 역률
(2) 비례추이가 되지 않는 특성
출력, 효율, 2차 동손, 동기속도

예제8 3상 유도전동기에서 2차측 저항을 2배로 하면 그 최대토크는 몇 배로 되는가?

① 2배로 된다. ② $\frac{1}{2}$로 줄어든다.
③ $\sqrt{2}$배가 된다. ④ 변하지 않는다.

해설 유도전동기의 최대토크(τ_m)

$\tau_m = k\frac{V_1^2}{2x_2}$ 식에서

∴ 최대토크는 2차 리액턴스(x_2)와 공급전압(V_1)과 관계있으며 2차 저항과 슬립과는 무관하여 2차 저항 변화에 관계없이 항상 일정하다.

예제9 3상 유도전동기에서 2차 저항을 증가하면 기동토크는?

① 증가한다. ② 감소한다.
③ 제곱에 반비례한다. ④ 변하지 않는다.

해설 권선형 유도전동기의 비례추이의 원리

전동기 2차 저항을 증가시키면 최대토크는 변하지 않고 최대토크가 발생하는 슬립이 증가하여 결국 기동토크가 증가하게 된다.

정답

1 ④ 2 ③ 3 ① 4 ③ 5 ② 6 ③ 7 ④ 8 ④
9 ①

03 직류발전기 종류

이해도 □□□ 30 60 100

중 요 도 : ★★★★★
출제빈도 : 3.8%, 23문 / 총 600문

한 솔 전 기 기 사
http://inup.co.kr
▲ 유튜브영상보기

■ 직류발전기의 종류(여자방식에 따라 분류)

(1) 타여자 : 여자전류(계자전류)를 외부에서 공급 받는 방식

(2) 자여자 : 여자전류(계자전류)를 내부(전기자)에서 공급 받는 방식

- 직권 : 계자권선과 전기자권선이 직렬 연결
- 분권 : 계자권선과 전기자권선이 병렬 연결
- 복권 : 직권+분권
  - 가동복권 : 두 자속이 증가 $(\phi_f+\phi_s)$
  - 차동복권 : 두 자속이 감소 $(\phi_f-\phi_s)$
- 차동복권 : 수하특성이 가장 좋다 ⇒ 용접기용 (누설변압기)

① 타여자

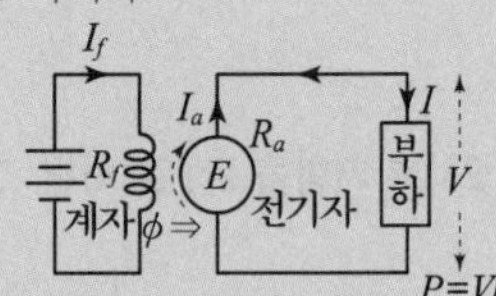

② 직권

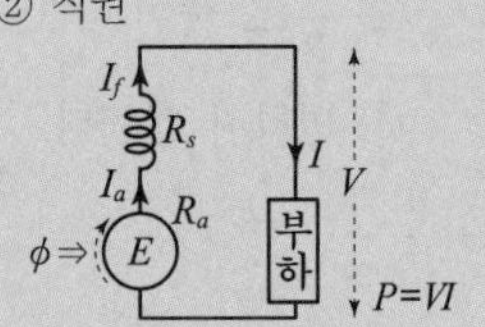

③ 분권

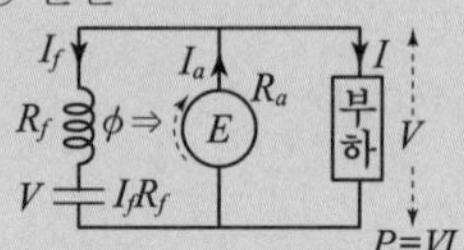

④ 복권

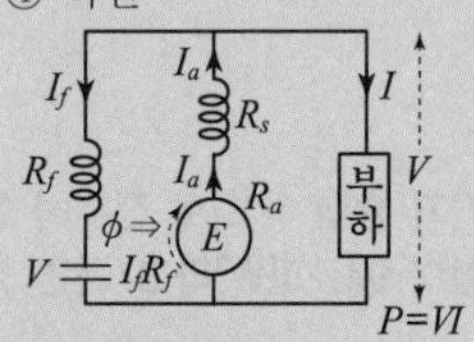

(3) 기전력 공식(ϕ이 없을 때 사용)

$E=V\pm I_a(R_a+R_s)$

① 타여자 : $I_a=I=\dfrac{P}{V}$

② 직권 : $I_a=I_f=I=\phi=\dfrac{P}{V}$

③ 분권, 복권 : $I_a=I\pm I_f=\dfrac{P}{V}\pm\dfrac{V}{R_f}$

↳ ※ 무부하시 : $I_a=I_f$

여기서, E : 유기기전력(전동기에서는 역기전력), V : 단자전압, I_a : 전기자전류, R_a : 전기자저항, R_s : 직권계자저항, I : 부하전류, P : 출력, I_f : 계자전류, ϕ : 자속, R_f : 분권계자저항

예제1 단자전압 220[V], 부하전류 50[A]인 분권발전기의 유기기전력은?(단, 여기서 전기자저항은 0.2[Ω]이며 계자전류 및 전기자반작용은 무시한다.)

① 210[V] ② 215[V]
③ 255[V] ④ 230[V]

해설 직류 분권발전기의 유기기전력(E)
$E=V+R_a I_a$[V] 식에서
$V=220$[V], $I=50$[A], $R_a=0.2$[Ω], $I_f=0$[A] 이므로
분권발전기의 전기자전류 I_a는
$I_a=I+I_f=I=50$ [A]일 때
$\therefore\ E=V+R_a I_a=220+0.2\times50=230$[V]

예제2 10[kW], 200[V], 전기자저항 0.15[Ω]의 타여자발전기를 전동기로 사용하여 발전기의 경우와 같은 전류를 흘렸을 때 단자전압은 몇 [V]로 하면 되는가?(단, 여기서 전기자반작용은 무시하고 회전수는 같도록 한다.)

① 200 ② 207.5
③ 215 ④ 225.5

해설 직류 타여자발전기와 직류 타여자전동기
타여자발전기의 부하전류 I와 유기기전력 E는
$I=\dfrac{P}{V}$[A], $E=V+R_aI_a=V+R_aI$[V] 식에서
$P=10$[kW], $V=200$[V], $R_a=0.15$[Ω] 이므로
$I=\dfrac{P}{V}=\dfrac{10\times10^3}{200}=50$[A],

$E = V + R_a I = 200 + 0.15 \times 50 = 207.5$ [V]이다.
같은 전류, 같은 회전수로 타여자발전기를 타여자전동기로 사용한다면 $E = k\phi N$[V] 식에 의해서 기전력이 일정하기 때문에 타여자전동기의 역기전력 E는
$E = V - R_a I_a = V - R_a I$ [V] 식에서
$\therefore\ V = E + R_a I = 207.5 + 0.15 \times 50 = 215$ [V]

예제3 **정격이 5[kW], 100[V], 50[A], 1800[rpm]인 타여자 직류 발전기가 있다. 무부하시의 단자전압은 얼마인가? (단, 계자전압은 50[V], 계자전류 5[A], 전기자저항은 0.2[Ω]이고 브러시의 전압강하는 2[V]이다.)**

① 100[V] ② 112[V]
③ 252[V] ④ 120[V]

해설 직류 타여자발전기의 무부하 단자전압(V_0)
$V_0 = E = V + R_a I_a + e_b$ [V] 식에서
$P = 5$ [kW], $V = 100$ [V], $I = I_a = 50$ [A],
$N = 1{,}500$ [rpm], $V_f = 50$ [V], $I_f = 5$ [A],
$R_a = 0.2$ [Ω], $e_b = 2$ [V] 이므로
$\therefore\ V_0 = E = V + R_a I_a + e_b = 100 + 0.2 \times 50 + 2 = 112$ [V]

예제4 **정격 5[kW], 100[V], 50[A], 1500[rpm]의 타여자 직류 발전기가 있다. 계자전압 50[V], 계자전류 5[A], 전기자저항 0.2[Ω]이고 브러시에서 전압강하는 2[V]이다. 무부하시와 정격부하시의 전압차는 몇 [V]인가?**

① 12 ② 10
③ 8 ④ 6

해설 직류 타여자발전기의 무부하 단자전압(V_0)
$V_0 = E = V + R_a I_a + e_b$ [V] 식에서
$P = 5$ [kW], $V = 100$ [V], $I = I_a = 50$ [A],
$N = 1{,}500$ [rpm], $V_f = 50$ [V], $I_f = 5$ [A],
$R_a = 0.2$ [Ω], $e_b = 2$ [V] 이므로
$V_0 = E = V + R_a I_a + e_b$
$= 100 + 0.2 \times 50 + 2 = 112$ [V]일 때
$\therefore\ V_0 - V = 112 - 100 = 12$ [V]

예제5 **계자저항 50[Ω], 계자전류 2[A], 전기자저항 3[Ω]인 분권 발전기가 무부하로 정격속도로 회전할 때 유기기전력 [V]은?**

① 106 ② 112
③ 115 ④ 120

해설 직류 분권발전기의 무부하시 유기기전력(E)
$E = V + R_a I_a$ [V], $V = R_f I_f$ [V] 식에서
$R_f = 50$ [Ω], $I_f = 2$ [A], $R_a = 3$ [Ω]일 때
무부하시 $I_a = I_f$ 이므로
$\therefore\ E = V + R_a I_a = (R_f + R_a) I_f$
$= (50 + 3) \times 2 = 106$ [V]

정답
1 ④ 2 ③ 3 ② 4 ① 5 ①

04 직류발전기의 특성

이해도 □□□ 30 60 100
중 요 도 : ★★★★★
출제빈도 : 3.7%, 22문 / 총 600문

한 솔 전 기 기 사
http://inup.co.kr
▲ 유튜브영상보기

1. 직류발전기 특성

(1) 무부하 포화 특성곡선(시험)
유기기전력 E - 계자전류 I_f

(2) 부하 포화 특성곡선(시험)
단자전압 V - 계자전류 I_f

(3) 외부 특성곡선(시험) : 단자전압 V - 부하전류 I

① 자여자(직권, 분권, 복권) 발전기는 잔류자기가 존재하여야 하며 처음 회전방향이 잔류자기 증가방향이어야 하고 역회전시 잔류자기가 소멸(상실)되어 발전하지 않는다.

② 직권 발전기
무부하시 발전하지 않는다. ($I_a = I = I_f = \phi$)

③ 타여자 발전기 : 잔류자기가 없어도 발전이 된다.

④ 복권 발전기(전동기)를 직권이나 분권으로 사용시

┌분권 발전기로 사용시 ⇒ 직권 계자권선 단락
└직권 발전기로 사용시 ⇒ 분권 계자권선 개방

④ 복권 발전기의 전동기로 사용

발전기		전동기
가동 복권 발전기	⇔	차동 복권 전동기
차동 복권 발전기	⇔	가동 복권 전동기

2. 외부특성곡선

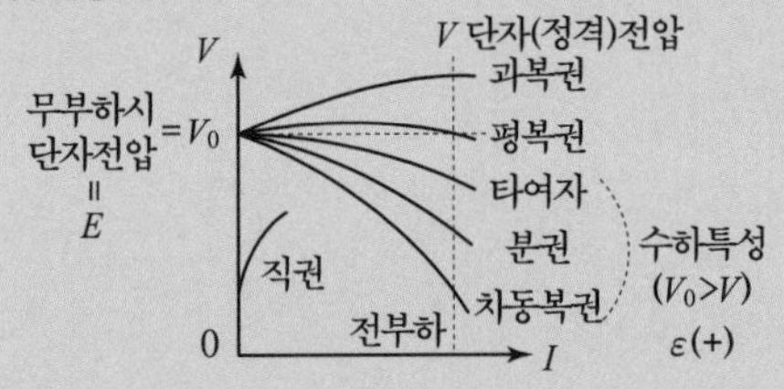

- 전압변동률 : $\epsilon = \dfrac{V_0 - V}{V} \times 100[\%]$

여기서, V_0 : 무부하시 단자전압, V : 전부하시 단자전압

- $V_0 = (1+\epsilon)V$ [V]
- 전압변동률 순서 : 타여자 < 분권 < 차동복권

예제1 **직류발전기의 부하포화곡선은 다음 어느 것의 관계인가?**

① 단자전압과 부하전류
② 출력과 부하전력
③ 단자전압과 계자전류
④ 부하전류와 계자전류

해설 직류발전기의 특성곡선

(1) 무부하포화곡선 : 횡축에 계자전류, 종축에 유기기전력(단자전압)을 취해서 그리는 특성곡선
(2) 외부특성곡선 : 횡축에 부하전류, 종축에 단자전압을 취해서 그리는 특성곡선
(3) 부하포화곡선 : 횡축에 계자전류, 종축에 단자전압을 취해서 그리는 특성곡선
(4) 계자조정곡선 : 횡축에 부하전류, 종축에 계자전류를 취해서 그리는 특성곡선

예제2 **차동 복권발전기를 분권기로 하려면 어떻게 하여야 하는가?**

① 분권계자를 단락시킨다.
② 직권계자를 단락시킨다.
③ 분권계자를 단선시킨다.
④ 직권계자를 단선시킨다.

해설 직류 복권발전기를 직권기 및 분권기로 사용
복권발전기는 계자권선이 병렬접속된 분권과 직렬접속된 직권을 모두 가지고 있는 발전기로서 분권계자권선을 개방시키면 직권발전기로 운전되며 직권계자권선을 단락시키면 분권발전기로 운전하게 된다.

예제3 계자권선이 전기자에 병렬로만 연결된 직류기는?

① 분권기 ② 직권기
③ 복권기 ④ 타여자기

해설 직류발전기의 종류 및 구조
(1) 타여자발전기 : 계자권선과 전기자권선이 서로 독립되어 있는 발전기로서 외부회로에서 여자를 확립시켜주기 때문에 잔류자기가 없어도 발전되는 발전기이다.
(2) 자여자발전기 : 계자권선과 전기자권선이 서로 연결되어 있는 발전기로서 잔류자기가 존재해야 발전되는 발전기이다.
㉠ 분권기 : 계자권선이 전기자권선과 병렬로만 접속
㉡ 직권기 : 계자권선이 전기자권선과 직렬로만 접속
㉢ 복권기 : 계자권선이 전기자권선과 직·병렬로 접속

예제4 직류발전기의 계자철심에 잔류자기가 없어도 발전을 할 수 있는 발전기는?

① 타여자발전기 ② 분권발전기
③ 직권발전기 ④ 복권발전기

해설 직류 타여자발전기
계자권선과 전기자권선이 서로 독립되어 있는 발전기로서 외부회로에서 여자를 확립시켜주기 때문에 잔류자기가 없어도 발전되는 발전기이다.

예제5 무부하에서 자기여자로 전압을 확립하지 못하는 직류 발전기는?

① 직권발전기 ② 분권발전기
③ 타여자발전기 ④ 차동복권발전기

해설 직류 직권발전기의 무부하 운전
직류 직권발전기는 계자권선과 전기자권선이 직렬로 접속되어 있기 때문에 전기자전류와 계자전류 및 부하전류가 모두 같게 된다. 이 때 무부하로 운전되는 경우 부하전류가 영(0)이 되면서 계자전류도 영(0)이 되기 때문에 자기여자로 전압확립이 되지 않아 직권발전기는 더 이상 발전할 수 없게 된다.

예제6 분권발전기의 회전 방향을 반대로 하면 일어나는 현상은?

① 높은 전압이 발생한다.
② 잔류자기가 소멸한다.
③ 전압이 유기된다.
④ 발전기가 소손된다.

해설 직류 분권발전기의 역회전 운전
분권발전기를 역회전하게 되면 전기자전류 및 계자전류의 방향이 모두 반대로 흐르게 되어 계자회로의 잔류자기가 소멸하게 된다. 따라서 분권발전기는 발전이 불가능해진다.

예제7 직류발전기의 단자전압을 조정하려면 다음 어느 것을 조정하는가?

① 기동저항 ② 계자저항
③ 방전저항 ④ 전기자저항

해설 직류발전기의 단자전압 조정
직류발전기의 전압은 자속에 비례하여 변화하기 때문에 단자전압을 조정하기 위해서는 계자저항을 조정하여 계자전류에 의한 자속을 변화시켜야 한다.

예제8 무부하 때에 119[V]인 분권 발전기가 6[%]의 전압 변동률을 가지고 있다고 한다. 전부하 단자 전압은 몇 [V]인가?

① 105.1 ② 112.2
③ 125.6 ④ 145.2

해설 직류발전기의 전압변동률(ϵ)
$V_0 = (1+\epsilon)V$ [V] 식에서
$V_0 = 119$ [V], $\epsilon = 6$ [%] 이므로
$\therefore\ V = \dfrac{V_o}{1+\epsilon} = \dfrac{119}{1+0.06} = 112.2$ [V]

정답
1 ③ 2 ② 3 ① 4 ① 5 ① 6 ② 7 ② 8 ②

05 직류전동기 토크 특성

한솔전기기사
http://inup.co.kr
▲ 유튜브영상보기

이해도 □□□ 30 60 100
중 요 도 : ★★★★☆
출제빈도 : 3.3%, 20문 / 총 600문

1. 직류전기동기 토크

$\tau = \dfrac{60 I_a (V - I_a R_a)}{2\pi N} = \dfrac{pZ\phi I_a}{2\pi a}$ [N·m] $= K\phi I_a$

$= 9.55 \dfrac{P}{N}$ [N·m] $= 0.975 \dfrac{P}{N}$ [kg·m]

= 힘(무게)×거리(길이)

∴ 1[N·m] = 9.8[kg·m]

• 기계적 출력(동력) : $P = EI_a$ (전기자에서 발생하므로)

여기서, I_a : 전기자전류, V : 단자전압, R_a : 전기자저항,
N : 회전속도, p : 극수, Z : 총도체수, ϕ : 자속수,
a : 병렬회로수, K : 기계상수, P : 출력

2. 분권전동기 $\left(N = K' \dfrac{V - I_a R_a}{\phi} [\text{r.p.s}]\right)$

① 정격전압에서 무여자(계자권선 단선) 운전 금지
⇒ 위험속도 도달
② 용도 : 정속도 전동기에 사용
③ $\tau = K\phi I_a$ 식에서 $T \propto I_a \propto \dfrac{1}{N}$

3. 직권전동기 $\left(N = K \dfrac{V - I_a (R_a + R_s)}{\phi} [\text{r.p.s}]\right)$

① 정격전압에서 무부하 운전 금지
⇒ 위험속도 도달
⇒ 벨트운전 금지(벨트가 벗겨지면 위험속도로 운전)
② 방지책 : ㉠ 기어나 체인 사용 ㉡ 부하와 직결 연결
③ 용도 : 기중기, 크레인, 전동차(전기철도)
⇒ 속도가 느릴수록 기동토크가 큰 부하에 적합
④ 부하에 따라 속도변동이 크다.
⑤ $T = K\phi I_a$ 에서 $(I_a = I = I_f = \phi)$이므로 $T \propto I_a^2 \propto \dfrac{1}{N^2}$

4. 직류전동기 속도변동률, 기동토크 : 大 → 小 순서

직권 → 가동복권 → 분권 → 차동복권 → 타여자
(직, 가, 분, 차, 타)

5. 직권, 분권 전동기의 공통점

전원의 극성이 바뀌어도 회전방향은 변하지 않는다.

6. 계자저항 R_f ↑ ⇒ **계자전류** I_f ↓ ⇒ ϕ ↓ ⇒ N ↑

예제1 **직류전동기의 총도체수는 80, 단중 중권이며, 극수 2, 자속수 3.14[Wb]이다. 부하를 걸어 전기자에 10[A]가 흐르고 있을 때, 발생 토크[kg·m]는?**

① 38.6 ② 40.8
③ 42.6 ④ 44.8

해설 직류전동기의 토크(τ)

$\tau = \dfrac{pZ\phi I_a}{2\pi a}$ [N·m] $= \dfrac{1}{9.8} \cdot \dfrac{pZ\phi I_a}{2\pi a}$ [kg·m] 식에서

$Z = 80$, 중권$(a = p)$, 극수 $p = 2$, $\phi = 3.14$ [Wb],
$I_a = 10$ [A] 이므로

∴ $\tau = \dfrac{1}{9.8} \cdot \dfrac{pZ\phi I_a}{2\pi a}$ [kg·m] $= \dfrac{1}{9.8} \times \dfrac{2 \times 80 \times 3.14 \times 10}{2\pi \times 2}$

$= 40.8$ [kg·m]

예제2 **정격 5[kW], 100[V]의 타여자 직류전동기가 어떤 부하를 가지고 회전하고 있다. 전기자전류 20[A], 회전수 1500[rpm], 전기자저항이 0.2[Ω]이다. 발생 토크는 약 몇 [kg·m]인가?**

① 1.00 ② 1.15
③ 1.25 ④ 1.35

해설 직류전동기의 토크(τ)

$E = V - R_a I_a$ [V], $\tau = 0.975 \dfrac{EI_a}{N}$ [kg·m] 식에서

$P = 5$ [kW], $V = 100$ [V], $I_a = 20$ [A],
$N = 1{,}500$ [rpm], $R_a = 0.2$ [Ω] 이므로

$E = V - R_a I_a = 100 - 0.2 \times 20 = 96$ [V]

∴ $\tau = 0.975 \times \dfrac{96 \times 20}{1{,}500} \fallingdotseq 1.25$ [kg·m]

예제3 **P[kW], N[rpm]인 전동기의 토오크 [kg·m]는?**

① $716\frac{P}{N}$ ② $956\frac{P}{N}$
③ $975\frac{P}{N}$ ④ $0.01625\frac{P}{N}$

해설 직류전동기의 토크(τ)

$\tau = 9.55\frac{P}{N}$ [N·m] $= 0.975\frac{P}{N}$ [kg·m]

$\therefore\ \tau = 0.975\frac{P[\text{W}]}{N}$ [kg·m] $= 975\frac{P[\text{kW}]}{N}$

예제4 **직류발전기를 전동기로 사용하고자 한다. 이 발전기의 정격전압 120[V], 정격전류 40[A], 전기자저항 0.15[Ω]이며, 전부하일 때 발전기와 같은 속도로 회전시키려면 단자전압은 몇 [V]를 공급하여야 하는가? (단, 전기자반작용 및 여자전류는 무시한다.)**

① 114[V] ② 126[V]
③ 132[V] ④ 138[V]

해설 직류발전기와 직류전동기
직류발전기의 유기기전력 E는 $E=V+R_aI_a$ [V] 식에서
$V=120$ [V], $I_a=40$ [A], $R_a=0.15$ [Ω] 이므로
$E=V+R_aI_a=120+0.15\times40=126$ [V]이다.
같은 회전수로 직류발전기를 직류전동기로 사용한다면
직류전동기의 역기전력 E는
$E=V-R_aI_a$ [V] 식에서
$\therefore\ V=E+R_aI=126+0.15\times40=132$ [V]

예제5 **220[V], 10[A], 전기자저항이 1[Ω], 회전수가 1,800[rpm]인 전동기의 역기전력은 몇 [V]인가?**

① 90 ② 140
③ 175 ④ 210

해설 직류전동기의 역기전력(E)
$E=V-R_aI_a$ [V] 식에서
$V=220$ [V], $I_a=10$ [A], $R_a=1$ [Ω],
$N=1,800$ [rpm] 이므로
$\therefore\ E=V-R_aI_a=220-1\times10=210$ [V]

예제6 **부하가 변하면 현저하게 속도가 변하는 직류전동기는?**

① 가동 복권 전동기 ② 분권 전동기
③ 직권 전동기 ④ 차동 복권 전동기

해설 직류전동기의 속도변동(大 → 小 순서)
∴ 직권 → 가동복권 → 분권 → 차동복권 → 타여자

예제7 **직류 분권발전기의 전기자저항이 0.05[Ω]이다. 단자전압이 200[V], 회전수 1,500[rpm]일 때 전기자전류가 100[A]이다. 이것을 전동기로 사용하여 전기자전류와 단자전압이 같을 때 회전속도 [rpm]는?(단, 전기자반작용은 무시한다.)**

① 1,427 ② 1,577
③ 1,620 ④ 1,800

해설 직류발전기를 직류전동기로 사용할 때의 속도변화
발전기의 유기기전력을 E, 전동기의 역기전력을 E'라 하면
$R_a=0.05$ [Ω], $V=200$ [V], $N=1,500$ [rpm],
$I_a=100$ [A]일 때
$E=V+R_aI_a=200+0.05\times100=205$ [V]
$E'=V-R_aI_a=200-0.05\times100=195$ [V]이다.
$E=k\phi N$ [V] 식에 의해서 $E\propto N$ 이므로
$\therefore\ N'=\frac{E'}{E}N=\frac{195}{205}\times1,500=1,427$ [rpm]

예제8 **다음 ( ) 안에 알맞은 내용은?**

> 직류전동기의 회전속도가 위험한 상태가 되지 않으려면 직권전동기는 (ⓐ) 상태로, 분권전동기는 (ⓑ) 상태가 되지 않도록 하여야 한다.

① ⓐ 무부하, ⓑ 무여자
② ⓐ 무여자, ⓑ 무부하
③ ⓐ 무여자, ⓑ 경부하
④ ⓐ 무부하, ⓑ 경부하

해설 직류전동기의 위험속도
(1) 직권전동기 : 무부하 운전
(2) 분권전동기 : 무여자 운전

1 ② 2 ③ 3 ③ 4 ③ 5 ④ 6 ③ 7 ① 8 ①

06 동기발전기 기타관련사항 (특성과 단락비 및 난조)

한 솔 전 기 기 사
http://inup.co.kr
▲ 유튜브영상보기

이해도 □□□ 30 60 100
중 요 도 : ★★★★☆
출제빈도 : 3.3%, 20문 / 총 600문

1. 동기발전기 특성

(1) 특성 곡선 및 시험

① 무부하 포화곡선(무부하시험)

② 3상 단락곡선(단락시험) : 전기자반작용으로 인해 직선적으로 나타난다.

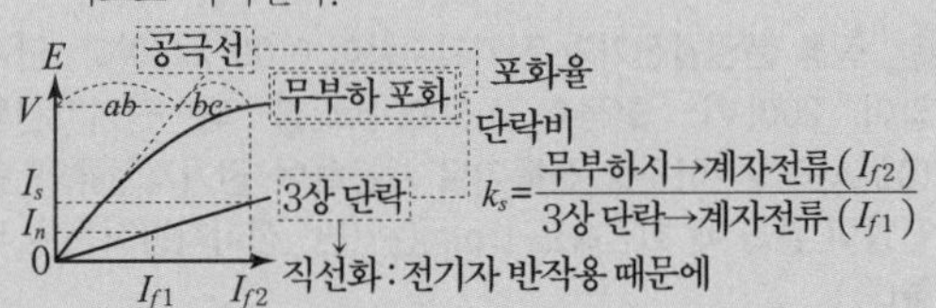

(2) 포화율 : 공극선과 무부하 포화시험 $\delta = \frac{bc}{ab}$

(3) 동기임피던스 : $Z_s = \frac{E}{I_s} = \frac{V}{\sqrt{3}\,I_s}$

※ 단락전류

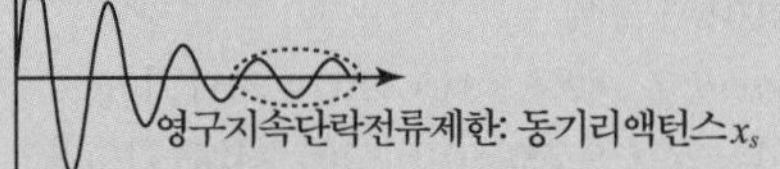

(4) %동기임피던스

$$\%Z_s = \frac{I_n Z_s}{E} \times 100 = \frac{\sqrt{3}\,I_n Z_s}{V} \times 100[\%]$$

$$\%Z_s = \frac{P[\text{kVA}]Z_s}{10\{V[\text{kV}]\}^2} \times 100 = \frac{100}{k_s}[\%]$$

(5) 단락비 (무부하 포화시험과 3상 단락시험)

$$k_s = \frac{1}{\%Z_s[p \cdot u]} = \frac{100}{\%Z_s[\%]} = \frac{I_f'}{I_f''}$$

여기서, E : 상전압(유기기전력), I_s : 단락전류,
V : 선간전압(정격전압), I_n : 정격전류,
Z_s : 동기임피던스, P : 정격용량, k_s : 단락비,
I_f' : 무부하 상태에서 정격전압 공급을 위한 계자전류,
I_f'' : 단락상태에서 정격전류 공급을 위한 계자전류

※ 단락비가 크다. (튼튼하다.)
⇒ 안정도가 좋다, 전기자반작용이 작다, 전압변동률이 작다, 동기임피던스가 작다, 충전용량이 크다, 철기계로 무겁다, 효율이 낮다. 가격이 비싸다.

2. 난조

(1) 원인

① 원동기 조속기가 너무 예민할 때

② 부하급변시

(2) 방지책 : 제동권선설치(가장 좋은 방지책)

※ 동기전동기의 제동권선은 기동토크발생

예제1 발전기의 단자부근에 단락이 일어났다고 하면 단락전류는?

① 계속 증가한다.
② 발전기가 즉시 정지한다.
③ 일정한 큰 전류가 흐른다.
④ 처음은 큰 전류가 점차로 감소한다.

해설 동기발전기의 단락전류
동기발전기의 단자 부근에서 단락이 일어났다고 하면 단락된 순간 단락전류를 제한하는 성분은 누설리액턴스뿐이므로 매우 큰 단락전류가 흐르기만 점차 전기자반작용에 의한 리액턴스 성분이 증가되어 지속적인 단락전류가 흐르게 되며 단락전류는 점점 감소한다.

예제2 10,000[kVA], 6,000[V], 60[Hz], 24극, 단락비 1.2인 3상 동기발전기의 동기임피던스[Ω]는?

① 1 ② 3
③ 10 ④ 30

해설 동기발전기의 단락비(k_s), %동기임피던스(%Z_s) 관계

$\%Z_s = \frac{P[\text{kVA}]\,Z_s[\Omega]}{10\{V[\text{kV}]\}^2} = \frac{100}{k_s}[\%]$ 식에서

$P = 10{,}000[\text{kVA}]$, $V = 6[\text{kV}]$, $f = 60[\text{Hz}]$
$p = 24$, $k_s = 1.2$ 이므로

$$\therefore Z_s = \frac{1{,}000\,V^2}{k_s P} = \frac{1{,}000 \times 6^2}{1.2 \times 10{,}000} = 3[\Omega]$$

예제3 6000[V], 5[MVA]의 3상 동기발전기의 계자전류 200[A]에서 무부하 단자전압이 6000[V]이고, 단락전류는 600[A]라고 한다. 동기임피던스[Ω]와 %동기임피던스는 약 얼마인가?

① 5.8[Ω], 80[%]　② 6.4[Ω], 85[%]
③ 6.4[Ω], 73[%]　④ 6.0[Ω], 75[%]

해설 동기발전기의 단락전류(I_s)와 %임피던스($\%Z_s$)

$I_s = \dfrac{V}{\sqrt{3}\,Z_s}$ [A], $\%Z_s = \dfrac{P[\text{kVA}]\,Z_s[\Omega]}{10\{V[\text{kV}]\}^2}$ [%] 식에서

$V = 6$ [kV], $P = 5{,}000$ [kVA], $I_f = 200$ [A],

$V_0 = 6$ [kV], $I_s = 600$ [A] 이므로

$\therefore\ Z_s = \dfrac{V}{\sqrt{3}\,I_s} = \dfrac{6\times10^3}{\sqrt{3}\times600} \fallingdotseq 5.8\,[\Omega]$

$\therefore\ \%Z_s = \dfrac{P[\text{kVA}]\,Z_s[\Omega]}{10\{V[\text{kV}]\}^2} = \dfrac{5{,}000\times5.8}{10\times6^2} \fallingdotseq 80\,[\%]$

예제4 3상 동기발전기의 여자전류 10[A]에 대한 단자전압이 $1000\sqrt{3}$[V], 3상 단락전류는 50[A]이다. 이때의 동기임피던스는 몇 [Ω]인가?

① 5　② 11
③ 20　④ 34

해설 동기발전기의 단락전류(I_s)

$I_s = \dfrac{V}{\sqrt{3}\,Z_s}$ [A] 식에서

$I_f = 200$ [A], $V = 1{,}000\sqrt{3}$ [V], $I_s = 50$ [A] 이므로

$\therefore\ Z_s = \dfrac{V}{\sqrt{3}\,I_s} = \dfrac{1{,}000\sqrt{3}}{\sqrt{3}\times50} = 20\,[\Omega]$

예제5 정격 전압 6,000[V], 정격 출력 12,000[kVA] 매 상당의 동기 임피던스가 3[Ω]인 3상 동기발전기의 단락비는?

① 0.8　② 1.0
③ 1.2　④ 1.5

해설 동기발전기의 단락비(k_s), %동기임피던스($\%Z_s$) 관계

$\%Z_s = \dfrac{100}{k_s} = \dfrac{P[\text{kVA}]\,Z_s[\Omega]}{10\{V[\text{kV}]\}^2}$ [%] 식에서

$V = 6$ [kV], $P = 12{,}000$ [kVA], $Z_s = 3$ [Ω] 이므로

$\therefore\ k_s = \dfrac{1{,}000\,V^2}{P\,Z_s} = \dfrac{1{,}000\times6^2}{12{,}000\times3} = 1.0$

예제6 어떤 수차용 교류 발전기의 단락비가 1.2이다. 이 발전기의 % 동기임피던스는?

① 0.12　② 0.25
③ 0.52　④ 0.83

해설 동기발전기의 단락비(k_s), %동기임피던스($\%Z_s$) 관계

$\%Z_s = \dfrac{100}{k_s}$ [%] 식에서 $k_s = 1.2$일 때

$\therefore\ \%Z_s = \dfrac{100}{k_s} = \dfrac{100}{1.2} = 83\,[\%] = 0.83\,[\text{p.u}]$

예제7 단락비가 큰 동기기는?

① 전기자 반작용이 크다.
② 기계가 소형이다.
③ 전압변동률이 크다.
④ 안정도가 높다.

해설 단락비가 크다. (튼튼하다.)
안정도가 좋다, 전기자반작용이 작다, 전압변동률이 작다, 동기임피던스가 작다, 충전용량이 크다, 철기계로 무겁다, 효율이 낮다. 가격이 비싸다.

예제8 전압변동률이 작은 동기발전기는?

① 동기리액턴스가 크다.
② 전기자 반작용이 크다.
③ 단락비가 크다.
④ 값이 싸진다.

해설 단락비가 크다. (튼튼하다.)
안정도가 좋다.

예제9 동기기의 3상 단락곡선이 직선이 되는 이유로 가장 알맞은 것은?

① 무부하 상태이므로
② 자기 포화가 있으므로
③ 전기자 반작용으로
④ 누설 리액턴스가 크므로

해설 동기발전기의 3상 단락곡선이 직선인 이유
∴ 전기자반작용으로 인해 직선적으로 나타난다.

정답
1 ④　2 ②　3 ①　4 ③　5 ②　6 ④　7 ④　8 ③　9 ③

07 사이리스터

한 솔 전 기 기 사
http://inup.co.kr
▲ 유튜브영상보기

이해도 □□□ 30 60 100

중 요 도 : ★★★★☆
출제빈도 : 3.3%, 20문 / 총 600문

1. 사이리스터 제어

위상제어, 전압제어, 전력제어

2. SCR

정류작용, 위상제어(위상각), 소형, 대용량

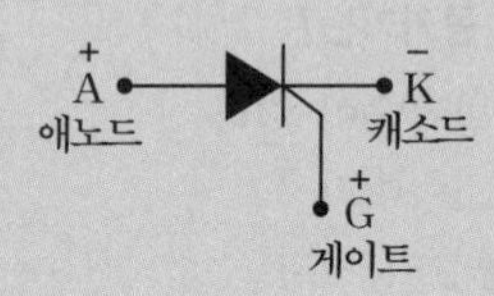

- 특징 : 단방향(역저지) 3단자(극)
  종류 : ⓐ LASCR : 광스위치, 릴레이, 카운터 회로
  ⓑ GTO : 자기 소호 작용

3. SCS

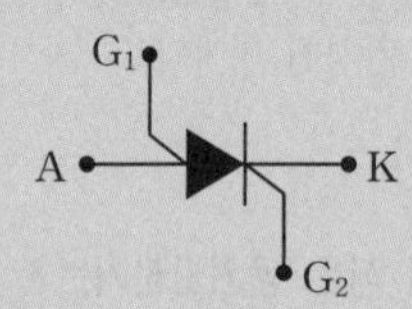

- 특징 : 단방향(역저지) 4단자(극)-게이트 단자가 2개

4. SSS (DIAC)

- 특징 : 쌍방향 2단자(극), 게이트 단자가 없다.

5. TRIAC

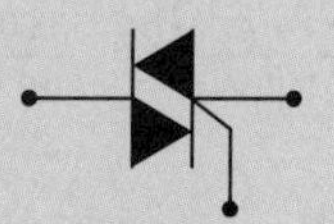

- 특징 : 쌍방향 3단자(극)
  ① SCR 2개를 역병렬 접속시킨 구조
  ② 과전압에 강하다.

예제1 2방향성 3단자 사이리스터는 어느 것인가?

① SCR ② SSS
③ SCS ④ TRIAC

해설 사이리스터의 분류

단자 수	저지	스위칭
2	역저지 2단자 사이리스터 (pnpn스위치)	쌍방향 2단자 사이리스터 (SSS, DIAC)
3	역저지 3단자 사이리스터 (SCR, GTO, LASCR)	쌍방향 3단자 사이리스터 (TRIAC)
4	역저지 4단자 사이리스터(SCS)	-

예제2 사이리스터 중 3단자 사이리스터가 아닌 것은?

① SCR ② GTO
③ TRIAC ④ SCS

해설 사이리스터의 분류

단자 수	저지	스위칭
4	역저지 4단자 사이리스터(SCS)	-

예제3 광스위치, 릴레이, 카운터 회로 등에 사용되는 감광역저지 3단자 사이리스터는 어느 것인가?

① LAS ② SCS
③ SSS ④ LASCR

해설 LASCR

LASCR은 역저지 3단자 사이리스터 종류 중 하나로 광스위치, 릴레이, 카운터 회로 등에 사용되는 반도체 소자이다.

예제4 사이리스터를 이용한 교류전압 제어 방식은?

① 위상제어방식
② 레오너드방식
③ 쵸퍼방식
④ TCR(Time Ratio Control)방식

해설 사이리스터를 이용한 교류전압 제어
사이리스터를 이용하여 교류전압의 크기를 제어하는 방식으로 위상제어방식이 많이 쓰이는 이유는 손실이 거의 없어 제어효율이 높으며 응답속도가 빠르고 제어가 용이하다는 데 있다. 제어시간을 임의대로 조절하기 위해서 적분회로를 함께 사용한다.

예제5 SCR을 이용한 인버터 회로에서 SCR 이 도통상태에 있을 때 부하전류가 20[A] 흘렀다. 게이트 동작 범위내에서 전류를 $\frac{1}{2}$로 감소시키면 부하 전류는?

① 0[A] ② 10[A]
③ 20[A] ④ 40[A]

해설 SCR의 특징
SCR은 게이트 신호에 의해서 턴온이 되고 최소의 유지전류로 턴온을 지속할 수 있다. 그리고 턴오프를 시키기 위해서는 전원을 유지전류 이하로 공급하거나 전원의 극성을 바꾸는 방법이 이용된다. 따라서 도통(=턴온)상태에서는 게이트 신호로 SCR을 턴오프 시킬 수 없기 때문에 게이트전류를 $\frac{1}{2}$로 감소시켜도 부하전류는 변함없이 20[A]가 흐르게 된다.

예제6 다음 ㅁ 안에 알맞은 내용을 순서대로 나열한 것은?

> 사이리스터(Thyristor)에서는 게이트 전류가 흐르면 순방향의 저지상태에서 ㅁ 상태로 된다. 게이트 전류를 가하여 도통 완료까지의 시간을 ㅁ 시간이라고 하나 이 시간이 길면 ㅁ 시의 ㅁ이 많고 사이리스터 소자가 파괴되는 수가 있다.

① 온(On), 턴온(Turn On), 스위칭, 전력 손실
② 온(On), 턴온(Turn On), 전력 손실, 스위칭
③ 스위칭, 온(On), 턴온(Turn On), 전력 손실
④ 턴온(Turn On), 스위칭, 온(On), 전력 손실

해설 사이리스터의 턴온(Turn on)
사이리스터에서 게이트에 전류가 흐르면 순방향 저지상태에서 온(ON) 상태로 된다. 게이트 전류를 가해서 도통 완료까지의 시간을 턴온(Turn on) 시간이라고 하고 이 시간이 길면 스위칭 시의 전력손실이 많고 사이리스터가 파괴되는 경우도 있다.

1 ④ 2 ④ 3 ④ 4 ① 5 ③ 6 ①

08 변압기의 자기회로 (기전력, 권수비)

이해도 □□□ 30 60 100

중 요 도 : ★★★★☆
출제빈도 : 4.3%, 18문 / 총 600문

한 솔 전 기 기 사
http://inup.co.kr
▲ 유튜브영상보기

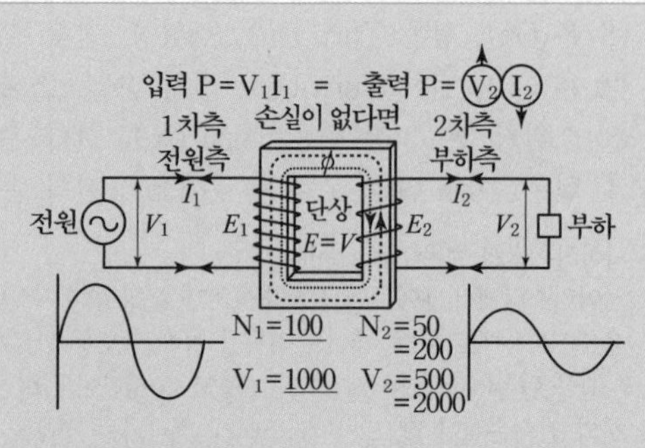

1. 변압기의 원리 : 전자유도 현상

① $L \propto N^2$(누설리액턴스는 권수 제곱에 비례)
② 누설 리액턴스 감소 위해 : 권선의 분할조립(교호배치)
③ 변압기 여자전류에 많이 포함된 고조파 : 제3고조파
④ 변압기 철심강판(규소강판)두께 : 0.35[mm]~0.5[mm]
⑤ 변압기 규소함유량 : 3~4[%]
⑥ 변압기 1차, 2차 절연지 : 크래프트지
⑦ 변압기 소음 방지법 : 철심을 단단히 조인다.
⑧ 냉각방식 : 주상변압기 ⇒ 유입자냉식 (ONAN)

2. 권수비(전압비, 변압비)

$$a=\frac{N_1}{N_2}=\frac{E_1}{E_2}=\frac{I_2}{I_1}=\sqrt{\frac{Z_1}{Z_2}}=\sqrt{\frac{R_1}{R_2}}=\sqrt{\frac{X_1}{X_2}}=\sqrt{\frac{L_1}{L_2}}$$

3. 1차, 2차 유기기전력

$$E_1=4.44 f\phi N_1=4.44 f BSN_1$$
$$E_2=4.44 f\phi N_2=4.44 f BSN_2$$

4. 여자전류(=무부하 전류 : I_0)

변압기 무부하시 1차에 흐르는 전류로서 철손전류와 자화전류로 이루어져 있다.

① 철손전류 : 철손을 발생시키는 전류(I_i)
② 자화전류 : 주 자속(ϕ)을 만드는 전류(I_ϕ)

$$\therefore I_\phi=\sqrt{I_0^2-I_i^2}=\sqrt{I_0^2-\left(\frac{P_i}{V_1}\right)^2}\ [A]$$

여기서, a : 수비, N : 권수, E : 기전력, I : 전류,
Z : 임피던스, R : 저항, X : 리액턴스, L : 인덕턴스,
f : 주파수, ϕ : 자속, B : 자속밀도, S : 단면적

예제1 변압기의 누설 리액턴스를 줄이는 가장 효과적인 방법은 어느 것인가?

① 권선을 분할하여 조립한다.
② 권선을 동심 배치한다.
③ 코일의 단면적을 크게 한다.
④ 철심의 단면적을 크게 한다.

해설 변압기의 분할권선
변압기의 권선을 분할하면 절연이 향상되어 누설자속이 줄어들고 누설리액턴스를 줄일 수 있다.

예제2 변압기의 성층철심 강판 재료의 규소 함유량은 대략 몇 [%]인가?

① 8[%] ② 6[%]
③ 4[%] ④ 2[%]

해설 변압기 철심재료
(1) 규소의 함량 : 3~4[%] 정도
(2) 두께 : 0.35[mm]~0.5[mm] 정도

예제3 그림과 같은 정합 변압기(matching transformer)가 있다. R_2에 주어지는 전력이 최대가 되는 권선비 a는?

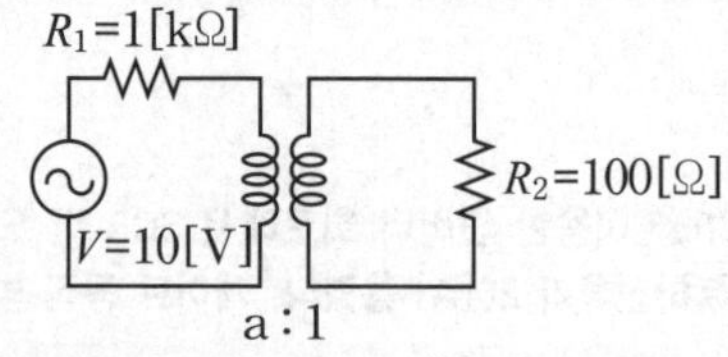

① 약 2 ② 약 1.16
③ 약 2.16 ④ 약 3.16

해설 변압기 권수비(a)

$a=\sqrt{\frac{R_1}{R_2}}$ 식에서

$R_1=1[k\Omega]$, $R_2=100[\Omega]$ 이므로

$$\therefore a=\sqrt{\frac{R_1}{R_2}}=\sqrt{\frac{1\times10^3}{100}}=3.16$$

예제4 1차측 권수가 1,500인 변압기의 2차측에 16[Ω]의 저항을 접속하니 1차 측에서는 8[kΩ]으로 환산되었다. 2차측 권수는?

① 약 67　　② 약 87
③ 약 107　　④ 약 207

해설 변압기 권수비(a)

$a = \frac{N_1}{N_2} = \sqrt{\frac{r_1}{r_2}}$ 식에서

$N_1 = 1,500$, $r_2 = 16\,[\Omega]$, $r_1 = 8\,[\mathrm{k}\Omega]$ 이므로

$\therefore N_2 = \sqrt{\frac{r_2}{r_1}} \cdot N_1 = \sqrt{\frac{16}{8 \times 10^3}} \times 1,500 = 67$

예제5 단상 50[kVA] 1차 3,300[V], 2차 210[V] 60[Hz], 1차 권회수 550, 철심의 유효단면적 150[cm²]의 변압기 철심의 자속밀도[Wb/m²]는?

① 약 2.0　　② 약 1.5
③ 약 1.2　　④ 약 1.0

해설 변압기의 유기기전력(E)

$E_1 = 4.44 f \phi_m N_1 = 4.44 f B_m S N_1\,[\mathrm{V}]$ 식에서

$P = 50\,[\mathrm{kVA}]$, $E_1 = 3,300\,[\mathrm{V}]$, $E_2 = 210\,[\mathrm{V}]$,

$f = 60\,[\mathrm{Hz}]$, $N_1 = 550$, $S = 150\,[\mathrm{cm^2}]$ 이므로

$\therefore B_m = \frac{E_1}{4.44 f S N_1} = \frac{3,300}{4.44 \times 60 \times 150 \times 10^{-4} \times 550} = 1.5\,[\mathrm{Wb/m^2}]$

예제6 1차 전압 6600[V], 권수비 30인 단상 변압기로 전등부하에 30[A]를 공급할 때의 입력[kW]은? (단, 변압기의 손실은 무시한다.)

① 4.4　　② 5.5
③ 6.6　　④ 7.7

해설 변압기의 입력(P_1)

$P_1 = V_1 I_1\,[\mathrm{W}]$, $a = \frac{V_1}{V_2} = \frac{I_2}{I_1}$ 식에서

$V_1 = 6,600\,[\mathrm{V}]$, $a = 30$, $I_2 = 30\,[\mathrm{A}]$ 이므로

$\therefore P_1 = V_1 I_1 = V_1 \cdot \frac{I_2}{a} = 6,600 \times \frac{30}{30} = 6,600\,[\mathrm{W}] = 6.6\,[\mathrm{kW}]$

예제7 변압기의 자속에 대하여 맞는 설명은?

① 주파수와 권수에 반비례한다.
② 주파수와 권수에 비례한다.
③ 전압에 반비례한다.
④ 권수에 비례한다.

해설 변압기의 유기기전력(E)

$E_1 = 4.44 f \phi_m N_1\,[\mathrm{V}]$ 식에서

$\phi_m \propto \frac{1}{f N_1}$ 이므로

∴ 변압기의 자속은 주파수와 권수에 반비례한다.

예제8 변압기의 권수비 $a = \frac{6600}{220}$, 철심의 단면적 0.02[m²], 최대 자속밀도 1.2[Wb/m²]일 때 1차 유기기전력은 약 몇 [V]인가? (단, 주파수는 60[Hz]이다.)

① 1,407[V]　　② 3,521[V]
③ 42,198[V]　　④ 49,814[V]

해설 변압기의 유기기전력(E)

$E_1 = 4.44 f B_m S N_1\,[\mathrm{V}]$ 식에서

$a = \frac{N_1}{N_2} = \frac{6,600}{220}$, $S = 0.02\,[\mathrm{m^2}]$

$B_m = 1.2\,[\mathrm{Wb/m^2}]$, $f = 60\,[\mathrm{Hz}]$ 이므로

$\therefore E_1 = 4.44 f B_m S N_1 = 4.44 \times 60 \times 1.2 \times 0.02 \times 6,600 = 42,198\,[\mathrm{V}]$

정답

1 ①　2 ③　3 ④　4 ①　5 ②　6 ③　7 ①　8 ③

Black Box

09 정류작용 (전기자반작용, 전기각)

이해도 □□□ 30 60 100

중 요 도 : ★★★☆☆
출제빈도 : 2.7%, 16문 / 총 600문

한 솔 전 기 기 사
http://inup.co.kr
▲ 유튜브영상보기

1. 직류기 전기자반작용

부하가 걸렸을 때 전기자 전류에 의한 전기자 기자력이 계자기자력에 영향을 미치는 현상

(1) 주자속의 감소
  ㉠ 발전기의 기전력 감소 및 출력 감소
  ㉡ 전동기의 토크 감소

(2) 편자작용으로 중성축의 이동
  ㉠ 발전기는 회전방향
  ㉡ 전동기는 회전반대방향

(3) 불꽃 섬락 발생으로 정류 불량

2. 전기자반작용 방지 대책

(1) 보상권선을 설치하여 전기자 전류와 반대방향으로 흘리면 교차기자력이 줄어들어 전기자 반작용이 억제된다.(주대책임)

(2) 보극을 설치하여 평균리액턴스전압을 없애고 정류작용을 양호하게 한다.

(3) 브러시를 새로운 중성축으로 이동시킨다.
  ㉠ 발전기는 회전방향
  ㉡ 전동기는 회전반대방향

3. 양호한 정류를 얻는 방법

(1) 평균리액턴스 전압을 줄인다.
  ㉠ 보극을 설치한다.(전압정류 : 정현파 정류)
  ㉡ 단절권을 채용한다.(인덕턴스 감소)
  ㉢ 정류주기를 길게 한다.(회전속도 감소)

(2) 브러시 접촉저항을 크게 하여 접촉면 전압강하를 크게 한다.(탄소 브러시 채용)

(3) 보극과 보상권선을 설치한다.

(4) 양호한 브러시를 채용하고 전기자 공극의 길이를 균등하게 한다.

※ 보극은 전기자반작용에 의한 감자기자력을 억제하고 평균리액턴스를 감소시켜 정류를 개선한다. 하지만 보극이 없는 경우 정류를 개선하기 위해서 브러시를 새로운 중성축으로 이동시킨다.

4. 전기각과 기계각

전기각 $=$ 기계각 $\times \dfrac{p}{2}$

여기서, p : 극수

예제1 **전기자반작용이 직류발전기에 영향을 주는 것을 설명한 것이다. 틀린 설명은?**

① 전기자 중성축을 이동시킨다.
② 자속을 감소시켜 부하시 전압강하의 원인이 된다.
③ 정류자편간 전압이 불균일하게 되어 섬락의 원인이 된다.
④ 전류의 파형은 찌그러지나 출력에는 변화가 없다.

해설 직류기의 전기자 반작용의 영향
∴ 주자속이 감소하여 발전기의 기전력이 감소하고 또한 발전기의 출력이 감소한다.

예제2 **부하 변동이 심한 부하에 직권전동기를 사용할 때 전기자반작용을 감소시키기 위해서 설치하는 것은?**

① 계자권선 ② 보상권선
③ 브러시 ④ 균압선

해설 직류기의 전기자반작용의 방지 대책
∴ 보상권선을 설치하여 전기자 전류와 반대방향으로 흘리면 교차기자력이 줄어들어 전기자 반작용이 억제된다.(주대책임)

예제3 극수가 24일 때 전기각 180° 에 해당되는 기계각은?

① 7.5 ② 15
③ 22.5° ④ 30°

해설 전기각

전기각=기계각×$\frac{극수}{2}$ 이므로

$\therefore$ 기계각 $= \frac{전기각\times 2}{극수} = \frac{180° \times 2}{24} = 15°$

예제4 보극이 없는 직류기에서 브러시를 부하에 따라 이동시키는 이유는?

① 정류작용을 잘 되게 하기 위하여
② 전기자반작용의 감자분력을 없애기 위하여
③ 유기기전력을 증가시키기 위하여
④ 공극자속의 일그러짐을 없애기 위하여

해설 보극

보극은 전기자반작용에 의한 감자기자력을 억제하고 평균 리액턴스를 감소시켜 정류를 개선한다. 하지만 보극이 없는 경우 정류를 개선하기 위해서 브러시를 새로운 중성축으로 이동시킨다.

예제5 직류발전기에서 회전속도가 빨라지면 정류가 힘드는 이유는?

① 리액턴스 전압이 커지기 때문에
② 정류자속이 감소하기 때문에
③ 브러시 접촉저항이 커지기 때문에
④ 정류 주기가 길어지기 때문에

해설 직류기의 정류불량의 원인

(1) 리액턴스 전압의 과대(정류주기가 짧아지고 회전속도 증가)
(2) 부적당한 보극의 선택
(3) 브러시의 불량(브러시의 위치 및 재료가 부적당)
(4) 전기자, 계자(주극) 및 보극의 공극의 길이 불균일

예제6 직류 발전기에서 양호한 정류를 얻기 위한 방법이 아닌 것은?

① 보상권선을 설치한다.
② 보극을 설치한다.
③ 브러시의 접촉을 크게 한다.
④ 리액턴스 전압을 크게 한다.

해설 직류기의 양호한 정류를 얻는 방법

(1) 평균리액턴스 전압을 줄인다.
㉠ 보극을 설치한다.(전압정류 : 정현파 정류)
㉡ 단절권을 채용한다.(인덕턴스 감소)
㉢ 정류주기를 길게 한다.(회전속도 감소)
(2) 브러시 접촉저항을 크게 하여 접촉면 전압강하를 크게 한다.(탄소 브러시 채용)
(3) 보극과 보상권선을 설치한다.
(4) 양호한 브러시를 채용하고 전기자 공극의 길이를 균등하게 한다.

1 ④ 2 ② 3 ② 4 ① 5 ① 6 ④

10 동기기의 위상특성곡선

한 솔 전 기 기 사
http://inup.co.kr
▲ 유튜브영상보기

이해도 □□□ 30 60 100

중 요 도 : ★★★☆☆
출제빈도 : 2.5%, 15문 / 총 600문

1. 동기전동기 특성

① 일정한 속도
② 기동장치 필요
③ 위상제어, 역률제어 용이

2. 동기전동기 장점

① 역률을 1로 운전가능
② 필요시 지상, 진상으로 운전가능
③ 정속도 전동기(속도불변)
④ 유도기에 비해 효율이 좋다.

3. 동기전동기 단점

① 기동토크가 0이다(원동기 필요)
② 기동장치, 여자전원 필요 ⇒ 구조 복잡, 설비비 고가
③ 속도 조정이 곤란
④ 난조가 일어나기 쉽다.

4. 위상특성곡선 (V 곡선) ⇒ 동기전동기=동기조상기

공급전압(V)과 부하(P)가 일정할 때 계자전류(I_f)의 변화에 대한 전기자전류(I)와 역률의 변화를 나타낸 곡선을 의미한다.

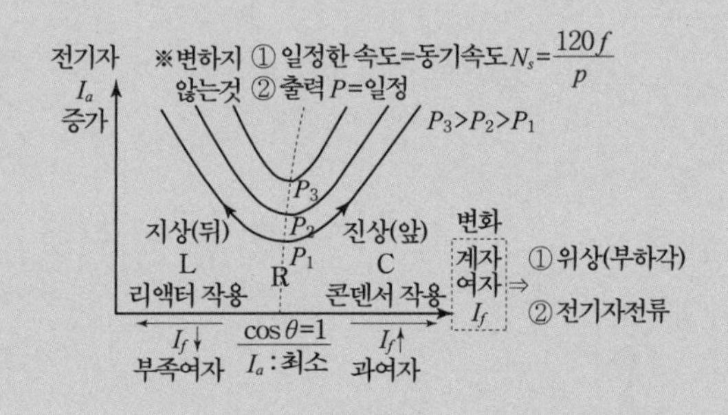

※ 동기조상기 ⇒ 전력 계통의 전압조정 및 역률개선

예제1 동기전동기에 관한 설명 중 옳지 않은 것은?

① 기동 토크가 작다.
② 역률을 조정할 수 없다.
③ 난조가 일어나기 쉽다.
④ 여자기가 필요하다.

해설 동기전동기의 장·단점

장점	단점
(1) 속도가 일정하다.	(1) 기동토크가 작다.
(2) 역률 조정이 가능하다.	(2) 속도 조정이 곤란하다.
(3) 효율이 좋다.	(3) 직류 여자기가 필요하다.
(4) 공극이 크고 튼튼하다.	(4) 난조 발생이 빈번하다.

예제2 다음 전동기 중 역률이 가장 좋은 전동기는?

① 동기 전동기
② 반발 기동 전동기
③ 농형 유도 전동기
④ 교류 정류자 전동기

해설 동기전동기의 장점
동기전동기는 역률을 항상 1로 운전할 수 있다.

예제3 동기전동기의 여자전류를 증가하면 어떤 현상이 생기는가?

① 전기자 전류의 위상이 앞선다.
② 난조가 생긴다.
③ 토크가 증가한다.
④ 앞선 무효전류가 흐르고 유도기전력은 높아진다.

해설 동기전동기의 위상특성곡선(V곡선)

(1) 계자전류 증가시
동기전동기가 과여자 상태로 운전되는 경우로서 역률이 진역률이 되어 콘덴서 작용으로 진상전류가 흐르게 된다. 또한 전기자전류는 증가한다.

(2) 계자전류 감소시
동기전동기가 부족여자 상태로 운전되는 경우로서 역률이 지역률이 되어 리액터 작용으로 지상전류가 흐르게 된다. 또한 전기자전류는 증가한다.

예제4 송전 계통에 접속한 무부하의 동기전동기를 동기조상기라 한다. 이때 동기 조상기의 계자를 과여자로 해서 운전 할 경우 옳지 않은 것은?

① 콘덴서로 작용한다.
② 위상이 뒤진 전류가 흐른다.
③ 송전선의 역률을 좋게 한다.
④ 송전선의 전압강하를 감소시킨다.

해설 동기전동기의 위상특성곡선(V곡선)
계자전류가 증가하면 동기전동기가 과여자 상태로 운전되는 경우로서 역률이 진역률이 되어 콘덴서 작용으로 진상전류가 흐르게 된다. 또한 전기자전류는 증가한다.

예제5 동기전동기에서 위상 특성 곡선은? (단, P는 출력, I는 전기자 전류, I_f는 계자 전류, $\cos\theta$를 역률이라 한다.)

① $P-I$곡선, I_f는 일정
② $P-I_f$곡선 I는 일정
③ I_f-I곡선, P는 일정
④ I_f-I곡선, $\cos\theta$는 일정

해설 동기전동기의 위상특성곡선(V곡선)
공급전압(V)과 부하(P)가 일정할 때 계자전류(I_f)의 변화에 대한 전기자전류(I)와 역률의 변화를 나타낸 곡선을 의미한다.

예제6 동기 전동기의 V 특성곡선(위상특성곡선)에서 무부하 곡선은?

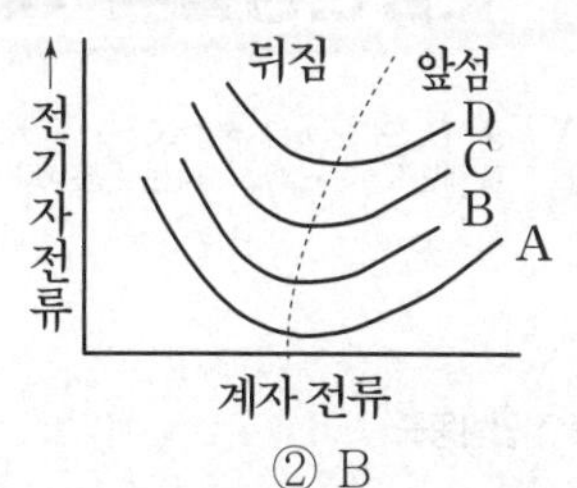

① A ② B
③ C ④ D

해설 동기전동기의 위상특성곡선(V곡선)
그래프가 위에 있을수록 부하가 큰 경우에 해당한다.
∴ 무부하 곡선은 가장 아래에 있는 A 그래프이다.

정답
1 ② 2 ① 3 ① 4 ② 5 ③ 6 ①

11 전압변동률의 계산

이해도 □□□ 30 60 100

중 요 도 : ★★★☆☆
출제빈도 : 2.3%, 14문 / 총 600문

한 솔 전 기 기 사
http://inup.co.kr
▲ 유튜브영상보기

1. 변압기의 전압변동률

$$\epsilon = \frac{V_{20} - V_2}{V_2} \times 100 = \%R\cos\theta \pm \%X\sin\theta$$

- + : 지상, 지역률(유도성)
- − : 진상, 진역률(용량성)

2. 무부하시 2차 단자전압

$$V_{20} = (1+\epsilon)V_2$$

3. 1차 전압

$$V_1 = aV_{20} = a(1+\epsilon)V_2\,[\mathrm{V}]$$

4. 역률 100[%]($\cos\theta = 1$)일 때 전압변동률

$$\epsilon = \%R$$

5. 최대 전압변동률

$$\epsilon_m = \%Z = \sqrt{\%R^2 + \%X^2}$$

6. 최대 전압변동률일 때의 역률

$$\cos\theta_m = \frac{\%R}{\%Z} = \frac{\%R}{\sqrt{\%R^2 + \%X^2}}$$

예제1 **어떤 단상변압기의 2차 무부하 전압이 240[V]이고, 정격 부하시의 2차 단자전압이 230[V]이다. 전압변동률[%]은?**

① 2.35　② 3.35
③ 4.35　④ 5.35

해설 변압기의 전압변동률(ϵ)

$\epsilon = \dfrac{V_{20} - V_2}{V_2} \times 100\,[\%]$ 식에서

$V_{20} = 240\,[\mathrm{V}]$, $V_2 = 230\,[\mathrm{V}]$ 이므로

$\therefore\ \epsilon = \dfrac{V_{20} - V_2}{V_2} \times 100 = \dfrac{240 - 230}{230} \times 100 = 4.35\,[\%]$

예제2 **변압기에서 역률 100[%]일 때의 전압변동률 ε은 어떻게 표시되는가?**

① %저항 강하　② %리액턴스 강하
③ %서셉턴스 강하　④ %임피던스 강하

해설 변압기의 전압변동률(ϵ)

$\epsilon = p\cos\theta + q\sin\theta\,[\%]$ 식에서

역률 100[%] 일 때 $\cos\theta = 1$ 이므로 $\sin\theta = 0$이 된다.

$\epsilon = p \times 1 + q \times 0 = p$ 임을 알 수 있다.

$\therefore$ p는 %저항강하이다.

예제3 **권수비 70인 단상변압기의 전부하 2차 전압 200[V], 전압변동률 4[%]일 때 무부하시 1차 단자전압은?**

① 14,560　② 13,261
③ 12,360　④ 11,670

해설 변압기의 전압변동률(ϵ)

$\epsilon = \dfrac{V_{20} - V_2}{V_2} \times 100\,[\%]$ 식에서

$a = 70$, $V_2 = 200\,[\mathrm{V}]$, $\epsilon = 4\,[\%]$이므로

2차측 무부하 단자전압 V_{20}은

$V_{20} = \left(1 + \dfrac{\epsilon}{100}\right)V_2 = \left(1 + \dfrac{4}{100}\right) \times 200 = 208\,[\mathrm{V}]$이다.

$a = \dfrac{V_{10}}{V_{20}} = 70$ 을 만족하므로

$\therefore\ V_{10} = aV_{20} = 70 \times 208 = 14,560\,[\mathrm{V}]$

예제4 변압기의 전압변동률에 대한 설명 중 잘못된 것은?

① 일반적으로 부하변동에 대하여 2차 단자전압의 변동이 작을수록 좋다.
② 전부하시와 무부하시의 2차 단자전압의 차이를 나타내는 것이다.
③ 전압변동률은 전등의 광도, 수명 전동기의 출력 등에 영향을 주는 중요한 특성이다.
④ 인가전압이 일정한 상태에서 무부하 2차 단자전압에 반비례한다.

해설 변압기의 전압변동률(ϵ)

$\epsilon = \dfrac{V_{20} - V_2}{V_2} \times 100\,[\%]$ 식에서

∴ 변압기의 전압변동률은 전부하시와 무부하시의 2차 단자전압의 차이에 비례한다.

예제5 $\dfrac{3300}{210}$[V], 10[kVA]의 단상 변압기가 있다. %저항강하는 3[%], %리액턴스 강하는 4[%]이다. 이 변압기가 무부하인 경우의 2차 단자전압은 약 몇 [V]인가? (단, 변압기는 지역률 80[%]일 때 정격출력을 낸다고 한다.)

① 168 ② 216
③ 220 ④ 228

해설 변압기의 전압변동률(ϵ)

$\epsilon = \dfrac{V_{20} - V_2}{V_2} \times 100 = p\cos\theta + q\sin\theta\,[\%]$ 식에서

$a = \dfrac{V_1}{V_2} = \dfrac{3,300}{210}$, $P = 10\,[\text{kVA}]$, $p = 3\,[\%]$, $q = 4\,[\%]$,

$\cos\theta = 0.8$ (지역률) 이므로

$\epsilon = 3\times0.8 + 4\times0.6 = 4.8\,[\%]$일 때

$\therefore\ V_{20} = \left(1 + \dfrac{\epsilon}{100}\right)V_2 = \left(1 + \dfrac{4.8}{100}\right)\times 210 = 220\,[\text{V}]$

예제6 어느 변압기의 백분율 저항강하가 2[%], 백분율 리액턴스 강하가 3[%]일 때 역률(지역률) 80[%]인 경우의 전압변동률은 얼마인가?

① −0.2[%] ② 3.4[%]
③ 0.2[%] ④ −3.4[%]

해설 변압기의 전압변동률(ϵ)

$\epsilon = p\cos\theta + q\sin\theta\,[\%]$ 식에서

$p = 2\,[\%]$, $q = 3\,[\%]$, $\cos\theta = 0.8$ (지역률) 이므로

$\therefore\ \epsilon = p\cos\theta + q\sin\theta = 2\times0.8 + 3\times0.6 = 3.4\,[\%]$

예제7 단상 변압기에 있어서 부하역률 80[%]의 지상 역률에서 전압변동률 4[%]이고, 부하역률 100[%]에서 전압변동률 3[%]라고 한다. 이 변압기의 퍼센트 리액턴스는 약 몇 [%]인가?

① 2.7 ② 3.0
③ 3.3 ④ 3.6

해설 변압기의 전압변동률(ϵ)

$\epsilon = p\cos\theta + q\sin\theta\,[\%]$ 식에서

$\cos\theta_1 = 100\,[\%]$일 때 $\epsilon_1 = 3\,[\%]$

$\cos\theta_2 = 80\,[\%]$일 때 $\epsilon_2 = 4\,[\%]$라 하면

$\epsilon_1 = p\cos\theta_1 + q\sin\theta_1 = p\times1 + q\times0 = p$ 이므로

$p = \epsilon_1 = 3\,[\%]$ 임을 알 수 있다.

$\epsilon_2 = p\cos\theta_2 + q\sin\theta_2$ 식에서

$4 = 3\times0.8 + q\times0.6$ 이므로

$\therefore\ q = \dfrac{4 - 3\times0.8}{0.6} = 2.7\,[\%]$

정답 1 ③ 2 ① 3 ① 4 ④ 5 ③ 6 ② 7 ①

12 단상변압기 3상 결선

이해도 □□□ 30 60 100

중 요 도 : ★★★☆☆
출제빈도 : 2.3%, 14문 / 총 600문

한 솔 전 기 기 사
http://inup.co.kr
▲ 유튜브영상보기

1. 변압기 3상 결선의 종류

(1) Y-Y결선(제3고조파 발생)
① 1차와 2차 전류에 위상차가 없다.
② 중성점을 접지 할 수 있으므로 이상전압 방지
③ 제3고조파 전류에 의해 통신선에 유도장해를 일으킨다.

(2) Δ-Δ결선
① 1차와 2차 전압에 위상차가 없다.
② 1대 고장시 V-V결선으로 계속 사용가능
③ 제3고조파가 Δ결선 내에서 순환하여 정현파 전압 유기

(3) Y-Δ결선 : $V_2 = \dfrac{V_1}{\sqrt{3}\,a}$, $I_2 = \sqrt{3}\,aI_1$

(4) Δ-Y결선 : $V_2 = \dfrac{\sqrt{3}\,V_1}{a}$, $I_2 = \dfrac{aI_1}{\sqrt{3}}$

∴ Y-Δ결선, Δ-Y결선은 전압과 전류사이에 30° 위상차 발생

2. 변압기 V-V결선

Δ-Δ결선에서 1대 고장시 2대 변압기로 3상 전력 공급이 가능

① V결선 3상 출력
- $P_V = \sqrt{3} \times 1\text{대 용량} = \sqrt{3}\,P = \dfrac{P_\Delta}{\sqrt{3}}$

② 이용률$= \dfrac{P_V}{2\text{대용량}} = \dfrac{\sqrt{3}\,P}{2P} = \dfrac{\sqrt{3}}{2} = 0.866 = 86.6\%$

③ 출력비$= \dfrac{P_V}{P_\Delta} = \dfrac{\sqrt{3}\,P}{3P} = \dfrac{\sqrt{3}}{3} = 0.577 = 57.7\%$

④ 단상변압기 4대로 2 Bank V결선 운전시 출력
- $P_V = 2\sqrt{3} \times 1\text{대 용량}$

3. 상수변환

① 3상 → 2상 변환
㉠ 스코트(T)결선
㉡ 우드브리지결선
㉢ 메이어결선

② T좌 변압기 권수비 $a_T = a \times \dfrac{\sqrt{3}}{2} = a \times 0.866$

예제1 기전력에 고조파를 포함하고 중성점이 접지되어 있을 때에는 선로에 제3고조파를 주로 하는 충전전류가 흐르고 변압기에서 제3고조파의 영향으로 통신 장해를 일으키는 3상 결선법은?

① Δ-Δ결선 ② Y-Y결선
③ Y-Δ결선 ④ Δ-Y결선

해설 변압기 Y-Y결선의 특징
∴ 제3고조파 전류에 의해 통신선에 유도장해를 일으킨다.

예제2 6600/210[V]의 단상 변압기 3대를 Δ-Y로 결선하여 1상 18[kW] 전열기의 전원으로 사용하다가 이것을 Δ-Δ로 결선했을 때 이 전열기의 소비 전력[kW]은 얼마인가?

① 31.2 ② 10.4
③ 2.0 ④ 6.0

해설 변압기 결선에 따른 부하의 소비전력(P)
변압기의 권수비는 상전압 비 이므로 Δ-Y결선일 경우 2차 선간전압은 $210\sqrt{3}$ [V]의 선간전압이 전열기에 공급된다. 변압기를 Δ-Δ결선으로 바꾸면 선간전압은 210[V]로 공급되기 때문에 전열기의 전원은 $\sqrt{3}$배 감소하게 된다.

$P = \dfrac{V^2}{R}$ [W] 공식에서 $P \propto V^2$ 이므로

$P_Y = 18$[kW]일 때 $P_\triangle$는

$\therefore P_\triangle = \dfrac{P_Y}{(\sqrt{3})^2} = \dfrac{18}{(\sqrt{3})^2} = 6$ [kW]

예제3 단상 변압기 3대로 Δ-Y결선을 할 때, 2차 선간전압 (V_2)과 1차 선간전압(V_1)의 위상차는?

① V_2가 V_1보다 90° 앞선다.
② V_2가 V_1보다 90° 뒤진다.
③ V_2가 V_1보다 30° 앞선다.
④ V_2가 V_1보다 30° 뒤진다.

해설 변압기 Δ-Y 결선 1차, 2차 위상 관계
변압기 1차측 선간전압 V_1, 상전압 E_1, 2차측 선간전압 V_2, 상전압 E_2, 변압기 권수비 a일 때

$V_1 = E_1,\ V_2 = \sqrt{3}E_2\angle+30°,\ a = \dfrac{E_1}{E_2}$ 식에서

$V_2 = \sqrt{3}\dfrac{E_1}{a}\angle+30° = \sqrt{3}\dfrac{V_1}{a}\angle+30°$ 이므로

∴ V_2가 V_1보다 30° 앞선다.

예제4 2대의 변압기로 V결선하여 3상 변압하는 경우 변압기 이용률은 약 몇 [%]인가?

① 57.8 ② 66.6
③ 86.6 ④ 100

해설 변압기 V결선의 출력비와 이용률

(1) 출력비$=\dfrac{\text{V결선의 출력}}{\Delta\text{결선의 출력}}=\dfrac{\sqrt{3}\,TR}{3TR}=\dfrac{1}{\sqrt{3}}$
$=0.577=57.7\,[\%]$

(2) 이용률$=\dfrac{\sqrt{3}\,TR}{2TR}=\dfrac{\sqrt{3}}{2}=0.866=86.6\,[\%]$

예제5 Δ결선 변압기의 한 대가 고장으로 제거되어 V결선으로 전력을 공급할 때, 고장전 전력에 대하여 몇 [%]의 전력을 공급할 수 있는가?

① 81.6 ② 75.0
③ 66.7 ④ 57.7

해설 변압기 V결선의 출력비
∴ 출력비=0.577 [p.u] =57.7 [%]

예제6 단상 변압기 2대를 V결선하여 소비전력 27[kW], 역률 80[%]의 3상 부하에 전력을 공급하고자한다. 단상 변압기 1대의 최소용량[kVA]은? (단, 변압기는 과부하로 운전하지 않는다.)

① 약 10 ② 약 15
③ 약 20 ④ 약 30

해설 변압기 V결선의 출력(P_v)
$P_v = \sqrt{3}\,VI\cos\theta\eta\,[\text{kW}]$ 식에서 변압기 1대 용량은 $VI\,[\text{VA}]$값이므로 $P_v = 27\,[\text{kW}]$, $\cos\theta = 0.8$일 때

∴ $VI = \dfrac{P_v}{\sqrt{3}\cos\theta} = \dfrac{27}{\sqrt{3}\times0.8} \fallingdotseq 20\,[\text{kVA}]$

예제7 3상 배전선에 접속된 V결선의 변압기에서 전부하시의 출력을 100[kVA]라 하면 같은 용량의 변압기 한 대를 증설하여 Δ결선 하였을 때의 정격출력은 몇 [kVA]인가?

① 50 ② $50\sqrt{3}$
③ 100 ④ $100\sqrt{3}$

해설 변압기 Δ결선과 V결선의 출력의 비교
Δ결선의 출력= $\sqrt{3}\times$V결선의 출력[kVA] 이므로
V결선의 출력=100 [kVA]일 때
∴ Δ결선의 출력=$100\sqrt{3}$ [kVA]

정답
1 ② 2 ④ 3 ③ 4 ③ 5 ④ 6 ③ 7 ④

13 유도전동기 회전원리

이해도 □□□ 30 60 100

중 요 도 : ★★★☆☆
출제빈도 : 2.3%, 14문 / 총 600문

한 솔 전 기 기 사
http://inup.co.kr
▲ 유튜브영상보기

1. 3상 유도전동기 원리

3상 유도전동기는 고정자에서 발생한 회전자계(동기속도)가 회전자(2차 권선)에 전자유도에 의한 와전류를 발생시킴으로서 플레밍의 왼손법칙에 의하여 전자력에 따른 토크를 발생시킨다. 이 때 회전자에 의한 회전자계도 고정자에 의한 회전자계와 같은 방향, 같은 위상으로 회전한다.

2. 유도전동기의 슬립과 회전자 속도

(1) 정의

고정자(1차 권선)에서 발생한 회전자계의 속도(동기속도)와 회전자(2차 권선)의 속도차에 의해서 나타나는 속도상수이다.

(2) 공식

구분	공식
순방향 회전자계에 의한 슬립	$s=\dfrac{N_s-N}{N_s}\times 100[\%]$
역방향 회전자계에 의한 슬립	$s=\dfrac{N_s+N}{N_s}\times 100[\%]$

여기서, s : 유도전동기의 슬립, N_s: 동기속도,
N : 회전자 속도

(3) 슬립의 범위

구분	슬립의 범위에 따른 동작상태
$0 \le s \le 1$	정상 회전시 슬립의 범위
$1 < s \le 2$	역회전 또는 제동시 슬립의 범위
$s < 0$	유도발전기로 동작할 때 슬립의 범위

(4) 회전자 속도

$$N=(1-s)N_s=(1-s)\frac{120f}{p}\,[\text{rpm}]$$

여기서, N : 회전자 속도, s : 유도전동기의 슬립,
N_s : 동기속도, f : 주파수, p : 극수

※ $N=(1-s)N_s=N_s-sN_s\,[\text{rpm}]$ 식에서 유도전동기의 회전자 속도(N)가 동기속도(N_s)보다 sN_s 만큼 늦기 때문에 유도전동기로 동기전동기를 기동시키기 곤란하다. 따라서 유도전동기로 동기전동기를 기동할 때에는 유도전동기의 극수를 동기전동기보다 2극 적게 설계한다.

3. 3상 유도전동기의 종류 및 특징

(1) 농형 유도전동기
① 구조가 간단하고 튼튼하다.
② 효율이 좋다.
③ 속도 조정이 어렵다.
④ 소음 경감을 위해 홈이 사선

(2) 권선형 유도전동기
① 구조가 복잡하고, 중 · 대용량에 사용
② 2차 저항을 이용하여 기동 및 속도제어
③ 구동 및 속도조정용이

예제1 60[Hz], 슬립 3[%], 회전수 1,164[rpm]인 유도전동기 극수는?

① 4 ② 6
③ 8 ④ 10

해설 유도전동기의 회전자 속도(N)

$N=(1-s)N_s=(1-s)\dfrac{120f}{p}$ [rpm] 식에서

$f=60\,[\text{Hz}]$, $s=3\,[\%]$, $N=1,160\,[\text{rpm}]$ 이므로

$\therefore\ p=(1-s)\dfrac{120f}{N}=(1-0.03)\times\dfrac{120\times 60}{1,160}$

$=6$극

예제2 유도전동기의 슬립 s의 범위는?

① $1>s>0$ ② $0>s>-1$
③ $2>s>1$ ④ $-1<s<1$

해설 유도전동기의 슬립의 범위

(1) 정상회전시 슬립의 범위
정지시 $N=0$, 운전시 $N=N_s$ 이므로 슬립 공식에 대입하면
$\therefore\ 0 \le s \le 1$

(2) 역회전시 또는 제동시 슬립의 범위
정지시 $N=0$, 역회전시 $N=-N_s$ 이므로
$\therefore\ 1 < s \le 2$

예제3 3상 유도전동기의 회전 방향은 이 전동기에서 발생되는 회전 자계의 회전방향과 어떤 관계가 있는가?

① 아무 관계도 없다.
② 회전 자계의 회전 방향으로 회전한다.
③ 회전 자계의 반대 방향으로 회전한다.
④ 부하 조건에 따라 정해진다.

해설 유도전동기의 회전방향과 회전자계의 회전방향 관계
3상 유도전동기는 고정자에서 발생한 회전자계(동기속도)가 회전자(2차 권선)에 전자유도에 의한 와전류를 발생시킴으로서 플레밍의 왼손법칙에 의하여 전자력에 따른 토크를 발생시킨다. 이 때 회전자에 의한 회전자계도 고정자에 의한 회전자계와 같은 방향, 같은 위상으로 회전한다.

예제4 유도전동기로 동기전동기를 기동하는 경우, 유도전동기의 극수는 동기기의 그것보다 2극 적은 것을 사용한다. 옳은 이유는? (단, s는 슬립, N_s는 동기속도이다.)

① 같은 극수로는 유도기는 동기속도보다 sN_s만큼 늦으므로
② 같은 극수로는 유도기는 동기속도보다 $(1-s)$만큼 늦으므로
③ 같은 극수로는 유도기는 동기속도보다 s만큼 빠르므로
④ 같은 극수로는 유도기는 동기속도보다 $(1-s)$만큼 빠르므로

해설 유도전동기로 동기전동기를 기동하는 경우
$N=(1-s)N_s=N_s-sN_s$ [rpm] 식에서 유도전동기의 회전자 속도(N)가 동기속도(N_s)보다 sN_s 만큼 늦기 때문에 유도전동기로 동기전동기를 기동시키기 곤란하다. 따라서 유도전동기로 동기전동기를 기동할 때에는 유도전동기의 극수를 동기전동기보다 2극 적게 설계한다.

예제5 60[Hz], 4[극]의 유도전동기의 슬립이 3[%]인 때의 매 분 회전수는?

① 1,260[rpm] ② 1,440[rpm]
③ 1,455[rpm] ④ 1,746[rpm]

해설 유도전동기의 회전자 속도(N)
$N=(1-s)N_s=(1-s)\dfrac{120f}{p}$ [rpm] 식에서
$f=60$ [Hz], $p=4$, $s=3$ [%] 이므로
$\therefore N=(1-s)\dfrac{120f}{p}=(1-0.03)\times\dfrac{120\times 60}{4}$
$=1,746$ [rpm]

예제6 다음은 3상 유도 전동기의 슬립이 $s<0$인 경우를 설명한 것이다. 잘못된 것은?

① 동기속도 이상이다.
② 유도발전기로 사용된다.
③ 유도전동기 단독으로 동작이 가능하다.
④ 속도를 증가시키면 출력이 증가한다.

해설 유도전동기 슬립의 범위

구분	슬립의 범위에 따른 동작상태
$0\le s\le 1$	정상 회전시 슬립의 범위
$1<s\le 2$	역회전 또는 제동시 슬립의 범위
$s<0$	유도발전기로 동작할 때 슬립의 범위

예제7 유도발전기의 슬립(slip) 범위에 속하는 것은?

① $0<s<1$ ② $s=0$
③ $s=1$ ④ $-1<s<0$

해설 유도전동기 슬립의 범위

구분	슬립의 범위에 따른 동작상태
$0\le s\le 1$	정상 회전시 슬립의 범위
$1<s\le 2$	역회전 또는 제동시 슬립의 범위
$s<0$	유도발전기로 동작할 때 슬립의 범위

1 ② 2 ① 3 ② 4 ① 5 ④ 6 ③ 7 ④

14 동기기의 권선법

이해도 □□□ 30 60 100

중 요 도 : ★★★☆☆
출제빈도 : 2.2%, 13문 / 총 600문

한 솔 전 기 기 사
http://inup.co.kr
▲ 유튜브영상보기

■ 동기기의 권선법

(1) 동기기 권선법 : 2층권, 중권, 분포권, 단절권

(2) 분포권

① 고조파를 감소시켜 기전력 파형 개선(목적)

② 누설리액턴스 감소

③ 과열방지

④ 집중권에 비하여 유기기전력 감소

※ 집중권 : 매극 매상의 슬롯수 : 1개

• 분포권계수

$$K_d = \frac{\sin\frac{h\pi}{2m}}{q\sin\frac{h\pi}{2mq}}$$

• 매극 매상의 슬롯수

$$q = \frac{\text{전슬롯수}}{\text{상수}\times\text{극수}} = \frac{s}{m\times p}$$

여기서, h : 고조파, m : 상수

(3) 단절권

① 고조파를 감소시켜 기전력 파형 개선(목적)

② 철량, 동량이 절약되고 기계길이가 축소된

③ 전절권에 비해 유기기전력 감소

• 단절권계수

$$K_p = \sin\frac{h\beta\pi}{2}$$

• $\beta = \frac{\text{코일피치}}{\text{극피치}} = \frac{\text{코일피치}}{\text{전슬롯수/극수}} < 1$

여기서, h : 고조파, β : 극피치에 대한 코일피치의 비

예제1 동기기의 권선법 중 기전력의 파형이 좋게 되는 권선법은?

① 단절권, 분포권 ② 단절권, 집중권
③ 전절권, 집중권 ④ 전절권, 2층권

해설 동기기의 단절권과 분포권의 공통점
∴ 고조파를 감소시켜 기전력 파형 개선(목적)

예제2 동기발전기에서 기전력의 파형을 좋게 하고 누설 리액턴스를 감소시키기 위하여 채택한 권선법은 무엇인가?

① 집중권 ② 분포권
③ 단절권 ④ 전절권

해설 동기기의 분포권의 특징

(1) 고조파를 감소시켜 기전력 파형 개선(목적)
(2) 누설리액턴스 감소
(3) 과열방지
(4) 집중권에 비하여 유기기전력 감소

예제3 3상, 6극, 슬롯수 54의 동기발전기가 있다. 어떤 전기자 코일의 두 변이 제1슬롯과 8슬롯에 들어 있다면 단절권 계수는 얼마인가?

① 0.9397 ② 0.9567
③ 0.9837 ④ 0.9117

해설 동기기의 단절권 계수(k_p)

$k_p = \sin\frac{\beta\pi}{2}$, $\beta = \frac{\text{코일피치}}{\text{극피치}} = \frac{\text{코일피치}}{\text{전슬롯수}\div\text{극수}}$ 식에서

$\beta = \frac{\text{코일피치}}{\text{전슬롯수}\div\text{극수}} = \frac{8-1}{54\div 6} = \frac{7}{9}$ 이므로

$$\therefore k_p = \sin\frac{\beta\pi}{2} = \sin\frac{\frac{7}{9}\pi}{2} = \sin\frac{7\pi}{18} = 0.9397$$

예제4 동기발전기의 권선을 분포권으로 하면?

① 집중권에 비하여 합성 유도기전력이 높아진다.
② 권선의 리액턴스가 커진다.
③ 파형이 좋아진다.
④ 난조를 방지한다.

해설 동기기의 분포권의 특징
(1) 고조파를 감소시켜 기전력 파형 개선(목적)
(2) 누설리액턴스 감소
(3) 과열방지
(4) 집중권에 비하여 유기기전력 감소

예제5 3상 동기발전기의 매극 매상의 슬롯 수를 3이라고 하면 분포권 계수는?

① $3\sin\frac{\pi}{18}$　② $6\sin\frac{\pi}{6}$
③ $\frac{1}{3\sin\frac{\pi}{3}}$　④ $\frac{1}{6\sin\frac{\pi}{18}}$

해설 동기기의 분포권 계수(k_d)

$k_d = \frac{\sin\frac{\pi}{2m}}{q\sin\frac{\pi}{2mq}}$ 식에서

상수 $m=3$, 매극 매상 당 슬롯 수 $q=3$일 때

$$\therefore k_d = \frac{\sin\frac{\pi}{2\times3}}{3\times\sin\frac{\pi}{2\times3\times3}} = \frac{\frac{1}{2}}{3\times\sin\frac{\pi}{18}} = \frac{1}{6\sin\frac{\pi}{18}}$$

예제6 동기발전기에서 코일피치와 극간격의 비를 β라 하고 상수를 m, 1극 1상당 슬롯수를 q라고 할 때 분포권 계수를 나타내는 식은?

① $\sin\frac{\beta\pi}{2}$　② $\cos\frac{\beta\pi}{2}$
③ $\frac{\left(q\sin\frac{\pi}{2m}\right)}{\left(\sin\frac{\pi}{smq}\right)}$　④ $\frac{\left(\sin\frac{\pi}{2m}\right)}{\left(q\sin\frac{\pi}{2mq}\right)}$

해설 동기기의 분포권 계수(k_d)

$$\therefore k_d = \frac{\sin\frac{\pi}{2m}}{q\sin\frac{\pi}{2mq}}$$

예제7 슬롯 수가 48인 고정자가 있다. 여기에 3상 4극의 2층권을 시행할 때에 매극 매상의 슬롯 수와 총 코일 수는?

① 4, 48　② 12, 48
③ 12, 24　④ 9, 24

해설 동기기 분포권 계수의 매극 매상당 슬롯수(q)

$q = \frac{슬롯수}{극수\times상수} = \frac{48}{4\times3} = 4$

총 코일수는 2층권일 때 슬롯수와 같다.

$\therefore q=4$, 총 코일수 $=48$

정답
1 ① 2 ② 3 ① 4 ③ 5 ④ 6 ④ 7 ①

15 서보모터

이해도 □□□ 30 60 100

중 요 도 : ★★★☆☆
출제빈도 : 2.0%, 12문 / 총 600문

한 솔 전 기 기 사
http://inup.co.kr
▲ 유튜브영상보기

1. 서보모터

(1) 서보모터가 갖추어야 할 성질

서보모터는 입력으로 위치, 방향, 각도, 거리 등을 지정하면 입력된 값에 정확하게 제어되는 전동기를 말한다. 서보모터가 갖추어야 할 성질과 특징은 다음과 같다.

① 빈번한 시동, 정지, 역전 등의 가혹한 상태에 견디도록 견고하고 큰 돌입전류에 견딜 것.
② 시동토크가 크고, 회전부의 관성모멘트는 작아야 하며 전기적 시정수는 짧을 것.
③ 발생토크는 입력신호에 비례하고, 그 비가 클 것.
④ 토크-속도 곡선이 수하특성을 가질 것.
⑤ 회전자는 가늘고 길게 할 것.
⑥ 전압이 0이 되었을 때 신속하게 정지할 것.
⑦ 교류 서보모터에 비해 직류 서보모터의 시동토크가 매우 클 것.

(2) 서보모터가 적용되는 전동기 및 제어방식

① 직류전동기의 전압제어
② 유도전동기의 전압제어
③ 동기전동기의 주파수제어

2. DC 서보모터

(1) 특징

① 전압을 가변 할 수 있어야 한다. - 전압제어, 전류제어
② 최대토크에서 견디는 능력이 커야 한다.
③ 응답속도가 빨라야 한다. - 위치제어, 속도제어
④ 안정성이 커야 한다.

(2) 회전전기자의 구조

① 슬롯(Slot)이 있는 전기자
② 철심이 있고 슬롯(Slot)이 없는 전기자
③ 철심이 없는 평판상 프린트 코일형

3. 브러시리스 DC 서보모터의 특징

브러시를 설치하지 않은 DC 서보모터로서 특징은 다음과 같다.

① 단위 전류당 발생토크가 크고 역기전력에 의해 불필요한 에너지를 귀환하므로 효율이 좋다.
② 토크 맥동이 작고 안정된 제어가 가능하다.
③ 기계적 시정수가 작고 응답이 빠르다.
④ 기계적 접점이 없고 신뢰성이 높다.

예제1 다음 중 서보모터가 갖추어야 할 조건이 아닌 것은?

① 기동토크가 클 것
② 토크속도곡선이 수하특성을 가질 것
③ 회전자를 굵고 짧게 할 것
④ 전압이 0이 되었을 때 신속하게 정지할 것

해설 서보모터의 특징
∴ 회전자는 가늘고 길게 할 것.

예제2 서보전동기로 사용되는 전동기와 제어 방식 종류가 아닌 것은?

① 직류기의 전압 제어
② 릴럭턴스기의 전압 제어
③ 유도기의 전압 제어
④ 동기기의 주파수 제어

해설 서보모터가 적용되는 전동기 및 제어방식
(1) 직류전동기의 전압제어
(2) 유도전동기의 전압제어
(3) 동기전동기의 주파수제어

예제3 다음 중 DC 서보모터의 제어 기능에 속하지 않는 것은?

① 역률제어 기능 ② 전류제어 기능
③ 속도제어 기능 ④ 위치제어 기능

해설 DC 서보모터의 특징
(1) 전압을 가변 할 수 있어야 한다. – 전압제어, 전류제어
(2) 최대토크에서 견디는 능력이 커야 한다.
(3) 응답속도가 빨라야 한다. – 위치제어, 속도제어
(4) 안정성이 커야 한다.

예제4 다음 중 DC 서보모터의 회전전기자 구조가 아닌 것은?

① 슬롯(Slot)이 있는 전기자
② 철심이 있고 슬롯(Slot)이 없는 전기자
③ 철심이 없는 평판상 프린트 코일형
④ 전기자 권선이 없는 돌극형

해설 DC 서보모터의 회전전기자의 구조
(1) 슬롯(Slot)이 있는 전기자
(2) 철심이 있고 슬롯(Slot)이 없는 전기자
(3) 철심이 없는 평판상 프린트 코일형

예제5 브러시레스 DC서보 모터의 특징이 아닌 것은?

① 고정자 전류와 계자가 항상 직교하고 있으므로 단위 전류 당 발생 토크가 크고 역기전력에 의해 불필요한 에너지를 귀환하므로 효율이 좋다.
② 토크 맥동이 작고 전류 대 토크, 전압 대 속도의 비가 일정하므로 안정된 제어가 용이하다.
③ 기계적 시간 상수가 크고 응답이 느리다.
④ 기계적 접점이 없고 신뢰성이 높으므로 보수가 불필요하다.

해설 브러시리스 DC 서보모터의 특징
브러시를 설치하지 않은 DC 서보모터로서 특징은 다음과 같다.
(1) 단위 전류당 발생토크가 크고 역기전력에 의해 불필요한 에너지를 귀환하므로 효율이 좋다.
(2) 토크 맥동이 작고 안정된 제어가 가능하다.
(3) 기계적 시정수가 작고 응답이 빠르다.
(4) 기계적 접점이 없고 신뢰성이 높다.

정답
1 ③ 2 ② 3 ① 4 ④ 5 ③

16 특수유도기 특성과 용도 등 (전압조정기)

이해도 □□□ 30 60 100

중 요 도 : ★★★☆☆
출제빈도 : 1.8%, 11문 / 총 600문

한 솔 전 기 기 사
http://inup.co.kr
▲ 유튜브영상보기

1. 단상 유도전압조정기

① 교번자계의 전자유도에 의한 단권변압기의 원리를 이용한다.
② 1차를 회전자(분로권선), 2차를 고정자(직렬권선)로 하고 분로권선과 직각으로 단락권선을 설치한다.
③ 회전자의 회전각에 따라 2차 전압을 조정한다.
④ 단락권선은 전압강하를 경감시키기 위해서 설치한다.

2. 3상 유도전압조정기

① 회전자계의 전자유도에 의한 3상 유도전동기의 원리를 이용한다.
② 1차를 회전자(분로권선), 2차를 고정자(직렬권선)로 한다.
③ 회전자의 회전각에 따라 2차 전압의 크기와 위상을 조정한다.

3. 전압 조정범위

구분	전압 조정 범위
단상 유도전압조정기	$V_1+E_2\cos\alpha = V_1+E_2 \sim V_1-E_2$
3상 유도전압조정기	$\sqrt{3}(V_1+E_2\cos\alpha)$

4. 조정용량

구분	조정 용량
단상 유도전압조정기	$E_2 I_2$[VA]
3상 유도전압조정기	$\sqrt{3}E_2 I_2$[VA]

예제1 단상 유도전압조정기의 단락권선의 역할은?

① 철손 경감　　② 전압강하 경감
③ 절연 보호　　④ 전압조정 용이

해설 단상 유도전압조정기에 사용되는 단락권선
∴ 단락권선은 전압강하를 경감시키기 위해서 설치한다.

예제2 3상 전압조정기의 원리는 어느 것을 응용한 것인가?

① 3상 동기발전기　　② 3상변압기
③ 3상 유도전동기　　④ 분상기동형

해설 3상 유도전압조정기의 원리
(1) 회전자계의 선사유도에 의한 3상 유도전동기의 원리를 이용한다.
(2) 1차를 회전자(분로권선), 2차를 고정자(직렬권선)로 한다.
(3) 회전자의 회전각에 따라 2차 전압의 크기와 위상을 조정한다.

예제3 3상 유도전압조정기의 동작원리 중 가장 적당한 것은?

① 회전자계에 의한 유도작용을 이용하여 2차 전압의 위상전압 조정에 따라 변화한다.
② 교번자계의 전자유도작용을 이용한다.
③ 충전된 두 물체 사이에 작용하는 힘이다.
④ 두 전류 사이에 작용하는 힘이다.

해설 유도전압 조정기
∴ 회전자계의 전자유도에 의한 3상 유도전동기의 원리를 이용한다.

예제4 **단상 유도전압조정기와 3상 유도전압조정기의 비교 설명으로 옳지 않은 것은?**

① 모두 회전자와 고정자가 있으며, 한편에 1차 권선을 다른 편에 2차 권선을 둔다.
② 모두 입력전압과 이에 대응한 출력전압 사이에 위상차가 있다.
③ 단상 유도전압조정기에는 단락코일이 필요하나 3상에서는 필요 없다.
④ 모두 회전자의 회전각에 따라 조정된다.

해설 유도전압 조정기
∴ 입력전압과 출력전압 사이의 위상차는 3상 유도전압조정기에서만 나타난다.

예제5 **단상 유도전압조정기에서 1차 전원 전압을 V_1이라하고, 2차의 유도 전압을 E_2라고 할 때 부하 단자전압을 연속적으로 가변 할 수 있는 조정범위는?**

① $0 \sim V_1$까지
② $V_1 + E_2$까지
③ $V_1 \sim E_2$까지
④ $V_1 + E_2$에서 $V_1 - E_2$까지

해설 단상 유도전압조정기의 전압 조정범위
$\therefore V_1 + E_2 \cos\alpha = V_1 + E_2 \sim V_1 - E_2$이다.

예제6 **단상 유도전압조정기의 2차 전압이 100±30[V]이고, 직렬권선의 전류가 6[A]인 경우 정격용량은 몇 [VA]인가?**

① 780 ② 420
③ 312 ④ 180

해설 단상 유도전압조정기의 정격용량(=조정용량 : P)
$\therefore P = E_2 I_2 \times 10^{-3} = 30 \times 6 = 180\,[\text{VA}]$

정답
1 ② 2 ③ 3 ① 4 ② 5 ④ 6 ④

17 동기기의 분류와 동기속도

이해도 □□□ 30 60 100

중 요 도 : ★★★☆☆
출제빈도 : 1.7%, 10문 / 총 600문

한 솔 전 기 기 사
http://inup.co.kr
▲ 유튜브영상보기

1. 회전자에 의한 분류

구분	구조
회전계자형	전기자를 고정자로 하고 계자를 회전자로 사용하는 동기발전기
회전 전기자형	계자를 고정자로 하고 전기자를 회전자로 사용하는 동기발전기
유도자형	전기자와 계자를 모두 고정자로 하고 권선이 없는 유도자를 회전자로 사용하는 동기발전기

(1) 회전계자형 동기발전기의 특징
① 전기자가 고정자이므로 고압 대전류용에 좋고 절연이 용이하다.
② 전기자는 3상으로서 결선이 복잡하다.
③ 계자는 저압 소용량의 직류이므로 소요전력이 작고 구조가 간단하다.
④ 계자는 기계적으로 튼튼하다.

(2) 유도자형 동기발전기의 특징
① 극수가 많은 동기발전기를 고속으로 회전시켜 수백[Hz] ~20,000[Hz] 정도의 고주파 전압을 얻는 고주파 발전기에 사용된다.
② 회전자 구조가 견고하고 고속에서도 견딘다.

2. 원동기에 의한 분류

구분	특징
수차발전기	수력발전소에서 수차로 운전되는 동기발전기
터빈발전기	화력발전소에서 증기 터빈으로 운전되는 동기발전기
엔진발전기	내연기관으로 운전되는 동기발전기

3. 동기속도

$$N_s = \frac{120f}{p}$$

여기서, f : 주파수, p : 극수

예제1 동기기의 회전자에 의한 분류가 아닌 것은?

① 원통형 ② 유도자형
③ 회전계자형 ④ 회전전기자형

해설 회전자에 의한 동기발전기의 분류
(1) 회전계자형
(2) 회전전기자형
(3) 유도자형

예제2 유도자형 동기발전기의 설명으로 옳은 것은?

① 전기자만 고정되어 있다.
② 계자극만 고정되어 있다.
③ 회전자가 없는 특수 발전기이다.
④ 계자극과 전기자가 고정되어 있다.

해설 유도자형 동기발전기
전기자와 계자를 모두 고정자로 하고 권선이 없는 유도자를 회전자로 사용하는 동기발전기이다.

예제3 회전계자형 동기발전기의 설명으로 틀린 것은?

① 전기자 권선은 전압이 높고 결선이 복잡하다.
② 대용량의 경우에도 전류는 작다.
③ 계자회로는 직류의 저압회로이며 소요전력도 적다.
④ 계자극은 기계적으로 튼튼하게 만들기 쉽다.

해설 회전계자형 동기발전기의 특징
∴ 전기자가 고정자이므로 고압 대전류용에 좋고 절연이 용이하다.

예제4 동기발전기는 회전계자형을 사용하는 경우가 많다. 그 이유로 적합하지 않는 것은?

① 계자극은 기계적으로 튼튼하다.
② 전기자 권선은 고전압으로 결선이 복잡하다.
③ 기전력의 파형을 개선한다.
④ 계자회로는 직류 저전압으로 소요전력이 작다.

해설 회전계자형 동기발전기의 특징
∴ 파형 개선과는 상관이 없다.

예제5 수백[Hz]~20,000[Hz]정도의 고주파 발전기에 쓰이는 회전자형은?

① 농형 ② 유도자형
③ 회전전기자형 ④ 회전계자형

해설 유도자형 동기발전기의 특징
(1) 극수가 많은 동기발전기를 고속으로 회전시켜 수백[Hz] ~20,000[Hz] 정도의 고주파 전압을 얻는 고주파 발전기에 사용된다.
(2) 회전자 구조가 견고하고 고속에서도 견딘다.

예제6 동기발전기에서 동기속도와 극수와의 관계를 표시한 것은? (단, N : 동기속도, P : 극수이다.)

①
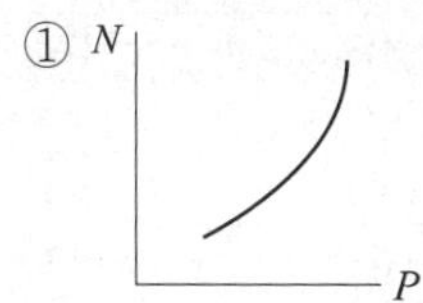

②
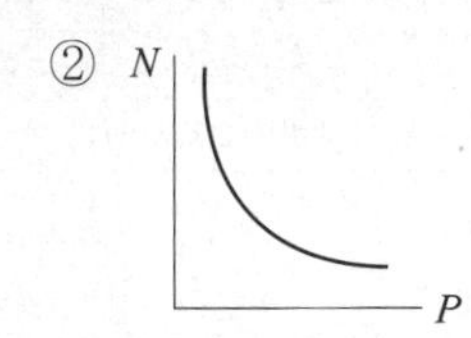

③
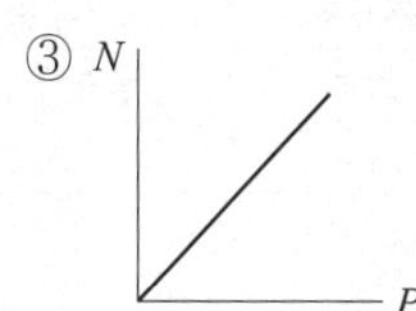

④
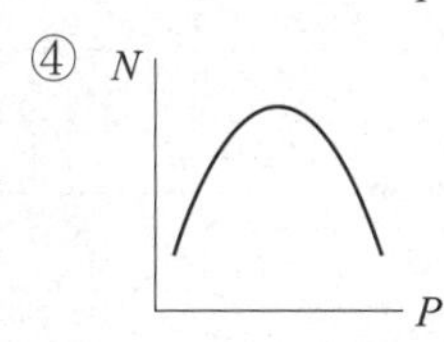

해설 동기속도

$N_s = \frac{120f}{p}$ [rpm] 식에서

∴ 동기속도와 극수는 반비례하므로 ②번 그래프이다.

예제7 8극 900[rpm] 동기발전기로 병렬운전하는 극수 6의 교류 발전기의 회전수는?

① 1,400 ② 1,200
③ 1,000 ④ 900

해설 동기기의 동기속도(N_s)

$N_s = \frac{120f}{p}$ [rpm] 식에서

극수 $p=8$, 회전수 $N_s = 900$ [rpm], 극수 $p'=6$

일 때 회전수 N_s'는 $N_s \propto \frac{1}{p}$ 이므로

$\therefore N_s' = \frac{p}{p'} N_s = \frac{8}{6} \times 900 = 1,200$ [rpm]

정답
1 ① 2 ④ 3 ② 4 ③ 5 ② 6 ② 7 ②

18 직류기 권선법과 기전력

한 솔 전 기 기 사
http://inup.co.kr
▲ 유튜브영상보기

이해도 □□□ 30 60 100

중 요 도 : ★★★☆☆
출제빈도 : 1.7%, 10문 / 총 600문

1. 권선법

(1) 직류기 권선법 : 고상권, 폐로권, 2층권 (2·고·폐)

(2) 중권과 파권의 비교

비교항목	중권(병렬권)	파권(직렬권)
병렬회로 수(a)	$a=p$ (극수)	$a=2$
브러시 수(b)	$b=p$ (극수)	$b=2$
용도	저전압, 대전류용	고전압, 소전류용
균압접속	필요하다.	불필요하다.
다중도(m)	$a=pm$	$a=2m$
유기기전력	단중 파권일 때 단중 중권의 $\frac{P}{2}$배	

여기서, a : 전기자권선의 병렬회로 수, p : 극수,
b : 브러시 수, m : 다중도

2. 유기기전력 (ϕ과 E가 주어진 경우)

- 도체 한 개당 : $e=Blv$
  (l : 도체길이, v : 회전자 속도)
- 한 회로당 : $E=BlV\times\frac{Z}{a}=\frac{pZ\phi N}{60a}=K\phi N$ [V]
- 자속밀도 : $B=\frac{p\phi}{\pi Dl}$
- $E\propto\phi$, $E\propto N$, $\phi\propto\frac{1}{N}$
  ※ 여자전류(I_f) ≒ 자속(ϕ)

예제1 **다음 권선법 중에서 직류기에 주로 사용되는 것은?**

① 폐로권, 환상권, 이층권
② 폐로권, 고상권, 이층권
③ 개로권, 환상권, 단층권
④ 개로권, 고상권, 이층권

해설 직류기의 전기자 권선법
여러 가지의 권선법 중에서 전기자 권선법은 고상권, 폐로권, 2층권을 사용하고 있다.

예제2 **직류 분권발전기의 전기자 권선을 단중 중권으로 감으면?**

① 브러시 수는 극수와 같아야 한다.
② 균압선이 필요 없다.
③ 높은 전압, 작은 전류에 적당하다.
④ 병렬회로 수는 항상 2이다.

해설 직류기의 중권과 파권의 비교

비교항목	중권	파권
전기자병렬회로수(a)	$a=p$ (극수)	$a=2$
브러시 수(b)	$b=p$	$b=2$
용도	저전압, 대전류용	고전압, 소전류용
균압접속	필요하다.	불필요하다.
다중도(m)	$a=pm$	$a=2m$

예제3 **직류기의 권선을 단중 파권으로 감으면?**

① 내부 병렬회로 수가 극수만큼 생긴다.
② 균압환을 연결해야 한다.
③ 저압 대전류용 권선이다.
④ 전기자 병렬회로 수가 극수에 관계없이 언제나 2이다.

해설 직류기의 중권과 파권의 비교

비교항목	중권	파권
전기자병렬회로수(a)	$a=p$ (극수)	$a=2$
브러시 수(b)	$b=p$	$b=2$
용도	저전압, 대전류용	고전압, 소전류용
균압접속	필요하다.	불필요하다.
다중도(m)	$a=pm$	$a=2m$

예제4 **직류 분권발전기가 있다. 극당 자속 0.01[Wb], 도체수 400, 회전수 600[rpm]인 6극 직류기의 유도기전력[V]은? (단, 병렬회로수는 2이다.)**

① 160　　② 140
③ 120　　④ 100

해설 직류기의 유기기전력(E)

$E=\dfrac{pZ\phi N}{60a}$ [V] 식에서

$\phi=0.01$ [Wb], $Z=400$, $N=600$ [rpm], $p=6$극, $a=2$ 이므로

$\therefore\ E=\dfrac{pZ\phi N}{60a}=\dfrac{6\times400\times0.01\times600}{60\times2}=120$ [V]

예제5 **6극, 단중 파권, 전기자 도체수 250의 직류발전기가 1,200[rpm]으로 회전할 때 유기기전력이 600[V]이면 매극당 자속은?**

① 0.019[Wb]　　② 0.002[Wb]
③ 0.04[Wb]　　④ 0.12[Wb]

해설 직류기의 유기기전력(E)

$E=\dfrac{pZ\phi N}{60a}$ [V] 식에서

$p=6$극, $a=2$, $Z=250$, $N=1,200$ [rpm], $E=600$ [V] 이므로

$\therefore\ \phi=\dfrac{60aE}{pZN}=\dfrac{60\times2\times600}{6\times250\times1,200}=0.04$ [Wb]

정답
1 ② 2 ① 3 ④ 4 ③ 5 ③

19 단상 직권 정류자 전동기

이해도 □□□ 30 60 100

중 요 도 : ★★★☆☆
출제빈도 : 1.7%, 10문 / 총 600문

한 솔 전 기 기 사
http://inup.co.kr
▲ 유튜브영상보기

1. 단상 직권 정류자 전동기의 특징

단상 직권정류자 전동기의 구조는 직류 직권전동기와 같이 전기자와 계자가 직렬로 접속된 교류 정류자 전동기로서 75[W] 이하의 가정용 재봉틀, 소형공구, 치과의료용, 믹서 등에 사용하고 있으며 교류와 직류 양용 전동기, 또는 만능 전동기라고도 한다. 이 전동기의 특징은 다음과 같다.

① 직류 직권전동기는 전기자반작용을 억제하기 위하여 계자권선을 전기자권선보다 많이 감는(강계자 약전기자) 반며 단상 직권정류자 전동기는 전기자권선을 계자권선보다 더 많이 감아(약계자 강전기자) 변압기 기전력을 줄임으로서 역률을 개선하고 정류를 좋게 한다.

② 보상권선을 설치하면 전기자 기자력을 상쇄시켜 전기자 반작용을 억제할 뿐만 아니라 누설리액턴스를 줄임으로서 변압기 기전력이 감소하고 역률을 개선시킨다.

③ 저항도선은 변압기 기전력에 의한 단락전류를 줄이고 정류를 좋게 한다.

④ 와류손을 줄이기 위해서 회전자와 고정자 모두를 성층 철심으로 사용한다.

⑤ 단상 직권정류자 전동기의 종류로는 단순 직권형, 보상 직권형, 유도보상 직권형이 있다.

2. 속도기전력

$$E = \frac{1}{\sqrt{2}} \frac{PZ\phi_m N}{60a} = \frac{PZ\phi N}{60a} [\mathrm{V}]$$

여기서, E : 속도기전력, p: 극수, Z : 총 도체수,
ϕ_m : 자속의 최대값, N : 회전속도, a : 병렬회로수,
δ : 브러시 축과 자극축의 위상차, ϕ : 자속의 실효값

예제1 **교류 직류 양용전동기(Universal motor), 또는 만능 전동기라고 하는 전동기는?**

① 단상 반발전동기
② 3상 직권전동기
③ 단상 직권정류자 전동기
④ 3상 분권정류자 전동기

해설 단상 직권정류자 전동기의 특징
구조는 직류 직권전동기와 같이 전기자와 계자가 직렬로 접속된 교류 정류자 전동기로서 75[W] 이하의 가정용 재봉틀, 소형공구, 치과의료용, 믹서 등에 사용하고 있으며 교류와 직류 양용 전동기, 또는 만능 전동기라고도 한다.

예제2 **75[W]정도 이하의 소출력 단상 직권정류자 전동기의 용도로 적합하지 않는 것은?**

① 소형공구 ② 치과 의료용
③ 믹서 ④ 공작기계

해설 단상 직권정류자 전동기의 용도
가정용 재봉틀, 소형공구, 치과의료용, 믹서 등에 사용하고 있으며 교류와 직류 양용 전동기, 또는 만능 전동기라고도 한다.

예제3 **단상 직권정류자 전동기의 전기자권선과 계자권선에 대한 설명으로 틀린 것은?**

① 계자권선의 권수를 적게 한다.
② 전기자권선의 권수를 크게 한다.
③ 변압기 기전력을 적게 하여 역률 저하를 방지한다.
④ 브러시로 단락되는 코일 중의 단락전류를 많게 한다.

해설 단상 직권정류자 전동기의 특징
∴ 저항도선은 변압기 기전력에 의한 단락전류를 줄이고 정류를 좋게 한다.

예제4 단상 직권 정류자 전동기에서 보상권선과 저항도선의 작용을 설명한 것 중 옳지 않은 것은?

① 역률을 좋게 한다.
② 변압기의 기전력을 크게 한다.
③ 전기자 반작용을 제거해 준다.
④ 저항 도선은 변압기 기전력에 의한 단락 전류를 작게 한다.

해설 보상권선과 저항도선의 작용
(1) 보상권선을 설치하면 전기자 기자력을 상쇄시켜 전기자 반작용을 억제할 뿐만 아니라 누설리액턴스를 줄임으로서 변압기 기전력이 감소하고 역률을 개선시킨다.
(2) 저항도선은 변압기 기전력에 의한 단락전류를 줄이고 정류를 좋게 한다.

예제5 단상 직권전동기의 종류가 아닌 것은?

① 직권형 ② 아트킨손형
③ 보상 직권형 ④ 유도보상 직권형

해설 단상 직권정류자 전동기의 종류
단상 직권정류자 전동기의 종류로는 단순 직권형, 보상 직권형, 유도보상 직권형이 있다.

예제6 그림은 단상 직권전동기의 개념도이다. C 를 무엇이라고 하는가?

① 제어권선
② 보상권선
③ 보극권선
④ 단층권선

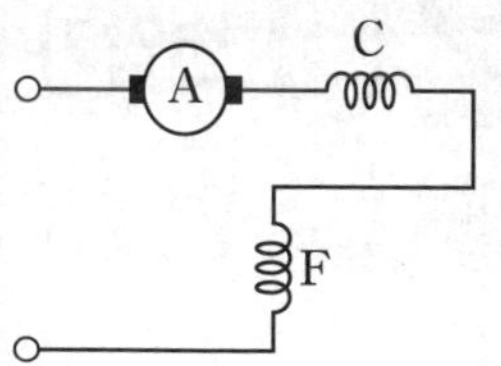

해설 단상직권정류자 전동기의 개념도
단상직권정류자 전동기는 역률을 좋게 하기 위해서 계자권선의 권수를 적게 하고, 극히 소출력 이외는 보상권선을 설치하여 전기자 기자력을 소거하고, 리액턴스를 감소하는 것과 동시에 고저항의 도선을 써서 정류를 좋게 한다. 그림의 개념도에서 A는 전기자, F는 계자권선, C는 보상권선이다.

1 ③ 2 ④ 3 ④ 4 ② 5 ② 6 ②

20 변압기 전압강하

한 솔 전 기 기 사
http://inup.co.kr
▲ 유튜브영상보기

이해도 30 60 100

중 요 도 : ★★★☆☆
출제빈도 : 1.7%, 10문 / 총 600문

1. %저항 강하, %리액턴스 강하, %임피던스 강하

(1) %저항 강하

$$p=\frac{I_{2n}r_2}{V_{2n}}\times 100=\frac{I_{1n}r_{12}}{V_{1n}}\times 100=\frac{P_s}{P_n}\times 100[\%]$$

(2) %리액턴스 강하

$$q=\frac{I_{2n}x_2}{V_{2n}}\times 100=\frac{I_{1n}x_{12}}{V_{1n}}\times 100[\%]$$

(3) %임피던스 강하

$$z=\frac{I_{2n}Z_2}{V_{2n}}\times 100=\frac{I_{1n}Z_{12}}{V_{1n}}\times 100=\frac{V_s}{V_{1n}}\times 100[\%]$$

여기서, r_{12} : 2차를 1차로 환산한 권선 합성저항,
P_s : 임피던스 와트(또는 동손), P_n : 변압기 정격용량,
x_{12} : 2차를 1차로 환산한 권선 합성리액턴스,
Z_{12} : 2차를 1차로 환산한 권선 합성임피던스,
V_s : 임피던스 전압

2. 단락전류

① $I_s=\frac{100}{\%Z}\times I_n$ [A]

($\therefore$ 단상 : $I_n=\frac{P}{V}$, 3상 : $I_n=\frac{P}{\sqrt{3}V}$)

② 변압기 내부 누설 임피던스에 의한 계산

$$I_{s1}=\frac{V_1}{Z_{12}}=\frac{V_1}{Z_1+a^2Z_2}=\frac{V_1}{\sqrt{(r_1+a^2r_2)^2+(x_1+a^2x_2)^2}}\text{[A]}$$

예제1 **5[kVA], 3,000/200[V]의 변압기의 단락시험에서 임피던스 전압 120[V], 동손 150[W]라 하면 %저항 강하는 약 몇 [%]인가?**

① 2　　② 3
③ 4　　④ 5

해설 %저항 강하

$p=\frac{P_s}{P_n}\times 100$ [%] 식에서

$P_n=5$ [kVA], $a=\frac{3,000}{200}$, $V_s=120$ [V],

$P_s=150$ [W] 이므로

$\therefore\ p=\frac{P_s}{P_n}\times 100=\frac{150}{5\times 10^3}\times 100=3$ [%]

예제2 **10[kVA], 2,000/100[V] 변압기에서 1차에 환산한 등가임피던스는 6.2+j7[Ω]이다. 이 변압기의 %리액턴스 강하는?**

① 0.75　　② 1.75
③ 3　　④ 6

해설 %리액턴스 강하(q)

$q=\frac{I_1x_{12}}{V_1}\times 100$ [%], $Z_{12}=r_{12}+jx_{12}$ [Ω] 식에서

$P_n=10$ [kVA], $a=\frac{V_1}{V_2}=\frac{2,000}{100}$,

$Z_{12}=6.2+j7$ [Ω]일 때

$I_1=\frac{P_n}{V_1}=\frac{10\times 10^3}{2,000}=5$ [A], $x_{12}=7$ [Ω] 이므로

$\therefore\ q=\frac{I_1x_{12}}{V_1}\times 100=\frac{5\times 7}{2,000}\times 100=1.75$ [%]

예제3 10[kVA], 2,000/100[V], 변압기 1차 환산 등가임피던스가 6.2+j 7[Ω]일 때 %임피던스 강하[%]는?

① 약 9.4 ② 약 8.35
③ 약 6.75 ④ 약 2.3

해설 %임피던스 강하

$z=\dfrac{I_2 Z_2}{V_2}\times 100=\dfrac{I_1 Z_{12}}{V_1}\times 100\,[\%]$ 식에서

$P_n=10\,[\text{kVA}],\ a=\dfrac{V_1}{V_2}=\dfrac{2{,}000}{100},$

$Z_{12}=6.2+j7\,[\Omega]$ 이므로

$I_1=\dfrac{P_n}{V_1}=\dfrac{10\times 10^3}{2{,}000}=5\,[\text{A}]$일 때

$\therefore\ z=\dfrac{I_1 Z_{12}}{V_1}\times 100=\dfrac{5\times\sqrt{6.2^2+7^2}}{2{,}000}\times 100$
$=2.3\,[\%]$

예제4 임피던스 강하가 5[%]인 변압기가 운전 중 단락되었을 때 그 단락 전류는 정격전류의 몇 배인가?

① 20 ② 25
③ 30 ④ 35

해설 단락전류(I_s)

$I_s=\dfrac{100}{\%Z}I_n\,[\text{A}]$ 식에서 $\%Z=5\,[\%]$ 일 때

$\therefore\ I_s=\dfrac{100}{\%Z}I_n=\dfrac{100}{5}I_n=20I_n$

예제5 정격용량 20[kVA], 정격전압 1차 6.3[kV], 2차 210[V], 퍼센트 임피던스 4[%]의 단상변압기가 있다. 2차측이 단락되었을 때 1차 단락 전류는 약 몇 [A]인가?

① 79.3 ② 89.3
③ 99.3 ④ 109.3

해설 단락전류(I_s)

$I_{s1}=\dfrac{100}{\%Z}I_{n1}\,[\text{A}]$ 식에서

$P_n=20\,[\text{kVA}],\ V_1=6.3\,[\text{kV}],\ V_2=210\,[\text{V}],$

$\%Z=4\,[\%]$ 이므로

$I_{n1}=\dfrac{P_n}{V_1}=\dfrac{20\times 10^3}{6.3\times 10^3}=3.17\,[\text{A}]$일 때

$\therefore\ I_{s1}=\dfrac{100}{\%Z}I_{n1}=\dfrac{100}{4}\times 3.17 \fallingdotseq 79.3\,[\text{A}]$

정답

1 ② 2 ② 3 ④ 4 ① 5 ①

21 동기발전기 병렬운전과 활용

이해도 □□□ 30 60 100

중 요 도 : ★★★☆☆
출제빈도 : 1.7%, 10문 / 총 600문

한 솔 전 기 기 사
http://inup.co.kr
▲ 유튜브영상보기

1. 동기발전기 병렬운전 조건

① 각 발전기의 기전력의 크기가 같아야 한다.
② 각 발전기의 기전력의 위상이 같아야 한다.
③ 각 발전기의 기전력의 주파수가 같아야 한다.
④ 각 발전기의 기전력의 파형이 같아야 한다.
⑤ 각 발전기의 기전력의 상회전 방향이 같아야 한다.

2. 병렬운전 조건을 만족하지 못한 경우에 대한 내용

(1) 기전력의 크기가 다른 경우
① 원인 : 각 발전기의 여자전류가 다르기 때문
② 현상 : 무효순환전류(무효횡류)가 흐른다.
③ 무효순환전류 : $I_{se} = \dfrac{E_A - E_B}{2Z_s}$ [A]

(2) 기전력의 위상이 다른 경우
① 원인 : 각 발전기의 원동기 출력이 다르기 때문
② 현상 : 유효순환전류(유효횡류) 또는 동기화전류가 흐른다.
③ 유효순환전류 : $I_{s\theta} = \dfrac{E}{Z_s}\sin\left(\dfrac{\delta}{2}\right)$[A]

(3) 기전력의 주파수와 파형 및 상회전이 다른 경우의 현상

구분	다른 경우 나타나는 현상
주파수	동기화전류가 흐르고 난조가 발생한다.
파형	고조파 무효순환전류가 흐른다.
상회전	동기검정기에 램프가 점등한다.

3. 병렬운전하는 동기발전기의 여자전류와 역률 관계

① 여자전류가 큰 쪽의 발전기는 지상전류가 흐르고 역률이 저하한다.
② 여자전류가 작은 쪽의 발전기는 진상전류가 흐르고 역률이 좋아진다.

예제1 3상 동기발전기를 병렬운전시키는 경우 고려하지 않아도 되는 조건은?

① 기전력의 파형이 같을 것
② 기전력의 주파수가 같을 것
③ 회전수가 같을 것
④ 기전력의 크기가 같을 것

해설 동기발전기의 병렬운전 조건
∴ 동기발전기의 병렬운전 조건과 용량, 회전수와는 무관하다.

예제2 동기발전기의 병렬운전 조건에서 같지 않아도 되는 것은?

① 기전력의 주파수 ② 기전력의 용량
③ 기전력의 위상 ④ 기전력의 크기

해설 동기발전기의 병렬운전 조건
∴ 동기발전기의 병렬운전 조건과 용량, 회전수와는 무관하다.

예제3 동기발전기의 병렬운전에서 한쪽의 계자전류를 증대시켜 유기기전력을 크게 하면 어떻게 되는가?

① 무효순환전류가 흐른다.
② 두 발전기의 역률이 모두 낮아진다.
③ 주파수가 변화되어 위상각이 달라진다.
④ 속도조정률이 변한다.

해설 병렬운전 조건을 만족하지 못한 경우에 대한 내용
기전력의 크기가 다른 경우
(1) 원인 : 각 발전기의 여자전류가 다르기 때문
(2) 현상 : 무효순환전류(무효횡류)가 흐른다.

예제4 동기발전기의 병렬운전 중 위상차가 생기면?

① 무효횡류가 흐른다.
② 무효전력이 생긴다.
③ 유효횡류가 흐른다.
④ 출력이 요동하고 권선이 가열된다.

해설 병렬운전 조건을 만족하지 못한 경우에 대한 내용
기전력의 위상이 다른 경우
(1) 원인 : 각 발전기의 원동기 출력이 다르기 때문
(2) 현상 : 유효순환전류(유효횡류) 또는 동기화전류가 흐른다.

예제5 **2대의 동기발전기가 병렬운전하고 있을 때 동기화 전류가 흐르는 경우는?**

① 기전력의 크기에 차가 있을 때
② 기전력의 위상에 차가 있을 때
③ 부하 분담에 차가 있을 때
④ 기전력의 파형에 차가 있을 때

해설 병렬운전 조건을 만족하지 못한 경우에 대한 내용
기전력의 위상이 다른 경우
(1) 원인 : 각 발전기의 원동기 출력이 다르기 때문
(2) 현상 : 유효순환전류(유효횡류) 또는 동기화전류가 흐른다.

예제6 **병렬운전 중의 A, B 두 동기발전기 중, A 발전기의 여자를 B 보다 강하게 하면 A 발전기는?**

① 90° 진상전류가 흐른다.
② 90° 지상전류가 흐른다.
③ 동기화전류가 흐른다.
④ 부하전류가 증가한다.

해설 병렬운전하는 동기발전기의 여자전류와 역률 관계
(1) 여자전류가 큰 쪽의 발전기는 지상전류가 흐르고 역률이 저하한다.
(2) 여자전류가 작은 쪽의 발전기는 진상전류가 흐르고 역률이 좋아진다.

예제7 **정전압 계통에 접속된 동기발전기는 그 여자를 약하게 하면?**

① 출력이 감소한다.
② 전압이 강하한다.
③ 앞선 무효전류가 증가한다.
④ 뒤진 무효전류가 증가한다.

해설 병렬운전하는 동기발전기의 여자전류와 역률 관계
(1) 여자전류가 큰 쪽의 발전기는 지상전류가 흐르고 역률이 저하한다.
(2) 여자전류가 작은 쪽의 발전기는 진상전류가 흐르고 역률이 좋아진다.

예제8 **병렬운전 중의 동기발전기의 여자전류를 증가시키면 그 발전기는?**

① 전압이 높아진다.
② 출력이 커진다.
③ 역률이 좋아진다.
④ 역률이 나빠진다.

해설 병렬운전하는 동기발전기의 여자전류와 역률 관계
(1) 여자전류가 큰 쪽의 발전기는 지상전류가 흐르고 역률이 저하한다.
(2) 여자전류가 작은 쪽의 발전기는 진상전류가 흐르고 역률이 좋아진다.

1 ③ 2 ② 3 ① 4 ③ 5 ② 6 ② 7 ③ 8 ④

22 반파정류와 전파정류

이해도 □□□ 30 60 100

중 요 도 : ★★★☆☆
출제빈도 : 1.5%, 9문 / 총 600문

한 솔 전 기 기 사
http://inup.co.kr
▲ 유튜브영상보기

1. 반파정류와 전파정류

정류종류	직류와 교류	최대역전압
단상반파	$E_d = \frac{\sqrt{2}}{\pi}E = 0.45E$	$PIV = \sqrt{2}E$
단상전파	$E_d = \frac{2\sqrt{2}}{\pi}E = 0.9E$	$PIV = 2\sqrt{2}E$
3상반파	$E_d = 1.17E = 0.675V$	
3상전파	$E_d = 2.34E = 1.35V$	

여기서, E_d : 직류전압, E : 교류 상전압,
V : 교류 선간전압

2. 맥동률과 맥동주파수

정류상수	맥동률[p.u]	맥동주파수
단상 반파 정류회로	1.21	f
단상 전파 정류회로	0.48	$2f$
3상 반파 정류회로	0.17	$3f$
3상 전파 정류회로	0.04	$6f$

∴ 정류상수가 증가할수록 맥동률은 감소되고 맥동주파수는 증가한다.

예제1 단상 반파 정류회로에서 실효치 E와 직류 평균치 E_{do}와의 관계식으로 옳은 것은?

① $E_{do} = 0.90E$[V] ② $E_{do} = 0.81E$[V]
③ $E_{do} = 0.67E$[V] ④ $E_{do} = 0.45E$[V]

해설 단상 반파정류회로

$\therefore E_d = \frac{\sqrt{2}}{\pi}E = 0.45E$ [V]

예제2 단상 전파정류에서 공급전압이 E 일 때 무부하 직류전압의 평균값은? (단, 브리지 다이오드를 사용한 전파 정류회로이다.)

① $0.90E$ ② $0.45E$
③ $0.75E$ ④ $1.17E$

해설 단상 전파정류회로

$\therefore E_d = \frac{2\sqrt{2}}{\pi}E = 0.9E$[V]

예제3 그림과 같은 정류회로에서 전류계의 지시값은 약 몇 [mA]인가? (단, 전류계는 가동코일형이고 정류기의 저항은 무시한다.)

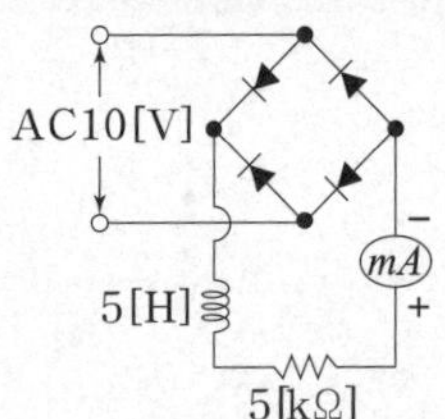

① 1.8
② 4.5
③ 6.4
④ 9.0

해설 단상 전파 정류회로

$E_d = \frac{2\sqrt{2}E}{\pi} = 0.9E$[V], $I_d = \frac{E_d}{R}$ [A] 식에서

$E = 10$[V], $L = 5$[H], $R = 5$[kΩ] 이므로

$E_d = 0.9E = 0.9 \times 10 = 90$ [V]일 때

$\therefore I_d = \frac{E_d}{R} = \frac{90}{5 \times 10^3} = 1.8 \times 10^{-3}$ [A] $= 1.8$ [mA]

예제4 **반파 정류회로에서 직류전압 220[V]를 얻는데 필요한 변압기 2차 상전압은? (단, 부하는 순저항이며 정류기 내의 전압강하는 30[V], 기타 전압강하는 무시한다.)**

① 약 250[V] ② 약 355[V]
③ 약 463[V] ④ 약 555[V]

해설 단상 반파정류회로
$E_d{}' = E_d - e = 0.45E - e$ [V] 식에서
$E_d{}' = 220$ [V], $e = 30$ [V] 이므로
$\therefore\ E = \dfrac{E_d{}' + e}{0.45} = \dfrac{220+30}{0.45} = 555$ [V]

예제5 **단상 반파의 정류 효율은?**

① $\dfrac{4}{\pi^2} \times 100$ [%] ② $\dfrac{\pi^2}{4} \times 100$ [%]
③ $\dfrac{8}{\pi^2} \times 100$ [%] ④ $\dfrac{\pi^2}{8} \times 100$ [%]

해설 단상 반파정류회로의 정류효율(η)
교류의 입력전력 P_a, 직류의 출력전력 P_d라 하면
$\eta = \dfrac{P_d}{P_a} \times 100$ [%] 식에서

$P_a = I^2 R = \left(\dfrac{I_m}{2}\right)^2 R = \dfrac{I_m^2}{4} R$

$P_d = I_d^2 R = \left(\dfrac{I_m}{\pi}\right)^2 R = \dfrac{I_m^2}{\pi^2} R$ 이므로

$\therefore\ \eta = \dfrac{P_d}{P_a} \times 100 = \dfrac{\dfrac{I_m^2}{\pi^2} R}{\dfrac{I_m^2}{4} R} \times 100 = \dfrac{4}{\pi^2} \times 100$ [%]

예제6 **다이오드를 이용한 저항 부하의 단상 반파정류회로에서 맥동률(리플률)은?**

① 0.48 ② 1.11
③ 1.21 ④ 1.41

해설 각종 정류기의 맥동률

정류상수	맥동률[p.u]	맥동주파수
단상 반파 정류회로	1.21	f
단상 전파 정류회로	0.48	$2f$
3상 반파 정류회로	0.17	$3f$
3상 전파 정류회로	0.04	$6f$

정답
1 ④ 2 ① 3 ① 4 ④ 5 ① 6 ③

23 변압기의 병렬운전 조건

이해도 □□□ 30 60 100

중 요 도 : ★★★☆☆
출제빈도 : 1.5%, 9문 / 총 600문

한 솔 전 기 기 사
http://inup.co.kr
▲ 유튜브영상보기

1. 변압기 병렬운전 조건

구분	조건
단상과 3상의 공통	① 극성이 일치할 것 ② 권수비 및 1차, 2차 정격전압이 같을 것 ③ 각 변압기의 저항과 리액턴스비가 일치할 것 ④ %저항 강하 및 %리액턴스 강하가 일치할 것 또는 %임피던스 강하가 일치할 것
3상만 적용	① 위상각 변위가 일치할 것 ② 상회전 방향이 일치할 것

2. 병렬운전이 가능 또는 불가능한 3상 변압기 결선

가능	불가능
$\Delta-\Delta$와 $\Delta-\Delta$	$\Delta-\Delta$와 $\Delta-$Y
$\Delta-\Delta$와 Y−Y	$\Delta-\Delta$와 Y$-\Delta$
Y−Y와 Y−Y	Y−Y와 $\Delta-$Y
Y$-\Delta$와 Y$-\Delta$	Y−Y와 Y$-\Delta$

3. 변압기의 부하 분담

(1) 부하 분담 조건

병렬로 운전하는 각 변압기가 부하를 어떻게 나눠서 분담해야 하는지를 결정하기 위한 조건으로 다음 조건을 만족하여야 한다.

① 분담 전류는 용량에 비례할 것
② 분담 전류는 임피던스 또는 %임피던스에 반비례할 것
③ 분담 전류는 누설 리액턴스 또는 %누설 리액턴스에 반비례할 것
④ 분담 전류는 각 변압기를 과여자 시키지 아니할 것

(2) 각 변압기의 분담 용량과 최대 부하용량($\%Z_A > \%Z_B$)

구분	용량
각 변압기의 분담 용량	$P_a = P_A \times \frac{\%Z_B}{\%Z_A}$[kVA], $P_b = P_B$[kVA]
최대 부하용량	$P_a + P_b = P_A \times \frac{\%Z_B}{\%Z_A} + P_B$[kVA]

예제1 **변압기의 병렬운전에서 필요조건이 아닌 것은?**

① 극성이 같을 것
② 정격 전압이 같을 것
③ %임피던스 강하가 같을 것
④ 출력이 같을 것

해설 변압기의 병렬운전 조건
∴ 변압기의 병렬운전 조건과 용량, 출력과는 무관하다.

예제2 **3상 변압기를 병렬운전하는 경우 불가능한 조합은?**

① $\Delta-\Delta$와 Y−Y ② $\Delta-$Y와 Y$-\Delta$
③ $\Delta-$Y와 $\Delta-$Y ④ $\Delta-$Y와 $\Delta-\Delta$

해설 병렬운전이 가능 또는 불가능한 3상 변압기 결선

가능	불가능
$\Delta-\Delta$와 $\Delta-\Delta$	$\Delta-\Delta$와 $\Delta-$Y
$\Delta-\Delta$와 Y−Y	$\Delta-\Delta$와 Y$-\Delta$
Y−Y와 Y−Y	Y−Y와 $\Delta-$Y
Y$-\Delta$와 Y$-\Delta$	Y−Y와 Y$-\Delta$

예제3 **3150/210[V]의 변압기의 용량이 각각 250[kVA], 200[kVA]이고, %임피던스 강하가 각각 2.5[%]와 3[%]일 때 그 합성 용량은 약 몇 [kVA]인가?**

① 389 ② 417
③ 435 ④ 450

해설 각 변압기의 분담 용량과 최대 부하용량($\%Z_A > \%Z_B$)

구분	용량
각 변압기의 분담 용량	$P_a = P_A \times \frac{\%Z_B}{\%Z_A}$[kVA], $P_b = P_B$[kVA]
최대 부하용량	$P_a + P_b = P_A \times \frac{\%Z_B}{\%Z_A} + P_B$[kVA]

$\%Z_A < \%Z_B$인 경우 최대 부하용량은

$P_a + P_b = P_A + P_B \times \frac{\%Z_A}{\%Z_B}$ [kVA] 식에서

$P_A = 250$ [kVA], $P_B = 200$ [kVA], $\%Z_A = 2.5$ [%], $\%Z_B = 3$ [%] 이므로

$\therefore\ 250 + 200 \times \frac{2.5}{3} = 417$ [kVA]

예제4 1차 및 2차 정격전압이 같은 2대의 변압기가 있다. 그 용량 및 임피던스 강하가 A 변압기는 5[kVA], 3[%], B 변압기는 20[kVA], 2[%]일 때 이것을 병렬 운전하는 경우 부하를 분담하는 비(A:B)는?

① 1 : 4　　② 1 : 6
③ 2 : 3　　④ 3 : 2

해설 각 변압기의 분담 용량과 최대 부하용량

$P_a = P_A \times \frac{\%Z_B}{\%Z_A}$ [kVA], $P_b = P_B$ [kVA] 식에서

$P_A = 5$ [kVA], $\%Z_A = 3$ [%], $P_B = 20$ [kVA], $\%Z_B = 2$ [%] 이므로

$P_a = P_A \times \frac{\%Z_B}{\%Z_A} = 5 \times \frac{2}{3} = \frac{10}{3}$ [kVA],

$P_b = P_B = 20$ [kVA]일 때

$\therefore\ P_a : P_b = \frac{10}{3} : 20 = 1:6$

예제5 정격이 같은 2대의 단상변압기 1,000[kVA]의 임피던스 전압은 각각 8[%]와 7[%]이다. 이것을 병렬로 하면 몇 [kVA]의 부하를 걸 수가 있는가?

① 1,865　　② 1,870
③ 1,875　　④ 1,880

해설 변압기 병렬운전시 부하분담

$P_A = P_B = 1{,}000$ [kVA], $\%Z_a = 8$ [%], $\%Z_b = 7$ [%]일 때

$P_b = P_B = 1{,}000$ [kVA]

$P_a = \frac{\%Z_b}{\%Z_a} P_A = \frac{7}{8} \times 1{,}000 = 875$ [kVA]

$\therefore\ P_a + P_b = 875 + 1{,}000 = 1{,}875$ [kVA]

예제6 2차로 환산한 임피던스가 각각 $0.03 + j0.02$[Ω], $0.02 + j0.03$[Ω]인 단상 변압기 2대를 병렬로 운전시킬 때 분담 전류는?

① 크기는 같으나 위상이 다르다.
② 크기와 위상이 같다.
③ 크기는 다르나 위상이 같다.
④ 크기와 위상이 다르다.

해설 변압기 병렬운전
변압기의 각각의 임피던스가

$Z_1 = 0.03 + j0.02$ [Ω], $Z_2 = 0.02 + j0.03$ [Ω]일 때

$Z_1 = 0.03 + j0.02 = 0.036\angle 33.6°$ [Ω],

$Z_2 = 0.02 + j0.03 = 0.036\angle 56.3°$ [Ω] 이므로

∴ 분담전류는 크기는 같으나 위상이 다르게 된다.

정답
1 ④　2 ④　3 ②　4 ②　5 ③　6 ①

24 변압기 시험 항목

이해도 □□□ 30 60 100
중 요 도 : ★★★☆☆
출제빈도 : 1.5%, 9문 / 총 600문

한 솔 전 기 기 사
http://inup.co.kr
▲ 유튜브영상보기

■ 변압기 등가회로 작성 시 필요한 시험
① 권선 저항 측정 시험
② 무부하(개방)시험 ⇒ 철손, 여자(무부하)전류, 여자어드미턴스
③ 단락 시험 ⇒ 동손, 임피던스 전압, 임피던스 와트, 단락전류

※ 임피던스 와트(동손) : 임피던스 전압이 공급되고 있는 동안 변압기 입력을 임피던스 와트라 하며 이는 곧 동손이다.
※ 임피던스 전압(V_s) : 변압기 2차를 단락한 상태에서 1차 전류가 정격전류로 흐를 때의 변압기 내의 전압강하이다.

예제1 변압기의 등가 회로 작성에 필요 없는 시험은?

① 단락 시험 ② 반환 부하법
③ 무부하 시험 ④ 저항 측정 시험

해설 변압기 등가회로 작성 시 필요한 시험
(1) 권선 저항 측정 시험
(2) 무부하(개방)시험 ⇒ 철손, 여자(무부하)전류, 여자어드미턴스
(3) 단락 시험 ⇒ 동손, 임피던스 전압, 임피던스 와트, 단락전류

예제2 변압기의 등가회로 작성을 하기 위한 시험 중 무부하시험으로 알 수 있는 것은?

① 어드미턴스, 철손
② 임피던스전압, 임피던스 와트
③ 권선의 저항, 임피던스 전압
④ 철손, 임피던스 와트

해설 무부하시험으로 구할 수 있는 항목
철손, 여자(무부하)전류, 여자어드미턴스

예제3 단상변압기의 임피던스 와트(impedance watt)를 구하기 위하여 어느 시험이 필요한가?

① 무부하시험 ② 단락시험
③ 유도시험 ④ 반환부하시험

해설 단락시험으로 구할 수 있는 항목
동손, 임피던스 전압, 임피던스 와트, 단락전류

예제4 변압기의 임피던스 전압이란?

① 정격 전류시 2차측 단자전압이다.
② 변압기의 1차를 단락, 1차에 1차 정격전류와 같은 전류를 흐르게 하는데 필요한 1차 전압이다.
③ 정격전류가 흐를 때의 변압기 내의 전압강하이다.
④ 변압기의 2차를 단락, 2차에 2차 정격전류와 같은 전류를 흐르게 하는 데 필요한 2차 전압이다.

해설 임피던스 전압(V_s)
임피던스 전압이란 변압기 2차를 단락한 상태에서 1차 전류가 정격전류로 흐를 때의 변압기 내의 전압강하이다.

정답
1 ② 2 ① 3 ② 4 ③

25 변압기 구조

이해도 □□□ 30 60 100

중 요 도 : ★★★☆☆
출제빈도 : 1.5%, 9문 / 총 600문

한 솔 전 기 기 사
http://inup.co.kr
▲ 유튜브영상보기

1. 변압기 구조

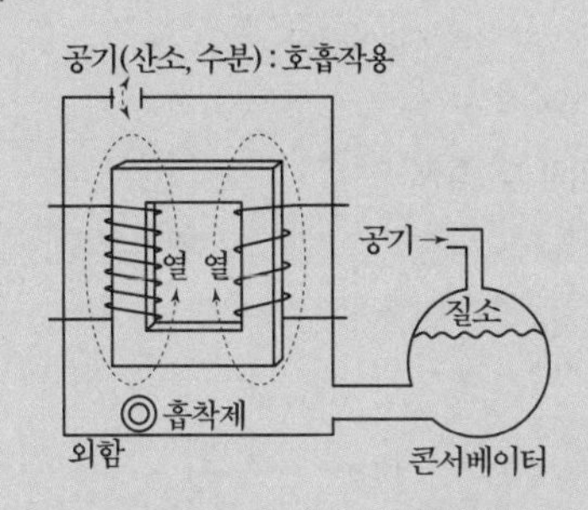

2. 변압기 절연유 구비조건 (절연유 기능 : 절연, 냉각, 열방산)

① 절연내력이 클 것.
② 비열이 커서 냉각효과가 크고, 점도가 작을 것
③ 인화점은 높고, 응고점은 낮을 것
④ 고온에서 산화하지 않고, 석출물이 생기지 않을 것

3. 변압기 열화 방지(※ 열화 : 절연내력↓, 냉각효과↓, 침식작용 발생)

① 콘서베이터 설치
② 질소봉입방식
③ 흡착제 방식

4. 아크방전에 의한 발생가스 : 수소(H_2)

예제1 변압기에서 콘서베이터의 용도는?

① 통풍 장치 ② 변압유의 열화방지
③ 강제 순환 ④ 코로나 방지

해설 변압기 절연유의 열화 방지법
(1) 콘서베이터 방식
(2) 질소봉입식
(3) 흡착제 방식

예제2 유입 변압기에 기름을 사용하는 목적이 아닌 것은?

① 효율을 좋게 하기 위하여
② 절연을 좋게 하기 위하여
③ 냉각을 좋게 하기 위하여
④ 열방산을 좋게 하기 위하여

해설 변압기에 기름을 사용하는 이유
(1) 권선의 절연을 좋게 하기 위해서
(2) 방사 대류에 의한 열방산을 좋게 하기 위해서
(3) 냉각을 좋게 하기 위해서

예제3 변압기유로 사용되는 절연유에 요구되는 특성이 아닌 것은?

① 절연내력이 클 것 ② 인화점이 높을 것
③ 점도가 클 것 ④ 응고점이 낮을 것

해설 변압기 절연유의 구비조건
(1) 절연내력이 큰 것
(2) 절연재료 및 금속에 화학작용을 일으키지 않을 것
(3) 인화점이 높고 응고점이 낮을 것
(4) 점도가 낮고(유동성이 풍부) 비열이 커서 냉각효과가 클 것
(5) 고온에 있어서 석출물이 생기거나 산화하지 않을 것
(6) 증발량이 적을 것

예제4 변압기에 사용하는 절연유가 갖추어야 할 성질이 아닌 것은?

① 절연내력이 클 것
② 인화점이 높을 것
③ 유동성이 풍부하고 비열이 커서 냉각효과가 클 것
④ 응고점이 높을 것

해설 변압기 절연유의 구비조건
인화점이 높고 응고점이 낮을 것

정답
1 ② 2 ① 3 ③ 4 ④

26 단권변압기

이해도 □□□ 30 60 100

중 요 도 : ★★☆☆☆
출제빈도 : 1.3%, 8문 / 총 600문

한 솔 전 기 기 사
http://inup.co.kr
▲ 유튜브영상보기

1. 단권변압기 등가회로

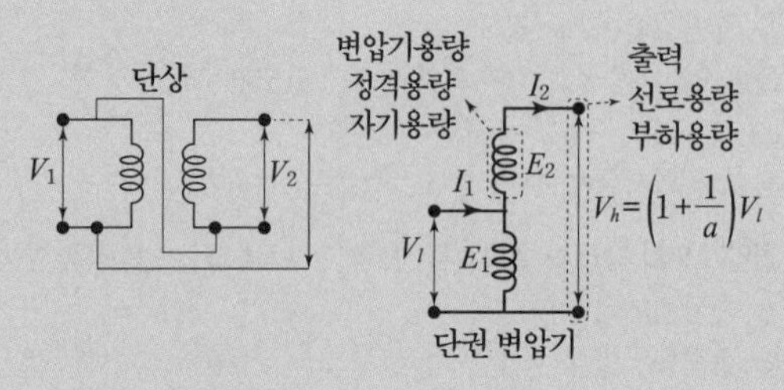

2. 단권변압기 특징

(1) 장점

① 철량·동량이 절약되고, 효율이 좋다.

② 전압변동률, 전압강하가 작다.

③ 누설자속이 작고, 기계기구가 소형화

(2) 단점

① 1차와 2차 절연이 어렵다.

② 단락전류가 크다.

3. 단권변압기의 자기용량

	$\frac{\text{자기용량}}{\text{부하용량}}$
1대	$\frac{V_h - V_l}{V_h}$
2대(V결선)	$\frac{2}{\sqrt{3}} \cdot \frac{V_h - V_l}{V_h}$
3대(Y결선)	$\frac{V_h - V_l}{V_h}$
3대(Δ결선)	$\frac{V_h^2 - V_l^2}{\sqrt{3}\, V_l \cdot V_h}$

※ 3상에서 사용할 수 있다.

예제1 용량 1[kVA], 3,000/200[V]의 단상 변압기를 단권 변압기로 결선해서 3,000/3,200[V]의 승압기로 사용할 때 그 부하 용량[kVA]은?

① 16　② 15

③ 1　④ $\frac{1}{16}$

해설 단권변압기

$\frac{\text{자기용량}}{\text{부하용량}} = \frac{V_h - V_l}{V_h}$ 식에서

$V_h = 3{,}200\,[\mathrm{V}]$, $V_l = 3{,}000\,[\mathrm{V}]$,

자기용량$= 1\,[\mathrm{kVA}]$ 이므로

$\therefore$ 부하용량$= \frac{V_h}{V_h - V_l} \times$자기용량$= \frac{3{,}200}{3{,}200 - 3{,}000} \times 1$

$= 16\,[\mathrm{kVA}]$

예제2 단권변압기의 고압측 전압을 3,300[V], 저압측 전압을 3,000[V], 단권변압기의 자기용량을 P[kVA]라 하면 역률 80[%]의 부하에 몇 [kW]의 전력을 공급할 수 있는가?

① 6.6 P　② 7.7 P

③ 8.8 P　④ 9.9 P

해설 단권변압기

$\frac{\text{자기용량}}{\text{부하용량}} = \frac{V_h - V_l}{V_h}$ 식에서

$V_h = 3{,}300\,[\mathrm{V}]$, $V_l = 3{,}000\,[\mathrm{V}]$, 자기용량$= P[\mathrm{kVA}]$,

$\cos\theta = 0.8$ 이므로

$\therefore$ 부하용량$= \frac{V_h}{V_h - V_l} \times$자기용량$[\mathrm{kVA}] \times \cos\theta\,[\mathrm{kW}]$

$= \frac{3{,}300}{3{,}300 - 3{,}000} \times P \times 0.8 = 8.8P[\mathrm{kW}]$

정답

1 ① 2 ③

27 교류전력변환기

이해도 □□□ 30 60 100

중 요 도 : ★★☆☆☆
출제빈도 : 1.3%, 8문 / 총 600문

한 솔 전 기 기 사
http://inup.co.kr
▲ 유튜브영상보기

■ 전력변환기기의 종류
(1) 정류기(컨버터) : 교류(AC)를 직류(DC)로 변환
  ⇒ 전동발전기, 수은정류기, 회전변류기
(2) 인버터 : 직류(DC)를 교류(AC)로 변환(주파수변환)
(3) 사이클로 컨버터(주파수변환) : 교류를 교류로 변환
  (AC) ⇒ (AC)
(4) 쵸퍼형 인버터 : 직류전압을 직접 제어
  직류(DC) ⇒ 직류(DC)

예제1 사이클로 컨버터(cycloconverter)란?

① AC → AC로 바꾸는 장치이다.
② AC → DC로 바꾸는 장치이다.
③ DC → DC로 바꾸는 장치이다.
④ DC → AC로 바꾸는 장치이다.

해설 전력변환소자

종류	전력변환
컨버터	교류(AC)→직류(DC)
인버터	직류(DC)→교류(AC)
사이클로컨버터	교류(AC)→교류(AC)
초퍼	직류(DC)→직류(DC)

예제2 전력변환기기가 아닌 것은?

① 유도전동기 ② 변압기
③ 정류기 ④ 인버터

해설 전력변환소자

종류	전력변환
컨버터	교류(AC)→직류(DC)
인버터	직류(DC)→교류(AC)
사이클로컨버터	교류(AC)→교류(AC)
초퍼	직류(DC)→직류(DC)

∴ 유도전동기는 동력을 발생시키는 부하이다.

예제3 교류전력을 교류로 변환하는 것은?

① 정류기 ② 초퍼
③ 인버터 ④ 사이크로 컨버터

해설 전력변환소자

종류	전력변환
사이클로컨버터	교류(AC)→교류(AC)

정답

1 ① 2 ① 3 ④

28 유도전동기의 속도제어

한 솔 전 기 기 사
http://inup.co.kr
▲ 유튜브영상보기

이해도 □□□ 30 60 100

중 요 도 : ★★☆☆☆
출제빈도 : 1.3%, 8문 / 총 600문

■ 유도전동기 속도제어

(1) 농형유도전동기(1차측에 의한 속도제어) ⇒ (2차 저항×)

① 주파수 변환법
- ㉠ 용도 : 인견공업의 포트 모터, 선박의 전기 추진기
- ㉡ 변환장치 : 인버터(VVVF)

② 극수변환법 : 엘리베이터(승강기)제어 ⇒ 3상 유도전동기 사용

③ 전압제어법 : 공급전압 크기 조절

(2) 권선형 유도전동기(2차저항에 의한 속도제어)

① 2차 저항법 : 비례추이 이용 → 장점 : 구조 간단, 조작 용이

② 2차 여자법 : 회전자(2차측) 기전력과 같은 슬립 주파수 전압 공급
- 같은 방향 : 속도 증가
- 반대 방향 : 속도 감소

※ 종류 : 세르비우스 방식, 크레머 방식

③ 종속법 : 극수가 다른 모터 2대 연결 사용

㉠ 직렬종속법

$$N=\frac{120f}{P_1+P_2}[\text{rpm}]$$

㉡ 차동종속법

$$N=\frac{120f}{P_1-P_2}[\text{rpm}]$$

㉢ 병렬종속법

$$N=2\times\frac{120f}{P_1+P_2}[\text{rpm}]$$

(3) 속도 변동률 (大 → 小)

단상 유도기 → 3상 농형 → 3상 권선형

(4) 속도제어법의 역률 (大 → 小)

주파수 제어 → 극수 변환법 → 전압제어 → 저항제어

예제1 인견공장에서 사용되는 포트모터의 속도제어는 어떤 것에 따르는가?

① 극수변환에 의한 제어
② 주파수 변환에 의한 제어
③ 저항에 의한 제어
④ 2차 여자에 의한 제어

해설 농형 유도전동기의 속도제어

(1) 주파수 변환법
- ㉠ 용도 : 인견공업의 포트 모터, 선박의 전기 추진기
- ㉡ 변환장치 : 인버터(VVVF)

(2) 극수변환법 : 엘리베이터(승강기)제어 ⇒ 3상 유도전동기 사용

(3) 전압제어법 : 공급전압 크기 조절

예제2 유도전동기의 2차 회로에 2차 주파수와 같은 주파수로 적당한 크기와 위상 전압을 외부에 가하는 속도 제어법은?

① 1차 전압제어　② 극수 변환 제어
③ 2차 저항제어　④ 2차 여자제어

해설 권선형 유도전동기의 2차 여자법
회전자(2차측) 기전력과 같은 슬립 주파수 전압 공급

예제3 다음 중 VVVF(Variable Voltage Variable Frequency) 제어 방식에 가장 적당한 속도제어는?

① 동기전동기의 속도제어
② 유도전동기의 속도제어
③ 직류 직권전동기의 속도제어
④ 직류 분권전동기의 속도제어

해설 농형 유도전동기의 속도제어
(1) 주파수 변환법
㉠ 용도 : 인견공업의 포트 모터, 선박의 전기 추진기
㉡ 변환장치 : 인버터(VVVF)
(2) 극수변환법 : 엘리베이터(승강기)제어 ⇒ 3상 유도전동기 사용
(3) 전압제어법 : 공급전압 크기 조절

예제4 권선형 유도 전동기 2대를 직렬 종속으로 운전하는 경우 그 동기 속도는 어떤 전동기의 속도와 같은가?

① 두 전동기 중 적은 극수를 갖는 전동기와 같은 전동기
② 두 전동기 중 많은 극수를 갖는 전동기와 같은 전동기
③ 두 전동기의 극수의 합과 같은 극수를 갖는 전동기
④ 두 전동기의 극수의 차와 같은 극수를 갖는 전동기

해설 권선형 유도전동기의 종속접속에 의한 속도제어
(1) 직렬 종속법

$$N=\frac{120f}{p_1+p_2}\ [\text{rpm}]$$

(2) 차동 종속법

$$N=\frac{120f}{p_1-p_2}\ [\text{rpm}]$$

∴ 직렬 종속법은 두 전동기의 극수의 합과 같은 극수를 갖는 전동기의 속도이다.

정답
1 ② 2 ④ 3 ② 4 ③

29 변압기 효율 및 손실

이해도 □□□ 30 60 100

중 요 도 : ★★☆☆☆
출제빈도 : 1.3%, 8문 / 총 600문

한 솔 전 기 기 사
http://inup.co.kr
▲ 유튜브영상보기

1. 변압기의 손실 및 효율

(1) 무부하손에 대부분을 차지하는 손실 : 철손(P_i)

(2) 부하손에 대부분을 차지하는 손실 : 동손(P_c)

(3) 와류손 $P_e \propto V^2 \propto$ 규소강판두께^2
(※ 주파수와 무관)

2. 규약효율(발전기와 같다)

(1) $\eta = \dfrac{출력}{출력+손실} \times 100 = \dfrac{출력}{출력+철손+동손} \times 100$

① 전부하시 효율

$$\eta = \frac{P\cos\theta}{P\cos\theta + P_i + P_c} \times 100$$

② 최대효율조건
철손(P_i)=동손(P_c)

(2) $\dfrac{1}{m}$ 부하시

$$\eta_{\frac{1}{m}} = \frac{\frac{1}{m}P\cos\theta}{\frac{1}{m}P\cos\theta + P_i + \left(\frac{1}{m}\right)^2 P_c} \times 100$$

① 전손실

$$P_i + \left(\frac{1}{m}\right)^2 P_c$$

② 최대효율시 부하

$$\frac{1}{m} = \sqrt{\frac{P_i}{P_c}} = \sqrt{\frac{1}{2}} = 0.707 = 70\%\ 부하$$

③ 주상 변압기의 철손과 동손의 비 = 1 : 2

3. 최대효율

$$\eta = \frac{\frac{1}{m}P\cos\theta}{\frac{1}{m}P\cos\theta + 2P_i} \times 100$$

4. 전일 효율

$$\eta = \frac{T\frac{1}{m}P\cos\theta}{T\frac{1}{m}P\cos\theta + 24P_i + T\left(\frac{1}{m}\right)^2 P_c} \times 100$$

• 전일효율을 높이는 법
전부하 운전시간이 짧을수록 무부하손이 적게 된다.

예제1 변압기에서 발생하는 손실 중 1차측이 전원에 접속되어 있으면 부하의 유무에 관계없이 발생하는 손실은?

① 동손　② 표유부하손
③ 철손　④ 부하손

해설 변압기의 무부하손
변압기의 무부하손은 변압기 2차측에 부하 접속 유무와 관계없이 발생하는 손실로서 무부하손의 대부분은 철손이 차지한다. 또한 철손은 히스테리시스손과 와류손의 합으로 이루어져 있다.

예제2 3,300[V], 60[Hz]용 변압기의 와류손이 360[W]이다. 이 변압기를 2750[V], 50[Hz]에서 사용할 때 이 변압기의 와류손은 몇 [W]인가?

① 432　② 330
③ 300　④ 250

해설 변압기의 와류손 (P_e)
$P_e \propto E^2$ 이므로
$E = 3,300\,[\mathrm{V}]$, $E' = 2,750\,[\mathrm{V}]$, $P_e = 360\,[\mathrm{W}]$일 때

$$\therefore P_e' = \left(\frac{E'}{E}\right)^2 P_e = \left(\frac{2,750}{3,300}\right)^2 \times 360 = 250\,[\mathrm{W}]$$

예제3 200[kVA]의 단상 변압기가 있다 철손 1.6[kW], 전부하 동손 3.2[kW]이다. 이 변압기의 최고 효율은 몇 배의 전부하에서 생기는가?

① $\frac{1}{2}$배　② $\frac{1}{4}$배

③ $\frac{1}{\sqrt{2}}$배　④ 1배

해설 변압기의 최대효율조건

(1) 전부하시

$P_i = P_c$

(2) $\frac{1}{m}$ 부하시

$P_i = \left(\frac{1}{m}\right)^2 P_c$ 이므로

(여기서, P_i는 철손, P_c는 동손이다.)

$P_i = 1.6\,[\text{kW}]$, $P_c = 3.2\,[\text{kW}]$일 때

$\therefore \frac{1}{m} = \sqrt{\frac{P_i}{P_c}} \times 100 = \sqrt{\frac{1.6\times10^3}{3.2\times10^3}} = \frac{1}{\sqrt{2}}$

예제4 변압기의 효율이 가장 좋을 때의 조건은?

① 철손 = 동손　② 철손 = $\frac{1}{2}$동손

③ $\frac{1}{2}$철손 = 동손　④ 철손 = $\frac{2}{3}$동손

해설 변압기의 최대효율조건

∴ 전부하시 : $P_i = P_c$

(여기서, P_i는 철손, P_c는 동손이다.)

정답

1 ③　2 ④　3 ③　4 ①

30 다이오드

이해도 □□□ 30 60 100

중 요 도 : ★★☆☆☆
출제빈도 : 1.0%, 6문 / 총 600문

전기기사 블랙박스 전기기기
다이오드
한솔아카데미

한 솔 전 기 기 사
http://inup.co.kr
▲ 유튜브영상보기

1. 다이오드(PN접합형, 정류작용, 실리콘[Si]정류기)

역방향 내전압이 가장 크다 (한쪽으로만 전류가 흐른다)

2. 다이오드 보호

① 과전압 : 다이오드 추가 직렬 접속
(전압을 높게 할 수 있다.)

② 과전류 : 다이오드 추가 병렬 접속
(전류를 크게 할 수 있다.)

3. 제너 다이오드

정전압(전압이 일정, 전압 안정 회로) 제어

예제1 **다이오드를 사용한 정류 회로에서 여러 개를 직렬로 연결하여 사용할 경우 얻는 효과는?**

① 다이오드를 과전류로부터 보호
② 다이오드를 과전압으로부터 보호
③ 부하 출력의 맥동률 감소
④ 전력 공급의 증대

해설 다이오드 직, 병렬 접속
다이오드를 사용한 정류회로에서 과전압으로부터 다이오드가 파손될 우려가 있을 때는 다이오드를 직렬로 추가하여 접속하면 전압이 분배되어 과전압을 낮출 수 있다. 또한 과전류로부터 다이오드가 파손될 우려가 있을 때는 다이오드를 병렬로 추가하여 접속하면 전류가 분배되어 과전류를 낮출 수 있다.

예제2 **다이오드를 사용한 정류회로에서 다이오드를 여러 개 직렬로 연결하면?**

① 고조파전류를 감소시킬 수 있다.
② 출력전압의 맥동률을 감소시킬 수 있다.
③ 입력전압을 증가시킬 수 있다.
④ 부하전류를 증가시킬 수 있다.

해설 다이오드 직렬 접속
다이오드를 여러 개 직렬로 접속하면 각 다이오드에 전압이 분배되기 때문에 상대적으로 입력전압을 증가시킬 수 있다.

예제3 **전압을 일정하게 유지하기 위해서 이용되는 다이오드는?**

① 정류용 다이오드
② 바랙터 다이오드
③ 바리스터 다이오드
④ 제너 다이오드

해설 다이오드의 종류
(1) 정류용 다이오드 : 교류를 직류로 변환한다.
(2) 버렉터 다이오드(가변용량 다이오드) : PN접합에서 역바이어스 전압에 따라 광범위하게 변환하는 다이오드의 공간 전하량을 이용
(3) 바리스터 다이오드 : 서지 전압에 대한 회로 보호용
(4) 제너 다이오드 : 전원전압을 안정하게 유지

1 ② 2 ③ 3 ④

BLACK BOX

출제빈도별 우선순위 핵심40선

Ⅳ 회로이론 블랙박스

우선순위	핵 심 제 목	중요도	출제문항수	학습진도(%) 30 60 100
1	테브난 정리와 노튼의 정리	★★★★★	13문 / 300문	□□□
2	Y결선과 △결선의 전압, 전류 관계 및 선전류	★★★★★	12문 / 300문	□□□
3	Y결선과 △결선의 소비전력	★★★★★	12문 / 300문	□□□
4	대칭분 해석	★★★★★	12문 / 300문	□□□
5	비정현파의 실효값	★★★★★	10문 / 300문	□□□
6	비정현파의 소비전력	★★★★★	10문 / 300문	□□□
7	왜형률	★★★★★	10문 / 300문	□□□
8	4단자 정수의 회로망 특성	★★★★★	10문 / 300문	□□□
9	영상임피던스와 전달정수	★★★★★	10문 / 300문	□□□
10	R-L 과도현상	★★★★★	10문 / 300문	□□□
11	R-L-C 과도현상	★★★★☆	8문 / 300문	□□□
12	피상전력	★★★★☆	8문 / 300문	□□□
13	유효전력	★★★★☆	8문 / 300문	□□□
14	R-L-C 직·병렬 접속	★★★★☆	8문 / 300문	□□□
15	공진	★★★★☆	8문 / 300문	□□□
16	저항의 직·병렬 접속	★★★★☆	7문 / 300문	□□□
17	실효값과 평균값	★★★★☆	7문 / 300문	□□□
18	밀만의 정리	★★★★☆	7문 / 300문	□□□
19	무손실 선로와 무왜형 선로	★★★★☆	6문 / 300문	□□□
20	R-L-C 회로소자	★★★★☆	6문 / 300문	□□□
21	파고율과 파형률	★★★★☆	6문 / 300문	□□□
22	합성인덕턴스	★★★★☆	6문 / 300문	□□□
23	불평형률과 불평형 전력	★★★☆☆	5문 / 300문	□□□
24	전력계법	★★★☆☆	5문 / 300문	□□□
25	Y-△결선 변환	★★★☆☆	5문 / 300문	□□□
26	R-C 과도현상	★★★☆☆	5문 / 300문	□□□
27	L-C 과도현상	★★★☆☆	5문 / 300문	□□□
28	Z-파라미터	★★★☆☆	5문 / 300문	□□□
29	Y-파라미터	★★★☆☆	5문 / 300문	□□□
30	4단자 정수의 성질 및 차원과 기계적 특성	★★★☆☆	5문 / 300문	□□□
31	정저항 회로	★★★☆☆	5문 / 300문	□□□
32	무효전력	★★★☆☆	5문 / 300문	□□□
33	구동점 임피던스	★★★☆☆	5문 / 300문	□□□
34	3상 V결선의 특징	★★★☆☆	5문 / 300문	□□□
35	n상 다상교류의 특징	★★★☆☆	5문 / 300문	□□□
36	중첩의 원리	★★☆☆☆	3문 / 300문	□□□
37	최대전력전송	★★☆☆☆	3문 / 300문	□□□
38	a상 기준으로 해석한 대칭분	★★☆☆☆	3문 / 300문	□□□
39	푸리에 급수	★★☆☆☆	3문 / 300문	□□□
40	발전기 기본식 및 지락고장 해석	★★☆☆☆	3문 / 300문	□□□

01 테브난 정리와 노튼의 정리

한솔전기기사
http://inup.co.kr
▲ 유튜브영상보기

이해도 □□□ 30 60 100

중 요 도 : ★★★★★
출제빈도 : 4.3%, 13문 / 총 300문

1. 테브난 정리

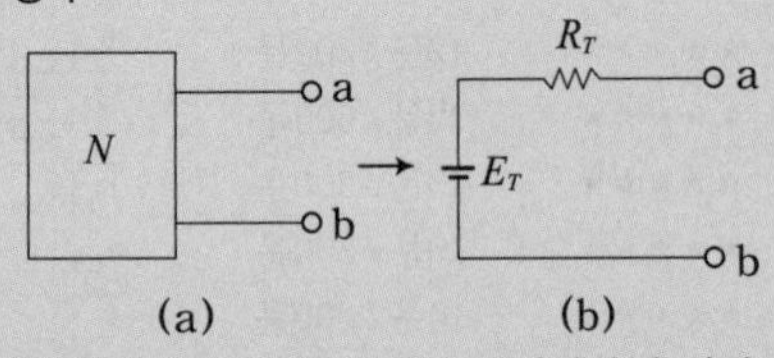

(1) 등가전압(E_T) : 그림 (a)에서 개방단자에 나타난 전압

(2) 등가저항(R_T) : 그림 (a)에서 전원을 제거하고 a, b단자에서 바라본 회로망 합성저항

2. 노튼의 정리

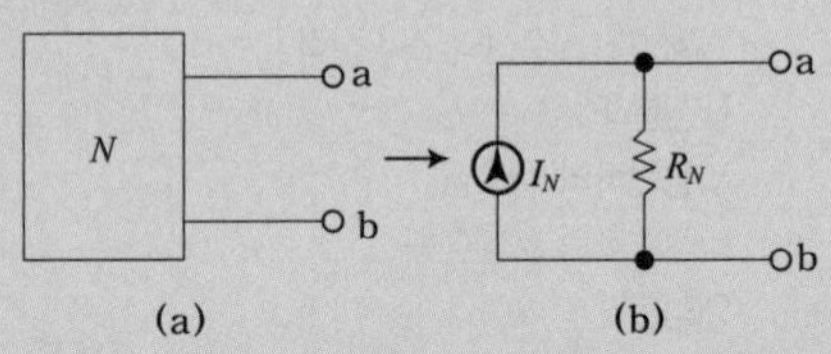

(1) 등가전류(I_N) : 그림(a)에서 단자 a, b를 단락시킨 경우 a, b 사이에 흐르는 전류

(2) 등가저항(R_N) : 그림(a)에서 전원을 제거하고 a, b 단자에서 바라본 회로망 합성저항

3. 상호관계

테브난 정리와 노튼의 정리는 서로 쌍대관계가 성립한다.

예제1 테브난 정리를 사용하여 그림(a)의 회로를 그림 (b)와 같이 등가회로로 만들고자 할 때 V[V]와 R[Ω]의 값은?

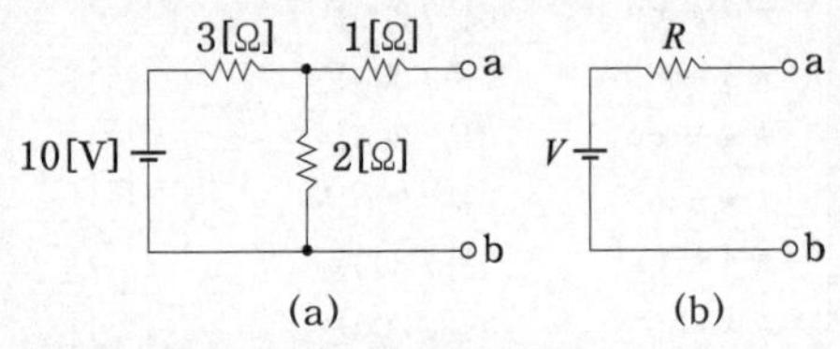

① $V=5$[V], $R=0.6$[Ω]
② $V=2$[V], $R=2$[Ω]
③ $V=6$[V], $R=2.2$[Ω]
④ $V=4$[V], $R=2.2$[Ω]

해설 테브난 정리

등가전압(V)은 저항 2[Ω]에 나타나는 전압으로

$V=\frac{2}{3+2}\times 10=4$[V],

등가저항(R)은 전압원 10[V]를 단락하고 개방단자에서 회로망을 바라보면 $R=1+\frac{3\times 2}{3+2}=2.2$[Ω]이 된다.

$\therefore$ $V=4$[V], $R=2.2$[Ω]

예제2 그림과 같은 회로를 등가 회로로 고치려고 한다. 이때 테브난 등가 저항 R_T[Ω]와 등가 전압 E_T[V]는?

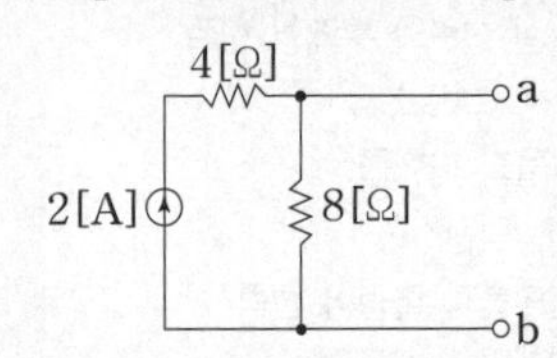

① $\frac{8}{3}$, 8　② 6, 12
③ 8, 16　④ $\frac{8}{3}$, 16

해설 테브난 정리

등가전압(E_T)은 저항 8[Ω]에 나타나는 전압으로

$E_T=2\times 8=16$[V],

등가저항(R_T)은 전류원 2[A]를 개방하고 개방단자에서 회로망을 바라보면 $R_T=8$[Ω]이 된다.

$\therefore$ $R_T=8$[Ω], $E_T=16$[V]

예제3 **그림 (a)와 같은 회로를 (b)와 같은 등가 전압원과 직렬 저항으로 변환시켰을 때 E_T[V] 및 R_T[Ω]는?**

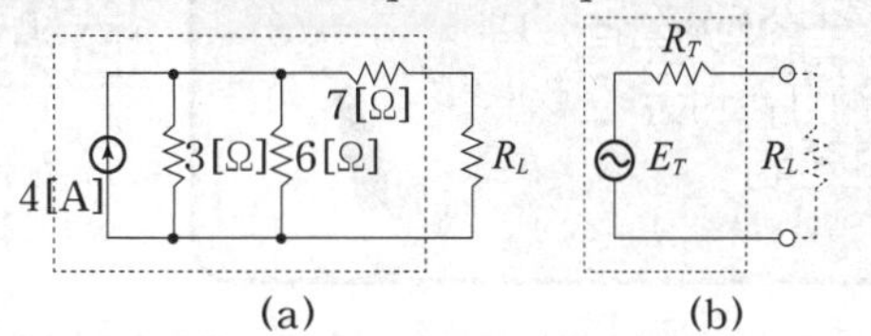

① 12, 7 ② 8, 9
③ 36, 7 ④ 12, 13

해설 테브난 정리
등가전압(E_T)은 병렬접속된 3[Ω]과 6[Ω]에 동시에 걸리는 전압으로 $E_T = 4 \times \frac{3 \times 6}{3+6} = 8$[V],
등가저항(R_T)은 전류원 4[A]를 개방하고 개방단자에서 회로망을 바라보면 $R_T = 7 + \frac{3 \times 6}{3+6} = 9$[Ω]이 된다.
∴ $E_T = 8$[V], $R_T = 9$[Ω]

예제4 **그림에서 저항 0.2[Ω]에 흐르는 전류는 몇 [A]인가?**

① 0.1
② 0.2
③ 0.3
④ 0.4

해설 테브난 정리
a, b 단자 사이에 연결된 저항(0.2[Ω])을 개방시켜서 테브난 등가회로를 구해보면

$$V_{ab} = \frac{6}{6+4} \times 10 - \frac{4}{6+4} \times 10 = 2\,[\text{V}]$$

$$R_{ab} = \frac{6 \times 4}{6+4} \times 2 = 4.8\,[\Omega]$$

$$\therefore\ I = \frac{V_{ab}}{R_{ab} + 0.2} = \frac{2}{4.8 + 0.2} = 0.4\,[\text{A}]$$

예제5 **그림 (a)를 그림 (b)와 같은 등가전류원으로 변환할 때 I와 R은?**

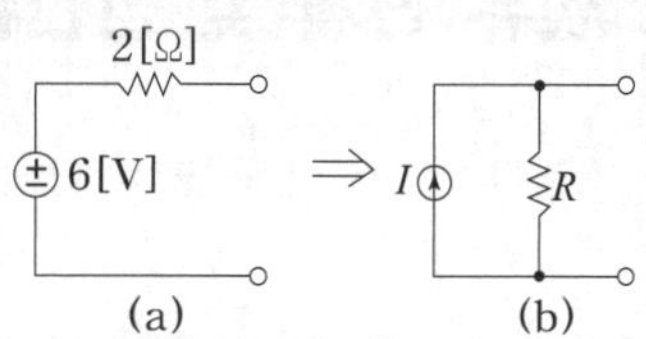

① $I=6$, $R=2$ ② $I=3$, $R=5$
③ $I=4$, $R=0.5$ ④ $I=3$, $R=2$

해설 노튼의 정리
단자를 단락시킨 경우 흐르는 전류 I와 등가저항 R은
∴ $I = \frac{6}{2} = 3$[A], $R = 2$[Ω]

예제6 **테브난의 정리와 쌍대의 관계가 있는 것은 다음 중 어느 것인가?**

① 밀만의 정리 ② 중첩의 원리
③ 노오튼의 정리 ④ 보상의 정리

해설 테브난 정리와 노튼의 정리
테브난 정리는 등가 전압원 정리로서 개방단자 기준으로 등가저항과 직렬접속하며 노튼의 정리는 등가 전류원 정리로서 개방단자 기준으로 등가저항과 병렬접속한다.
이때 전압원과 전류원, 직렬접속과 병렬접속이 모두 쌍대 관계에 있으며 서로는 등가회로 변환이 가능하다. 따라서 테브난 정리와 노튼의 정리는 서로 쌍대의 관계에 있다.

1 ④ 2 ③ 3 ② 4 ④ 5 ④ 6 ③

Black Box

02 Y결선과 △결선의 전압, 전류 관계 및 선전류

이해도 □□□ 30 60 100

중 요 도 : ★★★★★
출제빈도 : 4.0%, 12문 / 총 300문

한 솔 전 기 기 사
http://inup.co.kr
▲ 유튜브영상보기

1. 전압과 전류 관계

	선간전압(V_L)과 상전압(V_P) 관계	선전류(I_L)와 상전류(I_P) 관계
Y결선	$V_L = \sqrt{3}\, V_P \angle +30°$[V]	$I_L = I_P$[A]
Δ결선	$V_L = V_P$[V]	$I_L = \sqrt{3}\, I_P \angle -30°$[A]

2. 선전류 계산

① 한상의 임피던스(Z)와 선간전압(V_L) 또는 상전압(V_P)이 주어진 경우

㉠ Y결선의 선전류(I_Y)

$$I_Y = \frac{V_P}{Z} = \frac{V_L}{\sqrt{3}\,Z}[A]$$

㉡ Δ결선의 선전류(I_Δ)

$$I_\Delta = \frac{\sqrt{3}\,V_P}{Z} = \frac{\sqrt{3}\,V_L}{Z}[A]$$

② 소비전력(P)와 역률($\cos\theta$), 효율(η)이 주어진 경우

㉠ 절대값 계산

$$I_L = \frac{P}{\sqrt{3}\,V_L \cos\theta\,\eta}[A]$$

㉡ 복소수로의 계산

$$\dot{I}_L = \frac{P}{\sqrt{3}\,V_L \cos\theta\,\eta}(\cos\theta - j\sin\theta)[A]$$

여기서, V_L : 선간전압[V], V_P : 상전압[V],
I_L : 선전류[A], I_P : 상전류[A],
Z : 한 상의 임피던스[Ω],
I_Y : Y결선의 선전류[A],
I_Δ : Δ결선의 선전류[A], P : 소비전력[W],
$\cos\theta$: 역률, η : 효율

예제1 Y결선의 전원에서 각 상전압이 100[V]일 때 선간 전압[V]은?

① 143 ② 151
③ 173 ④ 193

해설 Y결선의 전압관계
3상 성형결선(Y결선)에서 선간전압(V_L)과 상전압(V_P)과의 관계는 $V_L = \sqrt{3}\,V_P \angle +30°$[V]이므로
$V_P = 100$[V]일 때
$\therefore\ V_L = \sqrt{3}\,V_P = \sqrt{3}\times 100 = 173$[V]

예제2 각 상의 임피던스가 $Z = 6 + j8$[Ω]인 평형 Y부하에 선간전압 220[V]인 대칭 3상 전압이 가해졌을 때 선전류는 약 몇 [A]인가?

① 11.7 ② 12.7
③ 13.7 ④ 14.7

해설 Y결선의 선전류
$I_Y = \frac{V_P}{Z} = \frac{V_L}{\sqrt{3}\,Z}$[A] 식에서
$Z = 6 + j8$[Ω], $V_L = 220$[V]일 때
$\therefore\ I_Y = \frac{V_L}{\sqrt{3}\,Z} = \frac{220}{\sqrt{3}\times(\sqrt{6^2+8^2})} = 12.7$[A]

예제3 대칭 3상 Y결선부하에서 각 상의 임피던스가 $16 + j12$[Ω]이고 부하전류가 10[A]일 때 이 부하의 선간전압은?

① 235.4[V] ② 346.4[V]
③ 456.7[V] ④ 524.4[V]

해설 Y결선의 선전류
$I_Y = \frac{V_P}{Z} = \frac{V_L}{\sqrt{3}\,Z}$[A] 식에서
$Z = 16 + j12$[Ω], $I_Y = 10$[A] 일 때
$\therefore V_L = \sqrt{3}\,ZI_Y = \sqrt{3}\times\sqrt{16^2+12^2}\times 10 = 346.4$[V]

예제4 $Z = 3 + j4$[Ω]이 Δ로 접속된 회로에 100[V]의 대칭 3상 전압을 인가했을 때 선전류[A]는?

① 20 ② 14.14
③ 40 ④ 34.6

해설 Δ결선의 선전류
$I_\Delta = \frac{\sqrt{3}\,V_P}{Z} = \frac{\sqrt{3}\,V_L}{Z}$[A] 식에서
$Z = 3 + j4$[Ω], $V_L = 100$[V]일 때
$\therefore\ I_\Delta = \frac{\sqrt{3}\,V_L}{Z} = \frac{\sqrt{3}\times 100}{\sqrt{3^2+4^2}} = 34.6$[A]

예제5 $R[\Omega]$인 3개의 저항을 같은 전원에 Δ결선으로 접속시킬 때와 Y결선으로 접속시킬 때 선전류의 크기비 $\left(\frac{I_\Delta}{I_Y}\right)$는?

① $\frac{1}{3}$　　② $\sqrt{6}$

③ $\sqrt{3}$　　④ 3

해설 Y결선과 Δ결선의 선전류 비교

$I_Y = \frac{V_L}{\sqrt{3}R}[\text{A}]$, $I_\Delta = \frac{\sqrt{3}V_L}{R}[\text{A}]$ 식에서

$$\therefore \frac{I_\Delta}{I_Y} = \frac{\frac{\sqrt{3}V_L}{R}}{\frac{V_L}{\sqrt{3}R}} = 3\text{배}$$

예제6 선간전압 100[V], 역률 60[%]인 평형 3상 부하에서 소비 전력 P=10[kW]일 때 선전류[A]는?

① 99.4　　② 96.2

③ 86.2　　④ 76.4

해설 선전류 절대값 계산

$P = \sqrt{3}V_L I_L \cos\theta[\text{W}]$ 식에서

$V_L = 100[\text{V}]$, $\cos\theta = 0.6$, $P = 10[\text{kW}]$일 때

$$\therefore I = \frac{P}{\sqrt{3}V_L\cos\theta\eta} = \frac{10\times10^3}{\sqrt{3}\times100\times0.6} = 96.2[\text{A}]$$

예제7 부하 단자 전압이 220[V]인 15[kW]의 3상 평형 부하에 전력을 공급하는 선로 임피던스가 $3+j2[\Omega]$일 때 부하가 뒤진 역률 80[%]이면 선전류[A]는?

① 약 $26.2-j19.7$

② 약 $39.36-j52.48$

③ 약 $39.37-j29.52$

④ 약 $19.7-j26.4$

해설 선전류 복소수 계산

$\dot{I}_L = \frac{P}{\sqrt{3}V_L\cos\theta\eta}(\cos\theta - j\sin\theta)$ [A] 식에서

$V_L = 220[\text{V}]$, $P = 15[\text{kW}]$, $Z = 3+j2[\Omega]$,

$\cos\theta = 0.8$일 때

$$\therefore \dot{I}_L = \frac{P}{\sqrt{3}V_L\cos\theta\eta}(\cos\theta - j\sin\theta)$$

$$= \frac{15\times10^3}{\sqrt{3}\times220\times0.8}(0.8-j0.6)$$

$$= 39.36 - j29.52[\text{A}]$$

예제8 $R[\Omega]$의 저항 3개를 Y로 접속한 것을 전압 200[V]의 3상 교류전원에 연결할 때 선전류가 10[A] 흐른다면, 이 3개의 저항을 Δ로 접속하고 동일 전원에 연결하면 선전류는 몇 [A]가 되는가?

① 30　　② 25

③ 20　　④ $\frac{20}{\sqrt{3}}$

해설 Y결선과 Δ결선의 선전류 비교

$\frac{I_\Delta}{I_Y} = 3$ 식에서 $I_Y = 10[\text{A}]$일 때

$\therefore I_\Delta = 3I_Y = 3\times10 = 30[\text{A}]$

예제9 Δ결선의 상전류가 $I_{ab} = 4\angle-36°$, $I_{bc} = 4\angle-156°$, $I_{ca} = 4\angle-276°$이다. 선전류 I_c는?

① $4\ \angle-306°$　　② $6.93\ \angle-306°$

③ $6.93\ \angle-276°$　　④ $4\ \angle-276°$

해설 Δ결선의 전류관계

$I_L = \sqrt{3}I_P\ \angle-30°[\text{A}]$ 식에서

$I_a = \sqrt{3}I_{ab}\ \angle-30°[\text{A}]$, $I_b = \sqrt{3}I_{bc}\ \angle-30°[\text{A}]$,

$I_c = \sqrt{3}I_{ca}\ \angle-30°[\text{A}]$ 이므로

$I_{ca} = 4\angle-276°[\text{A}]$일 때

$\therefore I_c = \sqrt{3}\times4\ \angle-276°\angle-30°$

$= 6.93\ \angle-306°[\text{A}]$

정답

1 ③　2 ②　3 ②　4 ④　5 ④　6 ②　7 ③　8 ①　9 ②

03 Y결선과 △결선의 소비전력

한 솔 전 기 기 사
http://inup.co.kr
▲ 유튜브영상보기

이해도 □□□ 30 60 100

중 요 도 : ★★★★★
출제빈도 : 4.0%, 12문 / 총 300문

1. 선간전압(V_L), 선전류(I_L), 역률($\cos\theta$)이 주어진 경우

$P=\sqrt{3}\,V_L I_L \cos\theta$ [W]

2. 한 상의 임피던스(Z)와 선간전압(V_L)이 주어진 경우

※ $Z=R+jX_L[\Omega]$에서 저항(R)과 리액턴스(X_L)가 직렬 접속된 경우임

① Y결선의 소비전력(P_Y) : $P_Y=\dfrac{V_L^2 R}{R^2+X_L^2}$[W]

② Δ결선의 소비전력(P_Δ) : $P_\Delta=\dfrac{3V_L^2 R}{R^2+X_L^2}$[W]

3. 한 상의 임피던스(Z)와 선전류(I_L)가 주어진 경우

① Y결선의 소비전력(P_Y) : $P_Y=3I_P^2R=3I_L^2R$[W]

② Δ결선의 소비전력(P_Δ) : $P_\Delta=3I_P^2R=I_L^2R$[W]

여기서, P : 소비전력[W], V_L : 선간전압[V], I_L : 선전류[A], $\cos\theta$: 역률, Z : 임피던스[Ω], R : 저항[Ω], X : 리액턴스[Ω], P_Y : Y결선의 소비전력[W], P_Δ : Δ결선의 소비전력[W]

예제1 그림의 3상 Y결선 회로에서 소비하는 전력[W]은?

① 3,072
② 1,536
③ 768
④ 512

(그림: 200[V], 200[V], 200[V], Z=24+j7, Z=24+j7, Z=24+j7)

해설 Y결선의 소비전력(P_Y)

$P_Y=\dfrac{V_L^2 R}{R^2+X_L^2}$ [W] 식에서

$Z=R+jX_L=24+j7[\Omega]$일 때

$R=24[\Omega]$, $X_L=7[\Omega]$, $V_L=200$[V] 이므로

$\therefore P_Y=\dfrac{V_L^2 R}{R^2+X_L^2}=\dfrac{100^2\times 24}{24^2+7^2}\fallingdotseq 1{,}536$ [W]

예제2 한 상의 임피던스가 $8+j6[\Omega]$인 Δ부하에서 200[V]를 인가할 때 3상 전력[kW]은?

① 3.2 ② 4.3
③ 9.6 ④ 10.5

해설 △결선의 소비전력($P_\triangle$)

$P_\Delta=\dfrac{3V_L^2 R}{R^2+X_L^2}$ [W] 식에서

$Z=R+jX_L=8+j6[\Omega]$일 때

$R=8[\Omega]$, $X_L=6[\Omega]$, $V_L=200$[V] 이므로

$\therefore P_\Delta=\dfrac{3V_L^2 R}{R^2+X_L^2}=\dfrac{3\times 200^2\times 8}{8^2+6^2}=9{,}600$ [W] $=9.6$ [kW]

예제3 △결선된 부하를 Y결선으로 바꾸면 소비 전력은 어떻게 되겠는가? (단, 선간 전압은 일정하다.)

① 3배 ② 9배
③ $\dfrac{1}{9}$배 ④ $\dfrac{1}{3}$배

해설 Y결선과 △결선 소비전력의 비교

$P_Y=\dfrac{V_L^2 R}{R^2+X_L^2}$ [W], $P_\Delta=\dfrac{3V_L^2 R}{R^2+X_L^2}$ [W] 식에서

$P_Y=\dfrac{1}{3}P_\triangle$ 이므로

∴ △결선을 Y결선으로 바꾸면 소비전력은 $\dfrac{1}{3}$배로 줄어든다.

예제4 대칭 3상 Y부하에서 각상의 임피던스가 $3+j4[\Omega]$이고 부하전류가 20[A]일 때 이 부하에서 소비되는 전 전력은?

① 1,400[W] ② 1,600[W]
③ 1,800[W] ④ 3,600[W]

해설 Y결선의 소비전력(P_Y)

$Z_P=R+jX_L=3+j4[\Omega]$, $I_L=20$[A]일 때 Y결선에서 $I_P=I_L$ 이므로

$\therefore P_Y=3I_P^2R=3I_L^2R=3\times 20^2\times 3=3{,}600$ [W]

예제5 **평형 3상 부하에 전력을 공급할 때 선전류 값이 20[A]이고 부하의 소비전력이 4[kW]이다. 이 부하의 등가 Y회로에 대한 각 상의 저항은 약 몇 [Ω]인가?**

① 3.3[Ω] ② 5.7[Ω]
③ 7.2[Ω] ④ 10[Ω]

해설 Y결선의 소비전력(P_Y)

$P=3I_P{}^2R=3I_L{}^2R$[W] 식에서

$I_L=I_P=20$[A], $P=4$[kW]일 때

$$\therefore R=\frac{P}{3I_P{}^2}=\frac{4\times10^3}{3\times20^2}=3.3\,[\Omega]$$

예제6 **한 상의 임피던스 $Z=6+j8$[Ω]인 평형 Y부하에 평형 3상 전압 200[V]를 인가할 때 무효전력[Var]은 약 얼마인가?**

① 1,330 ② 1,848
③ 2,381 ④ 3,200

해설 Y결선의 무효전력(Q_Y)

$Q_Y=\dfrac{V_L{}^2X_L}{R^2+X_L{}^2}$ [Var] 식에서

$Z=R+jX_L=6+j8$[Ω] 이므로

$R=6$[Ω], $X_L=8$[Ω], $V_L=200$[V]일 때

$$\therefore Q=\frac{V_L{}^2X_L}{R^2+X_L{}^2}=\frac{200^2\times8}{6^2+8^2}=3,200\,[\text{Var}]$$

예제7 **한 상의 임피던스가 $Z=14+j48$[Ω]인 평형 Δ부하에 대칭 3상 전압 200[V]가 인가되어 있다. 이 회로의 피상전력[VA]은?**

① 800 ② 1,200
③ 1,384 ④ 2,400

해설 Δ결선의 피상전력($S_\triangle$)

$S_\Delta=\dfrac{3V_P{}^2}{Z}=\dfrac{3V_L{}^2}{Z}$ [VA] 식에서

$V_L=200$[V]일 때

$$\therefore S_\Delta=\frac{3V_L{}^2}{Z}=\frac{3\times200^2}{\sqrt{14^2+48^2}}=2,400\,[\text{VA}]$$

예제8 **Δ결선된 대칭 3상 부하가 있다. 역률이 0.8(지상)이고, 전 소비전력이 1,800[W]이다. 한 상의 선로저항이 0.5[Ω]이고, 발생하는 전선로 손실이 50[W]이면 부하단자 전압은?**

① 440[V] ② 402[V]
③ 324[V] ④ 225[V]

해설 Δ결선 부하의 단자전압(V)

전소비전력 $P=\sqrt{3}\,VI\cos\theta$[W],

전손실 $P_\ell=3I^2R$[W] 식에서

역률 $\cos\theta=0.8$, 전소비전력 $P=1,800$[W],

한 상의 선로저항 $R=0.5$[Ω], 전손실 $P_l=50$[W] 이므로

$$I=\sqrt{\frac{P_\ell}{3R}}=\sqrt{\frac{50}{3\times0.5}}=5.77\,[\text{A}]$$

$$\therefore V=\frac{P}{\sqrt{3}\,I\cos\theta}=\frac{1,800}{\sqrt{3}\times5.77\times0.8}=225\,[\text{V}]$$

1 ② 2 ③ 3 ④ 4 ④ 5 ① 6 ④ 7 ④ 8 ④

04 대칭분 해석

한 솔 전 기 기 사
http://inup.co.kr
▲ 유튜브영상보기

이해도 □□□ 30 60 100
중 요 도 : ★★★★★
출제빈도 : 4.0%, 12문 / 총 300문

비대칭 3상 교류회로에서 "상회전이 없으며 각 상에 공통인 성분으로 나타나는 영상분과 상회전 방향이 반시계 방향으로 발전기 전원과 같은 성분인 정상분이 존재하며 상회전방향이 시계방향으로 불평형률을 결정하는 역상분"으로 해석되는 성분을 대칭분이라 한다.

1. 상전압(V_a, V_b, V_c)과 상전류(I_a, I_b, I_c)

$$\begin{cases} V_a = V_0 + V_1 + V_2 \\ V_b = V_0 + a^2 V_1 + a V_2 \\ V_c = V_0 + a V_1 + a^2 V_2 \end{cases} \quad \begin{cases} I_a = I_0 + I_1 + I_2 \\ I_b = I_0 + a^2 I_1 + a I_2 \\ I_c = I_0 + a I_1 + a^2 I_2 \end{cases}$$

※ $a = 1\angle 120° = -\frac{1}{2} + j\frac{\sqrt{3}}{2}$,

$a^2 = 1\angle -120° = -\frac{1}{2} - j\frac{\sqrt{3}}{2}$

여기서,
V_0 : 영상전압[V], V_1 : 정상전압[V], V_2 : 역상전압[V]
I_0 : 영상전류[A], I_1 : 정상전류[A], I_2 : 역상전류[A]

2. 대칭분 전압(V_0, V_1, V_2), 대칭분 전류(I_0, I_1, I_2)

① 영상분 전압과 전류(V_0, I_0)

$V_0 = \frac{1}{3}(V_a + V_b + V_c)$, $I_0 = \frac{1}{3}(I_a + I_b + I_c)$

② 정상분 전압과 전류(V_1, I_1)

$$V_1 = \frac{1}{3}(V_a + aV_b + a^2 V_c) = \frac{1}{3}(V_a + \angle 120° V_b + \angle -120° V_c)$$

$$I_1 = \frac{1}{3}(I_a + aI_b + a^2 I_c) = \frac{1}{3}(I_a + \angle 120° I_b + \angle -120° I_c)$$

③ 역상분 전압과 전류(V_2, I_2)

$$V_2 = \frac{1}{3}(V_a + a^2 V_b + aV_c) = \frac{1}{3}(V_a + \angle -120° V_b + \angle 120° V_c)$$

$$I_2 = \frac{1}{3}(I_a + a^2 I_b + aI_c) = \frac{1}{3}(I_a + \angle -120° I_b + \angle 120° I_c)$$

예제1 대칭분을 I_0, I_1, I_2라 하고 선전류를 I_a, I_b, I_c라 할 때 I_b는?

① $I_0 + I_1 + I_2$ ② $\frac{1}{3}(I_0 + I_1 + I_2)$

③ $I_0 + a^2 I_1 + aI_2$ ④ $I_0 + aI_1 + a^2 I_2$

해설 대칭분과 선전류의 관계
(1) a상 선전류 : $I_a = I_0 + I_1 + I_2$
(2) b상 선전류 : $I_b = I_0 + a^2 I_1 + aI_2$
(3) c상 선전류 : $I_c - I_0 + aI_1 + a^2 I_2$

예제2 각 상전압이 $V_a = 40\sin\omega t$[V], $V_b = 40\sin(\omega t + 90°)$[V], $V_c = 40\sin(\omega t - 90°)$[V]일 때 영상분 전압은 약 몇 [V]인가?

① $40\sin\omega t$ ② $\frac{40}{3}\sin\omega t$

③ $\frac{40}{3}\sin(\omega t - 90°)$ ④ $\frac{40}{3}\sin(\omega t + 90°)$

해설 영상분의 순시치 계산(v_0)
각 상전압의 위상이 a상은 0°, b상은 −90°, c상은 90° 이므로 b상과 c상의 위상차가 180° 임을 알 수 있다.
$v_b = 40\sin(\omega t + 90°)$, $v_c = 40\sin(\omega t - 90°)$일 때
$v_b + v_c = 0$이 된다.

$v_0 = \frac{1}{3}(v_a + v_b + v_c) = \frac{1}{3}v_a$ 이므로

$\therefore v_0 = \frac{1}{3} \times 40\sin\omega t = \frac{40}{3}\sin\omega t$ [V]

예제3 **불평형 3상 전류 $I_a=25+j4$[A], $I_b=-18-j16$[A], $I_c=7+j15$[A]일 때의 영상전류 I_0는 몇 [A]인가?**

① $3.66+j$ ② $4.66+j2$
③ $4.66+j$ ④ $2.67+j0.2$

해설 영상분 전류(I_0)

$$I_0=\frac{1}{3}(I_a+I_b+I_c)$$
$$=\frac{1}{3}(25+j4-18-j16+7+j15)$$
$$=4.66+j\,[\text{A}]$$

예제4 **불평형 3상 전류가 $I_a=15+j2$[A], $I_b=-20-j14$[A], $I_c=-3+j10$[A]일 때 역상분 전류[A]는?**

① $1.91+j6.24$ ② $15.74-j3.57$
③ $-2.67-j0.67$ ④ $2.67-j0.67$

해설 역상분 전류(I_2)

$$I_2=\frac{1}{3}(I_a+\angle-120°I_b+\angle120°I_c)$$
$$=\frac{1}{3}\{(15+j2)+1\angle-120°\times(-20-j14)$$
$$+1\angle120°\times(-3+j10)\}$$
$$=1.91+j6.24\,[\text{A}]$$

예제5 **3상 Δ부하에서 각 선전류를 I_a, I_b, I_c라 하면 전류의 영상분은? (단, 회로는 평형상태임)**

① ∞ ② $\frac{1}{3}$
③ 1 ④ 0

해설 Δ부하의 영상분 전류
영상분은 Y-Y결선의 3상4선식 회로의 중성점이 접지되어 있는 경우에 나타날 수 있기 때문에 Δ부하는 비접지식 회로로서 영상분 전류는 0[A]이다.

해설 3상이 평형부하인 경우의 영상분
3상이 평형상태인 경우 $I_a+I_b+I_c=0$ [A] 이므로
$\therefore\ I_0=\frac{1}{3}(I_a+I_b+I_c)=0$ [A]

예제6 **대칭 좌표법에 관한 설명 중 잘못된 것은?**

① 불평형 3상 회로 비접지식 회로에서는 영상분이 존재한다.
② 대칭 3상 전압에서 영상분은 0이 된다.
③ 대칭 3상 전압은 정상분만 존재한다.
④ 불평형 3상 회로의 접지식 회로에서는 영상분이 존재한다.

해설 영상분 전류의 해석
영상분은 Y-Y결선의 3상4선식 회로의 중성점이 접지되어 있는 경우에 나타날 수 있기 때문에 비접지식 회로에서는 영상분이 존재하지 않는다.

정답

1 ③ 2 ② 3 ③ 4 ① 5 ④ 6 ①

Black Box

05 비정현파의 실효값

이해도 □□□ 30 60 100

중 요 도 : ★★★★★
출제빈도 : 3.3%, 10문 / 총 300문

한 솔 전 기 기 사
http://inup.co.kr
▲ 유튜브영상보기

비정현파 순시치 전압을 $e(t)$라 할 때 실효치 전압 E

$e(t)=E_0+E_{m1}\sin\omega t+E_{m2}\sin 2\omega t+E_{m3}\sin 3\omega t+\cdots$ [V]

1. $E=\sqrt{{E_0}^2+\left(\frac{E_{m1}}{\sqrt{2}}\right)^2+\left(\frac{E_{m2}}{\sqrt{2}}\right)^2+\left(\frac{E_{m3}}{\sqrt{2}}\right)^2+\cdots}$ [V]

여기서,

$e(t)$: 비정현파 순시값 전압[V], E_0 : 직류분 전압[V]

E_{m1} : 기본파 전압의 최대값[V],

E_{m2} : 2고조파 전압의 최대값[V],

E_{m3} : 3고조파 전압의 최대값[V]

2. 각 파의 실효값의 제곱의 합의 제곱근

예제1 $v=50\sin\omega t+70\sin(3\omega t+60°)$ **의 실효값은?**

① $\frac{50+70}{\sqrt{2}}$ ② $\frac{\sqrt{50^2+70^2}}{\sqrt{2}}$

③ $\sqrt{\frac{50^2+70^2}{\sqrt{2}}}$ ④ $\sqrt{\frac{50+70}{2}}$

해설 비정현파의 실효값 전압

$v=50\sin\omega t+70\sin(3\omega t+60°)$ [V]에서

$V_{m1}=50$ [V], $V_{m3}=70$ [V]이므로 실효값 V는

$\therefore V=\sqrt{\left(\frac{V_{m1}}{\sqrt{2}}\right)^2+\left(\frac{V_{m3}}{\sqrt{2}}\right)^2}=\sqrt{\left(\frac{50}{\sqrt{2}}\right)^2+\left(\frac{70}{\sqrt{2}}\right)^2}$

$=\frac{\sqrt{50^2+70^2}}{\sqrt{2}}$ [V]

예제2 $i=100+50\sqrt{2}\sin\omega t+20\sqrt{2}\sin\left(3\omega t+\frac{\pi}{6}\right)$**[A]로 표시되는 비정현파 전류의 실효값은 약 얼마인가?**

① 20[A] ② 50[A]

③ 114[A] ④ 150[A]

해설 비정현파의 실효값 전류

$i=100+50\sqrt{2}\sin\omega t+20\sqrt{2}\sin\left(3\omega t+\frac{\pi}{6}\right)$ [A]에서

$I_0=100$ [A], $I_{m_1}=50\sqrt{2}$ [A],

$I_{m_3}=20\sqrt{2}$ [A]이므로 실효값 I는

$\therefore I=\sqrt{{I_0}^2+\left(\frac{I_{m1}}{\sqrt{2}}\right)^2+\left(\frac{I_{m3}}{\sqrt{2}}\right)^2}$

$=\sqrt{100^2+50^2+20^2}=114$ [A]

예제3 비정현파의 실효값은?

① 최대파의 실효값

② 각 고조파 실효값의 합

③ 각 고조파 실효값의 합의 제곱근

④ 각 고조파 실효값의 제곱의 합의 제곱근

해설 비정현파의 실효값

비정현파의 실효값 전압을 E라 하면

$E=\sqrt{{E_0}^2+\left(\frac{E_{m1}}{\sqrt{2}}\right)^2+\left(\frac{E_{m2}}{\sqrt{2}}\right)^2+\left(\frac{E_{m3}}{\sqrt{2}}\right)^2+\cdots}$ [V]

∴ 각 파의 실효값의 제곱의 합의 제곱근

예제4 $R=3[\Omega]$, $\omega L=4[\Omega]$**의 직렬 회로에** $v=60+\sqrt{2}\cdot 100\sin\left(\omega t-\frac{\pi}{6}\right)$**[V]를 인가할 때 전류의 실효값은 약 몇 [A]인가?**

① 24.2 ② 26.3

③ 28.3 ④ 30.2

해설 비정현파의 실효값 전류

$V_d=60$ [V], $V_{m1}=\sqrt{2}\cdot 100$ [V]이므로

$I_d=\frac{V_d}{R}=\frac{60}{3}=20$ [A]

$I_1=\frac{V_{m1}}{\sqrt{2}Z_1}=\frac{V_{m1}}{\sqrt{2}\times\sqrt{R^2+(\omega L)^2}}$

$=\frac{100\sqrt{2}}{\sqrt{2}\times\sqrt{3^2+4^2}}=20$ [A]

$\therefore I=\sqrt{{I_d}^2+{I_1}^2}=\sqrt{20^2+20^2}=28.3$ [V]

예제5 **저항 3[Ω], 유도 리액턴스 4[Ω]의 직렬 회로에 $v = 141.4\sin\omega t + 42.4\sin 3\omega t$[V]를 인가할 때 전류의 실효값은 몇 [A]인가?**

① 20.15 ② 18.25
③ 16.25 ④ 14.25

해설 비정현파의 실효값 전류

$V_{m1} = 141.4\,[\mathrm{V}]$, $V_{m3} = 42.4\,[\mathrm{V}]$이므로

$Z_1 = R + jX_L = 3 + j4\,[\Omega]$일 때

$$I_1 = \frac{V_{m1}}{\sqrt{2}Z_1} = \frac{141.4}{\sqrt{2}\times\sqrt{3^2+4^2}} = 20\,[\mathrm{A}]$$

$$I_3 = \frac{V_{m3}}{\sqrt{2}Z_3} = \frac{V_{m3}}{\sqrt{2}\times\sqrt{R^2+(3X_L)^2}}$$

$$= \frac{42.4}{\sqrt{2}\times\sqrt{3^2+12^2}} = 2.42\,[\mathrm{A}]$$

$$\therefore\ I = \sqrt{{I_1}^2 + {I_3}^2} = \sqrt{20^2 + 2.42^2} = 20.15\,[\mathrm{A}]$$

예제6 **그림과 같은 비정현파의 실효값[V]은?**

① 46.9
② 51.61
③ 59.04
④ 80

v, 80, 60[V], 20, 40, $\phi = \omega t$

해설 비정현파의 실효값

$V_0 = 20$, $V_m = 60\,[\mathrm{V}]$ 이므로

$$V = \sqrt{{V_0}^2 + \left(\frac{V_m}{\sqrt{2}}\right)^2} = \sqrt{20^2 + \left(\frac{60}{\sqrt{2}}\right)^2}$$

$= 46.9\,[\mathrm{V}]$

예제7 **아래와 같은 비정현파 전압을 RL 직렬회로에 인가할 때에 제3고조파 전류의 실효값[A]은? (단, $R = 4[\Omega]$, $\omega L = 1[\Omega]$이다.)**

$$e = 100\sqrt{2}\sin\omega t + 75\sqrt{2}\sin 3\omega t + 20\sqrt{2}\sin 5\omega t\,[\mathrm{V}]$$

① 4 ② 15
③ 20 ④ 75

해설 3고조파 전류의 실효값

$V_{m3} = 75\sqrt{2}\,[\mathrm{V}]$이므로

$$I_3 = \frac{V_{m3}}{\sqrt{2}\times\sqrt{R^2+(3\omega L)^2}} = \frac{75\sqrt{2}}{\sqrt{2}\times\sqrt{4^2+3^2}}$$

$= 15\,[\mathrm{A}]$

예제8 **그림과 같은 RC 직렬회로에 비정현파 전압 $v = 20 + 220\sqrt{2}\sin 120\pi t + 40\sqrt{2}\sin 360\pi t$[V]를 가할 때 제3고조파 전류 i_3[A]는 약 얼마인가?**

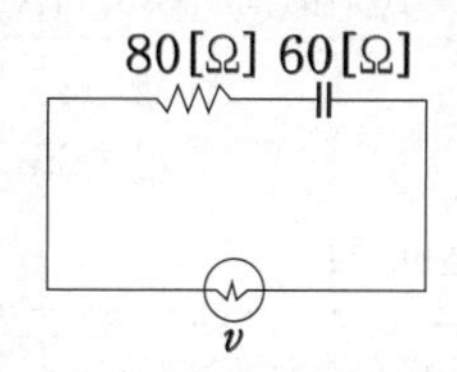

① $0.49\sin(360\pi t - 14.04°)$
② $0.49\sqrt{2}\sin(360\pi t - 14.04°)$
③ $0.49\sin(360\pi t + 14.04°)$
④ $0.49\sqrt{2}\sin(360\pi t + 14.04°)$

해설 3고조파 전류의 순시값

$$Z_3 = R - j\frac{1}{3\omega C} = 80 - j\frac{60}{3} = 80 - j20\,[\Omega]\ \text{이므로}$$

$$\therefore\ i_3 = \frac{v_3}{Z_3} = \frac{40\sqrt{2}}{80 - j20}\sin 360\pi t$$

$$= \frac{40\sqrt{2}}{\sqrt{80^2+20^2}}\sin\left\{360\pi t + \tan^{-1}\left(\frac{20}{80}\right)\right\}$$

$$= 0.49\sqrt{2}\sin(360\pi t + 14.04°)\,[\mathrm{A}]$$

※ 비정현파에서 옴의 법칙을 적용할 때에는 전압, 전류, 임피던스의 주파수 성분이 모두 일치하여야 한다.

정답

1 ② 2 ③ 3 ④ 4 ③ 5 ① 6 ① 7 ② 8 ④

06 비정현파의 소비전력

한솔전기기사
http://inup.co.kr
▲ 유튜브영상보기

이해도 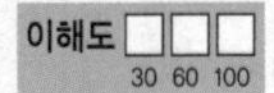 30 60 100

중요도 : ★★★★★
출제빈도 : 3.3%, 10문 / 총 300문

※ 비정현파의 소비전력을 계산할 때는 반드시 고조파 성분을 일치시켜서 구해야 한다.

1. 순시치 전압($e(t)$), 순시치 전류($i(t)$)가 주어진 경우

$$P = E_0 I_0 + \frac{1}{2}\sum_{n=1}^{\infty} E_{mn} I_{mn} \cos\theta_n \,[\mathrm{W}]$$

2. R과 X_L이 직렬로 연결되어 Z가 주어지는 경우

$$P = \frac{{E_0}^2}{R} + \frac{1}{2}\sum_{n=1}^{\infty} \frac{{E_{mn}}^2 R}{R^2 + (nX_L)^2}\,[\mathrm{W}]$$

여기서, P : 소비전력[W], E_0 : 직류전압[V], I_0 : 직류전류[A]
E_{mn} : 기본파 및 고조파 전압의 최대값[V]
I_{mn} : 기본파 및 고조파 전류의 최대값[A]
R : 저항[Ω], X : 리액턴스[Ω], n : 고조파 차수

예제1 어떤 회로의 단자전압과 전류가 아래와 같을 때 공급되는 평균전력[W]은?

$$v = 100\sin\omega t + 70\sin 2\omega t + 50\sin(3\omega t - 30°)\,[\mathrm{V}]$$
$$i = 20\sin(\omega t - 60°) + 10\sin(3\omega t + 45°)\,[\mathrm{A}]$$

① 565 ② 525
③ 495 ④ 465

해설 비정현파의 소비전력
전압의 주파수 성분은 기본파, 제2고조파, 제3고조파로 구성되어 있으며 전류의 주파수 성분은 기본파, 제3고조파로 이루어져 있으므로 평균전력은 기본파와 제3고조파 성분만 계산된다.
$V_{m1} = 100\angle 0°\,[\mathrm{V}]$, $V_{m2} = 70\angle 0°\,[\mathrm{V}]$,
$V_{m3} = 50\angle -30°\,[\mathrm{V}]$, $I_{m1} = 20\angle -60°\,[\mathrm{A}]$,
$I_{m2} = 0\,[\mathrm{A}]$, $I_{m3} = 10\angle 45°\,[\mathrm{A}]$,
$\theta_1 = 0° - (-60°) = 60°$,
$\theta_3 = 45° - (-30°) = 75°$ 이므로

$$\therefore P = \frac{1}{2}(V_{m1}I_{m1}\cos\theta_1 + V_{m2}I_{m2}\cos\theta_2 + V_{m3}I_{m3}\cos\theta_3)$$
$$= \frac{1}{2}(100\times 20\times\cos 60° + 50\times 10\times\cos 75°)$$
$$= 565\,[\mathrm{W}]$$

예제2 어떤 교류회로에 $v = 100\sin\omega t + 20\sin\left(3\omega t + \frac{\pi}{3}\right)$[V]인 전압을 가할 때 이것에 의해 회로에 흐르는 전류가 $i = 40\sin\left(\omega t - \frac{\pi}{6}\right) + 5\sin\left(3\omega t + \frac{\pi}{12}\right)$[A]라 한다. 이 회로에서 소비되는 전력은 약 몇 [kW]인가?

① 1.27 ② 1.77
③ 1.97 ④ 2.27

해설 비정현파의 소비전력
$V_{m1} = 100\angle 0°\,[\mathrm{V}]$, $V_{m3} = 20\angle 60°\,[\mathrm{V}]$,
$I_{m1} = 40\angle -30°\,[\mathrm{A}]$, $I_{m3} = 5\angle 15°\,[\mathrm{A}]$,
$\theta_1 = 0°(-30°) = 30°$, $\theta_3 = 60° - 45° = 45°$ 이므로

$$\therefore P = \frac{1}{2}(V_{m1}I_{m1}\cos\theta_1 + V_{m3}I_{m3}\cos\theta_3)$$
$$= \frac{1}{2}(100\times 40\times\cos 30° + 20\times 5\times\cos 45°)\times 10^{-3}$$
$$= 1.77\,[\mathrm{kW}]$$

예제3 전압이 $v = 10\sin 10t + 20\sin 20t$[V]이고 전류가 $i = 20\sin 10t + 10\sin 20t$[A]이면 소비 전력[W]은?

① 400 ② 283
③ 200 ④ 141

해설 비정현파의 소비전력
$V_{m1} = 10\,[\mathrm{V}]$, $V_{m2} = 20\,[\mathrm{V}]$,
$I_{m1} = 20\,[\mathrm{A}]$, $I_{m2} = 10\,[\mathrm{A}]$ 이므로

$$\therefore P = \frac{1}{2}(V_{m1}I_{m1} + V_{m2}I_{m2}) = \frac{1}{2}(10\times 20\times + 20\times 10)$$
$$= 200\,[\mathrm{W}]$$

예제4 $v=100\sqrt{2}\sin\omega t+50\sqrt{2}\sin\left(3\omega t+\frac{\pi}{6}\right)$[V], $i=40\sqrt{2}\sin\left(3\omega t-\frac{\pi}{6}\right)+100\sqrt{2}\sin 5\omega t$ [A]일 때 소비전력 [kW]은?

① 2 ② 1
③ 4.9 ④ 5.2

해설 비정현파의 소비전력

$V_{m1}=100\sqrt{2}\angle 0°$ [V], $V_{m3}=50\sqrt{2}\angle 30°$ [V],
$I_{m3}=40\sqrt{2}\angle -30°$ [A], $I_{m5}=100\sqrt{2}\angle 0°$ [A]
$\theta_3=30°-(-30°)=60°$ 이므로

$$\therefore P=\frac{1}{2}V_{m3}I_{m3}\cos\theta_3$$
$$=\frac{1}{2}\times 50\sqrt{2}\times 40\sqrt{2}\times\cos 60°\times 10^{-3}=1\,[\text{kW}]$$

예제5 다음과 같은 왜형파 전압 및 전류에 의한 전력 [W]은?

$$v=80\sin(\omega t+30°)-50\sin(3\omega t+60°)+25\sin 5\omega t\,[\text{V}]$$
$$i=16\sin(\omega t-30°)+15\sin(3\omega t+30°)+10\cos(5\omega t-60°)\,[\text{A}]$$

① 67 ② 103.5
③ 536.5 ④ 753

해설 비정현파의 소비전력

전류의 5고조파 성분의 cos 파형을 sin 파형으로 변환하면

$$i=16\sin(\omega t-30°)+15\sin(3\omega t+30°)+10\sin(5\omega t-60°+90°)$$
$$=16\sin(\omega t-30°)+15\sin(3\omega t+30°)+10\sin(5\omega t+30°)\,[\text{A}]$$ 이다.

$V_{m1}=80\angle 30°$ [V], $V_{m3}=-50\angle 60°$ [V],
$V_{m5}=25\angle 0°$ [V], $I_{m1}=16\angle -30°$ [A],
$I_{m3}=15\angle 30°$ [A], $I_{m5}=10\angle 30°$ [A],
$\theta_1=30°-(-30°)=60°$, $\theta_3=60°-30°=30°$,
$\theta_5=30°-0°=30°$ 이므로

$$\therefore P=\frac{1}{2}(V_{m1}I_{m1}\cos\theta_1+V_{m3}I_{m3}\cos\theta_3+V_{m5}I_{m5}\cos\theta_5)$$
$$=\frac{1}{2}(80\times 16\times\cos 60°-50\times 15\times\cos 30°+25\times 10\times\cos 30°)$$
$$=103.5\,[\text{W}]$$

예제6 $R=8[\Omega]$, $\omega L=6[\Omega]$의 직렬회로에 비정현파 전압 $v=200\sqrt{2}\sin\omega t+100\sqrt{2}\sin 3\omega t$[V]를 가했을 때, 이 회로에서 소비되는 전력은 대략 얼마인가?

① 3,350[W] ② 3,406[W]
③ 3,250[W] ④ 3,750[W]

해설 비정현파의 소비전력

전압의 주파수 성분은 기본파, 제3고조파로 구성되어 있으므로 리액턴스도 전압과 주파수를 일치시켜야 한다.
$V_{m1}=200\sqrt{2}$ [V], $V_{m3}=100\sqrt{2}$ [V]일 때

$$P=\frac{V_1^2R}{R^2+(\omega L)^2}+\frac{V_3^2R}{R^2+(3\omega L)^2}$$
$$=\frac{1}{2}\left\{\frac{V_{m1}^2R}{R^2+(\omega L)^2}+\frac{V_{m3}^2R}{R^2+(3\omega L)^2}\right\}$$
$$=\frac{200^2\times 8}{8^2+6^2}+\frac{100^2\times 8}{8^2+18^2}=3,406\,[\text{W}]$$

예제7 $R=3[\Omega]$, $\omega L=4[\Omega]$인 직렬회로에 $e=200\sin(\omega t+10°)+50\sin(3\omega t+30°)+30\sin(5\omega t+50°)$ [V]를 인가하면 소비되는 전력은 몇 [W]인가?

① 2,427.8 ② 2,327.8
③ 2,227.8 ④ 2,127.8

해설 비정현파의 소비전력

$V_{m1}=200$ [V], $V_{m3}=50$ [V], $V_{m5}=30$ [V] 이므로

$$P=\frac{1}{2}\left\{\frac{V_{m1}^2R}{R^2+(\omega L)^2}+\frac{V_{m3}^2R}{R^2+(3\omega L)^2}+\frac{V_{m5}^2R}{R^2+(5\omega L)^2}\right\}$$
$$=\frac{1}{2}\left\{\frac{200^2\times 3}{3^2+4^2}+\frac{50^2\times 3}{3^2+12^2}+\frac{30^2\times 3}{3^2+20^2}\right\}$$
$$=2,427.8\,[\text{W}]$$

정답
1 ① 2 ② 3 ③ 4 ② 5 ② 6 ② 7 ①

07 왜형률

이해도 □□□ 30 60 100

중 요 도 : ★★★★★
출제빈도 : 3.3%, 10문 / 총 300문

한 솔 전 기 기 사
http://inup.co.kr
▲ 유튜브영상보기

(1) $\epsilon = \dfrac{\text{전고조파 실효치}}{\text{기본파 실효치}} \times 100[\%]$

(2) $\epsilon = \sqrt{\text{고조파 각각의 왜형률의 제곱의 합}} \times 100[\%]$
$= \sqrt{{\epsilon_2}^2 + {\epsilon_3}^2 + {\epsilon_4}^2 + \cdots} \times 100\ [\%]$

여기서, ϵ_2 : 2고조파의 왜형률,
ϵ_3 : 3고조파의 왜형률,
ϵ_4 : 4고조파의 왜형률

예제1 왜형률이란 무엇인가?

① $\dfrac{\text{전고조파의 실효값}}{\text{기본파의 실효값}} \times 100$

② $\dfrac{\text{전고조파의 평균값}}{\text{기본파의 평균값}} \times 100$

③ $\dfrac{\text{제3고조파의 실효값}}{\text{기본파의 실효값}} \times 100$

④ $\dfrac{\text{우수 고조파의 실효값}}{\text{기수 고조파의 실효값}} \times 100$

해설 비정현파의 왜형률(ϵ)
$\epsilon = \dfrac{\text{전고조파 실효치}}{\text{기본파 실효치}} \times 100$
$= \sqrt{\text{고조파 각각의 왜형률의 제곱의 합}} \times 100[\%]$

예제2 다음 비정현파 전류의 왜형률은?
(단, $i = 30\sin\omega t + 10\cos 3\omega t + 5\sin 5\omega t$[A]이다.)

① 약 0.46 ② 약 0.26
③ 약 0.53 ④ 약 0.37

해설 비정현파의 왜형률(ϵ)
파형에서 기본파, 제3고조파, 제5고조파의 최대치를 각각 I_{m1}, I_{m3}, I_{m5}라 하면
$I_{m1} = 30\,[\text{A}]$, $I_{m3} = 10\,[\text{A}]$, $I_{m5} = 5\,[\text{A}]$이며
각 고조파의 왜형률을 ϵ_3, ϵ_5는
$\epsilon_3 = \dfrac{I_{m5}}{I_{m1}} = \dfrac{10}{30}$, $\epsilon_5 = \dfrac{I_{m5}}{I_{m1}} = \dfrac{5}{30}$ 이므로
$\therefore\ \epsilon = \sqrt{{\epsilon_2}^2 + {\epsilon_5}^2} = \sqrt{\left(\dfrac{10}{30}\right)^2 + \left(\dfrac{5}{30}\right)^2} = 0.37$

예제3 비정현파 전압
$v = 100\sqrt{2}\sin\omega t + 50\sqrt{2}\sin 2\omega t + 30\sqrt{2}\sin 3\omega t$ 의 왜형률은?

① 1.0 ② 0.8
③ 0.5 ④ 0.3

해설 비정현파의 왜형률(ϵ)
파형에서 기본파, 2고조파, 3고조파의 최대치를 각각 V_{m1}, V_{m2}, V_{m3}라 하면
$V_{m1} = 100\sqrt{2}$, $V_{m2} = 50\sqrt{2}$, $V_{m3} = 30\sqrt{2}$이며
2고조파 왜형률과 3고조파 왜형률을 각각 ϵ_2, ϵ_3라 하면
$\epsilon_2 = \dfrac{V_{m2}}{V_{m1}} = \dfrac{50\sqrt{2}}{100\sqrt{2}} = 0.5$
$\epsilon_3 = \dfrac{V_{m3}}{V_{m1}} = \dfrac{30\sqrt{2}}{100\sqrt{2}} = 0.3$ 이므로
$\therefore\ \epsilon = \sqrt{{\epsilon_2}^2 + {\epsilon_3}^2} = \sqrt{0.5^2 + 0.3^2} \fallingdotseq 0.5$

예제4 비정현파 전류 $i(t) = 56\sin\omega t + 25\sin 2\omega t + 30\sin(3\omega t + 30°) + 40\sin(4\omega t + 60°)$로 주어질 때 왜형률은 어느 것으로 표시되는가?

① 약 0.8 ② 약 1
③ 약 0.5 ④ 약 1.414

해설 비정현파의 왜형률(ϵ)
파형에서 기본파, 제2고조파, 제3고조파, 제4고조파의 최대치를 각각 I_{m1}, I_{m2}, I_{m3}, I_{m4}라 하면
$I_{m1} = 56\,[\text{A}]$, $I_{m2} = 25\,[\text{A}]$, $I_{m3} = 30\,[\text{A}]$,
$I_{m4} = 40\,[\text{A}]$이며
각 고조파의 왜형률을 ϵ_2, ϵ_3, ϵ_4라 하면
$\epsilon_2 = \dfrac{I_{m2}}{I_{m1}} = \dfrac{25}{56}$, $\epsilon_3 = \dfrac{I_{m3}}{I_{m1}} = \dfrac{30}{56}$, $\epsilon_4 = \dfrac{I_{m4}}{I_{m1}} = \dfrac{40}{56}$ 이므로
$\therefore\ \epsilon = \sqrt{{\epsilon_2}^2 + {\epsilon_3}^2 + {\epsilon_4}^2}$
$= \sqrt{\left(\dfrac{25}{56}\right)^2 + \left(\dfrac{30}{56}\right)^2 + \left(\dfrac{40}{56}\right)^2} = 1$

예제5 기본파의 전압이 100[V], 제3고조파 전압이 40[V], 제5고조파 전압이 30[V]일 때 이 전압파의 왜형률은?

① 10[%] ② 20[%]
③ 30[%] ④ 50[%]

해설 비정현파의 왜형률(ϵ)
기본파 전압 E_1, 3고조파 전압 E_3, 5고조파 전압 E_5라 하면

3고조파 왜형률 $\epsilon_3 = \frac{E_3}{E_1} = \frac{40}{100} = 0.4$,

5고조파 왜형률 $\epsilon_5 = \frac{E_5}{E_1} = \frac{30}{100} = 0.3$

$\therefore \epsilon = \sqrt{{\epsilon_3}^2 + {\epsilon_5}^2} = \sqrt{0.4^2 + 0.3^2} = 0.5\,[\text{pu}] = 50\,[\%]$

예제6 기본파의 40[%]인 제3고조파와 30[%]인 제5고조파를 포함하는 전압파의 왜형률은?

① 0.3 ② 0.5
③ 0.7 ④ 0.9

해설 비정현파의 왜형률(ϵ)
3고조파의 왜형률 $\epsilon_3 = 0.4$,
5고조파의 왜형률 $\epsilon_5 = 0.3$ 이므로
$\therefore \epsilon = \sqrt{{\epsilon_3}^2 + {\epsilon_5}^2} = \sqrt{0.4^2 + 0.3^2} = 0.5$

예제7 기본파의 40[%]인 제3고조파와 20[%]인 제5고조파를 포함하는 전압파의 왜형률은?

① $\frac{1}{\sqrt{2}}$ ② $\frac{1}{\sqrt{3}}$
③ $\frac{2}{\sqrt{3}}$ ④ $\frac{1}{\sqrt{5}}$

해설 비정현파의 왜형률(ϵ)
3고조파의 왜형률 $\epsilon_3 = 0.4$,
5고조파의 왜형률 $\epsilon_5 = 0.2$ 이므로
$\therefore \epsilon = \sqrt{{\epsilon_3}^2 + {\epsilon_5}^2} = \sqrt{0.4^2 + 0.2^2} = \frac{1}{\sqrt{5}}$

정답
1 ① 2 ④ 3 ③ 4 ② 5 ④ 6 ② 7 ④

08 4단자 정수의 회로망 특성

이해도 □□□ 30 60 100

중 요 도 : ★★★★★
출제빈도 : 3.3%, 10문 / 총 300문

한 솔 전 기 기 사
http://inup.co.kr
▲ 유튜브영상보기

	A	B	C	D
Z_1 Z_2 Z_3	$1+\dfrac{Z_1}{Z_3}$	$Z_1+Z_2+\dfrac{Z_1Z_2}{Z_3}$	$\dfrac{1}{Z_3}$	$1+\dfrac{Z_2}{Z_3}$
Z_1 Z_2	$1+\dfrac{Z_1}{Z_2}$	Z_1	$\dfrac{1}{Z_2}$	1
Z_2 Z_1	1	Z_2	$\dfrac{1}{Z_1}$	$1+\dfrac{Z_2}{Z_1}$

	A	B	C	D
Z_2 Z_1 Z_3	$1+\dfrac{Z_2}{Z_3}$	Z_2	$\dfrac{1}{Z_1}+\dfrac{1}{Z_3}+\dfrac{Z_2}{Z_1Z_3}$	$1+\dfrac{Z_2}{Z_1}$
Z	1	Z	0	1
Z	1	0	$\dfrac{1}{Z}$	1

예제1 그림과 같은 회로의 4단자 정수 A, B, C, D를 구하면?

$R_1=300[\Omega]$ $R_2=300[\Omega]$ $R_3=450[\Omega]$

① $A=\dfrac{5}{3}$, $B=800$, $C=\dfrac{1}{450}$, $D=\dfrac{5}{3}$

② $A=\dfrac{3}{5}$, $B=600$, $C=\dfrac{1}{350}$, $D=\dfrac{3}{5}$

③ $A=800$, $B=\dfrac{5}{3}$, $C=\dfrac{5}{3}$, $D=\dfrac{1}{450}$

④ $A=600$, $B=\dfrac{3}{5}$ $C=\dfrac{3}{5}$, $D=\dfrac{1}{350}$

해설 4단자 정수(A, B, C, D)

$$A=1+\frac{R_1}{R_3}=1+\frac{300}{450}=\frac{5}{3}$$

$$B=R_1+R_2+\frac{R_1R_2}{R_3}=300+300+\frac{300\times300}{450}=800$$

$$C=\frac{1}{R_3}=\frac{1}{450}$$

$$D=1+\frac{R_2}{R_3}=1+\frac{300}{450}=\frac{5}{3}$$

예제2 그림과 같은 4단자 회로의 4단자 정수 중 D의 값은?

① $1-\omega^2LC$

② $j\omega L(2-\omega^2LC)$

③ $j\omega C$

④ $j\omega L$

L L C

해설 4단자 정수(A, B, C, D)

$$\begin{bmatrix}A & B\\ C & D\end{bmatrix}=\begin{bmatrix}1+\dfrac{j\omega L}{-j\dfrac{1}{\omega C}} & j\omega L+j\omega L+\dfrac{j\omega L\times j\omega L}{-j\dfrac{1}{\omega C}}\\ \dfrac{1}{-j\dfrac{1}{\omega C}} & 1+\dfrac{j\omega L}{-j\dfrac{1}{\omega C}}\end{bmatrix}$$

$$=\begin{bmatrix}1-\omega^2LC & j2\omega L-j\omega^3L^2C\\ j\omega C & 1-\omega^2LC\end{bmatrix}$$

$$\therefore\ D=1-\omega^2LC$$

예제3 그림과 같은 4단자 회로의 4단자 정수 A, B, C, D에서 C의 값은?

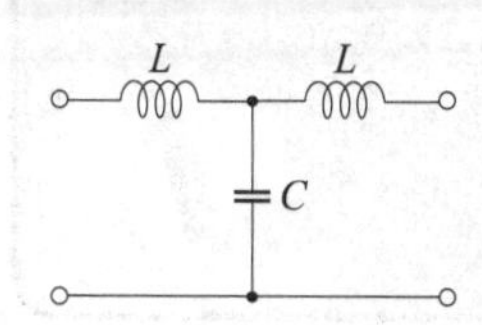

① $1-j\omega C$ ② $1-\omega^2 LC$
③ $j\omega L(2-\omega^2 LC)$ ④ $j\omega C$

해설 4단자 정수($A,\ B,\ C,\ D$)

$$\begin{bmatrix} A & B \\ C & D \end{bmatrix} = \begin{bmatrix} 1-\omega^2 LC & j2\omega L - j\omega^3 L^2 C \\ j\omega C & 1-\omega^2 LC \end{bmatrix}$$

$\therefore\ C = j\omega C$

예제4 그림과 같은 L형 회로의 4단자 정수 중 A는?

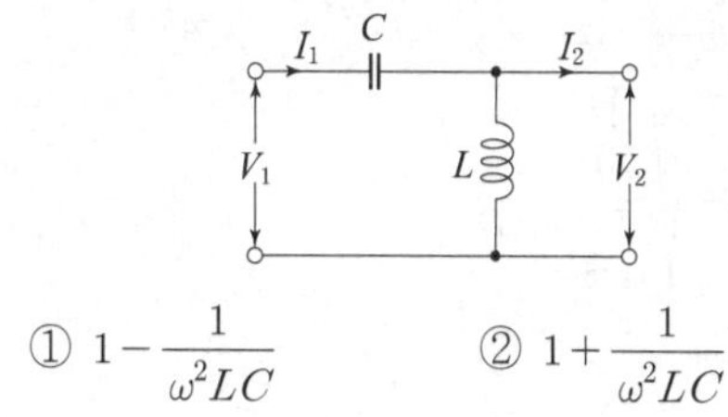

① $1-\dfrac{1}{\omega^2 LC}$ ② $1+\dfrac{1}{\omega^2 LC}$
③ $\dfrac{1}{2\sqrt{LC}}$ ④ $1+\dfrac{C}{j\omega L}$

해설 4단자 정수($A,\ B,\ C,\ D$)

$$\begin{bmatrix} A & B \\ C & D \end{bmatrix} = \begin{bmatrix} 1+\dfrac{-j\dfrac{1}{\omega C}}{j\omega L} & -j\dfrac{1}{\omega C} \\ \dfrac{1}{j\omega L} & 1 \end{bmatrix}$$

$$= \begin{bmatrix} 1-\dfrac{1}{\omega^2 LC} & -j\dfrac{1}{\omega C} \\ \dfrac{1}{j\omega L} & 1 \end{bmatrix}$$

$\therefore\ A = 1-\dfrac{1}{\omega^2 LC}$

예제5 그림과 같은 4단자망의 4단자 정수(선로 상수) A, B, C, D를 접속법에 의하여 구하면 어떻게 표현이 되는가?

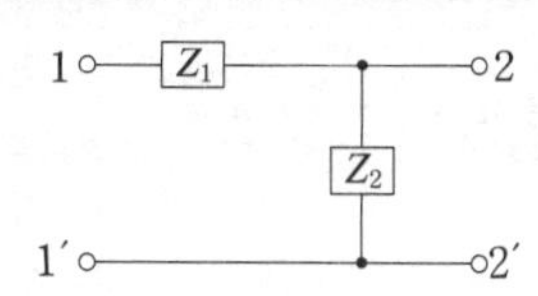

① $\begin{bmatrix} A & B \\ C & D \end{bmatrix} = \begin{bmatrix} 1 & Z_1 \\ 0 & 1 \end{bmatrix} \begin{bmatrix} 1 & 0 \\ \dfrac{1}{Z_2} & 1 \end{bmatrix}$

② $\begin{bmatrix} A & B \\ C & D \end{bmatrix} = \begin{bmatrix} 1 & Z_1 \\ 0 & 1 \end{bmatrix} \begin{bmatrix} 1 & 0 \\ Z_2 & 1 \end{bmatrix}$

③ $\begin{bmatrix} A & B \\ C & D \end{bmatrix} = \begin{bmatrix} 1 & 0 \\ Z_1 & 1 \end{bmatrix} \begin{bmatrix} 1 & \dfrac{1}{Z_2} \\ 0 & 1 \end{bmatrix}$

④ $\begin{bmatrix} A & B \\ C & D \end{bmatrix} = \begin{bmatrix} 1 & 0 \\ Z_1 & 1 \end{bmatrix} \begin{bmatrix} 1 & -\dfrac{1}{Z_2} \\ 0 & 1 \end{bmatrix}$

해설 종속접속을 이용한 4단자 정수

문제의 그림을 단일형 회로로 분리하여 종속접속할 경우 등가회로가 되기 때문에

Z_1 → $\begin{bmatrix} 1 & Z_1 \\ 0 & 1 \end{bmatrix}$

Z_2 → $\begin{bmatrix} 1 & 0 \\ \dfrac{1}{Z_2} & 1 \end{bmatrix}$

$\therefore\ \begin{bmatrix} A\ B \\ C\ D \end{bmatrix} = \begin{bmatrix} 1\ Z_1 \\ 0\ 1 \end{bmatrix} \begin{bmatrix} 1 & 0 \\ \dfrac{1}{Z_2} & 1 \end{bmatrix}$

정답

1 ① 2 ① 3 ④ 4 ① 5 ①

Black Box

09 영상임피던스와 전달정수

한솔전기기사
http://inup.co.kr
▲ 유튜브영상보기

이해도 □□□ 30 60 100

중 요 도 : ★★★★★
출제빈도 : 3.3%, 10문 / 총 300문

1. 영상임피던스(Z_{01}, Z_{02})

① Z_{01}, Z_{02}

$$Z_{01}=\sqrt{\frac{AB}{CD}},\ Z_{02}=\sqrt{\frac{DB}{CA}}$$

② 대칭조건

㉠ $A=D$

㉡ $Z_{01}=Z_{02}=\sqrt{\frac{B}{C}}$

2. 전달정수(θ)

$\theta=\ln(\sqrt{AD}+\sqrt{BC})$

여기서, Z_{01}, Z_{02} : 영상임피던스[Ω],

A, B, C, C : 4단자 정수, θ : 전달정수

예제1 그림과 같은 회로의 영상임피던스 Z_{01}과 Z_{02}의 값[Ω]은?

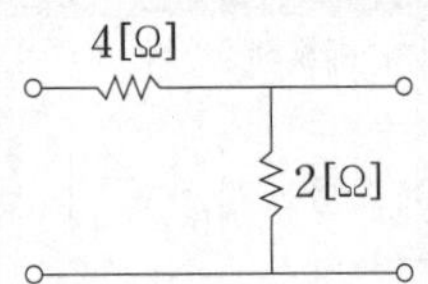

① $\sqrt{\frac{8}{3}}$, $2\sqrt{6}$　② $2\sqrt{6}$, $\sqrt{\frac{8}{3}}$

③ $\sqrt{\frac{3}{8}}$, $\frac{1}{2\sqrt{6}}$　④ $\frac{1}{2\sqrt{6}}$, $\sqrt{\frac{3}{8}}$

해설 4단자망의 영상 임피던스(Z_{01}, Z_{02})

$Z_{01}=\sqrt{\frac{AB}{CD}}$ [Ω], $Z_{02}=\sqrt{\frac{BD}{AC}}$ [Ω] 식에서

$$\begin{bmatrix}A & B\\ C & D\end{bmatrix}=\begin{bmatrix}1+\frac{4}{2} & 4\\ \frac{1}{2} & 1\end{bmatrix}=\begin{bmatrix}3 & 4\\ 0.5 & 1\end{bmatrix}$$

$$\therefore\ Z_{01}=\sqrt{\frac{AB}{CD}}=\sqrt{\frac{3\times4}{0.5\times1}}=2\sqrt{6}\ [\Omega]$$

$$Z_{02}=\sqrt{\frac{BD}{AC}}=\sqrt{\frac{4\times1}{3\times0.5}}=\sqrt{\frac{8}{3}}\ [\Omega]$$

예제2 4단자 회로에서 4단자 정수를 A, B, C, D라 하면 영상 임피던스 $\frac{Z_{01}}{Z_{02}}$는?

① $\frac{D}{A}$　② $\frac{B}{C}$

③ $\frac{C}{B}$　④ $\frac{A}{D}$

해설 4단자망의 영상 임피던스(Z_{01}, Z_{02})

4단자정수를 A, B, C, D라 하면

$Z_{01}=\sqrt{\frac{AB}{CD}}$ [Ω], $Z_{02}=\sqrt{\frac{DB}{CA}}$ [Ω] 이므로

$$\therefore\ \frac{Z_{01}}{Z_{02}}=\sqrt{\frac{\frac{AB}{CD}}{\frac{DB}{CA}}}=\frac{A}{D}$$

예제3 그림과 같은 T형 4단자망에서 A, B, C, D 파라미터간의 성질 중 성립되는 대칭 조건은?

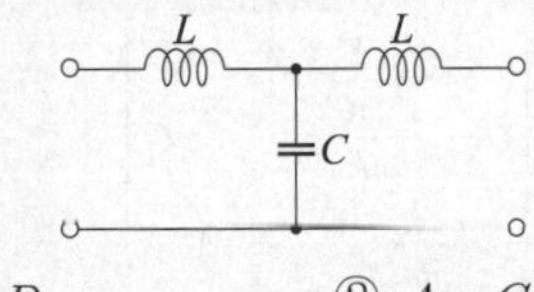

① $A=D$　② $A=C$

③ $B=C$　④ $B=A$

해설 4단자망의 대칭조건

4단자 회로망에서 T형과 π형의 경우 4단자 정수 중 $A=D$이면 입, 출력이 대칭된다.

따라서 영상임피던스도 $Z_{01} = Z_{02}$ 를 만족하게 된다.

$Z_{01} = \sqrt{\dfrac{AB}{CD}}\,[\Omega]$, $Z_{02} = \sqrt{\dfrac{BD}{AC}}\,[\Omega]$ 이므로

$A = D$를 대입하여 풀면

$Z_{01} = Z_{02} = Z_0 = \sqrt{\dfrac{B}{C}}\,[\Omega]$가 된다.

예제4 대칭 4단자 회로에서 특성임피던스는?

① $\sqrt{\dfrac{AB}{CD}}$　② $\sqrt{\dfrac{DB}{CA}}$

③ $\sqrt{\dfrac{B}{C}}$　④ $\sqrt{\dfrac{A}{D}}$

해설 4단자망의 대칭조건

$\therefore\ Z_{01} = Z_{02} = Z_0 = \sqrt{\dfrac{B}{C}}\,[\Omega]$

예제5 그림과 같은 4단자망의 영상임피던스[Ω]는?

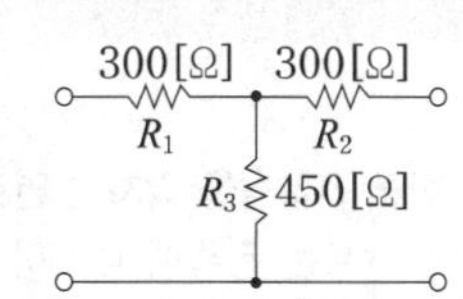

① 600　② 450

③ 300　④ 200

해설 영상임피던스(Z_0)

$$\begin{bmatrix} A & B \\ C & D \end{bmatrix} = \begin{bmatrix} \dfrac{5}{3} & 800 \\ \dfrac{1}{450} & \dfrac{5}{3} \end{bmatrix}$$ 이므로

$A = D$인 대칭조건을 만족하며 이때 영상임피던스는

$Z_0 = \sqrt{\dfrac{B}{C}}\,[\Omega]$이다.

$$\therefore\ Z_0 = \sqrt{\frac{B}{C}} = \sqrt{\frac{800}{\frac{1}{450}}} = 600\,[\Omega]$$

예제6 그림과 같은 T형 4단자망의 전달 정수는?

① $\log_e 2$　② $\log_e \dfrac{1}{2}$

③ $\log_e \dfrac{1}{3}$　④ $\log_e 3$

해설 4단자망의 영상 전달정수(θ)

$\theta = \ln(\sqrt{AD} + \sqrt{BC})$ 식에서

$$\begin{bmatrix} A & B \\ C & D \end{bmatrix} = \begin{bmatrix} 1 & 300 \\ 0 & 1 \end{bmatrix} \begin{bmatrix} 1 & 0 \\ \dfrac{1}{450} & 1 \end{bmatrix} \begin{bmatrix} 1 & 300 \\ 0 & 1 \end{bmatrix}$$

$$= \begin{bmatrix} \dfrac{5}{3} & 800 \\ \dfrac{1}{450} & \dfrac{5}{3} \end{bmatrix}$$

$$\therefore\ \theta = \log_e(\sqrt{AD} + \sqrt{BC})$$

$$= \log_e\left(\sqrt{\frac{5}{3} \times \frac{5}{3}} + \sqrt{800 \times \frac{1}{450}}\right)$$

$$= \log_e 3$$

예제7 그림에서 영상 파라미터 θ는?

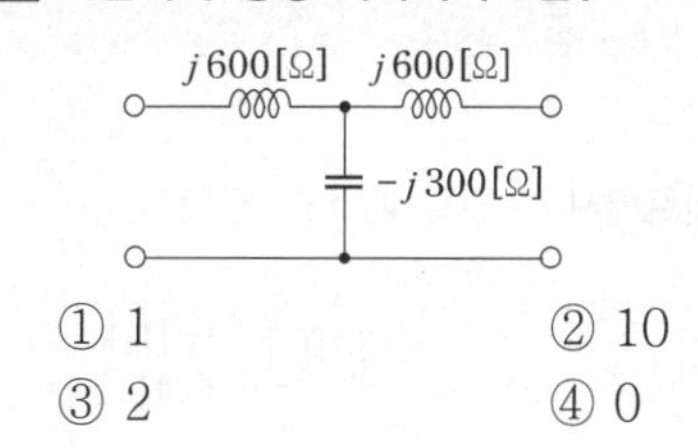

① 1　② 10

③ 2　④ 0

해설 4단자망의 영상 전달정수(θ)

$$\begin{bmatrix} A & B \\ C & D \end{bmatrix} = \begin{bmatrix} 1 & j600 \\ 0 & 1 \end{bmatrix} \begin{bmatrix} 1 & 0 \\ \dfrac{1}{-j300} & 1 \end{bmatrix} \begin{bmatrix} 1 & j600 \\ 0 & 1 \end{bmatrix}$$

$$= \begin{bmatrix} -1 & 0 \\ \dfrac{1}{-j300} & -1 \end{bmatrix}$$

$$\therefore\ \theta = \ln(\sqrt{AD} + \sqrt{BC})$$

$$= \ln\left\{\sqrt{(-1)\times(-1)} + \sqrt{0 \times \left(\frac{1}{-j300}\right)}\right\}$$

$$= \ln 1 = 0$$

정답

1 ② 2 ④ 3 ① 4 ③ 5 ① 6 ④ 7 ④

10 R-L 과도현상

이해도 □□□ 30 60 100

중 요 도 : ★★★★★
출제빈도 : 3.3%, 10문 / 총 300문

한 솔 전 기 기 사
http://inup.co.kr
▲ 유튜브영상보기

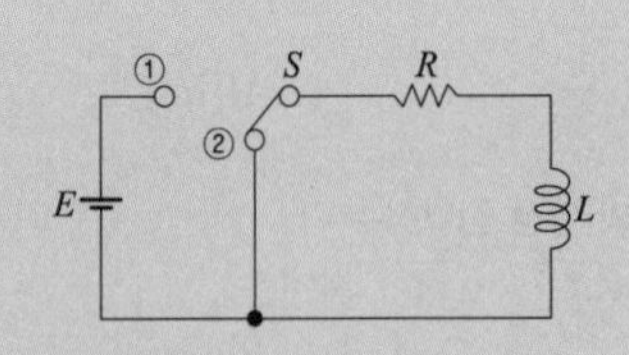

S를 단자 ①로 ON하면

1. t초에서의 전류

$$i(t)=\frac{E}{R}(1-e^{-\frac{R}{L}t})\,[\mathrm{A}]$$

2. 초기전류($t=0$)와 정상전류($t=\infty$)

① 초기전류($t=0$) : $i(0)=0[\mathrm{A}]$

② 정상전류($t=\infty$) : $i(\infty)=\frac{E}{R}[\mathrm{A}]$

3. 특성근(s)

$$s=-\frac{R}{L}$$

4. 시정수(τ)

① S를 닫고 전류가 정상전류의 63.2[%]에 도달하는 데 소요되는 시간이다.

② 시정수가 크면 클수록 과도시간은 길어져서 정상상태에 도달하는데 오래 걸리게 되며 반대로 시정수가 작으면 작을수록 과도시간은 짧게 되어 일찍 소멸하게 된다.

$$\tau=\frac{L}{R}=\frac{N\phi}{RI}\,[\mathrm{sec}]$$

③ 시정수(τ)와 특성근(s)은 절대값의 역수와 서로 같다.

④ 시정수(τ)에서의 전류 $i(\tau)$는

$$i(\tau)=\frac{E}{R}(1-e^{-1})=0.632\frac{E}{R}\,[\mathrm{A}]$$

5. L에 걸리는 단자전압 e_L

$$e_L=L\frac{di(t)}{dt}=Ee^{-\frac{R}{L}t}\,[\mathrm{V}]$$

6. S를 단자 ②로 OFF하면

① t초에서의 전류 $i(t)$: $i(t)=\frac{E}{R}e^{-\frac{R}{L}t}[\mathrm{A}]$

② 시정수(τ)에서의 전류 $i(\tau)$: $i(\tau)=0.368\frac{E}{R}[\mathrm{A}]$

예제1 그림과 같은 회로에서 $t=0$일 때 S를 닫았다. 전류 $i(t)$[A]는?

① $2(1+e^{-5t})$
② $2(1-e^{5t})$
③ $2(1-e^{-5t})$
④ $2(1+e^{5t})$

50[Ω] 10[H] 100[V] $i(t)$ S

해설 R-L 과도현상의 과도전류
스위치를 닫을 때 회로에 흐르는 전류 $i(t)$는

$i(t)=\frac{E}{R}(1-e^{-\frac{R}{L}t})\,[\mathrm{A}]$ 식에서

$$\therefore\ i(t)=\frac{E}{R}(1-e^{-\frac{R}{L}t})=\frac{100}{50}(1-e^{-\frac{50}{10}t})=2(1-e^{-5t})\,[\mathrm{A}]$$

예제2 R-L 직렬회로에 E인 직류 전압원을 갑자기 연결하였을 때 $t=0^+$인 순간 이 회로에 흐르는 전류에 대하여 옳게 표현된 것은?

① 이 회로에는 전류가 흐르지 않는다.
② 이 회로에는 $\frac{E}{R}$ 크기의 전류가 흐른다.
③ 이 회로에는 무한대의 전류가 흐른다.
④ 이 회로에는 $\frac{E}{R+j\omega L}$의 전류가 흐른다.

해설 R-L 과도현상의 초기전류
스위치를 닫을 때 $t=0$인 순간 회로에 흐르는 전류 $i(0)$는 초기 전류를 의미하며

$$i(0)=\frac{E}{R}(1-e^{0})=0\,[\mathrm{A}]$$

∴ 전류가 흐르지 않는다.

예제3 **그림과 같은 회로에서 정상 전류값 i_s[A]는? (단, t=0에서 스위치 S를 닫았다.)**

① 0
② 7
③ 35
④ −35

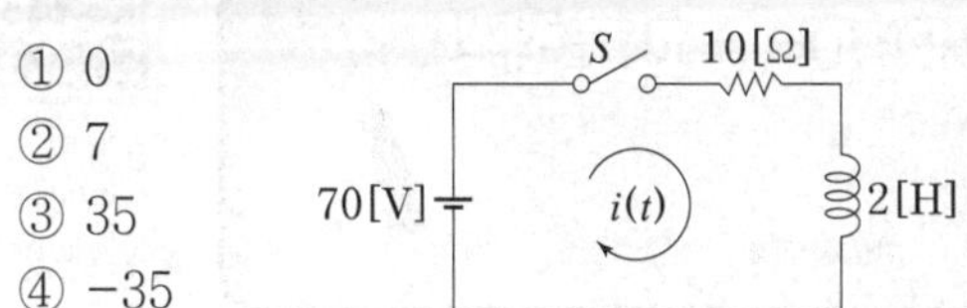

해설 R-L 과도현상의 정상전류

정상전류 $i(\infty)=\dfrac{E}{R}$[A] 식에서

$\therefore\ i(\infty)=\dfrac{E}{R}=\dfrac{70}{10}=7$[A]

예제4 **R-L 직렬회로에서 $L=5$[mH], $R=10$[Ω]일 때 회로의 시정수[s]는?**

① 500　② 5×10^{-4}

③ $\dfrac{1}{5}\times10^{2}$　④ $\dfrac{1}{5}$

해설 R-L 과도현상의 시정수

$\tau=\dfrac{L}{R}=\dfrac{N\phi}{RI}$[sec] 식에서

$\therefore\ \tau=\dfrac{L}{R}=\dfrac{5\times10^{-3}}{10}=5\times10^{-4}$[sec]

예제5 **자계 코일이 있다. 이것의 권수 $N=2{,}000$, 저항 $R=10$[Ω]이고 전류 $I=10$[A]를 통했을 때 자속 6×10^{-2}[Wb]이다. 이 회로의 시정수는 얼마인가?**

① 1.0[s]　② 1.2[s]
③ 1.4[s]　④ 4.6[s]

해설 R-L 과도현상의 시정수

$\therefore\ \tau=\dfrac{N\phi}{RI}=\dfrac{2{,}000\times6\times10^{-2}}{10\times10}=1.2$[sec]

예제6 **다음의 회로에서 S를 닫은 후 $t=1$[s]일 때 회로에 흐르는 전류는 약 몇 [A]인가?**

① 2.16[A]
② 3.16[A]
③ 4.16[A]
④ 5.16[A]

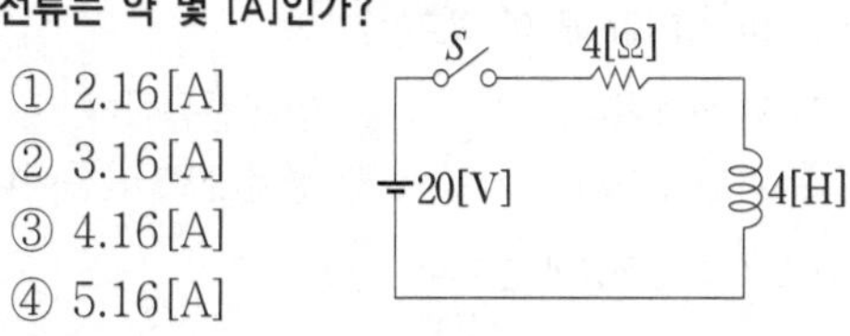

해설 과도현상의 시정수

$t=1$[s]일 때 시정수 $\tau=\dfrac{L}{R}=\dfrac{4}{4}=1$[s] 이므로

$\therefore\ i\left(\dfrac{L}{R}\right)=0.632\dfrac{E}{R}=0.632\times\dfrac{20}{4}=3.16$[A]

예제7 **전기 회로에서 일어나는 과도현상은 그 회로의 시정수와 관계가 있다. 이 사이의 관계를 옳게 표현한 것은?**

① 회로의 시정수가 클수록 과도현상은 오랫동안 지속된다.
② 시정수는 과도현상의 지속 시간에는 상관되지 않는다.
③ 시정수의 역이 클수록 과도현상은 천천히 사라진다.
④ 시정수가 클수록 과도현상은 빨리 사라진다.

해설 과도현상의 시정수

시정수가 크면 클수록 과도시간은 길어져서 정상상태에 도달하는데 오래 걸리게 되며 반대로 시정수가 작으면 작을수록 과도시간은 짧게 되어 일찍 소멸하게 된다.

예제8 **R-L 직렬회로에서 그의 양단에 직류 전압 E를 연결 후 스위치 S를 개방하면 $\dfrac{L}{R}$[s] 후의 전류값[A]은?**

① $\dfrac{E}{R}$　② $0.5\dfrac{E}{R}$

③ $0.368\dfrac{E}{R}$　④ $0.632\dfrac{E}{R}$

해설 시정수일 때의 전류

R-L 직렬연결에서 스위치를 열고 시정수에서의 전류

$i\left(\dfrac{L}{R}\right)=\dfrac{E}{R}e^{-1}=0.368\dfrac{E}{R}$[A]

예제9 **그림과 같은 회로에서 스위치 S를 닫았을 때 L에 가해지는 전압은?**

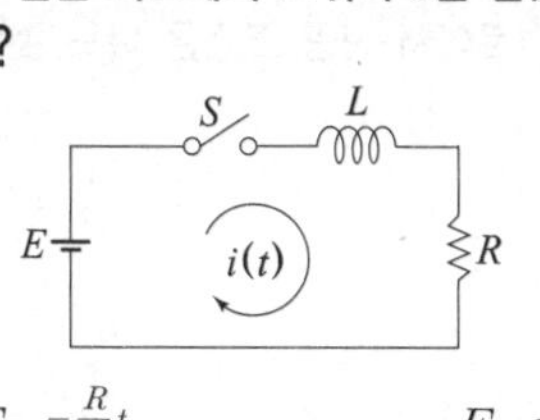

① $\dfrac{E}{R}e^{-\frac{R}{L}t}$　② $\dfrac{E}{R}e^{-\frac{L}{R}t}$

③ $Ee^{-\frac{R}{L}t}$　④ $Ee^{-\frac{L}{R}t}$

해설 R-L 과도현상의 L에 가해지는 전압

R-L 직렬연결에서 스위치를 닫고 L에 가해지는 전압을 e_L이라 하면

$\therefore\ e_L=L\dfrac{di}{dt}=Ee^{-\frac{R}{L}t}$[V]

1 ③　2 ①　3 ②　4 ②　5 ②　6 ②　7 ①　8 ③
9 ③

11 R-L-C 과도현상

이해도 □□□ 30 60 100

중 요 도 : ★★★★☆
출제빈도 : 2.7%, 8문 / 총 300문

한 솔 전 기 기 사
http://inup.co.kr
▲ 유튜브영상보기

1. 비진동조건(=과제동인 경우)

① 조건

$$\left(\frac{R}{2L}\right)^2 - \frac{1}{LC} > 0 \Rightarrow R^2 > \frac{4L}{C} \Rightarrow R > 2\sqrt{\frac{L}{C}}$$

② 전류

$$i(t) = EC \cdot \frac{\alpha^2 - \beta^2}{\beta} e^{-\alpha t} \sinh \beta t$$

$$= \frac{E}{\sqrt{\left(\frac{R}{2}\right)^2 - \frac{L}{C}}} e^{-\alpha t} \sinh \beta t \text{ [A]}$$

2. 진동조건(=부족제동인 경우)

① 조건

$$\left(\frac{R}{2L}\right)^2 - \frac{1}{LC} < 0 \Rightarrow R^2 < \frac{4L}{C} \Rightarrow R < 2\sqrt{\frac{L}{C}}$$

② 전류

$$i(t) = CEe^{-\gamma t} \frac{\alpha^2 + \gamma^2}{\gamma} \sin \gamma t$$

$$= \frac{E}{\sqrt{\frac{L}{C} - \left(\frac{R}{2}\right)^2}} e^{-\alpha t} \sin \gamma t \text{[A]}$$

3. 임계진동조건(=임계제동인 경우)

① 조건

$$\left(\frac{R}{2L}\right)^2 - \frac{1}{LC} = 0 \Rightarrow R^2 = \frac{4L}{C} \Rightarrow R = 2\sqrt{\frac{L}{C}}$$

② 전류

$$i(t) = CE\alpha^2 te^{-\alpha t} = \frac{CER^2}{4L^2} te^{-\alpha t} = \frac{E}{L} te^{-\alpha t} \text{ [A]}$$

※ $\alpha = \frac{R}{2L}$, $\beta = \sqrt{\left(\frac{R}{2L}\right)^2 - \frac{1}{LC}}$, $\gamma = \sqrt{\frac{1}{LC} - \left(\frac{R}{2L}\right)^2}$

예제1 R-L-C 직렬회로에서 진동 조건은 어느 것인가?

① $R < 2\sqrt{\frac{C}{L}}$ ② $R < 2\sqrt{\frac{L}{C}}$

③ $R < 2\sqrt{LC}$ ④ $R < \frac{1}{2\sqrt{LC}}$

해설 R-L-C 과도현상의 진동조건(부족제동인 경우)

$$\left(\frac{R}{2L}\right)^2 - \frac{1}{LC} < 0 \Rightarrow R^2 - \frac{4L}{C} < 0 \Rightarrow R < 2\sqrt{\frac{L}{C}}$$

예제2 R-L-C 직렬 회로에서 $t=0$에서 교류 전압 $v(t) = V_m \sin(\omega t + \theta)$를 인가할 때 $R^2 - 4\frac{L}{C} > 0$ 이면 이 회로는?

① 진동적 ② 비진동적

③ 임계적 ④ 비감쇠 진동

해설 R-L-C 과도현상의 비진동조건(과제동인 경우)

$$\left(\frac{R}{2L}\right)^2 - \frac{1}{LC} > 0 \Rightarrow R^2 - \frac{4L}{C} > 0 \Rightarrow R > 2\sqrt{\frac{L}{C}}$$

예제3 R-L-C 직렬회로에서 $L = 5\times10^{-3}$[H], $R = 100[\Omega]$, $C = 2\times10^{-6}$[F]일 때 이 회로는?

① 진동적이다. ② 임계진동이다.

③ 비진동이다. ④ 정현파로 진동이다.

해설 R-L-C 과도현상의 진동여부 판별

진동 조건식 $R \square 2\sqrt{\frac{L}{C}}$ 에서 □ 안에 들어갈 등호 및 부등호에 따라 전류의 성질이 결정된다.

$R = 100[\Omega]$, $2\sqrt{\frac{L}{C}} = 2\sqrt{\frac{5\times10^{-3}}{2\times10^{-6}}} = 100[\Omega]$ 이므로

$\therefore R = 2\sqrt{\frac{L}{C}} \Rightarrow$ 임계진동이다.

예제4 R-L-C 직렬회로에서 $R=100[\Omega]$, $L=100[\text{mH}]$, $C=2[\mu\text{F}]$일 때 이 회로는 어떠한가?

① 진동적이다.
② 비진동적이다.
③ 임계진동점이다.
④ 정현파 진동이다.

해설 R-L-C 과도현상의 진동여부 판별

진동 조건식 $R\square 2\sqrt{\dfrac{L}{C}}$ 에서 □ 안에 들어갈 등호 및 부등호에 따라 전류의 성질이 결정된다.

$R=100[\Omega]$, $2\sqrt{\dfrac{L}{C}}=2\sqrt{\dfrac{100\times10^{-3}}{2\times10^{-6}}}=447.2[\Omega]$

$\therefore R<2\sqrt{\dfrac{L}{C}}$ ⇒ 진동적이다.

예제5 R, L, C 직렬 회로에서 저항 $R=1[\text{k}\Omega]$, 인덕턴스 $L=3[\text{mH}]$일 때, 이 회로가 진동적이기 위한 커패시턴스 C의 값은?

① 12[F] ② 12[mF]
③ 12[μF] ④ 12[pF]

해설 R-L-C 과도현상의 진동조건

회로가 진동적이기 위해서는 $R^2<\dfrac{4L}{C}$ 식에서

$C<\dfrac{4L}{R^2}=\dfrac{4\times3\times10^{-3}}{1{,}000^2}=12\times10^{-9}\ [\text{F}]=12\,[\text{nF}]$

$\therefore C=12\ [\text{pF}]$

정답
1 ② 2 ② 3 ② 4 ① 5 ④

12 피상전력

이해도 □□□ 30 60 100

중 요 도 : ★★★★☆
출제빈도 : 2.7%, 8문 / 총 300문

한 솔 전 기 기 사
http://inup.co.kr
▲ 유튜브영상보기

1. 피상전력의 절대값

$$|S| = VI = I^2Z = \frac{V^2}{Z} = \frac{P}{\cos\theta} = \frac{Q}{\sin\theta} = \sqrt{P^2+Q^2}\ [\text{VA}]$$

2. 피상전력의 복소전력

① $\dot{S} = {}^*VI = P \pm jQ[\text{VA}]$

- $+jQ$: 용량성 무효전력(C부하)
- $-jQ$: 유도성 무효전력(L부하)

※ ${}^*V$는 복소전압 V의 공액(또는 켤레)복소수로서 복소수의 허수부 부호를 바꾸거나 극형식의 위상부호를 바꾸어 나타내는 복소수를 의미한다.

② $\dot{S} = VI^* = P \pm jQ[\text{VA}]$ (주로 많이 적용 한다.)

- $+jQ$: 유도성 무효전력(L부하)
- $-jQ$: 용량성 무효전력(C부하)

여기서,
S : 피상전력[VA], V : 전압[V], I : 전류[A],
Z : 임피던스[Ω], P : 유효전력[W], Q : 무효전력[Var],
$\cos\theta$: 역률, $\dot{S}$: 복소전력, ${}^*V$: 전압 V의 켤레복소수,
I^* : 전류 I의 켤레복소수

예제1 역률이 70[%]인 부하에 전압 100[V]를 인가하니 전류 5[A]가 흘렀다. 이 부하의 피상전력[VA]은?

① 100　② 200
③ 400　④ 500

해설 피상전력(S)
$|S| = VI = \sqrt{P^2+Q^2}$ [VA] 식에서
$\cos\theta = 0.7$, $V = 100$ [V], $I = 5$ [A] 이므로
$\therefore S = VI = 100 \times 5 = 500$ [VA]

예제2 어느 회로의 유효 전력은 300[W], 무효 전력은 400[Var]이다. 이 회로의 피상 전력은 몇 [VA]인가?

① 500　② 600
③ 700　④ 350

해설 피상전력(S)
$P = 300$ [W], $Q = 400$ [Var]일 때
$\therefore |S| = \sqrt{P^2+Q^2} = \sqrt{300^2+400^2} = 500$ [VA]

예제3 어떤 회로의 인가 전압이 100[V]일 때 유효 전력이 300[W], 무효 전력이 400[Var]이다. 전류 I[A]는?

① 5　② 50
③ 3　④ 4

해설 피상전력(S)
$V = 100$ [V], $P = 300$ [W], $Q = 400$ [Var]일 때
$\therefore I = \dfrac{\sqrt{P^2+Q^2}}{V} = \dfrac{\sqrt{300^2+400^2}}{100} = 5$ [A]

예제4 $V = 100 + j30$[V]의 전압을 어떤 회로에 인가하니 $I = 16 + j3$[A]의 전류가 흘렀다. 이 회로에서 소비되는 유효 전력[W] 및 무효 전력[Var]은?

① 1,690, 180　② 1,510, 780
③ 1,510, 180　④ 1,690, 780

해설 피상전력의 복소전력
복수전력을 이용해서 풀면 $I = 16 + j3$[A]일 때
공액복소수 I^*는 허수부의 부호를 바꿔서
$I^* = 16 - j3$[A]로 표현되므로
$\dot{S} = VI^* = (100 + j30) \times (16 - j3)$
$= 1{,}690 + j180$ [VA]
$\therefore P = 1{,}690$ [W], $Q = 180$ [Var]

예제5 $V=100\angle 60°$[V], $I=20\angle 30°$[A]일 때 유효전력[W]은 얼마인가?

① $1,000\sqrt{2}$ ② $1,000\sqrt{3}$
③ $\dfrac{2,000}{\sqrt{2}}$ ④ 2,000

해설 피상전력의 복소전력
복소전력을 이용해서 풀면 $I=20\angle 30°$[A]일 때
공액복소수 I^*는 위상의 부호를 바꿔서
$I^*=20\angle -30°$[A]로 표현되므로
$\dot{S}=VI^*=P\pm jQ$
$=100\angle 60°\times 20\angle -30°$
$=1,000\sqrt{3}+j1,000$ [VA]일 때
∴ 소비전력 $P=1,000\sqrt{3}$ [W]이다.

예제6 어떤 회로에 $V=100\angle\dfrac{\pi}{3}$[V]의 전압을 인가하니 $I=10\sqrt{3}+j10$[A]의 전류가 흘렀다. 이 회로의 무효전력[Var]은?

① 0 ② 1,000
③ 1,732 ④ 2,000

해설 피상전력의 복소전력
복소전력을 이용해서 풀면 $I=10\sqrt{3}+j10$[A]
일 때 공액복소수 I^*는 위상의 부호를 바꿔서
$I^*=10\sqrt{3}-j10$[A]로 표현되므로
$\dot{S}=VI^*=P\pm jQ$
$=100\angle 60°\times(10\sqrt{3}-j10)$
$=1,732+j1,000$ [VA]일 때
∴ 무효전력 $Q=1,000$ [Var]이다.

예제7 어떤 회로의 전압 V, 전류 I 일 때, $P_a=\overline{V}I=P+jP_r$에서 $P_r>0$이다. 이 회로는 어떤 부하인가?

① 유도성 ② 무유도성
③ 용량성 ④ 정저항

해설 복소전력에서 무효전력의 성질
(1) $\dot{S}={}^*VI=P\pm jP_r$ [VA]인 경우
$P_r>0$(용량성), $P_r<0$(유도성)
(2) $\dot{S}=VI^*=P\pm jP_r$ [VA]인 경우
$P_r>0$(유도성), $P_r<0$(용량성)
∴ $\overline{V}$는 ${}^*V$ 이므로 $P_r>0$인 경우는 용량성 부하이다.

예제8 $R=3[\Omega]$, $X_C=4[\Omega]$이 직렬로 접속된 회로에 $I=12[\Omega]$의 전류를 통할 때의 교류 전력은 얼마[VA]인가?

① $P_a=432+j576$ ② $P_a=234+j676$
③ $P_a=235+j420$ ④ $P_a=432-j576$

해설 복소전력
$R-X_C$가 직렬연결이므로 유효전력과 무효전력은 각각
$P=I^2R$[W], $Q=I^2X_C$[Var] 식에 대입하여 풀면
$P=12^2\times 3=432$ [W], $Q=12^2\times 4=576$ [Var]
여기서, X_C는 용량성 리액턴스로 용량성 부하임을 의미하며 $Q>0$이 되어야 한다.
∴ $\dot{S}=P+jQ=432+j576$ [VA]

예제9 $E=40+j30$[V]의 전압을 가하면 $I=30+j10$[A]의 전류가 흐른다. 이 회로의 역률값을 구하면?

① 0.651 ② 0.764
③ 0.949 ④ 0.831

해설 복소전력을 이용한 역률 계산
복소전력을 이용해서 풀면 전류 I의 공액복소수 I^*는 허수부의 부호를 바꿔서 표현하므로
$\dot{S}=EI^*=(40+j30)\times(30-j10)$
$=1,500+j500$ [VA]
$P=1,500$ [W], $Q=500$ [Var]일 때
$P=S\cos\theta$ [W] 식에서
∴ $\cos\theta=\dfrac{P}{S}=\dfrac{P}{\sqrt{P^2+Q^2}}=\dfrac{1,500}{\sqrt{1,500^2+500^2}}$
$=0.949$

정답
1 ④ 2 ① 3 ① 4 ① 5 ② 6 ② 7 ③ 8 ①
9 ③

Black Box

13 유효전력

이해도 □□□ 30 60 100

중 요 도 : ★★★★☆
출제빈도 : 2.7%, 8문 / 총 300문

한 솔 전 기 기 사
http://inup.co.kr
▲ 유튜브영상보기

1. 전압(V), 전류(I), 역률($\cos\theta$)이 주어진 경우

$$P = S\cos\theta = VI\cos\theta = \frac{1}{2}V_m I_m \cos\theta[\text{W}]$$

2. R-X 직렬접속된 경우

$$P = I^2 R = \frac{V^2 R}{R^2 + X^2}[\text{W}]$$

3. R-X 병렬접속된 경우

$$P = \frac{V^2}{R}[\text{W}]$$

여기서, P : 유효전력[W], V : 실효값 전압[V],
I : 실효값 전류[A], $\cos\theta$: 역률, R : 저항[Ω],
X : 리액턴스[Ω], V_m : 최대값 전압[V],
I_m : 최대값 전류[A]

예제1 어느 회로에서 전압과 전류의 실효값이 각각 50[V], 10[A]이고 역률이 0.8이다. 소비전력[W]은?

① 400 ② 500
③ 300 ④ 800

해설 유효전력(=소비전력 : P)
$P = VI\cos\theta$[W] 식에서
$V = 50$[V], $I = 10$[A],
$\cos\theta = 0.8$ 이므로
$\therefore P = VI\cos\theta = 50\times10\times0.8 = 400$[W]

예제2 저항 $R = 3[\Omega]$과 유도 리액턴스 $X_L = 4[\Omega]$이 직렬로 연결된 회로에 $v = 100\sqrt{2}\sin\omega t$[V]인 전압을 가하였다. 이 회로에서 소비되는 전력[kW]은?

① 1.2 ② 2.2
③ 3.5 ④ 4.2

해설 유효전력(=소비전력 : P)

$$P = \frac{V^2 R}{R^2 + {X_L}^2} = \frac{\left(\frac{V_m}{\sqrt{2}}\right)^2 R}{R^2 + {X_L}^2}[\text{kW}] \text{ 식에서}$$

$V_m = 100\sqrt{2}$ [W] 이므로

$$\therefore P = \frac{\left(\frac{V_m}{\sqrt{2}}\right)^2 R}{R^2 + {X_L}^2} = \frac{\left(\frac{100\sqrt{2}}{\sqrt{2}}\right)^2 \times 3}{3^2 + 4^2}$$

$= 1,200$[W] $= 1.2$[kW]

예제3 $R = 40[\Omega]$, $L = 80$[mH]의 코일이 있다. 이 코일에 100[V], 60[Hz]의 전압을 가할 때에 소비되는 전력[W]은?

① 100 ② 120
③ 160 ④ 200

해설 유효전력(=소비전력 : P)
$V = 100$[V], $f = 60$[Hz], $X_L = \omega L = 2\pi fL[\Omega]$일 때
$X_L = 2\pi fL = 2\pi\times60\times80\times10^{-3} = 30[\Omega]$ 이므로

$$\therefore P = \frac{V^2 R}{R^2 + {X_L}^2} = \frac{100^2\times40}{40^2 + 30^2}$$

$= 160$[W]

예제4 **어떤 코일의 임피던스를 측정하고자 직류전압 100[V]를 가했더니 500[W]가 소비되고, 교류전압 150[V]를 가했더니 720[W]가 소비되었다. 코일의 저항[Ω]과 리액턴스[Ω]는 각각 얼마인가?**

① $R=20,\ X_L=15$
② $R=15,\ X_L=20$
③ $R=25,\ X_L=20$
④ $R=30,\ X_L=25$

해설 유효전력(=소비전력 : P)

직류 소비전력 $P_d=\dfrac{{V_d}^2}{R}$ [W],

교류 소비전력 $P_a=\dfrac{{V_a}^2 R}{R^2+X^2}$ [W] 식에서

직류전압 $V_d=100$ [V], 소비전력 $P_d=500$ [W]일 때 저항 R을 구하면 $R=\dfrac{{V_d}^2}{P_d}=\dfrac{100^2}{500}=20\,[\Omega]$이다.

교류전압 $V_a=150$ [V], 소비전력 $P_a=720$ [W]일 때 리액턴스 X를 구하면

$X=\sqrt{\dfrac{{V_a}^2 R}{P_a}-R^2}=\sqrt{\dfrac{150^2\times 20}{720}-20^2}=15\,[\Omega]$

$\therefore\ R=20\,[\Omega],\ X=15\,[\Omega]$

예제5 **그림과 같이 주파수 f[Hz], 단상 교류 전압 V[V]의 전원에 저항 R[Ω] 및 인덕턴스 L[H]의 코일을 접속한 회로가 있다. L을 가감해서 R의 전력 손실을 $L=0$인 때의 1/2로 하면 L의 크기는 얼마인가?**

① $\dfrac{R}{4\pi f}$
② $\dfrac{R}{\pi^2 f}$
③ $\dfrac{R}{2\pi f}$
④ $2\pi fR$

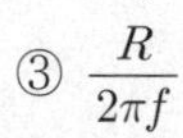

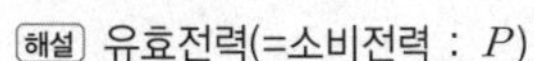

해설 유효전력(=소비전력 : P)

$R-X_L$이 직렬로 접속되어 있으므로 R의 전력손실은

$P=I^2R=\dfrac{V^2R}{R^2+{X_L}^2}$ [W]임을 알 수 있다.

여기서, $L=0$이 된다면 $X_L=\omega L=0\,[\Omega]$이 되어

$L=0$인 때의 전력손실은 $P_{L=0}=\dfrac{V^2}{R}$ [W]가 된다.

$P=\dfrac{1}{2}P_{L=0}$이 되는 조건은 $\dfrac{V^2R}{R^2+{X_L}^2}=\dfrac{V^2}{2R}$

식을 정리하면 $R=X_L=\omega L=2\pi fL\,[\Omega]$이 된다.

$\therefore\ L=\dfrac{R}{2\pi f}$ [H]

정답
1 ① 2 ① 3 ③ 4 ① 5 ③

14 R-L-C 직 · 병렬 접속

이해도 □□□ 30 60 100

중 요 도 : ★★★★☆
출제빈도 : 2.7%, 8문 / 총 300문

한 솔 전 기 기 사
http://inup.co.kr
▲ 유튜브영상보기

1. R-L-C 직렬접속

① 임피던스(Z)

$$\dot{Z} = R + jX_L - jX_C = R + j\omega L - j\frac{1}{\omega C} = Z\angle\theta\ [\Omega]$$

② 전류

$$I = \frac{E}{Z}[\text{A}]$$

③ 역률($\cos\theta$)

$$\cos\theta = \frac{R}{Z} = \frac{R}{\sqrt{R^2 + (X_L - X_C)^2}}$$

2. R-L-C 병렬접속

① 어드미턴스(Y)

$$\dot{Y} = \frac{1}{R} - j\frac{1}{X_L} + j\frac{1}{X_C} = G - jB_L + jB_C = Y\angle\theta\ [\text{S}]$$

(G → 콘덕턴스, $-jB_L + jB_C$ → 서셉턴스)

② 전류

$$I = YE[\text{A}]$$

③ 역률($\cos\theta$)

$$\cos\theta = \frac{G}{Y} = \frac{G}{\sqrt{G^2 + (B_L - B_C)^2}}$$

예제1 저항 8[Ω]과 리액턴스 6[Ω]을 직렬로 연결한 회로에서 임피던스[Ω]는?

① 5 ② 6
③ 8 ④ 10

해설 직렬 임피던스(Z)

$Z = \sqrt{R^2 + X^2}\ [\Omega]$ 식에서

$R = 8\,[\Omega]$, $X_L = 6\,[\Omega]$ 이므로

$\therefore\ Z = \sqrt{8^2 + 6^2} = 10\,[\Omega]$

예제2 R=100[Ω], C=30[μF]의 직렬회로에 f=60[Hz], V=100[V]의 교류 전압을 인가할 때 전류[A]는?

① 0.45 ② 0.56
③ 0.75 ④ 0.96

해설 R-C 직렬회로의 전류(I)

$I = \frac{V}{Z}$[A] 식에서

$$\dot{Z} = R - j\frac{1}{\omega C} = R - j\frac{1}{2\pi f C}$$

$$= 100 - j\frac{1}{2\pi \times 60 \times 30 \times 10^{-6}}$$

$= 100 - j88.42\,[\Omega]$ 이므로

$$\therefore\ I = \frac{V}{Z} = \frac{100}{\sqrt{100^2 + 88.42^2}} = 0.75\,[\text{A}]$$

예제3 그림과 같은 회로에서 $e = 100\sin(\omega t + 30°)$[V]일 때 전류 I의 최대값[A]은?

① 1
② 2
③ 3
④ 5

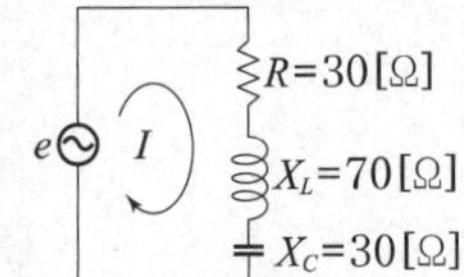

해설 R-L-C 직렬회로의 전류(I)

$\dot{Z} = R + jX_L - jX_C = 30 + j70 - j30 = 30 + j40\,[\Omega]$

$E_m = 100\,[\text{V}]$ 이므로 전류의 최대값 I_m은

$$\therefore\ I_m = \frac{E_m}{Z} = \frac{100}{\sqrt{30^2 + 40^2}} = 2\,[\text{A}]$$

예제4 100[V], 50[Hz]의 교류전압을 저항 100[Ω], 커패시턴스 10[μF]의 직렬 회로에 가할 때 역률은?

① 0.25 ② 0.27
③ 0.3 ④ 0.35

해설 R-C 직렬회로의 역률($\cos\theta$)

$\cos\theta = \frac{R}{Z}$ 식에서 $V = 100\,[\text{V}]$, $f = 50\,[\text{Hz}]$, $R = 100\,[\Omega]$, $C = 10\,[\mu\text{F}]$이고 $X_C = \frac{1}{\omega C} = \frac{1}{2\pi f C}\,[\Omega]$ 이므로

$$\therefore\ \cos\theta = \frac{R}{Z} = \frac{R}{\sqrt{R^2 + {X_C}^2}}$$

$$= \frac{100}{\sqrt{100^2 + \left(\frac{1}{2\pi \times 50 \times 10 \times 10^{-6}}\right)^2}} = 0.3$$

예제5 R=200[Ω], L=1.59[H], C=3.315[μF]를 직렬로 한 회로에 $v=141.4\sin377t$[V]를 인가할 때 C의 단자 전압[V]은?

① 71　② 212
③ 283　④ 401

해설 R-L-C 직렬회로의 C의 단자전압(V_C)
R-L-C 직렬회로의 단자전압을 계산하는 데는 우선 전류 계산이 되어야 하며 각 소자의 저항 성분과 전류의 옴의 법칙에 대입하여 구하면 된다.

$$\dot{Z}=R+j\omega L-j\frac{1}{\omega C}$$
$$=200+j377\times1.59-j\frac{1}{377\times3.315\times10^{-6}}$$
$$=200+j600-j800$$
$$=200+j200\,[\Omega]$$ 일 때

$$I=\frac{V}{Z}=\frac{V_m}{\sqrt{2}\,Z}=\frac{141.4}{\sqrt{2}\times\sqrt{200^2+200^2}}$$
$=0.353$[A] 이므로

$$\therefore\ V_C=X_C I=\frac{1}{\omega C}I=800\times0.353=283\,[\text{V}]$$

참고 각 주파수(ω)는 전압의 순시값에 표시되어 있음
$v(t)=V_m\sin(\omega t+\theta)=141.4\sin377t$ [V]
식에서 $V_m=141.4$[V], $\omega=377$임을 알 수 있다.

예제6 그림과 같은 회로의 합성 어드미턴스는 몇 [℧]인가?

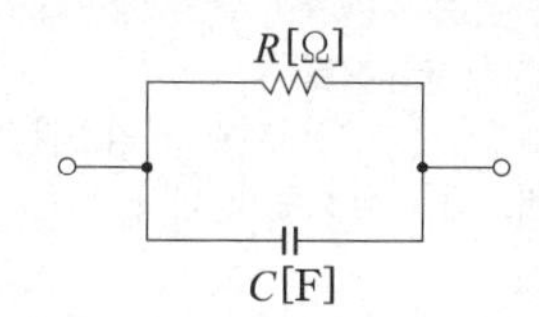

① $\frac{1}{R}(1+j\omega CR)$　② $j\frac{R}{\omega CR-1}$
③ $R-j\frac{1}{\omega C}$　④ $\frac{1}{R}-j\frac{1}{\omega C}$

해설 병렬 어드미턴스(Y)
$$Y=\frac{1}{R}+j\frac{1}{X_C}=\frac{1}{R}+j\omega C=\frac{1}{R}(1+j\omega CR)\,[℧]$$

예제7 $R=15$[Ω], $X_L=12$[Ω], $X_C=30$[Ω]이 병렬로 된 회로에 120[V]의 교류전압을 가하면 전원에 흐르는 전류[A]와 역률[%]은?

① 22, 85　② 22, 80
③ 22, 60　④ 10, 80

해설 R-L-C 병렬회로의 전류(I)와 역률($\cos\theta$)
$$\dot{Y}=\frac{1}{R}-j\frac{1}{X_L}+j\frac{1}{X_C}=\frac{1}{15}-j\frac{1}{12}+j\frac{1}{30}$$
$$=\frac{1}{15}-j\frac{1}{20}\,[℧]$$
$$\therefore\ I=YV=\sqrt{\left(\frac{1}{15}\right)^2+\left(\frac{1}{20}\right)^2}\times120=10\,[\text{A}]$$
$$\therefore\ \cos\theta=\frac{\frac{1}{15}}{\sqrt{\left(\frac{1}{15}\right)^2+\left(\frac{1}{20}\right)^2}}=0.8\,[\text{pu}]=80\,[\%]$$

예제8 그림과 같은 회로의 역률은 얼마인가?

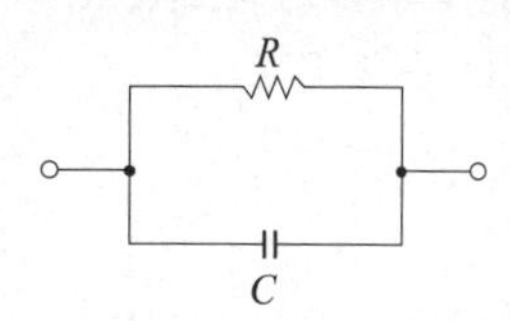

① $1+(\omega RC)^2$　② $\sqrt{1+(\omega RC)^2}$
③ $\frac{1}{\sqrt{1+(\omega RC)^2}}$　④ $\frac{1}{1+(\omega RC)^2}$

해설 R-C 병렬회로의 역률($\cos\theta$)
$$\therefore\ \cos\theta=\frac{X_C}{\sqrt{R^2+X_C{}^2}}=\frac{\frac{1}{\omega C}}{\sqrt{R^2+\left(\frac{1}{\omega C}\right)^2}}$$
$$=\frac{1}{\sqrt{1+(\omega RC)^2}}$$

정답
1 ④　2 ③　3 ②　4 ③　5 ③　6 ①　7 ④　8 ③

15 공진

이해도 □□□ 30 60 100

중 요 도 : ★★★★☆
출제빈도 : 2.7%, 8문 / 총 300문

한 솔 전 기 기 사
http://inup.co.kr
▲ 유튜브영상보기

1. 직렬공진시

$Z = R + j(X_L - X_C) = R[\Omega] \rightarrow$ 최소 임피던스

2. 병렬공진시

$Y = \frac{1}{R} - j\left(\frac{1}{X_L} - \frac{1}{X_C}\right) = \frac{1}{R}[s] \rightarrow$ 최소 어드미턴스

3. 공진조건

① $X_L = X_C$ 또는 $X_L - X_C = 0$

② $\omega L = \frac{1}{\omega C}$ 또는 $\omega L - \frac{1}{\omega C} = 0$

③ $\omega^2 LC = 1$ 또는 $\omega^2 LC - 1 = 0$

4. 공진주파수

$f = \frac{1}{2\pi\sqrt{LC}}$

5. 공진전류

① 직렬접속시 공진전류는 최대 전류이다.
② 병렬접속시 공진전류는 최소 전류이다.

6. 첨예도(=선택도 : Q)

① 직렬공진 $Q = \frac{V_L}{V} = \frac{V_C}{V} = \frac{X_L}{R} = \frac{X_C}{R} = \frac{1}{R}\sqrt{\frac{L}{C}}$

㉠ 전압확대비
㉡ 저항에 대한 리액턴스비

② 병렬공진 $Q = \frac{I_L}{I} = \frac{I_C}{I} = \frac{R}{X_L} = \frac{R}{X_C} = R\sqrt{\frac{C}{L}}$

㉠ 전류확대비
㉡ 리액턴스에 대한 저항비

예제1 직렬 공진회로에서 최대가 되는 것은?

① 전류 ② 저항
③ 리액턴스 ④ 임피던스

해설 R-L-C 직렬공진시 공진 전류
R-L-C 직렬공진시 임피던스가 최소값으로 되어 직렬공진 전류는 최대 전류가 흐르게 된다.

예제2 $R = 10[k\Omega]$, $L = 10[mH]$, $C = 1[\mu F]$인 직렬회로에 크기가 100[V]인 교류전압을 인가할 때 흐르는 최대전류는? (단, 교류전압의 주파수는 0에서 무한대까지 변화한다.)

① 0.1[mA] ② 1[mA]
③ 5[mA] ④ 10[mA]

해설 R-L-C 직렬공진시 공진 전류
R-L-C 직렬회로에서 최대전류가 흐를 조건은 직렬 공진 조건으로서 리액턴스 성분이 영(0)이 되어 저항만의 회로로 남게 된다.
$E = 100[V]$ 이므로
$\therefore I_m = \frac{E}{R} = \frac{100}{10 \times 10^3} = 10 \times 10^{-3}[A] = 10[mA]$

예제3 어떤 R-L-C 병렬회로가 공진되었을 때 합성전류는?

① 최소가 된다.
② 최대가 된다.
③ 전류는 흐르지 않는다.
④ 전류는 무한대가 된다.

해설 R-L-C 병렬공진시 공진전류
R-L-C 병렬 공진시 어드미턴스가 최소값으로 되어 병렬 공진 전류는 최소전류가 흐르게 된다.

예제4 R-L-C 직렬회로에서 전압과 전류가 동상이 되기 위해서는? (단, $\omega = 2\pi f$이고 f는 주파수이다.)

① $\omega L^2 C^2 = 1$ ② $\omega^2 LC = 1$
③ $\omega LC = 1$ ④ $\omega = LC$

해설 R-L-C 직렬공진 조건
$X_L = X_C$ 또는 $X_L - X_C = 0$
$\omega L = \frac{1}{\omega C}$ 또는 $\omega L - \frac{1}{\omega C} = 0$
$\omega^2 LC = 1$ 또는 $\omega^2 LC - 1 = 0$

예제5 **1[kHz]인 정현파 교류회로에서 5[mH]인 유도성 리액턴스와 크기가 같은 용량성 리액턴스를 갖는 C의 크기는 몇 [μF]인가?**

① 2.07　　② 3.07
③ 4.07　　④ 5.07

해설 R-L-C 공진조건

$f=1$[kHz], $L=5$[mH]일 때 $X_L=X_C$인 조건은 공진조건으로 $\omega^2LC=1$을 만족한다.

$$\therefore\ C=\frac{1}{\omega^2L}=\frac{1}{(2\pi f)^2L}$$

$$=\frac{1}{(2\pi\times10^3)^2\times5\times10^{-3}}\times10^6=5.07\,[\mu\text{F}]$$

예제6 **그림과 같이 주파수 f[Hz]인 교류회로에 있어서 전류 I와 I_R의 값이 같도록 되는 조건은? (단, R은 저항[Ω], C는 정전용량[F], L은 인덕턴스[H])**

① $f=\frac{1}{\sqrt{LC}}$

② $f=\frac{2\pi}{\sqrt{LC}}$

③ $f=\frac{1}{2\pi\sqrt{LC}}$

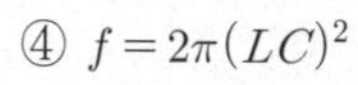

④ $f=2\pi(LC)^2$

해설 R-L-C 병렬공진시 공진 주파수

그림에서 $I=I_R$이 되기 위해서는 R-L-C병렬회로가 병렬공진이 되어야 하며 이때 공진 주파수는

$$\therefore\ f=\frac{1}{2\pi\sqrt{LC}}\,[\text{Hz}]$$

예제7 **R-L-C 직렬회로에서 전원 전압을 V라 하고 L 및 C에 걸리는 전압을 각각 V_L 및 V_C라 하면 선택도 Q를 나타내는 것은 어느 것인가? (단, 공진 각주파수는 ω_r이다.)**

① $\frac{CL}{R}$　　② $\frac{\omega_r R}{L}$

③ $\frac{V_L}{V}$　　④ $\frac{V}{V_C}$

해설 R-L-C 직렬공진시 첨예도 또는 선택도(Q)

$$Q=\frac{V_L}{V}=\frac{V_C}{V}=\frac{X_L}{R}=\frac{X_C}{R}=\frac{1}{R}\sqrt{\frac{L}{C}}$$

예제8 **공진회로의 Q가 갖는 물리적 의미와 관계 없는 것은?**

① 공진 회로의 저항에 대한 리액턴스의 비
② 공진 곡선의 첨예도
③ 공진시의 전압 확대비
④ 공진 회로에서 에너지 소비 능률

해설 첨예도 또는 선택도(Q)

(1) 직렬공진시 첨예도

$$Q=\frac{V_L}{V}=\frac{V_C}{V}=\frac{X_L}{R}=\frac{X_C}{R}=\frac{1}{R}\sqrt{\frac{L}{C}}$$

㉠ 전압 확대비
㉡ 저항에 대한 리액턴스비

(2) 병렬공진시 첨예도

$$Q=\frac{I_L}{I}=\frac{I_C}{I}=\frac{R}{X_L}=\frac{R}{X_C}=R\sqrt{\frac{C}{L}}$$

㉠ 전류 확대비
㉡ 리액턴스에 대한 저항비

정답

1 ①　2 ④　3 ①　4 ②　5 ④　6 ③　7 ③　8 ④

Black Box

16 저항의 직 · 병렬 접속

이해도 □□□ 30 60 100

중 요 도 : ★★★★☆
출제빈도 : 2.3%, 7문 / 총 300문

한 솔 전 기 기 사
http://inup.co.kr
▲ 유튜브영상보기

$R=\dfrac{V}{I}[\Omega]$식에 의하여 전류가 일정한 직렬회로에서 전압은 저항에 비례하여 분배되며, 전압이 일정한 병렬회로에서 전류는 저항에 반비례하여 분배된다.

1. 저항의 직렬접속

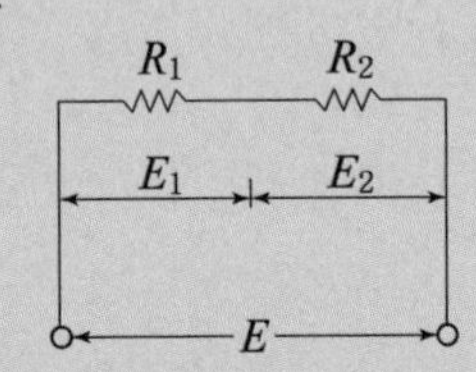

① 합성저항(R) $R=R_1+R_2[\Omega]$

② 전전류(I)

$$I=\frac{V_1}{R_1}=\frac{V_2}{R_2}=\frac{V}{R}=\frac{V}{R_1+R_2}[\text{A}]$$

③ 분배전압(V_1, V_2)

$$V_1=\frac{R_1}{R_1+R_2}V[\text{V}],\ V_2=\frac{R_2}{R_1+R_2}V[\text{V}]$$

2. 저항의 병렬 접속

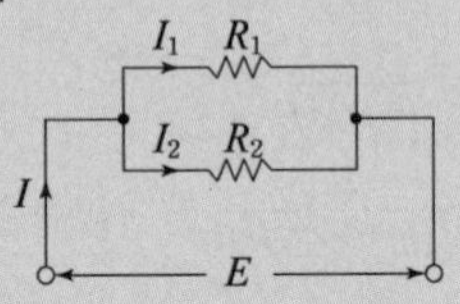

① 합성저항(R)

$$R=\frac{1}{\dfrac{1}{R_1}+\dfrac{1}{R_2}}=\frac{R_1R_2}{R_1+R_2}[\Omega]$$

② 전전압(V)

$$V=R_1I_1=R_2I_2=RI=\frac{R_1R_2}{R_1+R_2}I[\text{V}]$$

③ 분배전류(I_1, I_2)

$$I_1=\frac{R_2}{R_1+R_2}I[\text{A}],\ I_2=\frac{R_1}{R_1+R_2}I[\text{A}]$$

예제1 그림과 같은 회로에서 R_2 양단의 전압 E_2[V]는?

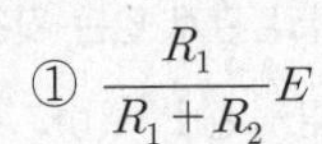

① $\dfrac{R_1}{R_1+R_2}E$

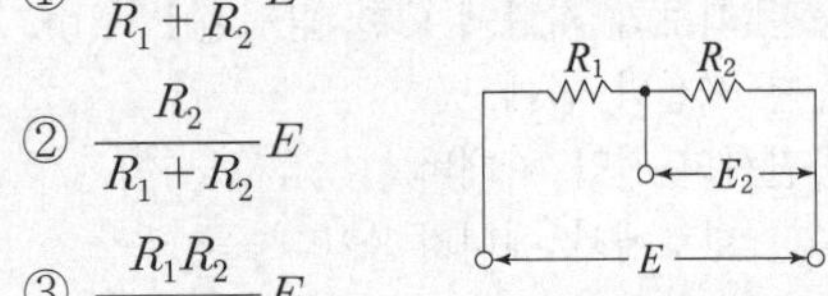

② $\dfrac{R_2}{R_1+R_2}E$

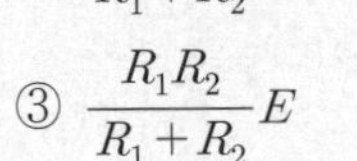

③ $\dfrac{R_1R_2}{R_1+R_2}E$

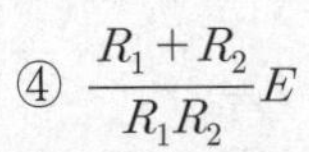

④ $\dfrac{R_1+R_2}{R_1R_2}E$

해설 저항의 직렬회로의 분배전압

$$E_1=\frac{R_1}{R_1+R_2}E[\text{V}],\ E_2=\frac{R_2}{R_1+R_2}E[\text{V}]$$

예제2 그림과 같은 회로에서 저항 R_2에 흐르는 전류 I_2는 얼마인가?

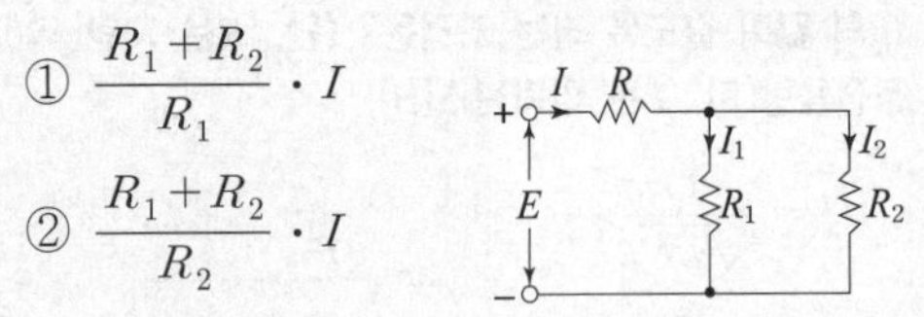

① $\dfrac{R_1+R_2}{R_1}\cdot I$

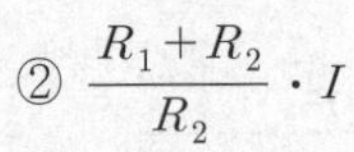

② $\dfrac{R_1+R_2}{R_2}\cdot I$

③ $\dfrac{R_2}{R_1+R_2}\cdot I$

④ $\dfrac{R_1}{R_1+R_2}\cdot I$

해설 저항의 병렬회로의 분배전류

$$I_1=\frac{R_2}{R_1+R_2}I[\text{A}],\ I_2=\frac{R_1}{R_1+R_2}I[\text{A}]$$

예제3 그림과 같은 회로에서 S를 열었을 때 전류계의 지시는 10[A]였다. S를 닫을 때 전류계의 지시는 몇 [A]인가?

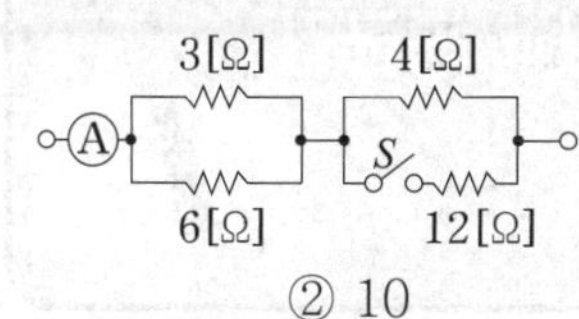

① 8 ② 10
③ 12 ④ 15

해설 저항의 직, 병렬 접속
S를 열었을 때 회로 전체에 걸리는 전전압을 구하면
$E=IR=10\times\left(\frac{3\times 6}{3+6}+4\right)=60\,[\mathrm{V}]$
S를 닫으면 합성저항이 변하므로 전류계 지시값도 바뀌게 된다.
$\therefore\ I'=\frac{E}{R'}=\frac{60}{\frac{3\times 6}{3+6}+\frac{4\times 12}{4+12}}=12\,[\mathrm{A}]$

예제4 그림의 사다리꼴 회로에서 부하전압 V_L 의 크기[V]는?

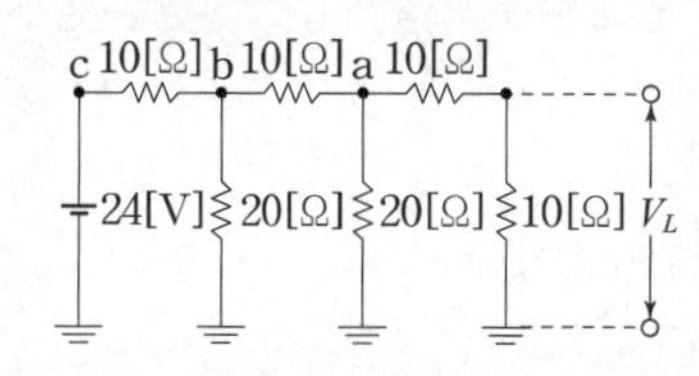

① 3 ② 3.25
③ 4 ④ 4.15

해설 저항의 직, 병렬 접속
$V_c=24\,[\mathrm{V}],\ R_a=10\,[\Omega],\ R_b=10\,[\Omega]$ 이므로
$V_b=\frac{1}{2}V_c=\frac{1}{2}\times 24=12\,[\mathrm{V}]$,
$V_a=\frac{1}{2}V_b=\frac{1}{2}\times 12=6\,[\mathrm{V}]$
$\therefore\ V_L=\frac{1}{2}V_a=\frac{1}{2}\times 6=3\,[\mathrm{V}]$

예제5 그림과 같은 회로에서 10[Ω]에 흐르는 전류 I를 최소로 하기 위하여 r_1의 값은 몇 [Ω]으로 하면 되는가?

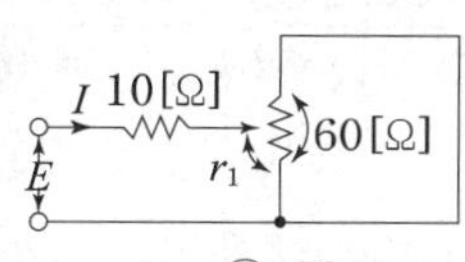

① 10 ② 30
③ 60 ④ 70

해설 저항의 직, 병렬 접속
우선 전류 I를 최소로 하기 위해서는 회로의 합성저항을 최대로 해야 한다. 합성저항을 R이라 하면
$R=10+\frac{r_1\times(60-r_1)}{r_1+(60-r_1)}=10+\frac{1}{60}(60r_1-r_1^{\,2})\,[\Omega]$이다.
$\frac{dR}{dr_1}=0$이 되는 조건에서 합성저항이 최대가 되므로
$\frac{dR}{dr_1}=\frac{1}{60}(60-2r_1)=0$이 되려면
$\therefore\ r_1=\frac{60}{2}=30\,[\Omega]$

예제6 $R=1\,[\Omega]$의 저항을 그림과 같이 무한히 연결할 때 a, b 사이의 합성 저항[Ω]은?

① 0
② 1
③ ∞
④ $1+\sqrt{3}$

해설 저항의 직, 병렬 접속
연속적인 저항의 직·병렬접속이 무한히 연결된 회로의 합성저항은 근사법을 이용하여 풀어야 한다.

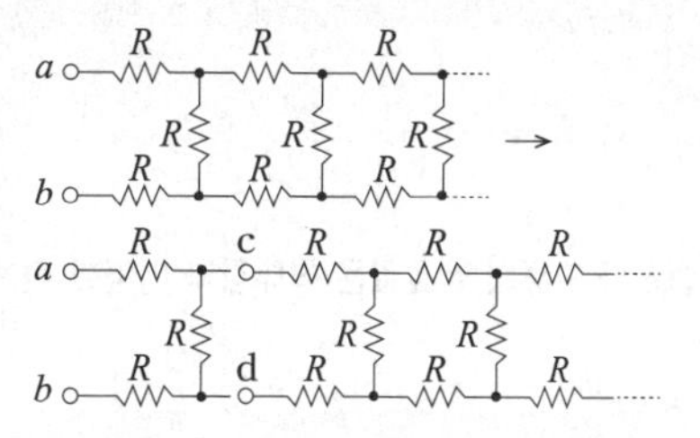

근사법은 $R_{ab}\fallingdotseq R_{cd}$가 되는 성질을 이용하는 방법이며
$R_{ab}=2R+\frac{R\times R_{cd}}{R+R_{cd}}=\frac{2R^2+3RR_{ab}}{R+R_{ab}}\,[\Omega]$ 식에서
$R_{ab}^{\,2}-2RR_{ab}-2R^2=0$
$R_{ab}=R\pm\sqrt{R^2+2R^2}=R(1\pm\sqrt{3})$
$R_{ab}>0$이어야 하므로
$\therefore\ R_{ab}=R(1+\sqrt{3})=1+\sqrt{3}\,[\Omega]$

정답
1 ② 2 ④ 3 ③ 4 ① 5 ② 6 ④

17 실효값과 평균값

이해도 □□□ 30 60 100

중 요 도 : ★★★★☆
출제빈도 : 2.3%, 7문 / 총 300문

한 솔 전 기 기 사
http://inup.co.kr
▲ 유튜브영상보기

파형 및 명칭	실효값(I)	평균값(I_{av})
정현파	$\frac{I_m}{\sqrt{2}}=0.707I_m$	$\frac{2I_m}{\pi}=0.637I_m$
전파정류파	$\frac{I_m}{\sqrt{2}}=0.707I_m$	$\frac{2I_m}{\pi}=0.637I_m$
반파정류파	$\frac{I_m}{2}=0.5I_m$	$\frac{I_m}{\pi}=0.319I_m$
구형파	I_m	I_m
반파구형파	$\frac{I_m}{\sqrt{2}}=0.707I_m$	$\frac{I_m}{2}=0.5I_m$

파형 및 명칭	실효값(I)	평균값(I_{av})
톱니파	$\frac{I_m}{\sqrt{3}}=0.577I_m$	$\frac{I_m}{2}=0.5I_m$
삼각파	$\frac{I_m}{\sqrt{3}}=0.577I_m$	$\frac{I_m}{2}=0.5I_m$
제형파	$\frac{\sqrt{5}}{3}I_m=0.745I_m$	$\frac{2}{3}I_m=0.667I_m$
$5\times10^4(t-0.02)^2$ 0.02 0.04 0.06 2차 함수 파형	6.32	3.3
10 1 2 3 4 5 1차 함수 파형	6.67	5

예제1 정현파 교류의 실효값은 최대값과 어떠한 관계가 있는가?

① π배 ② $\frac{2}{\pi}$배
③ $\frac{1}{\sqrt{2}}$배 ④ $\sqrt{2}$배

해설 정현파의 실효값

$I=\frac{I_m}{\sqrt{2}}=0.707I_m$ [A] 이므로

∴ 정현파의 실효값은 최대값의 $\frac{1}{\sqrt{2}}$배이다.

예제2 삼각파의 최대값이 1이라면 실효값 및 평균값은 각각 얼마인가?

① $\frac{1}{\sqrt{2}}$, $\frac{1}{\sqrt{3}}$ ② $\frac{1}{\sqrt{3}}$, $\frac{1}{2}$
③ $\frac{1}{\sqrt{2}}$, $\frac{1}{2}$ ④ $\frac{1}{\sqrt{2}}$, $\frac{1}{3}$

해설 삼각파의 특성값

실효값	평균값	피고율	파형률
$\frac{I_m}{\sqrt{3}}$	$\frac{I_m}{2}$	$\sqrt{3}$	$\frac{2}{\sqrt{3}}$

$I_m=1$[A]일 때

∴ 실효값$=\frac{I_m}{\sqrt{3}}=\frac{1}{\sqrt{3}}$, 평균값$=\frac{I_m}{2}=\frac{1}{2}$

예제3 정현파 교류 전압 $v = V_m \sin(\omega t + \theta)$[V]의 평균값은 최대값의 몇(%)인가?

① 약 41.4 ② 약 50
③ 약 63.7 ④ 약 70.7

해설 정현파의 평균값

$V_{av} = \frac{2V_m}{\pi} = 0.637 V_m$ [V] 이므로

$\therefore$ 정현파의 평균값은 최대값의 63.7[%]이다.

예제4 그림과 같은 파형의 실효값은?

① 47.7
② 57.7
③ 67.7
④ 77.5

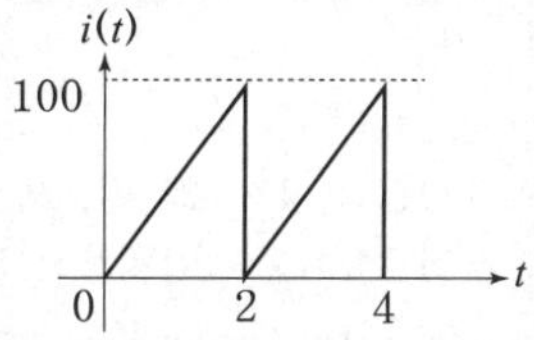

해설 톱니파의 실효값
톱니파의 특성값은 삼각파의 특성값과 같으므로
$I_m = 100$ [A]일 때

$\therefore$ 실효값$= \frac{I_m}{\sqrt{3}} = \frac{100}{\sqrt{3}} = 57.7$ [A]

예제5 어떤 정현파 전압의 평균값이 150[V]이면 최대값은 약 얼마인가?

① 300[V] ② 236[V]
③ 115[V] ④ 175[V]

해설 정현파의 평균값

$E_{av} = \frac{2E_m}{\pi} = 0.637 E_m$ [V] 식에서

$E_{av} = 150$ [V] 이므로

$\therefore E_m = \frac{E_{av}}{0.637} = \frac{150}{0.637} = 236$ [V]

정답
1 ③ 2 ② 3 ③ 4 ② 5 ②

18 밀만의 정리

이해도 □□□ 30 60 100

중 요 도 : ★★★★☆
출제빈도 : 2.3%, 7문 / 총 300문

한 솔 전 기 기 사
http://inup.co.kr
▲ 유튜브영상보기

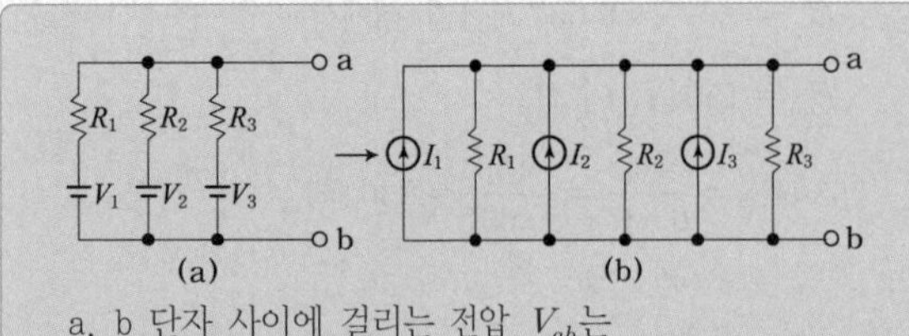

a, b 단자 사이에 걸리는 전압 V_{ab}는

$$V_{ab}=\frac{\frac{V_1}{R_1}+\frac{V_2}{R_2}+\frac{V_3}{R_3}}{\frac{1}{R_1}+\frac{1}{R_2}+\frac{1}{R_3}}=\frac{I_1+I_2+I_3}{\frac{1}{R_1}+\frac{1}{R_2}+\frac{1}{R_3}}[\mathrm{V}]$$

여기서, R_1, R_2, R_3 : 저항[Ω],
V_1, V_2, V_3 : 전압[V],
I_1, I_2, I_3 : 전류[A]

예제1 **그림에서 단자 a, b에 나타나는 전압 V_{ab}는 약 몇 [V]인가?**

① 5.7[V]
② 6.5[V]
③ 4.3[V]
④ 3.4[V]

해설 밀만의 정리
$R_1=2[\Omega]$, $V_1=4[\mathrm{V}]$, $R_2=5[\Omega]$, $V_2=10[\mathrm{V}]$ 이므로

$$\therefore\ V_{ab}=\frac{\frac{V_1}{R_1}+\frac{V_2}{R_2}}{\frac{1}{R_1}+\frac{1}{R_2}}=\frac{\frac{4}{2}+\frac{10}{5}}{\frac{1}{2}+\frac{1}{5}}=5.7[\mathrm{V}]$$

예제2 **그림과 같은 회로에서 $E_1=110$[V], $E_2=120$[V], $R_1=1[\Omega]$, $R_2=2[\Omega]$일 때 a, b단자에 5[Ω]의 R_3를 접속하면 a, b간의 전압 V_{ab}[V]는?**

① 85
② 90
③ 100
④ 105

해설 밀만의 정리
$R_1=1[\Omega]$, $E_1=110[\mathrm{V}]$, $R_2=2[\Omega]$, $E_2=120[\mathrm{V}]$, $R_3=5[\Omega]$, $E_3=0[\mathrm{V}]$ 이므로

$$\therefore\ V_{ab}=\frac{\frac{E_1}{R_1}+\frac{E_2}{R_2}+\frac{E_3}{R_3}}{\frac{1}{R_1}+\frac{1}{R_2}+\frac{1}{R_3}}=\frac{\frac{110}{1}+\frac{120}{2}+\frac{0}{5}}{\frac{1}{1}+\frac{1}{2}+\frac{1}{5}}$$
$$=100[\mathrm{V}]$$

예제3 **그림과 같은 회로에서 단자 a, b 사이의 전압[V]은?**

① $\frac{360}{37}$
② $\frac{120}{37}$
③ 28
④ 40

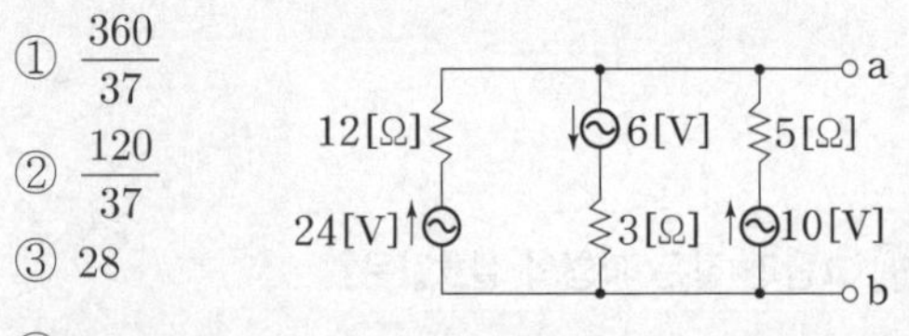

해설 밀만의 정리
$R_1=12[\Omega]$, $V_1=24[\mathrm{V}]$, $R_2=3[\Omega]$, $V_2=-6[\mathrm{V}]$, $R_3=5[\Omega]$, $V_3=10[\mathrm{V}]$ 이므로

$$\therefore\ V_{ab}=\frac{\frac{V_1}{R_1}+\frac{V_2}{R_2}+\frac{V_3}{R_3}}{\frac{1}{R_1}+\frac{1}{R_2}+\frac{1}{R_3}}=\frac{\frac{24}{12}-\frac{6}{3}+\frac{10}{5}}{\frac{1}{12}+\frac{1}{3}+\frac{1}{5}}$$
$$=\frac{120}{37}[\mathrm{V}]$$

예제4 **그림의 회로에서 단자 a, b에 걸리는 전압 V_{ab}는 몇 [V]인가?**

① 12
② 18
③ 24
④ 36

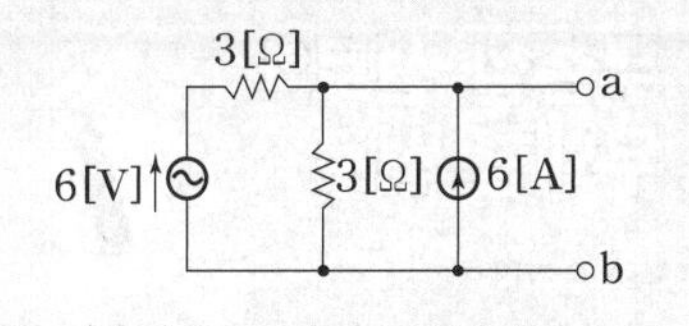

해설 밀만의 정리

$R_1 = 3[\Omega]$, $V_1 = 6[V]$, $R_2 = 3[\Omega]$, $I_2 = 6[A]$ 이므로

$$\therefore\ V_{ab} = \frac{\frac{V_1}{R_1}+I_2}{\frac{1}{R_1}+\frac{1}{R_2}} = \frac{\frac{6}{3}+6}{\frac{1}{3}+\frac{1}{3}} = 12[V]$$

예제5 **그림과 같은 회로에서 저항 15[Ω]에 흐르는 전류[A]는?**

① 8
② 5.5
③ 2
④ 0.5

5[Ω]
10[V] 6[A] 15[Ω]

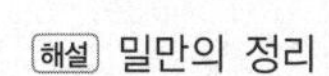

해설 밀만의 정리

$R_1 = 5[\Omega]$, $V_1 = 10[V]$, $R_2 = 15[\Omega]$, $I_2 = 6[A]$ 이므로

저항 15[Ω] 양 단자를 a, b라 하면

$$V_{ab} = \frac{\frac{V_1}{R_1}+I_2}{\frac{1}{R_1}+\frac{1}{R_2}} = \frac{\frac{10}{5}+6}{\frac{1}{5}+\frac{1}{15}} = 30[V]$$

15[Ω]에 흐르는 전류 I는

$$\therefore\ I = \frac{V_{ab}}{15} = \frac{30}{15} = 2[A]$$

예제6 **그림과 같은 불평형 Y형 회로에 평형 3상 전압을 가할 경우 중성점의 전위 V_n[V]는? (단, Y_1, Y_2, Y_3는 각 상의 어드미턴스[℧]이고, Z_1, Z_2, Z_3는 각 어드미턴스에 대한 임피던스[Ω]이다.)**

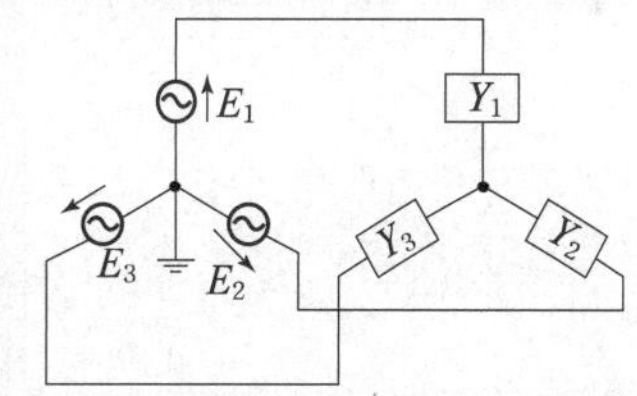

① $\dfrac{E_1+E_2+E_3}{Z_1+Z_2+Z_3}$

② $\dfrac{Z_1E_1+Z_2E_2+Z_3E_3}{Z_1+Z_2+Z_3}$

③ $\dfrac{E_1+E_2+E_3}{Y_1+Y_2+Y_3}$

④ $\dfrac{Y_1E_1+Y_2E_2+Y_3E_3}{Y_1+Y_2+Y_3}$

해설 밀만의 정리

3상 성형 결선의 중성점 전위는

$$V_n = \frac{\frac{E_1}{Z_1}+\frac{E_2}{Z_2}+\frac{E_3}{Z_3}}{\frac{1}{Z_1}+\frac{1}{Z_2}+\frac{1}{Z_3}} = \frac{Y_1E_1+Y_2E_2+Y_3E_3}{Y_1+Y_2+Y_3}[V]$$

정답

1 ① 2 ③ 3 ② 4 ① 5 ③ 6 ④

19 무손실 선로와 무왜형 선로

이해도 □□□ 30 60 100

중 요 도 : ★★★★☆
출제빈도 : 2.0%, 6문 / 총 300문

한 솔 전 기 기 사
http://inup.co.kr
▲ 유튜브영상보기

	무손실선로	무왜형선로
조건	$R=0,\ G=0$	• 감쇠량이 최소일 때 • $LG=RC$
특성 임피던스	$Z_0=\sqrt{\dfrac{L}{C}}\,[\Omega]$	$Z_0=\sqrt{\dfrac{L}{C}}\,[\Omega]$
전파정수	$\gamma=j\omega\sqrt{LC}$ $\alpha=0,\ \beta=\omega\sqrt{LC}$	$\gamma=\sqrt{RG}+j\omega\sqrt{LC}$ $\alpha=\sqrt{RG},\ \beta=\omega\sqrt{LC}$
전파속도	$v=\dfrac{1}{\sqrt{LC}}$ [m/sec]	$v=\dfrac{1}{\sqrt{LC}}$ [m/sec]

여기서, R : 저항[Ω], G : 콘덕턴스[S], L : 인덕턴스[H],
C : 정전용량[F], Z_0 : 특성임피던스[Ω],
γ : 전파정수, ω : 각주파수[rad/sec], α : 감쇠정수,
β : 위상정수, v : 전파속도[m/sec]

예제1 분포정수선로에서 무왜형 조건이 성립하면 어떻게 되는가?

① 감쇠량은 주파수에 비례한다.
② 전파속도가 최대로 된다.
③ 감쇠량이 최소로 된다.
④ 위상정수가 주파수에 관계없이 일정하다.

해설 무왜형 선로의 조건
(1) $LG=RC$
(2) 감쇠량이 최소일 것

예제2 전송선로에서 무손실일 때 L=96[mH], C=0.6[μF]이면 특성임피던스[Ω]는?

① 500 ② 400
③ 300 ④ 200

해설 무손실 선로의 특성임피던스(Z_0)

$Z_0=\sqrt{\dfrac{L}{C}}\,[\Omega]$ 식에서

$\therefore\ Z_0=\sqrt{\dfrac{L}{C}}=\sqrt{\dfrac{96\times10^{-3}}{0.6\times10^{-6}}}=400\,[\Omega]$

예제3 분포정수회로에서 선로 정수가 L, R, C, G고 무왜조건이 RC=GL과 같은 관계가 성립될 때 선로의 특성임피던스 Z_0는?

① $\sqrt{CL}$ ② $\dfrac{1}{\sqrt{CL}}$
③ $\sqrt{RG}$ ④ $\sqrt{\dfrac{L}{C}}$

해설 무왜형 선로의 특성임피던스(Z_0)

$Z_0=\sqrt{\dfrac{L}{C}}\,[\Omega]$

예제4 무손실 선로의 분포정수회로에서 감쇠정수 α와 위상정수 β의 값은?

① $\alpha=\sqrt{RG},\ \beta=\omega\sqrt{LC}$
② $\alpha=0,\ \beta=\omega\sqrt{LC}$
③ $\alpha=\sqrt{RG},\ \beta=0$
④ $\alpha=0,\ \beta=\dfrac{1}{\sqrt{LC}}$

해설 무손실 선로의 전파정수(γ)
$\gamma=j\omega\sqrt{LC}=j\beta$ 이므로
$\alpha=0,\ \beta=\omega\sqrt{LC}$

예제5 **선로의 분포정수 R, L, C, G 사이에 $\frac{R}{L}=\frac{G}{C}$의 관계가 있으면 전파정수 γ는?**

① $RG+j\omega LC$
② $RG+j\omega CG$
③ $\sqrt{RG}+j\omega\sqrt{LC}$
④ $\sqrt{RL}+j\omega\sqrt{GC}$

해설 무왜형 선로의 전파정수(γ)
$\gamma=\sqrt{RG}+j\omega L\sqrt{LC}$

예제6 **1[km]당의 인덕턴스 30[mH], 정전용량 0.007[μF]의 선로가 있을 때 무손실선로라고 가정한 경우의 위상속도 [km/sec]는?**

① 약 6.9×10^3 ② 약 6.9×10^4
③ 약 6.9×10^2 ④ 약 6.9×10^5

해설 무손실 선로의 위상속도(v)
$v=\frac{1}{\sqrt{LC}}$ [m/sec] 식에서
인덕턴스 $L=30$ [mH/km],
정전용량 $C=0.007$ [μF/km] 이므로
$\therefore\ v=\frac{1}{\sqrt{LC}}=\frac{1}{\sqrt{30\times10^{-3}\times0.007\times10^{-6}}}$
$=6.9\times10^4$ [km/sec]

예제7 **무손실 분포정수선로에 대한 설명 중 옳지 않은 것은?**

① 전파정수는 $j\omega\sqrt{LC}$이다.
② 진행파의 전파속도는 $\sqrt{LC}$이다.
③ 특성임피던스는 $\sqrt{\frac{L}{C}}$ 이다.
④ 파장은 $\frac{1}{f\sqrt{LC}}$이다.

해설 무손실 선로의 위상속도(v)
$v=\frac{1}{\sqrt{LC}}$ [m/sec]

정답
1 ③ 2 ② 3 ④ 4 ② 5 ③ 6 ② 7 ②

20 R-L-C 회로소자

이해도 □□□ 30 60 100

중 요 도 : ★★★★☆
출제빈도 : 2.0%, 6문 / 총 300문

한 솔 전 기 기 사
http://inup.co.kr
▲ 유튜브영상보기

1. 저항(R)

① 전류

㉠ 순시값 전류 $i(t)=\dfrac{e(t)}{R}=\dfrac{E_m}{R}\sin\omega t\,[\mathrm{A}]$

㉡ 실효값 전류 $I=\dfrac{E}{R}=\dfrac{E_m}{\sqrt{2}\,R}[\mathrm{A}]$

② 전압과 전류의 위상관계

㉠ 전류의 위상과 전압의 위상이 서로 같다.
㉡ 동상전류
㉢ 순저항 회로

2. 인덕턴스(L : 일명 "코일"이라고도 한다.)

① 리액턴스(인덕턴스의 저항[Ω] 성분)

$X_L=\omega L=2\pi fL[\Omega]$

② 전류

㉠ 순시값 전류

$$i(t)=\frac{1}{L}\int e(t)\,dt=\frac{e(t)}{jX_L}=\frac{E_m}{\omega L}\sin(\omega t-90°)\,[\mathrm{A}]$$

㉡ 실효값 전류 $I=\dfrac{E}{jX_L}=-j\dfrac{E}{\omega L}=-j\dfrac{E_m}{\sqrt{2}\,\omega L}[\mathrm{A}]$

③ 전압과 전류의 위상관계

㉠ 전류의 위상이 전압의 위상보다 90° 뒤진다.
㉡ 지상전류
㉢ 유도성 회로

3. 커패시턴스(C : 일명 "정전용량" 또는 "콘덴서"라고도 한다.)

① 리액턴스(커패시턴스의 저항[Ω] 성분)

$X_C=\dfrac{1}{\omega C}=\dfrac{1}{2\pi fC}[\Omega]$

② 전류

㉠ 순시값 전류

$$i(t)=C\frac{de(t)}{dt}=\frac{e(t)}{-jX_C}=\omega CE_m\sin(\omega t+90°)\,[\mathrm{A}]$$

㉡ 실효값 전류 $I=\dfrac{E}{-jX_C}=j\omega CE=j\dfrac{\omega CE_m}{\sqrt{2}}[\mathrm{A}]$

③ 전압과 전류의 위상관계

㉠ 전류의 위상이 전압의 위상보다 90° 앞선다.
㉡ 진상전류
㉢ 용량성 회로

예제1 어느 소자에 전압 $e=125\sin 377t$[V]를 인가하니 전류 $i=50\sin 377t$[A]가 흘렀다. 이 소자는 무엇인가?

① 순저항　② 인덕턴스
③ 커패시턴스　④ 리액턴스

해설 순저항 소자
전류의 위상이 전압과 동위상이므로 순저항 소자이다.

예제2 0.1[μF]의 정전 용량을 가지는 콘덴서에 실효값 1,414[V], 주파수 1[kHz], 위상각 0인 전압을 가했을 때 순시값 전류[A]는?

① $0.89\sin(\omega t+90°)$
② $0.89\sin(\omega t-90°)$
③ $1.26\sin(\omega t+90°)$
④ $1.26\sin(\omega t-90°)$

해설 정전용량에 흐르는 순시값 전류 $i(t)$

$i(t)=\omega CE_m\sin(\omega t+90°)$ [A] 식에서

$C=0.1\,[\mu\mathrm{F}]$, $E=1414\,[\mathrm{V}]$, $f=1\,[\mathrm{kHz}]$ 이므로

$$\begin{aligned}i(t)&=\omega CE_m\sin(\omega t+90°)\\&=2\pi fC\cdot\sqrt{2}E\sin(\omega t+90°)\\&=2\pi\times10^3\times0.1\times10^{-6}\times1414\sqrt{2}\sin(\omega t+90°)\\&=1.26\sin(\omega t+90°)\,[\mathrm{A}]\end{aligned}$$

예제3 자체 인덕턴스[H]인 코일에 100[V], 60[Hz]의 교류전압을 가해서 15[A]의 전류가 흘렀다. 코일의 자체 인덕턴스[H]는?

① 17.6 ② 1.76
③ 0.176 ④ 0.0176

해설 인덕턴스에 흐르는 실효값 전류(I)

$I=\dfrac{V}{\omega L}=\dfrac{V}{2\pi fL}$ [A] 식에서

$V=100$ [V], $f=60$ [Hz], $I=15$ [A] 이므로

$\therefore\ L=\dfrac{V}{2\pi fI}=\dfrac{100}{2\pi\times 60\times 15}=0.0176$ [H]

예제4 60[Hz], 100[V]의 교류 전압을 어떤 콘덴서에 가할 때 1[A]의 전류가 흐른다면 이 콘덴서의 정전 용량[μF]은?

① 377 ② 265
③ 26.5 ④ 2.65

해설 정전용량에 흐르는 실효값 전류(I)

$I=\omega CV=2\pi fCV$ [A] 식에서

$f=60$ [Hz], $V=100$ [V], $I=1$ [A] 이므로

$\therefore\ C=\dfrac{I}{\omega V}=\dfrac{I}{2\pi fV}=\dfrac{1}{2\pi\times 60\times 100}\times 10^6=26.5$ [μF]

예제5 인덕턴스 L에서 급격히 변할 수 없는 것은?

① 전압 ② 전류
③ 전압과 전류 ④ 정답이 없다.

해설 인덕턴스 L에서 시간에 따른 변화량
인덕턴스 L에서 시간에 따른 변화량은 전류이며 코일에 기전력이 유기되는 조건식은 $e_L=L\dfrac{di}{dt}$ [V]로서 시간에 따른 전류의 변화율에 비례하여 기전력이 유도된다. 따라서 코일에서 급격히 변화할 수 없는 성분은 전류이다.

예제6 커패시턴스 C에서 급격히 변할 수 없는 것은?

① 전류 ② 전압
③ 전압과 전류 ④ 정답이 없다.

해설 커패시턴스 C에서 시간에 따른 변화량
커패시턴스 C에서 시간에 따른 변화량은 전압이며 콘덴서에 전류가 충·방전이 이루어질 수 있는 조건식은 $i_C=C\dfrac{de}{dt}$ [A] 로서 시간에 따른 전압의 변화율에 비례하여 전류가 증감하게 된다. 따라서 콘덴서에서 급격히 변화할 수 없는 성분은 전압이다.

정답

1 ① 2 ③ 3 ④ 4 ③ 5 ② 6 ②

21 파고율과 파형률

이해도 □□□ 30 60 100
중 요 도 : ★★★★☆
출제빈도 : 2.0%, 6문 / 총 300문

한 솔 전 기 기 사
http://inup.co.kr
▲ 유튜브영상보기

1. 파고율

교류의 실효값에 대하여 파형의 최대값의 비율

2. 파형률

교류의 직류성분값(평균값)에 대하여 교류의 실효값의 비율

공식 파고율 = $\frac{최대값}{실효값}$, 파형률 = $\frac{실효값}{평균값}$

3. 파형별 데이터

파형 및 명칭	파고율	파형률
정현파	$\sqrt{2}=1.414$	$\frac{\pi}{2\sqrt{2}}=1.11$
전파정류파	$\sqrt{2}=1.414$	$\frac{\pi}{2\sqrt{2}}=1.11$
반파정류파	2	$\frac{\pi}{2}=1.57$
구형파	1	1
반파구형파	$\sqrt{2}=1.414$	$\sqrt{2}=1.414$
톱니파	$\sqrt{3}=1.732$	$\frac{2}{\sqrt{3}}=1.155$
삼각파	$\sqrt{3}=1.732$	$\frac{2}{\sqrt{3}}=1.155$

예제1 파고율이 2가 되는 파형은?

① 정현파 ② 톱니파
③ 반파 정류파 ④ 전파 정류파

해설 파형의 파고율

파형	정현파	반파 정류파	구형파	반파 구형파	톱니파	삼각파
파고율	$\sqrt{2}$	2	1	$\sqrt{2}$	$\sqrt{3}$	$\sqrt{3}$

∴ 파고율이 2가 되는 파형은 반파정류파이다.

예제2 그림과 같은 파형의 파고율은?

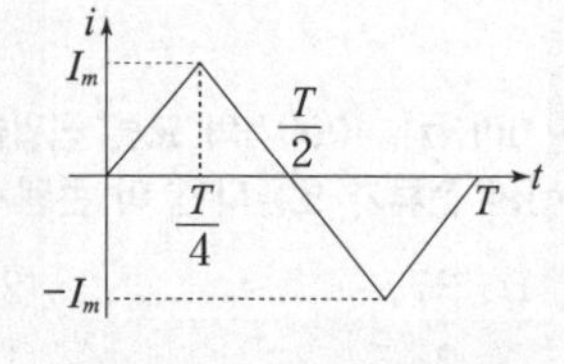

① 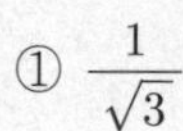 $\frac{1}{\sqrt{3}}$

② 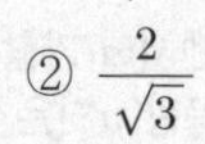 $\frac{2}{\sqrt{3}}$

③ 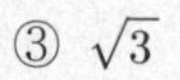 $\sqrt{3}$

④ $\sqrt{6}$

해설 파형의 파고율
파형이 삼각파이므로 파고율은 $\sqrt{3}$ 이다.

예제3 **그림과 같은 파형의 파고율은?**

① 2.828
② 1.732
③ 1.414
④ 1

해설 파형의 파고율

파형이 구형파이므로 파고율은 1이다.

예제4 **파형의 파형률 값이 옳지 않은 것은?**

① 정현파의 파형률은 1.414이다.
② 톱니파의 파형률은 1.155이다.
③ 전파 정류파의 파형률은 1.11이다.
④ 반파 정류파의 파형률은 1.571이다.

해설 파형의 파형률

파형	정현파	반파 정류파	구형파	반파 구형파	톱니파	삼각파
파형률	$\frac{\pi}{2\sqrt{2}}$	$\frac{\pi}{2}$	1	$\sqrt{2}$	$\frac{2}{\sqrt{3}}$	$\frac{2}{\sqrt{3}}$

∴ 정현파의 파형률은 $\frac{\pi}{2\sqrt{2}}$ 또는 1.11이다.

예제5 **정현파 교류의 평균값에 어떠한 수를 곱하면 실효값을 얻을 수 있는가?**

① $\frac{2\sqrt{2}}{\pi}$　② $\frac{\sqrt{3}}{2}$
③ $\frac{2}{\sqrt{3}}$　④ $\frac{\pi}{2\sqrt{2}}$

해설 파형률

$\text{파형률} = \frac{\text{실효값}}{\text{평균값}}$ 식에서

실효값 = 파형률 × 평균값 이므로 본 문제는 정현파 교류의 파형률을 묻는 문제이다.

∴ 정현파 교류의 파형률 $= \frac{\pi}{2\sqrt{2}} = 1.11$

예제6 **어떤 교류 전압의 실효값이 314[V]일 때 평균값 [V]은?**

① 약 142　② 약 283
③ 약 365　④ 약 382

해설 파형률

$\text{파형률} = \frac{\text{실효값}}{\text{평균값}}$ 식에서

실효값이 314[V] 이므로

∴ $\text{평균값} = \frac{\text{실효값}}{\text{평균값}} = \frac{314}{1.11} = 283\,[V]$

정답

1 ③　2 ③　3 ④　4 ①　5 ④　6 ②

22 합성인덕턴스

이해도 □□□ 30 60 100

중 요 도 : ★★★★☆
출제빈도 : 2.0%, 6문 / 총 300문

한 솔 전 기 기 사
http://inup.co.kr
▲ 유튜브영상보기

1. 가동결합

$L = L_1 + L_2 + 2M$[H]

2. 차동결합

$L = L_1 + L_2 - 2M$[H]

예제1 그림과 같은 회로에서 a, b간의 합성인덕턴스는?

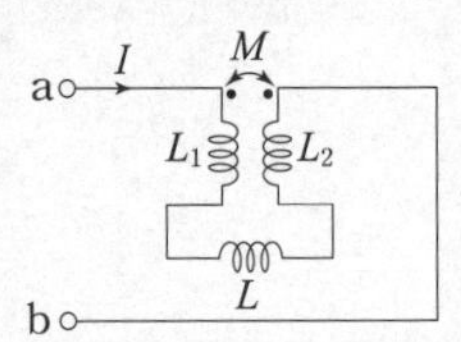

① $L_1 + L_2 + L$
② $L_1 + L_2 - 2M + L$
③ $L_1 + L_2 + 2M + L$
④ $L_1 + L_2 - M + L$

해설 차동결합의 합성인덕턴스
L_1, L_2 코일의 감은 방향이 서로 반대이기 때문에 차동결합이며 이때 합성인덕턴스는
$\therefore\ L = L_1 + L_2 - 2M + L$[H]

예제2 그림과 같이 직렬로 유도 결합된 회로에서 단자 a, b로 본 등가 임피던스 Z_{ab}를 나타낸 식은 어느 것인가?

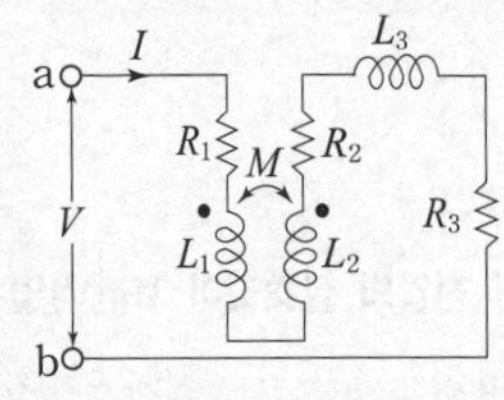

① $R_1 + R_2 + R_3 + j\omega(L_1 + L_2 - 2M)$
② $R_1 + R_2 + j\omega(L_1 + L_2 + 2M)$
③ $R_1 + R_2 + R_3 + j\omega(L_1 + L_2 + L_3 + 2M)$
④ $R_1 + R_2 + R_3 + j\omega(L_1 + L_2 + L_3 - 2M)$

해설 차동결합의 합성인덕턴스
그림은 차동결합 코일이므로 합성인덕턴스 L은
$L = L_1 + L_2 - 2M + L_3$[H]이다.
저항도 직렬접속되어 합성저항은
$R = R_1 + R_2 + R_3$[Ω]이다.
$\therefore\ Z_{ab} = R + j\omega L = R_1 + R_2 + R_3 + j\omega(L_1 + L_2 + L_3 - 2M)$

예제3 그림과 같은 회로에서 $L_1 = 6$[mH], $R_1 = 4$[Ω], $R_2 = 9$[Ω], $L_2 = 7$[mH], $M = 5$[mH]이며 L_1과 L_2가 서로 유도 결합되어 있을 때 등가 직렬 임피던스는 얼마인가? (단, $\omega = 100$[rad/s]이다.)

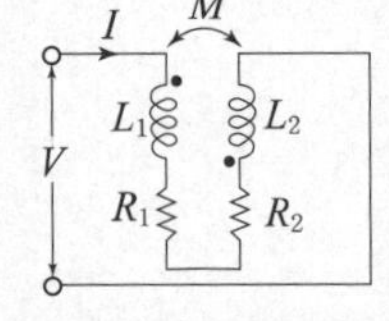

① $13 + j7.2$
② $13 + j1.3$
③ $13 + j2.3$
④ $13 + j9.4$

해설 가동결합의 합성인덕턴스
그림은 가동결합 코일이며 직렬접속되어 있으므로
$L = L_1 + L_2 + 2M$[H], $R = R_1 + R_2$[Ω]일 때
$\therefore\ Z = R + j\omega L = (R_1 + R_2) + j\omega(L_1 + L_2 + 2M)$
$= 4 + 9 + j100(6 + 7 + 2\times 5)\times 10^{-3}$
$= 13 + j2.3$[Ω]

예제4 5[mH]인 두 개의 자기 인덕턴스가 있다. 결합 계수를 0.2로부터 0.8까지 변화시킬 수 있다면 이것을 접속하여 얻을 수 있는 합성 인덕턴스의 최대값과 최소값은 각각 몇 [mH]인가?

① 18, 2　② 18, 8
③ 20, 2　④ 20, 8

해설 합성인덕턴스의 최대값과 최소값
결합상태가 가동결합인 경우 최대값, 차동결합인 경우에 최소값이 되기 때문에
$L_1 = L_2 = 5$[mH], $k = 0.2 \sim 0.8$일 때
$M = k\sqrt{L_1 L_2}$ 식에서 $k = 0.8$을 대입하여 구하면
$M = 0.8\times\sqrt{5\times 5} = 4$[mH]이다.
최대값 $L_{\max}$, 최소값 $L_{\min}$라 하면
$\therefore\ L_{\max} = L_1 + L_2 + 2M = 5 + 5 + 2\times 4 = 18$[mH]
$L_{\min} = L_1 + L_2 - 2M = 5 + 5 - 2\times 4 = 2$[mH]

예제5 **20[mH]의 두 자기 인덕턴스가 있다. 결합 계수를 0.1부터 0.9까지 변화시킬 수 있다면 이것을 접속시켜 얻을 수 있는 합성 인덕턴스의 최대값과 최소값의 비는?**

① 9:1　　② 19:1
③ 13:1　　④ 16:1

해설 합성인덕턴스의 최대값과 최소값

$L_1 = L_2 = 20\,[\text{mH}]$, $k = 0.1 \sim 0.9$일 때

$M = k\sqrt{L_1 L_2}$ 식에서 $k = 0.9$을 대입하여 구하면

$M = 0.9 \times \sqrt{20 \times 20} = 18\,[\text{mH}]$이다.

최대값 $L_{\max}$, 최소값 $L_{\min}$ 라 하면

$L_{\max} = L_1 + L_2 + 2M = 20 + 20 + 2 \times 18 = 76\,[\text{mH}]$

$L_{\min} = L_1 + L_2 - 2M = 20 + 20 - 2 \times 18 = 4\,[\text{mH}]$

이므로

$\therefore\ L_{\max} : L_{\min} = 76 : 4 = 19 : 1$

예제6 **그림과 같은 회로에서 합성 인덕턴스는?**

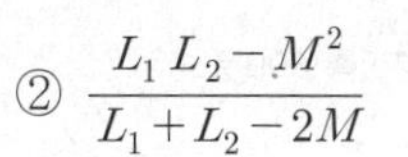

① $\dfrac{L_1 L_2 + M^2}{L_1 + L_2 - 2M}$

② $\dfrac{L_1 L_2 - M^2}{L_1 + L_2 - 2M}$

③ $\dfrac{L_1 L_2 + M^2}{L_1 + L_2 + 2M}$

④ $\dfrac{L_1 L_2 - M^2}{L_1 + L_2 + 2M}$

해설 병렬로 결합된 회로의 합성인덕턴스

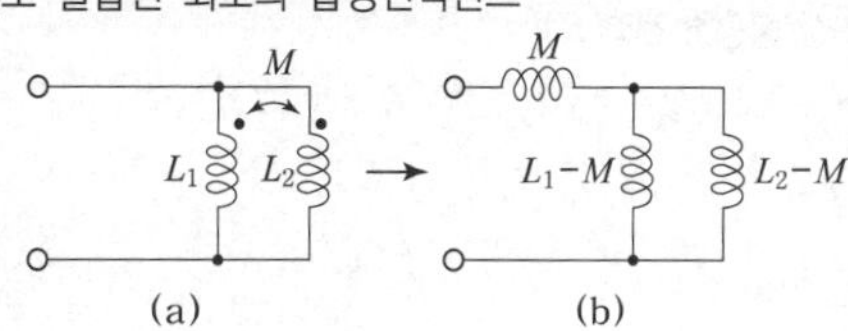

(a)　(b)

등가회로를 이용하여 합성 인덕턴스를 구하면

$$L = M + \frac{(L_1 - M) \times (L_2 - M)}{(L_1 - M) + (L_2 - M)}$$

$$= \frac{M(L_1 + L_2 - 2M) + (L_1 L_2 - L_1 M - L_2 M + M^2)}{L_1 + L_2 - 2M}$$

$$\therefore\ L = \frac{L_1 L_2 - M^2}{L_1 + L_2 - 2M}\,[\text{H}]$$

정답

1 ②　2 ④　3 ③　4 ①　5 ②　6 ②

23 불평형률과 불평형 전력

이해도 □□□ 30 60 100

중 요 도 : ★★★☆☆
출제빈도 : 1.7%, 5문 / 총 300문

한 솔 전 기 기 사
http://inup.co.kr
▲ 유튜브영상보기

1. 불평형률(%UB)

$$\%UB = \frac{\text{역상분}}{\text{정상분}} \times 100[\%]$$

2. 3상 불평형 전력($\dot{S}$)

$$\dot{S} = P \pm jQ = V_a^* I_a + V_b^* I_b + V_c^* I_c$$
$$= 3(V_0^* I_0 + V_1^* I_1 + V_2^* I_2)[\text{VA}]$$

여기서, $\dot{S}$: 피상전력[VA], P : 유효전력[W],
Q : 무효전력[Var],
V_a, V_b, V_c : 3상 각상 전압[V],
I_a, I_b, I_c : 3상 각상 전류[A],
V_0, I_0 : 영상분 전압, 영상분 전류,
V_1, I_1 : 정상분 전압, 정상분 전류,
V_2, I_2 : 역상분 전압, 역상분 전류

예제1 **3상 불평형 전압에서 영상전압이 140[V]이고 정상전압이 600[V], 역상전압이 280[V]이라면 전압의 불평형률은?**

① 2.144 ② 0.566
③ 0.466 ④ 0.233

해설 전압 불평형률

$$\text{불평형률} = \frac{\text{역상분}}{\text{정상분}} \text{ 식에서}$$

정상분 600[V], 역상분 280[V] 이므로

$$\therefore \text{불평형률} = \frac{\text{역상분}}{\text{정상분}} = \frac{280}{600} = 0.466$$

예제2 **3상 회로의 선간전압을 측정하니 $V_a = 120$[V], $V_b = -60 - j80$[V], $V_c = -60 + j80$[V] 이었다. 불평형률[%]은?**

① 12 ② 13
③ 14 ④ 15

해설 전압 불평형률

$V_a = 120$[V], $V_b = 100$[V], $V_c = 100$[V]인 3상 불평형 선간전압에서 $V_a + V_b + V_c = 0$[V]인 V_b, V_c의 전압 벡터는 $V_b = -60 - j80$[V], $V_c = -60 + j80$[V] 이므로

정상분 전압 V_1은

$$V_1 = \frac{1}{3}(V_a + \angle 120° V_b + \angle -120° V_c)$$
$$= \frac{1}{3}\{120 + 1\angle 120° \times (-60 - j80) + 1\angle -120° \times (-60 + j80)\} = 106.2\,[\text{V}]$$

역상분 전압 V_2는

$$V_2 = \frac{1}{3}(V_a + \angle -120° V_b + \angle 120° V_c)$$
$$= \frac{1}{3}\{120 + 1\angle -120° \times (-60 - j80) + 1\angle 120° \times (-60 + j80)\} = 13.8\,[\text{V}]$$

$$\therefore \text{불평형률} = \frac{\text{역상분}}{\text{정상분}} \times 100 = \frac{13.8}{106.2} \times 100 = 13[\%]$$

예제3 **3상 회로의 선간전압이 각각 80, 50, 50[V]일 때 전압의 불평형률[%]은?**

① 22.7　　② 39.6
③ 45.3　　④ 57.3

해설 전압 불평형률

$V_a=80[V]$, $V_b=50[V]$, $V_c=50[V]$인 3상 불평형 선간전압에서 $V_a+V_b+V_c=0[V]$인 V_b, V_c의 전압 벡터는 $V_b=-40-j30[V]$, $V_c=-40+j30[V]$이므로

정상분 전압 V_1은

$$V_1=\frac{1}{3}(V_a+\angle 120° V_b+\angle -120° V_c)$$
$$=\frac{1}{3}\{80+1\angle 120°\times(-40-j30)+1\angle -120°\times(-40+j30)\}$$
$$=57.3[V]$$

역상분 전압 V_2는

$$V_2=\frac{1}{3}(V_a+\angle -120° V_b+\angle 120° V_c)$$
$$=\frac{1}{3}\{80+1\angle -120°\times(-40-j30)+1\angle 120°\times(-40+j30)\}$$
$$=22.7[V]$$

$$\therefore \text{불평형률}=\frac{\text{역상분}}{\text{정상분}}\times 100=\frac{22.7}{57.3}\times 100=39.6[\%]$$

예제4 **전압의 대칭분을 각각 V_0, V_1, V_2 전류의 대칭분을 I_0, I_1, I_2라 할 때 대칭분으로 표시되는 전전력은 얼마인가?**

① $V_0I_1+V_1I_2+V_2I_0$
② $V_0I_0+V_1I_1+V_2I_2$
③ $3\overline{V_0}I_1+3\overline{V_1}I_2+3\overline{V_2}I_0$
④ $3\overline{V_0}I_0+3\overline{V_1}I_1+3\overline{V_2}I_2$

해설 3상 불평형 전력($\dot{S}$)

$$\dot{S}=P+jQ=V_a^*I_a+V_b^*I_b+V_c^*I_c$$
$$=3(V_0^*I_0+V_1^*I_1+V_2^*I_2)[VA]$$

정답
1 ③　2 ②　3 ②　4 ④

24 전력계법

이해도 □□□ 30 60 100

중 요 도 : ★★★☆☆
출제빈도 : 4.3%, 5문 / 총 300문

한 솔 전 기 기 사
http://inup.co.kr
▲ 유튜브영상보기

1. 2전력계법

① 전전력

$P = W_1 + W_2 = \sqrt{3}\, VI\cos\theta[\text{W}]$

② 무효전력

$Q = \sqrt{3}(W_1 - W_2) = \sqrt{3}\, VI\sin\theta[\text{Var}]$

③ 피상전력

$S = 2\sqrt{W_1^{\ 2} + W_2^{\ 2} - W_1 W_2} = \sqrt{3}\, VI[\text{VA}]$

④ 역률

$\cos\theta = \dfrac{P}{S}\times 100 = \dfrac{W_1 + W_2}{2\sqrt{W_1^{\ 2} + W_2^{\ 2} - W_1 W_2}}\times 100[\%]$

㉠ $W_1 = 2W_2$ 또는 $W_2 = 2W_1$인 경우

$\cos\theta = 0.866 = 86.6[\%]$

㉡ $W_1 = 3W_2$ 또는 $W_2 = 3W_1$인 경우

$\cos\theta = 0.75 = 75[\%]$

㉢ W_1 또는 W_2 중 어느 하나가 0인 경우

$\cos\theta = 0.5 = 50[\%]$

2. 1전력계법

① 전전력

$P = 2W = \sqrt{3}\, VI[\text{W}]$

② 선전류

$I = \dfrac{2W}{\sqrt{3}\, V}[\text{A}]$

예제1 2개의 전력계에 의한 3상 전력 측정시 전 3상 전력 W는?

① $\sqrt{3}(|W_1| + |W_2|)$
② $3(|W_1| + |W_2|)$
③ $|W_1| + |W_2|$
④ $\sqrt{W_1^{\ 2} + W_2^{\ 2}}$

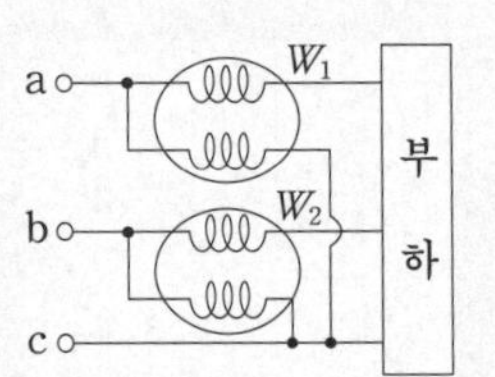

해설 2전력계법에서 전전력

$\therefore P = W_1 + W_2 = \sqrt{3}\, VI\cos\theta\,[\text{W}]$

예제2 2전력계법을 써서 3상 전력을 측정하였더니 각 전력계가 +500[W], +300[W]를 지시하였다. 전전력[W]은?

① 800　② 200
③ 500　④ 300

해설 2전력계법에서 전전력

$\therefore P = W_1 + W_2 = 500 + 300 = 800\,[\text{W}]$

예제3 2전력계법으로 평형 3상 전력을 측정하였더니 한 쪽의 지시가 800[W], 다른 쪽의 지시가 1,600[W]였다. 피상전력은 몇 [VA]인가?

① 2,971　② 2,871
③ 2,771　④ 2,671

해설 2전력계법에서 피상전력

$S = 2\sqrt{W_1^{\ 2} + W_2^{\ 2} - W_1 W_2}$ [VA] 식에서

$W_1 = 800\,[\text{W}]$, $W_2 = 1600\,[\text{W}]$ 이므로

$\therefore S = 2\sqrt{W_1^{\ 2} + W_2^{\ 2} - W_1 W_2}$

$= 2\sqrt{800^2 + 1{,}600^2 - 800\times 1{,}600}$

$= 2{,}771\,[\text{VA}]$

예제4 **두 개의 전력계를 사용하여 평형 부하의 역률을 측정하려고 한다. 전력계의 지시가 각각 P_1, P_2라 할 때 이 회로의 역률은?**

① $\dfrac{\sqrt{P_1+P_2}}{P_1+P_2}$

② $\dfrac{P_1+P_2}{{P_1}^2+{P_2}^2-2P_1P_2}$

③ $\dfrac{P_1+P_2}{2\sqrt{{P_1}^2+{P_2}^2-P_1P_2}}$

④ $\dfrac{2P_1P_2}{\sqrt{{P_1}^2+{P_2}^2}}$

해설 2전력계법에서 역률

$$\therefore \cos\theta=\frac{P_1+P_2}{2\sqrt{{P_1}^2+{P_2}^2-P_1P_2}}$$

예제5 **단상 전력계 2개로써 평형 3상 부하의 전력을 측정하였더니 각각 300[W]와 600[W]를 나타내었다. 부하 역률은? (단, 전압과 전류는 정현파이다.)**

① 0.5 ② 0.577

③ 0.637 ④ 0.866

해설 2전력계법에서 역률

전력계의 지시값 W_1, W_2의 관계가 $W_1=2W_2$ 또는 $W_2=2W_1$인 경우 $\cos\theta=0.866\,[\text{pu}]=86.6\,[\%]$ 이므로 전력계의 지시값이 각각 300[W]와 600[W]이면 $W_1=2W_2$ 또는 $W_2=2W_1$인 경우에 속한다.

$\therefore \cos\theta=0.866\,[\text{pu}]$

예제6 **평형 3상 무유도 저항 부하가 3상 4선식 회로에 걸려 있을 때 단상 전력계를 그림과 같이 접속했더니 그 지시치가 W[W]였다. 부하의 전력[W]은? (단, 정현파 교류이다.)**

① $\sqrt{2}\,W$

② $2W$

③ $\sqrt{3}\,W$

④ $3W$

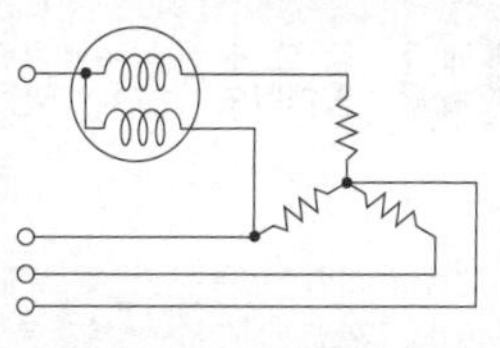

해설 1전력계법

(1) 전전력 : $P=2W=\sqrt{3}\,VI$[W]

(2) 선전류 : $I=\dfrac{2W}{\sqrt{3}\,V}$[A]

예제7 **선간전압 V[V]인 대칭 3상 전원에 평형 3상 저항 부하 $R[\Omega]$이 그림과 같이 접속되었을 때 a, b 두 상간에 접속된 전력계의 지시값이 W[W]라 하면 c상의 전류[A]는?**

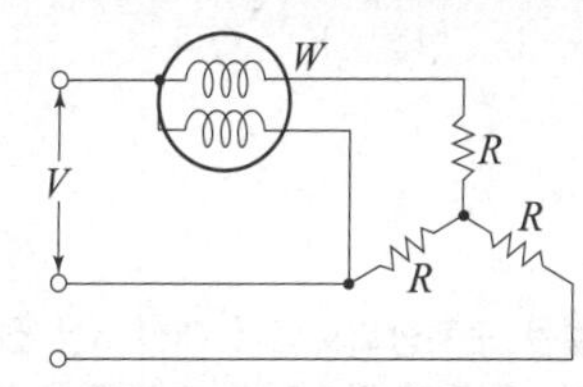

① $\dfrac{\sqrt{3}\,W}{V}$ ② $\dfrac{3W}{V}$

③ $\dfrac{W}{\sqrt{3}\,V}$ ④ $\dfrac{2W}{\sqrt{3}\,V}$

해설 1전력계법에서 선전류

$$\therefore I=\frac{2W}{\sqrt{3}\,V}\,[\text{A}]$$

1 ③ 2 ① 3 ③ 4 ③ 5 ④ 6 ② 7 ④

25 Y-Δ결선 변환

이해도 □□□ 30 60 100

중 요 도 : ★★★☆☆
출제빈도 : 1.7%, 5문 / 총 300문

한솔전기기사
http://inup.co.kr
▲ 유튜브영상보기

1. $Y \rightarrow \Delta$ 변환

$$Z_{ab} = \frac{Z_aZ_b + Z_bZ_c + Z_cZ_a}{Z_c}$$

$$Z_{bc} = \frac{Z_aZ_b + Z_bZ_c + Z_cZ_a}{Z_a}$$

$$Z_{ca} = \frac{Z_aZ_b + Z_bZ_c + Z_cZ_a}{Z_b}$$

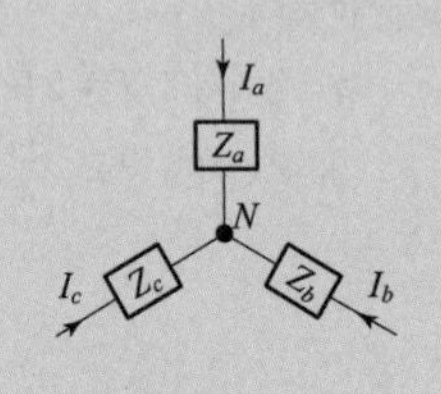

2. $\Delta \rightarrow Y$ 변환

$$Z_a = \frac{Z_{ab} \cdot Z_{ca}}{Z_{ab} + Z_{bc} + Z_{ca}}$$

$$Z_b = \frac{Z_{ab} \cdot Z_{bc}}{Z_{ab} + Z_{bc} + Z_{ca}}$$

$$Z_c = \frac{Z_{bc} \cdot Z_{ca}}{Z_{ab} + Z_{bc} + Z_{ca}}$$

여기서,

Z_a, Z_b, Z_c : Y결선 한 상의 임피던스[Ω],

Z_{ab}, Z_{bc}, Z_{ca} : Δ결선 한 상의 임피던스[Ω]

예제1 **그림 (a)의 3상 Δ부하와 등가인 그림 (b)의 3상 Y부하 사이에 Z_Y와 Z_Δ의 관계는 어느 것이 옳은가?**

① $Z_\Delta = Z_Y$
② $Z_\Delta = 3Z_Y$
③ $Z_Y = 3Z_\Delta$
④ $Z_Y = 6Z_\Delta$

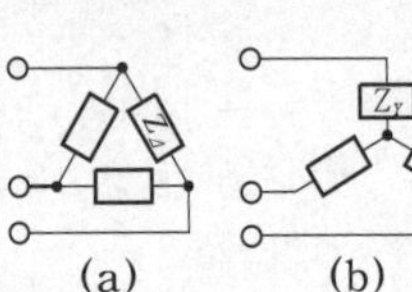

해설 Y-Δ결선의 변환

Δ결선과 Y결선을 상호 변환하게 되면 임피던스(또는 저항과 리액턴스)는 Δ결선일 때가 Y결선일 때보다 3배 크기 때문에 $Z_\Delta = 3Z_Y$ 임을 알 수 있다.

예제2 **그림과 같은 순저항회로에서 대칭 3상 전압을 가할 때 각 선에 흐르는 전류가 같으려면 R의 값은 몇 [Ω]인가?**

① 4
② 8
③ 12
④ 16

해설 Y-Δ결선의 변환

Δ결선된 상부하가 불평형이므로 각 선에 흐르는 전류는 크기가 다른 불평형 전류가 흐를 수밖에 없다. 이 경우 각 선에 흐르는 전류를 같게 하기 위해서는 각 상의 부하를 평형을 유지해주어야 한다. Δ결선된 저항을 Y결선으로 변형하면

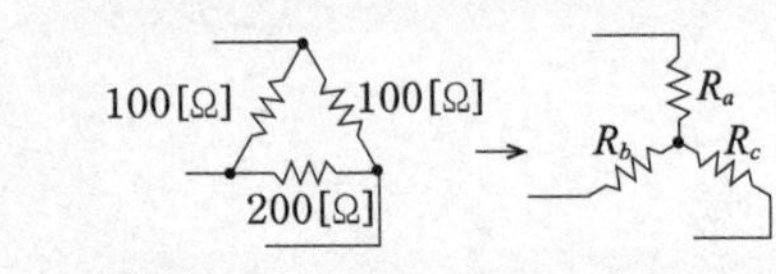

$$R_a = \frac{40 \times 40}{40 + 40 + 120} = 8\,[\Omega]$$

$$R_b = \frac{40 \times 120}{40 + 40 + 120} = 24\,[\Omega]$$

$$R_c = \frac{120 \times 40}{40 + 40 + 120} = 24\,[\Omega]$$

각 상이 평형을 유지하기 위해서는 $R_a + R = R_b = R_c$ 이어야 하므로 $R_a + R = 24\,[\Omega]$이어야 한다.

$\therefore\ R = 24 - R_a = 24 - 8 = 16\,[\Omega]$

예제3 **그림과 같이 접속된 회로에 평형 3상 전압 E를 가할 때의 전류 I_1[A] 및 I_2[A]는?**

① $I_1 = \dfrac{\sqrt{3}}{4E}$, $I_2 = \dfrac{rE}{4}$

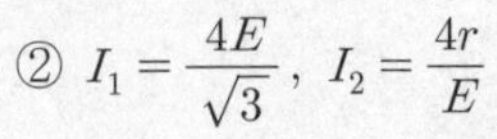

② $I_1 = \dfrac{4E}{\sqrt{3}}$, $I_2 = \dfrac{4r}{E}$

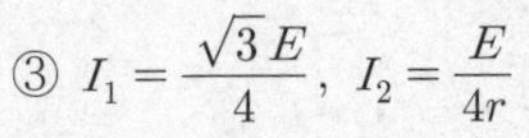

③ $I_1 = \dfrac{\sqrt{3}\,E}{4}$, $I_2 = \dfrac{E}{4r}$

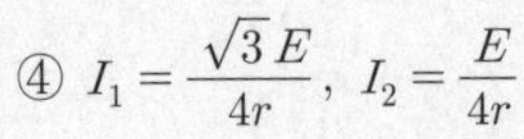

④ $I_1 = \dfrac{\sqrt{3}\,E}{4r}$, $I_2 = \dfrac{E}{4r}$

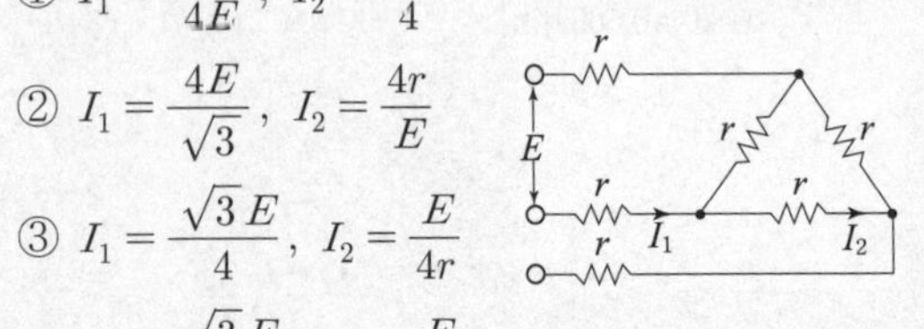

해설 Y-Δ결선의 변환

Δ결선으로 이루어진 저항 r을 Y결선으로 변환하면 저항은 $\frac{1}{3}$배로 감소하므로 각 상의 합성저항(R)은

$R = r + \frac{r}{3} = \frac{4}{3}r\,[\Omega]$이다.

Y결선의 선전류를 유도하면 I_L을 계산할 수 있다.

$$I_L = \frac{V}{\sqrt{3}R} = \frac{V}{\sqrt{3}\times\frac{4}{3}r} = \frac{\sqrt{3}V}{4r}\,[V]$$

상전류를 유도하면 I_P를 계산할 수 있다.

$$I_P = \frac{I_L}{\sqrt{3}} = \frac{V}{4r}\,[A]$$

$$\therefore\ I_L = \frac{\sqrt{3}V}{4r}\,[A],\ I_P = \frac{I_L}{\sqrt{3}} = \frac{V}{4r}\,[A]$$

예제4 그림과 같은 부하에 전압 $V=100$[V]의 대칭 3상 전압을 인가할 때 선전류 I는?

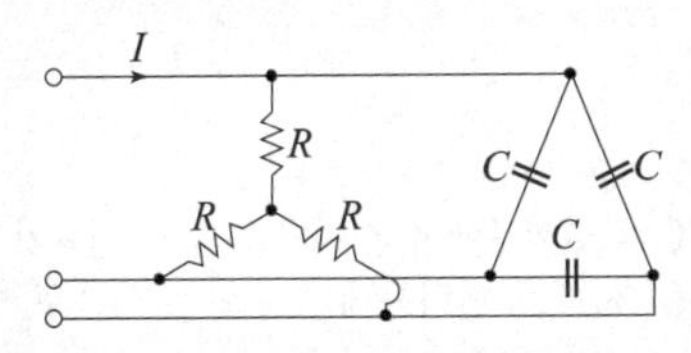

① $\frac{100}{\sqrt{3}}\left(\frac{1}{R}+j3\omega C\right)$ ② $100\left(\frac{1}{R}+j\sqrt{3}\omega C\right)$

③ $\frac{100}{\sqrt{3}}\left(\frac{1}{R}+j\omega C\right)$ ④ $100\left(\frac{1}{R}+j\omega C\right)$

해설 선전류 계산

Y결선된 저항 R에 의한 선전류 I_Y, Δ결선된 정전용량 C에 의해 선전류 I_Δ라 하면

$$I_Y = \frac{V_L}{\sqrt{3}Z} = \frac{100}{\sqrt{3}R}\,[A]$$

$$I_\Delta = \frac{\sqrt{3}V_L}{Z} = \frac{\sqrt{3}V_L}{\frac{1}{\omega C}} = 100\sqrt{3}\omega C[A]$$

저항에 흐르는 전류는 유효분이며, 정전용량에 흐르는 전류는 90° 앞선 진상전류이므로

$$\therefore\ I_L = I_Y + jI_\Delta = \frac{100}{\sqrt{3}R} + j100\sqrt{3}\omega C$$

$$= \frac{100}{\sqrt{3}}\left(\frac{1}{R}+j3\omega C\right)[A]$$

예제5 대칭 3상 전압을 그림과 같은 평형 부하에 인가할 때 부하의 역률은 얼마인가? (단, $R=9[\Omega]$, $\frac{1}{\omega C}=4[\Omega]$ 이다.)

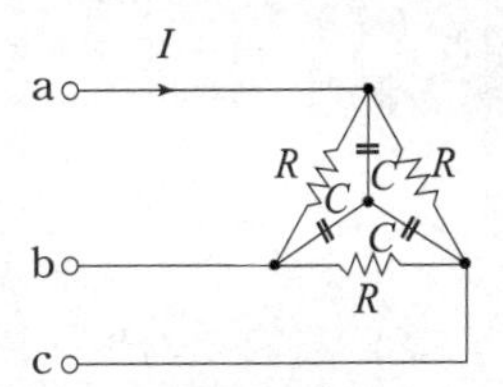

① 1
② 0.96
③ 0.8
④ 0.6

해설 역률 계산

Δ결선된 저항 R을 Y결선으로 변환하면 각 상의 저항값은 $\frac{R}{3}$로 되며 정전용량과 병렬접속을 이루게 된다.

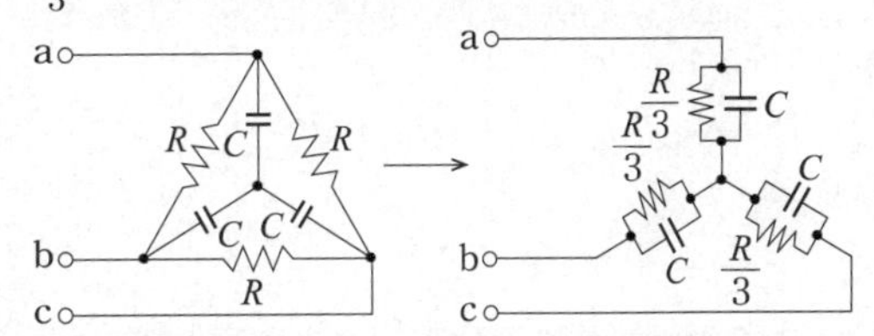

따라서 각 상의 저항 성분은 $R_0 = \frac{R}{3} = \frac{9}{3} = 3[\Omega]$

이며, 리액터스 성분은 $X_C = 4[\Omega]$이 병렬접속을 이루고 있으므로 역률 $\cos\theta$는

$$\therefore\ \cos\theta = \frac{X_C}{\sqrt{R_0^2 + X_C^2}} = \frac{4}{\sqrt{3^2+4^2}} = 0.8$$

정답
1 ② 2 ④ 3 ④ 4 ① 5 ③

26 R-C 과도현상

한 솔 전 기 기 사
http://inup.co.kr
▲ 유튜브영상보기

이해도 □□□ 30 60 100

중 요 도 : ★★★☆☆
출제빈도 : 1.7%, 5문 / 총 300문

1. S를 단자 ①로 ON하면

① t초에서의 전류

$$i(t)=\frac{E}{R}e^{-\frac{1}{RC}t}[\text{A}]$$

② 초기전류($t=0$)와 정상전류($t=\infty$)

㉠ 초기전류($t=0$) $i(0)=\frac{E}{R}[\text{A}]$

㉡ 정상전류($t=\infty$) $i(\infty)=0[\text{A}]$

③ 특성근(s)

$$s=-\frac{1}{RC}$$

④ 시정수(τ)

$\tau=RC[\text{sec}]$

⑤ C의 단자전압(E_C)과 충전된 전하량(Q)

$$E_C=\frac{1}{C}\int_0^t i(t)dt=Z(1-e^{-\frac{1}{RC}t}),$$

$$Q=CE(1-e^{-\frac{1}{RC}t})$$

2. S를 단자 ②로 OFF하면 t초에서의 전류

$$i(t)=-\frac{E}{R}e^{-\frac{1}{RC}t}[\text{A}]$$

예제1 그림과 같은 회로에 $t=0$ 에서 s를 닫을 때의 방전 과도 전류 $i(t)$[A]는?

① $\frac{Q}{RC}e^{-\frac{t}{RC}}$

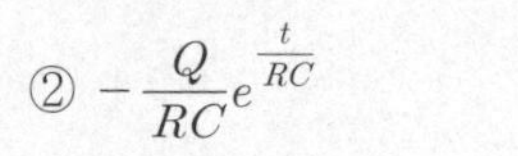

② $-\frac{Q}{RC}e^{\frac{t}{RC}}$

③ $\frac{Q}{RC}(1+e^{\frac{t}{RC}})$

④ $-\frac{1}{RC}(1-e^{-\frac{t}{RC}})$

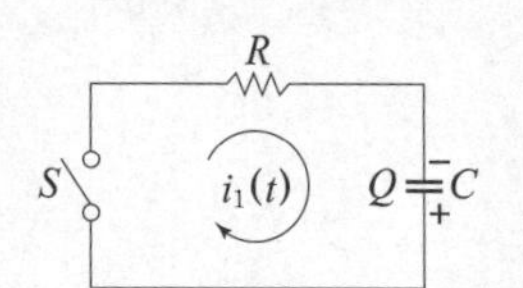

해설 R-C 과도현상
R-C직렬회로의 과도전류 $i(t)$

$i(t)=\frac{E}{R}e^{-\frac{1}{RC}t}$[A]이며 기전력을 인가한 경우의 충전전류이다.

기전력이 제거되고 난 후에 방전전류는 충전 시 흐르는 전류와 크기는 같고 방향이 반대이므로 전류부호가 음(−)이 되어야 하나 이 문제의 전류방향이 콘덴서 부호와 일치하는 방전전류를 가리키므로 음(−) 부호를 붙이지 않아야 한다.

$E=\frac{Q}{C}$[V] 식을 대입하여 구하면

$\therefore\ i(t)=\frac{E}{R}e^{-\frac{1}{RC}t}=\frac{Q}{RC}e^{-\frac{1}{RC}t}$[A]

예제2 R-C 직렬회로의 시정수 τ[s]는?

① RC ② $R+C$

③ $\frac{C}{R}$ ④ $\frac{R}{C}$

해설 R-C 과도현상
R-C 직렬회로에서 스위치를 닫고 전류가 정상전류의 36.8[%]에 도달하는데 소요되는 시간을 시정수라 하며

$i(\tau)=\frac{E}{R}e^{-\frac{1}{RC}\tau}=0.368\frac{E}{R}$[A]를 만족하는 시간을 구하면

$\therefore\ \tau=RC[\text{sec}]$

정답
1 ① 2 ①

27 L-C 과도현상

이해도 □□□ 30 60 100

중 요 도 : ★★★☆☆
출제빈도 : 1.7%, 5문 / 총 300문

한 솔 전 기 기 사
http://inup.co.kr
▲ 유튜브영상보기

1. S를 ON하고 t초 후에 전류

$$i(t) = \frac{E}{\sqrt{\frac{L}{C}}}\sin\frac{1}{\sqrt{LC}}t \ [A]$$: 불변진동 전류

2. L, C 단자전압의 범위

① L단자전압의 범위
$-E \le E_L \le +E$ [V]

② C단자전압의 범위
$0 \le E_C \le 2E$ [V]

여기서, $i(t)$: 과도전류[A], E : 직류전압[V], L : 인덕턴스[H], C : 정전용량[F], E_L : L의 단자전압, E_C : C의 단자전압

예제1 그림과 같은 회로에서 정전 용량 C[F]를 충전한 후 스위치 S를 닫아 이것을 방전하는 경우의 과도 전류는?

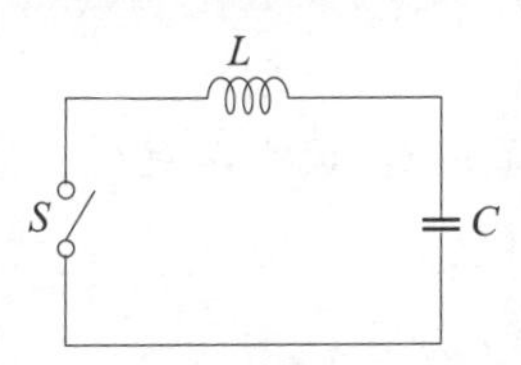

① 불변의 진동 전류
② 감쇠하는 전류
③ 감쇠하는 진동 전류
④ 일정값까지 증가하여 그 후 감쇠하는 전류

해설 L-C 과도현상
L-C 직렬연결에서 회로에 흐르는 전류 $i(t)$는
$i(t) = \frac{E}{\sqrt{\frac{L}{C}}}\sin\frac{1}{\sqrt{LC}}t$ [A]이며 불변진동전류이다.

예제2 그림과 같은 직류 LC 직렬회로에 대한 설명 중 옳은 것은?

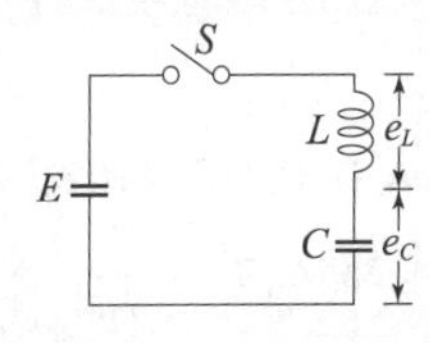

① e_L은 진동함수이나 e_C는 진동하지 않는다.
② e_L의 최대치는 $2E$까지 될 수 있다.
③ e_C의 최대치가 $2E$까지 될 수 있다.
④ C의 충전전하 q는 시간 t에 무관하다.

해설 L-C 과도현상의 LC 단자전압이 범위
(1) L단자 전압의 범위 : $-E \le E_L \le +E$ [V]
(2) C단자 전압의 범위 : $0 \le E_C \le 2E$ [V]

정답
1 ① 2 ③

28 Z-파라미터

이해도 □□□ 30 60 100

중 요 도 : ★★★☆☆
출제빈도 : 1.7%, 5문 / 총 300문

한 솔 전 기 기 사
http://inup.co.kr
▲ 유튜브영상보기

1. Z 파라미터의 4단자 정수로의 표현

$$Z_{11} = \frac{A}{C},\ Z_{12} = Z_{21} = \frac{1}{C},\ Z_{22} = \frac{D}{C}$$

2. T형과 L형 회로망의 Z파라미터

회로망 / Z 파라미터	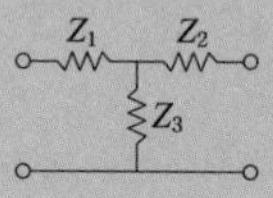	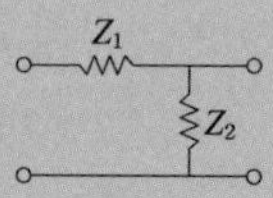	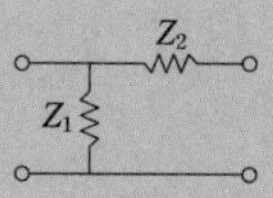
Z_{11}	$Z_1 + Z_3$	$Z_1 + Z_2$	Z_1
$Z_{12} = Z_{21}$	Z_3	Z_2	Z_1
Z_{22}	$Z_2 + Z_3$	Z_2	$Z_1 + Z_2$

여기서, Z_{11}, Z_{12}, Z_{21}, Z_{22} : Z파라미터,
A, B, C, D : 4단자 정수,
Z_1, Z_2, Z_3 : 회로망 임피던스[Ω]

예제1 4단자 정수 A, B, C, D로 출력측을 개방시켰을 때 입력측에서 본 구동점 임피던스 $Z_{11} = \left.\frac{V_1}{I_1}\right|_{I_2=0}$ 를 표시한 것 중 옳은 것은?

① $Z_{11} = \frac{A}{C}$ ② $Z_{11} = \frac{B}{D}$

③ $Z_{11} = \frac{A}{B}$ ④ $Z_{11} = \frac{B}{C}$

해설 Z 파라미터의 4단자 정수로의 표현

$$Z_{11} = \frac{A}{C},\ Z_{12} = Z_{21} = \frac{1}{C},\ Z_{22} = \frac{D}{C}$$

예제2 그림과 같은 T형 4단자 회로망의 임피던스 파라미터 Z_{11}은?

① $Z_b - Z_c$
② $Z_a + Z_c$
③ $Z_a + Z_b$
④ Z_b

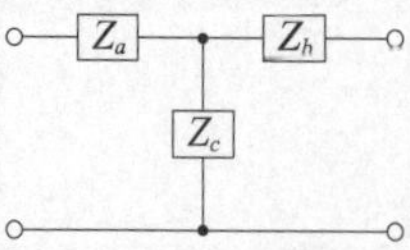

해설 T형 회로망의 Z파라미터

$$\begin{bmatrix} Z_{11} & Z_{12} \\ Z_{21} & Z_{22} \end{bmatrix} = \begin{bmatrix} Z_a + Z_c & Z_c \\ Z_c & Z_b + Z_c \end{bmatrix}$$

$\therefore Z_{11} = Z_a + Z_c\,[\Omega]$

예제3 그림과 같은 회로에서 Z_{21}은?

① $Z_a + Z_b$
② $Z_b + Z_c$
③ Z_c
④ $Z_a + Z_c$

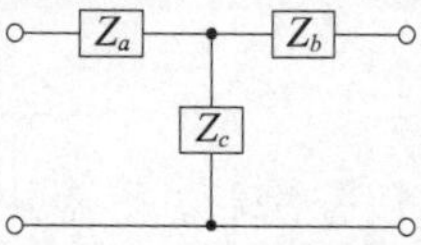

해설 T형 회로망의 Z파라미터

$$\begin{bmatrix} Z_{11} & Z_{12} \\ Z_{21} & Z_{22} \end{bmatrix} = \begin{bmatrix} Z_a + Z_c & Z_c \\ Z_c & Z_b + Z_c \end{bmatrix}$$

$\therefore Z_{21} = Z_c\,[\Omega]$

정답 1 ① 2 ② 3 ③

29 Y-파라미터

한 솔 전 기 기 사
http://inup.co.kr
▲ 유튜브영상보기

이해도 □□□ 30 60 100

중 요 도 : ★★★☆☆
출제빈도 : 1.7%, 5문 / 총 300문

1. Y파라미터의 4단자 정수로의 표현

$$Y_{11}=\frac{D}{B},\ \ Y_{12}=Y_{21}=\pm\frac{1}{B},\ \ Y_{22}=\frac{A}{B}$$

2. π형과 L형 회로망의 Y파라미터

회로망 / Y 파라미터			
Y_{11}	Y_1+Y_2	Y_1	Y_1+Y_2
$Y_{12}=Y_{21}$	Y_2	$\pm Y_1$	$\pm Y_2$
Y_{22}	Y_2+Y_3	Y_1+Y_2	Y_2

예제1 그림과 같은 4단자 회로의 어드미턴스 파라미터 Y_{11}은 어느 것인가?

① Y_a
② $-Y_b$
③ Y_a+Y_b
④ Y_b+Y_c

해설 π형 회로의 Y파라미터

$$\begin{bmatrix} Y_{11} & Y_{12} \\ Y_{21} & Y_{22} \end{bmatrix}=\begin{bmatrix} Y_a+Y_b & \pm Y_b \\ \pm Y_b & Y_b+Y_c \end{bmatrix}$$

$\therefore\ Y_{11}=Y_a+Y_b$

예제2 그림과 같은 π형 4단자 회로의 어드미턴스 상수 중 Y_{22}[℧]는?

① 5
② 6
③ 9
④ 11

해설 π형 회로망의 Y파라미터

$$\begin{bmatrix} Y_{11} & Y_{12} \\ Y_{21} & Y_{22} \end{bmatrix}=\begin{bmatrix} Y_a+Y_b & \pm Y_b \\ \pm Y_b & Y_b+Y_c \end{bmatrix}=\begin{bmatrix} 3+2 & 3 \\ 3 & 3+6 \end{bmatrix}=\begin{bmatrix} 5 & 3 \\ 3 & 9 \end{bmatrix}$$

$\therefore\ Y_{22}=9$ [℧]

예제3 그림과 같은 π형 회로에 있어서 어드미턴스 파라미터 중 Y_{21}은 어느 것인가?

① Y_a+Y_b
② Y_a+Y_c
③ Y_b
④ $-Y_a$

해설 π형 회로의 Y파라미터

$$\begin{bmatrix} Y_{11} & Y_{12} \\ Y_{21} & Y_{22} \end{bmatrix}=\begin{bmatrix} Y_a+Y_b & \pm Y_a \\ \pm Y_a & Y_a+Y_c \end{bmatrix}$$

$\therefore\ Y_{21}=+Y_a$ 또는 $-Y_a$

1 ③ 2 ③ 3 ④

30 4단자 정수의 성질 및 차원과 기계적 특성

이해도 □□□ 30 60 100

중 요 도 : ★★★☆☆
출제빈도 : 1.7%, 5문 / 총 300문

한 솔 전 기 기 사
http://inup.co.kr
▲ 유튜브영상보기

1. 4단자정수의 성질 및 차원

① $A=\left.\dfrac{V_1}{V_2}\right|_{I_2=0}$

⇒ 전압이득(변압기의 권수비)

② $B=\left.\dfrac{V_1}{I_2}\right|_{V_2=0}$

⇒ 임피던스 차원(자이레이터의 저항)

③ $C=\left.\dfrac{I_1}{V_2}\right|_{I_2=0}$

⇒ 어드미턴스 차원(자이레이터 저항의 역수)

④ $D=\left.\dfrac{I_1}{I_2}\right|_{V_2=0}$

⇒ 입·출력 전류비(변압기 권수비의 역수)

2. 4단자 정수의 기계적 특성

① 변압기

회로망 / 4단자정수	N	$n_1 : n_2$	$n:1$	$1:n$
A	N	$\dfrac{n_1}{n_2}$	n	$\dfrac{1}{n}$
B	0	0	0	0
C	0	0	0	0
D	$\dfrac{1}{N}$	$\dfrac{n_2}{n_1}$	$\dfrac{1}{n}$	n

※ 변압기의 1, 2차 권수의 비를 N이라 할 때 $N=\dfrac{n_1}{n_2}a$ 이므로 4단자 정수로의 표현은 위의 표와 같이 전개된다.

② 자이레이터

회로망 / 4단자정수	a	r	r_1, r_2
A	0	0	0
B	a	r	$\sqrt{r_1 r_2}$
C	$\dfrac{1}{a}$	$\dfrac{1}{r}$	$\dfrac{1}{\sqrt{r_1 r_2}}$
D	0	0	0

※ 자이레이터의 1, 2차 저항의 계수를 자이레이터 저항 a (또는 r)라 할 때 $a=r=\sqrt{r_1 r_2}$ 이므로 4단자 정수로의 표현은 위의 표와 같이 전개된다.

예제1 4단자 정수 A, B, C, D 중에서 전달 임피던스 차원을 갖는 정수는?

① B ② A
③ C ④ D

해설 4단자 정수의 성질 및 차원
(1) A : 전압이득 또는 입·출력 전압비
(2) B : 임피던스 차원
(3) C : 어드미턴스 차원
(4) D : 전류이득 또는 입·출력 전류비

예제2 4단자 회로망에 있어서 출력 단자 단락시 입력 전류와 출력 전류의 비를 나타내는 것은?

① A
② B
③ C
④ D

해설 4단자 정수의 성질 및 차원
D : 전류이득 또는 입·출력 전류비

예제3 **다음 결합 회로의 4단자 정수 A, B, C, D 파라미터 행렬은?**

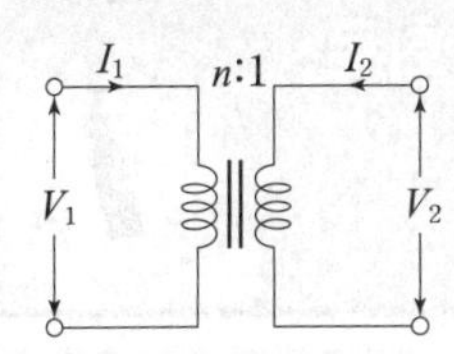

① $\begin{bmatrix} n & 0 \\ 0 & \frac{1}{n} \end{bmatrix}$ ② $\begin{bmatrix} 1 & n \\ \frac{1}{n} & 0 \end{bmatrix}$

③ $\begin{bmatrix} 0 & n \\ \frac{1}{n} & 1 \end{bmatrix}$ ④ $\begin{bmatrix} \frac{1}{n} & 0 \\ 0 & n \end{bmatrix}$

해설 4단자 정수의 기계적 특성

변압기 권수비 $N=\frac{n_1}{n_2}=\frac{n}{1}=n$ 이므로

$$\therefore \begin{bmatrix} A & B \\ C & D \end{bmatrix}=\begin{bmatrix} N & 0 \\ 0 & \frac{1}{N} \end{bmatrix}=\begin{bmatrix} \frac{n_1}{n_2} & 0 \\ 0 & \frac{n_2}{n_1} \end{bmatrix}=\begin{bmatrix} n & 0 \\ 0 & \frac{1}{n} \end{bmatrix}$$

예제4 **그림과 같은 이상 변압기의 4단자 정수 A, B, C, D는 어떻게 표시되는가?**

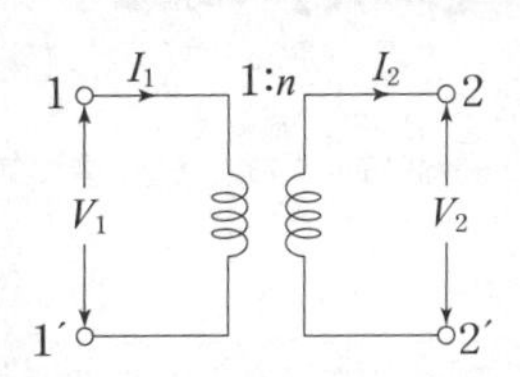

① $n,\ 0,\ 0,\ \frac{1}{n}$ ② $\frac{1}{n},\ 0,\ 0,\ \frac{1}{n}$

③ $\frac{1}{n},\ 0,\ 0,\ n$ ④ $n,\ 0,\ 1,\ \frac{1}{n}$

해설 4단자 정수의 기계적 특성

변압기 권수비 $N=\frac{n_1}{n_2}=\frac{1}{n}$ 이므로

$$\therefore \begin{bmatrix} A & B \\ C & D \end{bmatrix}=\begin{bmatrix} N & 0 \\ 0 & \frac{1}{N} \end{bmatrix}=\begin{bmatrix} \frac{n_1}{n_2} & 0 \\ 0 & \frac{n_2}{n_1} \end{bmatrix}=\begin{bmatrix} \frac{1}{n} & 0 \\ 0 & n \end{bmatrix}$$

정답

1 ① 2 ④ 3 ① 4 ③

31 정저항 회로

이해도 □□□ 30 60 100

중 요 도 : ★★★☆☆
출제빈도 : 1.7%, 5문 / 총 300문

한 솔 전 기 기 사
http://inup.co.kr
▲ 유튜브영상보기

임피던스의 허수부가 어떤 주파수에 관해서도 언제나 0이 되고 실수부도 주파수에 무관하여 항상 일정하게 되는 회로를 "정저항 회로"라 한다.

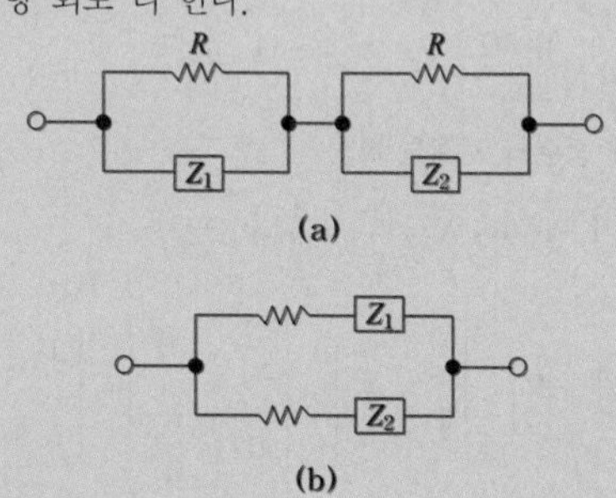

1. 정저항 조건식

$R^2 = Z_1 Z_2$

2. $Z_1 = j\omega L,\ Z_2 = \dfrac{1}{j\omega C}$ **인 경우**

$R^2 = Z_1 Z_2 = j\omega L \times \dfrac{1}{j\omega C} = \dfrac{L}{C}$

$R^2 = Z_1 Z_2 = \dfrac{L}{C}$

$R = \sqrt{\dfrac{L}{C}}\,[\Omega],\ L = CR^2\,[\mathrm{H}],\ C = \dfrac{L}{R^2}\,[\mathrm{F}]$

여기서, R : 저항[Ω], Z_1, Z_2 : 임피던스[Ω],
L : 인덕턴스[H], C : 정전용량[F],
ω : 각주파수[rad/sec]

예제1 **그림과 같은 회로의 임피던스가 R이 되기 위한 조건은?**

① $Z_1 Z_2 = R$
② $\dfrac{Z_1}{Z_2} = R^2$
③ $Z_1 Z_2 = R^2$
④ $\dfrac{Z_2}{Z_1} = R^2$

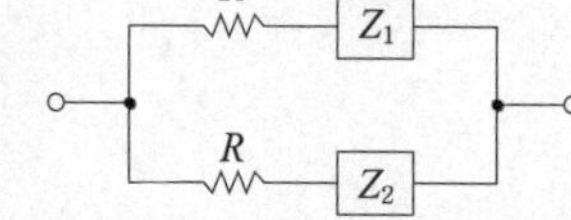

해설 정저항 조건식

(1) $R^2 = Z_1 Z_2 = \dfrac{L}{C}$

(2) $R = \sqrt{\dfrac{L}{C}}\,[\Omega],\ L = CR^2\,[\mathrm{H}],\ C = \dfrac{L}{R^2}\,[\mathrm{F}]$

예제2 **그림과 같은 회로가 정저항 회로가 되기 위한 저항 R의 값은?**

① 8[Ω]
② 14[Ω]
③ 20[Ω]
④ 28[Ω]

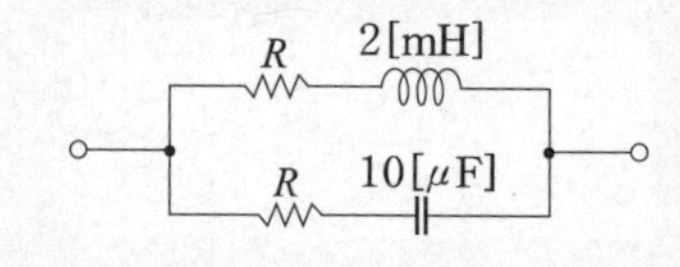

해설 정저항 조건식

$R = \sqrt{\dfrac{L}{C}}\,[\Omega]$ 식에서

$L = 2\,[\mathrm{mH}],\ C = 10\,[\mu\mathrm{F}]$ 이므로

$\therefore\ R = \sqrt{\dfrac{L}{C}} = \sqrt{\dfrac{2 \times 10^{-3}}{10 \times 10^{-6}}} = 14\,[\Omega]$

정답
1 ③ 2 ②

32 무효전력

이해도 □□□ 30 60 100

중 요 도 : ★★★☆☆
출제빈도 : 1.7%, 5문 / 총 300문

한 솔 전 기 기 사
http://inup.co.kr
▲ 유튜브영상보기

1. 무효전력(Q)

① 전압(V), 전류(I), 역률($\cos\theta$)이 주어진 경우

$$Q = S\sin\theta = VI\sin\theta = \frac{1}{2}V_m I_m \sin\theta[\text{Var}]$$

※ 주어진 역률($\cos\theta$)을 무효율($\sin\theta$)로 환산하면 $\sin\theta = \sqrt{1-\cos^2\theta}$ 이다.

② R-X 직렬접속된 경우

$$Q = I^2X = \frac{V^2X}{R^2+X^2}[\text{Var}]$$

③ R-X 병렬접속된 경우

$$Q = \frac{V^2}{X}[\text{Var}]$$

2. 피타고라스 정리 적용

$S = \sqrt{P^2+Q^2}$ [VA], $P = \sqrt{S^2-Q^2}$ [W],

$Q = \sqrt{S^2-P^2}$ [Var]

여기서, Q : 무효전력[Var], V : 전압[V], I : 전류[A], $\cos\theta$: 역률, R : 저항[Ω], X : 리액턴스[Ω], S : 피상전력[VA], P : 유효전력[W]

예제1 역률 60[%]인 부하의 유효 전력이 120[kW]일 때 무효 전력은[kVar]은?

① 40　② 80
③ 120　④ 160

해설 무효전력(Q)

$|S| = VI = \dfrac{P}{\cos\theta} = \dfrac{Q}{\sin\theta}$ [VA] 식에서

$\cos\theta = 0.6$, $P = 120$ [kW] 이므로

$$\therefore Q = P\frac{\sin\theta}{\cos\theta} = P\cdot\frac{\sqrt{1-\cos^2\theta}}{\cos\theta} = 120\times\frac{\sqrt{1-0.6^2}}{0.6} = 160\,[\text{kW}]$$

예제2 100[V], 800[W], 역률 80[%]인 회로의 리액턴스는 몇 [Ω]인가?

① 12　② 10
③ 8　④ 6

해설 무효전력(Q)

$S = VI$ [VA], $P = VI\cos\theta$ [W],

$Q = I^2X = \sqrt{S^2-P^2} = \sqrt{(VI)^2-P^2}$ [Var] 식에서

$V = 100$ [V], $P = 800$ [W], $\cos\theta = 0.8$ 이므로

$I = \dfrac{P}{V\cos\theta} = \dfrac{800}{100\times0.8} = 10$ [A] 일 때

$$\therefore X = \frac{\sqrt{(VI)^2-P^2}}{I^2} = \frac{\sqrt{(100\times10)^2-800^2}}{10^2} = 6\,[\Omega]$$

정답 1 ④ 2 ④

33 구동점 임피던스

이해도 □□□ 30 60 100

중 요 도 : ★★★☆☆
출제빈도 : 1.7%, 5문 / 총 300문

한 솔 전 기 기 사
http://inup.co.kr
▲ 유튜브영상보기

$j\omega = s$로 표현하고 구동점 리액턴스는 각각 $j\omega L = sL[\Omega]$, $\dfrac{1}{j\omega C} = \dfrac{1}{sC}[\Omega]$으로 나타낸다.

1. R, L, C 직렬회로의 구동점 임피던스 : $Z(s)$

$$Z(s) = R + Ls + \frac{1}{Cs}[\Omega]$$

2. R, L, C 병렬회로의 구동점 임피던스 : $Z(s)$

$$Y(s) = \frac{1}{R} + \frac{1}{Ls} + Cs[\text{S}]$$

$$Z(s) = \frac{1}{Y(s)} = \frac{1}{\dfrac{1}{R} + \dfrac{1}{Ls} + Cs}[\Omega]$$

여기서, ω : 각주파수[rad/sec], R : 저항[Ω], L : 인덕턴스[H], C : 정전용량[F], $Z(s)$: 구동점 임피던스[Ω], $Y(s)$: 구동점 어드미턴스[S]

예제1 **그림과 같은 회로의 2단자 임피던스 $Z(s)$는? (단, $s = j\omega$이다.)**

1[H] 2[H]
1[F] 0.5[F]

① $\dfrac{s}{s^2+1}$

② $\dfrac{0.5s}{s^2+1}$

③ $\dfrac{3s}{s^2+1}$

④ $\dfrac{2s}{s^2+1}$

해설 L, C 병렬회로의 구동점 임피던스 $Z(s)$

$L_1 = 1[\text{H}]$, $C_1 = 1[\text{F}]$, $L_2 = 2[\text{H}]$, $C_2 = 0.5[\text{F}]$ 이므로

$$Z(s) = \frac{1}{\dfrac{1}{L_1 s} + C_1 s} + \frac{1}{\dfrac{1}{L_2 s} + C_2 s}$$

$$= \frac{1}{\dfrac{1}{s} + s} + \frac{1}{\dfrac{1}{2s} + 0.5s}$$

$$= \frac{s}{s^2+1} + \frac{2s}{s^2+1} = \frac{3s}{s^2+1}$$

예제2 **리액턴스 함수가 $Z(\lambda) = \dfrac{4\lambda}{\lambda^2+9}$로 표시되는 리액턴스 2단자망은 다음 중 어느 것인가?**

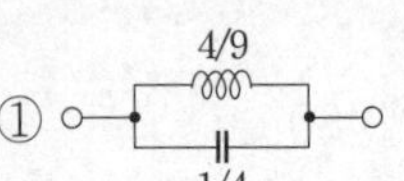
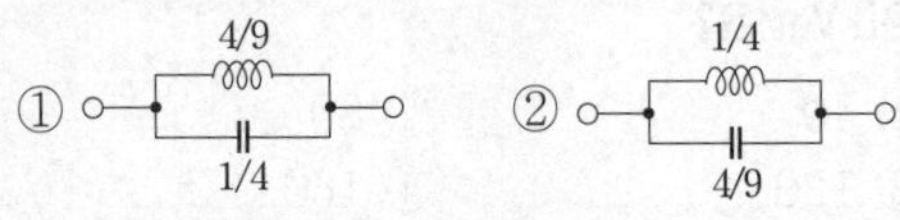

③ 4/9 1/4

④ 1/4 4/9

해설 L, C 병렬회로의 구동점 임피던스 $Z(s)$

$$Z(\lambda) = \frac{4\lambda}{\lambda^2+9} = \frac{1}{\dfrac{\lambda^2+9}{4\lambda}} = \frac{1}{\dfrac{1}{4}\lambda + \dfrac{9}{4\lambda}}$$

$$= \frac{1}{\dfrac{1}{4}\lambda + \dfrac{1}{\dfrac{4}{9}\lambda}} = \frac{1}{Cs + \dfrac{1}{Ls}}[\Omega]$$

$C = \dfrac{1}{4}[\text{F}]$, $L = \dfrac{4}{9}[\text{H}]$ 병렬회로인 아래 그림과 같다.

∴ 4/9
1/4

정답

1 ③ 2 ①

34 3상 V결선의 특징

이해도 □□□ 30 60 100

중 요 도 : ★★★☆☆
출제빈도 : 1.7%, 5문 / 총 300문

한 솔 전 기 기 사
http://inup.co.kr
▲ 유튜브영상보기

단상변압기 3대로 Δ결선 운전 중 1대 고장으로 나머지 2대로 3상부하를 운전할 수 있는 결선

1. V결선의 출력

$P=\sqrt{3}\,V_L I_L \cos\theta$[W], $S=\sqrt{3}\times TR$ 1대 용량[VA]

여기서, P : V결선 출력[W], S : 피상전력[VA],
V_L : 선간전압[V], I_L : 선전류[A], $\cos\theta$: 역률

2. V결선의 출력비

Δ결선으로 운전하는 경우에 비해서 V결선으로 운전할 때의 비율

$$\therefore \frac{S_V}{S_\Delta}=\frac{\sqrt{3}\times \text{TR 1대 용량}}{3\times \text{TR 1대 용량}}=\frac{1}{\sqrt{3}}=0.577$$

3. V결선의 이용률

$$\therefore \frac{S_V}{\text{변압기 총용량}}=\frac{\sqrt{3}\times \text{TR 1대 용량}}{2\times \text{TR 1대 용량}}=\frac{\sqrt{3}}{2}=0.866$$

예제1 V결선의 출력은 $P=\sqrt{3}\,VI\cos\theta$로 표시된다. 여기서 V, I는?

① 선간전압, 상전류 ② 상전압, 선간전류
③ 선간전압, 선전류 ④ 상전압, 상전류

해설 V결선의 출력
$P=\sqrt{3}\,VI\cos\theta=\sqrt{3}\,V_L I_L\cos\theta$[W] 식에서
$\therefore$ V_L은 선간전압, I_L은 선전류이다.

예제2 단상 변압기 3대(100[kVA]×3)로 Δ결선하여 운전 중 1대 고장으로 V결선한 경우의 출력 [kVA]은?

① 100 [kVA] ② $100\sqrt{3}$ [kVA]
③ 245 [kVA] ④ 300 [kVA]

해설 V결선의 출력
$P_V=\sqrt{3}\times$변압기 1대 용량$=100\sqrt{3}$ [kVA]

예제3 단상 변압기 3대(50[kVA]×3)를 Δ결선하여 부하에 전력을 공급하고 있다. 변압기 1대의 고장으로 V결선으로 한 경우 공급할 수 있는 전력과 고장 전 전력과의 비율[%]은?

① 57.7 ② 66.7
③ 75.0 ④ 86.6

해설 V결선의 출력비
V결선의 출력비는 Δ결선으로 운전하는 경우에 비해서 V결선으로 운전하는 경우의 출력의 비를 의미하며

$$\frac{S_V}{S_\Delta}=\frac{\sqrt{3}\times \text{변압기1대용량}}{3\times \text{변압기1대용량}}=\frac{1}{\sqrt{3}}=0.577\,[\text{pu}]=57.7\,[\%]$$

예제4 V결선의 변압기 이용률[%]은?

① 57.7 ② 86.6
③ 80 ④ 100

해설 V결선의 이용률

$$\frac{S_V}{\text{변압기 총용량}}=\frac{\sqrt{3}\times \text{변압기1대용량}}{2\times \text{변압기1대용량}}=\frac{\sqrt{3}}{2}=0.866\,[\text{pu}]=86.6\,[\%]$$

정답
1 ③ 2 ② 3 ① 4 ②

35 n상 다상교류의 특징

이해도 □□□ 30 60 100

중 요 도 : ★★★☆☆
출제빈도 : 1.7%, 5문 / 총 300문

한 솔 전 기 기 사
http://inup.co.kr
▲ 유튜브영상보기

1. 성형결선과 환상결선의 특징

특징 \ 종류	성형결선	환상결선
선간전압(V_L)과 상전압(V_P)관계	$V_L = 2\sin\frac{\pi}{n}V_P$ [V]	$V_L = V_P$ [V]
선전류(I_L)와 상전류(I_P)관계	$I_L = I_P$ [A]	$I_L = 2\sin\frac{\pi}{n}I_P$ [A]
위상관계	$\frac{\pi}{2}\left(1-\frac{2}{n}\right)$	$\frac{\pi}{2}\left(1-\frac{2}{n}\right)$
소비전력(P_n)	$P_n = \frac{n}{2\sin\frac{\pi}{n}} V_L I_L \cos\theta$	$P_n = \frac{n}{2\sin\frac{\pi}{n}} V_L I_L \cos\theta$

① 5상 성형결선에서 선간전압과 상전압의 위상차는

$$\theta = \frac{\pi}{2}\left(1-\frac{2}{n}\right) = \frac{\pi}{2}\left(1-\frac{2}{5}\right) = 54^\circ$$

② 대칭 6상 환상결선인 경우 선전류와 상전류의 크기 관계는

$$I_L = 2\sin\frac{\pi}{n}I_P = 2\sin\frac{\pi}{6}I_P = I_P \text{ [A]}$$

2. 회전자계의 모양

① 대칭 n상 회전자계

각 상의 모든 크기가 같으며 각 상간 위상차가 $\frac{2\pi}{n}$로 되어 회전자계의 모양은 원형을 그린다.

② 비대칭 n상 회전자계

각 상의 크기가 균등하지 못하여 각 상간 위상차는 $\frac{2\pi}{n}$로 될 수 없기 때문에 회전자계의 모양은 타원형을 그린다.

예제1 **대칭 5상 기전력의 선간 전압과 상전압의 위상차는 얼마인가?**

① 27° ② 36°
③ 54° ④ 72°

해설 대칭 n상에서 선간전압과 상전압의 위상차

$\frac{\pi}{2}\left(1-\frac{2}{n}\right)$ 식에서 대칭 5상은 $n=5$일 때 이므로

$\therefore\ \frac{\pi}{2}\left(1-\frac{2}{n}\right) = \frac{\pi}{2}\left(1-\frac{2}{5}\right) = 54^\circ$

예제2 **대칭 6상식의 성형 결선의 전원이 있다. 상전압이 100[V]이면 선간 전압[V]은 얼마인가?**

① 600 ② 300
③ 220 ④ 100

해설 대칭 n상 성형결선에서 선간전압(E_L)과 상전압(E_P)과의 관계

$E_L = 2\sin\frac{\pi}{n}E_P$[V] 식에서

$E_P = 100$[V], $n=6$ 이므로

$\therefore\ E_L = 2\sin\frac{\pi}{6}E_P = E_P = 100$ [V]

정답 1 ③ 2 ④

36 중첩의 원리

이해도 □□□ 30 60 100

중 요 도 : ★★☆☆☆
출제빈도 : 1.0%, 3문 / 총 300문

한솔전기기사
http://inup.co.kr
▲ 유튜브영상보기

여러 개의 전원을 이용하는 하나의 회로망에서 임의의 지로에 흐르는 전류를 구하기 위해서 전원 각각 단독으로 존재하는 경우의 회로를 해석하여 계산된 전류의 대수의 합을 한다.

※ 중첩의 원리는 선형회로에서만 적용이 가능하며, 또한 전원을 제거하는 경우에는 전압원은 단락, 전류원은 개방을 하여야 한다.

예제1 여러 개의 기전력을 포함하는 선형 회로망 내의 전류 분포는 각 기전력이 단독으로 그 위치에 있을 때 흐르는 전류 분포의 합과 같다는 것은?

① 키르히호프(Kirchhoff) 법칙이다.
② 중첩의 원리이다.
③ 테브난(Thevenin)의 정리이다.
④ 노오튼(Norton)의 정리이다.

해설 중첩의 원리
중첩의 원리란 여러 개의 전원을 이용하는 하나의 회로망에서 임의의 지로에 흐르는 전류를 구하기 위해서 전원 각각 단독으로 존재하는 경우의 회로를 해석하여 계산된 전류의 대수의 합을 말한다.
중첩의 원리는 선형 회로에서만 적용할 수 있다.

예제2 선형 회로에 가장 관계가 있는 것은?

① 키르히호프의 법칙
② 중첩의 원리
③ $V = RI^2$
④ 패러데이의 전자 유도 법칙

해설 중첩의 원리
중첩의 원리는 선형 회로에서만 적용할 수 있다.

예제3 그림과 같은 회로에서 15[Ω]의 저항에 흐르는 전류는 몇 [A]인가?

① 4
② 6
③ 8
④ 10

60[V] 5[A] 20[A] 15[Ω]

해설 중첩의 원리
(전압원 단락) 60[V]의 전압원을 단락하면 15[Ω] 저항에는 전류가 흐르지 않는다. $I_1 = 0$[A]
(전류원 개방) 5[A], 20[A] 전류원을 모두 개방하면 60[V]와 15[Ω]이 직렬접속이 되어
$I_2 = \frac{60}{15} = 4$[A]가 된다.
$\therefore I = I_1 + I_2 = 0 + 4 = 4$[A]

정답
1 ② 2 ② 3 ①

Black Box

37 최대전력전송

이해도 □□□ 30 60 100

중 요 도 : ★★☆☆☆
출제빈도 : 1.0%, 3문 / 총 300문

한 솔 전 기 기 사
http://inup.co.kr
▲ 유튜브영상보기

내용 / 회로	조건	최대전력
회로 (전압원 E, 내부저항 r, 부하저항 R)	$R=r$	$P_m=\dfrac{E^2}{4R}$
회로 (전압원 V, 정전용량 C, 부하저항 R)	$R=X_C=\dfrac{1}{\omega C}$	$P_m=\dfrac{1}{2}\omega CV^2$
회로 (전압원 V, 내부임피던스 Z_g, 부하임피던스 Z_L)	$Z_L=Z_g^*$	$P_m=\dfrac{V^2}{4R}$

여기서, R : 부하저항[Ω], r : 내부저항[Ω],
P_m : 최대전송전력[W], C : 정전용량[F],
X_C : 리액턴스[Ω], Z_L : 부하임피던스[Ω]
Z_g : 내부임피던스[Ω], Z_g^* : Z_g의 켤레복소수

예제1 다음 회로에서 부하 R_L에 최대 전력이 공급될 때의 전력 값이 5[W]라고 할 때 R_L+R_i의 값은 몇 [Ω]인가?

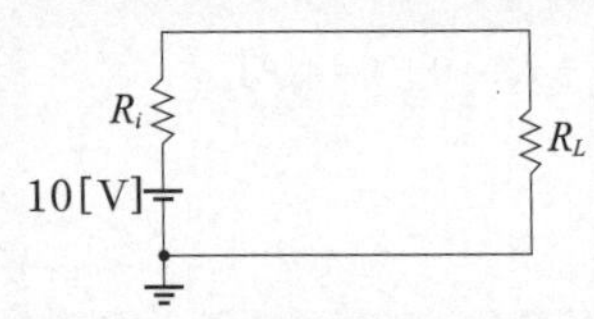

① 5 ② 10
③ 15 ④ 20

해설 최대전력전송조건
최대전력을 공급하기 위한 조건은 $R_L=R_i$이며 이 때 최대 전력 P_m은 $P_m=\dfrac{E^2}{4R_L}$[W] 식에서
$P_m=5$[W], $E=10$[V] 이므로
$R_L=\dfrac{E^2}{4P_m}=\dfrac{10^2}{4\times5}=5$[Ω]이다.
$\therefore R_L+R_i=5+5=10$[Ω]

예제2 내부 임피던스가 $0.3+j2$[Ω]인 발전기에 임피던스가 $1.7+j3$[Ω]인 선로를 연결하여 전력을 공급한다. 부하 임피던스가 몇 [Ω]일 때 최대전력이 전달되겠는가?

① 2[Ω] ② $\sqrt{29}$[Ω]
③ $2-j5$[Ω] ④ $2+j5$[Ω]

해설 최대전력전송조건
발전기 내부임피던스 Z_g, 선로측 임피던스 Z_ℓ이라 하면 전원측 내부임피던스 합 Z_o는
$Z_o=Z_g+Z_\ell=0.3+j2+1.7+j3=2+j5$[Ω]이다.
최대전력전달조건은 부하임피던스 Z_L이 $Z_L=Z_o^*$[Ω]이어야 하므로(여기서 Z_o^*는 Z_o의 켤레복소수이다.)
$\therefore Z_L=(2+j5)^*=2-j5$[Ω]

정답
1 ② 2 ③

38 a상 기준으로 해석한 대칭분

이해도 □□□ 30 60 100

중 요 도 : ★★☆☆☆
출제빈도 : 1.0%, 3문 / 총 300문

한 솔 전 기 기 사
http://inup.co.kr
▲ 유튜브영상보기

V_a, $V_b = a^2 V_a$, $V_c = a V_a$이므로

1. 영상분 전압(V_0)

$$V_0 = \frac{1}{3}(V_a + V_b + V_c) = \frac{1}{3}(V_a + a^2 V_a + a V_a) = 0[\text{V}]$$

2. 정상분 전압(V_1)

$$V_1 = \frac{1}{3}(V_a + a V_b + a^2 V_c) = \frac{1}{3}(V_a + a^3 V_a + a^3 V_a) = V_a[\text{V}]$$

3. 역상분 전압(V_2)

$$V_2 = \frac{1}{3}(V_a + a^2 V_b + a V_c) = \frac{1}{3}(V_a + a^4 V_a + a^2 V_a) = 0[\text{V}]$$

- $a^3 = 1$
- $a^4 = a^3 \times a = a$
- $1 + a + a^2 = 0$

예제1 대칭 3상 전압이 V_a, $V_b = a^2 V_a$, $V_c = a V_a$일 때, a상을 기준으로 한 대칭분을 구할 때 영상분은?

① V_a　② $\frac{1}{3} V_a$
③ 0　④ $V_a + V_b + V_c$

해설 a상을 기준으로 해석한 대칭분
(1) 영상분 전압 : $V_0 = 0[\text{V}]$
(2) 정상분 전압 : $V_1 = V_a[\text{V}]$

예제2 대칭 3상 전압이 a상 V_a[V], b상 $V_b = a^2 V_a$[V], c상 $V_c = a V_a$[V]일 때 a상을 기준으로 한 대칭분 전압 중 정상분 V_1은 어떻게 표시되는가?

① $\frac{1}{3} V_a$　② V_a
③ $a V_a$　④ $a^2 V_a$

해설 a상을 기준으로 해석한 대칭분
정상분 전압 : $V_1 = V_a[\text{V}]$

정답 1 ③ 2 ②

39 푸리에 급수

이해도 □□□ 30 60 100
중 요 도 : ★★☆☆☆
출제빈도 : 1.0%, 3문 / 총 300문

한 솔 전 기 기 사
http://inup.co.kr
▲ 유튜브영상보기

기본파에 고조파가 포함된 비정현파를 여러 개의 정현파의 합으로 표시하는 방법을 "푸리에 급수"라 한다.

1. 푸리에 급수 정의식

$$f(t) = a_0 + \sum_{n=1}^{\infty} a_n \cos n\omega t + \sum_{n=1}^{\infty} b_n \sin n\omega t$$

2. 비정현파에 포함된 요소

① 직류분 또는 평균치 : a_0

② 기본파 : $a_1 \cos \omega t + b_1 \sin \omega t$

③ 고조파 : $\sum_{n=2}^{\infty} a_n \cos n\omega t + \sum_{n=2}^{\infty} b_n \sin n\omega t$

∴ 직류분+기본파+고조파

3. 주기적인 구형파 신호의 푸리에 급수

$$f(t) = \frac{4I_m}{\pi}\left(\sin \omega t + \frac{1}{3}\sin 3\omega t + \frac{1}{5}\sin 5\omega t + \frac{1}{7}\sin 7\omega t + \cdots\right)$$

∴ 기수(홀수)차로 구성된 무수히 많은 주파수 성분의 합성

예제1 비정현파의 푸리에 급수에 의한 전개에서 옳게 전개한 $f(t)$는?

① $\sum_{n=1}^{\infty} a_n \sin n\omega t + \sum_{n=1}^{\infty} b_n \sin n\omega t$

② $\sum_{n=1}^{\infty} a_n \sin n\omega t + \sum_{n=1}^{\infty} b_n \cos n\omega t$

③ $a_0 + \sum_{n=1}^{\infty} a_n \cos n\omega t + \sum_{n=1}^{\infty} b_n \sin n\omega t$

④ $\sum_{n=1}^{\infty} a_n \cos n\omega t + \sum_{n=1}^{\infty} b_n \cos n\omega t$

해설 푸리에 급수 정의식

$$f(t) = a_0 + \sum_{n=1}^{\infty} a_n \cos n\omega t + \sum_{n=1}^{\infty} b_n \sin n\omega t$$

예제2 비정현파를 나타내는 식은?

① 기본파+고조파+직류분
② 기본파+직류분−고조파
③ 직류분+고조파−기본파
④ 교류분+기본파+고조파

해설 비정현파에 포함된 요소

(1) 직류분 또는 평균치 : a_0

(2) 기본파 : $a_1 \cos \omega t + b_1 \sin \omega t$

(3) 고조파 : $\sum_{n=2}^{\infty} a_n \cos n\omega t + \sum_{n=2}^{\infty} b_n \sin n\omega t$

∴ 직류분 + 기본파 + 고조파

정답 1 ③ 2 ①

40 발전기 기본식 및 지락고장 해석

한 솔 전 기 기 사
http://inup.co.kr
▲ 유튜브영상보기

이해도 □□□ 30 60 100

중 요 도 : ★★☆☆☆
출제빈도 : 1.0%, 3문 / 총 300문

1. 발전기 기본식

$$\begin{cases} V_0 = -Z_0 I_o \text{ [V]} \\ V_1 = E_a - Z_1 I_1 \text{ [V]} \\ V_2 = -Z_2 I_2 \text{ [V]} \end{cases}$$

2. 지락 고장의 특징

① 1선 지락 사고시 $I_0 = I_1 = I_2 \neq 0$이다.

② 2선 지락 사고시 $V_0 = V_1 = V_2 \neq 0$이다.

예제1 대칭 3상 교류 발전기의 기본식 중 알맞게 표현된 것은? (단, V_0는 영상분 전압, V_1은 정상분 전압, V_2는 역상분 전압이다.)

① $V_0 = E_0 - Z_0 I_0$

② $V_1 = -Z_1 I_0$

③ $V_2 = Z_2 I_2$

④ $V_1 = E_a - Z_1 I_1$

해설 발전기 기본식

$V_0 = -Z_0 I_0$ [V]

$V_1 = E_a - Z_1 I_1$ [V]

$V_2 = -Z_2 I_2$ [V]

예제2 단자전압의 각 대칭분 V_0, V_1, V_2가 0이 아니고 같게 되는 고장의 종류는?

① 1선 지락 ② 선간 단락

③ 2선 지락 ④ 3선 단락

해설 지락 고장의 특징

(1) 1선 지락 사고

$I_0 = I_1 = I_2 \neq 0$

(2) 2선 지락 사고

$V_0 = V_1 = V_2 \neq 0$

예제3 송전선로에서 발생하는 사고의 종류 중에 대칭분 전류(영상전류, 정상전류, 역상전류)가 모두 같으며 영(0)이 안 되는 사고는 어떤 사고인가?

① 1선 지락사고 ② 선간 단락사고

③ 2선 지락사고 ④ 3선 단락사고

해설 지락 고장의 특징

(1) 1선 지락 사고

$I_0 = I_1 = I_2 \neq 0$

(2) 2선 지락 사고

$V_0 = V_1 = V_2 \neq 0$

정답

1 ④ 2 ③ 3 ①

BLACK BOX

출제빈도별 우선순위 핵심25선

V 제어공학 블랙박스

우선순위	핵 심 제 목	중요도	출제문항수	학습진도(%) 30 60 100
1	루스-훌비쯔 안정도 판별법	★★★★★	27문 / 300문	□□□
2	과도응답	★★★★★	25문 / 300문	□□□
3	신호흐름선도	★★★★★	25문 / 300문	□□□
4	자동제어계의 분류	★★★★★	19문 / 300문	□□□
5	Z-변환법	★★★★★	19문 / 300문	□□□
6	근궤적의 연산	★★★★★	19문 / 300문	□□□
7	주파수응답	★★★★★	17문 / 300문	□□□
8	블록선도	★★★★★	15문 / 300문	□□□
9	편차와 감도	★★★★☆	13문 / 300문	□□□
10	특성방정식과 고유값	★★★★☆	11문 / 300문	□□□
11	불대수와 드모르강 법칙	★★★★☆	11문 / 300문	□□□
12	보드 안정도 판별법	★★★★☆	9문 / 300문	□□□
13	나이퀴스트 안정도 판별법	★★★☆☆	8문 / 300문	□□□
14	이득여유 계산과 위상여유, 위상여유 그래프	★★★☆☆	8문 / 300문	□□□
15	상태방정식	★★★☆☆	8문 / 300문	□□□
16	근궤적의 성질	★★★☆☆	8문 / 300문	□□□
17	나이퀴스트 벡터궤적	★★★☆☆	7문 / 300문	□□□
18	논리회로	★★★☆☆	7문 / 300문	□□□
19	Z평면의 안정도 해석	★★★☆☆	6문 / 300문	□□□
20	제어소자 및 연산증폭기	★★★☆☆	6문 / 300문	□□□
21	상태천이행렬	★★☆☆☆	5문 / 300문	□□□
22	보상회로	★★☆☆☆	5문 / 300문	□□□
23	피드백 제어계의 구성과 정의	★★☆☆☆	5문 / 300문	□□□
24	무접점회로와 유접점회로	★★☆☆☆	5문 / 300문	□□□
25	Z변환의 전달함수와 샘플링	★☆☆☆☆	2문 / 300문	□□□

루스-훌비쯔 안정도 판별법

한 솔 전 기 기 사
http://inup.co.kr
▲ 유튜브영상보기

이해도 □□□ 30 60 100

중 요 도 : ★★★★★
출제빈도 : 9.0%, 27문 / 총 300문

1. 안정도 판별법

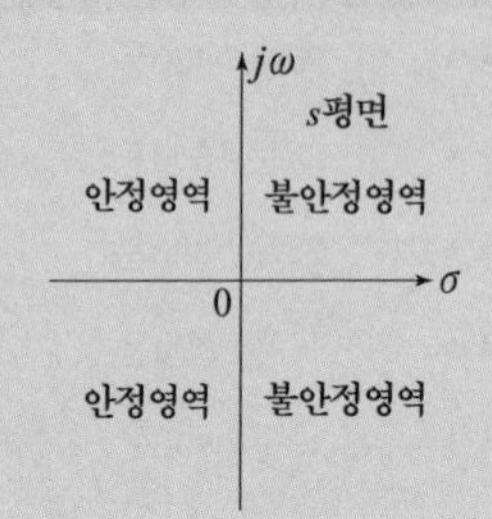

〈s 평면에서의 안정과 불안정영역〉

설계를 목적으로 하는 경우 미지이거나 가변파라미터가 특성방정식에 내장되므로 근을 구하는 프로그램을 사용하는 것이 불가능한 경우도 있다. 루스-훌비쯔 판별법은 근을 직접 구하지 않고 선형연속치계통의 안정도를 결정하는 방법으로 잘 알려져 있다.

2. 안정도 필요조건

① 특성방정식의 모든 계수는 같은 부호를 갖는다.
② 특성방정식의 계수가 어느 하나라도 없어서는 안된다. 즉, 모든 계수가 존재해야 한다.

3. Routh-Hurwitz 판별법

$$a_0 s^6 + a_1 s^5 + a_2 s^4 + a_3 s^3 + a_4 s^2 + a_5 s + a_6 = 0$$

s^6	a_0	a_2	a_4	a_6
s^5	a_1	a_3	a_5	0
s	$\dfrac{a_1 a_2 - a_0 a_3}{a_1} = A$	$\dfrac{a_1 a_4 - a_0 a_5}{a_1} = B$	$\dfrac{a_1 a_6 - a_0 \times 0}{a_1} = a_6$	0
s^3	$\dfrac{A a_3 - a_1 B}{A} = C$	$\dfrac{A a_5 - a_1 a_6}{A} = D$	$\dfrac{A \times 0 - a_1 \times 0}{A} = 0$	0
s^2	$\dfrac{BC - AD}{C} = E$	$\dfrac{C a_6 - A \times 0}{C} = a_6$	$\dfrac{C \times 0 - A \times 0}{C} = 0$	0
s^1	$\dfrac{ED - C a_6}{E} = F$	0	0	0
s^0	$\dfrac{F a_6 - E \times 0}{F} = a_6$	0	0	0

일단, Routh표가 완성되면 판정응용으로의 마지막 단계는 방정식의 근에 관한 정보를 가지고 있는 표의 제1열에서의 계수의 부호를 조사하는 데 있다. 다음 결론이 이루어진다. 만일 Routh표의 제1열의 모든 요소가 같은 부호이면, 방정식의 근은 모두 s 평면 좌반면에 있다. 제1열 요소의 부호 변화수는 s 평면 우반면내 또는 정(+)의 실수부를 가지는 근의 수와 같다.

예제1 **특성방정식의 근이 모두 복소 s 평면의 좌반부에 있으면 이 계의 안정 여부는?**

① 조건부 안정 ② 불안정
③ 임계 안정 ④ 안정

해설 안정도 결정법
선형계에서 안정도를 결정하는 경우 s평면의 허수축($j\omega$축)을 기준으로 하여 좌반면을 안정영역, 우반면을 불안정영역, 허수축을 임계안정으로 구분하고 있다. 따라서 특성방정식의 근이 s평면의 좌반면에 존재해야 안정하게 된다.

예제2 **다음 특성방정식 중 안정될 필요조건을 갖춘 것은?**

① $s^4 + 3s^2 + 10s + 10 = 0$
② $s^3 + s^2 - 5s + 10 = 0$
③ $s^3 + 2s^2 + 4s - 1 = 0$
④ $s^3 + 9s^2 + 20s + 12 = 0$

해설 안정도 필요조건
(1) 특성방정식의 모든 계수는 같은 부호를 갖는다.
(2) 특성방정식의 계수가 어느 하나라도 없어서는 안 된다. 즉, 모든 계수가 존재해야 한다.
∴ 보기 중에서 이 두 가지 조건을 모두 만족하는 경우는 ④이다.

예제3 특성방정식 $s^3+s^2+s=0$일 때 이 계통은?

① 안정하다. ② 불안정하다.
③ 조건부 안정이다. ④ 임계상태이다.

해설 안정도 판별법
주어진 문제의 특성방정식에서 안정도의 필요조건을 모두 만족하는 경우로서 단 한 가지 -특성방정식의 마지막 상수항이 0인 경우- 방정식의 상수항이 없는 경우에는 허수축에 특성방정식의 근이 존재하므로 제어계는 임계안정상태가 된다.

예제4 $2s^3+5s^2+3s+1=0$으로 주어진 계의 안정도를 판정하고 우반평면상의 근을 구하면?

① 임계안정상태이며 허수축상에 근이 2개 존재한다.
② 안정하고 우반 평면에 근이 없다.
③ 불안정하며 우반 평면상에 근이 2개이다.
④ 불안정하며 우반 평면상에 근이 1개이다.

해설 안정도 판별법(루스 판정법)

s^3	2	3
s^2	5	1
s^1	$\frac{15-2}{5}=\frac{13}{5}$	0
s^0	1	

∴ 제1열의 원소에 부호변화가 없으므로 제어계는 안정하며 우반면에 근이 존재하지 않는다.

예제5 $s^3+11s^2+2s+40=0$에는 양의 실수부를 갖는 근은 몇 개 있는가?

① 0 ② 1
③ 2 ④ 3

해설 안정도 판별법(루스 판정법)

s^3	1	2
s^2	11	40
s^1	$\frac{22-40}{11}=-\frac{18}{11}$	0
s^0	40	

∴ 제1열의 원소에 부호변화가 2개 있으므로 제어계는 불안정하며 양의 실수부(우반평면)에 불안정근도 2개 존재한다.

예제6 특성방정식이 $s^3+2s^2+Ks+5=0$으로 주어지는 제어계가 안정하기 위한 K의 값은?

① $K>0$ ② $K>5/2$
③ $K<0$ ④ $K<5/2$

해설 안정도 판별법(루스 판정법)

s^3	1	K
s^2	2	5
s^1	$\frac{2K-5}{2}$	0
s^0	5	

제1열의 원소에 부호변화가 없어야 제어계가 안정할 수 있으므로 $2K-5>0$이어야 한다.
∴ $K>\frac{5}{2}$

예제7 특성방정식이 아래와 같이 주어진 경우 제어계가 안정하기 위한 K의 범위는?

$$s^4+6s^3+11s^2+6s+K=0$$

① $0>K$ ② $0<K<10$
③ $10>K$ ④ $K=10$

해설 안정도 판별법(루스 판정법)

s^4	1	11	K
s^3	6	6	0
s^2	$\frac{66-6}{6}=10$	K	0
s^1	$\frac{60-6K}{10}$	0	0
s^0	K	0	0

제1열의 원소에 부호변화가 없어야 제어계가 안정할 수 있으므로 $60>6K$, $K>0$이어야 한다.
∴ $0<K<10$

정답
1 ④ 2 ④ 3 ④ 4 ② 5 ③ 6 ② 7 ②

02 과도응답

이해도 □□□ 30 60 100

중 요 도 : ★★★★★
출제빈도 : 8.3%, 25문 / 총 300문

전기기사 블랙박스 제어공학
과도응답
한솔아카데미

한 솔 전 기 기 사
http://inup.co.kr
▲ 유튜브영상보기

1. 최대오버슈트(Maximum Overshoot)

① 최대오버슈트
최대오버슈트는 제어량이 목표값을 초과하여 최대로 나타나는 최대편차량으로 계단응답의 최종값 백분율로써 자주 표현한다.

② 백분율 최대오버슈트 $=\dfrac{\text{최대오버슈트}}{\text{최종목표값}}\times 100[\%]$

③ 최대오버슈트는 제어계통의 상대적인 안정도를 측정하는 데 자주 이용된다. 오버슈트가 큰 계통은 항상 바람직하지 못하다. 설계시 최대오버슈트는 시간영역정격으로 흔히 주어진다.

2. 지연시간(Delay Time)

지연시간 t_d 는 계단응답이 최종값의 50[%]에 도달하는데 필요한 시간으로 정의한다.

3. 상승시간(Rise Time)

상승시간 t_r는 계단응답이 최종값의 10[%]에서 90[%]에 도달하는 데 필요한 시간으로 정의한다. 때로는 응답이 최종값의 50[%]인 순간 계단응답 기울기의 역으로 상승시간을 나타내는 방법도 있다.

4. 임펄스응답

입력이 임펄스함수로 주어진 경우에 해당하는 출력함수를 임펄스응답이라 하며 임펄스응답의 라플라스 변환을 전달함수라 한다.

5. 단위계단응답

입력이 단위계단함수로 주어진 경우에 해당하는 출력함수를 단위계단응답이라 한다.

6. 2차 계통의 과도응답

2차 계통의 전달함수 $G(s)$는 $G(s)=\dfrac{{\omega_n}^2}{s^2+2\zeta\omega_n s+{\omega_n}^2}$ 인 경우

① 제동비(ζ) 또는 감쇠비

$$\zeta=\frac{\alpha}{\omega_n}=\frac{\text{제2의 오버슈트}}{\text{최대 오버슈트}}$$

② 안정도와의 관계
㉠ $\zeta<1$: 부족제동, 감쇠진동, 안정
㉡ $\zeta=1$: 임계제동, 임계진동, 안정
㉢ $\zeta>1$: 과제동, 비진동, 안정
㉣ $\zeta=0$: 무제동, 진동, 임계안정

예제1 **제어량이 목표값을 초과하여 최대로 나타나는 최대편차량은?**

① 정정시간 ② 제동비
③ 지연시간 ④ 최대오버슈트

해설 최대오버슈트
최대오버슈트는 제어량이 목표값을 초과하여 최대로 나타나는 최대편차량으로 계단응답의 최종값 백분율로서 자주 표현한다.

예제2 **백분율 오버슈트는?**

① $\dfrac{\text{최종목표값}}{\text{최대오버슈트}}$ ② $\dfrac{\text{제2오버슈트}}{\text{최대목표값}}$
③ $\dfrac{\text{제2오버슈트}}{\text{최대오버슈트}}$ ④ $\dfrac{\text{최대오버슈트}}{\text{최종목표값}}$

해설 백분율 오버슈트
백분율 오버슈트 또는 상대오버슈트
$=\dfrac{\text{최대오버슈트}}{\text{최종목표값}}\times 100$

예제3 **오버슈트에 대한 설명 중 옳지 않은 것은?**

① 자동제어계의 정상오차이다.
② 자동제어계의 안정도의 척도가 된다.
③ 상대오버슈트 $=\dfrac{\text{최대오버슈트}}{\text{최종목표값}}\times 100$
④ 계단응답중에 생기는 입력과 출력사이의 최대편차량이 최대오버슈트이다.

해설 오버슈트
(1) 최대오버슈트는 제어량이 목표값을 초과하여 최대로 나타나는 최대편차량으로 계단응답의 최종값 백분율로서 자주 표현한다.
(2) 백분율 오버슈트 또는 상대오버슈트 $=\dfrac{\text{최대오버슈트}}{\text{최종목표값}}\times 100$
(3) 최대오버슈트는 제어계통의 상대적인 안정도를 측정하는데 자주 이용된다. 오버슈트가 큰 계통은 항상 바람직하지 못하다. 설계시 최대오버슈트는 흔히 시간영역정격으로 주어진다.
∴ 제어계의 정상오차는 정상상태응답으로서 과도응답 중에 생기는 오버슈트와 다른 값이다.

예제4 **입상시간이란 단위계단입력에 대하여 그 응답이 최종값의 몇 [%]에서 몇 [%]까지 도달하는 시간을 말하는가?**

① 10~30　　② 10~50
③ 10~70　　④ 10~90

해설 상승시간과 지연시간
(1) 상승시간 또는 입상시간은 계단응답이 최종값의 10[%]에서 90[%]에 도달하는데 필요한 시간으로 정의한다.
(2) 지연시간 t_d 는 계단응답이 최종값의 50[%]에 도달하는데 필요한 시간으로 정의한다.

예제5 **$G(s)=\dfrac{1}{s^2+1}$ 인 계의 임펄스응답은?**

① e^{-t}　　② $\cos t$
③ $1+\sin t$　　④ $\sin t$

해설 임펄스 응답
입력 $r(t)$, 출력 $c(t)$라 하면
$r(t)=\delta(t)$이므로 $R(s)=\mathcal{L}[r(t)]=\mathcal{L}[\delta(t)]=1$이다.
$C(s)=G(s)R(s)=G(s)=\dfrac{1}{s^2+1}$ 이므로
임펄스 응답 $c(t)$는
$\therefore\ c(t)=\mathcal{L}^{-1}[C(s)]=\sin t$

예제6 **어떤 제어계에 단위계단입력을 가하였더니 출력이 $1-e^{-2t}$ 로 나타났다. 이 계의 전달함수는?**

① $\dfrac{1}{s+2}$　　② $\dfrac{2}{s+2}$
③ $\dfrac{1}{s(s+2)}$　　④ $\dfrac{2}{s(s+2)}$

해설 단위계단응답의 전달함수
입력 $r(t)$, 출력 $c(t)$라 하면
$r(t)=u(t),\ c(t)=1-e^{-2t}$

$$R(s)=\mathcal{L}[r(t)]=\mathcal{L}[u(t)]=\frac{1}{s}$$

$$C(s)=\mathcal{L}[c(t)]=\frac{1}{s}-\frac{1}{s+2}=\frac{s+2-s}{s(s+2)}=\frac{2}{s(s+2)}$$

$$\therefore\ G(s)=\frac{C(s)}{R(s)}=\frac{\dfrac{2}{s(s+2)}}{\dfrac{1}{s}}=\frac{2}{s+2}$$

예제7 **과도응답이 소멸되는 정도를 나타내는 감쇠비는?**

① $\dfrac{\text{제2오버슈트}}{\text{최대오버슈트}}$　　② $\dfrac{\text{최대오버슈트}}{\text{제2오버슈트}}$
③ $\dfrac{\text{제2오버슈트}}{\text{최대목표값}}$　　④ $\dfrac{\text{최대오버슈트}}{\text{최대목표값}}$

해설 감쇠비 = 제동비(ζ)
감쇠비란 제어계의 응답이 목표값을 초과하여 진동을 오래하지 못하도록 제동을 걸어주는 값으로서 제동비라고도 한다.
$\zeta=\dfrac{\text{제2오버슈트}}{\text{최대오버슈트}}$ 식으로 표현하며 $\zeta=1$을 기준으로 하여 다음과 같이 구분한다.
(1) $\zeta>1$: 과제동 → 비진동 곡선을 나타낸다.
(2) $\zeta=1$: 임계제동 → 임계진동곡선을 나타낸다.
(3) $\zeta<1$: 부족제동 → 감쇠진동곡선을 나타낸다.
(4) $\zeta=0$: 무제동 → 무제동진동곡선을 나타낸다.

정답
1 ④　2 ④　3 ①　4 ④　5 ④　6 ②　7 ①

Black Box

03 신호흐름선도

이해도 □□□ 30 60 100

중 요 도 : ★★★★★
출제빈도 : 6.7%, 25문 / 총 300문

한 솔 전 기 기 사
http://inup.co.kr
▲ 유튜브영상보기

1. 정의

신호흐름선도는 S. J. Mason에 의하여 대수방정식으로 주어지는 선형계의 인과관계의 표현을 위하여 소개되었으며 일련의 선형대수방정식의 변수 사이의 입출력관계를 도식적으로 나타내는 방법으로 정의될 수 있다.

2. 메이슨 공식

$\Delta = 1 - \sum_i L_{i1} + \sum_j L_{j2} - \sum_k L_{k3} + \cdots$

$L_{mr} = r$개의 비접촉 루프의 가능한 m번째 조합의 이득 곱.
(신호흐름선도의 두 부분의 공통마디를 공유한지 않으면 비접촉이라 한다.)

$\Delta = 1 -$(모든 각각의 루프이득의 합)+두 개의 비접촉 루프의 가능한 모든 조합의 이득 곱의 합-(세 개의 …)+ …

$\Delta_k = k$번째 전방경로와 접촉하지 않는 신호흐름선도에 대한 Δ

$M_k =$입력과 출력 사이의 k번째 전방경로의 이득

$$G_0(s) = \frac{C(s)}{R(s)} = \sum_{k=1}^{N} \frac{M_k \Delta_k}{\Delta}$$

R(s) —1→ ○ —G(s)→ ○ —1→ C(s), 피드백 $-H(s)$

$L_{11} = -G(s)H(s)$

$\Delta = 1 - L_{11} = 1 + G(s)H(s)$

$M_1 = G(s)$

$\Delta_1 = 1$

$$G_0(s) = \frac{C(s)}{R(s)} = \frac{M_1 \Delta_1}{\Delta} = \frac{G(s)}{1 + G(s)H(s)}$$

예제1 그림의 신호흐름선도에서 $\frac{C}{R}$는?

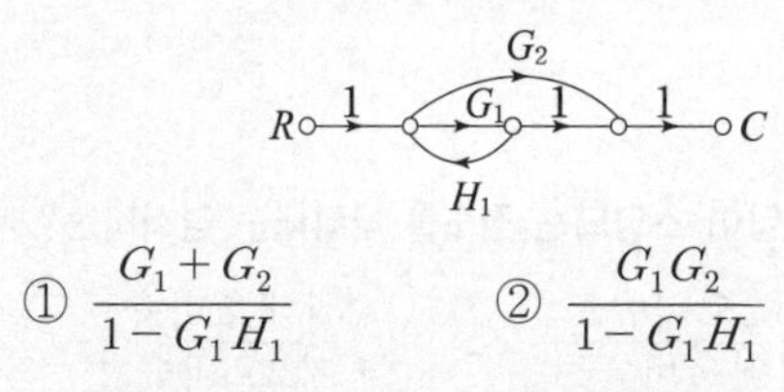

① $\frac{G_1 + G_2}{1 - G_1 H_1}$ ② $\frac{G_1 G_2}{1 - G_1 H_1}$

③ $\frac{G_1 + G_2}{1 + G_1 H_1}$ ④ $\frac{G_1 G_2}{1 + G_1 H_1}$

해설 신호흐름선도의 전달함수(메이슨 정리)

$L_{11} = G_1 H_1,\ \Delta = 1 - L_{11} = 1 - G_1 H_1$

$M_1 = G_1,\ M_2 = G_2,\ \Delta_1 = 1,\ \Delta_2 = 1$

$\therefore\ G(s) = \frac{M_1 \Delta_1 + M_2 \Delta_2}{\Delta} = \frac{G_1 + G_2}{1 - G_1 H_1}$

예제2 그림과 같은 신호흐름선도에서 $\frac{C}{R}$의 값은?

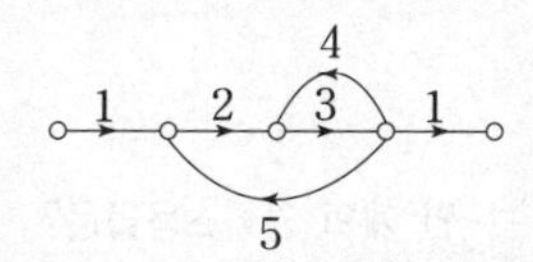

① $-\frac{1}{41}$ ② $-\frac{3}{41}$

③ $-\frac{5}{41}$ ④ $-\frac{6}{41}$

해설 신호흐름선도의 전달함수

$L_{11} = 4 \times 3 = 12$

$L_{12} = 2 \times 3 \times 5 = 30$

$\Delta = 1 - (L_{11} + L_{12}) = 1 - (12 + 30) = -41$

$\Delta_1 = 1$

$M_1 = 1 \times 2 \times 3 \times 1 = 6$

$\therefore\ G(s) = \frac{M_1 \Delta_1}{\Delta} = \frac{6 \times 1}{-41} = -\frac{6}{41}$

예제3 다음의 신호흐름선도에서 $\dfrac{C}{R}$의 값은?

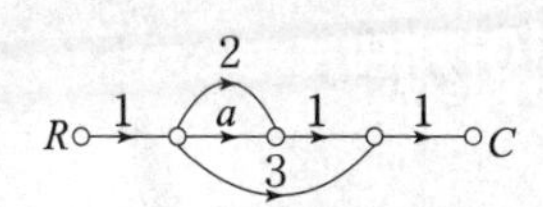

① $a+2$ ② $a+3$
③ $a+5$ ④ $a+6$

해설 신호흐름선도의 전달함수

$\Delta=1,\ \Delta_1=1,\ \Delta_2=1,\ \Delta_3=1$

$M_1=a,\ M_2=2,\ M_3=3$

$\therefore\ G(s)=\dfrac{M_1\Delta_1+M_2\Delta_2+M_3\Delta_3}{\Delta}$

$=a+2+3=a+5$

예제4 그림의 신호흐름선도에서 $\dfrac{y_2}{y_1}$의 값은?

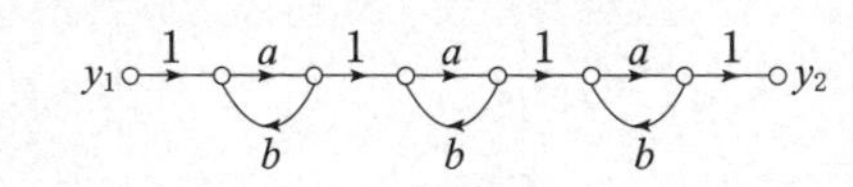

① $\dfrac{a^3}{(1-ab)^3}$ ② $\dfrac{a^3}{(1-3ab+a^2b^2)}$

③ $\dfrac{a^3}{1-3ab}$ ④ $\dfrac{a^3}{1-3ab+2a^2b^2}$

해설 신호흐름선도의 전달함수(메이슨 정리)

$L_{11}=ab,\ L_{12}=ab,\ L_{13}=ab$

$L_{21}=L_{11}\cdot L_{12}=(ab)^2$

$L_{22}=L_{11}\cdot L_{13}=(ab)^2$

$L_{23}=L_{12}\cdot L_{13}=(ab)^2$

$L_{31}=L_{11}\cdot L_{12}\cdot L_{13}=(ab)^3$

$\Delta=1-(L_{11}+L_{12}+L_{13})+(L_{21}+L_{22}+L_{23})-L_{31}$

$=1-3ab+3(ab)^2-(ab)^3=(1-ab)^3$

$M_1=a^3,\ \Delta_1=1$

$\therefore\ G(s)=\dfrac{M_1\Delta_1}{\Delta}=\dfrac{a^3}{(1-ab)^3}$

예제5 그림의 신호흐름선도에서 $\dfrac{C(s)}{R(s)}$의 값은?

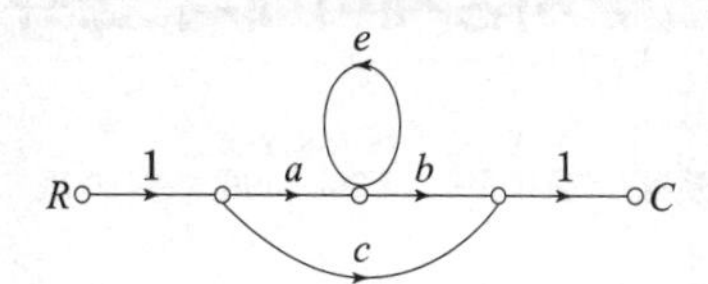

① $\dfrac{ab+c(1-e)}{1-e}$ ② $\dfrac{ab+c}{1-e}$

③ $ab+c$ ④ $\dfrac{ab+c(1+e)}{1+e}$

해설 신호흐름선도의 전달함수(메이슨 정리)

$L_{11}=e$

$\Delta=1-L_{11}=1-e$

$M_1=ab,\ \Delta_1=1$

$M_2=c,\ \Delta_2=1-L_{11}=1-e$

$\therefore\ G(s)=\dfrac{M_1\Delta_1+M_2\Delta_2}{\Delta}=\dfrac{ab+c(1-e)}{1-e}$

정답

1 ① 2 ④ 3 ③ 4 ① 5 ①

04 자동제어계의 분류

이해도 □□□ 30 60 100
중 요 도 : ★★★★★
출제빈도 : 6.3%, 19문 / 총 300문

한 솔 전 기 기 사
http://inup.co.kr
▲ 유튜브영상보기

1. 목표값에 따른 분류

① 정치제어
목표값이 시간에 관계없이 항상 일정한 제어
[예] 연속식 압연기

② 추치제어
목표값의 크기나 위치가 시간에 따라 변하는 것을 제어

③ 추치제어의 3종류
㉠ 추종제어 : 제어량에 의한 분류 중 서보 기구에 해당하는 값을 제어한다.
[예] 비행기 추적레이더, 유도미사일
㉡ 프로그램제어 : 미리 정해진 시간적 변화에 따라 정해진 순서대로 제어한다.
[예] 무인 엘리베이터, 무인 자판기, 무인 열차
㉢ 비율제어

2. 제어량에 따른 분류

① 서보기구 제어
제어량이 기계적인 추치제어이다.
[제어량] 위치, 방향, 자세, 각도, 거리

② 프로세스 제어
공정제어라고도 하며 제어량이 피드백 제어계로서 주로 정치제어인 경우이다.
[제어량] 온도, 압력, 유량, 액면, 습도, 농도

③ 자동조정 제어
제어량이 정치제어이다.
[제어량] 전압, 주파수, 장력, 속도

3. 동작에 따른 분류

① 연속동작에 의한 분류
㉠ 비례동작(P제어) : off-set(오프셋, 잔류편차, 정상편차, 정상오차)가 발생, 속응성(응답속도)이 나쁘다.
㉡ 미분제어(D제어) : 진동을 억제하여 속응성(응답속도)를 개선한다. [진상보상]
㉢ 적분제어(I제어) : 정상응답특성을 개선하여 off- set(오프셋, 잔류편차, 정상편차, 정상오차)를 제거한다. [지상보상]
㉣ 비례미분적분제어(PID제어) : 최상의 최적제어로서 off-set를 제거하며 속응성 또한 개선하여 안정한 제어가 되도록 한다. [진·지상보상]

② 불연속 동작에 의한 분류(사이클링 발생)
㉠ 2위치 제어(ON-OFF 제어)
㉡ 샘플링제어

예제1 엘리베이터의 자동제어는 다음 중 어느 것에 속하는가?

① 추종제어 ② 프로그램제어
③ 정치제어 ④ 비율제어

해설 자동제어계의 목표값에 의한 분류
(1) 정치제어 : 목표값이 시간에 관계없이 항상 일정한 제어
[예] 연속식 압연기
(2) 추치제어 : 목표값의 크기나 위치가 시간에 따라 변하는 것을 제어
㉠ 추종제어 : 제어량에 의한 분류 중 서보 기구에 해당하는 값을 제어한다.
[예] 비행기 추적레이더, 유도미사일
㉡ 프로그램제어 : 미리 정해진 시간적 변화에 따라 정해진 순서대로 제어한다.
[예] 무인 엘리베이터, 무인 자판기, 무인 열차
㉢ 비율제어

예제2 목표값이 미리 정해진 시간적 변화를 하는 경우 제어량을 그것에 추종시키기 위한 제어는?

① 프로그램밍제어
② 정치제어
③ 추종제어
④ 비율제어

해설 프로그램제어
미리 정해진 시간적 변화에 따라 정해진 순서대로 제어한다.
[예] 무인 엘리베이터, 무인 자판기, 무인 열차

예제3 피드백 제어계 중 물체의 위치, 방위, 자세 등의 기계적 변위를 제어량으로 하는 것은?

① 서어보기구(servomechanism)
② 프로세스제어(process control)
③ 자동조정(automatic regulation)
④ 프로그램제어(program control)

해설 자동제어계의 제어량에 의한 분류
(1) 서보기구 제어 : 제어량이 기계적인 추치제어이다.
제어량 위치, 방향, 자세, 각도, 거리
(2) 프로세스 제어 : 공정제어라고도 하며 제어량이 피드백 제어계로서 주로 정치제어인 경우이다.
제어량 온도, 압력, 유량, 액면, 습도, 농도
(3) 자동조정 제어 : 제어량이 정치제어이다.
제어량 전압, 주파수, 장력, 속도

예제4 프로세스제어에 속하는 것은?

① 전압 ② 압력
③ 자동조정 ④ 정치제어

해설 프로세스 제어
공정제어라고도 하며 제어량이 피드백 제어계로서 주로 정치제어인 경우이다.
제어량 온도, 압력, 유량, 액면, 습도, 농도

예제5 다음의 제어량에서 추종제어에 속하지 않는 것은?

① 유량 ② 위치
③ 방위 ④ 자세

해설 서보기구 제어
제어량이 기계적인 추치제어이다.
제어량 위치, 방향, 자세, 각도, 거리

예제6 잔류편차가 있는 제어계는?

① 비례 제어계(P 제어계)
② 적분 제어계(I 제어계)
③ 비례 적분 제어계(PI 제어계)
④ 비례 적분 미분 제어계(PID 제어계)

해설 연속동작에 의한 분류
(1) 비례동작(P제어) : off-set(오프셋, 잔류편차, 정상편차, 정상오차)가 발생, 속응성(응답속도)이 나쁘다.
(2) 미분제어(D제어) : 진동을 억제하여 속응성(응답속도)을 개선한다. [진상보상]
(3) 적분제어(I제어) : 정상응답특성을 개선하여 off-set (오프셋, 잔류편차, 정상편차, 정상오차)를 제거한다. [지상보상]
(4) 비례미분적분제어(PID제어) : 최상의 최적제어로서 off-set를 제거하며 속응성 또한 개선하여 안정한 제어가 되도록 한다. [진 · 지상보상]

예제7 PID 동작은 어느 것인가?

① 사이클링은 제거할 수 있으나 오프셋은 생긴다.
② 오프셋은 제거되나 제어동작에 큰 부동작시간이 있으면 응답이 늦어진다.
③ 응답속도는 빨리 할 수 있으나 오프셋은 제거되지 않는다.
④ 사이클링과 오프셋이 제거되고 응답속도가 빠르며 안정성도 있다.

해설 비례미분적분제어(PID제어)
최상의 최적제어로서 off-set를 제거하며 속응성 또한 개선하여 안정한 제어가 되도록 한다. [진 · 지상보상]

정답
1 ② 2 ① 3 ① 4 ② 5 ① 6 ① 7 ④

05 Z-변환법

이해도 □□□ 30 60 100

중 요 도 : ★★★★★
출제빈도 : 6.3%, 19문 / 총 300문

한 솔 전 기 기 사
http://inup.co.kr
▲ 유튜브영상보기

1. z변환의 정의

$$F(z) = f(t) \text{ 의 } z\text{변환} = \mathrm{Z}\,[f(t)] = \sum_{t=0}^{\infty} f(t)\, z^{-t}$$

2. z변환과 라플라스 변환과의 관계

① $z = e^{Ts}$

$\ln z = \ln e^{Ts} = Ts$

$\therefore\ s = \dfrac{1}{T}\ln z$

② $f(t) = u(t)$

㉠ 라플라스 변환 $\mathcal{L}\,[u(t)] = \mathcal{L}\,[1] = \displaystyle\int_0^{\infty} e^{-st}\, dt = \frac{1}{s}$

㉡ z 변환 $\mathrm{Z}[u(t)] = Z[1] = \displaystyle\sum_{t=0}^{\infty} z^{-t} = \frac{z}{z-1}$

③ $f(t) = e^{-at}$

㉠ 라플라스 변환 $\mathcal{L}\,[e^{-at}] = \displaystyle\int_0^{\infty} e^{-at} e^{-st}\, dt = \frac{1}{s+a}$

㉡ z변환 $\mathrm{Z}\,[e^{-at}] = \displaystyle\sum_{t=0}^{\infty} e^{-at} z^{-t} = \frac{z}{z-e^{-at}}$

$f(t)$	$\mathcal{L}$ 변환	Z 변환
$u(t)=1$	$\frac{1}{s}$	$\frac{z}{z-1}$
e^{-at}	$\frac{1}{s+a}$	$\frac{z}{z-e^{-at}}$
t	$\frac{1}{s^2}$	$\frac{Tz}{(z-1)^2}$
$\delta(t)$	1	1

예제1 단위계단함수의 라플라스 변환과 z 변환 함수는 어느 것인가?

① $\dfrac{1}{s},\ \dfrac{z}{z-1}$　② $s,\ \dfrac{z}{z-1}$

③ $\dfrac{1}{s},\ \dfrac{1}{z-1}$　④ $s,\ \dfrac{z-1}{z}$

해설 z변환과 라플라스 변환과의 관계

$f(t)$	$\mathcal{L}$ 변환	z변환
$u(t)=1$	$\frac{1}{s}$	$\frac{z}{z-1}$
e^{-aT}	$\frac{1}{s+a}$	$\frac{z}{z-e^{-aT}}$
t	$\frac{1}{s^2}$	$\frac{Tz}{(z-1)^2}$
$\delta(t)$	1	1

예제2 z 변환 함수 $z/(z-e^{-aT})$에 대응되는 시간함수는? (단, T는 이상 샘플러의 샘플 주기이다.)

① te^{-aT}　② $\displaystyle\sum_{n=0}^{\infty} \delta(t-nT)$

③ $1-e^{-aT}$　④ e^{-aT}

해설 z변환과 라플라스 변환과의 관계

$f(t)$	$\mathcal{L}$ 변환	z변환
e^{-aT}	$\frac{1}{s+a}$	$\frac{z}{z-e^{-aT}}$

정답

1 ① 2 ④

06 근궤적의 연산

이해도 □□□ 30 60 100

중 요 도 : ★★★★★
출제빈도 : 6.3%, 19문 / 총 600문

한 솔 전 기 기 사
http://inup.co.kr
▲ 유튜브영상보기

1. 점근선의 교차점

근궤적의 $2|n-m|$ 개 점근선의 교차점은 s평면의 실수축 상 다음에 위치한다.

$$\sigma_1 = \frac{\sum G(s)H(s) \text{ 의 유한극점} - \sum G(s)H(s) \text{ 의 유한영점}}{n-m}$$

2. 점근선의 각도와 근궤적의 범위

① $K \geq 0$에 대한 근궤적 (RL)의 점근선의 각도

$$\theta_i = \frac{2i+1}{|n-m|} \times 180^\circ \quad (n \neq m)$$

② $K \leq 0$에 대한 대응근궤적 (CRL)의 점근선의 각도

$$\theta_i = \frac{2i}{|n-m|} \times 180^\circ \quad (n \neq m)$$

여기서, n : 극점의 개수, m : 영점의 개수,
i : 0, 1, 2, ⋯

예제1 개루프 전달함수가 아래와 같이 주어질 때 근궤적의 점근선의 교차점은 얼마인가?

$$G(s)H(s) = \frac{K(s-5)}{s(s-1)^2(s+2)^2}$$

① $-\frac{3}{2}$　　② $-\frac{7}{4}$
③ $\frac{5}{3}$　　④ $-\frac{1}{5}$

해설 점근선의 교차점(σ)

$$\sigma = \frac{\sum G(s)H(s) \text{ 의 유한극점} - \sum G(s)H(s) \text{ 의 유한영점}}{n-m}$$

극점 : $s=0,\ s=1,\ s=1,\ s=-2,\ s=-2 \rightarrow n=5$

영점 : $s=5 \rightarrow m=1$

$\sum G(s)H(s)$ 의 유한극점$=0+1+1-2-2=-2$

$\sum G(s)H(s)$ 의 유한영점$=5$

$\therefore \sigma = \frac{-2-5}{5-1} = -\frac{7}{4}$

예제2 $G(s)H(s) = \frac{K}{s(s+4)(s+5)}$ 에서 근궤적의 점근선이 실수축과 이루는 각은?

① 60°, 90°, 120°　　② 60°, 120°, 300°
③ 60°, 120°, 270°　　④ 60°, 180°, 300°

해설 근궤적의 점근선의 각도

(1) $k \geq 0$에 대한 근궤적(RL)의 점근선의 각도

$$\theta_i = \frac{2i+1}{|n-m|}\pi \,(n \neq m)$$

(2) $k \leq 0$에 대한 대응근궤적(CRL)의 점근선의 각도

$$\theta_i = \frac{2i}{|n-m|}\pi \,(n \neq m)$$

여기서 n : 극점의 개수, m : 영점의 개수,
i : 0, 1, 2, ⋯

극점 : $s=0,\ s=-4,\ s=-5 \rightarrow n=3$

영점 : $m=0$

$$\theta_0 = \frac{\pi}{3-0} = \frac{\pi}{3} = 60^\circ$$

$$\theta_1 = \frac{2+1}{3-0}\pi = \pi = 180^\circ$$

$$\theta_2 = \frac{4+1}{3-0}\pi = \frac{5\pi}{3} = 300^\circ$$

$\therefore$ 60°, 180°, 300°

정답
1 ②　2 ④

07 주파수응답

이해도 □□□ 30 60 100

중 요 도 : ★★★★★
출제빈도 : 5.7%, 17문 / 총 300문

한 솔 전 기 기 사
http://inup.co.kr
▲ 유튜브영상보기

1. 이득과 이득변화(=경사)

① $G(s)=Ks^n$ 또는 $G(j\omega)=K(j\omega)^n$ 인 경우

$g=20\log|G(j\omega)|=20\log K\omega^n \;=20\log K+20n\log\omega$

㉠ 이득(g) $g=20\log K+20n\log\omega|_{\omega=\text{정수}}$ [dB]

㉡ 이득변화(g') $g'=20n$[dB/decade]

② $G(s)=\dfrac{K}{s^n}$ 또는 $G(j\omega)=\dfrac{K}{(j\omega)^n}$ 인 경우

$g=20\log|G(j\omega)|=20\log\dfrac{K}{\omega^n} \;=20\log K-20n\log\omega$

㉠ 이득(g) $g=20\log K-20n\log\omega|_{\omega=\text{정수}}$ [dB]

㉡ 이득변화(g') $g'=-20n$[dB/decade]

2. 위상(ϕ)

① $G(s)=Ks^n$ 또는 $G(j\omega)=K(j\omega)^n$ 인 경우

$\phi=90n^\circ$

② $G(s)=\dfrac{K}{s^n}$ 또는 $G(j\omega)=\dfrac{K}{(j\omega)^n}$ 인 경우

$\phi=-90n^\circ$

예제1 주파수 전달함수 $G(j\omega)=\dfrac{1}{j100\omega}$ 인 계에서 $\omega=0.1$ [rad/s]일 때의 이득[dB]과 위상각은?

① -20, $-90°$ ② -40, $-90°$
③ 20, $-90°$ ④ 40, $-90°$

해설 전달함수의 이득(g)과 위상(ϕ)

$G(j\omega)=\dfrac{1}{j100\omega}\Big|_{\omega=0.1}$

$=\dfrac{1}{j100\times0.1}=\dfrac{1}{j10}=0.1\angle-90^\circ$

$\therefore\ g=20\log_{10}|G(j\omega)|=20\log_{10}0.1=-20$ [dB]

$\therefore\ \phi=-90^\circ$

예제2 $G(j\omega)=j0.1\omega$에서 $\omega=0.01$[rad/s]일 때 계의 이득[dB]은?

① -100 ② -80
③ -60 ④ -40

해설 전달함수의 이득(g)

$G(j\omega)=j0.1\omega|_{\omega=0.01}=j0.1\times0.01=j0.001$

$=0.001\angle90^\circ$

$\therefore\ g=20\log_{10}|G(j\omega)|=20\log_{10}0.001=-60$ [dB]

예제3 $G(s)=\dfrac{1}{1+10s}$ 인 1차지연요소의 G [dB]는? (단, $\omega=0.1$[rad/sec]이다.)

① 약 3 ② 약 -3
③ 약 10 ④ 약 20

해설 전달함수의 이득(g)

$G(j\omega)=\dfrac{1}{1+10s}\Big|_{s=j\omega}=\dfrac{1}{1+10j\omega}\Big|_{\omega=0.1}$

$=\dfrac{1}{1+j}=\dfrac{1}{\sqrt2}\angle-45^\circ$

$\therefore\ g=20\log_{10}|G(j\omega)|=20\log_{10}\dfrac{1}{\sqrt2}=-3$ [dB]

예제4 $G(s)=s$의 보드선도는?

① 20 [dB/dec]의 경사를 가지며 위상각 90°
② -20 [dB/dec]의 경사를 가지며 위상각 $-90°$
③ 40 [dB/dec]의 경사를 가지며 위상각 180°
④ -40 [dB/dec]의 경사를 가지며 위상각 -180°

해설 전달함수의 보드선도

$G(j\omega)=s|_{s=j\omega}=j\omega=\omega\angle90°$

이득 $g=20\log_{10}|G(j\omega)|=-20\log_{10}\omega$

$=g'\log_{10}\omega$ [dB]

경사(=이득변화 또는 기울기) g', 위상각 ϕ는

$\therefore\ g'=20$ [dB/dec], $\phi=90^\circ$

예제5 $G(j\omega)=K(j\omega)^2$ **의 보드선도는?**

① -40 [dB/dec]의 경사를 가지며 위상각 $-180°$
② 40 [dB/dec]의 경사를 가지며 위상각 $180°$
③ -20 [dB/dec]의 경사를 가지며 위상각 $-90°$
④ 20 [dB/dec]의 경사를 가지며 위상각 $90°$

해설 전달함수의 보드선도

$G(j\omega)=K(j\omega)^2=K\omega^2\angle 180°$

이득 $g=20\log_{10}|G(j\omega)|=20\log_{10}K\omega^2$

$=20\log_{10}K+40\log_{10}\omega$

$=20\log_{10}K+g'\log_{10}\omega$ [dB]

경사(=이득변화 또는 기울기) g', 위상각 ϕ는

$\therefore g'=40$ [dB/dec], $\phi=180°$

예제6 $G(j\omega)=\dfrac{K}{(j\omega)^2}$ **의 보드선도에서 ω가 클 때의 이득변화[dB/dec]와 최대위상각은?**

① 20 [dB/dec], $\theta_m=90°$
② -20 [dB/dec], $\theta_m=-90°$
③ 40 [dB/dec], $\theta_m=180°$
④ -40 [dB/dec], $\theta_m=-180°$

해설 전달함수의 보드선도

$G(j\omega)=\dfrac{K}{(j\omega)^2}=\dfrac{K}{\omega^2}\angle -180°$

이득 $g=20\log_{10}|G(j\omega)|=20\log_{10}\dfrac{K}{\omega^2}$

$=20\log_{10}K-40\log_{10}\omega$

$=20\log_{10}K+g'\log_{10}\omega$ [dB]

경사(=이득변화 또는 기울기) g', 위상각 ϕ는

$\therefore g'=-40$ [dB/dec], $\phi=-180°$

예제7 $G(j\omega)=\dfrac{1}{1+j\omega T}$ **인 제어계에서 절점주파수일 때의 이득[dB]은?**

① 약 -1 ② 약 -2
③ 약 -3 ④ 약 -4

해설 절점주파수와 절점주파수의 이득

$G(j\omega)=\dfrac{1}{1+j\omega T}$ 에서 $1=\omega T$인 조건을 만족할 때 절점주파수 $\omega=\dfrac{1}{T}$이 된다.

$|G(j\omega)|_{\omega=\frac{1}{T}}=\dfrac{1}{1+j}=\dfrac{1}{\sqrt{2}}$

$\therefore g=20\log_{10}|G(j\omega)|=20\log_{10}\dfrac{1}{\sqrt{2}}=-3$ [dB]

정답

1 ① 2 ③ 3 ② 4 ① 5 ② 6 ④ 7 ③

08 블록선도

이해도 □□□ 30 60 100

중 요 도 : ★★★★★
출제빈도 : 5.0%, 15문 / 총 300문

한 솔 전 기 기 사
http://inup.co.kr
▲ 유튜브영상보기

$B(s) = C(s)\,H(s)$

$E(s) = R(s) - B(s) = R(s) - C(s)\,H(s)$

$C(s) = E(s)\,G(s) = R(s)\,G(s) - C(s)\,H(s)\,G(s)$

$C(s)\{1 + G(s)\,H(s)\} = R(s)\,G(s)$

$$G_0(s) = \frac{C(s)}{R(s)} = \frac{G(s)}{1 + G(s)\,H(s)}$$

별해 전향이득과 루프이득을 이용하는 방법

$$\therefore\ G(s) = \frac{\text{전향이득}}{1 - \text{루프이득}}$$

(1) 전향이득이란 입력에서 절점을 두 번 이상 지나지 않고 출력으로 진행하는 동안의 이득 값.

(2) 루프이득이란 피드백 신호로 이루어진 폐루프 이득으로 절점을 두 번 이상 지나지 않고 얻어진 이득 값.

예제1 자동제어계의 각 요소를 Black 선로로 표시할 때에 각 요소를 전달함수로 표시하고 신호의 전달경로는 무엇으로 표시하는가?

① 전달함수　　② 단자
③ 화살표　　④ 출력

해설 블록선도
블록선도는 계통의 구성이나 연결관계를 전달함수와 화살표를 이용하여 모델링한 것으로서 전달함수는 블록으로 표시하고 신호의 전달경로는 화살표로 표시한다.

예제2 그림과 같은 계통의 전달함수는?

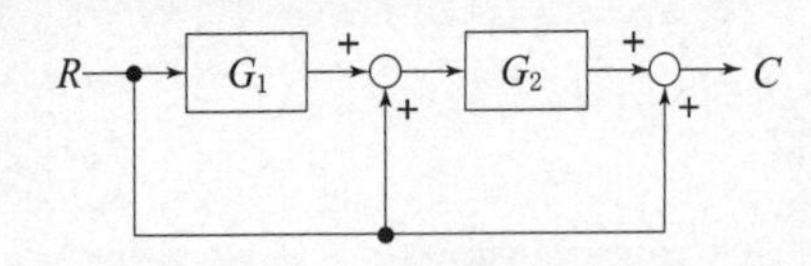

① $1 + G_1 G_2$　　② $1 + G_2 + G_1 G_2$

③ $\dfrac{G_1 G_2}{1 - G_1 G_2}$　　④ $\dfrac{G_2 G_3}{1 - G_1 - G_2}$

해설 블록선도의 전달함수

$C(s) = G_1 G_2 R(s) + G_2 R(s) + R(s)$

$\quad = (G_1 G_2 + G_2 + 1) R(s)$

$\therefore\ G(s) = \dfrac{C(s)}{R(s)} = 1 + G_2 + G_1 G_2$

예제3 그림과 같은 피드백 회로의 종합 전달함수는?

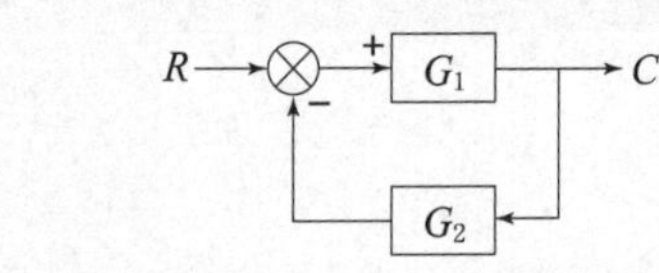

① $\dfrac{1}{G_1} + \dfrac{1}{G_2}$　　② $\dfrac{G_1}{1 - G_1 G_2}$

③ $\dfrac{G_1}{1 + G_1 G_2}$　　④ $\dfrac{G_1 G_2}{1 + G_1 G_2}$

해설 블록선도의 전달함수

$C(s) = \{R(s) - G_2 C(s)\} G_1$

$\quad = G_1 R(s) - G_1 G_2 C(s)$

$(1 + G_1 G_2) C(s) = G_1 R(s)$

$\therefore\ G(s) = \dfrac{C(s)}{R(s)} = \dfrac{G_1}{1 + G_1 G_2}$

별해

전향이득 = G_1

루프이득 = $-G_1 G_2$

$\therefore\ G(s) = \dfrac{\text{전향이득}}{1 - \text{루프이득}} = \dfrac{G_1}{1 - (-G_1 G_2)}$

$\quad = \dfrac{G_1}{1 + G_1 G_2}$

예제4 다음 블록선도의 입출력비는?

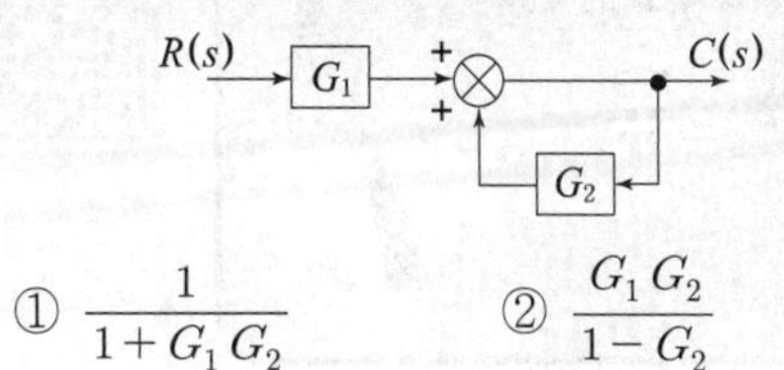

① $\dfrac{1}{1+G_1G_2}$ ② $\dfrac{G_1G_2}{1-G_2}$

③ $\dfrac{G_1}{1-G_2}$ ④ $\dfrac{G_1}{1+G_2}$

해설 블록선도의 전달함수

전향이득 = G_1

루프이득 = G_2

$\therefore G(s)=\dfrac{전향이득}{1-루프이득}=\dfrac{G_1}{1-G_2}$

예제5 그림의 블록선도에서 등가 전달함수는?

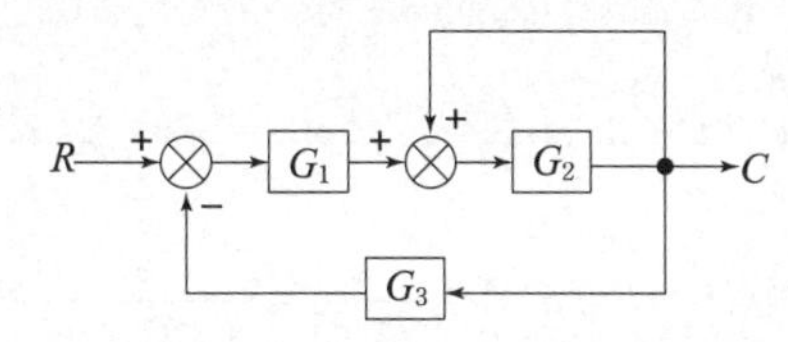

① $\dfrac{G_1G_2}{1+G_2+G_1G_2G_3}$

② $\dfrac{G_1G_2}{1-G_2+G_1G_2G_3}$

③ $\dfrac{G_1G_3}{1-G_2+G_1G_2G_3}$

④ $\dfrac{G_1G_3}{1+G_2+G_1G_2G_3}$

해설 블록선도의 전달함수

전향이득 = G_1G_2

루프이득 = $G_2-G_1G_2G_3$

$\therefore G(s)=\dfrac{전향이득}{1-루프이득}=\dfrac{G_1G_2}{1-(G_2-G_1G_2G_3)}$

$=\dfrac{G_1G_2}{1-G_2+G_1G_2G_3}$

예제6 그림과 같은 블록선도에 대한 등가전달함수를 구하면?

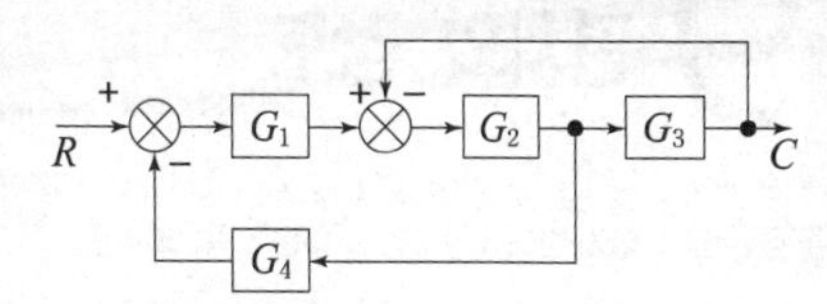

① $\dfrac{G_1G_2G_3}{1+G_2G_3+G_1G_2G_4}$

② $\dfrac{G_1G_2G_3}{1+G_1G_2+G_1G_2G_3}$

③ $\dfrac{G_1G_2G_4}{1+G_1G_2+G_1G_2G_4}$

④ $\dfrac{G_1G_2G_3}{1+G_2G_3+G_1G_2G_3}$

해설 블록선도의 전달함수

전향이득 = $G_1G_2G_3$

루프이득 = $-G_2G_3-G_1G_2G_4$

$\therefore G(s)=\dfrac{전향이득}{1-루프이득}=\dfrac{G_1G_2G_3}{1-(-G_2G_3+G_1G_2G_4)}$

$=\dfrac{G_1G_2G_3}{1+G_2G_3+G_1G_2G_4}$

예제7 그림과 같은 블록선도에서 외란이 있는 경우의 출력은?

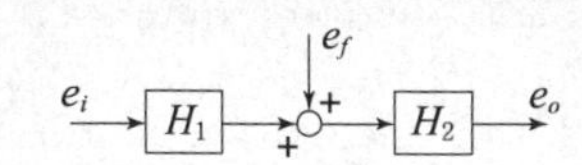

① $H_1H_2e_i+H_2e_f$

② $H_1H_2(e_i+e_f)$

③ $H_1e_i+H_2e_f$

④ $H_1H_2e_ie_f$

해설 블록선도의 출력

$e_o=(H_1e_i+e_f)H_2=H_1H_2e_i+H_2e_f$

정답

1 ③ 2 ② 3 ③ 4 ③ 5 ② 6 ① 7 ①

Black Box

09 편차와 감도

이해도 □□□ 30 60 100

중 요 도 : ★★★★☆
출제빈도 : 4.3%, 13문 / 총 300문

한 솔 전 기 기 사
http://inup.co.kr
▲ 유튜브영상보기

1. 편차

① 계단함수입력을 가지는 계통의 정상상태오차

㉠ 위치정상편차(e_{ssp})

$$e_{ssp}=\lim_{s\to 0}\frac{sR(s)}{1+G(s)}=\lim_{s\to 0}\frac{A}{1+G(s)}=\frac{A}{1+\lim\limits_{s\to 0}G(s)}$$

㉡ 계단오차상수 또는 위치오차상수(k_p)

$$k_p=\lim_{s\to 0}G(s)$$

② 램프함수입력을 가지는 계통의 정상상태오차

㉠ 속도정상편차(e_{ssv})

$$e_{ssv}=\lim_{s\to 0}\frac{A}{s+sG(s)}=\frac{A}{\lim\limits_{s\to 0}sG(s)}$$

㉡ 램프오차상수 또는 속도오차상수(k_v)

$$k_v=\lim_{s\to 0}sG(s)$$

③ 포물선입력을 가지는 계통의 정상상태오차

㉠ 가속도정상편차(e_{ssa})

$$e_{ssa}=\lim_{s\to 0}\frac{A}{s^2+s^2G(s)}=\frac{A}{\lim\limits_{s\to 0}s^2G(s)}$$

㉡ 포물선오차상수 또는 가속도오차상수(k_a)

$$k_a=\lim_{s\to 0}s^2G(s)$$

계통의 형	오차상수			정상상태오차		
	k_p	k_v	k_a	$e_{ss\,p}$	$e_{ss\,v}$	$e_{ss\,a}$
0형	k	0	0	$\frac{A}{1+k}$	∞	∞
1형	∞	k	0	0	$\frac{A}{k}$	∞
2형	∞	∞	k	0	0	$\frac{A}{k}$

2. 감도

전달함수 $T=\frac{C}{R}$에서 H에 대한 감도 S_H^T는 다음과 같다.

$$\therefore\ S_H^T=\frac{H}{T}\cdot\frac{dT}{dH}$$

예제1 $G(s)H(s)=\frac{k}{Ts+1}$ **일 때 이 계통은 어떤 형인가?**

① 0형　　② 1형
③ 2형　　④ 3형

해설 계통의 형식

$G(s)H(s)=\frac{k}{Ts+1}$ 인 경우 정상편차를 구해보면

위치오차상수 k_p는

$k_p=\lim\limits_{s\to 0}G(s)H(s)=\lim\limits_{s\to 0}\frac{k}{Ts+1}=k$ 이므로

위치정상편차 $e_p=\frac{1}{1+k_p}=\frac{1}{1+k}$

∴ 위치편차상수 및 위치정상편차가 유한값이므로 제어계는 0형이다.

참고 계통의 형식의 구별법

$G(s)H(s)=\frac{(s+b_1)(s+b_2)(s+b_3)\cdots(s+b_m)}{s^n(s+a_1)(s+a_2)(s+a_3)\cdots(s+a_m)}$ 일 때

분모의 s^n항에서 정수 n값이 제어계통의 형식을 나타낸다.

따라서 $G(s)H(s)=\frac{k}{Ts+1}=\frac{k}{s^0(Ts+1)}$ 이므로

∴ 제어계통은 0형이다.

예제2 제어시스템의 정상상태오차에서 포물선함수입력에 의한 정상 오차상수를 $k_s=\lim\limits_{s\to 0}s^2G(s)H(s)$ 로 표현한다. 이때 k_s를 무엇이라고 부르는가?

① 위치오차상수　　② 속도오차상수
③ 가속도오차상수　　④ 평균오차상수

해설 오차상수(편차상수)

(1) 위치오차상수 : $k_p=\lim\limits_{s\to 0}G(s)$

(2) 속도오차상수 : $k_v=\lim\limits_{s\to 0}sG(s)$

(3) 가속도오차상수 : $k_a=\lim\limits_{s\to 0}s^2G(s)$

예제3 **그림과 같은 제어계에서 단위계단외란 D가 인가되었을 때의 정상편차는?**

① 50
② 51
③ 1/50
④ 1/51

해설 제어계의 정상편차

단위계단입력은 0형 입력이고 주어진 개루프 전달함수 $G(s)$도 0형 제어계이므로 정상편차는 유한값을 갖는다.
0형 제어계의 위치편차상수(k_p)와 위치정상편차(e_p)는

$$k_p = \lim_{s \to 0} G(s) = \lim_{s \to 0} \frac{50}{1+s} = 50$$

$$\therefore\ e_p = \frac{1}{1+k_p} = \frac{1}{1+50} = \frac{1}{51}$$

예제4 **개루프 전달함수 $G(s) = \dfrac{1}{s(s^2+5s+6)}$ 인 단위궤환계에서 단위계단입력을 가하였을 때의 잔류편차(off set)는?**

① 0 ② 1/6
③ 6 ④ ∞

해설 계통의 형식과 오차

개루프 전달함수 $G(s) = \dfrac{1}{s(s^2+5s+6)}$ 이므로 계통은 1형 시스템이며 단위계단입력을 가할 경우 위치오차상수(k_p)와 위치정상편차(e_p)는 $k_p = \infty$, $e_p = 0$이 된다.
∴ 잔류편차는 정상편차이므로 $e_p = 0$이다.

예제5 **개회로 전달함수가 다음과 같은 계에서 단위속도입력에 대한 정상편차는?**

$$G(s) = \frac{5}{s(s+1)(s+2)}$$

① $\frac{2}{5}$ ② $\frac{5}{2}$
③ 0 ④ ∞

해설 제어계의 정상편차

단위속도입력은 1형 입력이고 주어진 개루프 전달함수 $G(s)$도 1형 제어계이므로 정상편차는 유한값을 갖는다.
1형 제어계의 속도편차상수(k_v)와 속도정상편차(e_v)는

$$k_v = \lim_{s \to 0} sG(s) = \lim_{s \to 0} \frac{5}{(s+1)(s+2)} = \frac{5}{2}$$

$$\therefore\ e_v = \frac{1}{k_v} = \frac{2}{5}$$

예제6 **개루프 전달함수 $G(s)$가 다음과 같이 주어지는 단위궤환계가 있다. 단위속도입력에 대한 정상속도편차가 0.025가 되기 위하여서는 K를 얼마로 하면 되는가?**

$$G(s) = \frac{4K(1+2s)}{s(1+s)(1+3s)}$$

① 6 ② 8
③ 10 ④ 12

해설 제어계의 정상편차

단위속도입력은 1형 입력이고 주어진 개루프 전달함수 $G(s)$도 1형 제어계이므로 정상편차는 유한값을 갖는다.
1형 제어계의 속도편차상수(k_v)와 속도정상편차(e_v)는

$$k_v = \lim_{s \to 0} sG(s) = \lim_{s \to 0} \frac{4K(1+2s)}{(1+s)(1+3s)} = 4K$$

$$e_v = \frac{1}{k_v} = \frac{1}{4K} = 0.025\text{이므로}$$

$$\therefore\ K = \frac{1}{4 \times 0.025} = 10$$

정답

1 ① 2 ③ 3 ④ 4 ① 5 ① 6 ③

10 특성방정식과 고유값

한 솔 전 기 기 사
http://inup.co.kr
▲ 유튜브영상보기

이해도 □□□ 30 60 100

중 요 도 : ★★★★☆
출제빈도 : 3.7%, 11문 / 총 300문

$$\frac{dx(t)}{dt} = Ax(t) + Bu(t)$$

제어계의 상태방정식이 위와 같을 때 이 계에 대한 특성방정식은 다음과 같다.

$\therefore \; |SI - A| = 0$

여기서, A, B는 계수행렬이다.

예제1 $A = \begin{bmatrix} 0 & 1 \\ -3 & -2 \end{bmatrix}$, $B = \begin{bmatrix} 4 \\ 5 \end{bmatrix}$ **인 상태방정식** $\frac{dx}{dt} = Ax + Br$ **에서 제어계의 특성방정식은?**

① $s^2 + 4s + 3 = 0$　② $s^2 + 3s + 2 = 0$
③ $s^2 + 3s + 4 = 0$　④ $s^2 + 2s + 3 = 0$

해설 상태방정식에서의 특성방정식
특성방정식은 $|sI - A| = 0$이므로

$$(sI - A) = s\begin{bmatrix} 1 & 0 \\ 0 & 1 \end{bmatrix} - \begin{bmatrix} 0 & 1 \\ -3 & -2 \end{bmatrix} = \begin{bmatrix} s & -1 \\ 3 & s+2 \end{bmatrix}$$

$$|sI - A| = \begin{vmatrix} s & -1 \\ 3 & s+2 \end{vmatrix} = s(s+2) + 3 = 0$$

$\therefore \; s^2 + 2s + 3 = 0$

예제2 상태방정식 $\dot{x} = Ax(t) + Bu(t)$**에서** $A = \begin{bmatrix} 0 & 1 \\ -2 & -3 \end{bmatrix}$ **일 때 특성방정식의 근은?**

① $-2, \; -3$　② $-1, \; -2$
③ $-1, \; -3$　④ $1, \; -3$

해설 상태방정식에서의 특성방정식
특성방정식은 $|sI - A| = 0$이므로

$$(sI - A) = s\begin{bmatrix} 1 & 0 \\ 0 & 1 \end{bmatrix} - \begin{bmatrix} 0 & 1 \\ -2 & -3 \end{bmatrix} = \begin{bmatrix} s & -1 \\ 2 & s+3 \end{bmatrix}$$

$$|sI - A| = \begin{vmatrix} s & -1 \\ 2 & s+3 \end{vmatrix} = s(s+3) + 2 = s^2 + 3s + 2 = 0$$

$s^2 + 3s + 2 = (s+1)(s+2) = 0$ 이므로

$\therefore \; s = -1, \; s = -2$

예제3 $\begin{bmatrix} 2 & 2 \\ 0.5 & 2 \end{bmatrix}$**의 고유값(eigen value)는?**

① 2, 2　② 3, 2
③ 1, 3　④ 2, 1

해설 상태방정식에서의 특성방정식
특성방정식은 $|sI - A| = 0$이므로

$$(sI - A) = s\begin{bmatrix} 1 & 0 \\ 0 & 1 \end{bmatrix} - \begin{bmatrix} 2 & 2 \\ 0.5 & 2 \end{bmatrix} = \begin{bmatrix} s-2 & -2 \\ -0.5 & s-2 \end{bmatrix}$$

$$|sI - A| = \begin{vmatrix} s-2 & -2 \\ -0.5 & s-2 \end{vmatrix} = (s-2)^2 - 1 = s^2 - 4s + 3 = 0$$

$s^2 - 4s + 3 = (s-1)(s-3) = 0$이므로
고유값(특성방정식의 근)은

$\therefore \; s = 1, \; s = 3$

정답

1 ④ 2 ② 3 ③

11 불대수와 드모르강 법칙

이해도 □□□ 30 60 100

중 요 도 : ★★★★☆
출제빈도 : 3.7%, 11문 / 총 300문

한 솔 전 기 기 사
http://inup.co.kr
▲ 유튜브영상보기

1. 불대수 정리

$A+A=A,\ A\cdot A=A,\ A+1=1,\ A+0=A$

$A\cdot 1=A,\ A\cdot 0=0,\ A+\overline{A}=1,\ A\cdot\overline{A}=0$

2. 드모르강 정리

① $\overline{A+B}=\overline{A}\cdot\overline{B}$

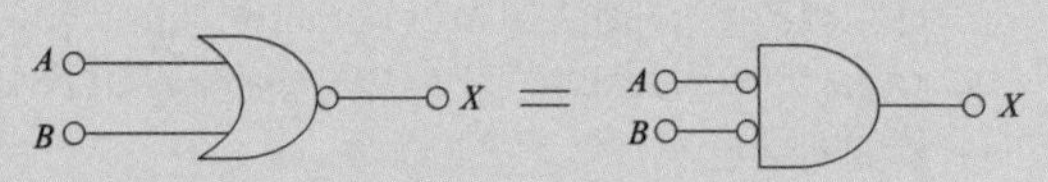

② $\overline{A\cdot B}=\overline{A}+\overline{B}$

예제1 다음 불대수 계산에 옳지 않은 것은?

① $\overline{A\cdot B}=\overline{A}+\overline{B}$　② $\overline{A+B}=\overline{A}\cdot\overline{B}$
③ $A+A=A$　④ $A+A\overline{B}=1$

해설 불대수와 드모르강 정리

(1) 불대수

$A+A=A,\ A\cdot A=A,\ A+1=1,\ A+0=A$

$A\cdot 1=A,\ A\cdot 0=0,\ A+\overline{A}=1,\ A\cdot\overline{A}=0$

(2) 드모르강 정리

$\overline{A+B}=\overline{A}\cdot\overline{B},\ \overline{A\cdot B}=\overline{A}+\overline{B}$

$\therefore\ A+A\overline{B}=A(1+\overline{B})=A\cdot 1=A$

예제2 논리식 $L=X+\overline{X}Y$를 간단히 하면?

① X　② Y
③ $X+Y$　④ $\overline{X}+Y$

해설 불대수를 이용한 논리식의 간소화

$1+Y=1,\ 1\cdot X=X,\ X+\overline{X}=1$

식을 이용하여 정리하면

$L=X+\overline{X}Y=X(1+Y)+\overline{X}Y$

$=X+XY+\overline{X}Y$

$=X+(X+\overline{X})Y=X+Y$

예제3 논리식 $L=\overline{x}\,\overline{y}+\overline{x}y+xy$ 를 간단히 한 것은?

① $x+y$　② $\overline{x}+y$
③ $x+\overline{y}$　④ $\overline{x}+\overline{y}$

해설 불대수를 이용한 논리식의 간소화

$L=\overline{x}\,\overline{y}+\overline{x}y+xy$

$=\overline{x}(\overline{y}+y)+y(\overline{x}+x)$

$=\overline{x}+y$

예제4 $A,\ B,\ C,\ D$를 논리변수라 할 때 그림과 같은 게이트 회로의 출력은?

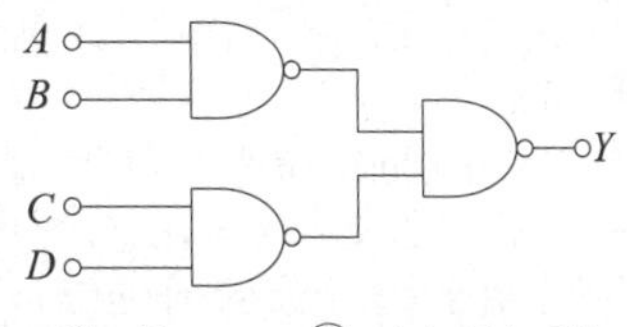

① $A\cdot B\cdot C\cdot D$　② $A+B+C+D$
③ $(A+B)\cdot(C+D)$　④ $A\cdot B+C\cdot D$

해설 논리회로의 출력식

$Y=\overline{\overline{A\cdot B}\cdot\overline{C\cdot D}}=A\cdot B+C\cdot D$

정답

1 ④　2 ③　3 ②　4 ④

12 보드 안정도 판별법

한 솔 전 기 기 사
http://inup.co.kr
▲ 유튜브영상보기

이해도 □□□ 30 60 100

중 요 도 : ★★★★☆
출제빈도 : 3.0%, 9문 / 총 300문

1. 보드선도의 특징

① 보드도면은 실제 도면의 점근선이 근사적 직선으로 구성하기 때문에 점근선 도면(또는 Corner)이라고도 한다.

② $G(j\omega)$의 인수(크기와 위상)는 선도상에서 길이의 합으로 표시된다.

③ 안정성을 판별하며 또한 안정도를 지시해준다.

2. 보드선도의 이득여유와 위상여유의 정의

① 이득여유

위상선도가 -180° 축과 교차하는 점(위상교차점)에서 수직으로 그은 선이 이득선도와 만나는 점과 0[dB] 사이의 이득[dB]값을 이득여유라 한다.

② 위상여유

이득선도가 0[dB] 축과 교차하는 점(이득교차점)에서 수직으로 그은 선이 위상선도와 만나는 점과 -180° 사이의 위상값을 위상여유라 한다.

3. 보드선도의 안정도 판별

① 이득선도의 0[dB]축과 위상선도의 -180° 축을 일치시킬 경우 위상선도가 위에 있을 때 제어계는 안정하다.

② ①의 조건을 만족할 경우 이득여유와 위상여유가 모두 영(0)보다 클 때이다.

예제1 보드선도에서 이득여유는?

① 위상선도가 0°축과 교차하는 점에 대응하는 크기이다.

② 위상선도가 180°축과 교차하는 점에 대응하는 크기이다.

③ 위상선도가 −180°축과 교차하는 점에 대응하는 크기이다.

④ 위상선도가 −90°축과 교차하는 점에 대응하는 크기이다.

해설 보드선도의 이득여유와 위상여유

(1) 이득여유

위상선도가 -180° 축과 교차하는 점(위상교차점)에서 수직으로 그은 선이 이득선도와 만나는 점과 0[dB] 사이의 이득[dB]값을 이득여유라 한다.

(2) 위상여유

이득선도가 0[dB] 축과 교차하는 점(이득교차점)에서 수직으로 그은 선이 위상선도와 만나는 점과 -180° 사이의 위상값을 위상여유라 한다.

예제2 보드선도의 안정판정의 설명 중 옳은 것은?

① 위상곡선이 −180°점에서 이득값이 양이다.

② 이득(0 [dB])축과 위상(−180)축을 일치시킬 때 위상곡선이 위에 있다.

③ 이득곡선의 0 [dB] 점에서 위상차가 180°보다 크다.

④ 이득여유는 음의 값, 위상여유는 양의 값이다.

해설 보드선도의 안정도 판별

(1) 이득선도의 0[dB]축과 위상선도의 -180° 축을 일치시킬 경우 위상선도가 위에 있을 때 제어계는 안정하다.

(2) (1)의 조건을 만족할 경우 이득여유와 위상여유가 모두 영(0)보다 클 때이다.

정답

1 ③ 2 ②

13 나이퀴스트 안정도 판별법

한 솔 전 기 기 사
http://inup.co.kr
▲ 유튜브영상보기

이해도 □□□ 30 60 100

중 요 도 : ★★★☆☆
출제빈도 : 2.7%, 8문 / 총 300문

1. 나이퀴스트의 안정판별법 기본사항

① 절대안정도를 판별한다.
② 상대안정도를 판별한다.
③ 불안정한 제어계의 불안정성 정도를 제공한다.
④ 제어계의 안정도 개선방안을 제시한다.
⑤ 공진정점(M_r), 공진주파수(ω_r), 대역폭(BW) 등의 주파수 영역의 특성에 대한 정보를 제공한다.
⑥ 루스-훌비쯔 판별법에서는 다룰 수 없고 근궤적법으로 해석하기 어려운 순수시간지연을 갖는 시스템에 적용할 수 있다.

2. 안정도 판별법(나이퀴스트 판별법)

나이퀴스트 경로는 반시계방향으로 일주시켰을 경우 s평면의 우반면 전체를 포함하게 된다. 이는 특성방정식의 근이 나이퀴스트 경로에 포함되어 있다면 그 근은 s평면의 우반면에 존재함을 의미하므로 제어계는 결국 불안정하게 된다. 다시 말하면 나이퀴스트 경로로 둘러싸인 영역에 특성방정식의 근이 존재하지 않는다는 것은 제어계가 안정하다는 것을 의미한다.

예제1 나이퀴스트선도에서 얻을 수 있는 자료 중 틀린 것은?

① 절대안정도를 알 수 있다.
② 상대안정도를 알 수 있다.
③ 계의 안정도 개선법을 알 수 있다.
④ 정상오차를 알 수 있다.

해설 나이퀴스트의 안정판별법 기본사항
(1) 절대안정도를 판별한다.
(2) 상대안정도를 판별한다.
(3) 불안정한 제어계의 불안정성 정도를 제공한다.
(4) 제어계의 안정도 개선방안을 제시한다.
(5) 공진정점(M_r), 공진주파수(ω_r), 대역폭(BW) 등의 주파수 영역의 특성에 대한 정보를 제공한다.
(6) 루스-훌비쯔 판별법에서는 다룰 수 없고 근궤적법으로 해석하기 어려운 순수시간지연을 갖는 시스템에 적용할 수 있다.
∴ 제어계의 오차응답에 관한 정보는 제공하지 않는다.

예제2 Nyquist 경로로 둘러싸인 영역에 특정방정식의 근이 존재하지 않는 제어계는 어떤 특성을 나타내는가?

① 불안정 ② 안정
③ 임계안정 ④ 진동

해설 안정도 판별법(나이퀴스트 판별법)
나이퀴스트 경로는 반시계방향으로 일주시켰을 경우 s평면의 우반면 전체를 포함하게 된다. 이는 특성방정식의 근이 나이퀴스트 경로에 포함되어 있다면 그 근은 s평면의 우반면에 존재함을 의미하므로 제어계는 결국 불안정하게 된다. 다시 말하면 나이퀴스트 경로로 둘러싸인 영역에 특성방정식의 근이 존재하지 않는다는 것은 제어계가 안정하다는 것을 의미한다.

예제3 $G(s)H(s)$ 의 극이 s 평면의 좌반면이나 허수축상에 있고, 나이퀴스트선도가 원점을 일주하지 않으면 폐회로 제어계는 어떠한가?

① 안정 ② 불안정
③ 진동 ④ 발산

해설 안정도 판별법(나이퀴스트 판별법)
나이퀴스트 경로로 둘러싸인 영역에 특성방정식의 근이 존재하지 않는다는 것은 제어계가 안정하다는 것을 의미한다.

정답 1 ④ 2 ② 3 ①

14 이득여유 계산과 위상여유, 위상여유 그래프

이해도 □□□ 30 60 100

중 요 도 : ★★★☆☆
출제빈도 : 2.7%, 8문 / 총 300문

한 솔 전 기 기 사
http://inup.co.kr
▲ 유튜브영상보기

1. 이득여유 계산

이득여유(gain margin : GM)는 제어계의 상대안정도를 나타내는데 가장 흔히 쓰이는 것 중 하나이다. 주파수영역에서 이득여유는 $GH(j\omega)$의 Nyquist 선도로 만들어진 음의 실수축과의 교점이 $(-1,\ j0)$ 점에 근접한 정도를 나타내는데 쓰인다.

$$\text{이득여유} = GM = 20\log\frac{1}{|GH(j\omega_p)|}$$
$$= -20\log|GH(j\omega_p)|\ [\text{dB}]$$

이득여유는 폐루프계가 불안정이 되기 전까지 루프에 추가될 수 있는 이득의 양을 dB로 나타낸 것이다.

- 위상교차점과 위상교차주파수
  - ㉠ 위상교차점 : $GH(j\omega)$ 선도에서 위상 교차점은 선도가 음의 실수축을 만나는 점이다.
  - ㉡ 위상교차주파수 : 위상교차 주파수 ω_p는 위상 교차점에서의 주파수 즉, $\angle GH(j\omega_p) = 180°$
  - ㉢ $\omega = \omega_p$일 때 $GH(j\omega)$의 크기를 $|GH(j\omega_p)|$로 표현한다.

① $GH(j\omega)$ 선도가 음의 실수축을 만나지 않는다.
(영이 아닌 유한의 위상교차점이 없음)
$|GH(j\omega_p)| = 0$ 일 때 $GM = \infty$[dB] : 안정

② $GH(j\omega)$ 선도가 음의 실수축을 0과 -1 사이(위상교차점이 놓이는)에서 만난다.
$0 < |GH(j\omega_p)| < 1$ 일 때 $GM > 0$[dB] : 안정

③ $GH(j\omega)$ 선도가 $(-1,\ j0)$ 점을 통과(위상교차점이 있는)한다.
$|GH(j\omega_p)| = 1$ 일 때 $GM = 0$[dB] : 임계 안정

④ $GH(j\omega)$ 선도가 $(-1,\ j0)$ 점을 포함(위상교차점이 왼쪽에 있는)한다.
$|GH(j\omega_p)| > 1$ 일 때 $GM < 0$[dB] : 불안정

2. 보드도면에서 이득여유와 위상여유 그래프

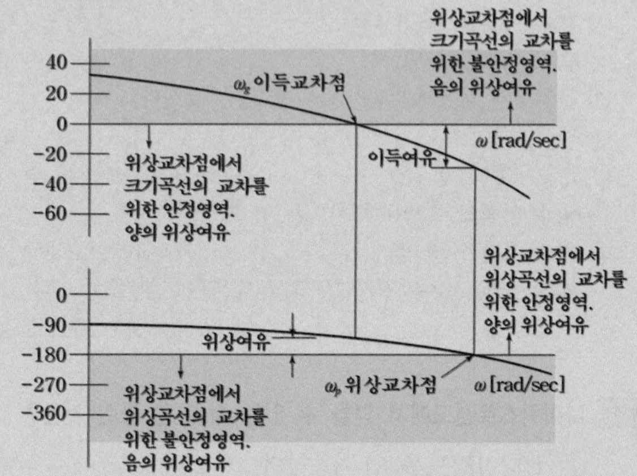

① 위상교차점에서 $GM(j\omega)$의 크기가 dB로 음수이면 이득여유는 양수이고 계는 안정하다. 즉 이득여유는 0[dB]축 아래쪽에서 측정된다. 이득여유를 0[dB]축 위쪽에서 얻게 되면 이득여유가 음수이고 계는 불안정하다.

② 이득교차점에서 $GH(j\omega)$의 위상이 -180° 보다 더 크면 위상여유가 양수이고 계는 안정하다. 즉 위상여유는 -180° 축 위쪽에서 구해진다. -180° 아래에서 위상여유가 구해지면 위상여유는 음수이고 계는 불안정이다.

예제1 $G(s)H(s)=\dfrac{200}{(s+1)(s+2)}$ **의 이득여유[dB]를 구하면?**

① 20　② 40
③ −20　④ −40

해설 이득여유(GM)

$G(j\omega)H(j\omega)=\dfrac{200}{(j\omega+1)(j\omega+2)}=\dfrac{200}{(2-\omega^2)+j3\omega}$

$j3\omega=0$이 되기 위한 $\omega=0$이므로

$|G(j\omega)H(j\omega)|_{\omega=0}=\left|\dfrac{200}{2}\right|=100$

$\therefore\ GM=20\log\dfrac{1}{|G(j\omega)H(j\omega)|}=20\log\dfrac{1}{100}$

$=-40\,[\text{dB}]$

예제2 **피드백 제어계의 전 주파수응답 $G(j\omega)H(j\omega)$의 나이퀴스트 벡터도에서 시스템이 안정한 궤적은?**

① a
② b
③ c
④ d

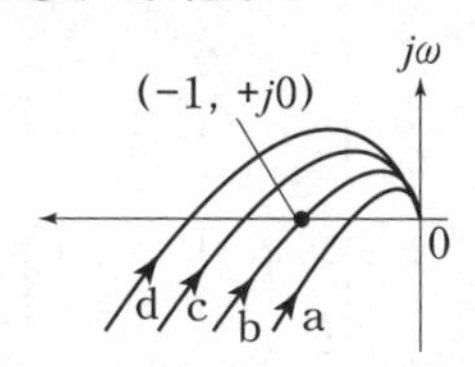

해설 안정도 판별법(상대안정도)

개루프 전달함수의 나이퀴스트 벡터도가 −180°에서 만나는 이득을 $|L(j\omega)|$라 하면 $(-1,\ j0)$ 점을 기준으로 하여 $|L(j\omega)|$의 크기에 따라 안정도를 판별할 수 있다. 여기서 구하는 이득여유(GM)와 위상여유(PM)가 모두 영(0)보다 클 경우에 안정하며 만약 영(0)인 경우에는 임계안정, 영(0)보다 작은 경우에는 불안정이 된다.

a 선도 : $0<|L(j\omega)|<1 \rightarrow GM>0,\ PM>0$이므로 안정하다.

b 선도 : $|L(j\omega)|=0 \rightarrow GM=0,\ PM=0$이므로 임계안정하다.

c 선도 : $|L(j\omega)|>1 \rightarrow GM<0,\ PM<0$이므로 불안정하다.

d 선도 : $|L(j\omega)|>1 \rightarrow GM<0,\ PM<0$이므로 불안정하다.

예제3 $G(s)H(s)=\dfrac{K}{(s+1)(s-2)}$ **인 계의 이득여유가 40[dB]이면 이때 K의 값은?**

① −50　② $\dfrac{1}{50}$

③ −20　④ $\dfrac{1}{40}$

해설 이득여유(GM)

$G(j\omega)H(j\omega)=\dfrac{K}{(j\omega+1)(j\omega-2)}$

$=\dfrac{K}{(-2-\omega^2)-j\omega}$

$j\omega=0$이 되기 위한 $\omega=0$이므로

$|G(j\omega)H(j\omega)|_{\omega=0}=\left|\dfrac{K}{-2}\right|=\dfrac{K}{2}$

$GM=20\log_{10}\dfrac{1}{|G(j\omega)H(j\omega)|}=20\log_{10}\dfrac{2}{K}$

$=40\,[\text{dB}]$

이 되기 위해서는 $\dfrac{2}{K}=100$이어야 한다.

$\therefore\ K=\dfrac{2}{100}=\dfrac{1}{50}$

정답
1 ④　2 ①　3 ②

15 상태방정식

이해도 □□□ 30 60 100

중 요 도 : ★★★☆☆
출제빈도 : 2.7%, 8문 / 총 300문

한 솔 전 기 기 사
http://inup.co.kr
▲ 유튜브영상보기

$$\frac{dx(t)}{dt}=Ax(t)+Bu(t)$$

$$A=\begin{bmatrix} 0 & 1 & 0 & \cdots & 0 \\ 0 & 0 & 1 & \cdots & 0 \\ \vdots & \vdots & \vdots & & \vdots \\ 0 & 0 & 0 & \cdots & 1 \\ -a_0 & -a_1 & -a_2 & \cdots & -a_{n-1} \end{bmatrix} \quad (n\times n)$$

$$B=\begin{bmatrix} 0 \\ 0 \\ \vdots \\ 0 \\ 1 \end{bmatrix} \quad (n\times n)$$

여기서, 계수행렬 A, B를 갖는 상태방정식을 위상변수표준형(PVCF) 또는 가제어성표준형(CCF)이라 한다.

예제1 다음 운동방정식으로 표시되는 계의 계수행렬 A는 어떻게 표시되는가?

$$\frac{d^2c(t)}{dt^2}+3\frac{dc(t)}{dt}+2c(t)=r(t)$$

① $\begin{bmatrix} -2 & -3 \\ 0 & 1 \end{bmatrix}$　② $\begin{bmatrix} 1 & 0 \\ -3 & -2 \end{bmatrix}$

③ $\begin{bmatrix} 0 & 1 \\ -2 & -3 \end{bmatrix}$　④ $\begin{bmatrix} -3 & -2 \\ 1 & 0 \end{bmatrix}$

해설 상태방정식의 계수행렬

$c(t)=x_1$

$\dot{c}(t)=\dot{x}_1=x_2$

$\ddot{c}(t)=\ddot{x}_1=\dot{x}_2$

$\dot{x}_2=-2x_1-3x_2+r(t)$

$\begin{bmatrix} \dot{x}_1 \\ \dot{x}_2 \end{bmatrix}=\begin{bmatrix} 0 & 1 \\ -2 & -3 \end{bmatrix}\begin{bmatrix} x_1 \\ x_2 \end{bmatrix}+\begin{bmatrix} 0 \\ 1 \end{bmatrix}u(t)$

$\therefore A=\begin{bmatrix} 0 & 1 \\ -2 & -3 \end{bmatrix}$

예제2 $\ddot{x}+2\dot{x}+5x=u(t)$의 미분방정식으로 표시되는 계의상태방정식은?

① $\begin{bmatrix} \dot{x}_1 \\ \dot{x}_2 \end{bmatrix}=\begin{bmatrix} 0 & 1 \\ -5 & -2 \end{bmatrix}\begin{bmatrix} x_1 \\ x_2 \end{bmatrix}+\begin{bmatrix} 1 \\ 0 \end{bmatrix}u$

② $\begin{bmatrix} \dot{x}_1 \\ \dot{x}_2 \end{bmatrix}=\begin{bmatrix} 1 & 0 \\ -2 & -5 \end{bmatrix}\begin{bmatrix} x_1 \\ x_2 \end{bmatrix}+\begin{bmatrix} 1 \\ 0 \end{bmatrix}u$

③ $\begin{bmatrix} \dot{x}_1 \\ \dot{x}_2 \end{bmatrix}=\begin{bmatrix} 0 & 1 \\ -5 & -2 \end{bmatrix}\begin{bmatrix} x_1 \\ x_2 \end{bmatrix}+\begin{bmatrix} 0 \\ 1 \end{bmatrix}u$

④ $\begin{bmatrix} \dot{x}_1 \\ \dot{x}_2 \end{bmatrix}=\begin{bmatrix} 0 & 1 \\ -2 & -5 \end{bmatrix}\begin{bmatrix} x_1 \\ x_2 \end{bmatrix}+\begin{bmatrix} 0 \\ 1 \end{bmatrix}u$

해설 상태방정식

$x=x_1$

$\dot{x}=\dot{x}_1=x_2$

$\ddot{x}=\dot{x}_2$

$\dot{x}_2=-5x_1-2x_2+u(t)$

$\therefore \begin{bmatrix} \dot{x}_1 \\ \dot{x}_2 \end{bmatrix}=\begin{bmatrix} 0 & 1 \\ -5 & -2 \end{bmatrix}\begin{bmatrix} x_1 \\ x_2 \end{bmatrix}+\begin{bmatrix} 0 \\ 1 \end{bmatrix}u$

정답 1 ③ 2 ③

16 근궤적의 성질

이해도 □□□ 30 60 100

중 요 도 : ★★★☆☆
출제빈도 : 2.7%, 8문 / 총 300문

한 솔 전 기 기 사
http://inup.co.kr
▲ 유튜브영상보기

1. 근궤적은 극점에서 출발하여 영점에서 도착한다.
2. 근궤적의 가지수(지로수)는 다항식의 차수와 같다. 또는 특성방정식의 차수와 같다. 근궤적의 가지수(지로수)는 특성방정식의 근의 수와 같거나 개루프 전달함수 $G(s)H(s)$ 의 극점과 영점 중 큰 개수와 같다.
3. 근궤적인 실수축에 대하여 대칭이다.
4. 근궤적의 복소수근은 공액복소수쌍을 이루게 된다.
5. 근궤적은 개루프 전달함수 $G(s)H(s)$ 의 절대치가 1인 점들의 집합이다.

$$|G(s)H(s)|=1$$

예제1 근궤적 $G(s)$, $H(s)$ 의 (㉠)에서 출발하여 (㉡) 에서 종착한다. 다음 중 괄호 안에 알맞은 말은?

① ㉠ 영점, ㉡ 극점
② ㉠ 극점, ㉡ 영점
③ ㉠ 분지점, ㉡ 극점
④ ㉠ 극점, ㉡ 분지점

해설 근궤적의 성질
(1) 근궤적은 극점에서 출발하여 영점에서 도착한다.
(2) 근궤적의 가지수(지로수)는 다항식의 차수와 같다. 또는 특성방정식의 차수와 같다. 근궤적의 가지수(지로수)는 특성방정식의 근의 수와 같거나 개루프 전달함수 $G(s)H(s)$ 의 극점과 영점 중 큰 개수와 같다.
(3) 근궤적인 실수축에 대하여 대칭이다.
(4) 근궤적의 복소수근은 공액복소수쌍을 이루게 된다.
(5) 근궤적은 개루프 전달함수 $G(s)H(s)$ 의 절대치가 1인 점들의 집합이다.
$|G(s)H(s)|=1$

예제2 $G(s)H(s)=\dfrac{K(s+1)}{s(s+2)(s+3)}$ 에서 근궤적 수는?

① 1 ② 2
③ 3 ④ 4

해설 근궤적의 수
근궤적의 가지수(지로수)는 다항식의 차수와 같거나 특성방정식의 차수와 같다. 또는 특성방정식의 근의 수와 같다. 또한 개루프 전달함수 $G(s)H(s)$ 의 극점과 영점 중 큰 개수와 같다.
극점 : $s=0$, $s=-2$, $s=-3$ → $n=3$
영점 : $s=-1$ → $m=1$
∴ 근궤적의 수=3개

예제3 특성방정식이 실수계수를 갖는 S의 유리함수일 때 근궤적은 무슨 축에 대하여 대칭인가?

① 실수축
② 허수축
③ 대상축 없음
④ 원점

해설 근궤적의 대칭성
근궤적인 실수축에 대하여 대칭이다.

예제4 근궤적이란 s평면에서 개루프 전달함수의 절대값이 어느 점의 집합인가?

① 0
② 1
③ ∞
④ 임의의 일정한 값

해설 근궤적의 성질
근궤적은 개루프 전달함수 $G(s)H(s)$ 의 절대치가 1인 점들의 집합이다.
∴ $|G(s)H(s)|=1$

정답
1 ② 2 ③ 3 ① 4 ②

17 나이퀴스트 벡터궤적

이해도 □□□ 30 60 100

중 요 도 : ★★★☆☆
출제빈도 : 2.3%, 7문 / 총 300문

한 솔 전 기 기 사
http://inup.co.kr
▲ 유튜브영상보기

1. $G(s)=\dfrac{1}{1+Ts}$, $G(j\omega)=\dfrac{K}{1+j\omega T}$

① $\omega=0$ $|G(j0)|=K$, $\phi=0°$

② $\omega=\infty$ $|G(j\infty)|=0$, $\phi=-90°$

2. $G(s)=\dfrac{K}{(1+T_1 s)(1+T_2 s)}$

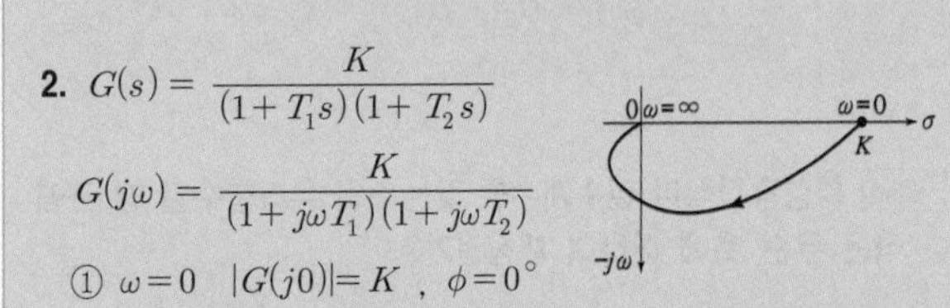

$G(j\omega)=\dfrac{K}{(1+j\omega T_1)(1+j\omega T_2)}$

① $\omega=0$ $|G(j0)|=K$, $\phi=0°$

② $\omega=\infty$ $|G(j\infty)|=0$, $\phi=-180°$

3. $G(s)=\dfrac{K}{s(1+Ts)}$,

$G(j\omega)=\dfrac{K}{j\omega(1+j\omega T)}$

① $\omega=0$ $|G(j0)|=\infty$, $\phi=-90°$

② $\omega=\infty$ $|G(j\infty)|=0$, $\phi=-180°$

4. $G(s)=\dfrac{K}{s(1+T_1 s)(1+T_2 s)}$

$G(j\omega)=\dfrac{K}{j\omega(1+j\omega T_1)(1+j\omega T_2)}$

① $\omega=0$ $|G(j0)|=\infty$, $\phi=-90°$

② $\omega=\infty$ $|G(j\infty)|=0$, $\phi=-270°$

5. $G(s)=\dfrac{K}{s^2(1+Ts)}$,

$G(j\omega)=\dfrac{K}{(j\omega)^2(1+j\omega T)}$

① $\omega=0$ $|G(j0)|=\infty$, $\phi=-180°$

② $\omega=\infty$ $|G(j\infty)|=0$, $\phi=-270°$

6. $G(s)=\dfrac{1+T_2 s}{1+T_1 s}$,

$G(j\omega)=\dfrac{1+j\omega T_2}{1+j\omega T_1}$

① $\omega=0$ $|G(j0)|=1$, $\phi=0°$

② $\omega=\infty$ $|G(j\infty)|=\dfrac{T_2}{T_1}$, $\phi=0°$

예제1 다음의 벡터궤적은 제어계의 어떤 요소를 의미하는가?

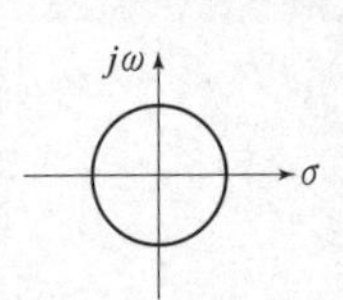

① 1차 지연요소
② 2차 지연요소
③ 부동작 요소
④ 미분 적분 요소

해설 부동작 요소의 벡터궤적

벡터 궤적이 원점을 중심으로 한 원궤적인 경우 전달함수는 부동작 시간요소이므로

$G(s)=ke^{-Ls}$ 또는 $G(j\omega)=ke^{-j\omega L}$이다.

(1) $\omega=0$: $|G(j0)|=k$, $\phi=0°$

(2) $\omega=\infty$: $|G(j\infty)|=k$, $\phi=-\infty°$

예제2 1차 지연요소의 벡터궤적은?

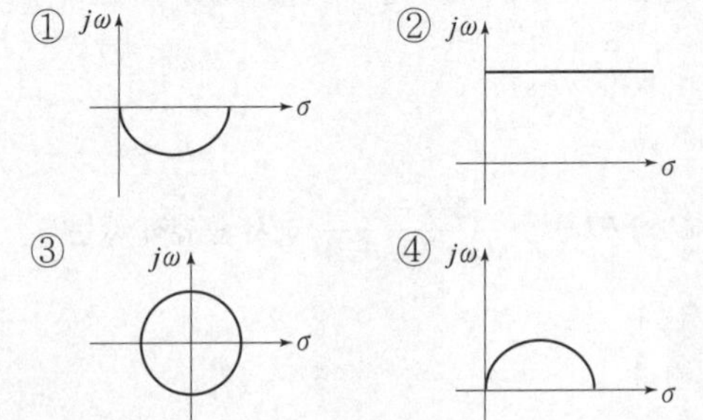

해설 1차 지연요소의 벡터궤적

$G(j\omega)=\dfrac{K}{1+j\omega T}$ 일 때

(1) $\omega=0$: $|G(j0)|=K$, $\phi=0°$

(2) $\omega=\infty$: $|G(j\omega)|=0$, $\phi=-90°$

∴ 4상한 내의 원점을 지나는 반원궤적

예제3 $G(s)=\dfrac{K}{s(1+Ts)}$ 의 벡터궤적은?

①
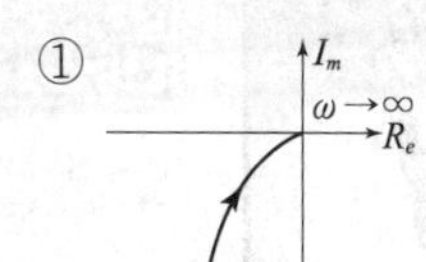

②
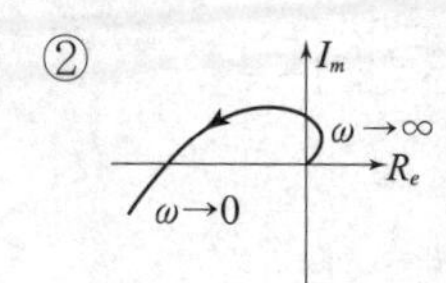

③
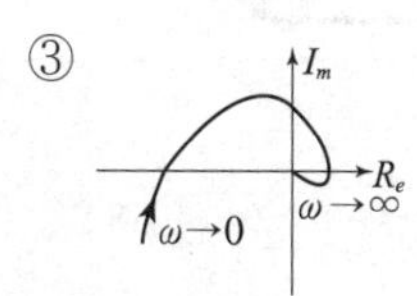

④
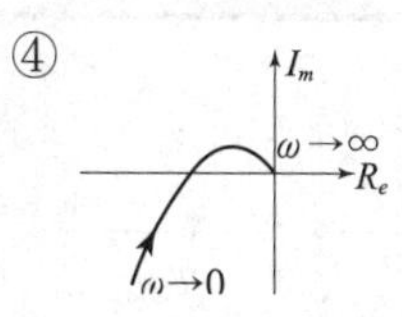

해설 벡터궤적

$$G(j\omega)=\frac{K}{j\omega(1+j\omega T)}\text{ 일 때}$$

(1) $\omega=0$: $|G(j0)|=\infty$, $\phi=-90°$

(2) $\omega=\infty$: $|G(j\infty)|=0$, $\phi=-180°$

예제4 $G(s)=\dfrac{K}{s(1+T_1 s)(1+T_2 s)}$ 의 벡터궤적은?

①
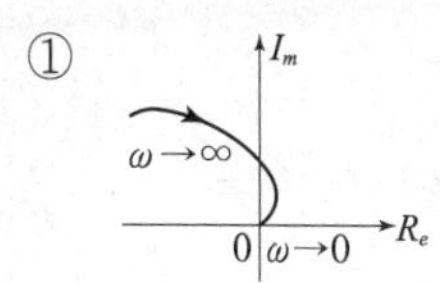

②
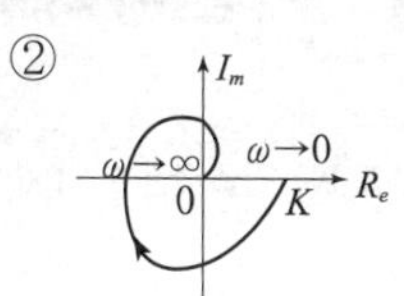

③
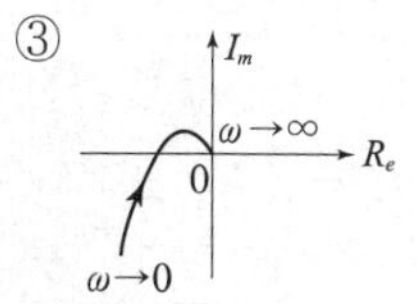

④
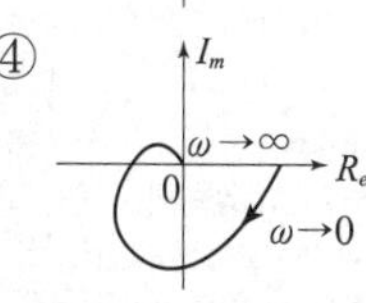

해설 벡터궤적

$$G(j\omega)=\frac{K}{j\omega(1+j\omega T_1)(1+j\omega T_2)}\text{ 일 때}$$

(1) $\omega=0$: $|G(j0)|=\infty$, $\phi=-90°$

(2) $\omega=\infty$: $|G(j\infty)|=0$, $\phi=-270°$

정답

1 ③ 2 ① 3 ① 4 ③

18 논리회로

이해도 □□□ 30 60 100

중 요 도 : ★★★☆☆
출제빈도 : 2.3%, 7문 / 총 300문

한 솔 전 기 기 사
http://inup.co.kr
▲ 유튜브영상보기

1. AND회로

① 의미 : 입력이 모두 "H" 일 때 출력이 "H" 인 회로

② 논리식과 논리회로 : $X = A \cdot B$

③ 유접점과 진리표

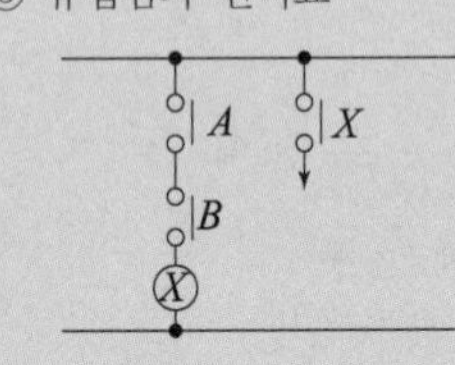

A	B	X
0	0	0
0	1	0
1	0	0
1	1	1

2. OR회로

① 의미 : 입력 중 어느 하나 이상 "H" 일 때 출력이 "H" 인 회로

② 논리식과 논리회로 : $X = A + B$

③ 유접점과 진리표

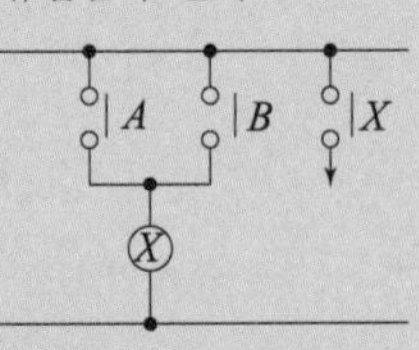

A	B	X
0	0	0
0	1	1
1	0	1
1	1	1

3. NOT회로

① 의미 : 입력과 출력이 반대로 동작하는 회로로서 입력이 "H" 이면 출력은 "L" , 입력이 "L" 이면 출력은 "H" 인 회로

② 논리식과 논리회로 : $X = \overline{A}$

③ 유접점과 진리표

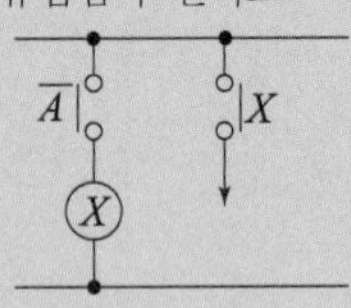

A	X
0	1
1	0

4. NAND회로

① 의미 : AND 회로의 부정회로로서 입력이 모두 "H"일 때만 출력이 "L"되는 회로

② 논리식과 논리회로 : $X = \overline{A \cdot B}$

③ 접점과 진리표

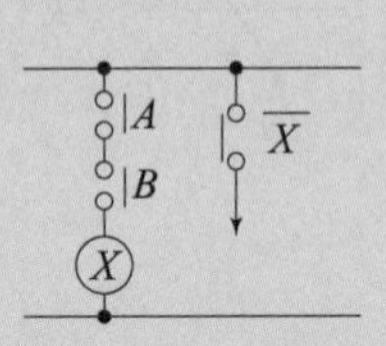

A	B	X
0	0	1
0	1	1
1	0	1
1	1	0

5. NOR 회로

① 의미 : OR회로의 부정회로로서 입력이 모두 "L" 일 때만 출력이 "H" 되는 회로

② 논리식과 논리회로 : $X = \overline{A + B}$

③ 유접점과 진리표

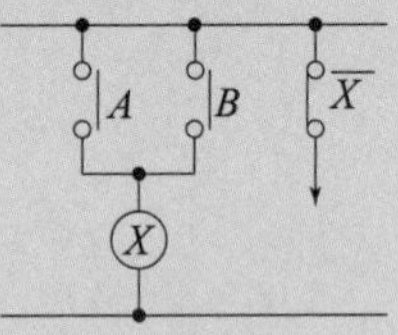

A	B	X
0	0	1
0	1	0
1	0	0
1	1	0

6. Exclusive OR회로

① 의미 : 입력 중 어느 하나만 "H" 일 때 출력이 "H" 되는 회로

② 논리식과 논리회로 : $X = A \cdot \overline{B} + \overline{A} \cdot B$

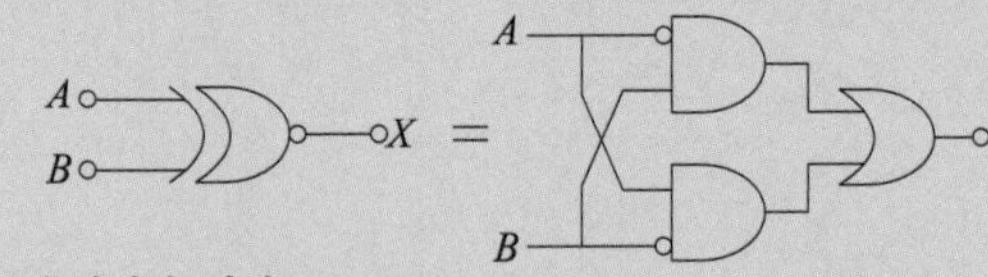

③ 유접점과 진리표

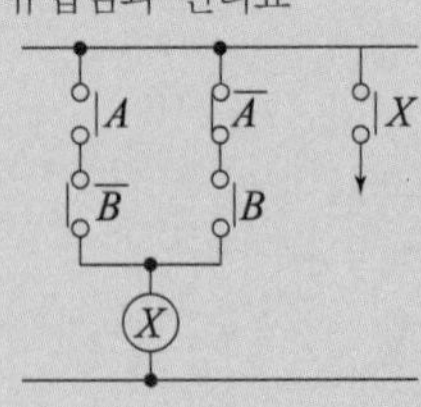

A	B	X
0	0	0
0	1	1
1	0	1
1	1	0

예제1 다음 그림과 같은 논리(logic)회로는?

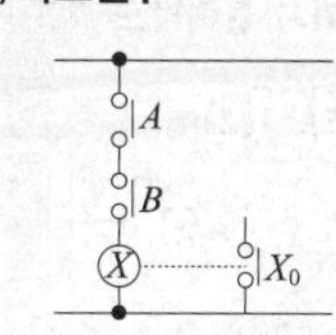

① OR 회로
② AND 회로
③ NOT 회로
④ NOR 회로

해설 시퀀스 제어회로 명칭

• AND회로

(1) 의미 : 입력이 모두 "H"일 때 출력이 "H"인 회로

(2) 논리식과 논리회로

$X = A \cdot B$

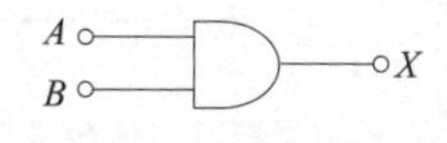

(3) 유접점과 진리표

A	B	X
0	0	0
0	1	0
1	0	0
1	1	1

예제2 다음 그림과 같은 논리회로는?

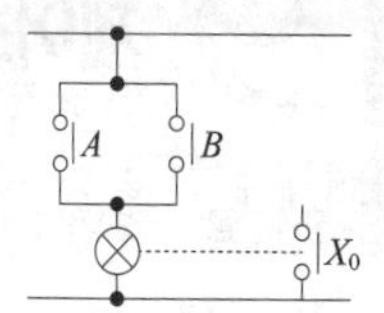

① OR 회로
② AND 회로
③ NOT 회로
④ NOR 회로

해설 시퀀스 제어회로 명칭

• OR회로

(1) 의미 : 입력 중 어느 하나 이상 "H"일 때 출력이 "H"인 회로

(2) 논리식과 논리회로

$X = A + B$

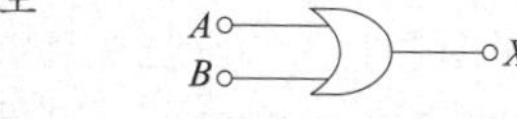

(3) 유접점과 진리표

A	B	X
0	0	0
0	1	1
1	0	1
1	1	1

정답

1 ② 2 ①

19 제어소자 및 연산증폭기

한 솔 전 기 기 사
http://inup.co.kr
▲ 유튜브영상보기

이해도 □□□ 30 60 100

중 요 도 : ★★★☆☆
출제빈도 : 2.0%, 6문 / 총 300문

1. 제어소자

① 제너다이오드 : 전원전압을 안정하게 유지
② 터널 다이오드 : 증폭 작용, 발진작용, 개폐(스위칭)작용
③ 바렉터 다이오드(가변용량 다이오드) : PN접합에서 역바이어스시 전압에 따라 광범위하게 변환하는 다이오드의 공간 전하량을 이용
④ 발광 다이오드(LED) : PN 접합에서 빛이 투과하도록 P형 층을 얇게 만들어 순방향 전압을 가하면 발광하는 다이오드
⑤ 더어미스터 : 온도보상용으로 사용
⑥ 바리스터 : 서지 전압에 대한 회로 보호용

2. 연산증폭기

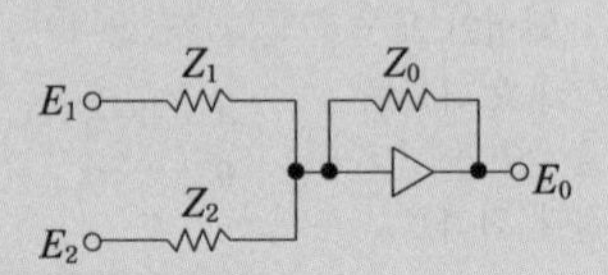

① 연산증폭기의 출력

증폭기 입력단 전압 및 전류를 각각 e, i라 하면

$$\frac{E_1-e}{Z_1}+\frac{E_2-e}{Z_2}+\frac{E_0-e}{Z_0}=i$$

여기서, $e \fallingdotseq 0[V]$, $i \fallingdotseq 0[A]$이므로 $\frac{E_1}{Z_1}+\frac{E_2}{Z_2}+\frac{E_0}{Z_0}=0$이다.

$$\therefore E_0=-Z_0\left(\frac{E_1}{Z_1}+\frac{E_2}{Z_2}\right)$$

② 연상증폭기의 성질

㉠ 증폭기 입력 + 및 - 단자 사이의 전압이 영(0)이다. 즉 $e^+=e^-$이다. 이 성질은 공통적으로 실질적 접지 또는 실질적 단락이라고 불린다.
㉡ 증폭기 입력 + 및 - 단자로 들어가는 전류는 영(0)이다. 즉 입력 임피던스는 무한대이다.
㉢ 증폭기 출력단자로 들여다본 임피던스는 영(0)이다. 즉, 그 출력은 이상적 전압원이다.
㉣ 입력, 출력관계는 $e_o=A(e^+-e^-)$이며, 여기서 증폭기 이득 A는 무한대에 접근한다.
㉤ 전압이득 및 전력이득이 매우 크다.

예제1 전원전압을 안정하게 유지하기 위해서 사용되는 다이오드는?

① 보드형 다이오드　② 터널 다이오드
③ 제너 다이오드　④ 버렉터 다이오드

해설 제어소자
(1) 제너 다이오드 : 전원전압을 안정하게 유지
(2) 터널 다이오드 : 증폭작용, 발진작용, 개폐작용
(3) 버렉터 다이오드(가변용량 다이오드) : PN접합에서 역바이어스 전압에 따라 광범위하게 변환하는 다이오드의 공간 전하량을 이용
(4) 발광 다이오드(LED) : PN접합에서 빛이 투과하도록 P형 층을 얇게 만들어 순반향 전압을 가하면 발광하는 다이오드
(5) 더미스터 : 온도보상용으로 사용
(6) 배리스터 : 서지 전압에 대한 회로 보호용

예제2 다음 중 제어계에 가장 많이 이용되는 전자요소는?

① 증폭기　② 변조기
③ 주파수 변환기　④ 가산기

해설 연산증폭기(OP증폭기)
연산증폭기는 제작이나 설치 또는 연속데이터나 s영역 전달함수를 실현하기에 편리한 방법을 제공한다. 제어계통에서 연산증폭기는 제어계통 설계과정에서 들어가는 제어기나 보상기를 설정하는데 사용되며 널리 이용되고 있다.

예제3 터널 다이오드의 응용 예가 아닌 것은?

① 증폭 작용 ② 발진 작용
③ 개폐 작용 ④ 정전압 정류 작용

해설 터널 다이오드의 응용 예
증폭작용, 발진작용, 개폐작용

예제4 다음 중 가변용량 소자는?

① 터널 다이오드 ② 버렉터 다이오드
③ 제너 다이오드 ④ 포토 다이오드

해설 버렉터 다이오드(가변용량 다이오드)
PN접합에서 역바이어스 전압에 따라 광범위하게 변환하는 다이오드의 공간 전하량을 이용

예제5 연상증폭기의 성질에 관한 설명 중 옳지 않은 것은?

① 전압이득이 매우 크다.
② 입력임피던스가 매우 작다.
③ 전력이득이 매우 크다.
④ 입력임피던스가 매우 크다.

해설 연산증폭기의 성질
㉠ 증폭기 입력 + 및 - 단자 사이의 전압이 영(0)이다. 즉, $e^+ = e^-$이다. 이 성질은 공통적으로 실질적 접지 또는 실질적 단락이라고 불린다.
㉡ 증폭기 입력 + 및 - 단자로 들어가는 전류는 영(0)이다. 즉, 입력 임피던스는 무한대이다.
㉢ 증폭기 출력단자로 들여다본 임피던스는 영(0)이다. 즉, 그 출력은 이상적 전압원이다.
㉣ 입력, 출력관계는 $e_o = A(e^+ - e^-)$이며, 여기서 증폭기 이득 A는 무한대에 접근한다.
㉤ 전압이득 및 전력이득이 매우 크다.

예제6 그림과 같이 연산증폭기를 사용한 연산회로의 출력항은 어느 것인가?

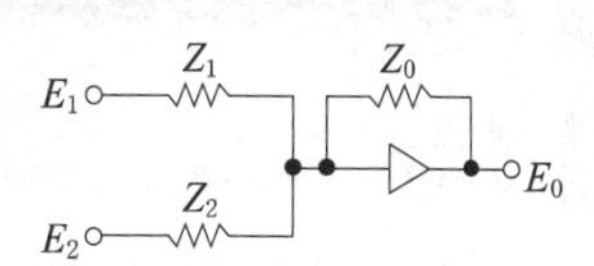

① $E_0 = Z_0\left(\dfrac{E_1}{Z_1} + \dfrac{E_2}{Z_2}\right)$

② $E_0 = -Z_0\left(\dfrac{E_1}{Z_1} + \dfrac{E_2}{Z_2}\right)$

③ $E_0 = Z_0\left(\dfrac{E_1}{Z_2} + \dfrac{E_2}{Z_1}\right)$

④ $E_0 = -Z_0\left(\dfrac{E_1}{Z_2} + \dfrac{E_2}{Z_2}\right)$

해설 연산증폭기의 출력
증폭기 입력단 전압 및 전류를 각각 e, i라 하면

$$\frac{E_1 - e}{Z_1} + \frac{E_2 - e}{Z_2} + \frac{E_0 - e}{Z_0} = i$$

여기서, $e \fallingdotseq 0\,[\mathrm{V}]$, $i \fallingdotseq 0\,[\mathrm{A}]$ 이므로

$$\frac{E_1}{Z_1} + \frac{E_2}{Z_2} + \frac{E_0}{Z_0} = 0$$이다.

$$\therefore\ E_0 = -Z_0\left(\frac{E_1}{Z_1} + \frac{E_2}{Z_2}\right)$$

정답
1 ③ 2 ① 3 ④ 4 ② 5 ② 6 ②

20 Z평면의 안정도 해석

한솔전기기사
http://inup.co.kr
▲ 유튜브영상보기

이해도 □□□ 30 60 100

중 요 도 : ★★★☆☆
출제빈도 : 2.3%, 6문 / 총 300문

■ s 평면과 z 평면·궤적 사이의 사상

구간 \ 구분	s 평면	z 평면
안정	좌반평면	단위원 내부
임계안정	허수축	단위원주상
불안정	우반평면	단위원 외부

허수축 $=j\omega$축

안정영역 | 불안정영역

<s 평면>

불안정영역
단위원
$r=1$
안정영역

<z 평면>

예제1 z 평면상의 원점에 중심을 둔 단위원주상에 사상되는 것은 s 평면의 어느 성분인가?

① 양의 반평면 ② 음의 반평면
③ 실수축 ④ 허수축

해설 s 평면과 z 평면·궤적 사이의 사상

구간 \ 구분	s 평면	z 평면
안정	좌반평면	단위원 내부
임계안정	허수축	단위원주상
불안정	우반평면	단위원 외부

예제2 s 평면의 우반면은 z 평면의 어느 부분으로 사상되는가?

① z 평면의 좌반면
② z 평면의 원점에 중심을 둔 단위원 내부
③ z 평면이 우반면
④ z 평면의 원점에 중심을 둔 단위원 외부

해설 s 평면과 z 평면·궤적 사이의 사상

구간 \ 구분	s 평면	z 평면
불안정	우반평면	단위원 외부

예제3 계통의 특성방정식 $1+G(s)H(s)=0$의 음의 실근은 z 평면 어느 부분으로 사상(mapping)되는가?

① z 평면의 좌반평면
② z 평면의 우반평면
③ z 평면의 원점을 중심으로 한 단위원 외부
④ z 평면의 원점을 중심으로 한 단위원 내부

해설 s 평면과 z 평면·궤적 사이의 사상

구간 \ 구분	s 평면	z 평면
안정	좌반평면	단위원 내부

정답

1 ④ 2 ④ 3 ④

21 상태천이행렬

이해도 □□□ 30 60 100

중 요 도 : ★★☆☆☆
출제빈도 : 1.7%, 5문 / 총 300문

한 솔 전 기 기 사
http://inup.co.kr
▲ 유튜브영상보기

1. 상태천이행렬

$$\phi(t) = \mathcal{L}^{-1}[(SI-A)^{-1}]$$

2. 상태천이행렬의 성질

① $x(t) = \phi(t)x(0) = e^{At}x(0)$, $\phi(t) = e^{At}$
② $\phi(0) = I$ (여기서, I 는 단위행렬)
③ $\phi^{-1}(t) = \phi(-t) = e^{-At}$
④ $\phi(t_2 - t_1)\phi(t_1 - t_0) = \phi(t_2 - t_0)$
⑤ $[\phi(t)]^k = \phi(kt)$

예제1 다음은 어떤 선형계의 상태방정식이다. 상태천이행렬 $\phi(t)$는?

$$\dot{x}(t) = \begin{bmatrix} -2 & 0 \\ 0 & -2 \end{bmatrix} x(t) + \begin{bmatrix} 0 \\ 1 \end{bmatrix} u$$

① $\phi(t) = \begin{bmatrix} e^{-2t} & 0 \\ 0 & 0 \end{bmatrix}$

② $\phi(t) = \begin{bmatrix} e^{2t} & 0 \\ 0 & e^{-2t} \end{bmatrix}$

③ $\phi(t) = \begin{bmatrix} e^{-2t} & 0 \\ 0 & e^{-2t} \end{bmatrix}$

④ $\phi(t) = \begin{bmatrix} e^{-2t} & 0 \\ 0 & e^{2t} \end{bmatrix}$

해설 상태방정식의 천이행렬 : $\phi(t)$

$\phi(t) = \mathcal{L}^{-1}[\phi(s)] = \mathcal{L}^{-1}[sI - A]^{-1}$ 이므로

$$(sI-A) = s\begin{bmatrix} 1 & 0 \\ 0 & 1 \end{bmatrix} - \begin{bmatrix} -2 & 0 \\ 0 & -2 \end{bmatrix} = \begin{bmatrix} s+2 & 0 \\ 0 & s+2 \end{bmatrix}$$

$$\phi(s) = (sI-A)^{-1} = \begin{bmatrix} s+2 & 0 \\ 0 & s+2 \end{bmatrix}^{-1} = \frac{1}{(s+2)^2}\begin{bmatrix} s+2 & 0 \\ 0 & s+2 \end{bmatrix} = \begin{bmatrix} \frac{1}{s+2} & 0 \\ 0 & \frac{1}{s+2} \end{bmatrix}$$

$$\therefore \phi(t) = \mathcal{L}^{-1}[\phi(s)] = \begin{bmatrix} e^{-2t} & 0 \\ 0 & e^{-2t} \end{bmatrix}$$

예제2 다음 계통의 상태천이행렬 $\phi(t)$를 구하면?

$$\begin{bmatrix} \dot{x}_1 \\ \dot{x}_2 \end{bmatrix} = \begin{bmatrix} 0 & 1 \\ -2 & -3 \end{bmatrix} \begin{bmatrix} x_1 \\ x_2 \end{bmatrix}$$

① $\begin{bmatrix} 2e^{-t} - e^{2t} & e^{t} - e^{2t} \\ -2e^{-t} + 2e^{2t} & -e^{t} + 2e^{2t} \end{bmatrix}$

② $\begin{bmatrix} 2e^{t} + e^{2t} & -e^{t} + 2e^{2t} \\ 2e^{t} - 2e^{2t} & e^{-t} - 2e^{-2t} \end{bmatrix}$

③ $\begin{bmatrix} -2e^{-t} + e^{-2t} & -e^{t} - e^{-2t} \\ -2e^{-t} - 2e^{-2t} & -e^{-t} - 2e^{-2t} \end{bmatrix}$

④ $\begin{bmatrix} 2e^{-t} - e^{-2t} & e^{-t} - e^{-2t} \\ -2e^{-t} + 2e^{-2t} & -e^{-t} + 2e^{-2t} \end{bmatrix}$

해설 상태방정식의 천이행렬 : $\phi(t)$

$\phi(t) = \mathcal{L}^{-1}[\phi(s)] = \mathcal{L}^{-1}[sI - A]^{-1}$ 이므로

$$(sI-A) = s\begin{bmatrix} 1 & 0 \\ 0 & 1 \end{bmatrix} - \begin{bmatrix} 0 & 1 \\ -2 & -3 \end{bmatrix} = \begin{bmatrix} s & -1 \\ 2 & s+3 \end{bmatrix}$$

$$\phi(s) = (sI-A)^{-1} = \begin{bmatrix} s & -1 \\ 2 & s+3 \end{bmatrix}^{-1} = \frac{1}{s(s+3)+2}\begin{bmatrix} s+3 & 1 \\ -2 & s \end{bmatrix} = \begin{bmatrix} \frac{s+3}{s^2+3s+2} & \frac{1}{s^2+3s+2} \\ \frac{-2}{s^2+3s+2} & \frac{s}{s^2+3s+2} \end{bmatrix}$$

$$\therefore \phi(t) = \mathcal{L}^{-1}[\phi(s)] = \begin{bmatrix} 2e^{-t} - e^{-2t} & e^{-t} - e^{-2t} \\ -2e^{-t} + 2e^{-2t} & -e^{-t} + 2e^{-2t} \end{bmatrix}$$

정답 1 ③ 2 ④

Black Box

22 피드백 제어계의 구성과 정의

한 솔 전 기 기 사
http://inup.co.kr
▲ 유튜브영상보기

이해도 □□□ 30 60 100

중 요 도 : ★★☆☆☆
출제빈도 : 1.7%, 5문 / 총 300문

1. 피드백 제어계의 구성

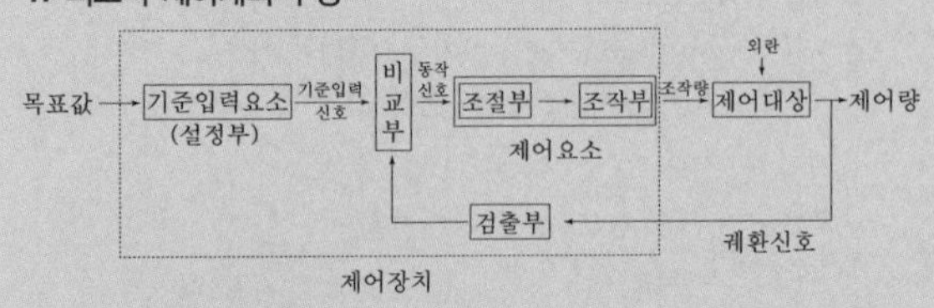

2. 제어계 구성요소의 정의

① 목표값 : 제어계의 설정되는 값으로서 제어계에 가해지는 입력을 의미한다.

② 기준입력요소 : 목표값에 비례하는 신호인 기준입력신호를 발생시키는 장치로서 제어계의 설정부를 의미한다.

③ 동작신호 : 목표값과 제어량 사이에서 나타나는 편차값으로서 제어요소의 입력신호이다.

④ 제어요소 : 조절부와 조작부로 구성되어 있으며 동작신호를 조작량으로 변환하는 장치이다.

⑤ 조작량 : 제어장치 또는 제어요소의 출력이면서 제어대상의 입력인 신호이다.

⑥ 제어대상 : 제어기구로서 제어장치를 제외한 나머지 부분을 의미한다.

⑦ 제어량 : 제어계의 출력으로서 제어대상에서 만들어지는 값이다.

⑧ 검출부 : 제어량을 검출하는 부분으로서 입력과 출력을 비교할 수 있는 비교부에 출력신호를 공급하는 장치이다.

⑨ 외란 : 제어대상에 가해지는 정상적인 입력이외의 좋지 않은 외부입력으로서 편차를 유도하여 제어량의 값을 목표값에서부터 멀어지게 하는 입력

⑩ 제어장치 : 기준입력요소, 제어요소, 검출부, 비교부 등과 같은 제어동작이 이루어지는 제어계 구성부분을 의미하며 제어대상은 제외된다.

예제1 피드백 제어계에서 반드시 필요한 장치는 어느 것인가?

① 구동 장치
② 응답 속도를 빠르게 하는 장치
③ 안정도를 좋게 하는 장치
④ 입력과 출력을 비교하는 장치

해설 피드백 제어계
피드백 제어계에서는 제어량(출력)을 검출할 수 있는 검출부가 있어서 목표값(입력)을 기준입력신호로 바꾸어 들어오는 입력과 제어량을 검출신호로 바꾸어 들어오는 출력을 비교할 수 있게 된다. 이러한 입·출력을 비교할 수 있는 비교부를 갖는 제어계를 피드백 제어계라 한다.

예제2 다음 요소 중 피드백 제어계의 제어장치에 속하지 않는 것은?

① 설정부 ② 조절부
③ 검출부 ④ 제어대상

해설 제어계의 기본구성
제어계의 기본구성은 제어장치와 제어대상으로 구분되며 제어장치에 설정부, 비교부, 제어요소, 검출부 등의 시스템이 속해있다. 따라서 제어장치에 속하지 않는 구성은 제어대상이다.

예제3 제어계를 동작시키는 기준으로서 직접 제어계에 가해지는 신호는?

① 기준입력신호 ② 동작신호
③ 조절신호 ④ 주 피드백신호

해설 제어계 구성요소의 정의
(1) 기준입력요소 : 목표값에 비례하는 신호인 기준입력신호를 발생시키는 장치로서 제어계의 설정부를 의미한다.
(2) 동작신호 : 목표값과 제어량 사이에서 나타나는 편차값으로서 제어요소의 입력신호이다.
(3) 제어요소 : 조절부와 조작부로 구성되어 있으며 동작신호를 조작량으로 변환하는 장치이다.
(4) 조작량 : 제어장치 또는 제어요소의 출력이면서 제어대상의 입력인 신호이다.
(5) 검출부 : 제어량을 검출하는 부분으로서 입력과 출력을 비교할 수 있는 비교부에 출력신호를 공급하는 장치이다.
∴ 제어계를 동작시키는 기준신호로 직접 제어계에 가해지는 신호는 목표값 신호이다. 목표값은 기준입력요소(=기준입력장치)를 통해서 목표값에 비례하는 신호인 기준입력신호로 바뀌게 된다.

예제4 **피드백 제어계에서 제어요소에 대한 설명 중 옳은 것은?**

① 목표치에 비례하는 신호를 발생하는 요소이다.
② 조작부와 검출부로 구성되어 있다.
③ 조절부와 검출부로 구성되어 있다.
④ 동작신호를 조작량으로 변환시키는 요소이다.

해설 제어요소
조절부와 조작부로 구성되어 있으며 동작신호를 조작량으로 변환하는 장치이다.

예제5 **조절부와 조작부로 이루어진 요소는?**

① 기준입력요소
② 피드백요소
③ 제어요소
④ 제어대상

해설 제어요소
조절부와 조작부로 구성되어 있으며 동작신호를 조작량으로 변환하는 장치이다.

예제6 **제어요소가 제어대상에 주는 양은?**

① 기준입력신호
② 동작신호
③ 제어량
④ 조작량

해설 조작량
제어장치 또는 제어요소의 출력이면서 제어대상의 입력인 신호이다.

예제7 **보일러의 온도를 70[℃]로 일정하게 유지시키기 위하여 기름의 공급을 변화시킬 때 목표값은?**

① 70[℃] ② 온도
③ 기름 공급량 ④ 보일러

해설 자동제어계의 구성
자동제어계는 목표값을 설정값으로 하는 입력부와 제어량을 제어값으로 하는 출력부로 나누어지며 제어량을 검출하여 입력신호와 비교할 수 있도록 비교부에 전달해주는 검출부로 이루어진다. 문제에서 보일러의 온도는 제어량에 해당되며 70[℃]는 목표값에 해당된다.

예제8 **인가직류 전압을 변화시켜서 전동기의 회전수를 800[rpm]으로 하고자 한다. 이 경우 회전수는 어느 용어에 해당되는가?**

① 목표값 ② 조작량
③ 제어량 ④ 제어 대상

해설 자동제어계의 구성
전동기의 회전수는 제어량에 해당되며 800[rpm]은 목표값에 해당된다.

정답
1 ④ 2 ④ 3 ① 4 ④ 5 ③ 6 ④ 7 ① 8 ③

23 보상회로

이해도 □□□ 30 60 100
중 요 도 : ★★☆☆☆
출제빈도 : 1.7%, 5문 / 총 300문

한 솔 전 기 기 사
http://inup.co.kr
▲ 유튜브영상보기

1. 진상보상회로

출력전압의 위상이 입력전압의 위상보다 앞선 회로이다.

$$G(s)=\frac{s+b}{s+a}\doteqdot Ts \ \text{: 미분회로}$$

∴ 전달함수가 미분회로인 경우 진상보상회로가 되며 $a>b$인 조건을 만족해야 한다. 또한 미분회로는 속응성(응답속도)을 개선하기 위하여 진동을 억제한다.

2. 지상보상회로

출력전압의 위상이 입력전압의 위상보다 뒤진 회로이다.

$$G(s)=\frac{s+b}{s+a}\doteqdot \frac{1}{Ts} \ \text{: 적분회로}$$

∴ 전달함수가 적분회로인 경우 지상보상회로가 되며 $a<b$인 조건을 만족해야 한다. 또한 적분회로는 잔류편차를 제거하여 정상특성을 개선한다.

예제1 그림과 같은 회로가 가지는 기능 중 가장 적합한 것은?

① 적분기능
② 진상보상
③ 지연보상
④ 지진상보상

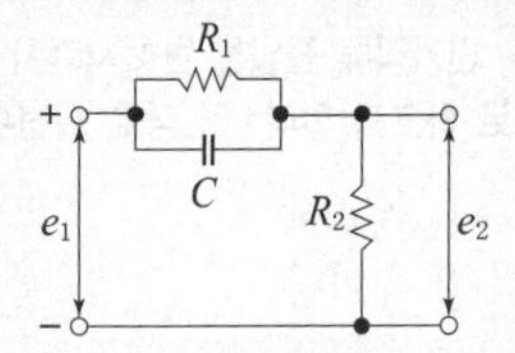

해설 보상회로

$$E_1(s)=\left(\frac{R_1\cdot\frac{1}{Cs}}{R_1+\frac{1}{Cs}}+R_2\right)I(s)$$

$$=\frac{R_1+R_2(R_1Cs+1)}{R_1Cs+1}I(s)$$

$$E_2(s)=R_2I(s)$$

$$G(s)=\frac{E_2(s)}{E_1(s)}=\frac{R_2I(s)}{\frac{R_1+R_2(R_1Cs+1)}{R_1Cs+1}I(s)}$$

$$=\frac{R_2(R_1Cs+1)}{R_1+R_2(R_1Cs+1)}$$

$$=\frac{R_1R_2Cs+R_2}{R_1R_2Cs+R_1+R_2}$$

$$=\frac{s+\frac{R_2}{R_1R_2C}}{s+\frac{R_1+R_2}{R_1R_2C}}=\frac{s+b}{s+a}$$

$a=\dfrac{R_1+R_2}{R_1R_2C}$, $b=\dfrac{R_2}{R_1R_2C}$일 때

∴ $a>b$이므로 미분회로이며 진상보상회로이다.

예제2 다음의 전달함수를 갖는 회로가 진상보상회로의 특성을 가지려면 그 조건은 어떠한가?

$$G(s)=\frac{s+b}{s+a}$$

① $a>b$ ② $a<b$
③ $a>1$ ④ $b>1$

해설 보상회로

(1) 진상보상회로 : 출력전압의 위상이 입력전압의 위상보다 앞선 회로이다.

$$G(s)=\frac{s+b}{s+a}\doteqdot s \ \text{: 미분회로}$$

∴ 전달함수가 미분회로인 경우 진상보상회로가 되며 $a>b$인 조건을 만족해야 한다. 또한 미분회로는 속응성(응답속도)을 개선하기 위하여 진동을 억제한다.

(2) 지상보상회로 : 출력전압의 위상이 입력전압의 위상보다 뒤진 회로이다.

$$G(s)=\frac{s+b}{s+a}\doteqdot \frac{1}{Ts} \ \text{: 적분회로}$$

∴ 전달함수가 적분회로인 경우 지상보상회로가 되며 $a<b$인 조건을 만족해야 한다. 또한 적분회로는 잔류편차를 제거하여 정상특성을 개선한다.

정답 1 ② 2 ①

24 무접점회로와 유접점회로

이해도 □□□ 30 60 100

중 요 도 : ★★☆☆☆
출제빈도 : 1.7%, 5문 / 총 300문

한 솔 전 기 기 사
http://inup.co.kr
▲ 유튜브영상보기

1. 무접점회로
릴레이 접점을 이용하지 않고 다이오드, 트랜지스터와 같은 전자소자를 이용하여 시퀀스를 구성하는 논리회로를 말한다.

2. 유접점회로
릴레이를 이용하여 직접 시퀀스를 구성하는 회로를 말한다.

예제1 그림과 같은 회로는 어떤 논리회로인가?

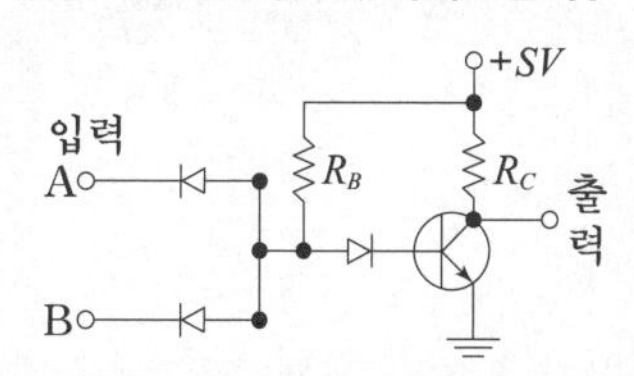

① AND 회로 ② NAND 회로
③ OR 회로 ④ NOR 회로

해설 논리회로
트랜지스터는 베이스(B) 입력단자에 "H"가 가해지면 컬렉터(K) +단자와 이미터(E) −단자가 도통되어 출력의 레벨은 "L"이 된다. 따라서 출력레벨이 "H"가 되기 위해서는 B는 "L"이 되어야 하므로 입력 A, B는 둘 중 어느 하나라도 "L" 상태를 유지하고 있어야 한다.

A	B	AND	NAND
0	0	0	1
0	1	0	1
1	0	0	1
1	1	1	0

∴ 위 조건을 만족하는 논리회로는 NAND회로이다.

예제2 다음과 같은 계전기회로는 어떤 회로인가?

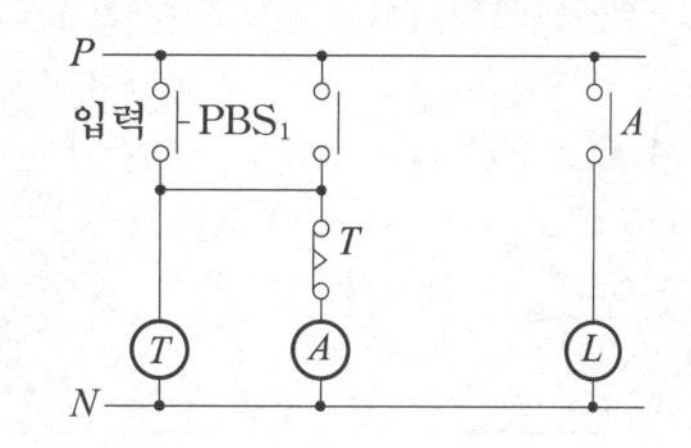

① 쌍안정회로 ② 단안정회로
③ 인터록회로 ④ 일치회로

해설 FF회로와 SMV회로
(1) R−S FF회로(쌍안정회로)

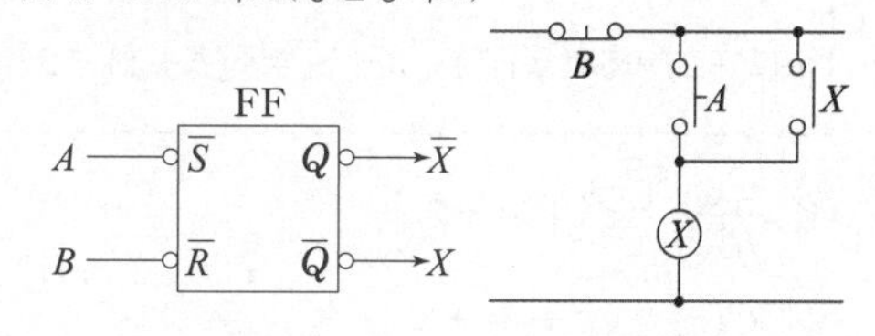

(2) SMV회로(단안정회로)

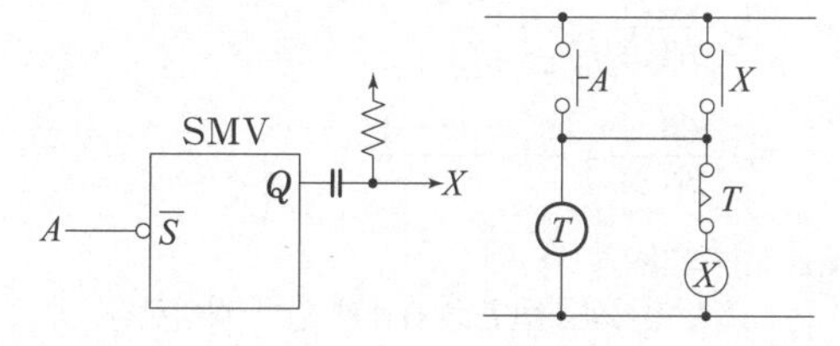

1 ② 2 ②

Black Box

25 Z변환의 전달함수와 샘플링

이해도 □□□ 30 60 100

중 요 도 : ★☆☆☆☆
출제빈도 : 0.7%, 2문 / 총 300문

한 솔 전 기 기 사
http://inup.co.kr
▲ 유튜브영상보기

1. Z변환의 전달함수

$c(k+2)+Ac(k+1)+Bc(k)=r(k+1)+Dr(k)$

위와 같은 차분방정식이 주어진 경우 입력 $r(k)$, 출력 $c(k)$에 대한 전달함수 $G(z)$는 다음과 같이 표현할 수 있다.

모든 초기조건을 영(0)으로 하여 양 변 z변환하면

$z[C(k+2)]=z^2C(z)-z^2C(0)-zC(1)$

$z[C(k+1)]=zC(z)-zC(0)$

$z[C(k)]=C(z)$ 이므로

$z^2C(z)+AzC(z)+BC(z)=zR(z)+DR(z)$

$(z^2+Az+B)C(z)=(z+D)R(z)$ 식에서

$\therefore\ G(z)=\dfrac{C(z)}{R(z)}=\dfrac{z+D}{z^2+Az+B}$

2. 샘플과 홀드

$r(t)$ —T— $r^*(t)$ → [ZOH] →

이산치 제어계의 해석을 위해 종종 쓰이는 S/H(sample and hold)는 이상적 샘플러와 ZOH(zero order hold)로 구성된다.

예제1 다음 차분방정식으로 표시되는 불연속계(discrete data system)가 있다. 이 계의 전달함수는?

$$c(k+2)+5c(k+1)+3c(k)=r(k+1)+2r(k)$$

① $\dfrac{C(z)}{R(z)}=z^2+6z+5$

② $\dfrac{C(z)}{R(z)}=\dfrac{z^2+5z+3}{z+2}$

③ $\dfrac{C(z)}{R(z)}=\dfrac{z+2}{z^2+5z+3}$

④ $\dfrac{C(z)}{R(z)}=\dfrac{z^2+5z+3}{z}$

해설 차분방정식

차분방정식의 z변환을 다음과 같이 정의한다.

$z[C(k+2)]=z^2C(z)-z^2C(0)-zC(0)$

$z[C(k+1)]=zC(z)-zC(0)$

$z[C(k)]=C(z)$

따라서 위 문제의 차분방정식을 모든 초기조건을 영(0)으로 하여 양 변 z변환하면

$z^2C(z)+5zC(z)+3C(z)=zR(z)+2R(z)$

$(z^2+5z+3)C(z)=(z+2)R(z)$

$\therefore\ G(z)=\dfrac{C(z)}{R(z)}=\dfrac{z+2}{z^2+5z+3}$

예제2 샘플링된 신호를 다음 샘플링 신호와 직선으로 연결하는 홀드를 무엇이라 하는가?

① Zero Order Hold
② First Order Hold
③ Second Order Hold
④ Third Order Hold

해설 샘플과 데이터 홀드

이산치 제어계의 해석을 위해 종종 쓰이는 S/H(sample and hold)는 이상적 샘플러와 ZOH(zero order hold)로 구성된다.

$r(t)$ —T— $r^*(t)$ → [ZOH] →

그림에서와 같이 샘플링된 신호와 직선으로 연결하는 홀드는 ZOH라 한다. 본문에서 제시된 홀드는 샘플링된 신호를 다음 샘플링 신호와 직선으로 연결하는 홀드이므로

$r(t)$ —T→ [ZOH] —T→ [FOH] →

∴ First Order Hold(FOH)이다.

정답

1 ③ 2 ②

출제빈도별 우선순위 핵심37선

BLACK BOX Ⅵ 전기설비기술기준 블랙박스

우선순위	핵 심 제 목	중요도	출제문항수	학습진도(%) 30 60 100
1	접지극의 시설 및 가공공동지선 & 방전장치	★★★★★	28문 / 600문	□□□
2	애자공사·합성수지관공사·금속관공사	★★★★★	25문 / 600문	□□□
3	발전소, 변전소 등의 울타리 · 담 등의 시설	★★★☆☆	16문 / 600문	□□□
4	기계기구등의 전로의 절연 및 절연 내력시험전압	★★★☆☆	13문 / 600문	□□□
5	특고압 가공전선로의 경간 및 시가지 시공 높이	★★★☆☆	15문 / 600문	□□□
6	지선의 시설	★★★☆☆	12문 / 600문	□□□
7	특고압 배전용변압기, 타임스위치 & 전동기 보호용 과전류 보호장치	★★★☆☆	14문 / 600문	□□□
8	지중전선로의 시설	★★★☆☆	14문 / 600문	□□□
9	전력보안통신설비의 구성 및 시설	★★★☆☆	13문 / 600문	□□□
10	보안공사	★★★☆☆	13문 / 600문	□□□
11	저압용 퓨즈 및 배선용 차단기	★★★☆☆	12문 / 600문	□□□
12	저 · 고압 가공전선로의 높이, 경간, 가공지선 굵기 시설	★★★☆☆	10문 / 600문	□□□
13	계측장치 및 수소냉각방식	★★★☆☆	10문 / 600문	□□□
14	가공전선의 굵기	★★★☆☆	9문 / 600문	□□□
15	풍압하중	★★★☆☆	9문 / 600문	□□□
16	가공 및 첨가통신선의 높이	★★★☆☆	9문 / 600문	□□□
17	옥내전로의 대지전압 및 전선 최소 굵기	★★★☆☆	9문 / 600문	□□□
18	고압 및 특고압 옥내배선의 시설	★★★☆☆	9문 / 600문	□□□
19	전기철도	★★★☆☆	9문 / 600문	□□□
20	회전기, 정류기, 연료전지 및 태양전지 모듈의 절연내력시험전압	★★☆☆☆	8문 / 600문	□□□
21	KEC 규정의 용어	★★☆☆☆	7문 / 600문	□□□
22	계통접지	★★☆☆☆	7문 / 600문	□□□
23	발전기 및 변압기 등의 보호장치	★★☆☆☆	7문 / 600문	□□□
24	B종 철탑의 종류	★★☆☆☆	7문 / 600문	□□□
25	조가용선의 시설 규정	★★☆☆☆	7문 / 600문	□□□
26	안전율 정리	★★☆☆☆	7문 / 600문	□□□
27	유도전류 제한 및 유도장해 방지 대책	★★☆☆☆	7문 / 600문	□□□
28	인입선 등의 시설	★★☆☆☆	7문 / 600문	□□□
29	접지도체의 굵기선정	★★☆☆☆	7문 / 600문	□□□
30	가공전선의 병행 설치(병가)	★★☆☆☆	6문 / 600문	□□□
31	방전등 공사 및 기타 공사	★☆☆☆☆	5문 / 600문	□□□
32	전압의 종별	★☆☆☆☆	5문 / 600문	□□□
33	지지물의 매설깊이	★☆☆☆☆	5문 / 600문	□□□
34	저 · 고압 가공전선과 다른 시설물과의 접근 또는 교차	★☆☆☆☆	5문 / 600문	□□□
35	분산형 전원	★☆☆☆☆	5문 / 600문	□□□
36	전선의 접속 및 식별	★★★☆☆	5문 / 600문	□□□
37	접지시스템의 보호도체 및 등전위본딩 도체	★★★☆☆	5문 / 600문	□□□

01 접지극의 시설 및 가공공동지선 & 방전장치

이해도 □□□ 30 60 100

중 요 도 : ★★★★★
출제빈도 : 4.6%, 28문 / 총 600문

한 솔 전 기 기 사
http://inup.co.kr
▲ 유튜브영상보기

1. 접지극의 시설

(1) 접지극의 매설
① 접지극의 매설깊이 : 0.75[m] 이상.
② 철주의 밑면으로부터 0.3 [m] 이상의 깊이에 매설.
지중에서 금속체로부터 1[m] 이상 떼어 매설 한다.

(2) 수도관 등을 접지극으로 사용하는 경우
① 대지와의 전기저항 값이 3 [Ω] 이하인 경우,
- 수도관로의 안지름이 75 [mm] 이상인 부분에 접지.
② 분기한 수도관 안지름 75 [mm] 미만인 경우
분기점으로부터 5 [m] 이내의 부분에 접지한다.
단, 저항값이 2[Ω] 이하인 경우 : 5[m]을 넘을 수 있다.

(3) 철골, 기계기구의 철대등을 접지극으로 사용하는 경우
- 대지와의 전기 저항값이 3 [Ω] 이하 경우.
단, 비접지식 고압전로에 시설하는 경우 : 2 [Ω] 이하

2. 가공 공동지선

① 접지저항 값을 얻기 어려운 경우 인장강도 5.26 [kN] 이상 또는 지름 4 [mm] 이상의 경동선을 사용.
② 접지극은 변압기 양쪽에 있도록 하고 시설장소로부터 200 [m]이내에 시설한다. (지름 400 [m] 이내).
③ 저항값 : 1[km]를 지름으로 접지 저항값.
[가공공동(지지선)으로 부터 분리되면 300[Ω] 이하]

• 접지저항 계산 $R=\dfrac{150}{I_1}\times N[\Omega]$ 이하
(여기서 I_1 : 1선 지락전류, N : 접지개소)

3. 특고압과 고압의 혼촉 등에 의한 위험방지 시설

• 방전장치 시설 : 사용전압의 3배 방전개시
• 설치장소 : 변압기의 단자에 가까운 1극에 설치
※ 방전장치 생략 조건
① 방전하는 피뢰기를 고압전로의 모선의 각상에 시설
② 혼촉 방지판 접지저항 값이 10[Ω] 이하인 경우

예제1 지중에 매설되어 있고 대지와의 전기저항 값이 몇 [Ω] 이하의 값을 유지하고 있는 금속제 수도관로는 이를 각 종 접지공사의 접지극으로 사용할 수 있는가?

① 2　② 3
③ 5　④ 10

해설 수도관 등을 접지극으로 사용하는 경우
(1) 대지와의 전기저항 값이 3 [Ω] 이하인 경우
• 수도관로의 안지름이 75 [mm] 이상인 부분에 접지.
(2) 분기한 수도관 안지름 75 [mm] 미만인 경우
• 분기점으로부터 5 [m] 이내의 부분에 접지한다.
단, 저항값이 2[Ω] 이하인 경우 : 5[m]을 넘을 수 있다.

예제2 지중에 매설되고 또한 대지간의 전기저항이 몇 [Ω] 이하인 경우에 그 금속제 수도관을 각종 접지공사의 접지극으로 사용할 수 있는가?(단, 접지선을 내경 75 [mm]의 금속제 수도관으로부터 분기한 내경 50 [mm]의 금속제 수도관의 분기점으로부터 6 [m] 거리에 접촉하였다.)

① 1　② 2
③ 3　④ 5

해설 수도관 등을 접지극으로 사용하는 경우
(1) 대지와의 전기저항 값이 3 [Ω] 이하인 경우
• 수도관로의 안지름이 75 [mm] 이상인 부분에 접지.
(2) 분기한 수도관 안지름 75 [mm] 미만인 경우
• 분기점으로부터 5 [m] 이내의 부분에 접지한다.
단, 저항값이 2[Ω] 이하인 경우 : 5[m]을 넘을 수 있다.

예제3 지중에 매설되어 있고 대지와의 전기저항치가 3[Ω]인 금속제 수도관로를 접지공사의 접지극으로 사용할 때 접지선과 수도 관로의 접속은 안지름 75[mm] 이상인 수도관의 경우에 몇 [m] 이내의 부분에서 하여야 하는가?

① 3 ② 5
③ 8 ④ 10

해설 수도관 등을 접지극으로 사용하는 경우
(1) 대지와의 전기저항 값이 3 [Ω] 이하인 경우
• 수도관로의 안지름이 75 [mm] 이상인 부분에 접지.
(2) 분기한 수도관 안지름 75 [mm] 미만인 경우
• 분기점으로부터 5 [m] 이내의 부분에 접지한다.
단, 저항값이 2[Ω]이하인 경우 : 5[m]을 넘을 수 있다.

예제4 고·저압의 혼촉에 의한 위험을 방지하기 위하여 저압측 중성점에 접지공사를 변압기의 시설장소마다 시행하여야 하지만 토지의 상황에 따라 규정의 접지저항 값을 얻기 어려운 경우 가공 접지도체를 변압기의 시설장소로부터 몇 [m]까지 떼어서 시설할 수 있는가?

① 75 ② 100
③ 200 ④ 300

해설 가공공동지선
(1) 굵기 : 경동선 4 [mm]=5.26 [kN] 이상
(2) 접지극은 변압기 양쪽에 있도록 하고 시설장소로부터 200 [m]이내에 시설한다. (지름 400 [m] 이내).

예제5 고압과 저압전로를 결합하는 변압기 저압측의 중성점에는 접지공사를 변압기의 시설장소마다 하여야 하나 부득이 하여 가공공동지지선을 설치하여 공통의 접지공사로 하는 경우 각 변압기를 중심으로 하는 지름 몇 [m] 이내의 지역에 시설하여야 하는가?

① 400 ② 500
③ 600 ④ 800

해설 가공공동지선
(1) 굵기 : 경동선 4 [mm]=5.26 [kN] 이상
(2) 접지극은 변압기 양쪽에 있도록 하고 시설장소로부터 200 [m]이내에 시설한다. (지름 400 [m] 이내).

예제6 고·저압 혼촉에 의한 위험방지시설로 가공공동지지선을 설치하여 시설하는 경우에 각 접지선을 가공공동지지선으로부터 분리하였을 경우의 각 접지선과 대지간의 전기저항 값은 몇 [Ω] 이하로 하여야 하는가?

① 75 ② 150
③ 300 ④ 600

해설 가공공동지선
① 저항값 : 1[km]를 지름으로 접지 저항 값 계산.
[가공공동 지선으로 부터 분리되면 300[Ω]이하]
• 접지저항 계산 $R=\frac{150}{I_1}\times N[\Omega]$ 이하
(여기서 I_1 : 1선 지락전류, N : 접지개소)

예제7 154[kV] 에서 6600[V]로 변성하는 변압기의 고압측 단자에 시설하는 정전 방전기는 몇 [V] 이하에서 방전을 개시하여야 하는가?

① 15600 ② 16800
③ 18500 ④ 19800

해설 특고압과 고압의 혼촉 등에 의한 위험방지 시설
※ 방전장치 시설
• 사용전압의 3배 방전개시
• 잔류 전하 방전
⇒ 6600×3=19800[V]

예제8 특별고압 가공전선로에 사용하는 가공 공동지지선에는 지름 몇 [mm]의 나경구리선 또는 이와 동등 이상의 세기 및 굵기의 나선을 사용하여야 하는가?

① 2.0 ② 2.6
③ 4.0 ④ 10

해설 가공공동지선
(1) 굵기 : 경동선 4 [mm]=5.26 [kN] 이상
(2) 접지극은 변압기 양쪽에 있도록 하고 시설장소로부터 200 [m]이내에 시설한다. (지름 400 [m] 이내).

정답
1 ② 2 ② 3 ② 4 ③ 5 ① 6 ③ 7 ④ 8 ③

02 애자공사 · 합성수지관공사 · 금속관공사

이해도 □□□ 30 60 100

중 요 도 : ★★★★★
출제빈도 : 4.2%, 25문 / 총 600문

한 솔 전 기 기 사
http://inup.co.kr
▲ 유튜브영상보기

1. 애자사용공사

전압종별 / 구분	저압선의 굵기 및 간격	고압선의 굵기 및 간격
전선굵기	2.0mm [1.38(kN)] 4.0[mm^2] 연선	6[mm^2]
전선 상호	400[V]이하 :0.06[m] 이상 400[V]초과 : 0.06[m] 이상 [단, 비와이슬에 젖는다. : 0.12[m]]	0.08[m] 이상
전선과 조영재	400[V]이하 : 0.025[m] 이상 400[V]초과 : 0.045[m] 이상 [단, 건조한 장소 :0.025[m]]	0.05[m] 이상
전선의 지지점	400[V] 이하 : 2[m] 이하 400[V] 초과 : 6[m] 이하 단, 조영재의 면에 따라 붙일 경우 : 2[m] 이하	6[m] 이하 단, 전선을 조영재의 면에 따라 붙이는 경우 : 2[m] 이하

2. 합성수지관 공사

(1) 전선 : 2.5[mm^2] 이상 절연전선(OW 제외)으로 연선사용.
[단, 10[mm^2], (AL : 16[mm^2]) 이하의 것은 단선을 사용].
(2) 합성수지관 안에서 전선접속점이 없도록 할 것
(3) 관의 삽입하는 깊이 : 관 바깥 지름의 1.2배
(단, 접착제를 사용하는 경우 0.8배)
(4) 지지점간의 간격 : 1.5[m] 이하
(5) 관의 두께 : 2.0[mm] 이상
(6) 습기가 많은 장소에 방습장치를 하여 사용하였다.

3. 금속관공사

(1) 전선 : 2.5[mm^2] 이상 절연전선(OW 제외)으로 연선사용.
[단, CU : 10[mm^2], (AL : 16[mm^2]) 이하의 것은 단선을 사용].
(2) 금속관 안에는 전선에 접속점이 없도록 할 것
(3) 전선관과의 접속부분의 나사는 5턱 이상 죔나사.
(4) 단구에는 피복이 손상받지 않도록 부싱을 사용할 것
(5) 지지점간 간격 : 2[m]
(6) 전선관의 두께
- 콘크리트에 매설 : 1.2[mm] 이상
- 매설이외의 경우 : 1.0[mm] 이상

예제1 사용전압 480[V]인 옥내 저압 절연 전선을 애자 사용 공사에 의해서 점검할 수 있는 은폐 장소에 시설하는 경우에 전선 상호간의 간격은 몇 [m]이상 이어야 하는가?

① 0.06 ② 0.1
③ 0.12 ④ 0.15

해설 애자사용공사의 설비기준

전압종별 / 구분	저압이격간격	고압이격간격
전선 상호	400[V]이하 :0.06[m] 이상 400[V]초과 : 0.06[m] 이상 [단, 비와이슬에 젖는다. : 0.12[m]]	0.08[m] 이상
전선과 조영재	400[V] 이하 : 0.025[m] 이상 400[V] 초과 : 0.045[m] 이상 [단, 점검 가능 장소 : 0.025[m]]	0.05[m] 이상

예제2 사용전압이 400[V] 이하인 경우 애자공사에서 전선과 조영재사이의 이격간격는 몇 [mm] 이상이어야 하는가?

① 25 ② 30
③ 35 ④ 40

해설 애자사용공사

전압종별 / 구분	저압 이격간격	고압 이격간격
전선 상호	400[V]이하 :0.06[m] 이상 400[V]초과 : 0.06[m] 이상 [단, 비와이슬에 젖는다. : 0.12[m]]	0.08[m] 이상
전선과 조영재	400[V] 이하 : 0.025[m] 이상 400[V] 초과 : 0.045[m] 이상 [단, 점검 가능 장소 : 0.025[m]]	0.05[m] 이상

예제3 저압 옥내배선을 합성수지관 공사에 의하여 실시하는 경우 사용할 수 있는 단선(구리선)의 최대 굵기는 몇 [mm^2] 인가?

① 2.5 ② 6
③ 10 ④ 16

해설 합성수지관공사
(1) 전선 : 절연전선 이상.(단, OW 제외)으로 연선사용.
(2) 합성수지관 안에서 전선접속점이 없도록 할 것
(3) 단선의 최대 굵기는 10[mm^2] 이하, Al(알루미늄)일 경우에는 16[mm^2] 이하일 것.

예제4 합성수지관공사에 의한 저압 옥내배선의 시설 기준으로 옳지 않은 것은?

① 습기가 많은 장소에 방습장치를 하여 사용하였다.
② 전선은 옥외용 비닐절연전선을 사용하였다.
③ 전선은 연선을 사용하였다.
④ 관의 지지점간의 거리는 1.5[m]로 하였다.

해설 합성수지관 공사
(1) 전선 : 절연전선 이상.(단, OW 제외)으로 연선사용.
(2) 합성수지관 안에서 전선접속점이 없도록 할 것
(3) 단선의 최대 굵기는 10[mm^2] 이하,
Al(알루미늄)일 경우에는 16[mm^2] 이하일 것.
(4) 지지점간의 간격 : 1.5[m] 이하
(5) 습기가 많은 장소에 방습장치를 하여 사용하였다.

예제5 옥내배선의 사용전압이 200[V]인 경우에 이를 금속관 공사에 의하여 시설하려고 한다. 다음 중 옥내배선의 시설로 써 옳은 것은?

① 전선은 경구리선으로 지름 4.0[mm]를 사용하였다.
② 전선은 옥외용 비닐절연전선을 사용하였다.
③ 콘크리트에 매설하는 전선관의 두께는 1.0[mm]를 사용하였다.
④ 금속관 안에서 전선의 접속점이 없도록 할 것.

해설 금속관 공사
(1) 전선의 종류 : 절연전선(단, OW 제외)으로 연선사용.
(2) 단선의 최대 굵기는 10[mm^2] 이하,
Al(알루미늄)일 경우에는 16[mm^2] 이하일 것.
(3) 금속관 내에서 전선은 접속점을 만들어서는 안 된다.
(4) 지지점간 간격 : 2[m]이하
(5) 전선관의 두께
- 콘크리트에 매설 : 1.2[mm] 이상
- 매설이외의 경우 : 1.0[mm] 이상

예제6 금속관 공사에서 절연부싱을 사용하는 가장 주된 목적은?

① 관의 끝이 터지는 것을 방지
② 관의 단구에서 조영재의 접촉 방지
③ 관내 해충 및 이물질 출입 방지
④ 관의 단구에서 전선 피복의 손상 방지

해설 절연 부싱
관의 단구에는 전선의 피복이 손상받지 아니하도록 부싱을 사용하여야 한다. 다만 금속관공사로부터 애자사용공사로 옮기는 경우에는 그 부분의 관의 단구에는 절연부싱 또는 이와 유사한 것을 사용해야 한다.

예제7 금속관 공사에 의한 저압 옥내배선시 콘크리트에 매설하는 경우 관의 최소 두께[mm]는?

① 0.8[mm] ② 1.0[mm]
③ 1.2[mm] ④ 1.4[mm]

해설 금속관공사
콘크리트 매입공사시 전선관의 두께
- 콘크리트에 매설 : 1.2[mm] 이상
- 매설이외의 경우 : 1.0[mm] 이상

예제8 금속관공사에 의한 저압 옥내배선의 방법으로 틀린 것은?

① 옥외용 비닐절연 전선을 사용하였다.
② 전선은 연선을 사용하였다.
③ 콘크리이트에 매설하는 금속관의 두께는 1.2[mm]를 사용하였다.
④ 금소관 지지점 간의 간격은 2m로 하였다.

해설 금속관 공사
(1) 전선의 종류 : 절연전선(단, OW 제외)으로 연선사용.
(2) 단선의 최대 굵기는 10[mm^2] 이하,
Al(알루미늄)일 경우에는 16[mm^2] 이하일 것.
(3) 지지점간 간격 : 2[m]이하
(4) 전선관의 두께
- 콘크리트에 매설 : 1.2[mm] 이상
- 매설이외의 경우 : 1.0[mm] 이상

정답
1 ① 2 ① 3 ③ 4 ② 5 ④ 6 ④ 7 ③ 8 ①

03 발전소, 변전소 등의 울타리 · 담 등의 시설

이해도 □□□ 30 60 100

중 요 도 : ★★★☆☆
출제빈도 : 2.7%, 16문 / 총 600문

한 솔 전 기 기 사
http://inup.co.kr
▲ 유튜브영상보기

1. 울타리 · 담등의 지표상 높이

(1) 울타리 · 담 등의 최소높이 : 2[m] 이상
(2) 지표면과 울타리 · 담 등의 하단사이의 간격 : 0.15[m] 이하

2. 울타리 · 담 등의 높이와 울타리 · 담 등으로부터 충전부분까지의 간격의 합계

사용전압	거리의합계 $(x+y)$
35[kV] 이하	5[m] 이상
35[kV] 초과 160[kV] 이하	6[m] 이상
160[kV] 초과	1만[V] 마다 12[cm] 가산한다. ∴ 6+(사용전압-기준전압)×0.12=? • 전압[V]를 각각 10000으로 나누어 넣는다.

단, ( ) 안부터 계산 후 소수점 이하 절상하고/전체를 계산.

3. 울타리 접지

고압 또는 특별고압 가공전선과 금속제의 울타리·담 등이 교차하는 경우 교차점과 좌, 우로 45[m] 이내의 개소에 접지공사 한다.

예제1 154[kV]의 옥외 변전소에 있어서 울타리의 높이와 울타리에서 충전 부분까지 간격의 합계는 몇 [m] 이상이어야 하는가?

① 5[m] ② 6[m]
③ 7[m] ④ 8[m]

해설 울타리·담으로부터 충전부까지의 거리의 합계

사용전압	울타리·담 등의 높이+충전부까지의 거리
35[kV] 이하	5[m] 이상
35[kV] 초과 160[kV] 이하	6[m] 이상
160[kV] 초과	1만[V] 마다 12[cm] 가산한다. ∴ 6+(사용전압-기준전압)×0.12=? • 전압[V]를 각각 10000으로 나누어 넣는다.

단, ( ) 안부터 계산 후 소수점 이하 절상하고/전체를 계산.

예제2 변전소에 울타리 · 담 등을 시설할 때, 사용전압이 345[kV] 이면 울타리 · 담 등의 높이와 울타리 · 담 등으로부터 충전부분까지의 간격의 합계는 몇 [m] 이상으로 하여야 하는가?

① 8.16 ② 8.28
③ 8.40 ④ 9.72

해설 울타리·담으로부터 충전부까지의 거리의 합계
∴ 합계=6+(34.5−16)×0.12=6+19×0.12=8.28[m]
TIP ( ) 안의 수치는 18.5≒19 소수점 이하 절상한다.

예제3 사용전압이 20[kV]인 변전소에 울타리 담등을 시설하고자 할 때 울타리 · 담 등의 높이는 몇 [m] 이상이어야 하는가?

① 1[m] ② 2[m]
③ 5[m] ④ 6[m]

해설 발전소 등의 울타리·담 등의 시설
∴ 울타리·담 등의 지표상 최소높이 : 2[m] 이상

예제4 **"고압 또는 특별고압의 기계기구, 모선 등을 옥외에 시설하는 발전소, 개폐소 또는 이에 준하는 곳에 시설하는 울타리, 담 등의 높이는 (㉠)[m] 이상으로 하고, 지표면과 울타리, 담 등의 하단 사이의 간격은 (㉡)[cm], 이하로 하여야 한다."에서 ㉠, ㉡에 알맞은 것은?**

① ㉠ 3 ㉡ 15
② ㉠ 2 ㉡ 15
③ ㉠ 3 ㉡ 25
④ ㉠ 2 ㉡ 25

해설 발전소 등의 울타리·담 등의 시설
(1) 울타리·담 등의 지표상 최소 높이 : 2[m] 이상
(2) 울타리·담 등의 하단 사이의 간격 : 15[cm] 이하

예제5 **고압 가공전선과 금속제의 울타리가 교차하는 경우 울타리에는 교차점과 좌, 우로 접지공사를 하여야 한다. 그 접지공사의 방법이 옳은 것은?**

① 좌우로 30[m] 이내의 개소에 한다.
② 좌우로 35[m] 이내의 개소에 한다.
③ 좌우로 40[m] 이내의 개소에 한다.
④ 좌우로 45[m] 이내의 개소에 한다.

해설 울타리 접지
고압 또는 특별고압 가공전선과 금속제의 울타리·담 등이 교차하는 경우 교차점과 좌, 우로 45[m] 이내의 개소에 접지공사 한다.

예제6 **특고압 변전소에 울타리·담 등을 시설하고자 할 때 울타리·담 등의 높이는 몇 [m] 이상이어야 하는가?**

① 1
② 2
③ 5
④ 6

해설 발전소 등의 울타리·담 등의 시설
(1) 울타리·담 등의 지표상 최소 높이 : 2[m] 이상
(2) 울타리·담 등의 하단 사이의 간격 : 15[cm] 이하

예제7 **1차 22,900[V], 2차 3,300[V]의 변압기를 지상에 설치하는 경우 울타리의 높이와 울타리와 충전부까지의 거리 합계는 최소 몇 [m] 이상인가?**

① 8[m]
② 7[m]
③ 6[m]
④ 5[m]

해설 울타리·담으로부터 충전부까지의 거리의 합계

사용전압	울타리·담 등의 높이+충전부까지의 거리
35[kV] 이하	5[m] 이상
35[kV] 초과 160[kV] 이하	6[m] 이상
160[kV] 초과	1만[V] 마다 12[cm] 가산한다. ∴ 6+(사용전압−기준전압)×0.12=? • 전압[V]를 각각 10000으로 나누어 넣는다.

예제8 **345[kV] 변전소의 충전 부분에서 5.78[m] 거리에 울타리를 설치하고자 한다. 울타리의 최소 높이는 얼마인가?**

① 2[m]
② 2.25[m]
③ 2.5[m]
④ 3[m]

해설 울타리·담으로부터 충전부까지의 거리의 합계

사용전압	울타리·담 등의 높이+충전부까지의 거리
35[kV] 이하	5[m] 이상
35[kV] 초과 160[kV] 이하	6[m] 이상
160[kV] 초과	1만[V] 마다 12[cm] 가산한다. ∴ 6+(사용전압−기준전압)×0.12=? • 전압[V]를 각각 10000으로 나누어 넣는다.

합계 계산=6+(34.5−16)×0.12=8.28[m]
TIP ( ) 안의 수치는 18.5≒19 소수점 이하 절상한다.
∴ 울타리 높이=8.28−5.78=2.5[m]

정답
1 ② 2 ② 3 ② 4 ② 5 ④ 6 ② 7 ④ 8 ③

04 기계기구등의 전로의 절연 및 절연 내력시험전압

한 솔 전 기 기 사
http://inup.co.kr
▲ 유튜브영상보기

이해도 □□□ 30 60 100

중 요 도 : ★★★☆☆
출제빈도 : 2.2%, 13문 / 총 600문

1. 다음의 경우를 제외하고 대지로부터 절연 한다.

① 접지공사를 하는 경우의 접지점
② 계기용변성기 2차측 전로에 접지공사한 경우 접지점
③ 시험용 변압기
④ 전기욕기, 전기로, 전기보일러, 전해조등 절연하는 것이 기술상 곤란한 경우.

2. 저압 전로의 절연저항

전로의 사용전압	시험전압[V]	절연저항[MΩ]
SELV 및 PELV	DC 250[V]	0.5 이상
FELV 및 500[V] 이하	DC 500[V]	1.0 이상
500[V] 초과	DC 1000[V]	1.0 이상

3. 저압 전로

정전이 어려운 경우 등 절연저항 측정이 곤란한 경우에는 누설 전류를 1[mA] 이하로 유지.

4. 전로의 시험전압 및 변압기 기구 등의 전로의 시험 전압

고압 및 특고압의 전로는 아래 표 에서 정한 시험전압을 전로와 대지 사이에 연속하여 10분간 가하여 견딜 것.
(최대사용전압 → 연속 10분간)

최대사용전압	접지방식	배수	최저시험전압
7[kV] 이하	–	1.5배	500[V]
7[kV] 초과 25[kV] 이하	다중접지방식	0.92배	–
7[kV] 초과 60[kV] 이하	비접지방식	1.25배	10500[V]
60[kV] 초과 170[kV]이하	비접지방식	1.25배	–
	접지방식	1.1배	75000[V]
	직접접지식	0.72배	–
170[kV]초과	직접접지식	0.64배	–
	중성점에 피뢰기 설치	0.72배	–

5. DC 시험전압 (케이블에 시험하는 경우)

교류 시험전압의 2배의 직류전압을 전로와 대지간에 연속하여 10분간 시험.

예제1 중성점 직접접지식으로서 최대사용전압이 66kV인 변압기 권선의 절연내력 시험은 최대 사용 전압 몇 배의 전압에서 10분간 견디어야 하는가?

① 0.92 ② 1.25
③ 1.5 ④ 0.72

해설 절연내력시험전압
(1) 시험전압

최대사용전압		시험전압	최저시험 전압
60[kV] 초과 170[kV] 이하	비접지	1.25배	
	접지	1.1배	75,000[V]
	직접접지	0.72배	

예제2 중성점 직접 접지식으로서 최대사용전압이 161,000[V]인 변압기 권선의 절연내력 시험전압은 몇 [V]인가?

① 103,040 ② 115,920
③ 148,120 ④ 177,100

해설 절연내력시험전압

최대사용전압		시험전압	최저시험 전압
60[kV] 초과 170[kV] 이하	비접지	1.25배	
	접지	1.1배	75,000[V]
	직접접지	0.72배	

∴ $161,000 \times 0.72 = 115,920$[V]

예제3 주상변압기 전로의 절연내력을 시험할 때 최대 사용전압이 23,000[V]인 권선으로서 중성점 접지식 전로(중성선을 가지는 것으로서 그 중성선에 다중접지를 한 것)에 접속하는 것의 시험전압은?

① 16,560[V] ② 21,160[V]
③ 25,300[V] ④ 28,750[V]

해설 절연내력시험전압

최대사용전압	접지방식	배수	최저시험전압
7[kV] 이하	–	1.5배	500[V]
7[kV] 초과 25[kV] 이하	다중접지방식	0.92배	–

∴ $23,000 \times 0.92 = 21,160$[V]

예제4 22[kV] 전선로의 절연내력시험은 전로와 대지간에 시험전압을 연속하여 몇 분간 가하여 시험하게 되는가?

① 2 ② 4
③ 8 ④ 10

해설 절연내력시험전압
저·고압 및 특고압 전로는 전로와 대지간, 변압기와 차단기 전로는 충전 부분과 대지 간에 시험전압을 연속하여 10분간 가하였을 때 이에 견뎌야 한다.

예제5 최대사용전압이 154[kV]인 중성점 직접접지식 전로의 절연내력 시험전압은 몇 [V]인가?

① 110,880 ② 141,680
③ 169,400 ④ 192,500

해설 절연내력시험전압

최대사용전압	접지방식	배수	최저시험전압
60[kV] 초과 170[kV] 이하	비접지방식	1.25배	–
	접지방식	1.1배	75000[V]
	직접접지식	0.72배	–
170[kV] 초과	직접접지식	0.64배	–

∴ $154,000 \times 0.72 = 110,880$[V]

예제6 최대사용전압이 69[kV]인 중성점 비접지식 전로의 절연내력시험전압은 몇 [kV]인가?

① 63.48 ② 75.9
③ 86.25 ④ 103.5

해설 절연내력시험전압

최대사용전압	접지방식	배수	최저시험전압
60[kV] 초과 170[kV] 이하	비접지방식	1.25배	–
	접지방식	1.1배	75000[V]
	직접접지식	0.72배	–
170[kV] 초과	직접접지식	0.64배	–

∴ $69 \times 1.25 = 86.25$[V]

예제7 배전선로의 전압이 22,900[V]이며 중성선에 다중 접지하는 전선로의 절연내력 시험전압은 최대 사용전압의 몇 배인가?

① 0.72 ② 0.92
③ 1.1 ④ 1.25

해설 절연내력시험전압

최대사용전압	접지방식	배수	최저시험전압
7[kV] 이하	–	1.5배	500[V]
7[kV] 초과 25[kV] 이하	다중접지방식	0.92배	–

예제8 최대사용전압이 170,000[V]를 넘는 권선(성형 결선)으로서 중성점 직접접지식 전로에 접속하고 또는 그 중성점을 직접접지하는 변압기 전로의 절연내력 시험전압은 최대사용전압의 몇 배의 전압인가?

① 0.3 ② 0.64
③ 0.72 ④ 1.1

해설 절연내력시험전압

최대사용전압		시험전압	최저시험 전압
170[kV] 초과	직접접지	0.64배	–
	중성점에 피뢰기 설치	0.72배	–

예제9 **다음 중 대지로부터 전로를 절연해야 하는 것은 어느 것인가?**

① 전기보일러 ② 전기다리미
③ 전기욕기 ④ 전기로

해설 전로의 절연
전로는 다음 이외에는 대지로부터 절연하여야 한다.
(1) 각종 접지공사의 접지점
(2) 시험용 변압기
(3) 전기욕기 · 전기로 · 전기보일러 · 전해조 등 대지로부터 절연하는 것이 기술상 곤란한 것.

예제10 **1차측 3300[V], 2차측 200[V]의 비접지식 변압기 내압 시험은 어느 것에서 10분간 견디어야 하는가?**

① 1차측 4500[V], 2차측 300[V]
② 1차측 4950[V], 2차측 500[V]
③ 1차측 4500[V], 2차측 400[V]
④ 1차측 3300[V], 2차측 200[V]

해설 절연내력시험전압

최대사용전압	접지방식	배수	최저시험전압
7[kV] 이하	-	1.5배	500[V]
7[kV] 초과 25[kV] 이하	다중접지방식	0.92배	-

(1) 1차 : $E = 3300 \times 1.5 = 4950$ [V]
(2) 2차 : $E = 200 \times 1.5 = 300$ [V] ∴ 최저 500[V]이다.

예제11 **저압전로에서 정전이 어려운 경우 등 절연저항 측정이 곤란한 경우에는 누설전류를 몇 [mA] 이하로 유지해야 하는가?**

① 1[mA] ② 2[mA]
③ 3[mA] ④ 4[mA]

해설 전로의 절연저항
저압 전로에서 정전이 어려운 경우 등 절연저항 측정이 곤란한 경우에는 누설전류를 1 [mA] 이하이면 그 전로의 절연성능은 적합한 것으로 본다.

예제12 **전기사용 장소의 사용전압이 특별 저압인 SELV 및 PELV 전로의 전선 상호간 및 전로와 대지 사이의 DC 시험전압[V]과 절연저항[MΩ]은 각각 얼마인가?**

① 250[V], 0.2[MΩ]
② 250[V], 0.5[MΩ]
③ 500[V], 0.5[MΩ]
④ 500[V], 1.0[MΩ]

해설 저압 전로의 절연저항

전로의 사용전압	시험전압[V]	절연저항[MΩ]
SELV 및 PELV	DC 250[V]	0.5 이상
FELV 및 500[V] 이하	DC 500[V]	1.0 이상
500[V]초과	DC 1000[V]	1.0 이상

정답
1 ④ 2 ② 3 ② 4 ④ 5 ① 6 ③ 7 ② 8 ②
9 ② 10 ② 11 ① 12 ②

05 특고압 가공전선로의 경간 및 시가지 시공높이

한 솔 전 기 기 사
http://inup.co.kr
▲ 유튜브영상보기

이해도 □□□ 30 60 100

중 요 도 : ★★★☆☆
출제빈도 : 2.5%, 15문 / 총 600문

1. 특고압 가공전선로의 시가지 경간 및 표준 지지물간 거리

단위 : [m] 이하

지지물	A종(목주)	B종	철 탑
표준경간	150[m]	250 [m]	600 [m]
특고압 시가지	75 [m]	150 [m]	400 [m]

※ 단, 특고압을 시가지에 시공할 때 전선 2조가 수평 배치이고 전선 상호 간의 간격이 4[m] 미만일 경우 : 250[m] 이하.

2. 특고압 가공전선의 높이 – 시가지

사용전압	지표상의 높이
35[kV] 이하	10[m] 이상 단, 특고 절연전선 사용 : 8[m] 이상
35[kV] 초과	1만 마다 12[cm] 가산한다. 10 8) +(사용전압−기준전압)×0.12=? • 전압[V]를 각각 10000으로 나누어 넣는다.

단, ( ) 안의 수치는 소수점 이하 절상한다.

예제1 시가지에 시설하는 특고압 가공전선로의 지지물이 철탑이고 전선이 수평으로 2조 이상 있는 경우에 전선 상호간의 간격이 4[m] 미만인 때에는 특고압 가공전선로의 경간은 몇 [m] 이하이어야 하는가?

① 100 ② 150
③ 200 ④ 250

해설 가공전선로의 경간

지지물	A종주(목주)	B종주	철 탑
표준경간	150[m]	250 [m]	600 [m]
특고압 시가지	75 [m]	150 [m]	400 [m]

※ 단, 특고압을 시가지에 시공할 때 전선 2조가 수평 배치이고 전선 상호 간의 간격이 4[m] 미만일 경우 : 250[m] 이하.

예제2 22,900[V]의 특고압 가공전선으로 경동연선을 시가지에 시설할 경우 전선의 지표상의 높이는 최소 몇 [m] 이상이어야 하는가?

① 4[m] ② 6[m]
③ 8[m] ④ 10[m]

해설 특고압 가공전선의 높이

시설장소		전선의 높이
시가지	35[kV] 이하	10[m] (단 특고압 절연전선사용 : 8[m])
	35[kV] 초과	10,000[V]마다 12[cm] 가산. 10 8) +(사용전압−기준전압)×0.12=? • 전압[V]를 각각 10000으로 나누어 넣는다.

단, ( ) 안의 계산 후 소수점 이하 절상하고/전체를 계산.

예제3 사용전압 161[kV]의 특고압 가공전선로를 시가지내에 시설할 때 전선의 지표상의 높이는 몇 [m] 이상이어야 하는가?

① 8.65[m] ② 9.56[m]
③ 10.47[m] ④ 11.56[m]

해설 가공전선의 높이

사용전압	지표상의 높이
35[kV] 이하	10[m] 이상 단, 특고 절연전선 사용 : 8[m] 이상
35[kV] 초과	$\left.\begin{matrix}10\\8\end{matrix}\right)$ +(사용전압-기준전압)×0.12=? • 전압[V]를 각각 10000으로 나누어 넣는다.

∴ 10+(16.1−3.5)×0.12=10+13×0.12=11.56[m]

예제4 특별고압가공전선로를 시가지에서 B종 철주를 사용하여 시설하는 경우 경간은 몇 [m] 이하여야 하는가?

① 50[m] ② 75[m]
③ 150[m] ④ 200[m]

해설 가공전선로의 경간

지지물 종류 / 구분	A종주	B종주	철탑
특별고압 시가지 단, 목주 사용불가	75[m]	150[m]	400[m]

※ 단, 특고압을 시가지에 시공할 때 전선 2조가 수평 배치이고 전선 상호 간의 간격이 4[m] 미만일 경우 : 250[m] 이하.

예제5 특고압 가공전선로의 철탑의 경간은 몇 [m] 이하로 해야 하는가?

① 400 ② 500
③ 600 ④ 800

해설 가공전선로의 경간

지지물 종류 / 구분	A종주, 목주	B종주	철탑
표준경간	150[m]	250[m]	600[m]

예제6 고압 가공전선로의 경간은 지지물이 B종 철주로서 일반적인 경우에는 몇 [m] 이하인가?

① 150 ② 250
③ 300 ④ 350

해설 가공전선로의 경간

지지물	표준경간	장경간 고압 : 22 mm^2 이상 특고압 : 50mm^2 이상
A종(목주)	150[m]	300[m]
B종	250[m]	500[m]
철 탑	600[m]	제약 없음

예제7 특별고압가공전선로를 시가지에 A종 철주를 사용하여 시설하는 경우 경간의 최대는 몇 [m]인가?

① 100[m] ② 75[m]
③ 150[m] ④ 200[m]

해설 가공전선로의 경간

지지물 종류 / 구분	A종주	B종주	철탑
특별고압 시가지 단, 목주 사용불가	75[m]	150[m]	400[m]

※ 단, 특고압을 시가지에 시공할 때 전선 2조가 수평 배치이고 전선 상호 간의 간격이 4[m] 미만일 경우 : 250[m] 이하.

예제8 22.9[kV]의 가공 전선로를 시가지에 시설하는 경우 전선의 지표상 높이는 최소 몇 [m] 이상인가? (단, 전선은 특고압 절연전선을 사용한다.)

① 6 ② 7
③ 8 ④ 10

해설 특고압 가공전선의 높이

시설장소		전선의 높이
시가지	35[kV] 이하	10[m] (단, 특고압 절연전선사용 : 8[m])
	35[kV] 초과	10,000[V]마다 12[cm] 가산. $\left.\begin{matrix}10\\8\end{matrix}\right)$ +(사용전압-기준전압)×0.12=? • 전압[V]를 각각 10000으로 나누어 넣는다.

정답 1 ④ 2 ④ 3 ④ 4 ③ 5 ③ 6 ② 7 ② 8 ③

06 지선(지지선)의 시설

이해도 □□□ 30 60 100

중 요 도 : ★★★☆☆
출제빈도 : 2.0%, 12문 / 총 600문

한 솔 전 기 기 사
http://inup.co.kr
▲ 유튜브영상보기

1. 지지선의 시설 : 철탑은 지지선을 사용할 수 없다.

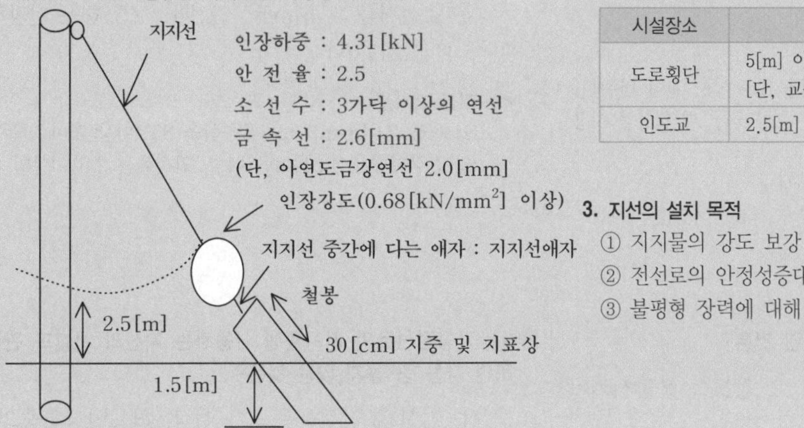

2. 지선의 시공높이

시설장소	시공높이
도로횡단	5[m] 이상 [단, 교통에 지장이 없다 : 4.5[m] 이상]
인도교	2.5[m] 이상

3. 지선의 설치 목적

① 지지물의 강도 보강
② 전선로의 안정성증대
③ 불평형 장력에 대해 평형을 이루고자 할 때

예제1 다음 (㉠), (㉡)에 들어갈 내용으로 알맞은 것은?

> "지선의 안전율은 (㉠) 이상일 것.
> 이 경우에 허용 인장하중의 최저는 (㉡)[kN] 으로 한다."

① ㉠ 2.0, ㉡ 2.1 ② ㉠ 2.0, ㉡ 4.31
③ ㉠ 2.5, ㉡ 2.1 ④ ㉠ 2.5, ㉡ 4.31

해설 지선의 시설
(1) 지름 2.6[mm] 이상 금속선을 3조 이상 꼬아 만든다.
(2) 인장하중은 4.31[kN] 이상
(3) 철탑에는 지선을 사용해서는 안된다.
(4) 안전율은 2.5 이상일 것

예제2 지선이 도로를 횡단할 때 지표상 높이는?

① 6[m] ② 5[m]
③ 4[m] ④ 3[m]

해설 지선의 시공 높이

시설장소	시공높이
도로횡단	5[m] 이상 (단, 교통에 지장이 없다 : 4.5[m] 이상)
인도교	2.5[m] 이상

예제3 가공전선로의 지지물에 시설하는 지선의 시설기준에 대한 설명 중 옳은 것은?

① 지선의 안전율은 2.5 이상일 것
② 소선 4조 이상의 연선일 것
③ 지중 부분 및 지표상 100[cm]까지의 부분은 철봉을 사용할 것
④ 도로를 횡단하여 시설하는 지선의 높이는 지표상 4.5[m] 이상으로 할 것

해설 지선의 시설
(1) 인장하중 : 4.31[kN]
(2) 지름 2.6[mm] 이상 금속선을 3조 이상 꼬아 만든다.
(3) 지중 및 지표상 30[cm]까지 아연도금을 한 철봉을 사용.
(4) 지선의 시공높이
• 도로횡단 : 지표상 5[m] 이상
단, 교통에 지장이 없는 경우 : 지표상 4.5[m] 이상

예제4 지선 시설에 관한 설명으로 틀린 것은?

① 철탑은 지선을 사용하여 그 강도를 분담시켜야 한다.
② 지선의 안전율은 2.5 이상이어야 한다.
③ 지선에 연선을 사용할 경우 소선 3가닥 이상의 연선 이어야한다.
④ 지선근가는 지선의 인장하중에 충분히 견디도록 시설하여야 한다.

해설 지선의 시설
철탑에는 지선을 사용해서는 안 된다.

예제5 지선의 시설목적으로 합당하지 않은 것은?

① 유도장해를 방지하기 위하여
② 지지물의 강도를 보강하기 위하여
③ 불평형 장력을 줄이기 위하여
④ 전선로의 안전성을 증가시키기 위하여

해설 지선의 설치목적
(1) 지지물의 강도를 보강하기 위해서
(2) 전선로의 안전성을 증대시키기 위해서
(3) 불평형 장력에 대해 평형을 이루기 위해서
(4) 건조물 접근시 보안상

예제6 가공 전선로의 지지물에 지선을 시설하려고 한다. 이 지선의 기준으로 옳은 것은?

① 소선지름 : 2.0[mm], 안전율 : 2.5, 허용 인장하중 : 2.11[kN]
② 소선지름 : 2.6[mm], 안전율 : 2.5, 허용 인장하중 : 4.31[kN]
③ 소선지름 : 1.6[mm], 안전율 : 2.0, 허용 인장하중 : 4.31[kN]
④ 소선지름 : 2.6[mm], 안전율 : 2.5, 허용 인장하중 : 3.21[kN]

해설 지선의 시설
(1) 지름 2.6[mm] 이상 금속선을 3조 이상 꼬아 만든다.
(2) 인장하중은 4.31[kN] 이상, 안전율은 2.5 이상일 것

예제7 가공전선로의 지지물에 사용하는 지선의 시설과 관련하여 다음 중 옳지 않은 것은?

① 지선의 안전율은 2.5 이상, 허용인장하중의 최저는 3.31[kN]으로 할 것
② 지선에 연선을 사용하는 경우 소선 3가닥 이상의 연선일 것
③ 지선에 연선을 사용하는 경우 소선의 지름이 2.6[mm] 이상의 금속선을 사용한 것일 것
④ 가공전선로의 지지물로 사용하는 철탑은 지선을 사용하여 그 강도를 분담시키지 않을 것

해설 지선의 재료
(1) 지름 2.6[mm] 이상 금속선을 3조 이상 꼬아 만든다.
(2) 인장하중은 4.31[kN] 이상
(3) 철탑에는 지선을 사용해서는 안된다.
(4) 안전율은 2.5 이상일 것

예제8 지선을 사용하여 그 강도를 분담시켜서는 아니 되는 가공전선로 지지물은?

① 목주 ② 철주
③ 철근콘크리트주 ④ 철탑

해설 지선의 시설
철탑에는 지선을 사용해서는 안 된다.

정답
1 ④ 2 ② 3 ① 4 ① 5 ① 6 ② 7 ① 8 ④

07 특고압 배전용변압기, 타임스위치& 전동기 보호용 과전류 보호장치

이해도 □□□ 30 60 100
중 요 도 : ★★★☆☆
출제빈도 : 2.3%, 14문 / 총 600문

한 솔 전 기 기 사
http://inup.co.kr
▲ 유튜브영상보기

1. 특고압 배전용 변압기시설

① 사용전선 : 특고압 절연전선 또는 케이블을 사용.
② 1차 전압 : 35 [kV] 이하, 2차 전압 : 저압 또는 고압.
③ 특고압측에 개폐기 및 과전류차단기를 시설할 것.
④ 2차 전압이 고압인 경우에는 고압측에 개폐기를 시설.

2. 타임스위치

설치장소	소등시간
주택 및 아파트의 현관 등	3분
호텔, 여관 객실 입구 등	1분

3. 점멸장치

㉠ 주택(APT) : 1개의 등에 1개의 스위치 시설.
㉡ 공장, 학교, 사무실 등 : 부분조명이 가능하도록 전등 군으로 구분하여 전등 군마다 점멸이 가능하도록 시설

4. 가로등, 경기장, 공장, 아파트단지 등의 일반 조명을 위하여 시설하는 고압방전등의 효율을 70[lm/W] 이상으로 할 것

5. 전동기 보호용 과전류 보호장치

옥내에 시설하는 전동기에는 전동기가 손상될 우려가 있는 과전류가 생겼을 때에 자동적으로 이를 저지하거나 이를 경보하는 장치를 한다.

- 전동기 과전류 보호장치 생략 조건
  ① 운전 중 상시 감시할 수 있는 위치에 시설하는 경우
  ② 전동기가 손상될 과전류가 생길 우려가 없는 경우
  ③ 단상전동기로서 전원측 전로에 시설하는 과전류차단기의 정격전류가 16 [A](배선용차단기는 20 [A]) 이하인 경우
  ④ 정격 출력이 0.2 [kW] 이하인 경우.

예제1 **옥내에 시설하는 전동기가 소손되는 것을 방지하기 위한 과부하 보호장치를 하지 않아도 되는 것은?**

① 전동기 출력이 4[kW]이며 취급자가 감시 할 수 없는 경우
② 정격 출력이 0.2[kW] 이하인 경우
③ 과전류차단기가 없는 경우
④ 정격출력이 10[kW] 이상인 경우

해설 전동기 과전류 보호장치 생략 조건
(1) 정격 출력 0.2[kW] 이하 소형 전동기
(2) 운전 중 상시 감시할 수 있는 위치에 시설하는 경우
(3) 전동기가 손상될 과전류가 생길 우려가 없는 경우
(4) 과전류차단기의 15[A] 이하인 분기회로에 접속한 경우
(5) 배선용차단기의 20[A] 이하인 분기회로에 접속한 경우

예제2 **호텔 또는 여관 각 객실의 입구 등에 조명용 백열전등을 시설할 때는 몇 분 이내에 소등되는 타임스위치를 시설하여야 하는가?**

① 1분 ② 3분
③ 5분 ④ 10분

해설 타임스위치

설치장소	소등시간
주택 및 아파트의 현관 등	3분
호텔, 여관 객실 입구 등	1분

예제3 **가로등, 경기장, 공장 등의 일반조명을 위하여 시설하는 고압 방전등의 효율은 몇 [lm/W] 이상인가?**

① 10 ② 30
③ 50 ④ 70

해설 고압방전등의 효율
가로등, 경기장, 공장, 아파트단지 등의 일반 조명을 위하여 시설하는 고압방전등의 효율을 70[lm/W] 이상으로 할 것

예제4 옥내에 시설하는 전동기에 과부하 보호장치의 시설을 생략할 수 없는 경우는?

① 정격출력이 0.75[kW]인 전동기
② 타인이 출입할 수 없고 전동기가 소손할 정도의 과전류가 생길 우려가 없는 경우
③ 전동기가 단상의 것으로 전원측 전오에 시설 하는 배선용 차단기의 정격전류가 20[A] 이하인 경우
④ 전동기를 운전 중 상시 취급자가 감시할 수 있는 위치에 시설한 경우

해설 단상전동기에 시설하는 과부하 보호장치를 생략할 수 있는 경우 0.2[kW] 이하 소형 전동기

예제5 전원측 전로에 시설한 배선용차단기의 정격전류가 몇 [A] 이하의 것이면 이 전로에 접속하는 단상 전동기에 과부하 보호장치를 생략할 수 있는가?

① 15[A] ② 20[A]
③ 30[A] ④ 50[A]

해설 단상전동기에 시설하는 과부하 보호장치를 생략할 수 있는 경우
(1) 과전류차단기의 정격전류가 15[A] 이하인 분기회로에 접속한 경우
(2) 배선용차단기의 정격전류가 20[A] 이하인 분기회로에 접속한 경우

예제6 과부하 보호장치를 하지 않아도 되는 것은?

① 7.5kW~ ② 0.2kW~
③ 2.5kW~ ④ 4kW~

해설 전동기 보호용 과전류 보호장치의 시설 생략조건
옥내에 시설하는 전동기 정격 출력이 0.2[kW] 이하인 것.

예제7 특고압 전선로에 접속하는 배전용 변압기의 특고압측에 시설해야 하는 것은?(단, 변압기는 1대 이며, 발전소 · 변전소 · 개폐소 또는 이에 준하는 곳에 시설하는 것과 25[kV] 이하 특고압 가공전선로에 시설은 제외한다.)

① 계기용 변압기
② 방전기
③ 계기용 변류기
④ 개폐기 및 과전류차단기

해설 특고압 배전용 변압기시설
(1) 특고압측에 개폐기 및 과전류차단기를 시설할 것.
(2) 2차 전압이 고압인 경우에는 고압측에 개폐기를 시설.

예제8 특고압 전선로에 접속하는 배전용 변압기의 1차 및 2차 전압은?

① 1차 : 35 [kV] 이하, 2차 : 저압 또는 고압
② 1차 : 50 [kV] 이하, 2차 : 저압 또는 고압
③ 1차 : 35 [kV] 이하, 2차 : 특고압 또는 고압
④ 1차 : 50 [kV] 이하, 2차 : 특고압 또는 고압

해설 특고압 배전용 변압기시설
(1) 사용전선 : 특고압 절연전선 또는 케이블을 사용.
(2) 1차 전압 : 35 [kV] 이하, 2차 전압 : 저압 또는 고압.

정답
1 ② 2 ① 3 ④ 4 ① 5 ② 6 ② 7 ④ 8 ①

08 지중전선로의 시설

이해도 □□□ 30 60 100
중 요 도 : ★★★☆☆
출제빈도 : 2.3%, 14문 / 총 600문

한 솔 전 기 기 사
http://inup.co.kr
▲ 유튜브영상보기

1. 지중전선로는 전선에 케이블을 사용하고 직접매설식 또는 관로식, 암거식에 의하여 시설하여야 한다.

(1) 직접 매설식
- 매설깊이
  - 중량물의 압력을 받을 우려가 있다. : 1.0[m] 이상
  - 중량물의 압력을 받을 우려가 없다. : 0.6[m] 이상
  - 관속에 넣어 시공 하는 경우 : 1.0[m] 이상
- 직접 매설식에 의하여 시설하는 경우 견고한 트로프 기타 방호물에 넣어 시설하여야 한다.
  (단, 콤바인덕트케이블, 개장한 케이블을 사용시 제외.)

(2) 관로식
- 지중함의 시설기준
  ① 지중함의 크기가 1[m^3] 이상, 통풍장치 기타 가스를 방산시키기 위한 적당한 장치를 시설할
  ② 뚜껑은 시설자 이외의 자가 쉽게 열수 없도록 할 것
  ③ 지중함 안의 고인 물을 제거할 수 있는 구조일 것
  ④ 견고하고 차량 기타 중량물의 압력에 견딜 수 있을 것

(3) 암거식

2. 지중전선로의 이격간격

(1) 지중전선과 지중전선

조 건	이격간격
저압 지중전선 ↔ 고압 지중전선	15[cm] 이상
저압 · 고압 지중전선 ↔ 특고압 지중전선	30[cm] 이상

(2) 지중전선과 지중약전류전선

조 건	이격거리
약전류전선 ↔ 저압 · 고압 지중전선	30[cm] 이상
약전류전선 ↔ 특고압 지중전선	60[cm] 이상

3. 특고압 지중전선과 가연성, 유독성 유체를 내포하는 관과 접근, 교차시 1[m] 이하이면 내화성 격벽 시설 할 것.

예제1 **지중전선로를 직접 매설식에 의하여 시설하는 경우에는 매설 깊이를 차량 기타 중량물의 압력을 받을 우려가 없는 장소에서는 몇 [cm] 이상으로 하면 되는가?**

① 40 ② 60
③ 80 ④ 100

해설 직접매설식
- 매설깊이
  - 중량물의 압력을 받을 우려가 있는 곳 : 1.0[m] 이상
  - 중량물의 압력을 받을 우려가 없는 곳 : 0.6[m] 이상
  - 관속에 넣어 시공 하는 경우 : 1.0[m] 이상

예제2 **지중전선로에 시설되는 전선은?**

① 절연전선 ② 동복강선
③ 케이블 ④ 나경동선

해설 지중전선로의 시설
지중전선로는 전선에 케이블을 사용하고 직접매설식 또는 관로식, 암거식에 의하여 시설하여야 한다.

예제3 **지중 전선로의 시설에서 관로식에 의하여 시설하는 경우 매설깊이는 몇[m]이상으로 하여야 하는가?**

① 0.6 ② 1.0
③ 1.2 ④ 1.5

해설 지중에서의 이격거리
- 매설깊이
  관속에 넣어 시공 하는 경우 : 1.0[m] 이상
  특고압 60[cm] 이하인 때에는 내화성의 격벽을 설치한다.

예제4 지중전선로에 사용하는 지중함의 시설 기준이 아닌 것은?

① 크기가 1[m^3] 이상인 것에는 밀폐 하도록 할 것
② 뚜껑은 시설자 이외의 자가 쉽게 열수 없도록 할 것
③ 지중함 안의 고인 물을 제거할 수 있는 구조일 것
④ 견고하고 차량 기타 중량물의 압력에 견딜 수 있을 것

해설 지중함의 시설
(1) 지중함의 크기가 1[m^3] 이상. 통풍장치 기타 가스를 방산 시키기 위한 적당한 장치를 시설할
(2) 뚜껑은 시설자 이외의 자가 쉽게 열수 없도록 할 것
(3) 지중함 안의 고인 물을 제거할 수 있는 구조일 것
(4) 견고하고 차량 기타 중량물의 압력에 견딜 수 있을 것

예제5 다음 중 지중전선로에 해당되지 않는 것은?

① 관로인입식 ② 암거식
③ 가공식 ④ 직접매설식

해설 지중전선로의 시설
지중전선로는 직접매설식, 관로인입식, 암거식(전력구식)에 의하여 시설할 것

예제6 특별고압 지중전선이 유독성의 유체를 내포하는 관과 접근하거나 교차하는 경우에 상호의 이격거리가 몇 [m] 이하인 때에는 상호간에 견고한 내화성의 격벽을 시설하는 가?

① 0.3 ② 0.6
③ 0.8 ④ 1

해설 특별고압 지중전선이 유독성의 유체를 내포하는 관과 접근
특고압 지중전선과 가연성, 유독성 유체를 내포하는 관과 접근, 교차시 1[m] 이하이면 내화성 격벽 시설 할 것.

예제7 특별고압 지중전선과 고압 지중전선이 서로 교차하며 각각의 지중전선을 견고한 난연성의 관에 넣어 시설하는 경우 지중함 내 이외의 곳에서 상호간의 이격거리는 몇 [cm] 이하로 시설하면 되는가?

① 30[cm] ② 60[cm]
③ 100[cm] ④ 120[cm]

해설 지중전선로의 이격거리
전력선과 전력선

조 건	이격거리
저압 지중전선 ↔ 고압 지중전선	15[cm] 이상
저압 · 고압 지중전선 ↔ 특고압 지중전선	30[cm] 이상

예제8 지중 전선과 지중 약전류 전선이 접근 또는 교차되는 경우에 고,저압 에서의 이격거리[cm]는?

① 30 ② 40
③ 50 ④ 60

해설 지중전선과 지중약전류전선의 이격거리

조 건	이격거리
약전류전선 ↔ 저압 · 고압 지중전선	30[cm] 이상
약전류전선 ↔ 특고압 지중전선	60[cm] 이상

예제9 고압 지중 케이블로서 직접 매설식에 의하여 콘크리트제, 기타 견고한 관 또는 트라후에 넣지 않고 부설할 수 있는 케이블은?

① 비닐 외장 케이블
② 콤바인 덕트 케이블
③ 클로로플렌 외장 케이블
④ 고무 외장 케이블

해설 직접 매설식 시설
직접 매설식에 의하여 시설하는 경우 견고한 트라프 기타 방호물에 넣어 시설하여야 한다.
(단, 콤바인덕트케이블, 개장한 케이블을 사용시 제외.)

정답
1 ② 2 ③ 3 ② 4 ① 5 ③ 6 ④ 7 ① 8 ①
9 ②

09 전력보안통신설비의 구성 및 시설

이해도 □□□ 30 60 100

중 요 도 : ★★★☆☆
출제빈도 : 2.2%, 13문 / 총 600문

한 솔 전 기 기 사
http://inup.co.kr
▲ 유튜브영상보기

1. 전력보안 통신설비 시설 장소

(1) 발전소, 변전소 및 변환소

① 원격감시제어가 되지 아니하는 발전소·변전소·개폐소, 전선로 및 이를 운용하는 급전소 및 급전분소 간
② 2 이상의 급전소 상호간과 이들을 통합 운용하는 급전소 간
③ 수력설비 중 필요한 곳.
④ 동일 수계에 속하고 긴급 연락의 필요가 있는 수력발전소 상호 간
⑤ 동일 전력계통에 속하고 또한 안전상 긴급연락의 필요가 있는 발전소·변전소 및 개폐소 상호 간

(2) 배전선로

① 22.9 kV계통 배전선로 구간(가공, 지중, 해저)
② 22.9 kV계통에 연결되는 분산전원형 발전소
③ 폐회로 배전 등 신 배전방식 도입 개소
④ 배전자동화, 원격검침, 부하감시 등 지능형 전력망 구현을 위해 필요한 구간

2. 전력유도의 방지

전력보안통신설비는 가공전선로로부터의 정전유도작용 또는 전자유도작용에 의하여 사람에게 위험을 줄 우려가 없도록 시설하여야 한다.

3. 통신선은 조가용선으로 조가 할 것

[조가선 : 38 mm^2 이상 아연도금 강연선]

※ 조가선 시설기준

가. 단면적 38 [mm^2] 이상의 아연도강연선을 사용할 것.
나. 전주와 전주 경간 중에 접속하지 말 것.
다. 부식되지 않는 별도의 금구를 사용하고 조가선 끝단은 날카롭지 않게 할 것.
라. 조가선은 2조까지만 시설할 것.
(조가선간 이격거리 : 0.3 [m] 를 유지)

예제1 **다음 (　) 안의 내용으로 옳은 것은?**

> 전력보안통신설비는 가공전선로로부터의 (　) 에 의하여 사람에게 위험을 줄 우려가 없도록 시설하여야 한다.

① 정전유도작용 또는 표피작용
② 전자유도작용 또는 표피작용
③ 정전유도작용 또는 전자유도작용
④ 전자유도작용 또는 페란티작용

해설 전력유도의 방지
전력보안통신설비는 가공전선로로부터의 정전유도작용 또는 전자유도작용에 의하여 사람에게 위험을 줄 우려가 없도록 시설하여야 한다.

예제2 **전력보안통신설비를 하지 않아도 되는 곳은?**

① 원격감시제어가 되지 않는 발전소, 변전소
② 2 이상의 급전소 상호간과 이들을 통합 운용하는 급전소 간
③ 급전소를 총합 운용하는 급전소로서, 서로 연계가 똑같은 전력계통에 속하는 급전소 간
④ 동일 수계에 속하고 보안상 긴급연락의 필요가 있는 수력발전소의 상호간

해설 발전소, 변전소 및 변환소의 전력보안 통신설비의 시설
(1) 원격감시제어가 되지 아니하는 발전소·변전소·개폐소 간
(2) 2 이상의 급전소 상호간과 이들을 통합 운용하는 급전소 간
(3) 동일 수계에 속하고 안전상 긴급 연락의 필요가 있는 수력발전소 상호 간

예제3 전력 보안 가공 통신선(광섬유 케이블 제외)을 조가 할 경우 조가선은?

① 금속으로된 단선
② 강심 알루미늄 연선
③ 금속으로 된 연선
④ 알루미늄으로 된 단선

해설 조가선의 시설기준
(1) 조가선 굵기 : 38 mm^2 이상 아연도 강연선 사용.

예제4 통신선은 조가용선으로 조가 하여야 한다. 조가용선의 굵기는 mm^2 이상인가?

① 22 ② 25
③ 38 ④ 55

해설 조가선의 시설기준
(1) 통신선은 조가용선으로 조가 할 것
(2) 조가선 굵기 : 38 mm^2 이상 아연도금 강연선 사용.

예제5 배전선로의 전력보안 통신설비 시설 장소로 다음 중 틀린 것은?

① 22.9[kV] 계통 배전선로 구간(가공, 지중, 해저)
② 154[kV] 계통에 연결되는 분산전원형 발전소
③ 폐회로 배전 등 신 배전방식 도입 개소
④ 배전자동화, 원격검침, 부하감시 등 지능형전력망 구현을 위해 필요한 구간

해설 배전선로의 전력보안 통신설비 시설 장소
(1) 22.9 kV계통 배전선로 구간(가공, 지중, 해저)
(2) 22.9 kV계통에 연결되는 분산전원형 발전소
(3) 폐회로 배전 등 신 배전방식 도입 개소
(4) 배전자동화, 원격검침, 부하감시 등 지능형 전력망 구현을 위해 필요한 구간

예제6 전력보안통신선의 조가선 시설기준으로 옳지 않은 것은?

① 조가선은 2조까지만 시설할 것.
② 조가선은 부식되지 않는 별도의 금구를 사용할 것
③ 조가선은 설비안전을 위해 전주와 전주 경간 중에 접속할 것
④ 조가선 끝단은 날카롭지 않게 할 것

해설 조가선 시설기준
(1) 단면적 38 mm^2 이상의 아연도강연선을 사용할 것.
(2) 전주와 전주 경간 중에 접속하지 말 것.
(3) 부식되지 않는 별도의 금구를 사용하고 조가선 끝단은 날카롭지 않게 할 것.
(4) 조가선은 2조까지만 시설할 것.

예제7 전력보안통신용 전화설비를 시설하여야 하는 곳은?

① 2개 이상의 발전소 상호 간
② 원격감시제어가 되는 변전소
③ 원격감시제어가 되는 급전소
④ 원격감시제어가 되지 않는 발전소

해설 발전소, 변전소 및 변환소의 전력보안통신설비의 시설
• 발전소, 변전소 및 변환소
(1) 원격감시제어가 되지 아니하는 발전소·변전소·개폐소, 전선로 및 이를 운용하는 급전소 및 급전분소 간
(2) 2개 이상의 급전소 상호 간과 이들을 통합 운용하는 급전소 간
(3) 동일 수계에 속하고 안전상 긴급연락의 필요가 있는 수력발전소 상호 간
(4) 동일 전력계통에 속하고 또한 안전상 긴급연락의 필요가 있는 발전소·변전소 및 개폐소 상호 간

1 ③ 2 ③ 3 ③ 4 ③ 5 ② 6 ③ 7 ④

10 보안공사

이해도 □□□ 30 60 100

중 요 도 : ★★★☆☆
출제빈도 : 2.2%, 13문 / 총 600문

한 솔 전 기 기 사
http://inup.co.kr
▲ 유튜브영상보기

1. 저압, 고압 보안공사

전압구분	전선굵기
400[V] 이하	4[mm] = 5.26[kN] 이상
400[V] 초과-고압	5[mm] = 8.01[kN] 이상

2. 특고압 보안공사

(1) 제1종 특고압 보안공사

35[kV]를 넘는 가공전선이 제2차 접근상태로 시설.

① 전선의 굵기

전압 구분	전선의 굵기	인장강도
100[kV]미만	55[mm^2] 이상	21.67[kN] 이상
300[kV]미만	150[mm^2]이상	58.84[kN] 이상
300[kV]이상	200[mm^2]이상	77.47[kN] 이상

② 지지물

B종 철주, B종 철근콘크리트주, 철탑을 사용한다.
(목주나 A종은 사용 불가)

(2) 제2종 특고압 보안공사

35[kV] 이하의 가공전선이 제2차 접근상태로 시설.
목주의 안전율은 2.0 이상으로 한다.

(3) 제3종 특고압 보안공사

특고압 가공전선이 제1차 접근상태로 시설.

3. 보안공사 경간

지지물 종류	저·고 보안공사	특고압 1종 보안공사	특고압 2,3종 보안공사
목주·A종주	100[m]	불가	100[m]
B종주	150[m]	150[m]	200[m]
철 탑	400[m]	400[m]	400[m]

예제1 보안공사 중에서 목주, A종 철주 및 A종 철근 콘크리트주를 사용할 수 없는 것은?

① 고압보안공사
② 제1종 특고압 보안공사
③ 제2종 특고압 보안공사
④ 제3종 특고압 보안공사

해설 특별고압 보안공사의 시설

(1) 제1종 특별고압 보안공사
㉠ 35[kV]를 넘는 제2차 접근상태로 시설되는 경우
㉡ 목주나 A종주는 사용할 수 없다.

(2) 제2종 특별고압 보안공사
㉠ 35[kV] 이하의 제2차 접근상태로 시설되는 경우

(3) 제3종 특별고압 보안공사
특고압 가공전선이 제1차 접근상태로 시설되는 경우

예제2 사용 전압 22900[V] 가공 전선이 건조물과 제2차 접근상태에 시설되는 경우에는 어느 시설이 기술 기준에 적합한가?

① 보안 공사가 필요 없다.
② 제1종 특별 고압 보안 공사에 의한다.
③ 제2종 특별 고압 보안 공사에 의한다.
④ 제3종 특별 고압 보안 공사에 의한다.

해설 제2종 특별 고압 보안 공사
35[kV] 이하의 가공전선이 제2차 접근상태로 시설된 경우 특고압 가공전선은 연선을 사용하고 목주의 풍압하중에 대한 안전율은 2.0 이상으로 한다.

예제3 345[kV] 가공전선로를 제1종 특별고압 보안공사에 의하여 시설하는 경우에 사용한 전선은 인장강도 77.47[KN] 이상의 연선 또는 단면적 몇 $[mm^2]$ 이상의 경동연선 이어야 하는가?

① 100$[mm^2]$ ② 125$[mm^2]$
③ 150$[mm^2]$ ④ 200$[mm^2]$

해설 제1종 특고압 보안공사

전압구분	전선의 굵기	인장강도
100[kV] 미만	55$[mm^2]$ 이상	21.67[kN] 이상
300[kV] 미만	150$[mm^2]$ 이상	58.84[kN] 이상
300[kV] 이상	200$[mm^2]$ 이상	77.47[kN] 이상

예제4 고압 보안공사에 의하여 시설하는 A종 철근 콘크리트주를 지지물로 사용하는 고압 가공 전선로의 경간의 최대 한도는?

① 100[m] ② 150[m]
③ 250[m] ④ 400[m]

해설 고압 보안공사 경간

보안 \ 지지물	목주·A종주	B종주	철 탑
고압보안 공사	100[m]	150[m]	400[m]

예제5 다음 중 고압 보안공사에 사용되는 전선의 기준으로 옳은 것은?

① 케이블인 경우 이외에는 인장강도 8.01[kN] 이상. 또는 지름 5[mm] 이상의 경동선일 것
② 케이블인 경우 이외에는 인장강도 8.01[kN] 이상. 또는 지름 4[mm] 이상의 경동선일 것
③ 케이블인 경우 이외에는 인장강도 8.71[kN] 이상. 또는 지름 5[mm] 이상의 경동선일 것
④ 케이블인 경우 이외에는 인장강도 8.71[kN] 이상. 또는 지름 4[mm] 이상의 경동선일 것

해설 저압, 고압 보안 공사

전압구분	전선굵기
400[V] 이하	4[mm] = 5.26[kN] 이상
400[V] 초과-고압	5[mm] = 8.01[kN] 이상

예제6 사용전압이 22.9[kV]인 전선로를 제 1종 특고압 보안공사로 시설할 경우 전선으로 경동연선을 사용한다면 그 단면적은 몇 $[mm^2]$ 이상의 것을 사용하여야 하는가?

① 100 ② 80
③ 38 ④ 55

해설 제1종 특고압 보안공사

전압구분	전선의 굵기	인장강도
100[kV] 미만	55$[mm^2]$ 이상	21.67[kN] 이상
300[kV] 미만	150$[mm^2]$ 이상	58.84[kN] 이상
300[kV] 이상	200$[mm^2]$ 이상	77.47[kN] 이상

예제7 제2종 특별고압보안공사에 있어서 B종 철근콘크리트주를 사용하는 경우에 최대 경간은 몇 [m]인가?

① 100[m] ② 150[m]
③ 200[m] ④ 400[m]

해설 보안공사 경간

지지물	저압,고압 보안 공사	특고압 보안공사		
		제1종	제2종	제3종
A종 (목주)	100[m]	사용불가	100[m]	100[m]
B종	150[m]	150[m]	200m]	200[m]
철 탑	400[m]	400[m]	400[m]	400[m]

예제8 제2종 특별고압 보안공사의 기술기준으로 옳지 않은 것은?

① 특별고압 가공전선은 연선일 것
② 지지물로 사용하는 목주의 풍압하중에 대한 안전율은 2 이상일 것
③ 지지물이 목주일 경우 그 경간은 150[m] 이하일 것
④ 지지물이 A종 철주라면 그 경간은 100[m] 이하일 것

해설 보안공사 경간

시지불	저안,고압 보안 공사	특고압 보안공시		
		제1종	제2종	제3종
A종 (목주)	100[m]	사용불가	100[m]	100[m]
B종	150[m]	150[m]	200m]	200[m]
철 탑	400[m]	400[m]	400[m]	400[m]

1 ② 2 ③ 3 ④ 4 ① 5 ① 6 ④ 7 ③ 8 ③

11 저압용 퓨즈 및 배선용차단기

이해도 □□□ 30 60 100

중 요 도 : ★★★☆☆
출제빈도 : 2.0%, 12문 / 총 600문

한 솔 전 기 기 사
http://inup.co.kr
▲ 유튜브영상보기

1. 저압용 퓨즈

정격전류의 구분	시간	정격전류의 배수	
		불용단전류	용단전류
4 [A] 이하	60분	1.5배	2.1배
16 [A] 미만	60분	1.5배	1.9배
63 [A] 이하	60분	1.25배	1.6배
160 [A] 이하	120분	1.25배	1.6배
400 [A] 이하	180분	1.25배	1.6배
400 [A] 초과	240분	1.25배	1.6배

2. 배선용차단기

종류	정격전류의 구분	시간	정격전류의 배수	
			부동작 전류	동작 전류
산업용 배선용차단기	63[A] 이하	60분	1.05배	1.3배
	63[A] 초과	120분	1.05배	1.3배
주택용 배선용차단기	63[A] 이하	60분	1.13배	1.45배
	63[A] 초과	120분	1.13배	1.45배

3. 순시트립에 따른 구분 (주택용 배선용 차단기)

형 (순시 트립에 따른 차단기 분류)	순시 트립 범위
B 스토브, 전기난방, 온수기	$3I_n$ 초과 - $5I_n$ 이하
C 소형 전동기, 조명, 콘센트	$5I_n$ 초과 - $10I_n$ 이하
D 돌입전류가 큰 부하, 변압기	$10I_n$ 초과 - $20I_n$ 이하

4. 고압용 퓨즈 정격

퓨즈종류	정격전류	용단시간
포장퓨즈	1.3배 견딜것	2배전류 : 120분이내 용단
비포장퓨즈	1.25배 견딜것	2배의전류 : 2분이내 용단

5. 과전류차단기의 시설 제한

① 접지공사의 접지도체,
② 다선식 전로의 중성선,
③ 전로의 일부에 접지공사를 한 저압 가공전선로의 접지측 전선.

6. 과부하 보호장치의 설치 위치

단락의 위험과 화재 및 인체에 대한 위험성이 최소화 된 경우 : 3 m 이내 설치.

예제1 **과전류차단기로서 저압전로에 사용하는 100 [A] 퓨즈를 120분 동안 시험할 때 불용단전류와 용단전류는 각각 정격전류의 몇 배인가?**

① 1.5배, 2.1배 ② 1.25배, 1.6배
③ 1.5배, 1.6배 ④ 1.25배, 2.1배

해설 저압용 퓨즈

정격전류의 구분	시간	정격전류의 배수	
		불용단전류	용단전류
63 [A] 이하	60분	1.25배	1.6배
160 [A] 이하	120분	1.25배	1.6배

예제2 **과전류차단기로서 저압전로에 사용하는 100 [A] 주택용 배선용차단기를 120분 동안 시험할 때 부동작 전류와 동작 전류는 각각 정격전류의 몇 배인가?**

① 1.05배, 1.3배 ② 1.05배, 1.45배
③ 1.13배, 1.3배 ④ 1.13배, 1.45배

해설 주택용 배선용차단기

종류	정격전류의 구분	시간	정격전류의 배수	
			부동작 전류	동작 전류
주택용 배선용차단기	63[A] 이하	60분	1.13배	1.45배
	63[A] 초과	120분	1.13배	1.45배

예제3 과전류 차단기로 저압전로에 사용하는 퓨즈는 수평으로 붙인경우 이 퓨즈는 정격전류가 4[A]초과 16[A] 미만인 경우 용단전류는 몇 배인가?

① 1.9 ② 2.1
③ 1.5 ④ 1.6

해설 저압용 퓨즈

정격전류의 구분	시간	정격전류의 배수	
		불용단전류	용단전류
4 [A] 이하	60분	1.5배	2.1배
16 [A] 미만	60분	1.5배	1.9배
63 [A] 이하	60분	1.25배	1.6배

예제4 전로 중에서 기계기구 및 전선을 보호하기 위한 과전류차단기의 시설 제한 사항이 아닌 것은?

① 다선식 전로의 중성선
② 저항기리액터 등을 사용하여 접지공사를 한 때에 과전류차단기의 동작에 의하여 그 접지선이 비접지 상태로 되지 않는 경우
③ 전로의 일부에 접지공사를 한 저압 가공전선로의 접지측 전선
④ 접지공사의 접지선

해설 과전류차단기의 시설 제한
① 접지공사의 접지도체
② 다선식 전로의 중성선
③ 전로의 일부에 접지공사를 한 저압 가공전선로의 접지측 전선.

예제5 분기회로는 전원 측에서 분기점 사이에 단락의 위험과 화재 및 인체에 대한 위험성이 최소화 되도록 시설된 경우 개폐기 및 과전류 차단기는 분기점에서 전선의 길이가 몇 [m] 이내인 곳에서 시설하는가?

① 1.5 ② 3
③ 8 ④ 10

해설 과부하 보호장치의 설치 위치
단락의 위험과 화재 및 인체에 대한 위험성이 최소화 된 경우 : 3 m 이내 설치.

예제6 과전류차단기로 시설하는 퓨즈 중 고압전로에 사용하는 비포장 퓨즈의 특성에 해당되는 것은?

① 정격전류의 1.25배의 전류에 견디고, 2배의 전류로 120분 안에 용단되는 것
② 정격전류의 1.1배의 전류에 견디고, 2배의 전류로 120분 안에 용단되는 것.
③ 정격전류의 1.25배의 전류에 견디고, 2배의 전류로 2분 안에 용단되는 것
④ 정격전류의 1.1배의 전류에 견디고, 2배의 전류로 2분 안에 용단되는 것.

해설 고압용 퓨즈

퓨즈종류	정격전류	용단시간
포장퓨즈	1.3배 견딜것	2배전류 : 120분이내 용단
비포장퓨즈	1.25배 견딜것	2배의전류 : 2분이내 용단

예제7 주택용 배선차단기의 B형은 순서트립범위가 차단기 정격전류(I_n)의 몇 배인가?

① $3I_n$ 초과 ~ $5I_n$ 이하
② $5I_n$ 초과 ~ $10I_n$ 이하
③ $10I_n$ 초과 ~ $20I_n$ 이하
④ $1I_n$ 초과 ~ $3I_n$ 이하

해설 보호장치의 특성
순시트립에 따른 구분 (주택용 배선용 차단기)

형(순시 트립에 따른 차단기 분류)	순시 트립 범위
B	$3I_n$ 초과 - $5I_n$ 이하
C	$5I_n$ 초과 - $10I_n$ 이하
D	$10I_n$ 초과 - $20I_n$ 이하

(1) Type-B : 전기난방, 온수기, 스토브 등
(2) Type-C : 조명, 콘센트, 소형전동기 등
(2) Type-D : 돌입전류가 매우 큰 부하, 변압기 등

정답
1 ② 2 ④ 3 ① 4 ② 5 ② 6 ③ 7 ①

12 저 · 고압 가공전선로의 높이, 지지물간 거리, 가공지선 굵기 시설

이해도 □□□ 30 60 100

중 요 도 : ★★★☆☆
출제빈도 : 1.7%, 10문 / 총 600문

한 솔 전 기 기 사
http://inup.co.kr
▲ 유튜브영상보기

1. 저 · 고압 가공전선의 높이

시설장소		전선의 높이	
도로횡단시		6[m] 이상	
철도 또는 궤도 횡단시		6.5[m] 이상	
횡단 보도교	저압	3.5[m] 이상 단, 절연전선, 케이블 : 3[m] 이상	
	고압	3.5[m] 이상	
기타 장소	-	5[m] 이상	절연전선, 다심형 전선, 케이블 사용하여 교통에 지장 없이 옥외조명등에 공급시 4[m] 이상

2. 가공전선로의 지지물간 거리

지지물	표준경간	장지지물간 거리 고압 : 22[mm²] 이상 특고압 : 50[mm²] 이상
A종(목주)	150[m] 이하	300[m] 이하
B종	250[m] 이하	500[m] 이하
철 탑	600[m] 이하	.

3. 가공지선의 굵기

전압구분	가공공동지선의 굵기	가공지선 굵기
고압	4.0[mm] = 5.26[KN] 이상	4.0[mm]=5.26[KN] 이상
특고압		5.0[mm]=8.01[KN] 이상

예제1 저압 가공전선 또는 고압 가공전선이 도로를 횡단할 때 지표상의 높이는 몇 [m] 이상으로 하여야 하는가? (단, 농로 기타 교통이 번잡하지 않은 도로 및 횡단보도교는 제외한다)

① 4　② 5
③ 6　④ 7

해설 저·고압 가공전선의 높이

시설장소		전선의 높이
도로횡단시		6[m] 이상
철도 또는 궤도 횡단시		6.5[m] 이상
횡단 보도교	저압	3.5[m] 이상 단, 절연전선, 케이블 : 3[m] 이상
	고압	3.5[m] 이상

예제2 고압 가공전선로의 경간은 지지물이 A종 철주로서 일반적인 경우에는 몇 [m] 이하인가?

① 150　② 250
③ 300　④ 350

해설 가공전선로의 경간

구분 / 지지물 종류	A종주, 목주	B종주	철탑
표준경간	150[m]	250[m]	600[m]

예제3 단면적 50[mm^2]인 경동연선을 사용하는 특고압 가공전선로의 지지물로 장력에 견디는 형태의 B종 철근 콘크리트주를 사용하는 경우, 허용 최대 경간은 몇 [m]인가?

① 300 ② 150
③ 500 ④ 250

해설 가공전선로의 경간

지지물	표준경간	장경간 고압 : 22[mm^2] 이상 특고압 : 50[mm^2] 이상
A종(목주)	150[m] 이하	300[m] 이하
B종	250[m] 이하	500[m] 이하
철 탑	600[m] 이하	.

예제4 저·고압 가공전선이 철도를 횡단할 때 레일면상의 높이는 몇 [m] 이상이어야 하는가?

① 4 ② 5
③ 5.5 ④ 6.5

해설 저·고압 가공전선 높이

시설장소	전선의 높이
도로횡단시	지표상 6[m] 이상
철도 또는 궤도 횡단시	레일면상 6.5[m] 이상

예제5 옥외용 비닐절연전선을 사용한 저압가공전선이 횡단보도교의 위에 시설되는 경우에 그 전선의 노면상 높이는 몇 [m] 이상으로 하여야 하는가?

① 2.5 ② 3
③ 3.5 ④ 4

해설 저·고압 가공전선 높이

시설장소		전선의 높이
횡단 보도교	저압	노면상 3.5[m] 이상 단 절연전선, 케이블 사용 : 3[m] 이상
	고압	노면상 3.5[m] 이상

예제6 특별고압 가공전선로에 사용하는 가공 공동지선에는 지름 몇 [mm]의 나경동선 또는 이와 동등 이상의 세기 및 굵기의 나선을 사용하여야 하는가?

① 2.0 ② 2.6
③ 4.0 ④ 10

해설 가공 공동지선 굵기

전압구분	가공공동지선의 굵기
고압	4.0[mm]=5.26[KN] 이상
특고압	

예제7 특별고압 가공전선로의 지지물에 사용하는 가공지선에는 지름 몇 [mm]의 세기 및 굵기의 나선을 사용하여야 하는가?

① 2.0 ② 2.6
③ 5.0 ④ 10

해설 가공지선의 굵기

전압구분	가공지선 굵기
고압	4.0[mm] =5.26[KN]이상
특고압	5.0[mm]= 8.01[KN] 이상

예제8 고압 가공전선로의 지지물로는 A종 철근콘크리트주를 사용하고, 전선으로는 단면적 22[mm^2]의 경동연선을 사용한다면 경간은 최대 몇 [m] 이하이어야 하는가? (단, A종 철근 콘크리트 주에는 전 가섭선마다 각 가섭선의 상정 최대장력의 3분의 1에 상당하는 불평균 장력에 의한 수평력에 견디는 지선을 그 전선로의 방향으로 양쪽에 시설한 경우이다.)

① 250 ② 500
③ 300 ④ 150

해설 가공전선로의 경간

지지물	표준경간	장경간 고압 : 22[mm^2] 이상 특고압 : 50[mm^2] 이상
A종(목주)	150[m] 이하	300[m] 이하
B종	250[m] 이하	500[m] 이하
철 탑	600[m] 이하	.

정답

1 ③ 2 ① 3 ③ 4 ④ 5 ② 6 ③ 7 ③ 8 ③

13 계측장치 및 수소냉각방식

이해도 □□□ 30 60 100

중 요 도 : ★★★☆☆
출제빈도 : 1.7%, 10문 / 총 600문

한 솔 전 기 기 사
http://inup.co.kr
▲ 유튜브영상보기

1. 발전소 · 변전소에는 계측하는 장치를 시설할 것
(1) 발전기, 주변압기, 동기조상기의 전압, 전류, 전력
(2) 발전기, 동기조상기의 베어링 및 고정자 온도
(3) 특고압용 변압기의 유온
(단, 동기조상기의 용량이 전력계통의 용량과 비교하여 현저히 적은 경우에는 동기검정장치를 생략)

2. 수소냉각식 발전기, 무효전력 보상장치 등의 시설
(1) 기밀구조의 것이고 또한 수소가 대기압에서 폭발하는 경우 생기는 압력에 견디는 강도를 가질 것
(2) 발전기측의 밀봉부로부터 누설된 수소가스를 안전하게 외부로 방출할 수 있을 것
(3) 수소순도가 85[%] 이하로 저하한 경우 경보장치 시설
(4) 수소의 압력을 계측하는 장치 및 그 압력이 현저히 변동할 경우에 이를 경보하는 장치를 시설 할 것
(5) 수소의 온도를 계측하는 장치를 시설할 것
(6) 유리제의 점검 창 등은 쉽게 파손되지 아니하는 구조

예제1 발전소에서 계측장치를 설치하여 계측하는 사항에 포함되지 않는 것은?

① 발전기의 전압 및 전류
② 주요 변압기의 역률
③ 발전기의 고정자 온도
④ 특고압용 변압기의 온도

해설 계측장치
(1) 발전기, 주변압기, 동기조상기, 연료전지, 태양전지 모듈의 전압 및 전류 또는 전력
(2) 발전기, 동기조상기의 베어링 및 고정자 온도
(3) 발전소·변전소의 특별고압용 변압기의 온도
(4) 동기조상기의 동기검정장치
(단, 용량이 현저히 작을 경우 생략 가능)

예제2 발·변전소의 주요 변압기에 반드시 시설하지 않아도 되는 계측장치는?

① 역률계　　② 전압계
③ 전력계　　④ 전류계

해설 계측장치
발전기, 주변압기, 동기조상기, 연료전지, 태양전지 모듈의 전압 및 전류 또는 전력, 동기 검정장치 시설.
(단, 동기 검정장치는 용량이 현저히 작을 경우 생략 가능)

예제3 발전소에서 계측장치를 시설하지 않아도 되는 것은?

① 발전기의 회전수 및 주파수
② 발전기의 고정자 및 베어링 온도
③ 주요 변압기의 전압 및 전류 또는 전력
④ 특고압용 변압기의 온도

해설 계측장치
발전기, 주변압기, 동기조상기, 연료전지, 태양전지 모듈의 전압 및 전류 또는 전력, 동기 검정장치 시설.
(단, 동기 검정장치는 용량이 현저히 작을 경우 생략 가능)

예제4 동기조상기를 시설할 때 동기조상기의 전압, 전류, 전력, 베어링 및 고정자의 온도를 계측하는 장치와 동기검정장치를 시설하여야 하는데 동기조상기의 용량이 전력계통의 용량과 비교하여 현저히 적은 경우에는 그 시설을 생략할 수 있는 것이 있다. 그것은 무엇인가?

① 전력측정장치
② 고정자의 온도측정장치
③ 베어링의 온도측정장치
④ 동기검정장치

해설 동기조상기 계측 장치
전압 및 전류 또는 전력, 베어링 및 고정자의 온도를 계측하는장치를 시설. (단, 동기조상기의 용량이 전력계통의 용량과 비교하여 현저히 적은 경우에는 동기 검정장치를 생략)

예제5 수소 냉각식 발전기의 시설기준으로 옳지 않은 것은 어느 것인가?

① 유리제의 점검창 등을 쉽게 파손시킬 수 있는 구조로 할 것
② 수소에 압력을 계측하는 장치 및 그 압력이 현저히 변동할 경우에 이를 경보하는 장치를 시설할 것
③ 기압구조로 수소가 대기압에서 폭발하는 경우에 생기는 압력에 견디는 강도를 가질 것
④ 수소의 온도를 계측하는 장치를 시설할 것

해설 수소냉각식 발전기, 조상기 등의 시설
(1) 유리세의 섬검 창 등은 쉽게 파손되지 아니하는 구조.
(2) 수소순도가 85[%] 이하로 저하한 경우 경보장치 시설.
(3) 수소의 온도를 계측하는 장치를 시설할 것
(4) 기밀구조의 것이고 또한 수소가 대기압에서 폭발하는 경우 생기는 압력에 견디는 강도를 가질 것

예제6 수소냉각식의 발전기에서 발전기안의 수소의 순도가 얼마 이하로 되면 경보하는 장치를 시설해야 하는가?

① 70[%] ② 85[%]
③ 90[%] ④ 95[%]

해설 수소냉각식 발전기의 시설
수소 순도가 85[%] 이하로 저하하거나 수소압력이 현저히 변동하는 경우에는 경보장치를 설치할 것

예제7 수소 냉각식 발전기의 시설 기준을 잘못 표현한 것은 어느 것인가?

① 발전기는 기밀 구조의 것이고, 또한 수소가 대기압에서 폭발하는 경우에 생기는 압력에 견디는 강도를 가지는 것일 것
② 발전기 안의 수소의 순도가 85[%] 이상으로 상승하는 경우는 자동차단하는 장치를 시설할 것
③ 발전기 안의 수소의 압력을 계측하는 장치 및 그 압력이 현저히 변동한 경우에 이를 경보하는 장치를 시설할 것
④ 발전기 안의 수소의 온도를 계측하는 장치를 시설할 것

해설 수소냉각식 발전기의 시설
수소 순도가 85[%] 이하로 저하하거나 수소압력이 현저히 변동하는 경우에는 경보장치를 설치할 것

1 ② 2 ① 3 ① 4 ④ 5 ① 6 ② 7 ②

14 가공전선의 굵기 및 피뢰시스템

이해도 □□□ 30 60 100

중 요 도 : ★★★☆☆
출제빈도 : 1.5%, 9문 / 총 600문

한 솔 전 기 기 사
http://inup.co.kr
▲ 유튜브영상보기

1. 가공 전선의 굵기(경동선 기준)

<table>
<tr><th>전압</th><th colspan="3">전선의 굵기 및 인장강도</th></tr>
<tr><td rowspan="2">400[V] 이하</td><td colspan="3">절연전선 2.6mm=2.30[kN] 이상</td></tr>
<tr><td colspan="3">경동선(나선) 3.2mm=3.43[kN] 이상</td></tr>
<tr><td rowspan="3">400[V] 초과 저압, 고압</td><td colspan="3">시가지 외 : 4.0mm=5.26[kN] 이상</td></tr>
<tr><td colspan="3">시가지 : 5.0mm=8.01[kN] 이상</td></tr>
<tr><td colspan="3">※ 400[V]초과 : 절연전선 중 DV전선 사용 불가</td></tr>
<tr><td rowspan="4">특고압</td><td colspan="3">시가지 외: 22 mm²=8.71[kN] 이상</td></tr>
<tr><td rowspan="3">시가지</td><td>100[kV] 미만</td><td>55[mm²] = 21.67[kN] 이상</td></tr>
<tr><td>100[kV] 이상</td><td>150[mm²] = 58.84[kN] 이상</td></tr>
<tr><td>170[kV] 초과</td><td>강심알루미늄선 사용 240[mm²] 이상</td></tr>
</table>

2. 피뢰시스템 적용

① 건축물 · 구조물로 높이가 20 m 이상인 것
② 전기. 전자 설비 중 낙뢰로부터 보호가 필요한 설비
③ 저압전기 전자설비.
④ 고압 및 특고압 전기설비

※ 피뢰시스템 등급 : 위험물의 제조소는 Ⅱ 등급 이상

피뢰 등급	건물 높이[m]	메시(그물망) 치수	인하도선 간격
Ⅳ	60	20 x 20	20m
Ⅲ	45	15 x 15	15m
Ⅱ	30	10 x 10	10m
Ⅰ	20	5 x 5	10m

3. 수뢰부 시스템 : 돌침방식, 수평 도체방식, 메시 도체

(1) 배치 방법 : 보호각법, 회전 구체법, 메시법 .
※ 건축물 · 구조물의 뾰족한 부분, 모서리 등에 우선하여 배치.

(2) 높이 60 m를 초과하는 건축물 · 구조물의 측격뢰 보호용 수뢰부 시스템.최상부로부터 전체높이의 20% 부분에 한한다.

4. 인하도선 시스템

- 복수의 인하도선을 병렬로 구성. 경로의 길이가 (10Ω 이하 제외)최소가 되도록 한다.
- 자연적 구성 부재의 인하도선 : 두께 0.5[mm] 이상 금속판, 전기저항 0.2Ω 이하 것.
- 벽이 불연성 재료 : 벽의 표면 또는 내부에 시설. (가연성 : 0.1[m], 초가지붕 : 0.15m 이상 이격)
→ 이격이 불가한 경우 100 mm² 이상 굵기 사용.

예제1 일반적으로 저압가공 전선으로 사용할 수 없는 것은?

① 케이블 ② 절연전선
③ 다심형전선 ④ 나동복강선

해설 저·고압 가공전선 종류
- 저 압 : 나전선, 절연전선, 다심형 전선, 케이블
- 고 압 : 고압절연 전선, 특고 절연전선, 케이블

예제2 66,000[V] 특고압 가공전선로를 시가지에 설치할 때, 전선의 단면적은 [mm²] 몇 이상의 경동연선 또는 이와 동등 이상의 세기 및 굵기의 연선을 사용해야 하는가?

① 22[mm²] ② 38[mm²]
③ 55[mm²] ④ 100[mm²]

해설 특고압 가공전선의 굵기

<table>
<tr><th>항목</th><th colspan="2">전선의 굵기 및 인장강도</th></tr>
<tr><td rowspan="2">시가지</td><td>100[kV] 미만</td><td>55[mm²] = 21.67[kN] 이상</td></tr>
<tr><td>100[kV] 이상</td><td>150[mm²]= 58.84[kN] 이상</td></tr>
</table>

예제3 **사용전압이 400[V] 이하인 저압 가공전선은 케이블이나 절연전선인 경우를 제외하고 인장강도가 3.43[kN] 이상인 것 또는 지름이 몇 [mm] 이상의 경동선이어야 하는가?**

① 1.2[mm] ② 2.6[mm]
③ 3.2[mm] ④ 4.0[mm]

해설 가공전선의 굵기(경동선 기준)

구분	전선의 굵기 및 인장강도	보안공사
400[V] 이하	절연전선 2.6[mm]=2.3[kN] 이상	4.0[mm] = 5.26[kN]이상
	경동선 3.2[mm]=3.43[kN] 이상	

예제4 **사용전압이 400[V] 초과인 저압 가공전선을 케이블인 경우 이외에 시가지에 시설하는 것은 지름 몇 [mm]의 경동선 또는 이와 동등이상의 세기 및 굵기의 것이어야 하는가?**

① 3.2 ② 3.5
③ 4 ④ 5

해설 가공전선의 굵기(경동선 기준)

구분	항목	전선의 굵기 및 인장강도	보안공사로 한 경우
400[V] 초과 또는 고압	시 외	4[mm]=5.26[kN] 이상	5[mm]= 8.01[kN]이상
	시가지	5[mm]=8.01[kN] 이상	

예제5 **22.9[kV] 특고압 가공전선로를 시가지에 경동연선으로 시설할 경우 단면적은 몇 [mm²] 이상을 사용하여야 하는가?**

① 100 ② 55
③ 200 ④ 150

해설 특고압 가공전선의 굵기

시가지 외 : 22 [mm²]=8.71[kN] 이상

시가지	100[kV] 미만	55[mm²] = 21.67[kN] 이상
	100[kV] 이상	150[mm²]= 58.84[kN] 이상
	170[kV] 초과	강심알루미늄선 사용 240 [mm²] 이상

예제6 **외부 피뢰시스템에 해당되지 않는 것은?**

① 수뢰부 시스템 ② 인하도선
③ 접지시스템 ④ 접지극 시스템

해설 외부피뢰시스템 구성
직격뢰로 부터 대상물을 보호하기 위한 외부피뢰시스템은 수뢰부 시스템, 인하도선, 접지극 시스템을 말한다.

예제7 **건축물 · 구조물과 분리되지 않은 피뢰시스템인 경우 병렬 인하도선의 최대 간격은 피뢰시스템 등급에 따라 Ⅰ, Ⅱ등급은 몇 [m]인가?**

① 10 ② 15
③ 20 ④ 30

해설 피뢰시스템 등급 및 인하도선 간격

피뢰 등급	건물 높이[m]	메시 치수	인하도선 간격
Ⅳ	60	20 x 20	20m
Ⅲ	45	15 x 15	15m
Ⅱ	30	10 x 10	10m
Ⅰ	20	5 x 5	10m

예제8 **상층부 높이가 60 [m]를 초과하는 건축물 · 구조물의 측격뢰 보호용 수뢰부 시스템은 건축물의 최 상부로부터 몇 [%]부분에 한하는가?**

① 10 ② 20
③ 25 ④ 30

해설 높이 60 m를 초과하는 건축물 · 구조물의 측격뢰 보호용 수뢰부 시스템
① 60 m를 넘는 경우는 최상부로부터 전체높이의 20% 부분에 한한다.
② 피뢰시스템 등급 Ⅳ이상.
③ 구조물의 철골 프레임 또는 전기적으로 연결된 철골 콘크리트의 금속 자연 부재 인하 도선에 접속 또는 인하 도선을 설치한다.

정답
1 ④ 2 ③ 3 ③ 4 ④ 5 ② 6 ③ 7 ① 8 ②

15 풍압하중

이해도 □□□ 30 60 100

중 요 도 : ★★★☆☆
출제빈도 : 1.5%, 9문 / 총 600문

한 솔 전 기 기 사
http://inup.co.kr
▲ 유튜브영상보기

1. 갑종 풍압하중 (고온계 적용)

풍압을 받는 구분			수직투영면적 1[m^2]에 대한 풍압
원형 (목주)			588[Pa]
지지물	철 주	강관	1,117[Pa]
	철 탑	강관	1,255[Pa]
	철근콘크리트		882[Pa]
전선 기타 가섭선	다도체		666[Pa]
	기타의 것(단도체)		745[Pa]
특고압 애자장치			1,039[Pa]
목주·철주(원형의 것) 및 철근 콘크리트주의 완금류(특별고압 전선로용의 것)			단일재 : 1196[pa]

2. 을종 풍압하중

저온계 (눈이 많이 내리는 지역)

- 빙설의 두께 6[mm], 비중 0.9
- 갑종 풍압하중 의 1/2 값 (50[%])적용

3. 병 종 : 저온계 (빙설이 적은 지방)

① 인가가 많이 연접되어 있는 장소에 시설하는 경우
② 저, 고압 가공 전선로의 지지물 및 가섭선
③ 35,000[V] 이하 특고압 절연전선
④ 케이블을 사용하는 특고압 가공 전선로의 지지물, 가섭선
⑤ 특고압 가공 전선을 지지하는 애자장치 및 완금류
⑥ 갑종 풍압하중의 1/2 값 적용

예제1 가공전선로에 사용하는 지지물의 강도계산에 적용하는 갑종 풍압하중을 계산할 때 구성재의 수직투영면적 1[m^2]에 대한 풍압의 기준이 잘못된 것은?

① 목주 : 588[Pa]
② 원형 철주 : 588[Pa]
③ 철근 콘크리트주 : 1,117[Pa]
④ 강관으로 구성된 철탑 : 1,255[Pa]

해설 갑종풍압하중

풍압을 받는 구분			수직투영면적 1[m^2]에 대한 풍압[Pa]
원형 (목주)			588[Pa]
지지물	철 주	강관	1,117[Pa]
	철 탑	강관	1,255[Pa]
	철근 콘크리트주		882[Pa]

예제2 철주가 강관에 의하여 구성되는 사각형의 것일 때 갑종 풍압하중을 계산하려 한다. 수직투영면적 1[m^2]에 대한 풍압 하중을 몇 [Pa]로 기초하여 계산하는가?

① 588 ② 882
③ 1,412 ④ 1,117

해설 갑종풍압하중
수직투영면적 1[m^2]에 대한 풍압을 기초로 하여 계산

풍압을 받는 구분			수직투영면적 1[m^2]에 대한 풍압[Pa]
원형 (목주)			588[Pa]
지지물	철 주	강관	1,117[Pa]
	철 탑	강관	1,255[Pa]
	철근 콘크리트주		882[Pa]

예제3 **특별고압 전선로에 사용되는 애자장치에 대한 갑종풍압 하중은 그 구성재의 수직 투영 면적 $1[m^2]$에 대한 풍압하중을 몇 [Pa]를 기초로 하여 계산한 것인가?**

① 60[Pa] ② 68[Pa]
③ 745[Pa] ④ 1039[Pa]

해설 갑종 풍압하중 (고온계 적용)

풍압을 받는 구분	수직투영면적 $1[m^2]$에 대한 풍압
특고압 애자장치	1,039[Pa]
목주·철주(원형의 것) 및 철근 콘크리트주의 완금류 (특별고압 전선로용의 것)	단일재 : 1196[pa]

예제4 **다도체의 을종풍압 하중은 전선주위에 두께 6[mm], 비중 0.9의 빙설이 부착한 상태에서 수직투영면적 $1[m^2]$당 몇 [Pa]을 기초로 하여 계산한 것인가?**

① 333 ② 373
③ 588 ④ 1039

해설 갑종 풍압하중(고온계 적용)

풍압을 받는 구분		수직투영면적 $1[m^2]$에 대한 풍압
전선 기타 가섭선	다도체	666[Pa]
	기타의 것(단도체)	745[Pa]

※ 다도체 을종 풍압하중은 $666 \times \frac{1}{2} = 333[pa]$이다.

예제5 **인가가 많이 연접되어 있는 장소에 시설하는 가공전선로의 구성재 중 고압 가공전선로의 지지물 또는 가섭선에 적용하는 풍압하중에 대한 설명으로 옳은 것은?**

① 갑종 풍압하중의 1.5배를 적용시켜야 한다.
② 갑종 풍압하중의 2배를 적용시켜야 한다.
③ 병종 풍압하중을 적용시킬 수 있다.
④ 갑종 풍압하중과 을종 풀압하중 중 큰 것만 적용시킨다.

해설 병종 풍압하중 적용 장소 : 저온계로 빙설이 적은 지방.
(1) 인가가 많이 연접되어 있는 저, 고압 가공 전선로
(2) 저, 고압 가공 전선로의 지지물 및 가섭선
(3) 갑종 풍압하중의 1/2 값 적용.
(4) 케이블을 사용하는 특고압 가공 전선로의 지지물, 가섭선
(5) 특고압 가공 전선을 지지하는 애자장치 및 완금류

예제6 **전선 기타의 가섭선 주위에 두께 6[mm], 비중 0.9의 빙설이 부착된 상태에서 을종풍압하중은 수직투영면적$1[m^2]$당 몇 [Pa]로 계산하는 가?(단, 다도체를 구성하는 전선이 아니라고 한다.)**

① 373 ② 350
③ 333 ④ 340

해설 을종풍압하중계산

풍압을 받는 구분		수직투영면적 $1[m^2]$에 대한 풍압
전선 기타 가섭선	다도체	666[Pa]
	기타의 것(단도체)	745[Pa]

※ 단도체 을종 풍압하중은 $745 \times \frac{1}{2} = 372.5[pa]$이다.

정답

1 ③ 2 ④ 3 ④ 4 ① 5 ③ 6 ①

16 가공 및 첨가통신선의 높이

이해도 □□□ 30 60 100

중 요 도 : ★★★☆☆
출제빈도 : 1.5%, 9문 / 총 600문

한 솔 전 기 기 사
http://inup.co.kr
▲ 유튜브영상보기

1. 가공 통신선의 시공높이

시설장소	가공 통신선 시설높이
도로횡단	5[m] 이상
	단, 교통에 지장 없다 : 4.5[m]
철도횡단	6.5[m] 이상
횡단보도교	3[m] 이상
기타장소	3.5[m] 이상

2. 첨가통신선의 높이

시설장소	지지물에 시설하는 통신선 시설 높이	
	저·고압	특고압
도로횡단	6[m] 이상 단, 교통에 지장 없다 : 5[m]	6[m] 이상
철도횡단	6.5[m] 이상	6.5[m] 이상
횡단보도	3.5[m] 이상 (절·케 : 3[m])	5[m] 이상 (절·케 : 4[m])

3. 특고압 가공전선로 첨가설치 통신선의 시가지 인입 제한

시가지에 시설하는 통신선은 특고압 가공전선로의 지지물에 시설하여서는 아니 된다. 단, 절연전선, 광섬유 케이블 사용시 지름 4.0[mm](연선 16[mm^2])=5.26[kN] 이상 굵기를 사용하는 경우는 그러하지 않는다.

예제1 **특고압 가공전선로의 지지물에 시설하는 통신선 또는 이에 직접 접속하는 가공통신선의 높이에 대한 설명으로 적합한 것은?**

① 도로를 횡단하는 경우에는 5[m] 이상
② 철도 또는 궤도를 횡단하는 경우에는 레일면상 6.5[m] 이상
③ 횡단보도교 위에 시설하는 경우에는 그 노면상 3.5[m] 이상
④ 도로를 횡단하며 교통에 지장이 없는 경우에는 4.5[m] 이상

해설 지지물에 시설하는 통신선 시공 높이

시설장소	지지물에 시설하는 통신선	
	저·고압	특고압
도로횡단	6[m] 이상 단, 교통에 지장 없다 : 5[m]	6[m] 이상
철도횡단	6.5[m] 이상	6.5[m] 이상
횡단보도	3.5[m] 이상 (절·케 : 3[m])	5[m] 이상 (절·케 : 4[m])

예제2 **전력보안 가공통신선을 도로 위,철도 또는 궤도, 횡단보도교 위 등이 아닌 일반적인 장소에 시설하는 경우에는 지표상 몇 [m] 이상으로 시설하여야 하는가?**

① 3.5 ② 4
③ 4.5 ④ 5

해설 가공 통신선의 시공높이

시설장소	가공통신선
도로횡단	5[m] 이상 단, 교통에 지장 없을시 : 4.5[m]
철도횡단	6.5[m] 이상
횡단보도교	3[m] 이상
기타장소	3.5[m] 이상

예제3 **특별고압 가공전선로의 지지물에 시설하는 통신선 또는 이에 직접 접속하는 가공통신선의 높이는 철도 또는 궤도를 횡단하는 경우에는 레일면상 몇 [m] 이상으로 하여야 하는가?**

① 5　② 5.5
③ 6　④ 6.5

해설 지지물에 시설하는 통신선 시공 높이

시설장소	지지물에 시설하는 통신선	
	저·고압	특고압
도로횡단	6[m] 이상. 단, 교통에 지장 없다 : 5[m]	6[m] 이상
철도횡단	6.5[m] 이상	6.5[m] 이상
횡단보도	3.5[m] 이상 (절·케 : 3[m])	5[m] 이상 (절·케 : 4[m])

예제4 **고압 가공전선로의 지지물에 시설하는 통신선의 높이는 도로를 횡단하는 경우 지표상 6[m] 이상으로 하여야 한다. 그러나 교통에 지장을 줄 우려가 없을 경우에는 지표상 몇 [m]까지로 감할 수 있는가?**

① 4　② 4.5
③ 5　④ 5.5

해설 지지물에 시설하는 통신선 시공 높이

시설장소	지지물에 시설하는 통신선	
	저·고압	특고압
도로횡단	6[m] 이상. 단, 교통에 지장 없다 : 5[m]	6[m] 이상
철도횡단	6.5[m] 이상	6.5[m] 이상
횡단보도	3.5[m] 이상 (절·케 : 3[m])	5[m] 이상 (절·케 : 4[m])

예제5 **특별고압 가공전선로의 지지물에 시설하는 통신선 또는 이에 직접 접속하는 가공통신선의 높이는 횡단보도교의 위에 시설하는 경우에는 일반적으로 그 노면상 몇 [m] 이상으로 하여야 하는가?**

① 5　② 5.5
③ 6　④ 6.5

해설 지지물에 시설하는 통신선 시공 높이

시설장소	지지물에 시설하는 통신선	
	저·고압	특고압
도로횡단	6[m] 이상. 단, 교통에 지장 없다 : 5[m]	6[m] 이상
철도횡단	6.5[m] 이상	6.5[m] 이상
횡단보도	3.5[m] 이상 (절·케 : 3[m])	5[m] 이상 (절·케 : 4[m])

예제6 **시가지에 시설하는 통신선은 특별고압 가공전선로의 지지물에 시설하여서는 아니된다. 그러나 통신선이 지름 몇 [mm] 이상의 절연전선 또는 이와 동등 이상의 세기 및 절연 효력이 있는 것이면 시설이 가능한가?**

① 4　② 4.5
③ 5　④ 5.5

해설 특고압 가공전선로 첨가설치 통신선의 시가지 인입 제한
시가지에 시설하는 통신선은 특고압 가공전선로의 지지물에 시설하여서는 아니 된다. 단, 절연전선, 광섬유 케이블 사용 시 지름 4.0 [mm] (연선 16 [mm^2]) = 5.26 [kN] 이상 굵기를 사용하는 경우는 그러하지 않는다.

1 ② 2 ① 3 ④ 4 ③ 5 ① 6 ①

17 옥내전로의 대지전압 및 전선 최소 굵기

이해도 □□□ 30 60 100

중 요 도 : ★★★☆☆
출제빈도 : 1.5%, 9문 / 총 600문

한 솔 전 기 기 사
http://inup.co.kr
▲ 유튜브영상보기

1. 주택의 옥내전로

(1) 대지전압은 300[V] 이하

(2) 사용전압은 400[V] 이하일 것

① 주택의 전로인입구에는 「전기용품안전관리법」에 적용을 받는 인체 감전보호용 누전차단기를 시설할 것.
단, 정격용량 3[kVA] 이하인 절연변압기를 사람이 쉽게 접촉할 우려가 없도록 시설하는 경우 누전차단기 생략.

② 누전차단기를 재해관리구역 안의 지하주택에 시설하는 경우에는 침수의 우려가 없도록 지상에 시설할 것.

2. 저압옥내배선의 사용전선

① 단면적 2.5 mm^2 이상의 연동선(구리선)

② 단면적이 1 mm^2 이상의 미네럴 인슈레이션 케이블

③ 전광표시장치 · 제어 회로 : 1.5 mm^2 이상의 연동선(구리선)

④ 코오드선 및 다심 캡타이어 케이블 사용 : 0.75 mm^2 이상

3. 백열전등 또는 방전등 전기를 공급하는 옥내전로

(1) 전선은 사람이 접촉할 우려가 없도록 시설할 것

(2) 전구소켓은 키(스위치)나 그 밖의 점멸기구가 없는 것일 것

(3) 안정기는 저압의 옥내배선과 직접 접속하여 시설할 것

(4) 소비전력 3[kW] 이상의 기계기구에 공급하기 위한 전로에는 전용의 개폐기 및 과전류차단기를 시설하고, 그 전로의 옥내배선과 직접 접속하거나 적정용량의 전용 콘센트를 시설할 것

참고 누전차단기정격

정격감도전류 30[mA] 이하, 동작시간 0.03초 이내에 동작하는 전류 동작형의 누전차단기 시설.
단, 습기 또는 물기가 있는 장소는 정격감도전류 15[mA] 이하, 동작시간 0.03초 이내에 동작하는 전류 동작형의 누전차단기 시설.

예제1 백열전등 또는 방전등에 전기를 공급하는 옥내전로의 대지전압은 몇 [V] 이하이어야 하는가? (단, 백열전등 또는 방전등 및 이에 부속하는 전선은 사람이 접촉할 우려가 없다고 한다.)

① 150 ② 220
③ 300 ④ 600

해설 전등회로의 옥내배선

(1) 대지전압 300[V] 이하일 것
(2) 전선은 사람이 닿지 않도록 시설할 것
(3) 전등용 소켓은 키나 점멸기구가 없는 것을 사용할 것.
(4) 백열전등 또는 방전등용 안정기는 저압 옥내배선과 직접 접속하여 시설할 것

예제2 전광표시장치, 출퇴표시등 기타 이와 유사한 장치 또는 제어 회로등의 배선에 단면적 얼마 [mm^2] 이상의 다심케이블 또는 다심 캡타이어 케이블을 사용하는가?

① 1.25 ② 1.0
③ 0.75 ④ 0.5

해설 저압옥내배선의 사용전선

① 단면적 2.5 mm^2 이상의 연동선
② 단면적이 1 mm^2 이상의 미네럴 인슈레이션 케이블
③ 전광표시장치 · 제어 회로 : 1.5 mm^2 이상의 연동선
④ 코오드선 및 다심 캡타이어 케이블 사용 : 0.75 mm^2 이상

정답
1 ③ 2 ③

18 고압 및 특고압 옥내배선의 시설

이해도 □□□ 30 60 100
중 요 도 : ★★★☆☆
출제빈도 : 1.5%, 9문 / 총 600문

한 솔 전 기 기 사
http://inup.co.kr
▲ 유튜브영상보기

1. 고압 옥내배선공사의 종류

(1) 애자사용공사(건조한 장소로서 전개된 장소에 한함)
- 이격거리(간격)

전선과 조영재	전선상호간	전선 지지점간의 거리(간격)
0.05[m] 이상	0.08[m] 이상	400[V]초과 : 6[m] 이하 조영재면에 따라 시설하는 경우 : 2[m]

※ 최소 $6[mm^2]$ 이상의 연동선(구리선), 고압 절연전선 또는 인하용 고압 절연전선 사용.

(2) 케이블공사
(3) 케이블트레이 공사

2. 옥내 고압용 이동전선의 시설

(1) 전선은 고압용의 캡타이어케이블일 것
(2) 전로에 지락이 생겼을 때에 자동적으로 전로를 차단하는 장치를 시설할 것

3. 특고압 옥내전기설비의 시설

(1) 사용전압 : 100[kV] 이하
단, 케이블트레이공사에 의하여 시설하여야 할 때에는 35[kV] 이하일 것
(2) 전선은 케이블일 것

예제1 애자사용공사에 의한 고압 옥내배선 등의 시설에서 사용되는 연동선의 공칭단면적은 몇 $[mm^2]$ 이상인가?

① 6 ② 10
③ 16 ④ 25

해설 애자사용공사의 설비기준

	저압	고압
굵기	-	$6[mm^2]$ 이상

예제2 특고압 옥내전기설비를 시설할 때 사용전압은 일반적인 경우 최대 몇 [V] 이하인가?

① 100,000 ② 170,000
③ 250,000 ④ 345,000

해설 특별고압 옥내배선공사의 설비기준
(1) 100[kV] 이하에서만 시공 가능
(2) 케이블 공사로 할 것
(3) 접지공사 할 것

예제3 고압 옥내배선을 애자사용공사에 의하여 시설하는 경우 전선 상호의 간격은 몇 [cm] 이상인가?

① 2[cm] ② 1.5[cm]
③ 6[cm] ④ 8[cm]

해설 애자사용공사의 설비기준

	저압	고압
전선간 이격거리	0.06[m] 이상	0.08[m] 이상

예제4 6[kV]고압 옥내배선을 애자사용 공사로 하는 경우 전선의 지지점간의 거리는 전선을 조영재의 면을 따라 붙이는 경우에는 몇 [m] 이하로 하여야 하는가?

① 1.5 ② 2
③ 3 ④ 5

해설 애자사용공사 - 이격거리

전선과 조영재	전선상호간	전선 지지점간의 거리
0.05[m] 이상	0.08[m] 이상	400[V]초과 : 6[m] 이하 조영재면에 따라 시설하는 경우 : 2[m]

정답
1 ① 2 ① 3 ④ 4 ②

19 전기철도

이해도 □□□ 30 60 100
중 요 도 : ★★★☆☆
출제빈도 : 1.5%, 9문 / 총 600문

한 솔 전 기 기 사
http://inup.co.kr
▲ 유튜브영상보기

1. "전기철도용 급전선"이란 전기철도용 변전소로부터 다른 전기철도용 변전소 또는 전차선에 이르는 전선.

※ 가선 전선 설치 방식 : 가공식, 강체식, 제3궤조방식으로 분류한다.

① 급전용변압기 • 직류 전기철도 : 3상 정류기용 변압기
• 교류 전기철도 : 3상 스코트결선 변압기

2. 전차선과 차량간의 최소절연 이격간격

시스템 종류	공칭전압(V)	동적(mm)	정적(mm)
직류	750	25	25
	1,500	100	150
단상교류	25,000	170	270

3. 전차선로의 충전부와 차량 간의 절연간격

시스템 종류	공칭전압(V)	동적(mm)	정적(mm)
직류	750	25	25
	1500	100	150
단상교류	25000	190	290

4. 전차선과 건조물 간의 최소 절연이격거리

종류	공칭 전압(V)	동적(mm)		정적(mm)	
		비오염	오염	비오염	오염
직류	750	25	25	25	25
	1500	100	110	150	160
단상 교류	25000	170	220	270	320

5. 교류전차선과 식물과의 이격거리 : 5m 이상

6. 전기철도 차량의 역률

전기철도차량이 전차선로와 접촉한 상태에서 견인력을 끄고 보조전력을 가동한 상태로 정지해 있는 경우
: 유효전력이 200kW 이상일 경우 총 역률은 0.8 이상.

7. 전식방지대책

전기철도 측 대책	매설금속체측의 대책
① 변전소 간 간격 축소 ② 레일본드의 양호한 시공 ③ 장대 레일채택 ④ 절연도상 및 레일과 침목사이에 절연층의 설치	① 배류장치 설치 ② 절연 코팅 ③ 매설 금속체접속부 절연 ④ 저준위 금속체를 접속 ⑤ 궤도와의 이격거리 증대 ⑥ 금속판 등의 도체로 차폐

예제1 직류 전기철도에 주로 사용되는 급전용 변압기의 종류로 옳은 것은?

① 3상 우드브리지결선 변압기
② 3상 메이어 결선 변압기
③ 3상 스코트결선 변압기
④ 3상 정류기용 변압기

해설 전기철도의 변전방식
• 급전용변압기 직류 전기철도 : 3상 정류기용 변압기
• 교류 전기철도 : 3상 스코트결선 변압기

예제2 교류 전차선 등 충전부와 식물 사이의 이격거리는 몇 [m] 이상이어야 하는가?(단, 현장여건을 고려한 방호벽 등의 안전조치를 하지 않은 경우이다.)

① 5 ② 3
③ 10 ④ 1

해설 전차선 등과 식물사이의 이격거리
교류 전차선 등 충전부와 식물 사이의 이격거리는 5[m] 이상. 다만 5[m] 이상 확보가 곤란한 경우에는 현장 여건을 고려하여 방호벽 등 안전조치를 한다.

예제3 공칭전압이 25000[V]인 단상 교류시스템의 전차선과 차량 간의 동적 최소 절연기격거리는 몇 [mm] 이상을 확보하여야 하는가?

① 150 ② 170
③ 270 ④ 100

해설 전차선과 차량 간의 최소 절연이격거리

시스템 종류	공칭전압[V]	동적[mm]	정적[mm]
직류	750	25	25
	1,500	100	150
단상교류	25,000	170	270

예제4 전기 철도에서 전식 방지 대책으로 틀린 것은?

① 절연도상 및 레일과 침목 사이에 절연층의 설치
② 레일본드의 양호한 시공
③ 변전소 간격 확대
④ 장대 레일채택

해설 전식방지대책

전기철도 측 대책	매설금속체측의 대책
① 변전소 간 간격 축소 ② 레일본드의 양호한시공 ③ 장대 레일채택 ④ 절연도상 및 레일과 침목사이에 절연층의 설치	① 배류장치 설치 ② 절연 코팅 ③ 매설 금속체접속부 절연 ④ 저준위 금속체를 접속 ⑤ 궤도와의 이격거리 증대 ⑥ 금속판 등의 도체로 차폐

예제5 전기철도차량에 전력을 공급하는 전차선의 가선방식에 포함 되지 않는 것은?

① 가공방식 ② 강체 복선식
③ 제3레일방식 ④ 지중 조가선 방식

해설 직류 전차선의 가선방식
가공식, 강체식, 제3궤조식으로 분류한다.

예제6 공칭전압이 직류 1500[V]인 직류시스템의 전차선로의 충전부와 차량 간의 정적 최소 절연이격거리는 몇 [mm] 이상을 확보하여야 하는가?

① 150 ② 170
③ 190 ④ 270

해설 전차선로의 충전부와 차량 간의 절연이격

시스템 종류	공칭전압[V]	동적[mm]	정적[mm]
직류	750	25	25
	1,500	100	150
단상교류	25,000	190	290

예제7 전기철도차량이 전차선로와 접촉한 상태에서 견인력을 끄고 보조전력을 가동한 상태로 정지해있는 경우. 가공 전차선로의 유효전력이 200[kW] 이상일 경우 총 역률은 몇보다는 작아서는 안되는가?

① 0.9 ② 0.7
③ 0.6 ④ 0.8

해설 전기철도차량의 역률
전기철도차량이 전차선로와 접촉한 상태에서 견인력을 끄고 보조전력을 가동한 상태로 정지해 있는 경우, 가공 전차선로의 유효전력이 200 [kW] 이상일 경우 총 역률은 0.8보다 는 작아서는 안된다.

예제8 다음 ( )의 ㉠, ㉡에 들어갈 내용으로 옳은 것은?

> 전기철도용 급전선이란 전기철도용 (㉠)(으)로부터 다른 전기철도용 (㉠) 또는 (㉡)에 이르는 전선을 말한다.

① ㉠ : 급전소 ㉡ : 개폐소
② ㉠ : 궤전선 ㉡ : 변전소
③ ㉠ : 변전소 ㉡ : 전차선
④ ㉠ : 전차선 ㉡ : 급전소

해설 급전선
전기철도 차량에 사용할 전기를 변전소로부터 전차선에 공급하는 전선을 말한다.

정답
1 ④ 2 ① 3 ② 4 ③ 5 ④ 6 ① 7 ④ 8 ③

20 회전기, 정류기, 연료전지 및 태양전지 모듈의 절연내력시험전압

이해도 □□□ 30 60 100

중 요 도 : ★★☆☆☆
출제빈도 : 1.3%, 8문 / 총 600문

한 솔 전 기 기 사
http://inup.co.kr
▲ 유튜브영상보기

1. 회전기는 10분간 연속하여 절연내력시험 전압을 가하였을 때 다음과 같이 견디어야 한다.

종류＼구분	최대사용전압		시험전압	시험방법
회전기	발전기 전동기 무효전력 보상장치 기타	7[kV] 이하	1.5배 (최저 500[V])	권선과 대지간
		7[kV] 초과	1.25배 (최저 10500[V])	
	회전변류기		1배 (최저 500[V])	

2. 정류기, 연료전지 및 태양전지 절연내력 시험 전압

종류	최대사용 전압		배수	최저시험 전압	시험방법
정류기	60[kV] 이하		1배	500[V]	충전부분과 외함
	60[kV] 초과		1.1배	-	
연료전지 및 태양전지 모듈		직류	1.5배	500[V]	충전부분과 대지사이
		교류	1배		

예제1 최대사용전압이 7[kV]를 넘는 회전기의 절연내력시험은 최대사용전압 몇 배의 전압에서 10분간 견디어야 하는가?

① 0.92　② 1.25
③ 1.5　④ 2

해설 회전기 절연내력시험전압

(1) 회전기는 권선과 대지간, 정류기는 충전부와 외함간에 시험전압을 연속하여 10분간 가하여 견딜 것.

(2) 절연내력시험전압

종류＼구분	최대사용전압		시험전압
회전기	발전기, 전동기, 조상기, 기타	7[kV] 이하	1.5배 (최저 500[V])
		7[kV] 초과	1.25배 (최저 10,500[V])
	회전변류기		1배(최저500[V])

예제2 3상 220[V] 유도전동기의 권선과 대지간의 절연내력시험전압과 견디어야 할 최소 시간이 맞는 것은?

① 220[V], 5분
② 330[V], 10분
③ 330[V], 20분
④ 500[V], 10분

해설 회전기의 절연내력시험전압

종류＼구분	최대사용전압		시험전압
회전기	발전기, 전동기, 조상기, 기타	7[kV] 이하	1.5배 (최저 500[V])
		7[kV] 초과	1.25배 (최저 10500[V])

시험전압=220×1.5=330[V]
∴ 500[V], 10분

정답 1 ② 2 ④

21 KEC 용어

이해도 □□□ 30 60 100
중 요 도 : ★★☆☆☆
출제빈도 : 1.2%, 7문 / 총 600문

한 솔 전 기 기 사
http://inup.co.kr
▲ 유튜브영상보기

1. 용어의 정의
(1) 가공인입선 : 가공전선로의 지지물로부터 다른 지지물을 거치지 아니하고 한 수용장소의 붙임점에 이르는 전선.
(2) 연접(이웃연결)인입선 : 한 수용 장소의 인입선에서 분기하여 다른 지지물을 거치지 아니하고 다른 수용장소의 인입구에 이르는 전선
(3) 관등회로 : 방전등용 안정기로부터 방전관까지의 전로
(4) 리플프리직류 : 교류를 직류로 변환할 때 리플성분의 실효값이 10 [%] 이하로 포함된 직류.
(5) 서지보호장치(SPD) : 과도 과전압을 제한하고 서지전류를 분류하기 위한 장치.
(6) 스트레스전압 : 지락고장 중에 접지부분 또는 기기나 장치의 외함과 기기나 장치의 다른 부분 사이에 나타나는 전압.
(7) 지중관로 : 지중 전선로, 지중약전류전선로, 지중광섬유케이블선로, 지중에 시설하는 가스관 및 가스관과 이와 유사한 것 및 이들에 부속하는 지중함 등
(8) 제2차 접근상태 : 가공전선이 다른 시설물과 상방 또는 측방에서 수평거리로 3[m] 미만인 곳에 시설되는 상태
(1) 급전소 : 전력계통의 운용에 관한 지시 및 급전조작을 하는 곳
(2) 단독운전 : 전력계통의 일부가 전력계통의 전원과 전기적으로 분리된 상태에서 분산형 전원에 의해서만 가압되는 상태.
(2) 분산형 전원 : 중앙급전 전원과 구분되는 것으로서 전력소비지역 부근에 분산하여 배치 가능한 전원.

예제1 "리플프리(Ripple-free)직류"란 교류를 직류로 변환할 때 리플성분의 실효값이 몇 [%] 이하로 포함된 직류를 말하는가?

① 5 [%] ② 10 [%]
③ 15 [%] ④ 20 [%]

해설 리플프리직류
교류를 직류로 변환할 때 리플성분의 실효값이 10 [%] 이하로 포함된 직류.

예제2 한 수용장소의 인입선에서 분기하여 지지물을 거치지 않고 다른 수용장소의 인입구에 이르는 부분의 전선을 무엇이라고 하는가?

① 가공인입선 ② 지중인입선
③ 연접인입선 ④ 옥측배선

해설 연접인입선
한 수용장소의 인입선에서 분기하여 지지물을 거치지 않고 다른 수용장소의 인입구에 이르는 전선

예제3 다음은 무엇에 관한 설명인가?

> 가공전선이 다른 시설물과 접근하는 경우에 그 가공전선이 다른 시설물의 위쪽 또는 옆쪽에서 수평 거리로 3[m] 미만

① 제1차 접근상태
② 제2차 접근상태
③ 제3차 접근상태
④ 제4차 접근상태인 곳에 시설되는 상태

해설 2차 접근상태
가공전선이 다른 시설물과 접근하는 경우 그 가공전선이 다른 시설물의 위쪽 또는 옆쪽에서 수평거리로 3[m] 미만인 곳.

예제4 **'지중 관로'에 대한 정의로 옳은 것은?**

① 지중 전선로, 지중 약전류 전선로와 지중 매설 지선 등을 말한다.
② 지중 전선로, 지중 약전류 전선로와 복합 케이블 선로, 기타 이와 유사한 것 및
이들에 부속하는 지중함을 말한다.
③ 지중 전선로, 지중 약전류 전선로, 지중에 시설하는 수관 및 가스관과 지중 매설 지선을 말한다.
④ 지중 전선로, 지중에 시설하는 수관 및 가스관과 기타 이와 유사한 것 및 이들에 부속하는 지중함 등을 말한다.

해설 지중관로
지중 전선로, 지중약전류전선로, 지중광섬유케이블선로, 지중에 시설하는 가스관 및 가스관과 이와 유사한 것 및 이들에 부속하는 지중함 등

예제5 **전기설비기술기준에서 정한 용어의 정의가 옳은 것은?**

① 조상설비는 유효전력을 조정하는 전기기계기구를 말한다.
② 가공인입선은 가공전선로의 지지물로부터 다른 지지물을 거치지 아니하고 수용장소 의 붙임점에 이르는 가공전선을 말한다.
③ 지중 전선로 란 지중 약전류 전선로와 지중 매설지선 등을 말한다..
④ 개폐소란 전력계통의 운용에 관한 지시를 하는 곳을 말한다.

해설 용어의 정의
(1) 개폐소 : 50000[V] 이상의 전압을 개.폐하는 장소
(2) 조상설비 : 무효전력을 조정하는 설비.
(3) 관등회로 : 방전등용 안정기로부터 방전관까지의 전로
(4) 지중관로 : 지중 전선로, 지중약전류전선로, 지중광섬유케이블선로, 지중에 시설하는 가스관 및 가스관과 이와 유사한 것 및 이들에 부속하는 지중함 등
(5) 급전소 : 전력계통의 운용에 관한 지시 및 급전조작을 하는 장소.

예제6 **방전등용 안정기로부터 방전관까지의 전로를 무엇이라 하는가?**

① 보안회로소 ② 전열회로
③ 급전회로 ④ 관등회로

해설 관등회로
방전등용 안정기로부터 방전관까지의 전로

예제7 **지락고장 중에 접지부분 또는 기기나 장치의 외함과 기기나 장치의 다른 부분 사이에 나타나는 전압을 무엇이라 하는가?**

① 스트레스 전압 ② 정격 전압
③ 특별저압 ④ 임펄스 내전압

해설 스트레스전압
지락고장 중에 접지부분 또는 기기나 장치의 외함과 기기나 장치의 다른 부분 사이에 나타나는 전압.

예제8 **전력계통의 일부가 전력계통의 전원과 전기적으로 분리된 상태에서 분산형전원에 의해서만 가압되는 상태를 무엇이라 하는가?**

① 단독운전 ② 계통연계
③ 급전회로 ④ 리플프리

해설 단독운전
전력계통의 일부가 전력계통의 전원과 전기적으로 분리된 상태에서 분산형전원에 의해서만 가압되는 상태.

예제9 **중앙급전 전원과 구분되는 것으로서 전력 소비지역 부근에 분산하여 배치 가능한 전원을 무엇이라 하는가?**

① 단독운전 ② 계통연계
③ 분산형전원 ④ 리플프리

해설 분산형전원
중앙급전 전원과 구분되는 것으로서 전력소비지역 부근에 분산하여 배치 가능한 전원

1 ② 2 ③ 3 ② 4 ④ 5 ② 6 ④ 7 ① 8 ①
9 ③

22 계통접지

이해도 □□□ 30 60 100

중 요 도 : ★★★★☆
출제빈도 : 2.0%, 6문 / 총 600문

한 솔 전 기 기 사
http://inup.co.kr
▲ 유튜브영상보기

1. TN 계통

전원측의 한 점을 직접접지하고 설비의 노출 도전부를 보호도체로 접속시키는 방식

- TN-C 계통 : 중성선과 보호도체의 기능을 겸용한 PEN 도체를 사용하고 배전계통의 PE 도체를 추가로 접지할 수 있다

※ 보호 도체와 계통 도체 겸용 [P E N 선]

① 겸용 도체는 고정된 전기설비에서 만사용.
② 단면적은 구리 10[mm^2] 또는 알루미늄 16[mm^2] 이상.
③ 전기설비의 부하측으로 설치하지 말 것.
④ 폭발성 분위기 장소는 보호도체 전용으로 할 것.

- TN-S 계통 : 계통 전체에 대해 별도의 중성선 또는 PE 도체를 사용하고 배전계통의 PE 도체를 추가로 접지할 수 있다
- TN-C-S계통 : 계통 일부분에서 PEN 도체를 사용하거나, 중성선과 별도의 PE 도체를 사용하는 방식으로 배전계통의 PEN 도체 와 PE도체를 추가로 접지할수 있다.

2. TT 계통

전원의 한 점을 직접 접지하고 설비의 노출 도전부는 전원의 접지전극과 전기적으로 독립적인 접지극에 접속시킨다.

3. IT계통

충전부 전체를 대지로부터 절연시키거나, 한 점을 임피던스를 통해 대지에 접속시킨다.

- IT 계통은 감시 장치와 보호장치

① 절연 감시 장치 ② 누설전류 감시 장치
③ 절연 고장점 검출장치 ④ 과전류 보호 장치
⑤ 누전차단기

※ 1차 고장이 지속되는 동안 작동되고, 절연 감시 장치는 음향 및 시각신호를 갖추어야 한다.

예제1 저압전로의 보호도체 및 중성선의 접속 방식에 따른 접지계통 중 전원측의 한 점을 직접접지하고 설비의 노출도전부를 보호도체로 접속시키는 방식으로, 그 계통 전체에 대해 중성선과 보호도체의 기능을 동일도체로 겸용한 PEN 도체를 사용하는 계통은?

① TN-S ② IT
③ TT ④ TN-C

해설 TN-C계통

전원측의 한 점을 직접접지하고 설비의 노출도전부를 보호도체로 접속시키는 방식으로 그 계통 전체에 대해 중성선과 보호도체의 기능을 동일도체로 겸용한 PEN 도체를 사용한다.

예제2 IT 계통에서 사용가능한 감시장치와 보호장치 중 음향 및 시각신호를 갖추어야 하는 것은?

① 배선차단기 ② 과전류보호장치
③ 절연감시장치 ④ 누전차단기

해설 IT 계통 감시 장치와 보호 장치

(1) 절연 감시 장치 (음향 및 시각신호를 갖출 것.)
(2) 누설전류 감시 장치
(3) 누전차단기
(4) 절연 고장점 검출장치
(5) 과전류 보호 장치

예제3 저압전로의 보호도체 및 중성선의 접속 방식에 따른 접지계통 중 전원측의 한 점을 직접접지하고 설비의 노출도전부를 보호도체로 접속시키는 방식으로 그 계통 전체에 대해 별도의 중성선 또는 PE 도체를 사용하고 배전계통의 PE 도체를 추가로 접지할 수 있는 계통은?

① TN-S ② IT
③ TT ④ TN-C

해설 TN-S 계통
전원측의 한 점을 직접접지하고 설비의 노출도전부를 보호도체로 접속시키는 방식으로 계통 전체에 대해 별도의 중성선 또는 PE 도체를 사용하고 배전계통의 PE 도체를 추가로 접지할 수 있다.

예제4 주택등 저압 수용장소에서 고정 전기설비에 TN-C-S 접지방식으로 접지공사시 중성선 겸용 보호도체(PEN)를 알루미늄으로 사용할 경우 단면적은 몇 $[mm^2]$ 이상인가?

① 2.5 ② 6
③ 10 ④ 16

해설 중성선 겸용 보호도체(PEN) 굵기

재질	보호도체 굵기
구리	$10[mm^2]$
알루미늄	$16[mm^2]$

예제5 보호도체와 계통도체 겸용에 대한 설명으로 틀린 것은?

① 폭발성 분위기 장소는 보호도체를 전용으로 하여야 한다.
② 겸용도체는 고정된 전기설비에서만 수용할 수 있다.
③ 단면적은 구리 $10[mm^2]$ 또는 알루미늄 $16[mm^2]$ 이상이어야 한다.
④ 중성선과 보호도체의 겸용도체는 전기설비의 전원 측으로 시설하여서는 안 된다.

해설 보호도체와 계통도체 겸용
중성선과 보호도체의 겸용도체는 전기설비의 부하 측으로 시설하여서는 안 된다.

예제6 KSC IEC 60364에서 충전부 전체를 대지로부터 절연시키거나 한 점에 임피던스를 삽입하여 대지에 접속시키고, 전기기의 노출 도전성 부분 단독 또는 일괄적으로 접지하거나 또는 계통접지로 접속하는 접지계통을 무엇이라 하는가?

① TT 계통 ② IT 계통
③ TN-C 계통 ④ TN-S 계통

해설 IT 계통
충전부 전체를 대지로부터 절연시키거나, 한 점을 임피던스를 통해 대지에 접속시킨다. 전기설비의 노출도전부를 단독 또는 일괄적으로 계통의 PE 도체에 접속시킨다. 배전계통에서 추가접지가 가능하다.

예제7 전원의 한 점을 직접 접지하고 설비의 노출 도전부는 전원의 접지전극과 전기적으로 독립적인 접지극에 접속시킨다. 배전계통에서 PE 도체를 추가로 접지할 수 있는 접지계통방식은?

① TN 계통 ② TT 계통
③ IT 계통 ④ 단독접지

해설 TT 계통
전원의 한 점을 직접 접지하고 설비의 노출 도전부는 전원의 접지전극과 전기적으로 독립적인 접지극에 접속시킨다. 배전계통에서 PE 도체를 추가로 접지할 수 있다.

예제8 IT 계통은 감시 장치와 보호장치를 사용할 수 있으며, 1차 고장이 지속되는 동안 작동되어야 한다. 절연 감시 장치는 음향 및 시각신호를 갖추어야 하는데 다음 중 관계없는 것은?

① 절연 감시 장치
② 누설전류 감시 장치
③ 절연 고장점 검출장치
④ 과전압 보호 장치

해설 IT 계통 감시 장치와 보호 장치
(1) 절연 감시 장치 (음향 및 시각신호를 갖출 것.)
(2) 누설전류 감시 장치
(3) 누전차단기
(4) 절연 고장점 검출장치
(5) 과전류 보호 장치

정답
1 ④ 2 ③ 3 ① 4 ④ 5 ④ 6 ② 7 ② 8 ④

Black Box

23 발전기 및 변압기 등의 보호장치

이해도 □□□ 30 60 100

중 요 도 : ★★☆☆☆
출제빈도 : 1.2%, 7문 / 총 600문

한 솔 전 기 기 사
http://inup.co.kr
▲ 유튜브영상보기

■ 발전기, 변압기등의 보호장치 시설

기 기	용 량	사고의 종류	보호장치
발전기	모든 발전기 100[KVA] 이상 500[KVA] 이상 2000[KVA] 이상 1만[KVA] 이상	과전류, 과전압이 생긴 경우 풍차의 유압, 공기압 전원전압이 현저히 저하 수차의 압유장치의 유압이 현저히 저하 스러스트 베어링의 온도가 현저히 상승 내부고장	자동차단
증기 터빈	1만[kW] 초과	스러스트 베어링이 마모 되거나 온도가 상승하는 경우	자동차단
특고용 변압기	5천[KVA] 이상 1만[KVA] 미만	변압기내부 고장	자동차단 또는 경보
	1만[KVA] 이상	변압기내부 고장	자동차단
	냉각장치	타냉식 (송유 풍냉식, 송유 자냉식)사용, 온도상승	경보장치
전력용콘덴서(SC) 분로리액터(Sh)	500[KVA]넘고 1만5천[KVA] 미만	내부고장, 과전류	자동차단
	1만5천[KVA] 이상	내부고장, 과전류, 과전압	자동차단
무효전력 보상장치	1만5천[KVA] 이상	내부고장	자동차단

예제1 **스러스트 베어링의 온도가 현저히 상승하는 경우, 자동적으로 이를 전로로부터 차단하는 장치를 시설하여야 하는 수차발전기의 용량은 최소 몇 [kVA] 이상인가?**

① 500 ② 1,000
③ 1,500 ④ 2,000

해설 발전기 보호장치(자동차단장치)

용 량	자동차단 장치를 시설하는 경우
모든 발전기	과전류, 과전압이 생긴 경우
100[KVA] 이상	풍차의 유압, 공기압 전원전압이 현저히 저하
500[KVA] 이상	수차의 압유장치의 유압이 현저히 저하
2000[KVA] 이상	스러스트 베어링의 온도가 현저히 상승
1만[KVA] 이상	내부고장

예제2 **내부고장이 발생하는 경우를 대비하여 자동차단장치 또는 경보장치를 시설하여야 하는 특고압용 변압기의 뱅크용량의 구분으로 알맞은 것은?**

① 5,000[kVA] 미만
② 5,000[k VA] 이상 10,000[kVA] 미만
③ 10,000[kVA] 이상
④ 타냉식 변압기

해설 특별고압용 변압기 보호장치

용 량	사고의 종류	보호장치
5천[KVA] 이상 1만[KVA] 미만	변압기내부 고장	자동차단 또는 경보
1만[KVA] 이상	변압기내부 고장	자동차단

예제3 **발전기의 용량에 관계없이 자동적으로 이를 전로로부터 차단하는 장치를 시설하여야 하는 경우는?**

① 베어링 과열
② 과전류 인입
③ 유압의 과팽창
④ 발전기의 내부고장

해설 발전기 보호장치 (자동차단장치)

용 량	자동차단 장치를 시설하는 경우
모든 발전기	과전류, 과전압이 생긴 경우
100[KVA] 이상	풍차의 유압, 공기압 전원전압이 현저히 저하
500[KVA] 이상	수차의 압유장치의 유압이 현저히 저하
2000[KVA] 이상	스러스트 베어링의 온도가 현저히 상승
1만[KVA] 이상	내부고장

예제4 **내부고장이 발생하는 경우 경보장치를 시설할 수 있는 특별고압용 변압기의 뱅크 용량의 범위는?**

① 5000[kVA] 미만
② 5000[kVA] 이상 10000[kVA] 미만
③ 10000[kVA] 이상 15000[kVA] 미만
④ 15000[kVA] 이상 20000[kVA] 미만

해설 특별고압용 변압기 보호

용 량	사고의 종류	보호장치
5천[KVA] 이상 1만[KVA] 미만	변압기내부 고장	자동차단 또는 경보
1만[KVA] 이상	변압기내부 고장	자동차단

예제5 **특별 고압용 변압기는 냉각방식에 따라 온도가 현저히 상승한 경우 이를 경보하는 장치를 시설하도록 되어있다. 다음에서 그러한 장치가 필요 없는 것은?**

① 자냉식　② 타냉식
③ 송유풍냉식　④ 송유자냉식

해설 특고용 변압기 냉각 장치
타냉식(유입수냉식, 송유자냉식, 송유풍냉식)변압기 냉각장치에 고장발생 하여 온도가 상승 하면 경보하는 장치 시설

예제6 **조상설비 내부고장, 과전류 또는 과전압이 생긴 경우 자동적으로 차단되는 장치를 해야 하는 전력용 커패시터의 최소 뱅크용량은 몇 [kVA] 인가?**

① 10,000　② 12,000
③ 13,000　④ 15,000

해설 조상기(무효전력 보상장치)보호장치

용 량	사고의 종류	보호장치
15000[KVA] 이상	내부 고장	자동차단

예제7 **내부에 고장이 생긴 경우에 자동적으로 전로로부터 차단하는 장치가 반드시 필요한 것은?**

① 뱅크용량 1000[kVA]인 변압기
② 뱅크용량 1000[kVA]인 전력용 콘덴서
③ 뱅크용량 1000[kVA]인 조상기
④ 뱅크용량 300[kVA]인 분로리액터

해설 전력용콘덴서(SC), 분로리액터(Sh) 보호장치

용 량	사고의 종류	보호장치
500[KVA]넘고 1만5천[KVA] 미만	내부고장, 과전류	자동차단
1만5천[KVA] 이상	내부고장, 과전류, 과전압	자동차단

예제8 **증기 터빈의 스라스트 베어링이 현저하게 마모되거나 온도가 현저하게 상승한 경우 그 발전기를 전로로부터 자동차단하는 장치를 시설하는 것은 정격출력이 몇 [kW]를 넘었을 경우인가?**

① 1000　② 2000
③ 5000　④ 10000

해설 증기터빈 보호장치

용 량	사고의 종류	보호장치
1만KW 초과	스러스트 베어링이 마모 되거나 온도가 상승하는 경우.	자동차단

정답
1 ④　2 ②　3 ②　4 ②　5 ①　6 ④　7 ②　8 ④

24 B종 철탑의 종류

한 솔 전 기 기 사
http://inup.co.kr
▲ 유튜브영상보기

이해도 □□□ 30 60 100

중 요 도 : ★★☆☆☆
출제빈도 : 1.2%, 7문 / 총 600문

1. 특고압 가공전선로의 지지물로 사용하는 B종 철주·B종 철근 콘크리트 주 또는 철탑의 종류는 다음과 같다.

직선형	전선로의 직선부분 (3도 이하)에 사용
각도형	전선로 중 3도를 초과하는 수평각도를 이루는 곳에 사용 (단, 고압인 경우 5도를 초과)
잡아당김형	전가섭선을 잡아당기는 곳에 사용
내장형	전선로의 지지물 양쪽의 경간의 차가 큰 곳에 사용
보강형	전선로의 직선부분에 그 보강을 위하여 사용

2. 특고압 가공전선로의 내장형등의 지지물 시설

특별고압 가공전선로중 지지물로서 직선형의 철탑을 연속하여 10기 이상 사용하는 부분에는 10기 이하마다 장력에 견디는 애자장치가 되어 있는 철탑 또는 이와 동등이상의 강도를 가지는 철탑 1기를 시설하여야 한다.

예제1 특고압 가공전선로의 지지물로 사용하는 B종 철주, B종 철근콘크리트주 또는 철탑의 종류가 아닌 것은?

① 직선형 ② 각도형
③ 지지형 ④ 보강형

해설 특별고압 가공전선로의 B종 철주, 철근콘크리트주, 철탑의 종류

직선형	전선로의 직선부분(3도 이하)에 사용
각도형	전선로 중 3도를 초과하는 수평각도를 이루는 곳에 사용(단, 고압인 경우 5도를 초과)
인류형	전가섭선을 인류하는 곳에 사용
내장형	전선로의 지지물 양쪽의 경간의 차가 큰 곳에 사용
보강형	전선로의 직선부분에 그 보강을 위하여 사용

예제2 특고압 가공전선로의 지지물로 사용하는 철탑의 종류 중 인류형은?

① 전선로의 이완이 없도록 사용하는 것
② 지지물 양쪽 상호간을 이도를 주기 위하여 사용하는 것
③ 풍압에 의한 하중을 인류하기 위하여 사용하는 것
④ 전가섭선을 인류하는 곳에 사용하는 것

해설 인류형 철탑
전 가섭선을 인류하는 곳에 사용하는 것

예제3 지지물로 B종 철주, B종 철근콘크리트주 또는 철탑을 사용한 특별고압 가공전선로에서 지지물 양측의 경간의 차가 큰 곳에 사용하는 것은?

① 내장형 ② 직선형
③ 인류형 ④ 보강형

해설 특별고압 가공전선로의 B종 철주, 철근콘크리트주, 철탑의 종류
내장형 : 전선로의 지지물 양측 경간의 차가 큰 곳에 사용.

예제4 특별고압가공전선로 중 지지물로 하여 직선형의 철탑을 계산하여 10기 이상 사용하는 부분에는 몇 기 이하마다 내장 애자장치를 가지는 철탑 또는 이와 동등 이상의 강도를 가지는 철탑 1기를 시설해야 하는가?

① 20 ② 15
③ 10 ④ 5

해설 특별고압 가공전선로의 B종 철주, 철근콘크리트주, 철탑의 종류
내장형 : 전선로의 지지물 양측 경간의 차가 큰 곳에 사용하는 것으로 직선형 철탑을 계속하여 10기 이상 사용하는 부분에는 10기 이하마다 내장 애자장치를 가지는 철탑 1기를 시설해야 한다.

정답

1 ③ 2 ④ 3 ① 4 ③

25 조가용선

이해도 □□□ 30 60 100
중 요 도 : ★★☆☆☆
출제빈도 : 1.2%, 7문 / 총 600문

한 솔 전 기 기 사
http://inup.co.kr
▲ 유튜브영상보기

1. 조가용선(조가선)

(1) 케이블은 조가선에 행거형으로 시설. 행거의 간격을 0.5[m] 이하로 한다.

종 류	인장강도[kN]	아연도강연선 단면적[mm^2]
저압, 고압 가공케이블	5.93[kN]	22[mm^2] 이상 아연도강연선
특고압 가공케이블	13.93[kN]	

(2) 조가용선 및 케이블의 피복에 사용하는 금속체에는 접지공사를 한다.

(3) 조가용선을 케이블에 접촉시켜 금속테이프를 감는 경우에는 0.2[m] 이하의 간격으로 나선상으로 한다.

예제1 특고압 가공전선로를 가공케이블로 시설하는 경우 잘못된 것은?

① 조가용선에 행거의 간격은 1[m]로 시설하였다.
② 조가용선 및 케이블의 피복에 사용하는 금속체에는 접지공사를 하였다.
③ 조가용선은 단면적 22[mm^2]의 아연도강연선을 사용하였다.
④ 조가용선에 접촉시켜 금속테이프를 간격 20[cm] 이하의 간격을 유지시켜 나선형으로 감아 붙였다.

해설 조가용선
(1) 조가용선 굵기 : 22[mm^2] 이상, 아연도강연선사용,
(2) 인장강도 흑고압인 경우 : 13.93[kN] 이상
(3) 행거의 간격 : 0.5[m] 이하
(4) 금속 테이프를 감는 경우 : 0.2[m] 이하
(5) 조가용선 및 케이블의 피복에 사용하는 금속체에는 접지공사를 한다.

예제2 10경간의 고압 가공전선으로 케이블을 사용할 때 이용되는 조가용선에 대한 설명으로 옳은 것은?

① 조가용선은 아연도강연선으로 14[mm^2] 이상으로 하여야 하며, 접지공사를 시행하여야 한다.
② 조가용선은 아연도강연선으로 30[mm^2] 이상으로 하여야 하며, 접지공사를 시행하여야 한다.
③ 조가용선은 아연도강연선으로 22[mm^2] 이상으로 하여야 하며, 접지공사를 시행하여야 한다.
④ 조가용선은 아연도강연선으로 8[mm^2] 이상으로 하여야 하며, 접지공사를 시행하여야 한다.

해설 조가용선
(1) 조가용선 굵기 : 22[mm^2] 이상 아연도강연선 사용,
(2) 조가용선 및 케이블의 피복에 사용하는 금속체에는 접지공사를 한다.

정답
1 ① 2 ③

26 안전율 정리

이해도 □□□ 30 60 100

중 요 도 : ★★☆☆☆
출제빈도 : 1.2%, 7문 / 총 600문

한 솔 전 기 기 사
http://inup.co.kr
▲ 유튜브영상보기

1. 각종 안전율

종 류	안전율	
지지물	기 초	2.0 이상
	이상시 상정하중 철탑	1.33 이상
전선	기 타	2.5 이상
	경동선, 내열동합금선	2.2 이상
지선(지지선)	2.5 이상	
케이블트레이	1.5 이상	
무선용안테나	1.5 이상	

2. 목주의 안전율

전압의 종별	안전율	보안공사시 안전율
저 압	1.2	1.5
고 압	1.3	1.5
특고압	1.5	2.0

예제1 가공전선로의 지지물에 하중이 가하여지는 경우에 그 하중을 받는 지지물의 기초 안전율은 일반적인 경우 얼마 이상이어야 하는가?

① 1.2　② 1.5
③ 2　④ 2.5

해설 지지물의 안전율

종 류	안전율	
지지물	기 초	2.0 이상
	이상시 상정하중 철탑	1.33 이상

예제2 고압 가공전선으로 경동선 또는 내열동 합금선을 사용할 경우에 그 안전율은 최소 얼마 이상이 되는 이도로 시설해야 하는가?

① 2.2　② 2.5
③ 2.7　④ 3.0

해설 전선의 안전율

종 류	안전율	
전선	기 타	2.5 이상
	경동선, 내열동합금선	2.2 이상

예제3 철탑의 강도계산에 사용하는 이상시 상정하중에 대한 철탑의 기초에 대한 안전율은 얼마 이상이어야 하는가?

① 1.33　② 1.83
③ 2.25　④ 2.75

해설 지지물의 안전율

종 류	안전율	
지지물	기 초	2.0 이상
	이상시 상정하중 철탑	1.33 이상

예제4 고압가공전선로의 지지물로서 사용하는 목주의 풍압하중에 대한 안전율은?

① 1.1 이상　② 1.2 이상
③ 1.3 이상　④ 1.5 이상

해설 목주의 안전율

전압의 종별	안전율	보안공사시 안전율
저 압	1.2	1.5
고 압	1.3	1.5
특고압	1.5	2.0

정답
1 ③　2 ①　3 ①　4 ③

27 유도전류 제한 및 유도장해 방지 대책

이해도 □□□ 30 60 100

중 요 도 : ★★☆☆☆
출제빈도 : 1.2%, 7문 / 총 600문

한 솔 전 기 기 사
http://inup.co.kr
▲ 유튜브영상보기

1. 저, 고압 가공전선로와 기설 가공 약전류 전선로가 병행하는 경우 유도작용에 의한 통신상의 장해방지위해 이격거리는 2[m] 이상

2. 유도전류 제한

사용전압	전화선로의 길이	유도전류
60[KV] 이하	12[km]마다	2[μA]를 넘지 말 것.
60[KV] 초과	40[km]마다	3[μA]를 넘지 말 것.

3. 특고압 가공전선로는 지표상 1[m]에서 전계강도가 3.5[kV/m] 이하가 되도록 하고, 정전유도 및 전자유도 작용에 의하여 사람에게 위험을 줄 우려가 없도록 시설하여야 한다.

4. 유도장해의 방지 대책

① 전선간의 이격 간격를 증가시킬 것
② 가공전선을 적당한 거리에서 전선의 위치를 바꿀 것
③ 차폐선 시설
- 지름 4[mm]=5.26[kN] 이상 경동선
- 금속선 2가닥 이상 사용.
- 접지공사 할 것.

예제1 **유도장해를 방지하기 위하여 사용전압 66[kV]인 가공전선로의 유도전류는 전화선로의 길이 40[km]마다 몇 [μA]를 넘지 않도록 하여야 하는가?**

① 1[μA] ② 2[μA]
③ 3[μA] ④ 4[μA]

해설 유도장해

사용전압	전화선로의 길이	유도전류
60[KV] 이하	12[km]마다	2[μA]를 넘지 말 것.
60[KV] 초과	40[km]마다	3[μA]를 넘지 말 것.

예제2 **고압 가공전선로와 기설 가공약전류전선로가 병행하는 경우 유도작용에 의해서 통신상의 장해가 발생하지 않도록 하기 위하여 전선과 기설 약전류 전선간의 이격거리는 몇 [m] 이상이어야 하는가?**

① 2[m] ② 3[m]
③ 4[m] ④ 5[m]

해설 유도장해 방지대책
저·고압 가공전선과 약전류전선 간 이격거리 : 2[m] 이상

예제3 **사용전압이 60[kV] 이하인 경우 전화선로의 길이 12[km] 마다 유도전류는 몇 [μA]를 넘지 않도록 하여야 하는가?**

① 1.5[μA] ② 2[μA]
③ 3[μA] ④ 4[μA]

해설 특고압 가공전선로의 유도전류 제한

사용전압	전화선로의 길이	유도전류
60[KV] 이하	12[km]마다	2[μA]를 넘지 말 것.
60[KV] 초과	40[km]마다	3[μA]를 넘지 말 것.

예제4 **특고압 가공전선로는 지표상 1[m]에서 전계강도가 3.5[kV/m] 이하가 되도록 하고, 어떤 작용에 의하여 사람에게 위험을 주지 않도록 시설해야 하는가?**

① 정전유도작용 또는 전자유도작용
② 표피작용 또는 부식작용
③ 부식작용 또는 정전유도작용
④ 전압강하작용 또는 전자유도작용

해설 유도장해
특고압 가공전선로는 지표상 1[m]에서 전계강도가 3.5[kV/m] 이하가 되도록 하고, 정전유도 및 전자유도 작용에 의하여 사람에게 위험을 줄 우려가 없도록 시설하여야 한다.

정답

1 ③ 2 ① 3 ② 4 ①

28 인입선 등의 시설

이해도 □□□ 30 60 100

중 요 도 : ★★☆☆☆
출제빈도 : 1.2%, 7문 / 총 600문

한 솔 전 기 기 사
http://inup.co.kr
▲ 유튜브영상보기

1. 가공 인입선

가공전선로의 지지물 에서 분기하여 다른 지지물을 거치지 않고 한 수용장소 인입구에 이르는 전선.

(1) 사용전선 : 다심형 전선, 절연전선, 케이블 사용.

(2) 전선의 굵기 및 인장강도

구분 \ 전압	굵기	인장강도
저압	2.6[mm] 이상 경동(구리)선	2.30[kN] 이상
고압	5.0[mm] 이상 경동(구리)선	8.01[kN] 이상
특고압	22[mm^2] 이상 경동(구리)선	8.71[kN] 이상

(3) 가공인입선의 높이

설치장소	저압	고압	특고압	
도로횡단	5[m] 이상	6[m] 이상	6[m] 이상	
철도 궤도 횡단	6.5[m] 이상	6.5[m] 이상	6.5[m] 이상	
횡단보도 (위험표시)	3[m] 이상	3.5[m] 이상	35[kV] 이하	35[kV] 초과
			특절.케이블 4[m] 이상	특절.케이블 5[m] 이상

2. 연접(이웃연결) 인입선(저압 만 시설)

한 수용장소 인입구에서 분기하여 다른 지지물을 거치지 않고 다른 수용장소 인입구에 이르는 전선

① 반경 100[m]를 초과하는 지역에 미치지 아니할 것.

② 폭 5 [m]를 초과하는 도로를 횡단하지 아니할 것.

③ 옥내를 통과하지 아니할 것.

예제1 고압가공인입선은 그 아래에 위험 표시를 하였을 경우에는 지표상 높이는 몇 [m] 이상이어야 하는가?

① 3.5[m] ② 4.5[m]
③ 5.5[m] ④ 6.5[m]

해설 가공인입선의 시설기준

설치장소	저압	고압	특고압	
횡단보도 위험표시	3[m] 이상	3.5[m] 이상	35[kV] 이하	35[kV] 초과
			특절.케이블 4[m] 이상	특절.케이블 5[m] 이상

예제2 3[kV] 인입선에 600[V] 비닐 절연 전선 이상의 절연 효과가 있는 것을 사용하는 경우의 경동선의 최소 굵기[mm]는?

① 2.6[mm] ② 3.2[mm]
③ 4.0[mm] ④ 5.0[mm]

해설 고압 가공인입선의 굵기

구분 \ 전압	굵기	인장강도
고압	5.0[mm] 이상	8.01[kN] 이상

예제3 저압 가공인입선의 시설에서 도로횡단 시 지표상 높이는 몇 [m] 이상 이어야 하는가?

① 3[m] ② 4[m]
③ 5[m] ④ 6[m]

해설 가공인입선의 시설기준

설치장소	저압	고압	특고압	
			35[kV] 이하	35[kV] 초과
도로횡단	5[m] 이상	6[m] 이상	6[m] 이상	

예제4 한 수용장소의 인입선에서 분기하여 지지물을 거치지 아니하고 다른 수용장소의 인입구에 이르는 부분의 전선은?

① 옥측 배선 ② 옥외 배선
③ 연접인입선 ④ 가공인입선

해설 연접 인입선

한 수용장소 인입구에서 분기하여 다른 지지물을 거치지 않고 다른 수용장소 인입구에 이르는 전선

정답

1 ① 2 ④ 3 ③ 4 ③

29 접지도체의 굵기선정

이해도 □□□ 30 60 100

중 요 도 : ★★☆☆☆
출제빈도 : 1.2%, 7문 / 총 600문

한 솔 전 기 기 사
http://inup.co.kr
▲ 유튜브영상보기

1. 접지도체의 선정

시설 조건	접지도체 (구리사용)	접지도체 (철제사용)
큰 고장 전류가 접지 도체를 통하여 흐르지 않을 경우	6 mm^2 이상	50 mm^2 이상
피뢰시스템이 접속되는 경우	16 mm^2 이상	

2. 접지도체의 보호

접지도체는 지하 0.75 [m] 부터 지표상 2 [m] 까지 부분은 합성수지관(두께 2 [mm] 미만의 합성수지제 전선관 및 가연성 콤바인덕트관은 제외한다) 또는 이와 동등 이상의 절연효과와 강도를 가지는 몰드로 덮어야 한다.

3. 접지도체 굵기

고장 시 흐르는 전류를 안전하게 통할 수 있을 것.

전 압		접지도체의 굵기
고압 및 특고압 전기설비		6 mm^2 이상
중성점 접지용	기 본	16 mm^2 이상
	• 7[kv] 이하 전로 • 25[kv] 이하 다중접지 (2초이내 자동차단)	6 mm^2 이상 연동선
이동하여 사용하는 기계기구 금속제 외함 접지		
저압전기설비용 접지도체		• 코오드, 케이블 : 0.75mm^2 • 연동연선 : 1.5mm^2
• 고압, 특고압전기설비용 접지 도체 • 중성점 접지용 접지도체		캡타이어 케이블(3.4종) : 10mm^2 이상

예제1 **고장시 흐르는 전류를 안전하게 통할 수 있는 것으로서 특고압·고압 전기설비용 접지도체는 단면적 몇 $[mm^2]$ 이상의 연동선 또는 동등 이상의 단면적 및 강도를 가져야 하는가?**

① 6$[mm^2]$　② 10$[mm^2]$
③ 16$[mm^2]$　④ 25$[mm^2]$

해설 접지도체 굵기
고장 시 흐르는 전류를 안전하게 통할 수 있을 것.

전 압		접지도체의 굵기
고압 및 특고압 전기설비		6 mm^2 이상
중성점 접지용	기 본	16 mm^2 이상
	• 7[kv] 이하 전로 • 25[kv] 이하 다중접지 (2초이내 자동차단)	6 mm^2 이상 연동선

예제2 **중성점 접지용 접지도체는 공칭단면적 몇 $[mm^2]$ 이상의 연동선 또는 동등 이상의 단면적 및 세기를 가져야 하는가?**

① 6$[mm^2]$　② 10$[mm^2]$
③ 16$[mm^2]$　④ 25$[mm^2]$

해설 접지도체 굵기
고장 시 흐르는 전류를 안전하게 통할 수 있을 것.

전 압		접지도체의 굵기
중성점 접지용	기 본	16 mm^2 이상
	• 7[kv] 이하 전로 • 25[kv] 이하 다중접지 (2초이내 자동차단)	6 mm^2 이상 연동선

예제3 22.9[kV] 다중접지 특고압 가공전선로의 전로와 저압 전로를 변압기에 의하여 결합하는 경우 중성점 접지공사에 사용하는 연동 접지선 굵기는 최소 몇 $[mm^2]$ 이상인가? (단, 전로에 지락이 생겼을 때에 2초 이내에 자동적으로 이를 전로로부터 차단하는 장치가 되어있다.)

① 0.75 ② 2.5
③ 6 ④ 8

해설 접지도체 굵기

전 압		접지도체의 굵기
고압 및 특고압 전기설비		6 mm^2 이상
중성점 접지용	기 본	16 mm^2 이상
	• 7[kv] 이하 전로 • 25[kv] 이하 다중접지 (2초이내 자동차단)	6 mm^2 이상 연동선

예제4 이동하여 사용하는 전기기계기구의 금속제 외함 등의 접지시스템의 경우는 저압 전기설비용 접지도체는 다심 코드 또는 다심 캡타이어케이블의 1개 도체의 단면적이 몇 $[mm^2]$ 이상인 것을 사용하여야 하는가?

① 1.0 ② 2.5
③ 0.75 ④ 1.5

해설 접지도체 굵기

이동하여 사용하는 기계기구 금속제 외함 접지	
전압	접지도체 굵기
저압전기설비용 접지도체	코오드, 케이블 : $0.75mm^2$ 이상 연동연선 : $1.5mm^2$
• 고압 전기설비용 접지도체 • 특고압전기설비용 접지도체 • 중성점 접지용 접지도체	캡타이어케이블(3.4종) : $10mm^2$ 이상

예제5 큰 고장전류가 접지도체를 통하여 흐르지 않는 경우 접지도체는 단면적 몇 $[mm^2]$ 이상의 연동선 또는 동등 이상의 단면적 및 강도를 가져야 하는가?

① $6[mm^2]$ ② $10[mm^2]$
③ $16[mm^2]$ ④ $25[mm^2]$

해설 접지도체의 굵기

시설 조건	접지도체 (구리사용)	접지도체 (철제사용)
큰 고장 전류가 접지 도체를 통하여 흐르지 않을 경우	6 mm^2 이상	50 mm^2 이상
피뢰시스템이 접속되는 경우	16 mm^2이상	

예제6 접지도체에 피뢰시스템이 접속되는 경우, 구리를 사용하는 경우 접지도체의 단면적으로 다음 중 옳은 것은?

① 6 mm^2 이상 ② 2.5 mm^2 이상
③ 16 mm^2 이상 ④ 2.5 mm^2 이상

해설 접지도체 굵기

시설 조건	접지도체 (구리사용)	접지도체 (철제사용)
큰 고장 전류가 접지 도체를 통하여 흐르지 않을 경우	6 mm^2 이상	$50mm^2$ 이상
피뢰시스템이 접속되는 경우	16 mm^2 이상	

예제7 저압의 이동하여 사용하는 전기기계기구의 금속제 외함을 접지하는 경우 다심 코드 및 다심 캡타이어 케이블의 1개 도체 이외의 유연성이 있는 연동연선으로 접지공사 시 접지선의 단면적은 몇 $[mm^2]$ 이상이어야 하는가?

① 0.75 ② 1.5
③ 6 ④ 10

해설 접지도체 굵기

이동하여 사용하는 기계기구 금속제 외함 접지	
전압	접지도체 굵기
저압전기설비용 접지도체	코오드, 케이블 : $0.75mm^2$ 연동연선 : $1.5mm^2$
• 고압 전기설비용 접지도체 • 특고압전기설비용 접지도체 • 중성점 접지용 접지도체	캡타이어케이블(3.4종) : $10mm^2$ 이상

1 ① 2 ③ 3 ③ 4 ③ 5 ① 6 ③ 7 ②

30 가공전선의 병행 설치(병가)

이해도 □□□ 30 60 100
중 요 도 : ★★☆☆☆
출제빈도 : 1.0%, 6문 / 총 600문

한 솔 전 기 기 사
http://inup.co.kr
▲ 유튜브영상보기

1. 가공전선 병행설치

동일 지지물에 서로 다른 전압을 시설하는 것을 말하며, 별개의 완금류에 시설하고 높은 전압을 상부에 낮은 전압을 아래쪽으로 시설한다.

2. 이격거리

(1) 35[kV] 이하인 경우 이격거리(간격)

전력선의 종류	고압과 저압	특별고압과 저·고압	22.9[kV]와 저·고압
이격 거리	50[cm], 케이블 30[cm]	1.2[m] 케이블 50[cm]	1[m], 케이블 50[cm]

(2) 35[kV] 초과 100[kV] 미만인 경우 이격간격와 제한사항

전력선의 종류	특별고압과 저·고압	제한사항
이격 거리	2[m] 케이블 사용시 1[m]	· 목주는 사용하지 말 것 · 50[mm^2] = 21.67[kN] 이상 · 제2종 특별고압 보안공사일 것

예제1 **저압 가공전선과 고압 가공전선을 동일 지지물에 시설하는 경우 저압 가공전선과 고압 가공전선과의 이격거리는 몇 [cm] 이상이어야 하는가?**

① 40 ② 50
③ 60 ④ 70

해설 병행설치(병가) 이격거리
35[kV] 이하인 경우 이격거리

전력선의 종류	고압과 저압	특별고압과 저·고압	22.9[kV]와 저·고압
이격 거리	50[cm], 케이블 30[cm]	1.2[m], 케이블 50[cm]	1[m], 케이블 50[cm]

예제2 **사용전압 6.6[kV] 가공전선과 66[kV] 가공전선을 동일 지지물에 병가하는 경우, 특고압 가공전선은 케이블인 경우를 제외하고는 단면적이 몇 [mm^2]인 경동연선 또는 이와 동등 이상의 세기 및 굵기의 연선이어야 하는가?**

① 22 ② 38
③ 50 ④ 100

해설 병행설치(병가) 이격거리
35[kV] 초과 100[kV] 미만인 경우 이격거리와 제한사항

전력선의 종류	특별고압과 저·고압	제한사항
이격 거리	2[m] 케이블 사용시 1[m]	· 목주는 사용하지 말 것 · 50[mm^2] = 21.67[kN] 이상 · 제2종 특별고압 보안공사일 것

예제3 **사용전압 66,000[V]인 특고압 가공전선에 고압 가공전선을 동일 지지물에 시설하는 경우 특고압 가공전선로의 보안공사로 알맞은 것은?**

① 고압보안공사
② 제1종 특고압 보안공사
③ 제2종 특고압 보안공사
④ 제3종 특고압 보안공사

해설 병행설치(병가) 이격거리
35[kV] 초과 100[kV] 미만인 경우 이격거리와 제한사항

전력선의 종류	특별고압과 저·고압	제한사항
이격 거리	2[m] 케이블 : 1[m]	· 목주는 사용하지 말 것 · 50[mm^2] = 21.67[kN] 이상 · 제2종 특별고압 보안공사일 것

예제4 **동일 지지물에 고 저압을 병가할 때 저압선의 위치는?**

① 상부에 시설
② 동일 완금에 평행되게 시설
③ 하부에 시설
④ 옆쪽으로 평행되게 시설

해설 가공전선 병행설치
동일 지지물에 서로 다른 전압을 시설하는 것을 말하며, 별개의 완금류에 시설하고 높은 전압을 상부에 낮은 전압을 아래쪽으로 시설한다.

예제5 **22.9[kV-Y] 배전선에 3300[V] 고압선을 병가할 경우 상호의 최소 이격거리는 몇 [m]인가?**

① 1 ② 1.2
③ 1.5 ④ 2

해설 병행설치(병가) 이격거리
35[kV] 이하인 경우 이격거리

전력선의 종류	고압과 저압	특별고압과 저·고압	22.9[kV]와 저·고압
이격 거리	50[cm] 케이블 30[cm]	1.2[m] 케이블 50[cm]	1[m] 케이블50[cm]

예제6 **저압 가공 전선과 고압 가공 전선과 동일 지지물에 병가하는 경우 고압 가공 전선에 케이블을 사용하면 그 케이블과 저압 가공 전선의 최소 이격거리는 얼마인가?**

① 30[cm] ② 50[cm]
③ 60[cm] ④ 75[cm]

해설 병행설치(병가) 이격거리
35[kV] 이하인 경우 이격거리

전력선의 종류	고압과 저압	특별고압과 저·고압	22.9[kV]와 저·고압
이격 거리	50[cm] 케이블 30[cm]	1.2[m] 케이블 50[cm]	1[m] 케이블 50[cm]

예제7 **사용전압이 35,000[V]를 넘고 100,000[V] 미만인 특별고압 가공 전선로의 지지물에 고압 또는 저압 가공전선을 병가할 수 있는 조건으로 틀린 것은?**

① 특별고압 가공전선로는 제2종 특별고압 보안공사에 의한다.
② 특별고압 가공전선과 고압 또는 저압가공전선과의 이격거리는 0.8[m] 이상.
③ 특별고압 가공전선은 케이블인 경우를 제외하고 단면적이 50[mm^2]인 경동연선 또는 이와 동등 이상의 세기 및 굵기의 연선을 사용한다.
④ 특별고압 가공전선로의 지지물은 강판 조립주를 제외한 철주, 철근 콘크리트주 또는 철탑이어야 한다.

해설 35[kV] 초과 100[kV] 미만인 경우 이격거리와 제한사항

전력선의 종류	특별고압과 저·고압	제한사항
이격 거리	2[m] 케이블 1[m]	· 목주는 사용하지 말 것 · 50[mm^2] = 21.67[kN] 이상 · 제2종 특별고압 보안공사일 것

정답
1 ② 2 ③ 3 ③ 4 ③ 5 ① 6 ① 7 ②

31 방전등 공사 및 기타 공사

이해도 □□□ 30 60 100
중 요 도 : ★☆☆☆☆
출제빈도 : 0.8%, 5문 / 총 600문

한 솔 전 기 기 사
http://inup.co.kr
▲ 유튜브영상보기

1. 옥내 네온방전등 공사

(1) 관등회로의 배선은 애자공사 한다.
(2) 전선은 네온전선일 것
(3) 전선은 조영재의 옆면 또는 아랫면에 붙일 것
(4) 전선의 지지점간의 거리는 1[m] 이하일 것
(5) 전선 상호간의 간격은 60[mm] 이상일 것
(6) 네온변압기의 외함에는 접지공사를 할 것

2. 진열장 배선

① 사용전압이 400 V 이하
② 연동선 1.5 [mm^2] 이상
코오드, 캡타이어 케이블 사용 : 0.75 [mm^2] 이상

3. 저압 옥상전선로 : 전개된 장소에 시설

① 전선은 2.6[mm] = 2.30[kN] 이상
② 전선은 절연전선일 것(OW포함)
③ 지지점간의 간격는 15[m] 이하일 것
④ 조영재와 이격간격 2[m] [단, 절연, 케이블사용 : 1m]
⑤ 전선은 식물에 접촉하지 않도록 시설

4. 저압 옥측 전선로

공사 방법	특이사항
애자 사용배선	전개된 장소
합성 수지관 배선	-
금속 관배선	목조 이외 조영물
버스덕트 배선	목조 이외 조영물
케이블 배선	연피케이블, 알루미늄피 케이블, 미네럴 인슐레이션 케이블 사용하는 경우 : 목조이외 조영물

예제1 옥내 관등회로의 사용전압이 1,000[V]를 넘는 네온 방전등 공사로 적합하지 않은 것은?

① 애자사용공사에 의한 전선 상호간의 간격은 10[cm] 이상일 것
② 관등회로의 배선은 전개된 장소 또는 점검 할 수 있는 은폐된 장소에 시설할 것
③ 네온변압기 외함에는 접지공사를 할 것
④ 애자사용공사에 의한 전선의 지지점간의 거리는 1[m] 이하일 것

해설 네온방전등용 네온전선의 설비기준
다른 전선과 이격거리는 60[mm] 이상일 것

예제2 흥행장의 시설하는 저압 전기 설비로서 무대, 나락 오케스트라 영사실 기타 사람이나 무대도구가 접촉할 우려가 있는 곳에 시설하는 저압 옥내배선 전구선 또는 이동용 전선은 사용 전압이 몇 [V] 이하이어야 하는가?

① 300 ② 600
③ 200 ④ 400

해설 진열장 배선
(1) 사용전압이 400 [V] 이하
(2) 단면적이 1.5 [mm^2] 이상 연동선 사용
코오드, 캡타이어 케이블 사용 : 0.75 [mm^2]이상

예제3 저압 옥상 전선로의 시설에 대한 설명이다. 옳지 못한 시설 방법은?

① 전선은 절연전선을 사용하였다.
② 전선은 지름 2.6[mm]의 경동선을 사용하였다.
③ 전선의 지지점간의 거리를 20[m]로 하였다.
④ 전선은 상시 부는 바람 등에 의하여 식물에 접촉하지 않도록 시설하였다.

해설 저압 옥상전선로 : 전개된 장소에 시설
(1) 전선은 2.6[mm]=2.30[kN] 이상
(2) 전선은 절연전선일 것(OW포함)
(3) 지지점간의 거리는 15[m] 이하일 것
(4) 조영재와 이격거리 2[m] [단, 절연 케이블사용 : 1m]
(5) 전선은 식물에 접촉하지 않도록 시설

예제4 저압 옥측전선로를 시설하는 경우 목조 조형물에 시설이 가능한 공사는?

① 금속피복을 한 케이블공사
② 합성수지관공사
③ 금속관공사
④ 버스덕트공사

해설 저압 옥측전선로 공사방법

공사 방법	특이사항
애자 사용배선	전개된 장소
합성 수지관 배선	-
금속 관배선	목조 이외 조영물
버스덕트 배선	목조 이외 조영물
케이블 배선	연피케이블, 알루미늄피 케이블, 미네럴 인슐레이션 케이블 사용하는 경우 : 목조이외 조영물

예제5 전개된 장소에서 저압 옥상전선로의 시설기준으로 적합하지 않은 것은?

① 전선은 지름 2.0[mm]의 경동선을 사용하였다.
② 전선 지지점 간의 거리를 15[m]로 하였다.
③ 전선은 절연전선을 사용하였다.
④ 저압 절연전선과 그 저압 옥상 전선로를 시설하는 조영재와의 이격거리를 2[m]로 하였다.

해설 저압 옥상전선로
(1) 전선은 2.6[mm]=2.30[kN] 이상
(2) 전선은 절연전선일 것(OW포함)
(3) 지지점간의 거리는 15[m] 이하일 것
(4) 조영재와 이격거리 2[m] [단, 절연 케이블사용 : 1m]
(5) 전선은 식물에 접촉하지 않도록 시설

예제6 진열장안의 사용전압이 400[V]이하인 저압옥내배선으로 외부에서 보기 쉬운곳에 한하여 시설할 수 있는 전선은? (단 진열장은 건조한곳에 시설하고 또한 진열장 내부를 건조한 상태로 사용하는 경우 이다.)

① 단면적이 $0.75mm^2$ 이상인 나전선 또는 캡타이어 케이블
② 단면적이 $0.75mm^2$ 이상인 코드 또는 캡타이어 케이블
③ 단면적이 $1.25mm^2$ 이상인 나전선 또는 다심형 전선
④ 단면적이 $1.25mm^2$ 이상인 코드 또는 캡타이어 케이블

해설 진열장 배선
① 사용전압이 400 V 이하
② 연동선 1.5 mm^2 이상
코오드, 캡타이어 케이블 사용 : 0.75 mm^2 이상

1 ① 2 ④ 3 ③ 4 ② 5 ① 6 ②

32 전압의 종별

이해도 □□□ 30 60 100

중 요 도 : ★☆☆☆☆
출제빈도 : 0.8%, 5문 / 총 600문

한 솔 전 기 기 사
http://inup.co.kr
▲ 유튜브영상보기

1. 전압의 종별

- 저 압
  - AC 1000[V] 이하
  - DC 1500[V] 이하
- 고 압
  - AC 1000[V]넘고 7000[V] 이하
  - DC 1500[V]넘고 7000[V] 이하
- 특고압 7000[V] 넘는 전압

참고 특별저압(ELV)

인체에 위험을 초래하지 않을 정도의 저압.
여기서 SELV(Safety Extra Low Voltage)는 비접지회로, PELV(Protective Extra Low Voltage)는 접지회로에 해당된다.

전압구분	전압 크기
직류	120[V] 이하
교류	50[V] 이하

예제1 **전압의 종별을 구분 할 때 교류전압의 저압은 몇 [V]인가?**

① 1,000[V] 이하　② 1,500[V] 이하
③ 7,000[V] 이하　④ 7,000[V] 초과

해설 전압의 종별

구분	전압의 범위
저압	직류 1500[V] 이하 교류 1000[V] 이하
고압	직류 1500[V]를 초과하고 7000[V] 이하 교류 1000[V]를 초과하고 7000[V] 이하
특고압	7000[V] 초과

예제2 **감전에 대한 보호 중 SELV와PELV를 적용한 특별저압에의한 보호에서 특별저압계통의 전압한계로 알맞은 것은?**

① 교류 30[V] 이하 직류 100[V] 이하
② 교류 50[V] 이하 직류 120[V] 이하
③ 교류 30[V] 이하 직류 120[V] 이하
④ 교류 50[V] 이하 직류 100[V] 이하

해설 특별저압(ELV)
인체에 위험을 초래하지 않을 정도의 저압

전압구분	전압 크기
직류	120[V] 이하
교류	50[V] 이하

예제3 **고압 교류전압 E[V]의 범위는?**

① $7000 \geq E > 1000$
② $7000 \geq E > 1500$
③ $7000 \geq E > 600$
④ $3500 \geq E > 750$

해설 전압의 종별

구분	전압의 범위
저압	직류 1500[V] 이하 교류 1000[V] 이하
고압	직류 1500[V]를 초과하고 7000[V] 이하 교류 1000[V]를 초과하고 7000[V] 이하
특고압	7000[V] 초과

정답 1 ① 2 ② 3 ①

33 지지물의 매설깊이

한 솔 전 기 기 사
http://inup.co.kr
▲ 유튜브영상보기

이해도 □□□ 30 60 100

중 요 도 : ★☆☆☆☆
출제빈도 : 0.8%, 5문 / 총 600문

■ 지지물이 땅속에 묻히는 깊이

전장 \ 설계하중	6.8[kN] 이하	6.8[kN] 초과 9.8[kN] 이하	9.8[kN] 초과 14.72[kN] 이하	
15[m] 이하	① 전장× $\frac{1}{6}$ 이상	–	–	
15[m] 초과	② 2.5[m] 이상	–	–	
16[m] 초과 20[m] 이하	2.8[m] 이상	–	–	
14[m] 초과 20[m] 이하	–	①, ②항 + 30[cm]	15[m] 이하	①항 + 50[cm]
			15[m] 초과 18[m] 이하	3[m] 이상
			18[m] 초과	3.2[m] 이상

예제1 전체의 길이가 16[m]이고 설계 하중이 6.8[kN] 초과 9.8[kN] 이하인 철근콘크리트주를 논, 기타 지반이 연약한 곳 이외의 곳에 시설할 때, 묻히는 깊이를 2.5[m]보다 몇 [cm] 가산하여 시설하는 경우에는 기초의 안전율에 대한 고려 없이 시설하여도 되는가?

① 10　② 20
③ 30　④ 40

해설 지지물의 매설 깊이

전장 \ 설계하중	6.8[kN] 이하	6.8[kN] 초과 9.8[kN] 이하	9.8[kN] 초과 14.72[kN] 이하	
14[m] 초과 20[m] 이하	–	①, ②항 + 30[cm]	15[m] 이하	① 항 + 50[cm]
			15[m] 초과 18[m] 이하	3[m] 이상
			18[m] 초과	3.2[m] 이상

예제2 길이 16m, 설계하중 8.2kN의 철근 콘크리트주를 지반이 튼튼한 곳에 시설하는 경우 지지물 기초의 안전율과 무관하려면 땅에 묻는 깊이를 몇 m 이상으로 하여야 하는가?

① 2.0　② 2.5
③ 2.8　④ 3.2

해설 지지물의 매설 깊이

전장 \ 설계하중	6.8[kN] 이하	6.8[kN] 초과 9.8[kN] 이하	9.8[kN] 초과 14.72[kN] 이하	
14[m] 초과 20[m] 이하	–	①, ②항 + 30[cm]	15[m] 이하	① 항 + 50[cm]
			15[m] 초과 18[m] 이하	3[m] 이상
			18[m] 초과	3.2[m] 이상

전장이 16[M]이고 설계하중이 8.2[KN]이므로 최소 매설 깊이는 2.5[m]가 되고 여기에 인장하중에 따른 가산 0.3[m]를 한다.

정답
1 ③　2 ③

34 저 · 고압 가공전선과 다른 시설물과의 접근 또는 교차

이해도 □□□ 30 60 100

중 요 도 : ★☆☆☆☆
출제빈도 : 0.8%, 5문 / 총 600문

한 솔 전 기 기 사
http://inup.co.kr
▲ 유튜브영상보기

1. 저. 고압 가공전선과 다른 시설물과의 이격간격

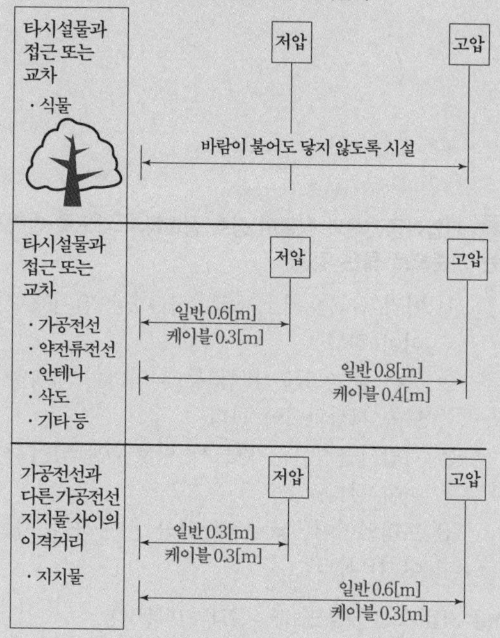

2. 특고압 가공전선과 다른 시설물과의 이격간격

60[kV]을 넘는 전력선과 가공전선, 안테나, 약전류 전선, 식물, 삭도 등 이격간격

- 60[kV] 이하 – 2[m]
- 60[kV]를 초과 10000[V]마다 12[cm]씩 가산.
  ex) 2[m]+(사용전압−기준전압)×0.12=?

전압[V]를 각각 10000으로 나누어 넣는다.
( )안부터 계산 후 소수점 이하 절상 후 전체를 계산한다.

3. 고압가공전선 다른 고압가공전선로 지지물과의 이격거리

전압구분	대상물	이격거리
고압 가공전선	다른 고압 가공전선로 지지물	0.6[m] 이상
		케이블 : 0.3[m] 이상

예제1 **다음 중 고압 가공전선과 식물과의 이격거리에 대한 기준으로 가장 적절한 것은?**

① 고압 가공전선의 주위에 보호망으로 이격시킨다.
② 식물과의 접촉에 대비하여 차폐선을 시설하도록 한다.
③ 고압 가공전선을 절연전선으로 사용하고 주변의 식물을 제거시키도록 한다.
④ 식물에 접촉하지 아니하도록 시설하여야 한다.

해설 저압, 고압가공전선과 식물과의 이격거리

전압구분	대상물	이격거리
저압 가공전선	식물	닿지 않도록 시설
	안테나, 약전선, 전선, 삭도	0.6[m] 이상 케이블 : 0.3[m] 이상
고압 가공전선	식물	닿지 않도록 시설
	안테나, 약전선, 전선, 삭도	0.8[m] 이상 케이블 : 0.4[m] 이상

예제2 **다음 설명의 ( ) 안에 알맞은 내용은?**

> 고압가공전선이 다른 고압가공전선과 접근상태로 시설되거나 교차하여 시설되는 경우에 고압 가공전선 상호간의 이격거리는 ( ) 이상, 하나의 고압 가공전선과 다른 고압가공전선로의 지지물 사이의 이격거리는 ( ) 이상일 것

① 80[cm], 50[cm]　② 80[cm], 60[cm]
③ 60[cm], 30[cm]　④ 40[cm], 30[cm]

해설 고압가공전선 상호간의 접근 또는 교차

전압구분	대상물	이격거리
고압 가공전선	다른 고압 가공전선로 지지물	0.6[m] 이상
		케이블 : 0.3[m] 이상
	식물	닿지 않도록 시설
	안테나, 약전선, 전선, 삭도	0.8[m] 이상 케이블 : 0.4[m] 이상

예제3 고압 가공전선이 다른 고압 가공전선과 접근 상태로 시설되거나 교차하여 시설되는 경우에 고압 가공전선 상호간의 이격거리는 몇 [m] 이상이어야 하는가?(단, 한 쪽의 전선이 케이블인 경우이다.)

① 0.6 ② 0.8
③ 0.3 ④ 0.4

해설 고압 가공전선 상호 간의 접근 또는 교차

구 분	절연전선	케이블
고압 가공전선 상호	0.8[m]	0.4[m]
고압가공전선과 다른 고압가공전선로 지지물	0.6[m]	0.3[m]

예제4 345[kV] 가공전선이 154[kV] 가공전선과 교차하는 경우 이들 양 전선 상호 간의 이격거리는 몇 [m] 이상이어야 하는가?

① 4.48 ② 4.96
③ 5.48 ④ 5.82

해설 특고압 전력선과 가공 전선, 안테나, 약전류 전선, 식물, 삭도 등과의 이격거리

- 60[kV] 이하 – 2[m]
- 60[kV]를 초과 10000[V]마다 12[cm]씩 가산.
  ex) 2[m]+(사용전압-기준전압)×0.12=?

전압[V]를 각각 10000으로 나누어 넣는다.
( )안의 값을 계산하고 소수점 이하 절상 후 / 전체 계산한다.

풀이 $2[m]+(34.5-6.0)\times0.12=5.48[m]$

예제5 저압 가공 전선을 가공 전화선에 접근하여 시설하는 경우 수평 이격거리의 최소값[m]은?

① 0.6 ② 0.8
③ 1.0 ④ 1.2

해설 저압 가공진선과 안테나와의 이격거리

구 분	절연전선	케이블
저압가공선과 안테나	0.6m]	0.3[m]

예제6 고압절연전선을 사용한 6600[V] 배전선이 안테나와 접근 상태로 시설되는 경우 이격거리는 몇 [cm] 이상이어야 하는가?

① 120 ② 80
③ 60 ④ 40

해설 고압 가공전선과 안테나와의 이격거리

구 분	절연전선	케이블
고압 가공전선 상호	0.8[m]	0.4[m]

예제7 저압가공전선과 식물이 상호 접촉하지 않도록 이격시키는 기준으로 옳은 것은?

① 이격거리는 최소 50[cm] 이상 떨어져 사용하여야 한다.
② 상시 불고 있는 바람 등에 의하여 접촉하지 않도록 시설하여야 한다.
③ 저압가공전선은 반드시 방호구에 넣어 시설하여야 한다.
④ 트리와이어(Tree wire)를 사용하여 시설하여야 한다.

해설 저압, 고압 가공전선과 식물과의 이격거리
저압, 고압 가공전선과 식물과의 이격거리는 바람이 불어도 닿지 않도록 시설할 것.

예제8 중성선 다중접지식의 것으로서 전로에 지기가 생겼을 때 2초 이내에 자동적으로 이를 전로로부터 차단하는 장치가 되어 있는 22.9[kV] 가공전선과 식물과의 이격거리는 특별한 경우를 제외하고 몇 [m]이상으로 하여야 하는가?

① 1.5 ② 2.0
③ 2.5 ④ 3.0

해설 22.9[KV] 특고가공전선과 식물 이격거리

시설조건	이격거리
식물	1.5[m] 이상
케이블사용	바람이 불어도 닿지 않도록 시설
고압절연전선사용	0.5[m] 이상

정답
1 ④ 2 ② 3 ④ 4 ③ 5 ① 6 ② 7 ② 8 ①

35 분산형 전원

이해도 □□□ 30 60 100

중 요 도 : ★★★☆☆
출제빈도 : 1.7%, 5문 / 총 600문

한 솔 전 기 기 사
http://inup.co.kr
▲ 유튜브영상보기

1. 전기 저장장치 (2차 전지)

① 대지전압은 직류 600[V] 이하
② 전선은 공칭단면적 2.5[mm^2] 이상의 연동선
③ 모든 부품은 충분한 내열성을 확보 한다.

※ 이차전지 자동으로 전로로부터 차단하는 장치를 시설하는 경우
- 과전압 또는 과전류가 발생한 경우
- 제어장치에 이상이 발생한 경우
- 이차전지 모듈의 내부 온도가 급격히 상승할 경우

※ 전기저장장치에 시설하는 계측장치 종류
가. 축전지 출력 단자의 전압, 전류, 전력 및 충방전 상태
나. 주요변압기의 전압, 전류 및 전력

2. 풍력발전 설비

- 항공장애 표시등 시설
500[kW] 이상의 풍력터빈 : 화재방호 설비를 시설.

3. 태양광 발전설비

주택의 옥내 전로의 대지 전압은 직류 600[V] 이하
㉠ 충전부분은 노출되지 아니하도록 시설할 것
㉡ 전선은 공칭단면적 2.5[mm^2] 이상의 연동선
㉢ 공사방법 : 합성수지관공사, 금속관공사, 금속제 가요전선관공사·케이블공사
㉣ 출력배선은 극성별로 확인 가능토록 표시할 것
㉤ 태양전지 모듈의 프레임은 지지물과 전기적으로 완전하게 접속하고 접속점에 장력이 가해지지 않도록 할 것

※ "MPPT" 란 태양광발전이나 풍력발전 등이 현재 조건에서 가능한 최대의 전력을 생산할 수 있도록 인버터 제어를 이용하여 해당 발전원의 전압이나 회전속도를 조정하는 최대출력 추종(MPPT, Maximum Power Point Tracking) 기능을 말한다.

예제1 **태양광발전이나 풍력발전 등이 현재 조건에서 가능한 최대의 전력을 생산할 수 있도록 인버터 제어를 이용하여 해당 발전원의 전압이나 회전속도를 조정하는 최대출력추종 기능을 말하는 것은?**

① Bleed Off ② Meter In
③ PCS ④ MPPT

해설 용어의 정의
"MPPT" 란 태양광발전이나 풍력발전 등이 현재 조건에서 가능한 최대의 전력을 생산할 수 있도록 인버터 제어를 이용하여 해당 발전원의 전압이나 회전속도를 조정하는 최대출력추종(MPPT, Maximum Power Point Tracking) 기능을 말한다.

예제2 **전기저장장치를 시설하는 곳에 계측하는 장치를 시설하여 측정하는 대상이 아닌 것은?**

① 축전지 출력 단자의 주파수
② 축전지 출력 단자의 전압
③ 주요변압기의 전력
④ 주요변압기의 전압

해설 전기저장장치에 시설하는 계측장치 종류
(1) 축전지 출력 단자의 전압, 전류, 전력 및 충방전 상태
(2) 주요변압기의 전압, 전류 및 전력

예제3 태양전지 발전소에 시설하는 태양전지 모듈, 전선 및 개폐기 기타 기구의 시설 기준에 대한 내용으로 틀린 것은?

① 배전설비 공사는 옥내에 시설하는 경우 합성수지관공사, 금속관공사, 금속제 가요전선관공사 또는 케이블공사로 할 것
② 태양전지 모듈에 전선을 접속하는 경우에는 접속점에 장력이 가해지도록 할 것
③ 태양전지 모듈의 프레임은 지지물과 전기적으로 완전하게 접속하여야 한다.
④ 충전부분은 노출되지 아니하도록 시설할 것

해설 태양광설비의 전기배선
태양전지 모듈의 프레임은 지지물과 전기적으로 완전하게 접속하고 접속점에 장력이 가해지지 않도록 할 것

예제4 주택의 전기저장장치의 축전지에 접속하는 부하 측 옥내배선을 사람이 접촉할 우려가 없도록 케이블배선에 의하여 시설하고 전선에 적당한 방호장치를 시설한 경우 주택의 옥내전로의 대지전압은 직류 몇 [V] 까지 적용할 수 있는가? (단, 전로에 지락이 생겼을 때 자동적으로 전로를 차단하는 장치를 시설한 경우이다.)

① 150 ② 300
③ 600 ④ 1000

해설 전기 저장 장치 옥내전로의 대지전압 제한
주택의 전기저장장치의 축전지에 접속하는 부하 측 옥내배선을 다음에 따라 시설하는 경우에 주택의 옥내전로의 대지전압은 직류 600 [V] 까지 적용할 수 있다.

예제5 태양광 설비의 전기배선을 옥외에 시설하는 경우 사용 불가능한 공사방법은?

① 합성수지관 공사
② 금속관 공사
③ 애자사용 공사
④ 금속제 가요전선관 공사

해설 태양전지 모듈 등의 시설
- 옥내에 시설공사 : 합성수지관공사, 금속관공사, 가요전선관공사·케이블공사.
- 옥측 또는 옥외시설 : 합성수지관공사, 금속관공사, 가요전선관·케이블공사.

예제6 태양전지 모듈의 시설에 대한 설명으로 옳은 것은?

① 충전 부분은 노출하여 시설할 것
② 출력 배선은 극성별로 확인 가능토록 표시할 것
③ 전선은 공칭단면적 1.5[mm^2] 이상의 연동선을 사용할 것
④ 전선을 옥내에 시설할 경우에는 애자사용공사에 준하여 시설할 것

해설 태양전지 모듈 등의 시설
① 충전부분은 노출되지 아니하도록 시설할 것.
② 태양전지 모듈을 병렬로 접속하는 전로에는 과전류차단기 를 시설할 것.
③ 전선은 공칭단면적 2.5 mm^2 이상의 연동선
④ 모듈의 출력배선은 극성별로 확인할 수 있도록 표시할 것
⑤ 옥내, 옥측, 옥상에 시설공사 방법
합성수지관공사, 금속관공사, 가요전선관공사, 케이블공사

예제7 전기저장장치의 이차전지는 다음에 따라 자동으로 전로로부터 차단하는 장치를 시설하여야 한다. 차단하는 장치를 시설하는 경우로 틀린 것은?

① 과전압 또는 과전류가 발생한 경우
② 제어장치에 이상이 발생한 경우
③ 이차전지 모듈의 내부 온도가 급격히 상승할 경우
④ 제어장치 내부 온도가 급격히 인하할 경우

해설 전기저장장치의 이차전지 자동차단하는 장치 시설
- 과전압 또는 과전류가 발생한 경우
- 제어장치에 이상이 발생한 경우
- 이차전지 모듈의 내부 온도가 급격히 상승할 경우

1 ④ 2 ① 3 ② 4 ③ 5 ③ 6 ② 7 ④

36 전선의 접속 및 식별

이해도 □□□ 30 60 100

중 요 도 : ★★★☆☆
출제빈도 : 1.7%, 5문 / 총 600문

한 솔 전 기 기 사
http://inup.co.kr
▲ 유튜브영상보기

1. 전선의 접속

(1) 접속시 주의사항

① 전선의 세기[인장하중]를 20[%] 이상 감소시키지말 것.
② 접속기, 접속함 기타의 기구를 사용
③ 전기적 부식이 생기지 않도록 할 것
④ 전기저항을 증가시키지 않도록 한다.

(2) 두 개 이상의 전선을 병렬로 사용하는 경우 시설.

① 구리동선 50 mm^2 이상 또는 알루미늄 70 mm^2 이상으로 하고, 전선은 같은 도체, 같은재료, 같은 길이 및 같은 굵기의 것을 사용할 것.
② 각 전선은 동일한 터미널러그에 완전히 접속할 것.
③ 같은 극인 각 전선의 터미널러그는 동일한 도체에 2개 이상의 리벳 또는 2개 이상의 나사로 접속할 것
④ 병렬로 사용하는 전선에는 각각에 퓨즈를 설치하지 말 것.
⑤ 교류회로에서 금속관 안에 전자적 불평형이 생기지 않도록 시설할 것.

2. 절연전선

저압 절연전선의 종류
450/750 [V] 비닐절연전선
450/750 [V] 저독성 난연 폴리올레핀절연전선
450/750 [V] 저독성 난연 가교폴리올레핀절연전선 ·
450/750 [V] 고무절연전선

3. 전선의 식별

상(문자)	색상
L1	갈색
L2	흑색(검정색)
L3	회색
N	청색(파랑색)
보호도체	녹색 · 노란색

예제1 **전선의 접속 시 전선의 전기저항을 증가시키지 아니하도록 접속하고, 두 개 이상의 전선을 병렬로 사용하는 경우에 대한 시설기준으로 틀린 것은?**

① 병렬로 사용하는 전선에는 각각에 퓨즈를 설치할 것
② 같은 극의 각 전선은 동일한 터미널러그에 완전히 접속할 것
③ 같은 극인 각 전선의 터미널러그는 동일한 도체에 2개 이상의 리벳 또는 2개 이상의 나사로 접속할 것
④ 교류회로에서 병렬로 사용하는 전선은 금속관 안에 전지적 불평형이 생기지 않도록 시설할 것

해설 전선의 접속

두 개 이상의 전선을 병렬로 사용하는 경우 시설.

(1) 병렬로 사용하는 각 전선의 굵기는 동선 50 mm^2 이상 또는 알루미늄 70 mm^2 이상으로 하고, 전선은 같은 도체, 같은 재료, 같은 길이 및 같은 굵기의 것을 사용할 것.
(2) 병렬로 사용하는 전선에는 각각에 퓨즈를 설치하지 말 것.

예제2 **한국전기설비규정에 따라 저압 절연전선으로 사용이 가능한 전선이 아닌 것은?(단, 소세력 회로에 적용되는 것이 아니다.)**

① 450/750[V] 저독성 캡타이어절연전선
② 450/750[V] 저독성 난연 폴리올레핀 절연전선
③ 450/750[V] 비닐절연전선
④ 450/750[V] 저독성 난연 가교폴리올레핀 절연전선

해설 저압절연전선의 종류

저압 절연전선의 종류
450/750 [V] 비닐절연전선
450/750 [V] 저독성 난연 폴리올레핀절연전선
450/750 [V] 저독성 난연 가교폴리올레핀절연전선 ·
450/750 [V] 고무절연전선

예제3 **전선의 식별을 위한 상(문자)과 색상의 연결로 틀린 것은?**

① L3 – 회색 ② L2 – 흑색
③ L1 – 갈색 ④ N – 녹색

해설 전선의 식별

상(문자)	색상
L1	갈색
L2	흑색(검정색)
L3	회색
N	청색(파랑색)
보호도체	녹색 · 노란색

예제4 **옥내에서 전선을 병렬로 사용할 때의 시설방법으로 틀린 것은?**

① 전선은 동일한 도체이어야 한다.
② 전선은 동일한 굵기, 동일한 길이이어야 한다.
③ 전선의 굵기는 동 70[mm²] 이상 이어야 한다.
④ 관내에 전류의 불평형이 생기지 아니하도록 시설하여야 한다.

해설 두 개 이상의 전선을 병렬로 사용하는 경우 시설

전선재료	굵기
구리	50 mm^2 이상
알루미늄	70 mm^2 이상

예제5 **다음 중 보호도체의 색상으로 옳은 것은?**

① 갈색 ② 흑색
③ 회색 ④ 녹색–노랑색

해설 전선의 색상

상(문자)	색상
L1	갈색
L2	흑색(검정색)
L3	회색
N	청색(파랑색)
보호도체	녹색 · 노란색

예제6 **전선의 식별에 따른 중성선(N)의 색깔은?**

① 갈색 ② 흑색
③ 녹색–노란색 ④ 청색

해설 전선의 색상

상(문자)	색상
L1	갈색
L2	흑색(검정색)
L3	회색
N	청색(파랑색)
보호도체	녹색 · 노란색

예제7 **전선의 접속법을 열거한 것 중 잘못 설명한 것은?**

① 전선의 세기를 30[%] 이상 감소시키지 않는다.
② 접속부분은 절연전선의 절연물과 동등 이상의 절연 효력이 있도록 충분히 피복 한다.
③ 접속부분은 접속관, 기타의 기구를 사용한다.
④ 알루미늄 도체의 전선과 동도체의 전선을 접속할 때에는 전기적 부식이 생기지 않도록 한다.

해설 전선의 접속시 주의사항
전선의 세기[인장하중]를 20[%] 이상 감소시키지 아니할 것
(인장 하중을 80[%] 이상 유지 할 것.)

예제8 **61[kV] 가공 송전선에 있어서 전선의 인장 하중이 2.15[kN]으로 되어있다. 지지물과 지지물 사이에 이 전선을 접속할 경우 이 전선 접속 부분의 세기는 최소 몇[kN] 이상인가?**

① 0.63 ② 1.72
③ 1.83 ④ 1.94

해설 전선접속부분의 세기
인장 하중을 20[%] 이상 감소시키지 아니할 것.
(인장 하중을 80[%] 이상 유지 할 것.)
접속 부분의 세기 $= 2.15 \times 0.8 = 1.72$[KN]

정답
1 ① 2 ① 3 ④ 4 ③ 5 ④ 6 ④ 7 ① 8 ②

37 접지시스템의 보호도체 및 등전위본딩 도체

이해도 □□□ 30 60 100
중 요 도 : ★★★☆☆
출제빈도 : 1.7%, 5문 / 총 600문

한 솔 전 기 기 사
http://inup.co.kr
▲ 유튜브영상보기

1. 접지 시스템의 구분 및 종류

① 접지 시스템 : 계통접지, 보호접지, 피뢰시스템 접지.
② 접지 시스템 종류 : 단독접지, 공통접지, 통합접지.

2. 보호 도체의 최소 단면적

상 도체의 단면적 S (mm^2, 구리)	보호 도체의 최소 단면적(mm^2, 구리)
	보호 도체의 재질 상 도체와 같은 경우
16 이하	상도체굵기와 동일
35 이하	16
35 초과	상도체굵기의 1/2

3. 구성요소

접지극, 접지도체, 보호도체 및 기타 설비로 구성

4. 보호 등전위 본딩 도체

주 접지단자에 접속하기 위한 등전위본딩 도체는 설비 내에 있는 가장 큰 보호 접지 도체 단면적의 1/2 이상 (구리도체 25 [mm^2] 이하)의 굵기 사용.

도체 재질	굵기
구리	6 mm^2
알루미늄	16 mm^2
강철	50 mm^2

5. 보조 보호 등전위 본딩 도체

두 개의 노출 도전부를 접속하는 경우 도전성은 노출 도전부에 접속된 더 작은 보호도체의 도전성보다 클 것.

기계적 손상에 대해 보호가 되는 경우	구리 : 2.5 mm^2, 알루미늄 : 16 mm^2 이상
기계적 손상에 대해 보호가 되지 않는 경우	구리 : 4 mm^2, 알루미늄 : 16 mm^2 이상
보호 도체 단면적 보강 : 정상운전 상태에서 보호 도체에 10[mA]를 초과하는 전류가 흐르는 경우. 구리 10 mm^2, 알루미늄 16 mm^2 이상 사용	

예제1 보호도체의 재질이 상도체와 같은 경우, 상전선의 단면적이 16[mm^2]인 보호 도체의 최소 굵기는?

① 16　　② 10
③ 6　　④ 2.5

해설 보호 도체의 최소 단면적

상 도체의 단면적 S (mm^2, 구리)	보호 도체의 최소 단면적(mm^2, 구리)
	보호 도체의 재질 상 도체 와 같은 경우
16 이하	S
35 이하	16
35 초과	S/2

예제2 접지 시스템의 시설 종류에 포함되지 않은 사항은?

① 계통접지　　② 단독접지
③ 공통접지　　④ 통합 접지

해설 접지 시스템 종류
단독접지, 공통접지, 통합접지

예제3 강철 도체의 경우 주접지 단자에 접속하기 위한 등전위 본딩도체는 얼마 이상으로 하는가?

① 25 mm^2 이상　　② 35 mm^2 이상
③ 50 mm^2 이상　　④ 100 mm^2 이상

해설 주 등전위본딩도체 굵기

도체 재질	굵기
구리	6 mm^2
알루미늄	16 mm^2
강철	50 mm^2

예제4 **보호도체가 케이블의 일부가 아니거나 선도체와 동일 외함에 설치되지 않으면 구리도체의 단면적은 기계적 손상에 대한 보호가 되는 경우 몇 mm^2이상인 것을 사용해야 하는가?**

① 1.5 ② 2.5
③ 4 ④ 6

해설 보호도체의 단면적

기계적 손상에 대해 보호가 되는 경우	구리 : 2.5 mm^2, 알루미늄 : 16 mm^2 이상
기계적 손상에 대해 보호가 되지 않는 경우	구리 : 4 mm^2, 알루미늄 : 16 mm^2 이상
보호 도체 단면적 보강 : 정상운전 상태에서 보호 도체에 10[mA]를 초과하는 전류가 흐르는 경우. 구리 10 mm^2, 알루미늄 16 mm^2 이상 사용	

예제5 **전기설비의 정상운전상태에서 보호도체에 몇 mA를 초과하는 전류가 흐르는 경우 보호도체의 단면적을 증강하여 사용해야 하가?**

① 1[mA] ② 10[mA]
③ 20[mA] ④ 30[mA]

해설 보호 도체 단면적 보강
정상운전 상태에서 보호 도체에 10[mA]를 초과하는 전류가 흐르는 경우. 보호도체의 굵기는 구리 10 mm^2, 알루미늄 16 mm^2 이상 사용

예제6 **접지시스템의 구성요소에 속하지않는 것은?**

① 접지극 ② 기계기구
③ 보호도체 ④ 접지도체

해설 접지 시스템의 구분 및 종류
① 접지 시스템 : 계통접지, 보호접지, 피뢰시스템 접지.
② 접지 시스템 종류 : 단독접지, 공통접지, 통합접지.
③ 접지시스템의 구성요소 : 접지극, 접지도체, 보호도체 및 기타설비로 구성된다.

예제7 **보호 도체는 전기설비의 정상운전 상태에서 보호 도체에 10[mA]를 초과하는 전류가 흐르는 경우. 보호도체의 단면적은 전 구간에 몇 mm^2 이상으로 증강하여 사용해야 하는가?**

① 구리 10 mm^2, 알루미늄 10 mm^2 이상 사용
② 구리 10 mm^2, 알루미늄 16 mm^2 이상 사용
③ 구리 16 mm^2, 알루미늄 10 mm^2 이상 사용
④ 구리 16 mm^2, 알루미늄 16 mm^2 이상 사용

해설 보호 도체 단면적 보강
정상운전 상태에서 보호 도체에 10[mA]를 초과하는 전류가 흐르는 경우. 보호도체의 굵기는 구리 10 mm^2, 알루미늄 16 mm^2 이상 사용

예제8 **보호도체의 종류로 적당하지 않는 것은?**

① 다심케이블의 도체
② 충전도체와 같은 트렁킹에 수납된절연도체
③ 고정된절연도체
④ 이동용 나도체

해설 보호도체의 종류
(1) 다심케이블의 도체
(2) 충전도체와 같은 트렁킹에 수납된 절연도체 또는 나도체
(3) 고정된 절연도체
(4) 고정된 나도체

1 ① 2 ① 3 ③ 4 ② 5 ② 6 ② 7 ② 8 ④

2024 CBT 시험대비 블랙박스
전기기사 필기 ① 핵심 블랙박스

저 자 이승원 · 김승철
윤종식
발행인 이 종 권

2024年 1月 24日 초 판 인 쇄
2024年 1月 30日 초 판 발 행

發行處 (주) 한솔아카데미

(우)06775 서울시 서초구 마방로10길 25 트윈타워 A동 2002호
TEL : (02)575-6144/5 FAX : (02)529-1130
〈1998. 2. 19 登錄 第16-1608號〉

ISBN 979-11-6654-459-0 14540
ISBN 979-11-6654-458-3 (세트)